现代数学译丛 42

守恒律方程的数值方法
——从分析到算法

Numerical Methods for Conservation Laws:
From Analysis to Algorithms

〔丹〕简·S. 赫斯特哈文（Jan S. Hesthaven） 著

徐 辉 译

科学出版社

北 京

图字：01-2023-2353 号

内 容 简 介

本书是一部专注于守恒律数值解法的经典著作，系统探讨了数值解法在物理学、工程学和流体力学等领域的核心应用，如欧拉方程和麦克斯韦方程。书中详细阐述了有限差分法、有限体积法和间断伽辽金法等关键数值方法，不仅深入剖析其数学理论基础，还结合丰富的应用案例和算法实现细节，指导读者将理论转化为高效的计算程序。作者特别强调了数值方法的稳定性、精度和收敛性分析，为求解复杂问题提供了系统的理论框架和实用工具。

本书具备严谨的数学推导、清晰的逻辑结构以及实践导向的内容，适合计算数学及相关领域的研究生、科研人员和科学计算工程师阅读。通过本书，读者能够全面掌握守恒律数值求解的前沿方法，并将其有效应用于科学研究与工程实践。

图书在版编目（CIP）数据

守恒律方程的数值方法 ：从分析到算法 / (丹) 简 · S. 赫斯特哈文 (Jan S. Hesthaven) 著；徐辉译. -- 北京：科学出版社，2025. 7. -- ISBN 978-7-03-082834-7

Ⅰ. O175.2

中国国家版本馆 CIP 数据核字第 2025QT9776 号

责任编辑：胡庆家 范培培 / 责任校对：彭珍珍

责任印制：张 伟 / 封面设计：陈 敬

科学出版社 出版

北京东黄城根北街 16 号

邮政编码：100717

http://www.sciencep.com

中煤（北京）印务有限公司印刷

科学出版社发行 各地新华书店经销

*

2025 年 7 月第 一 版 开本：720×1000 1/16

2025 年11月第二次印刷 印张：39 1/2

字数：796 000

定价：298.00 元

(如有印装质量问题，我社负责调换)

中文版序言

守恒原理仍然是我们在连续介质层面对世界进行建模的一个关键概念, 它产生了守恒律系统, 并且通常为双曲型。虽然这些模型可以作为理解和预测物理系统行为的强大支持工具, 但它们通常无法产生精确解, 需要使用计算方法来充分挖掘这些模型的内涵。

然而, 以鲁棒且准确的方式获取数值解仍然是一项具有挑战性的任务。非线性双曲型守恒律方程的属性意味着其解由线性和非线性波动现象主导, 这对求解技术的准确性提出了很高的要求。同时, 即便是在光滑的初始条件下, 间断解也会自发地形成。这些相互矛盾的特性和守恒的特性杂糅在一起, 给守恒律计算方法的开发者们带来了巨大的挑战。

守恒律计算方法的开发一直位居计算科学发展的核心位置, 其首次突破发生在 20 世纪中叶。有关偏微分方程数值方法的第一篇论文发表于 1928 年, 文中提出了著名的 CFL (Courant–Friedrichs–Lewy) 条件, 但它的主旨是研究最基本的守恒律方程——波动方程。尽管历史悠久, 这依然是一个非常活跃且经常取得重大进展的研究领域。

本书现已翻译成中文, 全面介绍了用于求解守恒律的现代计算方法的发展、分析和应用。本书的独特之处在于对高阶精确方法的着重刻画, 并首次提供了全面且一致的讨论。

本书将数学分析与嵌入式软件的算法描述相结合, 面向读者, 提供必要的数学和算法背景, 达到能够准确且鲁棒地求解复杂双曲型守恒系统的主要目的。

我要感谢徐辉博士为高质量翻译所付出的努力, 也要感谢科学出版社同意出版此译本。

守恒律的应用遍布科学与工程的各个领域。在此我希望读者在探寻守恒律数值解的过程中能够受用于本书, 确切明智地选择出能够解决特定问题的特定方法。没有一种方法能够解决所有问题。

Jan S. Hesthaven
洛桑联邦理工学院
瑞士, 洛桑
2023 年 5 月

Preface to the Chinese Edition

The principles of conservation remain a key concept used in the modeling of our world at the continuum level, leading to systems of conservation laws, often of a hyperbolic nature. While such models are powerful tools to help understand and predict the behavior of physical systems, they often do not allow an exact solution and the use of computational methods are needed to harvest the full insight of such models.

However, obtaining such computational solutions in a robust and accurate way remains a challenging task. The nature of nonlinear hyperbolic conservation laws implies that the solutions are dominated by linear and nonlinear wave phenomena, posing high demands on the accuracy of the solution techniques, while at the same time spontaneously forming discontinuous solutions, even from smooth initial conditions. These contrasting properties in combination with the conservation properties pose substantial challenges to the developer of computational methods for conservation laws.

The development of computational methods for conservation laws has been a central element in the development of computational science, making its first advances during the middle of the last century. Even the first paper on numerical methods for partial differential equations, introducing the famed CFL-condition in 1928, was aimed at the most fundamental conservation law -the wave equation. Despite this long history, it remains a very active research domain with substantial advances being made regularly.

This text, now in translation to Chinese, presents a comprehensive introduction to the development, analysis, and application of modern computational methods for solving conservation laws. A unique feature of the text is its emphasis on high-order accurate methods for which the text offers the first comprehensive and consistent discussion.

Through the combined use of mathematical analysis and algorithmic descriptions through embedded software, the main goal is to provide the reader with the mathematical and algorithmic background needed to solve complex systems of hyperbolic conservation laws in an accurate and robust manner.

I would like to thank Dr. Hui Xu for his commitment to offering a high-quality translation and for Science Press for agreeing to publish this translation.

I am hopeful that you, the reader, will find it useful in your quest to understand the numerical solution of conservation laws, found across all domains of science and engineering, and develop the insight needed to choose the right method for a particular problem. There is not one method that can do it all.

Jan S. Hesthaven
Ecole Polytechnique Federale de Lausanne
Lausanne, CH
May 2023

译 者 序 言

我非常荣幸能在 *Numerical Methods for Conservation Laws* 原作者 Jan S. Hesthaven 教授的授权下，对该书进行中文翻译。该书英文原版由美国工业与应用数学学会 (Society for Industrial and Applied Mathematics, SIAM) 于 2018 年出版，涵盖了计算空气动力学领域的重要内容，对计算数学、计算空气动力学和高精度计算等领域的研究与应用具有重要意义。通过对这一经典书籍的深入研究和翻译，我们希望能够为学术界和工程领域提供一个全面而深入的学习与研究平台，推动计算数学在计算空气动力学中的应用，为科技进步和国家发展贡献力量。

计算数学作为数学与计算机科学的交叉学科，是对数学问题进行数值模拟和计算的重要手段。随着计算机技术的不断进步，计算数学在解决实际问题中的作用越发重要。在计算空气动力学中，数值方法为解决守恒律方程的非线性和复杂性问题提供了有效的途径。该书中所介绍的数值方法，不仅是计算空气动力学研究的基础，也是计算数学研究的重要课题之一。通过翻译该书，我们希望能够加强计算数学先进方法在我国的推广与应用，为解决更加复杂的科学与工程问题提供新的思路和方法。

计算空气动力学是空气动力学与计算数学相结合的重要领域，涉及航空航天领域飞行器和发动机的设计与优化、性能分析等多个方面。飞行器作为现代交通工具和军事装备的核心，其性能和稳定性直接关系到国家的安全与发展。而守恒律方程作为描述流体运动的基本定律，对于计算空气动力学的研究至关重要。然而，这些方程的复杂性导致其难以获得解析解，于是数值方法成为研究守恒律方程的重要途径。本书的中文翻译版系统地总结了守恒律方程数值求解的方法与技巧，为计算空气动力学的研究者提供了重要的学习资料和参考。我们希望通过对这本书的翻译，能够进一步促进计算空气动力学在我国的发展，为我国航空航天事业、国防建设和高新技术发展提供有力支持。

在计算空气动力学中，复杂流动的高精度计算是一个重要而具有挑战性的问题。随着科技水平的不断提高，我们对空气动力学问题的模拟和计算要求越来越高。高精度计算不仅可以提供更准确的结果，还可以为工程设计和决策提供可靠的依据，例如：在飞行器的气动性能分析中，高精度计算可以帮助预测湍流及激波、优化飞机的翼型和机身外形设计、提高燃油利用率、降低噪声和排放。这本书的中文翻译版正是为了解决这样的高精度计算问题，为计算空气动力学领域的研究和应用提供有力支持。

在这里衷心感谢原作者 Hesthaven 教授对相关学科的深入研究和贡献, 也要感谢上海交通大学航空航天学院数字航空与智能系统课题组的陈祎禾、韩一冰、费浩锜、阚君傲、梁耕、石林、王俊杰、杨德武参与本书的翻译与校对工作, 还要感谢科学出版社的编辑们提出的宝贵意见。在大家的辛勤努力下, 这本书的中文翻译版终于面世。在历经两年的翻译过程中, 我们不仅学到了守恒律方程数值方法的知识, 也更加深刻地认识到计算数学和计算空气动力学等领域的重要性。当然, 由于译者水平有限, 在翻译过程中难免出现遗漏与不妥之处, 敬请读者批评指正。

希望本书能够广泛传播, 为学术界和工程领域提供更全面、深入的学习资料。愿本书的问世, 为我国计算空气动力学的研究与发展添砖加瓦, 为计算数学、计算空气动力学和高精度计算等领域的推广与应用贡献一份微薄的力量。让我们携手共进, 共同推动科技进步, 为实现我国科技强国的目标而不懈努力!

最后, 感谢国防科技创新特区重点项目的支持。

徐　辉
上海交通大学航空航天学院
上海, 中国
2025 年 3 月

原 书 序 言

守恒律方程作为守恒原理的数学表达形式, 无疑为物理世界提供了准确而有效的预测模型。然而无论是通过数学方法还是计算技术, 守恒律方程的求解工作依然是一个艰巨的挑战, 仍存在许多问题亟待解决。

在过去四十年间, 出于对这些模型的重视, 我们展开了广泛的研究, 在模型理解方面已取得重大进展, 尤其开发出了精确且鲁棒的计算技术, 从而能够有效解决这类问题。本书的写作目的在于深入介绍与守恒律相关的一些当代核心的计算技术。虽然这些讨论会基于数学洞见, 但我们会关注这些方法的实用性以及它们的实现和应用。

计算方法只有通过软件表达才能焕发出活力。整本书将使用 MATLAB 来实现许多正在热议中的技术。本书提及的所有软件及额外资源都可以在网站 http://www.siam.org/books/cs18 上找到, 以便读者在阅读过程中复现结果, 得到丰富的体验。

本书献给两个人, 他们的名字中都带有 David。一位是美国布朗大学的应用数学教授 David Gottlieb, 他不幸逝于 2008 年。他是我在布朗大学的导师和同事, 伴我走过了漫长的成长岁月。但他传授给我的东西远不止计算数学。作为一个崇高的榜样, 他曾与我进行过无数次促膝交谈, 分享深厚的人文主义情怀。这些谆谆教诲, 无论关于数学还是人生, 都依然对我的人生和事业起到鼓舞作用。

另一位 David 则是我的儿子, 也是我萌发灵感与好奇心的第二源泉。作为我生活的一部分, 他使我重拾了那份快被遗忘的童真以及无需置疑的快乐。而这些点滴在人短暂的一生中是如此重要。他总是能为我带来笑容, 若缺了他, 我的生活将会变得非常索然无味。

我还要感谢一些同事, 他们为本书的完成发挥了关键作用。特别感谢 Paolo Gatto, 他对本书所有部分都提供了详细且坦诚的反馈, 这无疑帮助提高了本书的质量以及可读性。我还要感谢 Signal Gottlieb 和 Eitan Tadmor, 他们在本书写作的最初阶段慷慨地分享了自己的见解, 对书本内容的架构起到了重要影响。匿名审稿人对几版初稿的仔细审查也帮忙澄清了许多问题, 减少了错误以及表述不当的地方。不用说, 倘若还存在不准确的表述或者印刷错误, 可以仅向我个人追责。

另外还要感谢 Tobin Drisoll 和 Bengt Fornberg, 他们允许我复制 lagrange-weights.m（见 11.3 节）和 SingularFourierPade.m（见 13.4 节）这两个脚本文

件。最后, 感谢来自美国工业与应用数学学会的 Elizabeth Greenspan 在我写作过程中给予的帮助和鼓励。

本书大部分素材是我在洛桑联邦理工学院讲授“守恒律方程的数值方法”这门课程期间积累起来的, 感谢课上学生给予的深刻评论和无数建议。还有一些素材是我在访问丹麦技术大学和香港中文大学期间完成的, 在此我为到访期间受到的厚待表示谢意。

Jan S. Hesthaven
洛桑联邦理工学院
瑞士, 洛桑
2017 年 8 月

目　　录

中文版序言

Preface to the Chinese Edition

译者序言

原书序言

MATLAB 脚本

第 1 章　介绍 ······ 1

1.1　面临的挑战 ······ 3

1.2　守恒律的历史 ······ 8

1.3　连续介质力学中的一些伟大方程 ······ 10

1.3.1　线性方程 ······ 10

1.3.2　非线性方程 ······ 13

1.4　测试案例及软件 ······ 14

1.4.1　一维问题 ······ 14

1.4.2　二维问题 ······ 19

1.5　亟待解决和发现的问题 ······ 21

1.6　读者及阅读建议 ······ 23

参考文献 ······ 23

第 2 章　标量守恒律方程 ······ 26

2.1　弱解 ······ 29

2.2　熵条件与解 ······ 32

2.3　熵函数 ······ 38

参考文献 ······ 45

第 3 章　守恒律系统 ······ 47

3.1　线性系统 ······ 47

3.2　黎曼问题 ······ 52

3.3　熵条件与熵函数 ······ 58

参考文献 ······ 63

第 4 章　从连续到离散 ······ 65

4.1　守恒与守恒形式 ······ 66

4.2 单调性和熵条件 ······ 70
参考文献 ······ 83
第 5 章 有限差分法 ······ 84
5.1 线性问题 ······ 85
5.1.1 一致性、稳定性和收敛性 ······ 88
5.1.2 非光滑问题 ······ 95
5.2 非线性问题 ······ 97
5.3 有限差分法的运用 ······ 99
5.3.1 边界条件 ······ 100
5.3.2 线性波动方程 ······ 101
5.3.3 伯格斯方程 ······ 103
5.3.4 麦克斯韦方程组 ······ 107
5.3.5 欧拉方程 ······ 111
参考文献 ······ 118
第 6 章 有限体积法 ······ 120
6.1 戈杜诺夫法 ······ 120
6.2 近似黎曼求解器 ······ 125
6.2.1 Roe 通量 ······ 125
6.2.2 Engquist-Osher 通量 ······ 131
6.2.3 Harten-Lax-van Leer (HLL) 通量 ······ 132
6.3 中心格式 ······ 134
6.4 有限体积方法的运用 ······ 136
6.4.1 欧拉方程 ······ 136
参考文献 ······ 143
第 7 章 多维问题 ······ 145
7.1 二维单调格式的运用 ······ 147
7.1.1 伯格斯方程 ······ 147
7.1.2 非凸问题 ······ 150
7.1.3 欧拉方程 ······ 153
参考文献 ······ 162
第 8 章 高阶精度及其挑战 ······ 164
8.1 优点 ······ 164
8.1.1 相位误差分析 ······ 169
8.2 缺点 ······ 173
8.2.1 总变差稳定性 ······ 173

8.2.2 熵稳定性 …… 185
8.3 严重缺点 …… 200
8.3.1 吉布斯现象 …… 202
8.3.2 是否重要 …… 207
8.3.3 如果重要, 可以做什么 …… 211
参考文献 …… 219
第 9 章 强稳定性保持的时间积分 …… 222
9.1 龙格-库塔法 …… 225
9.1.1 显式强稳定性保持 (SSP) 龙格-库塔格式 …… 227
9.1.2 隐式 SSP 龙格-库塔格式 …… 230
9.1.3 阶次障碍 …… 232
9.2 多步法 …… 237
参考文献 …… 238
第 10 章 基于限制器的高阶精度方法 …… 240
10.1 通量限制格式 …… 241
10.1.1 通量校正传输 (FCT) 格式 …… 241
10.1.2 TVD-稳定的高阶格式 …… 243
10.1.3 正格式 …… 250
10.1.4 通量限制格式的运用 …… 254
10.2 斜率限制格式 …… 266
10.2.1 守恒律方程的单调上游中心格式 (MUSCL) …… 266
10.2.2 基于拉格朗日重构的多项式方法 …… 271
10.2.3 斜率限制格式的运用 …… 275
10.3 中心格式 …… 283
10.3.1 中心格式的运用 …… 289
10.4 拓展到多维问题 …… 298
10.4.1 伯格斯方程 …… 298
10.4.2 非凸标量方程 …… 306
10.4.3 欧拉方程 …… 308
参考文献 …… 315
第 11 章 本质无振荡格式 …… 319
11.1 插值与重构 …… 319
11.2 ENO 方法 …… 326
11.2.1 守恒律方程的 ENO 法 …… 329
11.2.2 一些理论 …… 331

11.2.3 ENO 方法的运用 ······ 335
11.3 WENO 方法 ······ 353
11.3.1 WENO 的变种 ······ 359
11.3.2 良平衡格式 ······ 364
11.3.3 更多理论 ······ 368
11.3.4 WENO 方法的运用 ······ 370
11.4 处理非均匀网格 ······ 378
11.5 从一维拓展 ······ 380
11.5.1 非笛卡儿边界上的插叙 ······ 382
11.5.2 标量方程 ······ 383
11.6 欧拉方程 ······ 386
参考文献 ······ 392
第 12 章 间断伽辽金方法 ······ 396
12.1 基本概念 ······ 402
12.1.1 局部近似 ······ 405
12.1.2 关键性质 ······ 417
12.1.3 误差估计 ······ 423
12.1.4 相位误差分析 ······ 427
12.2 非光滑问题 ······ 430
12.2.1 隐藏精度的研究 ······ 432
12.2.2 滤波 ······ 440
12.2.3 非线性耗散 ······ 449
12.2.4 斜率限制器 ······ 464
12.2.5 基于 WENO 的限制器 ······ 473
12.2.6 极值保持限制器 ······ 479
12.3 相关公式 ······ 483
12.3.1 谱惩罚方法 ······ 485
12.3.2 谱有限体积格式 ······ 487
12.3.3 谱差分格式 ······ 488
12.3.4 通量重构格式 ······ 491
12.4 扩展到多维问题 ······ 495
12.5 间断伽辽金方法的运用 ······ 499
12.5.1 线性波动方程 ······ 500
12.5.2 伯格斯方程 ······ 506
12.5.3 麦克斯韦方程 ······ 510

12.5.4 欧拉方程 ······ 513
参考文献 ······ 523
第 13 章　谱方法 ······ 533
13.1 傅里叶模式和节点 ······ 534
13.1.1 连续傅里叶展开 ······ 534
13.1.2 离散傅里叶展开 ······ 540
13.2 傅里叶谱方法 ······ 545
13.2.1 傅里叶–伽辽金方法 ······ 545
13.2.2 傅里叶配置法 ······ 548
13.3 非线性问题 ······ 553
13.3.1 斜对称形式 ······ 553
13.3.2 黏性消去法 ······ 556
13.4 后处理技术 ······ 562
13.4.1 滤波 ······ 562
13.4.2 傅里叶–帕德重构 ······ 568
13.4.3 克服吉布斯现象 ······ 574
13.5 谱方法的运用 ······ 585
13.5.1 伯格斯方程 ······ 585
13.5.2 麦克斯韦方程 ······ 589
13.5.3 欧拉方程 ······ 592
参考文献 ······ 596
索引 ······ 601
《现代数学译丛》已出版书目

MATLAB 脚本

5.1 extend.m ············ 100

5.2 LinwaveMDriver1D.m ············ 101

5.3 LinwaveM1D.m ············ 101

5.4 LinwaveMrhs1D.m ············ 102

5.5 LinwaveLF.m ············ 102

5.6 LinwaveLW.m ············ 103

5.7 BurgersMDriver1D.m ············ 104

5.8 BurgersM1D.m ············ 105

5.9 BurgersMrhs1D.m ············ 105

5.10 BurgersLF.m ············ 106

5.11 BurgersLW.m ············ 106

5.12 BurgersRoe.m ············ 106

5.13 MaxwellMDriver1D.m ············ 107

5.14 CavityExact.m ············ 108

5.15 MaxwellM1D.m ············ 108

5.16 MaxwellMrhs1D.m ············ 109

5.17 MaxwellLF.m ············ 109

5.18 MaxwellLW.m ············ 110

5.19 EulerMDriver1D.m ············ 111

5.20 EulerM1D.m ············ 112

5.21 EulerMrhs1D.m ············ 113

5.22 EulerLF.m ············ 113

5.23 EulerLLF.m ············ 114

5.24 EulerLW.m ············ 114

6.1 Chebtau2p.m ············ 130

6.2 Chebeps.m ············ 130

6.3 EulerRoe.m ············ 137

6.4 EulerHLL.m ············ 138

6.5 EulerHLLC.m ············ 140

7.1 BurgersMDriver2D.m ······ 147
7.2 BurgersM2D.m ······ 148
7.3 BurgersMrhs2D.m ······ 148
7.4 KPPMDriver2D.m ······ 150
7.5 KPPM2D.m ······ 150
7.6 KPPMrhs2D.m ······ 151
7.7 KPPxLF.m ······ 151
7.8 KPPyLF.m ······ 152
7.9 EulerMDriver2D.m ······ 153
7.10 EulerM2D.m ······ 154
7.11 EulerMrhs2D.m ······ 154
7.12 EulerLF2Dx.m ······ 155
7.13 EulerLF2Dy.m ······ 156
7.14 EulerHLL2Dx.m ······ 157
7.15 EulerHLL2Dy.m ······ 158
7.16 IsentropicVortex2D.m ······ 159
8.1 FilterFD.m ······ 213
10.1 minmod.m ······ 242
10.2 FluxLimit.m ······ 254
10.3 LinwaveFLrhs1D.m ······ 255
10.4 BurgersFLrhs1D.m ······ 258
10.5 EulerFLrhs1D.m ······ 260
10.6 EulerFLcharrhs1D.m ······ 263
10.7 EulerChar.m ······ 265
10.8 maxmod.m ······ 270
10.9 minmodTVB.m ······ 271
10.10 SlopeLimit.m ······ 275
10.11 LinwaveSLrhs1D.m ······ 276
10.12 BurgersSLrhs1D.m ······ 279
10.13 EulerSL1D.m ······ 280
10.14 EulerSLrhs1D.m ······ 281
10.15 extendstag.m ······ 289
10.16 LinwaveCrhs1D.m ······ 290
10.17 BurgersFlux.m ······ 292
10.18 BurgersJac.m ······ 292

10.19 BurgersCrhs1D.m ············ 293
10.20 EulerCrhs1D.m ············ 294
10.21 EulerFlux.m ············ 296
10.22 EulerJac.m ············ 297
10.23 BurgersFLrhs2D.m ············ 298
10.24 BurgersSLrhs2D.m ············ 300
10.25 BurgersCrhs2D.m ············ 302
10.26 BurgersFlux2Dx.m ············ 305
10.27 BurgersFlux2Dy.m ············ 305
10.28 BurgersJac2Dx.m ············ 305
10.29 BurgersJac2Dy.m ············ 306
10.30 KPPFlux2Dx.m ············ 306
10.31 KPPFlux2Dy.m ············ 307
10.32 KPPJac2Dx.m ············ 307
10.33 KPPJac2Dy.m ············ 307
10.34 EulerSL2D.m ············ 309
10.35 EulerSLrhs2D.m ············ 309
10.36 EulerFlux2Dx.m ············ 312
10.37 EulerFlux2Dy.m ············ 312
10.38 EulerJac2Dx.m ············ 313
10.39 EulerJac2Dy.m ············ 314
11.1 ReconstructWeights.m ············ 324
11.2 LinearWeights.m ············ 325
11.3 ddnewton.m ············ 328
11.4 ENO.m ············ 335
11.5 LegendreGQ.m ············ 336
11.6 BurgersENODriver1D.m ············ 337
11.7 BurgersENO1D.m ············ 338
11.8 BurgersENOrhs1D.m ············ 339
11.9 MaxwellENODriver1D.m ············ 341
11.10 MaxwellENO1D.m ············ 341
11.11 MaxwellENOrhs1D.m ············ 342
11.12 MaxwellUpwind.m ············ 345
11.13 EulerENODriver1D.m ············ 347
11.14 EulerENO1D.m ············ 348

11.15　EulerENOrhs1D.m ····· 349
11.16　lagrangeweights.m ····· 355
11.17　Qcalc.m ····· 357
11.18　betarcalc.m ····· 357
11.19　WENO.m ····· 371
11.20　MaxwellWENO1D.m ····· 372
11.21　EulerWENOcharrhs1D.m ····· 375
11.22　KPPWENOrhs2D.m ····· 384
11.23　EulerWENODriver2D.m ····· 386
11.24　EulerWENO2D.m ····· 387
11.25　EulerWENOrhs2D.m ····· 388
12.1　LegendreP.m ····· 406
12.2　LegendreGL.m ····· 412
12.3　VandermondeDG.m ····· 413
12.4　GradLegendreP.m ····· 415
12.5　GradVandermondeDG.m ····· 415
12.6　DmatrixDG.m ····· 415
12.7　FilterDG.m ····· 444
12.8　HeatDGrhs1D.m ····· 454
12.9　HeatFlux.m ····· 455
12.10　Nonvisc1.m ····· 456
12.11　Nonvisc2.m ····· 458
12.12　Entvisc.m ····· 460
12.13　SlopeLimitCSDG.m ····· 467
12.14　SlopeLimitBSBDG.m ····· 469
12.15　MomentLimitDG.m ····· 470
12.16　WENOlimitDG.m ····· 474
12.17　WENODGWeights.m ····· 477
12.18　extprelimitDG.m ····· 482
12.19　extendDG.m ····· 499
12.20　LinwaveDGDriver1D.m ····· 501
12.21　LinwaveDG1D.m ····· 501
12.22　LinwaveDGrhs1D.m ····· 503
12.23　BurgersDGDriver1D.m ····· 506
12.24　BurgersDG1D.m ····· 507

12.25 BurgersDGrhs1D.m ··· 508
12.26 MaxwellDGDriver1D.m ··· 510
12.27 MaxwellDG1D.m ··· 511
12.28 MaxwellDGrhs1D.m ··· 512
12.29 EulerDGDriver1D.m ··· 514
12.30 EulerDG1D.m ··· 515
12.31 EulerDGrhs1D.m ··· 516
12.32 EulerQtoRDG.m ··· 518
12.33 EulerRtoQDG.m ··· 519
13.1 Fourierdx.m ··· 538
13.2 FourierD.m ··· 542
13.3 Fourier-VanishHypVisc.m ··· 560
13.4 FourierF.m ··· 567
13.5 FourierPade.m ··· 570
13.6 SingularFourierPade.m ··· 571
13.7 GegenbauerP.m ··· 578
13.8 GegenbauerRecon.m ··· 580
13.9 GegenbauerGQ.m ··· 583
13.10 GegenbauerPade.m ··· 584
13.11 BurgersSpecDriver1D.m ··· 586
13.12 BurgersSpec1D.m ··· 586
13.13 BurgersSpecrhs1D.m ··· 587
13.14 MaxwellSpecDriver1D.m ··· 590
13.15 MaxwellSpec1D.m ··· 590
13.16 MaxwellSpecDriver1D.m ··· 591
13.17 EulerSpecDriver1D.m ··· 593
13.18 EulerSpec1D.m ··· 594
13.19 EulerSpecrhs1D.m ··· 596

第 1 章　介　　绍

物理系统中的平衡是守恒律方程能够建立起来的核心假设。这一假设指出，在一个封闭的容积内，一个实体 (例如质量、能量或电荷) 的产生，与该实体通过容积边界的通量相平衡。换句话说，只有当流入系统的量比流出系统的量多的时候，该容积内的物质体才会增加。

让我们考虑一个简单的物理系统，其中单位长度的质量，即通常所指的物质 (如气体或液体) 的密度 $\rho(x,t)$，沿 $x \in [x_1, x_2] = \Omega_x$ 分布，则该系统的总质量可由如下公式表示

$$M(t) = \int_{\Omega_x} \rho(x,t)dx$$

如果用 $v(x,t)$ 表示气体在位置 x 处、t 时刻的局部流速，则质量守恒可表示为

$$\frac{d}{dt}\int_{\Omega_x} \rho(x,t)dx = \rho(x_1,t)v(x_1,t) - \rho(x_2,t)v(x_2,t)$$

这反映了一种平衡状态，即只有在位置 x_1 的内向通量 ρv 高于在位置 x_2 的外向通量时，质量才能增加。定义一个时域 $\Omega_t = [t_1, t_2]$，并在这个范围上进行积分，可以得到

$$\int_{\Omega_x} \rho(x,t_2)dx - \int_{\Omega_x} \rho(x,t_1)dx = \int_{\Omega_t} [\rho(x_1,t)v(x_1,t) - \rho(x_2,t)v(x_2,t)]dt \quad (1.1)$$

这个结果直接源自基本的物理原理，即质量不会凭空产生也不会凭空消失。这个守恒原理是用积分形式表示的，可以说是守恒原理的最基本形式。我们将在之后对此进行详细讨论。

更进一步，假设密度和速度在 (x,t) 处都是可微函数。由微积分基本定理可以立即得出

$$\rho(x,t_2) - \rho(x,t_1) = \frac{d}{dt}\int_{\Omega_t} \rho(x,t)dt = \int_{\Omega_t} \frac{\partial}{\partial t}\rho(x,t)dt$$

类似地，

$$\rho(x_2,t)v(x_2,t) - \rho(x_1,t)v(x_1,t) = \frac{d}{dx}\int_{\Omega_x} \rho(x,t)v(x,t)dx = \int_{\Omega_x} \frac{\partial}{\partial x}\rho(x,t)v(x,t)dx$$

将其与 (1.1) 结合, 就可以得到

$$\int_{\Omega_x}\int_{\Omega_t}\left[\frac{\partial\rho(x,t)}{\partial t}+\frac{\partial}{\partial x}(\rho(x,t)v(x,t))\right]dtdx=0$$

由于这需要对任何控制体积 $\Omega_x\times\Omega_t$ 都适用, 它必须逐点意义上成立。于是, 我们用微分形式来表示守恒律方程:

$$\frac{\partial\rho(x,t)}{\partial t}+\frac{\partial}{\partial x}(\rho(x,t)v(x,t))=0,\quad (x,t)\in\Omega_x\times\Omega_t$$

再进一步, 引入一般守恒变量 $u(x,t)$ 和相应的通量 $f(u,t)$, 就能得到守恒律方程的积分形式

$$\int_{\Omega_x}u(x,t_2)dx-\int_{\Omega_x}u(x,t_1)dx=\int_{\Omega_t}[f(x_1,t)-f(x_2,t)]dt \tag{1.2}$$

并且, 如果 $u(x,t)$ 和 $f(u,t)$ 都可微, 那就有了守恒律方程的微分形式

$$\frac{\partial u(x,t)}{\partial t}+\frac{\partial f(u,t)}{\partial x}=0,\quad (x,t)\in\Omega_x\times\Omega_t$$

这一守恒律方程的原型遵循基本的守恒原理。多维守恒律系统的公式化亦归功于类似思想的应用。在这种情况下, 施加合适的初始条件, 守恒律可以表述为

$$\frac{d}{dt}\int_{\Omega_x}\boldsymbol{u}(\boldsymbol{x},t)dV=-\oint_{\partial\Omega_x}\hat{\boldsymbol{n}}\cdot\boldsymbol{f}(\boldsymbol{u},x,t)dS,\quad \boldsymbol{x}\in\Omega_x\subset\mathrm{R}^d,\quad t>0,$$

这里 $\boldsymbol{u}(\boldsymbol{x},t)$: $\Omega_x\times\Omega_t\to\mathrm{R}^m$ 为因变量, $\hat{\boldsymbol{n}}$ 为 Ω_x 的边界 $\partial\Omega_x$ 上的向外单位向量, $\boldsymbol{f}(\boldsymbol{u},\boldsymbol{x},t)$: $\mathrm{R}^m\times\Omega_x\times\Omega_t\to\mathrm{R}^m$ 为穿过 Ω_x 边界的通量。假设守恒律方程的解和通量可微, 那么可以把高斯定理 (Gauss's theorem) 应用于某一控制体积, 从而得到

$$\int_{\Omega_t}\int_{\Omega_x}\left(\frac{\partial}{\partial t}\boldsymbol{u}(\boldsymbol{x},t)+\nabla\cdot\boldsymbol{f}(\boldsymbol{u},\boldsymbol{x},t)\right)d\boldsymbol{x}dt=0$$

由于这适用于任意控制体积, 我们就能用微分形式描述一般情况下的守恒律方程, 即

$$\frac{\partial\boldsymbol{u}(\boldsymbol{x},t)}{\partial t}+\nabla\cdot\boldsymbol{f}(\boldsymbol{u},\boldsymbol{x},t)=0,\quad \boldsymbol{x}\in\Omega_x,\quad t>0$$

它表示 d 维空间下由 m 个守恒律方程组成的系统。

虽然这看起来可能很简单, 但守恒原理——假设质量、线动量、角动量、机械能、电荷等都守恒——是一个极其强大的概念, 可用于模拟和理解我们周围的物理世界。

尽管守恒原理自然产生了许多物理模型, 但使用计算或数学手段求解得到的模型仍然是一个重大挑战。该研究领域十分活跃, 且有很多问题尚无定论。在数学方面, 一旦空间维度的最小值和方程的数量超过 1, 许多有关解的存在性和唯一性的基本问题就会没有着落。换句话说, 多维标量问题和一维非线性系统是很好理解的, 但对于一维空间以上的系统, 许多基本属性仍然难以被解释。不幸的是, 后者与科学和工程领域的应用最为相关。

如果缺乏对于基本守恒律的严谨数学表述, 那么开发数值求解技术时, 所能达到的严谨程度亦是有限的。尽管如此, 过去四十年中, 针对复杂守恒律系统求解的计算技术的发展和分析已取得重大进步。毫无疑问, 这些模型是成功的。本书的中心主旨就是向读者概述其中的部分发展, 并加上一些对算法分析和算法实现的见解。

1.1 面临的挑战

守恒是用于构建物理世界模型的基本原则, 量子力学、连续介质力学和引力物理学都有它的身影。其中一些典型例子包括气体动力学的欧拉方程组、弹性力学的纳维方程组、电磁学的麦克斯韦方程组以及引力学的爱因斯坦方程组。

因此, 守恒律的数学分析无疑是一个有着深厚底蕴的研究领域, 其贡献可以追溯到莱布尼茨 (Leibniz)。像冯・诺伊曼 (von Neumann)、拉克斯 (Lax) 和利翁斯 (Lions) 这样的科学先驱, 也都曾为解决此类问题而建立过高效且精准的计算方法。遗憾的是, 尽管问题看似简单, 但仔细审视时会发现, 在试图了解基本守恒律及其解的性质时, 依然存在一些严峻的挑战。

为领会摆在前面的问题, 我们可以从所有守恒律方程中最简单一个开始入手,

$$\frac{\partial u}{\partial t}+\frac{\partial au}{\partial x}=0, \quad x\in \mathrm{R}$$

其中 $a \in \mathrm{R}$ 是一个有限常数。这个方程是标量单向波动方程, 可以通过通量 $f(u)=au$ 得到。结合初始条件 $u(x,0)=g(x)$, 很快就可以验证该方程的精确解为

$$u(x,t)=g(x-at)$$

换句话说, 该线性守恒律的唯一行为是以恒定速率 a 传送初始条件。当 $a>0$ 时, 方程的解向右传播；当 $a<0$ 时, 方程的解向左传播。

通过定义 $x_0 = x - at$, 可以注意到方程的解沿 x_0 方向是恒定的, 即

$$\frac{dx}{dt} = a, \quad x(0) = x_0$$

我们将这些曲线称为在 (x,t)-平面的特征线 (characteristics) 。可以观察到, 在这种特殊的情况下, 所有特征线都具有相同的斜率, 因此它们相互平行。现在考虑沿如下特征线的解:

$$\frac{d}{dt}u(x(t),t) = \frac{\partial u}{\partial t} + \frac{\partial u}{\partial x}\frac{\partial x}{\partial t} = \frac{\partial u}{\partial t} + a\frac{\partial u}{\partial x} = 0$$

由于 $u(x,t)$ 是守恒律方程的解, 那就剩下了最后一步。换言之, 沿着该特征线的解是一个常数。考虑如下方程, 可做出一个小小的归纳:

$$\frac{\partial u}{\partial t} + \frac{\partial au}{\partial x} = -cu$$

其中 $c \in \mathrm{R}$ 是一个常数。在这种情况下, 易得解为 $u(x,t) = e^{-ct}g(x - at)$。根据 c 的符号, 低阶项充当汇 (sink) 或源 (source)。

现在, 考虑一个更一般的问题

$$\frac{\partial u}{\partial t} + \frac{\partial a(x)u}{\partial x} = 0$$

若 $a(x)$ 是可微的, 则有

$$\frac{\partial u}{\partial t} + a(x)\frac{\partial u}{\partial x} = -\frac{da(x)}{dx}u$$

随之有如下形式的特征线方程:

$$\frac{dx}{dt} = a(x), \quad x(0) = x_0$$

沿着特征线的解满足

$$\frac{d}{dt}u(x(t),t) = \frac{\partial u}{\partial t} + \frac{\partial u}{\partial x}\frac{\partial x}{\partial t} = \frac{\partial u}{\partial t} + a(x)\frac{\partial u}{\partial x} = -\frac{da(x)}{dx}u$$

虽然特征线上的解不再保持恒定, 但解的整体变化趋势还是一样的。

只要 $a(x)$ 不改变符号, 我们得到的就是一个清楚明白的解。但如果 $a(x)$ 的符号发生改变, 传播的方向就会发生反转, 而解的变化趋势也不再显而易见。让我们举一个例子来观察这样的改变会造成怎样的后果。

例 1.1 考虑如下问题

$$\frac{\partial u}{\partial t}+a(x)\frac{\partial u}{\partial x}=0,\quad x\in[-1,1] \tag{1.3}$$

其中初始条件为 $u(x,0)=\sin(\pi x)$, 周期性边界条件为 $u(-1,t)=u(1,t)$.

假设

$$a(x)=\frac{1}{\pi}\sin(\pi x-1)$$

它在 x 的定义域中会改变符号。则该问题的精确解为[1]

$$u(x,t)=\sin\left(2\arctan\left[e^{-1}\tan\left(\frac{\pi x-1}{2}\right)\right]+1\right)$$

我们在图 1.1 中绘制了不同时长下的解, 可以观察到在 $x=\pi^{-1}-1\simeq-0.682$ 附近, 有一个非常陡峭且高度局部化的解。尽管 $a(x)$ 和初始条件都是解析的, 但仍

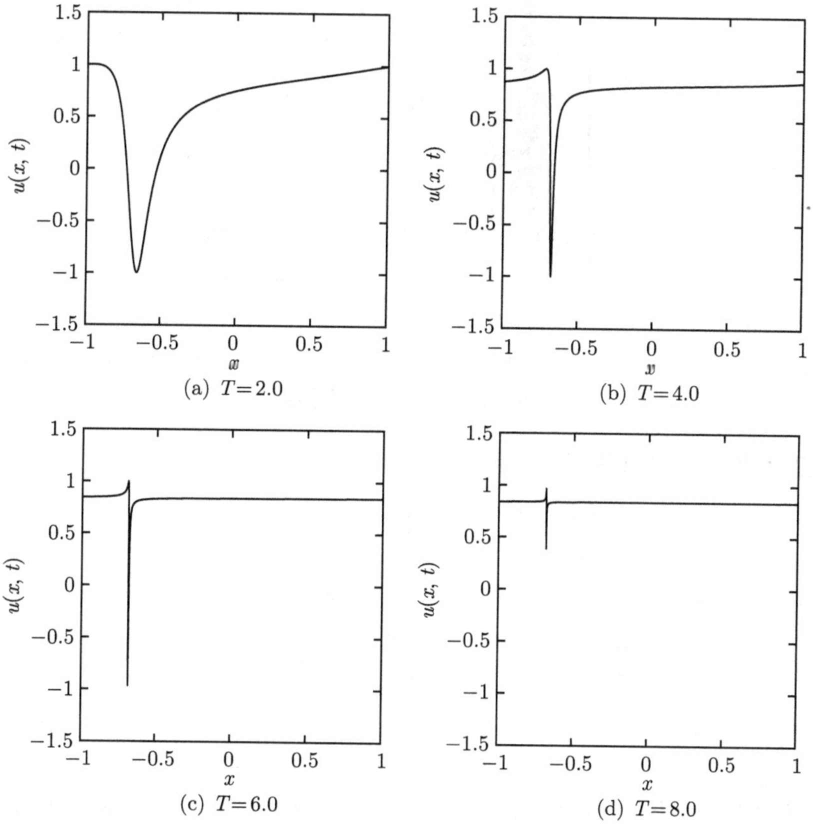

图 1.1 当 $x=\pi^{-1}-1\simeq-0.682$ 时, 变系数波动方程的解会变号

会发生这种情况，即 $a(x)$ 的符号变化导致解变得相当复杂，即便该解仍然保持光滑，并随时间推移渐近地趋于 $u(x,t)=\sin(1)$。

为理解这一现象，考虑由下列初值问题给出的特征线：

$$\frac{dx}{dt}=\frac{1}{\pi}\sin(\pi x-1),\quad x(0)=x_0$$

在 $x\in[-1,1]$ 内有两个临界点，分别位于 $x_1=\pi^{-1}-1$ 和 $x_2=\pi^{-1}$。撇开这两处临界点，我们将特征线绘制在图 1.2 中。可以观察到，高度局部化的解的形成是因为临界点 x_1 是一个稳定的固定点，在该点处集中了大部分的解点，从而产生变化非常陡峭且局部化的解。需要注意的是，尽管这些特征线彼此非常接近，但它们永不相交。

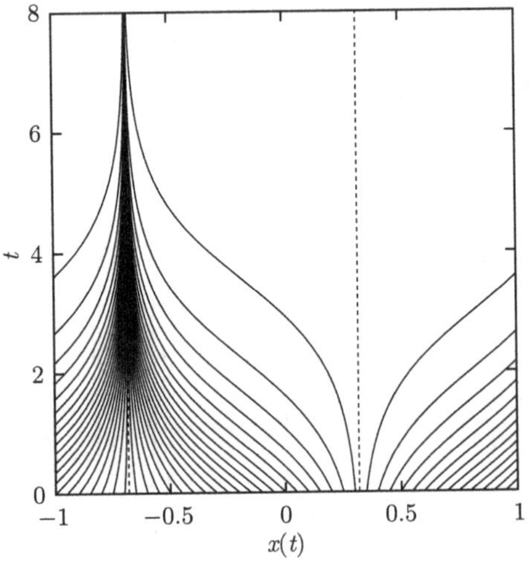

图 1.2 在 $x=\pi^{-1}-1$ 处，变系数周期性波动方程 (1.3) 的解的特征线会变号。图中虚线对应两个临界点

如果考虑如下守恒律形式的问题，即

$$\frac{\partial u}{\partial t}+\frac{\partial a(x)u}{\partial x}=0,\quad x\in[-1,1]$$

对 u 积分的结果将保持守恒，并且在 x_1 处会形成一个奇点。而对于 (1.3)，则有

$$\frac{\partial u}{\partial t}+\frac{\partial a(x)u}{\partial x}=\frac{da(x)}{dx}u=\cos(\pi x-1)u$$

回想一下，当 $\cos(\pi x-1)$ 取负值时，该项具有耗散效应。事实上，我们观察到，$\cos(\pi x-1)$ 恰好在 x_1 处出现最大负值，导致原方程解的渐近衰减。

让我们进一步讨论这个问题，考虑一个简单的非线性守恒律方程，即伯格斯方程 (Burgers' equation)：

$$\frac{\partial u}{\partial t}+\frac{\partial u^2}{\partial x}=0, \quad x \in [0,1]$$

其初始条件为 $u(x,0)=\sin(2\pi x)$。方便起见, 假设解在空间中呈周期性分布, 即 $u(0,t)=u(1,t)$, 可得

$$\frac{d}{dt}\int_0^1 u(x,t)dx=0$$

为理解该方程解的表现形式, 假设 $u(x,t)$ 至少在局部是可微的, 那就可将伯格斯方程改写成

$$\frac{\partial u}{\partial t}+2u\frac{\partial u}{\partial x}=0, \quad x \in [0,1]$$

显然, 这和变系数波动方程的情况 (1.3) 相似。于是, 可以得到特征线方程

$$\frac{dx}{dt}=2u(x,t), \quad x(0)=x_0$$

图 1.3 展示了用拉克斯–弗里德里希斯格式 (Lax-Friedrichs scheme, 详见第 5 章) 求得的伯格斯方程的解, 具有颇高的空间分辨率和时间分辨率。

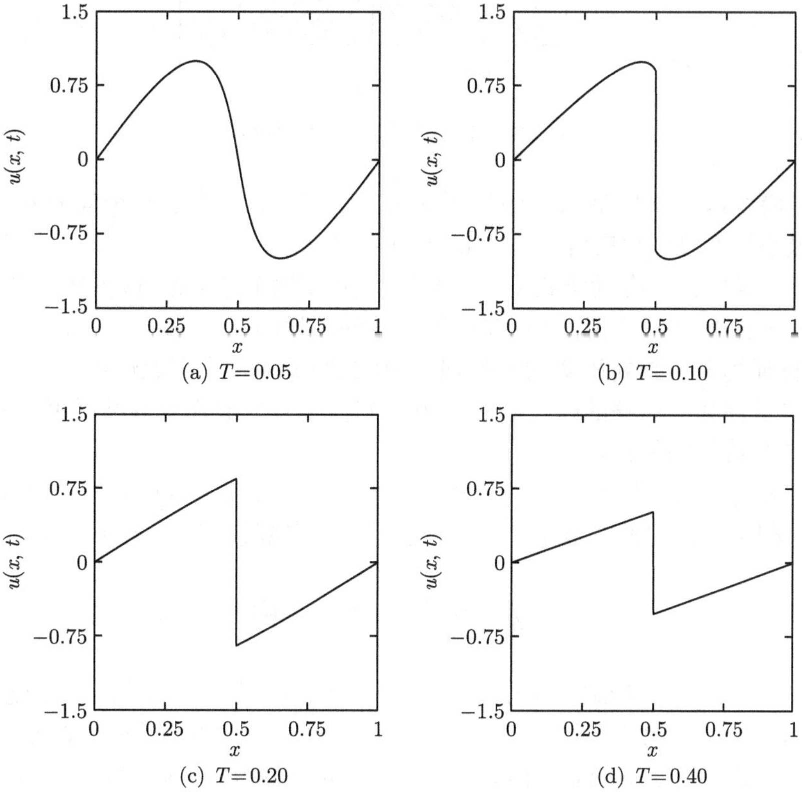

(a) $T=0.05$ (b) $T=0.10$ (c) $T=0.20$ (d) $T=0.40$

图 1.3 用不同时长求解伯格斯方程的情况

注意到间断解的形成及其最终的耗散。该间断解产生于光滑的初始条件，即是说，作为非线性守恒律的解，它是自发产生的。

为了阐明这种现象，我们在图 1.4 中展示出伯格斯方程解的特征线。与图 1.2 所示波动问题的特征线相比，我们观察到一个显著的区别——这些特征线存在交叉的情况。

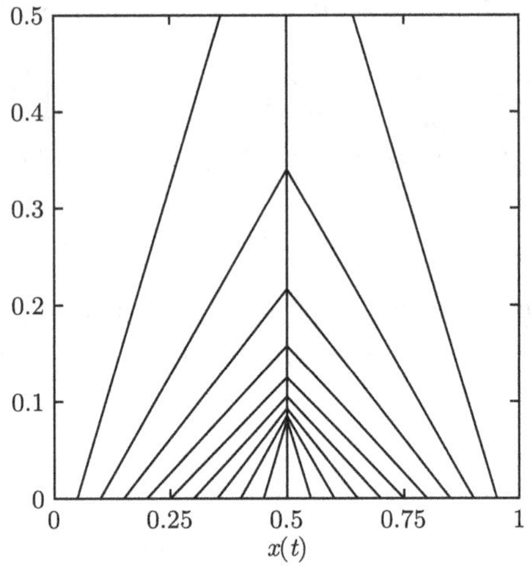

图 1.4　伯格斯方程解的特征线

这种特征线交叉的后果是破坏了解的发展过程，形成了一个间断解，致使上述基于最小光滑度假设的许多观点都变为无效。

这个简单的例子有助于我们领会与守恒律的理解和求解相关的核心挑战：

- 即使初始条件光滑，也存在自发形成间断解的可能性；
- 特征线在间断处相交，会导致特征线在间断处丧失可逆性；
- 光滑性和经典解的缺失导致守恒律方程的微分形式变得不适用；
- 守恒特性的保持。

在开发与分析守恒律方程的计算技术时，我们必须留意这些简单现象。遗漏守恒律方程及其相关解的基本性质可能会导致解的精度变差，甚至产生错误的解。

1.2　守恒律的历史

早在大约 2500 年前的古希腊时期，作为自然界基本属性的守恒概念就已经为人所知。米利都的泰勒斯 (Thales, 公元前 624—前 546)[2] 推测自然界的某些元素是恒常的，这些物质构成了我们周围的世界。恩培多克勒 (Empedocles, 公元前 490—前 430)[3] 宣称，水、气、火和土这几种已被公认的恒常物质，既不能被毁灭也不能被创造。同样, 在亚里士多德 (Aristotle, 公元前 384—前 322)[4] 和托勒密 (Ptolemy, 90—168)[5] 主张的地心宇宙观中, 包括太阳在内的星体以完美的圆形轨道绕地运行, 且假定地球和其他天体之间的固定距离守恒。

这种观念直到哥白尼 (Copernicus, 1473—1543)[6] 和伽利略 (Galileo, 1564—1642)[7] 的时代才遭遇到严峻挑战, 随之出现的是行星按正圆轨道绕太阳公转的模型。而后, 开普勒 (Kepler, 1571—1630)[8] 对该模型的高度对称性质疑, 并证明行星的运行轨迹实际上是椭圆形的。从此, 简洁优美的宇宙模型荡然无存。不过, 开普勒在制定行星运动第二定律时遵循了守恒原则, 即在相等时间内, 日星连线所扫过的面积相等。

大约是莱布尼茨 (Leibniz, 1646—1716)[9] 率先尝试将能量守恒概念的公式化。他通过对机械系统的考察发现, 只要各个质量体间不发生相互作用, 一种与运动相关的能量——莱布尼茨称之为"vis viva"或"生命力"——就能在一些系统中守恒。然而人们很快意识到这种有关能量的概念并不充分, 因为在转换到当时还是未知形式的能量时, 很多系统违背了这种守恒规则。同时, 机械系统的线动量 (linear momentum) 被公认为是守恒的, 不过观测结果很快就证伪了这个观点。

尽管当时人们尚未理解能量的转换, 也不清楚能量在损失过程中究竟发生了什么, 但人们逐渐接受了这样的观点, 即在摩擦过程中产生的热量是另一种形式的能量。这引发了有关不同能量形式之间转换机制的讨论。"能量"一词似乎是由托马斯·杨 (Thomas Young, 1773—1829)[10] 先提出, 用以概括不同形式的能量。尽管能量转换机制的细节尚不清楚, 但对于能量守恒基本原理的理解在 19 世纪早期已开始逐渐形成。

大约在同一时期, 拉瓦锡 (Lavoisier, 1743—1794)[11] 确立了如今为人所知的封闭系统中质量守恒的性质。这是一个至关重要的进步, 因为它表明, 即使系统发生变化, 比如液态变为气态, 只要没有外部质量或能量的加入, 质量就是守恒的。不久之后, 焦耳 (Joule, 1818—1889)[12] 证明了机械能与热能之间的等价性, 这为莱布尼茨在近 200 年前提出的观点提供了有力支持。

在另一个看似无关的物理学分支中, 富兰克林 (Franklin, 1706—1790)[13] 提出了我们今天所知的电荷守恒的假说, 简单表述为, 除非有电荷从外部加入, 否则系统内的电荷量不会发生改变。

尽管在 19 世纪已开始盛行诸如能量、质量、线动量、电荷等一些元素的守恒观念, 但人们对不同守恒量之间的联系仍然知之甚少。1905 年, 爱因斯坦的狭义相对论从根本上改变了这一状况。通过著名的 $E = mc^2$ 定律, 他首次揭示了总能量与总质量之间的直接联系, 将这两个量紧密地联系在一起。

历史上, 真正为守恒原理的建立带来统一性进展的是由诺特 (Noether, 1882—1935)[14] 开创的定理。该定理指出, 一个物理系统行为任何的连续对称性

(continuous symmetry) 都具有相应的守恒原理。尽管她当时未像后来那样将该定理适用到函数空间, 但诺特无疑是第一提出人。这带来的直接启示是, 线动量和角动量的守恒原理与空间中的平移和旋转对称性相关, 质能守恒源自时间平移对称性, 而电荷守恒则源自所谓的规范不变性 (gauge invariance)。

守恒原理拥有将近 2500 年的发展历程。作为认识和模拟世界的工具, 其重要性毋庸置疑。在我们构建模型描述动态系统以及不同类型的能量 (例如动能和内能) 的交换时, 都会用到这些原理。当这些简明扼要的原理被用于物理、化学或机械系统的平衡方程的建立时, 就有了如下的守恒律公式:

$$\frac{\partial \boldsymbol{u}}{\partial t} + \nabla \cdot \boldsymbol{f}(\boldsymbol{u}) = 0$$

如果扩展到热力学, 模型还需要考虑热量的产生和传递所带来的影响。

理解这些模型对于我们通晓自然规律来说至关重要。几乎很难想到还有什么更好的学习这门课的理由, 研发解决问题的计算方法, 提升我们对所身处的世界的理解。

1.3　连续介质力学中的一些伟大方程

随着人们开始运用守恒原理建立守恒律方程, 一系列伟大的连续介质力学方程接踵而来。下面, 让我们回顾几个最为知名的方程。

1.3.1　线性方程

一个知名的线性范例可参见电磁学中的麦克斯韦方程组 (Maxwell's equations)[15]:

$$\frac{\partial \boldsymbol{B}}{\partial t} = -\nabla \times \boldsymbol{E} + \boldsymbol{J}, \quad \frac{\partial \boldsymbol{D}}{\partial t} = \nabla \times \boldsymbol{H}$$

它服从如下全局约束条件

$$\nabla \cdot \boldsymbol{D} = \rho, \quad \nabla \cdot \boldsymbol{B} = 0$$

这里, $\boldsymbol{E} = \boldsymbol{E}(\boldsymbol{x}, t)$ 和 $\boldsymbol{B} = \boldsymbol{B}(\boldsymbol{x}, t)$ 分别代表电场向量和磁场向量, 而 $\boldsymbol{D} = \boldsymbol{D}(\boldsymbol{x}, t)$ 和 $\boldsymbol{H} = \boldsymbol{H}(\boldsymbol{x}, t)$ 分别代表电位移向量场和磁化向量场。$\boldsymbol{J} = \boldsymbol{J}(\boldsymbol{x}, t)$ 代表电流密度, $\rho = \rho(\boldsymbol{x}, t)$ 代表电荷密度。所有向量场都是三维向量。如果仅限于线性本构关系, 它们有如下关系

$$\boldsymbol{\varepsilon E} = \boldsymbol{D}, \ \boldsymbol{\mu H} = \boldsymbol{B}$$

其中, $\boldsymbol{\varepsilon}$ 和 $\boldsymbol{\mu}$ 是对称的三维张量。直接代入原方程中计算就可以得到电荷守恒律

$$\frac{\partial \rho}{\partial t} + \nabla \cdot \boldsymbol{J} = 0$$

通过定义

$$\boldsymbol{q} = \begin{bmatrix} \boldsymbol{E} \\ \boldsymbol{H} \end{bmatrix}, \quad \boldsymbol{f}_i = \begin{bmatrix} -\boldsymbol{e}_i \times \boldsymbol{H} \\ \boldsymbol{e}_i \times \boldsymbol{E} \end{bmatrix}, \quad \boldsymbol{Q} = \begin{bmatrix} \boldsymbol{\varepsilon} & 0 \\ 0 & \boldsymbol{\mu} \end{bmatrix}$$

通量 $\boldsymbol{f}(\boldsymbol{q}) = [\boldsymbol{f}_1, \boldsymbol{f}_2, \boldsymbol{f}_3]$ 和笛卡儿坐标系中的单位向量 $\boldsymbol{e}_i$, 可以表示出麦克斯韦方程组的守恒形式:

$$\boldsymbol{Q}\frac{\partial \boldsymbol{q}}{\partial t} + \nabla \cdot \boldsymbol{f}(\boldsymbol{q}) = \begin{bmatrix} \boldsymbol{J} \\ 0 \end{bmatrix}$$

可以进一步定义电磁能为

$$E(t) = \frac{1}{2}[\boldsymbol{E} \cdot \boldsymbol{D} + \boldsymbol{H} \cdot \boldsymbol{B}]$$

以及坡印亭矢量 (Poynting vector), $\boldsymbol{S} = \boldsymbol{E} \times \boldsymbol{H}$, 得到

$$\frac{\partial E}{\partial t} + \nabla \cdot \boldsymbol{S} = -\boldsymbol{J} \cdot \boldsymbol{E}$$

因此, 对于 $\boldsymbol{J} = 0$ 的无源场, 电磁能满足坡印亭矢量充当通量的守恒律方程。

再来看一个同样重要的例子, 考虑弹性动力学方程[16]

$$\rho \frac{\partial \boldsymbol{v}}{\partial t} = \nabla \cdot S + \boldsymbol{b} \tag{1.4}$$

这里, $\rho = \rho(\boldsymbol{x}, t)$ 表示密度, $\boldsymbol{v} = \boldsymbol{v}(\boldsymbol{x}, t)$ 表示三维速度向量, $\boldsymbol{b} = \boldsymbol{b}(\boldsymbol{x}, t)$ 表示体积力, $\boldsymbol{S}$ 是一个 3×3 的柯西应力张量 (Cauchy stress tensor)。根据对称性, $\boldsymbol{S}$ 只有 6 个自变量。对于一种线性材料而言, 有本构关系

$$\boldsymbol{S} = C\boldsymbol{E}$$

它通过刚度张量 C, 将应变 $\boldsymbol{E} = \boldsymbol{E}(\boldsymbol{x}, t)$ 同应力联系起来。这里将 S 展开成拥有 6 个自变量的向量 $\boldsymbol{S} = [S_1, \cdots, S_6]$, 对于 $\boldsymbol{E}$ 也一样。由各自具有 6 维向量 $\boldsymbol{S}$ 和 $\boldsymbol{E}$ 产生各向异性效应。C 有 36 个元素, 但由于对称性, 只有 21 个自变量。应变和速度之间有如下的直接关系

$$\frac{\partial \boldsymbol{E}}{\partial t} = \frac{1}{2}(\nabla \boldsymbol{v} + (\nabla \boldsymbol{v})^{\mathrm{T}}) \tag{1.5}$$

这一点需要以矩阵的方式理解对称的 3×3 应变矩阵。

引入算子 $K_\mu(\mu = 1, \cdots, 3)$,

$$K_\mu = \begin{bmatrix} \delta_{\mu 1} & 0 & 0 & 0 & \delta_{\mu 3} & \delta_{\mu 2} \\ 0 & \delta_{\mu 2} & 0 & \delta_{\mu 3} & 0 & \delta_{\mu 1} \\ 0 & 0 & \delta_{\mu 3} & \delta_{\mu 2} & \delta_{\mu 1} & 0 \end{bmatrix}$$

其中

$$\delta_{ij} = \begin{cases} 1, & i = j \\ 0, & i \neq j \end{cases}$$

为克罗内克 δ 函数 (Kronecker delta function)。于是, (1.4) 和 (1.5) 就可以分别表示成

$$\rho \frac{\partial \boldsymbol{v}}{\partial t} = \sum_{\mu=1}^{3} K_\mu \frac{\partial \boldsymbol{S}}{\partial x_\mu} + \boldsymbol{b}, \qquad \frac{\partial \boldsymbol{E}}{\partial t} = \sum_{\mu=1}^{3} K_\mu^{\mathrm{T}} \frac{\partial \boldsymbol{v}}{\partial x_\mu}$$

在做一些改动后就可以表示为速度-应变公式中 $\boldsymbol{v}$ 和 $\boldsymbol{E}$ 的守恒律。

结合 (1.4) 和 (1.5) 可以得到

$$\rho \frac{\partial^2 \boldsymbol{v}}{\partial t^2} = \frac{1}{2} \nabla \cdot (\mathcal{C}(\nabla \boldsymbol{v} + (\nabla \boldsymbol{v})^{\mathrm{T}})) + \frac{\partial \boldsymbol{b}}{\partial t}$$

这里 $\mathcal{C}$ 是秩为 4 的刚度张量。我们将其视为弹性介质的纳维-柯西方程 (Navier-Cauchy equation)[16], 它具备线性本构关系, 并且是隐藏在其中的牛顿第二运动定律。

通过代数推导可以得到

$$\frac{d}{dt} \int_{\Omega_x} \left(\frac{\rho}{2} \boldsymbol{v} \cdot \boldsymbol{v} + \boldsymbol{S} \cdot \boldsymbol{E} \right) d\boldsymbol{x} = \int_{\Omega_x} \nabla \cdot \boldsymbol{F} d\boldsymbol{x} = \int_{\partial \Omega_x} \widehat{\boldsymbol{n}} \cdot \boldsymbol{F} d\boldsymbol{x}$$

其中, $\boldsymbol{F} = [F_1, F_2, F_3]$, $F_i = \boldsymbol{v} \cdot K_i \boldsymbol{S}$。可以将它作为一则对能量守恒的陈述, 包括动能和弹性能。

麦克斯韦方程组和弹性方程组通常都以上述线性形式表示。在这种情况下, 解决此类问题的主要挑战往往在于需要在长距离传播波, 以及模拟波与材料之间的相互作用, 尤其是对于那些具有较大几何与空间分布变化的材料。不过通过本构关系可以在两种模型中引入非线性。在这种情况下, 材料的电磁学性质取决于麦克斯韦方程组中的场, 或者应力-应变关系变为非线性关系。对此类非线性材料的理解和建模一个非常活跃的研究领域, 对于精确有效的计算模型的需求是巨大的。

1.3.2 非线性方程

谈到非线性方程, 研究最多的守恒律可能是气体动力学的欧拉方程 (Euler equations)。假设气体的质量和线动量守恒, 则有下列方程

$$\frac{\partial \rho}{\partial t}+\nabla \cdot (\rho \boldsymbol{v})=0, \quad \frac{\partial \rho \boldsymbol{v}}{\partial t}+\nabla \cdot \boldsymbol{f}(\boldsymbol{v})=0$$

这里, 密度为 $\rho=\rho(\boldsymbol{x},t)$, 线动量为 $\rho \boldsymbol{v}=\rho(\boldsymbol{x},t)\boldsymbol{v}(\boldsymbol{x},t)$, 非线性通量为

$$\boldsymbol{f}(\boldsymbol{v})=[\boldsymbol{f}_1(\boldsymbol{v}),\boldsymbol{f}_2(\boldsymbol{v}),\boldsymbol{f}_3(\boldsymbol{v})]$$

$$\boldsymbol{f}_i(\boldsymbol{v})=[\rho v_1 v_i+\delta_{i1}p,\rho v_2 v_i+\delta_{i2}p,\rho v_3 v_i+\delta_{i3}p]$$

以及压力为 $p=p(\boldsymbol{x},t)$。

如果考虑到能量守恒, 则可得到第三个方程

$$\frac{\partial E}{\partial t}+\nabla \cdot [(E+p)\boldsymbol{v}]=0$$

将这五个方程结合起来, 就得到了著名的气体动力学欧拉方程[17]

$$\frac{\partial \boldsymbol{q}}{\partial t}+\nabla \cdot \boldsymbol{f}(\boldsymbol{q})=0$$

其中,

$$\boldsymbol{q}=[\rho,\rho v_1,\rho v_2,\rho v_3,E]^{\mathrm{T}}, \quad \boldsymbol{f}(\boldsymbol{q})=[\boldsymbol{f}_1(\boldsymbol{q}),\boldsymbol{f}_2(\boldsymbol{q}),\boldsymbol{f}_3(\boldsymbol{q})]$$

$$\boldsymbol{f}_i(\boldsymbol{q})=[\rho v_i,\rho v_1 v_i+\delta_{i1}p,\rho v_2 v_i+\delta_{i2}p,\rho v_3 v_i+\delta_{i3}p,v_i(E+p)]^{\mathrm{T}}$$

这些方程通过一个与密度和压力有关的热力学关系形成闭合, 例如理想气体定律。

即使有现代计算技术和强大的计算能力的支持, 欧拉方程固有的非线性特性仍然会使其求解过程极具挑战。这是由非线性、传播中波的形成以及各种不连续波的自发形成所导致的。在整本书中我们将反复遇到此类挑战, 鉴于欧拉方程依然是计算方法建立、理解和评估过程中需要考虑的典型非线性守恒律。

不幸的是, 欧拉方程仅仅是一个开始。如果考虑流速接近光速的问题, 就必须将强相对论效应考虑在内, 正如我们在相对论流体动力学中所做的那样。此外, 在这种情况下, 例如在恒星和超新星中, 气体发生电离以及流体的动力学演变将包含更多的方程, 将气体动力学与麦克斯韦方程组耦合就形成了所谓的磁流体动力学 (magnetohydrodynamics)[18]。即使在简化的情况下, 这些更复杂的模型也很难求解, 但它们仍然拥有一个简易明了的守恒律结构。

1.4　测试案例及软件

虽然本书的核心是开发并分析适用于守恒律方程的数值方法, 但只有当这些内容被编译成算法并通过实例测试时, 才算真正起到用处。为此, 每个章节都聚焦于某个特定系列的数值方法, 并在结尾针对不同方法的计算过程部分进行讨论。我们将加入 MATLAB[19] 语言编写的嵌入式软件, 用来展示不同方法的实现过程以及支持理论分析的结论。为在讨论不同方法时提供一定的统一性, 我们将通过几个典型范例来展示这些方法的表现。为保证话题专注、软件可运行, 我们一般仅限于一维的例子。不过, 我们也会遴选其中的一些方法, 演示它们在二维空间中的性能和实现过程。

虽然示例和相关软件在范围和复杂性上有所限制, 但我们的目标是为读者提供足够的背景知识, 以便探索和使用更复杂的软件库。我们并不奢望提供这些方法的完整概述, 但会推荐类似 Clawpack[20]、Deal.II[21]、DUNE[22] 和 NUDG[23] 这样的软件库。书中许多算法都能在这些软件库中得到实现并顾及大规模应用的需求。

接下来, 我们将概述一些基本示例, 并在讨论算法方面和评估不同计算方法时将这些示例作为参考。

1.4.1　一维问题

这里介绍四个不同的问题, 包括线性和非线性问题, 且复杂度逐渐增加。我们选择讨论这些问题是为了将不同格式进行比较。

线性波动方程

作为第一个测试案例, 我们考虑线性对流问题:

$$\frac{\partial u}{\partial t}+\frac{\partial u}{\partial x}=0, \quad x\in[-1,1]$$

该方程满足周期性边界条件。初始条件 $u_0(x)$ 为[24]

$$u_0(x)=\begin{cases}\dfrac{1}{6}(G(x,\beta,z-\delta)+G(x,\beta,z+\delta)+4G(x,\beta,z)), & -0.8\leqslant x\leqslant -0.6\\ 1, & -0.4\leqslant x\leqslant -0.2\\ 1-|10(x-0.1)|, & 0\leqslant x\leqslant 0.2\\ \dfrac{1}{6}(F(x,\alpha,a-\delta)+F(x,\alpha,a+\delta)+4F(x,\alpha,z)), & 0.4\leqslant x\leqslant 0.6\\ 0, & \text{其他}\end{cases} \tag{1.6}$$

这里我们定义

$$G(x,\beta,z)=\exp(-\beta(x-z)^2),\qquad F(x,\alpha,a)=\sqrt{\max(1-\alpha^2(x-a)^2,0)}$$

以及参数 $a=0.5, z=-0.7, \delta=0.005, \alpha=10, \beta=\log 2/(36\delta^2)$.

如图 1.5 所示, 这个初始条件包含了一个高斯函数的组合、一个方波、一个三角波和半个椭圆。

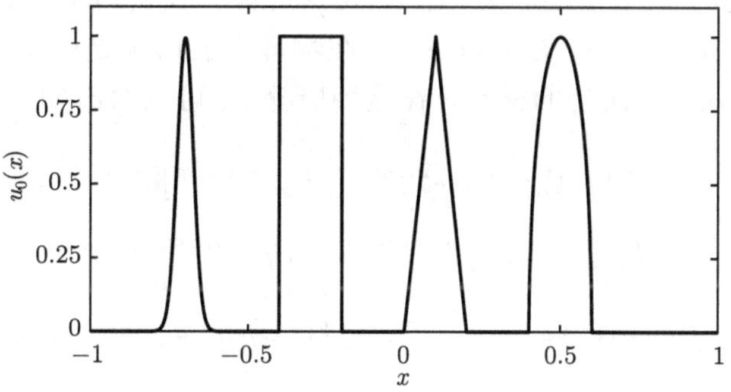

图 1.5 线性波动方程的初始条件

伯格斯方程

以一个标量非线性守恒律方程为例,

$$\frac{\partial u}{\partial t}+\frac{\partial u^2}{\partial x}=0,\quad x\in[0,1]$$

其中 $u=u(x,t)$ 的初始条件为 $u(x,0)$。这就是伯格斯方程[25], 可以将它看作一维流体的一个简单模型。

我们主要评估不同格式在激波传播这一简单情况下的特性:

$$u(x,0)=u_{x_0}(x)=\begin{cases}2, & x\leqslant x_0\\ 1, & x>x_0\end{cases}$$

这里的精确解为 $u(x,t)=u_{x_0}(x-3t)$。

麦克斯韦方程组

作为具有分段光滑解的线性方程组的一个例子, 考虑一维无量纲麦克斯韦方程组[15]

$$\varepsilon(x)\frac{\partial E}{\partial t}=\frac{\partial H}{\partial x},\quad \frac{\partial H}{\partial t}=\frac{\partial E}{\partial x},\quad x\in[-1,1]$$

这里假设相对介电常数 $\varepsilon(x)$ 是分段常数

$$\varepsilon(x)=\begin{cases}\varepsilon_1, & x\leqslant 0\\ \varepsilon_2, & x>0\end{cases}$$

且 $\varepsilon_i\in\mathrm{R}^+$。

物理情况是一个封闭的金属腔体 (部分) 充满了由 $\varepsilon(x)$ 指定的材料。

如果假设 $E(-1,t)=E(1,t)=0$, 在物理上的情况是一个封闭的金属腔体 (部分) 充满了由 $\varepsilon(x)$ 决定的材料。在这种情况下, 可以给出如下精确解[26]

$$\begin{aligned}E(x,t)&=[A_ke^{in_k\omega x}-B_ke^{-in_k\omega x}]e^{-i\omega t}\\ H(x,t)&=n_k[A_ke^{in_k\omega x}+B_ke^{-in_k\omega x}]e^{-i\omega t}\end{aligned}\tag{1.7}$$

其中, $k=1,2$ 代表两种材料, $n_k=\sqrt{\varepsilon_k}$ 是材料折射率。式中系数如下

$$A_1=\frac{n_2\cos(n_2\omega)}{n_1\cos(n_1\omega)},\quad A_2=e^{-i\omega(n_1+n_2)}$$

且

$$B_1=A_1e^{-i2n_1\omega},\quad B_2=A_2e^{i2n_2\omega}$$

在 $n_1=n_2=n$ 且 $\omega=2\pi/n$ 的特殊情况下, 我们可以得到简单驻波解。而对于 $n_1\neq n_2$ 这种更有意思的情况, 求解如下超越方程可得到共振频率 ω:

$$-n_2\tan(n_1\omega)=n_1\tan(n_2\omega)$$

在这种情况下, 解在 $x=0$ 的界面上处处连续, 但导数不连续。图 1.6 展示了 $\varepsilon_1=1,\varepsilon_2=2.25$ 情况下的解, 大致相当于内腔中分别填充了空气 $(\varepsilon=1)$ 和玻璃 $(\varepsilon=2.25)$ 的情况。

对测试案例进行修正后, 假设该界面从平面延伸出去, 并与垂直界面成 θ 角倾斜。这就导致 $E(x,t)$ 在 $x=0$ 处不连续。如果取 $\varepsilon_1=1$, $\varepsilon_2=\varepsilon\geqslant 1$, 那么解由下式给出

$$\tan\omega=\frac{-\sqrt{\varepsilon}\tan(\sqrt{\varepsilon}\omega)}{1-(\varepsilon-1)\cos^2\theta}$$

其中, $\theta\in[0,\pi/2]$。我们取 $\theta=30^\circ$, $\varepsilon=2.25$, 在图 1.6 中展示电场的不连续特性。

尽管上述模型是用电磁学的语言表述的, 但它同样可以被解释为声波的模型。

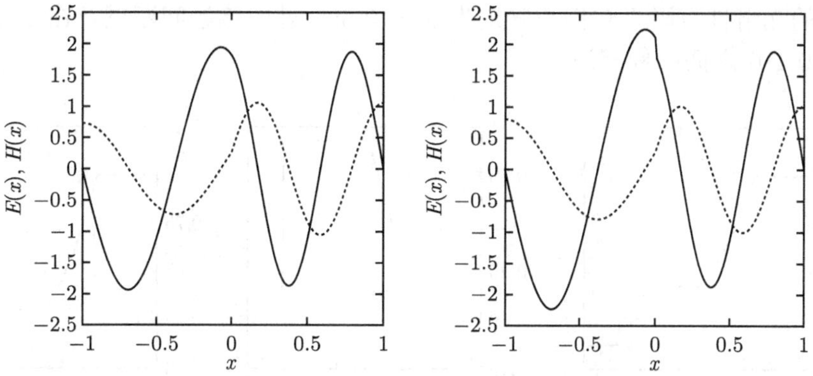

图 1.6 含不连续材料系数的麦克斯韦方程组的解的简要说明。左图向我们展示垂直界面场的连续解。右图展示的是当与界面呈 30° 时, 产生的不连续电场。在这两个图中, 实线代表电场 E, 虚线代表磁场 H

欧拉方程

作为最后一个同时也是相当复杂的一维例子, 我们考虑一维欧拉方程[17]

$$\frac{\partial \boldsymbol{q}}{\partial t} + \nabla \cdot \boldsymbol{f} = 0$$

其中守恒变量 $\boldsymbol{q}$ 和通量 $\boldsymbol{f}$ 分别如下

$$\boldsymbol{q} = \begin{bmatrix} \rho \\ \rho u \\ E \end{bmatrix}, \quad \boldsymbol{f} = \begin{bmatrix} \rho u \\ \rho u^2 + p \\ (E+p)u \end{bmatrix}$$

该方程经由理想气体定律封闭

$$p = (\gamma - 1)\left(E - \frac{1}{2}\rho u^2\right), \quad c = \sqrt{\frac{\gamma p}{\rho}}$$

这里 c 表示局部声速, γ 表示一个与流体有关的常数。对于典型的大气气体情况, 取 $\gamma = 7/5$。

有很多经典的测试问题, 比如激波管问题, 能够给出一维欧拉方程的精确解。考虑其中的一种——Sod 问题[27], 它由以下初始条件定义

$$\rho(x,0) = \begin{cases} 1.000, & x < 0.5, \\ 0.125, & x \geqslant 0.5, \end{cases} \quad \rho u(x,0) = 0, \; E(x,0) = \frac{1}{\gamma - 1}\begin{cases} 1.0, & x < 0.5 \\ 0.1, & x \geqslant 0.5 \end{cases}$$

这些也可作为边界条件, 因为任何扰动都被假设远离计算域 $x \in [0,1]$ 的边界。$T = 0.2$ 时的精确解如图 1.7 所示, 注意到在 $x \simeq 0.850$ 处有一个激波, 并且解其

他部分的光滑性有限。它们被确定为 $x = 0.685$ 处的接触间断以及在 $x \simeq 0.263$ 和 $x \simeq 0.486$ 之间的稀疏波。

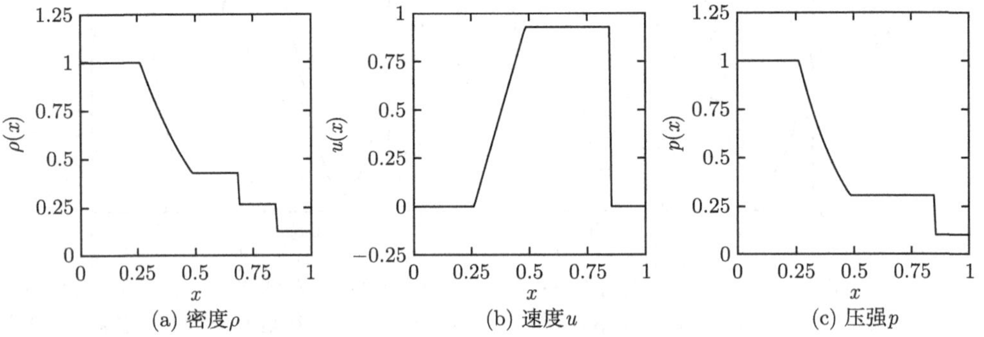

图 1.7　Sod 激波管问题在 $T = 0.2$ 时的解。图中展示了密度 ρ、速度 u 和压强 p

作为第二个同时也是相当复杂的测试案例, 我们考虑激波熵问题, 伴随如下初始条件[28]

$$\begin{bmatrix} \rho \\ u \\ p \end{bmatrix} = \begin{cases} \begin{bmatrix} 3.857143 \\ 2.629369 \\ 10.33333 \end{bmatrix}, & x < -4.0 \\ \begin{bmatrix} 1 + 0.2\sin(\pi x) \\ 0 \\ 1 \end{bmatrix}, & x \geqslant -4.0 \end{cases}$$

这些也可作为边界条件, 假定扰动并没有达到计算域 $x \in [-5, 5]$ 的边界。鉴于这一问题没有已知的精确解, 可以将我们的结果与高分辨率的计算解进行比较。图 1.8 给出了 $T = 1.8$ 时的解。

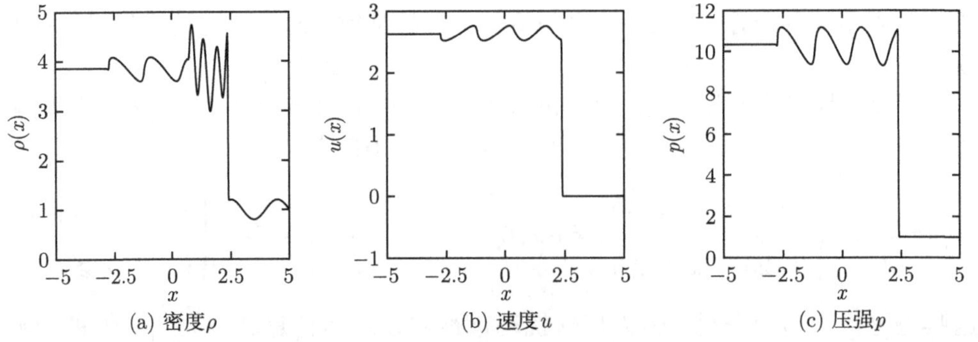

图 1.8　激波熵问题在 $T = 1.8$ 时的解。图中展示了密度 ρ、速度 u 和压强 p

这个问题比 Sod 问题更复杂且更具有挑战性的原因在于它混合了间断点与高频光滑的特性, 这些都有待妥善解决。我们之后就能领会到, 为守恒律方程建立合适的求解方法的关键挑战就在于平衡这些需求。

1.4.2　二维问题

让我们考虑几个二维测试问题, 聚焦于非线性问题。显然, 可以从上述讨论的一维线性问题延伸出类似的结论。

非凸问题

我们考虑如下二维非凸问题[29]:

$$\frac{\partial u}{\partial t} + \nabla \cdot \boldsymbol{f}(u) = 0, \quad (x, y) \in [-2, 2] \times [-2.5, 1.5]$$

这里 $\boldsymbol{f}(u) = (\sin(u), \cos(u))$。间断初始条件由下式给出

$$u_0(x, y) = \frac{\pi}{4} \begin{cases} 14, & x^2 + y^2 < 1 \\ 1, & \text{其他} \end{cases}$$

这个问题没有精确解, 并且文献 [29] 中指出使用特定格式会导致错误的解。在图 1.9 中, 给出了 $T = 1$ 时的高分辨率计算结果。

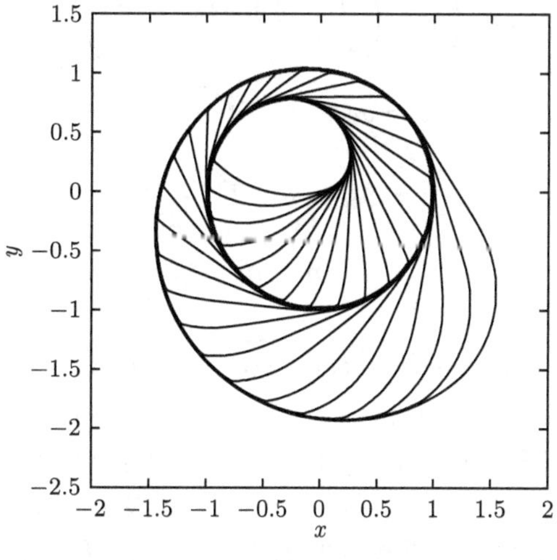

图 1.9　$T = 1$ 时非凸标量问题的高分辨率参考解

欧拉方程

我们也可考虑欧拉方程的二维形式:

$$\frac{\partial \boldsymbol{q}}{\partial t} + \nabla \cdot \boldsymbol{f} = 0$$

这里守恒变量 $\boldsymbol{q}$ 和通量 $\boldsymbol{f}$ 分别如下

$$\boldsymbol{q}=\begin{bmatrix}\rho\\ \rho u\\ \rho v\\ E\end{bmatrix},\quad \boldsymbol{f}_1=\begin{bmatrix}\rho u\\ \rho u^2+p\\ \rho uv\\ (E+p)u\end{bmatrix},\quad \boldsymbol{f}_2=\begin{bmatrix}\rho v\\ \rho uv\\ \rho v^2+p\\ (E+p)v\end{bmatrix}$$

这里 $\boldsymbol{f}=[\boldsymbol{f}_1,\boldsymbol{f}_2]$。方程经由理想气体定律封闭

$$p=(\gamma-1)\left(E-\frac{1}{2}\rho(u^2+v^2)\right),\quad c=\sqrt{\frac{\gamma p}{\rho}}$$

上式中 c 代表局部声速, γ 是与流体有关的常量。针对大气气体, 我们取 $\gamma=7/5$。

之后就能看到最大速度在决定计算时间步长方面起到关键作用, 它由下式给出

$$\alpha=\max_{\Omega_x}\left|c+\sqrt{u^2+v^2}\right|$$

对于光滑测试案例, 考虑一个由下式给出的等熵涡

$$\rho=\left(1-\left(\frac{\gamma-1}{16\gamma\pi^2}\right)\beta^2e^{2(1-\gamma^2)}\right)^{\frac{1}{\gamma-1}}$$

$$u=u_0-\beta e^{1-\gamma^2}\frac{y-y_0}{2\pi}$$

$$v=v_0+\beta e^{1-\gamma^2}\frac{x-x_0}{2\pi}$$

$$p=\rho^\gamma$$

这里 $r=\sqrt{(x-u_0t-x_0)^2+(y-v_0t-y_0)^2}$。它是可压缩欧拉方程[30] 的一个精确解, 包含了一个初始中心在 (x_0,y_0)、以固定速度 (u_0,v_0) 流动的涡。

为进一步评估这些方法的品质, 我们考虑一个拥有分段光滑初始条件的二维激波管问题。初始设置如图 1.10 所示, 在四个象限中, 每个象限都有一个恒定的状态。正如在文献 [31,32] 中所探讨的那样, 存在 19 种不同的情况, 会导致激波、稀疏波及接触波的一个组合。

这 19 个问题没有精确解, 我们只能考虑解会随着分辨率的提高而收敛。图 1.11 展示了包含四个激波的案例 4 以及包含 2 个激波和 2 个接触波的案例 12 的高分辨率解。参考文献 [31,32] 以获取这 19 个案例的计算结果。

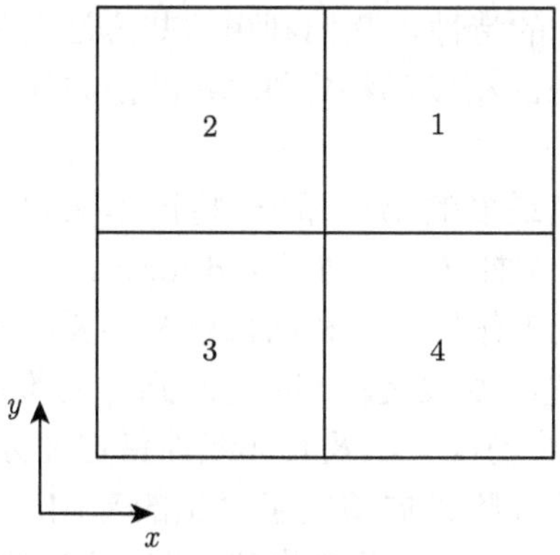

图 1.10 如上所示, 二维黎曼问题的初始条件在四个象限中设置保持不变。可以在文献 [31, 32] 中找到 19 个不同案例的分段常数值

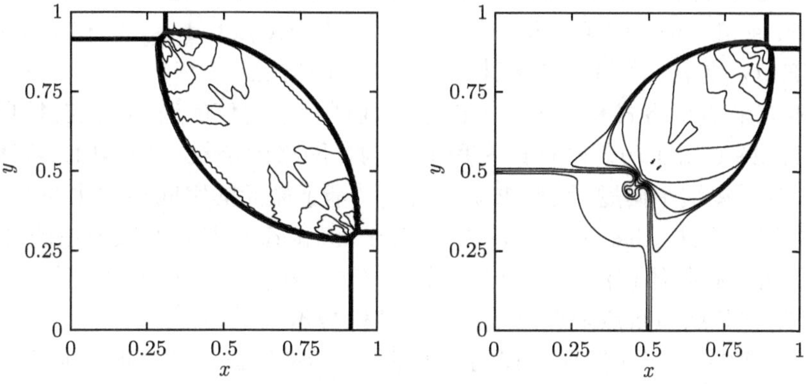

图 1.11 案例 4(左图) 以及案例 12(右图) 的黎曼问题的解

1.5 亟待解决和发现的问题

本书分为三个主要部分。在第一部分中, 我们讨论了守恒律的一些理论方面以及线性和非线性问题的解。对于线性问题, 我们讨论了标量问题和系统, 并介绍了黎曼问题 (Riemann problem)。在讨论非线性守恒律时, 我们从标量问题开始思考, 并引入了诸如弱解、唯一性和熵条件等一些关键概念, 所有这些都将在数值格式的分析中发挥关键作用。我们会初步探讨非线性守恒律系统的解法, 但不会深入这一活跃且富有技术性的研究领域。

这为本书剩下的两个核心部分——利用单调格式和高阶格式求解守恒律方程——提供了必要的理论背景与研究基础。在第二部分中, 我们详细讨论了求解一般守恒律的线性方法, 包括有限差分法和有限体积法, 并重点讨论分析这些方法以及其应用于测试案例时的特性。我们利用这些方法所依据的广泛理论基础来深入了解线性和非线性问题的精度和稳定性, 并讨论如何将这些方法扩展到求解更高空间维度的问题。

在本书最后也是内容最多的第三部分, 将详尽探讨守恒律的高阶精度计算技术。根据第二部分讨论的戈杜诺夫定理 (Godunov's theorem), 这是一个精妙的问题。首章提到了此类研发工作的背景和动机以及必要的工具。

在继续介绍空间格式的发展之前, 我们回到时间维度, 探讨强稳定性保持格式的发展, 鉴于它们是高阶精确方法及其非线性稳定性分析的核心要素。

这些为有限体积法的高阶扩展奠定了讨论的基础, 确保光滑区域的解拥有高阶精度, 而不会在间断区域附近引发非物理振荡。这些格式中的大部分是基于限制的思想来实现高阶精度的, 从而不引入振荡。

在随后的章节中, 我们将介绍本质无振荡格式, 这是一种新颖且强大的方法, 可用于实现求解高度间断性复杂问题的高阶精度。我们详述了本质无振荡 (essentially nonoscillatory, ENO) 和加权本质无振荡 (weighted essentially nonoscillatory, WENO) 方法, 还讨论了将其拓展到多维的情况。

高阶有限体积格式和 ENO 方法很好地展示了它们的潜力, 但在扩展到更复杂的情况, 譬如如非均匀网格或利用非结构化网格的高维度版本时, 依然显得困难重重。为解决这个问题, 我们求助于另一种基于微元的空间离散化的方法。它叫作间断伽辽金方法 (discontinuous Galerkin methods), 具备有限元法的许多优点, 同时也保留了有限体积法的鲁棒性。我们将对间断伽辽金方法的理论部分做一个概述, 并阐述避免间断点附近出现振荡的特殊技术的重要性。

最后一章将介绍守恒律方程的谱方法, 包括使用黏性消去的控制振荡法和基于重构的技术来实现高精度解的复原。

对于用数值方法求解守恒律方程这样一个发展已臻完善的主题, 任何作者都必须做出选择。本书重点在于为守恒律方程的现代计算方法的分析、算法开发以及基本应用提供坚实基础。在选材和编写方面, 我们将遵从这个原则。

具体而言, 对守恒律方程及其解的基本性质的探讨将只进行到能够对计算方法进行后续分析的程度。至于解决稳态问题的专精技术, 我们将不会在这里赘述。

过于强调基本原理可能导致的结果就是局限于一维问题, 或者矩形域上的高维问题。因此, 我们将略过非结构网格问题解决方法的进展。有关它在现实应用中的重要作用, 另有诸多文献 [33–36] 可供参考。

同样地, 与误差估计和网格自适应性相关的研究成果以及与隐式时间步进法和有关非线性求解器的问题, 我们也不作讨论。

虽然没有在书中详细介绍这些问题以及守恒律现代求解的其他方面, 我们已尽力囊括了与这些前沿课题有关的参考文献。希望读者能够借助本书提供的工具和见解, 在未来获取更优质的材料。

1.6 读者及阅读建议

本书的主要目的是针对守恒律方程计算方法的发展过程提供一个全面且均衡的介绍, 并甄选了一些强有力的技术进行分析。在致力于为守恒律的数学分析提供坚实理论基础的同时, 我们也会关注核心的计算和算法层面。

如上所述, 每种核心计算方法的开发都将辅以嵌入式的 MATLAB 软件, 用以说明一系列问题的求解过程并突出每个算法的关键要素。虽然该软件不能做到完全复现, 但应该可以让用户重现本书涉及的所有核心计算的结果和图表。本书所提及的所有软件均可在 https://www.siam.org/books/cs18 获取。

阅读本书需要读者具备计算科学和相关领域本科毕业以上水平。一个学期的课程不足以细致全面地学完整本书, 需要读者兼具厚实的应用分析和数值分析背景, 最好对偏微分方程也有一定了解。在上课使用本书时, 教师可结合第一和第二部分介绍守恒律方程的传统解法。同样, 可将第一和第三部分结合在一门课中, 并将重点放在高阶精确方法上。另一种学习方法是将第一部分与有限体积法以及间断伽辽金方法的内容相结合, 作为对非线性守恒律方程另一派方法的全面介绍。

无论考虑哪种组合学习, 也不管本书是否用于自学, 嵌入式软件都可以丰富读者对这一引人入胜但有时复杂且对读者要求苛刻的学习资料的理解, 使其应用于解决科学和工程领域的问题。

参 考 文 献

[1] Jan Hesthaven and Robert Kirby. Filtering in Legendre spectral methods. *Mathematics of Computation*, 77(263): 1425–1452, 2008.

[2] Wikipedia contributors. Miletus. accessed August 2014.

[3] Wikipedia contributors. Empedocles. accessed August 2014.

[4] Wikipedia contributors. Aristotle. accessed August 2014.

[5] Wikipedia contributors. Ptolemy. accessed August 2014.

[6] Wikipedia contributors. Nicolaus Copernicus. accessed August 2014.

[7] Wikipedia contributors. Galileo Galilei. accessed August 2014.

[8] Wikipedia contributors. Johannes Kepler. accessed August 2014.

[9] Wikipedia contributors. Gottfried Wilhelm Leibniz. accessed August 2014.

[10] Wikipedia contributors. Thomas Young. accessed August 2014.

[11] Wikipedia contributors. Antoine Lavoisier. accessed August 2014.

[12] Wikipedia contributors. James Prescott Joule. accessed August 2014.

[13] Wikipedia contributors. Benjamin Franklin. accessed August 2014.

[14] Wikipedia contributors. Emmy Noether. accessed August 2014.

[15] Wikipedia contributors. Maxwell's equations. accessed August 2014.

[16] Wikipedia contributors. Linear elasticity. accessed August 2014.

[17] Wikipedia contributors. Euler equations (fluid dynamics). accessed August 2014.

[18] Wikipedia contributors. Magnetohydrodynamics. accessed August 2014.

[19] The Mathworks. Matlab release 2016a, 2015.

[20] Clawpack Development Team. Clawpack software, 2015.

[21] Deal.II development team. deal.II software.

[22] DUNE development team. Distributed and unified numerics environment(dune), 2015.

[23] NUDG development team. Nodal unstructed discontinuous galerkin methods(nudg), 2015.

[24] Guang-Shan Jiang and Chi-Wang Shu. Efficient implementation of weighted ENO schemes. *Journal of Computational Physics*, 126(1): 202–228, 1996.

[25] Wikipedia contributors. Burgers' equation. accessed August 2014.

[26] Adi Ditkowski, K Dridi, and Jan S Hesthaven. Convergent cartesian grid methods for Maxwell's equations in complex geometries. *Journal of Computational Physics*, 170(1): 39–80, 2001.

[27] Wikipedia contributors. Sod's problem. accessed August 2014.

[28] Chi-Wang Shu and Stanley Osher. Efficient implementation of essentially non-oscillatory shock-capturing schemes, II. *Journal of Computational Physics*, 83(1): 32–78, 1989.

[29] Alexander Kurganov, Guergana Petrova, and Bojan Popov. Adaptive semidiscrete central-upwind schemes for nonconvex hyperbolic conservation laws. *SIAM Journal on Scientific Computing*, 29(6): 2381–2401, 2007.

[30] Helen C Yee, Neil D Sandham, and M Jahed Djomehri. Low-dissipative high-order shock-capturing methods using characteristic-based filters. *Journal of Computational Physics*, 150(1): 199–238, 1999.

[31] Peter D Lax and Xu-Dong Liu. Solution of two-dimensional Riemann problems of gas dynamics by positive schemes. *SIAM Journal on Scientific Computing*, 19(2): 319–340, 1998.

[32] Alexander Kurganov and Eitan Tadmor. Solution of two-dimensional Riemann problems for gas dynamics without Riemann problem solvers. *Numerical Methods for Partial Differential Equations*, 18(5): 584–608, 2002.

[33] Dietmar Kröner. *Numerical schemes for conservation laws*. John Wiley & Sons, 1997.

[34] Randall J LeVeque. *Finite Volume Methods for Hyperbolic Problems*, volume 31 of *Cambridge Texts in Applied Mathematics*. Cambridge University Press, 2002.

[35] Henk Kaarle Versteeg and Weeratunge Malalasekera. *An introduction to computational fluid dynamics: the finite volume method.* Pearson education, 2007.

[36] J. A. Trangenstein. *Numerical Solution of Hyperbolic Partial Differential Equations.* Cambridge University Press, 2009.

第 2 章　标量守恒律方程

在着手研究守恒律方程计算方法的开发与分析之前, 我们需要先退一步, 考虑守恒律方程的性质以及在连续前提下解的性质。正如我们在第 1 章中遇到的那样, 自发出现的间断解带来了一系列挑战, 尤其指出了经典意义上的解存在问题。我们即将看到, 仔细地查验会引出弱解, 进而引发关于解的存在性和唯一性的疑问。

守恒律方程的理论和分析是一个成熟而活跃的科研领域, 所涉及的内容非常丰富。我们不会在介绍时苛求面面俱到, 相反, 我们的目的是为数值方法分析的学习提供足够的背景知识, 这些将在后续章节中逐步展开。如果想要获得对守恒律方程的数学分析更全面的介绍, 可以参见文献 [1–6]。

让我们考虑以下标量守恒律方程

$$\frac{\partial u}{\partial t}+\frac{\partial f(u)}{\partial x}=0, \quad (x,t)\in\Omega_x\times\Omega_t \tag{2.1}$$

其中, $u=u(x,t), u(x,0)=u_0(x), f(u)=f(u(x,t))$。已知 u 和 $f(u)$ 是可微的, 上式即可表示为

$$\frac{\partial u}{\partial t}+f'(u)\frac{\partial u}{\partial x}=0, \quad (x,t)\in\Omega_x\times\Omega_t.$$

这是一个波速为 $f'(u)$ 的波动问题。特征线 $x(t)$ 由下式给出

$$\frac{dx(t)}{dt}=f'(u)$$

满足初始条件 $x(0)=x_0\in\Omega_x$。很容易发现, 这些特征线上的解保持不变, 即 $u(x,t)=u_0(x-f'(u)t)$. 将其表示成 $u-u_0(x-f'(u)t)=0$, 利用隐函数定理可得[4]

$$\frac{\partial u}{\partial x}=\frac{-u_0'}{1+u_0'f''(u)t}, \quad \frac{\partial u}{\partial t}=\frac{u_0'f'(u)}{1+u_0'f''(u)t}$$

因此, 当 $u_0'f''(u)<0$ 时, 随着 t 的增加, 导数变得无界。如果 $f(u)$ 是凸的, 即 $f''(u)>0$, 那么任何负梯度的初始条件, 即 $u_0'<0$, 就会在有限时间内形成间断点。

一旦形成间断点, 情况就会发生巨大变化。特征线的交叉形成了间断点, 使得我们无法再通过追踪特征线来诠释解的表现。然而, 一旦间断点形成并开始传播, 特征线就可能再次变得有意义, 而且间断点本身也会沿着一条特征线传播。为了理解这一点, 考虑具有间断初始条件的伯格斯方程, 如 1.4.1 节所述, 图 2.1 展示了 $T = 0.2$ 时的解以及特征线, 并观察到特征线上会出现间断点, 不过间断点会以恒定速率传播。

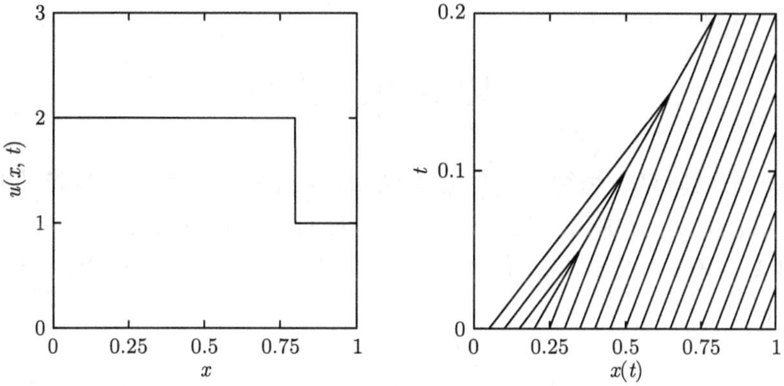

图 2.1 伯格斯方程的一个传播的间断解 (左) 和对应的特征线 (右)

为求得间断点的传播速率, 考虑图 2.2 的情况。假设间断点位于 $x = 0, x \in [-L, L]$ 处, 分别用 u_l 和 u_r 表示解的左右态, 则从守恒律本身可以推得

$$\frac{d}{dt}\int_{-L}^{L} u(x,t)dx = f(u_l) - f(u_r)$$

此外, 假设间断点以恒定速率 s 传播, 则质量守恒律要求

$$\int_{-L}^{L} u(x,t)dx = (L + st)u_l + (L - st)u_r$$

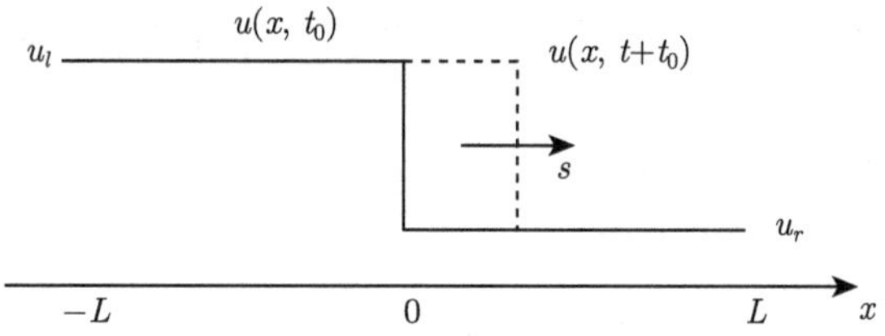

图 2.2 以恒定速率 s 传播的间断点的示意图

从中得到

$$\frac{d}{dt}\int_{-L}^{L} u(x,t)dx = s(u_l - u_r) = f(u_l) - f(u_r)$$

这样做得到的直接结论是

$$s[u] = [f], \quad [v] = v_l - v_r$$

这就是所谓的兰金–于戈尼奥跳跃条件 (Rankine-Hugoniot jump condition)。将间断点的传播速率表示成

$$s = \frac{[f]}{[u]} = \frac{f(u_l) - f(u_r)}{(u_l - u_r)} \tag{2.2}$$

由于这是一个由质量守恒律得到的直接结果, 因此它必然对任一间断点成立。一般情况下, u_l 和 u_r 分别表示当 L 趋近于 0 时的左、右极限解。

例 2.1 在应对守恒律方程时使用间断解是有风险的。为印证这一点, 考虑伯格斯方程[7]

$$\frac{\partial u}{\partial t} + \frac{\partial u^2}{\partial x} = 0 \tag{2.3}$$

利用兰金–于戈尼奥条件, 可以得到一个间断点的传播速率为

$$s = \frac{u_l^2 - u_r^2}{u_l - u_r} = u_l + u_r$$

如果解是光滑的, 可以将 (2.3) 乘以 $2u$ 来得到守恒律方程

$$\frac{\partial u^2}{\partial t} + \frac{4}{3}\frac{\partial u^3}{\partial x} = 0$$

兰金–于戈尼奥条件产生的传播速率为

$$s = \frac{4}{3}\frac{u_l^3 - u_r^3}{u_l^2 - u_r^2}$$

对于一般间断解, 它会预测出一个与 (2.3) 不同的速率。

这里得出的经验是, 有些处理手法适用于光滑解问题, 但未必适用于间断解的情况。

形成间断点的一个更棘手的后果是会使得经典导数失去意义。为解决这个问题, 首先考虑修正后的伯格斯方程

$$\frac{\partial u_\varepsilon}{\partial t} + \frac{\partial u_\varepsilon^2}{\partial x} = \varepsilon\frac{\partial^2 u_\varepsilon}{\partial x^2}$$

这里, 假设 u_ε 是光滑的。似乎可以合理推测, 当 ε 趋于 0 时, $\|u-u_\varepsilon\|$ 在某种意义上也会趋于零。为了获得定性认识, 考虑

$$\frac{\partial u_\varepsilon}{\partial t}+a\frac{\partial u_\varepsilon}{\partial x}=\varepsilon\frac{\partial^2 u_\varepsilon}{\partial x^2} \tag{2.4}$$

让我们以 $u_\varepsilon(x,t)=v_\varepsilon(x-at,t)$ 的形式寻找行波解。将之代入 (2.4), 得到

$$\frac{\partial v_\varepsilon}{\partial t}=\varepsilon\frac{\partial^2 v_\varepsilon}{\partial x^2}$$

这就是热方程。当 $t>0$ 时, 它的解被公认为是可解析的[8]。因此, $u_\varepsilon(x,t)$ 是解析解, 并且经典解也存在。这种方法称为黏性消去解 (vanishing viscosity solution), 它解决了经典解丢失的问题, 但也需要额外思考 $\|u-u_\varepsilon\|$ 的收敛性。

2.1 弱　解

回顾原本的守恒律方程, 它最初的积分形式是

$$\int_{\Omega_x} u(x,t_2)dx-\int_{\Omega_x} u(x,t_1)dx=\int_{\Omega_t}(f(x_1,t)-f(x_2,t))dt \tag{2.5}$$

现在引入一个 C^1 的测试函数 (test function)$\Phi(x,t):\Omega_x\times\Omega_t\to \mathrm{R}$ 并假设它是紧支撑的 (compactly supported), 即 Φ 会随着 $x\to\partial\Omega_x$ 及 $t\to T$ 而消失。现在考虑

$$\int_{\Omega_x}\int_{\Omega_t}\left[\frac{\partial u}{\partial t}+\frac{\partial f(u)}{\partial x}\right]\Phi(x,t)dxdt=0$$

分部积分可得

$$\int_{\Omega_x}\int_{\Omega_t}\left[u\frac{\partial \Phi}{\partial t}+f(u)\frac{\partial \Phi}{\partial x}\right]dxdt=-\int_{\Omega_x} u(x,0)\Phi(x,0)dx \tag{2.6}$$

引入以下函数

$$g(x;a,b,\varepsilon)=\begin{cases}1, & a\leqslant x\leqslant b\\ q_a(x), & a-\varepsilon\leqslant x\leqslant a\\ q_b(x), & b\leqslant x\leqslant b+\varepsilon\\ 0, & \text{其他}\end{cases}$$

其中 $0\leqslant q_a(x)\leqslant 1$ 在宽度为 ε 的区间内以光滑的方式连接 0 和 1, 例如 $q_a(x)$ 可以是一个足够高阶的多项式。类似地可以构造出函数 $q_b(x)$。如果将测试函数

定义为

$$\Phi(x,t) = g(x; x_1, x_2, \varepsilon) \times g(t; t_1, t_2, \varepsilon)$$

则可以看到当 $(x,t) = [x_1, x_2] \times [t_1, t_2] = \Omega_x \times \Omega_t$ 时, $\partial_x \Phi = \partial_t \Phi = 0$。此外, 当 ε 趋于 0 时, $\partial_x \Phi(x_1)$ 趋近于 $\delta_{x_1}(x)$, 其中, $\delta_{x_0}(x)$ 为狄拉克 δ 函数 (Dirac delta function), 其定义为

$$\delta_{x_0}(x) = \begin{cases} 1, & x = x_0 \\ 0, & x \neq x_0 \end{cases}$$

对于其他区间也可得到类似结果

$$\int_{\Omega_x} u(x,t_2)dx - \int_{\Omega_x} u(x,t_1)dx + \int_{\Omega_t} (f(x_2,t) - f(x_1,t))dt = -\int_{\Omega_x} u(x,0)\Phi(x,0)dx \tag{2.7}$$

除了等式右边的项, 我们将上式认作守恒律方程 (2.5) 的积分形式。不过右端项给出了未包含在只衡量变化的 (2.5) 中的初始条件。不论如何, (2.5) 和 (2.6) 的解之间的联系是明确的, 只要 $u(x,t)$ 满足 (2.6) 所有可用的测试函数, 我们就可以将之称为守恒律方程 (2.1) 的弱解。既然弱解是由一个特殊的测试函数所产生的, 那么它即可作为守恒律方程的一个解。

通过引入弱解, 我们攻克了因间断点的形成而丧失经典导数性质的相关问题。但不幸的是, 正如下例所示, 这种方法又会带来一个新的问题。

例 2.2　考虑伯格斯方程

$$\frac{\partial u}{\partial t} + \frac{\partial u^2}{\partial x} = 0, \quad x \in [0,1]$$

其初始条件为

$$u_0(x) = \begin{cases} 1, & x < 0.2 \\ 2, & x \geqslant 0.2 \end{cases}$$

可以发现基于 (2.2) 的兰金–于戈尼奥条件, $u(x,t) = u_0(x - 3t)$ 给出了一个弱解。

不过, 当 $t > 0$ 时, 该问题也有一个经典解, 如下[7]

$$u(x,t) = \begin{cases} 1, & x < 0.2 + 2t \\ (x - 0.2)/2t, & 0.2 + 2t < x < 0.2 + 4t \\ 2, & x > 0.2 + 4t \end{cases} \tag{2.8}$$

因此，引入弱解的概念会带来一个不幸的后果，那就是丧失了解的唯一性。这种情况实际上更为糟糕，因为任何一个如下类别的解

$$u(x,t)=\begin{cases}1, & x<0.2+2st\\ u_m, & 0.2+2st<x<0.2+2tu_m\\ (x-0.2)/2t, & 0.2+2tu_m<x<0.2+4t\\ 2, & x>0.2+4t\end{cases}$$

都是伯格斯方程的弱解。此处，$1<u_m<2$，并且 s 是 1 到 u_m 之间的间断点传播的速率。

这自然会引出一个问题，那就是在这些无数的候选者中，究竟哪一种解才是正确的，以及我们应该用什么标准来判定该唯一解。为探讨这个问题，我们在图 2.3 中展示了行波解 $u_0(x-3t)$，以及对于 $u_r>u_l$ 的间断处传播的特征线。

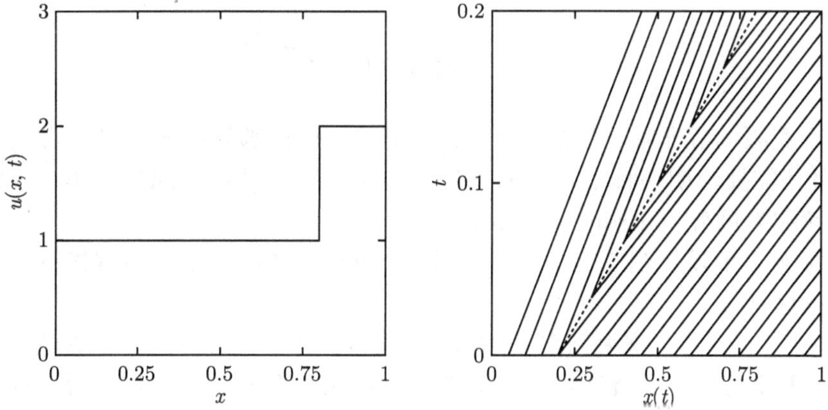

图 2.3　伴随着 $u_r>u_l$(左) 和相应特征线 (右)，一个伯格斯方程传播的弱解

对比图 2.1，可以观察到特征线的本质差异。特别是在图 2.1 中，所有特征线都止于间断点，而在图 2.3 中，特征线始于间断点。后一种情况的一个直接后果是，特征线与初始条件之间没有直接关系。此外，特征线始于间断点的情况意味着，传播中的间断点即便出现极小的变化或扰动也会改变整个动态，最终导致解的该变化。显然这是一个不稳定的解，而观察结果也表明这是一个不太可取的解。

如果考虑图 2.4 中的经典解及与解 (2.8) 相关的特征线，可以观察到特征线描绘出一个连续的扇形，能将两种状态连接起来，并且保证每个特征线的来源都清晰分明。

基于这种定性的观察，我们很容易得出这样的结论：所有弱解应排除包含 $u_l<u_r$ 的间断传播，只保留经典解 (2.8)，即稀疏波，作为一个可接受的解。之后我们

就能验证该解释的正确性，并将之应用到更一般性的例子中。

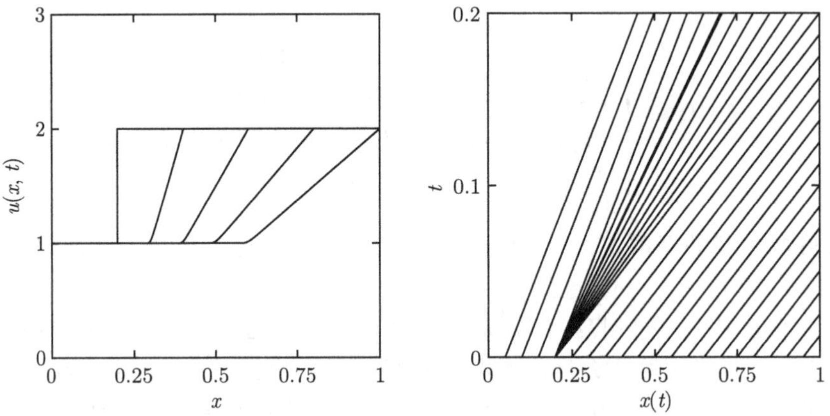

图 2.4　伯格斯方程的一个传播中的经典解 (左) 和对应的特征线 (右)

2.2　熵条件与解

为了克服弱解非唯一性的问题，我们需要一个能够判断某解是否可接受的标准，并且还需要验明该标准足以取得一个具备相关物理意义的唯一解。我们将这种唯一解称为熵解 (entropy solution)。

回顾例 2.2 以及图 2.1 中的解的性质，可以发现两种不间断解的特征线有一个明显的区别。

当 $u_l > u_r$ 时，一条特征线可以立即追溯到初始条件。相反，根据图 2.3 的结果，我们不能再将一条特征线和它的初始条件联系在一起。这表明后一种解不可能成为一个物理上的解。

基于这一认识，我们有了一个有关解的接受度的条件——熵条件[4]：

$$\forall u \in (u_l, u_r): \frac{f(u)-f(u_l)}{u-u_l} \geqslant s \geqslant \frac{f(u)-f(u_r)}{u-u_r} \tag{2.9}$$

它反映出了特征线必须在间断处汇集的特点。该条件通常称为拉克斯熵条件 (Lax entropy condition)。熵的概念是从热力学中借鉴来的，而在热力学中，该条件定义了一个仅存在熵增的时间方向。虽然在有关守恒律的讨论中，惯例是熵只能减少，但它同样定义了时间的方向。

比较图 2.1 中物理解的特征线与图 2.3 中非物理解的特征线，如果这时反转图 2.3 中的时间方向，就能发现两者之间的相似之处。我们将很快领悟到，在筛选唯一解的时候，熵减要求是一个强有力的标准。

进一步简化, 假设 $f(u)$ 是凸函数, 则间断点处的激波速率是

$$s \leqslant \frac{f(u)-f(u_l)}{u-u_l} = \frac{f(u_l)+f'(u_l)(u-u_l)+\frac{1}{2}f''(\xi)(u-u_l)^2-f(u_l)}{u-u_l}$$
$$= f'(u_l)+\frac{1}{2}f''(\xi)(u-u_l)$$

因此, 若 $u_l > u_r$, 则有 $s < f'(u_l)$。类似地, 对 u_r 而言, 有 $s > f'(u_r)$。对图 2.3 中的解而言, 当 $u_l < u_r$ 时, 符号会发生逆转, 将与 (2.9) 相悖。这就产生了简化后的拉克斯熵条件

$$f'(u_l) > s > f'(u_r), \quad f''(u) > 0 \tag{2.10}$$

进一步, 可定义激波为满足兰金–于戈尼奥条件 (2.2) 和熵条件的一个间断点。

另一个形式略微不同的被称为 Oleinik 条件[9] 的熵条件, 在仅限于凸通量的情况下, 要求满足

$$\forall \varepsilon > 0: \ \frac{u(x+\varepsilon,t)-u(x,t)}{\varepsilon} \leqslant \frac{E}{t}, \quad E = \frac{1}{\inf f''}, \quad t > 0 \tag{2.11}$$

其中, 由于凸性 $E > 0$。解的可接受性需要满足 $u_l > u_r$, 这与 (2.10) 一致。此外, 如图 2.4, 该条件还包含了稀疏波的传播信息。参考文献 [6] 提到了有关 (2.11) 的证明以及为何该条件与 (2.10) 等价。

如果定义解的总变差 (total variation) $TV(u)$ 为

$$TV(u(t)) = \sup_{\varepsilon} \int_{\Omega_x} \left| \frac{u(x+\varepsilon,t)-u(x,t)}{\varepsilon} \right| dx$$

(2.11) 表明

$$TV(u(t)) \leqslant TV(u(0))$$

这说明, 对于具有凸通量的标量守恒律方程的熵解, 其总变差是衰减的。我们将这种特性称为总变差不增 (total variation diminishing)。

虽然这提供了一种确定可接受解的途径, 但唯一性依然不确定, 因为方程可能有不止一个可接受解。为了解决这个问题, 我们考虑下面的结论[4]。

定理 2.3 设 u 和 v 是 (2.1) 的分段光滑弱解, 并具有凸通量。假设所有间断点都是激波。那就有

$$\frac{d}{dt}\|u(t)-v(t)\|_1 \leqslant 0$$

式中的 $\|\cdot\|_1$ 表示空间中的 L^1-范数。

证明　首先将 $L^1(\Omega_x)$-范数写为

$$\|u(t)-v(t)\|_1=\int_{\Omega_x}|u(x,t)-v(x,t)|\,dx=\sum_k(-1)^k\int_{x^k}^{x^{k+1}}(u(x,t)-v(x,t))dx \tag{2.12}$$

这里, 在满足 $u(x,t)-v(x,t)$ 符号不变的情况下, 我们引入非重叠区间 $[x^k(t),x^{k+1}(t)]$。满足 $[x^k(t),x^{k+1}(t)]$ 中 $u(x,t)-v(x,t)$ 的符号为 $(-1)^k$ 的情况下, 我们遍历这些间隔。由于方程的解依赖于时间变化, 区间段 $[x^k(t),x^{k+1}(t)]$ 也是如此。

我们将 (2.12) 对时间进行微分, 可得

$$\frac{d}{dt}\|u(t)-v(t)\|_1=\sum_k(-1)^k\left[\int_{x^k}^{x^{k+1}}\frac{\partial}{\partial t}(u(x,t)-v(x,t))dx\right.$$
$$\left.+(u(x^{k+1},t)-v(x^{k+1},t))\frac{dx^{k+1}}{dt}-(u(x^k,t)-v(x^k,t))\frac{dx^k}{dt}\right]$$

由于 u 和 v 在弱解意义上都满足 (2.1), 可得

$$\frac{d}{dt}\|u(t)-v(t)\|_1=\sum_k(-1)^k\left[(f(v)-f(u))+(u-v)\frac{dx}{dt}\right]_{x^k}^{x^{k+1}} \tag{2.13}$$

现在让我们考虑其在界面 $x^{k+1}(t)$ 处的贡献。首先假设 u 和 v 在 x^{k+1} 处连续, 那么贡献就消失了。现在考虑 u 在 x^{k+1} 处有一个激波的情况。因为激波满足熵条件, 必须有 $u_l>u_r$。假设 $u_l>v>u_r$, 就有 $u_l-v>0$, 而 k 必须是偶数。既然激波传播满足兰金–于戈尼奥条件, 则有

$$\frac{dx^{k+1}}{dt}=s=\frac{f(u_l)-f(u_r)}{u_l-u_r}$$

考虑由 (2.13) 产生的在 x^{k+1} 处的贡献, 可得

$$f(v)-f(u_l)+(u_l-v)\frac{f(u_l)-f(u_r)}{u_l-u_r}=f(v)-\left[\frac{v-u_r}{u_l-u_r}f(u_l)+\frac{u_l-v}{u_l-u_r}f(u_r)\right] \tag{2.14}$$

由于 f 是凸的, 根据詹森不等式 (Jensen's inequality) 可得

$$f(v)=f\left(\frac{v-u_r}{u_l-u_r}u_l+\frac{u_l-v}{u_l-u_r}u_r\right)\leqslant\left[\frac{v-u_r}{u_l-u_r}f(u_l)+\frac{u_l-v}{u_l-u_r}f(u_r)\right]$$

且 (2.14) 的贡献为负。同样的方法可以用于 x^k 处的激波, 适用于 v 在区间 $[u_l,u_r]$ 外的情况, 或假定激波在 v 的情形。至此证明结束。 □

以下特性

$$\frac{d}{dt}\|u(t)-v(t)\|_1 \leqslant 0$$

被称为 L^1-收缩, 它会产生一些直接结论。

推论 2.4 如果 u 是 (2.1) 的一个具有凸通量的弱解, 且满足熵条件, 那么解是唯一的。

证明 设 $u(0)=v(0)$ 即可直接证明。 □

推论 2.5 如果某个间断点违背了熵条件, 那么就会存在一个解 v, 满足

$$\frac{d}{dt}\|u(t)-v(t)\|_1 \geqslant 0$$

虽然熵条件和兰金–于戈尼奥条件一同保证了解的唯一性, 但我们依然不清楚这类解是否能由一般的初始条件 $u_0(x)$ 产生, 即熵条件是否过强？要解决这个问题, 让我们回顾修正后的问题

$$\frac{\partial u_\varepsilon}{\partial t}+\frac{\partial f(u_\varepsilon)}{\partial x}=\varepsilon\frac{\partial^2 u_\varepsilon}{\partial x^2}, \quad u_\varepsilon(x,0)=u_0(x) \tag{2.15}$$

式中 u_ε 为守恒律方程 (2.1) 的黏性消去解。问题的答案下面的结果[4] 中可以找到。

定理 2.6 假设通量 $f(u)$ 是凸的, 那么取极限 $\varepsilon\to 0$ 时, (2.15) 的解是 (2.1) 的弱解并满足熵条件。

证明 由于 (2.15) 是 $\varepsilon>0$ 的一个抛物线问题, 标准结果可以保证 $t>0$ 时存在唯一光滑解。考虑

$$\int_{\Omega_t}\int_{\Omega_x}\left[\frac{\partial u_\varepsilon}{\partial t}+\frac{\partial f(u_\varepsilon)}{\partial x}\right]\varPhi(x,t)dxdt=\int_{\Omega_t}\int_{\Omega_x}\varepsilon\frac{\partial^2 u_\varepsilon}{\partial x^2}\varPhi(x,t)dxdt$$

其中, $\varPhi(x,t)$ 是一个光滑的测试函数, 且在 $\Omega_x\times\Omega_t$ 上紧支撑。分部积分可得

$$\int_{\Omega_t}\int_{\Omega_x}\left[\frac{\partial \varPhi}{\partial t}u_\varepsilon+f(u_\varepsilon)\frac{\partial \varPhi}{\partial x}\right]dxdt=-\varepsilon\int_{\Omega_t}\int_{\Omega_x}\frac{\partial^2 \varPhi}{\partial x^2}u_\varepsilon dxdt$$

由于 $\varPhi$ 是光滑的, 当 ε 趋于零时, 等式右边即可消去, 于是有了

$$\int_{\Omega_t}\int_{\Omega_x}\left[\frac{\partial \varPhi}{\partial t}u_\varepsilon+f(u_\varepsilon)\frac{\partial \varPhi}{\partial x}\right]dxdt=0$$

这确认了极限解是守恒律方程的一个弱解。

现在考虑两个黏性解 u_ε 和 v_ε, 借鉴证明定理 2.3 时所采用的符号, 可将 L^1-范数写成

$$
\begin{aligned}
\|u_\varepsilon(t)-v_\varepsilon(t)\|_1 &= \int_{\Omega_x} |u_\varepsilon(x,t)-v_\varepsilon(x,t)|\,dx \\
&= \sum_k (-1)^k \int_{x^k}^{x^{k+1}} (u_\varepsilon(x,t)-v_\varepsilon(x,t))dx
\end{aligned}
$$

因为 u_ε, v_ε 是黏性解, 所以它们是连续的, 并且对所有 x^k 都有 $u_\varepsilon = v_\varepsilon$。

在证明定理 2.3 的过程中, 取上述表达式的微分, 可得

$$
\begin{aligned}
&\frac{d}{dt}\|u_\varepsilon(t)-v_\varepsilon(t)\|_1 \\
&= \sum_k (-1)^k \left[\int_{x^k}^{x^{k+1}} \frac{\partial}{\partial t}(u_\varepsilon(x,t)-v_\varepsilon(x,t))dx + \left[(u_\varepsilon(x,t)-v_\varepsilon(x,t))\frac{dx(t)}{dt}\right]\Bigg|_{x^k}^{x^{k+1}}\right]
\end{aligned}
$$

从这个方程本身就能得到

$$
\begin{aligned}
\frac{d}{dt}\|u_\varepsilon(t)-v_\varepsilon(t)\|_1 &= \sum_k (-1)^k \left[\varepsilon\frac{\partial}{\partial x}(u_\varepsilon(x,t)-v_\varepsilon(x,t)) - (f(u_\varepsilon)-f(v_\varepsilon))\right. \\
&\qquad \left. +(u_\varepsilon(x,t)-v_\varepsilon(x,t))\frac{dx(t)}{dt}\right]\Bigg|_{x^k}^{x^{k+1}} \\
&= \sum_k (-1)^k \left[\varepsilon\frac{\partial}{\partial x}(u_\varepsilon(x,t)-v_\varepsilon(x,t))\right]\Bigg|_{x^k}^{x^{k+1}}
\end{aligned}
$$

这里最后一次的退化来源于黏性解连续性。现在考虑下式

$$
(-1)^k(u_\varepsilon(x,t)-v_\varepsilon(x,t)) \geqslant 0, \quad x\in[x^k, x^{k+1}]
$$

由于在两界面处 $u_\varepsilon = v_\varepsilon$, 上式在 x^k 以及 x^{k+1} 处为零。假设 k 是偶数, 那么 $u_\varepsilon - v_\varepsilon$ 的梯度在 x^k 处必须是非负的, 同样地, 在 x^{k+1} 处是非正的。因此得到

$$
(-1)^k\left[\varepsilon\frac{\partial}{\partial x}(u_\varepsilon(t)-v_\varepsilon(t))\right]\Bigg|_{x^k}^{x^{k+1}} \leqslant 0
$$

从而有

$$
\frac{d}{dt}\|u(t)-v(t)\|_1 \leqslant 0
$$

推论 2.5 保证了 u_ε 满足熵条件, 至此证毕。 □

这一结果表明, 如果 u 是 L^1-意义上的黏性消去解, 且 v 是 (2.1) 的真解, 那么 $\|u(t)-v(t)\|_1$ 随时间减少, 因此 u 满足熵条件。换句话说, 黏性消去解正是守恒律方程的唯一解。因为黏性解对于任意初始条件 $u_0(x)$ 都光滑且唯一存在, 这下就无须担心熵条件过于严格而导致得不出真解的情况。

例 2.7 考虑伯格斯方程具有初始条件

$$u(x,0)=0.5+\sum_{n=1}^{5}\frac{(-1)^n}{n}\sin(2\pi n(x-0.4)),\quad x\in[0,1]$$

以及周期性边界条件。

图 2.5 向我们在时间区间 $t\in[0,0.25]$ 以固定间隔展示了解。初始条件分解为满足熵条件的波, 它们传播并最终合并为一个向右传播的激波。这种通解被称为 N-波[7]。显然, 如果要求所有特征线都汇聚至激波, 就会无法通过向后积分来恢复初始条件。一旦激波形成, 信息就会丢失, 并且这种演变是不可逆的。或者, 从物理的角度解释, 就是熵增加了。

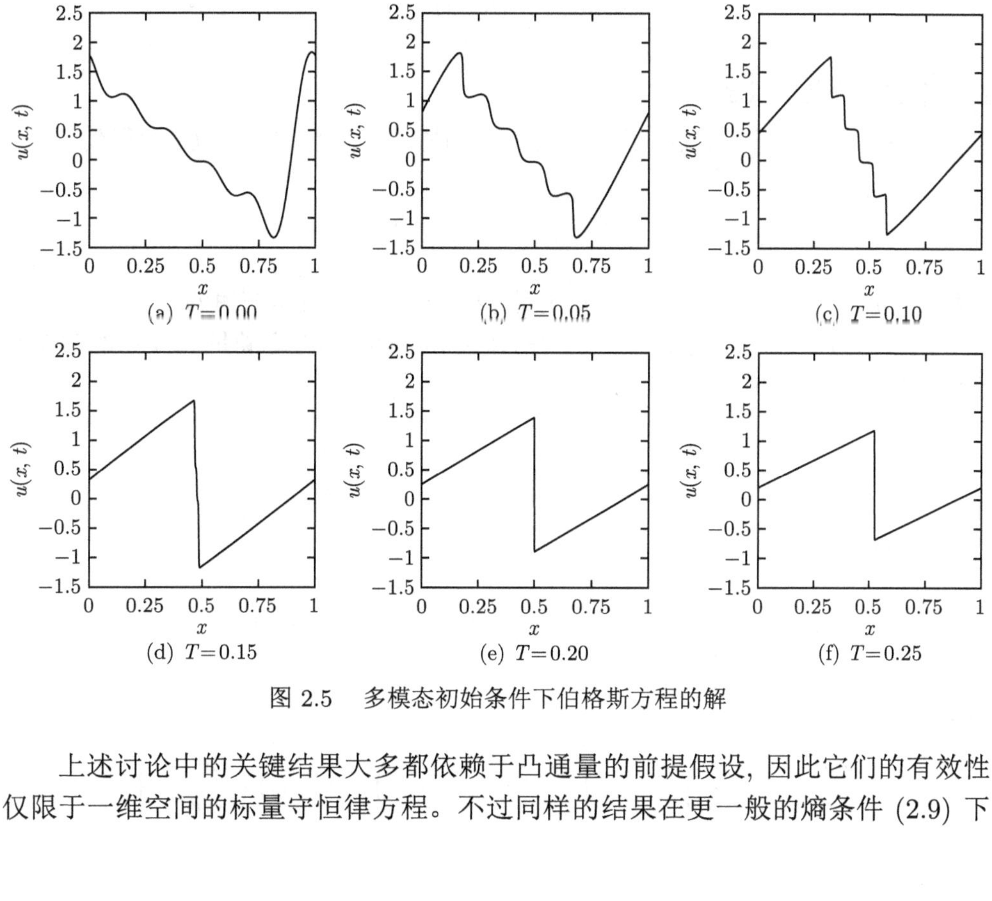

图 2.5 多模态初始条件下伯格斯方程的解

上述讨论中的关键结果大多都依赖于凸通量的前提假设, 因此它们的有效性仅限于一维空间的标量守恒律方程。不过同样的结果在更一般的熵条件 (2.9) 下亦成立, 从而可以将其推广到多维标量守恒律方程[6]。

2.3 熵 函 数

虽然上一节中的唯一性结果可以扩展到多维标量问题, 但将其扩展到方程组时则需要采取不同的方法。简单起见, 我们从标量问题入手, 因为这能够提供一些额外的见解。我们将在下一章回到关于方程组的讨论。

定义一个熵函数 $\eta(u)$ 以及相应的熵通量 $\psi(u)$, 如果 u 是光滑的, 要求它们满足

$$\frac{\partial \eta(u)}{\partial t}+\frac{\partial \psi(u)}{\partial x}=0 \tag{2.16}$$

我们将满足 (2.16) 的 (η, ψ) 称为熵对。先假设 $\eta(u)$ 是凸的, 这么做的用意等会就会明白。让我们回顾以下结论[7]。

定理 2.8 *对于熵对 (η, ψ), 其中 $\psi'=f'\eta'$, η 是凸的, u 是 (2.1) 的一个弱熵解, 那么*

$$\frac{\partial \eta(u)}{\partial t}+\frac{\partial \psi(u)}{\partial x} \leqslant 0$$

在一个弱解意义上成立。

证明 首先将讨论仅限于在 u 是光滑的情况下, 可以从 (2.16) 中得到

$$\eta' \frac{\partial u}{\partial t}+\psi' \frac{\partial u}{\partial x}=0$$

既然 $\psi'(u)=\eta'(u) f'(u)$, 那么当 u 满足 (2.1) 时, $\eta(u)$ 就是守恒的。

同样的方法并不适用于 u 不光滑的情况。因而我们考虑满足 (2.15) 的黏性消去解, 用 η' 乘 (2.15) 可得

$$\frac{\partial \eta(u_{\varepsilon})}{\partial t}+\frac{\partial \psi(u_{\varepsilon})}{\partial x}=\varepsilon \eta'(u_{\varepsilon}) \frac{\partial^{2} u_{\varepsilon}}{\partial x^{2}}$$

现在观察到

$$\eta'(u_{\varepsilon}) \frac{\partial^{2} u_{\varepsilon}}{\partial x^{2}}=\frac{\partial}{\partial x}\left(\eta'(u_{\varepsilon}) \frac{\partial u_{\varepsilon}}{\partial x}\right)-\eta''(u_{\varepsilon})\left(\frac{\partial u_{\varepsilon}}{\partial x}\right)^{2}$$

可得

$$\frac{\partial \eta(u_{\varepsilon})}{\partial t}+\frac{\partial \psi(u_{\varepsilon})}{\partial x}=\varepsilon\left[\frac{\partial}{\partial x}\left(\eta'(u_{\varepsilon}) \frac{\partial u_{\varepsilon}}{\partial x}\right)-\eta''(u_{\varepsilon})\left(\frac{\partial u_{\varepsilon}}{\partial x}\right)^{2}\right]$$

对 $\Omega_x \times \Omega_t$ 积分, 得到

$$\int_{\Omega_x}\int_{\Omega_t}\left[\frac{\partial\eta(u_\varepsilon)}{\partial t}+\frac{\partial\psi(u)}{\partial x}\right]dxdt$$
$$=\varepsilon\int_{\Omega_x}\int_{\Omega_t}\left[\frac{\partial}{\partial x}\left(\eta'(u_\varepsilon)\frac{\partial u_\varepsilon}{\partial x}\right)-\eta''(u_\varepsilon)\left(\frac{\partial u_\varepsilon}{\partial x}\right)^2\right]dxdt$$

随着 ε 趋近于 0, 等式右边第一项

$$\varepsilon\int_{\Omega_t}\left(\eta'(u_\varepsilon)\frac{\partial u_\varepsilon}{\partial x}\right)\Bigg|_{x_1}^{x_2}dt$$

也会消失。尽管我们无法界定第二项, 但如果 $\eta(u)$ 是凸的, 就意味着

$$\int_{\Omega_x}\int_{\Omega_t}\left[\frac{\partial\eta(u)}{\partial t}+\frac{\partial\psi(u)}{\partial x}\right]dxdt\leqslant 0$$

鉴于 u 是 u_ε 在 L^1-意义上的极限。而这个结果已在定理 2.6 中给出。 □

在弱意义上一个类似的结果可以表述为

$$\int_{\Omega_x}\int_{\Omega_t}\left[-\eta(u)\frac{\partial\varPhi}{\partial t}-\psi(u)\frac{\partial\varPhi}{\partial x}\right]dxdt\leqslant-\int_{\Omega_x}\eta(u(x,0))\varPhi(x,0)dx \tag{2.17}$$

作为对守恒律方程 (2.7) 的弱解。其中, $\varPhi$ 为一个光滑的测试函数, 并且在 $\Omega_x\times\Omega_t$ 上紧支撑。

在 u 是弱熵解的前提下定理 2.8 就能成立, 反过来的结论也同样重要, 也就是说, 如果

$$\frac{\partial\eta(u)}{\partial t}+\frac{\partial\psi(u)}{\partial x}\leqslant 0 \tag{2.18}$$

那么 u 就是一个熵解。这样的结论可以让 (2.18) 充当一个等价且更一般的熵条件。论断如下[10]。

定理 2.9 假设 u 是 (2.1) 的一个弱解, 具有凸通量, 并假设有一个熵对 (η,ψ), 满足 $\psi'=f'\eta'$, 而 η 是凸的, 在弱意义上满足

$$\frac{\partial\eta(u)}{\partial t}+\frac{\partial\psi(u)}{\partial x}\leqslant 0,$$

那么该解就是满足 (2.10) 的一个弱熵解。

证明　考虑 (2.17), 有

$$\int_{\Omega_x}\int_{\Omega_t}\left[-\eta(u)\frac{\partial \Phi}{\partial t}-\psi(u)\frac{\partial \Phi}{\partial x}\right]dxdt \leqslant 0 \tag{2.19}$$

这里为简化起见而忽略了初始条件, 但并未丢失普遍性。

为方便证明, 图 2.6 画出了问题的示意图。假设 $\Omega_x=[x_1,x_2]$, 考虑一个分段常数解, 它有一个间断点在 $(\sigma(t),t)$ 上, 并且 $x_1<\sigma(t)<x_2$。可将 (2.19) 重写为

$$\int_{V_l}\left[-\eta(u)\frac{\partial \Phi}{\partial t}-\psi(u)\frac{\partial \Phi}{\partial x}\right]dxdt+\int_{V_r}\left[-\eta(u)\frac{\partial \Phi}{\partial t}-\psi(u)\frac{\partial \Phi}{\partial x}\right]dxdt \leqslant 0 \tag{2.20}$$

其中 V_l 和 V_r 表示两个体积, 它们有一个常数解, 由 $\sigma(t)$ 分开。

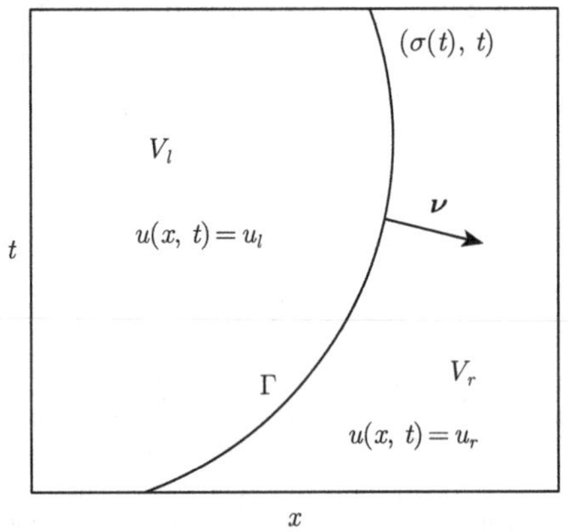

图 2.6　分段光滑解的示意图以及证明定理 2.9 时用到的符号

鉴于我们已假设 u 是分段常数, 分别在 V_l 和 V_r 中, 由此可定义常数向量

$$\boldsymbol{e}_l=\begin{bmatrix}\psi(u_l)\\ \eta(u_l)\end{bmatrix},\quad \boldsymbol{e}_r=\begin{bmatrix}\psi(u_r)\\ \eta(u_r)\end{bmatrix}$$

定义 $\nabla=\left(\dfrac{\partial}{\partial x},\dfrac{\partial}{\partial t}\right)$, (2.20) 可表示为

$$\int_{V_l}-\nabla\cdot(\Phi\boldsymbol{e}_l)dxdt+\int_{V_r}-\nabla\cdot(\Phi\boldsymbol{e}_r)dxdt \leqslant 0$$

由于 (2.19) 在解连续时可取等号, 由高斯定理可以得到

$$\int_{\Gamma}-\boldsymbol{\nu}\cdot[\Phi(\boldsymbol{e}_l-\boldsymbol{e}_r)]ds \leqslant 0 \tag{2.21}$$

其中, Γ 是间断点的轨迹 $(\sigma(t),t)$, $\boldsymbol{\nu}$ 是从 V_l 指向外的法向量。既然 Γ 已经由 $(\sigma(t),t)$ 给出, 其切向量为 $(\sigma'(t),1)$, 因此法向量为 $\boldsymbol{\nu}=C[1,-\sigma'(t)]$, 其中 $C=\sqrt{1+\sigma'(t)^2}>0$。不过, $\sigma'(t)$ 是由兰金–于戈尼奥条件得到的间断点的传播速率, 在数值上等于 s。

于是我们可以将 (2.21) 写成

$$\int_\Gamma C[(\eta(u_l)-\eta(u_r))s-(\psi(u_l)-\psi(u_r))]\Phi(x,t)ds\leqslant 0 \tag{2.22}$$

现在定义

$$s(u)=\frac{f(u)-f(u_r)}{u-u_r}$$

其中, $s(u_l)$ 是激波的速率, 并且有

$$E(u):=(\eta(u)-\eta(u_r))s(u)-(\psi(u)-\psi(u_r)) \tag{2.23}$$

由于 $s(u_r)=f'(u_r)$ 是有界的, 则显然有 $E(u_r)=0$, 并且 (2.22) 要求 $E(u_l)\leqslant 0$。考虑

$$\begin{aligned}E'(u)&=s'(u)(\eta(u)-\eta(u_r))+s(u)\eta'(u)-\psi'(u)\\&=s'(u)(\eta(u)-\eta(u_r))+\eta'(u)(s(u)-f'(u))\end{aligned}$$

根据 $s(u)$ 的定义, 可以得到

$$s'(u)=\frac{(u-u_r)f'(u)-(f(u)-f(u_r))}{(u-u_r)^2}=\frac{1}{u-u_r}(f'(u)-s(u))$$

将之插入前面的表达式, 从而消去 $(s(u)-f'(u))$, 可得

$$E'(u)=s'(u)(\eta(u)-\eta(u_r))-s'(u)\eta'(u)(u-u_r)$$

通过中值定理, 对于 $\xi\in[u_l,u_r]$ 我们就有 $s'(u)=\alpha f''(\xi)$。因为 f 是凸的, 这意味着 $s'(u)$ 是有界的。因此可得 $E'(u_r)=0$。

假设 $\xi_1\in[u,u_r]$, 再次运用中值定理可得

$$E'(u)=s'(u)\eta'(\xi_1)(u-u_r)-s'(u)\eta'(u)(u-u_r)=s'(u)(u-u_r)(\eta'(\xi_1)-\eta'(u))$$

重复上述过程, 对于 $\xi_2\in[\xi_1,u]$ 就有

$$E'(u)=s'(u)(u-u_r)\eta''(\xi_2)(\xi_2-u)$$

鉴于 $\eta(u)$ 被假定为凸的, 则有 $\eta''(u) > 0$。

现在假设 $u < u_r$, 并且满足 $u \leqslant \xi_1 \leqslant u_r$, $\xi_2 \geqslant u$, 这意味着 $E'(u) < 0$。反过来, 当 $u_r < u$ 时, 会产生同样的结果。因此 $E'(u) \leqslant 0$。

现在总共有四个条件

$$E(u_r) = 0, \quad E'(u_r) = 0, \quad E(u_l) \leqslant 0, \quad E'(u) \leqslant 0$$

显而易见, 这仅在 $u_l \geqslant u_r$ 时才可能发生, 而又因 $s'(u) > 0$, 这就意味着

$$f'(u_r) = s(u_r) < s(u) < f'(u_l)$$

□

从而可以直接获得如下推论。

推论 2.10　如果 u 是守恒律方程的一个弱熵解, 且被赋予一个熵对 (η, ψ) 和一个凸通量 f, 则有

$$s(u) \leqslant \frac{\psi(u) - \psi(u_r)}{\eta(u) - \eta(u_r)}$$

其中, $u \in [u_l, u_r]$ 且 $u_l > u_r$。

例 2.11　让我们再次考虑伯格斯方程

$$\frac{\partial u}{\partial t} + \frac{\partial u^2}{\partial x} = 0$$

定义熵 $\eta(u) = u^2$, 于是可产生熵函数 $\psi = \dfrac{4}{3}u^3$。对于连续的 u, 易得

$$\frac{\partial \eta}{\partial t} + \frac{\partial \psi}{\partial x} = 0$$

为建立熵不等式, 需要在 $u_l > u > u_r$ 的条件下说明 $E(u) \leqslant 0$。插入 (2.23) 并且使用 $s(u)$ 的定义, 鉴于 $u > u_r$, 可得

$$E(u) = -\frac{1}{3}(u - u_r)^3 < 0$$

在这里引入一个特殊的熵对会产生很好的效用, 它被称为 Kružkov 熵对, 将其定义为

$$\eta(u) = |u - c|, \ \psi(u) = \operatorname{sign}(u - c)(f(u) - f(c))$$

其中, $c \in \mathrm{R}$ 是任意的一个实数常数[11]。注意到 $\eta''(u) = 2\delta_0(u - c) \geqslant 0$, 因此满足了熵是凸的假设。我们有以下结论[10]。

定理 2.12 设 u 是守恒律方程的弱解，并假定对于所有熵对 (η, ψ)，u 满足定理 2.8。那么在弱意义上，对所有 $c \in \mathrm{R}$，Kružkov 熵对满足

$$\frac{\partial \eta(u)}{\partial t}+\frac{\partial \psi(u)}{\partial x} \leqslant 0$$

证明 定义一个正则化的熵

$$\eta_{\varepsilon}(u)=\varepsilon \eta\left(\frac{u-c}{\varepsilon}\right)$$

其中 $\eta(u)$ 是一个凸熵，且在 $|u| \geqslant 1$ 时满足 $\eta(u)=|u|$。由 $\psi_{\varepsilon}'(u)=f'(u)\eta_{\varepsilon}'(u)$ 定义相应的熵通量，并假设满足

$$\frac{\partial \eta_{\varepsilon}}{\partial t}+\frac{\partial \psi_{\varepsilon}}{\partial x} \leqslant 0$$

注意到有逐点极限

$$\lim_{\varepsilon \rightarrow 0} \eta_{\varepsilon}(u)=|u-c|, \quad \lim_{\varepsilon \rightarrow 0} \eta_{\varepsilon}'(u)=\operatorname{sign}(u-c)$$

由下式可得到熵通量

$$\lim_{\varepsilon \rightarrow 0} \psi_{\varepsilon}(u)=\lim_{\varepsilon \rightarrow 0} \int_{c}^{u} \eta_{\varepsilon}'(x) f'(x) d x=\operatorname{sign}(u-c)(f(u)-f(c))=\psi(u)$$

确保 Kružkov 熵对满足定理 2.8。 □

这表明，如果熵条件对一般的熵对成立，那么它对于 Kružkov 熵对也会成立。反之，如果解满足 Kružkov 熵对的熵条件，那么它也会满足一般熵对的熵条件。推论过程如下[10]。

定理 2.13 假设定理 2.12 对所有 $c \in \mathrm{R}$ 下的弱解 u 成立，那么定理 2.8 适用于任何熵对 (η, ψ)。

证明 设凸熵 $\eta(u) \in \mathrm{C}^{2}([a, b])$，定义 $k_{i}=a+h_{m} i, i=0, \cdots, m+1$，同时，$h_{m}=(b-a)/(m+1)$，将 $\eta(u)$ 的线性插值形式表示为

$$\eta_{m}(u)=\beta_{0}(u-c)+\sum_{i=1}^{m} \beta_{i}|u-k_{i}|$$

其中 $c \in \mathrm{R}$。如果取 $u \in [k_{j}, k_{j+1}]$，将正负贡献分开，可得

$$\eta_{m}(u)=\left(\sum_{i=0}^{j} \beta_{i}-\sum_{i=j+1}^{m} \beta_{i}\right) u-\left(\beta_{0} c+\sum_{i=0}^{j} \beta_{i} k_{i}-\sum_{i=j+1}^{m} \beta_{i} k_{i}\right)$$

现在要求

$$\eta'(u) = \eta'_m(u) = \alpha_j, \quad u \in [k_j, k_{j+1}]$$

以求得

$$\forall j = 0, \cdots, m: \sum_{i=0}^{j} \beta_i - \sum_{i=j+1}^{m} \beta_i = \alpha_j$$

反向考虑这个表达式, 则有

$$\sum_{i=0}^{m} \beta_i = \alpha_m, \quad \sum_{i=0}^{m-1} \beta_i - \beta_m = \alpha_{m-1}$$

可得

$$\beta_m = \frac{\alpha_m - \alpha_{m-1}}{2}$$

可将其概括为

$$\forall j = m, \cdots, 1: \beta_j = \frac{\alpha_j - \alpha_{j-1}}{2}, \quad \beta_0 = \alpha_0 + \sum_{i=1}^{m} \beta_i$$

由 $\eta(u)$ 的凸性可得

$$\forall j = m, \cdots, 1: \beta_j = \frac{\alpha_j - \alpha_{j-1}}{2} > 0$$

由于 $\eta(u) \in \mathrm{C}^2([a,b])$, 且存在线性插值, 则有

$$\lim_{m \to \infty} \eta_m(u) = \eta(u), \quad \lim_{m \to \infty} \eta'_m(u) = \eta'(u)$$

这就意味着

$$\lim_{m \to \infty} \eta'_m(u) f'(u) = \eta'(u) f'(u) = \psi'(u)$$

利用 Kružkov 熵对, 定义

$$\psi_m(u)\beta_0(f(u) - f(c)) + \sum_{i=1}^{m} \beta_i \mathrm{sign}(u - k_i)(f(u) - f(k_i)) + c_m$$

其中, c_m 的选值须满足 $\psi_m(0) = \psi(u)$。使用与上述相同的论点, 易证得

$$\lim_{m \to \infty} \psi_m(u) = \psi(u)$$

现在考虑 (2.18) 的弱形式：

$$
\begin{aligned}
&\int_{\Omega_x}\int_{\Omega_t}\left[\eta(u)\frac{\partial\Phi}{\partial t}+\psi(u)\frac{\partial\Phi}{\partial x}\right]dxdt\\
=&\lim_{m\to\infty}\int_{\Omega_x}\int_{\Omega_t}\left[\eta_m(u)\frac{\partial\Phi}{\partial t}+\psi_m(u)\frac{\partial\Phi}{\partial x}\right]dxdt\\
=&\lim_{m\to\infty}\int_{\Omega_x}\int_{\Omega_t}\left[\beta_0\left((u-c)\frac{\partial\Phi}{\partial t}+(f(u)-f(c))\frac{\partial\Phi}{\partial x}\right)+c_m\frac{\partial\Phi}{\partial x}\right]dxdt\\
&+\lim_{m\to\infty}\int_{\Omega_x}\int_{\Omega_t}\sum_{i=1}^{m}\beta_i\left(|u-k_i|\frac{\partial\Phi}{\partial t}+\operatorname{sign}(f(u)-f(k_i))\frac{\partial\Phi}{\partial x}\right)dxdt
\end{aligned}
$$

由于 u 是一个弱解，第一项可消去，根据定理 2.12 以及 $\beta_i>0$，所以后项求和是半正的。因此就有

$$
\int_{\Omega_x}\int_{\Omega_t}\left[\eta(u)\frac{\partial\Phi}{\partial t}+\psi(u)\frac{\partial\Phi}{\partial x}\right]dxdt\geqslant 0
$$

至此证毕。 □

这就建立了 Kružkov 熵条件和定理 2.8 中一般熵条件的等价关系。这个结果可以扩展到多维标量方程。

参 考 文 献

[1] Richard Courant and Kurt Otto Friedrichs. *Supersonic Flow and Shock Waves*, volume 21. Springer Science & Business Media, 1976.

[2] Philippe G LeFloch. Hyperbolic systems of conservation laws: The theory of classical and nonclassical shock waves. In *Lectures in Mathematics, ETH Zürich*. Birkhäuser-Verlag, 2002.

[3] Constantine M Dafermos. *Hyperbolic Conservation Laws in Continuum Physics*, volume 325 of *Grundlehren der Mathematischen Wissenschaften*. Springer-Verlag, 2010.

[4] Peter D Lax. *Hyperbolic Systems of Conservation Laws and the Mathematical Theory of Shock Waves*, volume 11 of *CBMS-NSF Regional Conference Series in Applied Mathematics*. SIAM, 1973.

[5] Alberto Bressan. *Hyperbolic System of Conservation Laws: The One-Dimensional Cauchy Problem*, volume 20 of *Oxford Lecture Series in Mathematics and Its Applications*. Oxford University Press, 2000.

[6] Joel Smoller. *Shock waves and reactiondiffusion equations*, volume 258 of *Grundlehren der Mathematischen Wissenschaften*. Springer Science & Business Media, 1994.

[7] Randall J LeVeque. Numerical methods for conservation laws. In *Lectures in Mathematics, ETH Zürich*. Birkhäuser-Verlag, 1992.

[8] Lawrence C Evans. *Partial Differential Equations*. American Mathematical Society, 2 edition, 1998.

[9] Olga A Oleinik. Discontinuous solutions of non-linear differential equations. *Uspekhi Matematicheskikh Nauk*, 12: 3–73, 1957.

[10] Dietmar Kröner. *Numerical Schemes for Conservation Laws*. Wiley, 1997.

[11] Stanislav N Kružkov. First order quasilinear equations in several independent variables. *Mathematics of the USSR Sbornik*, 10(2): 217, 1970.

第 3 章　守恒律系统

在充分理解标量守恒律的数学性质后, 现在我们转向守恒律方程系统中更有趣的, 但也是相对更复杂的情况。在本章中, 我们讨论如下形式的守恒律方程

$$\frac{\partial \boldsymbol{u}(x,t)}{\partial t}+\frac{\partial \boldsymbol{f}(u,x,t)}{\partial x}=0,\quad x\in\Omega_x\subset \mathrm{R} \tag{3.1}$$

其初始条件为 $\boldsymbol{u}(x,0)=\boldsymbol{u}_0(x)$。这里 $\boldsymbol{u}:\Omega_x\times\Omega_t\to\mathrm{R}^m$; $\boldsymbol{f}:\mathrm{R}^m\times\Omega_x\times\Omega_t\to\mathrm{R}^m$。因此, 我们考虑具有 m 个方程的系统, 但仅限于讨论一维空间问题。总的来说, 本章简要强调了与扩展到多维问题相关的一些挑战, 对于这些问题, 基本理论的很多部分仍不完整。

3.1　线性系统

开始讨论前, 首先考虑通量 $\boldsymbol{f}=\mathcal{A}(x,t)\boldsymbol{u}$, 其中 $\mathcal{A}(x,t)$ 是 $m\times m$ 的矩阵。由此得到线性系统

$$\frac{\partial \boldsymbol{u}}{\partial t}+\frac{\partial \mathcal{A}\boldsymbol{u}}{\partial x}=0,\quad x\in\Omega_x \tag{3.2}$$

其初始条件为 $\boldsymbol{u}_0(x)$。为简单起见, 假设方程具有周期性边界条件。

定义内积和相关范数

$$(\boldsymbol{u},\boldsymbol{v})_{\Omega_x}=\int_{\Omega_x}\boldsymbol{u}\cdot\boldsymbol{v}dx,\quad \|\boldsymbol{u}\|_{\Omega_x}^2=(\boldsymbol{u},\boldsymbol{u})_{\Omega_x}$$

并回想 [1] 中的定义。

定义 3.1　如果存在唯一解 $\boldsymbol{u}$, 且存在非负数 α 和 K 使得下式成立

$$\|\boldsymbol{u}(t)\|_{\Omega_x}\leqslant Ke^{\alpha(t-t_0)}\|\boldsymbol{u}(t_0)\|_{\Omega_x}$$

那么方程就是适定的。

要求方程具有适定性是为了控制方程的敏感性, 即如果考虑两个不同的初始条件, 适定性能够保证两个解之间的距离不会以快于指数的速度增长。由于任何物理模型或计算模型都会受到噪声的影响, 因此适定性是一个重要属性。

接下来的结论 [1] 给出了对线性问题的初步理解。

定理 3.2　假设 $\mathcal{A}(x,t)$ 是对称的, 并且 $|\mathcal{A}_x(x,t)|$ 对所有 (x,t) 是一致有界的, 那么方程 (3.2) 是适定的。

证明　方程解的唯一性直接来源于其线性性质。考虑

$$\left(\boldsymbol{u},\frac{\partial \boldsymbol{u}}{\partial t}\right)_{\Omega_x}+\left(\frac{\partial \boldsymbol{u}}{\partial t},\boldsymbol{u}\right)_{\Omega_x}+\left(\boldsymbol{u},\frac{\partial \mathcal{A}\boldsymbol{u}}{\partial x}\right)_{\Omega_x}+\left(\frac{\partial \mathcal{A}\boldsymbol{u}}{\partial x},\boldsymbol{u}\right)_{\Omega_x}=0$$

利用分部积分和 $\mathcal{A}$ 的对称性得到

$$\left(\boldsymbol{u},\frac{\partial \mathcal{A}\boldsymbol{u}}{\partial x}\right)_{\Omega_x}=-\left(\frac{\partial \mathcal{A}\boldsymbol{u}}{\partial x},\boldsymbol{u}\right)_{\Omega_x}+\left(\frac{\partial \mathcal{A}}{\partial x}\boldsymbol{u},\boldsymbol{u}\right)_{\Omega_x}$$

因此有

$$\frac{1}{2}\frac{d}{dt}(\boldsymbol{u},\boldsymbol{u})_{\Omega_x}\leqslant\max_{x\in\Omega_x}|\mathcal{A}_x(x,t)|\,\|\boldsymbol{u}\|_{\Omega_x}^2$$

从而得到结论。 □

为了更好地理解 (3.2) 的解的性质, 考虑冻结问题 $\mathcal{A}(x,t)=\mathrm{A}$, 对某些 $(x_0,t_0)\in\Omega_x\times\Omega_t$,

$$\frac{\partial \boldsymbol{u}}{\partial t}+\mathrm{A}\frac{\partial \boldsymbol{u}}{\partial x}=0,\quad x\in\Omega_x \tag{3.3}$$

如果 A 是对称的, 则根据定理 3.2 可以得到方程的适定性。

现在假设 $\mathcal{A}$ 是一致可对角化的, 即对于所有 $(x_0,t_0)\in\Omega_x\times\Omega_t$, 存在一个矩阵 S 使得

$$\mathrm{A}=\mathrm{S}\Lambda\mathrm{S}^{-1}$$

其中, λ_i 是 A 的 m 个特征值, $\Lambda_{ii}=\lambda_i$ 是一个对角矩阵。可以将 (3.3) 重写为

$$\frac{\partial \boldsymbol{v}}{\partial t}+\Lambda\frac{\partial \boldsymbol{v}}{\partial x}=0$$

其中 $\boldsymbol{v}=\mathrm{S}^{-1}\boldsymbol{u}$。由于已将系统简化为 m 个解耦的标量方程 (标量方程情形已在第 2 章中详细讨论), 能量守恒要求 $\Lambda=\Lambda^*$。这里 u^* 表示 u 的复共轭。因此, 所有的特征值都必须是实数。

如果将 (3.3) 的解显式表示为

$$\boldsymbol{u}(x,t)=e^{\mathrm{A}(t-t_0)}\boldsymbol{u}(x,t_0)$$

其中矩阵指数由泰勒展开式定义为

$$e^{\mathrm{A}t}=\sum_{k=0}^{\infty}\frac{1}{k!}(\mathrm{A}t)^k$$

然后根据哈密顿–凯莱定理 (Cayley-Hamilton theorem) 得到

$$\|\boldsymbol{u}(t)\|_{\Omega_x} \leqslant \|\mathrm{S}\|_{\Omega_x} \left\|\mathrm{S}^{-1}\right\|_{\Omega_x} \left\|e^{\Lambda(t-t_0)}\right\|_{\Omega_x} \|\boldsymbol{u}(t_0)\|_{\Omega_x}$$

其中, 矩阵范数基于从属的向量范数 $\|\cdot\|_{\Omega_x}$ 以一般形式定义。如果对 $(x,t) \in \Omega_x \times \Omega_t$ 一致满足

$$\|\mathrm{S}\|_{\Omega_x} \left\|\mathrm{S}^{-1}\right\|_{\Omega_x} \leqslant K, \quad \left\|e^{\Lambda(t-t_0)}\right\|_{\Omega_x} \leqslant e^{\alpha(t-t_0)}$$

则可以保证方程的适定性。

当 A 的所有特征值都是实数时, 定义 (3.3) 是双曲型的。为确保适定性, 还必须要求 A 是一致可对角化的。这引出了如下系统分类：如果 A 是对称的, 则称系统是对称双曲的；如果 A 有不同的特征值, 则称系统是严格双曲的；如果 A 是一致可对角化的, 则称系统是强双曲的；否则称系统是弱双曲的。除非需要更强的条件, 后续均假设系统是强双曲的。

现在将 (3.3) 表示为解耦问题

$$\frac{\partial \boldsymbol{v}}{\partial t} + \Lambda \frac{\partial \boldsymbol{v}}{\partial x} = 0$$

因为每个标量问题都有解

$$v_i(x,t) = v_i(x - \lambda_i t, 0)$$

则可以得到 (3.3) 的一般解

$$\boldsymbol{u}(x,t) = \sum_{i=1}^{m} v_i(x - \lambda_i t, 0)\boldsymbol{s}_i \tag{3.4}$$

其中 λ_i 是实特征值, $\boldsymbol{s}_i$ 是相关的特征向量, $\mathrm{S} = [\boldsymbol{s}_1, \cdots, \boldsymbol{s}_m]$。如图 3.1 所示, (3.3) 的解由至多 m 个线性波组成, 并按照 A 的特征值给定的速度传播, 其结构由对应的特征向量决定。一般认为 λ_i 排列顺序为 $\lambda_1 \geqslant \lambda_2 \geqslant \cdots \geqslant 0 \geqslant \cdots \geqslant \lambda_m$。

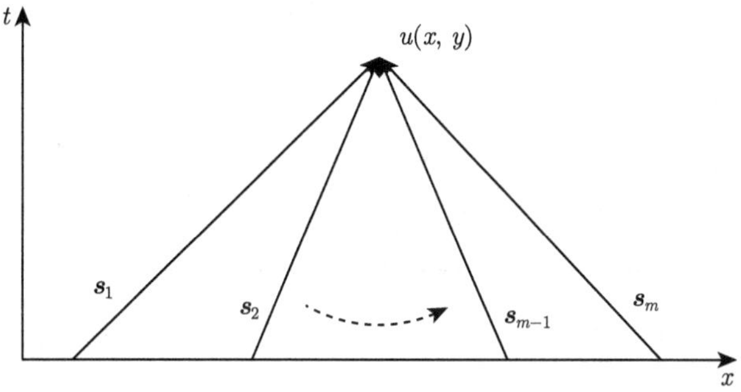

图 3.1　解 $u(x,t)$ 的结构, 其由 m 个线性波叠加, 假设特征值大小为 $\lambda_1 \geqslant \lambda_2 \geqslant \cdots \geqslant 0 \geqslant \cdots \geqslant \lambda_m$。依赖域为 λ_1 和 λ_m 所定义的锥

除了说明解的构造, 图 3.1 还强调了双曲型方程的另一个基本性质——有限传播速度。在任意给定点 $(x_0,t_0)\in\Omega_x\times\Omega_t$ 上, 解只取决于过去时刻的解, 其依赖域 (domain of dependence) 为 $\mathcal{D}=[x_0+\lambda_1(t-t_0),x_0+\lambda_m(t-t_0)]$。对 $t<t_0$, 依赖域形成一个锥体, 并向过去时刻扩展。依赖域的有限范围是双曲型方程的基本性质, 将其与热方程区别开来, 热方程依赖整个域 Ω_x。

由于 λ_i 可以是正的, 也可以是负的, 所以一般解由向左和向右传播的波组成。这是守恒律系统与标量守恒律的一个关键差异, 因为标量方程在任何给定时间只存在一个波。

回到非线性情况, 通过将 (3.1) 重写为拟线性形式, 得到 (3.1) 与 (3.3) 之间的联系:

$$\frac{\partial \boldsymbol{u}}{\partial t}+\mathcal{A}(u)\frac{\partial \boldsymbol{u}}{\partial x}=0$$

其中 $\mathcal{A}(\boldsymbol{u})=\nabla_u\boldsymbol{f}$ 为通量雅可比矩阵, 引入梯度

$$\nabla_u=\left(\frac{\partial}{\partial u_1},\cdots,\frac{\partial}{\partial u_m}\right)$$

这里要求 $\mathcal{A}(\boldsymbol{u})$ 对 $\boldsymbol{u}(x,t)$ 是一致可对角化的, 并具有实特征值。在这种情况下, 特征值 λ_i 依赖于 $\boldsymbol{u}$, 不能再像 (3.4) 那样表示方程的解。然而, 在时间和空间的局部范围内, 冻结系数问题的分析仍然有效, 并且如图 3.1 所示, 指出 (x,t)-平面内解由至多 m 个波构成。

一个可能的替代和互补的解释, 是通过对冻结系数问题的分析来对非线性问题进行类似的解释, 见图 3.2。图中说明从 (x,t) 上每一点出发的信息将沿着 m 个 (或更少) 特征方向传播。

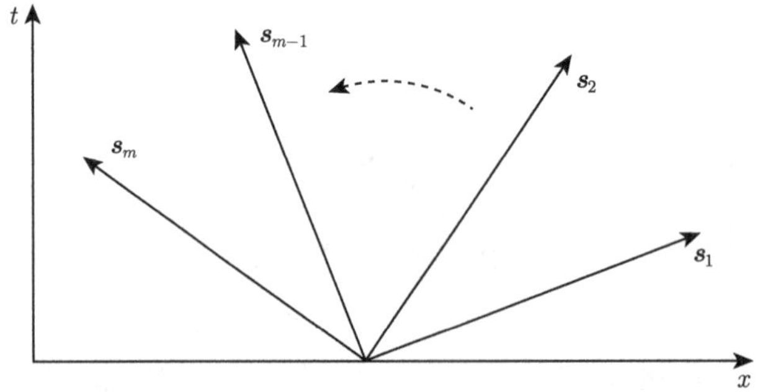

图 3.2 守恒律系统解 $u(x,t)$ 的发展, 其具有 m 个线性波。假设 $\lambda_1\geqslant\lambda_2\geqslant\cdots\geqslant 0\geqslant\cdots\geqslant\lambda_m$。影响域包含在由 λ_m 和 λ_1 定义的锥内

可以将影响域 (domain of influence) 定义为 Ω_x 的子集, 该子集受 $(x_0,t_0)\in$

$\Omega_x \times \Omega_t$ 处解的影响。对具有 m 个波的线性问题，该子集为 $\mathcal{D} = [x_0 + \lambda_m(t - t_0), x_0 + \lambda_1(t - t_0)]$。影响域之外的解不受 (x_0, t_0) 处解的影响。

例 3.3 考虑一维欧拉方程，该方程在 1.4.1 节中引入。可以将其写为准线性形式

$$\mathcal{A}(\boldsymbol{q}) = \begin{bmatrix} 0 & 1 & 0 \\ -\dfrac{3-\gamma}{2}u^2 & (3-\gamma)u & \gamma - 1 \\ -\dfrac{\gamma E u}{\rho} + (\gamma-1)u^3 & \dfrac{\gamma E}{\rho} - \dfrac{3(\gamma-1)u^2}{2} & \gamma u \end{bmatrix}$$

通量雅可比矩阵可以对角化为

$$\mathrm{S} = \begin{bmatrix} \alpha & 1 & \alpha \\ \alpha(u+c) & u & \alpha(u-c) \\ \alpha(H+cu) & \dfrac{1}{2}u^2 & \alpha(H-cu) \end{bmatrix}$$

和

$$\mathrm{S}^{-1} = \begin{bmatrix} 2\alpha\left(\dfrac{1}{2}(\gamma-1)u^2 - cu\right) & -2\alpha((\gamma-1)u - c) & 2\alpha(\gamma-1) \\ 1 - \dfrac{1}{2}(\gamma-1)\dfrac{u^2}{c^2} & \dfrac{\gamma-1}{c^2}u & -\dfrac{\gamma-1}{c^2} \\ 2\alpha\left(\dfrac{1}{2}(\gamma-1)u^2 + cu\right) & -2\alpha((\gamma-1)u + c) & 2\alpha(\gamma-1) \end{bmatrix}$$

这里已经引入

$$a = \frac{1}{2c}, \quad c = \sqrt{\frac{\gamma p}{\rho}}, \quad H = \frac{E+p}{\rho}$$

分别为比例常数、声速和焓。

可以得到对角矩阵

$$\mathrm{S}^{-1}\mathcal{A}\mathrm{S} = \Lambda = \begin{bmatrix} u+c & 0 & 0 \\ 0 & u & 0 \\ 0 & 0 & u-c \end{bmatrix}$$

这说明系统的解包含以 $u \pm c$ 的速度传播的两个声波和以流体速度传播的熵波。

3.2 黎 曼 问 题

现在先回到线性常系数问题

$$\frac{\partial \boldsymbol{u}}{\partial t}+\mathrm{A}\frac{\partial \boldsymbol{u}}{\partial x}=0 \tag{3.5}$$

为了简单起见, 假设这个方程是严格双曲的。

考虑不连续初始条件

$$\boldsymbol{u}_0(x)=\begin{cases}\boldsymbol{u}_l, & x<0\\ \boldsymbol{u}_r, & x>0\end{cases}$$

其中 $\boldsymbol{u}_l \neq \boldsymbol{u}_r$。目标是了解这个初始条件至少在短时间内是如何演化的。这一问题被称为黎曼问题, 这一问题的答案将在本书剩余部分扮演核心角色。

利用 (3.4), 将两个状态表示为特征波的线性组合

$$\boldsymbol{u}_l=\mathrm{S}\boldsymbol{\alpha},\quad \boldsymbol{u}_r=\mathrm{S}\boldsymbol{\beta}$$

其中 $\boldsymbol{\alpha}=[\alpha_1,\cdots,\alpha_m]^{\mathrm{T}}$, $\boldsymbol{\beta}=[\beta_1,\cdots,\beta_m]^{\mathrm{T}}$。根据 $\boldsymbol{v}=\mathrm{S}^{-1}\boldsymbol{u}$, 有

$$v_i(x,0)=\begin{cases}\alpha_i, & x<0\\ \beta_i, & x>0\end{cases}$$

根据对标量方程的解的理解, 有

$$v_i(x,t)=\begin{cases}\alpha_i, & x-\lambda_i t<0\\ \beta_i, & x-\lambda_i t>0\end{cases}$$

如果将特征波速 λ_i 按 $\lambda_1>\lambda_2>\cdots>\lambda_m$ 排序, 则方程的解可表示为

$$\boldsymbol{u}(x,t)=\sum_{i=1}^{q(x,t)}\alpha_i\boldsymbol{s}_i+\sum_{i=q(x,t)+1}^{m}\beta_i\boldsymbol{s}_i \tag{3.6}$$

其中, $q(x,t)$ 是满足 $x-\lambda_p t<0$ 的最大索引 p。

例 3.4　考虑一个线性系统, 其系统矩阵定义为

$$\mathrm{A}=\begin{bmatrix}1&0&2\\0&1&0\\2&0&1\end{bmatrix}$$

A 的特征值为 $\lambda_1 = 3, \lambda_2 = 1, \lambda_3 = -1$, 即有三个波, 一个向左传播, 两个向右传播。因为 A 是对称的, 所以方程是对称双曲的, 因此, 问题具有适定性。

为得到精确解, 需要 A 的特征向量:

$$\boldsymbol{s}_1 = \frac{1}{\sqrt{2}}\begin{bmatrix}1\\0\\1\end{bmatrix}, \quad \boldsymbol{s}_2 = \begin{bmatrix}0\\1\\0\end{bmatrix}, \quad \boldsymbol{s}_3 = \frac{1}{\sqrt{2}}\begin{bmatrix}1\\0\\-1\end{bmatrix}$$

现在考虑以下条件的黎曼问题

$$\boldsymbol{u}_l = \begin{bmatrix}2\\1\\0\end{bmatrix}, \quad \boldsymbol{u}_r = \begin{bmatrix}0\\0\\-2\end{bmatrix}$$

可以得到

$$\alpha = [\sqrt{2}, 1, \sqrt{2}]^{\mathrm{T}}, \quad \beta = [\sqrt{2}, 1, -\sqrt{2}]^{\mathrm{T}}$$

如果关注 $x = 0$, 可以得到 $q(0,t) = 2$, 并得到精确解

$$\boldsymbol{u}(0,t) = \alpha_1\boldsymbol{s}_1 + \alpha_2\boldsymbol{s}_2 + \beta_3\boldsymbol{s}_3$$

中间解的构造如图 3.3。

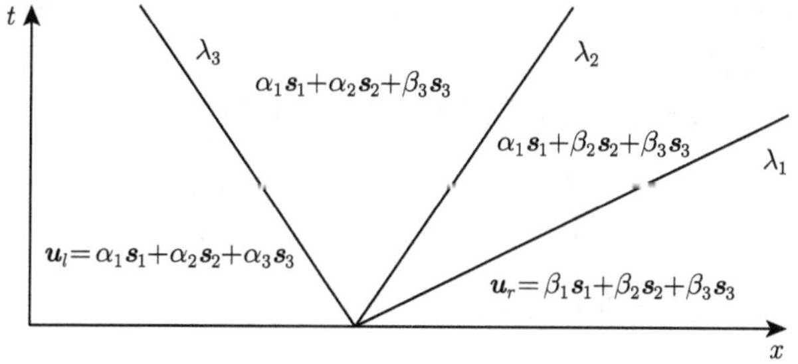

图 3.3　m=3 时线性问题的解 $u(x,t)$ 的发展。其中 $\lambda_1 = 3, \lambda_2 = 1, \lambda_3 = -1$

由于考虑的是一个线性常系数问题, 解沿每个特征方向保持常数, 因此 (x,t)-空间上任意两个特征波之间的解也是常数。因此, 在第 p 条特征线上的解的跳跃 (jump) 为

$$[\boldsymbol{u}] = (\alpha_p - \beta_p)\boldsymbol{s}_p$$

为解释这一点, 考虑

$$[\boldsymbol{f}] = \mathrm{A}[\boldsymbol{u}] = (\alpha_p - \beta_p)\mathrm{A}\boldsymbol{s}_p = \lambda_p(\alpha_p - \beta_p)\boldsymbol{s}_p = \lambda_p[\boldsymbol{u}]$$

这是我们在第 2 章中推导出的兰金–于戈尼奥条件, 也就是说, 这个条件在每个特征波上都成立。

可以直接将左右两种状态联系起来, 首先需要将精确解 (3.6) 表示为

$$\boldsymbol{u}(x,t)=\boldsymbol{u}_l-\boldsymbol{u}_l+\sum_{i=1}^{q(x,t)}\alpha_i\boldsymbol{s}_i+\sum_{i=q(x,t)+1}^{m}\beta_i\boldsymbol{s}_i$$

然而, 由于 $\boldsymbol{u}_l=\mathrm{S}\boldsymbol{\alpha}$, 我们有

$$\boldsymbol{u}(x,t)=\boldsymbol{u}_l+\sum_{i=q(x,t)+1}^{m}(\beta_i-\alpha_i)\boldsymbol{s}_i=\boldsymbol{u}_l+\sum_{\lambda_i<x/t}(\beta_i-\alpha_i)\boldsymbol{s}_i$$

同样地, 可以得到

$$\boldsymbol{u}(x,t)=\boldsymbol{u}_r-\sum_{i=1}^{q(x,t)}(\beta_i-\alpha_i)\boldsymbol{s}_i=\boldsymbol{u}_r-\sum_{\lambda_i>x/t}(\beta_i-\alpha_i)\boldsymbol{s}_i$$

如果将两个表达式相减, 就可以得到

$$\boldsymbol{u}_l-\boldsymbol{u}_r=[\boldsymbol{u}]=\sum_{i=1}^{m}(\alpha_i-\beta_i)\boldsymbol{s}_i$$

因此, 黎曼问题的解可以视为初始跳跃的分解, 分解为 m 个跳跃, 其中每个跳跃都以特征速度 λ_i 传播。

例 3.5　考虑一维麦克斯韦方程组 (见 1.4.1 节)

$$\varepsilon\frac{\partial E}{\partial t}=\frac{\partial H}{\partial x},\qquad \mu\frac{\partial H}{\partial t}=\frac{\partial E}{\partial x}$$

并假设 ε 和 μ 为常数。可以将上式改写为

$$\mathrm{M}\frac{\partial \boldsymbol{q}}{\partial t}+\mathrm{A}\frac{\partial \boldsymbol{q}}{\partial x}=0 \tag{3.7}$$

其中

$$\boldsymbol{q}=\begin{bmatrix}E\\H\end{bmatrix},\quad \mathrm{M}=\begin{bmatrix}\varepsilon&0\\0&\mu\end{bmatrix},\quad \mathrm{A}=\begin{bmatrix}0&1\\1&0\end{bmatrix}$$

虽然 (3.7) 的形式与我们之前讨论的不完全相同, 但可以通过乘以 M^{-1} 恢复为标准形式。然而, 我们采用一种稍微不同的方法, 考虑

$$\mathrm{A}\boldsymbol{s}_i=\lambda_i\mathrm{M}\boldsymbol{s}_i$$

从中可得

$$\lambda_{1,2} = \mp\frac{1}{\sqrt{\varepsilon\mu}} = \mp c, \qquad \boldsymbol{s}_{1,2} = \frac{1}{\sqrt{1+Z^2}}\begin{bmatrix} Z \\ \mp 1 \end{bmatrix}$$

其中 c 为光速, $Z = \sqrt{\mu/\varepsilon}$ 为材料阻抗。假设 $\mathrm{A} = \mathrm{S\Lambda S^T}$, 考虑

$$\mathrm{S^TMS}\frac{\partial \boldsymbol{v}}{\partial t} + \mathrm{S^TAS}\frac{\partial \boldsymbol{v}}{\partial x} = \mathrm{S^TMS}\left(\frac{\partial \boldsymbol{v}}{\partial t} + \Lambda\frac{\partial \boldsymbol{v}}{\partial x}\right) = 0$$

其中 $\boldsymbol{v} = \mathrm{S^T}\boldsymbol{u}$。正如预期的那样, 可以得到形式如下的通解

$$\boldsymbol{q}(x,t) = v_1(x+ct,0)\boldsymbol{s}_1 + v_2(x-ct,0)\boldsymbol{s}_2$$

这是两个相向传播的光波。

再次考虑黎曼问题, 有

$$\boldsymbol{q}_l = \mathrm{S}\boldsymbol{\alpha}, \qquad \boldsymbol{q}_r = \mathrm{S}\boldsymbol{\beta}$$

在第 i 个波上的跳跃为

$$[\boldsymbol{q}] = (\alpha_i - \beta_i)\boldsymbol{s}_i$$

因此有

$$\mathrm{A}[\boldsymbol{q}] = (\alpha_i - \beta_i)\mathrm{A}\boldsymbol{s}_i = (\alpha_i - \beta_i)\lambda_i\mathrm{M}\boldsymbol{s}_i = \lambda_i\mathrm{M}[\boldsymbol{u}]$$

也就是 (3.7) 的兰金–于戈尼奥条件。

现在回到非线性的情况。显然, 要找到黎曼问题的解, 需要通过 m 个或更少的波, 从 $\boldsymbol{u}_l$ 连续地连接到 $\boldsymbol{u}_r$。正如在第 2 章已经看到的, 这些波可以是激波、稀疏波或其他类型的波。

为了进一步探索这一点, 首先定义双曲型系统是真正非线性的, 如果有

$$\forall \boldsymbol{u} : \nabla_u\lambda_i(\boldsymbol{u}) \cdot \boldsymbol{s}_i(\boldsymbol{u}) \neq 0$$

其中, $(\lambda_i, \boldsymbol{s}_i)$ 为 $\mathrm{A}(\boldsymbol{u}) = \nabla_u \boldsymbol{f}$ 的本征对。因此, 这个条件意味着 λ_i 必须沿着曲线 $\boldsymbol{s}_i(\boldsymbol{u})$ 单调变化。当 $m = 1$ 时, 该条件要求 $\dfrac{\partial\lambda_i}{\partial u} = f^{''}(u) \neq 0$, 从而保证 $f^{'}(u)$ 是单调变化的。

一个波如果满足

$$\forall \boldsymbol{u} : \nabla_u\lambda_i(\boldsymbol{u}) \cdot \boldsymbol{s}_i(\boldsymbol{u}) = 0 \tag{3.8}$$

则称为接触波。(3.8) 的含义是特征值沿着 $\boldsymbol{s}_i(\boldsymbol{u})$ 是常数, 因此接触波的特征曲线是直线。对于 λ_i 为常数的线性系统, 对所有波都成立, 也就是说, 接触波可预期

表现为线性波。对于非线性系统, 这意味着如果 $\boldsymbol{u}_l$ 和 $\boldsymbol{u}_r$ 通过 $\boldsymbol{s}_i(\boldsymbol{u})$ 连接, 则 $\lambda_i(\boldsymbol{u}_l)=\lambda_i(\boldsymbol{u}_r)$。还可以得出结论, 在真正非线性系统中不会出现接触波。

考虑一条简单的特征线

$$\frac{d\gamma(t)}{dt}=\lambda(\boldsymbol{u}(t),t)$$

其中 λ 表示 $\nabla_u \boldsymbol{f}$ 的特征值。定义一个 C^1-函数 $\omega:\mathrm{R}^m\to\mathrm{R}$, 作为下式的解

$$(\nabla_u \boldsymbol{f})^{\mathrm{T}}\nabla_u\omega=\lambda\nabla_u\omega \tag{3.9}$$

解的存在性是由方程强双曲的假设保证的。考虑

$$\begin{aligned}\frac{d}{dt}\omega(\boldsymbol{u}(\gamma(t),t))&=\nabla_u\omega\cdot\left(\frac{\partial}{\partial t}\boldsymbol{u}+\gamma'(t)\nabla\boldsymbol{u}\right)\\&=\nabla_u\omega\cdot(-\nabla_u\boldsymbol{f}\nabla\boldsymbol{u}+\lambda\nabla\boldsymbol{u})\\&=\nabla\boldsymbol{u}\cdot(-(\nabla_u\boldsymbol{f})^{\mathrm{T}}\nabla_u\omega+\lambda\nabla_u\omega)=0\end{aligned}$$

最后一步由 (3.9) 得到。因此, 在特征线 $\gamma(t)$ 上 ω 是常数。

现在如果取 $\boldsymbol{s}_k$ 为 $\nabla_u \boldsymbol{f}$ 的一个特征向量, 则有

$$\lambda\boldsymbol{s}_k^{\mathrm{T}}\cdot\nabla_u\omega=\boldsymbol{s}_k^{\mathrm{T}}(\nabla_u\boldsymbol{f})^{\mathrm{T}}\nabla_u\omega=\lambda\boldsymbol{s}_k^{\mathrm{T}}\cdot\nabla_u\omega$$

因此, 如果 $\lambda\neq\lambda_k$, 那么

$$\boldsymbol{s}_k^{\mathrm{T}}\cdot\nabla_u\omega=0.$$

这就引出了黎曼不变量的定义。

定义 3.6 一个 C^1-函数 $\omega:\mathrm{R}^m\to\mathrm{R}$, 如果满足下式条件, 则称其为 k-黎曼不变量,

$$\boldsymbol{s}_k\cdot\nabla_u\omega=0$$

其中, $\boldsymbol{s}_k$ 是 $\nabla_u \boldsymbol{f}$ 的第 k 个特征向量。

此外, 如果

$$(\nabla_u \boldsymbol{f})^{\mathrm{T}}\nabla_u\omega=\lambda\nabla_u\omega$$

则称 ω 为关于 λ 的黎曼不变量 (Riemann invariant)。

另一个重要性质在 [2,3] 中证明如下。

定理 3.7 存在 $m-1$ 个 k-黎曼不变量, 使得 $\nabla_u\omega_i$ 都是线性无关的。

现在考虑 $\boldsymbol{u}_l$ 和 $\boldsymbol{u}_r$ 之间距离很小时的黎曼问题。在这种情况下, 该问题的解总是存在[3,4]。

定理 3.8 假设 $\boldsymbol{u}_l$ 和 $\boldsymbol{u}_r$ 充分接近, 那么对于真正非线性的双曲型系统, 黎曼问题有一个由至多 $m+1$ 个状态组成的解, 这些状态由激波或稀疏波分隔。

证明 首先证明如果两个状态足够接近, 它们总是可以被一条波连接。为此, 考虑函数 $\boldsymbol{v}(z)$, 对 $z>\lambda_k(\boldsymbol{u}_l)$, 其为下式的解

$$\frac{d\boldsymbol{v}}{dz}=\boldsymbol{s}_k(\boldsymbol{v}(z)), \qquad \boldsymbol{v}(\lambda_k(\boldsymbol{u}_l))=\boldsymbol{u}_l$$

如前所述, $(\lambda_k,\boldsymbol{s}_k)$ 是 $\nabla_u\boldsymbol{f}$ 的一个特征对。显然, 对于 $\lambda_k(\boldsymbol{u}_l)\leqslant z\leqslant\lambda_k(\boldsymbol{u}_l)+\nu$ 且 ν 足够小, $\boldsymbol{v}(z)$ 存在。此外, 因为问题假设为真正非线性, 通过归一化可得

$$\frac{d\lambda_k(\boldsymbol{v}(z))}{dz}=\nabla_u\lambda_k\cdot\frac{d\boldsymbol{v}}{dz}=\nabla_u\lambda_k\cdot\boldsymbol{s}_k=1$$

这意味着 $\lambda_k(\boldsymbol{v}(z))=z$, 即 ν 足够小时, 特征值线性增加。

现在考虑行波形式表示的解

$$\boldsymbol{u}(x,t)=\boldsymbol{v}\left(\frac{x}{t}\right)=\boldsymbol{v}(z)$$

其中

$$\lambda_k(\boldsymbol{u}_l)\leqslant z\leqslant\lambda_k(\boldsymbol{u}_l)+\nu$$

如果 ω 是 k-黎曼不变量, 那么

$$\frac{d\omega}{dz}=\nabla_u\omega\cdot\frac{d\boldsymbol{u}}{dz}=\nabla_u\omega\cdot\frac{d\boldsymbol{v}}{dz}=\nabla_u\omega\cdot\boldsymbol{s}_k(\boldsymbol{v}(z))=0$$

因此, ω 是常数, 定理 3.7 保证波是简单波。此外,

$$\begin{aligned}\frac{\partial\boldsymbol{u}}{\partial t}+\nabla_u\boldsymbol{f}\frac{\partial\boldsymbol{u}}{\partial x}&=\left(-\frac{x}{t^2}+\nabla_u\boldsymbol{f}\frac{1}{t}\right)\frac{d\boldsymbol{v}}{dz}=\left(-\frac{x}{t^2}+\nabla_u\boldsymbol{f}\frac{1}{t}\right)\boldsymbol{s}_k\\&=\left(-\frac{x}{t^2}+\lambda_k\frac{1}{t}\right)\boldsymbol{s}_k=\left(-\frac{x}{t^2}+\frac{x}{t}\frac{1}{t}\right)\boldsymbol{s}_k=0\end{aligned}$$

因此, $\boldsymbol{v}$ 是守恒律方程的行波解, 并存在一个参数族 $\boldsymbol{u}(z)$, 通过这个参数族, 一般状态可以通过一个简单波与 $\boldsymbol{u}_l$ 连接。此外, 已经知道 k-黎曼不变量是恒定的, 即 $\omega_i(\boldsymbol{u})=\omega_i(\boldsymbol{u}_l)$ 对于 $i=1,\cdots,m-1$, 并且 $\lambda_k(\boldsymbol{u})$ 线性增加。如果进一步定义函数 $F:\mathrm{R}^m\to\mathrm{R}^m$ 为

$$F(\omega_1(\boldsymbol{u})-\omega_1(\boldsymbol{u}_l),\cdots,\omega_{m-1}(\boldsymbol{u})-\omega_{m-1}(\boldsymbol{u}_l),\lambda_k(\boldsymbol{u})-\lambda_k(\boldsymbol{u}_l)-\nu)$$

可以求得 $F(\boldsymbol{u})=0$ 时两种状态之间的解。由于 $\nabla_u\omega_i$ 线性无关且问题是真正非线性的, 雅可比矩阵非奇异。根据反函数定理, 如果 ν 足够小, 就会有唯一解。

对于具有 m 个波的一般情况, 可以反复使用这一结论。从 $\boldsymbol{u}_l$ 出发, 我们知道存在一个单参数解族 $\boldsymbol{u}_1(z_1)$, 将其连接到下一个状态。通向第三个状态的路径则由两个参数描述, 即 $\boldsymbol{u}_2(z_1,z_2)$。依次类推, 经过 m 个波后, 得到 $\boldsymbol{u}_m(z_1,\cdots,z_m)$。由于

$$\frac{d\boldsymbol{u}_m(z_k)}{dz_k}\propto \boldsymbol{s}_k(\boldsymbol{u}_l)$$

并且所有 $\boldsymbol{s}_k$ 都因强双曲性而正交, 因此映射是双射, 并且总能找到一组参数 z_i 使得 $\boldsymbol{u}_r=\boldsymbol{u}_m(z_1,\cdots,z_m)$。这就给出了黎曼问题的一个解。 □

然而, 一旦 $\|\boldsymbol{u}_l-\boldsymbol{u}_r\|\leqslant\varepsilon$ 条件被破坏, 上述关于黎曼问题局部解存在性的结论在一般情况下就不再成立。目前已知有一些没有解的黎曼问题的案例, 更多讨论可参考 [3]。

比上述结果更强的结论在下面这一开创性结论中给出。

定理 3.9　*如果初始条件具有足够小的振荡和总变差, 则一维守恒律系统的初值问题在时间上存在一个整体解。*

关于这一结论的证明, 可参见 [5]。这一结果可推广至包含欧拉方程所需的接触间断点。但是该结论不能保证解是熵解, 也不能拓展到高于一维的情形。

3.3　熵条件与熵函数

正如第 2 章中详细讨论的, 非线性问题需要引入弱解, 这可能会导致解失去唯一性。对于守恒律系统, 解有 m 个波, 需要确保每一个波都满足熵条件。

为在此情形下建立合适的熵条件, 首先回想一下, 对于具有凸通量的标量守恒律方程, 有

$$s[u]=[f],\qquad f'(u_l)>s>f'(u_r)$$

它们分别被称作兰金–于戈尼奥条件 (Rankine-Hugoniot condition) 和拉克斯熵条件 (Lax entropy condition)。

对于系统和一个以速度 s 传播的间断点, 需要要求在某个 $1\leqslant k\leqslant m$ 情形下

$$\lambda_1(u_l)>\lambda_2(u_l)>\cdots>\lambda_k(u_l)>s>\lambda_{k+1}(u_l)>\cdots>\lambda_m(u_l)$$

同样地

$$\lambda_1(u_r)>\lambda_2(u_r)>\cdots>\lambda_j(u_r)>s>\lambda_{j+1}(u_r)>\cdots>\lambda_m(u_r)$$

为求解 $2m+1$ 个未知数、u_l、u_r、s, 我们有 m 个兰金–于戈尼奥条件以及上面的 k 和 $m-j$ 个条件。可解性要求 $j=k-1$, 以得到拉克斯熵条件

$$\lambda_k(u_l) > s > \lambda_{k+1}(u_l), \quad \lambda_{k-1}(u_r) > s > \lambda_k(u_r)$$

这些条件必须在每条激波上成立, 激波被定义为满足熵条件和兰金–于戈尼奥条件的间断点。

对于一般的非线性问题, 通常不能显式地计算出合适的左右状态。值得注意的例外是线性双曲型问题, 其所有中间状态都能被显式地求出, 如下面的例子所示。

例 3.10 继续讨论例 3.5 中的麦克斯韦方程组

$$\varepsilon\frac{\partial E}{\partial t} = \frac{\partial H}{\partial x}, \quad \mu\frac{\partial H}{\partial t} = \frac{\partial E}{\partial x}$$

将之重写为

$$\mathrm{M}\frac{\partial \boldsymbol{q}}{\partial t} + \mathrm{A}\frac{\partial \boldsymbol{q}}{\partial x} = 0 \tag{3.10}$$

其中

$$\boldsymbol{q} = \begin{bmatrix} E \\ H \end{bmatrix}, \quad \mathrm{M} = \begin{bmatrix} \varepsilon & 0 \\ 0 & \mu \end{bmatrix}, \quad \mathrm{A} = \begin{bmatrix} 0 & 1 \\ 1 & 0 \end{bmatrix}$$

根据例 3.5 有

$$\lambda_{1,2} = \mp\frac{1}{\sqrt{\varepsilon\mu}} = \pm c$$

其中 c 是光速。

现在将两个兰金–于戈尼奥条件写为

$$-c\mathrm{M}(\boldsymbol{q}_l - \boldsymbol{q}^*) = \mathrm{A}(\boldsymbol{q}_l - \boldsymbol{q}^*), \quad c\mathrm{M}(\boldsymbol{q}^* - \boldsymbol{q}_r) = \mathrm{A}(\boldsymbol{q}^* - \boldsymbol{q}_r)$$

首先假设 M 是连续的。在这种情况下, 因为解是连续的, 可以得到

$$\boldsymbol{q}_l = \boldsymbol{q}^* = \boldsymbol{q}_r$$

如果考虑更有趣的情形: M 由于材料系数不连续而发生变化, 则可得

$$-c_l(\mathrm{M}_l\boldsymbol{q}_l - \mathrm{M}^*\boldsymbol{q}^*) = \mathrm{A}(\boldsymbol{q}_l - \boldsymbol{q}^*), \quad c_r(\mathrm{M}^*\boldsymbol{q}^* - \mathrm{M}_r\boldsymbol{q}_r) = \mathrm{A}(\boldsymbol{q}^* - \boldsymbol{q}_r)$$

从而得到中间态

$$\boldsymbol{q}^* = \frac{1}{c_l + c_r}\mathrm{A}(c_r\mathrm{Q}_l\boldsymbol{q}_l - c_r\mathrm{Q}_r\boldsymbol{q}_r), \quad \mathrm{M}^*\boldsymbol{q}^* = \frac{1}{c_l + c_r}(\mathrm{Q}_l\boldsymbol{q}_l + \mathrm{Q}_r\boldsymbol{q}_r)$$

其中

$$\mathrm{Q}_l = c_l\mathrm{M}_l + \mathrm{A}, \quad \mathrm{Q}_r = c_r\mathrm{M}_r - \mathrm{A}$$

正如标量问题中所讨论的, 另一种方法是寻找熵对 (η, ψ) 满足

$$\frac{\partial \eta(\boldsymbol{u})}{\partial t} + \frac{\partial \psi(\boldsymbol{u})}{\partial x} = 0$$

其中 $\boldsymbol{u}$ 是守恒律系统的解。对其进行微分可得

$$\nabla_u \eta \cdot \frac{\partial \boldsymbol{u}}{\partial t} + \nabla_u \psi \cdot \frac{\partial \boldsymbol{u}}{\partial x} = 0$$

根据守恒律方程本身, 我们有

$$\frac{\partial \boldsymbol{u}}{\partial t} + \frac{\partial \boldsymbol{f}}{\partial x} = \frac{\partial \boldsymbol{u}}{\partial t} + \nabla_u \boldsymbol{f} \frac{\partial \boldsymbol{u}}{\partial x}$$

因此, 熵对必须满足条件

$$\nabla_u \eta \nabla_u \boldsymbol{f} = (\nabla_u \psi)^{\mathrm{T}} \tag{3.11}$$

对于标量情形, 条件可以降为 $\eta' f' = \psi'$。在一般情况下最直接的挑战是当 $m > 1$ 时, 由于系统是高度超定的, 不能保证 (3.11) 解的存在。然而, 对于许多物理系统, 基于物理原理定义熵的方式通常允许确定熵对族。典型例子包括非线性弹性动力学方程 (nonlinear equations of elastodynamics)、欧拉方程和纳维–斯托克斯方程 (Navier-Stokes equations, 简称 N-S 方程), 以及各种磁流体动力学方程[6,7]。

在讨论一般系统的熵条件之前, 我们首先假设存在一个熵对, 这将带来深远影响。我们需要确定一组新的变量 $\boldsymbol{v}$, 使得守恒律方程变为对称形式, 即

$$\frac{\partial \boldsymbol{u}(\boldsymbol{v})}{\partial t} + \frac{\partial \boldsymbol{f}(\boldsymbol{u}(\boldsymbol{v}))}{\partial x} = \nabla_v \boldsymbol{u} \frac{\partial \boldsymbol{v}}{\partial t} + \nabla_v \boldsymbol{f} \frac{\partial \boldsymbol{v}}{\partial x} = 0 \tag{3.12}$$

现在考虑两个矩阵 $\nabla_v \boldsymbol{u}$ 和 $\nabla_v \boldsymbol{f}$。如果要保证它们的对称性, 那么 $\boldsymbol{u}$ 和 $\boldsymbol{f}$ 必须是某个标量函数的梯度

$$\nabla_v q(\boldsymbol{v}) = \boldsymbol{u}^{\mathrm{T}}, \qquad \nabla_v r(\boldsymbol{v}) = \boldsymbol{f}^{\mathrm{T}} \tag{3.13}$$

通过进一步要求 q 是凸的, 可以确保 $\nabla_v \boldsymbol{u}$ 是正定的, 从而使变换后的系统 (3.12) 有解。

下面给出的定理[8] 是两个令人惊喜的结论之一。

定理 3.11　假设 $\eta(\boldsymbol{u})$ 是 (3.12) 的一个熵函数, 那么新的变量

$$\boldsymbol{v}^{\mathrm{T}} = \nabla_v \eta(\boldsymbol{u})$$

可将守恒律系统转化为对称形式。

证明 由于 η 是凸的, $\boldsymbol{u}$ 和 $\boldsymbol{v}$ 之间的映射是双射。现在定义

$$q(\boldsymbol{v}) = \boldsymbol{v}^{\mathrm{T}}\boldsymbol{u} - \eta(\boldsymbol{u})$$

根据 $\boldsymbol{v}^{\mathrm{T}}$ 的定义, 对 $\boldsymbol{v}$ 求微分得到

$$\nabla_v q(\boldsymbol{v}) = \boldsymbol{u}^{\mathrm{T}} + \boldsymbol{v}^{\mathrm{T}}\nabla_v\boldsymbol{u} - \nabla_u\eta(\boldsymbol{u})\nabla_v\boldsymbol{u} = \boldsymbol{u}^{\mathrm{T}}$$

类似地, 定义

$$r(\boldsymbol{v}) = \boldsymbol{v}^{\mathrm{T}}\boldsymbol{f}(u) - \psi(\boldsymbol{u})$$

根据 (3.11), 计算它的梯度为

$$\nabla_v r(\boldsymbol{v}) = \boldsymbol{f}^{\mathrm{T}} + \boldsymbol{v}^{\mathrm{T}}(\nabla_u\boldsymbol{f}\nabla_v\boldsymbol{u}) - \nabla_u\psi\nabla_v\boldsymbol{u} = \boldsymbol{f}^{\mathrm{T}}$$

$q(\boldsymbol{v})$ 的凸性来自 $\eta(\boldsymbol{u})$ 的凸性。 □

这一结果表明, 如果存在一个熵对, 则存在一组变量将非线性守恒律方程转化为对称形式。更令人惊喜的是, 反之也成立[9]。

定理 3.12 假设 (3.12) 可以由一组新的变量 $\boldsymbol{v}$ 对称化, 则存在以下形式的熵对

$$\eta(\boldsymbol{u}) = \boldsymbol{u}^{\mathrm{T}}\boldsymbol{v} - q(\boldsymbol{v}), \qquad \psi(\boldsymbol{u}) = \boldsymbol{f}^{\mathrm{T}}\boldsymbol{v} - r(\boldsymbol{v})$$

其中标量函数 (q, r) 定义如 (3.13)。

证明 根据 q 的定义, 考虑

$$\nabla_u\eta(\boldsymbol{u}) = \boldsymbol{v}^{\mathrm{T}} + \boldsymbol{u}^{\mathrm{T}}\nabla_u\boldsymbol{v} - \nabla_v q(\boldsymbol{v})\nabla_u\boldsymbol{v} = \boldsymbol{v}^{\mathrm{T}}$$

类似地, 根据 (3.13) 有

$$\nabla_u\psi(\boldsymbol{u}) = \boldsymbol{v}^{\mathrm{T}}\nabla_u\boldsymbol{f} + \boldsymbol{f}^{\mathrm{T}}\nabla_u\boldsymbol{v} - \nabla_v r(\boldsymbol{v})\nabla_u\boldsymbol{v} = \boldsymbol{v}^{\mathrm{T}}\nabla_u\boldsymbol{f}$$

这意味着

$$q(\boldsymbol{v}) = \boldsymbol{v}^{\mathrm{T}}\boldsymbol{u} - \eta(\boldsymbol{u})$$

对 $\boldsymbol{v}$ 求微分后, 可以恢复为 (3.11)。$\eta(\boldsymbol{u})$ 的凸性源自 $q(\boldsymbol{v})$ 的凸性。 □

由此, 我们建立了熵对的存在性与使守恒律方程对称化之间的等价关系。这个结果适用于多维的一般系统[7]。一个直接推论是, 任何具有熵的系统都是可对称化的, 因此也是双曲型的。

例 3.13　如果考虑欧拉方程 (1.4.1 节), 寻找熵对是可行的。事实上, 存在一个无限的熵对族, 其形式为[7]

$$\eta(\boldsymbol{q}) = -\rho Q(t), \quad \psi(\boldsymbol{q}) = -\rho \boldsymbol{u} Q(t)$$

其中函数 $Q(t)$ 满足

$$\frac{Q''}{Q'} \leqslant \gamma^{-1}$$

以保证熵的凸性。变换后的熵变量为

$$\boldsymbol{v} = \frac{Q'}{\iota}\begin{bmatrix} \iota(\gamma - Q/Q') - \frac{1}{2}u^2 \\ u \\ -1 \end{bmatrix}$$

其中 ι 为内能, 即 $\rho\iota = E - \frac{1}{2}\rho u^2$。

如果选择[6]

$$Q(\boldsymbol{u}) = \log\left(\frac{\gamma - 1}{\rho^{\gamma}}\rho\iota\right)$$

并定义

$$\mathrm{A}_0 = \frac{\rho\iota}{(\gamma-1)v_3}\begin{bmatrix} -v_3^2 & e_1 & v_3(1-k_1) \\ e_1 & c_1 & v_2k_2 \\ v_3(1-k_1) & v_2k_2 & -k_3 \end{bmatrix}$$

$$\mathrm{A}_1 = \frac{\rho\iota}{(\gamma-1)v_3^2}\begin{bmatrix} e_1v_3 & c_1v_3 & k_2e_1 \\ c_1v_3 & -(c_1 + 2(\gamma-1)v_3)v_2 & c_1k_2 + (\gamma-1)v_2^2 \\ k_2e_1 & c_1k_2 + (\gamma-1)v_2^2 & k_4v_2 \end{bmatrix}$$

其中

$$k_1 = \frac{v_2^2}{2v_3}, \quad k_2 = k_1 - \gamma, \quad k_3 = k_1^2 - 2\gamma k_1 + \gamma, \quad k_4 = k_2^2 - (\gamma-1)(k_1 + k_2)$$

$$c_1 = (\gamma-1)v_3 - v_2^2, \quad e_1 = v_2v_3$$

则可以将欧拉方程写为

$$\mathrm{A}_0\frac{\partial \boldsymbol{v}}{\partial t} + \mathrm{A}_1\frac{\partial \boldsymbol{v}}{\partial x} = 0$$

其中 $\boldsymbol{v} = (v_1, v_2, v_3)$ 是熵变量。

正如期望的那样，非线性系统已经被对称化。非线性通量为

$$\boldsymbol{f}(v) = \frac{\rho\iota}{v_3}\begin{bmatrix} e_1 \\ c_1 \\ k_2 v_2 \end{bmatrix}$$

值得注意的是，同样的构造也能将全三维的欧拉方程对称化，并且对更复杂的可压缩纳维–斯托克斯方程也适用[6,10,11]。

对于标量情形，我们有以下结论。

定理 3.14 对于一个具有熵对 (η, ψ) 和弱熵解 $\boldsymbol{u}$ 的双曲型问题，在弱意义下有

$$\frac{\partial \eta(\boldsymbol{u})}{\partial t} + \frac{\partial \psi(\boldsymbol{u})}{\partial x} \leqslant 0$$

证明 该证明与定理 2.8 的证明相似，其中引入一个黏性解，并利用了熵的凸性。详细过程可以参考 [2]。 □

类似地，我们有以下结论。

定理 3.15 对于一个具有熵对 (η, ψ) 和具有激波的弱熵解 $\boldsymbol{u}$ 的双曲型问题，如果在弱意义下有

$$\frac{\partial \eta(\boldsymbol{u})}{\partial t} + \frac{\partial \psi(\boldsymbol{u})}{\partial x} \leqslant 0$$

那么激波较弱时，拉克斯熵条件得到满足。

证明 该证明类似于定理 2.9 的证明。详细过程可以参考 [3]。 □

第 1 章和第 2 章主要讨论了多维标量守恒律、一维守恒律系统及其解的性质。进一步追求对多维系统的理解是诱人的。但可惜的是，关于多维守恒律系统的解的存在性和唯一性等基本问题的理论基础仍不完善，同时其仍是当前活跃的研究领域。对于这一重要并且技术要求极高的研究方向，更多的介绍和未解决的问题可参考文献 [12–16]。

参考文献

[1] Bertil Gustafsson, Heinz-Otto Kreiss, and Joseph Oliger. *Time dependent problems and difference methods*, volume 24 of *Pure and Applied Mathematics*. John Wiley & Sons, 1995.

[2] Dietmar Kröner. *Numerical schemes for conservation laws*. John Wiley & Sons, 1997.

[3] Joel Smoller. *Shock waves and reaction-diffusion equations*, volume 258 of *Grundlehren der Mathematischen Wissenschaften*. Springer Science & Business Media, 2012.

[4] Peter D Lax. *Hyperbolic systems of conservation laws and the mathematical theory of shock waves*, volume 11 of *CBMS-NSF Regional Conference Series in Applied Mathematics*. SIAM, 1973.

[5] James Glimm. Solutions in the large for nonlinear hyperbolic systems of equations. *Communications on Pure and Applied Mathematics*, 18(4): 697–715, 1965.

[6] Thomas JR Hughes, Leopaldo P Franca, and Michel Mallet. A new finite element formulation for computational fluid dynamics. I. symmetric forms of the compressible Euler and Navier-Stokes equations and the second law of thermodynamics. *Computer Methods in Applied Mechanics and Engineering*, 54(2): 223–234, 1986.

[7] Amiram Harten. On the symmetric form of systems of conservation laws with entropy. *Journal of Computational Physics*, 49(1): 151–164, 1983.

[8] Michael S Mock. Systems of conservation laws of mixed type. *Journal of Differential Equations*, 37(1): 70–88, 1980.

[9] Sergei Konstantinovich Godunov. An interesting class of quasi-linear systems. *Doklady Akademii Nauk SSSR*, 139: 521–523, 1961.

[10] Saul Abarbanel and David Gottlieb. Optimal time splitting for two-and three-dimensional Navier-Stokes equations with mixed derivatives. *Journal of Computational Physics*, 41(1): 1–33, 1981.

[11] Pravir Dutt. Stable boundary conditions and difference schemes for Navier-Stokes equations. *SIAM Journal on Numerical Analysis*, 25(2): 245–267, 1988.

[12] Constantine M Dafermos and Constantine M Dafermos. *Hyperbolic conservation laws in continuum physics*, volume 325 of *Grundlehren der Mathematischen Wissenschaften*. Springer-Verlag, Berlin, 2010.

[13] Gui-Qiang Chen. Euler equations and related hyperbolic conservation laws. In *Handbook of differential equations: evolutionary equations*, volume 2, pages 1–104. Elsevier, 2005.

[14] Sylvie Benzoni-Gavage and Denis Serre. *Multi-dimensional hyperbolic partial differential equations: First-order Systems and Applications*. Oxford University Press, 2007.

[15] Denis Serre. *Systems of Consercation Laws,vols.1 and 2*. Cambridge University Press, 1999.

[16] Edwige Godlewski and Pierre-Arnaud Raviart. *Hyperbolic systems of conservation laws*, volume 3-4. Ellipses, 1991.

第 4 章　从连续到离散

在充分了解守恒律方程及其解的性质后，我们现在可以开始研究数值方法来求解这些方程了。我们必须努力保证守恒律方程的基本性质能延续到数值格式中。我们很快就会看到，后续分析中出现的许多核心挑战都源自这一要求。

我们寻求发展具有广泛适用性的方法，但为了简单起见，本书主要讨论如下标量守恒律方程的求解方法

$$\frac{\partial u}{\partial t}+\frac{\partial f(u)}{\partial x}=0, \quad (x,t)\in \Omega_x\times\Omega_t$$

该方程具有合适的初始条件 $u_0(x)$ 和周期性边界条件。

在不具体说明数值格式细节的情况下，我们通常将重点放在基于网格的方法上，并寻求 $u(x_j,t^n)$ 的近似解 U_j^n。这里引入网格 (x_j,t^n) 为

$$x_j=h_j=\frac{L}{N}j, \qquad t^n=nk=\frac{T}{K}k$$

其中 $j=0,\cdots,N, k=0,\cdots,K, \Omega_x=[0,L]$, $\Omega_t=[0,T]$。

为了阐明即将面临的一些挑战，让我们考虑一个简单的例子。

例 4.1　*考虑伯格斯方程*

$$\frac{\partial u}{\partial t}+\frac{\partial u^2}{\partial x}=f(x,t), \quad x\in[0,1]$$

初始条件为光滑函数

$$u_0(x)=1+0.2\sin(2\pi x)$$

定义 $f(x,t)$，使得 $u(x,t)=1+0.2\sin(2\pi(x-t))$ 是精确解。很快，我们还将考虑 1.4.1 节中所讨论的非光滑初始条件的情形。

为求得近似解，考虑两种不同的基于网格的格式，定义为

$$u_j^{n+1}=u_j^n-2\frac{k}{h}u_j^n(u_j^n-u_{j-1}^n)+kf_j^n$$

以及

$$u_j^{n+1}=u_j^n-\frac{k}{h}\left[(u_j^n)^2-(u_{j-1}^n)^2\right]+kf_j^n$$

这两种格式的主要区别在于对方程中非线性部分的处理。我们将第一种格式称为非守恒形式, 将第二种格式称为守恒形式。

在光滑和非光滑的初始条件下, 采用这两种格式, 计算结果表现出显著差异。如图 4.1 所示, 这两种格式似乎都能精确计算光滑解。然而, 非守恒格式在非光滑情况下完全失效 , 此时正确的解是以速度 3 传播的激波, 也就是说在最终时刻 $T = 0.2$ 时, 激波应位于 $x = 0.8$ 处。

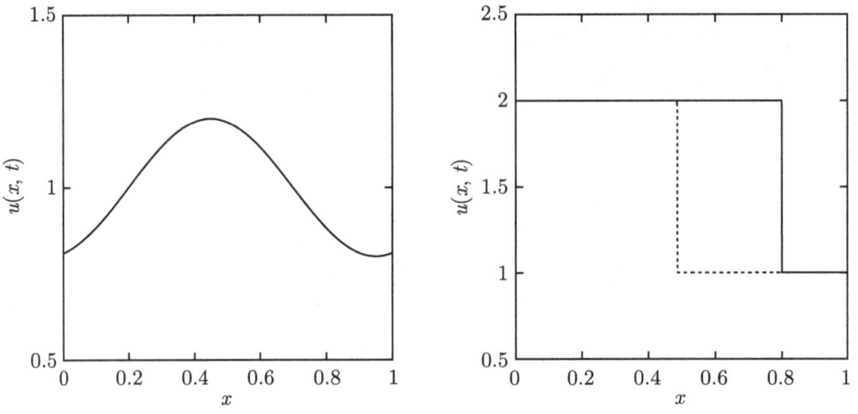

图 4.1　光滑 (左) 和非光滑 (右) 初始条件下伯格斯方程在 T=0.2 时刻的解, 分别使用非守恒 (虚线) 和守恒 (实线) 格式计算

使用非守恒格式得到的结果表明了一种非常危险的计算错误, 该格式的解具有预期出现的激波, 但激波的移动速度是错误的。因此, 该解违背了兰金–于戈尼奥条件, 因此不是守恒律方程的弱解。

对这一简单问题, 我们很容易辨识出错误解。但对于复杂的问题, 可能很难识别错误解, 因此可能具有应用物理上不正确解的风险。

上述例子强调了开发与连续问题特性相一致的数值格式的重要性, 以确保数值解是守恒律方程的弱熵解。

接下来, 我们将重新审视在连续问题的分析中出现的许多相同问题, 以明确对数值格式的哪些核心性质提出要求, 从而确保其收敛至守恒律的正确解。

4.1　守恒与守恒形式

如果一个数值格式可以写成

$$U_j^{n+1} = U_j^n - \frac{k}{h}\left[F_{j+1/2}^n - F_{j-1/2}^n\right] \tag{4.1}$$

则称它为守恒形式。这里引入数值通量

$$F_{j+1/2}^n = F(U_{j-p}^n, \cdots, U_{j+q}^n), \qquad F_{j-1/2}^n = F(U_{j-p-1}^n, \cdots, U_{j+q+1}^n)$$

数值通量也可以表示为

$$F_{j+1/2}^n = F(E_1\boldsymbol{U}^n), \qquad F_{j-1/2}^n = F(\boldsymbol{U}^n)$$

其中 $\boldsymbol{U}^n = (U_{j-p-1}^n, \cdots, U_{j+q+1}^n)$, E_l 为移位算子, $E_l U_j = U_{j+l}$。因此, U_j^n 的更新依赖于 $(U_{j-p-1}^n, \cdots, U_{j+q}^n)$, 我们称之为格式的模板 (stencil)。尽管到目前为止的讨论中, U_j^n 可能指的是网格点值, 但正如我们稍后将探讨的那样, 考虑它的不同定义可能也是有用的。

(4.1) 中的数值通量 $F(U_{-p}, \cdots, U_q)$ 显然与守恒律方程的 $f(u)$ 有关。如果 $F(u, \cdots, u) = f(u)$, 则称数值通量是一致的。一般情况下, 还假定数值通量是利普希茨连续 (Lipschitz continuous) 的, 即存在一个常数 $M > 0$ 使得

$$|F(U_{-p}, \cdots, U_q) - f(u)| \leqslant M \max(|U_{-p} - u|, \cdots, |U_q - u|)$$

前提 $|U_i - u|$ 在每个 u 点处都足够小。

我们经常将讨论限制在最简单的情形 $p + q = 1$, 即数值通量仅依赖于相邻单元格。我们很快就会发现, p 或 q 是否应该取 1 与具体问题相关。

守恒形式的重要性可通过一些关键结论来体现, 第一个结论是离散守恒 (discrete conservation), 它建立了数值格式的守恒性。

定理 4.2 具有一致通量的守恒形式的格式在离散层面上是守恒的。

证明 为了简单而不失一般性, 考虑 $p = 0, q = 1$ 的局部格式

$$U_j^{n+1} = U_j^n - \frac{k}{h}[F(U_j^n, U_{j+1}^n) - F(U_{j-1}^n, U_j^n)] = U_j^n - \frac{k}{h}[F_{j+1/2}^n - F_{j-1/2}^n]$$

对 j 求和, 得到

$$h\sum_j U_j^{n+1} - h\sum_j U_j^n = -k\sum_j [F_{j+1/2}^n - F_{j-1/2}^n]$$

由于等式右边是伸缩求和, 可以得到

$$h\sum_j U_j^{n+1} - h\sum_j U_j^{n+1} = -k[F_{N+1/2}^n - F_{-1/2}^n]$$

如果假设解在 $[0, L]$ 区间外是常数, 数值通量的一致性意味着

$$F_{N+1/2}^n = f(u(L, t^n)), \qquad F_{-1/2}^n = f(u(0, t^n))$$

从而

$$h\sum_j U_j^{n+1} - h\sum_j U_j^n = -k[f(u(L,t^n)) - f(u(0,t^n))] \tag{4.2}$$

在周期性条件下, 立即得到以下结果

$$h\sum_j U_j^{n+1} = h\sum_j U_j^n = h\sum_j U_j^{n-1} = \cdots = h\sum_j U_j^0$$

这反映了离散层面的守恒, 前提是定义 U_j^0 满足

$$h\sum_j U_j^0 = \int_{\Omega_x} u_0(x)dx$$

如果转而假设 u 在 Ω_x 外是常数, 将 (4.2) 对 n 求和, 得到

$$h\sum_j U_j^k - h\sum_j U_j^0 = -T[f(u(L)) - f(u(0))]$$

如上定义 U_j^0, 可得

$$\int_{\Omega_x} u(x,T)dx - \int_{\Omega_x} u(x,0)dx = -T[f(u(L)) - f(u(0))]$$

这正是守恒律的积分形式 (2.5), 对其来说, 守恒是一种内在性质。 □

该结论的一个直接推论是, 如果使用了守恒形式的数值格式, 则间断点不能以错误的速度传播, 因为这会违背兰金–于戈尼奥条件, 进而违背守恒性。

我们还可以更进一步, 得到拉克斯–温德罗夫定理 (Lax-Wendroff theorem)[1,2]。

定理 4.3 假设一个数值格式是守恒形式, 且数值通量是一致的和利普希茨连续的。如果该格式收敛到一个 L^1 上的总变差有界解, 那么这个解就是守恒律方程的弱解。

证明 我们首先回顾：一个解被称为弱解, 如果对于所有光滑和紧支撑的测试函数 $\phi(x,t)$, 解满足

$$\int_{\Omega_t}\int_{\Omega_x}\left[u\frac{\partial\phi}{\partial t} + f(u)\frac{\partial\phi}{\partial x}\right]dxdt = -\int_{\Omega_x} u_0(x)\phi(x,0)dx$$

为了简单且不失一般性, 考虑 $p=0$ 和 $q=1$ 的格式,

$$U_j^{n+1} = U_j^n - \frac{k}{h}[F_{j+1/2}^n - F_{j-1/2}^n]$$

乘以 $\phi(x_j,t^n)=\phi_j^n$, 并对 j 和 n 求和, 可得

$$\sum_{j,n}\phi_j^n\left(\frac{U_j^{n+1}-U_j^n}{k}\right)=-\sum_{j,n}\phi_j^n\left(\frac{F_{j+1/2}^n-F_{j-1/2}^n}{h}\right)$$

现在回忆伸缩求和的性质

$$\sum_{k=0}^{p}a^k(b^{k+1}-b^k)=-a^0b^0+a^0b^1+a^1b^2-a^1b^1+\cdots+a^pb^{p+1}-a^pb^p$$

$$=-a^0b^0-\sum_{k=1}^{p}b^k(a^k-a^{k-1})+a^pb^{p+1}$$

结合 ϕ 的紧支性 (当 $(x,t)\to(\partial\Omega_x,T)$ 时 $\phi\to 0$), 可以得到

$$-\sum_{j,n}U_j^n\left(\frac{\phi_j^n-\phi_j^{n-1}}{k}\right)-\frac{1}{k}\sum_j\phi_j^0U_j^0=\sum_{j,n}F_{j+1/2}^n\frac{\phi_{j+1}^n-\phi_j^n}{h} \tag{4.3}$$

现在乘以 hk, 并考虑当 $l\to\infty$, $(h_l,k_l)\to 0$ 时三项中的每一项.

既然假定 U_j^n 在 L^1 上收敛于 $u(x_j,t^n)$, 即

$$\lim_{l\to\infty}\sum_{j,n}|U_j^n-u(x_j,t^n)|h_lk_l=0$$

同时 $\phi(x,t)$ 是光滑的, 则有

$$\lim_{l\to\infty}h_lk_l\sum_{j,n}U_j^n\left(\frac{\phi_j^n-\phi_j^{n-1}}{k_l}\right)=\int_{\Omega_t}\int_{\Omega_x}u\frac{\partial\phi}{\partial t}dxdt$$

类似地, 第二项收敛于

$$\lim_{l\to\infty}h_l\sum_j\phi_j^0U_j^0=\int_{\Omega_x}u_0(x)\phi(x,0)dx$$

(4.3) 的最后一项稍微复杂一些。假设 U^n 的 TV-范数有界:

$$\mathrm{TV}(U^n)=\sup_h\sum_j|U_{j+1}^n-U_j^n|\leqslant R$$

结合数值通量是利普希茨连续的假设, 得到

$$\lim_{l\to\infty}h_lk_l\sum_{j,n}F(U_j^n,U_{j+1}^n)\frac{\phi_{j+1}^n-\phi_j^n}{h_l}=\int_{\Omega_t}\int_{\Omega_x}f(u)\frac{\partial\phi}{\partial x}dxdt$$

因此, 如果当 $l \to \infty$ 时 U_j^n 收敛, 那么收敛到的解 u 满足

$$\int_{\Omega_t}\int_{\Omega_x}\left[u\frac{\partial \phi}{\partial t} + f(u)\frac{\partial \phi}{\partial x}\right]dxdt = -\int_{\Omega_t} u_0(x)\phi(x,0)dx$$

由于 $\phi(x,t)$ 是任意光滑且紧支撑的测试函数, u 是守恒律方程的弱解。 □

这一关键结果表明：在非常合理的条件下, 使用守恒形式得到的数值解是守恒律的弱解, 即保证了如图 4.1 所示的问题不会出现。

4.2 单调性和熵条件

在确立了守恒格式的重要性之后, 人们想知道这是否就足以确保数值解能计算出守恒律的熵解。为说明这一问题还需要一些附加条件, 让我们来看一个详细示例。

例 4.4 考虑伯格斯方程

$$\frac{\partial u}{\partial t} + \frac{\partial u^2}{\partial x} = 0, \quad x \in [-1, 1]$$

首先考虑不连续的初始条件

$$u_0(x) = \begin{cases} 2, & x < 0 \\ 1, & x \geqslant 0 \end{cases}$$

根据 2.1 节内容, 我们知道这是一个满足熵条件的解, 并且基于兰金–于戈尼奥条件, 可以预期解的形式为 $u(x,t) = u_0(x - 3t)$。

使用守恒形式的格式求解此问题

$$u_j^{n+1} = u_j^n - \frac{k}{h}[F_{j+1/2}^n - F_{j-1/2}^n]$$

其中 u_j^n 表示网格节点的值。这就留下一个问题：应如何选择数值通量 $F(u,v)$。

考虑两种不同的数值通量。第一种是

$$F_{\mathrm{LF}}(u,v) = \frac{f(u)+f(v)}{2} - \frac{\alpha}{2}(v-u)$$

其中 $\alpha = \max\limits_u |f'(u)|$。这被称为拉克斯–弗里德里希斯通量 (Lax-Friedrichs flux) 或 Rusanov 通量[3]。

另一种选择是拉克斯–温德罗夫通量 (Lax-Wendroff flux), 其为

$$F_{\mathrm{LW}}(u,v)=\frac{f(u)+f(v)}{2}-\frac{k}{2h}f'\left(\frac{u+v}{2}\right)(f(v)-f(u))$$

我们将在 5.2 节中推导这两种通量并进行更详细的讨论。目前只需要知道这两种通量都是一致的, 并且对于小的跳跃, 它们表现得非常相似。

图 4.2 展示了两种格式的结果。由于它们都是以守恒形式表达的格式, 激波以正确的速度传播。可以观察到拉克斯–弗里德里希斯格式造成了较为明显的激波弥散, 而拉克斯-温德罗夫格式更好地捕捉了激波的陡峭度。然而, 这似乎是以在激波上游引入强振荡为代价的。如 (2.11) 所述, 熵解的总变差一定是衰减的, 也就是说拉克斯–温德罗夫格式中的振荡显然是数值误差所致。

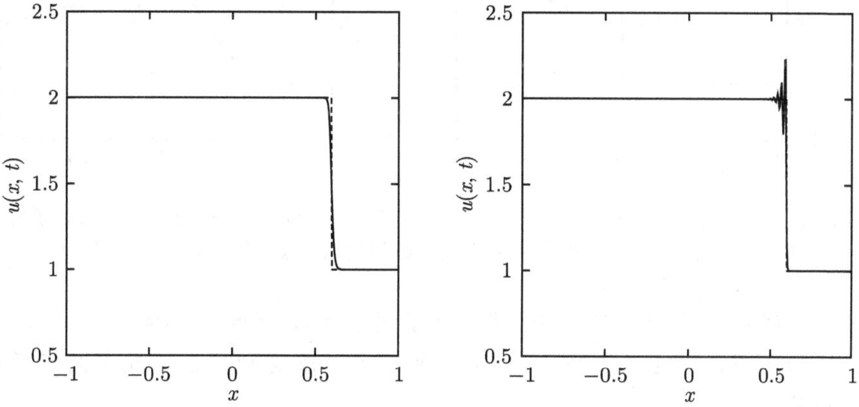

图 4.2 在 $T=0.2$ 时刻伯格斯方程的解, 使用守恒形式的格式并分别使用拉克斯–弗里德里希斯通量 (左) 与拉克斯–温德罗夫通量 (右)。图中给出了两种情况下的数值解 (实线) 与精确解 (虚线)

让我们考虑与求解守恒律的精确熵解相关挑战的另一个方面。将初始条件改为

$$u_0(x)=\begin{cases}-1, & x<0\\ 1, & x\geqslant 0\end{cases}$$

回想例 2.2 中的讨论, 尽管存在无限的弱解族, 对于这一初始条件, 稀疏波才是真正的熵解。

首先注意到, 兰金–于戈尼奥条件表明 $x=0$ 处间断点的移动速度为零。作为数值通量, 现在选取

$$F(u,v)=\begin{cases}f(u), & s\geqslant 0\\ f(v), & s<0\end{cases},\qquad s=\frac{f(u)-f(v)}{u-v} \tag{4.4}$$

这是 Roe 通量。这里 s 是基于 (u, v) 的激波速度。对这个通量的直观理解是，当 s 为正时，激波从左向右移动，并使用上游通量。当 s 为负时，情况与之相反，并使用下游通量。换句话说，这是非线性格式的一种迎风方法。

图 4.3 给出了由 (4.4) 得到的数值解，即一个静止的间断点。然而，由于正确熵解是一个稀疏波，该解是一个不正确的弱解。

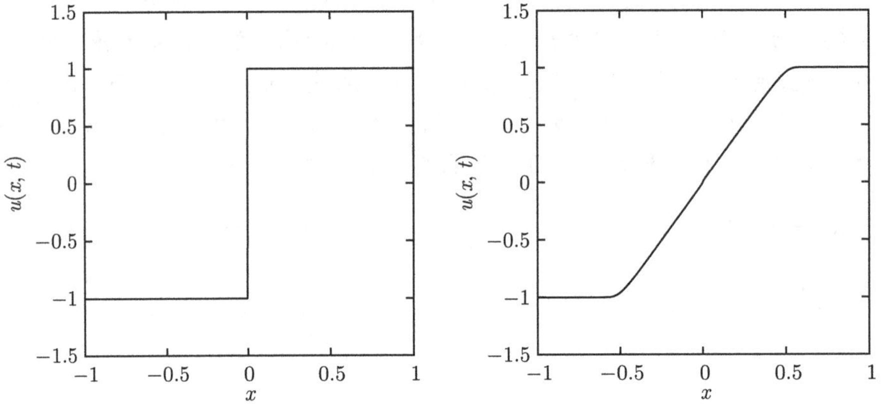

图 4.3　非光滑初始条件下伯格斯方程在 $T = 0.25$ 时刻的解。左图为一个违反熵条件的解，右图为正确的熵解。两者使用相同的数值格式计算，只是初始条件不同

很容易理解这是如何发生的，因为数值通量结合初始条件确保了 $u_j^0 = u_j^1$，因此维持了初始条件。这也表明，我们应该能够通过改变初始条件或者数值通量，来打破这种局面。

虽然还不清楚如何修改通量，但可以将初始条件合理地改变为

$$u_0(x) = \begin{cases} -1, & x < 0 \\ 0, & x = 0 \\ 1, & x > 0 \end{cases}$$

即将间断点处的中间值定义为跳跃两侧的平均值。如图 4.3 所示，最初的激波没有被保持，并得到正确的稀疏波解。

这个例子说明了在构建数值通量时需要小心，因为看似合理的选择可能导致错误的解。虽然这一问题可以通过对初始条件稍加修改来避免，但对更复杂的情形，这并不是可行的解决方案。

很显然，数值通量的一些性质对于能否恢复熵解至关重要。

我们回顾守恒形式的一般格式

$$U_j^{n+1} = U_j^n - \lambda[F_{j+1/2}^n - F_{j-1/2}^n] = G(U_{j-p-1}^n, \cdots, U_{j+q}^n) = G(U^n)_j$$

这里令 $\lambda = \dfrac{k}{h}$ 来简化符号。

如果 $G(\cdot)$ 对所有自变量单调非减, 则称该格式是单调的, 通常记为 $G(\uparrow,\uparrow,\cdots,\uparrow)$。为理解 $G(\cdot)$ 单调的意义, 我们把注意力集中在 $p=0$, $q=1$ 的情形, 即

$$G(U_{j-1}^n,U_j^n,U_{j+1}^n)=U_j^n-\lambda[F(U_j^n,U_{j+1}^n)-F(U_{j-1}^n,U_j^n)]$$

其中为清晰起见, 我们简化 $F_{j\pm1/2}^n$ 的书写。计算 $G(\cdot)$ 的梯度, 可得

$$\begin{aligned}
\frac{\partial G}{\partial U_{j-1}^n}&=\lambda\partial_1F(U_{j-1}^n,U_j^n)\\
\frac{\partial G}{\partial U_j^n}&=1-\lambda[\partial_1F(U_j^n,U_{j+1}^n)-\partial_2F(U_{j-1}^n,U_j^n)]\\
\frac{\partial G}{\partial U_{j+1}^n}&=-\lambda\partial_2F(U_j^n,U_{j+1}^n)
\end{aligned}$$

其中 ∂_iF 表示数值通量 F 对第 i 个变量的偏导。

因此, $G(\cdot)$ 单调的一个必要条件是数值通量对第一个变量单调递增, 对第二个变量单调递减, 即 $F(\uparrow,\downarrow)$。同理, λ 必须足够小。

要求格式满足单调性有着深远影响, 下述定理对其进行了详细阐述。

定理 4.5 对一个单调格式, 有

(1) 如果 $U_j^n\leqslant V_j^n$, 那么 $G(U^n)_j\leqslant G(V^n)_j$ 对所有 j 成立.

(2) 数值解满足局部极大值原理

$$\min_{i\in S_j}U_i^n\leqslant G(U^n)_j\leqslant\max_{i\in S_j}U_i^n$$

其中 S_j 代表 j 周围的局部模板.

(3) 格式是 L^1-收缩的:

$$\|G(U^n)_j-G(V^n)_j\|_1\leqslant\|U_j^n-V_j^n\|_1$$

(4) 格式是总变差不增 (total variation diminishing, TVD) 的.

证明 我们将分别证明这四条结论。

结论 1 直接来源于 $G(\cdot)$ 的单调性。

为证明结论 2, 我们选择一个特定的网格点 x_j, 并定义

$$V_i^n=\begin{cases}\max\limits_{k\in S_k}U_k^n, & \text{如果 } i\in S_j\\ U_i^n, & \text{其他}\end{cases}$$

则对所有 j, 有 $U_j^n \leqslant V_j^n$。根据一致性有 $G(V^n)_j = G(V_j^n, V_j^n, V_j^n) = V_j^n$, 根据结论 1, 有

$$U_{j+1}^n = G(U^n)_j \leqslant G(V^n)_j = V_j^n \leqslant \max_{i \in S_j} U_i^n$$

同理可证下界。

结论 3 是核心结论, 其证明要稍微复杂一些。首先引入标记

$$a \vee b = \max(a,b), \quad a \wedge b = \min(a,b), \quad a^+ = a \vee 0, \quad a^- = a \wedge 0$$

同时定义

$$W_j^n = U_j^n \vee V_j^n = V_j^n + (U_j^n - V_j^n)^+$$

并注意到由结论 1 可得

$$G(W^n)_j \geqslant G(U^n)_j, \quad G(W^n)_j \geqslant G(V^n)_j$$

此外

$$G(W^n)_j - G(V^n)_j \geqslant (G(U^n)_j - G(V^n)_j)^+$$

因此

$$\begin{aligned}
\sum_j (G(U^n)_j - G(V^n)_j)^+ &\leqslant \sum_j G(W^n)_j - G(V^n)_j = \sum_j W_j^{n+1} - V_j^{n+1} \\
&= \sum_j W_j^n - V_j^n = \sum_j (U_j^n - V_j^n)^+
\end{aligned}$$

其中我们用到了守恒性

$$\sum_j U_j^{n+1} = \sum_j U_j^n$$

由 $|a| = a^+ + (-a)^+$ 可得

$$\begin{aligned}
\sum_j |G(U^n)_j - G(V^n)_j| &= \sum_j (G(U^n)_j - G(V^n)_j)^+ + \sum_j (G(V^n)_j - G(U^n)_j)^+ \\
&\leqslant \sum_j (U_j^n - V_j^n)^+ + \sum_j (V_j^n - U_j^n)^+ \\
&= \sum_j |U_j^n - V_j^n|
\end{aligned}$$

从而证明了结论。

结论 4 可通过在结论 3 中取 $V_j^n = U_{j+1}^n$ 直接推出。　□

由此可见单调格式的重要性。单调性确保了格式的稳定性, 同时不会产生新的振荡, 这意味着格式能够模仿守恒律方程的一些关键性质。

例 4.6 让我们分析一些例 4.4 中详细讨论的通量, 从拉克斯–弗里德里希斯通量开始

$$F_{\text{LF}}(u,v)=\frac{f(u)+f(v)}{2}-\frac{\alpha}{2}(v-u)$$

可以直接看出通量的一致性。如要确定单调性, 只需证明 $F(\uparrow,\downarrow)$, 即

$$\frac{\partial F_{\text{LF}}}{\partial u}=\frac{1}{2}(f'(u)+\alpha)\geqslant 0,\qquad \frac{\partial F_{\text{LF}}}{\partial v}=\frac{1}{2}(f'(v)-\alpha)\leqslant 0$$

如果定义 $\alpha=\max\limits_{u}|f'(u)|$ 便可保证单调性。

现在考虑拉克斯–温德罗夫通量:

$$F_{\text{LW}}(u,v)=\frac{f(u)+f(v)}{2}-\frac{\lambda}{2}f'\left(\frac{u+v}{2}\right)(f(v)-f(u))$$

显然通量具有一致性。为简单起见, 这里仅讨论伯格斯通量 $f(u)=u^2$, 对其而言有

$$F_{\text{LW}}(u,v)=\frac{u^2+v^2}{2}-\frac{\lambda}{2}(u+v)(v^2-u^2)$$

这意味着

$$\frac{\partial F_{\text{LW}}}{\partial u}=u+\frac{\lambda}{2}[2(u+v)u+u^2-v^2]$$

对一般的 v 值, 不能保证上式一直取正值, 这意味着拉克斯–温德罗夫通量不是单调的。这与图 4.2 中的结果一致, 因为我们从中观察到振荡产生, 这违背了定理 4.5 的局部最大值原理。

最后, 我们考虑 (4.4) 中引入的 Roe 通量

$$F(u,v)=\begin{cases} f(u), & s\geqslant 0\\ f(v), & s<0\end{cases}$$

考虑

$$\frac{\partial F}{\partial u}=\begin{cases} f'(u), & s\geqslant 0\\ 0, & s<0\end{cases}$$

如果仅考虑伯格斯通量, 可以得到

$$\frac{\partial F}{\partial u}=\begin{cases} 2u, & (u+v)\geqslant 0\\ 0, & (u+v)<0\end{cases}$$

很容易看出对满足 $u<0<v$ 的解, 不能保证上式取正值。

至此, 我们还没有充分认识到单调性的重要性, 因为我们还没有考虑其和熵解的联系。这种联系将从以下结论中建立[4]。

定理 4.7　由单调格式得到的数值解满足所有熵条件。

证明　首先回想 2.3 节中介绍的 Kružkov 熵对

$$\eta(u)=|u-c|=u\vee c-u\wedge c,\quad \psi(u)=\mathrm{sign}(u-c)(f(u)-f(c))=f(u\vee c)-f(u\wedge c)$$

其中 c 为实常数。同时回想熵条件与

$$\frac{\partial\eta}{\partial t}+\frac{\partial\psi}{\partial x}\leqslant 0 \tag{4.5}$$

在弱意义下是等价的。

现在考虑单元格熵条件

$$\frac{\eta(U_j^{n+1})-\eta(U_j^n)}{k}+\frac{\Psi_{j+1/2}^n-\Psi_{j-1/2}^n}{h}\leqslant 0$$

如果它对逐个单元格成立, 那显然 (4.5) 全局成立。引入数值熵通量

$$\Psi_{j+1/2}^n=F(U^n\vee c)_{j+1/2}-F(U^n\wedge c)_{j+1/2}$$

其中通常情况下取

$$F_{j+1/2}^n=F(U^n)_{j+1/2}=F(U_{j-p}^n,\cdots,U_{j+q}^n)$$

考虑

$$G(U^n\vee c)_j=(U^n\vee c)_j-\lambda[F(U^n\vee c)_{j+1/2}-F(U^n\vee c)_{j-1/2}]$$

$$G(U^n\wedge c)_j=(U^n\wedge c)_j-\lambda[F(U^n\wedge c)_{j+1/2}-F(U^n\wedge c)_{j-1/2}]$$

从而得到

$$G(U^n\vee c)_j-G(U^n\wedge c)_j=|U_j^n-c|-\lambda[\Psi_{j+1/2}^n-\Psi_{j-1/2}^n]$$

根据一致性和单调性, 有

$$c=G(c)\leqslant G(U_j^n\vee c),\quad U_j^{n+1}=G(U^n)_j\leqslant G(U^n\vee c)_j$$

这意味着

$$c\vee U_j^{n+1}\leqslant G(U^n\vee c)_j$$

考虑

$$\eta(U^{n+1})_j = |U_j^{n+1} - c| \leqslant G(U^n \vee c)_j - G(U^n \wedge c)_j$$
$$= |U_j^n - c| - \lambda[\Psi_{j+1/2}^n - \Psi_{j-1/2}^n]$$

这就建立了单元格熵条件。 □

这显然是一个令人鼓舞的结果, 其再次确认了单调格式的重要性。现在考虑从例 4.4 中观察到的另一个结果, 即在拉克斯–温德罗夫格式中引入了人工振荡。人工振荡的预期抑制效果的另一种表达方式是

$$\forall j : \left(U_{j+1}^n \geqslant U_j^n \Rightarrow U_{j+1}^{n+1} \geqslant U_j^{n+1}\right)$$

符合这个条件且能阻止振荡产生的格式, 称为单调保持格式 (monotonicity-preserving scheme)。

定理 4.8 TVD 格式具有单调保持性。

证明 我们通过反证法进行证明。首先假设对所有 j 有 $U_{j+1}^n \geqslant U_j^n$。同时, 假设存在索引 k, 在此处单调保持性被破坏, 即 $U_{k+1}^{n+1} < U_k^{n+1}$。如果将 U_j^n 调整为一个常数, 而该值在用于计算 U_{k+1}^{n+1} 和 U_k^{n+1} 的模板之外, 则违背单调保持性的假设违反了 TVD 性质。 □

为总结到目前为止所获得的结论, 我们建立了以下关系

$$\text{单调性} \Rightarrow L^1\text{-收缩} \Rightarrow \text{TVD} \Rightarrow \text{单调保持性}$$

然而, 到目前为止, 我们并没有发现单调性的要求带来的任何显著负面影响。为认识到这一要求可能带来的非常不利的后果, 我们关注最简单的守恒律, 即线性波动方程

$$\frac{\partial u}{\partial t} + \frac{\partial u}{\partial x} = 0$$

具备适当的初始条件和边界条件。采用一般的数值格式进行求解

$$U_j^{n+1} = \sum_{l=-p-1}^{q} c_l(\lambda) U_{j+l}^n \tag{4.6}$$

对于线性问题, 我们之前讨论的所有格式都可以写成这个形式。我们将其称为线性格式, 其中 $c_l(\lambda)$ 可能依赖于 λ 和其他常数, 但与 U^n 无关。

如果考虑

$$U_j^{n+1} = G(U^n)_j = \sum_{l=-p-1}^{q} c_l(\lambda) U_{j+l}^n$$

如果格式是单调的, 立即有

$$\forall l : \partial_l G(U^n)_j = c_l(\lambda) \geqslant 0$$

让我们简要回顾之前的格式, 看这一结论是否成立

例 4.9　考虑线性问题

$$\frac{\partial u}{\partial t} + \frac{\partial u}{\partial x} = 0 \tag{4.7}$$

对这一问题, 单调拉克斯–弗里德里希斯格式可写为

$$U_j^{n+1} = \frac{U_{j+1}^n + U_{j-1}^n}{2} - \frac{\lambda}{2}(U_{j+1}^n - U_{j-1}^n)$$

稍微改写, 得到

$$U_j^{n+1} = G(U^n)_j = \frac{1}{2}(1+\lambda)U_{j-1}^n + \frac{1}{2}(1-\lambda)U_{j+1}^n = c_{-1}U_{j-1}^n + c_1 U_{j+1}^n$$

只要 $|\lambda| \leqslant 1$, 则有 $c_l \geqslant 0$ 如所需。稍后我们会看到, $|\lambda| \leqslant 1$ 是一个自然条件。

如果考虑拉克斯–温德罗夫格式, 可以得到

$$U_j^{n+1} = U_j^n - \frac{\lambda}{2}(U_{j+1}^n - U_{j-1}^n) + \frac{\lambda^2}{2}(U_{j+1}^n - 2U_j^n + U_{j-1}^n)$$

将其改写为

$$U_j^{n+1} = \frac{\lambda(1+\lambda)}{2}U_{j-1}^n + (1-\lambda^2)U_j^n + \frac{\lambda(-1+\lambda)}{2}U_{j+1}^n$$

不难发现, 选择满足 $c_l \geqslant 0$ 的 λ 是不可能的。

对于线性格式有以下性质。

定理 4.10　线性单调保持格式是单调的。

证明　考虑单调函数

$$U_i = \begin{cases} 0, & i \leqslant m \\ 1, & i > m \end{cases} \tag{4.8}$$

则有

$$U_{j+1}^{n+1} = \sum_{l=-p-1}^{q} c_l(\lambda) U_{j+1+l}^n, \quad U_j^{n+1} = \sum_{l=-p-1}^{q} c_l(\lambda) U_{j+l}^n$$

因此

$$U_{j+1}^{n+1} - U_j^{n+1} = \sum_{l=-p-1}^{q} c_l(\lambda)(U_{j+1+l}^n - U_{j+l}^n)$$

对 (4.8) 给出的函数, 除非 $j \in [m-p-1, m+q]$, 否则求和为零。对 $j=m$ 情况, 有

$$U_{m+1+l}^{n+1} - U_{m+l}^{n+1} = c_{-l}(\lambda) \geqslant 0$$

对 $l \in [-p-1, q]$, 因为格式是单调保持的。 □

根据戈杜诺夫定理[5], 下面结论是单调性要求所带来的第一个限制。

定理 4.11 线性单调格式最多具有一阶精度。

证明 假设线性守恒律 (4.7) 存在一个解析解 $u(x,t)$, 对其进行泰勒展开

$$u(x_{j+l}, t^n) = \sum_{r=0}^{\infty} \frac{(lh)^r}{r!} \frac{\partial^r}{\partial x^r} u(x_j, t^n)$$

适用线性格式 (4.6), 将数值解表示为

$$U_j^{n+1} = \sum_{l=-p-1}^{q} c_l(\lambda) \sum_{r=0}^{\infty} \frac{(lh)^r}{r!} \frac{\partial^r}{\partial x^r} u(x_j, t^n)$$

另一方面, 精确解同样可以表示为

$$u(x_j, t^{n+l}) = \sum_{r=0}^{\infty} \frac{(lh)^r}{r!} \frac{\partial^r}{\partial t^r} u(x_j, t^n)$$

通过 (4.7) 将时间导数替换为空间导数,

$$\frac{\partial^r u}{\partial t^r} = (-1)^r \frac{\partial^r u}{\partial x^r}$$

可以写出局部误差

$$u(x_j, t^{n+l}) - U_j^{n+1} = \sum_{r=0}^{\infty} \left((-\lambda)^r - \sum_{l=-p}^{q} l^r c_l \right) \frac{h^r}{r!} \frac{\partial^r}{\partial x^r} u(x_j, t^n)$$

正如第 5 章中详细讨论的, 必须消去 $r \leqslant m$ 的所有项以实现全局误差 $\mathcal{O}(h^m)$, 即

$$\forall r = 0, \cdots, m: \sum_{l=-p-1}^{q} l^r c_l(\lambda) = (-\lambda)^r$$

首先考虑前三个条件

$$\sum_{l=-p-1}^{q} c_l = 1, \quad \sum_{l=-p-1}^{q} l c_l = -\lambda, \quad \sum_{l=-p-1}^{q} l^2 c_l = \lambda^2 \tag{4.9}$$

其必须被满足才能保证格式精度达到 $\mathcal{O}(h^2)$。我们将其表示为

$$\left(\sum_{l=-p-1}^{q} c_l\right)\left(\sum_{l=-p-1}^{q} l^2 c_l\right) = \left(\sum_{l=-p-1}^{q} l c_l\right)^2$$

鉴于单调性, 有 $c_l > 0$, 可以写为 $c_l = e_l^2$ 以得到

$$\left(\sum_{l=-p-1}^{q} e_l^2\right)\left(\sum_{l=-p-1}^{q} l^2 e_l^2\right) = \left(\sum_{l=-p-1}^{q} l e_l^2\right)^2 \tag{4.10}$$

定义两个向量

$$\boldsymbol{a} = [e_{-p-1}, \cdots, e_q]^{\mathrm{T}}, \qquad \boldsymbol{b} = [-(p+1)e_{-p-1}, \cdots, q e_q]^{\mathrm{T}}$$

将 (4.10) 表示为

$$(\boldsymbol{a}\cdot\boldsymbol{a})(\boldsymbol{b}\cdot\boldsymbol{b}) = (\boldsymbol{a}\cdot\boldsymbol{b})^2$$

等式要求 $\boldsymbol{a} = c\boldsymbol{b}$, 这显然不可能。因此要匹配泰勒展开中的前三项是不可能的, 也就无法构造二阶精度的线性格式。 □

这是一个令人失望的结果, 因为至少对线性问题而言, 格式单调性的要求与格式所能达到的最大精度存在冲突。不幸的是, 这个结果对一般情形依然成立[6]。

定理 4.12 单调格式最多具有一阶精度。

证明 考虑一般格式

$$U_j^{n+1} = G(U^n)_j = U_j^n - \lambda[F_{j+1/2}^n - F_{j-1/2}^n]$$

为简单起见, 将证明限制在 $p+q=1$ 的情形, 此时数值通量为

$$F_{j+1/2}^n = F(U_j^n, U_{j+1}^n) = F(E_1\boldsymbol{U}^n), \qquad F_{j-1/2}^n = F(U_{j-1}^n, U_j^n) = F(\boldsymbol{U}^n)$$

其中 $\boldsymbol{U}^n = (U_{j+1}^n, U_j^n)$, E_1 为移位算子。现在将该格式表示为

$$G(U^n)_j = G(U_{j-1}^n, U_j^n, U_{j+1}^n) = U_j^n - \lambda(F(E_1\boldsymbol{U}^n) - F(\boldsymbol{U}^n))$$

根据一致性, 有

$$G(U,U,U) = U, \quad \sum_l \partial_l F(U,U) = f'(U)$$

将 $G(\cdot)$ 的自变量编号为 $l = -1, 0, 1$, 相应地将 $F(\cdot)$ 的两个自变量编号 $l = -1, 0$。则

$$\partial_l G(\boldsymbol{U}^n) = \delta_{l,0} - \lambda[\partial_{l-1}F(E_1\boldsymbol{U}^n) - \partial_l F(\boldsymbol{U}^n)]$$

其中定义 $\partial_l F = 0$ 如果 $|l| > 1$。类似地, 定义

$$\partial_{l,m} G(\boldsymbol{U}^n) = -\lambda[\partial_{l-1,m-1} F(E_1 \boldsymbol{U}^n) - \partial_{l,m} F(\boldsymbol{U}^n)]$$

其中 $\partial_{l,m} F$ 为 F 的黑塞矩阵 (Hessian matrix) 的元素。

直接对这些元素求和可得

$$\sum_l \partial_l G(U,U,U) = 1, \qquad \sum_l l \partial_l G(U,U,U) = -\lambda f'(U) \tag{4.11}$$

如果 $F(\cdot)$ 是一致的, 我们可以识别出 (4.9) 中的表达式。类似地, 可以得到

$$\sum_{l,m} (l-m)^2 \partial_{l,m} G(U,U,U) = 0 \tag{4.12}$$

现在考虑多元泰勒展开:

$$\begin{aligned} G(U_{j-1}^n, U_j^n, U_{j+1}^n) = G(\boldsymbol{U}^n)_j &+ \sum_{l=-1}^{1} (U_{j+l}^n - U_j^n) \partial_l G(\boldsymbol{U}_j^n) \\ &+ \frac{1}{2} \sum_{l,m=-1}^{1} (U_{j+l}^n - U_j^n)(U_{j+m}^n - U_j^n) \partial_{l,m} G(\boldsymbol{U}_j^n) + \cdots \end{aligned} \tag{4.13}$$

其中 $\boldsymbol{U}_j^n = [U_j^n, U_j^n, U_j^n]$。

我们考虑式中每一项。显然, 根据一致性有 $G(\boldsymbol{U}^n)_j = U_j^n$。此外, 如果假设守恒律方程有一个光滑解 $u(x,t)$, 那么有

$$\sum_{l=-1}^{1} (U_{j+l}^n - U_j^n) \partial_l G(\boldsymbol{U}_j^n) = h u_x \sum_{l=-1}^{1} l \partial_l G(\boldsymbol{u}) + \frac{h^2}{2} u_{xx} \sum_{l=-1}^{1} l^2 \partial_l G(\boldsymbol{u}) + \mathcal{O}(h^3)$$

对于 (4.13) 的最后一项, 有

$$\frac{1}{2} \sum_{l,m=-1}^{1} (U_{j+l}^n - U_j^n)(U_{j+m}^n - U_j^n) \partial_{l,m} G(\boldsymbol{U}_j^n) = \frac{h^2}{2} (u_x)^2 \sum_{l,m=-1}^{1} l m \partial_{l,m} G(\boldsymbol{u}) + \mathcal{O}(h^3)$$

在这两种情况下, $u_x = u_x(x_j, t^n)$, 并且对 u_{xx} 同理, 尽管 $\boldsymbol{u} = [u(x_j,t^n), \cdots, u(x_j, t^n)]$。现在注意到

$$u_{xx} \sum_{l=-1}^{1} l^2 \partial_l G(\boldsymbol{u}) = \sum_{l=-1}^{1} l^2 [\partial_l G(\boldsymbol{u}) u_x]_x - \sum_{l,m=-1}^{1} l^2 u_x^2 \partial_{l,m} G(\boldsymbol{u})$$

并且, 由 (4.12) 进一步得

$$\sum_{l,m=-1}^{1}(lm-l^2)\partial_{l,m}G(\boldsymbol{u}) = -\frac{1}{2}\sum_{l,m=-1}^{1}(l-m)^2\partial_{l,m}G(\boldsymbol{u}) = 0$$

以及由光滑性得到对称性 $\partial_{l,m}G(\boldsymbol{u}) = \partial_{m,l}G(\boldsymbol{u})$。

通过 (4.11), 我们有

$$hu_x\sum_{l=-1}^{1} l\partial_l G(\boldsymbol{u}) = hu_x\left(-\lambda f'(u)\right) = -k\partial_x f(u) \tag{4.14}$$

从而得到

$$\begin{aligned}G(u(x_{j-1},t^n),u(x_j,t^n),u(x_{j+1},t^n)) &= G(\boldsymbol{u}) - k\partial_x f(u)\\ &\quad + \frac{h^2}{2}\left[\sum_{l=-1}^{1} l^2\partial_l G(\boldsymbol{u})u_x\right]_x + \mathcal{O}(h^3)\end{aligned}$$

精确解满足

$$\begin{aligned}u(x_j,t^{n+1}) &= u + ku_t + \frac{k^2}{2}u_{tt} + \mathcal{O}(k^3)\\ &= u - k\partial_x f(u) + \frac{k^2}{2}(f'(u)^2u_x)_x + \mathcal{O}(k^3)\end{aligned}$$

其中表达式以 (x_j,t^n) 为中心展开, 并使用

$$\begin{aligned}u_{tt} &= -\partial_x\partial_t f(u) = -\partial_x(\partial_t f(u)) = -\partial_x(f'(u)\partial_t u)\\ &= \partial_x(f'(u)\partial_x f(u)) = \partial_x(f'(u)^2\partial_x u)\end{aligned}$$

如果现在计算截断误差, 即精确解与数值解的误差, 得到

$$u(x_j,t^{n+1}) - G(u(x_{j-1},t^n),u(x_j,t^n),u(x_{j+1},t^n)) = -k^2\partial_x(\alpha(\lambda,u)\partial_x u) + \mathcal{O}(k^3)$$

其中

$$\alpha(\lambda,u) = \frac{1}{2\lambda^2}\left[\sum_{l=-1}^{1} l^2\partial_l G(\boldsymbol{u}) - (\lambda f'(u))^2\right]$$

由于格式是单调的, $\partial_l G(\boldsymbol{u})$ 取正值, 可将其表示为 $(\sqrt{\partial_l G(\boldsymbol{u})})^2$。对之前讨论的线性问题, 使用 (4.14), 并根据柯西-施瓦茨 (Cauchy-Schwarz) 不等式和 (4.11)

考虑

$$(\lambda f'(u))^2 = \left(\sum_l l\partial_l G(\boldsymbol{u})\right)^2 = \left(\sum_l l\sqrt{\partial_l G(\boldsymbol{u})}\sqrt{\partial_l G(\boldsymbol{u})}\right)^2$$
$$\leqslant \sum_l l^2\partial_l G(\boldsymbol{u}) \cdot \sum_l \partial_l G(\boldsymbol{u}) = \sum_l l^2\partial_l G(\boldsymbol{u})$$

这保证 $\alpha(\lambda, u) \geqslant 0$。

对此一个启发性的解释是, 当使用单调格式时, 求解的是修改后的方程

$$\frac{\partial \omega}{\partial t} + \frac{\partial f(\omega)}{\partial x} = k\partial_x[\alpha(\lambda, \omega)\partial_x \omega]$$

求解精度为 $\mathcal{O}(h^3)$, 而上式是原始守恒律方程的 $\mathcal{O}(k)$ 近似。因此, 近似最高为一阶精度。至此证毕。 □

我们的研究结束于上述负面结果。显然, 单调格式的概念具有吸引力, 但它对格式可达到的精度施加了严格的限制。

尽管如此, 需要指出单调性是最严格的约束条件。我们将在之后利用这一观察结果, 并表明通过专注于 TVD 格式可以解除一些精度上的限制, 从而为开发高阶精度格式铺平道路。

参 考 文 献

[1] Peter Lax. Systems of conservation laws. *Communications on Pure and Applied Mathematics*, 13: 217–237, 1960.

[2] Randall J LeVeque and Randall J Leveque. *Numerical Methods for Conservation Laws*, volume 214. Springer, 1992.

[3] Viktor Vladimirovich Rusanov. The calculation of the interaction of non-stationary shock waves with barriers. *Zhurnal Vychislitel'noi Matematiki i Matematicheskoi Fiziki*, 1(2): 267–279, 1961.

[4] Dietmar Kröner. *Numerical schemes for conservation laws*. John Wiley & Sons, 1997.

[5] SK Godounov. A difference method for numerical calculation of discontinuous solutions of the equation of hydrodynamics. *Matematicheskii Sbornik*, 47(89-3): 271–306, 1959.

[6] Amiram Harten, James M Hyman, Peter D Lax, and Barbara Keyfitz. On finite-difference approximations and entropy conditions for shocks. *Communications on Pure and Applied Mathematics*, 29(3): 297–322, 1976.

第 5 章　有限差分法

在对守恒律数值方法基本属性有了整体了解之后，本章开始更详细地讨论一类特定方法，称为有限差分法 (finite difference methods)。这种方法可以说是最早被提出用于求解微分方程的一类方法，其历史可以追溯到冯·诺伊曼 (von Neumann, 1903—1957) 时期[1]，甚至早于数字计算机的出现。事实上，有限差分近似的基本思想在欧拉 (Euler, 1707—1783) 时期就已为人所知[2]。此外，对于初值问题的有限差分法的首次分析发表于柯朗 (Courant)、弗里德里希斯 (Friedrichs) 和列维 (Lewy) 于 1928 年发表的开创性论文中[3]，其中引入了著名的 CFL 条件。

有限差分法的基本思想是对空间和时间导数进行有限差分近似。此类方法在数值计算领域非常经典，有许多经典的书籍资料[4–7]，本章主要对其基本思想进行介绍，就不再深入探讨，感兴趣的读者可以查阅相关资料。

下面介绍一些基本定义，首先是网格算子

$$\Delta^+ = E_1 - E_0, \quad \Delta^- = E_0 - E_{-1}$$

分别代表顺风和迎风差分。通常定义 $E_l U_j = U_{j+l}$ 为移位算子。进一步定义差分算子

$$D_h^+ = \frac{\Delta^+}{h}, \quad D_h^- = \frac{\Delta^-}{h}, \quad D_h^0 = \frac{\Delta^+ + \Delta^-}{2h}$$

对于 $x \in [x_0, x_0 + L]$，定义空间网格 $x_j = x_0 + jh$，其中 $h = L/N$，$N+1$ 表示网格点数量。类似地，对于 $t \in [0, T]$，定义时间网格 $t^n = nk$，其中 $k = T/K, K+1$ 是时间步数。将差分算子应用于空间和时间上，可表示空间导数和时间导数。其中，下标 h 表示空间维度上的差分，下标 k 表示时间维度上的差分。

将差分算子应用到网格函数 $u(x_j)$ 上，得到光滑函数 $u(x)$，对其进行泰勒展开可得

$$D_h^{\pm} u(x_j) = u'(x_j) \pm \frac{h}{2} u''(x_j) + \mathcal{O}(h^2), \quad D_h^0 u(x_j) = u'(x_j) + \frac{h^2}{6} u^{(3)}(x_j) + \mathcal{O}(h^4)$$

得到的 $D_h^{\pm}$ 和 D_h^0 分别是光滑函数 $u(x)$ 在 x_j 处的空间导数的一阶和二阶近似。

现在考虑标量守恒律方程

$$\frac{\partial u}{\partial t} + \frac{\partial f(u)}{\partial x} = 0, \quad (x, t) \in \Omega_x \times \Omega_t$$

为了简单起见, 假设方程具有周期性边界条件。在时空网格 $(x_j, t^n) = (x_0 + jh, nk)$ 中, 求解方程的数值格式为

$$u_j^{n+1} = G(u_{j-p}^n, \cdots, u_j^n, \cdots, u_{j+q}^n) = G(u^n)_j$$

其中符号是 u_j^n, 而不是 U_j^n, 表明该变量是网格点上的值 (计算结果 $u_j^n \simeq u(x_j, t^n)$)。

将连续方程离散化后, 定义 p-范数 (p-norm)

$$\|u\|_p = \left(\int_{\Omega_x} (u(s))^p ds\right)^{1/p} \Rightarrow \|u\|_{h,p} = \left(h\sum_j (u(s))^p\right)^{1/p}$$

其中, $0 < p < \infty$。对于 $p = \infty$, 定义 $\|\cdot\|_{h,\infty}$ 为最大范数。

对于有限差分格式的误差: $\varepsilon_j^n = u_j^n - u(x_j, t^n)$, 当 $l \to \infty$ 时, h_l 和 k_l 趋近于 0。在分析有限差分格式时, 或者说分析所有关于求解差分方程的计算方法时, 其目标都是确保一个条件: 当 h_l 和 k_l 趋近于 0 时, 对所有 t 都有 $\|\varepsilon^n\|_{h,p} \to 0$ 成立。满足这个条件, 说明该计算方法是**格式收敛**的, 这是一个非常关键的挑战。

5.1 线性问题

首先考虑线性双曲问题

$$\frac{\partial \boldsymbol{u}}{\partial t} + \mathrm{A}\frac{\partial \boldsymbol{u}}{\partial x} = 0$$

其中, $\boldsymbol{u} = \boldsymbol{u}(x,t) : \Omega_x \times \Omega_t \to \mathrm{R}^m$, A 是一个 $m \times m$ 具有实特征值的可对角化矩阵。

如图 5.1 所示, 由不同的差分符号可以构造时间和空间上的一阶、二阶差分格式, 包括显示和隐式。

对于图 5.1(e) 中的格式由 σ 可定义类格式。当取 $\sigma = h^2/(2k)$ 时, 可得拉克斯–弗里德里希斯格式

$$\boldsymbol{u}_j^{n+1} = \frac{1}{2}(\boldsymbol{u}_{j+1}^n + \boldsymbol{u}_{j+1}^n) - k\mathrm{A}D_h^0\boldsymbol{u}_j^n$$

该格式的详细讨论见第 4 章。下面对一个稍微不同的格式进行探讨, 考虑泰勒展开如下

$$\boldsymbol{u}(t^{n+1}) = \boldsymbol{u}(t^n) + k\frac{\partial \boldsymbol{u}}{\partial x}(t^n) + \frac{k^2}{2}\frac{\partial^2 \boldsymbol{u}(t^n)}{\partial (t^2)} + \mathcal{O}(k^3)$$

假设 $\boldsymbol{u}(t)$ 足够光滑, 可得

$$\frac{\partial^2 \boldsymbol{u}}{\partial t^2} = -\frac{\partial}{\partial t}\mathrm{A}\frac{\partial \boldsymbol{u}}{\partial x} = -\frac{\partial}{\partial x}\mathrm{A}\frac{\partial \boldsymbol{u}}{\partial t} = \mathrm{A}^2\frac{\partial^2 \boldsymbol{u}}{\partial x^2}$$

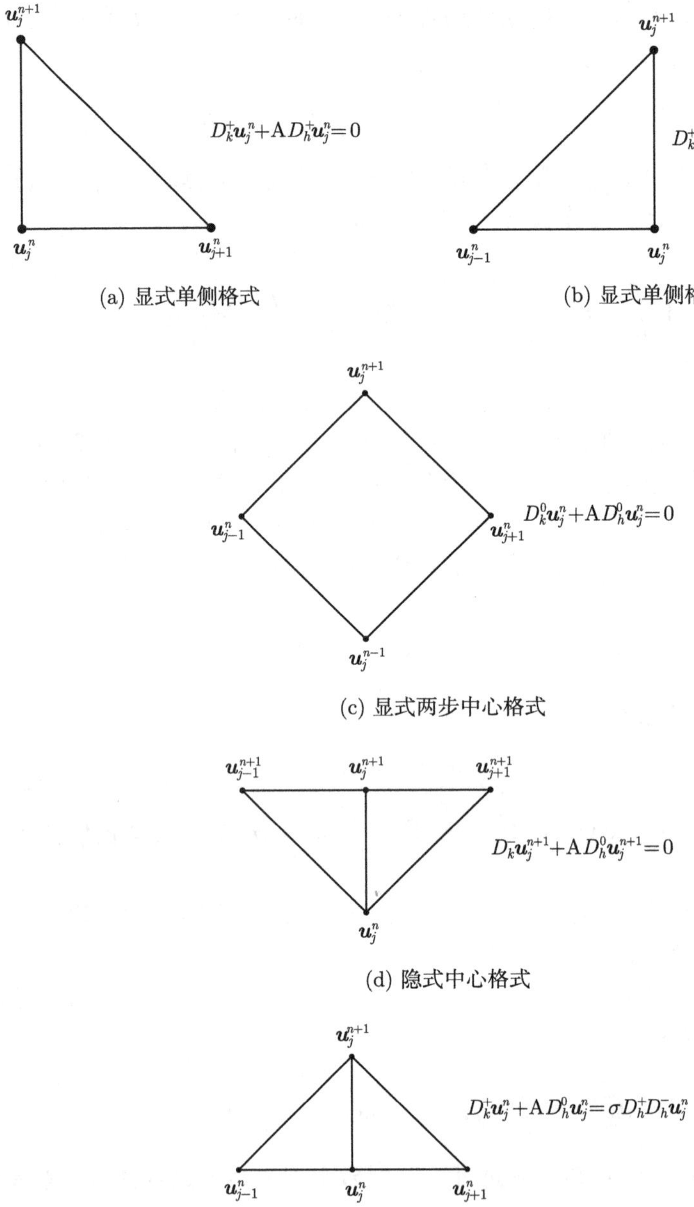

(a) 显式单侧格式　(b) 显式单侧格式

(c) 显式两步中心格式

(d) 隐式中心格式

(e) 显式中心格式

图 5.1　有限差分模板

从而得到

$$\boldsymbol{u}_j^{n+1}=\boldsymbol{u}_j^n-k\mathrm{A}D_h^0\boldsymbol{u}_j^n+\frac{k^2}{2}\mathrm{A}^2D_h^+D_h^-\boldsymbol{u}_j^n$$

这就相当于取 $\sigma = \frac{k}{2}\mathrm{A}^2$，可得到著名的拉克斯-温德罗夫格式 (Lax-Wendroff scheme), 参见例 4.4。

为深入了解差分格式的表现, 让我们看一眼这个格式的修正方程, 即假设存在一个光滑的数值解, 并寻求该数值解的一个方程。为了在 h 和 k 趋近于零时保证一致性, 要求修正方程在这个极限情况下与原方程吻合。

例 5.1 考虑一个线性标量问题

$$\frac{\partial u}{\partial t} + a\frac{\partial u}{\partial x} = 0 \tag{5.1}$$

满足光滑初始条件和周期性边界条件。

首先分析拉克斯–弗里德里希斯格式

$$u_j^{n+1} = \frac{1}{2}(u_{j+1}^n + u_{j-1}^n) - kaD_h^0 u_j^n$$

得到网格点上满足数值格式的光滑解 $v(x,t)$, 即

$$v(x_j, t^{n+1}) = \frac{1}{2}(v(x_{j+1}, t^n) + v(x_{j-1}, t^n)) - ka\frac{v(x_{j+1}, t^n) - v(x_{j-1}, t^n)}{2h}$$

由于假设 $v(x,t)$ 是光滑的, 可进行泰勒展开, 得到

$$\frac{\partial v}{\partial t} + a\frac{\partial v}{\partial x} = \frac{k}{2}\left(\frac{h^2}{k^2}\frac{\partial^2 v}{\partial x^2} - \frac{\partial^2 v}{\partial t^2}\right) + \mathcal{O}(k^2) \tag{5.2}$$

可以对修正方程 (5.2) 求关于 t 和 x 的微分并消去交叉项, 简化得

$$\frac{\partial^2 v}{\partial t^2} = a^2\frac{\partial^2 v}{\partial x^2} + \mathcal{O}(k)$$

在主阶近似下, 可以将修正方程表示为

$$\frac{\partial v}{\partial t} + a\frac{\partial v}{\partial x} = \frac{k}{2}\left(\frac{h^2}{k^2} - a^2\right)\frac{\partial^2 v}{\partial x^2} + \mathcal{O}(k^2)$$

通过定义 $\lambda = \frac{ak}{h}$(即 CFL 数), 则有

$$\frac{\partial v}{\partial t} + a\frac{\partial v}{\partial x} = \frac{ah}{2\lambda}(1-\lambda^2)\frac{\partial^2 v}{\partial x^2} + \mathcal{O}(k^2) \tag{5.3}$$

在 $|\lambda| \leqslant 1$ 条件下, 数值解在主阶近似下满足对流-扩散方程。这类方程已知具有光滑解[8], 并且耗散作用会抹平陡峭的梯度。这与例 4.4 中的结果和定理 4.12 的证明相符合。

现在分析拉克斯–温德罗夫格式

$$u_j^{n+1} = u_j^n - kaD_h^0 u_j^n + \frac{k^2}{2}a^2 D_h^+ D_h^- u_j^n$$

同样的分析得出了修正方程

$$\frac{\partial v}{\partial t} + a\frac{\partial v}{\partial x} = -\frac{ah^2}{6}(1-\lambda^2)\frac{\partial^3 v}{\partial x^3} + \mathcal{O}(k^3)$$

这个方程与 (5.3) 有本质不同, 因为等式右边包含了一个三阶项, 也就是说, 它具有一个不能确保光滑衰减的色散项。此外, 这一项的色散性质会导致波以不同速率传播, 通常会产生一系列波, 与例 4.4 结果一致。

最后, 通过比较两个修正方程可以看出, 对于拉克斯–弗里德里希斯格式, 右边消去 $\mathcal{O}(h)$, 而对于拉克斯–温德罗夫格式, 消去的是二阶无穷小量 $\mathcal{O}(h^2)$, 这表明拉克斯–温德罗夫格式计算结果更准确。此结论也与例 4.4 结果一致。

5.1.1　一致性、稳定性和收敛性

要建立一个满足收敛性的格式, 即满足

$$\lim_{l\to\infty} \left\| u(x_j, t^n) - u_j^n(h_l, k_l) \right\| = 0$$

通常情况下非常困难, 这对微分方程数值方法的分析来说是一个关键挑战。然而, 如果关注问题是线性的, 问题得到简化。

现在, 再次分析这个格式

$$u_j^{n+1} = G(u^n)_j = G(u_{j-1}^n, u_j^n, u_{j+1}^n)$$

如图 5.1 所示, 为了简化问题, 只使用格点附近信息。假设线性问题有一个解 $u(x,t)$ 使得下式成立

$$u(x_j, t^{n+1}) = G(u(t^n))_j + k\tau_j^n$$

此处, 引入截断误差 $k\tau_j^n$, 作为在网格点上计算的精确解 $u(x,t)$ 和数值解 u_j^n 之间的差值。通过定义局部误差 $\varepsilon_j^{n+1} = u(x_j, t^{n+1}) - G(u^n)_j$, 得到作为初始条件下的误差 $\varepsilon_j^0 = u(x_j, 0) - u_j^0$。通过 $G(u^n)_j$ 的线性性质, 可得

$$\varepsilon_j^1 = G(\varepsilon^0)_j + k\tau_j^0$$

继续迭代, 可得

$$\varepsilon_j^n = G^n(\varepsilon^0)_j + k\sum_{i=0}^{n-1} G^{n-i-1}(\tau^i)_j$$

式中 $G^n = G(G(\cdots(G(\cdot))))$, $G^0 = 1$。对于全局误差, 有

$$\begin{aligned}\|\varepsilon^n\|_{h,p} &\leqslant \left\|G^n(\varepsilon^0)\right\|_{h,p} + k\sum_{i=0}^{n-1}\left\|G^{n-i-1}(\tau^i)_j\right\|_{h,p} \\ &\leqslant \|G^n\|_{h,p}\left\|\varepsilon^0\right\|_{h,p} + kn\max_i\left\|G^{n-i-1}\right\|_{h,p}\left\|\tau^i\right\|_{h,p}\end{aligned}$$

其中, 使用了从属矩阵范数的标准定义

$$\|G^n\|_{h,p} = \sup_{v_j^n}\frac{\|G^n(v^n)_j\|_{h,p}}{\|v_j^n\|_{h,p}}$$

另外, 使用了已有定义 $kn = t^n$。从而可得一致性判断依据, 即如果下式成立, 称这个格式是一致的

$$\lim_{l\to\infty}\left\{\begin{array}{l}\left\|\varepsilon^0\right\|_{h_l,p}, \\ \max\limits_i\left\|\tau^i\right\|_{h_l,p}\end{array}\right. = 0$$

进一步说, 如果 $\|\tau\|_{h,p} = \mathcal{O}(h^s, k^t)$, 则该格式为 (s,t) 阶。例如, 拉克斯-弗里德里希斯格式是 $(1,1)$ 阶格式, 即在空间和时间上都是一阶精度的。

最后, 对于足够小的 k 值, 如果下式成立, 则称该格式是满足稳定性的。

$$\|G^n\|_{h,p} \leqslant C$$

当格式满足一致性和稳定性时, 显然误差就限制在一定范围, 即

$$\|\varepsilon^n\|_{h,p} \leqslant C(t^n)\max_i\left\|\tau^i\right\|_{h,p}$$

从而保证其收敛性。这是著名的拉克斯–里克特迈耶等价性定理 (Lax-Richtmyer equivalence theorem) 的一部分[9]。该定理指出, 对于一个适定的线性问题, 使用满足一致性格式来解决, 稳定性和收敛性是等价的。换句话说, 不存在不稳定的收敛格式。收敛性和稳定性的等效证明稍微复杂一些, 可以参考 [10] 来了解详细内容。

因此, 要证明有限差分格式的收敛性, 只需证明格式的一致性和稳定性即可。首先, 对于一致性, 需要证明当 h 和 k 趋近于零时, 截断误差和初始条件的近似误差趋近于零。假设初始条件足够光滑并且方程存在一个足够光滑的解, 则可以

使用泰勒展开法来解决这个问题。虽然初始条近似误差趋于零是容易判断的, 但对于截断误差, 需要确认在 (h,k) 趋于零的极限下, 精确解 $u(x,t)$ 满足数值格式方程。

例 5.2　假设线性系统是强双曲的, 只考虑标量问题。对于一般格式

$$u_j^{n+1}=u_j^n-akD_h^0u_j^n+k\sigma D_h^+D_h^-u_j^n$$

如果格式满足一致性, 那 h 和 k 趋近于零时精确解必须满足数值格式。定义截断误差

$$k\tau_j^n=u(x_j,t^{n+1})-G(u(t^n))_j$$

可以得到

$$k\tau_j^n=-k\left(\sigma-\frac{a^2k}{2}\right)\frac{\partial^2u}{\partial x^2}-k\frac{ah^2}{6}(1-\lambda^2)\frac{\partial^3u}{\partial x^3}+\mathcal{O}(kh^3)$$

进一步

$$\tau_j^n=-\left(\sigma-\frac{a^2k}{2}\right)\frac{\partial^2u}{\partial x^2}-\frac{ah^2}{6}(1-\lambda^2)\frac{\partial^3u}{\partial x^3}+\mathcal{O}(h^3)$$

首先, 为了让 τ_j^n 趋于零来保证格式的一致性, σ 必须依赖于 h 或 k 的值。其次, 截断误差满足 $\mathcal{O}(h,k)$ 是假设当 $\lambda=ak/h\leqslant 1$ 时, h 和 k 是成比例的。另外, 当选择 $\sigma=a^2k/2$ 时, 截断误差的第一项消失, 格式为 $\mathcal{O}(h^2,k^2)$ 阶格。该选择得到的是拉克斯–温德罗夫格式, 该格式是这一系列格式中唯一的二阶精度格式。

虽然建立一个满足一致性的格式相对简单, 但证明它的稳定性则是另一回事, 有时更具挑战性。

对于线性格式, 存在迭代形式

$$\boldsymbol{u}^{n+1}=\mathrm{G}\boldsymbol{u}^n$$

其中, G 是一个矩阵, 称为放大矩阵, 它反映了线性算子 $G(u^n)_j$ 的作用。因为

$$\|\mathrm{G}^n\|_{h,p}\leqslant\|\mathrm{G}\|_{h,p}^n\leqslant(1+\alpha k)^n\leqslant e^{\alpha nk}\leqslant e^{\alpha t^n}$$

实现稳定性的一个充分条件是

$$\|\mathrm{G}\|_{h,p}\leqslant 1+\alpha k \tag{5.4}$$

然而, 要确定一个矩阵的幂是有界的, 通常是不容易的。克赖斯矩阵定理 (Kreiss matrix theorem) 是实现这一点的一个重要成果[4,11]。

定理 5.3　假设有一个矩阵族 A 和一个自然数 n, 以下条件是等价的:

(1) 存在一个常数 $C>0$, 使得 $\|\mathrm{A}^n\|_{h,p}\leqslant C$。

(2) 存在一个常数 $C>0$, 使得对于所有的 $\lambda\in C$ 且 $|\lambda|>1$, 有

$$\left\|(\lambda \mathrm{I}-\mathrm{A})^{-1}\right\|_{h,p}\leqslant\frac{C}{|\lambda|-1}$$

(3) 存在一个常数 $C>0$ 和一个非奇异矩阵 S 满足 $\|\mathrm{S}\|_{h,p}\left\|\mathrm{S}^{-1}\right\|_{h,p}\leqslant C$, 使得 $\mathrm{T}=\mathrm{S}^{-1}\mathrm{AS}$ 为上三角矩阵且

$$\text{(i) } |T_{ii}|\leqslant 1,\qquad 1\leqslant i\leqslant m$$

$$\text{(ii) } |T_{ii}|\leqslant C\min(1-|T_{ii}|,1-|T_{jj}|),\quad i<j$$

(4) 存在常数 $C>0$ 和矩阵 H 满足 $C^{-1}\mathrm{I}\leqslant\mathrm{H}\leqslant C\mathrm{I}$, 使得 $\mathrm{A}^{\mathrm{T}}\mathrm{HA}\leqslant\mathrm{H}$。

上述定理的证明及讨论可参考 [11]。

尽管证明一般情况下的稳定性仍非常具有挑战, 但可以从一些较简单的情况入手。例如, 假设 G 是均匀可对角化的, 即存在一个满足 $\|\mathrm{S}\|_{h,p}\left\|\mathrm{S}^{-1}\right\|_{h,p}\leqslant C$ 的矩阵 S, 对所有 (h,k) 都有对角矩阵 $\Lambda=\mathrm{S}^{-1}\mathrm{AS}$ 成立, 通过哈密顿–凯莱定理可以得到

$$\|\mathrm{G}^n\|_{h,p}\leqslant 1\Leftrightarrow\max_i|\Lambda_{ii}|\leqslant 1$$

这通常被称为冯·诺伊曼稳定性 (von Neumann stability), 其建立了对角化算子的稳定性。某些矩阵可以保证是均匀可对角化的, 例如对称矩阵和斜对称矩阵。最广泛的一类一致可对角化矩阵是正规矩阵 (normal matrix), 即 $\mathrm{G}^{\mathrm{T}}\mathrm{G}=\mathrm{G}\mathrm{G}^{\mathrm{T}}$。由于矩阵 G 必须通过一个酉矩阵对角化才能是正规矩阵, 所以任何正规矩阵都是可对角化的。

例 5.4 考虑单向波动方程

$$\frac{\partial u}{\partial t}+a\frac{\partial u}{\partial x}=0$$

具有 $a>0$ 和周期性边界条件。为了离散化问题, 采用格式

$$D_k^+u_j^n+aD_h^-u_j^n=0\Rightarrow u_j^{n+1}=u_j^n-\frac{ak}{h}(u_j^n-u_{j-1}^n)$$

以矩阵形式表示, 得到放大矩阵

$$\mathrm{G}=\begin{bmatrix}1-\lambda & 0 & \cdots & 0 & \lambda\\ \lambda & 1-\lambda & 0 & \cdots & 0\\ \ddots & \ddots & \ddots & 0 & 0\\ 0 & \ddots & \ddots & \ddots & 0\\ 0 & \cdots & 0 & \lambda & 1-\lambda\end{bmatrix}$$

其中, $\lambda = \dfrac{ak}{h}$。易得 G 是一个 $N \times N$ 正规矩阵, 因此可对角化。特征值 $\mu(\mathrm{G})$ 作为特征方程的 N 次根

$$\left(\frac{1-\lambda-\mu}{-\lambda}\right)^N = 1$$

将 $y = (1-\lambda-\mu)/(-\lambda)$ 代入, 求解

$$y^N = 1 \Rightarrow y_l = \exp\left(i\frac{2\pi}{N}l\right), \quad l = 0, \cdots, N-1$$

得到

$$\mu_l(\mathrm{G}) = 1-\lambda+\lambda\exp\left(i\frac{2\pi}{N}l\right), \quad l = 0, \cdots, N-1$$

只有两个实特征值:

$$\mu_0(\mathrm{G}) = 1-2\lambda, \quad \mu_{N/2}(\mathrm{G}) = 1$$

此外, 假设 $\lambda \leqslant 1$, 有 $|1-2\lambda| \leqslant |\mu_l(\mathrm{G})| \leqslant 1$。因此, 冯 • 诺伊曼稳定性要求 $0 \leqslant \lambda \leqslant 1$, 即之前提到的一个条件。

如果考虑 $a < 0$ 的情况, 那么不可能让 $\lambda < 0$ 还保证稳定性。这表明在为特定问题选择方法时必须谨慎。

虽然, 对放大矩阵特征值的分析通常非常有助于理解更复杂格式的稳定性特性, 但值得强调的是, 冯 • 诺伊曼稳定性在许多情况下只是稳定性的必要条件, 而不是充分条件。

例 5.5　考虑矩阵

$$\mathrm{A} = \begin{bmatrix} 1 & 1 \\ 0 & 1 \end{bmatrix}$$

显然, A 的特征值都是 1, 表明冯 • 诺伊曼稳定性。然而, 计算 A 的幂可以得到

$$\mathrm{A}^n = \begin{bmatrix} 1 & n \\ 0 & 1 \end{bmatrix}$$

幂形式显然是没有界的。因此即使它是冯 • 诺伊曼稳定的, 幂次迭代后仍将不稳定。这是 A 不可对角化的结果, 其中 A 可表示为 $\mathrm{A} = \mathrm{I} + \mathrm{J}$, 式中 J 是若尔当 (Jordan) 块。

如果现在把讨论限制在 G 为特普利茨形式 (Toeplitz form) 的情况下, 就会大大简化分析过程, 因为傅里叶变换使特普利茨矩阵 (Toeplitz matrix) 对角化

了。乍一看, 这似乎过于严格。但仔细观察后就会发现, 假设解是周期性的, 那么图 5.1 中的所有格式都可以得到特普利茨形式的放大矩阵。

因此, 假定数值解的空间变量可以表示为离散傅里叶级数

$$u_h(x,t^n)=\sum_{|l|\leqslant\infty}\hat{u}_l^n\exp\left(i2\pi l\frac{x}{L}\right)$$

其中系数 $\hat{u}_l^n$ 是通过 $u_h(x_j,t^n)=u_j^n$ 来定义的。如果可以保证所有 $\hat{u}_l^n$ 都是有界的, 根据帕塞瓦尔恒等式 (Parseval's identity)

$$\|u_h(t^n)\|_h^2=2\pi\sum_l|\hat{u}_l^n|^2$$

可以确保 $u_h(x,t)$ 的稳定性。从而可以考虑下面形式的数值解

$$u_j^n=\hat{u}_l^n\exp\left(i2\pi l\frac{x_j}{L}\right)$$

并分析格式

$$\hat{u}^{n+1}=\hat{\mathrm{G}}\hat{u}^n$$

其中, $\hat{\mathrm{G}}$ 是该格式的符号, 或者, 相当于放大矩阵的傅里叶变换。重要的是, 这样消除了 h 对 $\hat{\mathrm{G}}$ 大小的依赖性, 它现在只取决于原始方程组的规模和时间步进格式中的步数。

结合例 5.4 和线性特点可以得出, 稳定性需要满足 $||\hat{\mathrm{G}}^n||_{h,p}\leqslant 1+\alpha k$。下面通过一个示例来详细说明。

例 5.0 为简化分析过程, 针对强双曲问题, 简化成标量问题

$$\frac{\partial u}{\partial t}+a\frac{\partial u}{\partial x}=0$$

其中 $a>0$, 且满足周期性边界条件。为了简单起见, 假设 $L=2\pi$ 并考虑一般格式

$$u_j^{n+1}=u_j^n-akD_h^0u_j^n+k\sigma D_h^+D_h^-u_j^n$$

求下式的解

$$u_j^n=\hat{u}_l^n\exp(ilx_j)$$

得

$$\hat{\mathrm{G}}=1+i\lambda\sin(lh)-4\nu\sin^2\left(\frac{lh}{2}\right)$$

式中，$\lambda = \dfrac{ak}{h}$ 和 $\nu = \dfrac{\sigma k}{h^2}$。现在考虑

$$|\hat{\mathrm{G}}| = \left(1 - 4\nu \sin^2\left(\frac{lh}{2}\right)^2\right) + \lambda^2 \sin^2(lh)$$

首先可得，当 $\nu = 0$ (即 $\sigma = 0$) 时，$|\hat{\mathrm{G}}| \geqslant 1$，格式是不稳定的。

利用恒等式 $\sin(2x) = 2\sin(x)\cos(x)$ 以及 $\cos^2(x) + \sin^2(x) = 1$，可以得到稳定性条件

$$(16\nu^2 - 4\lambda^2)\beta^2 + (4\lambda^2 - 8\nu)\beta \leqslant 0$$

其中 $\beta = \sin^2(lh/2)$ ，从而 $0 \leqslant \beta \leqslant 1$。

接下来，先考虑 $(16\nu^2 - 4\lambda^2) \leqslant 0$ 的情况，可得 $\nu \leqslant \lambda/2$。此时稳定性条件是一个开口向下的抛物线。另外，要求最大值必须为负，即

$$\frac{-(4\lambda^2 - 8\nu)}{2(16\nu^2 - 4\lambda^2)} \leqslant 0$$

由于 λ 和 ν 都是正的，临界情况是 $\nu = \lambda/2$，从而 $\lambda \leqslant 1$。

考虑另一种 $(16\nu^2 - 4\lambda^2) \geqslant 0$ 的情况，这时 $\nu \geqslant \lambda/2$。为了满足稳定性要求，需要 $(4\lambda^2 - 8\nu) \leqslant 0$。由于临界情况是 $\beta = 1$，可得 $2\nu - 1 \leqslant 0$ 或 $\nu \leqslant 1/2$，这再次表明 $0 \leqslant \lambda \leqslant 1$。

与先前对一般格式的讨论联系起来，由 $\sigma = \dfrac{h^2}{2k}$ 产生了拉克斯-弗里德里希斯格式。假设 $\lambda \leqslant 1$，可得 $\nu = 1/2 \geqslant \lambda/2$。对于拉克斯–温德罗夫格式，有 $\sigma = \dfrac{a^2k}{2}$，由 $\lambda \leqslant 1$ 可得 $\nu \leqslant \dfrac{\lambda}{2}$。

尽管这种分析在代数上可能比较复杂，但其过程是直接的和完备的。将其推广到矩阵 A 的稳定性条件，对于 $\lambda \leqslant 1$ 的条件，要求 A 的所有特征值都成立，即

$$\forall \mu_i(\mathrm{A}) : \frac{k\,|\mu_i(\mathrm{A})|}{h} \leqslant 1$$

式中，$\mu_i(\mathrm{A})$ 表示 A 的第 i 个实特征值。

正如在讨论中已经明确的一样，通常需要满足 $|\lambda| \leqslant 1$ 的要求以确保稳定性。理解这一条件的重要性及其物理基础是很有启发意义的。进一步将其改写成

$$|a|\frac{k}{h} \leqslant 1 \tag{5.5}$$

其中 a 是波传播的速度。同样, 可以定义数值速度为 $v_{\text{num}} = \dfrac{h}{k}$, 将 (5.5) 表示为

$$v_{\text{num}} \geqslant |a|$$

即, 数值速度必须大于等于对应的物理速度。正如第 2 章所讨论的和图 5.2 所示的, 这意味着数值格式的依赖域必须包含物理问题的依赖域。

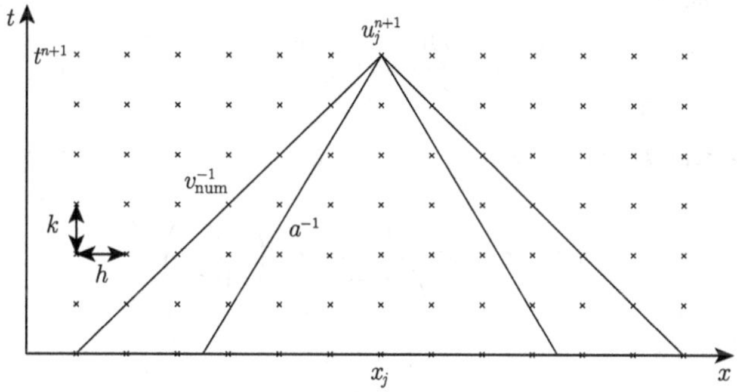

图 5.2 CFL 条件的说明, 强调数值格式的依赖域必须包含物理问题的依赖域。这表明 $|a|^{-1} \geqslant v_{\text{num}}^{-1}$ 或 $|a|v_{\text{num}}^{-1} \leqslant 1$。其中 $v_{\text{num}} = h/k$, 表示数值速度

这是一个既自然又直观的条件, 被称为著名的 CFL 条件, 以柯朗、弗里德里希斯和列维的开创性论文命名[3]。这篇论文被认为是第一个对偏微分方程的数值格式进行分析的论文。该条件通常仅是一个必要条件, 为了保证稳定性, 可能还需要其他附加条件, 如例 5.6 中要求 $\sigma > 0$ 的情况。

5.1.2 非光滑问题

到目前为止, 都在讨论具有光滑解的线性问题。研究非线性问题的第一步, 需要理解线性问题非光滑解的准确性, 下面开始讨论由资料 [12] 中引入的一个示例。

例 5.7 考虑线性问题

$$\frac{\partial u}{\partial t} + a\frac{\partial u}{\partial x} = 0$$

$x \in \mathrm{R}$, 并且初始条件为

$$u_0(x) = \begin{cases} 1, & x \leqslant 0 \\ -1, & x > 0 \end{cases}$$

它的精确解是 $u(x,t) = u_0(x - at)$。使用拉克斯–弗里德里希斯格式求解这个问题

$$u_j^{n+1} = \frac{u_{j+1}^n + u_{j-1}^n}{2} - ak\frac{u_{j+1}^n - u_{j-1}^n}{2h}$$

当 $u(x,t)$ 光滑时, 具有 $\mathcal{O}(h,k)$ 精确。

由例 5.1 可知, 数值解 $u(x,t)$ 满足修正方程

$$\frac{\partial u_h}{\partial t}+a\frac{\partial u_h}{\partial x}=\varepsilon\frac{\partial^2 u_h}{\partial x^2}$$

式中, $\varepsilon=\mathcal{O}(h)$。为了求方程的解, 首先引入一个新变量 $v(\xi,\tau)=u_h(x-at,t)$。易得 $v(\xi,\tau)$ 必须满足

$$\frac{\partial v}{\partial \tau}=\varepsilon\frac{\partial^2 v}{\partial \xi^2}$$

由热方程中的格林函数

$$\phi(\xi,\tau)=\frac{1}{\sqrt{4\varepsilon\pi\tau}}\exp\left(\frac{-\xi^2}{4\varepsilon\tau}\right)$$

进行卷积可得

$$v(\xi,\tau)=\frac{2}{\sqrt{4\varepsilon\pi\tau}}\int_{-\infty}^{0}\exp\left(-\left(\frac{(\xi-y)}{\sqrt{4\varepsilon\tau}}\right)^2\right)dy$$

通过代换积分法得

$$v(\xi,\tau)=\frac{2}{\sqrt{\pi}}\int_{z}^{\infty}\exp(-y^2)dy=\mathrm{ercf}(z)$$

其中 $z=\xi/\sqrt{4\varepsilon\tau}$, $\mathrm{erc}f(z)$ 为互补误差函数。计算 L^{-1}-误差为

$$\begin{aligned}\|v_0(\xi)-v(\xi,\tau)\|_1&=2\int_{-\infty}^{0}\left(1-\mathrm{ercf}\left(\frac{\xi}{\sqrt{4\varepsilon\tau}}\right)\right)d\xi\\&=2\sqrt{4\varepsilon\tau}\int_{-\infty}^{0}(1-\mathrm{ercf}(z))\,dz=4\sqrt{\varepsilon\tau}\end{aligned}$$

由于拉克斯–弗里德里希斯格式误差 $\varepsilon=\mathcal{O}(h)$, 可得

$$\|u_0(x-at)-u_h(x,t)\|_1=C\sqrt{ht}$$

即精度为 $\mathcal{O}(h^{1/2})$。

正如定理 4.12 所述, 单调格式的精度仅限于一阶。然而, 这个例子表明, 对于具有非光滑解的问题, 通常可以接受一定精度损失。一般性描述如下[13]。

定理 5.8 假设单调线性有限差分格式为

$$u_j^{n+1} = \sum_{l=-p}^{q} c_l(\lambda) u_j^n$$

其中 $\lambda = ak/h$, 该格式是对一维线性标量守恒律方程的一致性逼近。对于任意常数 $M > 0$, 只要 h 足够小, 并且 $||u_0||_{\rm TV} \leqslant M$, 就有

$$\begin{aligned} s(p,q)M \sum_{l=-p, l\neq l_0}^{q} \sqrt{c_l(\lambda)}\sqrt{\frac{t^n}{\lambda}}\sqrt{h} &\leqslant \|u(\cdot, t^n) - u^n\|_{h,1} \\ &\leqslant M\left[2\sqrt{\sum_{l=-p}^{q} l^2 c_l(\lambda) - \lambda^2 a^2}\sqrt{\frac{t^n}{\lambda}}\sqrt{h} + h\right] \end{aligned}$$

其中, $s(p,q) > 0$ 是常数, $l_0 = \arg\max\limits_{l} c_l(\lambda)$, $||\cdot||_{\rm TV}$ 表示 TV-范数。

5.2 非线性问题

现在回到非线性守恒律, 讨论这类问题的有限差分格式。不难想到, 这类问题比线性问题复杂得多, 更缺乏一般性规律。

一个比较自然的想法, 就是将应对线性问题的方法调整到非线性问题上。比如, 考虑守恒形式

$$u_j^{n+1} = u_j^n - \frac{k}{h}[F_{j+1/2}^n - F_{j-1/2}^n]$$

问题变为如何表示非线性问题的数值通量。根据解决线性问题的经验, 格式稳定性是一个关键问题。根据定理 4.5, 格式单调可以保证稳定性并得到熵解。

例 5.9 在例 4.4 讨论中, 伯格斯方程具有通量项

$$F(u,v) = \begin{cases} f(u), & s \geqslant 0, \\ f(v), & s < 0, \end{cases} \qquad s = \frac{f(u) - f(v)}{u - v} \tag{5.6}$$

其中 s 为兰金–于戈尼奥条件给出的速率, 该通量是 Roe 通量的一维版本。由例 4.4 可得, 对于 $u_l \leqslant 0 \leqslant u_r$, 该格式可能会产生违反熵条件的解。在这种情况下, 熵条件要求 $f'(u_s) = 0$, 即稀疏波的中心不能移动。满足 $f'(u_s) = 0$ 的点 u_s 称为声速点 (sonic point)。

为克服这一问题, 对通量稍加修改[12],

$$F(u,v) = \begin{cases} \max\limits_{u_l \geqslant u \geqslant u_r} f(u), & u_l > u_r \\ \min\limits_{u_l \leqslant v \leqslant u_r} f(v), & u_l \leqslant u_r \end{cases}$$

易得, 在 $u_l \leqslant 0 \leqslant u_r$ 条件下, 出现违背熵条件的解。在这种情况下, 如果通量是凸的, $f(0)$ 是声速解。

在 [14] 中提出的另一种克服这一问题的方法, 是在除 $f'(u_{j+1}^n)\cdot f'(u_j^n)\leqslant 0$ 之外的所有地方使用 Roe 通量 (5.6)。在这些地方, 可以应用拉克斯–弗里德里希斯通量。由于拉克斯–弗里德里希斯通量是单调的, 如果通量是凸的, 就可以克服这个问题。

对于拉克斯–弗里德里希斯通量

$$F(u,v)=\frac{f(u)+f(v)}{2}-\frac{\alpha}{2}(v-u)$$

由例 4.6 中讨论可知, 如果 $\alpha \geqslant \max_{\omega}|f'(\omega)|$ 成立, 格式是单调的。一个稍微不那么耗散但仍然单调的格式是局部拉克斯–弗里德里希斯 (或 Rusanov) 格式, 其中 $\alpha \geqslant \max_{\omega\in[u,v]}|f'(\omega)|$, 由此得到的是波速的局部最大值而不是全局最大值。

对于拉克斯–温德罗夫通量, 推广到非线性情况并没有那么直接。考虑

$$u(t^{n+1})=u(t^n)+k\frac{\partial}{\partial t}u(t^n)+\frac{k^2}{2}\frac{\partial^2}{\partial t^2}u(t^n)+\mathcal{O}(k^3)$$

利用

$$\frac{\partial}{\partial t}u=-\frac{\partial f(u)}{\partial x},\qquad \frac{\partial^2}{\partial t^2}u=\frac{\partial}{\partial x}\left(f'(u)\frac{\partial f(u)}{\partial x}\right)$$

和近似

$$\frac{\partial f(x_j,t^n)}{\partial x}=\frac{f(u_{j+1}^n)-f(u_{j-1}^n)}{2h}+\mathcal{O}(h^2)$$

得到拉克斯–温德罗夫数值通量

$$F(u,v)=\frac{f(u)+f(v)}{2}-\frac{k}{2h}f'(\bar{u})(f(v)-f(u)),\qquad \bar{u}=\frac{u+v}{2}$$

只需要稍加修改, 就可以直接将这些公式推广到系统的情况。对于拉克斯–弗里德里希斯格式, α 必须包括多个波的动力学, 如

$$\alpha \geqslant \max_{\omega}(\mu_{\max}),\quad \mu_{\max}=\max_{l}|\mu_l(\nabla_u \boldsymbol{f}(\omega))|$$

式中 ω 的最大值是可以是全局的, 也可以是局部的。同样, 通过将 $f'(\bar{u})$ 替换为在 $\bar{u}$ 处计算的通量雅可比矩阵, 可以得到对拉克斯–温德罗夫格式的推广。

其他通量推广到系统的情况稍微复杂一些, 而且往往会引出特定问题的公式。后续将在 6.2 节中对此进行更详细的讨论。

下面讨论标量守恒律方程的单调有限差分格式精度, 详细资料可查看 Kuznetsov 的文献 [15]。

定理 5.10 由单调、守恒且一致的数值格式生成的标量守恒律方程的近似解, 对于任何初始条件, 当采用利普希茨连续的数值通量时, 都会收敛到熵解。进一步, 如果 $\|u_0\|_{\mathrm{TV}}$ 有界, 则有

$$\|u(t^n) - u^n\|_{h,1} \leqslant C(t^n)\sqrt{h}$$

这个结果的精确性在 [16] 中通过构造一个特定的例子得到了证明。这个结果与定理 5.8 中线性情况的结果一致。对于多维的标量守恒律方程, 在 [17] 中展示了更多的结果。

在一些特殊情况下, 收敛速度可能稍微好一点。比如, 在有限个不相互作用的冲击波的情形下, 远离激波时误差达到 $\mathcal{O}(h)$, 激波附近误差达到 $\mathcal{O}(h^\gamma)$, 其中 $\gamma \leqslant 1$[18]。这个结果也适用于系统分析。再者, 对于标量守恒律方程具有凸通量的情况, 初始条件包含所有冲击波, $L^1(\Omega_x)$-误差为 $\mathcal{O}(h|\log h|)$[19]。更多研究表明分段光滑解有 $\mathcal{O}(h)$[20]。在文献 [21,22] 中, 已经发展了关于逐点精度的广泛理论。

5.3 有限差分法的运用

到目前为止, 重点一直放在了深入理解有限差分法的性质上, 以此求解守恒律方程。然而, 只有当这些方法通过实际实现得到应用时, 才能真正理解它们。在接下来的部分, 将介绍并讨论基本格式的实现, 还讨论它们在处理线性和非线性问题时的特性。

虽然讨论的具体算法侧重于 1.4 节中介绍的测试用例, 但所有通常情况下实现的步骤基本是相同的, 包含三个主要部分：程序初始化网格、初始条件和设置全局参数；然后程序调用, 根据数值格式进行时间步迭代求解问题；最后根据方程和格式变化进行适配, 进行优化调整。这样的基本步骤较为通用和灵活, 适应于广泛的问题和格式。

考虑守恒律方程格式

$$u_j^{n+1} = u_j^n - \lambda(F_{j+1/2}^n - F_{j-1/2}^n)$$

式中

$$F_{j+1/2}^n = F(u_j^n, u_{j+1}^n), \quad F_{j-1/2}^n = F(u_{j-1}^n, u_j^n)$$

数值通量 $F(u,v)$ 必须针对当前问题进行指定。

5.3.1 边界条件

首先讨论边界条件, 将讨论限制在笛卡儿 (Cartesian) 网格中, 那么最自然的做法是定义一个扩展网格, 并定义外部网格值, 以此施加所需边界条件。

对于 $p+q=1$ 的单调格式, 只需在计算网格的两端各增加一个单元格即可。利用镜像原理来施加边界条件。假设 x_0 是第一个物理单元格, U_0^n 是边界值, 定义

$$U_{-1}^n = -U_1^n + 2g(t)$$

对狄利克雷 (Dirichlet) 边界条件 $u(x_0,t)=g(t)$ 成立。同样, 对于齐次诺伊曼 (homogeneous Neumann) 边界条件, 定义 $U_{-1}^m=U_1^n$。其次, 对于周期性边界条件, 定义 $U_{-1}^m=U_{N-1}^n$。下面脚本 extend.m 对网格扩展和边界条件施加进行了说明。

脚本 5.1: extend.m: 通过网格扩展, 对标量函数施加边界条件的程序

```
function [xe,ue]=extend(x,u,h,m,BCl,ul,BCr,ur)
% Purpose: Extend dependent and independent vectors (x,u), by m cells
% subject to approproate boundary conditions.
% BC="D"-Dirichlet; BC="N"-Neumann; BC="P"-periodic
% ul/ur-BC value-only active for Dirichlet BC
xl=min(x); xr=max(x); N=length(u);
xe=zeros(N+2*m,1); ue=zeros(N+2*m,1); q=[1:m];

% Extend x
xe(m-q+1)=xl-q*h; xe(N+m+q)=xr+q*h; xe((m+1):(N+m))=x(1:N);

% Periodic extension of u
if (BCl=='P')|(BCr=='P')
  ue(m-q+1)=u(N-q); ue(N+m+q)=u(q+1); ue((m+1):(N+m))=u(1:N);
  return;
end;

% Left extension
if BCl=='D'
    ue(m-q+1)=-u(q+1)+2*ul;
else
    ue(m-q+1)=u(q+1);
end
```

```
% Right extension
if BCr=='D'
    ue(N+m+q)=-u(N-q)+2*ur;
else
    ue(N+m+q)=u(N-q);
end
ue((m+1):(N+m))=u(1:N);
return
```

5.3.2 线性波动方程

首先考虑线性波的问题

$$\frac{\partial u}{\partial t}+\frac{\partial u}{\partial x}=0, \quad x\in[-1,1]$$

初始条件已在 (1.6) 中给出。

在 LinwaveMDriver1D.m 中定义了一个驱动程序, 它设置了初始条件并指定计算域、网格大小 h 和 CFL 数。利用 LinwaveM1D.m 对线性波动方程进行时间积分。

脚本 5.2: LinwaveMDriver1D.m: 通过守恒型有限差分法求解线性波动方程的驱动程序

```
% Driver script for solving the 1D wave equation using a monotone scheme
clear all

% Set problem parameters
L=2; FinalTime=4.0; N=2048; h=L/N; CFL=0.90;

% Define domain and initial conditions
x=[-1:h:1]';
[u]=wavetest(x,0.5,-0.7,0.005,10,log(2)/(36*0.005^2));

% Solve Problem
[u]=LinwaveM1D(x,u,h,CFL,FinalTime);
```

脚本 5.3: LinwaveM1D.m: 通过守恒型有限差分法求解线性波动方程的时间积分程序

```
function [u]=LinwaveM1D(x,u,h,CFL,FinalTime)
```

```
% function [u]=LinwaveM1D(x,u,h,CFL,FinalTime)
% Purpose:Integrate 1D wave equation until using a monotone scheme.
time=0; tstep=0;

% Set the timestep
k=CFL*h;

% Integrate scheme
while (time<FinalTime)
  if (time+k>FinalTime) k=FinalTime-time; end
  % Update solution
  u=u+k*LinwaveMrhs1D(x,u,h,k,1);
  time=time+k; tstep=tstep+1;
end
return
```

调用 LinwaveMrhs1D.m 返回线性波动方程右边的计算, 并施加边界条件。

脚本 5.4: LinwaveMrhs1D.m: 线性波动方程等式右边的定义

```
function [du]=LinwaveMrhs1D(x,u,h,k,maxvel)
% function [du]=LinwaveMrhs1D(x,u,h,k,maxvel);
% Purpose: Evaluate right hand side for linear wave equation
% using a monotone method

N=length(x);
% Periodic boundary conditions
[xe,ue]=extend(x,u,h,1,'P',0,'P',0);

% Compute RHS-Change numerical flux here
du=-(LinwaveLF(ue(2:N+1),ue(3:N+2),k/h,maxvel)-b@x...
          LinwaveLF(ue(1:N),ue(2:N+1),k/h,maxvel))/h;
return
```

唯一仍然与问题特定相关的程序是指定数值通量的程序。考虑全局拉克斯–弗里德里希斯通量 (LinwaveLF.m) 和拉克斯–温德罗夫通量 (LinwaveLW.m)。

脚本 5.5: LinwaveLF.m: 为线性波动方程定义拉克斯-弗里德里希斯数值通量 $F(u,v)$

```
function [numflux]=LinwaveLF(u,v,lambda,maxvel)
% function [numflux]=LinwaveLF(u,v,lambda,maxvel);
```

```
% Purpose: Evaluate Lax-Friedrichs numerical flux for wave equation

numflux=(u+v)/2-maxvel/2*(v-u);
end
```

脚本 5.6: LinwaveLW.m: 为线性波动方程定义拉克斯–温德罗夫数值通量 $F(u,v)$

```
function [numflux]=LinwaveLW(u,v,lambda,maxvel)
% function [numflux]=LinwaveLW(u,v,lambda,maxvel);
% Purpose: Evaluate Lax-Wendroff numerical flux for wave equation

numflux=(u+v)/2-lambda/2*(v-u);
end
```

如图 5.3 所示, 分别用拉克斯–弗里德里希斯格式和拉克斯–温德罗夫格式给出了 $N = 2048$ 格点在 $T = 4$ 时的解。可以清楚地观察到一阶拉克斯–弗里德里希斯格式的耗散行为, 以及通过二阶拉克斯–温德罗夫格式获得的显著改进的精度。然而, 也很明显, 这是以在解的非光滑部分局部引入人为振荡为代价的。

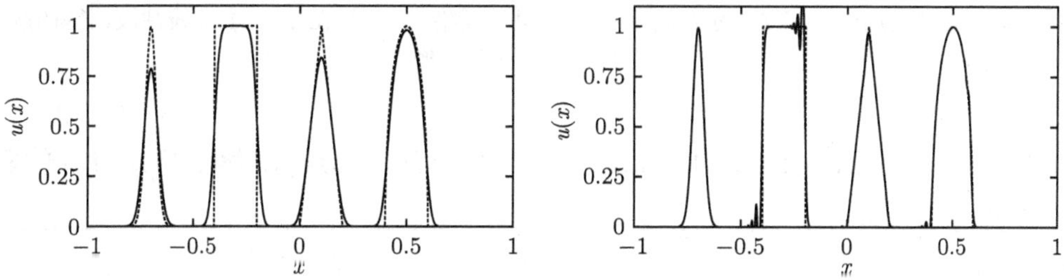

图 5.3 $T = 4$, $N = 2048$ 时的线性波问题的解。左图是用拉克斯–弗里德里希斯格式得到的解, 右图是用拉克斯–温德罗夫格式得到的结果, 其中虚线表示精确解

虽然拉克斯–弗里德里希斯格式只是一阶收敛, 但如图 5.4 所示, 该格式确实收敛于精确解。

5.3.3 伯格斯方程

考虑伯格斯方程

$$\frac{\partial u}{\partial t} + \frac{\partial u^2}{\partial x} = 0, \quad x \in [0,1]$$

求解条件为

$$k = \mathrm{CFL}h/\alpha, \quad \alpha = \max_u |f'(u)|$$

在 BurgersMDriver1D.m 中定义了驱动程序, 设置初始条件并定义计算域、网格尺度 h 和 CFL 数。

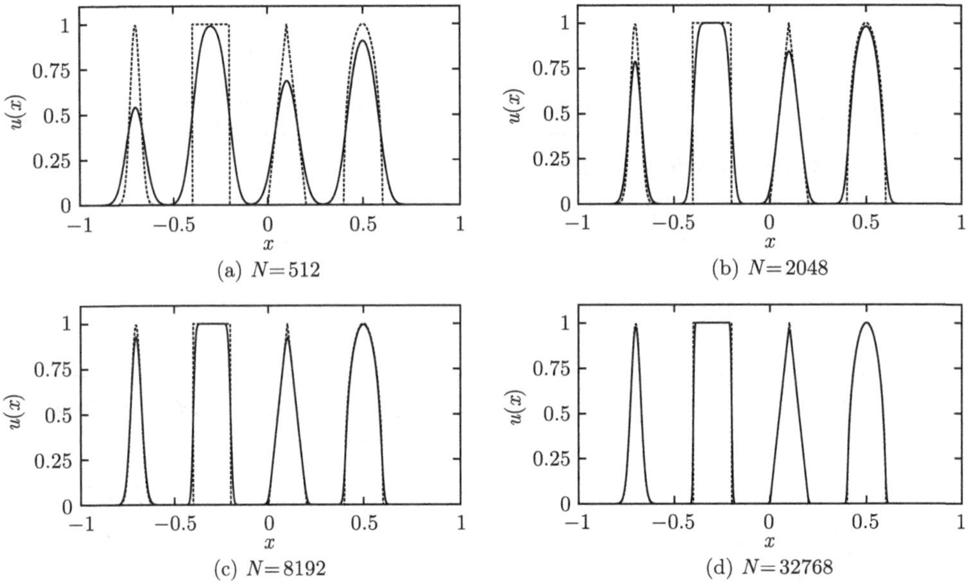

图 5.4　通过增加分辨率 N 的拉克斯–弗里德里希斯格式, 求得在 $T=4$ 处线性波问题的解, 其中虚线表示精确解

脚本 5.7: BurgersMDriver1D.m: 通过守恒型有限差分法求解伯格斯方程的驱动程序

```
% Driver script for solving the 1D Burgers' equation using a monotone scheme
clear all

% Set problem parameters
L=2; FinalTime=0.5; N=1024; h=L/N; CFL=0.90;

% Define domain and initial conditions
x=[0:h:1]';

u=sin(2*pi*x); %periodic BC needed
% u=(1-sign(x-0.2))/2+1; % Constant BC needed

% Solve Problem
[u]=BurgersM1D(x,u,h,CFL,FinalTime);
```

利用 BurgersM1D.m 对伯格斯方程进行时间积分。通过设置时间步长 k 连续计算 $|f'(u)|$ 来求系统的最大速度。

脚本 5.8: BurgersM1D.m: 通过守恒型有限差分法求解伯格斯方程的时间积分程序

```
function [u]=BurgersM1D(x,u,h,CFL,FinalTime)
% function [u]=BurgersM1D(x,u,h,CFL,FinalTime)
% Purpose:Integrate 1D Burgers' equation until FinalTime
% using a monotone scheme.
time=0; tstep=0;

% integrate scheme
while (time<FinalTime)
  % Decide on timestep
  maxvel=max(2*abs(u)); k=CFL*h/maxvel;
  if (time+k>FinalTime) k=FinalTime-time; end
  % Update solution
  u=u+k*BurgersMrhs1D(x,u,h,k,maxvel);
  time=time+k; tstep=tstep+1;
end
return
```

调用 BurgersMrhs1D.m 程序, 返回伯格斯方程等式右边的计算结果, 并设置边界条件。

脚本 5.9: BurgersMrhs1D.m: 对伯格斯方程等式右边进行定义

```
function [du]=BurgersMrhs1D(x,u,h,k,maxvel)
% function [du]=BurgersMrhs1D(x,u,h,k,maxvel);
% Purpose: Evaluate right hand side for Burgers' equation
% using monotone method
N=length(x);

[xe,ue]=extend(x,u,h,1,'P',0,'P',0); % Periodic boundary conditions
%[xe,ue]=extend(x,u,h,1,'D',2,'N',0); % Constant boundary conditions

% Change numerical flux here
du=-(BurgersLF(ue(2:N+1),ue(3:N+2),0,maxvel)-...
           BurgersLF(ue(1:N),ue(2:N+1),0,maxvel))/h;
return
```

与问题特定相关的程序是指定数值通量的程序, 即对 $f(u)$ 的依赖。下面定义全局拉克斯–弗里德里希斯通量 (BurgersLF.m)、拉克斯–温德罗夫通量 (BurgersLW.m) 和 Roe 通量 (BurgersRoe.m)。

脚本 5.10: BurgersLF.m: 伯格斯方程定义拉克斯–弗里德里希斯数值通量 $F(u,v)$

```
function [numflux]=BurgersLF(u,v,lambda,maxvel)
% function [numflux]=BurgersLF(u,v,lambda,maxvel);
% Purpose: Evaluate the Lax-Friedrichs numerical flux for Burgers' equation

fu=u.^2; fv=v.^2;
numflux=(fu+fv)/2-maxvel/2*(v-u);
end
```

脚本 5.11: BurgersLW.m: 伯格斯方程定义拉克斯–温德罗夫数值通量 $F(u,v)$

```
function [numflux]=BurgersLW(u,v,lambda,maxvel)
% function [numflux]=BurgersLW(u,v,lambda,maxvel);
% Purpose: Evaluate the Lax-Wendroff numerical flux for Burgers' equation

fu=u.^2; fv=v.^2; alpha=lambda*2*(u+v)/2;
numflux=(fu+fv)/2-alpha/2.*(fv-fu);
end
```

脚本 5.12: BurgersRoe.m: 伯格斯方程定义 Roe 数值通量 $F(u,v)$, 其中不包括声速修正

```
function [numflux]=BurgersRoe(u,v,lambda,maxvel)
% function [numflux]=BurgersRoe(u,v,lambda,maxvel);
% Purpose: Evaluate Roe numerical flux for Burgers' equation.
% No sonic fix.

fu=u.^2; fv=v.^2; alpha=u+v;
numflux=(alpha>=0).*fu+(alpha<0).*fv;
end
```

为了评估各个格式的性能, 考虑情况

$$u_0(x)=\begin{cases}2, & x\leqslant 0.2\\ 1, & x>0.2\end{cases}$$

这里精确解为 $u(x,t)=u_0(x-3t)$。在表 5.1 中, 列出了所选三种不同数值通量的误差, 误差由离散 L^1-范数度量。三种格式都是一阶精度, 结果只存在一些微小差异。定理 5.10 指出了 $\mathcal{O}(h^{1/2})$ 的误差在某些情况下可能过于保守。对于标量守恒律方程[20] 的分段光滑解需要具有 $\mathcal{O}(h)$ 误差。

表 5.1 选择不同数值通量, 使用守恒型有限差分法求解伯格斯方程 ($T=0.2$ 的解) 的误差。测量误差的单位为 $\|\cdot\|_{h,1}$

N	拉克斯–弗里德里希斯数值	拉克斯–温德罗夫数值	Roe 数值通量
128	1.1e-2	6.9e-3	5.5e-3
512	2.7e-3	1.1e-3	1.3e-3
2048	7.0e-4	4.4e-4	3.5e-4
8192	1.7e-4	7.4e-5	8.5e-5
32768	4.3e-5	2.8e-5	2.1e-5

5.3.4 麦克斯韦方程组

现在分析讨论麦克斯韦方程组, 以一维空腔为例, 考虑填充两种材料。这个问题详情和确切结果已在 1.4.1 节中给出。

正如分析伯格斯方程那样, 执行过程包括一些子程序。现定义驱动程序 MaxwellMDriver1D.m, 实现初始设置, 包括计算域定义、终止时间和 CFL 数。此外定义了空腔材料, 并通过调用 CavityExact.m 计算初始条件, 与 1.4.1 节计算保持一致。

脚本 5.13: MaxwellMDriver1D.m: 通过守恒型有限差分法求解麦克斯韦方程组的程序

```
% Driver script for solving the 1D Maxwell's equations using a monotone scheme
clear all

% Set problem parameters
L=2; FinalTime=pi/2; N=1024; h=L/N; CFL=0.90;
epl=1.0; mul=1.0; epr=2.25; mur=1.0;

% Define domain, materials and initial conditions
x=[-1:h:1]';
[Ef Hf ep mu]=CavityExact(x, epl, epr, mul, mur, 0);

% Solve Problem
EM=[Ef Hf];
[EM]=MaxwellM1D(x,EM,ep,mu,h,CFL,FinalTime);
```

脚本 5.14: CavityExact.m: 计算理想导电空腔中 $x=0$ 处的精确解

```
function [Ef Hf ep mu]=CavityExact(x, epl, epr, mul, mur, time);
% function [Ef Hf ep mu]=CavityExact(x, epl, epr, mul, mur, time);
% Purpose: Set up exact solution to EM cavity problem
xL=length(x); ii=sqrt(-1.0); n1=sqrt(epl*mul); n2=sqrt(epr*mur);
Ef=zeros(xL,1); Hf=zeros(xL,1); ep=zeros(xL,1);  mu=zeros(xL,1);

% Compute omega to match coefficients-set initial guess to obtain
% different solutions
omega=fzero(@(x) (n1*tan(n2*x)+n2*tan(n1*x)),5);

% Set up exact solution
A1=complex(n2*cos(omega*n2)/(n1*cos(n1*omega)));
A2=exp(-ii*omega*(n1+n2));
B1=A1*exp(-ii*2*n1*omega); B2=A2*exp(ii*2*n2*omega);
for j=1:xL
    if (x(j)<=0)
        A=A1; B=B1; n=n1; ep(j)=epl; mu(j)=mul;
    else
        A=A2; B=B2; n=n2; ep(j)=epr; mu(j)=mur;
    end
    Eh=(A*exp(ii*n*omega*x(j))-B*exp(-ii*n*omega*x(j)))...
           *exp(-ii*omega*time);
    Hh=n*(A*exp(ii*n*omega*x(j))+B*exp(-ii*n*omega*x(j)))...
           *exp(-ii*omega*time);
    Ef(j)=real(Eh); Hf(j)=real(Hh);
end;
return
```

该问题的时间积分在 MaxwellM1D.m 中完成, 它依靠 MaxwellMrhs1D.m 计算数值通量。与伯格斯方程类似, 这个程序包含关键通量函数的构造。

脚本 5.15: MaxwellM1D.m: 通过守恒型有限差分法求解麦克斯韦方程组的时间积分程序

```
function [EM]=MaxwellM1D(x,EM,ep,mu,h,CFL,FinalTime)
% function [EM]=MaxwellM1D(x,EM,ep,mu,CFL,FinalTime)
% Purpose:Integrate 1D Maxwell's equations until FinalTime using
% a monotone scheme.
time=0; tstep=0;
```

```
% Set timestep
cvel=1./sqrt(ep.*mu); k=CFL*h/max(cvel);

% integrate scheme
while (time<FinalTime)
  if (time+k>FinalTime) k=FinalTime-time; end
  % Update solution
  EM=EM+k*MaxwellMrhs1D(x,EM,ep,mu,h,k,max(cvel));
  time=time+k; tstep=tstep+1;
end
return
```

脚本 5.16: MaxwellMrhs1D.m: 定义麦克斯韦方程组等式右边

```
function [dEH]=MaxwellMrhs1D(x,EM,ep,mu,h,k,maxvel)
% function [dEH]=MaxwellMrhs1D(x,EM,ep,mu,h,k,maxvel);
% Purpose: Evaluate right hand side for Maxwell's equations
% using a monotone method
N=length(x);

% PEC boundary conditions by mirrow principle
[xe,Ee]=extend(x,EM(:,1),h,1,'D',0,'D',0);
[xe,He]=extend(x,EM(:,2),h,1,'N',0,'N',0);
EH=[Ee(2:N+1) He(2:N+1)];
EHp=[Ee(3:N+2) He(3:N+2)]; EHm=[Ee(1:N) He(1:N)];

% Change numerical flux here
dEH=-(MaxwellLF(EM,EHp,ep,mu,k/h,maxvel)-...
             MaxwellLF(EHm,EM,ep,mu,k/h,maxvel))/h;
return
```

作为边界条件, 在电场 E 上使用齐次狄利克雷条件, 在磁场 H 上使用齐次诺伊曼条件。麦克斯韦方程组的全局拉克斯–弗里德里希斯通量在 MaxwellLF.m 中给出, 麦克斯韦方程组的拉克斯–温德罗夫通量在 MaxwellLW.m 中给出。

脚本 5.17: MaxwellLF.m: 麦克斯韦方程组全局拉克斯-弗里德里希斯通量 $F(u,v)$ 的定义

```
function [numflux]=MaxwellLF(u,v,ep,mu,lambda,maxvel)
% function [numflux]=MaxwellLF(u,v,ep,mu,lambda,maxvel);
% Purpose: Evaluate Lax-Friedrichs numerical flux
```

```
% for Maxwell's equations

fu=[u(:,2)./ep u(:,1)./mu]; fv=[v(:,2)./ep v(:,1)./mu];
numflux=(fu+fv)/2-maxvel/2*(v-u);
return
```

脚本 5.18: MaxwellLW.m: 麦克斯韦方程组拉克斯–温德罗夫通量 $F(u,v)$ 的定义

```
function [numflux]=MaxwellLW(u,v,ep,mu,lambda,maxvel)
% function [numflux]=MaxwellLW(u,v,ep,mu,lambda,maxvel);
% Purpose: Evaluate Lax-Wendroff numerical flux for Maxwell's equations

fu=[u(:,2)./ep u(:,1)./mu]; fv=[v(:,2)./ep v(:,1)./mu];
A2=[1./ep.*mu 1./ep.*mu ];
numflux=(fu+fv)/2-lambda/2*A2.*(v-u);
return
```

为了评估求解器的品质, 设计两个测试用例。我们首先假设所有材料参数相同, 产生一个在腔中振荡的正弦波。

结果如表 5.2 所示, 列出了两种不同数值通量的离散 L^1-范数误差。正如对于这种光滑线性情况的预期, 两种格式实现了设计精度, 即拉克斯–弗里德里希斯格式为 $\mathcal{O}(h)$, 拉克斯–温德罗夫格式为 $\mathcal{O}(h^2)$。

表 5.2　使用守恒型有限差分法对具有光滑解的麦克斯韦方程组求 $T=\pi$ 的解, 两种数值通量的误差对比。误差单位为 $\|\cdot\|_{h,1}$

N	拉克斯–弗里德里希斯		拉克斯–温德罗夫	
	E	H	E	H
128	6.0e-2	9.5e-3	5.8e-3	4.0e-3
512	1.4e-2	2.4e-2	3.7e-4	2.3e-4
2048	3.6e-3	6.0e-3	2.3e-5	1.4e-5
8192	8.9e-4	1.5e-3	1.4e-6	8.7e-7
32768	2.2e-4	3.7e-4	9.0e-8	5.4e-8

虽然结果证实了分析, 但它们还表明, 如果能够以足够的精度计算数值通量, 确实可以实现高于一阶的精度。也就是说, 虽然守恒形式看起来像简单的一阶格式, 但它实际上并非如此。这一观察在本书第三部分高阶格式的发展中发挥着核心作用。

同时, 通过选择 $\varepsilon_2=2.25$, 且所有其他材料系数保持一致, 以此来实现并讨论场是连续的但不光滑的情况, 对应如图 1.6 所示的一个半填充玻璃的腔体。误差

分析结果如表 5.3 所示, 列出了两种不同数值通量的离散 L^1-范数误差。正如预期的那样, 缺乏光滑度会对精度产生不利影响, 这两种通量的精度均为 $\mathcal{O}(h)$。然而, 值得注意的是, 尽管拉克斯–温德罗夫格式在形式上失去了高阶精度, 但其精度明显优于形式上为一阶的拉克斯–弗里德里希斯格式。

表 5.3 使用守恒型有限差分法对具有非光滑解的麦克斯韦方程组求 $T = \pi$ 的解, 两种数值通量的误差对比。误差单位为 $\|\cdot\|_{h,1}$

N	拉克斯–弗里德里希斯		拉克斯–温德罗夫	
	E	H	E	H
128	3.4e-1	6.4e-1	5.7e-2	6.2e-2
512	9.4e-2	1.9e-1	1.6e-2	1.5e-2
2048	2.4e-2	4.8e-2	4.3e-3	3.8e-3
8192	6.0e-3	1.2e-2	1.1e-3	1.0e-3
32768	1.5e-3	3.0e-3	2.7e-4	2.4e-4

5.3.5 欧拉方程

最后, 对更有挑战性的可压缩气体动力学欧拉方程进行分析, 讨论不同格式的表现情况。问题的详细信息在 1.4.1 节中给出。

在 EulerMDriver1D.m 中, 指定了计算域、分辨率、CFL 条件以及初始条件, 并调用 EulerM1D.m, 该程序通过最大速度 $c + |u|$ 来控制时间步长, 具体推导可参考例 3.3。

脚本 5.19: EulerMDriver1D.m: 用守恒型有限差分法求解欧拉方程的驱动程序

```
% Driver script for solving the 1D Euler equations using a monotone scheme
clear all

% Set problem parameters
L=1; FinalTime=0.2; N=2048; h=L/N; CFL=0.90; gamma=1.4;

% Define domain, materials and initial conditions
r=zeros(N+1,1); ru=zeros(N+1,1); E=zeros(N+1,1);

% Initialize for Sod's problem
x=[0:h:1]';
for i=1:N+1;
    if x(i)<0.5
        r(i)=1.0; E(i)=1/(gamma-1);
    else
        r(i)=0.125; E(i)=0.1/(gamma-1);
```

```
    end
end

% Initialize for shock entropy problem
% x=[-5:h:5]';
% for i=1:N+1;
%       if x(i)<-4
%           rh=3.857143; u=2.629369; p=10.33333;
%       else
%           rh=1+0.2*sin(pi*x(i)); u=0; p=1;
%       end
%       r(i)=rh; ru(i)=rh*u; E(i)=p/(gamma-1)+0.5*rh*u^2;
% end

% Solve Problem
q=[r ru E];
[q]=EulerM1D(x,q,h,CFL,gamma,FinalTime);
```

脚本 5.20: EulerM1D.m: 用守恒型有限差分法求解欧拉方程的时间积分程序

```
function [q]=EulerM1D(x,q,h,CFL,gamma,FinalTime)
% function [q]=EulerMDriver1D(x,q,CFL,gamma,FinalTime)
% Purpose: Integrate the 1D Euler equations until FinalTime
% using a monotone scheme.
time=0; tstep=0;

% integrate scheme
while (time<FinalTime)
  % Set timestep
  p=(gamma-1)*(q(:,3)-0.5*q(:,2).^2./q(:,1)); c=sqrt(gamma*p./q(:,1));
  maxvel=max(c+abs(q(:,2)./q(:,1))); k=CFL*h/maxvel;
  if (time+k>FinalTime) k=FinalTime-time; end
  % Update solution
  q=q+k*EulerMrhs1D(x,q,gamma,h,k,maxvel);
  time=time+k; tstep=tstep+1;
end
return
```

EulerMrhs1D.m 定义了守恒形式, 并对守恒变量施加边界条件。在这种情况下, 简单假定解在相关领域之外保持不变。

脚本 5.21: EulerMrhs1D.m: 定义欧拉方程等式右边

```
function [dq]=EulerMrhs1D(x,q,gamma,h,k,maxvel)
% function [dq]=EulerMrhs1D(x,q,gamma,h,k,maxvel);
% Purpose: Evaluate right hand side for the Euler equations
% using a monotone method

% Extend data and assign boundary conditions
[xe,re]=extend(x,q(:,1),h,1,'D',1.0,'D',0.125);
[xe,me]=extend(x,q(:,2),h,1,'D',0,'N',0);
[xe,Ee]=extend(x,q(:,3),h,1,'D',2.5,'N',0);

% [xe,re]=extend(x,q(:,1),h,1,'D',3.857143,'N',0);
% [xe,me]=extend(x,q(:,2),h,1,'D',10.141852,'D',0);
% [xe,Ee]=extend(x,q(:,3),h,1,'D',39.166661,'N',0);

% Compute RHS - change numerical flux here
N=length(x); q=[re(2:N+1) me(2:N+1) Ee(2:N+1)];
qp=[re(3:N+2) me(3:N+2) Ee(3:N+2)]; qm=[re(1:N) me(1:N) Ee(1:N)];
dq=-(EulerLF(q,qp,gamma,k/h,maxvel)-EulerLF(qm,q,gamma, k/h,maxvel))/h;
return
```

数值通量定义是算法的关键, 分别定义三个通量：全局拉克斯–弗里德里希斯 (EulerLF.m)、局部拉克斯–弗里德里希斯 (EulerLLF.m) 和拉克斯–温德罗夫数值通量 (EulerLW.m)。对于后一个通量, 由例 3.3 导出的通量雅可比矩阵定义。

脚本 5.22: EulerLF.m: 对欧拉方程 $F(u,v)$ 定义拉克斯-弗里德里希斯数值通量

```
function [numflux]=EulerLF(u,v,gamma,lambda,maxvel)
% function [numflux]=EulerLF(u,v,gamma,lambda,maxvel);
% Purpose: Evaluate global Lax-Friedrichs numerical flux for
% the Euler equations

% Compute flux for u
r=u(:,1); ru=u(:,2); E=u(:,3); pu=(gamma-1)*(E-0.5*ru.^2./r);
fu=[ru (ru.^2./r+pu)  (E+pu).*ru./r];

% Compute flux for v
r=v(:,1); ru=v(:,2); E=v(:,3); pv=(gamma-1)*(E-0.5*ru.^2./r);
fv=[ru (ru.^2./r+pv)  (E+pv).*ru./r];

% Evaluate numerical flux
```

```
numflux=(fu+fv)/2-maxvel/2*(v-u);
return
```

脚本 5.23: EulerLLF.m: 对欧拉方程 $F(u,v)$ 定义局部拉克斯–弗里德里希斯数值通量

```
function [numflux]=EulerLLF(u,v,gamma,lambda,maxvel)
% function [numflux]=Eulerflux(u,v,gamma,lambda,maxvel);
% Purpose: Evaluate the local Lax-Friedrichs numerical flux for
% the Euler equations

% Compute flux for u
r=u(:,1); ru=u(:,2); E=u(:,3);
pu=(gamma-1)*(E-0.5*ru.^2./r); cu=sqrt(gamma*pu./u(:,1));
fu=[ru (ru.^2./r+pu) (E+pu).*ru./r];

% Compute flux for v
r=v(:,1); ru=v(:,2); E=v(:,3);
pv=(gamma-1)*(E-0.5*ru.^2./r); cv=sqrt(gamma*pv./v(:,1));
fv=[ru (ru.^2./r+pv) (E+pv).*ru./r];

% Evaluate numerical flux
localvel=max((cu+abs(u(:,2)./u(:,1))), (cv+abs(v(:,2)./v(:,1))));
numflux=(fu+fv)/2-bsxfun(@times, v-u, localvel)/2;
return
```

脚本 5.24: EulerLW.m: 对欧拉方程 $F(u,v)$ 定义拉克斯-温德罗夫数值通量

```
function [numflux]=EulerLW(u,v,gamma,lambda,maxvel)
% function [numflux]=EulerLW(u,v,gamma,lambda,maxvel);
% Purpose: Evaluate Lax-Wendroff numerical flux for the Euler equations

% Compute flux for u
r=u(:,1); ru=u(:,2); E=u(:,3); pu=(gamma-1)*(E-0.5*ru.^2./r);
fu=[ru (ru.^2./r+pu) (E+pu).*ru./r];

% Compute flux for v
r=v(:,1); ru=v(:,2); E=v(:,3); pv=(gamma-1)*(E-0.5*ru.^2./r);
fv=[ru (ru.^2./r+pv) (E+pv).*ru./r];

% Evaluate numerical flux
```

```
fw=fv-fu; w=(u+v)/2; rw=w(:,1); ruw=w(:,2);
Ew=w(:,3); uw=ruw./rw; wL=length(rw);
A21=-(3-gamma)/2*uw.^2; A22=(3-gamma)*uw;
A23=(gamma-1)*ones(wL,1);
A31=-gamma*Ew.*uw./rw+(gamma-1)*uw.^3;
A32=gamma*Ew./rw-3*(gamma-1)/2*uw.^2; A33=gamma*uw;
LFvec=zeros(wL,3); LFvec(:,1)=fw(:,2);
LFvec(:,2)=A21.*fw(:,1)+A22.*fw(:,2)+A23.*fw(:,3);
LFvec(:,3)=A31.*fw(:,1)+A32.*fw(:,2)+A33.*fw(:,3);
numflux=((fu+fv)-lambda*LFvec)/2;
return
```

为了评估不同格式的表现, 首先考虑了 Sod 问题, 并在图 5.5 中展示了使用拉克斯–弗里德里希斯通量得到的解。可以观察到, 随着 N 的增大, 结果逐渐收敛, 发现激波附近没有出现振荡。另外还观察到, 接触间断点 ($x = 0.685$) 的扩展比激波 ($x = 0.850$) 更显著。这是由激波的压缩性质造成的, 特征线在激波处汇聚, 使得激波更加陡峭。接触间断点本质上表现为一个线性波, 耗散效应在其中逐渐积累。

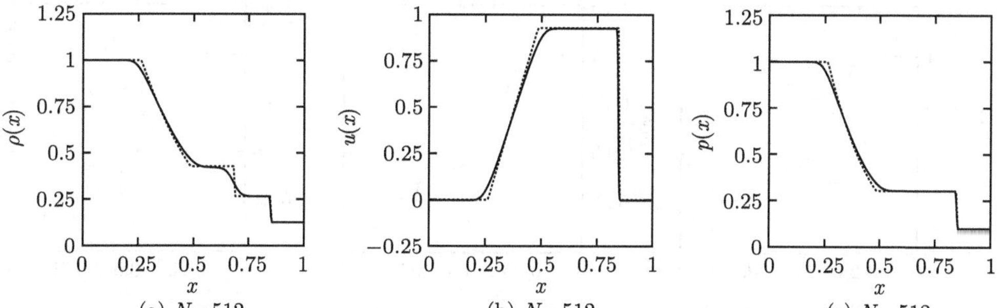

(a) N=512 (b) N=512 (c) N=512

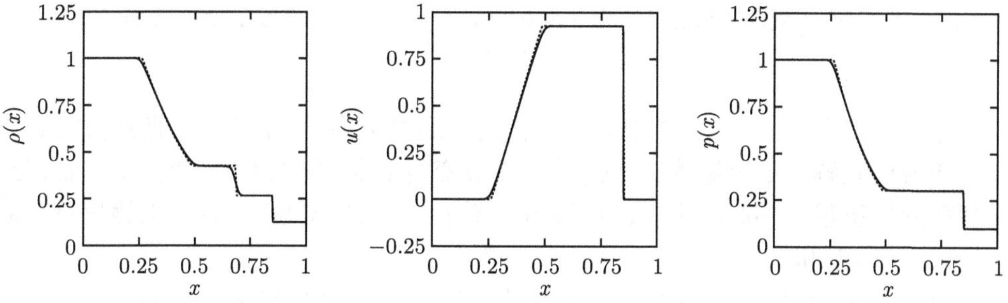

(d) N=2048 (e) N=2048 (f) N=2048

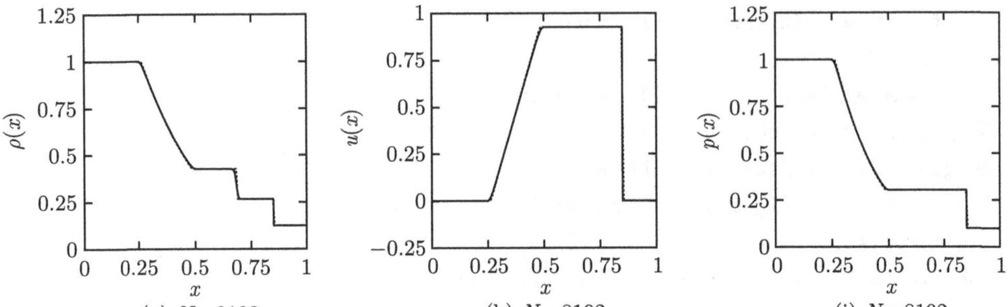

(g) N=8192　　(h) N=8192　　(i) N=8192

图 5.5　使用拉克斯–弗里德里希斯格式计算 Sod 问题在 $T = 0.2$ 时的解, 各列分别表示密度 ρ、速度 u 和压力 p, 虚线表示精确解

为了评估通量格式的影响, 使用三种不同的数值通量, 在图 5.6 中比较所计算的 $T = 0.2$ 的密度 ρ (网格点数 $N = 2048$)。尽管使用拉克斯–弗里德里希斯通量格式和拉克斯–弗里德里希斯通量格式得到的结果误差非常较小, 但使用非单调拉克斯–温德罗夫通量格式得到的结果误差非常大。尽管使用拉克斯–温德罗夫通量格式, 在激波和接触间断点的定位精度上有明显的改善, 但稀疏波附近引入的显著振荡仍是问题, 这充分证明了单调性保持的重要性。

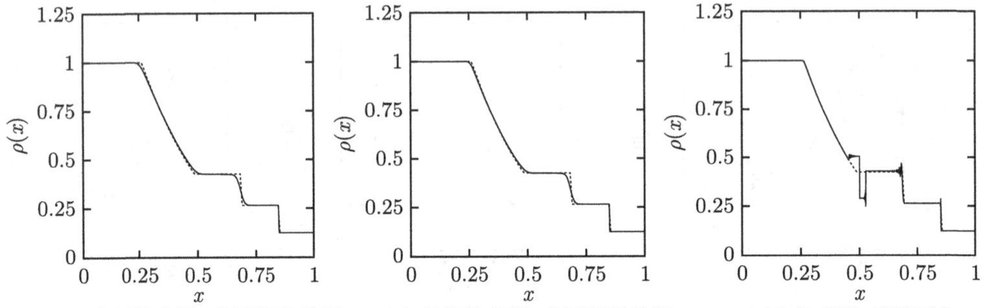

(a) 全局拉克斯–弗里德里希斯　　(b) 局部拉克斯–弗里德里希斯　　(c) 拉克斯–温德罗夫

图 5.6　对比三个不同的数值通量计算 Sod 的问题在 $T = 0.2$ 的密度 ρ, $N = 2048$, 虚线表示精确解

作进一步分析, 在图 5.7 中展示了使用全局拉克斯–弗里德里希斯通量格式求得的熵波问题解。尽管随着 N 的增加, 收敛变得明显, 但拉克斯–弗里德里希斯通量耗散效应所带来的影响很大。如图 5.8 所示, 改为局部拉克斯–弗里德里希斯通量格式后, 激波和尾部波的分辨率都有所改善。

对于 Sod 问题, 使用拉克斯–温德罗夫通量格式存在问题, 产生了显著振荡。在图 5.9 中展示了使用拉克斯–温德罗夫通量格式来计算激波熵问题的结果。与图 5.7 中的结果相比, 无论是激波处还是激波上游, 波结构的分辨率都有显著的提高。

虽然有轻微的振荡, 但从这个例子来看, 高阶方法的潜在优势非常明显。

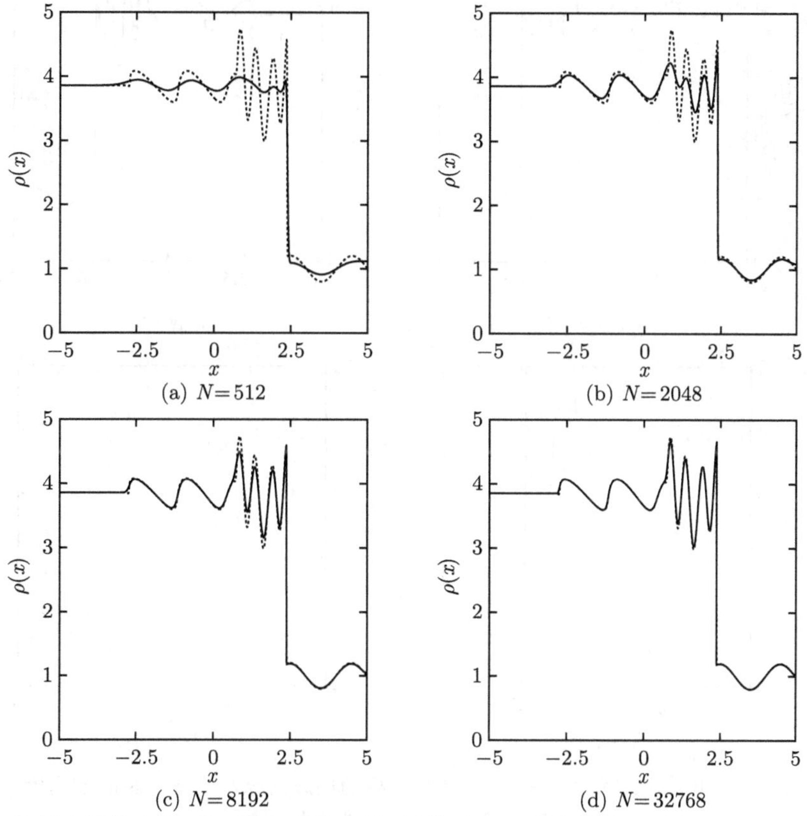

图 5.7 使用全局拉克斯–弗里德里希斯方法, 计算欧拉方程的熵波问题在 $T = 1.8$ 时的密度 ρ, 虚线表示高精度参考解, N 是网格点数

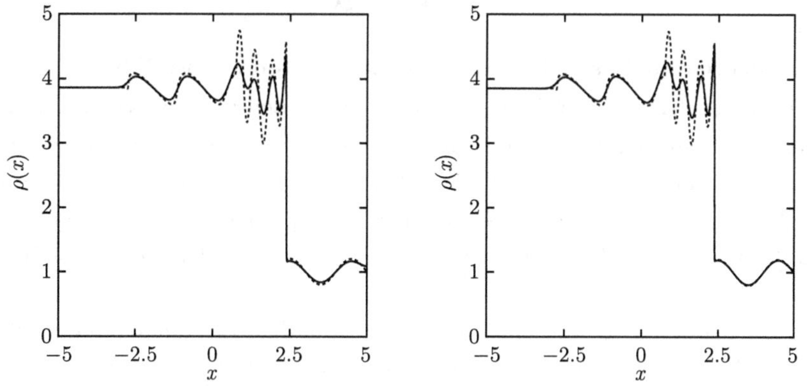

图 5.8 使用全局拉克斯–弗里德里希斯方法 (左) 和局部拉克斯–弗里德里希斯方法, 计算欧拉方程的熵波问题在 $T = 1.8$ 时的密度 ρ, 虚线表示高精度参考解, 网格点数 N 为 2048

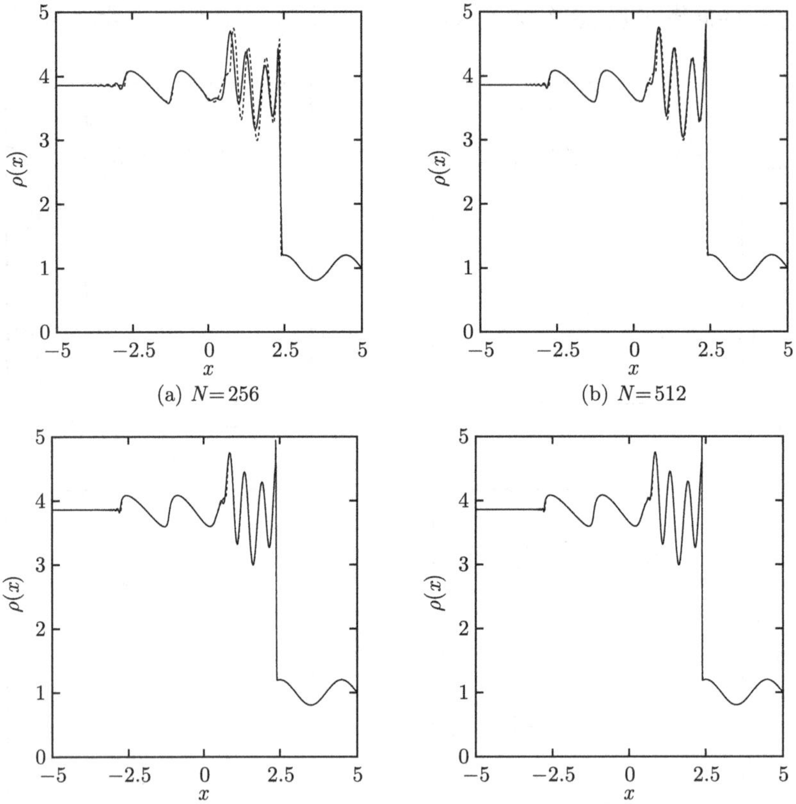

(a) $N=256$　(b) $N=512$　(c) $N=1024$　(d) $N=2048$

图 5.9　使用拉克斯–温德罗夫方法, 计算欧拉方程的熵波问题在 $T = 1.8$ 时的密度 ρ, 虚线表示高精度参考解, N 为网格点数

参考文献

[1] Wikipedia contributors. John von Neumann. accessed August 2016.

[2] Wikipedia contributors. Euler equations (fluid dynamics). accessed August 2016.

[3] Richard Courant, Kurt Friedrichs, and Hans Lewy. Über die partiellen differenzengleichungen der mathematischen physik. *Mathematische Annalen*, 100(1): 32–74, 1928.

[4] Bertil Gustafsson, Heinz-Otto Kreiss, and Joseph Oliger. *Time dependent problems and difference methods*, volume 24 of *Pure and Applied Mathematics*. John Wiley & Sons, 1995.

[5] John C Strikwerda. *Finite difference schemes and partial differential equations*, volume 88 of *Other Titles in Applied Mathematics*. SIAM, 2 edition, 2004.

[6] Keith W Morton and David Francis Mayers. *Numerical solution of partial differential equations: an introduction*. Cambridge University Press, 2005.

[7] Randall J LeVeque. *Finite difference methods for ordinary and partial differential equations: steady-state and time-dependent problems*, volume 98 of *Other Titles in Applied Mathematics*. SIAM, 2007.

[8] Lawrence C Evans. *Partial Differential Equations*. American Mathematical Society, 2 edition, 1998.

[9] Peter D Lax and Robert D Richtmyer. Survey of the stability of linear finite difference equations. *Communications on Pure and Applied Mathematics*, 9(2): 267–293, 1956.

[10] Robert D Richtmyer and Keith W Morton. Difference methods for initial-value problems. *Malabar*, 1994.

[11] John C Strikwerda and Bruce A Wade. A survey of the Kreiss matrix theorem for power bounded families of matrices and its extensions. Technical report, Banach Center Publications, 1997.

[12] Randall J LeVeque and Randall J Leveque. *Numerical Methods for Conservation Laws*, volume 214. Springer, 1992.

[13] Tao Tang and Zhen Huan Teng. The sharpness of Kuznetsov's $O\left(\sqrt{x}\right)$ L^1-error estimate for monotone difference schemes. *Mathematics of Computation*, 64(210): 581–589, 1995.

[14] Chi-Wang Shu and Stanley Osher. Efficient implementation of essentially non-oscillatory shock-capturing schemes. *Journal of Computational Physics*, 77(2): 439–471, 1988.

[15] NN Kuznetsov. Accuracy of some approximate methods for computing the weak solutions of a first-order quasi-linear equation. *USSR Computational Mathematics and Mathematical Physics*, 16(6): 105–119, 1976.

[16] Florin Sabac. The optimal convergence rate of monotone finite difference methods for hyperbolic conservation laws. *SIAM Journal on Numerical Analysis*, 34(6): 2306–2318, 1997.

[17] Michael G Crandall and Andrew Majda. Monotone difference approximations for scalar conservation laws. *Mathematics of Computation*, 34(149): 1–21, 1980.

[18] Jonathan Goodman and Zhouping Xin. Viscous limits for piecewise smooth solutions to systems of conservation laws. *Archive for Rational Mechanics and Analysis*, 121: 235–265, 1992.

[19] Eduard Harabetian. Rarefactions and large time behavior for parabolic equations and monotone schemes. *Communications in Mathematical Physics*, 114(4): 527–536, 1988.

[20] Tao Tang and Zhen-huan Teng. Viscosity methods for piecewise smooth solutions to scalar conservation laws. *Mathematics of Computation*, 66(218): 495–526, 1997.

[21] Eitan Tadmor. Local error estimates for discontinuous solutions of nonlinear hyperbolic equations. *SIAM Journal on Numerical Analysis*, 28(4): 891–906, 1991.

[22] Eitan Tadmor and Tao Tang. Pointwise error estimates for scalar conservation laws with piecewise smooth solutions. *SIAM Journal on Numerical Analysis*, 36(6): 1739–1758, 1999.

第 6 章　有限体积法

正如第 5 章中讲过的, 有限差分法是基于守恒律方程的微分形式产生的, 并以此发展出许多简单有效的数值格式。而在本章中, 将讨论另一种基于积分形式的方法。直观上看, 可能会认为这两种方法发展出的数值格式会非常的不同。但事实上它们是非常相似的, 在某些先前章节讨论的示例中, 甚至是等价的。但是, 讨论方法之间的差异可以加深对方法的理解, 为后续高阶精度格式做准备。

6.1　戈杜诺夫法

再次引入网格 $(x_j, t^n) = (jh, kn)$, 其中, h 和 k 分别表示空间和时间网格大小, 对于守恒律方程

$$\frac{\partial u}{\partial t} + \frac{\partial f(u)}{\partial x} = 0$$

具有适当的边界条件和初始条件。再定义一个时空单元格 $[x_{j-1/2}, x_{j+1/2}] \times [t^n, t^{n+1}]$, 其中 $x_{j\pm 1/2} = x_j \pm h/2$ 表示单元格边界。

定义守恒律方程在单元格中心 x_j 的积分形式为

$$\int_{x_{j-1/2}}^{x_{j+1/2}} [u(x, t^{n+1}) - u(x, t^n)]dx = -\int_{t^n}^{t^{n+1}} [f(u(x_{j+1/2}, t)) - f(u(x_{j-1/2}, t))]dt$$

引入单元格均值

$$\bar{u}_j^n = \frac{1}{h}\int_{x_{j-1/2}}^{x_{j+1/2}} u(x, t^n)dx$$

和通量

$$F_{j+1/2}^n = \frac{1}{k}\int_{t^n}^{t^{n+1}} f(u(x_{j+1/2}, t))dt \tag{6.1}$$

得到有限体积法的格式

$$\bar{u}_j^{n+1} = \bar{u}_j^n - \frac{k}{h}[F_{j+1/2}^n - F_{j-1/2}^n]$$

首先需要注意，该格式是以守恒律方程形式构造的，因此可保证激波速率的准确性。此外，与有限差分格式不同，这里未知的是单元格均值而不是点值。为了完成格式构建，下面来确定 (6.1) 中定义的 $F^n_{j\pm1/2}$。

根据图 6.1 所示，首先假设 $u^*_{j+1/2}=u(x_{j+1/2},t^n)$ 可以通过多项式 $p(x)$ 从 $(\bar{u}^n_{j-p},\cdots,\bar{u}^n_{j+p})$ 中重构，使得 $u^*_{j+1/2}=p(x_{j+1/2})$。此处，$p(x)$ 必须保证以下守恒律方程成立，即

$$\forall l: j-p\leqslant l\leqslant j+q,\quad \int_{x_{l-1/2}}^{x_{l+1/2}} p(x)dx=\bar{u}^n_l$$

最简单想法是 $u^*_{j+1/2}=\dfrac{1}{2}(\bar{u}^n_j+\bar{u}^n_{j+1})$。在本书第三部分，将讨论其他更准确的重构方式。

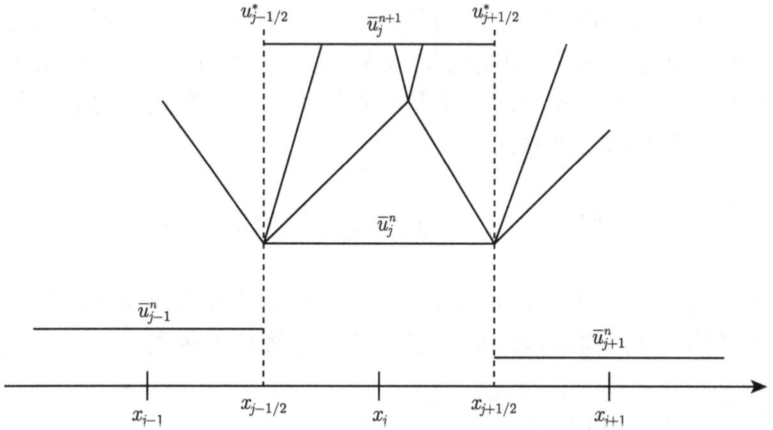

图 6.1 戈杜诺夫格式求解的构造示意图，特别显示了单元格界面发出的特征线

通过求解黎曼问题可以得到 $u^*_{j+1/2}$ 的时间演化，如 3.2 节中详细讨论的那样。由于在波之间解为常数，我们得到 $F^n_{j+1/2}=hf(u^*_{j+1/2})$，即只要 k 足够小，只要确定了 $u^*_{j+1/2}$，在时间步 k 上其将在单元格界面处保持不变。

因为 k 上界的选择必须确保 $u^*_{j+1/2}$ 保持为常量，因此需要确保最快的波不能在一个时间步长内到达邻域界面 $x_{j+1/2\pm1}$。如果最大波速为 $|a|$，就需要 $h\geqslant|a|k$，或者 $(|a|k)/h\leqslant1$。即 CFL 条件，这在 5.1 节中就讨论过了。

最后，确定一般守恒律方程的 $u^*_{j+1/2}$。根据对黎曼问题的理解，这相当于要找到 $x_{j+1/2}$ 对应的 u_l 和 u_r 之间的黎曼问题中间状态，即

$$u_l=\lim_{\varepsilon\to0^+}p_l(x_{j+1/2}-\varepsilon),\quad u_r=\lim_{\varepsilon\to0^+}p_r(x_{j+1/2}+\varepsilon)$$

其中 $p_{l,r}$ 表示两侧重构可能得到的不同左右极限。

如果考虑伯格斯方程, 一种较为直观的格式是

$$u_{j+1/2}^* = \begin{cases} u_l, & s \geqslant 0, \\ u_r, & s < 0, \end{cases} \qquad s = \frac{f(u_l) - f(u_r)}{u_l - u_r} \tag{6.2}$$

回顾第 4 章和例 4.4, 可知这个格式与 Roe 通量是密切相关的。将该格式表示为

$$\bar{u}_j^{n+1} = \bar{u}_j^n - \frac{k}{h}[f(u_{j+1/2}^*) - f(u_{j-1/2}^*)]$$

如果假设重构 $p(x)$ 只依赖于 $x_{j+1/2}$ 附近的单元格并设 $f(u_{j+1/2}^*) = f(\bar{u}_j^n, \bar{u}_{j+1}^n)$, 很容易看, 尽管有限差分法和有限体积法的起源不同, 但它们在使用 Roe 通量时是相同的。

正如例 5.9 中讨论的, (6.2) 的简单格式在存在声速点时并不能保证计算出正确的熵解。这引出了一种著名的方法, 戈杜诺夫法 (Godunov's method)[1], 该方法要求局部黎曼问题存在精确解。这是有限体积法众多格式中的第一个例子。

例 6.1　考虑戈杜诺夫格式:

$$\bar{u}_j^{n+1} = \bar{u}_j^n - \frac{k}{h}[f(u_{j+1/2}^*) - f(u_{j-1/2}^*)]$$

其中, u^* 是通过求得黎曼问题精确解并选择正确的熵解来计算的。假设存在凸熵对 (η, ψ), 任何这样的分段常数解 u^e 将满足单元格熵不等式

$$\int_{x_{j-1/2}}^{x_{j+1/2}} \eta(u^e, t^{n+1})dx \leqslant \int_{x_{j-1/2}}^{x_{j+1/2}} \eta(u^e, t^n)dx - \int_{t^n}^{t^{n+1}} [\psi(u^e(x_{j+1/2}, t)) - \psi(u^e(x_{j-1/2}, t))]dt$$

由于 u^e 在 $x_{j\pm1/2}$ 处, 时间范围 $[t^n, t^{n+1}]$ 上是精确的, 所以有

$$\frac{1}{h}\int_{x_{j-1/2}}^{x_{j+1/2}} \eta(u^e, t^{n+1})dx \leqslant \eta(\bar{u}_j^n) - \frac{k}{h}[\psi(u_{j+1/2}^*) - \psi(u_{j-1/2}^*)]$$

由于 $\eta(u)$ 是凸的, 利用詹森不等式, 则有

$$h\eta(\bar{u}_j^{n+1}) = \eta\left(\int_{x_{j-1/2}}^{x_{j+1/2}} u^e(x, t^{n+1})dx\right) \leqslant \int_{x_{j-1/2}}^{x_{j+1/2}} \eta(u^e, t^{n+1})dx$$

从而得到单元格熵条件

$$\eta(\bar{u}_j^{n+1}) \leqslant \eta(\bar{u}_j^n) - \frac{k}{h}[\psi(u_{j+1/2}^*) - \psi(u_{j-1/2}^*)]$$

以此保证该格式能得到熵解。

根据资料 [2], 戈杜诺夫通量表示为

$$F(u,v) = \begin{cases} f(u), & u \geqslant v, f(u) \geqslant f(v) \\ f(v), & u \geqslant v, f(u) < f(v) \\ f(u), & u < v, f'(u) \geqslant 0 \\ f(v), & u < v, f'(v) < 0 \\ f(f^{-1}(0)), & \text{其他} \end{cases}$$

实际上, 对于标量情况, 这就是声速点固定的 Roe 通量, 正如在例 5.9 中讨论的那样。分析 $F(\uparrow,\downarrow)$, 可以证实戈杜诺夫通量是单调的。

使用黎曼问题的精确熵解是戈杜诺夫法处理更复杂问题的瓶颈。尽管如此, 正如 3.2 节中讨论的那样, 如果限制为线性问题, 黎曼问题是可解的。

要了解如何解决这个问题, 需要再次讨论 (3.5)

$$\frac{\partial \boldsymbol{u}}{\partial t} + \mathrm{A}\frac{\partial \boldsymbol{u}}{\partial x} = 0$$

这里 $\boldsymbol{u}: \Omega_x \times \Omega_t \to \mathrm{R}^m$。由于

$$\boldsymbol{u}^* = \bar{\boldsymbol{u}}_j^n + \sum_{\lambda_i<0}(\beta_i - \alpha_i)\boldsymbol{s}_i = \bar{\boldsymbol{u}}_{j+1}^n - \sum_{\lambda_i>0}(\beta_i - \alpha_i)\boldsymbol{s}_i$$

式中

$$\bar{\boldsymbol{u}}_j^n = \sum_{i=1}^m \alpha_i \boldsymbol{s}_i, \quad \bar{\boldsymbol{u}}_{j+1}^n = \sum_{i=1}^m \beta_i \boldsymbol{s}_i$$

并且 $(\lambda_i, \boldsymbol{s}_i)$ 是 A 的特征对。为简单起见, 假设问题是严格双曲型。考虑数值通量

$$\begin{aligned} f(\boldsymbol{u}^*) = \mathrm{A}\boldsymbol{u}^* &= \mathrm{A}\bar{\boldsymbol{u}}_j^n + \sum_{\lambda_i<0}(\beta_i - \alpha_i)\lambda_i\boldsymbol{s}_i = \mathrm{A}\bar{\boldsymbol{u}}_j^n + \mathrm{A}^-(\bar{\boldsymbol{u}}_{j+1}^n - \bar{\boldsymbol{u}}_j^n) \\ &= \mathrm{A}\bar{\boldsymbol{u}}_{j+1}^n - \sum_{\lambda_i>0}(\beta_i - \alpha_i)\lambda_i\boldsymbol{s}_i = \mathrm{A}\bar{\boldsymbol{u}}_{j+1}^n - \mathrm{A}^+(\bar{\boldsymbol{u}}_{j+1}^n - \bar{\boldsymbol{u}}_j^n) \end{aligned}$$

其中, $\mathrm{A}=\mathrm{S}^{-1}\Lambda\mathrm{S}=\mathrm{S}^{-1}(\Lambda^{+}+\Lambda^{-})\mathrm{S}=\mathrm{A}^{+}+\mathrm{A}^{-}$, 并且 $\Lambda_{ii}^{+}\geqslant 0,\Lambda_{ii}^{-}<0$。如果结合

$$f(u_{j+1/2}^{*})=F(\bar{\boldsymbol{u}}_j^n,\bar{\boldsymbol{u}}_{j+1}^n)=\mathrm{A}\bar{\boldsymbol{u}}_j^n+\mathrm{A}^{-}(\bar{\boldsymbol{u}}_{j+1}^n-\bar{\boldsymbol{u}}_j^n)=\mathrm{A}\bar{\boldsymbol{u}}_j^n+\mathrm{A}^{-}\Delta^{+}\bar{\boldsymbol{u}}_j^n$$

和

$$f(u_{j-1/2}^{*})=F(\bar{\boldsymbol{u}}_{j-1}^n,\bar{\boldsymbol{u}}_{j}^n)=\mathrm{A}\bar{\boldsymbol{u}}_j^n-\mathrm{A}^{+}(\bar{\boldsymbol{u}}_{j}^n-\bar{\boldsymbol{u}}_{j-1}^n)=\mathrm{A}\bar{\boldsymbol{u}}_j^n-\mathrm{A}^{+}\Delta^{-}\bar{\boldsymbol{u}}_j^n$$

则可以得到准确格式

$$\begin{aligned}\bar{\boldsymbol{u}}_j^{n+1}&=\bar{\boldsymbol{u}}_j^n-\frac{k}{h}[\mathrm{A}^{-}(\bar{\boldsymbol{u}}_{j+1}^n-\bar{\boldsymbol{u}}_j^n)+\mathrm{A}^{+}(\bar{\boldsymbol{u}}_j^n-\bar{\boldsymbol{u}}_{j-1}^n)]\\&=(\mathrm{I}-\lambda(\mathrm{A}^{-}\Delta^{+}+\mathrm{A}^{+}\Delta^{-}))\bar{\boldsymbol{u}}_j^n\end{aligned}$$

易知, 这就是波动方程的迎风格式, 取决于它们是向左传播还是向右传播。

如果将 $\mathrm{A}\boldsymbol{u}^{*}$ 的两个表达式相加, 就可以得到数值通量

$$\begin{aligned}f(\boldsymbol{u}^{*})=\mathrm{A}\boldsymbol{u}^{*}&=\frac{1}{2}(\mathrm{A}\bar{\boldsymbol{u}}_j^n+\mathrm{A}\bar{\boldsymbol{u}}_{j+1}^n)-\frac{1}{2}|\mathrm{A}|(\bar{\boldsymbol{u}}_{j+1}^n-\bar{\boldsymbol{u}}_j^n)\\&=\frac{1}{2}(\mathrm{A}\bar{\boldsymbol{u}}_j^n+\mathrm{A}\bar{\boldsymbol{u}}_{j+1}^n)-\frac{1}{2}|\mathrm{A}|\Delta^{+}\bar{\boldsymbol{u}}_j^n\end{aligned}$$

其中, $|\mathrm{A}|=\mathrm{S}^{-1}(\Lambda^{+}-\Lambda^{-})\mathrm{S}$, 即拉克斯–弗里德里希斯数值通量, 详细讨论见第 5 章。

例 6.2　考虑一维麦克斯韦方程组

$$\begin{bmatrix}\varepsilon(x)&0\\0&\mu(x)\end{bmatrix}\frac{\partial}{\partial t}\begin{bmatrix}E\\H\end{bmatrix}+\begin{bmatrix}0&1\\1&0\end{bmatrix}\frac{\partial}{\partial x}\begin{bmatrix}E\\H\end{bmatrix}=0\tag{6.3}$$

在 1.4.1 节对这个问题的做过详细讨论。按照例 3.5 的符号记法, $\mathrm{A}\boldsymbol{q}$ 为通量, 另外, $\pm(\varepsilon\mu)^{-1/2}$ 为 $\mathrm{M}^{-1}\mathrm{A}$ 的特征值, 表示两个光波以局部光速 $c=(\varepsilon\eta)^{-1/2}$ 反向传播。

如果继续用兰金–于戈尼奥条件来解决黎曼问题, 可得

$$c_l\mathrm{M}_l(\boldsymbol{q}^{*}-\boldsymbol{q}_l)+(\mathrm{A}\boldsymbol{q}^{*}-\mathrm{A}\boldsymbol{q}_l)=0$$

$$-c_r\mathrm{M}_r(\boldsymbol{q}^{*}-\boldsymbol{q}_r)+(\mathrm{A}\boldsymbol{q}^{*}-\mathrm{A}\boldsymbol{q}_r)=0$$

其中, $\boldsymbol{q}^{*}$ 为中间状态。进一步可得

$$(c_r\mathrm{M}_l+c_l\mathrm{M}_l)\mathrm{A}\boldsymbol{q}^{*}=c_r\mathrm{M}_r\mathrm{A}\boldsymbol{q}_l+c_l\mathrm{M}_l\mathrm{A}\boldsymbol{q}_r+c_lc_r\mathrm{M}_l\mathrm{M}_r(\boldsymbol{q}_l-\boldsymbol{q}_r)$$

$$H^{*}=\frac{1}{[Z]}\left(\{ZH\}+\frac{1}{2}[E]\right),\quad E^{*}=\frac{1}{[Y]}\left(\{YE\}+\frac{1}{2}[H]\right)$$

式中

$$Z = \sqrt{\frac{\mu}{\varepsilon}} = (Y)^{-1}$$

表示介质阻抗。$\{\cdot\}$ 为均值, $[\cdot]$ 为两个参数的跳跃。

如果考虑最简单的连续介质情况, 可进一步简化为

$$H^* = \{H\} + \frac{Y}{2}[E], \quad E^* = \{E\} + \frac{Z}{2}[H]$$

这实际上就是拉克斯–弗里德里希斯通量, 因为

$$\frac{Y}{\varepsilon} = \frac{Z}{\mu} = \frac{1}{\sqrt{\varepsilon\mu}} = c$$

其中 c 为光速, 即系统中最快的波速。

由于单调有限差分格式和有限体积格式之间的紧密关系, 因此, 关于精度和稳定性的所有关键结果 (在 5.2 节和定理 5.10 中已详细讨论) 都可以直接沿用。因此, 通常只假设一阶精度, 而对于不连续问题, 精度可能降低到 $\mathcal{O}(\sqrt{h})$。

6.2 近似黎曼求解器

有限体积法的关键是得到黎曼问题的精确解, 或者至少得到其解的精确近似值。对于标量问题和线性系统, 这通常是相对简单的, 但对于一般非线性系统, 精确解是有问题的, 计算成本高昂, 甚至有时根本无法得到。因此, 在有限体积方法的更广泛应用中, 核心要素之一就是发展近似黎曼求解器。接下来, 将讨论几种方法, 希望能在复杂性和计算成本之间找到平衡。

6.2.1 Roe 通量

考虑守恒律方程

$$\frac{\partial \boldsymbol{u}}{\partial t} + \frac{\partial \boldsymbol{f}(\boldsymbol{u})}{\partial x} = 0$$

其中 $\boldsymbol{u}: \Omega_x \times \Omega_t \to \mathrm{R}^m$, $\boldsymbol{f}: \mathrm{R}^m \to \mathrm{R}^m$。对于黎曼问题, 有左右状态 $\boldsymbol{u}_l$ 和 $\boldsymbol{u}_r$。为了寻找近似数值通量, 线性化

$$\boldsymbol{f}^*(\boldsymbol{u}^*) = \mathrm{A}^*\boldsymbol{u}^* \tag{6.4}$$

式中 A^* 和 $\boldsymbol{u}^*$ 依赖于 $\boldsymbol{u}_l$ 和 $\boldsymbol{u}_r$。通常假设 A^* 是可对角化的, 即

$$\mathrm{A}^*\boldsymbol{s}_i = \lambda_i \boldsymbol{s}_i$$

并且, 特征根 λ_i 是实数。利用 3.2 节中线性黎曼问题的解, 可得

$$\boldsymbol{f}^* = \boldsymbol{f}(\boldsymbol{u}_l) - \sum_{i=1}^{m} \lambda_i^+ \alpha_i \boldsymbol{s}_i = \boldsymbol{f}(\boldsymbol{u}_r) + \sum_{i=1}^{m} \lambda_i^- \alpha_i \boldsymbol{s}_i \tag{6.5}$$

式中

$$\boldsymbol{u}_l - \boldsymbol{u}_r = \sum_{i=1}^{m} \alpha_i \boldsymbol{s}_i$$

并且

$$\lambda_i^+ = \lambda_i \vee 0, \quad \lambda_i^- = \lambda_i \wedge 0$$

对 (6.5) 中的两个表达式求均值, 得到 Roe 数值通量

$$\boldsymbol{f}^* = \frac{\boldsymbol{f}(\boldsymbol{u}_l) + \boldsymbol{f}(\boldsymbol{u}_r)}{2} - \frac{1}{2}|\mathrm{A}^*|(\boldsymbol{u}_r - \boldsymbol{u}_l)$$

其中, $|\mathrm{A}^*| = \mathrm{S}^{-1}|\Lambda|\mathrm{S}$, $\Lambda_{ii} = \lambda_i$ 为 A^* 的绝对值。

对于非线性情况, 必须给 A^* 的定义加上特点条件。为了合理满足一致性, 要求

$$当\ (\boldsymbol{u}_l, \boldsymbol{u}_r) \to \boldsymbol{u}\ 时, \quad \mathrm{A}^* \to \nabla_u \boldsymbol{f}$$

此外, 要求 A^* 可对角化且有实特征值。进一步, 通量的跳跃为

$$\boldsymbol{f}(\boldsymbol{u}_r) - \boldsymbol{f}(\boldsymbol{u}_l) = \int_0^1 \frac{d\boldsymbol{f}(\boldsymbol{u}(\xi))}{d\xi} d\xi = \int_0^1 \nabla_u \boldsymbol{f} \frac{d\boldsymbol{u}}{d\xi} d\xi$$

此外, 假设线性依赖, 通常称为 Roe 线性化[3], 即

$$\boldsymbol{u}(\xi) = \boldsymbol{u}_l + (\boldsymbol{u}_r - \boldsymbol{u}_l)\xi, \quad \xi \in [0, 1]$$

将其代入上述表达式得到 Roe 条件

$$\boldsymbol{f}(\boldsymbol{u}_r) - \boldsymbol{f}(\boldsymbol{u}_l) = \mathrm{A}^*(\boldsymbol{u}_r - \boldsymbol{u}_l) \tag{6.6}$$

其中

$$\mathrm{A}^* = \int_0^1 \nabla_u \boldsymbol{f}(\boldsymbol{u}(\xi)) d\xi \tag{6.7}$$

称为 Roe 矩阵。关于 Roe 矩阵的存在性如何保证, 见相关资料 [4]。

定理 6.3　假设一个守恒律系统具有凸熵, 则存在一个具有纯实特征值的 Roe 矩阵。

证明 由 (6.6) 可得

$$\boldsymbol{f}_r - \boldsymbol{f}_l = \mathrm{A}^*(\boldsymbol{u}_r - \boldsymbol{u}_l)$$

现假设存在一个向量函数 $\boldsymbol{v} = \boldsymbol{g}(\boldsymbol{u})$, 其中 $\boldsymbol{g}: \mathrm{R}^m \to \mathrm{R}^m$, 并且

$$\boldsymbol{v}(\xi) = \boldsymbol{v}_l + (\boldsymbol{v}_r - \boldsymbol{v}_l)\xi, \quad \xi \in [0,1]$$

可得

$$\begin{aligned}\boldsymbol{v}_r - \boldsymbol{v}_l &= \int_0^1 \frac{d}{d\xi}\boldsymbol{v}(\xi)d\xi = \int_0^1 \frac{d}{d\xi}\boldsymbol{g}(\boldsymbol{u}_l + (\boldsymbol{u}_r - \boldsymbol{u}_l)\xi)d\xi \\ &= \int_0^1 (\boldsymbol{u}_r - \boldsymbol{u}_l)\nabla_u \boldsymbol{g} d\xi = \mathrm{Q}(\boldsymbol{u}_r - \boldsymbol{u}_l)\end{aligned}$$

同样地, 可以得到

$$\boldsymbol{f}_r - \boldsymbol{f}_l = \mathrm{B}(\boldsymbol{v}_r - \boldsymbol{v}_l)$$

其中

$$\mathrm{B} = \int_0^1 \nabla_v \boldsymbol{f}(\boldsymbol{v}(\xi))d\xi, \quad \mathrm{Q} = \int_0^1 \nabla_u \boldsymbol{g}(\boldsymbol{u}(\xi))d\xi$$

根据兰金–于戈尼奥条件, 可知 $\mathrm{A}^* = \mathrm{BQ}$。

如果选择 $\boldsymbol{g}(\boldsymbol{u}) = \nabla_u \eta(\boldsymbol{u})$, 根据定理 3.11, B 是对称的 (或可对称化的)。此外, 因为 η 是凸的, 所以 Q 是对称正定的。由于 A^* 与对称算子 $\mathrm{Q}^{1/2}\mathrm{B}\mathrm{Q}^{1/2}$ 相似, 所以 A^* 的所有特征值都是实数。 □

虽然 (6.7) 反映了 A^* 的自然定义, 并且其精确求解可能是可行的, 但有时它是复杂的, 并且该过程依赖于具体问题。

如果限制问题为标量守恒律上, 就有

$$|\mathrm{A}^*| \leqslant \max_{\omega \in [u_l, u_r]} |f'(\omega)|$$

以及局部拉克斯–弗里德里希斯通量。

对于更一般的情况, 可以求 (6.7) 的近似值

$$\mathrm{A}^* = \nabla_u \boldsymbol{f}\left(\frac{\boldsymbol{u}_l + \boldsymbol{u}_r}{2}\right)$$

或者

$$\mathrm{A}^* = \frac{1}{2}(\nabla_u \boldsymbol{f}(\boldsymbol{u}_l) + \nabla_u \boldsymbol{f}(\boldsymbol{u}_r))$$

然而, 这两种定义可能都有问题, 比方说, 前一种近似可能会违背兰金–于戈尼奥条件, 而后一种近似可能会导致雅可比矩阵通量 A^* 违背双曲性。

在继续讨论之前, 有必要说明用一个稍微不同的方式来获得 Roe 条件 (6.6)。假设黎曼问题由传播速率为 s 的强波主导, 则兰金–于戈尼奥条件需要满足

$$\boldsymbol{f}(\boldsymbol{u}_r) - \boldsymbol{f}(\boldsymbol{u}_l) = s(\boldsymbol{u}_r - \boldsymbol{u}_l)$$

如果解也是线性化黎曼问题的解, 则必须要求

$$\mathrm{A}^*(\boldsymbol{u}_r - \boldsymbol{u}_l) = s(\boldsymbol{u}_r - \boldsymbol{u}_l)$$

因此, Roe 条件反映了一个假设, 即解由一个单一的强波主导。除了强激波相互作用的情况。这在大多数情况下是合理的, 除非在强冲击波相互作用的情况下。在这种情况下, 基于上述原则的黎曼求解器将不那么有效。

正如之前讲过的标量守恒律, 线性化的 Roe 通量在存在膨胀波和声速点的情况下会遇到问题, 即标量情况下, $f(u_l) < 0 < f(u_r)$ 的点。

解决这个问题的技术被称为熵修正, 并且有多种可用的策略, 其中许多是针对特定问题的。接下来, 由 [4] 中给出的熵修正思想来讨论更一般的方法。

考虑 Roe 通量为

$$\boldsymbol{f}^* = \frac{\boldsymbol{f}(\boldsymbol{u}_l) + \boldsymbol{f}(\boldsymbol{u}_r)}{2} - \frac{1}{2}|\mathrm{A}^*|(\boldsymbol{u}_r - \boldsymbol{u}_l) = \frac{\boldsymbol{f}(\boldsymbol{u}_l) + \boldsymbol{f}(\boldsymbol{u}_r)}{2} - \frac{1}{2}\sum_{i=1}^{m}|\lambda_i^*|\alpha_i \boldsymbol{s}_i^*$$

在求解声波情形中, 一些 $|\lambda_k^*|$ 非常接近 0, 此时稳定项并未增加足够的耗散。因此, 目标是重新定义它以增强对特定波的耗散。

假设有一个线性波, $(\lambda^*, \boldsymbol{s}^*)$ 是 A^* 的特征对, 对应波数 k。当 $\lambda_k(A(\boldsymbol{u}_l)) = \lambda_l \leqslant 0 \leqslant \lambda_r = \lambda_k(A(\boldsymbol{u}_r))$ 时, 问题就出现了。用 $\boldsymbol{s}_l$ 和 $\boldsymbol{s}_r$ 表示 λ_l 和 λ_r 对应的特征向量。将线性波 $\boldsymbol{s}^*$ 分成 $\boldsymbol{s}_l$ 和 $\boldsymbol{s}_r$ 两个部分, 并且满足

$$\boldsymbol{s}_i^* = \beta \boldsymbol{s}_l + (1-\beta)\boldsymbol{s}_r, \quad \beta\lambda_l \boldsymbol{s}_l + (1-\beta)\lambda_r \boldsymbol{s}_r = \lambda^* \boldsymbol{s}^*$$

这里后一个条件保证了守恒律方程的成立。由此得出

$$\beta = \frac{\lambda_r - \lambda^*}{\lambda_r - \lambda_l}$$

可以借此重新定义具有不同特征向量的 A^*。然而, 它等价于重新定义 $\lambda^* = \beta\lambda_l$, 并用于 Roe 通量。其他处理声速点的方法可参考 [5,6]。

例 6.4 Roe 通量和拉克斯–弗里德里希斯通量需要计算 $|\mathrm{A}| = \mathrm{S}^{-1}|\Lambda|\mathrm{S}$。这种分解通常计算量大，甚至对于复杂的波系统来说可能是无法实现的。在这种情况下，通常需要一种近似方法。

一种自然的方法是基于多项式或者有理函数来寻求函数 $|\cdot|$ 的近似值。在当前的背景下，必须小心地选择这样的近似，以确保由跳跃项引入的耗散足够大。如果假设 τ_{2p} 是 $|\cdot|$ 的近似值，那么必须要求对所有 x 值都有 $\tau_{2p}(x) \geqslant |x|$ 成立。如果违反了这一点，可能会导致耗散不足，格式可能会变得不稳定。

依照资料 [7]，考虑两种不同的近似方法。对于 $|\cdot|$ 的非周期性性质，可自然想到用基于切比雪夫多项式 $T_l(x)$ 的近似

$$\tau_{2p}(x) = \sum_{l=0}^{p} \frac{4}{c_l \pi} \frac{(-1)^{l+1}}{(2l-1)(2l+1)} T_{2l}(x), \quad x \in [-1, 1]$$

式中 $c_l = 1 + \delta_{0,l}$，以及 $T_{2l}(x) = \cos(2l \arccos(x))$。这就有

$$\||x| - \tau_{2p}(x)\|_\infty = \frac{2}{\pi} \frac{1}{2p+1}$$

成立，即它是一致收敛的。尽管矩阵函数的求解方法已经得到很好的发展[8]，但考虑通过递归计算 $T_{2l}(x)$ 仍是有利的，如下所示

$$T_0(x) = 1, \quad T_2(x) = 2x^2 - 1, \; T_{2l}(x) = 2T_2(x)T_{2l-2}(x) - T_{2l-4}(x)$$

这一方法可以直接扩展到矩阵。

如果仔细分析图 6.2，可以观察到由于多项式逼近的性质，会违背 $\tau_{2p}(x) \geqslant |x|$ 的稳定性要求。有一个简单的工作通过定义

$$\tau_{2p}^{\varepsilon}(x) = \tau_{2p}(x) + \varepsilon$$

其中 $\varepsilon > 0$，以此来满足稳定性条件。在资料 [7] 中提出使用

$$\varepsilon = \max ||x^*| - \tau_{2p}(x^*)|$$

当 $\tau_{2p}'(x^*) = 1$ 时，表示与 $|x|$ 距离最大的点。完全近似 $|\mathrm{A}|$ 由下式给出

$$|\mathrm{A}| \simeq |\mathrm{A}|_{2p} = \beta \tau_{2p}^{\varepsilon}(\beta^{-1}\mathrm{A})$$

其中 β 是 A 的最大特征值上界。

在 Chebtau2p.m 中，实现了用切比雪夫逼近来计算矩阵绝对值。此外，Cheb-eps.m 通过部分优化调整来确保稳定性。

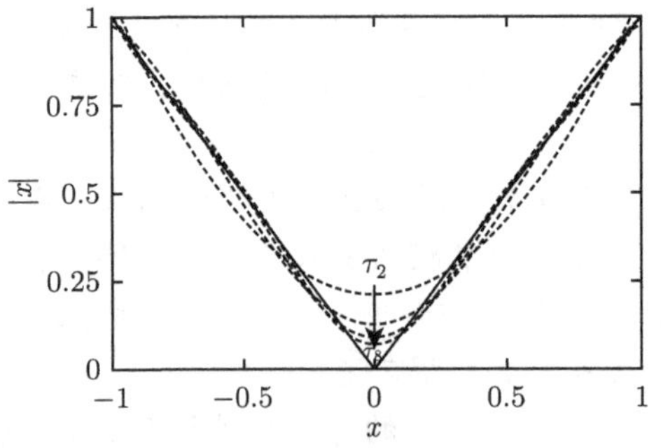

(a) 切比雪夫逼近

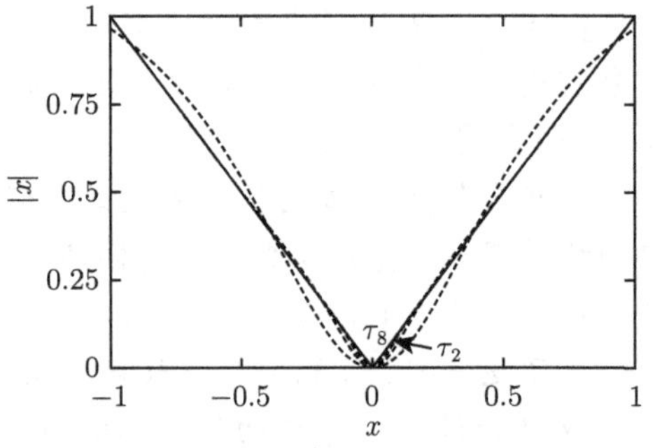

(b) 有理纽曼逼近

图 6.2 逐级增加阶数的 $|x|$ 近似。虚线表示阶数为 2 到 8 的近似, 实线是精确值

脚本 6.1: Chebtau2p.m: 用于计算 $|x|$ 的阶数为 $2p$ 的切比雪夫逼近的程序

```
function tau2p=Chebtau2p(x,p);
% function tau2p=Chebtau2p(x,p);
% Purpose: Evaluate Chebyshev abs approximation
% Note: x can be a matrix
tau2p=2/pi+0*x;
for k=1:p
    tau2p=tau2p+4/pi*(-1)^(k+1)./(2*k-1)./(2*k+1).*cos(2*k*acos(x));
end
return
```

脚本 6.2: Chebeps.m: 用于计算 $|x|$ 的阶数为 $2p$ 的切比雪夫逼近的优化程序

```
function Ceps=Chebeps(p);
% function Ceps=Chebeps(p);
% Purpose: Compute shift of Chebychev based approximation to absolut value
% to ensure stability.

xs=fzero(@(x) Chebtaup(x,p)-1,0); Ceps=abs(xs)-abs(Chebtau2p(xs,p));
return

function taup=Chebtaup(x,p);
% function taup=Chebtaup(x,p);
% Purpose: Evaluate derivative of abs approximation to find shift
taup=0;
for k=1:p
   taup=taup+4/pi*(-1)^(k+1)./(2*k-1)./(2*k+1) ...
```

```
        .*2*k*sin(2*k*acos(x))./sqrt(1-x^2);
end
return
```

作为多项式逼近的替换, 可以考虑有理逼近。讨论其中一种方法, 纽曼有理函数 (Newman rational function)[9], 形式为

$$\tau_p = x\frac{r(x)-r(-x)}{r(x)+r(-x)}, \quad r(x) = \prod_{l=1}^{p}(x+x_l)$$

式中 x_l 的定义决定了有理函数近似的精度 $|x|$。上式提供了 $[-x_p, x_p]$ 内的一个插值。

选择 $x_l = \xi^l$, 其中 $\xi = \exp(-p^{-1/2})$, 我们可以得到具有较小指数级误差 $\mathcal{O}(\exp(-c\sqrt{p}))$ 的一致近似[9]。另外, 选择映射切比雪夫点 $x_l = \cos(\pi(2l-1)/(4p))$, 可以得到 $\mathcal{O}(1/p\log p)$ 阶近似[10]。如图 6.2 所示, 纽曼有理逼近违背了稳定性条件。这个问题可以通过上述的相同方法来解决。

我们得到了用于逼近耗散项的数值格式

$$|\mathrm{A}| \simeq |\mathrm{A}|_p = \frac{\beta}{x_p}\tau_{2p}^{\varepsilon}\left(\frac{x_p}{\beta}\mathrm{A}\right)$$

其中 β 是 A 的最大特征值的上界。

参考 [7] 可获得其他关于 $|x|$ 的近似方法以及比较性评估, 证明该方法在处理非常复杂的问题时仍表现出色。

6.2.2 Engquist-Osher 通量

再次分析守恒律方程

$$\frac{\partial \boldsymbol{u}}{\partial t} + \frac{\partial \boldsymbol{f}(\boldsymbol{u})}{\partial x} = 0$$

然后寻找与左右两侧状态 $\boldsymbol{u}_l$ 和 $\boldsymbol{u}_r$ 相关的黎曼问题的近似解。可将 (6.2) 顺其自然地扩展为

$$\boldsymbol{f}^* = \mathrm{A}^+(\boldsymbol{u}_r) + \mathrm{A}^-(\boldsymbol{u}_l)$$

其中 $\mathrm{A}^\pm = \mathrm{S}^{-1}\Lambda^\pm\mathrm{S}$ 和 $\pm\lambda_i^\pm \geqslant 0$ 是 $\mathrm{A}(\boldsymbol{u}) = \nabla_u \boldsymbol{f}$ 的特征值。

Engquist-Osher 通量[11] 的假设是存在两个函数, $\boldsymbol{f}^\pm(\boldsymbol{u})$, 使得

$$\boldsymbol{f}(\boldsymbol{u}) = \boldsymbol{f}^+(\boldsymbol{u}) + \boldsymbol{f}^-(\boldsymbol{u}), \qquad \nabla_u \boldsymbol{f}^\pm(\boldsymbol{u}) = \mathrm{A}^\pm(\boldsymbol{u})$$

在这个假设下, 有

$$\int_{\boldsymbol{u}_l}^{\boldsymbol{u}_r} \mathrm{A}^\pm(\boldsymbol{u})d\boldsymbol{u} = \boldsymbol{f}^\pm(\boldsymbol{u}_r) - \boldsymbol{f}^\pm(\boldsymbol{u}_l)$$

根据 3.2 节中对线性黎曼问题的讨论, 现设定

$$\boldsymbol{f}^* = \boldsymbol{f}(\boldsymbol{u}_l) - \int_{\boldsymbol{u}_l}^{\boldsymbol{u}_r} \mathrm{A}^+(\boldsymbol{u})d\boldsymbol{u} = \boldsymbol{f}(\boldsymbol{u}_r) + \int_{\boldsymbol{u}_l}^{\boldsymbol{u}_r} \mathrm{A}^-(\boldsymbol{u})d\boldsymbol{u} \tag{6.8}$$

或者, 基于 Roe 通量, 设定

$$\boldsymbol{f}^* = \frac{1}{2}(\boldsymbol{f}(\boldsymbol{u}_l) + \boldsymbol{f}(\boldsymbol{u}_r)) - \frac{1}{2}\int_{\boldsymbol{u}_l}^{\boldsymbol{u}_r} |\mathrm{A}(\boldsymbol{u})|d\boldsymbol{u} \tag{6.9}$$

首先考虑标量的情况。如果 $f'(u)$ 在 $[u_l, u_r]$ 中具有恒定符号, 那么 (6.8) 中的积分项可消去, 由此得到 (6.2)。对于 $f'(u_l) < 0 < f'(u_r)$ 的情况, 有

$$f^* = \frac{1}{2}(f(u_l) + f(u_r)) - \frac{1}{2}\left(\int_{u_s}^{u_r} f'(u)du - \int_{u_l}^{u_s} f'(u)du\right) = f(u_s)$$

可得到满足熵条件的格式, 如例 5.9 中讨论的。很容易证明, 这种通量是单调的。

对于 $f'(u_l) > 0 > f'(u_r)$ 的情况, 得到的通量与例 5.9 中的不同, 通过直接计算通量得到

$$f^* = f(u_l) + f(u_r) - f(u_s)$$

尽管如此, 通量是保持一致的, 并且不会导致违反熵条件的解。

Engquist-Osher 通量扩展到系统情形的表达式见 (6.8) 和 (6.9), 但为了使其具有实际应用性, 还需要额外的步骤。至于 Roe 线性化, 通常涉及形如 $\boldsymbol{u}(\xi) = \boldsymbol{u}_l + (\boldsymbol{u}_r - \boldsymbol{u}_l)\xi$ 的线性化来实现积分运算。一个思路简单的方法是考虑系统中 m 个波中的一个, 用该格式求解标量问题, 并进行相应的积分。然而, 正如在 [6] 中详细讨论的那样, 需要决定在积分中首先处理哪一个波, 这也带来了一个顺序问题。更详细的积分格式和近似方法, 包括用于欧拉方程的格式, 可参考资料 [6,12]。

6.2.3 Harten-Lax-van Leer (HLL) 通量

如上所述, Roe 通量基于这样一个假设, 即黎曼问题由一条强烈的波主导。虽然这个假设对于许多问题是合适的, 但对于更复杂的问题来说, 这一假设可能过于简化, 可能会引入非物理现象。

为克服这一局限性, 最直接的解决方法是假定黎曼问题由三种状态组成, 由 s^- 和 s^+ 划分得到, 其中 $s^+ > s^-$。根据兰金–于戈尼奥条件

$$\boldsymbol{f}^* - \boldsymbol{f}_l = s^-(\boldsymbol{u}^* - \boldsymbol{u}_l), \quad \boldsymbol{f}_r - \boldsymbol{f}^* = s^+(\boldsymbol{u}_r - \boldsymbol{u}^*)$$

在消除 $\boldsymbol{u}^*$ 后, 可得

$$\boldsymbol{f}^*(\boldsymbol{u}_l, \boldsymbol{u}_r) = \frac{s^+\boldsymbol{f}(\boldsymbol{u}_l) - s^-\boldsymbol{f}(\boldsymbol{u}_r) + s^+s^-(\boldsymbol{u}_r - \boldsymbol{u}_l)}{s^+ - s^-} \tag{6.10}$$

对于特殊情况 $s^- = -\alpha = -s^+$ 和 $\alpha = \max\limits_u |\nabla_u \boldsymbol{f}|$, 可得拉克斯–弗里德里希斯通量。

将该通量扩展到迎风的情况, 得到数值通量

$$\boldsymbol{f}^*(\boldsymbol{u}_l, \boldsymbol{u}_r) = \begin{cases} \boldsymbol{f}(\boldsymbol{u}_l), & s^- \geqslant 0 \\ \dfrac{s^+\boldsymbol{f}(\boldsymbol{u}_l) - s^-\boldsymbol{f}(\boldsymbol{u}_r) + s^+s^-(\boldsymbol{u}_r - \boldsymbol{u}_l)}{s^+ - s^-}, & s^- \leqslant 0 \leqslant s^+ \\ \boldsymbol{f}(\boldsymbol{u}_r), & s^+ \leqslant 0 \end{cases} \tag{6.11}$$

这被称为 Harten-Lax-van Leer(HLL) 通量[4]。显然, 当 $|s^\pm|$ 大于最大波速时, 该通量是单调的。而当 $s^- \geqslant 0$ 时, 所有信息向右传播, 迎风是适当的; 对于 $s^+ \leqslant 0$ 也有类似的结论。

接下来, 需要估计系统中的波速。一种方法是使用

$$s^- = \min_i(\lambda_i(\mathrm{A}(\boldsymbol{u}_l)), \lambda_i(\mathrm{A}(\boldsymbol{u}^*))), \quad s^+ = \max_i(\lambda_i(\mathrm{A}(\boldsymbol{u}_r)), \lambda_i(\mathrm{A}(\boldsymbol{u}^*)))$$

其中极值是在线性化通量雅可比矩阵的特征值上寻找的。对以 $x_{i+1/2}$ 为中心的控制体, 由积分形式的守恒律方程计算中间态 $\boldsymbol{u}^*$:

$$\int_{x_j}^{x_{j+1}} [\boldsymbol{u}(x, t^{n+1}) - \boldsymbol{u}(x, t^n)]dx = -\int_{t^n}^{t^{n+1}} [\boldsymbol{f}(x_{j+1}, t) - \boldsymbol{f}(x_j, t)]dt$$

假设 $\boldsymbol{u}(x_j, t) = \boldsymbol{u}_l$ 和 $\boldsymbol{u}(x_{j+1}, t) = \boldsymbol{u}_r$, 可得

$$\int_{x_j}^{x_{j+1}} \boldsymbol{u}(x, t^{n+1})dx = \frac{h}{2}(\boldsymbol{u}_l + \boldsymbol{u}_r) - k(\boldsymbol{f}(\boldsymbol{u}_r) - \boldsymbol{f}(\boldsymbol{u}_l)) \tag{6.12}$$

其中, k 需要足够小。这个结果反映了结论的一致性。通过对两个波进行积分得到

$$\begin{aligned} \int_{x_j}^{x_{j+1}} \boldsymbol{u}(x, t^{n+1})dx = & \int_{x_j}^{x_{j+1/2}+ks^-} \boldsymbol{u}(x, t^{n+1})dx \\ & + \int_{x_{j+1/2}+ks^-}^{x_{j+1/2}+ks^+} \boldsymbol{u}(x, t^{n+1})dx + \int_{x_{j+1/2}+ks^+}^{x_{j+1}} \boldsymbol{u}(x, t^{n+1})dx \end{aligned} \tag{6.13}$$

假设

$$k \leqslant \frac{h}{2|s^\pm|} \Rightarrow \frac{k|s^\pm|}{h} \leqslant \frac{1}{2}$$

结合 (6.12) 和 (6.13), 可得

$$\int_{x_{j+1/2}+ks^-}^{x_{j+1/2}+ks^+} \boldsymbol{u}(x,t^{n+1})dx = k\left(s^+\boldsymbol{u}_r - s^-\boldsymbol{u}_l + \boldsymbol{f}(\boldsymbol{u}_l) - \boldsymbol{f}(\boldsymbol{u}_r)\right)$$

通过将中间态 $\boldsymbol{u}^*$ 定义为均值, 可以得到

$$\boldsymbol{u}^* = \frac{1}{k(s^+ - s^-)} = \int_{x_{j+1/2}+ks^-}^{x_{j+1/2}+ks^+} \boldsymbol{u}(x,t^{n+1})dx = \frac{s^+\boldsymbol{u}_r - s^-\boldsymbol{u}_l + \boldsymbol{f}(\boldsymbol{u}_l) - \boldsymbol{f}(\boldsymbol{u}_r)}{s^+ - s^-}$$

即, Roe 均值[3]。

自然地, 构造 HLL 数值通量的基本思想可以扩展到包括额外的波。对于欧拉方程, 可以添加一个额外的波, 从而完善波系统, 提高精度。这种扩展方式, 得到 HLLC 通量[6,13], 即

$$\boldsymbol{f}^*(\boldsymbol{u}_l,\boldsymbol{u}_r) = \begin{cases} \boldsymbol{f}(\boldsymbol{u}_l), & s^- \geqslant 0 \\ \boldsymbol{f}_l^*, & s^* \geqslant 0 \geqslant s^- \\ \boldsymbol{f}_r^*, & s^+ \geqslant 0 \geqslant s^* \\ \boldsymbol{f}(\boldsymbol{u}_r), & s^+ \leqslant 0 \end{cases} \tag{6.14}$$

通过兰金–于戈尼奥条件可以找到中间通量, 而中间值 $\boldsymbol{u}_l^*$ 和 $\boldsymbol{u}_r^*$ 则通过类似于导出 Roe 均值的推导来确定。其中, 在 $s^* = \boldsymbol{u}$ 的情况下, 即得到 HLL 通量。进一步细节可以参考 [6]。

通过线性组合各种数值通量来进一步改进上述格式, 从而得到 HLLXω-格式, 详细可参考资料 [14]。与 HLL 通量类似, 这些格式的一个优点是只需要系统中最快的波速。

6.3 中心格式

考虑标量守恒律方程

$$\frac{\partial u}{\partial t} + \frac{\partial f(u)}{\partial x} = 0$$

具有适当的边界条件和初始条件。现将研究其标量问题的格式直接推广到系统问题。

与使用戈杜诺夫格式的构造方法相反, 首先定义控制体为 $[x_j, x_{j+1}] \times [t^n, t^{n+1}]$, 即其中心点为 $x_{j+1/2} = x_j + h/2$。单元格上的守恒律方程积分形式为

$$\int_{x_j}^{x_{j+1}} [u(x,t^{n+1}) - u(x,t^n)]dx = -\int_{t^n}^{t^{n+1}} [f(u(x_{j+1},t)) - f(u(x_j,t))]dt$$

如果定义单元格均值

$$\bar{u}_{j+1/2}^n = \frac{1}{h}\int_{x_j}^{x_{j+1}} u(x,t^n)dt$$

可以得到格式

$$\bar{u}_{j+1/2}^{n+1} = \bar{u}_{j+1/2}^n - \frac{1}{h}\int_{t^n}^{t^{n+1}} [f(u(x_{j+1},t)) - f(u(x_j,t))]\, dt$$

该公式所需的 $\bar{u}_{j+1/2}^n$，可以从已知单元格均值 $\bar{u}_j^n$ 构造。此外，积分项需要重构 $u(\cdot,t)$。

对于戈杜诺夫格式，第一步是构造一个插值多项式 $p(x)$，使得

$$\int_{x_{l-1/2}}^{x_{l+1/2}} p(x)dx = \bar{u}_l^n$$

其中 l 遍历邻域格点。自然地，这个多项式对于每个控制体都是独一无二的，即 $p(x) = p_j(x)$。由此可得

$$\bar{u}_{j+1/2}^n = \frac{1}{h}\left[\int_{x_j}^{x_{j+1/2}} p_j(x)dx + \int_{x_{j+1/2}}^{x_{j+1}} p_{j+1}(x)dx\right]$$

最简单的表达为

$$\bar{u}_{j+1/2}^n = \frac{\bar{u}_j^n + \bar{u}_{j+1}^n}{2}$$

假定系统中最快的波速表示为 a，那么显然，假设 $ak/h \leqslant 1/2$，则从 x_{j+1} 开始的波无法在一个时间步长内到达 $x_{j\pm1/2}$。如图 6.3 所示，方程的解仍然保持光滑。这意味着积分很容易实现，特别是，不再需要黎曼求解器。于是有

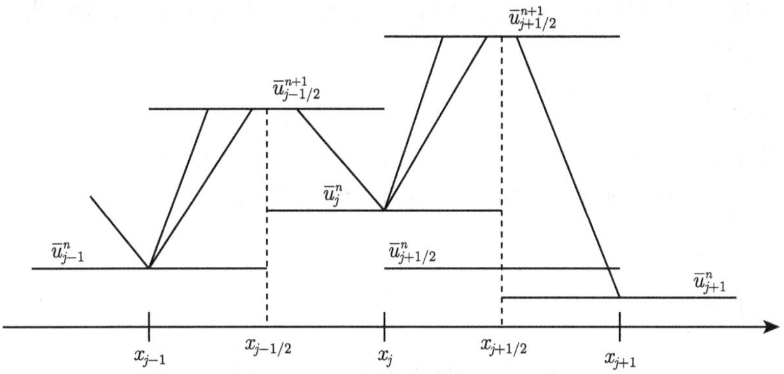

图 6.3　中心格式求解的构建示意图，展示了源自单元格中心的特征波

$$\int_{t^n}^{t^{n+1}} f(u(x_{j+1},t))dt = kf(\bar{u}_{j+1}^n)$$

从而引出格式

$$\bar{u}_{j+1/2}^n = \frac{\bar{u}_j^n + \bar{u}_{j+1}^n}{2} - \frac{k}{h}\left(f(\bar{u}_{j+1}^n) - f(\bar{u}_j^n)\right)$$

这就是拉克斯–弗里德里希斯格式, 尽管它是使用错列网格构造的, 但也满足了更严格的 CFL 条件。

虽然该格式是收敛的, 实现起来也很简单, 但缺点是需要考虑 x_j 和 $x_{j+1/2}$ 两组网格的解。为了克服这一点, 已发展出非错列网格版本的中心格式[15]。只考虑一阶格式, 可定义

$$\bar{u}_j^n = \frac{1}{2}(\bar{u}_{j+1/2}^n + \bar{u}_{j-1/2}^n)$$

这就引出了非错列一阶中心格式

$$\bar{u}_j^{n+1} = \frac{1}{4}(\bar{u}_{j+1}^n + 2\bar{u}_j^n + \bar{u}_{j-1}^n) - \frac{k}{2h}\left(f(\bar{u}_{j+1}^n) - f(\bar{u}_{j-1}^n)\right)$$

可以再次看出这与拉克斯–弗里德里希斯格式密切相关, 尽管对 $\bar{u}_j^n$ 的局部近似有所不同。

这种方法被称为中心格式, 在 [16,17] 中已有介绍。它的主要优势在于求解复杂问题不再需要黎曼求解器。虽然最简单的公式化可以得到不错的格式, 但获得更高阶的版本是困难的。这点将在 10.3 节中更详细地讨论。

6.4　有限体积方法的运用

尽管有限体积格式与有限差分格式的推导从根本上不同, 但可以看到所得一阶格式通常是相似的。因此, 对于这些格式中的大多数, 只有非常小的 (如果有的话) 改动是必要的, 这些改动在 5.3 节给出的实现中已经涵盖。

一个主要区别在于本章将讨论更高级的通量。会重点评估这些通量, 特别是针对欧拉方程的方法。

6.4.1　欧拉方程

本小节主要分析一维欧拉方程, 详细讨论见 1.4.1 节。下面将概述一维欧拉方程的 Roe 通量、HLL 通量和 HLLC 通量的实现细节。

1. Roe 通量

Roe 数值通量由下式给出

$$\boldsymbol{f}^*(\boldsymbol{u}_l,\boldsymbol{u}_r) = \frac{\boldsymbol{f}(\boldsymbol{u}_l) + \boldsymbol{f}(\boldsymbol{u}_r)}{2} - \frac{1}{2}\sum_{i=1}^{3}\alpha_i|\lambda_i^*|\boldsymbol{s}_i^*$$

其中

$$\boldsymbol{u}_r - \boldsymbol{u}_l = \sum_{i=1}^{3} \alpha_i \boldsymbol{s}_i^*$$

$(\lambda_i(\boldsymbol{u}^*), s_i(\boldsymbol{u}^*))$ 是 Roe 矩阵 $\mathrm{A}(\boldsymbol{u}^*)$ 的特征对。

欧拉方程的中间态 $\boldsymbol{u}^*$ 可以表示为[3,6]

$$u^* = \frac{\sqrt{\rho_l}u_l + \sqrt{\rho_r}u_r}{\sqrt{\rho_l} + \sqrt{\rho_r}}, \quad H^* = \frac{\sqrt{\rho_l}H_l + \sqrt{\rho_r}H_r}{\sqrt{\rho_l} + \sqrt{\rho_r}}$$

其中

$$H = \frac{E+p}{\rho}, \quad c^* = \sqrt{(\gamma-1)(H^* - \frac{1}{2}(u^*)^2)}$$

分别表示焓和声速。

权重 α_i 可以显式地表示为

$$\alpha_2 = \frac{\gamma-1}{(c^*)^2}\left((\rho_r - \rho_l)(H^* - (u^*)^2) + u^*((\rho u)_r - (\rho u)_l) - (E_r - E_l)\right)$$

$$\alpha_1 = \frac{1}{2c^*}\left((\rho_r - \rho_l)(u^* + c^*) - ((\rho u)_r - (\rho u)_l) - c^*\alpha_2\right)$$

$$\alpha_3 = (\rho_r - \rho_l) - (\alpha_1 + \alpha_2)$$

特征向量 $\boldsymbol{s}_i^*$ 已由例 3.3 给出。至此，完成了 Roe 数值通量的定义。

本方法的实现示例见 EulerRoe.m。

脚本 6.3. EulerRoe.m. 针对欧拉方程的 Roe 数值通量 $F(u,v)$

```
function [numflux]=EulerRoe(u,v,gamma,lambda,maxvel)
% function [numflux]=EulerRoe(u,v,gamma,lambda,maxvel);
% Purpose: Evaluate Roe numerical flux for Euler's equation. No entropy fix

% Compute flux for u
ru=u(:,1); ruu=u(:,2); Eu=u(:,3); uu=ruu./ru;
pu=(gamma-1)*(Eu-0.5*ruu.^2./ru); Hu=(Eu+pu)./ru;
fu=[ruu (ruu.^2./ru+pu) (Eu+pu).*ruu./ru];

% Compute flux for v
rv=v(:,1); ruv=v(:,2); Ev=v(:,3); uv=ruv./rv;
pv=(gamma-1)*(Ev-0.5*ruv.^2./rv); Hv=(Ev+pv)./rv;
fv=[ruv (ruv.^2./rv+pv) (Ev+pv).*ruv./rv];
```

```
% Compute Roe averaged variables
uh=(sqrt(ru).*uu+sqrt(rv).*uv)./(sqrt(ru)+sqrt(rv));
Hh=(sqrt(ru).*Hu+sqrt(rv).*Hv)./(sqrt(ru)+sqrt(rv));
ch=sqrt((gamma-1)*(Hh-0.5*uh.^2));

a2=(gamma-1)*((rv-ru).*(Hh-uh.^2)+uh.*(ruv-ruu)-(Ev-Eu))./(ch.^2);
a1=((rv-ru).*(uh+ch)-(ruv-ruu)-ch.*a2)./(2*ch);
a3=(rv-ru)-(a1+a2);

Unit=ones(length(uh),1);
s1=[Unit uh-ch Hh-uh.*ch];
s2=[Unit uh uh.^2/2];
s3=[Unit uh+ch Hh+uh.*ch];

% Compute numerical flux
numflux=(fu+fv)/2-0.5*(bsxfun(@times,s1,a1.*abs(uh-ch))+...
      bsxfun(@times,s2,a2.*abs(uh))+bsxfun(@times,s3,a3.*abs(uh+ch)));
return
```

2. HLL 通量

对于 HLL 通量的实现按照 6.2.3 节中讨论的, 首先定义中间状态

$$\boldsymbol{u}^* = \frac{s^+\boldsymbol{u}_r - s^-\boldsymbol{u}_l + \boldsymbol{f}(\boldsymbol{u}_l) - \boldsymbol{f}(\boldsymbol{u}_r)}{s^+ - s^-}$$

其中, 可估计最快的波速为

$$s^- = \min_i \left(\lambda_i(\mathrm{A}(\boldsymbol{u}_l)), \lambda_i(\mathrm{A}(\boldsymbol{u}^*))\right), \quad s^+ = \max_i \left(\lambda_i(\mathrm{A}(\boldsymbol{u}_r)), \lambda_i(\mathrm{A}(\boldsymbol{u}^*))\right)$$

特征值为 $(u-c, c, u+c)$(见例 3.3)。

而中间通量为

$$\boldsymbol{f}^*(\boldsymbol{u}_l, \boldsymbol{u}_r) = \frac{s^+\boldsymbol{f}(\boldsymbol{u}_l) - s^-\boldsymbol{f}(\boldsymbol{u}_r) + s^+s^-(\boldsymbol{u}_r - \boldsymbol{u}_l)}{s^+ - s^-}$$

由此得到数值通量 (6.11)。本数值通量的实现见 EulerHLL.m。

脚本 6.4: EulerHLL.m: 针对欧拉方程的 HLL 数值通量 $F(u,v)$

```
function [numflux]=EulerHLL(u,v,gamma,lambda,maxvel)
```

```
% function [numflux]=EulerHLL(u,v,gamma,lambda,maxvel);
% Purpose: Evaluate HLL numerical flux for Euler's equation

% Compute flux for u
r=u(:,1); ru=u(:,2); E=u(:,3); pu=(gamma-1)*(E-0.5*ru.^2./r);
fu=[ru (ru.^2./r+pu) (E+pu).*ru./r];
cu=sqrt(gamma*pu./r); uu=ru./r; sm=min([uu-cu uu uu+cu], [], 2);

% Compute flux for v
r=v(:,1); ru=v(:,2); E=v(:,3); pv=(gamma-1)*(E-0.5*ru.^2./r);
fv=[ru (ru.^2./r+pv) (E+pv).*ru./r];
cv=sqrt(gamma*pv./r); uv=ru./r; sp=max([uv-cv uv uv+cv],[],2);

% Compute Roe average and extreme velocities
us=bsxfun(@times,(bsxfun(@times,v,sp)-...
        bsxfun(@times,u,sm)+fu-fv),1./(sp-sm));
r=us(:,1); ru=us(:,2); E=us(:,3);
ps=(gamma-1)*(E-0.5*ru.^2./r); cs=sqrt(gamma*ps./r); uus=ru./r;
sm=min([sm uus-cs uus uus+cs],[],2); sp=max([sp uus-cs uus uus+cs],[],2);

% Compute numerical flux
fs=bsxfun(@times,(bsxfun(@times,fu,sp)-bsxfun(@times,fv,sm)+ ...
         bsxfun(@times,v-u,sp.*sm)),1./(sp-sm));
numflux=bsxfun(@times,fu,(sm>0))+ ...
         bsxfun(@times,fs,((sm<=0).*(sp>=0)))+bsxfun(@times,fv,(sp<0));
return
```

3. HLLC 通量

与 HLL 通量一样, HLLC 通量的挑战在于速度的计算, 特别是在这种情况下, 需要计算中间速度 s^*。根据资料 [6,13], 定义

$$s^* = \frac{p_r - p_l + (\rho u)_l(s^- - u_l) - (\rho u)_r(s^+ - u_r)}{\rho_l(s^- - u_l) - \rho_r(s^+ - u_r)}$$

其中, (ρ, u) 是欧拉方程的原始变量, $s^\pm$ 为最大波速和最小波速的估计值, 即

$$s^- = \min(u_l - c_l, u_l, u_l + c_l), \quad s^+ = \max(u_r - c_r, u_r, u_r + c_r)$$

定义压力值

$$p_{lr} = \frac{1}{2}(p_r + p_l + \rho_l(s^- - u_l)(s^* - u_l) + \rho_r(s^* - u_r)(s^+ - u_r))$$

此外, $\mathrm{D} = [0, 1, s^*]^{\mathrm{T}}$, 定义两个中间通量

$$\boldsymbol{f}_l^* = \frac{s^*(s^-\boldsymbol{u}_l - \boldsymbol{f}(\boldsymbol{u}_l)) + s^- p_{lr}\mathrm{D}}{s^- - s^*}, \quad \boldsymbol{f}_r^* = \frac{s^*(s^+\boldsymbol{u}_r - \boldsymbol{f}(\boldsymbol{u}_r)) + s^+ p_{lr}\mathrm{D}}{s^+ - s^*}$$

最后, 可得 HLLC 数值通量 (6.14)。完整的实现过程见 EulerHLLC.m。

脚本 6.5: EulerHLLC.m: 针对欧拉方程的 HLLC 数值通量 $F(u, v)$

```
function [numflux]=EulerHLLC(u,v,gamma,lambda,maxvel)
% function [numflux]=EulerHLLC(u,v,gamma,lambda,maxvel);
% Purpose: Evaluate HLLC numerical flux for Euler's equation.

% Compute flux for u
ru=u(:,1); ruu=u(:,2); E=u(:,3); pu=(gamma-1)*(E-0.5*ruu.^2./ru);
fu=[ruu (ruu.^2./ru+pu) (E+pu).*ruu./ru];
cu=sqrt(gamma*pu./ru); uu=ruu./ru; sm=min([uu-cu uu uu+cu],[],2);

% Compute flux for v
rv=v(:,1); ruv=v(:,2); E=v(:,3); pv=(gamma-1)*(E-0.5*ruv.^2./rv);
fv=[ruv (ruv.^2./rv+pv) (E+pv).*ruv./rv];
cv=sqrt(gamma*pv./rv); uv=ruv./rv; sp=max([uv-cv uv uv+cv],[],2);

% Compute Roe pressure
ss=(pv-pu+ruu.*(sm-uu)-ruv.*(sp-uv))./(ru.*(sm-uu)-rv.*(sp-uv));
Plr=0.5*(pu+pv+ru.*(sm-uu).*(ss-uu)+rv.*(sp-uv).*(ss-uv));

% Compute numerical flux
Ds=0*u; Ds(:,2)=1; Ds(:,3)=ss;
fus=bsxfun(@times,bsxfun(@times,bsxfun(@times,u,sm)-fu,ss)+ ...
        bsxfun(@times,Ds,Plr.*sm),1./(sm-ss));
fvs=bsxfun(@times,bsxfun(@times,bsxfun(@times,v,sp)-fv,ss)+ ...
        bsxfun(@times,Ds,Plr.*sp),1./(sp-ss));
numflux=bsxfun(@times,fu,(sm>=0))+bsxfun(@times,fus,((sm<=0).*(ss>0)))+ ...
        bsxfun(@times,fvs,((ss<=0).*(sp>=0)))+bsxfun(@times,fv,(sp<=0));
return
```

首先, 针对 1.4.1 节中介绍的 Sod 问题来评估不同的通量。如图 6.4 所示, 以局部拉克斯-弗里德里希斯通量作为参考, 比较三种不同通量的性能。与局部拉克斯–弗里德里希斯通量相比, 使用更高级的通量带来了显著的改进, 但它们之间的差异很小。唯一显著的改进是在使用 HLLC 数值通量时, 接触间断点产生的畸变略有减少。

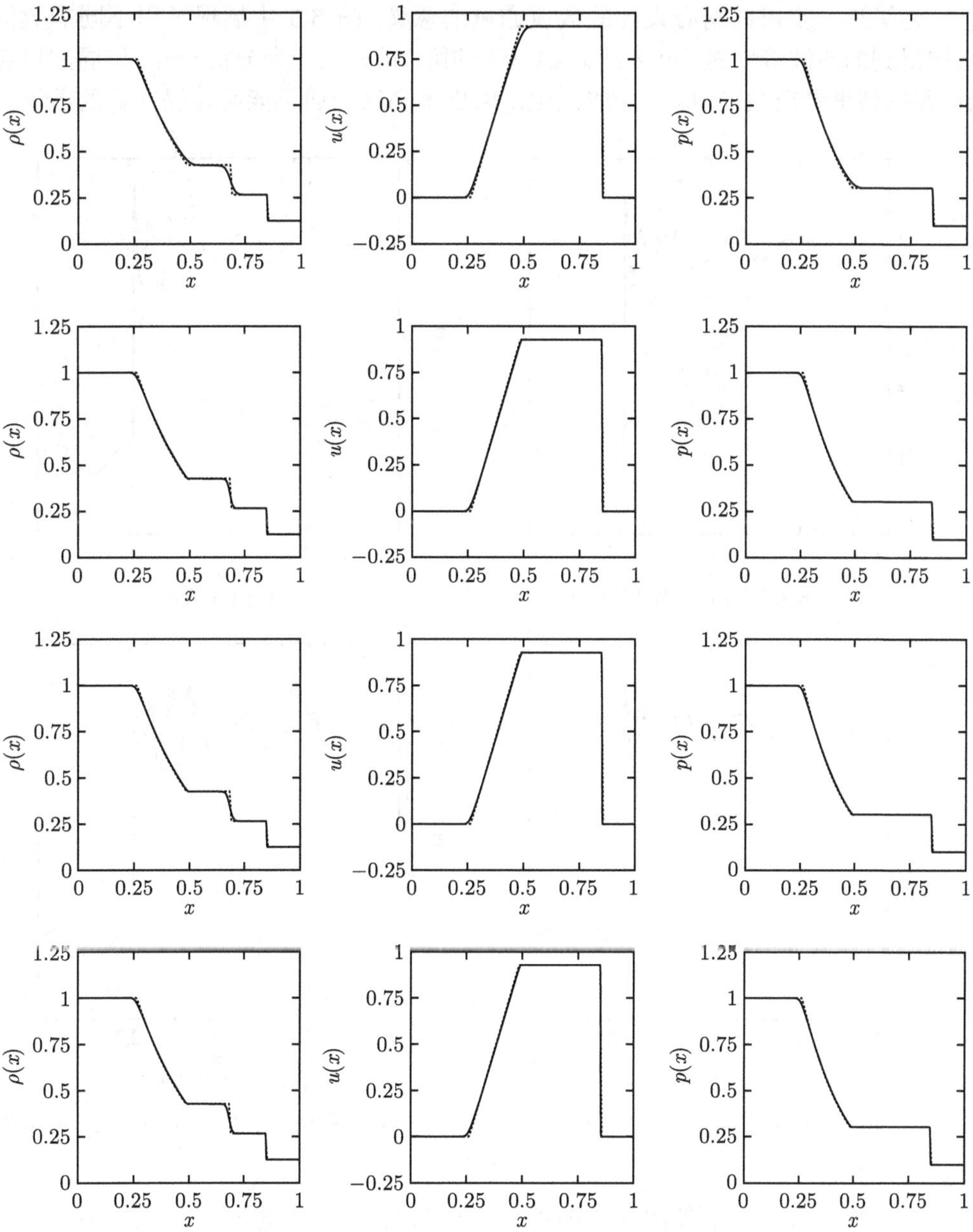

图 6.4 使用不同数值通量求解 Sod 问题。所有计算都用 $N = 1024$ 个网格点。第一行图片用到了局部拉克斯–弗里德里希斯通量, 第二行图片用到了 Roe 通量, 第三行图片用到了 HLL 通量, 最后一行图片用到了 HLLC 数值通量。各列分别是密度 ρ、速度 u 和压力 p。虚线表示 $T = 0.2$ 时的精确解

为了进一步研究精心设计的数值通量的意义, 图 6.5 中展现了用不同的数值通量得到的激波熵问题 (定义见 1.4.1 节) 的解。正如上一个分析一样, 与局部拉克斯–弗里德里希斯通量得到的结果相比, 用更多高级的通量能明显提升解的质量。

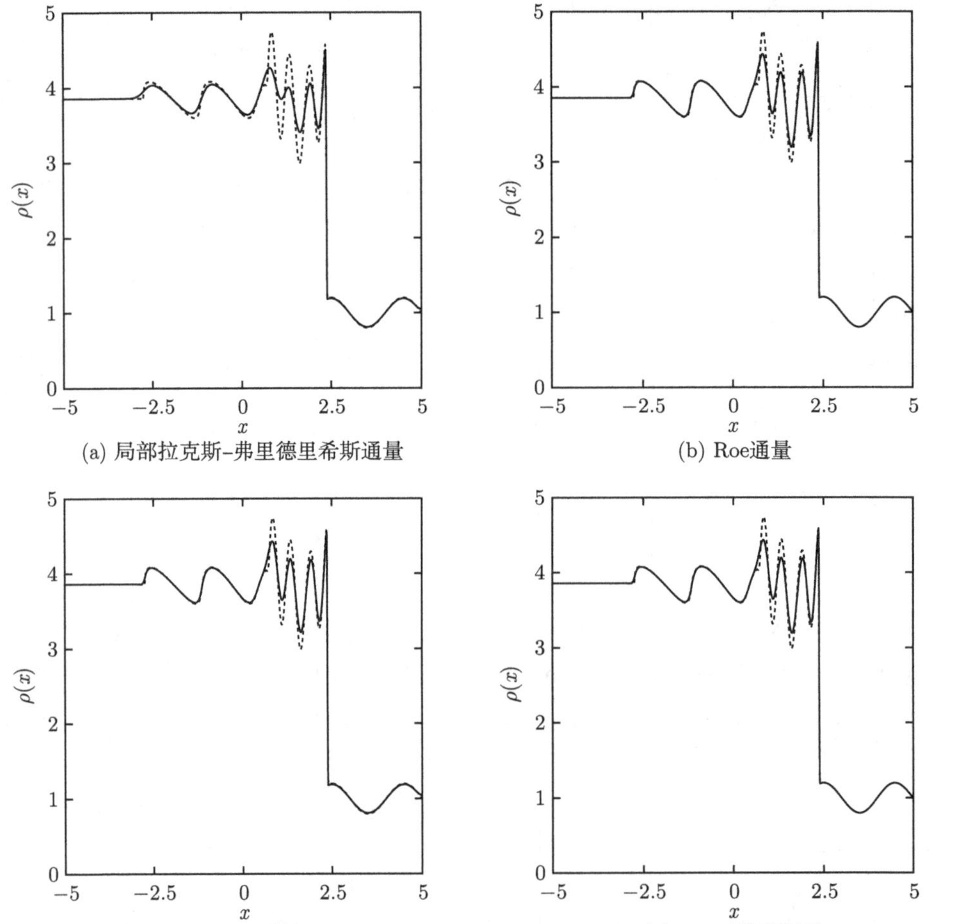

(a) 局部拉克斯–弗里德里希斯通量　(b) Roe通量

(c) HLL通量　(d) HLLC数值通量

图 6.5　用不同数值通量计算欧拉方程的激波-熵波解, 其中网格点数 $N = 2048$。虚线表示高精度数值参考解

尽管更高级通量的使用在准确性上具有明显优势, 但也不应忽视这些方法所带来的计算成本的增加。表 6.1 列出了使用四种不同通量求解 Sod 问题所需近似计算时间 (以局部拉克斯–弗里德里希斯通量、$N = 512$ 为单位 1 时间)。正如预期的那样, 将网格点数量加倍, 计算时间大约会增加四倍。所有高阶通量的计算成本大致相同, 约为局部拉克斯-弗里德里希斯通量的两倍。然而, 考虑到精度的提升, 高阶数值通量仍然是最合适的选择。

表 6.1 使用不同数值通量求解 Sod 问题所需近似计算时间

N	局部拉克斯–弗里德里希斯通量	Roe 通量	HLL 通量	HLLC 通量
512	1.0	1.5	2.0	1.8
1024	2.5	4.0	5.1	5.1
2048	7.1	11.6	14.0	13.6
4096	23.5	39.0	47.1	47.0

参考文献

[1] Sergueï Konstantinovitch Godunov. A difference method for numerical calculation of discontinuous equations of hydrodynamics. *Math. Sb*, 47: 217, 1959.

[2] Michael G Crandall and Andrew Majda. Monotone difference approximations for scalar conservation laws. *Mathematics of Computation*, 34(149): 1–21, 1980.

[3] Philip L Roe. Approximate Riemann solvers, parameter vectors, and difference schemes. *Journal of Computational Physics*, 43(2): 357–372, 1981.

[4] Amiram Harten, Peter D Lax, and Bram van Leer. On upstream differencing and Godunov-type schemes for hyperbolic conservation laws. *SIAM Review*, 25(1): 35–61, 1983.

[5] Randall J LeVeque. *Finite volume methods for hyperbolic problems*, volume 31 of *Cambridge Texts in Applied Mathematics*. Cambridge University Press, 2002.

[6] Eleuterio F Toro. *Riemann solvers and numerical methods for fluid dynamics: a practical introduction*. Springer Science & Business Media, 2009.

[7] Manuel J Castro, José M Gallardo, and Antonio Marquina. A class of incomplete Riemann solvers based on uniform rational approximations to the absolute value function. *Journal of Scientific Computing*, 60(2): 363–389, 2014.

[8] Nicholas J Higham. *Functions of matrices: theory and computation*. SIAM, 2008.

[9] David J Newman. Rational approximation to the absolute value of x. *Michigan Mathematics Journal*, 11: 11–14, 1964.

[10] Lev Brutman and Eli Passow. Rational interpolation to $|x|$ at the Chebyshev nodes. *Bulletin of the Australian Mathematical Society*, 56(1): 81–86, 1997.

[11] Björn Engquist and Stanley Osher. One-sided difference approximations for nonlinear conservation laws. *Mathematics of Computation*, 36(154): 321–351, 1981.

[12] John B Bell, Phillip Colella, and John A Trangenstein. Higher order godunov methods for general systems of hyperbolic conservation laws. *Journal of Computational Physics*, 82(2): 362–397, 1989.

[13] Eleuterio F Toro, Michael Spruce, and William Speares. Restoration of the contact surface in the HLL-Riemann solver. *Shock Waves*, 4(1): 25–34, 1994.

[14] Birte Schmidtmann and Manuel Torrilhon. A hybrid Riemann solver for large hyperbolic systems of conservation laws. *SIAM Journal on Scientific Computing*, 39(6): A2911–A2934, 2017.

[15] Guang-Shan Jiang, Doron Levy, Chi-Tien Lin, Stanley Osher, and Etan Tadmor. High-resolution nonoscillatory central schemes with nonstaggered grids for hyperbolic conservation laws. *SIAM Journal on Numerical Analysis*, 35(6): 2147–2168, 1998.

[16] Haim Nessyahu and Eitan Tadmor. Non-oscillatory central differencing for hyperbolic conservation laws. *Journal of Computational Physics*, 87(2): 408–463, 1990.

[17] Eitan Tadmor. *Approximate solutions of nonlinear conservation laws*, pages 1–149. Springer, Berlin, Heidelberg, 1998.

第 7 章　多维问题

虽然本书的主要关注点是处理一维问题，但值得注意的是，将一般概念和相关的计算构建模块扩展到多维空间问题是相对直接的。

对于守恒律方程

$$\frac{\partial \boldsymbol{u}}{\partial t} + \nabla \cdot \boldsymbol{f}(\boldsymbol{u}) = 0, \quad (\boldsymbol{x}, t) \in \Omega_x \times \Omega_t$$

其中 $\Omega_t = [0, T]$，$\Omega_x \subset \mathrm{R}^d$。本例中，$\boldsymbol{u}(\boldsymbol{x}, t) : \Omega_x \times \Omega_t \to \mathrm{R}^m$，$\boldsymbol{f}(\boldsymbol{u}) : \mathrm{R}^m \to \mathrm{R}^m$。

如果限制在笛卡儿域上，那么迄今为止考虑的大多数计算工具都可以通过少量修改应用到这些问题上。为了实现这一点，可以在控制体积 $\omega_x \times \omega_t$ 上对守恒律进行积分，得到

$$\int_{\omega_x} \boldsymbol{u}(\boldsymbol{x}, t_2) - \boldsymbol{u}(\boldsymbol{x}, t_1) d\boldsymbol{x} = -\int_{\omega_t} \int_{\omega_x} \nabla \cdot \boldsymbol{f}(\boldsymbol{u}, t) d\boldsymbol{x} dt$$

利用高斯公式，可得

$$\int_{\omega_x} \boldsymbol{u}(\boldsymbol{x}, t_2) - \boldsymbol{u}(\boldsymbol{x}, t_1) d\boldsymbol{x} = -\int_{\omega_t} \int_{\partial \omega_x} \hat{\boldsymbol{n}} \cdot \boldsymbol{f}(\boldsymbol{u}, t) d\boldsymbol{x} dt$$

其中 $\hat{\boldsymbol{n}}$ 表示沿边界 ω_x 向外的法线 $\partial\omega_x$。

如果限制在一个简单的二维笛卡儿域，$\omega_x = [x_1, y_1] \times [x_2, y_2]$，则有

$$\int_{\omega_x} \boldsymbol{u}(\boldsymbol{x}, t_2) - \boldsymbol{u}(\boldsymbol{x}, t_1) d\boldsymbol{x}$$
$$= -\int_{\omega_t} \left[\int_{y_1}^{y_2} \boldsymbol{f}(\boldsymbol{u}(x_2, y)) - \boldsymbol{f}(\boldsymbol{u}(x_1, y)) dy + \int_{x_1}^{x_2} \boldsymbol{f}(\boldsymbol{u}(x, y_2)) - \boldsymbol{f}(\boldsymbol{u}(x, y_1)) dx \right] dt$$

回顾 (1.1) 作为守恒律方程积分形式的原始表达式，可知本式是一维情况的推广。

引入网格 $(x_i, y_j) = (x_0 + ih_x, y_0 + jh_y)$，其中 $h_x = \dfrac{L_x}{N_x}$，$h_y = \dfrac{L_y}{N_y}$，可以定义单元格均值

$$\bar{\boldsymbol{u}}_{ij}(t) = \frac{1}{h_x h_y} \int_{x_{i-1/2}}^{x_{i+1/2}} \int_{y_{i-1/2}}^{y_{i+1/2}} \boldsymbol{u}(\boldsymbol{x}, t) d\boldsymbol{x}$$

如果使用二阶精度中点公式来近似曲面积分, 则可以以下面形式的戈杜诺夫格式

$$\int_{\omega_t}\int_{y_{i-1/2}}^{y_{i+1/2}} \boldsymbol{f}(\boldsymbol{u}(x_2,y))-\boldsymbol{f}(\boldsymbol{u}(x_1,y))dy = h_y\left(\boldsymbol{f}(\boldsymbol{u}^*(x_{i+1/2},y_j))-\boldsymbol{f}(\boldsymbol{u}^*(x_{i-1/2},y_j))\right)$$

以及

$$\int_{\omega_t}\int_{x_{i-1/2}}^{x_{i+1/2}} \boldsymbol{f}(\boldsymbol{u}(x,y_2))-\boldsymbol{f}(\boldsymbol{u}(x,y_1))dx = h_x\left(\boldsymbol{f}(\boldsymbol{u}^*(x_i,y_{i+1/2}))-\boldsymbol{f}(\boldsymbol{u}^*(x_i,y_{i-1/2}))\right)$$

再假设 $\Omega_t = [t^n, t^{n+1}]$, 可以得到二维有限体积格式

$$\begin{aligned}\bar{\boldsymbol{u}}_{ij}^{n+1} = \bar{\boldsymbol{u}}_{ij}^{n} - k\bigg(&\frac{\boldsymbol{f}(\boldsymbol{u}^*(x_{i+1/2},y_j)) - \boldsymbol{f}(\boldsymbol{u}^*(x_{i-1/2},y_j))}{h_x}\\ &+\frac{\boldsymbol{f}(\boldsymbol{u}^*(x_i,y_{i+1/2})) - \boldsymbol{f}(\boldsymbol{u}^*(x_i,y_{i-1/2}))}{h_y}\bigg)\end{aligned}$$

唯一需要解决的问题是计算 $\boldsymbol{u}^*$, 这是一个类似于在一维情况中讨论过的问题。虽然确实存在一些多维的方法来解决这个问题[5,6,38,42], 但在这里重点讨论的是将一维方法扩展到多维, 按照每个维度依次计算。例如, 固定 y_j 是常数, 只沿 x 构造 $\boldsymbol{u}^*$, 以此计算 $\boldsymbol{f}(\boldsymbol{u}^*(x_{i+1/2},y_j))$。

如果限制在笛卡儿域上, 将算法扩展到更多空间维度是比较直接的。然而, 上述推导并不局限于此类网格, 也可以推广到更一般的网格, 尽管会增加额外的复杂度。尽管这类方法在非结构化网格上得到了广泛应用, 但它们的性质和这里讨论的没有本质的不同, 所以此处不再详细讨论。有关此类方法及其实际实现和应用的详细讨论, 请参阅 [37,43–45,47]。

由于与一维格式密切相关, 二维情况与一维分析结果几乎没有本质差异。特别是在笛卡儿网格中, 误差分析的结果可以从一维情况推广过来, L^1-误差为 $\mathcal{O}(\sqrt{h})$, 其中 $h=\max(h_x,h_y)$[14,37]。对于更一般的网格, 误差退化为 $\mathcal{O}(h^{1/4})$[14,37]。

剩下的一个小细节是 CFL 条件的定义, 回顾一维波动问题的条件

$$\frac{k\,|a|}{h} \leqslant 1$$

其中 a 为波速。对于 d 维情况, 推广为

$$k\sum_{i=1}^{d}\frac{|a_i|}{h_i} \leqslant 1$$

其中 a_i 表示沿 i 方向的最大速度, 网格间距为 h_i。

7.1 二维单调格式的运用

为了说明在笛卡儿坐标系上，一维方法如何相对容易地扩展到二维问题，下面以 1.4.2 节中示例为例进行分析说明。

7.1.1 伯格斯方程

将一维伯格斯方程推广为二维

$$\frac{\partial u}{\partial t}+\frac{\partial u^2}{\partial x}+\frac{\partial u^2}{\partial y}=0, \quad (x,y)\in[0,1]^2$$

方程具有周期性边界条件并给定初始条件

$$u(x,y)=\sin(4\pi(x+y/2))$$

对于一维情况，已在 1.4.2 节详细讨论，取 $k=\mathrm{CFL}\min(h_x,h_y)/\alpha$，其中

$$\alpha=\max_{\Omega}|\sqrt{2}f'(u)|=2\sqrt{2}\max_{\Omega}|u|$$

是对最大速度的估计。

在脚本 BurgersMDriver2D.m 中，设置初始条件，指定计算域、网格大小 h_x 和 h_y，以及 CFL 数。

脚本 7.1: BurgersMDriver2D.m: 用单调格式求解二维伯格斯方程

```
% Driver script for solving the 2D Burgers' equations using a monotone scheme
clear all

% Set problem parameters
Lx=1; Ly=1; Nx=256; Ny=256; hx=Lx/Nx; hy=Ly/Ny;
FinalTime=0.1; CFL=0.9;

% Define domain and initial conditions
xv=[0:hx:Lx]; yv=[0:hy:Ly]; [x,y]=meshgrid(xv,yv);
u=sin(4*pi*(x+y/2));

% Solve Problem
[u]=BurgersM2D(x,y,u,hx,hy,CFL,FinalTime);
```

在 BurgersM2D.m 中对伯格斯方程进行了时间积分。

脚本 7.2: BurgersM2D.m: 用单调格式求二维伯格斯方程的时间积分

```
function [u]=BurgersM2D(x,y,u,hx,hy,CFL,FinalTime)
% function [u]=BurgersM2D(u,hx,hy,CFL,FinalTime)
% Purpose: Integrate 2D Burgers' equation until FinalTime
% using a monotone scheme.

time=0; tstep=0;

% integrate scheme
while(time<FinalTime)
  % Decide on timestep
  maxvel=max(max(2*sqrt(2.0)*abs(u))); k=CFL*min(hx,hy)/maxvel/2;
  if (time+k>FinalTime) k=FinalTime-time; end
  % Update solution
  u=u+k*BurgersMrhs2D(x,y,u,hx,hy,k,maxvel);
  time=time+k; tstep=tstep+1;
end
return
```

函数 BurgersMrhs2D.m 返回二维伯格斯方程的右侧值并施加边界条件。

脚本 7.3: BurgersMrhs2D.m: 定义二维伯格斯方程的右侧值

```
function [du]=BurgersMrhs2D(x,y,u,hx,hy,k,maxvel)
% function [du]=BurgersMrhs2D(x,y,u,hx,hy,k,maxvel);
% Purpose: Evaluate right hand side for 2D Burgers' equation
% using a monotone scheme
Nxy=size(x); Nx=Nxy(2); Ny=Nxy(1); du=zeros(Ny,Nx);

% Extend data and assign boundary conditions in x-direction
for i=1:Ny
  [xe,ue]=extend(x(i,:),u(i,:),hx,1,'P',0,'P',0);
  % Update residual
  du(i,:)=-(BurgersLF(ue(2:Nx+1),ue(3:Nx+2),0,maxvel)-...
                  BurgersLF(ue(1:Nx),ue(2:Nx+1),0,maxvel))/hx;
end

% Extend data and assign boundary conditions in y-direction
for j=1:Nx
  [xe,ue]=extend(y(:,j),u(:,j),hy,1,'P',0,'P',0);
  % Update residual
```

```
    du(:,j)=du(:,j)-(BurgersLF(ue(2:Ny+1),ue(3:Ny+2),0,maxvel)-...
                     BurgersLF(ue(1:Ny),ue(2:Ny+1),0,maxvel))/hy;
end
return
```

使用的数值通量与 5.3.3 节中详细讨论的一维通量相同。在这个特定情况下，选择拉克斯–弗里德里希斯通量进行讨论，但也可以使用其他通量。

图 7.1 显示了不同时间的解的等值线。从守恒律的理解来看，光滑的初始条件会变陡，并形成一个稳定的激波，直至耗散。

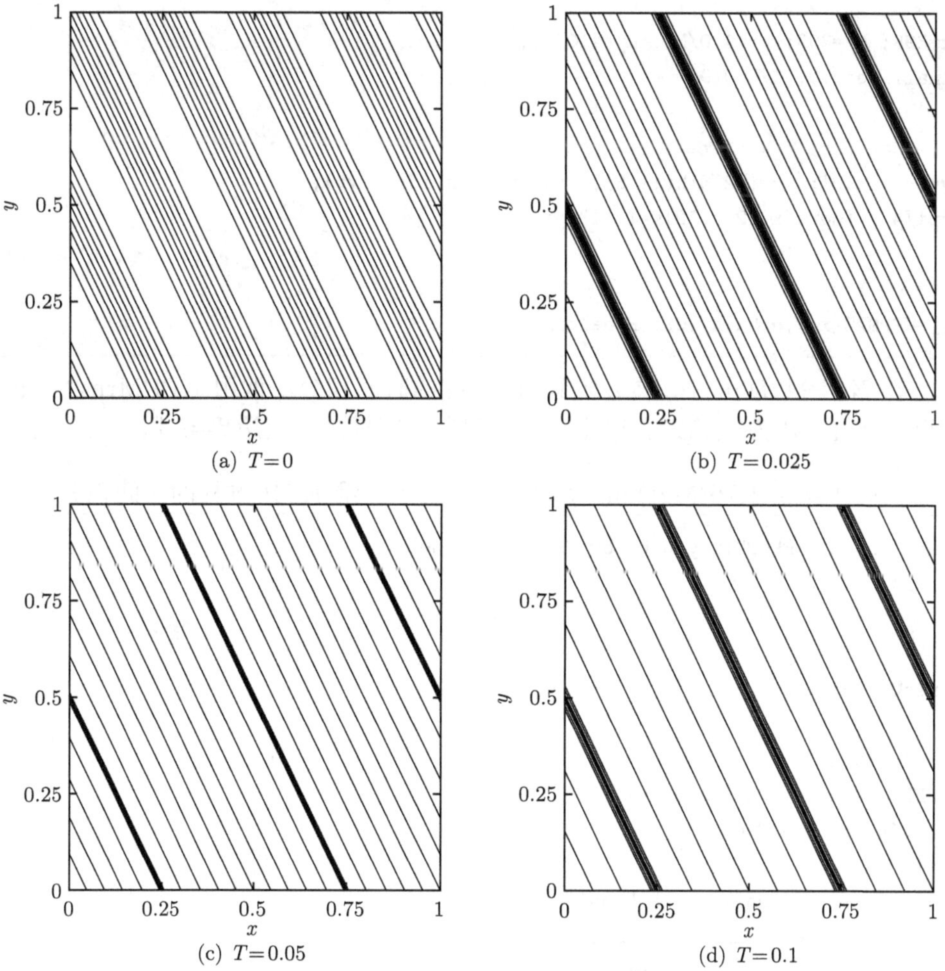

(a) $T=0$　(b) $T=0.025$　(c) $T=0.05$　(d) $T=0.1$

图 7.1　二维伯格斯方程中不同时间下的激波形态, $N_x = N_y = 256$

7.1.2 非凸问题

现在考虑 1.4.2 节中讨论的稍微复杂一点的非凸标量守恒律。按照伯格斯方程的求解实现过程, 脚本 KPPMDriver2D.m 定义了二维 KPP(Kolmogorov-Petrovskii-Piskunov) 方程的驱动程序。

脚本 7.4: KPPMDriver2D.m: 用单调格式求解二维 KPP 方程

```
% Driver script for solving the 2D KPP equations using a monotone scheme
clear all

% Set problem parameters
Nx=399; Ny=399; hx=4.0/Nx; hy=4.0/Ny;
FinalTime=1.0; CFL=0.9;

% Define domain and initial conditions
xv=[-2:hx:2]; yv=[-2.5:hy:1.5]; [x,y]=meshgrid(xv,yv);
u=pi/4 + (sqrt(x.^2+y.^2)<=1)*13*pi/4;

% Solve Problem
[u]=KPPM2D(x,y,u,hx,hy,CFL,FinalTime);
```

在 KPPM2D.m 中, 求二维 KPP 方程的时间积分。调用 KPPMrhs2D.m 后返回二维 KPP 方程等式右边计算值。程序中同样施加上边界条件。

脚本 7.5: KPPM2D.m: 使用单调格式求二维 KPP 方程的时间积分

```
function [u]=KPPM2D(x,y,u,hx,hy,CFL,FinalTime);
% function [u]=KPPM2D(x,y,u,hx,hy,CFL,FinalTime);
% Purpose: Integrate 2D KPP equation until FinalTime
% using a monotone scheme.
time=0; tstep=0;

% integrate scheme
k=CFL*min(hx,hy)/2; maxvel=1;
while(time<FinalTime)
   % Decide on timestep
   if (time+k>FinalTime) k=FinalTime-time; end
   u=u + k*KPPMrhs2D(x,y,u,hx,hy,k,maxvel);
   time=time+k; tstep=tstep+1;
end
return
```

脚本 7.6: KPPMrhs2D.m: 定义二维 KPP 方程等式右项

```
function [du]=KPPMrhs2D(x,y,u,hx,hy,k,maxvel);
% function [du]=KPPMrhs2D(x,y,u,hx,hy,k,maxvel);
% Purpose: Evaluate right hand side for 2D KPP equation
% using a monotone method
Nxy=size(x); Nx=Nxy(2); Ny=Nxy(1); du=zeros(Ny,Nx);

% Extend data and assign boundary conditions in x-direction
for i=1:Ny
  [xe,ue]=extend(x(i,:),u(i,:),hx,1,'D',pi/4,'D',pi/4);
  % Update residual
  du(i,:)=-(KPPxLF(ue(2:Nx+1),ue(3:Nx+2),0,maxvel)-...
              KPPxLF(ue(1:Nx),ue(2:Nx+1),0,maxvel))/hx;
end

% Extend data and assign boundary conditions in y-direction
for j=1:Nx
  [xe,ue]=extend(y(:,j),u(:,j),hy,1,'D',pi/4,'D',pi/4);
  % Update residual
  du(:,j)=du(:,j)-(KPPyLF(ue(2:Ny+1),ue(3:Ny+2),0,maxvel)-...
             KPPyLF(ue(1:Ny),ue(2:Ny+1),0,maxvel))/hy;
end
return
```

由于此时的通量比伯格斯方程中的情况更复杂, 需要分别单独定义两个通量项。两个通量项在脚本 KPPxLF.m 和 KPPyLF.m 中定义, 分别是 x 和 y 方向的通量。数值通量采用拉克斯–弗里德里希斯通量。

脚本 7.7: KPPxLF.m:KPP 方程沿 x 方向的拉克斯–弗里德里希斯通量

```
function [numflux]=KPPxLF(u,v,lambda,maxvel)
% function [numflux]=KPPxLF(u,v,lambda,maxvel);
% Purpose: Evaluate Lax-Friedrichs numerical flux
% for x component of KPP equation

fu=sin(u); fv=sin(v);
numflux=(fu+fv)/2-maxvel/2*(v-u);
return
```

脚本 7.8: KPPyLF.m:KPP 方程沿 y 方向的拉克斯–弗里德里希斯通量

```
function [numflux]=KPPyLF(u,v,lambda,maxvel)
% function [numflux]=KPPyLF(u,v,lambda,maxvel);
% Purpose: Evaluate Lax-Friedrichs numerical flux
% for y component of KPP equation

fu=cos(u); fv=cos(v);
numflux=(fu+fv)/2-maxvel/2*(v-u);
return
```

在图 7.2 中, 展示了随着分辨率的提高, 单调格式向参考解的收敛情况。虽然

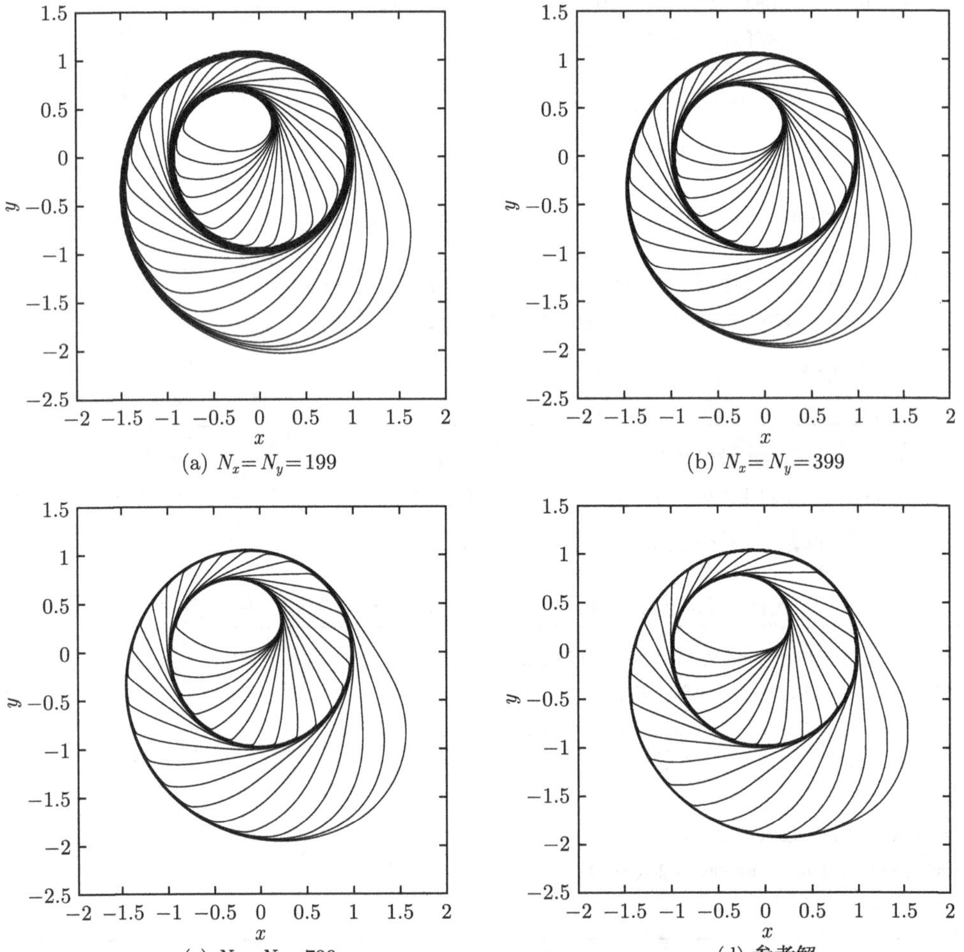

(a) $N_x = N_y = 199$　(b) $N_x = N_y = 399$　(c) $N_x = N_y = 799$　(d) 参考解

图 7.2　非凸 KPP 方程解的收敛性

单调格式的理论基础还没有扩展到非凸通量, 但是格式的性质已经明显和预期所想的一样。

7.1.3 欧拉方程

以二维欧拉方程为例, 该例子详细讨论见 1.4.2 节。

按照软件的标准模式, 首先在 EulerMDriver2D.m 定义驱动程序, 完成初始条件设置、计算域定义, 以及相关参数设置。

脚本 7.9: EulerMDriver2D.m: 使用单调格式求解二维欧拉方程

```
% Driver script for solving the 2D Euler equations using a monotone scheme
clear all

% Set problem parameters for isentropic vortex
CFL=0.5; gamma= 1.4;

% Define domain and initial conditions
% FinalTime=1.0;
% Lx=10; Ly=10; Nx=399; Ny=399; hx=Lx/Nx; hy=Ly/Ny;
% xv=[-5:hx:5]; yv=[-5:hy:5]; [x,y]=meshgrid(xv,yv);
% x0=0.0; y0=0.0; u0=1.0; v0=0; beta=5.0;
% [r,ru,rv,E]=IsentropicVortex2D(x,x0,u0,y,y0,v0,gamma,beta,0);

% Set problem parameters for 2D Riemann problems
Lx=1; Ly=1; Nx=199; Ny=199; hx=Lx/Nx; hy=Ly/Ny;
RiemannProbCase=4;

% Define domain and initial conditions
xv=[0:hx:Lx]; yv=[0:hy:Ly]; [x,y]=meshgrid(xv,yv);
[r,ru,rv,E,FinalTime]=Riemann2D(x,y,gamma,RiemannProbCase);

% Solve Problem
q=zeros(Ny+1,Nx+1,4);
q(:,:,1)=r; q(:,:,2)=ru; q(:,:,3)=rv; q(:,:,4)=E;
[q]=EulerM2D(x,y,q,hx,hy,gamma,CFL,FinalTime);
```

EulerM2D.m 实现对时间的积分, 其中通过调用 EulerMrhs2D.m 计算等式右端项, 并施加边界条件。在该示例中, 仅考虑计算域外的解为常数解。

脚本 7.10: EulerM2D.m: 使用单调格式求解二维欧拉方程的时间积分

```
function [q]=EulerM2D(x,y,q,hx,hy,gamma,CFL,FinalTime)
% function [q]=EulerMDriver2D(x,y,q,hx,hy,gamma,CFL,FinalTime)
% Purpose: Integrate 2D Euler equation until FinalTime using
% a monotone scheme.
time=0; tstep=0;

while(time<FinalTime)
  % Set timestep
  r=q(:,:,1); ru=q(:,:,2); rv=q(:,:,3); E=q(:,:,4);
  p=(gamma-1)*(E-0.5*(ru.^2 + rv.^2)./r); c=sqrt(gamma*p./r);
  maxvelu=max(max(c+abs(ru./r))); maxvelv=max(max(c+abs(rv./r)));
  k=CFL*min(hx,hy)/sqrt(2)/sqrt(maxvelu^2+maxvelv^2);
  if(time+k>FinalTime) k=FinalTime-time; end
  % Update solution
  [dq]=EulerMrhs2D(x,y,q,gamma,hx,hy,k);
  q=q+k*dq;
  time=time+k; tstep=tstep+1;
end
return
```

脚本 7.11: EulerMrhs2D.m: 定义二维欧拉方程右侧项

```
function [dq]=EulerMrhs2D(x,y,q,gamma,hx,hy,k);
% function [dq]=EulerMrhs2D(x,y,q,gamma,hx,hy,k);
% Purpose: Evaluate right hand side for the two-dimensional
% Euler equations using monotone method
Nxy=size(x); Nx=Nxy(2); Ny=Nxy(1); dq=zeros(Ny,Nx,4);
qex=zeros(Nx+2,4); qey=zeros(Ny+2,4);

% Apply monotone scheme in the x-direction
for i=1:Ny
  % Extend data and assign boundary conditions in x-direction
  [xe,qex(:,1)]=extend(x(i,:),q(i,:,1),hx,1,'N',0.0,'N',0.0);
  [xe,qex(:,2)]=extend(x(i,:),q(i,:,2),hx,1,'N',0.0,'N',0.0);
  [xe,qex(:,3)]=extend(x(i,:),q(i,:,3),hx,1,'N',0.0,'N',0.0);
  [xe,qex(:,4)]=extend(x(i,:),q(i,:,4),hx,1,'N',0.0,'N',0.0);

  % Compute flux
  [dq1]=EulerLF2Dx(qex(2:Nx+1,:), qex(3:Nx+2,:),gamma);
```

```
  [dq2]=EulerLF2Dx(qex(1:Nx  ,:), qex(2:Nx+1,:),gamma);

  % Update residual
  dq(i,:,:)=-(dq1-dq2)/hx;
end

% Apply monotone scheme in the y-direction
for j=1:Nx
  % Extend data and assign boundary conditions in y-direction
  [ye,qey(:,1)]=extend(y(:,j),q(:,j,1),hy,1,'N',0.0,'N',0.0);
  [ye,qey(:,2)]=extend(y(:,j),q(:,j,2),hy,1,'N',0.0,'N',0.0);
  [ye,qey(:,3)]=extend(y(:,j),q(:,j,3),hy,1,'N',0.0,'N',0.0);
  [ye,qey(:,4)]=extend(y(:,j),q(:,j,4),hy,1,'N',0.0,'N',0.0);

  % Compute flux
  [dq1]=EulerLF2Dy(qey(2:Ny+1,:), qey(3:Ny+2,:),gamma);
  [dq2]=EulerLF2Dy(qey(1:Ny  ,:), qey(2:Ny+1,:),gamma);

  % Update residual
  dq(:,j,:)=dq(:,j,:)-(reshape(dq1,Ny,1,4) ...
              -reshape(dq2,Ny,1,4))/hy;
end
return
```

完成格式所需要的数值通量比一维情况相对复杂些。在 EulerLF2Dx.m 和 EulerLF2Dy.m 中, 分别实现了 x 和 y 方向的拉克斯–弗里德里希斯通量, 通过参数 α 来控制局部或全局拉克斯–弗里德里希斯通量的使用。

脚本 7.12: EulerLF2Dx.m: 定义二维欧拉方程沿 x 方向的拉克斯–弗里德里希斯通量

```
function [dq]=EulerLF2Dx(ql,qr,gamma)
% function [dq]=EulerLF2Dx(ql,qr,gamma)
% Purpose: Evaluate Lax-Friedrichs numerical flux for Euler's equation along x

% Extract states
rl=ql(:,1); rul=ql(:,2); rvl=ql(:,3); El=ql(:,4);
rr=qr(:,1); rur=qr(:,2); rvr=qr(:,3); Er=qr(:,4);

% Compute fluxes for left and right states
ul=rul./rl; vl=rvl./rl;
```

```
pl=(gamma-1)*(El-0.5*rl.*(ul.^2+vl.^2)); cl=sqrt(gamma*pl./rl);
F1l=rul; F2l=rul.*ul+pl; F3l=rul.*vl; F4l=(El+pl).*ul;

ur=rur./rr; vr=rvr./rr;
pr=(gamma-1)*(Er-0.5*rr.*(ur.^2+vr.^2)); cr=sqrt(gamma*pr./rr);
F1r=rur; F2r=rur.*ur+pr; F3r=rur.*vr; F4r=(Er+pr).*ur;

% Compute dissipation for LF
maxvell=cl+abs(ul); maxvelr=cr+abs(ur);
alpha=max(max(max(maxvell,maxvelr))); % Global LF
% alpha=max(maxvell,maxvelr); % Local LF

% Compute flux
Nq=size(ql); N=Nq(1); dq=zeros(N,4);
dq(:,1)=(F1l+F1r)/2-alpha/2.*(rr-rl);
dq(:,2)= (F2l+F2r)/2-alpha/2.*(rur-rul);
dq(:,3)=(F3l+F3r)/2-alpha/2.*(rvr-rvl);
dq(:,4)=(F4l+F4r)/2-alpha/2.*(Er-El);
return
```

脚本 7.13: EulerLF2Dy.m: 定义二维欧拉方程沿 y 方向的拉克斯–弗里德里希斯通量

```
function [dq]=EulerLF2Dy(ql,qr,gamma)
% function [numflux]=EulerLF2Dy(ql,qr,gamma)
% Purpose: Evaluate Lax-Friedrichs numerical flux for Euler's equation along y

% Extract states
rl=ql(:,1); rul=ql(:,2); rvl=ql(:,3); El=ql(:,4);
rr=qr(:,1); rur=qr(:,2); rvr=qr(:,3); Er=qr(:,4);

% Compute fluxes for left and right states
ul=rul./rl; vl=rvl./rl;
pl=(gamma-1)*(El-0.5*rl.*(ul.^2+vl.^2)); cl=sqrt(gamma*pl./rl);
F1l=rvl; F2l=rvl.*ul; F3l=rvl.*vl+pl; F4l=(El+pl).*vl;

ur=rur./rr; vr=rvr./rr;
pr=(gamma-1)*(Er-0.5*rr.*(ur.^2+vr.^2)); cr=sqrt(gamma*pr./rr);
F1r=rvr; F2r=rvr.*ur; F3r=rvr.*vr+pr; F4r=(Er+pr).*vr;

% Compute dissipation for LF
```

```
maxvell=cl+abs(vl); maxvelr=cr+abs(vr);
alpha=max(max(max(maxvell,maxvelr))); % Global LF
% alpha=max(maxvell,maxvelr); % Local LF

% Compute flux
Nq=size(ql); N=Nq(1); dq=zeros(N,4);
dq(:,1)=(F1l+F1r)/2-alpha/2.*(rr-rl);
dq(:,2)= (F2l+F2r)/2-alpha/2.*(rur-rul);
dq(:,3)=(F3l+F3r)/2-alpha/2.*(rvr-rvl);
dq(:,4)=(F4l+F4r)/2-alpha/2.*(Er-El);
return
```

类似地, 在 EulerHLL2Dx.m 和 EulerHLL2Dy.m 中, 分别实现了沿着 x 和 y 方向的数值 HLL 通量。

脚本 7.14: EulerHLL2Dx.m: 定义二维欧拉方程沿着 x 方向的 HLL 通量

```
function [dq]=EulerHLL2Dx(ql,qr,gamma)
% function [dq]=EulerHLL2Dx(ql,qr,gamma)
% Purpose: Evaluate HLL numerical flux for Euler's equation along x

% Extract states
rl=ql(:,1); rul=ql(:,2); rvl=ql(:,3); El=ql(:,4);
rr=qr(:,1); rur=qr(:,2); rvr=qr(:,3); Er=qr(:,4);

% Compute fluxes for left and right states
ul=rul./rl; vl=rvl./rl;
pl=(gamma-1)*(El-0.5*rl.*(ul.^2+vl.^2)); cl=sqrt(gamma*pl./rl);
F1l=rul; F2l=rul.*ul+pl; F3l=rul.*vl; F4l=(El+pl).*ul;
sl=min(ul,min(ul+cl,ul-cl));

ur=rur./rr; vr=rvr./rr;
pr=(gamma-1)*(Er-0.5*rr.*(ur.^2+vr.^2)); cr=sqrt(gamma*pr./rr);
F1r=rur; F2r=rur.*ur+pr; F3r=rur.*vr; F4r=(Er+pr).*ur;
sr=max(ur,max(ur+cr,ur-cr));

% Compute Roe average along x and velocity bounds
rs=(sr.*rr-sl.*rl+F1l-F1r)./(sr-sl);
rus=(sr.*rur-sl.*rul+F2l-F2r)./(sr-sl);
rvs=(sr.*rvr-sl.*rvl+F3l-F3r)./(sr-sl);
Es=(sr.*Er-sl.*El+F4l-F4r)./(sr-sl);
```

```
us=rus./rs; vs=rvs./rs;
ps=(gamma-1)*(Es-0.5*rs.*(us.^2+vs.^2)); cs=sqrt(gamma*ps./rs);

ssmi=min(us,min(us+cs,us-cs)); ssma=max(us,max(us+cs,us-cs));
sm=min(sl,ssmi); sp=max(sr,ssma);

% Compute flux
Nq=size(ql); N=Nq(1); dq=zeros(N,4);
q1=(sm>0); q2=(sp>=0).*(sm<=0); q3=(sp<0);
fs=(sp.*F1l-sm.*F1r+sm.*sp.*(rr-rl))./(sp-sm);
dq(:,1)=q1.*F1l+q2.*fs+q3.*F1r;
fs=(sp.*F2l-sm.*F2r+sm.*sp.*(rur-rul))./(sp-sm);
dq(:,2)=q1.*F2l+q2.*fs+q3.*F2r;
fs=(sp.*F3l-sm.*F3r+sm.*sp.*(rvr-rvl))./(sp-sm);
dq(:,3)=q1.*F3l+q2.*fs+q3.*F3r;
fs=(sp.*F4l-sm.*F4r+sm.*sp.*(Er-El))./(sp-sm);
dq(:,4)=q1.*F4l+q2.*fs+q3.*F4r;
return
```

脚本 7.15: EulerHLL2Dy.m: 定义二维欧拉方程沿着 y 方向的 HLL 通量

```
function [dq]=EulerHLL2Dy(ql,qr,gamma)
% function [dq]=EulerHLL2Dy(ql,qr,gamma)
% Purpose: Evaluate HLL numerical flux for Euler's equation along y

% Extract states
rl=ql(:,1); rul=ql(:,2); rvl=ql(:,3); El=ql(:,4);
rr=qr(:,1); rur=qr(:,2); rvr=qr(:,3); Er=qr(:,4);

% Compute fluxes for left and right states
ul=rul./rl; vl=rvl./rl;
pl=(gamma-1)*(El-0.5*rl.*(ul.^2+vl.^2)); cl=sqrt(gamma*pl./rl);
F1l=rvl; F2l=rvl.*ul; F3l=rvl.*vl+pl; F4l=(El+pl).*vl;
sl=min(vl,min(vl+cl,vl-cl));

ur=rur./rr; vr=rvr./rr;
pr=(gamma-1)*(Er-0.5*rr.*(ur.^2+vr.^2)); cr=sqrt(gamma*pr./rr);
F1r=rvr; F2r=rvr.*ur; F3r=rvr.*vr+pr; F4r=(Er+pr).*vr;
sr=max(vr,max(vr+cr,vr-cr));
```

```
% Compute Roe average along x and velocity bounds
rs=(sr.*rr-sl.*rl+F1l-F1r)./(sr-sl);
rus=(sr.*rur-sl.*rul+F2l-F2r)./(sr-sl);
rvs=(sr.*rvr-sl.*rvl+F3l-F3r)./(sr-sl);
Es=(sr.*Er-sl.*El+F4l-F4r)./(sr-sl);

us=rus./rs; vs=rvs./rs;
ps=(gamma-1)*(Es-0.5*rs.*(us.^2+vs.^2)); cs=sqrt(gamma*ps./rs);

ssmi=min(vs,min(vs+cs,vs-cs)); ssma=max(vs,max(vs+cs,vs-cs));
sm=min(sl,ssmi); sp=max(sr,ssma);

% Compute flux
Nq=size(ql); N=Nq(1); dq=zeros(N,4);
q1=(sm>0); q2=(sp>=0).*(sm<=0); q3=(sp<0);
fs=(sp.*F1l-sm.*F1r+sm.*sp.*(rr-rl))./(sp-sm);
dq(:,1)=q1.*F1l+q2.*fs+q3.*F1r;
fs=(sp.*F2l-sm.*F2r+sm.*sp.*(rur-rul))./(sp-sm);
dq(:,2)=q1.*F2l+q2.*fs+q3.*F2r;
fs=(sp.*F3l-sm.*F3r+sm.*sp.*(rvr-rvl))./(sp-sm);
dq(:,3)=q1.*F3l+q2.*fs+q3.*F3r;
fs=(sp.*F4l-sm.*F4r+sm.*sp.*(Er-El))./(sp-sm);
dq(:,4)=q1.*F4l+q2.*fs+q3.*F4r;
return
```

使用一个等熵涡来评估格式的性能, 等熵涡定义见 1.4.2 节。等熵涡是可压缩欧拉方程的精确光滑解[26], 一个初始中心为 (x_0, y_0)、以恒定速度 (u_0, v_0) 移动的涡。IsentropicVortex2D.m 实现了该求解过程。

脚本 7.16: IsentropicVortex2D.m: 定义欧拉方程的精确等熵涡

```
function [r,ru,rv,E]=IsentropicVortex2D(x,x0,u0,y,y0,v0,gamma,beta,t)
% function [r,ru,rv,E]=IsentropicVortex2D(x,x0,u0,y,y0,v0,gamma,beta,t)
% Purpose: compute flow configuration given by
%     Y.C. Zhou, G.W. Wei / Journal of Computational Physics 189 (2003) 159

xs=x-u0*t-x0; ys=y-v0*t-y0; rr=sqrt(xs.^2+ys.^2);
u=u0-beta*exp(1-rr.^2).*ys/(2*pi); v=v0+beta*exp(1-rr.^2).*xs/(2*pi);
r=(1-((gamma-1)*beta^2*exp(2*(1-rr.^2))/(16*gamma*pi^2))).^(1/(gamma-1));
ru=r.*u; rv=r.*v; E=r.^gamma/(gamma-1)+0.5*r.*(u.^2+v.^2);
return
```

为了评估该格式的准确性, 取 $\beta = 5$, $(x_0, y_0) = (0, 0)$, 以及 $(u_0, v_0) = (1, 0)$。

在表 7.1 中, 列出了在 $T = 1$ 时, 使用不同通量计算的一些守恒变量的误差, 误差单位为 $\|\cdot\|_{h,1}$。正如预期的那样, 对于一个光滑解的情况, 三种通量的收敛性为 $\mathcal{O}(h)$。此外, 可以明显看到使用高级的 HLL 通量更具优势, 比使用全局拉克斯–弗里德里希斯通量得到的结果更为准确。事实上, 使用 $N_x = N_y = 399$ 的 HLL 通量得到的结果, 其精度与使用 $N_x = N_y = 799$ 的全局拉克斯–弗里德里希斯通量得到的结果相当。

表 7.1　不同数值通量对二维欧拉方程等熵涡的求解误差。每列显示在 $T = 1$ 时, 使用三种通量计算的守恒变量的误差, 误差单位为 $\|\cdot\|_{h,1}$

$N_x = N_y$	全局 LF		局部 LF		HLL	
	ρ	ρu	ρ	ρu	ρ	ρu
199	4.08e-1	8.03e-1	3.21e-1	6.20e-1	2.27e-1	4.75e-1
399	2.31e-1	4.47e-1	1.75e-1	3.32e-1	1.20e-1	2.49e-1
799	1.24e-1	2.37e-1	9.19e-2	1.73e-1	6.21e-2	9.88e-2
1599	6.47e-2	1.23e-1	4.72e-2	8.82e-2	3.16e-2	6.45e-2

为进一步评估这些方法的质量, 特别是不同数值通量的影响, 下面以二维激波管问题为例 (问题定义见 1.4.2 节)。

以 No.4 黎曼问题 (见 [3, 23]) 作为示例进行分析, 它包含四个相互作用的激波。如图 7.3 所示, 在时间 $T = 0.25$ 时, 选择不同分辨率和通量求解的密度 ρ。虽然精确解未知, 但结果表明数值解收敛到参考解。另外, 通过增加分辨率或者选择一个更高级的数值通量, 可以改善计算结果的局部细节并使激波阵面更加准确。

接下来, 分析更具挑战性的 No.12 黎曼问题 (见 [3, 23]), 它包含两个激波和两个接触波。回顾 Sod 问题的结果, 接触波存在显著的扩展。图 7.4 显示了类似的结果, 即使使用 HLL 通量, 接触波的分辨率仍然很差。正如之前讨论过的, 这与接触波的性质有关, 接触波表现为线性波, 其中耗散效应会积累。解决这一问题的唯一方法是发展更高阶的格式。

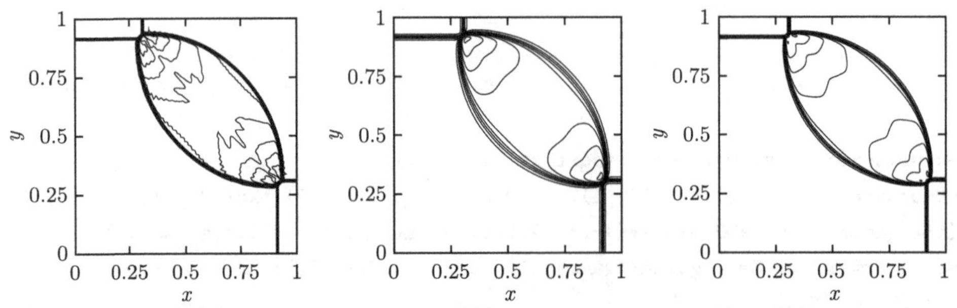

(a) 参考解　(b) LF通量, $N_x = N_y = 399$　(c) LF通量, $N_x = N_y = 799$

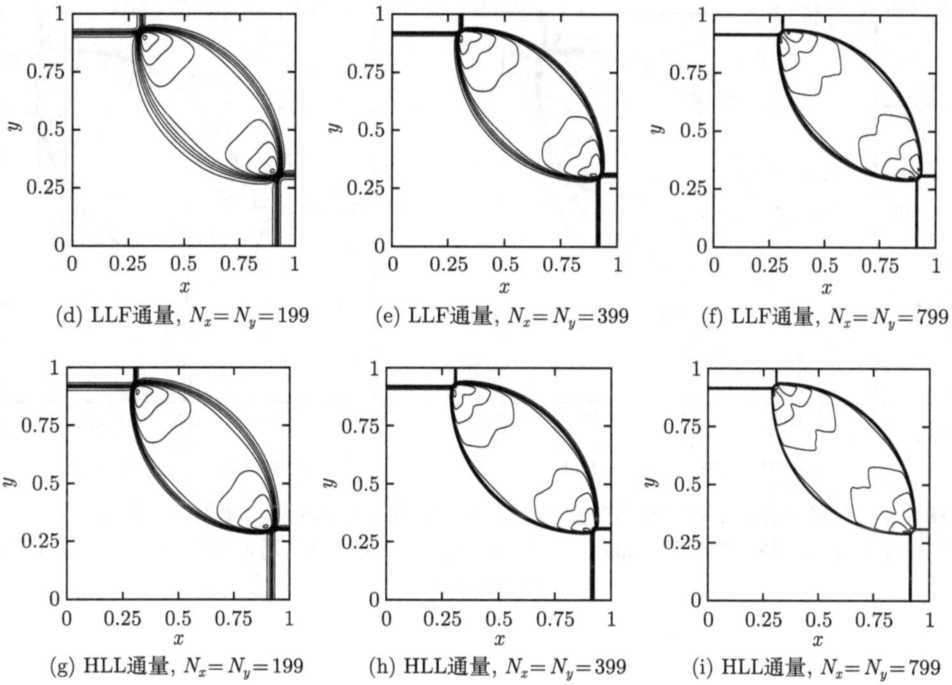

(d) LLF通量, $N_x = N_y = 199$　(e) LLF通量, $N_x = N_y = 399$　(f) LLF通量, $N_x = N_y = 799$

(g) HLL通量, $N_x = N_y = 199$　(h) HLL通量, $N_x = N_y = 399$　(i) HLL通量, $N_x = N_y = 799$

图 7.3　计算包含四个激波的 No.4 黎曼问题 (见 [3,23]) 的密度。$T = 0.2$。图 (a) 表示高分辨率参考解。依次使用拉克斯–弗里德里希斯 (LF) 通量、局部拉克斯–弗里德里希斯 (LLF) 通量、HLL 通量三种数值通量

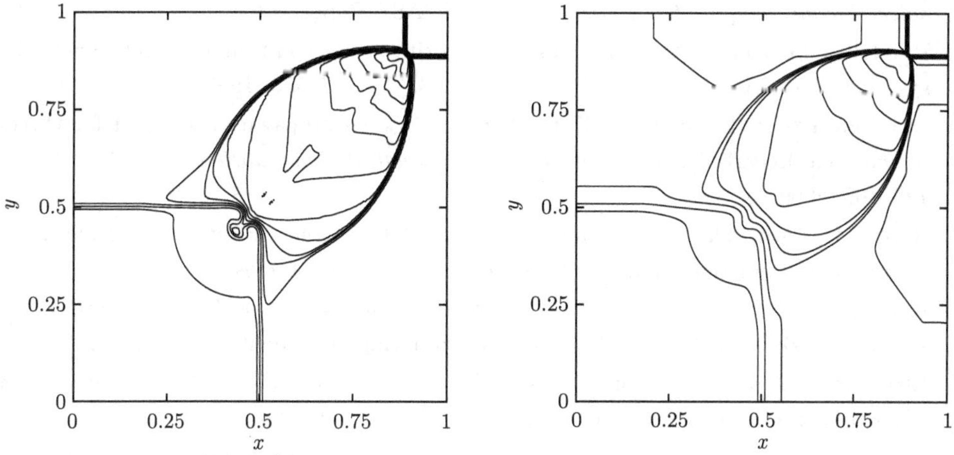

(a) 参考解　(b) LLF通量, $N_x = N_y = 799$

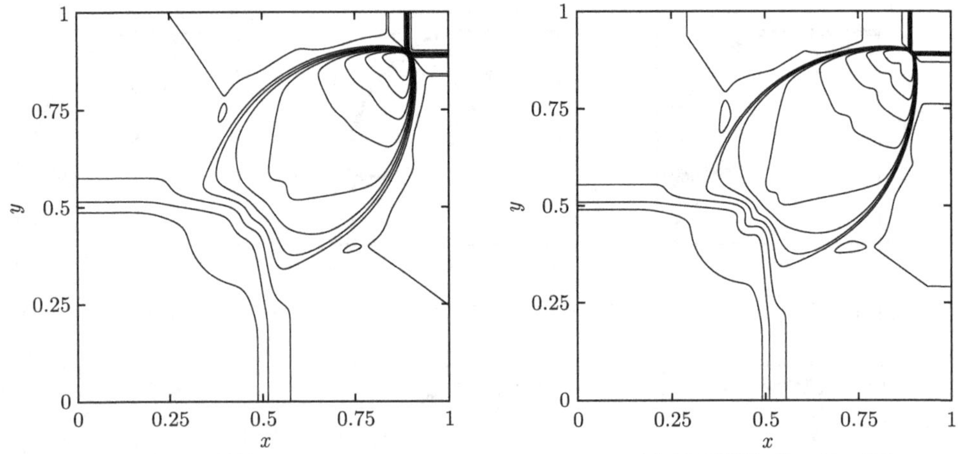

(c) HLL通量, $N_x = N_y = 399$　　(d) HLL通量, $N_x = N_y = 799$

图 7.4　计算包含两个激波和两个接触波的 No.12 黎曼问题 (见 [3,23]) 的密度。$T = 0.2$。图 (a) 表示高分辨率参考解。依次使用局部拉克斯–弗里德里希斯 (LLF) 通量、HLL 通量两种数值通量

参考文献

[1] Phillip Colella. Multidimensional upwind methods for hyperbolic conservation laws. *Journal of Computational Physics*, 87(1): 171–200, 1990.

[2] David Sidilkover. *A genuinely multidimensional upwind scheme and efficient multigrid solver for the compressible Euler equations.* ICASE Report, 1994.

[3] Randall J LeVeque. Wave propagation algorithms for multidimensional hyperbolic systems. *Journal of Computational Physics*, 131(2): 327–353, 1997.

[4] Jan Olav Langseth and Randall J LeVeque. A wave propagation method for three-dimensional hyperbolic conservation laws. *Journal of Computational Physics*, 165(1): 126–166, 2000.

[5] Robert Eymard, Thierry Gallouët, and Raphatèle Herbin. Finite volume methods, handbook of numerical analysis. *Handbook of Numerical Analysis*, 7: 713, 2000.

[6] Randall J LeVeque. *Finite volume methods for hyperbolic problems*, volume 31 of *Cambridge Texts in Applied Mathematics.* Cambridge University Press, 2002.

[7] Eleuterio F Toro. *Riemann solvers and numerical methods for fluid dynamics: a practical introduction.* Springer Science & Business Media, 2009.

[8] John A Trangenstein. *Numerical solution of hyperbolic partial differential equations.* Cambridge University Press, 2009.

[9] Henk Kaarle Versteeg and Weeratunge Malalasekera. *An introduction to computational fluid dynamics: the finite volume method.* Pearson Education, 2007.

[10] TJ Barth and M Ohlberger. Finite volume methods: foundation and analysis. *Encyclopedia of Computational Mechanics*, 2004.

[11] YC Zhou and GW Wei. High resolution conjugate filters for the simulation of flows. *Journal of Computational Physics*, 189(1): 159–179, 2003.

[12] Peter D Lax and Xu-Dong Liu. Solution of two-dimensional Riemann problems of gas dynamics by positive schemes. *SIAM Journal on Scientific Computing*, 19(2): 319–340, 1998.

[13] Alexander Kurganov and Eitan Tadmor. Solution of two-dimensional Riemann problems for gas dynamics without Riemann problem solvers. *Numerical Methods for Partial Differential Equations: An International Journal*, 18(5): 584–608, 2002.

第 8 章　高阶精度及其挑战

尽管单调格式的发展提供了一系列强大、灵活且鲁棒的方法, 但相关讨论也揭示了一些明显的局限性。可能其中最关键的一点是对一阶精度的限制, 以及这种限制对解分辨率的影响。例如, 即使使用非常精细的空间网格, 接触波仍较为模糊。

在本书的第三部分, 也是最为详尽的一部分中, 我们致力于发展用于守恒律的高阶精度格式。这么做的最终目的在于, 用更少的资源实现更多的效果, 也就是, 在不会显著增加计算成本的情况下, 开发出比一阶精度格式更精确的格式。虽然这一目标看似简单, 但实际上存在巨大的挑战。在本书之前的讨论中就已经说明了一些问题。比如, 在例 4.4 中, 我们注意到二阶精度的拉克斯–温德罗夫格式虽然在激波陡峭程度方面表现优越, 但却在激波上游处引入了人为的振荡。在 5.3.5 节求解欧拉方程时, 也能观察到类似的现象。

根据第 4 章的讨论, 要实现高阶精度, 必须舍弃单调格式的概念, 转而寻求其他方法来控制振荡, 以保证解的稳定性。此外, 根据戈杜诺夫定理 (Godunov's theorem), 对于守恒律方程, 不可能开发出高阶精度的线性格式。因此, 我们必须探索更先进的非线性格式, 即与解相关的格式。

本章将更详细地讨论高阶精度方法在求解守恒律方程时的优缺点, 力求揭示我们之前所观察到一些挑战的原因, 为本书后续来发展更普适高阶精度格式奠定了基础。

8.1　优　　点

为了量化守恒律方程高阶精度格式的意义, 考虑线性问题

$$\frac{\partial u}{\partial t}+a\frac{\partial u}{\partial x}=0,\quad x\in[0,2\pi]$$

具有周期性边界条件和初始条件 $u_0(x)$。精确解为 $u(x,t)=u_0(x-at)$, 其中, 相速率 a 为实数。

让我们引入网格 $x_j=jh, j=0\cdots N, h=\dfrac{2\pi}{N+1}$, 并假设每个网格点 x_j 的

邻域解可以用多项式表示为

$$u(x,t) \simeq u_h(x,t) = \sum_{m=-p}^{q} u_{j+m}(t)\ell_{j+m}(x), \quad x \in [x_{j-p}, x_{j+q}]$$

这里 $\ell_{j+m}(x)$ 是 $p+q$ 阶的插值拉格朗日多项式

$$\ell_{j+k}(x) = \prod_{\substack{l=-p \\ l\neq k}}^{q} \frac{x - x_{j+l}}{x_{j+k} - x_{j+l}}$$

并且 $u_{j+m}(t) = u(x_{j+m}, t)$。现在可以通过求 u_h 在 x_j 处的导数, 来近似 u 在 x_j 处的导数。根据 p 和 q 的选择, 可以得到以下近似:

$$\left.\frac{\partial u}{\partial x}\right|_{x_j} \simeq \begin{cases} D_h^- u_j, & p=1, q=0 \\ D_h^+ u_j, & p=0, q=1 \\ D_h^0 u_j, & q=p=1 \\ D_h^0\left(I - \dfrac{h^2}{6}D_h^+ D_h^-\right) u_j, & q=p=2 \\ D_h^0\left(I - \dfrac{h^2}{6}D_h^+ D_h^- + \dfrac{h^4}{30}(D_h^+)^2(D_h^-)^2\right) u_j, & q=p=3 \end{cases} \tag{8.1}$$

其中 $u_j = u_j(t) = u_h(x_j, t)$。这里借用了第 5 章的算符来表示格式模板, 前三个格式为有限差分格式 (详细讨论见第 5 章), 具有一阶和二阶精度; 后两个格式分别是具有四阶和六阶精度的中心差分格式。

为了深入了解这些近似的准确性, 回顾与拉格朗日插值相关的误差项[37]:

$$u(x,t) - u_h(x,t) = \frac{u^{(p+q+1)}(\xi, t)}{(p+q+1)!} \prod_{m=-p}^{q} (x - x_{j+m}), \quad \xi \in [x_{j-p}, x_{j+q}]$$

求它在 x_j 处的导数

$$\left.\left(\frac{\partial u}{\partial x} - \frac{\partial u_h}{\partial x}\right)\right|_{x_j} = (-1)^q \frac{p!q!u^{(p+q+1)}(\xi, t)}{(p+q+1)!} h^{p+q} \tag{8.2}$$

由此证实了我们对精度的预期。

构造拉格朗日多项式并对其直接求导, 可以用于推导任意阶的格式。为简单起见, 考虑 $m=p=q$ 下的中心格式, 经简单的代数运算, 得到精度为 $\mathcal{O}(h^{2m})$ 的格式

$$\left.\frac{\partial u_h}{\partial x}\right|_{x_j}=\sum_{n=1}^{m}\alpha_n^m\frac{E_n-E_{-n}}{2nh}u_j,\ \alpha_n^m=-2(-1)^2\frac{(m!)^2}{(m-n)!(m+n)!} \tag{8.3}$$

类似地, 可以推导出一般的单侧模板或非均匀网格模板。在 [6,43] 中给出了一种优雅的算法, 用于计算任何情况下对应的模板权重。

在深入理解这些高阶格式的性质之前, 先考虑一个例子以获得一些直观的理解。

例 8.1 考虑线性波动方程

$$\frac{\partial u}{\partial t}+a\frac{\partial u}{\partial x}=0,\quad x\in[0,1]$$

具有周期性边界条件和初始条件

$$u_0(x)=\exp(\sin(2\pi x))$$

使用标准的有限差分法来求解该问题, 形式如下

$$\left.\frac{\partial u_h}{\partial t}\right|_{x_j}+a\left.\frac{\partial u_h}{\partial x}\right|_{x_j}=0$$

并考虑 (8.1) 给出的空间倒数的差分近似。采用一个稳定时间积分法, 确保所有来自对时间积分的误差可以被忽略。

图 8.1 中展示三种不同精度的格式, 对于网格点数 $N=128$、三个不同时刻, 计算得到 $a=1$ 的解。首先观察到, 一阶迎风格式迅速将解的波动耗散, 并达到一个常数值, 这体现了质量的守恒性

$$\int_0^1\exp(\sin(2\pi x))dx=1.26606587\cdots$$

与二阶中心格式得到的结果进行比较, 有两处明显差异。一个在于, 由二阶精度格式获得的解能够在相当长的时间里保持准确性; 另一个在于, 随着波开始分解, 它的表现也与耗散格式得到的有不同性质。最后, 对于四阶格式, 精度非常出色, 即使在经过 100 个传播周期后, 仍然保持良好的精度, 证明了精度的提升。为了进一步确认四阶格式, 继续计算 $T=1000$ 和 $T=10000$ 的情况。结果见图 8.2, 可以观察到, 最终解的精确情况与用二阶格式得到的结果是类似的。

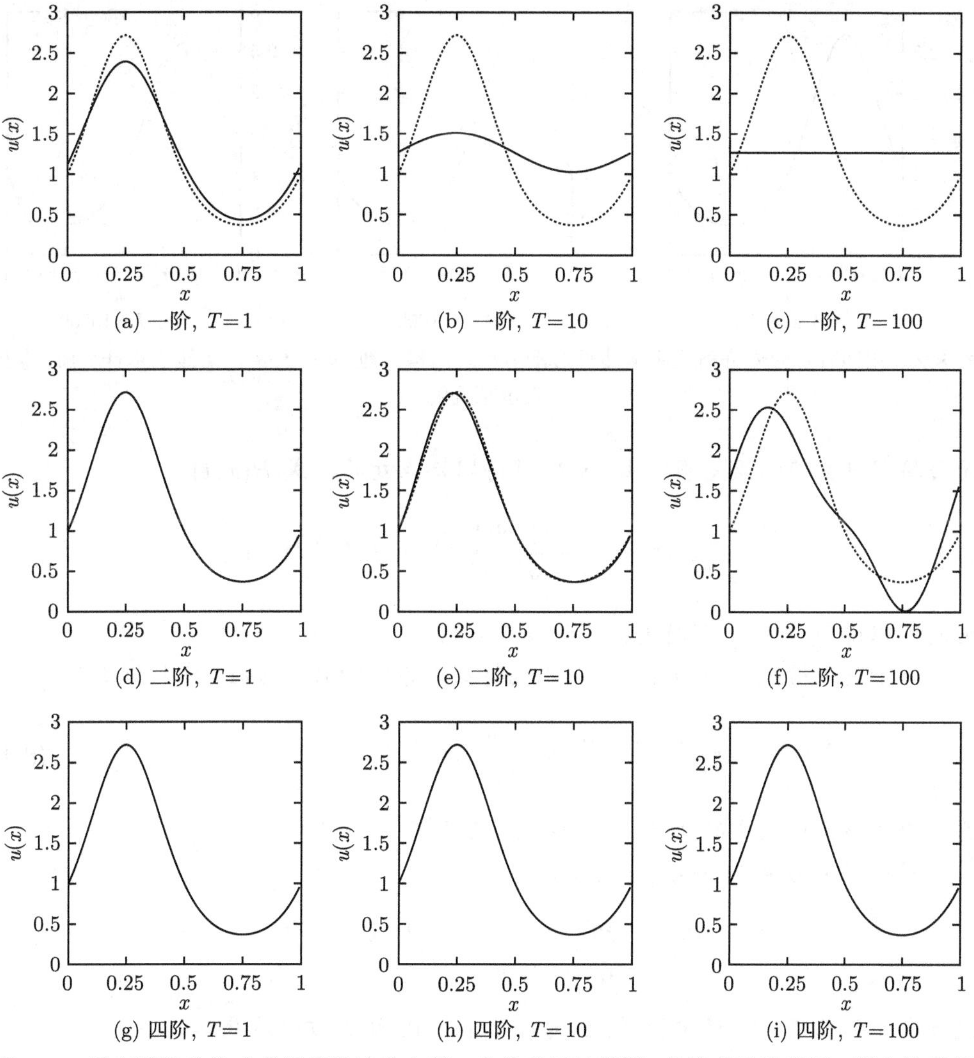

图 8.1　用有限差分格式求解线性波动方程。实线表示计算解, 虚线表示精确解。所有结果都用 $N=128$ 个网格点计算至时间 T

通过分析修正方程, 可以定性解释长时间求解后计算结果的差异性[34]。即寻求一个完全满足数值格式的光滑解 $v=(x,t)$。忽略时间误差, 可得

$$\frac{\partial v}{\partial t}+a\left(\frac{\partial v}{\partial x}-R(x,t)\right)=0$$

其中

$$R(x,t)=\frac{1}{(p+q+1)!}\frac{\partial}{\partial x}\left(\prod_{m=-p}^{q}(x-x_{j+m})v^{(p+q+1)}(\xi,t)\right)$$

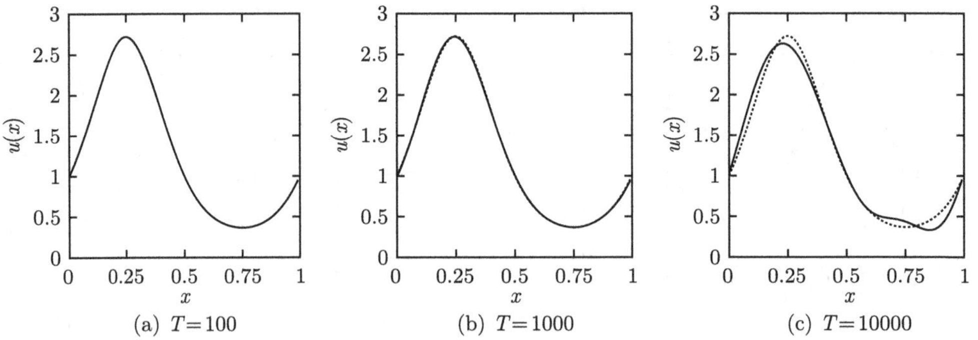

图 8.2　用四阶有限差分格式求解线性波动方程。网格点数 $N=128$ 。实线表示计算解, 虚线表示精确解

是拉格朗日插值的误差项。由 (8.2) 可得网格点处的余式 $R(x,t)$,

$$R(x_j,t)=\frac{(-1)^q p!q!}{(p+q+1)!}h^{p+q}v^{(p+q+1)}(\xi,t),$$

由此可以得到 p 和 q 不同选择下的修正方程。

对于迎风格式 $(p=1,q=0)$, 我们得到主导阶的修正方程 (参见例 5.1)

$$\frac{\partial v}{\partial t}+a\frac{\partial v}{\partial x}=a\frac{h}{2}v^{(2)} \tag{8.4}$$

这突出了格式中固有的耗散, 以及它的一阶精度。

对于顺风格式 $(p=0,q=1)$, 则有

$$\frac{\partial v}{\partial t}+a\frac{\partial v}{\partial x}=-a\frac{h}{2}v^{(2)}$$

这反映了该格式的不稳定性质, 因为对于 $a>0$, 修正方程是病态的。

对二阶精度的中心格式, 则有

$$\frac{\partial v}{\partial t}+a\frac{\partial v}{\partial x}=-a\frac{h^2}{6}v^{(3)} \tag{8.5}$$

而四阶中心格式的修正方程为

$$\frac{\partial v}{\partial t}+a\frac{\partial v}{\partial x}=a\frac{h^4}{30}v^{(5)} \tag{8.6}$$

这两个修正方程在本质上是发散的, 会导致波速依赖于波的频率[41]。这正是图 8.1 和图 8.2 中观察到的现象。

尽管与低阶格式相比, 四阶格式精度更高, 但在评估格式时, 只有将格式的计算成本也考虑进去才是公平的。因为相比二阶格式求导, 四阶格式用了两倍的数据点。为了评估格式精度, 表 8.1 在给定分辨率的情况下给出了不同范数下的格式误差。

表 8.1　分辨率 N 和有限差分格式对线性波动问题误差的影响。以 $\|\varepsilon\|_{h,1}$ 和 $\|\varepsilon\|_{h,2}$ 测量 $T=\sqrt{2}$ 的误差, 其中 $\varepsilon = u - u_h$。最后一行表示收敛的近似速率

N	一阶迎风格式		二阶中心格式		四阶中心格式	
	$\|\varepsilon\|_{h,1}$	$\|\varepsilon\|_{h,2}$	$\|\varepsilon\|_{h,1}$	$\|\varepsilon\|_{h,2}$	$\|\varepsilon\|_{h,1}$	$\|\varepsilon\|_{h,2}$
16	6.09e-1	6.89e-1	2.94e-1	3.48e-1	4.54e-2	5.82e-2
32	4.43e-1	5.02e-1	7.92e-2	1.07e-1	3.12e-3	4.51e-3
64	2.82e-1	3.25e-1	1.97e-2	2.76e-2	2.01e-4	2.90e-4
128	1.65e-1	1.94e-1	4.94e-3	6.93e-3	1.26e-5	1.83e-5
256	9.06e-2	1.09e-1	1.24e-3	1.73e-3	7.89e-7	1.15e-6
512	4.78e-2	5.80e-2	3.09e-4	4.33e-4	4.94e-8	7.16e-8
1024	2.46e-2	3.01e-2	7.72e-5	1.08e-4	3.08e-9	4.47e-9
2048	1.25e-2	1.53e-2	1.93e-5	2.71e-5	1.93e-10	2.82e-10
4096	6.28e-3	7.73e-3	4.83e-6	6.77e-6	1.94e-11	2.87e-11
	$\mathcal{O}(h)$	$\mathcal{O}(h)$	$\mathcal{O}(h^2)$	$\mathcal{O}(h^2)$	$\mathcal{O}(h^4)$	$\mathcal{O}(h^4)$

对结果进行分析可知, $N=512$ 时的一阶迎风格式、$N=128$ 时的二阶中心格式以及 $N=16$ 时的四阶中心格式, 具有相当的精度。计算成本方面, 显然大大超过了减少一半的效果。

值得注意的是, 如果考虑 $p+q=N$ 的极端情况, 利用所有可用信息来求导数, 在适当光滑假设下, 可以估计误差为

$$h^N \simeq N^{-N} \simeq \frac{1}{N!}e^{-N}$$

这说明可能得到指数精度 (exponential accuracy)。这是有限差分格式的极限情况, 已经在 [42] 中进行了广泛讨论, 第 13 章将对其进行更为详细地讨论。

总的来说, 我们希望找到高阶方法能满足高精度需要, 或者能用最少的网格点得到适当的精度, 或者能解决需要长时间积分的问题。这些基本是守恒律问题求解的共性需要。

8.1.1　相位误差分析

在对高阶精度法在求解波动问题上的优点有了定性理解后, 下面尝试用更严格的方法来验证相关结论。对此, 引入相位误差进行分析, 详见 [11]。

延续上一节的讨论, 并考虑形如以下 $2m$ 阶数的半离散中心有限差分近似

$$\frac{du_j(t)}{dt} + a\sum_{n=1}^{m} \alpha_n^m \frac{E_n - E_{-n}}{2nh} u_j(t) = 0 \tag{8.7}$$

其中 $u_j(t) = u_h(x_j, t)$ 为 x_j 处的网格点值, α_n^m 由 (8.3) 给出。

为简单起见, 选择傅里叶模态 $u(x,0) = \exp(ilx)$ 作为初始值条件, 对应精确解 $u(x,t) = \exp(il(x-at))$, 其中 $l = 2\pi\tilde{\lambda}^{-1}$ 是波数, 而 $\tilde{\lambda}^{-1}$ 是与之相关的波长。更复杂的初始条件可以理解为傅里叶模态的线性组合。

由此推测, (8.7) 的半离散解可以采用类似连续解的形式

$$u_h(x,t) = \exp(il(x - a_{2m}(l)t)) \tag{8.8}$$

此处引入数值相速率 $a_{2m}(l)$。很快可以看到, 它同时由 m 和 l 决定。

定义相位误差:

$$e_{2m}(l) = \left|\frac{u(x,t) - u_h(x,t)}{u(x,t)}\right| = |1 - \exp(il(a - a_{2m}(l))t)| \simeq |l(a - a_{2m}(l))t|$$

对于每种 $2m$ 阶数近似, 通过将 (8.8) 代入格式中可以得到数值相速率。比如, 对于二阶格式, 可得

$$a_2(l) = a\frac{\sin(lh)}{lh} = a\left(1 - \frac{(lh)^2}{6} + \cdots\right)$$

而对于四阶格式, 则是

$$a_4(l) = a\frac{8\sin(lh) - \sin(2lh)}{6lh} = a\left(1 - \frac{(lh)^4}{30} + \cdots\right)$$

观察到格式的阶数反映在数值相速率的精度上, 通过例 8.1, 可知泰勒展开项可作为修正方程中的主导项。对于六阶中心格式, 有

$$a_6(l) = a\frac{45\sin(lh) - 9\sin(2lh) + \sin(3lh)}{30lh} = a\left(1 - \frac{(lh)^6}{140} + \cdots\right)$$

可知, 对于只考虑主导项, 各阶格式的相位误差为

$$e_2(l) = lat\frac{(lh)^2}{6},\quad e_4(l) = lat\frac{(lh)^4}{30},\quad e_6(l) = lat\frac{(lh)^6}{140}$$

接着，为了达到一个与问题无关的精度度量，遵循 [11]，引入两个无量纲变量 p 和 ν。这里，p 是单位波长网格点数 (points per wavelength)：

$$p=\frac{\tilde{\lambda}}{h}=\frac{2\pi}{lh}\Rightarrow lh=2\pi p^{-1}$$

当 p 很大时，一般期望具有较高计算精度，但同时计算成本也会很高。换句话说，对于一个固定数 m，p 直接决定了计算成本。我们还定义了解决问题所需的周期数 ν，

$$\nu=\frac{at}{\tilde{\lambda}}=\frac{lat}{2\pi}$$

这可以直接用来测量演化时长。通过这两个变量，可以将各阶格式的相位误差表示为

$$e_2(p,\nu)=\frac{\pi\nu}{3}(2\pi p^{-1})^2,\quad e_4(p,\nu)=\frac{\pi\nu}{15}(2\pi p^{-1})^4,\quad e_6(p,\nu)=\frac{\pi\nu}{70}(2\pi p^{-1})^6$$

我们现在找到了解决关键问题的答案：给定所需的精度 ε，如何选择使得 p 最小的 $2m$ 阶格式，从而使计算量最小化？即，要求相位误差 e_{2m} 小于一定容忍度 ε，从而

$$p_2(\varepsilon,\nu)\geqslant 2\pi\sqrt[2]{\frac{\nu\pi}{3\varepsilon}},\quad p_4(\varepsilon,\nu)\geqslant 2\pi\sqrt[4]{\frac{\nu\pi}{15\varepsilon}},\quad p_6(\varepsilon,\nu)\geqslant 2\pi\sqrt[6]{\frac{\nu\pi}{70\varepsilon}} \tag{8.9}$$

这说明，单位波长网格点数取决于容忍度 ε 和所需的演化时间 ν。

例 8.2 根据 (8.9) 对单位波长网格点数的估计，举例说明几个特定情况，分别具有不同的精度：

$\varepsilon=0.1$：

$$p_2(\nu)\geqslant 20\sqrt[2]{\nu},\quad p_4(\nu)\geqslant 7\sqrt[4]{v},\quad p_6(\nu)\geqslant 6\sqrt[6]{\nu}$$

$\varepsilon=0.01$：

$$p_2(\nu)\geqslant 64\sqrt[2]{\nu},\quad p_4(\nu)\geqslant 13\sqrt[4]{v},\quad p_6(\nu)\geqslant 8\sqrt[6]{\nu}$$

$\varepsilon=0.00001$：

$$p_2(\nu)\geqslant 643\sqrt[2]{\nu},\quad p_4(v)\geqslant 43\sqrt[4]{\nu},\quad p_6(v)\geqslant 26\sqrt[6]{\nu}$$

如预期的那样，我们看到，为保证较高精度，只有高阶格式是可行的。回想一下，上述表达式都是基于一维问题的假设，显然，高阶格式的优势有望在求解多维问题

时发挥更大的作用。然而, 即使对于一般的精度, 较高阶精度的方法也可能是有利的, 除非积分时间较短。

为了突出高阶方法在长时间积分中的重要性, 进行下面的分析.

$\nu = 1:$

$$p_2(\varepsilon) \geqslant 6\sqrt[2]{\varepsilon^{-1}}, \quad p_4(\varepsilon) \geqslant 3\sqrt[4]{\varepsilon^{-1}}, \quad p_6(\varepsilon) \geqslant 1\sqrt[6]{\varepsilon^{-1}}$$

$\nu = 10:$

$$p_2(\varepsilon) \geqslant 20\sqrt[2]{\varepsilon^{-1}}, \quad p_4(\varepsilon) \geqslant 5\sqrt[4]{\varepsilon^{-1}}, \quad p_6(\varepsilon) \geqslant 2\sqrt[6]{\varepsilon^{-1}}$$

$\nu = 100:$

$$p_2(\varepsilon) \geqslant 64\sqrt[2]{\varepsilon^{-1}}, \quad p_4(\varepsilon) \geqslant 29\sqrt[4]{\varepsilon^{-1}}, \quad p_6(\varepsilon) \geqslant 13\sqrt[6]{\varepsilon^{-1}}$$

$\nu = 1000:$

$$p_2(\varepsilon) \geqslant 202\sqrt[2]{\varepsilon^{-1}}, \quad p_4(\varepsilon) \geqslant 51\sqrt[4]{\varepsilon^{-1}}, \quad p_6(\varepsilon) \geqslant 19\sqrt[6]{\varepsilon^{-1}}$$

这清楚地表明, 对于长时间积分, 高阶方法是唯一可行的方法, 这与例 8.1 中的分析结果一致。

对于一般阶数的格式, 我们给出所需的单位波长网格点数

$$p_{2m}(\varepsilon, \nu) \geqslant 2\pi \sqrt[2m]{\frac{2\pi(m!)^2}{(2m+1)!}\frac{\nu}{\varepsilon}}$$

利用伽马函数的勒让德倍增公式 (Legendre's duplication formula), 得到

$$\lim_{m\to\infty} p_{2m}(\varepsilon, \nu) = \pi$$

这一点有一个有趣的结果, 即对于非常高阶的格式, 精度要求变得与积分时间无关。这正是全局傅里叶谱方法中的情况, 经过更详细的分析可以发现, p_{2m} 的极限是 2——这是能够唯一表示一个谐波的最小网格点数。这里参考 [10] 的相关结论, 并将在第 13 章再进行详细讨论。

最后, 考虑这些结果如何转化为对计算量的估计。估计如下

$$\begin{aligned} W_{2m}(\nu, \varepsilon) &= 2mp_{2m}K = 2mp_{2m}\frac{\nu}{kh\mathrm{CFL}_{2m}} \\ &= 2m\frac{p_{2m}^2}{\mathrm{CFL}_{2m}}\nu = \frac{2m\nu}{\mathrm{CFL}_{2m}}\sqrt[m]{2\pi\frac{(m!)^2}{(2m+1)!}\frac{\nu}{\varepsilon}} \end{aligned}$$

式中 K 为时间步长的总数, CFL_{2m} 为所用 CFL 数。可以假设这是 $\mathcal{O}(1)$。对于之前讨论的各阶格式, 计算量估计分别为

$$W_2(\nu,\varepsilon) \simeq 2\nu\frac{v}{\varepsilon},\quad W_4(\nu,\varepsilon) \simeq 2\nu\sqrt{\frac{\nu}{\varepsilon}},\quad W_6(\nu,\varepsilon) \simeq 3\nu\sqrt[3]{\frac{\nu}{\varepsilon}}$$

对于较大的 m 值, 即非常高阶的格式, 计算量估计为

$$W_{2m}(\varepsilon,\nu) \simeq m\nu$$

这说明是简单的关于格式阶数和积分长度的线性依赖。

在考虑波主导问题时, 当需要高精度或需要长时间积分时, 高阶精度方法是可取的, 甚至是必要的。此外, 即使只需要适当精度的情况, 通过高阶格式显著减少所需的总网格点数, 通常也是控制内存使用所必需的, 特别是在多维问题中。最后, 一个或许不那么显而易见的观点是, 对于多尺度问题, 即当最大的波数 l 可以非常大时, 高阶方法的优势是显而易见的。

8.2 缺 点

相位误差分析为发展高阶精度方法来解决守恒律问题提供了有力的依据。然而, 线性问题的半离散分析仅揭示了计算格式所需的某些特定要素, 只适用于解决一般的守恒律方程。最重要的是, 没有进行格式稳定性的相关讨论, 特别是对非线性问题。

在第 4 章中, 我们构建了单调格式, 这些格式在较宽松的条件下 (即 CFL 条件) 能够保证稳定性。然而, 我们也得出结论, 单调格式的精度仅限于一阶。在接下来的内容中, 我们将发展不同的稳定性概念, 来推动高阶精度稳定格式的研究。

8.2.1 总变差稳定性

如果首先将讨论限定在具有凸流量的标量守恒律方程上, 回顾 Oleinik 熵条件 (2.11) 确保了守恒律的熵解是总变差不增的, 即

$$TV(u(t)) \leqslant TV(u(0)),\quad TV(u(t)) = \sup_{\varepsilon}\int_{\Omega_x}\left|\frac{u(x+\varepsilon,t)-u(x,t)}{\varepsilon}\right|dx$$

其假定该解在 Ω_x 上是紧支撑的。

定义 $[0,T]$ 上的总变差为

$$\begin{aligned}TV_T(u) = &\limsup_{\varepsilon\to 0}\int_0^T\int_{\Omega_x}\left|\frac{u(x+\varepsilon,t)-u(x,t)}{\varepsilon}\right|dxdt\\ &+\limsup_{\varepsilon\to 0}\int_0^T\int_{\Omega_x}\left|\frac{u(x,t+\varepsilon)-u(x,t)}{\varepsilon}\right|dxdt\end{aligned}$$

转向守恒律方程的离散解 U_j^n, 得到

$$
\begin{aligned}
TV_T(U) &= \sum_j \sum_n \left[k|U_{j+1}^n - U_j^n| + h|U_j^{n+1} - U_j^n|\right] \\
&= \sum_n \left[k\|U^n\|_{TV} + \|U^{n+1} - U^n\|_{h,1}\right]
\end{aligned}
$$

式中引入了离散的总变差

$$
\|U^n\|_{TV} = \sum_j |U_{j+1}^n - U_j^n| = \sum_j |\Delta^+ U_j^n|
$$

如果存在一些常数 R, 使得 $TV_T(U) \leqslant R$, 则称该格式是总变差稳定的, 亦称为 TV-稳定的。回顾下列结论[34]。

定理 8.3　*对于一个利普希茨连续的数值通量的守恒格式, 假设总变差是有界的, 即存在 $k_0, R > 0$, 使得*

$$
\|U^n\|_{TV} \leqslant R
$$

对所有 (n, k) 成立, 其中 $k \leqslant k_0$, 那么该格式满足总变差稳定性 (TV-stability)。

证明　考虑一个守恒格式

$$
U_j^{n+1} = U_j^n - \frac{k}{h}[F_{j+1/2}^n - F_{j-1/2}^n], \quad F_{j+1/2}^n = F(U_{j-p}^n, \cdots, U_{j+q}^n)
$$

因此

$$
\|U^{n+1} - U^n\|_{h,1} = k \sum_j |F_{j+1/2}^n - F_{j-1/2}^n|
$$

由于数值通量是利普希茨连续的, 所以有

$$
|F_{j+1/2}^n - F_{j-1/2}^n| \leqslant M \max_{-p \leqslant l \leqslant q} |\Delta^- U_{j+l}^n| \leqslant M \sum_{l=-p}^{q} |\Delta^- U_{j+l}^n|
$$

其中 M 为利普希茨常数 (Lipschitz constant)。此外, 由于 U^n 是紧支撑的, 假设边界为 $\|U^n\|_{TV}$, 则有 $|U_j^n| \leqslant R/2$, 可得

$$
\begin{aligned}
\|U^{n+1} - U^n\|_{h,1} &\leqslant kM \sum_{l=-p}^{q} \sum_j |\Delta^- U_{j+l}^n| \\
&\leqslant kM \sum_{l=-p}^{q} \|U^n\|_{TV} \leqslant kM(p+q+1)R = \alpha k
\end{aligned}
$$

于是得到总变差有界, 即

$$TV_T(U) = \sum_n \left[k\|U^n\|_{TV} + \|U^{n+1} - U^n\|_{h,1}\right] \leqslant \sum_n [kR + \alpha k] \leqslant (\alpha + R)T$$

对 $n = 0, \cdots, T/k$ 成立。 □

因此, $\|U^n\|_{TV} \leqslant R$ 意味着满足总变差稳定性, 它本身足以保证一致格式的收敛性。由于我们采用了一个守恒的格式, 这个解一定是守恒律方程的一个弱解。

定理 4.5 说明一个单调格式也是总变差不增 (TVD) 的。此外, 定理 4.8 表明, 如果一个格式是 TVD 的, 它也一定是单调保持的, 即, 不产生人为振荡。这同样适用于总变差有界 (total variation bounded, TVB) 这样的稍弱条件。

另一方面, 回想对于线性格式而言, 单调保持格式也是单调的, 也就将精度限制在一阶。因此, 要研究高阶方法必须考虑非线性的情况, 格式必须符合解的需要。

现在我们回到标量守恒律方程, 探索 TVD 格式。文献 [39] 得到了一个具有开创性的结果。

定理 8.4　考虑如下周期性标量守恒律方程的格式

$$U_j^{n+1} = U_j^n - C_{j-1/2}\Delta^- U_j^n + D_{j+1/2}\Delta^+ U_j^n$$

其中 $C_{j-1/2}$ 和 $D_{j+1/2}$ 是可能依赖于 U_j^n 的系数。

如果

$$C_{j+1/2} \geqslant 0, \quad D_{j+1/2} \geqslant 0, \quad C_{j+1/2} + D_{j+1/2} \leqslant 1$$

那么, 这个格式是 TVD 的。

证明　利用 $\Delta^- U_j^n = \Delta^+ U_{j-1}^n$, 考虑如下格式

$$U_j^{n+1} = U_j^n - C_{j-1/2}\Delta^+ U_{j-1}^n + D_{j+1/2}\Delta^+ U_j^n$$

同样, 有变换后的格式

$$U_{j+1}^{n+1} = U_{j+1}^n - C_{j+1/2}\Delta^+ U_j^n + D_{j+3/2}\Delta^+ U_{j+1}^n$$

后式减前式, 得

$$\Delta^+ U_j^{n+1} = C_{j-1/2}\Delta^+ U_{j-1}^n + (1 - C_{j+1/2} - D_{j+1/2})\Delta^+ U_j^n + D_{j+3/2}\Delta^+ U_{j+1}^n$$

取绝对值, 利用三角不等式, 对所有网格点 j 求和, 得到

$$\begin{aligned}\|U^{n+1}\|_{TV} \leqslant \sum_j & |C_{j-1/2}||\Delta^+ U_{j-1}^n| + |(1 - C_{j+1/2} - D_{j+1/2})||\Delta^+ U_j^n| \\ & + |D_{j+3/2}||\Delta^+ U_{j+1}^n|\end{aligned}$$

因为我们假设了周期性边界条件, 意识到有

$$\sum_j |C_{j-1/2}||\Delta^+ U_{j-1}^n| = \sum_j |C_{j+1/2}||\Delta^+ U_j^n|$$

关于 R 上的问题, 可以使用类似的结论。

因此, 可以将下标移到 $j+1/2$, 得到

$$\|U^{n+1}\|_{TV} \leqslant \sum_j \left(|C_{j+1/2}| + |(1 - C_{j+1/2} - D_{j+1/2})| + |D_{j+1/2}|\right) |\Delta^+ U_j^n|$$

如果现在假设

$$C_{j+1/2} \geqslant 0, \quad (1 - C_{j+1/2} - D_{j+1/2}) \geqslant 0, \quad D_{j+1/2} \geqslant 0$$

就可以消去绝对值并得到

$$\|U^{n+1}\|_{TV} \leqslant \|U^n\|_{TV}$$

至此证毕。 □

这一结果为更高阶稳定格式指明了方向。然而, 为了意识到这可能是一个复杂的过程, 让我们通过一个例子来说明。

例 8.5 考虑一般格式

$$U_j^{n+1} = U_j^n - \lambda[F_{j+1/2}^n - F_{j-1/2}^n] = G(U_{j-1}^n, U_j^n, U_{j+1}^n)$$

简便起见, 我们只关注三点格式。

将这个格式改写成

$$U_j^{n+1} = U_j^n - \lambda \frac{f(U_j^n) - F_{j-1/2}^n}{\Delta^- U_j^n} \Delta^- U_j^n + \lambda \frac{f(U_j^n) - F_{j+1/2}^n}{\Delta^+ U_j^n} \Delta^+ U_j^n$$

对比定理 8.4 的格式, 可得相应系数

$$C_{j+1/2} = \lambda \frac{f(U_{j+1}^n) - F_{j+1/2}^n}{\Delta^+ U_j^n}, \quad D_{j+1/2} = \lambda \frac{f(U_j^n) - F_{j+1/2}^n}{\Delta^+ U_j^n}$$

因此, 要使该格式满足 TVD, 只需要 k 足够小, 并且数值通量 $F_{j+1/2}^n$ 满足下式

$$\forall u \in [U_j^n, U_j^{n+1}]: \quad \Delta^+ U_j^n (f(u) - F_{j+1/2}^n) \geqslant 0$$

该类型通量被称为 E-通量, 在 [55] 中首次引入。

对于单调通量，有 $F(\uparrow,\downarrow)$。此外，数值通量的一致性要求 $f(u)=F(u,u)$。因此，通过泰勒展开，有

$$F_{j+1/2}^n = F(U_j^n, U_{j+1}^n) = F(U_{j+1}^n, U_{j+1}^n) - \Delta^+ U_j^n \partial F_1(\xi, U_{j+1}^n)$$

其中 $\xi \in [U_j^n, U_{j+1}^n]$。这意味着

$$C_{j+1/2} = \lambda \frac{f(U_{j+1}^n) - F_{j+1/2}^n}{\Delta^+ U_j^n} = \lambda \partial F_1(\xi, U_{j+1}^n) \geqslant 0$$

类似的观点也适用于 $D_{j+1/2}$。因此，单调通量满足 E-通量要求，是一种 E-通量。注意，这并不排除基于 E-通量发展 TVD-稳定的高阶格式的可能性。

为了进一步探索这一点，考虑半离散格式[55]

$$\frac{dU_j}{dt} = -\frac{F_{j+1/2} - F_{j-1/2}}{h} \tag{8.10}$$

这里假设它是一个具有熵对 (η,ψ) 的标量守恒律方程的一致近似。

继续将 (8.10) 与 $\eta'(U_j)$ 相乘，并引入数值熵通量 Ψ，

$$\Psi_{j+1/2} = \eta'(U_{j+1})(F_{j+1/2} - f(U_{j+1})) + \psi(U_{j+1})$$

在 (8.10) 的两侧加上 $\Delta^-\Psi_{j+1/2}$，就得到

$$h\left(\frac{d\eta(U_j)}{dt} + \frac{\Psi_{j+1/2} - \Psi_{j-1/2}}{h}\right) = (\Delta^+\eta'(U_j))F_{j+1/2} - \Delta^+(\eta'(U_j)f(U_j) - \psi(U_j))$$

现在考虑

$$\begin{aligned}\Delta^+\psi(U_j) &= \int_{U_j}^{U_{j+1}} \psi'(\omega)d\omega = \int_{U_j}^{U_{j+1}} \eta'(\omega)f'(\omega)d\omega \\ &= \Delta^+(\eta'(U_j)f(U_j)) - \int_{U_j}^{U_{j+1}} \eta''(\omega)f(\omega)d\omega\end{aligned}$$

同样地，有

$$\left(\Delta^+\eta'(U_j)\right) F_{j+1/2} = \int_{U_j}^{U_{j+1}} \eta''(\omega)F_{j+1/2}d\omega$$

得到单元格熵条件

$$h\left(\frac{d\eta(U_j)}{dt} + \frac{\Psi_{j+1/2} - \Psi_{j-1/2}}{h}\right) = \int_{U_j}^{U_{j+1}} \eta''(\omega)[F_{j+1/2} - f(\omega)]d\omega \tag{8.11}$$

对于凸熵, 很容易得出结论, E-通量保证熵耗散, 从而收敛到唯一解。这一结果是在弱假设下得到的, 建立一个带有 E-通量、既是 TVD-稳定的又拥有单元格熵条件的格式。因此, 可以得到与单调格式同样坚实的理论基础。

现在假设有这样的 E-通量, 满足

$$C_{j+1/2}=\lambda\frac{f(U_{j+1}^n)-F_{j+1/2}^n}{\Delta^+U_j^n}\geqslant 0$$

如果考虑 $U_{j+1}^n\to U_j^n$ 的情况, 很快就会认识到这需要 $F(\cdot,\downarrow)$。类似地, 对于条件 $D_{j+1/2}\geqslant 0$ 意味着 $F(\uparrow,\cdot)$。换句话说, 一个 E-通量需要满足 $F(\uparrow,\downarrow)$, 因此是单调通量。但不幸的是, 一个使用 E-通量的方法最多只能达到一阶精度。

例 8.6　回顾线性波动方程

$$\frac{\partial u}{\partial t}+a\frac{\partial u}{\partial x}=0$$

服从适当的初始条件和周期性边界条件。考虑如下形式的格式

$$U_j^{n+1}=U_j^n-\lambda\frac{\Delta^+U_j^n+\Delta^-U_j^n}{2}+\frac{\lambda}{2}[\alpha_{j+1/2}\Delta^+U_j^n-\alpha_{j-1/2}\Delta^-U_j^n]\tag{8.12}$$

常数 $\alpha_{j\pm1/2}$ 可能通常依赖于 U^n。回到例 5.6, 观察到如果 $\alpha_{j+1/2}=\alpha_{j-1/2}=\lambda^{-1}$, 可以得到单调的拉克斯–弗里德里希斯格式。另一方面, 取 $\alpha_{j+1/2}=\alpha_{j-1/2}=\lambda$, 得到非单调的拉克斯–温德罗夫格式。由于 $\lambda\leqslant 1$, 这表明前一格式预计比后一个更具耗散性。

现在将 (8.12) 重写为定理 8.4 中的形式

$$U_j^{n+1}=U_j^n-\frac{\lambda}{2}(1+\alpha_{j-1/2})\Delta^-U_j^n-\frac{\lambda}{2}(1-\alpha_{j+1/2})\Delta^+U_j^n\tag{8.13}$$

从而, 可得

$$C_{j-1/2}=\frac{\lambda}{2}(1+\alpha_{j-1/2}),\quad D_{j+1/2}=-\frac{\lambda}{2}(1-\alpha_{j+1/2})$$

首先, 考虑最简单的情况 $\alpha=\alpha_{j+1/2}=\alpha_{j-1/2}$, 例 5.2 中的讨论指出该局部截断误差为

$$\tau_j^k=-\frac{a}{2h}(\alpha-\lambda)\frac{\partial^2u}{\partial x^2}+\mathcal{O}(h^2).$$

因此, 要获得比一阶精度更高的精度, 必须有 $\alpha=\lambda\leqslant 1$。另一方面, 定理 8.4 的结果表明, 只有 $\alpha\geqslant 1$, 确保 $D_{j+1/2}\geqslant 0$ 时, 该格式才能是 TVD 的。唯一解是取 $\alpha=1$, 由此可得

$$U_j^{n+1}=U_j^n-\lambda\Delta^-U_j^n$$

我们将其视作一阶迎风格式。

为开发一个高阶格式, 遵循 [9] 中的讨论并定义 (8.13) 中 $\phi_{j+1/2}=1-\alpha_{j+1/2}$ 以得到

$$U_j^{n+1}=U_j^n-\frac{\lambda}{2}(2-\phi_{j-1/2})\Delta^-U_j^n-\frac{\lambda}{2}\phi_{j+1/2}\Delta^+U_j^n \tag{8.14}$$

通过定义 $r_j=\Delta^-U_j^n/\Delta^+U_j^n$, 消去 $\Delta^+U_j^n$, 得

$$U_j^{n+1}=U_j^n-\lambda\left[1+\frac{1}{2}\left(\frac{\phi_{j+1/2}}{r_j}-\phi_{j-1/2}\right)\right]\Delta^-U_j^n=U_j^n-C_{j-1/2}\Delta^-U_j^n$$

根据定理 8.4, 该格式在满足以下条件时是 TVD 的

$$0\leqslant\lambda\left[1+\frac{1}{2}\left(\frac{\phi_{j+1/2}}{r_j}-\phi_{j-1/2}\right)\right]\leqslant 1$$

或者, 等价地,

$$-2\leqslant\frac{\phi_{j+1/2}}{r_j}-\phi_{j-1/2}\leqslant\frac{2(1-\lambda)}{\lambda}$$

如果将注讨论限制在 $\lambda\leqslant 1/2$ 的情况下, 这个不等式可进一步简化为

$$0\leqslant\phi_{j+1/2}\leqslant 2(1\wedge r_j^+)$$

这里借用了定理 4.5 中定义的符号。当这些条件成立时, 该格式是 TVD 的, 如图 8.3 所示。

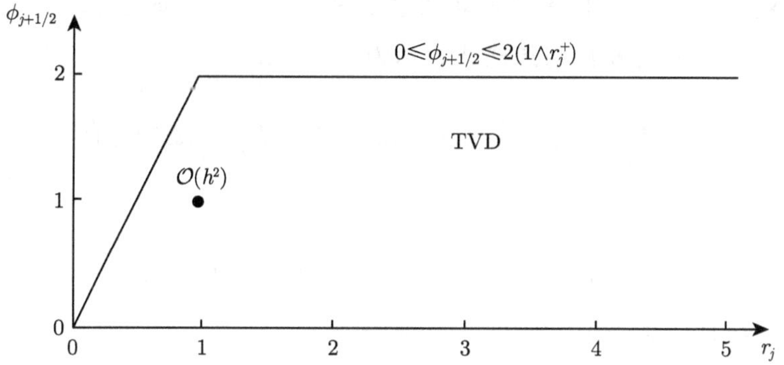

图 8.3　在 (r,ϕ)-空间区域, 线性波动方程的格式为总变差不增 (TVD)。假设 $\phi_{j+1/2}(1)=1$, 且 $\phi_{j+1/2}(r)$ 是光滑的, 可以得到二阶精度

为了理解对精度的要求, 对 (8.14) 进行空间求导, 得到下面近似:

$$\frac{\lambda}{2}(2-\phi_{j-1/2})\Delta^-U_j^n+\frac{\lambda}{2}\phi_{j+1/2}\Delta^+U_j^n$$

假设精确解是光滑的, 则半离散局部截断误差为

$$\tau_j(t) = -\frac{a}{2}(2 - \phi_{j-1/2} + \phi_{j+1/2})\frac{\partial u}{\partial x} - a\frac{h}{4}(-2 + \phi_{j-1/2} + \phi_{j+1/2})\frac{\partial^2 u}{\partial x^2} + \mathcal{O}(h^2)$$

为了确保二阶精度, 必须要求

$$\phi_{j+1/2} - \phi_{j-1/2} = \mathcal{O}(h^2), \quad 1 - \frac{1}{2}(\phi_{j+1/2} + \phi_{j-1/2}) = \mathcal{O}(h) \tag{8.15}$$

假设 $\phi_{j+1/2} = \phi_{j+1/2}(r_j)$, 即关于 r_j 的函数, 首先观察到

$$r_j = \frac{\Delta^- U_j^n}{\Delta^+ U_j^n} \simeq 1 - h\frac{u_{xx}(x_j)}{u_x(x_j)} + \mathcal{O}(h^2)$$

这意味着当 h 趋近于零时, r_j 趋近于 1。进一步有

$$\phi_{j+1/2}(r_j) \simeq \phi_{j+1/2}(1) - h\frac{u_{xx}(x_j)}{u_x(x_j)}\phi'_{j+1/2}(1) + \mathcal{O}(h^2)$$

$$\phi_{j-1/2}(r_{j-1}) \simeq \phi_{j-1/2}(1) - h\frac{u_{xx}(x_j)}{u_x(x_j)}\phi'_{j-1/2}(1) + \mathcal{O}(h^2)$$

结合 (8.15), 得到二阶精度的充分条件: $\phi_{j+1/2}(1) = 1$ 并且 $\phi_{j+1/2}(r_j)$ 是 r_j 的光滑函数。

不幸的是, 能够实现的有一定的限制 [51]。

定理 8.7 一个 TVD-稳定的格式在局部极值非声速处至多具有一阶精度。

证明 根据定理 8.4, 将该格式表示为

$$U_j^{n+1} = U_j^n - \frac{k}{h}(\widetilde{C}_{j-1/2}\Delta^- U_j^n - \widetilde{D}_{j+1/2}\Delta^+ U_j^n)$$

其中

$$C_{j-1/2} = \frac{k}{h}\widetilde{C}_{j-1/2}, \quad D_{j+1/2} = \frac{k}{h}\widetilde{D}_{j-1/2}$$

为了使对 h 依赖性显式化, 考虑局部截断误差:

$$\begin{aligned}
&\frac{1}{h}(\widetilde{C}_{j-1/2}\Delta^- U_j^n - \widetilde{D}_{j+1/2}\Delta^+ U_j^n) \\
=&(\widetilde{C}_{j-1/2}(u) - \widetilde{D}_{j+1/2}(u))\frac{\partial u}{\partial x} - \frac{h}{2}(\widetilde{C}_{j-1/2}(u) + \widetilde{D}_{j+1/2}(u))\frac{\partial^2 u}{\partial x^2} \\
&+ (\widetilde{C}_{j-1/2} - \widetilde{C}_{j-1/2}(u) + \widetilde{D}_{j+1/2}(u) - \widetilde{D}_{j+1/2})\frac{\partial u}{\partial x} + \mathcal{O}(h^2)
\end{aligned}$$

其中 $\widetilde{C}_{j-1/2}(u)=\widetilde{C}_{j-1/2}(u,u,u,\cdots,u)$, u 是一个光滑精确解。

为了一致性, 需要

$$\widetilde{C}_{j-1/2}(u)-\widetilde{D}_{j+1/2}(u)=-f'(u)$$

在极值 $(u_{xx}\neq 0)$ 处的二阶精度要求

$$\widetilde{C}_{j-1/2}(u)+\widetilde{D}_{j+1/2}(u)=0$$

当组合在一起时, 就产生了条件

$$\widetilde{C}_{j-1/2}(u)=-\frac{1}{2}f'(u),\quad \widetilde{D}_{j+1/2}(u)=\frac{1}{2}f'(u)$$

然而, 这违背了定理 8.4 的结论, TVD 格式的两个系数必须为正。 □

这个结果将 TVD 格式的局部精度限制为一阶, 从而导致其在全局范数下的精度极限为二阶[26]。

对于超过一维的问题, 情况实际上更为复杂。

定理 8.8 二维守恒律方程的 TVD 格式至多能精确到一阶。

这个结果在 [45] 中得到了证明, 读者可以参考该文献以获取详细信息。

这是一个令人失望的结果, 因为它似乎将高阶精度的 TVD 格式的值限制在一维情况。假设极值的个数有限, 当使用 $\|\cdot\|_{h,p}$ 测量时, 精度被限制在 $\mathcal{O}(h^{1+1/p})$。然而, 尽管有这样的结论, 使用一维 TVD 格式求解多维守恒律方程, 往往仍能获得不错的结果。

如果稍微放宽 TVD 条件, 而要求格式是总变差有界 (TVB) 的, 就会得到一个有趣的结果。让我们允许总变差稍微增加 点.

$$\|U^{n+1}\|_{TV}\leqslant\|U^n\|_{TV}+\alpha k\leqslant(1+\alpha k)\|U^n\|_{TV}$$

这里 $\alpha>0$ 是一个常数。总变差可以保持有界, 只要

$$\|U^n\|_{TV}\leqslant(1+\alpha k)^n\|U^0\|_{TV}\leqslant e^{\alpha t^n}\|U^0\|_{TV}$$

其中 $nk=t^n$。正如文献 [28] 中论证的, 这一微小的修正, 可以使格式在光滑极值处保持精度, 从而重新燃起了构造统一高阶格式的希望。

根据文献 [12] 所述, 总变差有界可以确保收敛性, 具体论述如下。

定理 8.9 假设当 $(h_l,k_l)\to 0$ 且 $l\to\infty$, U_j^n 是一个紧支撑且一致有界的解序列。此外, 假设数值通量是一致的且解是总变差有界的。那么, 存在一个子序列收敛于守恒律方程的弱解。

为了发挥 TVB 格式的潜力, 考虑一个三点格式

$$U_j^{n+1} = U_j^n - \lambda[F_{j+1/2}^n - F_{j-1/2}^n] \tag{8.16}$$

并且假设它是 TVD 的。首先需要解决的问题是需要进行多大的改动才能克服 TVD 性质对精度的限制。假设可以修改数值通量, 使得

$$\widetilde{F}_{j+1/2}^n = F_{j+1/2}^n + c_{j+1/2}$$

对一些适当的 $c_{j+1/2}$ 成立。现在考虑下面格式来更好地求解守恒律方程

$$\widetilde{U}_j^{n+1} = \widetilde{U}_j^n - \lambda[\widetilde{F}_{j+1/2}^n - \widetilde{F}_{j-1/2}^n] \tag{8.17}$$

并以 TVD 形式来表示该格式, 可得

$$U_j^{n+1} = U_j^n - C_{j-1/2}\Delta^- U_j^n + D_{j+1/2}\Delta^+ U_j^n$$

回顾

$$C_{j+1/2} = \lambda\frac{f(U_{j+1}^n) - \widetilde{F}_{j+1/2}^n}{\Delta^+ U_j^n}, \quad D_{j+1/2} = \lambda\frac{f(U_j^n) - \widetilde{F}_{j+1/2}^n}{\Delta^+ U_j^n}.$$

为了评估可以做出改变的程度, 考虑以下内容

$$\widetilde{F}_{j+1/2}^n - f(U_j^n)$$

这里应该以一种影响极值处精度而不破坏稳定性的方式进行修改。通过一致性, $f(U_j^n) = F(U_j^n, U_j^n)$, 得到

$$\widetilde{F}_{j+1/2}^n - f(U_j^n) = c_{j+1/2} + \Delta^+ U_j^n \partial_2 F(U_j^n, U_j^n) + \frac{1}{2}(\Delta^+ U_j^n)^2 \partial_{22} F(U_j^n, U_j^n) - \cdots$$

如果假设 U_j^n 足够光滑, h 足够小, 则可得

$$\widetilde{F}_{j+1/2}^n - f(U_j^n) = c_{j+1/2} + C_1 h + C_2 h^2$$

式中三个系数 C_i 取决于 u, u_x, u_{xx}, 但不依赖于 h。如果首先考虑 $C_1 > 0$ 的情况, 则不需要修正项 $c_{j+1/2}$。但如果 $C_1 = 0$, 正如在局部极值处的情况一样, 可以用 $c_{j+1/2}$ 来修正极值附近的精度。因此, 可以得出结论: $c_{j+1/2} = Ch^2$ 足以控制 TVD 格式中精度的局部下降。

然而, 目前尚不清楚这种修改是否能产生一个 TVB-稳定的格式。为理解这一点, 考虑 (8.16) 和 (8.17) 这两个格式。假定 $U_j^n = \widetilde{U}_j^n$, 然后一个格式中减去另一个, 得到

$$\widetilde{U}_j^{n+1} = U_j^{n+1} - \frac{k}{h}[c_{j+1/2} - c_{j-1/2}]$$

从中, 有

$$\|\widetilde{U}^{n+1}\| \leqslant \|U^{n+1}\|_{TV} + 2N\frac{k}{h}\max|c_{j+1/2}| \leqslant \|U^n\|_{TV} + 2L\frac{k}{h^2}\max|c_{j+1/2}|$$

式中, L 是区域的长度, N 是网格点数。

假设最大 $|c_{j+1/2}| \propto h^2$, TVB 稳定性来自原始格式的 TVD 稳定性。因此, 对 TVD 格式进行 $\mathcal{O}(h^2)$ 修正以克服局部极值的一阶精度是必要且充分的。正如我们之后将讨论的那样, 这出乎意料地简单, 并为构造一致高阶精度的格式开辟了可能性。

虽然这是令人鼓舞的消息, 但不应忘记, TVD/TVB 稳定性所保证的弱解收敛并不保证收敛到熵解。为了解释这一点, 考虑下面这个例子, 灵感来自 [12]。

例 8.10 考虑三点格式

$$U_j^{n+1} = U_j^n - \frac{k}{h}[F_{j+1/2}^n - F_{j-1/2}^n]$$

而数值通量为

$$F(u,v) = \frac{f(u)+f(v)}{2} - \frac{h}{2k}(v-u)Q(u,v)$$

其中, 为了满足一致性, 需要 $F(u,u) = f(u)$。由此可得

$$Q(u,v) = \frac{k}{h}\frac{f(u)+f(v)-2F(u,v)}{v-u}$$

因此, 可以将数值通量写成

$$F(U_j^n, U_{j+1}^n) = F_{j+1/2}^n = \frac{f(U_j^n) + f(U_{j+1}^n)}{2} - \frac{h}{2k}\Delta^+ U_j^n Q(U_j^n, U_{j+1}^n)$$

这表明 $Q(u,v)$ 的作用是添加耗散, 说明可以通过该项的替代公式来引入耗散。

定义

$$\alpha_{j+1/2} = \frac{k}{h}\frac{\Delta^+ f(U_j^n)}{\Delta^+ U_j^n}, \qquad q_{j+1/2} = Q(U_j^n, U_{j+1}^n)$$

并且

$$C_{j-1/2} = \frac{1}{2}(\alpha_{j-1/2} + q_{j-1/2}), \qquad D_{j+1/2} = -\frac{1}{2}(\alpha_{j+1/2} - q_{j+1/2})$$

将三点格式变成

$$U_j^{n+1} = U_j^n - C_{j-1/2}\Delta^- U_j^n + D_{j+1/2}\Delta^+ U_j^n$$

如果现在假设

$$|\alpha_{j+1/2}| \leqslant q_{j+1/2} \leqslant 1 \tag{8.18}$$

很容易看出该格式满足定理 8.4, 因此是 TVD 的。

现在重新定义耗散函数 $Q(u,v)$ 为

$$Q^*(u,v) = \frac{k}{h}\frac{f(u)-f(v)}{u-v} \tag{8.19}$$

在这种情况下 $\alpha_{j+1/2} = q_{i+1/2}$, 如果选择的 k 足够小, (8.18) 可以保证 TVD 稳定性。

现在考虑伯格斯方程的特殊情况

$$\frac{\partial u}{\partial t} + \frac{\partial u^2}{\partial x} = 0$$

服从初始条件

$$u_0(x) = \begin{cases} -1, & x < 0 \\ 1, & x \geqslant 0 \end{cases}$$

如果使用数值通量

$$F^n_{j+1/2} = \frac{f(U^n_j) + f(U^n_{j+1})}{2} - \frac{k}{2k}\Delta^+ U^n_j Q^*(U^n_j, U^n_{j+1})$$

很容易看出 $F^n_{j+1/2} - F^n_{j-1/2}$。因此, 该格式返回了一个违反熵条件的解, 证实了 TVD 格式并不保证计算出熵解。

这里的问题是, 在 (8.19) 中定义的 Q^* 的耗散不足以建立单元格熵不等式。如果回到拉克斯–弗里德里希斯格式, 我们会看到

$$Q(u,v) = \frac{k}{h}\max_u |f'(u)|$$

因为这是一个单调格式, 我们知道它计算熵解。假设下式成立

$$\frac{k}{h}\max_u |f'(u)| \leqslant 1$$

则满足 (8.18), 我们将其识别为 CFL 条件。正如预期的那样, 该格式是满足 TVD 的。

8.2.2 熵稳定性

正如例 8.10 所强调的, 总变差稳定性提供了一个必要但不充分的条件, 以确保计算出熵解。为了实现这一点, 必须确定满足单元格熵条件的方法

$$\eta(U^{n+1})_j - \eta(U^n)_j + \frac{k}{h}(\Psi(U^n)_j - \Psi(U^n)_{j-1}) \leqslant 0$$

其中 η 为熵函数, Ψ 是该格式的数值熵通量, 详细讨论见 2.3 节和 3.3 节。满足单元格熵条件的格式称为熵稳定格式。

例 8.11 再次考虑线性波动方程

$$\frac{\partial u}{\partial t} + a\frac{\partial u}{\partial x} = 0 \tag{8.20}$$

该方程具有一定初始条件和周期边界条件

探索公式[17]

$$U_j^{n+1} = U_j^n - \lambda(U_{j+1/2}^n - U_{j-1/2}^n) \tag{8.21}$$

其中格式的细节是通过指定如何实现 $U_{j\pm1/2}^n$ 来定义的。

如果选择熵对 $(\eta, \psi) = (u^2, au^2)$, 可以将熵的变化——熵产生 (entropy production)——表示为

$$\Delta S(U^n)_j = (U_j^{n+1})^2 - (U_j^n)^2 + \lambda((U_{j+1/2}^n)^2 - (U_{j-1/2}^n)^2)$$

根据 (8.21) 消去 U_j^{n+1}, 得到

$$\Delta S(U^n)_j = \lambda[(U_{j+1/2}^n - U_j^n)^2 - (U_j^n - U_{j-1/2}^n)^2] + \lambda^2(U_{j+1/2}^n - U_{j-1/2}^n)^2 \tag{8.22}$$

为了满足单元格熵条件, 必须要求熵减, 即 $\Delta S(U^n)_j \leqslant 0$。对于迎风格式, 可以取 $U_{j+1/2}^n = U_j^n$, $U_{j-1/2}^n = U_{j-1}^n$ 来获得, 在这种情况下

$$\Delta S(U^n)_j = -\lambda(1-\lambda)(\Delta^- U_j^n)^2$$

假定仅满足 CFL 条件, 这显然是负的。因此, 施加单元格熵条件可以确保稳定性。

如果引入

$$R_j = \frac{U_{j+1/2}^n - U_j^n}{U_j^n - U_{j-1/2}^n}$$

可以消掉 (8.22) 中的 $U_{j+1/2}^n$ 并得到

$$\begin{aligned}
\Delta S(U^n)_j &= \lambda(U_j^n - U_{j-1/2}^n)^2 \left[(R_j-1)^2 + \lambda(R_j+1)^2\right] \\
&= -\lambda(U_j^n - U_{j-1/2}^n)^2 \left[(R_j+1)\big((1-\lambda) - R_j(1+\lambda)\big)\right]
\end{aligned}$$

取 $a > 0, 0 \leqslant \lambda \leqslant 1$ 来满足稳定性 (如果 $a < 0$, 可以应用类似的论证), 这需要

$$-1 \leqslant R_j \leqslant \frac{1-\lambda}{1+\lambda} \leqslant 1$$

如果取 $\lambda = 1$, 只有迎风格式 $U_{j+1/2}^n = U_j^n$ 是一个可接受的解。

考虑一个基于下式的格式

$$U_{j+1/2}^n = U_j^n + \phi_{j+1/2}\Delta^+ U_j^n$$

可得

$$-1 \leqslant \frac{\phi_{j+1/2}}{(1-\phi_{j-1/2})r_j} \leqslant \frac{1-\lambda}{1+\lambda}, \quad r_j = \frac{\Delta^- U_j^n}{\Delta^+ U_j^n}$$

回顾下, TVD 格式的充分条件为

$$0 \leqslant \phi_{j+1/2} \leqslant 2(1 \wedge r_j^+)$$

此外, 要满足二阶精度, 需 $\phi_{j+1/2}(1) = 1$。根据图 8.4, 格式满足单元格熵条件, 需要

$$0 \leqslant \phi_{j-1/2} \leqslant 1-\lambda, \qquad -(1-\lambda) \leqslant \frac{\phi_{j+1/2}}{r_j} \leqslant 1-\lambda \tag{8.23}$$

可以表示为

$$0 \leqslant \phi_{j+1/2} \leqslant (1-\lambda)(1 \wedge r_j^+)$$

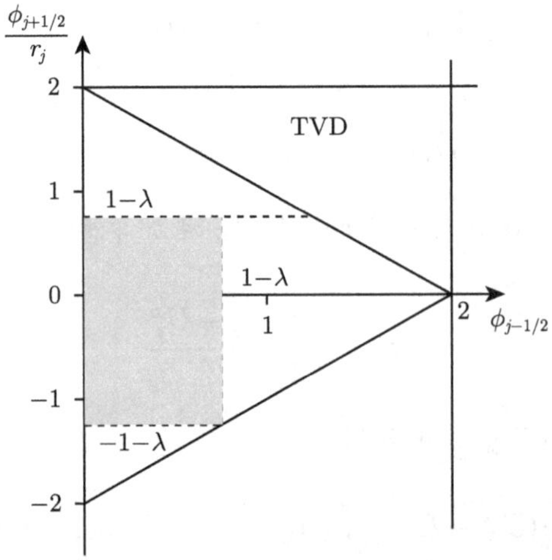

图 8.4　对于线性波动方程, 格式满足熵条件的区域 (阴影区域)

根据图 8.5 中单元格熵条件和 TVD 稳定性判断条件这两个条件的比较，可以看到，单元格熵条件的要求比满足 TVD 稳定性的要求更为严格。另外不幸的还有，可以观察到，熵衰减的条件通常不满足 $\phi_{j+1/2}(1) = 1$，为此阻碍了该种类格式实现高阶精度。

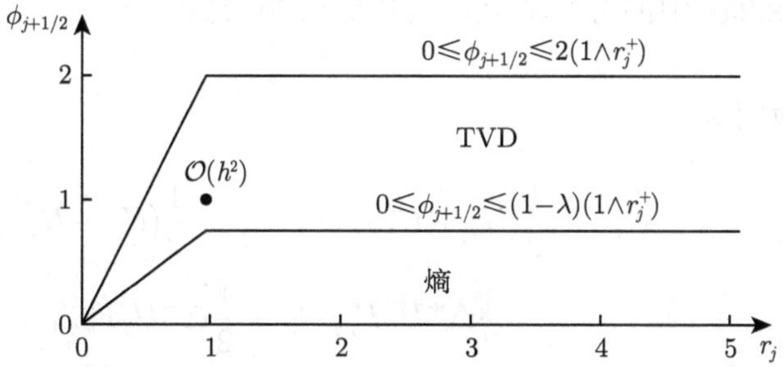

图 8.5 线性波动方程的格式是总变差衰减 (TVD) 的、满足单元格熵条件的 (r, ϕ) 区域分布。只要 $\phi_{j+1/2}(1) = 1$ 且 $\phi_{j+1/2}(r)$ 是光滑的，就可以实现二阶精度

显然，应该寻找不仅是 TVD-稳定的，而且能够保证计算熵解的方法。正如例 8.10 中所讨论的，这要求格式具有足够的耗散性。这类格式通过强制确保局部单元格熵条件而得出，称为熵稳定格式，已在文献 [24, 50] 中进行了详细的研究。

让我们首先考虑半离散的情况，其中标量守恒律方程为

$$\frac{\partial u}{\partial t} + \frac{\partial f(u)}{\partial x} = 0$$

近似表示为

$$\frac{dU_j}{dt} + \frac{F_{j+1/2} - F_{j-1/2}}{h} = 0$$

其中 $U_j(t) = u(x_j, t)$。为简单起见，考虑一个三点格式。另外，假设守恒律方程具有一个熵对 $(\eta(u), \psi(u))$，满足以下条件

$$\frac{\partial \eta}{\partial t} + \frac{\partial \psi}{\partial x} \leqslant 0$$

其中 u 为弱熵解。这要求对应的半离散形式是

$$\frac{d\eta_j}{dt} + \frac{\Psi_{j+1/2} - \Psi_{j-1/2}}{h} \leqslant 0 \tag{8.24}$$

式中 $\eta_j(t) = \eta(U_j(t))$，$\Psi_{j+1/2} = \Psi(U_j, U_{j+1})$ 是一个一致的数值熵通量。如果这个不等式对每个单元格都成立，则全局满足熵条件。

接下来, 我们将重点讨论熵函数为 $\eta(u) = u^2/2$ 的标量守恒律方程。根据 [24], 如果满足下式, 则称该格式熵守恒

$$U_j(F_{j+1/2} - F_{j-1/2}) = \Psi_{j+1/2} - \Psi_{j-1/2} \tag{8.25}$$

该条件确保了 (8.24) 中的等号成立。与连续性恒等式 $\eta' f' = \psi'$ 的对应关系是显而易见的。

将 (8.25) 改写为

$$\begin{aligned} U_j(F_{j+1/2} - F_{j-1/2}) &= \frac{1}{2}(U_j + U_{j+1})F_{j+1/2} - \frac{1}{2}(U_j + U_{j-1})F_{j-1/2} \\ &\quad - \frac{1}{2}\Delta^+ U_j F_{j+1/2} - \frac{1}{2}\Delta^- U_j F_{j-1/2} \\ &= \Psi_{j+1/2} - \Psi_{j-1/2} \end{aligned}$$

其中, 定义数值熵通量

$$\Psi_{j+1/2} = \frac{1}{2}(U_j + U_{j+1})F_{j+1/2} - \frac{1}{2}\Delta^+ U_j F_{j+1/2}$$

对 j 求和并重新排列 (8.25) 中的各项, 可以得到熵守恒的另一种表达式

$$\Delta^+ U_j^n F_{j+1/2} = \Delta^+ \zeta_j$$

为了定义势 ζ_j, 考虑

$$F^*_{j+1/2} = \int_0^1 f(U_j + \xi \Delta^+ U_j) d\xi$$

并考虑

$$\Delta^+ U_j F^*_{j+1/2} = \int_0^1 \Delta^+ U_j f(U_j + \xi \Delta^+ U_j) d\xi = \int_{U_j}^{U_{j+1}} f(s) ds = \Delta^+ \zeta_j$$

因此, 自然可以推导出势函数 ζ:

$$f = \frac{\partial \zeta}{\partial u} \Rightarrow \zeta = uf - \psi$$

其中, 后者直接来自 $\eta' f' = \psi'$ 且 $\eta(u) = u^2/2$。由此可以得到熵守恒通量

$$\Psi_{j+1/2} = \frac{1}{2}(U_j + U_{j+1})F^*_{j+1/2} - \frac{1}{2}(\zeta_{j+1} + \zeta_j)$$

现在数值通量表示为

$$
\begin{aligned}
F_{j+1/2}^* &= \int_0^1 f(U_j+\xi\Delta^+U_j)d\xi = \int_0^1 \frac{d}{d\xi}\left(\xi-\frac{1}{2}\right)f(U_j+\xi\Delta^+U_j)d\xi \\
&= \frac{1}{2}(f(U_{j+1})+f(U_j)) - \frac{\Delta^+U_j}{2}\int_0^1(2\xi-1)f'(U_j+\xi\Delta^+U_j)d\xi \\
&= \frac{1}{2}\left(f(U_{j+1})+f(U_j)\right) - \frac{1}{2}Q_{j+1/2}^*\Delta^+U_j
\end{aligned}
$$

其中

$$
Q_{j+1/2}^* = Q^*(U_j,U_{j+1}) = \int_0^1(2\xi-1)f'(U_j+\xi\Delta^+U_j)d\xi
$$

回顾例 8.10, 可以意识到这是 Q^* 控制耗散量的黏性形式。此外, 需记得耗散函数 Q^* 的精确定义对于确保恢复熵解是至关重要的。下面的定理提供了一个重要准则[50]。

定理 8.12 *存在一种满足 $Q_{j+1/2}\geqslant Q_{j+1/2}^*$ 的守恒格式, 是熵稳定格式。*

证明 首先将守恒格式写成耗散形式, 表达为

$$
\frac{dU_j}{dt} + \frac{F_{j+1/2}^*-F_{j-1/2}^*}{h} = \frac{1}{2h}(Q_{j+1/2}\Delta^+U_j - Q_{j-1/2}\Delta^-U_j)
$$

与 U_j 相乘, 利用单元格熵条件得

$$
U_j(F_{j+1/2}^*-F_{j-1/2}^*) = \Psi_{j+1/2}-\Psi_{j-1/2}
$$

进一步, 可得

$$
\begin{aligned}
&U_j(Q_{j+1/2}\Delta^+U_j - Q_{j-1/2}\Delta^-U_j) \\
=& -\frac{1}{2}\Big[\Delta^+U_jQ_{j+1/2}\Delta^+U_j + \Delta^-U_jQ_{j-1/2}\Delta^-U_j\Big] \\
&+\frac{1}{2}\Big[(U_j+U_{j+1})Q_{j+1/2}\Delta^+U_j - (U_j+U_{j-1})Q_{j-1/2}\Delta^-U_j\Big]
\end{aligned}
$$

因此, 单元格熵方程变成

$$
\frac{d\eta_j}{dt} + \frac{\Psi_{j+1/2}-\Psi_{j-1/2}}{h} = -\frac{1}{4h}\Big[\Delta^+U_jQ_{j+1/2}\Delta^+U_j + \Delta^-U_jQ_{j-1/2}\Delta^-U_j\Big]
$$

其中, 数值熵通量定义为

$$
\Psi_{j+1/2} = U_jF_{j+1/2}^* - \frac{1}{4}(U_j+U_{j+1})Q_{j+1/2}\Delta^+U_j
$$

根据表达式 $Q_{j+1/2} = \alpha_{j+1/2} + Q^*_{j+1/2}$, 回顾 $Q^*_{j+1/2}$ 和熵守恒格式相关, 可得

$$\frac{d\eta_j}{dt} + \frac{\Psi_{j+1/2} - \Psi_{j-1/2}}{h} = -\frac{1}{4h}\Big[\Delta^+ U_j \alpha_{j+1/2} \Delta^+ U_j + \Delta^- U_j \alpha_{j-1/2} \Delta^- U_j\Big]$$

如果 $Q_{j+1/2} > Q^*_{j+1/2}$, 即 $\alpha_{j+1/2} \geqslant 0$, 那么单元格熵不等式成立, 至此证毕。 □

现在考虑

$$F^*_{j+1/2} = \int_0^1 f(U_j + \xi \Delta^+ U_j) d\xi = \frac{1}{2}\Big(f(U_j) + f(U_{j+1})\Big) + \mathcal{O}(\Delta^+ U_j)$$

使得

$$\frac{F^*_{j+1/2} - F^*_{j-1/2}}{h} = \frac{f(U_{j+1}) - f(U_{j-1})}{2h} + \mathcal{O}(h^2)$$

这表明熵守恒格式在光滑解区域将达到二阶精度。

例 8.13 考虑几个格式及其熵稳定性。首先, 定义

$$\begin{aligned} Q^*_{j+1/2} &= \int_0^1 (2\xi - 1) f'(U_j + \xi \Delta^+ U_j) d\xi \\ &= \int_{-1/2}^{1/2} 2\zeta f'((U_j + U_{j+1})/2 + \zeta \Delta^+ U_j) d\zeta \\ &= \int_{-1/2}^{1/2} \frac{d}{d\zeta}\left(\zeta^2 - \frac{1}{4}\right) f'((U_j + U_{j+1})/2 + \zeta \Delta^+ U_j) d\zeta \\ &= \Delta^+ U_j \int_{-1/2}^{1/2} \left(\frac{1}{4} - \zeta^2\right) f''((U_j + U_{j+1})/2 + \zeta \Delta^+ U_j) d\zeta \end{aligned} \tag{8.26}$$

使用 $Q^*_{j+1/2}$ 的第一个表达式, 得到一个粗略的上限

$$Q^*_{j+1/2} \leqslant \max_{\omega \in [U_j, U_{j+1}]} |f'(\omega)|$$

这是与局部拉克斯–弗里德里希斯通量相关的耗散。从 (8.26) 的最后一个表达式可以得出一个稍微更贴切的上限

$$Q^*_{j+1/2} \leqslant \frac{1}{6} \max_{\omega \in [U_j, U_{j+1}]} |f''(\omega)| |\Delta^+ U_j|$$

这个边界不等式我们稍后再讨论。一个最终的估计可以由下面不等式得到

$$\begin{aligned} Q^*_{j+1/2} &= \int_{-1/2}^{1/2} 2\zeta f'((U_j + U_{j+1})/2 + \zeta \Delta^+ U_j) d\zeta \\ &\leqslant \int_{-1/2}^{1/2} |f'((U_j + U_{j+1})/2 + \zeta \Delta^+ U_j)| d\zeta = \frac{1}{\Delta^+ U_j} \int_{U_j}^{U_{j+1}} |f'(s)| ds \end{aligned}$$

这是与 Engquist-Osher 通量 (6.9) 相关的耗散。

考虑黏性项的一般形式

$$Q_{j+1}=\frac{f(U_j)+f(U_{j+1})-2F^*_{j+1/2}}{\Delta^+U_j}$$

现在寻求所有递增解的最大耗散, 从而得到

$$Q^*_{j+1/2}\leqslant\max_{u\in[U_j,U_{j+1}]}\left|\frac{f(U_j)+f(U_{j+1})-2f(u)}{\Delta^+U_j}\right|$$

这是与戈杜诺夫通量相关的耗散。它保证了戈杜诺夫法的熵稳定性, 详细讨论见例 6.1。

最后, 把讨论限制在凸通量的特殊情况上, 并考虑

$$Q^*_{j+1/2}=\Delta^+U_j\int_{-1/2}^{1/2}\left(\frac{1}{4}-\zeta^2\right)f''((U_j+U_{j+1})/2+\zeta\Delta^+U_j)d\zeta$$

由于 $f(u)$ 是凸的, 对于 $\Delta^+U_j<0$, 即激波情况, 有 $Q^*_{j+1/2}<0$。对于 $\Delta^+U_j\geqslant 0$ 的稀疏波情况, 耗散是必须的。为此, 一个直接估计为

$$Q^*_{j+1/2}=\Delta^+U_j\frac{1}{4}\int_{-1/2}^{1/2}f''((U_j+U_{j+1})/2+\zeta\Delta^+U_j)d\zeta=\frac{1}{4}[f'(U_{j+1})-f'(U_j)]$$

因此, 充分耗散为

$$Q^*_{j+1/2}=\frac{1}{4}[f'(U_{j+1})-f'(U_j)]^+$$

这与 5.2 节中讨论的拉克斯–温德罗夫通量非常接近。

到目前为止, 讨论主要集中在半离散形式。然而, 分析可以延伸到全离散情况[17]。

定理 8.14　若半离散格式是熵稳定的, 则完全离散格式

$$U_j^{n+1}=U_j^n-\frac{k}{h}(F^n_{j+1/2}-F^n_{j-1/2})$$

也是熵稳定的。

证明　将第 $n+1$ 步的熵表示为

$$\eta(U^{n+1})_j=\eta(U^n)_j+\eta'(U^n)_j(U_j^{n+1}-U_j^n)+\frac{1}{2}\eta''(\xi)_j(U_j^{n+1}-U_j^n)^2$$

其中, $\xi \in [U_j, U_{j+1}]$。使用格式本身, 得到

$$\eta'(U^n)_j(U_j^{n+1} - U_j^n) = -\eta'(U^n)_j \frac{k}{h}(F_{j+1/2}^n - F_{j-1/2}^n) = -\frac{k}{h}(\Psi_{j+1/2}^n - \Psi_{j-1/2}^n)$$

使得

$$\frac{\eta(U^{n+1})_j - \eta(U^n)_j}{k} + \frac{\Psi_{j+1/2}^n - \Psi_{j-1/2}^n}{h} = -\frac{1}{2k}\eta''(\xi)_j(U_j^{n+1} - U_j^n)^2 \leqslant 0$$

最后一个不等式源于熵的凸性。 □

例 8.15 考虑伯格斯方程

$$\frac{\partial u}{\partial t} + \frac{\partial u^2}{\partial x} = 0$$

具有适当的初始条件和周期性边界条件。如例 2.11 讨论的, 可以选择 $\left(u^2, \frac{4}{3}u^3\right)$ 作为熵对。给出一种守恒的半离散格式

$$\frac{dU_j}{dt} + \frac{F_{j+1/2} - F_{j-1/2}}{h} = 0$$

其中 $F_{j+1/2} = f(U_{j+1/2}) = f_{j+1/2}$。遵循例 8.6 定义的符号并假定

$$U_{j+1/2} = U_j + \frac{\phi_{j+1/2}}{2}\Delta^+ U_j$$

函数 $\phi_{j+1/2}$ 是未知的, 回想 TVD 格式需要 $0 \leqslant \phi_{j+1/2} \leqslant 2$, 并将其改写为

$$\phi_{j+1/2}\left(1 - \frac{\phi_{j+1/2}}{2}\right) \geqslant 0$$

这意味着

$$(\Delta^+ U_j)^2 \frac{\phi_{j+1/2}}{2}\left(1 - \frac{\phi_{j+1/2}}{2}\right) = (U_{j+1/2} - U_j)(U_{j+1} - U_{j+1/2}) \geqslant 0$$

因此, $U_{j+1/2}$ 必须取 U_j 和 U_{j+1} 之间的值。

现在考虑熵产生

$$\begin{aligned}
h\Delta S_j &= -2U_j(f_{j+1/2} - f_{j-1/2}) + \psi_{j+1/2} - \psi_{j-1/2} \\
&= \Big[-2U_j(f_{j+1/2} - f_j) + (\psi_{j+1/2} - \psi_j) \Big] \\
&\quad + \Big[-2U_j(f_j - f_{j-1/2}) + (\psi_j - \psi_{j-1/2}) \Big] \\
&= \Delta S_j^+ + \Delta S_j^-
\end{aligned}$$

并要求

$$\Delta S_j = \Delta S_j^+ + \Delta S_j^- \leqslant 0$$

以保证熵的稳定性。为了符合单元格熵条件, 必须选择 $U_{j+1/2}$, 使得

$$\Delta S_j^+ \leqslant 0, \qquad \Delta S_{j+1}^- \leqslant 0$$

如果首先考虑 $U_j > 0, U_{j+1} > 0$ 的情况, 对于迎风问题, 自然会选择 $U_{j+1/2} = U_j$, 从而得到 $\phi_{j+1/2} = 0$。在这种情况下, $\Delta S_j^+ = 0$ 并且

$$\Delta S_{j+1}^- = -\frac{2}{3}U_{j+1}^3 + 2U_{j+1}U_j^2 - \frac{4}{3}U_j^3$$

此外, 在沿垂直于 $U_j = U_{j+1}$ 的方向上, 当 $U_j \geqslant U_{j+1}$ 时, ΔS_{j+1}^- 的方向导数始终为负。对此, 可由 $\Delta S_{j+1}^- \leqslant 0$ 进行证明。

当 $U_j < 0, U_{j+1} < 0$ 时, 对于顺风问题, 自然会选择 $U_{j+1/2} = U_{j+1}$, 从而得到 $\phi_{j+1/2} = 2$。在这种情况下, $\Delta S_{j+1}^- = 0$ 并且 $\Delta S_j^+ \leqslant 0$。如果是一个满足 $U_j \geqslant 0 \geqslant U_{j+1}$ 的激波, 根据 $U_j + U_{j+1}$ 的符号, 可以近似判断是迎风还是顺风问题。

对于满足 $U_j \leqslant 0 \leqslant U_{j+1}$ 的稀疏波情况, 必须处理声速点处的潜在问题, 通过强制下式成立

$$f'(U_{j+1/2}) = 2U_{j+1/2} = 0$$

为此需要

$$\phi_{j+1/2} = -\frac{2U_j}{\Delta^+ U_j}$$

因此, 可以导出一个熵稳定格式[17], 通过定义

$$\phi_{j+1/2} = \begin{cases} 1 - \text{sign}(U_j), & U_jU_{j+1} > 0 \\ 1 - \text{sign}(U_j + U_{j+1}), & U_j \geqslant 0 \geqslant U_{j+1} \\ -\dfrac{2U_j}{\Delta + U_j}, & U_j < 0 < U_{j+1} \end{cases}$$

由于该格式是基于迎风问题的, 因此只有一阶精度。

为了评估格式性能, 下面求解 $[0,1]$ 上的伯格斯方程, 定义初始条件为

$$u(x,0) = 0.5 - \sin(2\pi x)$$

在图 8.6 中, 展示了计算解随 ϕ 的变化, 存在符合预期的两个极值之间的切换现象, 这导致了该格式的一阶精度。

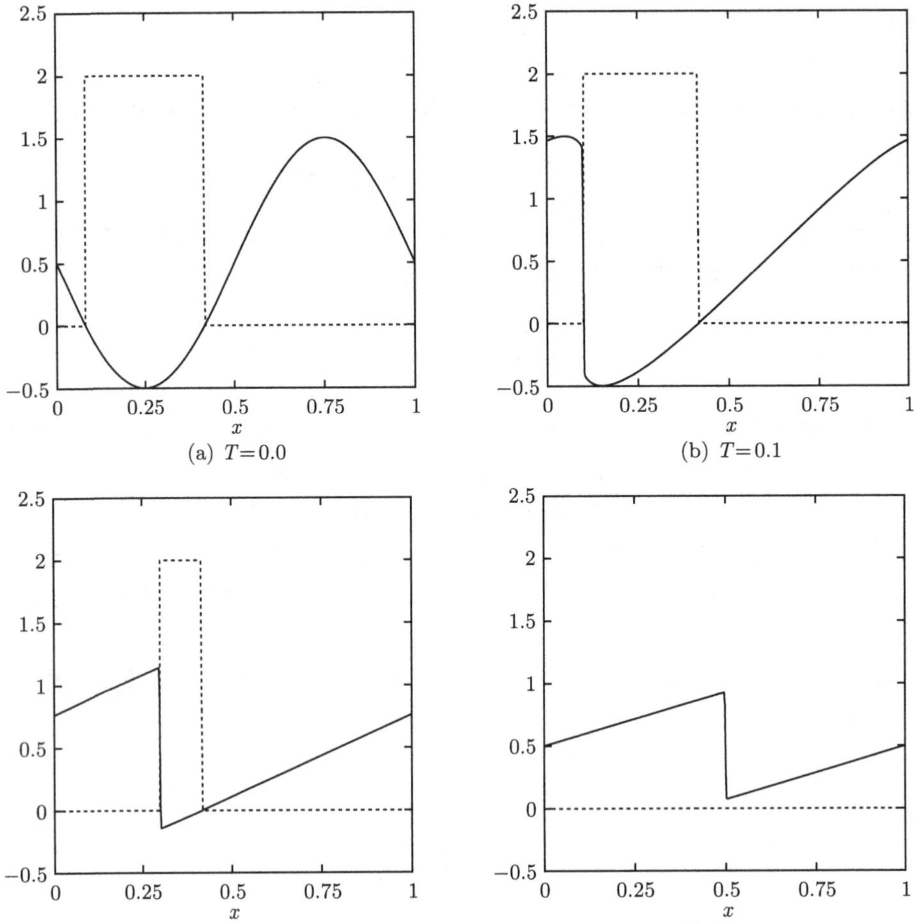

(a) $T=0.0$　　(b) $T=0.1$

(c) $T=0.3$　　(d) $T=0.5$

图 8.6　用一阶精度的熵稳定格式求解伯格斯方程。实线代表数值解 u_h, 虚线代表 ϕ, 网格点数 $N=512$

为构造一个二阶格式, 回顾单元格熵条件

$$\Delta S_j^+ + \Delta S_j^- \leqslant 0$$

再次将问题限制在伯格斯方程上, 得到

$$\begin{aligned}\Delta S_j^+ &= -2U_j\Big((U_{j+1/2})^2 - U_j^2\Big) + \frac{4}{3}\Big((U_{j+1/2})^3 - U_j^3\Big)\\ &= 2\Big(U_{j+1/2} - U_j\Big)^2\left(U_j + \frac{4}{3}(U_{j+1/2} - U_j)\right)\end{aligned}$$

同样地，有

$$\Delta S_j^- = -2\Big(U_j - U_{j-1/2}\Big)^2\left(U_j - \frac{4}{3}(U_j - U_{j-1/2})\right)$$

要找到 $U_{j+1/2}$ 的精确解以保证熵稳定性，需要解这个非线性方程组。然而，如果假设 $|U_{j+1/2} - U_j| \leqslant \dfrac{4}{3}|U_j|$ 和 $|U_j - U_{j-1/2}| \leqslant \dfrac{4}{3}|U_j|$，则情况可以简化为

$$\Delta S_j^+ = \frac{1}{2}\Big(\phi_{j+1/2}\Delta^+ U_j\Big)^2 U_j, \qquad \Delta S_{j+1}^- = -\frac{1}{2}\Big(2 - \phi_{j+1/2}\Big)^2(\Delta^+ U_j)^2 U_j$$

这就得出总的熵产生

$$\Delta S_j = \frac{1}{2}\Big[\big(\phi_{j+1/2}\Delta^+ U_j\big)^2 - \big(2 - \phi_{j+1/2}\big)^2\big(\Delta^+ U_j\big)^2\Big]U_j$$

为保证熵稳定性，必须确保 $\Delta S_j \leqslant 0$。

如果首先假设 $U_j > 0$ 和二阶精度，$\phi_{j+1/2}(1) = 1$，可从 (8.23) 得到条件

$$\phi_{j+1/2} \leqslant \left|\frac{\Delta^- U_j}{\Delta^+ U_j}\right| = |r_j|$$

另一方面，假设 $U_j < 0$，$\phi_{j+3/2} = 1$，可得到条件

$$\phi_{j+1/2} \geqslant 2 - |r_j|^{-1}$$

回顾下，熵稳定性需要满足条件 $\phi_{j+1/2} \leqslant 1$，由此可得

$$\phi_{j+1/2} = \begin{cases} \min(1, |r_j|), & (U_j, U_{j+1}) > 0 \\ \max(1, 2 - |r_j|^{-1}), & (U_j, U_{j+1}) < 0 \end{cases}$$

当 U_j 和 U_{j+1} 有不同符号时，格式恢复为一阶格式。

图 8.7 展示了伯格斯方程在不同时间的计算解和 ϕ 值。可以观察到，存在大部分区域，当 $\phi = 1$ 时，具有局部二阶精度。然而，我们也看到在局部极值点以及声速点附近，ϕ 具有局部振荡。

在结束讨论之前，让我们探讨是否可以至少在形式上推导出任意空间阶数的熵守恒格式。自然地，如果解中出现了激波，耗散就需要考虑。目前有多种方法可以实现这一点并满足单元格熵不等式。

由于我们关注的是空间精度的阶数，考虑半离散形式

$$\frac{dU_j}{dt} = -\frac{F_{j+1/2} - F_{j-1/2}}{h}$$

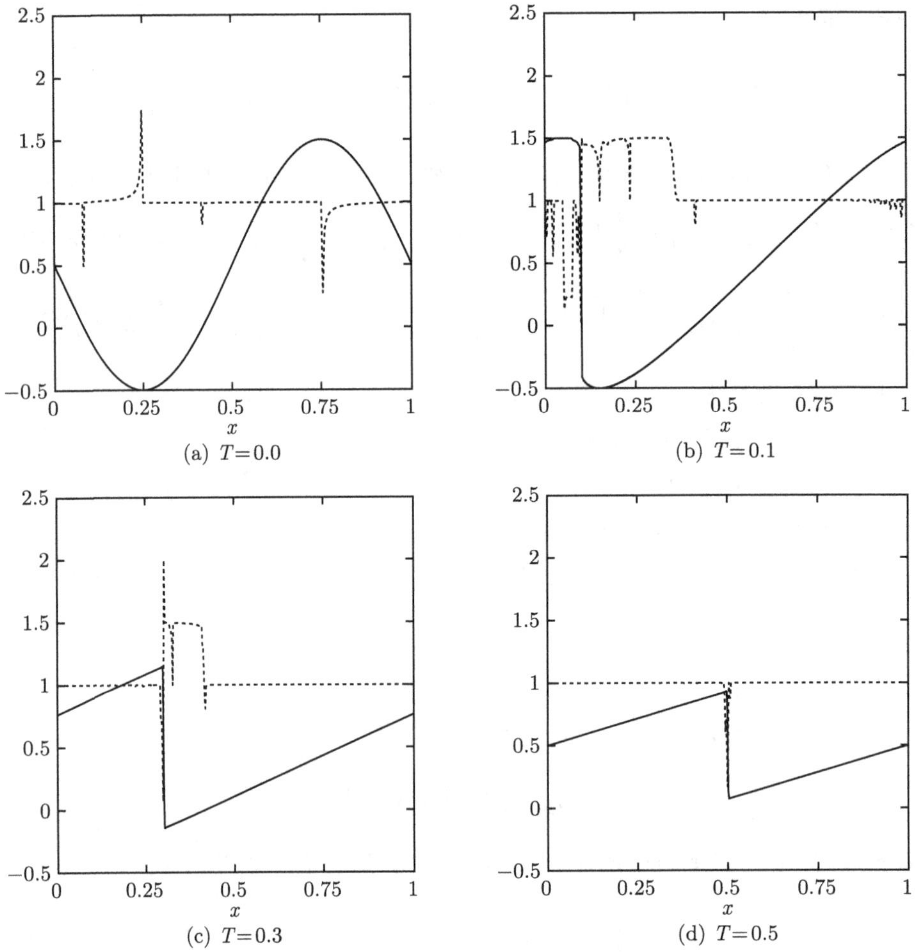

图 8.7　利用局部二阶精度的熵稳定格式求解伯格斯方程。实线表示数值解 u_h, 虚线表示 ϕ, 网格点数 $N = 512$

其中

$$F_{j+1/2} = F(U_{j-p+1}, \cdots, U_{j+p})$$

即 $F_{j+1/2}$ 取决于 $2p$ 值。为了满足一致性, 要求 $F(u, \cdots, u) = f(u)$。假设解是光滑的, 还需要

$$\frac{F_{j+1/2} - F_{j-1/2}}{h} = \frac{\partial f}{\partial x} + \mathcal{O}(h^{2p})$$

实现 $2p$ 阶格式。

回顾最优通量

$$F_{j+1/2}^{*}=\int_{0}^{1}f(U_j+\xi\Delta^{+}U_j)d\xi=F^{*}(U_j,U_{j+1})$$

根据文献 [54], 假设可以将一般的数值通量表示为

$$F_{j+1/2}^{*}=\sum_{i=1}^{p}\alpha_i^p\Big(F^{*}(U_j,U_{j+i})+\cdots+F^{*}(U_{j-i+1},U_{j+1})\Big)$$

其中 α_i^p 为系数。由此可得

$$F_{j+1/2}-F_{j-1/2}=\sum_{i=1}^{p}\alpha_i^p\Big(F^{*}(U_j,U_{j+i})-F^{*}(U_{j-i},U_j)\Big)$$

下面给出了问题的答案[54]。

定理 8.16 对于双曲型守恒律方程, 用守恒形式的半离散格式求解。假设

$$2\sum_{i=1}^{p}i\alpha_i^p=1,\quad \sum_{i=1}^{p}i^{2s-1}\alpha_i^p=0,\quad s\in[2,\cdots,p]$$

那么

$$F_{j+1/2}=\sum_{i=1}^{p}\alpha_i^p\Big(F^{*}(U_j,U_{j+i})+\cdots+F^{*}(U_{j-i+1},U_{j+1})\Big)$$

是一致数值通量, 从而得到一个 $\mathcal{O}(h^{2p})$ 阶的格式。此外, 如果定义数值熵通量为

$$\Psi_{j+1/2}=\sum_{i=1}^{p}\alpha_i^p\Big(\Psi^{*}(U_j,U_{j+i})+\cdots+\Psi^{*}(U_{j-i+1},U_{j+1})\Big)$$

当 $\Psi^{*}(U_j,U_{j+i})=U_jF^{*}(U_j,U_{j+i})$ 时, 该格式是熵守恒的。

证明 先讨论准确性。如果假设 $u=U_j$ 是光滑的, 则有

$$F^{*}(U_j,U_{j+i})-F^{*}(U_{j-i},U_j)=2\sum_{l=0}^{p}\frac{(ih)^{2l+1}}{(2l+1)!}f^{(2l+1)}(U_j)+\mathcal{O}(h^{2l+1})$$

使得

$$\frac{F_{j+1/2}-F_{j-1/2}}{h}=\frac{2}{h}\sum_{i=1}^{p}\alpha_i^p\sum_{l=0}^{p}\frac{(ih)^{2l+1}}{(2l+1)!}f^{(2l+1)}(U_j)+\mathcal{O}(h^{2p})$$

为满足一致性, 需要

$$\frac{2}{h}\sum_{i=0}^{p}\alpha_i^p ihf^{(1)}(U_j)=\frac{\partial f}{\partial x}(U_j)\Rightarrow 2\sum_{i=1}^{p}i\alpha_i^p=1$$

为了消去余项, 必须要求

$$\sum_{i=1}^{p}i^{2s-1}\alpha_i^p=0,\quad s=2,\cdots,p$$

考虑

$$\begin{aligned}U_j(F_{j+1/2}-F_{j-1/2})&=\sum_{i=1}^{p}\alpha_i^pU_j\Big(F^*(U_j,U_{j+i})-F^*(U_{j-i},U_j)\Big)\\&=\sum_{i=1}^{p}\alpha_i^p\Big(\Psi^*(U_j,U_{j+i})-\Psi^*(U_{j-i},U_j)\Big)\end{aligned}$$

可得

$$\Psi_{j+1/2}=\sum_{i=1}^{p}\alpha_i^p\Big(\Psi^*(U_j,U_{j+i})+\cdots+\Psi^*(U_{j-i+1},U_{j+1})\Big)$$

至此证毕。 □

因此, 在构造高阶精度的熵守恒格式时, 并没有根本性的限制。然而, 为了使这些格式在解决带有激波的问题时有效, 还需要采取额外的步骤。

例 8.17 再次考虑伯格斯方程, 使用一个如下的数值通量[25]

$$F_{j+1/2}=\frac{1}{3}\frac{U_{j+1}^3-U_j^3}{\Delta^+U_j}$$

如果假定解是光滑的, 泰勒展开式给出

$$\frac{F_{j+1/2}-F_{j-1/2}}{h}=\frac{\partial u^2}{\partial x}+\frac{h^2}{6}\frac{\partial^3u^2}{\partial x^3}$$

表明格式满足一致性并具有二阶精度。现在考虑熵通量

$$\Psi_{j+1/2}=U_jF_{j+1/2}=\frac{U_j}{3}\left(U_{j+1}^2+U_jU_{j+1}+U_j^2\right)$$

假设边界条件为周期性边界条件, 可以直接得到

$$\sum_j\frac{\Psi_{j+1/2}-\Psi_{j-1/2}}{h}=0$$

因此, 格式是熵守恒的。

下面, 利用这种格式求解伯格斯方程, 初始条件为

$$u(x,0) = 0.5 + \sin(2\pi x)$$

边界条件为周期性边界条件。如图 8.8 所示, 一旦激波形成, 计算结果就会出现强振荡。这是该格式熵守恒导致的, 因为激波附近的耗散被消除了。

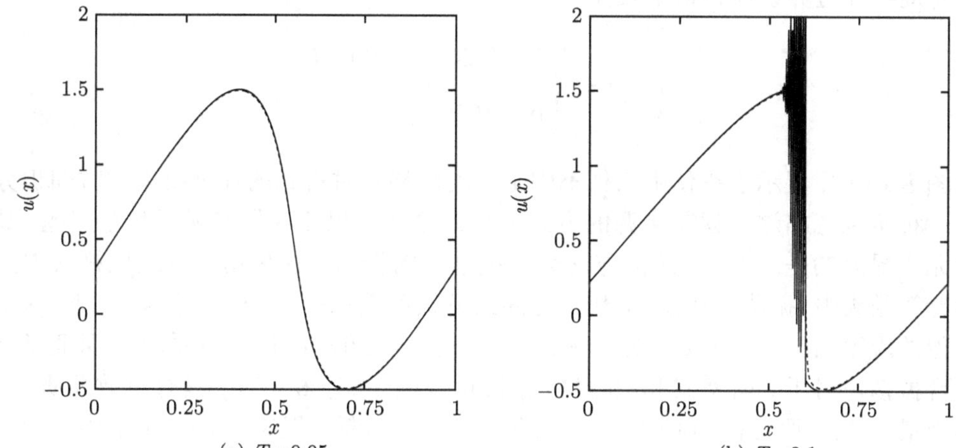

图 8.8　使用熵守恒格式求解伯格斯方程。实线表示解 u, 虚线表示近似参考解。网格点数 $N=512$

如果把格式改成

$$U_j^{n+1} = U_j^n - \frac{k}{h}\left(F_{j+1/2}^n - F_{j-1/2}^n\right) + \varepsilon k \frac{U_{j+1}^n - 2U_j^n + U_{j-1}^n}{h^2}$$

有效地考虑黏性的消失。结果如图 8.9 所示, 解的整体质量有了显著提高。然而我们也观察到, 这是以激波在时间推进中的逐渐被抹平为代价的。

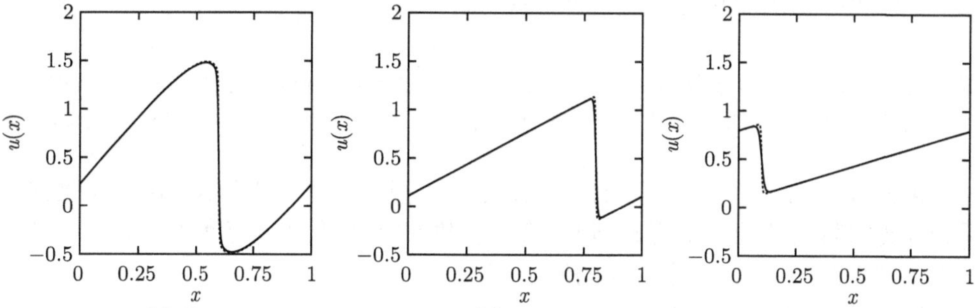

图 8.9　使用熵守恒格式求解伯格斯方程。黏度修正取 $\varepsilon = 0.005$。实线表示解 u, 虚线表示精确解的近似。网格点数 $N=512$

8.3 严重缺点

考虑波动方程

$$\frac{\partial u}{\partial t}+\frac{\partial u}{\partial x}=0,\quad x\in[0,1]$$

具有周期性边界条件和初始条件

$$u_0(x)=\begin{cases}1, & 0.25<x<0.75\\ 0, & 其他\end{cases}$$

在图 8.10 中, 展示了在使用三种不同空间离散格式时得到的计算结果。时间积分以一种可以忽略这一误差来源的方式进行。这些结果让我们发现了几个问题, 其中尤为显著的是, 高于一阶的方法会出现强烈的振荡。在使用一阶迎风格式得到的计算结果中, 振荡不存在, 但代价是间断解被严重抹平。这与通过修正方程 (8.4) 获得的观察结果一致, 表明误差项是二阶算子。热方程的最大值原理[3] 保证了不出现振荡。对于二阶格式和四阶格式, 修正方程 (8.5) 和 (8.6) 具有色散性质, 不适用最大值原理。观察到生成的波前看似滞后于间断的现象, 与 8.1.1 节中的相位误差分析是一致的。

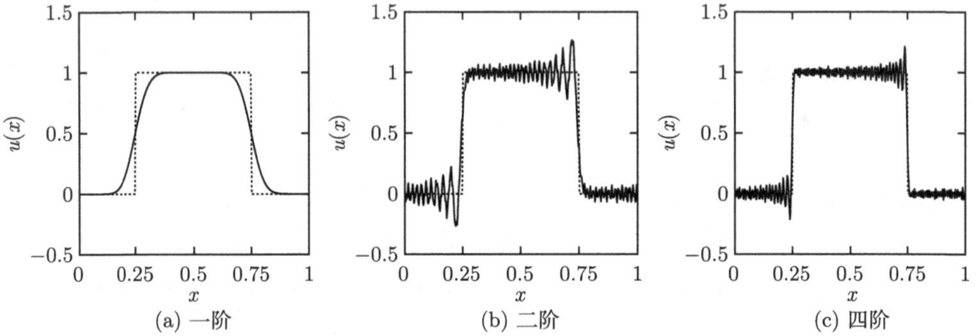

图 8.10　具有间断初始条件的线性波动方程的解。结果是由一阶迎风格式 (左)、二阶中心方法 (中) 和四阶中心方法 (右) 得到的。在所有情况中, 取 $N=512$, $T=1$。虚线表示精确解

再次观察图 8.10, 尽管强烈的振荡导致了视觉上不令人满意的解, 但通过传播和非光滑解的陡峭度来衡量, 随着格式阶数的提高, 解的准确性显著改善。为进一步了解振荡的本质, 考虑下面的例子[52]。

例 8.18　考虑线性波动方程

$$\frac{\partial u}{\partial t}+a\frac{\partial u}{\partial x}=0$$

具有适当的边界条件和初始条件。使用下面形式的线性格式

$$U_j^{n+1} = \sum_{l=-p-1}^{q} c_l(\lambda) U_{j+l}^n$$

为了使格式具有 $\mathcal{O}(h)$ 精度, 回想定理 4.11, 必须要求

$$\sum_{l=-p-1}^{q} c_l(\lambda) = 1, \qquad \sum_{l=-p-1}^{q} l c_l(\lambda) = -\lambda$$

一个简单的解是

$$c_{-1}(\lambda) = \frac{1+\lambda}{2}, \qquad c_1(\lambda) = \frac{1-\lambda}{2}$$

而其他情况 $c_l(\lambda) = 0$。

现在考虑一个非光滑的初始条件 $u(x,0) = H(x)$, 其中, $H(x)$ 是赫维赛德函数 (Heaviside function), 并假设 $x_0 = 0$ 是一个网格点。如果将该格式应用于一次时间步长中, 可得

$$U_j^1 = \begin{cases} 0, & j \leqslant -1 \\ \dfrac{1}{2}(1-\lambda), & j = 0, 1 \\ 1, & j \geqslant 2 \end{cases}$$

由于 $|\lambda| \leqslant 1$ 可以保证稳定性, 显然有 $0 \leqslant U_j^n \leqslant 1$。因此不会产生振荡。由于这个格式是单调的拉克斯–弗里德里希斯格式, 这是意料之中的。

现在考虑定理 4.11 中的二阶格式条件

$$\sum_{l=-p-1}^{q} c_l(\lambda) = 1, \quad \sum_{l=-p-1}^{q} l c_l(\lambda) = -\lambda, \quad \sum_{l=-p-1}^{q} l^2 c_l(\lambda) = \lambda^2$$

它的特解是

$$c_{-1}(\lambda) = \frac{\lambda(\lambda+1)}{2}, \quad c_0(\lambda) = 1 - \lambda^2, \quad c_1(\lambda) = \frac{\lambda(\lambda-1)}{2}$$

以及其他情况 $c_l(\lambda) = 0$。可以发现, 这是拉克斯–温德罗夫格式。计算一个时间步

长后的解, 得到

$$U_j^1 = \frac{1}{2}\begin{cases} 0, & j \leqslant -1 \\ \lambda(\lambda-1), & j=0 \\ (-\lambda^2-\lambda+2), & j=1 \\ 2, & j \geqslant 2 \end{cases}$$

如果 $\lambda > 0$, 很明显 U_0^1 是负的。然而, 如果 $\lambda < 0$, $U_1^1 > 1$, 因此就会产生振荡。

这与戈杜诺夫定理完全一致。利用类似于上述的方法可以证明, 不可能构造一个无振荡的二阶线性格式[52]。

接下来, 我们旨在找出振荡的来源, 并了解在具有间断解的问题中, 是否能够维持在 8.1 节中详细讨论的高阶方法对波主导问题的有利特性。最后, 我们将讨论减少或完全消除振荡的技术。

8.3.1 吉布斯现象

为揭示振荡的来源, 需要理解高阶拉格朗日插值应用于间断解时的行为。

设 u 是定义在 $[0, 2\pi]$ 上的函数, 设 u_h 是以下形式的近似

$$u_h(x) = \sum_{l=0}^{2^n} u_l C_{l,h}(x)$$

其中

$$C_{l,h}(x) = C\left(\frac{x-lh}{h}\right), \quad C(y) = \operatorname{sinc}(\pi y) = \frac{\sin(\pi y)}{\pi y}, \quad h = \frac{2\pi}{2^n}$$

可以将 $C(x)$ 看作是惠特克 (Whittaker) 或香农基数函数 (Shannon cardinal function), $\operatorname{sinc}(x)$ 是 Sinc-函数[29,53]。在许多其他有趣性质中, 它是 L^2-完全基。

观察到 $C_{l,h}(x_l) = 1$ 使得 $u_l = u(x_l)$, 即 u_h 是一个插值。事实上, 可以把它看作是高阶拉格朗日插值的极限情况——这个联系我们很快就会讲清楚。

惠特克基数函数在信号分析中起着核心作用, 因为它允许精确表示带限信号。为了实现这一点, 回想一下 $h = \dfrac{2\pi}{2^n}$, 并利用插值的唯一性, 可以将基函数表达为

$$\begin{aligned} C_{l,h}(x) &= \frac{1}{2^n}\int_{-2^{n-1}}^{2^{n-1}} \exp(i(x_l - x)t)dt \\ &= \frac{h}{2\pi}\int_{-\pi/h}^{\pi/h} \exp(ilht)\exp(-ixt)dt = \frac{1}{2\pi}\int_R F(t)\exp(-ixt)dt \end{aligned} \tag{8.27}$$

这里, 定义了带限函数

$$F(t) = \begin{cases} h\exp(ilht), & |t| \leqslant \dfrac{\pi}{h} \\ 0, & |t| > \dfrac{\pi}{h} \end{cases}$$

因此, $C_{l,h}$ 是 F 的傅里叶变换。不幸的是, 这个结果并没有直接的价值, 因为一个间断解本身就不是带限的。但是, 用这种方法表示基数函数, 很容易证明

$$\int_R C_{i,h}(x)C_{j,h}(x)dx = h\delta_{ij} \tag{8.28}$$

因此, 基数函数都是相互正交的, 可以将 $u_l = u(x_l)$ 表示为

$$u_l = u(x_l) = \frac{1}{h}\int_R u(x)C_{l,h}(x)dx$$

可以将截断后的展开重写为

$$u_h(x) = \sum_{l=0}^{2^n} u_l C_{l,h}(x) = \frac{1}{h}\int_R u(t)\sum_{l=0}^{2^n} C_{l,h}(t)C_{l,h}(x)dt = \frac{1}{h}\int_R u(t)K_h(x,t)dt$$

其中, 引入核

$$K_h(x,t) = \sum_{l=0}^{2^n} C_{l,h}(t)C_{l,h}(x)$$

图 8.11 展示了中心函数, 我们观察到它本质上是平移不变量。因此, 可以将截断展开近似为

$$u_h(x,t) = \frac{1}{h}\int_R u(x-t)K_h^*(t)dt, \quad K^*(t) = K_h(t,t) \tag{8.29}$$

由于对积分的实质性贡献只产生于 $t \simeq 0$ 邻域, 如图 8.11 所示, 考虑

$$u_h(x) \simeq \frac{1}{h}\int_{-\varepsilon}^{\varepsilon} u(x-t)K_h^*(t)dt$$

在 $t = 0$ 的邻域内, 通过周期性狄利克雷核 (Dirichlet kernel), 可得中心函数的近似

$$D_h(t) = \frac{\sin(2^n t)}{2^{n+1}\sin(t/2)}$$

如图 8.12 所示。事实上, 随着 n 的增加, 两个核变得难以区分。

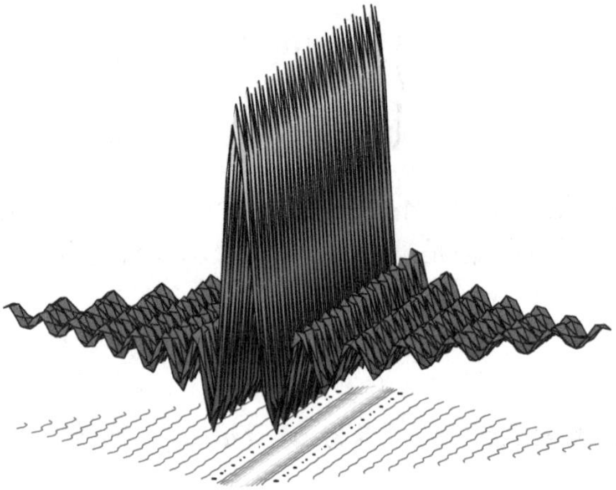

图 8.11 惠特克基函数关联的核 K_h 的示意图, 取 $n=4$

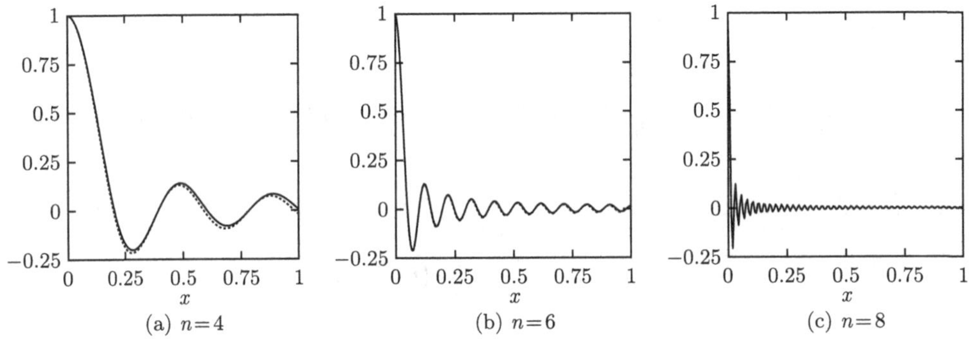

图 8.12 随着 n 增加, 惠特克基函数关联的核 (实线) 与周期狄利克雷核 (虚线) 在 $t=0$ 附近的比较示意图

因为 $D_h(t)$ 是偶数, 可以得到

$$u_h(x) \simeq \frac{1}{h}\int_{-\varepsilon}^{\varepsilon} u(x-t)D_h(t)dt = \frac{2}{h}[u(x^+)+u(x^-)]\int_0^{\varepsilon}\frac{\sin(2^n t)}{2^{n+1}\sin(t/2)}dt$$

式中, $u(x^{\pm}) = \lim\limits_{\varepsilon\to 0^+} u(x\pm\varepsilon)$。由于

$$\frac{2}{h}\int_0^{\varepsilon}\frac{\sin(2^n t)}{2^{n+1}\sin(t/2)}dt = \frac{1}{\pi}\int_0^{2^n\varepsilon}\frac{\sin s}{s}ds \underset{n\to\infty}{\simeq} \int_0^{\infty}\frac{\sin \pi s}{\pi s}ds = \frac{1}{2}$$

得到

$$\lim_{n\to\infty} u_h(x) = \frac{1}{2}\big[u(x^+)+u(x^-)\big]$$

因此, 展开式逐点收敛于函数左极限和右极限的均值。

为了理解振荡的本质, 需要进一步分析, 并考虑 (8.29) 为

$$
\begin{aligned}
u_h(x+2^{-n}z) &\simeq \frac{u(x^+)}{\pi}\int_{-\infty}^{2^{-n}z}\frac{\sin(2^n t)}{t}dt+\frac{u(x^-)}{\pi}\int_{2^{-n}z}^{\infty}\frac{\sin(2^n t)}{t}dt \\
&= u(x^+)\int_{-\infty}^{z/\pi}\frac{\sin(\pi t)}{\pi t}dt+u(x^-)\int_{z/\pi}^{\infty}\frac{\sin(\pi t)}{\pi t}dt \\
&= u(x^+)\left(\int_{-\infty}^{0}\frac{\sin(\pi t)}{\pi t}dt+\int_{0}^{z/\pi}\frac{\sin(\pi t)}{\pi t}dt\right) \\
&\quad + u(x^-)\left(\int_{0}^{\infty}\frac{\sin(\pi t)}{\pi t}dt-\int_{0}^{z/\pi}\frac{\sin(\pi t)}{\pi t}dt\right) \\
&= \frac{1}{2}\left[u(x^+)+u(x^-)\right]+\left[u(x^+)-u(x^-)\right]\int_{0}^{z/\pi}\frac{\sin(\pi t)}{\pi t}dt
\end{aligned}
$$

如果 z 以 $\mathcal{O}(h)$ 近似 x, 则第二项不会消失, 有非一致收敛。为了测量误差, 考虑

$$
\mathrm{Si}(z)=\int_{0}^{z/\pi}\frac{\sin(\pi t)}{\pi t}dt
$$

如图 8.13 所示, 它是缩放后的正弦积分。

Sine 积分在 $z=\pi$ 处取到最大值, 为 $\mathrm{Si}(\pi)=0.58949\cdots$. 如果测量图 8.10 中可以观察到的超调 (overshoot) 的大小, 可以发现

$$
u_h(x^-) \quad u(x^-) \simeq 1.08949\big(u(x^+) \quad u(x^-)\big)
$$

也就是说, 超调约占函数跳跃的 9%。这个值将是在 $x \pm \dfrac{h}{2}$ 处的结果, 在 x 处间断。由于 Sinc 函数是傅里叶级数在无界域中的推广, 因此在这种情况下得到傅里叶分析的经典结果并不奇怪。更多细节请参考资料 [44, 47]。

虽然这个讨论有助于理解在用惠特克基函数逼近不连续函数时产生振荡的来源, 但仍然需要将这个讨论与图 8.10 中的观察结果联系起来, 在那里, 逼近是基于有限差分格式的。

为了完成这个, 回想一下插值拉格朗日多项式

$$
\ell_j(x)=\prod_{\substack{i=-p\\ i\neq j}}^{q}\frac{x-x_i}{x_j-x_i} \tag{8.30}
$$

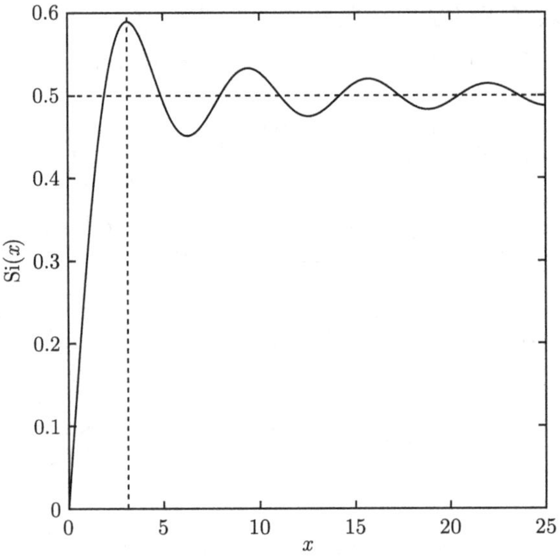

图 8.13　正弦积分示意图, 它对理解高阶方法的振荡起着至关重要的作用

其中 x_j 表示 $p+q+1$ 节点。多项式定义为 $\ell_j(x_i)=\delta_{ij}$ 使得

$$u_h(x)=\sum_{j=-p}^{q}u(x_j)\ell_j(x)$$

是一个插值。如前所述, 通过微分拉格朗日多项式并在网格点上对其进行计算, 可以得到标准模板。

为了建立拉格朗日多项式与惠特克基数函数之间的联系, 取 $y=x/h$, 设 $p=q$, 即一个中心模板, 将拉格朗日多项式表示为[16]

$$\ell_j(x)=(-1)^{q-j}\binom{y+q}{j+q}\binom{y-j-1}{q-j}$$

接下来直接用二项式重写 (8.30), 可得

$$\ell_j(x)=(-1)^{q-j}\binom{y+q}{j+q}\binom{y-j}{q-j}\frac{1}{y-j}=(-1)^{q-j}\binom{y+q}{2q+1}\binom{2q}{q-j}\frac{2n+1}{y-j}$$

做一点代数运算, 就能得到

$$\ell_j(x)=C(q,j,y)\mathrm{sinc}\left(\frac{x-x_j}{h}\right),\quad C(q,j,y)=\frac{(q+y)!(q-y)!}{(q+j)!(q-j)!} \tag{8.31}$$

我们意识到 $C(q,j,x_i)=1$, 所以, 正如预期的, $\ell_j(x_i)=\delta_{ij}$。我们还意识到, 当 $|y|,|j|>n$ 时, $C(n,j,y)=0$, 自然在模板宽度 $2q+1$ 处有截断。利用近似展开[38]

$$C(q,j,y)\simeq \exp\left(-\frac{j^2-y^2}{q}\right)$$

显然, 通过一个 $\sqrt{q}$ 缩放的方差的高斯修正, 将拉格朗日基 (Lagrange basis) 与惠特克基数函数直接联系起来。

作为拉格朗日基和惠特克基数函数之间紧密联系的最终验证, 考虑

$$u_h(x)=\sum_{j=-q}^{q}u(x_j)\ell_j(x)$$

$u_h(x)$ 在格点处的导数为

$$\left.\frac{du_h}{dx}\right|_{x_i}=\sum_{j=-q}^{q}u(x_j)\ell_j'(x_i)$$

现在利用关系式 (8.31) 得到

$$\ell_j'(x_i)=\frac{(-1)^{(i-j)}}{h(i-j)}\frac{(q+i)!(q-i)!}{(q+j)!(q-j)!}$$

假设 $i\neq j$ 并且 $\ell_j'(x_j)=0$。这些正是 $2q$ 阶有限差分公式的权值, 如果 $i=0$, 则得到 (8.3) 中的中心差分公式。

至此完成了分析的闭环, 从而使我们能够解释吉布斯振荡的来源：它在惠特克基数函数中清晰地暴露出来, 但同样也出现在基于拉格朗日插值的有限差分法中。这些振荡的根本原因在于, 高阶全局函数无法准确逼近间断函数。其后果包括人工振荡的产生、全局精度的下降以及一致收敛性的丧失, 这些都是吉布斯现象的典型特征。

8.3.2 是否重要

虽然这些结果看起来令人沮丧, 但图 8.10 中的结果表明情况其实较为复杂。尽管随着阶数的增加, 逐点精度较差, 但格式的相位精度似乎保持完好。这表明在计算解中隐藏着高阶准确的信息。

为了说明这一点, 将解表示为

$$u_h(x)=\sum_{l}u(x_l)C_{l,h}(x)$$

我们的第一个目标是理解这种展开的准确性, 因为它涉及解 $u(x)$ 的光滑性并不断逼近。结果在以下定理中陈述[53]。

定理 8.19　假设 $u \in C^q(R)$ 并具有以下衰减性质

$$\text{当}|x| \to \infty\text{时}, \quad \forall l = 0, \cdots, q : |u^{(l-1)}(x)| \to 0$$

那么

$$\|u - u_h\|_2 \leqslant Ch^q \|u^{(q)}\|_2$$

证明　用傅里叶级数表示 u,

$$u(x) = \int_R \hat{u}(t)e^{ixt}dt, \quad \hat{u}(t) = \frac{1}{2\pi}\int_R u(x)e^{-ixt}dx$$

回顾 (8.27) 得

$$\begin{aligned} u(x) - u_h(x) &= \int_R \hat{u}(t)e^{ixt}dt - \sum_l \left(\int_R \hat{u}(t)e^{ilht}dt\right) C_{l,h}(x) \\ &= \int_R \hat{u}(t)\left[e^{ixt} - \sum_l e^{ilht}C_{l,h}(x)\right]dt \end{aligned}$$

由于 $g(x) = e^{ixt}$ 是周期性的, 可以把它表示为

$$g(x) = \sum_r \hat{g}_r e^{irhx}, \quad x \in [-\pi/h, \pi/h]$$

其中, 由 (8.27) 得到

$$\hat{g}_r = \frac{h}{2\pi}\int_{-\pi/h}^{\pi/h} e^{ixt}e^{-irhx}dx = C_{r,h}(t)$$

通过 g 的周期性, 得到

$$\sum_r C_{r,h}(t)e^{irht} = \begin{cases} \exp\left(it\left(x - \dfrac{2m\pi}{h}\right)\right), & (2m-1)\dfrac{\pi}{h} < x < (2m+1)\dfrac{\pi}{h} \\ \cos\left(\dfrac{\pi t}{h}\right), & x = (2m \pm 1)\dfrac{\pi}{h} \end{cases} \tag{8.32}$$

第二项由 $C_{r,h}(t)$ 得到, 它是非周期的, 傅里叶展开收敛于均值。

由此可得

$$u(x)-u_h(x)=\int_{|x|>\pi/h}\hat{u}(t)\left[e^{ixt}-\sum_{l}e^{ilht}C_{l,h}(x)\right]dt$$

由于和式中的两个项都以 1 为界, 可得

$$\|u(x)-u_h(x)\|_2^2\leqslant 4\int_{x>\pi/h}|\hat{u}(t)|^2dt \tag{8.33}$$

对傅里叶系数的估计可以直接由下式完成

$$|\hat{u}(t)|=\frac{1}{2\pi}\left|\int_R u(x)e^{-ixt}dx\right|\leqslant\frac{1}{2\pi}|t|^{-q}\left|\int_R u^{(q)}(x)e^{-ixt}dx\right|$$

其中, 边界项通过衰减假设消去。将此插入 (8.33) 可得到

$$\|u(x)-u_h(x)\|_2^2\leqslant 4\int_{x>\pi/h}|\hat{u}(t)|^2dt\leqslant C\left(\frac{\pi}{h}\right)^{-2q}\|u^{(q)}\|_2^2$$

至此证毕。 □

现在考虑线性守恒律方程

$$\frac{\partial u}{\partial t}+\frac{\partial a(x)u}{\partial x}=\frac{\partial u}{\partial t}+\mathcal{L}u=0$$

有适当的初始条件 $u_0(x)$。对于图 8.10 的情况, 允许初始条件不光滑, 但假设变量系数 $a(x)$ 是光滑的。

我们寻求以下形式的解

$$u_h(x,t)=\sum_{l}u(x_l,t)C_{l,h}(x)$$

并要求方程拥有伽辽金意义, 即

$$\left(\frac{\partial u_h}{\partial t}+\mathcal{L}u_h,C_{i,h}(x)\right)_R=0,\quad |i|\leqslant N$$

其中, 定义内积为

$$(u,v)_R=\int_R u\bar{v}dx$$

乍一看, 这个格式似乎与之前考虑的不同。但是, 回想一下 (8.28) 的正交性, 很快就可以意识到这些格式确实是相同的。

再考虑伴随问题

$$\frac{\partial v}{\partial t}-a(x)\frac{\partial u}{\partial x}=\frac{\partial v}{\partial t}-\mathcal{L}^{*}v=0$$

具有光滑的初始条件 v_0, 满足伽辽金弱形式。

通过这两个问题的构造, 可以得到

$$\frac{d}{dt}(u(x,t),v(x,t))_R=0$$

从而

$$(u(x,t),v(x,t))_R=(u_0(x),v_0(x))_R$$

因为这个格式是伽辽金格式, 所以有

$$\left(\frac{\partial u_h}{\partial t}+\mathcal{L}u_h,v_h\right)_R=0$$

对伴随问题也一样

$$\frac{d}{dt}(u_h(x,t),v_h(x,t))_R=0$$

因为初始条件 u_0 满足

$$(u_0(x)-u_h(x,0),v_h(x,0))_R=0$$

通过伽辽金正交, 可得

$$|(u_0(x),v_h(x,0)-v_0)_R|\leqslant C\|u_0\|_2\|v_h(0)-v_0\|_2\leqslant C\|u_0\|_2h^q\left\|v_0^{(q)}\right\|_2$$

由定理 8.19 得到

$$\begin{aligned}&|(u_h(x,0),v_h(x,0))_R-(u_0(x)-v_0(x))_R|\\=&|(u_h(x,0)-u_0(x),v_h(x,0))_R+(u_0(x),v_h(x,0)-v_0(x))_R|\leqslant C\|u_0\|_2h^q\left\|v_0^{(q)}\right\|_2\end{aligned}$$

因为 a 和 $v_0(x)$ 假设是光滑的, 可以用精确解 v 来代替 v_h, 得

$$\begin{aligned}|(u_h(x,t),v_h(x,t))_R-(u(x,t),v(x,t))_R|&=|(u_h(x,0),v_h(x,0))_R-(u_0(x),v_0(x))_R|\\&\leqslant Ch^q\|u_0\|_2\left\|v_0^{(q)}\right\|_2\end{aligned}$$

这个结果最早在 [14] 中通过傅里叶谱方法获得, 表明尽管初始条件是间断的, 但高阶精度信息并没有丢失。然而, 精度并不是以逐点的方式计算的, 而是通过矩的方式计算的。这有助于理解图 8.10 中的结果：激波位置处的精度, 视觉上就可以判断, 即随着格式阶数的提高明显得到了提高, 但逐点精度依然较差。

这些关于矩精度的结果, 可以推广到含非光滑强迫函数和非光滑系数的问题[1]。我们将在 12.2.1 节中更详细地讨论这一点。

将这种分析推广到一般的非线性守恒律方程仍然是一个未解决的问题。根据文献 [5], 在激波通过后, 仅可能存在逐点的一阶误差。然而, 矩的精度尚不清楚, 许多例子表明高阶精度的信息是得以保留的[23,27]。

因此, 吉布斯振荡虽然明显破坏了逐点精度, 但可能并不破坏解本身的高阶精度。一个尚未解决的问题是如何以一种简单而鲁棒的方式提取准确的解。我们将在 13.4 节中回到这个问题。

8.3.3 如果重要, 可以做什么

在 8.3.1 节和 8.3.2 节的讨论中, 我们有理由相信吉布斯振荡可能不会破坏解的精度。然而, 在许多情况下, 这种振荡是不可接受的。例如, 如果振荡出现在密度或压力的近似值中, 导致它们变为负值, 从而变得不符合物理规律, 那么仿真过程就会受到质疑。另一个例子是, 在近似的解是稍微亚临界的温度时, 如果人工振荡产生了点火现象, 这可能只是一个纯粹的数值效应。在这些情况下, 必须消除振荡。

如何制定和分析一个可以避免人为数值振荡的高阶精度方法, 看似简单的一个问题, 是一个我们面临的关键挑战, 或许说, 解决这个问题, 是推动守恒律数值方法持续发展的最重要动力。在进入这一讨论之前, 根据戈杜诺夫定理的结果, 我们需要探讨非线性格式。首先, 让我们简要讨论一下, 如何以滤波作为一种手段向现有格式添加耗散。

滤波的经典思想源于信号处理, 与信号的傅里叶分量的特定修改相关。例如, 通过有选择性地抑制信号中的高频傅里叶分量, 信号变得不那么嘈杂。这被称为低通滤波器。

在当前的背景下, 我们不仅限于周期性问题, 而是将采用类似的方法, 寻求以下形式的滤波器[18]

$$\Omega = \sum_{l=-L}^{L} \omega_l E_l$$

其中, ω_l 为需要确定的滤波器系数。

为了避免滤波器修改幅值, 滤波器必须是对称的, 即 $\omega_l = \omega_{-l}$。因此, 滤波器

形式为

$$\Omega e^{ilx_j} = \left(\omega_0 + 2\sum_{m=1}^{M}\omega_m \cos(lmh)\right)e^{ilx_j} = \sigma(\eta)e^{ilx_j}$$

回顾一下, $\eta = lh = 2\pi p^{-1}$, 其中 p 是单位波长点数, 如果 $0 \leqslant \eta \leqslant \pi$, 可以确保每个波长至少有两个点。

接下来, 主要任务是设计一个滤波器函数 $\sigma(\eta)$, 以实现所需的去噪。文献 [48] 中定义了一个 p 阶滤波器, 并说明了滤波器函数的相关属性。

定义 8.20　*p 阶滤波器 $(p > 1)$ 由一个滤波器函数 $\sigma(\eta)$ 定义: $\sigma(\eta) \in C^p$, $\mathrm{R}^+ \to [0,1]$, 并有以下性质*

$$\sigma(\eta):\begin{cases}\sigma^{(s)}(0) = 0, & s = 0,\cdots,p-1\\ \sigma(\eta) = 0, & \eta \geqslant \pi\\ \sigma^{(s)}(\pi) = 0, & s = 1,\cdots,p-1\end{cases}$$

需要注意的是, 滤波器的最后一个条件是一个技术条件, 在 [48] 中用于分析滤波器的准确性, 一般认为它不是必需的。我们将在 13.4.1 节中更详细地讨论这一点。

现在有了工具可以用两种不同的方式设计具有所需属性的滤波器。如果首先考虑滤波器函数 $\sigma(\eta)$, 并使用滤波器定义, 将得到一个关于未知数 ω_l 的代数方程组, 即

$$\sigma(0) = 1 : \sum_{m=0}^{M}\omega_m = 1, \qquad \sigma(\pi) = 0 : \sum_{m=0}^{M}(-1)^m\omega_m = 0$$

剩下的 $M-1$ 个条件可以通过要求在 $lh = 0$ 处的额外光滑性来得到, 具体为

$$\sigma^{(s)}(0) = 0,\ s = 0,\cdots,M-1 : \sum_{m=0}^{M} l^{2m}\omega_m = 0$$

解这个代数系统得到一个 $2L$ 阶的滤波器。对于前几阶, 表 8.2 中给出对应的滤波器系数。图 8.14 展示了不同类型和阶数的滤波器函数, 突出显示了当 η 接近 π 时的衰减情况。

表 8.2 2M 阶滤波器的滤波器系数

	$M=1$	$M=2$	$M=3$	$M=4$	$M=5$	$M=6$
ω_0	0.500000	0.625000	0.687499	0.726562	0.753906	0.774414
ω_1	0.250000	0.250000	0.234375	0.218750	0.205078	0.193359
ω_2		−0.062500	−0.093750	−0.109375	−0.117188	−0.120850
ω_3			0.015625	0.031250	0.043945	0.053711
ω_4				−0.003906	−0.009766	−0.016113
ω_5					0.000977	0.002930
ω_6						−0.000244

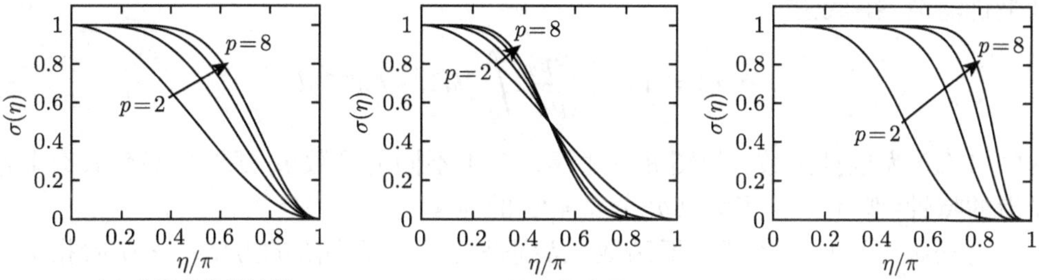

(a) 有限差分滤波器 (b) 最优滤波器 (c) 指数滤波器

图 8.14 不同类型的 p 阶滤波器函数 $\sigma(\eta)$

FilterFD.m 展示了如何使用 $2M+1$ 个网格点的模板来计算 p 阶滤波器的滤波器系数。

脚本 8.1: FilterFD.m: 使用 $2M+1$ 个网格点的模板计算 p 阶滤波器系数的程序。当计算滤波器函数时, 应该取 $p<M$

```
function [fc]=filter(M,p)
% function [f]=filter(M,p)
% Purpose: Compute filter coefficients 0:M for filter of order p
% and width 2M+1.
fc=zeros(M+1,1);

% Exponential filter(p even)
alpha=10;
f=@(x,n) exp(-alpha*(x/pi).^(p)).*cos(n*x);

% Optimal filter of order p
% f=@(x,n) (1-betainc(x/pi,p,p)).*cos(n*x);

for m=0:M
    fc(m+1)=integral(@(x) f(x,m),0,pi)/pi;
```

```
end
return
```

另一种方法是将 σ 表示为余弦级数。因此, 滤波器系数可以直接表示成

$$\omega_l = \frac{1}{\pi}\int_0^\pi \sigma(\eta)\cos(l\eta)d\eta$$

其中, σ 满足定义 8.20 中的条件。

严格按照定义 8.20 中 p 阶滤波器函数的定义设计一个多项式滤波器函数, 得到最优滤波器函数[48]。

$$\sigma(\eta) = 1 - \frac{\Gamma(2p)}{\Gamma(p)^2}\int_0^\eta [t(1-t)]^{p-1}dt$$

其中, $\Gamma(x)$ 为伽马函数。如图 8.14 所示, 对于不同的阶数 p, 滤波器函数具有非常光滑的特性, 但也消除了大部分 $\eta > \pi/2$ 的能量。

另一种广泛使用的滤波器函数, 特别是对于非常高阶的方法, 是 p 阶指数滤波器

$$\sigma(\eta) = \exp\left(-\alpha\left(\frac{\eta}{\pi}\right)^p\right)$$

显然, $\sigma(\pi)$ 不为零。然而, 通过选择足够大的 α, 使 $\sigma(\pi)$ 任意小, 例如, 如果要求 $\sigma(\pi) = \varepsilon$, 可以取 $\alpha = -\ln\varepsilon$。如图 8.14 中展示的滤波器函数, 在 η 接近 π 时, 幅值具有很大的衰减, 而 η 取较小值时, 振幅基本保持不变。

为了理解滤波器的影响, 可以将滤波器的作用写成如下形式

$$\Omega u_j = \sum_{m=-M}^{M}\omega_m u_{j+m} \simeq \int_{-M}^{M}\omega(m)u(x_j + hm)dm$$

式中

$$\omega_m = \frac{1}{c_m\pi}\int_0^\pi \sigma(\eta)\cos\left(\eta\frac{m}{M}\right)d\eta$$

其中 $c_0 = 2$ 且 $c_m = 1$。因此, 滤波器的作用仅仅是与滤波器函数的余弦变换进行卷积。

理解滤波器函数影响的一种方法, 是考虑指数滤波器函数, $\sigma(\eta) = \exp(-\alpha\eta^2)$。在这种情况下, 有

$$\begin{aligned}\omega_m &= \frac{1}{c_m\pi}\int_0^\pi \exp(-\alpha\eta^2)\cos\left(\eta\frac{m}{M}\right)d\eta \simeq \frac{1}{c_m\pi}\int_0^\infty \exp(-\alpha\eta^2)\cos\left(\eta\frac{m}{M}\right)d\eta \\ &= \frac{1}{2c_m\sqrt{\pi\alpha}}\exp\left(-\frac{m^2}{4\alpha M^2}\right)\end{aligned}$$

可以看出, 解与一个卷积核进行卷积计算, 这类似于热方程中的情况[3]。因此, 和预计的一样, 滤波器的作用类似于作用了一个二阶耗散算子。

另一种理解方法是考虑方程

$$\frac{\partial u}{\partial t} = \beta(-1)^{p/2+1}\frac{\partial^p u}{\partial x^p} \tag{8.34}$$

其中, β 是一个正的常数。当 $p=2$ 时, 得到了标准扩散方程。为了简单起见, 假设 $u(x,t)$ 在空间上以 2π 为周期, 可将解表示为傅里叶级数:

$$u(x,t) = \sum_{|l|\leqslant N} \hat{u}_l(t)\exp(ilx), \quad \hat{u}_l = \frac{1}{2\pi}\int_0^{2\pi} u(x,t)\exp(-ilx)dx$$

如果将其插入 (8.34) 并构造一个伽辽金格式, 就可以得到方程

$$\forall |l| \leqslant N : \frac{d\hat{u}_l}{dt} = -\beta l^p \hat{u}_l$$

对 $[t, t+k]$ 积分, 产生

$$\forall |l| \leqslant N : \hat{u}_l(t+k) = \exp\left(-\gamma\left(\frac{l}{N}\right)^p\right)\hat{u}_l(t), \quad \gamma = \beta N^p k$$

因此, 滤波器的作用相当于与高阶 (p 阶) 微分方程相关的耗散效应, 并且这种效应作用在一个时间步长内。这就解释了为什么 p 应该是偶数, 是为了确保耗散效应。

最后, 将其与传统的耗散联系起来, 考虑

$$\frac{\partial u}{\partial t} + \frac{\partial f(u)}{\partial x} = \beta(-1)^{p/2+1}\frac{\partial^p u}{\partial x^p}$$

可以认识到, 滤波基本上等同于以两步方式求解修改后的守恒律方程, 形式为

$$U_j^* = U_j^n - \frac{k}{h}(F_{j+1/2}^n - F_{j-1/2}^n), \qquad U_j^{n+1} = \Omega U_j^*$$

由于热方程的极大值原理, 采用二阶滤波器可以保证消除振荡。不幸的是, 这对高阶滤波器函数不成立。

例 8.21 考虑波动方程

$$\frac{\partial u}{\partial t} + \frac{\partial u}{\partial x} = 0, \quad x \in [0,1]$$

具有周期性边界条件和初始条件

$$u_0(x) = \begin{cases} 1, & 0.25 < x < 0.75 \\ 0, & \text{其他} \end{cases}$$

这相当于图 8.10 所示问题。用二阶和四阶中心差分法求解该问题，并应用不同阶的滤波器函数。

结果如图 8.15 所示。我们使用了表 8.2 中定义的滤波器函数，虽然其他滤波器函数也会产生类似的结果。正如预期的那样，使用二阶滤波器完全消除了振荡。同样值得注意的是，耗散效应是如此之强，以至于二阶和四阶格式之间的差异基本上被消除了。

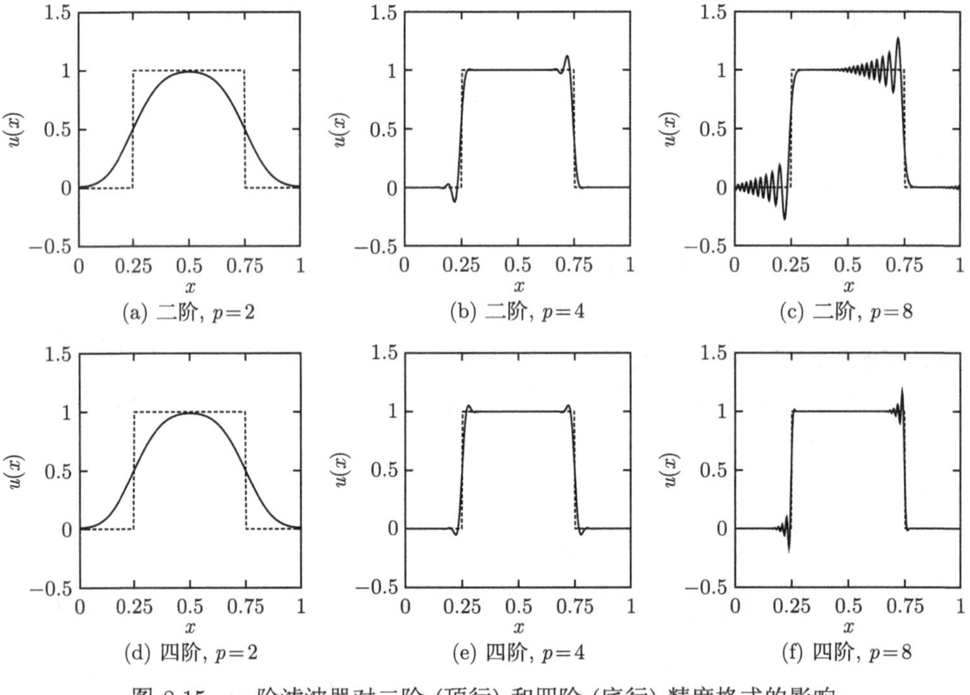

(a) 二阶，$p=2$　(b) 二阶，$p=4$　(c) 二阶，$p=8$
(d) 四阶，$p=2$　(e) 四阶，$p=4$　(f) 四阶，$p=8$

图 8.15　p 阶滤波器对二阶 (顶行) 和四阶 (底行) 精度格式的影响

提高滤波器的阶数在视觉上提高了精度，但代价是重新引入了振荡。此外，当滤波器阶数足够高时，四阶格式的准确性再次优于其他格式。尽管振荡依然存在，但与图 8.10 中的结果相比，特别是在振荡的空间分布方面，改善是显著的。

对图 8.15 中结果更仔细地观察，可以看出数值格式的自然色散与滤波器所增加的耗散之间的显著作用。如果关注四阶格式的结果，可以观察到二阶和四阶滤波器产生了对称解，而在使用八阶滤波器时，四阶数值方法的色散效应的单边特性再次显现。

图 8.16 中展示了使用二阶有限差分格式和四阶滤波器所得到的结果。在这种情况下，唯一变化的参数是 CFL 数，这相当于滤波器作用频率的调整。可以清楚地观察到，随着滤波器使用频率的增加，解从主要受色散效应支配过渡到对称解，但同时也表现出越来越明显的抹平迹象。类似的结果也可以在图 8.15 中观察到，其中滤波器强度的变化引起了类似的变化。

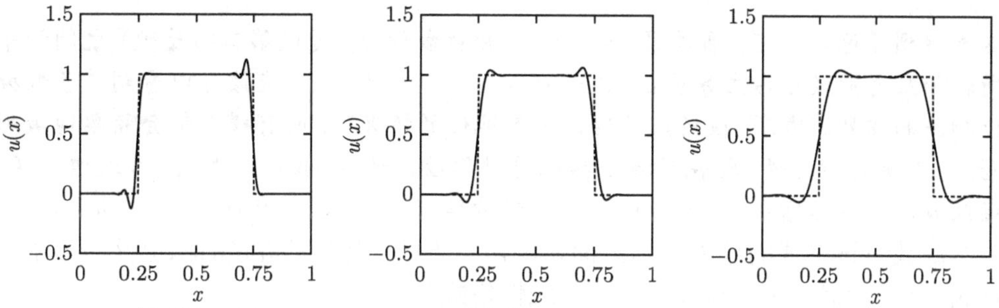

(a) CFL=0.1　(b) CFL=0.01　(c) CFL=0.001

图 8.16　四阶滤波器的效果取决于滤波器应用的频率

为了深入了解这一点，考虑线性波动问题

$$\frac{\partial u}{\partial t}+a\frac{\partial u}{\partial x}=0,\quad x\in[0,2\pi]$$

具有周期性边界条件。假设时间误差可以忽略，并在空间中使用 $2m$ 阶中心有限差分格式。并在每个时间步上，对解应用一个 q 阶指数滤波器。半离散格式的修正方程变为

$$\frac{\partial v}{\partial t}+a\frac{\partial v}{\partial x}=aR(x,t)+\beta(-1)^{q/2+1}v^{(q)}(x,t)$$

其中，余项为

$$R(x,t)\simeq\frac{(-1)^m(m!)^2}{(2m+1)!}h^{2m}v^{(2m+1)}(x,t)=(-1)^mC_{2m}h^{2m}v^{(2m+1)}(x,t)$$

修正方程中的第二项反映了指数滤波器的作用。现在假设可以用傅里叶级数表示解，考虑波 $v(x,t)=\hat{v}_l(t)e^{ilx}$，得到

$$\frac{d\hat{v}_l}{dt}=(-ial+ialC_{2m}(hl)^{2m}-\beta l^q)\hat{v}_l(t)$$

这就得到了 t 时刻的解

$$\hat{v}_l(t) = \exp(-ialt(1 - C_{2m}(hl)^{2m}))\exp(-\beta l^q t)\hat{v}_l(0)$$

现在回到 8.1.1 节, 回顾一下维度变量 ν 和 p, 分别表示周期和单位波长网格点数, 同时, 指数滤波器中定义了 $\gamma = \beta N^p k$。从而

$$\hat{v}_l(t) = \exp(-i2\pi v(1 - C_{2m}(2\pi p^{-1})^{2m}))\exp(-\gamma K p^{-q})\hat{v}_l(0), \quad K = \frac{t}{k}$$

这捕捉到了色散效应 (通过第一项衡量) 和耗散效应 (通过第二项反映) 之间的平衡。如果色散效应占主导地位, 例如在 $2m < q$ 的情况下, 应该可以看到与色散效应相关的波列。然而, 在耗散效应占主导地位的情况下, 所有模态都会简单地被削弱, 从而保持对称性, 即耗散滤波器维持对称性。最后, 我们注意到, 通过增加 K, 耗散效应也应该增强, 从而有助于保持对称性, 这一点在图 8.16 中显而易见。

滤波对该格式的性能有两方面影响。一方面, 提高了格式的稳定性。为了理解这一点, 考虑一个完全离散形式的线性格式

$$U^{n+1} = G(k,h)U^n$$

加上滤波有

$$U^{n+1} = \Omega G(k,h)U^n$$

从而有

$$\|U^{n+1}\| \leqslant \|\Omega G(k,h)\|\|U^n\| \leqslant \|\Omega\|^n\|G(k,h)\|^n\|U^0\|$$

然而, 由于 $\sigma(\eta) \leqslant 1$, 有

$$\|U^*\|_2^2 = \|\Omega U^n\|_2^2 = \sum_l |\sigma(l)\hat{u}_l^n|^2 \leqslant \|U^n\|_2^2$$

这意味着 $\|\Omega\|_2 \leqslant 1$, 因而提高了稳定性。事实上, 即使 $\|G(k,h)\| > 1$, 格式不稳定, 只要滤波后实现 $\|\Omega G(k,h)\| \leqslant 1$, 格式就可以恢复稳定。为了实现中心差分格式的稳定性, 产生的例 5.6 中讨论的拉克斯–弗里德里希斯格式和拉克斯–温德罗夫格式, 就是这种例子。

虽然滤波器对增强稳定性起到了积极效果, 但对整体计算精度具有一个微妙的影响。我们知道, 拉克斯–弗里德里希斯方法虽然基于二阶中心差分格式, 但其精度仅为一阶, 即精度的阶数明显受到耗散的影响。另一方面, 根据图 8.15 中的结果, 突出表明在逐点精度方面实现提高是可能的。然而, 同样清楚的是, 滤波也不应该影响格式本身的精度。

对于滤波对高阶有限差分法的影响, 目前还缺乏完整的误差分析。然而, 由于我们已经在有限差分法和基于惠特克基数函数的方法之间建立了直接联系, 并且进一步探索了惠特克基数函数和傅里叶级数之间的紧密联系, 因此有必要研究滤波对用傅里叶级数表示的函数的影响。虽然定量细节会有所不同, 但可以料想有相同的定性表现。

对于一个函数, 可能有一个或几个间断点, 在文献 [48] 中详细讨论了滤波对傅里叶展开的逐点精度的分析, 我们将在 13.4.1 节重新讨论这一点。总而言之, 首先考虑在使用 p 阶滤波器 $(q > p)$ 时, 滤波对光滑函数 $u \in C^q(\Omega_x)$ 的影响, 在这种情况下

$$|u(x) - \Omega u(x)| \leqslant Ch^{p-1/2}\|u^{(p)}\|_2$$

其中, $\Omega u(x)$ 为滤波后的近似。证实了滤波器函数的阶数对近似精度有直接影响, 这一结论与图 8.15 中的结果一致, 即低阶滤波器显著改变了解的精度。

对于一个只有分段光滑的函数, 即除了在有限数量的点 ξ 外, 满足$u \in C^q(\Omega_x)$。这点很容易证明, 在间断点处, 近似的精度没有提高, 即滤波不能消除吉布斯现象。滤波后近似的逐点精度为

$$|u(x) - \Omega u(x)| \leqslant Ch^{p-1}\frac{1}{d(x)^{1-p}}\|u^{(p)}\|_2$$

式中, $d(x)$ 是到最近间断点的距离。这表明只要使用高阶滤波器, 确实可以在间断点附近得到高阶精度。这与图 8.15 中的结果是一致的。这给了我们一些信心, 即滤波可以作为一种准确而有效的方法, 在求解含间断解方程时, 用来保证格式稳定性并改善逐点精度。

参 考 文 献

[1] Philip J Davis. *Interpolation and approximation.* Courier Corporation, 1975.

[2] Bengt Fornberg. Generation of finite difference formulas on arbitrarily spaced grids. *Mathematics of Computation*, 51(184): 699–706, 1988.

[3] Bengt Fornberg. Classroom note: Calculation of weights in finite difference formulas. *SIAM Review*, 40(3): 685–691, 1998.

[4] Randall J LeVeque and Randall J Leveque. *Numerical methods for conservation laws*, volume 214. Springer, 1992.

[5] Gerald Beresford Whitham. *Linear and nonlinear waves*, volume 42 of *Pure and Applied Mathematics.* John Wiley & Sons, 2011.

[6] Bengt Fornberg. *A practical guide to pseudospectral methods*, volume 1. Cambridge University Press, 1998.

[7] Heinz-Otto Kreiss and Joseph Oliger. Comparison of accurate methods for the integration of hyperbolic equations. *Tellus*, 24(3): 199–215, 1972.

[8] Jan S Hesthaven, Sigal Gottlieb, and David Gottlieb. *Spectral methods for time-dependent problems*, volume 21 of *Cambridge Monographs on Applied and Computational Mathematics*. Cambridge University Press, 2007.

[9] Ami Harten. High resolution schemes for hyperbolic conservation laws. *Journal of Computational Physics*, 49(3): 357–393, 1983.

[10] Stanley Osher. Riemann solvers, the entropy condition, and difference. *SIAM Journal on Numerical Analysis*, 21(2): 217–235, 1984.

[11] Peter K Sweby. High resolution schemes using flux limiters for hyperbolic conservation laws. *SIAM Journal on Numerical Analysis*, 21(5): 995–1011, 1984.

[12] Stanley Osher and Sukumar Chakravarthy. High resolution schemes and the entropy condition. *SIAM Journal on Numerical Analysis*, 21(5): 955–984, 1984.

[13] Bertil Gustafsson. The convergence rate for difference approximations to mixed initial boundary value problems. *Mathematics of Computation*, 29(130): 396–406, 1975.

[14] Jonathan B Goodman and Randall J LeVeque. On the accuracy of stable schemes for 2d scalar conservation laws. *Mathematics of Computation*, 45: 15–21, 1985.

[15] Chi-Wang Shu. TVB uniformly high-order schemes for conservation laws. *Mathematics of Computation*, 49(179): 105–121, 1987.

[16] Dietmar Kröner. *Numerical schemes for conservation laws*. John Wiley & Sons, 1997.

[17] Marshal Lockhart Merriam. *An entropy-based approach to nonlinear stability*. Stanford University, 1989.

[18] Eitan Tadmor. The numerical viscosity of entropy stable schemes for systems of conservation laws. i. *Mathematics of Computation*, 49(179): 91–103, 1987.

[19] Eitan Tadmor. Entropy stability theory for difference approximations of nonlinear conservation laws and related time-dependent problems. *Acta Numerica*, 12: 451–512, 2003.

[20] Philippe G Lefloch, Jean-Marc Mercier, and Christian Rohde. Fully discrete, entropy conservative schemes of arbitraryorder. *SIAM Journal on Numerical Analysis*, 40(5): 1968–1992, 2002.

[21] E. Tadmor and W. Zhong. Novel entropy stable schemes for 1d and 2d fluid equations. In Sylvie Benzoni-Gavage and Denis Serre, editors, *Hyperbolic Problems: Theory, Numerics, Applications*, pages 1111–1119, Springer, Berlin, Heidelberg, 2008.

[22] Lawrence C Evans. *Partial differential equations*. American Mathematical Society, 2 edition, 1998.

[23] Peter D Lax. Gibbs phenomena. *Journal of Scientific Computing*, 28(2-3): 445–449, 2006.

[24] Frank Stenger. Numerical methods based on Whittaker cardinal, or sinc functions. *Siam Review*, 23(2): 165–224, 1981.

[25] Frank Stenger. *Numerical methods based on sinc and analytic functions*, volume 20 of *Springer Series in Computational Mathematics.* Springer Science & Business Media, 2012.

[26] David Gottlieb and Steven A Orszag. *Numerical analysis of spectral methods: theory and applications*, volume 26 of *CBMS-NSF Regional Conference Series in Applied Mathematics.* SIAM, 1977.

[27] David Gottlieb and Chi-Wang Shu. On the Gibbs phenomenon and its resolution. *SIAM Review*, 39(4): 644–668, 1997.

[28] VP Valimaki. *Discrete-time modeling of acoustic tubes using fractional delay filters.* Helsinki University of Technology, 1998.

[29] John P Boyd. Sum-accelerated pseudospectral methods: finite differences and sech-weighted differences. *Computer Methods in Applied Mechanics and Engineering*, 116(1-4): 1–11, 1994.

[30] Saul Abarbanel, David Gottlieb, and Eitan Tadmor. *Spectral methods for discontinuous problems.* Langley Research Center, NASA, 1985.

[31] Jens Zudrop and Jan S Hesthaven. Accuracy of high order and spectral methods for hyperbolic conservation laws with discontinuous solutions. *SIAM Journal on Numerical Analysis*, 53(4): 1857–1875, 2015.

[32] Bjorn Engquist and Björn Sjögreen. The convergence rate of finite difference schemes in the presence of shocks. *SIAM Journal on Numerical Analysis*, 35(6): 2464–2485, 1998.

[33] Wai Sun Don and Carl B Quillen. Numerical simulation of shock-cylinder interactions: I. resolution. *Journal of Computational Physics*, 122(2): 244–265, 1995.

[34] Chi-Wang Shu and Peter S Wong. A note on the accuracy of spectral method applied to nonlinear conservation laws. *Journal of Scientific Computing*, 10(3): 357–369, 1995.

[35] Robert Vichnevetsky and John B Bowles. *Fourier analysis of numerical approximations of hyperbolic equations*, volume 5 of *Studies in Applied and Numerical Mathematics.* SIAM, 1982.

[36] Hervé Vandeven. Family of spectral filters for discontinuous problems. *Journal of Scientific Computing*, 6(2): 159–192, 1991.

第 9 章　强稳定性保持的时间积分

在着手开发高阶格式以用于在空间上精确表示守恒律方程的解之前，我们需要退一步，考虑时间维度上的近似。如果回顾通用的守恒形式

$$U_j^{n+1} = U_j^n - \frac{k}{h}\left[F_{j+1/2}^n - F_{j-1/2}^n\right]$$

就能很快意识到它只能精确到 $\mathcal{O}(k)$，除非涉及选择特定的数值通量，例如拉克斯–温德罗夫格式。如果想要开发任意阶高精度的格式时，这显然是不尽如人意的。

本章将阐述通过采用直线法 (method of lines) 建立高阶格式，用于守恒律方程半离散形式的积分。换句话说，假设空间维度得到了某种适当的处理，考虑如下半离散问题

$$\frac{dU_j(t)}{dt} = -\frac{F_{j+1/2}(t) - F_{j-1/2}(t)}{h} = L_j(\boldsymbol{U}(t), t)$$

式中，$L_j(\boldsymbol{U}(t), t) = L_j(U_{j-p-1}(t), \cdots, U_{j+q}(t), t)$。这可以被看作一个具有以下形式的常微分方程组

$$\frac{d\boldsymbol{U}(t)}{dt} = \boldsymbol{L}(\boldsymbol{U}(t), t)$$

其中 $\boldsymbol{U}(t) = [U_0(t), \cdots, U_N(t)]^{\mathrm{T}}$ 是网格函数，等式右边是 $\boldsymbol{L}(\boldsymbol{U}(t)) = [L_0(\boldsymbol{U}(t)), \cdots, L_N(\boldsymbol{U}(t))]^{\mathrm{T}}$。让我们稍后讨论涉及的假设，先借助皮卡公式 (Picard's formula)，将常微分方程的精确解表示为

$$U_j^{n+1} = U_j^n + k\int_0^1 L_j(\boldsymbol{U}(t+sk), t+sk)ds$$

由于积分中的参数未知，这个表达式尚不能产生一个起到实际作用的格式。假设 $L_j(\boldsymbol{U}(t), t)$ 不变，自然就会得到最单格式

$$U_j^{n+1} = U_j^n + kL_j(\boldsymbol{U}(t^n), t^n) = U_j^n - \frac{k}{h}[F_{j+1/2}^n - F_{j-1/2}^n]$$

于是我们回到了熟悉的时间上的前向欧拉积分的显式格式。如果不采用隐式格式，就不能将这种方法直接沿用于导出高阶精度的时间积分格式。比方说，应用梯形法则就可以得到

$$U_j^{n+1}=U_j^n+k\frac{L_j(\boldsymbol{U}(t^n),t^n)+L_j(\boldsymbol{U}(t^{n+1}),t^{n+1})}{2}$$

这是一个二阶精度的隐式格式。使用高阶积分法时, 这种情况仍然存在。虽然这种方法可以得到高阶精度的格式, 但显式格式由于其简易高效而更受青睐。此外, 由于守恒律方程拥有相同的时间和空间算子阶数, 因而在计算效率方面, 显式格式往往更胜一筹。

显然, 开发高阶精度的显式格式还有待商榷, 而守恒律方程的性质还会带来额外的约束。我们特别想找到能够保证格式稳定性的 TVD 方法, 即

$$\left\|U^{n+1}\right\|_{TV}\leqslant\|U^n\|_{TV}$$

这也带来了额外的挑战, 因为之前所有分析都集中在基本守恒形式上, 它在时间上的精度阶次是有限的。可能有人会觉得当前需要为高阶积分格式开发类似的理论基础, 甚至每种格式可能都需要。这显然行不通。我们需要用别的方法来处理这个问题。在此之前, 先来看一个例题, 从中可以说明对完全离散近似施加 TVD 性质的重要性。

例 9.1　让我们重新考虑伯格斯方程

$$\frac{\partial u}{\partial t}+\frac{\partial u^2}{\partial x}=0,\quad x\in[0,1]$$

它服从周期性边界条件和光滑的初始条件

$$u(x,0)=1+\frac{1}{2}\cos(2\pi x)$$

由于初始条件严格为正, 所以波向右移动, 同时形成一个激波。对于空间近似, 我们使用高阶精确的加权本质无振荡格式 (参见第 11 章), 从而保证空间格式不会产生振荡。

考虑半离散形式的伯格斯方程

$$\frac{d\bar{\boldsymbol{u}}(t)}{dt}=\boldsymbol{L}(\bar{\boldsymbol{u}}(t))$$

其中 $\boldsymbol{L}(\bar{\boldsymbol{u}})$ 是一个非线性算子, 与伯格斯方程相关的通量经它编码, 而 $\bar{\boldsymbol{u}}$ 是单元格均值的向量。

为了集成半离散形式, 我们考虑一种标准的显式两级龙格-库塔方法:

$$\bar{\boldsymbol{u}}^{(1)}=\bar{\boldsymbol{u}}^n+ka_{21}\boldsymbol{L}(\bar{\boldsymbol{u}}^n),\quad \bar{\boldsymbol{u}}^{n+1}=\bar{\boldsymbol{u}}^n+k(b_1\boldsymbol{L}(\bar{\boldsymbol{u}}^n)+b_2\boldsymbol{L}(\bar{\boldsymbol{u}}^{(1)}))$$

利用泰勒展开式, 可以发现该格式具有局部三阶精度, 因此可拥有二阶全局精度, 只要系数满足阶条件

$$b_1 + b_2 = 1, \quad a_{21} b_2 = \frac{1}{2}$$

作为替代方案, 让我们考虑一种具有以下形式的格式

$$\bar{\boldsymbol{u}}^{(1)} = \bar{\boldsymbol{u}}^n + k a_1 \boldsymbol{L}(\bar{\boldsymbol{u}}^n), \quad \bar{\boldsymbol{u}}^{n+1} = b_1 \bar{\boldsymbol{u}}^n + b_2(\bar{\boldsymbol{u}}^{(1)} + k a_2 \boldsymbol{L}(\bar{\boldsymbol{u}}^{(1)}))$$

利用泰勒展开式, 我们再次得到阶条件

$$b_1 + b_2 = 1, \quad b_2 a_1 + b_2 a_2 = 1, \quad b_2 a_1 a_2 = \frac{1}{2}$$

这足以保证局部三阶截断误差。比较这两种格式, 可以观察到第一种格式是标准的龙格-库塔法, 而后者是将两个前向欧拉步进行了线性组合, 以确保二阶全局精度的达成。

更具体一点, 可以考虑

$$\bar{\boldsymbol{u}}^{(1)} = \bar{\boldsymbol{u}}^n - 20k\boldsymbol{L}(\bar{\boldsymbol{u}}^n), \quad \bar{\boldsymbol{u}}^{n+1} = \bar{\boldsymbol{u}}^n + \frac{k}{40}(41\boldsymbol{L}(\bar{\boldsymbol{u}}^n) - \boldsymbol{L}(\bar{\boldsymbol{u}}^{(1)})) \tag{9.1}$$

和

$$\bar{\boldsymbol{u}}^{(1)} = \bar{\boldsymbol{u}}^n + k\boldsymbol{L}\left(\bar{\boldsymbol{u}}^n\right), \quad \bar{\boldsymbol{u}}^{n+1} = \frac{1}{2}\bar{\boldsymbol{u}}^n + \frac{1}{2}\left(\left(\bar{\boldsymbol{u}}^{(1)}\right) + k\boldsymbol{L}\left(\bar{\boldsymbol{u}}^{(1)}\right)\right) \tag{9.2}$$

这两个格式[5], 它们都精确到二阶。值得另外注意的是, (9.2) 可被写成前向欧拉步的凸组合, 而 (9.1) 则不能。稍后我们就能发现这是一个关键的属性。

结合一个空间稳定的格式, 我们在图 9.1 展示了这两种格式在 $N = 200$ 个控制体积下得到的结果。最显著的差异在于, 简单改变时间步进法就能对解的质量产生重大影响。事实上, 我们观察到使用 (9.1) 导致振荡的出现。由于空间格式保持不变, 这些振荡来自时间积分格式。

针对常微分方程组求解而开发的计算方法, 通常基于皮卡定理 (Picard's theorem)。

定理 9.2　假若有一个这样的常微分方程组,

$$\frac{d\boldsymbol{U}}{dt} = \boldsymbol{L}(\boldsymbol{U}(t), t), \quad \boldsymbol{U}(0) = \boldsymbol{U}_0, \quad t \in [0, T] \tag{9.3}$$

其中 $\boldsymbol{L}(\boldsymbol{U}, t)$ 在 t 上连续, 且在 $\boldsymbol{U}$ 中利普希茨连续。那么在 $t \in [0, T]$ 上, 存在如下形式的唯一解

$$U(t) = U_0 + \int_0^1 L(U(s), s) ds$$

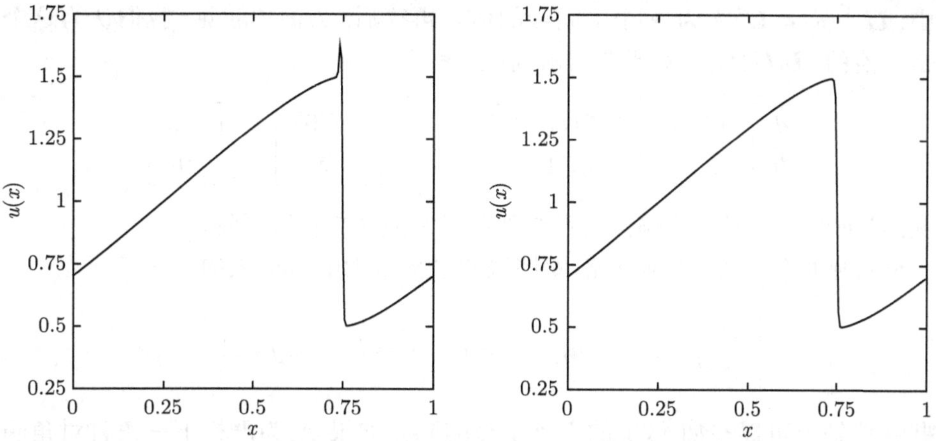

图 9.1 伯格斯方程的解, 使用五阶加权本质无振荡 (WENO) 格式, 左图是空间上的格式 (9.1), 右图是时间上的格式 (9.2), 取 $N=200$ 个控制体积。两种情况都是 $T=0.25$ 时的解, 使用 $CFL=0.3$ 计算

在 [38] 中可以找到此定理的经典证明过程。

如果把它表示为一个时间步进格式, 可以得到

$$\boldsymbol{U}^{n+1}=\boldsymbol{U}^{n}+k\int_{0}^{1}\boldsymbol{L}(\boldsymbol{U}(t^{n}+ks),t^{n}+ks)ds$$

这就简化了时间积分格式的开发, 将之转变为寻找高效精确的途径, 从而计算皮卡解中的积分。依据问题细节的处理方式, 通常可将格式分为两类, 一类是多级格式 (multistage schemes), 通常与龙格-库塔法相关; 另一类是多步格式 (multistep schemes), 常被认为是亚当斯方法 (Adams' methods)。

9.1 龙格-库塔法

多级格式基于皮卡积分的直接近似, 采用积分区间内微小的时间步长。基于下列构筑, 可提出一种 s 级龙格-库塔法

$$\begin{cases}\boldsymbol{U}^{(i)}=\boldsymbol{U}^{n}+k\sum\limits_{j=1}^{s}a_{ij}\boldsymbol{L}(\boldsymbol{U}^{(j)},t^{n}+c_{j}k), \quad i=1,\cdots,s\\ \boldsymbol{U}^{n+1}=\boldsymbol{U}^{n}+k\sum\limits_{i=1}^{s}b_{i}\boldsymbol{L}(\boldsymbol{U}^{(j)},t^{n}+c_{j}k)\end{cases} \tag{9.4}$$

式中, $\boldsymbol{U}^{(1)},\cdots,\boldsymbol{U}^{(s)}$ 为 s 个中间级的值。再往后, 为简单起见, 我们认为这个问题是自洽的, $\boldsymbol{L}(\boldsymbol{U}(t))$。对于非自洽问题, 考虑

$$\frac{d}{dt}\begin{bmatrix}\boldsymbol{U}\\ t\end{bmatrix}=\begin{bmatrix}\boldsymbol{L}(\boldsymbol{U}(t))\\ 1\end{bmatrix},\qquad \begin{bmatrix}\boldsymbol{U}(0)\\ t\end{bmatrix}=\begin{bmatrix}\boldsymbol{U}_0\\ 0\end{bmatrix}$$

因此, 任何对 t 有显式依赖性的系统都可以写成增广自洽系统。

通过施加阶条件, 经典龙格-库塔法的系数以 Butcher 表的形式可记为

$$\begin{array}{c|c} c & \mathrm{A} \\ \hline & b^T \end{array},\quad \mathrm{A}_{ij}=a_{ij},\ c_i=c_i,\ b_i=b_i,\quad i,j=1,\cdots,s$$

这些经典细节可以在如 [37] 的文献中查阅到。如果 A 为严格下三角且对角隐式的, 那么龙格-库塔法就是显式的。否则, 将得到一个完全隐式的龙格-库塔法。对于显式的情况, 需注意一个 s 级显式方法的阶数至多为 s, 而 s 级对角隐式龙格-库塔法的阶数不会超过 $s+1$; 参见 [37]。

经典形式的龙格-库塔法可以通过 Butcher 表唯一定义, 除非该方法可约。这里的可约 (reducible) 是指对于部分 i 和所有 j, 有 $a_{ij}=b_i=0$ 成立。这种情况下, 去除这一级并不会影响格式。除此之外, 我们认定所有方法都不可约。

尽管经典的龙格-库塔法已被证明在广泛的问题中具有巨大的价值和作用, 但我们还是能看到它们所面临的挑战。回顾到目前为止所做的讨论, 所有格式都只拥有一步:

$$\boldsymbol{U}^{n+1}=\mathrm{G}\left(\boldsymbol{U}^n\right)$$

我们能用坚实的理论去理解这种情况下的格式的稳定性和收敛性。然而经典的龙格-库塔法并不具备这种形式, 这意味着我们需要重新审视稳定性和收敛性的问题。

求解这个问题需要回到 (9.4) 中的基本近似, 以及对中间级的值的预测。经典方法虽然强大, 但显然它不是唯一的, 可以寻找其他替代方案。当前, 特别值得关注的建立这种形式的格式[44]

$$\begin{cases}\boldsymbol{U}^{(0)}=\boldsymbol{U}^n\\ \boldsymbol{U}^{(i)}=\displaystyle\sum_{j=1}^{s}(\alpha_{ij}\boldsymbol{U}^{(j)}+k\beta_{ij}\boldsymbol{L}(\boldsymbol{U}^{(j)})),\quad i=1,\cdots,s+1\\ \boldsymbol{U}^{n+1}=\boldsymbol{U}^{(s+1)},\end{cases}\tag{9.5}$$

这就是龙格-库塔法的 Shu-Osher 形式。在下文中, 我们将分别讨论显式和隐式这两种格式。

9.1.1 显式强稳定性保持 (SSP) 龙格-库塔格式

对于显式格式, 有如下主要结论[44]。

定理 9.3 假定欧拉格式在以时间步长 k_{FE} 求解 (9.3) 时是 TVD-稳定的。如果 α_{ij}, β_{ij} 都为半正, 那么用 (9.5) 及 $k \leqslant Ck_{FE}$ 得到的解就是 TVD-稳定的。这里 $C \geqslant 0$ 是一个与特定格式相关的常数。

证明 首先注意到, 为保证一致性, 有

$$i = 1, \cdots, s+1 : \sum_{j=1}^{i} \alpha_{ij} = 1 \tag{9.6}$$

接下来, 如果 α_{ij} 取正值, 则有

$$\begin{aligned}\left\|\boldsymbol{U}^{(i)}\right\|_{TV} &= \left\|\sum_{j=1}^{i}\left(\alpha_{ij}\boldsymbol{U}^{(j)}+k\beta_{ij}\boldsymbol{L}(\boldsymbol{U}^{(j)})\right)\right\|_{TV} = \sum_{j=1}^{i}\left\|\alpha_{ij}\left(\boldsymbol{U}^{(j)}+k\frac{\beta_{ij}}{\alpha_{ij}}\boldsymbol{L}(\boldsymbol{U}^{(j)})\right)\right\|_{TV} \\ &\leqslant \sum_{j=1}^{i}\alpha_{ij}\left\|\left(\boldsymbol{U}^{(j)}+k\frac{\beta_{ij}}{\alpha_{ij}}\boldsymbol{L}(\boldsymbol{U}^{(j)})\right)\right\|_{TV}\end{aligned}$$

鉴于

$$\left\|\left(\boldsymbol{U}^{(j)}+k\frac{\beta_{ij}}{\alpha_{ij}}\boldsymbol{L}(\boldsymbol{U}^{(j)})\right)\right\|_{TV} \leqslant \|\boldsymbol{U}^{(j)}\|_{TV}$$

根据 $k\dfrac{\beta_{ij}}{\alpha_{ij}} \leqslant k_{FE}$ 所得的前向欧拉步的 TVD 稳定性, 由 (9.6) 就能立即得到 $\|\boldsymbol{U}^{(i)}\|_{TV} \leqslant \|\boldsymbol{U}^{n}\|_{TV}$。这进一步说明

$$\left\|\boldsymbol{U}^{n+1}\right\|_{TV} \leqslant \sum_{j=1}^{s+1}\alpha_{ij}\|\boldsymbol{U}^{(j)}\|_{TV} \leqslant \sum_{j=1}^{s+1}\alpha_{ij}\left\|\boldsymbol{U}^{n}\right\|_{TV} \leqslant \|\boldsymbol{U}^{n}\|_{TV}$$

至此证毕。 □

因此, 如果能够将 α_{ij} 和 β_{ij} 都是半正的方法识别出来, 即是说, 这种格式的构造是一个前向欧拉格式的凸组合并且保持了高阶精度, 那我们就无须再就前向欧拉格式所伴随的稳定性而多作分析。具有这种性质的格式被称为强稳定性保持 (strong stability preserving, SSP) 格式。有关这些方法的综述可参考 [3,23], 以获得更全面的内容。

为确定 α_{ij} 和 β_{ij} 的值, 让我们回顾以下要求

$$k\frac{\beta_{ij}}{\alpha_{ij}} \leqslant k_{FE} \Rightarrow k \leqslant \frac{\alpha_{ij}}{\beta_{ij}}k_{FE} = C(\boldsymbol{\alpha}, \beta)k_{FE}$$

显然, 我们要找的系数须使得如下定义的 SSP 系数 $C(\boldsymbol{\alpha},\beta)$ 取到最大值,

$$C(\boldsymbol{\alpha},\beta)=\min_{ij}\frac{\alpha_{ij}}{\beta_{ij}}$$

下面的示例 [23] 说明了与最优化问题相关的一些复杂情况。

例 9.4　考虑标准的二阶精度显式 2 级的龙格-库塔格式

$$U^1=U^n+kL(U^{(n)}),\quad U^{n+1}=U^n+\frac{k}{2}\left(L(U^n)+L(U^{(1)})\right)$$

这里为简便起见, 只看一个标量问题。

用 Shu-Osher 形式来表示就会得到

$$U^{n+1}=\left(U^n+\frac{k}{2}L(U^n)\right)+\left(0U^{(1)}+\frac{k}{2}L(U^{(1)})\right)$$

其中, $\alpha_{22}=0,\beta_{22}=1/2$。由于 $C(\alpha_{22},\beta_{22})=0$, 稳定性不符合前向欧拉格式。

如果用 $U^{(1)}$ 的表达式, 会得到一个不同的格式

$$U^{n+1}=\left(\frac{3}{4}U^n+\frac{k}{4}L(U^n)\right)+\left(\frac{1}{4}U^{(1)}+\frac{k}{2}L(U^{(1)})\right)$$

其中, $C(\boldsymbol{\alpha},\beta)=C(\alpha_{22},\beta_{22})=1/2$。在这种情况下, 会得到与欧拉格式一致的稳定性, 但代价是需要其两倍的时间步数。

要实现改进, 可将格式改写成

$$U^{n+1}=\frac{1}{2}U^n+\left(\frac{1}{2}U^{(1)}+\frac{k}{2}L(U^{(1)})\right)\tag{9.7}$$

这种情况下, $C(\boldsymbol{\alpha},\beta)=C(\alpha_{22},\beta_{22})=1$。

要理解该格式的最优性, 考虑一般的 2 级格式

$$\begin{aligned}U^{(1)}&=\alpha_{11}U^n+k\beta_{11}L(U^n)\\U^{n+1}&=(\alpha_{21}U^n+k\beta_{21}L(U^n))+\left(\alpha_{22}U^{(1)}+k\beta_{22}L(U^{(1)})\right)\end{aligned}$$

根据一致性, 有 $\alpha_{11}=1$ 以及 $\alpha_{21}+\alpha_{22}=1$。泰勒展开式得到二阶精度的阶条件为

$$\alpha_{11}\beta_{22}+\alpha_{22}\beta_{11}+\beta_{21}=1,\quad \alpha_{22}\beta_{22}\beta_{11}=\frac{1}{2}$$

需要寻找 SSP 系数超过 1 的格式, $\alpha_{11}=1$ 意味着 $\beta_{11}<1$。结合 $\alpha_{22}\leqslant 1$, 可得 $\beta_{22}>1/2$, 也就得到 $1\geqslant\alpha_{22}>\beta_{22}>1/2$。这就可以推出 $1>\alpha_{22}\beta_{11}>1/2$, 因此, $\beta_{21}<0$, 而这违背了 β_{ij} 取正值的要求。故对于一般的 2 级龙格-库塔格式, SSP 系数不能超过 1, 而 (9.7) 是一个最优的二阶 2 级 SSP 龙格-库塔格式。

进一步, 可将 p 阶 s 级显式 SSP 格式记名为 SSPERK(s,p), 而最优格式 (9.7) 就是 SSPERK(2,2)。

为了得到高阶格式, 可采用上述例中的最优化过程。给出了一个最优的三阶 3 级 SSP 龙格-库塔格式——SSPERK(3,3):

$$\begin{aligned}\boldsymbol{U}^{(1)} &= \boldsymbol{U}^n + k\boldsymbol{L}(\boldsymbol{U}^n)\\ \boldsymbol{U}^{(2)} &= \frac{3}{4}\boldsymbol{U}^n + \frac{1}{4}\boldsymbol{U}^{(1)} + \frac{k}{4}\boldsymbol{L}(\boldsymbol{U}^{(1)})\\ \boldsymbol{U}^{n+1} &= \frac{1}{3}\boldsymbol{U}^n + \frac{2}{3}\boldsymbol{U}^{(2)} + \frac{2k}{3}\boldsymbol{L}(\boldsymbol{U}^{(2)})\end{aligned} \tag{9.8}$$

文献 [23] 中给出了 $C(\alpha,\beta)=1$ 时 SSPERK(3,3) 的最优性证明, 例 9.4 已对此做过概述, 即通过推导阶条件和优化这些约束下的 SSP 系数来实现。文献 [23] 证实, 如果要求 β_{ij} 取半正, 那么该过程就不能进行下去, 并且不存在四阶 4 级 SSP 龙格-库塔 (SSPERK) 方法。

虽然 SSPERK(2,2) 和 SSPERK(3,3) 是具有最小级数的最优格式, 但可能有人会疑惑额外的级数能否提高格式的整体效率。为了准确考量级数增加所伴随的计算成本, 让我们将有效 SSP 系数定义为

$$C_{eff} = \frac{1}{s}\max_{\alpha,\beta} C(\boldsymbol{\alpha},\boldsymbol{\beta})$$

注意到, 对 SSPERK(2,2) 而言可得 $C_{eff}=1/2$, 对 SSPERK(3,3) 而言可得 $C_{eff}=1/3$。通过增加级数, 可显著提升 C_{eff}。一个有趣的例子是最优 SSPERK(10,4)[23]:

$$\begin{aligned}\boldsymbol{U}^{(1)} &= \boldsymbol{U}^n + \frac{k}{6}\boldsymbol{L}(\boldsymbol{U}^n)\\ \boldsymbol{U}^{(2)} &= \boldsymbol{U}^{(1)} + \frac{k}{6}\boldsymbol{L}(\boldsymbol{U}^{(1)})\\ \boldsymbol{U}^{(3)} &= \boldsymbol{U}^{(2)} + \frac{k}{6}\boldsymbol{L}(\boldsymbol{U}^{(2)})\\ \boldsymbol{U}^{(4)} &= \boldsymbol{U}^{(3)} + \frac{k}{6}\boldsymbol{L}(\boldsymbol{U}^{(3)})\\ \boldsymbol{U}^{(5)} &= \frac{3}{5}\boldsymbol{U}^n + \frac{2}{5}\boldsymbol{U}^{(4)} + \frac{k}{15}\boldsymbol{L}(\boldsymbol{U}^{(4)})\\ \boldsymbol{U}^{(6)} &= \boldsymbol{U}^5 + \frac{k}{6}\boldsymbol{L}(\boldsymbol{U}^{(5)})\\ \boldsymbol{U}^{(7)} &= \boldsymbol{U}^6 + \frac{k}{6}\boldsymbol{L}(\boldsymbol{U}^{(6)})\end{aligned}$$

$$\begin{aligned}
\boldsymbol{U}^{(8)} &= \boldsymbol{U}^7 + \frac{k}{6}\boldsymbol{L}(\boldsymbol{U}^{(7)}) \\
\boldsymbol{U}^{(9)} &= \boldsymbol{U}^8 + \frac{k}{6}\boldsymbol{L}(\boldsymbol{U}^{(8)}) \\
\boldsymbol{U}^{(10)} &= \frac{1}{25}\boldsymbol{U}^n + \frac{9}{25}\boldsymbol{U}^{(4)} + \frac{3}{5}\boldsymbol{U}^{(9)} + \frac{3k}{50}\boldsymbol{L}(\boldsymbol{U}^{(4)}) + \frac{k}{10}\boldsymbol{L}(\boldsymbol{U}^{(9)})
\end{aligned}$$

在所有显式的四阶 10 级格式中, 该格式是最优的, 其有效 SSP 系数为 $C_{eff} = 3/5$, 即在精确到四阶的情况下, 其效率约为 SSPERK(3,3) 的两倍。还值得注意的是, 这个 10 级格式只需要两个额外的变量就可以实现, 这提供了一个低存储的格式示例。[23] 中讨论了其他低存储 SSP 方法。

可以证明, 对于一般的显式格式, 最优 SSP 系数不能超过级数[23], 即 $C_{eff} \leqslant 1$。

9.1.2 隐式 SSP 龙格-库塔格式

为了理解定理 9.3 推广到隐式的情况, 考虑后向欧拉格式

$$\boldsymbol{U}^{n+1} = \boldsymbol{U}^n + k\boldsymbol{L}(\boldsymbol{U}^{n+1})$$

取 $\gamma > 0$, 考虑[23]

$$(1+\gamma)\,\boldsymbol{U}^{n+1} = \boldsymbol{U}^n + \gamma\boldsymbol{U}^{n+1} + k\boldsymbol{L}(\boldsymbol{U}^{n+1})$$

将其重写成

$$\boldsymbol{U}^{n+1} = \frac{1}{1+\gamma}\left[\boldsymbol{U}^n + \gamma\left(\boldsymbol{U}^{n+1} + \frac{k}{\gamma}\boldsymbol{L}(\boldsymbol{U}^{n+1})\right)\right]$$

给定 $k \leqslant \gamma k_{FE}$, 利用前向欧拉格式的 TVD 稳定性得到 $\left\|\boldsymbol{U}^{n+1} + \frac{k}{\gamma}\boldsymbol{L}\left(\boldsymbol{U}^{n+1}\right)\right\|_{TV} \leqslant \left\|\boldsymbol{U}^{n+1}\right\|_{TV}$。因此有

$$\left\|\boldsymbol{U}^{n+1}\right\|_{TV} \leqslant \frac{1}{1+\gamma}\left[\left\|\boldsymbol{U}^n\right\|_{TV} + \gamma\left\|\boldsymbol{U}^{n+1}\right\|_{tv}\right]$$

这确保了对于任何 γ 值, 都有 $\left\|\boldsymbol{U}^{n+1}\right\|_{TV} \leqslant \left\|\boldsymbol{U}^n\right\|_{TV}$ 成立。因此, 在 $k \leqslant \gamma k_{FE}$ 的情况下, 后向欧拉格式是强稳定性保持的。因为 γ 可以取任意值, 因此这对于任意大的时间步长 k 都成立。

不幸的是, 这个结果不适用于一阶以上的方法[47]。

定理 9.5 *考虑 p 阶隐式多级格式, 对于 $p > 1$, SSP 系数是有界的。*

这个负面结果仅留下了关于隐式格式的 C_{eff} 能有多大这一问题。虽然目前这方面尚未有严谨的结论, 但广泛的研究[23] 表明, 所有龙格-库塔法都存在这样一个障碍:

$$C_{eff} \leqslant 2$$

因而比起显式方法, 线性或非线性求解器带来的额外工作量使得隐式 SSP 龙格-库塔法显得较为低效。

尽管存在这一负面结果, 但仍然可以推导出形式如 (9.5) 的隐式 SSP 龙格-库塔方法。给出一种具有 s 级的最优二阶隐式龙格-库塔法, SSPIRK(s,2):

$$\alpha_{ij}=\begin{cases}1, & i=j+1\\ 0, & \text{其他}\end{cases}$$

$$i=1,\cdots,s+1;\ j=1,\cdots,s:$$

$$\beta_{ij}=\frac{1}{2s}\begin{cases}1, & i=j,i=j+1\\ 0, & \text{其他}\end{cases}$$

很容易看出 $C_{eff}=2$, 这个最优格式是对角隐式的。

给出一种具有 s 级的最优三阶隐式龙格-库塔格式, SSPIRK(s,3):

$$\alpha_{ij}=\begin{cases}1, & i=j+1\\ \gamma_4, & i=s+1,\ j=s\\ 0, & \text{其他}\end{cases}$$

$$i=1,\cdots,s+1;\ j=1,\cdots,s:$$

$$\beta_{ij}=\frac{1}{2s}\begin{cases}\gamma_1, & i=j\\ \gamma_2, & i=j+1\\ \gamma_3, & i=s+1,\ j=s\\ 0, & \text{其他}\end{cases}$$

其中

$$\gamma_1=\frac{1}{2}\left(1-\sqrt{\frac{s-1}{s+1}}\right),\quad \gamma_2=\sqrt{\frac{s+1}{s-1}}\gamma_1$$

$$\gamma_3=\frac{(s+1)}{s\left(s+1+\sqrt{s^2-1}\right)},\quad \gamma_4=\left(s-1+\sqrt{s^2-1}\right)\gamma_3$$

SSP 系数为 $C=s-1+\sqrt{s^2-1}<2s$, 证实 $C_{eff}<2$。

高阶精度的隐式 SSP 龙格-库塔法以及级计数请参见 [23], 一直可高达到六阶。这些格式通常是对角隐式的, 但由于 $C_{eff}<2$, 它们只会在非常特殊的情况下显现出优势。

9.1.3　阶次障碍

随着 SSP 龙格-库塔法的发展，人们自然会疑惑它与更标准的龙格-库塔法之间有何联系，以及 SSP 格式的阶次是否存在任何根本性的限制。

在此之前，我们先来考量经典龙格-库塔格式[38] 的必要但非充分阶条件。

例 9.6　考虑标量测试问题

$$\frac{du}{dt} = u + t^{l+1}, \qquad u(0) = 0 \tag{9.9}$$

其中参数 $l \geqslant 1$

使用经典的龙格-库塔法 (9.4)，将格式变为

$$U^{(i)} = k\sum_{j=1}^{s} a_{ij}\left(U^{(j)} + (c_j k)^{l-1}\right)$$

如果引入 $\boldsymbol{U} = \left[U^{(1)}, \cdots, U^{(s)}\right]^{\mathrm{T}}$, $C_{ii} = c_i$ 和长度为 s 的一维向量 $\boldsymbol{e} = [1, \cdots, 1]^{\mathrm{T}}$，则级的值为

$$(1 - k\mathrm{A})\,\boldsymbol{U} = k^l \mathrm{A}\mathrm{C}^{l-1}\boldsymbol{e}$$

进一步有

$$U^1 = k\sum_{i=1}^{s} b_i\left(U^{(i)} + (c_i k)^{l-1}\right) = k\boldsymbol{b}^{\mathrm{T}}\boldsymbol{U} + k^l \boldsymbol{b}^{\mathrm{T}}\mathrm{C}^{l-1}\boldsymbol{e}$$

结合这些表达式，假设 $\|k\mathrm{A} \ll 1\|$，可得到

$$U^1 = k^l \boldsymbol{b}^{\mathrm{T}}\left[(I - k\mathrm{A})^{-1} k\mathrm{A} + I\right]\mathrm{C}^{l-1}\boldsymbol{e} \simeq k^l \boldsymbol{b}^{\mathrm{T}}\left[\sum_{n=0}^{\infty}(k\mathrm{A})^n\right]\mathrm{C}^{l-1}\boldsymbol{e}$$

(9.9) 的精确解可表示为

$$u(k) = \sum_{n=0}^{\infty}\frac{1}{n!}k^n\frac{d^n u(0)}{dt^n}$$

重复对 (9.9) 进行微分，可得

$$\frac{d^n u(0)}{dt^n} = \begin{cases} 0, & n < l \\ (l-1)!, & n \geqslant l \end{cases}$$

且满足

$$u(k)=\sum_{n=0}^{\infty}\frac{(l-1)!}{(l+n)!}k^{l+n}$$

对应到系数后, 对于一个局部截断误差为 k^{p+1} 的格式, 有阶条件

$$\boldsymbol{b}^{\mathrm{T}}\mathrm{A}^{n}\mathrm{C}^{l-1}\boldsymbol{e}=\frac{(l-1)!}{(l+n)!},\quad 1\leqslant l+n\leqslant p$$

用这种方法得到的条件是 $p\leqslant 3$ 的充要条件, 但对 $p>3$ 而言只是必要条件。要导出任意阶龙格-库塔法的阶条件完备集, 必须利用有根树 (rooted trees) 理论[37]。

再考虑格式的级序 (stage order), 将其定义为在各个级上的解的精度阶, 这些局部解是对 $u(c_ik)$ 的近似。利用之前的泰勒展开和匹配项, 可以得到级序 $\widetilde{p}$ 的条件为

$$\mathrm{AC}^{l-1}\boldsymbol{e}=\frac{1}{l}\mathrm{C}^{l}\boldsymbol{e},\quad l=1,\cdots,\widetilde{p}\tag{9.10}$$

注意当 $l=1$ 时, 可以得到基础的一致性要求

$$\mathrm{A}\boldsymbol{e}=\boldsymbol{c}\tag{9.11}$$

值得注意的是, 由于显式龙格-库塔法的第 2 级是一个前向欧拉步, 因此对于显式格式, 级序不能超过 1。同样, 对于对角隐式龙格-库塔法, 第 1 级是一个后向欧拉步, 这也将级序限制为 1。只有通过完全隐式龙格-库塔法或特别设计的显式格式, 避免第 2 级, 才能克服这一制约。

我们已在例 9.4 中看到 SSP 格式的建立途径并非唯一, 这使得本来与经典龙格-库塔法的简单联系变得复杂。将标量问题的经典龙格-库塔法 (9.4) 表示成以下形式

$$\boldsymbol{U}=\boldsymbol{e}U^{n}+k\mathrm{Q}\boldsymbol{L}\tag{9.12}$$

其中, $\boldsymbol{U}=\left[U^{(0)},\cdots,U^{(s)},U^{n+1}\right]^{\mathrm{T}}$, $\boldsymbol{L}=\left[L\left(U^{(1)}\right),\cdots,L\left(U^{(s)}\right),L\left(U^{n+1}\right)\right]^{\mathrm{T}}$, $\boldsymbol{e}$ 是一个 $s+1$ 的一维向量, 且

$$\mathrm{Q}=\begin{bmatrix}\mathrm{A} & 0\\ \boldsymbol{b}^{\mathrm{T}} & 0\end{bmatrix}$$

包含 Butcher 形式的龙格-库塔系数。

为将这些与 SSP 系数联系起来, 考虑修正的 Shu-Osher 形式

$$\begin{cases}U^{(i)}=v_iU^{n}+\displaystyle\sum_{j=1}^{s}\left(\alpha_{ij}U^{(j)}+k\beta_{ij}L\left(U^{(j)}\right)\right), & i=1,\cdots,s+1\\ U^{n+1}=U^{(s+1)}\end{cases}$$

一致性要求

$$i=1,\cdots,s+1: v_i+\sum_{j=1}^{s}\alpha_{ij}=1 \Rightarrow \boldsymbol{v}+\alpha\boldsymbol{e}=\boldsymbol{e} \tag{9.13}$$

式中, α 为 $(s+1)\times s$ 的系数矩阵。用紧凑形式表示修正格式可得

$$\boldsymbol{U}=vU^n+\alpha\boldsymbol{U}+k\beta\boldsymbol{L} \tag{9.14}$$

其中, $(s+1)\times(s+1)$ 的矩阵 α 和 β 分别为

$$\alpha=[\alpha \quad 0], \qquad \beta=[\beta \quad 0]$$

式中, α,β 为 SSP 系数的 $(s+1)\times s$ 矩阵。

求解 (9.14) 中的 $\boldsymbol{U}$, 并利用 (9.13) 可得到

$$\boldsymbol{U}=\boldsymbol{e}U^n+k\left(\mathrm{I}-\boldsymbol{\alpha}\right)^{-1}\beta\boldsymbol{L}$$

根据上式, 通过比较 (9.12), 在 $(\mathrm{I}-\boldsymbol{\alpha})$ 可逆的前提下, 可以得到两个格式之间的联系为

$$\left(\mathrm{I}-\boldsymbol{\alpha}\right)^{-1}\beta=Q \tag{9.15}$$

然而, 通过考虑 (9.14) 中 $u'=0$ 的简单问题, 很容易就能认识到这是所有实际方法的天然条件。因此, 任何 SSP 方法都可以借助 (9.15) 被写成 Butcher 表的形式。

当我们着手建立逆向联系时, 预计会遭遇基于例 9.4 的问题。于是, 我们仅关注给定 SSP 系数 r 的 SSP 格式, 并假设所有系数都有相同的 SSP 系数, 即 $\alpha=r\beta$. 在这种情况下, (9.15) 会产生一个规范的 SSP 格式, 并有

$$\beta=\mathrm{Q}\left(\mathrm{I}+r\mathrm{Q}\right)^{-1}, \quad \alpha=r\beta, \quad \boldsymbol{v}=\left(\mathrm{I}-\boldsymbol{\alpha}\right)\boldsymbol{e}$$

显然, 必须选择能满足 α_{ij} 和 β_{ij} 都是半正的 r。这会产生许多重要的后果。首先, 选择 $r=0$ 后立即就能发现, 要使龙格-库塔法满足 SSP, Butcher 系数 A_{ij} 和 b_i 必须都为非负, 因为 $\mathrm{Q}\geqslant 0$ 以逐元形式成立。

现在假设 $0<r\ll 1$, 可以写出

$$\beta=\sum_{k=0}^{\infty}\left(-1\right)^k r^k\mathrm{Q}^{k+1}=\mathrm{Q}-r\mathrm{Q}^2+r^2\mathrm{Q}^3+\cdots\geqslant 0$$

如果 $b_j=0$, 就有 $\mathrm{Q}_{s+1,j}=0$, 对于所有小值 r 来说, 这就要求 $\left(\mathrm{Q}^2\right)_{s+1,j}=0$ 以确保正性。然而,

$$\left(\mathrm{Q}^2\right)_{s+1,j}=\sum_{i=1}^{s+1}b_i a_{ij}=0$$

既然 a_{ij}, b_i 都是半正的, 这就要求 b_i 都是 0 或者 a_{ij} 都是 0。这两种情况下的龙格-库塔法都是可约的。于是我们得出以下结论[43]。

定理 9.7 对于任何不可约且 SSP 系数为正的龙格-库塔法, 有 $\mathrm{A} \geqslant 0, \boldsymbol{b} > 0$。这一结论有许多重要的含义[43]。

定理 9.8 对于任何不可约且 $\mathrm{A} \geqslant 0$ 的龙格-库塔法, 必有级序 $\widetilde{p} \leqslant 2$。

证明 回顾级序条件 (9.10) 和 (9.11), 我们分别有

$$i = 1, \cdots, s+1: \sum_{j=1}^{s} a_{ij} c_j = \frac{c_i^2}{2}, \qquad \sum_{j=1}^{s} a_{ij} = c_i$$

假设 c_i 按照 $0 \leqslant c_1 \leqslant \cdots \leqslant c_s$ 的顺序排列。由于 A 是半正的, 那么 c_i 都是半正的。将 c_i 与第二阶条件相乘, 并减去第一阶条件可得

$$\sum_{j=1}^{s} a_{ij}(c_i - c_j) = \frac{c_i^2}{2}$$

如果考虑 $i = 1$, 显然, 在显式方法中的唯一解是 $a_{1j} = c_1 = 0$, 在这种情况下的局部级差为 2。

如果现在要增加精度, 就会增加约束

$$\sum_{j=1}^{s} a_{ij} c_j^2 = \frac{c_i^3}{3}$$

按照上面的步骤, 选取最小的 $c_i > 0$ 就会得到

$$\sum_{j=1}^{s} a_{ij}(c_i^2 - c_j^2) = \frac{2c_i^3}{3}$$

因为 $0 < c_i \leqslant c_j$, 所以上式在 $a_{ij} \geqslant 0$ 时是不可能成立的。因此, 满足该条件的级需有 $a_{ij} = 0$, 此时该方法可约。这意味着龙格-库塔法的级序不能超过 2。 □

这里还能产生一个结论[43]。

定理 9.9 对于任何 p 阶的龙格-库塔法, 当 $\boldsymbol{b} > 0$ 时, 都有

$$\widetilde{p} \geqslant \left\lfloor \frac{p-1}{2} \right\rfloor$$

其中 $\widetilde{p}$ 是级序。

证明 如果定义级差为

$$\gamma_l = \mathrm{AC}^{l-1}\boldsymbol{e} - \frac{1}{l}\mathrm{C}^l\boldsymbol{e}$$

文献 [14] 提到, 当 $p \geqslant 5$ 时, 任何龙格-库塔法都拥有一个这样的阶条件

$$\boldsymbol{b}^{\mathrm{T}}(\gamma_l)^2 = 0, \quad l = 1, \cdots, \left\lfloor \frac{p-1}{2} \right\rfloor$$

对于 $\boldsymbol{b} > 0$, 这显然是不可能的, 除非级差消失。于是就有了这样的结果。 □

这两个结果表明, 由于级序为 1, 我们无法企图开发出阶次大于四的显式或对角隐式 SSP 龙格-库塔法。鉴于级序不能超过 2, 即使是完全隐式的 SSP 格式也不能超过六阶。

最后, 让我们引用以下的结论[23], 从而形成经典龙格-库塔格式和 SSP 格式之间的闭环。

定理 9.10 *考虑一个带有 Butcher 系数 Q 的龙格-库塔法。该方法的 SSP 系数为*

$$C = \max\left\{r \geqslant 0 | (I + r\mathrm{Q})^{-1}\text{存在且}\alpha \geqslant 0, v \geqslant 0\right\}$$

这里的不等式应该按分量来理解。

换句话说, 可以通过寻找满足正性条件的 r 的最大值来得到最优的 SSP 格式。

表 9.1 引自 [23], 里面为 s 级显式以及隐式 p 阶龙格-库塔格式总结了已知的有效 SSP 系数。

表 9.1 s 级显式以及隐式 p 阶龙格-库塔格式的已知有效 SSP 系数 (C_{eff})

s/p	SSPERK(s,p)			SSPIRK(s,p)				
	2	3	4	2	3	4	5	6
2	0.50	–	–	2	1.37	–	–	–
3	0.67	0.33	–	2	0.68	–	–	–
4	0.75	0.50	–	2	1.72	1.11	0.29	–
5	0.80	0.53	0.30	2	1.78	1.21	0.64	–
6	0.83	0.59	0.38	2	1.82	1.30	0.83	0.03
7	0.86	0.61	0.47	2	1.85	1.31	0.89	0.04
8	0.88	0.64	0.52	2	1.87	1.33	0.94	0.28
9	0.89	0.67	0.54	2	1.89	1.34	0.99	0.63
10	0.90	0.68	0.60	2	1.90	1.36	1.01	0.81
11	0.91	0.69	0.59	2	1.91	1.38	1.03	0.80

在继续讨论之前, 需注意, 可以放宽 a_{ij}, β_{ij} 为半正的条件, 并得到拥有负系数的格式。这就允许放宽一些阶条件并建立更高阶的 SSP 龙格-库塔法。不过, 负

系数要求在时间上后向求解问题。根据问题的类型，这可能会带来复杂性。对于双曲型守恒律方程，这依然是可能的。与此话题相关的更多讨论可参考 [23]。

9.2 多 步 法

现在让我们来关注 s 步的多步法 (multistep methods)，它可以表示为

$$\boldsymbol{U}^{n+1}=\sum_{i=0}^{s}(\alpha_i\boldsymbol{U}^{n+1-i}+\beta_ik\boldsymbol{L}\left(\boldsymbol{U}^{n+1-i}\right))=\sum_{i=0}^{s}\alpha_i\left(\boldsymbol{U}^{n+1-i}+\frac{\beta_i}{\alpha_i}k\boldsymbol{L}\left(\boldsymbol{U}^{n+1-i}\right)\right)$$

其中，$\boldsymbol{U}^{n+1-i}$ 为解 $\boldsymbol{U}^n$ 的前项值。如果 $\alpha_0=\beta_0=0$，那么格式为显式；否则为隐式。显然，如果 α_i 和 β_i 为半正，并且

$$k\leqslant\min_i\frac{\alpha_i}{\beta_i}k_{FE}$$

那么这个格式就是 SSP，具体来说有

$$\left\|\boldsymbol{U}^{n+1}\right\|_{TV}\leqslant\max_{i=1,\cdots,s}\left\|\boldsymbol{U}^{n+1-i}\right\|_{TV}$$

通过如下泰勒展开的操作可得到多步法的精度

$$\begin{aligned}&u\left(t^{n+1}\right)-\sum_{i=0}^{s}\alpha_iu\left(t^{n+1-i}\right)+\beta_ikL\left(u\left(t^{n+1-i}\right)\right)\\=&-\sum_{j=1}^{p}k^j\sum_{i=0}^{s}\left(\alpha_i\frac{(-i)^n}{j!}+\beta_i\frac{(-i)^{j-1}}{(j-1)!}\right)u^{(j)}\left(t^{n+1}\right)\end{aligned}$$

p 阶的条件为

$$\sum_{i=0}^{s}i^j\alpha_i=j\sum_{i=0}^{s}i^{j-1}\beta_i,\quad j=1,\cdots,p$$

这个经典结果收录在文献 [6] 中。

与多级格式相比，多步格式不存在阶次障碍。但一个高效格式可能会拥有大量的前项步，正如下面这个定理[42] 所指出的那样。

定理 9.11 一个拥有 $p>1$ 阶的 s 步显式多步法的 SSP 系数满足

$$C\leqslant\frac{s-p}{s-1}$$

从而直接可以得出 $s>p$, 并且 $C=1$ 是 SSP 系数的最大值。

对于隐式方法, 这种情况没有得到显著改善[45]。

定理 9.12　当 $p>1$ 时, 任何隐式 SSP 多步格式的 SSP 系数都小于 2。

[42] 给出了一类显式二阶 s 级方法, SSPEMS(s,2):

$$\alpha_1=\frac{(s-1)^2-1}{(s-1)^2},\quad \alpha_s=\frac{1}{(s-1)^2},\quad \beta_1=\frac{s}{s-1}$$

其 SSP 系数为 $C=\dfrac{s-2}{s-1}<1$。一个三阶 SSPEMS(4,3) 格式为

$$\boldsymbol{U}^{n+1}=\frac{16}{27}\left(\boldsymbol{U}^n+3k\boldsymbol{L}\left(\boldsymbol{U}^n\right)\right)+\frac{11}{27}\left(\boldsymbol{U}^{n-3}+\frac{12}{11}k\boldsymbol{L}\left(\boldsymbol{U}^{n-3}\right)\right)$$

其最优 SSP 系数为 1/3。诸如此类的格式可参见 [23] , 包括采用更多前项以及具有更好 SSP 系数的格式。

极其高阶的隐式方法可参见 [45], 有些格式可高达八阶、多达 20 步。[45] 和 [23] 中罗列了通过计算方法得到的系数。不过根据定理 9.11, 它们的用处有限。

参 考 文 献

[1] Sigal Gottlieb and Chi-Wang Shu. Total variation diminishing Runge-Kutta schemes. *Mathematics of Computation*, 67(221): 73–85, 1998.

[2] Uri M Ascher and Linda R Petzold. *Computer methods for ordinary differential equations and differential-algebraic equations*, volume 61 of *Other Titles in Applied Mathematics.* SIAM, 1998.

[3] John Charles Butcher. *Numerical methods for ordinary differential equations.* John Wiley & Sons, 2 edition, 2008.

[4] Chi-Wang Shu and Stanley Osher. Efficient implementation of essentially non-oscillatory shock-capturing schemes. *Journal of Computational Physics*, 77(2): 439–471, 1988.

[5] Sigal Gottlieb, Chi-Wang Shu, and Eitan Tadmor. Strong stability-preserving high-order time discretization methods. *SIAM Review*, 43(1): 89–112, 2001.

[6] Sigal Gottlieb, David I Ketcheson, and Chi-Wang Shu. *Strong stability preserving Runge-Kutta and multistep time discretizations.* World Scientific, 2011.

[7] MN Spijker. Contractivity in the numerical solution of initial value problems. *Numerische Mathematik*, 42(3): 271–290, 1983.

[8] Johannes Franciscus Bernardus Maria Kraaijevanger. Contractivity of Runge-Kutta methods. *BIT Numerical Mathematics*, 31(3): 482–528, 1991.

[9] Peter Albrecht. A new theoretical approach to Runge-Kutta methods. *SIAM Journal on Numerical Analysis*, 24(2): 391–406, 1987.

[10] Ernst Hairer, Syvert P Nørsett, and Gerhard Wanner. *Solving ordinary differential equations I, Nonstiff problems*. Springer, 2008.

[11] Hermanus WJ Lenferink. Contractivity preserving explicit linear multistep methods. *Numerische Mathematik*, 55(2): 213–223, 1989.

[12] Hermanus WJ Lenferink. Contractivity-preserving implicit linear multistep methods. *Mathematics of Computation*, 56(193): 177–199, 1991.

第 10 章　基于限制器的高阶精度方法

让我们回到守恒律方程

$$\frac{\partial u}{\partial t}+\frac{\partial f(u)}{\partial x}=0$$

以及它的半离散近似的守恒形式

$$\frac{dU_j}{dt}+\frac{F_{j+1/2}-F_{j-1/2}}{h}=0$$

现在, 假设对时间积分是用一个合适的格式完成的, 并专注于空间维度的离散化。正如我们已经详细讨论过的, 守恒律方程的近似有两种略微不同的方法。在有限差分法中, 将 $U_j(t)$ 解释为解和数值通量的点值 $u(x_j,t)$ 的近似, $F_{j+1/2}=F(u_{j-p},\cdots,u_{j+q})$ 近似于 $f(u_{j+1/2})$。

另一方面, 在有限体积法中, $U_j(t)$ 表示单元格中以 x_j 为中心的解的单元格均值 $\bar{u}_j(t)$。此外, $F_{j+1/2}$ 通过从单元格均值 $(\bar{u}_{j-p},\cdots,\bar{u}_{j+q})$ 和 $f(u_{j+1/2})$ 的值得到的 $u_{j+1/2}$, 求出 $x_{j+1/2}$ 处的通量近似。

虽然这两种公式在概念上似乎截然不同, 并产生了本质上不同的格式, 但它们之间的密切联系可以通过参考 [1,2]

$$\frac{1}{h}\int_{x-h/2}^{x+h/2}F(y)dy=f(u(x))$$

来实现, 其假设存在一个函数 F 具有这样的性质, $F(x_{j\pm1/2})=F_{j\pm1/2}$ 是有限差分格式的数值通量。对表达式两边求导, 得到

$$\frac{F(x+h/2)-F(x-h/2)}{h}=\frac{\partial f}{\partial x}$$

进一步在 x_j 进行配置, 就有

$$\bar{F}_j=\frac{1}{h}\int_{x_{j-1/2}}^{x_{j+1/2}}F(x)dx=f(u_j)$$

这在有限差分法中是一个已知量。

因此, 两种公式的本质区别在于从单元格均值中得到的产物。在有限体积法中, 从解的单元格均值中得到了 $u_{j+1/2}$, 并以 $f(u_{j+1/2})$ 作为通量。而在有限差分法中, 从数值通量的单元格均值得到了 $F_{j+1/2}$, 它被定义为守恒律方程的通量的点值。

在最简单的一阶格式中, 这两种观点产生相同的格式, 这在第二部分中有讨论。然而, 一旦我们开始考虑更高阶的精确方法, 两者之间的差异就开始显现出来。

为了构造一个 m 阶精度的格式, 必须寻求满足这样条件的近似

$$\frac{F_{j+1/2}-F_{j-1/2}}{h}=\left.\frac{\partial f}{\partial x}\right|_{x_j}+\mathcal{O}(h^m) \tag{10.1}$$

有了这一见解, 可以清楚地看到, 高阶精度格式的构建可以归结为在每个单元格界面上建立数值通量或解的重构, 具体取决于所考虑的是这两种观点中的哪一种。

接下来我们将讨论守恒律的高阶格式族, 其中许多格式是为实现固定精度阶数而开发的, 通常为二阶。在后续章节中, 我们将扩展讨论并介绍能够在解的光滑部分实现任意精度阶数的格式。

10.1 通量限制格式

正如戈杜诺夫定理所指, 达到更高阶精度需要一种非线性的, 即依赖于解的格式。要实现这个目标, 一种基础但非常成功的方法是将数值通量修正为

$$F^n_{j\pm1/2}=F^{n,L}_{j\pm1/2}+\varPhi_{j\pm1/2}\left[F^{n,H}_{j\pm1/2}-F^{n,L}_{j\pm1/2}\right]$$

其中, $F^{n,L}_{j\pm1/2}$ 为低阶单调通量, $F^{n,H}_{j\pm1/2}$ 为高阶数值通量, 满足 m 阶的 (10.1)。换句话说, 我们将数值通量重新定义为低阶通量和高阶通量的线性组合。通量限制器 $\varPhi_{j\pm1/2}$ 的定义是该格式的核心组成部分, 必须谨慎对待。一方面, 当 $\varPhi_{j\pm1/2}=0$ 时, 我们得到了低阶格式; 另一方面, 当 $\varPhi_{j\pm1/2}=1$ 时, 得到的是高阶格式。

接下来, 我们将探讨如何恰当地定义通量限制器 $\varPhi_{j\pm1/2}$, 并在 10.1.4 节中说明此类格式在某些例子中的表现。

10.1.1 通量校正传输 (FCT) 格式

[3] 首次提出了通量校正格式, 考虑用

$$A^n_{j\pm1/2}=F^{n,H}_{j\pm1/2}-F^{n,L}_{j\pm1/2}$$

来度量高阶格式中耗散不足带来的影响。定义限制器 $\varPhi_{j\pm1/2}$, 不引入新的极值, 同时也不夸大现有极值。根据 [3], 这表明

$$\varPhi_{j+1/2}A^n_{j+1/2}=\mathrm{minmod}(A^n_{j+1/2},\Delta^+U^n_{j+1},\Delta^-U^n_j) \tag{10.2}$$

其中, 定义 minmod 函数为

$$\operatorname{minmod}(a_1,\cdots,a_n)=\begin{cases}\operatorname{sign}(a_1)\min\limits_i |a_i|, & \text{如果}\left|\sum\limits_i \operatorname{sign}(a_i)\right|=n\\ 0, & \text{其他}\end{cases} \tag{10.3}$$

如果所有参数都有相同的符号, 则 minmod 函数返回最小的参数, 否则返回零。它的实现过程可参考 minmod.m 这个程序。

脚本 10.1: minmod.m: minmod 函数的实现

```
function psi=minmod(v)
% function psi=minmod(v)
% Purpose: Implement the midmod function v is a vector
N=size(v,1); m=size(v,2); psi=zeros(N,1);
s=sum(sign(v),2)/m; ids=find(abs(s)==1);
if(~isempty(ids))
  psi(ids)=s(ids).*min(abs(v(ids,:)),[],2);
end
return;
```

我们还引入了中间态

$$U_j^*=U_j^n-\lambda[F_{j+1/2}^{n,L}-F_{j-1/2}^{n,L}]$$

其中, $\lambda=k/h$。

正如 [4] 中观察到的, (10.2) 中令人讶异地缺少了 $A_{j-1/2}^n$ 和 $\Delta^+U_j^n$, 这是一维设置导致的。在 [4] 中给出了一个改进后的限制器

$$P_j^+=\max(0,kA_{j-1/2}^n)-\min(0,kA_{j+1/2}^n),\quad Q_j^+=(U_j^{\max}-U_j^*)h$$

同样地, 定义

$$P_j^-=\max(0,kA_{j+1/2}^n)-\min(0,kA_{j-1/2}^n),\quad Q_j^-=(U_j^*-U_j^{\min})h$$

以及

$$R_j^\pm=\min(1,Q_j^\pm/P_j^\pm)$$

如果 $P_j^\pm=0$, 则有 $R_j^\pm=0$。于是可将通量限制器定义为

$$\Phi_{j+1/2}=\begin{cases}\min(R_{j+1}^+,R_j^-), & A_{j+1/2}^n\geqslant 0\\ \min(R_j^+,R_{j+1}^-), & A_{j+1/2}^n<0\end{cases}$$

在这种情况下, 中间解 U^* 的极值为

$$U_j^{\max} = \max(U_{j-1}^*, U_j^*, U_{j+1}^*), \quad U_j^{\min} = \min(U_{j-1}^*, U_j^*, U_{j+1}^*)$$

此外, 文献 [4] 建议结合一个简单的限制器, 满足当 $\Delta^+ U_j^n A_{j+1/2}^n < 0$ 时有 $A_{j+1/2}^n = 0$, 且有 $\Delta^+ U_{j+1}^n A_{j+1/2}^n < 0$ 或 $\Delta^- U_j^n A_{j+1/2}^n < 0$。但还不清楚这是否是确保稳定性的必要条件, 因为目前还没有通用的稳定理论。

如 [5,6] 所强调的, FCT 格式实现了足够光滑的高阶精度解。在 [7] 中可以找到其他的比较研究。[4] 讨论了扩展到多维的问题, 而在 [8] 中有更广泛的文献综述。在其他研究中, 伪谱精度的 FCT 格式[9] 多维度扩展以及基于元素的公式化已在 [10–12] 中讨论。

10.1.2 TVD-稳定的高阶格式

虽然两步 FCT 格式遵循通量限制格式的总体思路, 并提出了一种通量限制器的设计策略, 但它还是缺乏严格的稳定性理论。为解决这个问题, 让我们回到 8.2.1 节, 并考虑这种形式的通量限制器

$$\phi_{j+1/2} = \phi_{j+1/2}(r_j), \quad r_j = \frac{\Delta^- U_j^n}{\Delta^- U_{j+1}^n} = \frac{\Delta^+ U_{j-1}^n}{\Delta^+ U_j^n} = \frac{\Delta^- U_j^n}{\Delta^+ U_j^n}$$

正如我们已经详细讨论过的, $\phi(1) = 1$ 是实现二阶精度的必需条件。

如图 8.5 所示, 开发 TVD-稳定的格式需要识别 TVD 区域, 用于选择两种特定的通量。为进一步探讨这一点, 让我们考虑一个由 [13] 启发的示例。

例 10.1 *考虑线性波动方程*

$$\frac{\partial u}{\partial t} + \frac{\partial u}{\partial x} = 0$$

其服从光滑的初始条件和周期性边界条件。

让我们将低阶通量设为拉克斯–弗里德里希斯通量

$$F_{j+1/2}^{n,L} = U_j^n$$

将高阶通量设为拉克斯–温德罗夫通量

$$F_{j+1/2}^{n,H} = \frac{1+\lambda}{2} U_j^n + \frac{1-\lambda}{2} U_{j+1}^n$$

式中, $\lambda = k/h$。我们寻找了一个限制器 $\phi_{j+1/2}$, 使修正后的通量

$$F_{j+1/2}^n = U_j^n - \phi_{j+1/2} \frac{1-\lambda}{2} [U_j^n - U_{j+1}^n] = U_j^n + \phi_{j+1/2} \frac{1-\lambda}{2} \Delta^+ U_j^n$$

能够产生一个 TVD-稳定的格式, 并给出如下形式

$$U_j^{n+1}=U_j^n-\lambda\Delta^-U_j^n-\frac{\lambda(1-\lambda)}{2}\Delta^-(\phi_{j+1/2}\Delta^+U_j^n)$$

我们认识到, 因为 $0\leqslant\lambda\leqslant 1$, 所以附加项带来了反扩散 (antidiffusion), 或称压缩。因此, 限制器的作用是控制人为压缩的水平, 要求在光滑区域达到二阶精度, 且不会在解的非光滑区域引入振荡。

利用

$$\Delta^+U_j^n=\frac{\Delta^-U_j^n}{r_j}$$

得到

$$U_j^{n+1}=U_j^n-\lambda\Delta^-U_j^n-\frac{\lambda(1-\lambda)}{2}\left(\frac{\phi_{j+1/2}}{r_j}-\phi_{j-1/2}\right)\Delta^-U_j^n$$

回到定理 8.4, 可以将该表达形式写成

$$C_{j-1/2}=\frac{\lambda}{2}\left[2+(1-\lambda)\left(\frac{\phi_{j+1/2}}{r_j}-\phi_{j-1/2}\right)\right],\quad D_{j+1/2}=0 \tag{10.4}$$

于是, TVD 稳定性通过下式得到保证

$$0\leqslant\frac{\lambda}{2}\left[2+(1-\lambda)\left(\frac{\phi_{j+1/2}}{r_j}-\phi_{j-1/2}\right)\right]\leqslant 1$$

这个条件可以得到满足, 只要有 ($0\leqslant\lambda\leqslant 1$以保证稳定性)

$$0\leqslant\phi(r)\leqslant 2,\quad 0\leqslant\phi(r)\leqslant 2r \tag{10.5}$$

并假设当 $r\leqslant 0$ 时, $\phi(r)=0$。观察到当 $\phi(r)=0$ 时, 格式降为一阶。在任何光滑极值处都有 $r\leqslant 0$, 这与定理 8.7 的结论一致。借用定理 4.5 的符号, 我们有

$$0\leqslant\phi(r)\leqslant 2(1\wedge r^+) \tag{10.6}$$

并得到 $\phi(r)$ 可接受值的 TVD 域, 如图 10.1 所示。

为说明 TVD 区域取决于格式的选择, 考虑二阶精确的比姆–沃明格式 (Beam-Warming scheme)[14,15], 其数值通量为

$$F_{j+1/2}^{n,H}=\frac{1}{2}(3U_j^n-U_{j-1}^n)+\frac{\lambda}{2}(U_j^n-U_{j-1}^n)$$

得到二阶格式

$$U_j^{n+1} = U_j^n - \frac{\lambda}{2}(3U_j^n - 4U_{j-1}^n + U_{j-2}^n) + \frac{\lambda^2}{2}(\Delta^-)^2 U_j^n$$

注意到拉克斯–温德罗夫格式和比姆–沃明方法的主要区别在于后者格式中的迎风增加。还可观察到在 (10.4) 中, 当 $\phi(r) = r$ 时, 就得到了比姆–沃明格式。

当重写为通量限制格式时, 得到

$$U_j^{n+1} = U_j^n - \lambda\Delta^- U_j^n - \frac{\lambda(1-\lambda)}{2}\Delta^-(\phi_{j+1/2}\Delta^- U_j^n)$$

如果仅关注使用 $(U_{j-2}^n, \cdots, U_j^n)$ 的格式, 反扩散项应该是拉克斯–温德罗夫和比姆–沃明格式[13] 的凸组合, 即

$$\phi(r) = (1-\theta(r))\phi^{LW}(r) + \theta(r)\phi^{BW}(r), \quad 0 \leqslant \theta(r) \leqslant 1$$

为匹配项, 观察到当 $\phi^{LW}(r) = 1$, $\phi^{BW}(r) = r$ 时, 可得

$$\phi(r) = 1 - \theta(r) + r\theta(r)$$

这产生了对 ϕ 的额外限制

$$\begin{cases} r \leqslant \phi(r) \leqslant 1, & r \leqslant 1 \\ 1 \leqslant \phi(r) \leqslant r, & r \geqslant 1 \end{cases}$$

将这些与前面的条件结合起来, 就得到了图 10.1 所示的 TVD 区域。正如所料, $\phi(r) = 1$ 原本就在 TVD 区域中。

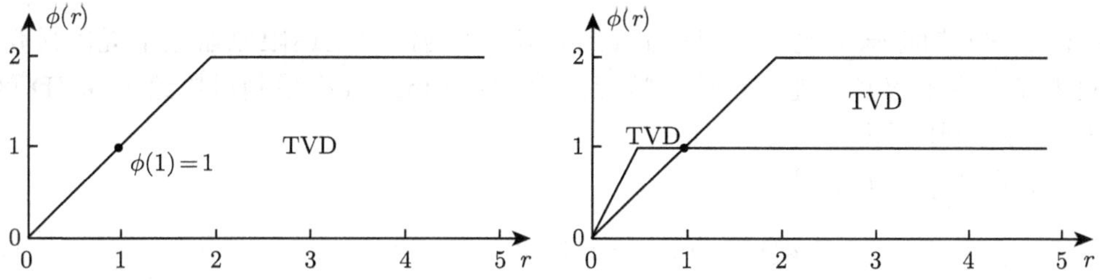

图 10.1 线性波动方程的 TVD 区域图解。左边是通量限制的拉克斯–温德罗夫格式的 TVD 区域, 右边是加权格式的区域, 包括拉克斯–温德罗夫格式和作为高阶格式的比姆–沃明格式[14,15]

一旦确定了 TVD 区域, 该区域内限制器的特定设计就会变得灵活。于是可以提出许多种限制器 $\phi(r)$。在图 10.2 中, 我们用下面给出的限制器函数的细节来说明其中的一些情况。

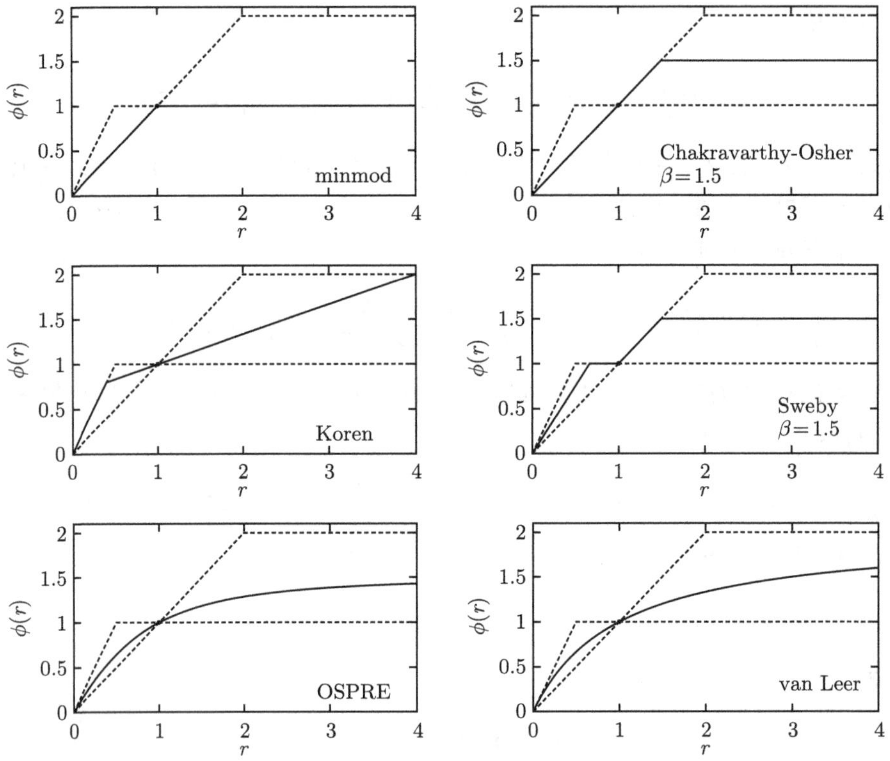

图 10.2　TVD 稳定性域内的限制器

在文献 [16] 中, 将 Chakravarthy-Osher 限制器定义为

$$\phi(r) = \max[0, \min(r, \beta)], \quad 1 \leqslant \beta \leqslant 2$$

对于 $\beta = 1$ 的特殊情况, 通常称为 minmod 限制器, 在上述限制器之中耗散最强。从图 10.2 中很容易就能发现这一特点, 可以看到 minmod 限制器描绘了 TVD 区域的下界, 因此无法实现任何压缩。

文献 [17] 提出使用

$$\phi(r) = \max[0, \min(2r, (2 + r)/3, 2)]$$

它在解足够光滑时表现出三阶精度, 被称为 Koren 限制器。另一种选择是在 [13] 中提出的 Sweby 限制器

$$\phi(r) = \max[0, \min(\beta r, 1), \min(r, \beta)], \quad 1 \leqslant \beta \leqslant 2$$

在 $\beta = 2$ 的特殊情况中, 这被称为 Superbee 限制器[18], 它描绘出 TVD 域的外边界, 从而实现最大压缩。后来又有更光滑的限制器函数被提出, 如 [19] 中的

OSPRE 限制器

$$\phi(r)=\frac{3(r^2+r)}{2(r^2+r+1)}$$

以及 van Leer 限幅限制器[20]

$$\phi(r)=\max\left[0,\frac{2r}{1+r}\right]$$

[21, 22] 中还讨论了许多的其他可能。

值得注意的是, 通量限制器一般是以如下意义对称的

$$\phi(r^{-1})=\frac{\phi(r)}{r}$$

虽然这不是必需条件, 但通常倾向于这样。这方面的讨论可以参考 [23]。

虽然发展限制器的讨论主要集中在标量线性问题上, 但它可以直接应用在非线性标量问题和系统上。我们将在 10.1.4 节中回到这个讨论, 并更详细地比较一些限制器函数的特性。

正如我们之前看到的, TVD 稳定性并不足以保证单元格熵条件得到满足且收敛到熵解。正如下面这个改写自 [24, 25] 的例子所示, 需要额外的条件来保证这一点。

例 10.2 考虑半离散格式

$$\frac{dU_j}{dt}=-\frac{F_{j+1/2}-F_{j-1/2}}{h}$$

并假设数值通量 $F_{j+1/2}$ 是 E-通量。于是可以将格式改写为

$$\frac{dU_j}{dt}=-\frac{1}{h}C_{j-1/2}\Delta^-U_j+\frac{1}{h}D_{j+1/2}\Delta^+U_j$$

其中

$$C_{j-1/2}=\frac{f(U_j)-F_{j-1/2}}{\Delta^-U_j}\geqslant 0,\quad D_{j+1/2}=-\frac{F_{j+1/2}-f(U_j)}{\Delta^+U_j}\geqslant 0$$

通过 E-通量的性质建立了 TVD 稳定性。注意, 如果 $\Delta^-U_j=0$, 则数值通量的一致性可以保证 $C_{j-1/2}\Delta^-U_j=0$, 类似地, 如果 $\Delta^+U_j=0$, 则有 $D_{j+1/2}\Delta^+U_j=0$。

如例 8.5 所讨论的, 这样的格式最多是精确到一阶。所以考虑修正后的格式

$$\frac{dU_j}{dt}=-\frac{1}{h}\left(1+\frac{1}{2}\Delta^+\right)C_{j-1/2}\Delta^-U_j+\frac{1}{h}\left(1-\frac{1}{2}\Delta^-\right)D_{j+1/2}\Delta^+U_j \tag{10.7}$$

写出通量, 可得

$$\frac{dU_j}{dt}=-\frac{f(U_{j+1})-f(U_{j-1})}{2h}$$

其在光滑情况下反映了预期的二阶精度。若用 TVD 形式来表示, 则有

$$\frac{dU_j}{dt}=-\frac{1}{h}\widetilde{C}_{j-1/2}\Delta^-U_j+\frac{1}{h}\widetilde{D}_{j+1/2}\Delta^+U_j$$

其中

$$\widetilde{C}_{j-1/2}=\frac{C_{j-1/2}}{2}\left[1+\frac{f(U_{j+1})-F_{j+1/2}}{f(U_j)-F_{j-1/2}}\right]=\frac{C_{j-1/2}}{2}\left[1+\frac{1}{r_j^-}\right]$$

$$\widetilde{D}_{j+1/2}=\frac{D_{j+1/2}}{2}\left[1+\frac{F_{j-1/2}-f(U_{j-1})}{F_{j+1/2}-f(U_j)}\right]=\frac{D_{j+1/2}}{2}\left[1+\frac{1}{r_j^+}\right]$$

我们已经定义了两个变量

$$r_j^-=\frac{f(U_j)-F_{j-1/2}}{f(U_{j+1})-F_{j+1/2}},\quad r_j^+=\frac{F_{j+1/2}-f(U_j)}{F_{j-1/2}-f(U_{j-1})}$$

显然, 想要控制这些变量来确保 TVD 稳定性是不可能的。

让我们考虑限制格式

$$\frac{dU_j}{dt}=-\frac{1}{h}\left(1+\frac{1}{2}\Delta^+\phi(r_{j-1}^-)\right)C_{j-1/2}\Delta^-U_j+\frac{1}{h}\left(1-\frac{1}{2}\Delta^-\phi(r_{j+1}^+)\right)D_{j+1/2}\Delta^+U_j \tag{10.8}$$

式中 $\phi(r)$ 为通量限制器。用 TVD 形式表示, 可得

$$\hat{C}_{j-1/2}=C_{j-1/2}\left[1+\frac{1}{2}\left(\frac{\phi(r_j^-)}{r_j^-}-\phi(r_{j-1}^-)\right)\right]$$

$$\hat{D}_{j+1/2}=D_{j+1/2}\left[1+\frac{1}{2}\left(\frac{\phi(r_j^+)}{r_j^+}-\phi(r_{j+1}^+)\right)\right]$$

根据 (10.5) 该格式为 TVD。

要建立一个单元格熵条件, 回顾例 8.5 及熵稳定的条件

$$\int_{U_j}^{U_{j+1}}\eta''(\omega)[H_{j+1/2}-f(\omega)]d\omega\leqslant 0$$

这里 (η,ψ) 是熵对。

(10.8) 中的数值通量为

$$H_{j+1/2}=F_{j+1/2}-\frac{1}{2}\phi(r_{j+1}^{+})[F_{j+1/2}-f(U_j)]+\frac{1}{2}\phi(r_j^{-})[f(U_{j+1})-F_{j+1/2}]$$

通过分部积分, 很容易就能确定

$$\begin{aligned}-\int_{U_j}^{U_{j+1}}f(\omega)d(\omega)=&-\Delta^{+}U_j\frac{f(U_j)+f(U_{j+1})}{2}\\&+\frac{1}{2}\int_{U_j}^{U_{j+1}}\left[\left(\frac{\Delta^{+}U_j}{2}\right)^2-\left(\omega-\frac{U_j+U_{j+1}}{2}\right)^2\right]f''(\omega)d\omega\end{aligned}$$

在继续讨论之前, 假设在伯格斯方程中通量为 $f(u)=u^2/2$, 熵为 $\eta(u)=u^2/2$, 得到

$$\int_{U_j}^{U_{j+1}}\left[\left(\frac{\Delta^{+}U_j}{2}\right)^2-\left(\omega-\frac{U_j+U_{j+1}}{2}\right)^2\right]d\omega=\frac{(\Delta^{+}U_j)^3}{6}$$

于是单元格的熵就变成了

$$\begin{aligned}&\int_{U_j}^{U_{j+1}}[H_{j+1/2}-f(\omega)]d\omega\\=&\frac{1}{2}\Delta^{+}U_j[(1-\phi(r_{j+1}^{+}))(F_{j+1/2}-f(U_j))+(1-\phi(r_j^{-}))(F_{j+1/2}-f(U_{j+1}))]+\frac{(\Delta^{+}U_j)^3}{12}\\=&-\frac{(\Delta^{+}U_j)^2}{2}[(1-\phi(r_{j+1}^{+}))D_{j+1/2}+(1-\phi(r_j^{-}))C_{j+1/2}]+\frac{(\Delta^{+}U_j)^3}{12}\end{aligned}$$

因为格式为 TVD, 所以 $C_{j+1/2}$ 和 $D_{j+1/2}$ 都是正数。此外, 对于 $U_j\geqslant U_{j+1}(\Delta^{+}U_j\leqslant 0)$, 就如对于满足激波的熵一样, 积分值为负, 并且 $\phi(r)\leqslant 1$ 足以保证一个单元格熵条件。然而, 对于 $U_{j+1}\geqslant U_j$ 的情况 $(\Delta^{+}U_j\geqslant 0)$, 还需要额外的耗散, 这就要求 ϕ 减到 1 以下, 从而消除了二阶精度的可能性。

因此, 要找到一个二阶精确且满足单元格熵条件的 TVD 格式, 需要作出额外的修正。根据 [25], 可引入修正后的通量差

$$\overline{F_{j+1/2}-f(U_j)}=(F_{j+1/2}-f(U_j))\left(1-a_{j+1/2}^{-}\frac{\partial_1F(U_{j+1},U_{j+1})-\partial_1F(U_j,U_j)}{D_{j+1/2}}\right)$$

$$\overline{f(U_{j+1})-F_{j+1/2}}=(f(U_{j+1})-F_{j+1/2})\left(1-a_{j+1/2}^{+}\frac{\partial_2F(U_{j+1},U_{j+1})-\partial_2F(U_j,U_j)}{C_{j+1/2}}\right)$$

系数 $a^{\pm}_{j+1/2}$ 取决于 (U_j, U_{j+1}), 并且为了保证上述括号中的值在 0 到 2 之间, 该系数会受到限制, 即

$$|a^{-}_{j+1/2}(\partial_1 F(U_{j+1}, U_{j+1}) - \partial_1 F(U_j, U_j))| \leqslant D_{j+1/2}$$

$$|a^{+}_{j+1/2}(\partial_2 F(U_{j+1}, U_{j+1}) - \partial_2 F(U_j, U_j))| \leqslant C_{j+1/2}$$

定义修正后的指示函数 (indicator functions) 为

$$\bar{r}^{-}_j = \frac{\overline{f(U_j) - F_{j-1/2}}}{\overline{f(U_{j+1}) - F_{j+1/2}}}, \quad \bar{r}^{+}_j = \frac{\overline{F_{j+1/2} - f(U_j)}}{\overline{F_{j-1/2} - f(U_{j-1})}}$$

就可得到修正后的数值通量

$$H_{j+1/2} = F_{j+1/2} - \frac{1}{2}\phi(\bar{r}^{+}_{j+1})[\overline{F_{j+1/2} - f(U_j)}] + \frac{1}{2}\phi(\bar{r}^{-}_j)[\overline{f(U_{j+1}) - F_{j+1/2}}]$$

为建立一个单元格熵条件, 现在只要找到一个 $a^{\pm}_{j+1/2}$ 使得

$$\begin{aligned}
&\int_{U_j}^{U_{j+1}} \left[\left(\frac{\Delta^+ U_j}{2}\right)^2 - \left(\omega - \frac{U_j + U_{j+1}}{2}\right)^2\right] f''(\omega) d\omega \\
&- a^{-}_{j+1/2}(\Delta^+ U_j)^2[\partial_1 F(U_{j+1}, U_{j+1}) - \partial_1 F(U_j, U_j)] \\
&- a^{+}_{j+1/2}(\Delta^+ U_j)^2[\partial_2 F(U_{j+1}, U_{j+1}) - \partial_2 F(U_j, U_j)] \leqslant 0
\end{aligned}$$

鉴于附加项的贡献由通量限制器控制。

$a^{\pm}_{j+1/2}$ 的选择取决于通量 $f(\omega)$ 和数值通量 $F_{j+1/2}$ 的选择。对于伯格斯方程和拉克斯–弗里德里希斯通量, 易证明 $a^{\pm}_{j+1/2} \geqslant 1/6$ 足以满足单元格熵条件。选择其他通量会产生略微不同的值[25]。

10.1.3 正格式

虽然开发出 TVD-稳定的通量限制高阶格式是一个重大进步, 但它建立在 TVD 稳定性概念之上, 正如在 8.2.1 节中讨论的那样, TVD 稳定性仅适用于一维空间问题。尽管 TVD-稳定的格式已在超过一维的情况下也取得了巨大成功, 但这并未得到分析的支持。

在寻找替代方案时, 人们意识到对于一般的线性双曲型系统, 唯一已知的有界泛函是能量[26]。如果考虑线性系统

$$\frac{\partial \boldsymbol{u}}{\partial t} + \mathrm{A}(x)\frac{\partial \boldsymbol{u}}{\partial x} = 0$$

易证得如果 $\mathrm{A}(x)$ 为利普希茨连续, 那么就会存在一个正值常数 c, 满足

$$\|\boldsymbol{u}(t)\|_2 \leqslant \exp(ct)\|\boldsymbol{u}(0)\|_2$$

该结论可立即推广到多维系统扩展。

文献 [26] 证明了这类问题的解可以用以下形式的格式来获得近似

$$\boldsymbol{U}_j^{n+1} = \sum_{|k|\leqslant K} \mathrm{C}_K(j,k)\boldsymbol{U}_{j+k}^n \tag{10.9}$$

这里, $\boldsymbol{U}_j^n$ 是一个 m 维未知向量。系数矩阵 $\mathrm{C}_K(j,k)$ 取决于 $(\boldsymbol{U}_{j-k}^n,\cdots,\boldsymbol{U}_{j+k}^n)$。此外, 如果双曲型系统是对称的 (或可对称化的), 那么 C_K 也是对称的。

根据 [27], 考虑

$$|\boldsymbol{U}_j^{n+1}|^2 = \sum_{|k|\leqslant K} \langle \boldsymbol{U}_j^{n+1}, \mathrm{C}_K(j,k)\boldsymbol{U}_{j+k}^n\rangle$$

式中, $\langle\cdot,\cdot\rangle$ 为标量积。假设 C_K 为半正, 在这种情况下, 代数-几何不等式会得出

$$\langle \boldsymbol{U}_j^{n+1}, \mathrm{C}_K(j,k)\boldsymbol{U}_{j+k}^n\rangle \leqslant \frac{1}{2}\langle \boldsymbol{U}_j^{n+1}, \mathrm{C}_K(j,k)\boldsymbol{U}_j^{n+1}\rangle + \frac{1}{2}\langle \boldsymbol{U}_{j+k}^n, \mathrm{C}_K(j,k)\boldsymbol{U}_{j+k}^n\rangle$$

进一步假设

$$\sum_{|k|\leqslant K} \mathrm{C}_K(j,k) = \mathrm{I} \tag{10.10}$$

得到

$$\sum_{|k|\leqslant K} \langle \boldsymbol{U}_j^{n+1}, \mathrm{C}_K(j,k)\boldsymbol{U}_j^{n+1}\rangle = |\boldsymbol{U}_j^{n+1}|^2$$

因此有

$$|\boldsymbol{U}_j^{n+1}|^2 \leqslant \sum_{|k|\leqslant K} \langle \boldsymbol{U}_{j+k}^n, \mathrm{C}_K(j,k)\boldsymbol{U}_{j+k}^n\rangle$$

对 j 求和, 得到

$$\|\boldsymbol{U}^{n+1}\|_2^2 \leqslant \sum_j \sum_{|k|\leqslant K} \langle \boldsymbol{U}_{j+k}^n, \mathrm{C}_K(j,k)\boldsymbol{U}_{j+k}^n\rangle = \sum_{|k|\leqslant K} \sum_j \langle \boldsymbol{U}_i^n, \mathrm{C}_K(i-k,k)\boldsymbol{U}_i^n\rangle$$

其中, $i = j + k$。

如果现在进一步假设 C_K 为利普希茨连续, 可得

$$\mathrm{C}_K(i-k,k) \simeq \mathrm{C}_K(i,k) + \mathcal{O}(h)$$

当与 (10.10) 结合时, 可得

$$\|\boldsymbol{U}^{n+1}\|_2^2 \leqslant (1+\mathcal{O}(h))\|\boldsymbol{U}^n\|_2^2$$

由此产生离散稳定性。

因此, 如果考虑 (10.9) 形式的格式, 并假设 C_K 是对称、半正、利普希茨连续的且满足 (10.10), 则格式是稳定的。这种格式被称为正格式 (positive schemes)[27], 它们提供了一条途径, 可以为多维中的可对称化的双曲系统开发出稳定且高阶精度的格式。

但在此之前需要当心, 一旦形成激波, 稳定性的结果就会不复存在, 因为 C_K 将不再是利普希茨连续的。然而, 如 [27, 28] 所示, 即使在这种情况下该格式也具有很好的性能。

正格式的建立过程类似于通量限制格式, 考虑如下数值通量

$$F_{j\pm1/2}^n = F_{j\pm1/2}^{n,L} + \phi_{j\pm1/2}[F_{j\pm1/2}^{n,H} - F_{j\pm1/2}^{n,L}]$$

一个特定正格式的形成需要选择这两个通量以及通量限制器, 以便证明 C_K 满足所需条件。我们将通过一个选自 [27] 的示例来说明这个建立过程。

例 10.3　考虑对称的守恒律系统

$$\frac{\partial \boldsymbol{u}}{\partial t} + \frac{\partial \boldsymbol{f}(\boldsymbol{u})}{\partial x} = 0, \quad x \in \Omega_x \subset \mathrm{R}$$

其服从适当的初始条件和边界条件。假定 $\boldsymbol{u}$ 是 m 维向量。

选择 Roe 通量

$$\boldsymbol{F}_{j+1/2}^{n,L} = \frac{\boldsymbol{f}(\boldsymbol{U}_j^n) + \boldsymbol{f}(\boldsymbol{U}_{j+1}^n)}{2} - \frac{1}{2}|\hat{\mathrm{A}}|(\boldsymbol{U}_{j+1}^n - \boldsymbol{U}_j^n)$$

作为低阶通量。Roe 矩阵 $\hat{\mathrm{A}}$ 已在 6.2.1 节中讨论过了。假设 $\hat{\mathrm{A}}$ 对称且可对角化, $\hat{\mathrm{A}} = \mathrm{S}\Lambda\mathrm{S}^{-1}$, 并定义

$$|\hat{\mathrm{A}}| = \hat{\mathrm{A}}^+ - \hat{\mathrm{A}}^-$$

其中, $\hat{\mathrm{A}}^{\pm} = \mathrm{S}\Lambda^{\pm}\mathrm{S}^{-1}$ 且有

$$\Lambda_{ii}^+ = \lambda_i \vee 0, \quad \Lambda_{ii}^- = \lambda_i \wedge 0$$

回顾 Roe 矩阵的特征值 λ_i 是系统的特征速率。

作为高阶通量, 选择一个有中心的中心通量

$$\boldsymbol{F}_{j+1/2}^{n,H} = \frac{\boldsymbol{f}(\boldsymbol{U}_j^n) + \boldsymbol{f}(\boldsymbol{U}_{j+1}^n)}{2}$$

它在解的光滑部分精确到二阶。

在这些假设下, 通量限制的数值通量变为

$$\boldsymbol{F}_{j+1/2}^n = \frac{\boldsymbol{f}(\boldsymbol{U}_j^n) + \boldsymbol{f}(\boldsymbol{U}_{j+1}^n)}{2} - \frac{1}{2}|\hat{\mathrm{A}}|\Delta^+\boldsymbol{U}_j^n + \frac{1}{2}\mathrm{P}_{j\pm1/2}|\hat{\mathrm{A}}|\Delta^+\boldsymbol{U}_j^n$$

其中, 已引入矩阵

$$\mathrm{P}_{j+1/2} = \mathrm{S}\Phi\mathrm{S}^{-1}, \quad \Phi = \mathrm{diag}\left(\phi(r_j^i)\right)$$

这里, $\phi(r)$ 表示前面讨论过的标量通量限制器。按照标量情况的发展, 有

$$r_j^i = \begin{cases} \dfrac{\langle \boldsymbol{s}_i^{-1}, \Delta^-\boldsymbol{U}_j^n\rangle}{\langle \boldsymbol{s}_i^{-1}, \Delta^+\boldsymbol{U}_j^n\rangle}, & \lambda_i \geqslant 0 \\ \dfrac{\langle \boldsymbol{s}_i^{-1}, \Delta^+\boldsymbol{U}_{j+1}^n\rangle}{\langle \boldsymbol{s}_i^{-1}, \Delta^-\boldsymbol{U}_{j+1}^n\rangle}, & \lambda_i \leqslant 0 \end{cases}$$

其中, $\boldsymbol{s}_i^{-1}$ 为 S^{-1} 的第 i 行。因此, r_j^i 以特征形式表示通量。

如果考虑 $\lambda_i \geqslant 0$, 则有

$$\langle \boldsymbol{s}_i^{-1}, \Delta^+\boldsymbol{U}_j^n\rangle = \frac{1}{r_j}\langle \boldsymbol{s}_i^{-1}, \Delta^-\boldsymbol{U}_j^n\rangle$$

定义

$$\widetilde{\Phi} = \mathrm{diag}\left(\frac{\phi(r_j^i)}{r_j^i}\right)$$

这就会有

$$\Phi_{ii}\langle \boldsymbol{s}_i^{-1}, \Delta^+\boldsymbol{U}_j^n\rangle = \widetilde{\Phi}_{ii}\langle \boldsymbol{s}_i^{-1}, \Delta^-\boldsymbol{U}_j^n\rangle$$

于是有

$$\hat{\mathrm{A}}^+\mathrm{P}\Delta^+\boldsymbol{U}_j^n = \hat{\mathrm{A}}^+\widetilde{\mathrm{P}}\Delta^-\boldsymbol{U}_j^n$$

其中, $\widetilde{\mathrm{P}} = \mathrm{S}\widetilde{\Phi}\mathrm{S}^{-1}$。注意在每个单元格边界处, 这些算子会有所区别。类似地, 可以得到

$$\hat{\mathrm{A}}^-\mathrm{P}\Delta^-\boldsymbol{U}_j^n = \hat{\mathrm{A}}^-\widetilde{\mathrm{P}}\Delta^+\boldsymbol{U}_j^n$$

如果将它与 (10.9) 中的格式结合起来, 就可以得到

$$\boldsymbol{U}_j^{n+1} = \mathrm{C}_{-1}\boldsymbol{U}_{j-1}^n + \mathrm{C}_0\boldsymbol{U}_j^n + \mathrm{C}_1\boldsymbol{U}_{j+1}^n$$

其中

$$\mathrm{C}_{-1} = -\frac{k}{2h}(-\hat{\mathrm{A}}^{+}_{j-1/2}(2\mathrm{I}-\mathrm{P}_{j-1/2}) - \hat{\mathrm{A}}^{+}_{j+1/2}\widetilde{\mathrm{P}}_{j+1/2}),$$

$$\mathrm{C}_{1} = -\frac{k}{2h}(\hat{\mathrm{A}}^{-}_{j+1/2}(2\mathrm{I}-\mathrm{P}_{j+1/2}) + \hat{\mathrm{A}}^{-}_{j-1/2}\widetilde{\mathrm{P}}_{j-1/2})$$

以及

$$\begin{aligned}\mathrm{C}_0 = {} & \mathrm{I} - \frac{k}{2h}(-2\hat{\mathrm{A}}^{-}_{j+1/2} + 2\hat{\mathrm{A}}^{+}_{j-1/2} \\ & + \hat{\mathrm{A}}^{+}_{j+1/2}\widetilde{\mathrm{P}}_{j+1/2} + \hat{\mathrm{A}}^{-}_{j+1/2}\mathrm{P}_{j+1/2} - \hat{\mathrm{A}}^{+}_{j-1/2}\mathrm{P}_{j-1/2} - \hat{\mathrm{A}}^{-}_{j-1/2}\mathrm{P}_{j-1/2})\end{aligned}$$

易发现条件 (10.10) 得到满足，且由 $\hat{\mathrm{A}}$ 的对称性可以得到 C_K 的对称性。让我们首先确立 C^{-1} 的正性。由于 $\hat{\mathrm{A}}$ 和 P 可交换，所以值为标量的通量限制器满足 (10.6)，且 $\hat{\mathrm{A}}^{+}$ 为正；这可以直接推导得出。$\mathrm{C}_1 \geqslant 0$ 的参数也类似。

现在让我们把注意力转向 C_0，通过定义 $\hat{\mathrm{A}}^{\pm}$，$P_{j+1/2}$ 和 $\widetilde{P}_{j+1/2}$，可以得到

$$\mathrm{C}_0 \geqslant \mathrm{I} - \frac{k}{2h}(-2\hat{\mathrm{A}}^{-}_{j+1/2} + \hat{\mathrm{A}}^{+}_{j+1/2}\widetilde{\mathrm{P}}_{j+1/2}) - \frac{k}{2h}(2\hat{\mathrm{A}}^{+}_{j-1/2} - \hat{\mathrm{A}}^{-}_{j-1/2}\widetilde{\mathrm{P}}_{j-1/2})$$

根据标量通量限制器的界限，只要下列不等式成立，就可以保证正性

$$\frac{k}{h}\max|\lambda_i| \leqslant \frac{1}{2}$$

将其与二阶强稳定格式相结合，可以实现时间上的二阶精度。

通过标量通量限制器将 Roe 通量和中心通量结合起来可以得到一个正格式，因此是稳定的。但对于 TVD-稳定的格式，这并不足以保证得到熵解。

当然，上面讨论的构造并非唯一，其他正格式的建立可参见文献 [27–29]。

10.1.4　通量限制格式的运用

下面通过一些例子来评价通量限制格式的性能。我们关注 TVD-稳定的格式，并参考 [27–29] 对正格式进行全面评估。注意正格式的实现与 TVD-稳定的格式非常相似。

与之前的格式相比，新出现的内容为 FluxLimit.m 中定义的通量限制器函数 ϕ。

脚本 10.2: FluxLimit.m: 定义通量限制器的程序

```
function phi=FluxLimit(r,type,beta)
% function phi=FluxLimit(r,type,beta)
```

```
% Define flux limiter function based on type. Beta is used in some limiters
r=max(0,r);

% No flux limiter
if (type==0) phi=zeros(length(r),1); end
% Chakravarthy/Osher limiter
if (type==1) phi=min(r,beta); end
% Koren limiter
if (type==2) phi=min(min(2*r,(2+r)/3),2); end
% Sweby limiter
if (type==3) phi=max(min(beta*r,1),min(r,beta)); end
% OSPRE limiter
if (type==4) phi=1.5*(r.^2+r)./(r.^2+r+1); end
% van Leer limiter
if (type==5) phi=2*r./(1+r); end

phi=max(0,phi);
return
```

考虑格式中, 低阶数值通量为拉克斯–弗里德里希斯通量, 高阶数值通量为拉克斯–温德罗夫通量, 同时记住 TVD 格式并不局限于这种组合。在解的光滑区域, 我们期望得到一个二阶精确的解。

线性波动方程

让我们首先考虑线性波动方程,

$$\frac{\partial u}{\partial t} + \frac{\partial u}{\partial x} = 0, \quad x \in [-1, 1]$$

其服从 1.4.1 节讨论的周期性边界条件。由于驱动程序 LinwaveFLDriver1D.m 和时间积分程序 LinwaveFL1D.m 与 5.3.2 节中单调格式所使用的在本质上相同, 这里就不再做展示。另一方面, 等式右边的计算结果是唯一的, 这在 LinwaveFLrhs1D.m 中有展示, 其中也涉及标量通量限制器的选择。由于测试问题假设了一个向右传播的波, 因此指示函数 r 仅需一个就够。

脚本 10.3: LinwaveFLrhs1D.m: 用通量限制格式计算线性波动方程的右边

```
function [du]=LinwaveFLrhs1D(x,u,h,k,maxvel)
% function [du]=LinwaveFLrhs1D(x,u,h,k,maxvel);
% Purpose: Evaluate right hand side for linear wave equation using a
```

```
% flux limited scheme
N=length(x);

% Chose flux limiter-0:LF; 1:CO; 2:Koren; 3:Sweby; 4:OSPRE; 5:van Leer
type=5; beta=1.5;

% Periodic boundary conditions
[xe,ue]=extend(x,u,h,1,'P',0,'P',0);

% Compute indicator function and define flux limiter
r=(ue(2:N+1)-ue(1:N))./(ue(3:N+2)-ue(2:N+1));
[xe,re]=extend(x,r,h,1,'N',0,'N',0);
phiL=FluxLimit(re(1:N),type,beta);
phiR=FluxLimit(re(2:N+1),type,beta);

% Compute left flux in cell-Change numerical flux here
Fluxlow=LinwaveLF(ue(1:N),ue(2:N+1),k/h,maxvel);
Fluxhigh=LinwaveLW(ue(1:N),ue(2:N+1),k/h,maxvel);
FluxL=Fluxlow+phiL.*(Fluxhigh-Fluxlow);

% Compute right flux in cell-Change numerical flux here
Fluxlow=LinwaveLF(ue(2:N+1),ue(3:N+2),k/h,maxvel);
Fluxhigh=LinwaveLW(ue(2:N+1),ue(3:N+2),k/h,maxvel);
FluxR=Fluxlow+phiR.*(Fluxhigh-Fluxlow);

% Compute RHS
du=-(FluxR-FluxL)/h;
return
```

图 10.3 描绘了不同分辨率以及不同通量限制器下的波动测试问题的结果。与用单调格式得到的结果相比, 改进是显著的, 并且即使在明显更粗的网格上, 通量限制格式也被证明是更优的。

虽然不同的通量限制格式之间差异不太明显, 但我们观察到 minmod 限制器是最具耗散性的。这与 minmod 限制器不允许任何人为压缩的事实是一致的, 正如在与图 10.2 相关的讨论中提到的那样。对于这种情况, 其他限制器也得出了非常类似的结果。

伯格斯方程

让我们回到在 1.4.1 节中详细讨论过的伯格斯方程

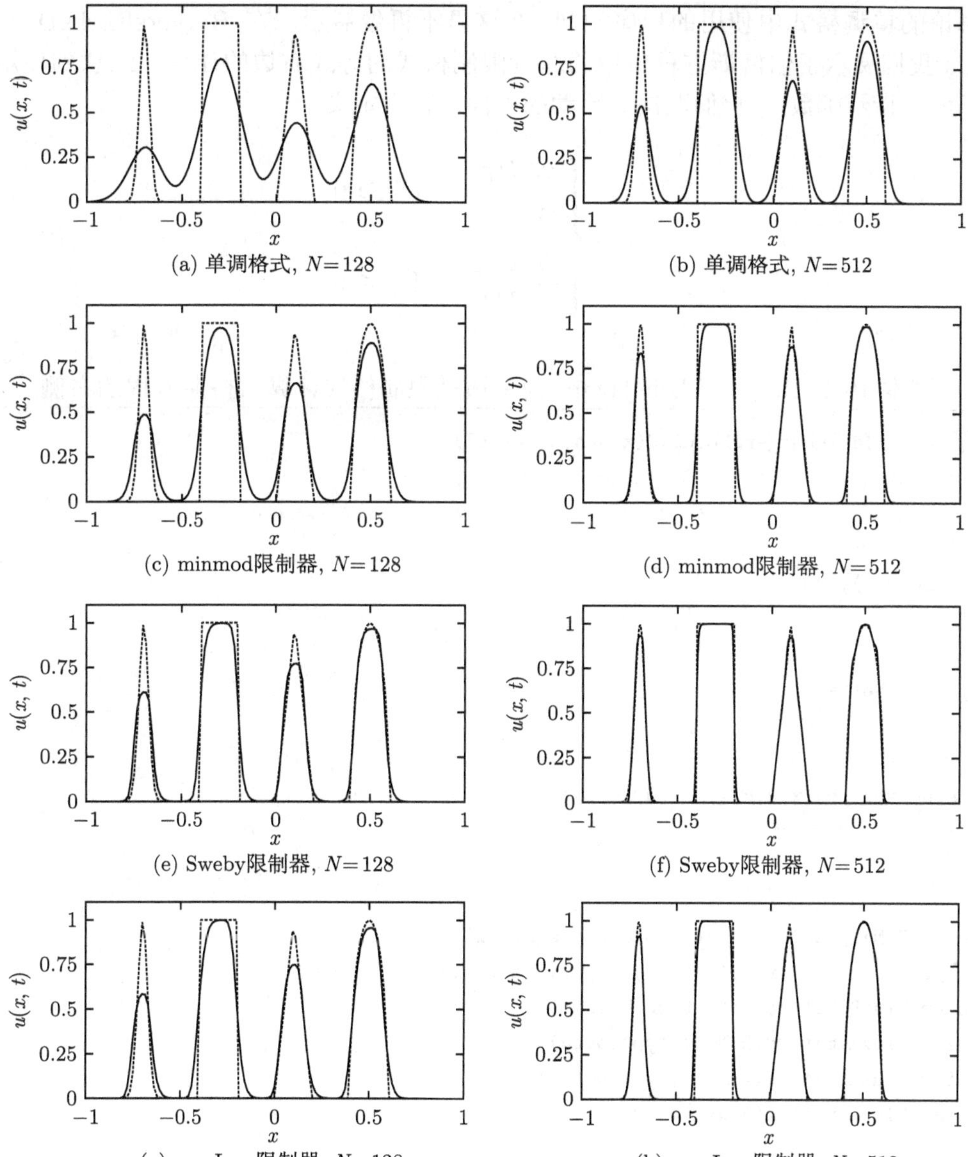

(a) 单调格式, $N=128$　(b) 单调格式, $N=512$

(c) minmod限制器, $N=128$　(d) minmod限制器, $N=512$

(e) Sweby限制器, $N=128$　(f) Sweby限制器, $N=512$

(g) van Leer限制器, $N=128$　(h) van Leer限制器, $N=512$

图 10.3　实线表示用 TVD-稳定的通量限制格式得出的线性波动方程的解。所有的计算都显示在 $T=4.0$ 时刻, 计算时 CFL 数为 0.9。虚线表示精确解

$$\frac{\partial u}{\partial t}+\frac{\partial u^2}{\partial x}=0, \quad x\in[0,1]$$

驱动程序 BurgersFLDriver1D.m 和时间积分程序 BurgersFL1D.m 与 5.3.3 节中

讨论的单调格式中使用的程序相同, 在这里不再做展示。在 BurgersFLrhs1D.m 中, 我们展示了伯格斯方程所用的通量限制格式的等式右边的计算。注意到使用了两个指示函数 r, 它们取决于流动的方向。特别定义

$$
r_j = \begin{cases} \dfrac{\Delta^- U_j^n}{\Delta^+ U_j^n}, & U_j^n \geqslant 0 \\ \dfrac{\Delta^+ U_{j+1}^n}{\Delta^- U_{j+1}^n}, & U_j^n \leqslant 0 \end{cases} \tag{10.11}
$$

脚本 10.4: BurgersFLrhs1D.m: 使用通量限制格式计算伯格斯方程的右侧

```
function [du]=BurgersFLrhs1D(x,u,h,k,maxvel)
% function [du]=BurgersFLrhs1D(x,u,h,k,maxvel);
% Purpose: Evaluate right hand side for Burgers' equation using a
% flux limited scheme
N=length(x);

% Chose flux limiter-0:LF; 1:CO; 2:Koren; 3:Sweby; 4:OSPRE; 5:van Leer
type=5; beta=2;

% Boundary conditions
[xe,ue]=extend(x,u,h,1,'P',0,'P',0); % Periodic boundary conditions
%[xe,ue]=extend(x,u,h,1,'D',2,'N',0); % Constant boundary conditions

% Compute indicator function and define flux limiter
r=(ue(2:N+1)-ue(1:N))./(ue(3:N+2)-ue(2:N+1));
[xe,re]=extend(x,r,h,1,'N',0,'N',0); rm=1./re;
phiLp=FluxLimit(re(1:N),type,beta);
phiRp=FluxLimit(re(2:N+1),type,beta);
phiLm=FluxLimit(rm(2:N+1),type,beta);
phiRm=FluxLimit(rm(3:N+2),type,beta);

ufilt=(u>=0);
phiL=ufilt.*phiLp+(1-ufilt).*phiLm;
phiR=ufilt.*phiRp+(1-ufilt).*phiRm;

% Compute left flux-Change numerical flux here
Fluxlow=BurgersLF(ue(1:N),ue(2:N+1),0,maxvel);
Fluxhigh=BurgersLW(ue(1:N),ue(2:N+1),k/h,maxvel);
FluxL=Fluxlow+phiL.*(Fluxhigh-Fluxlow);
```

```
% Compute right flux-Change numerical flux here
Fluxlow=BurgersLF(ue(2:N+1),ue(3:N+2),0,maxvel);
Fluxhigh=BurgersLW(ue(2:N+1),ue(3:N+2),k/h,maxvel);
FluxR=Fluxlow+phiR.*(Fluxhigh-Fluxlow);

% Compute RHS
du=-(FluxR-FluxL)/h;
return
```

图 10.4 展示了这一区别在指示函数的定义中的重要性, 其中左图显示了使用如下定义的指示函数得到的平稳激波解的结果

$$r_j = \frac{\Delta^- U_j^n}{\Delta^+ U_j^n}$$

其对所有 U_j^n 值成立。仔细观察可以发现, 在激波底部有一个小幅振荡。如图 10.4 所示, 当指示函数的定义如 (10.11) 时, 振荡被消除。

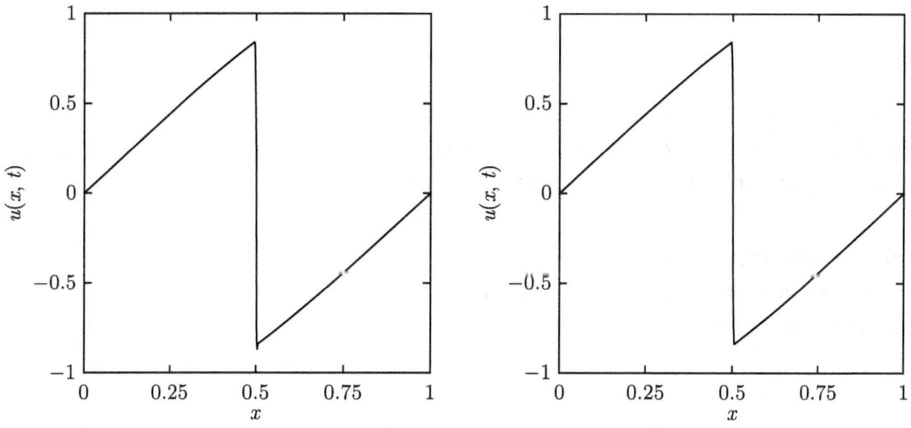

图 10.4 $T = 0.2$ 时, 适用 TVD-稳定的通量限制格式求得的伯格斯方程的解。左图使用了单向通量限制, 右图则使用了迎风方式的限制

欧拉方程

作为最后一个例子, 让我们考虑 1.4.1 节中详细讨论的欧拉方程。在 EulerFLrhs1D.m 中, 我们阐述了欧拉方程等式右边的计算, 使用通量限制格式求解。驱动程序 EulerFLDriver1D.m 和时间积分程序 EulerFL1D.m 与 5.3.5 节中单调格式基本相同, 因此不再展示。

脚本 10.5: EulerFLrhs1D.m: 使用基于守恒变量的通量限制格式来计算欧拉方程的等式右边

```
function [dq]=EulerFLrhs1D(x,q,gamma,h,k,maxvel)
% function [dq]=EulerFLrhs1D(x,q,gamma,h,k,maxvel);
% Purpose: Evaluate right hand side for Euler equations using a
% flux limited scheme
N=length(x);

% Chose flux limiter-0:LF; 1:CO; 2:Koren; 3:Sweby; 4:OSPRE; 5:van Leer
type=5; beta=1;

% Extend data and assign boundary conditions
[xe,re]=extend(x,q(:,1),h,1,'D',1.0,'D',0.125);
[xe,me]=extend(x,q(:,2),h,1,'D',0,'N',0);
[xe,Ee]=extend(x,q(:,3),h,1,'D',2.5,'N',0);

% [xe,re]=extend(x,q(:,1),h,1,'D',3.857143,'N',0);
% [xe,me]=extend(x,q(:,2),h,1,'D',10.141852,'D',0);
% [xe,Ee]=extend(x,q(:,3),h,1,'D',39.166661,'N',0);

% Compute indicator function and define flux limiter
rr=(re(2:N+1)-re(1:N))./(re(3:N+2)-re(2:N+1));
rm=(me(2:N+1)-me(1:N))./(me(3:N+2)-me(2:N+1));
rE=(Ee(2:N+1)-Ee(1:N))./(Ee(3:N+2)-Ee(2:N+1));

[xe,rre]=extend(x,rr,h,1,'N',0,'N',0);
[xe,rme]=extend(x,rm,h,1,'N',0,'N',0);
[xe,rEe]=extend(x,rE,h,1,'N',0,'N',0);

phirL=FluxLimit(rre(1:N),type,beta);
phirR=FluxLimit(rre(2:N+1),type,beta);
phimL=FluxLimit(rme(1:N),type,beta);
phimR=FluxLimit(rme(2:N+1),type,beta);
phiEL=FluxLimit(rEe(1:N),type,beta);
phiER=FluxLimit(rEe(2:N+1),type,beta);

% Compute fluxes
q=[re(2:N+1) me(2:N+1) Ee(2:N+1)];
qp=[re(3:N+2) me(3:N+2) Ee(3:N+2)];
qm=[re(1:N) me(1:N) Ee(1:N)];
```

```
FluxlowR =EulerLF( q,qp,gamma,k/h,maxvel);
FluxhighR=EulerLW( q,qp,gamma,k/h,maxvel);
FluxlowL =EulerLF(qm, q,gamma,k/h,maxvel);
FluxhighL=EulerLW(qm, q,gamma,k/h,maxvel);

FluxL(:,1)=FluxlowL(:,1)+phirL.*(FluxhighL(:,1)-FluxlowL(:,1));
FluxL(:,2)=FluxlowL(:,2)+phimL.*(FluxhighL(:,2)-FluxlowL(:,2));
FluxL(:,3)=FluxlowL(:,3)+phiEL.*(FluxhighL(:,3)-FluxlowL(:,3));

FluxR(:,1)=FluxlowR(:,1)+phirR.*(FluxhighR(:,1)-FluxlowR(:,1));
FluxR(:,2)=FluxlowR(:,2)+phimR.*(FluxhighR(:,2)-FluxlowR(:,2));
FluxR(:,3)=FluxlowR(:,3)+phiER.*(FluxhighR(:,3)-FluxlowR(:,3));

% Compute RHS
dq =-(FluxR-FluxL)/h;
return
```

注意指示函数 r_j 假设波向右传播。此外, 通量限制是基于守恒变量的, 而不是像人们可能预期的那样基于特征变量。然而, 图 10.5 中 Sod 问题的数值结果展

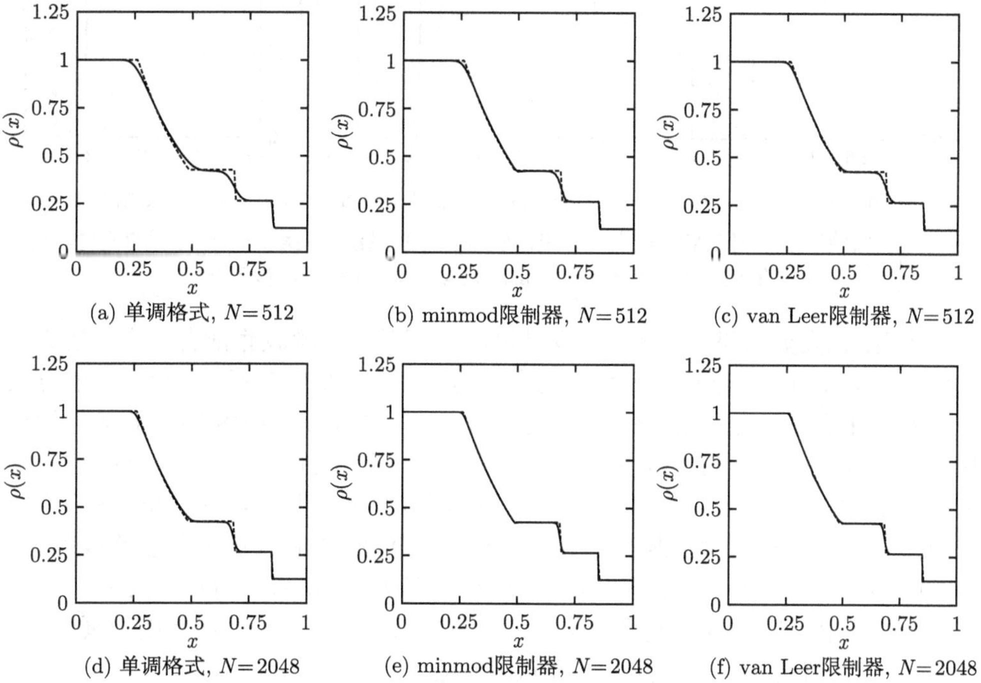

(a) 单调格式, $N=512$　(b) minmod限制器, $N=512$　(c) van Leer限制器, $N=512$

(d) 单调格式, $N=2048$　(e) minmod限制器, $N=2048$　(f) van Leer限制器, $N=2048$

图 10.5　实线表示使用 TVD-稳定的通量限制格式计算 Sod 问题的欧拉方程的密度。所有的计算都取 $T=0.2$、CFL 数为 0.9。虚线表示精确解

现出了与精确解的高度一致性以及相比单调格式明显的改进。接触波和稀疏波尤其如此。尽管对通量限制使用了相对简单的方法, 但没有明显的振荡迹象。

在考虑激波熵问题时, 图 10.6 可以让我们得出类似的定性结论。用通量限制格式得到的结果明显优于用单调格式得到的结果, 特别是在激波上游振荡的解析方面。

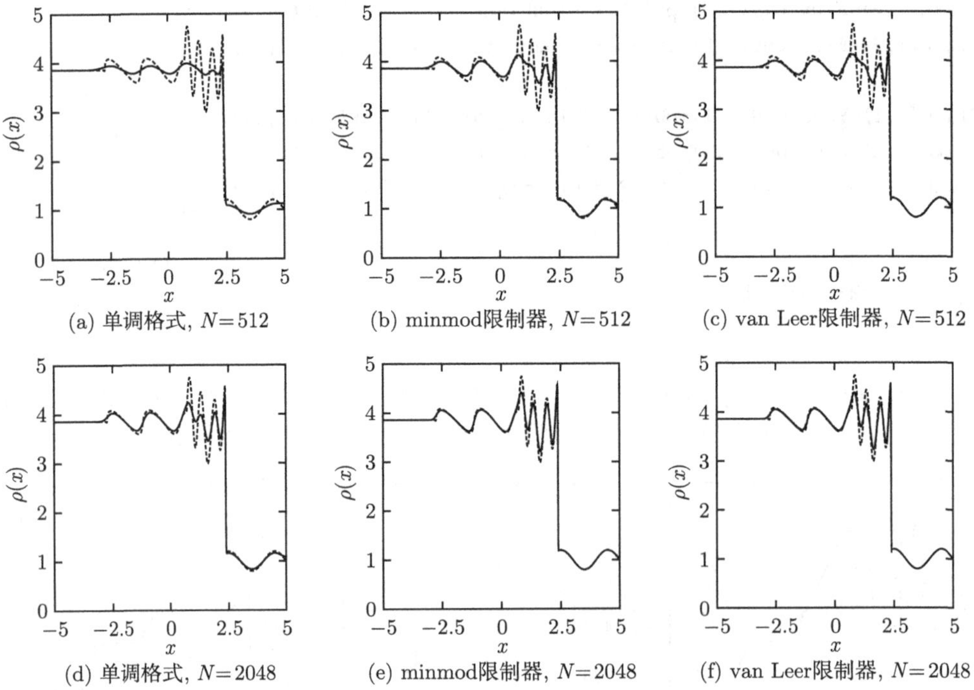

图 10.6　实线表示采用 TVD-稳定的通量限制格式计算激波熵问题的欧拉方程的密度。所有的计算均取 $T=1.8$、CFL 数为 0.9。虚线表示参考解

然而, 在高分辨率下察看通量限制的解, 可以发现激波底部有一个小的振荡, 这个特性与我们在伯格斯方程那里观察到的类似。这表明需要一种更谨慎的方法。

为更好地理解这一点, 图 10.7 展示出 $T=0.7, N=2048$ 时计算解的细节。基于 $\beta=1.5$ 的 Chakravarthy-Osher 限制器、通过通量限制格式获得的小幅振荡与图 10.2 所示的结果类似, 这是过度压缩的结果。图 10.6 的结果证实了这一点, 展示出 minmod 限制器的使用没有产生压缩, 也没有表现出杂散的振荡。如图 10.7 所示, 这一结论得到了验证, 通过将 β 降至 1.25 从而消除了振荡。

之前观察到通量限制中的迎风性可以消除微小振荡。为了在系统中采用这种方法, 我们按照例 10.3 的讨论, 将通量限制器定义为

$$\mathrm{P}_{j+1/2}=\mathrm{S}\Phi\mathrm{S}^{-1},\quad \Phi=\mathrm{diag}\left(\phi(r_j^i)\right)$$

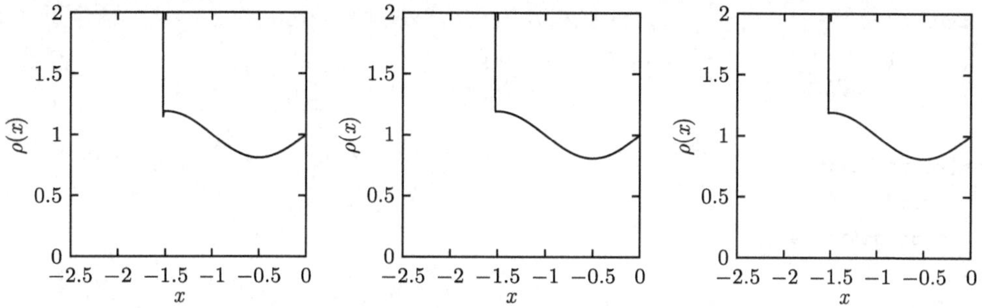

图 10.7 利用 TVD-稳定的通量限制格式计算激波熵问题的欧拉方程的密度。取 $T = 0.7$, $N = 2048$, 由一个 Chakravarthy-Osher 通量限制器取得该结果。左图显示的结果对应 $\beta = 1.5$ 的限制器, 中图对应 $\beta = 1.25$ 的限制器。在这两种情况下, 限制都是基于守恒变量, 并在 EulerFLrhs1D.m 中实现的。右图对应 $\beta = 1.5$, 但其限制基于每个单元界面的特征分解, 由 EulerFLcharrhs1D.m 实现

其中

$$\nabla_u f = \mathrm{A}(u), \quad \mathrm{A} = \mathrm{S}\Lambda\mathrm{S}^{-1}$$

为通量雅可比矩阵的特征分解, ϕ 则表示标量通量限制器。(10.11) 定义了指示函数 r_j^i。虽然这种方法是标量情况到系统情况的自然推广, 但它有相当大的计算成本, 鉴于在每个单元格界面上都需要特征分解。在 EulerFLcharrhs1D.m 中, 我们展示了这种方法的实现过程, 它基于欧拉方程特征分解, 这在例 3.3 中讨论过, 并表达在 EulerChar.m 中。

脚本 10.6: EulerFLcharrhs1D.m: 使用基于特征变量的通量限制格式计算欧拉方程等式右边

```
function [dq]=EulerFLcharrhs1D(x,q,gamma,h,k,maxvel)
% function [dq]=EulerFLcharrhs1D(x,q,gamma,h,k,maxvel);
% Purpose: Evaluate right hand side for Euler equations using flux-limit
% scheme with limiting on characteristic variables
N=length(x); dq=zeros(N,3); phir=zeros(3,1);

% Chose flux limiter-0:LF; 1:CO; 2:Koren; 3:Sweby; 4:OSPRE; 5:van Leer
type=5; beta=1.5;

% Extend data and assign boundary conditions
[xe,re]=extend(x,q(:,1),h,2,'D',1.0,'D',0.125);
[xe,me]=extend(x,q(:,2),h,2,'D',0,'N',0);
[xe,Ee]=extend(x,q(:,3),h,2,'D',2.5,'N',0);
```

```
% [xe,re]=extend(x,q(:,1),h,2,'D',3.857143,'N',0);
% [xe,me]=extend(x,q(:,2),h,2,'D',10.141852,'D',0);
% [xe,Ee]=extend(x,q(:,3),h,2,'D',39.166661,'N',0);

qe=[re me Ee];
for i=1:N
    qloc=qe(i:i+4,:);

    % Left cell interface
    q0=(qloc(2,:)+qloc(3,:))/2;
    [S, iS, Lam]=EulerChar(q0,gamma); Rloc=(iS*qloc')';
    for j=1:3
      if (Lam(j,j)>=0) % Upwind
        phir(j)=...
          FluxLimit((Rloc(2,j)-Rloc(1,j))/(Rloc(3,j)-Rloc(2,j)),type,beta);
      else % Downwind
        phir(j)=...
          FluxLimit((Rloc(4,j)-Rloc(3,j))/(Rloc(3,j)-Rloc(2,j)),type,beta);
      end
    end
    phiL=S*diag(phir(:))*iS;

    % Right cell interface
    q0=(qloc(3,:)+qloc(4,:))/2;
    [S, iS, Lam]=EulerChar(q0,gamma); Rloc=(iS*qloc')';
    for j=1:3
      if (Lam(j,j)>=0) % Upwind
        phir(j)=...
          FluxLimit((Rloc(3,j)-Rloc(2,j))/(Rloc(4,j)-Rloc(3,j)),type,beta);
      else % Downwind
        phir(j)=...
          FluxLimit((Rloc(5,j)-Rloc(4,j))/(Rloc(4,j)-Rloc(3,j)),type,beta);
      end
    end
    phiR=S*diag(phir(:))*iS;

    % Compute fluxes
    q=[re(i+2) me(i+2) Ee(i+2)];
    qp=[re(i+3) me(i+3) Ee(i+3)];
    qm=[re(i+1) me(i+1) Ee(i+1)];
```

```
    FluxlowR =EulerLF( q,qp,gamma,k/h,maxvel)';
    FluxhighR=EulerLW( q,qp,gamma,k/h,maxvel)';
    FluxlowL =EulerLF(qm, q,gamma,k/h,maxvel)';
    FluxhighL=EulerLW(qm, q,gamma,k/h,maxvel)';
    FluxL=FluxlowL+phiL*(FluxhighL-FluxlowL);
    FluxR=FluxlowR+phiR*(FluxhighR-FluxlowR);

    % Compute RHS
    dq(i,:)=-(FluxR'-FluxL')/h;
end
return
```

脚本 10.7: EulerChar.m: 一维欧拉方程的特征分解

```
function [S, iS, Lam]=EulerChar(q0,gamma);
% Purpose: Compute characteristic decomposition for Euler equations at q0
r0=q0(1); ru0=q0(2); E0=q0(3); u0=ru0/r0;
p0=(gamma-1)*(E0-0.5*ru0.^2/r0); c0=sqrt(gamma*p0./r0);
H0=(E0+p0)/r0;

S=zeros(3,3); iS=zeros(3,3); Lam=zeros(3,3);

S(1,1)=1/(2*c0); S(1,2)=1.0; S(1,3)=1/(2*c0);
S(2,1)=(u0+c0)/(2*c0); S(2,2)=u0; S(2,3)=(u0-c0)/(2*c0);
S(3,1)=(H0+c0*u0)/(2*c0); S(3,2)=u0^2/2; S(3,3)=(H0-c0*u0)/(2*c0);

iS(1,1)=(0.5*(gamma-1)*u0^2-c0*u0)/c0;
iS(1,2)=-((gamma-1)*u0-c0)/c0;
iS(1,3)=(gamma-1)/c0;
iS(2,1)=1-0.5*(gamma-1)*u0^2/c0^2;
iS(2,2)=(gamma-1)/c0^2*u0;
iS(2,3) =-(gamma-1)/c0^2;
iS(3,1)=(0.5*(gamma-1)*u0^2+c0*u0)/c0;
iS(3,2)=-((gamma-1)*u0+c0)/c0;
iS(3,3)=(gamma-1)/c0;

Lam(1,1)=u0+c0; Lam(2,2)=u0; Lam(3,3)=u0-c0;
return
```

如图 10.7 所示, 用 $\beta = 1.5$ 的 Chakravarthy-Osher 通量限制器得到的结果, 证实了使用特征变量而引入耗散足以消除杂散振荡。但计算成本非常高昂, 这引发了一个问题, 即在这种情况下, 将提高分辨率与较为温和的通量限制器相组合是否为一种可取的方案。

10.2　斜率限制格式

高分辨率通量限制格式通过仔细修正数值通量实现较高精度。正如本章开始所讨论的, 这种策略与有限差分法密切相关。

为了得到在本质上更接近戈杜诺夫法的高分辨率格式, 自然也可以构建一些基于单元格界面值精细重构的方法。

10.2.1　守恒律方程的单调上游中心格式 (MUSCL)

1974 年至 1979 年期间的一系列论文提出了关于守恒律方程的首批高分辨率格式[20,30–33], 其雏形早在 1972 年[34] 就已出现, 它提出了类似的开发, 似乎直到最近才为人所知[35]。

该方法的公式经过了重组和简化, 现在被称为守恒律方程的单调上游中心格式 (monotone upstream-centered scheme for conservation laws, MUSCL)[36]。这里我们将讨论这个特定的公式。

出发点是这样一个假设, 即每个单元格 $[x_{j-1/2}, x_{j+1/2}]$ 中的解可以表示为一个线性多项式

$$u_j(x) = \bar{u}_j + \frac{x - x_j}{h}\delta u_j$$

其中 $\delta u_j/h$ 是对局部单元格内解的斜率的近似。显然, 如果

$$\left| \frac{\delta u_j}{h} - \left.\frac{du(x)}{dx}\right|_{x_j} \right| \simeq \mathcal{O}(h)$$

则有望得到一个二阶精度的格式。在单元格边界, 我们得到解的近似值

$$u(x \pm 1/2) \simeq u^{\pm}_{j\mp 1/2} = \bar{u}_j \mp \frac{\delta u_j}{2}$$

其中 $u^{\pm}$ 分别为单元格中心的左值 (u^{+}) 和右值 (u^{-}); 例如

$$u^{\pm}_{j+1/2} = \lim_{\varepsilon \to 0^+} u(x_{j+1/2} \pm \varepsilon)$$

假设局部斜率有一个很好的近似, 可以通过首先求解下式

$$\bar{u}_j^{n+1/2} = \bar{u}_j^n - \frac{k}{2h}\left[f(u^n_{j+1/2}) - f(u^n_{j-1/2})\right] = \bar{u}_j^n - \frac{k}{2h}f'(\bar{u}_j^n)\delta u_j^n$$

得到 $\hat{u}(x_j, t^n + k/2)$ 的近似值, 从而得到一个二阶精确格式。这样, 可以求取界面处的解的近似值

$$u^{\pm}_{j\mp1/2} = \bar{u}^{n+1/2}_j \mp \frac{\delta u^n_j}{2}$$

其中, 使用原斜率 δu^n_j 已足够达到二阶精度。最后一步为

$$\bar{u}^{n+1}_j = \bar{u}^n_j - \frac{k}{h}\left[F(u^-_{j+1/2}, u^+_{j+1/2}) - F(u^-_{j-1/2}, u^+_{j-1/2})\right]$$

式中, $F(u,v)$ 为单调通量。利用时间上的中心差分, 只要谨慎选定斜率 δu_j, 就能在空间和时间上实现二阶精度。

在继续讨论之前, 我们注意到基于黎曼问题解的数值通量 $F(u,v)$ 应该被修正为完全一致。在第 3 章中对黎曼问题的解进行的讨论基于界面两侧的解是分段常数的假设。然而, 在上述情况中, 解是分段线性的, 并且与之相关的黎曼问题, 即广义黎曼问题的求解更为复杂。基于该问题求解的格式已有人提出[37,38], 但由于其复杂性, 受到的关注有限。一般来说, 数值通量的定义, 是假设考虑具有分段常数状态的简单黎曼问题, 这里我们也采用这种方法。

该格式的核心是斜率 δu^n_j 的定义。在决定如何处理这个问题时, 需要考虑格式的准确性和稳定性, 包括 TVD 稳定性。保持模板紧凑, 一般表达式为

$$\delta u^n_j = \frac{1}{2}(1+\omega)\Delta^-\bar{u}^n_j + \frac{1}{2}(1-\omega)\Delta^+\bar{u}^n_j \tag{10.12}$$

其中, $\omega \in [-1,1]$。取 $\omega = 0$, 得到代数均值, 而当 $\omega = \pm1$ 时, 分别得到完全迎风和完全顺风。为理解斜率定义的内涵, 让我们考虑一个简单的例子。

例 10.4 *考虑线性波动方程*

$$\frac{\partial u}{\partial t} + a\frac{\partial u}{\partial x} = 0$$

服从周期性边界条件。简单起见, 假设 $a > 0$。对于 $a < 0$ 的讨论是类似的。

制定一个 MUSCL 格式, 得到

$$u^+_{j-1/2} = \bar{u}^n_j - \gamma_{j-1/2}\delta u^n_j, \quad u^-_{j+1/2} = \bar{u}^n_j + \gamma_{j+1/2}\delta u^n_j$$

有两个常数

$$\gamma_{j-1/2} = \frac{1+\lambda}{2}, \quad \gamma_{j+1/2} = \frac{1-\lambda}{2}$$

式中, $\lambda = ak/h$ 为 CFL 数。注意根据 CFL 条件有 $0 \leqslant \gamma \leqslant 1$。

利用数值通量中的迎风, 得到格式

$$\bar{u}_j^{n+1}=\bar{u}_j^n-\lambda[u_{j+1/2}^- - u_{j-1/2}^-]$$

写开来得到

$$\bar{u}_j^{n+1}=\bar{u}_j^n-\lambda\Delta^-\bar{u}_j^n-\lambda\gamma_{j+1/2}\Delta^-u_j^n$$

观察到附加项有一个负号, 因而对应了一个可实现二阶精度的压缩项。

易证得对于 (10.12) 中的 $\omega=-1$, 可以得到拉克斯–温德罗夫格式; 当 $\omega=1$ 时, 得到比姆–沃明格式。$\omega=0$ 对应 Fromm 格式[39], 它是最早被提出用于求解波动方程的高分辨率格式之一。

上述例子的启示是, MUSCL 格式有可能在光滑区域达到二阶精度。然而, 如前所见, 这样的格式不能保持单调。在通量限制格式建立后, 我们可以寻找一些方法来修正该格式, 以确保在间断点附近不会产生人为振荡, 同时使解的光滑部分具有二阶精度。

以下结果对于 TVD-稳定的格式的建立至关重要。

定理 10.5　如果下列条件成立

$$\min(\bar{u}_{j-1}^n,\bar{u}_j^n)\leqslant u_{j-1/2}^+\leqslant\max(\bar{u}_{j-1}^n,\bar{u}_j^n)$$

$$\min(\bar{u}_j^n,\bar{u}_{j+1}^n)\leqslant u_{j+1/2}^-\leqslant\max(\bar{u}_j^n,\bar{u}_{j+1}^n)$$

并且 MUSCL 格式

$$\bar{u}_j^{n+1}=\bar{u}_j^n-\frac{k}{h}[F(u_{j+1/2}^-,u_{j+1/2}^+)-F(u_{j-1/2}^-,u_{j-1/2}^+)]$$

经由一个单调通量改善, 那么 MUSCL 格式就是 TVD-稳定的。

证明　这个结论可直接由单调格式的性质得出; 见定理 4.5。　□

为了理解这个结果的含义, 让我们回到前面的例子。

例 10.6　考虑线性波动方程的 MUSCL 格式, 我们有

$$u_{j-1/2}^+=\bar{u}_j^n-\gamma_{j-1/2}\delta u_j^n,\quad u_{j+1/2}^-=\bar{u}_j^n+\gamma_{j+1/2}\delta u_j^n$$

定理 10.5 保证格式是 TVD-稳定的, 只要满足

$$\Delta^-\bar{u}_j^n\geqslant 0:0\leqslant\delta u_j^n\leqslant\beta_{j-1/2}\Delta^-\bar{u}_j^n$$

$$\Delta^-\bar{u}_j^n\leqslant 0:\beta_{j-1/2}\Delta^-\bar{u}_j^n\leqslant\delta u_j^n\leqslant 0$$

$$\Delta^+\bar{u}_j^n\geqslant 0:0\leqslant\delta u_j^n\leqslant\beta_{j+1/2}\Delta^+\bar{u}_j^n$$

$$\Delta^+\bar{u}_j^n\leqslant 0:\beta_{j+1/2}\Delta^+\bar{u}_j^n\leqslant\delta u_j^n\leqslant 0$$

其中，$\beta_{j\pm1/2}=(\gamma_{j\pm1/2})^{-1}>0$。

为满足这些条件，我们必须用有限斜率 $\overline{\delta u_j^n}$ 来替代斜率 δu_j^n。当 $(\Delta^-\bar{u}_j^n)(\Delta^+\bar{u}_j^n)\leqslant 0$ 时，只有 $\overline{\delta u_j^n}=0$ 满足条件。如若 $\Delta^-\bar{u}_j^n$ 和 $\Delta^+\bar{u}_j^n$ 都为正，那么有

$$0\leqslant\overline{\delta u_j^n}\leqslant\min(\beta_{j-1/2}\Delta^-\bar{u}_j^n,\beta_{j+1/2}\Delta^+\bar{u}_j^n)$$

而如若 $\Delta^-\bar{u}_j^n$ 和 $\Delta^+\bar{u}_j^n$ 都为负，则需要满足

$$\max(\beta_{j-1/2}\Delta^-\bar{u}_j^n,\beta_{j+1/2}\Delta^+\bar{u}_j^n)\leqslant\overline{\delta u_j^n}\leqslant 0$$

使用 minmod 函数，得到有限斜率为

$$\overline{\delta u_j^n}=\mathrm{minmod}(\beta_{j-1/2}\Delta^-\bar{u}_j^n,\beta_{j+1/2}\Delta^+\bar{u}_j^n)$$

回到上一节，我们已引入通量限制器 $\phi(r)$ 以及有限斜率 $\overline{\delta u_j^n}$。或许值得去理解一下这两者之间可能存在的任何联系。让我们再通过一个例子来说明这一点。

例 10.7 回到例 10.4 中的问题，考虑将

$$\bar{u}_j^{n+1}=\bar{u}_j^n-\lambda[F_{j+1/2}^n-F_{j-1/2}^n]$$

作为一个具有平流速率 a 的线性波动方程的近似。

为建立联系，考虑偏迎风的格式。对于通量限制格式，一个迎风通量基于数值通量

$$F_{j+1/2}=\begin{cases}a\bar{u}_j^n+\phi(r_j)a\gamma_{j+1/2}\Delta^+\bar{u}_j^n, & a>0\\ a\bar{u}_{j+1}^n-\phi(r_j)a\gamma_{j-1/2}\Delta^+\bar{u}_j^n, & a<0\end{cases}$$

类似地，对于斜率限制格式，有通量

$$F_{j+1/2}=\begin{cases}a\bar{u}_j^n+a\gamma_{j+1/2}\overline{\delta u_j^n}, & a>0\\ a\bar{u}_{j+1}^n-a\gamma_{j-1/2}\overline{\delta u_j^n}, & a<0\end{cases}$$

从中得到

$$\phi(r_j)\Delta^+\bar{u}_j^n=\begin{cases}\overline{\delta u_j^n}, & a>0\\ \overline{\delta u_{j+1}^n}, & a<0\end{cases}\tag{10.13}$$

当 $\phi(1)=1$ 时，可以得到二阶精确的拉克斯–温德罗夫格式 (对应 (10.12) 中 $\omega=-1$)，这表明，必须选择这样的斜率 δu_j，

$$\delta u_j^n=\begin{cases}\Delta^+\bar{u}_j^n, & a>0\\ \Delta^-\bar{u}_j^n, & a<0\end{cases}$$

因此, 斜率限制器 (slope limiter) 的一般形式应为

$$\overline{\delta u_j} = \psi(\Delta^- \bar{u}_j^n, \Delta^+ \bar{u}_j^n) = \begin{cases} \psi(r_j^{-1})\Delta^- \bar{u}_j^n, & a > 0 \\ \psi(r_j)\Delta^+ \bar{u}_j^n, & a < 0 \end{cases} \tag{10.14}$$

其中, $\psi(a,b)$ 或 $\psi(r)$ 是斜率限制器, 且有

$$r_j = \frac{\Delta^- \bar{u}_j^n}{\Delta^+ \bar{u}_j^n}$$

minmod 函数 (10.3) 就是这样一个例子。比较 (10.13) 和 (10.14), 可以清楚地看出, 对于线性情况, 两种形式的极限之间有直接关联。对于非线性情况, 并不存在这种直接关联。

通过之前这些例子的启示, 我们可以定义斜率限制器函数 ψ 来确保 (10.3) 中的 TVD 稳定性。

最简单的 minmod 斜率限制器是

$$\psi_{mm}(a,b) = \text{minmod}(a,b)$$

而一个稍微普遍一点的, 被称为 MUSCL 斜率限制器的版本, 采用以下形式[35]

$$\psi_{mu}(a,b) = \text{minmod}\left(\frac{a+b}{2}, 2a, 2b\right)$$

给出的 Superbee 限制器为[13,18] 为

$$\psi_{sb}(a,b) = \text{minmod}(\text{maxmod}(a,b), \text{minmod}(2a,2b))$$

其中, maxmod 函数的定义方式类似于 minmod 函数。程序 maxmod.m 给出了它的实现过程。

脚本 10.8: maxmod.m: maxmod 函数的实现

```
function psi=maxmod(v)
% function psi=maxmod(v)
% Purpose: Implement the maxmod function on vector v
N=size(v,1); m=size(v,2); psi=zeros(N,1);
s=sum(sign(v),2)/m; ids=find(abs(s)==1);
if(~isempty(ids))
  psi(ids)=s(ids).*max(abs(v(ids,:)),[],2);
end
return;
```

最后, 一个常用的斜率限制器是[40]van Albada 限制器, 具有以下形式

$$\psi_{va}(a,b) = \frac{(a^2+c^2)b+(b^2+c^2)a}{a^2+b^2+c^2}$$

这里, c^2 是 $\mathcal{O}(h^3)$ 的一个常数, 用于控制局部极值的耗散。可以进一步将其写成[35]

$$\psi_{va}(r) = \frac{a+b}{2}\left(1-\frac{(a-b)^2}{a^2+b^2+c^2}\right)$$

这说明对于 $a \simeq b$ 的光滑情况, 可以得到二阶中心差分近似。我们将在 10.2.3 节对这些不同的斜率限制器进行更多的定量比较。

正如 8.2.1 节所详述的, 对 TVD 稳定性的要求会导致格式阶数降低到一阶光滑极值。特别地, 我们讨论了一个 $\mathcal{O}(h^2)$ 修正可以实现 TVB 稳定性, 而它足够灵活到能影响局部极值点的精度。

这一点通过定义以下 TVB minmod 函数[41–43], 对斜率限制器稍作变化, 就可以实现

$$\text{minmodTVB}(a_1,\cdots,a_n,M,h) = \begin{cases} a_1, & |a_1| \leqslant Mh^2 \\ \text{minmod}(a_1,\cdots,a_n), & \text{其他} \end{cases} \tag{10.15}$$

其中, a_i 表示斜率, M 是解的最大曲率的估算值, 这与 8.2.1 节的讨论一致。

M 的估算值对于通解有微妙作用, 例如, M 取值过小会导致局部极值耗散增加, 而取值过高又会导致振荡。TVB minmod 函数的实现在 minmodTVB.m 中有说明。

脚本 10.9: minmodTVB.m: TVB minmod 函数的实现

```
function psi=minmodTVB(v,M,h)
% function psi=minmodTVB(v,M,h)
% Purpose: Implement the TVB modified midmod function on row vector v
psi=v(:,1); ids=find(abs(psi)>M*h.^2);
if(size(ids,1)>0)
  psi(ids)=minmod(v(ids,:));
end
return
```

10.2.2 基于拉格朗日重构的多项式方法

MUSCL 格式的基本思想是重构 $x \in [x_{j-1/2}, x_{j+1/2}]$ 的解 $u_j(x)$ 的线性近似, 适当限制以确保 TVD 稳定性。至少在原则上, 我们可以扩展这一思想, 寻求更高

次多项式的局部逼近, 目的是进一步提高格式的阶数, 从而提高解的光滑部分的精度。如前所述, 这个过程需要谨慎实行, 以确保底层格式的稳定性。

回顾戈杜诺夫法的起始点

$$\bar{u}_j^{n+1} - \bar{u}_j^n = -\frac{1}{h}\int_{t^n}^{t^{n+1}} f(u(x_{j+1/2}, s), s) - f(u(x_{j-1/2}, s), s)ds$$

它源于守恒律方程的积分形式。对于精确到一阶的戈杜诺夫格式, 用一个简单的积分近似就足够, 从而得到守恒形式。

然而, 如若追求更高阶精度, 逼近过程则须更小心地进行。这在 MUSCL 格式中的实现是通过中点法则 (midpoint rule) 来近似 $\bar{u}_j^{n+1/2}$ 处的解。按照不同的方法[44,45], 可以考虑这样一个梯形逼近 (trapezoidal approximation)

$$\int_{t^n}^{t^{n+1}} f(u(x_{j+1/2}, s), s)ds = \frac{k}{2}\left(f(u_{j+1/2}^n, t^n) + f(u_{j+1/2}^{n+1}, t^{n+1})\right)$$

该方法引出两个问题：需要澄清如何得到 $u_{j+1/2}^n$, 抑或更重要的是, 如何在不用隐式格式的情况下得到 $f(u_{j+1/2}^{n+1}, t^{n+1})$。为解答这些问题, 让我们来看一个线性波动方程的格式

$$\frac{\partial u}{\partial t} + a\frac{\partial u}{\partial x} = 0$$

其服从适当的初始条件和边界条件。

为保证二阶精度, 考虑 MUSCL 格式的局部近似

$$u_j^n(x) = \bar{u}_j^n + \frac{x - x_j}{h}\overline{\delta u_j^n} \tag{10.16}$$

其中有限斜率保证了 TVD 稳定性。通过使用重构界面值求解黎曼问题, 可以求取 $f(u_{j+1/2}^n, t^n)$ 的近似,

$$f(u_{j+1/2}^n, t^n) \simeq f\left(u^*(u_{j+1/2}^-, u_{j+1/2}^+)\right)$$

为得到 $f(u_{j+1/2}^{n+1}, t^{n+1})$, 我们将探究 $u(x, t^{n+1}) = u(x - ak, t^n)$ 这个底层方程的特征。这种回溯特征的方法通常被称为拉格朗日法 (Lagrangian method)。在这种特殊情况下, 由 $\lambda \leqslant 1$ 给予稳定性, 所以可确保不会跨过单元格边界。不过在更一般的拉格朗日格式中, 这既不必要, 也不可取[46–48]。

因此, 如果定义 $\hat{x}_{j+1/2} = x_{j+1/2} - ak$, 就可以得到

$$u(x_{j+1/2}, t^{n+1}) = u_j^n(\hat{x})$$

其中, $u_j^n(x)$ 由 (10.16) 给出。一旦到此, 求解 $x_{j+1/2}$ 处的黎曼问题就能得到 $f(u_{j+1/2}^{n+1}, t^{n+1})$ 的近似值, 也就完成了格式。

这种格式被称为分段线性法 (piecewise linear method, PLM), 在 [45] 中首次引进。对于线性平流问题, 它等价于 MUSCL 格式[22]。

由它推广到非线性标量问题是相对直接的。唯一的较大区别是拉格朗日步骤 $u(x,t^{n+1}) = u(x - f'(u)k, t^n)$, 它需要一个非线性解。这使得非线性系统中的情况变得复杂, 那里需要使用特征变量。欧拉方程的细节可参见 [45]。

将这种方法推广到高于二阶精度的格式, 我们将得到一种强大而广泛使用的方法, 即分段抛物线法 (piecewise parabolic method, PPM), 该方法首次在 [44] 中提出。这种方法的基本优势是用分段抛物线逼近局部解, 从而在解的光滑部分达到三阶精度。

文献 [44] 中的开发涉及一般网格, 而我们讨论的前提假设是等距网格。寻求一种有以下形式的局部重构解

$$u_j^n(x) = u_{j-1/2}^+ + \tilde{x}(\Delta^+ u_{j-1/2}^n + \alpha(1-\tilde{x})), \quad x \in [x_{j-1/2}, x_{j+1/2}] \tag{10.17}$$

其中

$$\tilde{x} = \frac{x - x_{j-1/2}}{h}, \ \ \Delta^+ u_{j-1/2}^n = u_{j+1/2}^- - u_{j-1/2}^+, \ \ \alpha = 6\left(\bar{u}_j^n - \frac{1}{2}(u_{j+1/2}^- + u_{j-1/2}^+)\right)$$

对于 (10.17), 易证得

$$\frac{1}{h}\int_{x_{j-1/2}}^{x_{j+1/2}} u_j^n(x)dx = \bar{u}_j^n$$

最后一步是获得 $u_{j\pm1/2}^{\pm}$ 的精确值。为实现这一点, 要在 x_j 的邻域上寻找一个 u 的多项式逼近。鉴于单元格均值为仅已知的信息, 该多项式肯定能得到单元格均值。

要实现这一点, 考虑原函数

$$U(x) = \int_x u(\xi, t^n)d\xi$$

且有

$$U(x_{j+1/2}) = \sum_{l\leqslant j} \bar{u}_l^n h$$

现在寻找一个四阶插值多项式, 使用五个节点 $x_{j+1/2+l}, l = 0, \pm1, \pm2$ 以及对应的

$U^n(x_{j+1/2+l})$。为明白这样构建的目的, 考虑

$$\frac{1}{h}\int_{x_{j-1/2+l}}^{x_{j+1/2+l}} u(\xi,t^n)d\xi = \frac{1}{h}\int_{x_{j-1/2+l}}^{x_{j+1/2+l}} U'(\xi)d\xi$$
$$= \frac{1}{h}[U(x_{j+1/2+l}) - U(x_{j-1/2+l})] = \bar{u}_{j+l}^n$$

即保持了单元格均值。因为 U 是一个 $\mathcal{O}(h^4)$ 近似, 微分过程表明在解的光滑区域有

$$U'(x_{j+1/2}) = u(x_{j+1/2},t^n) = u_{j+1/2}^n + \mathcal{O}(h^3)$$

用这种构造可以得到

$$u_{j+1/2}^- = u_{j+1/2}^+ = \bar{u}_j^n + \frac{1}{2}\Delta^+\bar{u}_j^n - \frac{1}{6}(\sigma\bar{u}_{j+1}^n - \sigma\bar{u}_j^n)$$

其中

$$\sigma\bar{u}_j^n = \frac{1}{2}(\Delta^+\bar{u}_j^n + \Delta^-\bar{u}_j^n)$$

是单元格内的平均斜率。

对 $\sigma\bar{u}_j^n$ 施加斜率限制可以保证 $u_{j\mp1/2}^{\pm}$ 位于单元格均值之间, 从而确保了 TVD 稳定性。文献 [44] 使用了 MUSCL 限制器, 不过还有其他可能的方法。

在一个单元格内使用二次多项式会导致单元格内产生出新的极值, 这将破坏 TVD 稳定性。仔细考虑抛物线重构 [44] 可以识别出两种特殊情况, 在这种情况下, 提出了一个鲁棒的补救措施。

1. 如果 u_j^n 是局部最大值或最小值, 则有

$$u_{j\mp1/2}^{\pm} = \bar{u}_j^n$$

即解为单元格均值, 从而将局部精度降低到一阶。

2. 如果 $|\Delta^+u_{j-1/2}^n| \leqslant |\alpha|$, 则有

$$u_{j-1/2}^+ = 3\bar{u}_j^n - 2u_{j+1/2}^-, \quad 若\alpha \geqslant |\Delta^+\bar{u}_{j-1/2}^n|$$
$$u_{j+1/2}^- = 3\bar{u}_j^n - 2u_{j-1/2}^+, \quad 若\alpha \leqslant |\tilde{\Delta}^+\bar{u}_{j-1/2}^n|$$

在 [44] 中, 这与 $\sigma\bar{u}_j^n$ 上的 MUSCL 斜率限制器结合, 产生了一个鲁棒且准确的格式。对系统情况的扩展在文献 [44] 中有很详细的讨论, 文献 [49] 中则提供了许多计算结果和比较研究。

10.2.3 斜率限制格式的运用

关于通量限制格式，让我们通过几个例子来评估斜率限制格式的性能。我们专注于 MUSCL 格式。而拉格朗日格式及其推广至非线性案例和系统的内容可参见 [47–49]。

新出现的内容为 SlopeLimit.m 中定义的斜率限制器函数 $\psi(a,b)$。

脚本 10.10: SlopeLimit.m: 定义斜率限制器函数的程序

```
function psi=SlopeLimit(a,b,type,c,M,h)
% function psi=SlopeLimit(a,b,type,c,M,h)
% Define slope limiter function based on type. c is used in one limiter
% M,h is used for TVB limiting
N=length(a); zero=zeros(N,1);

% No slope
if (type==0) psi=zeros(N,1); end
% minmod limiter
if (type==1) psi=minmod([a b]); end
% MUSCL limiter
if (type==2) psi=minmod([(a+b)/2 2*a 2*b]); end
% Superbee limiter
if (type==3) psi=minmod([maxmod([a b]) minmod([2*a 2*b]) ]); end
% van Albada limiter
if (type==4) psi=minmod([(((a.^2 + c.^2).*b + ...
              (b.^2 + c.^2).*a)./(a.^2+b.^2+c.^2)) 2*a 2*b]); end
% van Leer limiter
if (type==5) psi=minmod([2.*a.*b./(a+b) 2*a 2*b]); end
% TVB limiting
if (type==6) psi=minmodTVB([(a+b)/2 2*a 2*b],M,h); end
return
```

线性波动方程

考虑线性波动方程

$$\frac{\partial u}{\partial t}+\frac{\partial u}{\partial x}=0,\quad x\in[-1,1]$$

其服从 1.4.1 节中讨论的周期性边界条件。驱动程序 LinwaveSLDriver1D.m 和时间积分程序 LinwaveSL1D.m 与前面使用的和 5.3.2 节中讨论的在本质上相同。这里就不再展示。不过，LinwaveSLrhs1D.m 所展示的等式右边的计算是独特的。

脚本 10.11: LinwaveSLrhs1D.m: 用斜率限制格式计算线性波动方程的等式右边

```
function [du]=LinwaveSLrhs1D(x,u,h,k,maxvel)
% function [du]=LinwaveSLrhs1D(x,u,h,k,maxvel);
% Purpose: Evaluate right hand side for the linear wave equation
% using a slope limited scheme based on MUSCL approach
N=length(x);

% Chose slope limiter-0:LF; 1:minmod; 2:MUSCL; 3:Superbee;
% 4:van Albada; 5:van Leer, 6: TVB
type=2; c=0; M=10;

% Periodic boundary conditions
[xe,ue]=extend(x,u,h,2,'P',0,'P',0);

% Compute element slope and limit
dup=ue(3:N+4)-ue(2:N+3); dum=ue(2:N+3)-ue(1:N+2);
duL=SlopeLimit(dup,dum,type,c,M,h);

% Compute cell interface values-for f'(u)=1;
uh=ue(2:N+3)-k/(2*h)*duL; uL=uh-duL/2; uR=uh+duL/2;

% Compute RHS
du=-(LinwaveLF(uR(2:N+1),uL(3:N+2),0,maxvel) ...
        -LinwaveLF(uR(1:N),uL(2:N+1),0,maxvel))/h;
return
```

图 10.8 展示了该格式在不同分辨率和不同斜率限制器下求解波动方程的性能。单调格式的结果显示在图 10.3 中。结果与用通量限制格式得到的结果相似, 并且明显优于单调格式产生的结果。用 Superbee 限制器得到的结果展示出过度压缩的影响, 且有从平滑波产生方波的趋势。不过在分辨率增加后, 这种影响被降低。

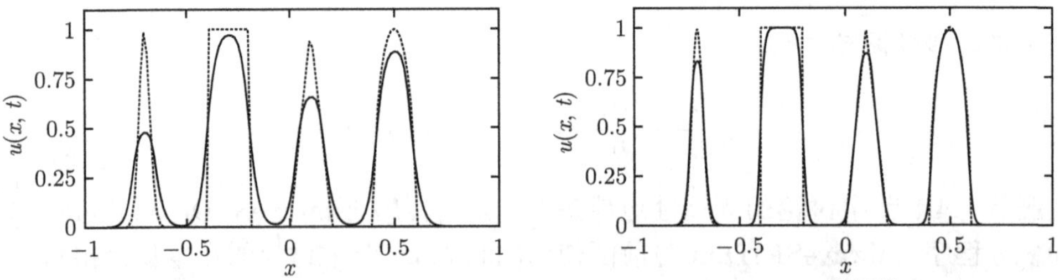

(a) minmod限制器, $N=128$ (b) minmod限制器, $N=512$

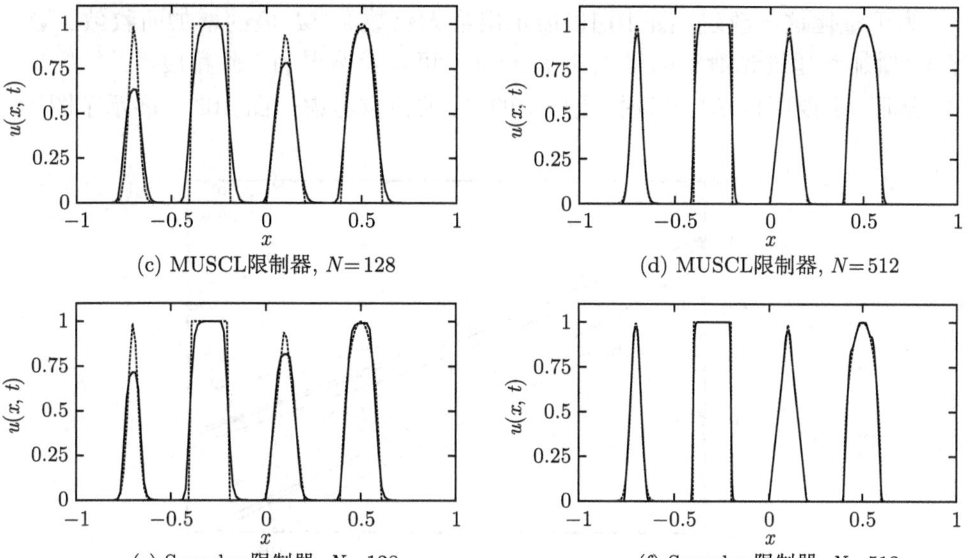

(c) MUSCL限制器, $N=128$　(d) MUSCL限制器, $N=512$

(e) Superbee限制器, $N=128$　(f) Superbee限制器, $N=512$

图 10.8　利用 TVD-稳定的斜率限制格式求得的线性波动方程的解 (实线)。所有计算都取 $T=4.0$, CFL 数为 0.9。虚线表示精确解。用单调格式得到的对比结果参见图 10.3

如前所述, 局部极值附近的精度降低可以通过采用一个 TVB-稳定的限制器来解决。首先考虑具有周期性边界条件的波动方程, 初始条件为 $u(x,0)=\sin(\pi x)$。图 10.9 对比了 TVD 限制器得到的结果, 从而展示出 TVB 限制的影响。在极值处的局部精度得到了显而易见的提升。

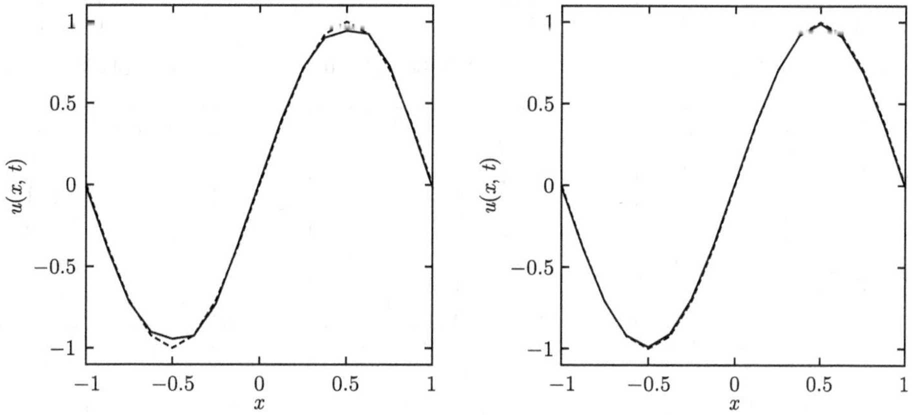

(a) TVD限制, $M=0$　(b) TVB限制, $M=10$

图 10.9　在 $T=4.0$ 时用 TVB 斜率限制格式求得的线性波动方程的解 (实线)。使用 $N=16$。虚线表示精确解

为了量化这一改进, 图 10.10 展示出最大范数随 M 值的增加而收敛。显然, 当 M 增加到超过光滑解的最大曲率 π^2 时, 可以全然得到二阶精度。

然而, 需要明白 M 的选择是折中的, 需要慎重考虑。图 10.11 展示了图 10.9

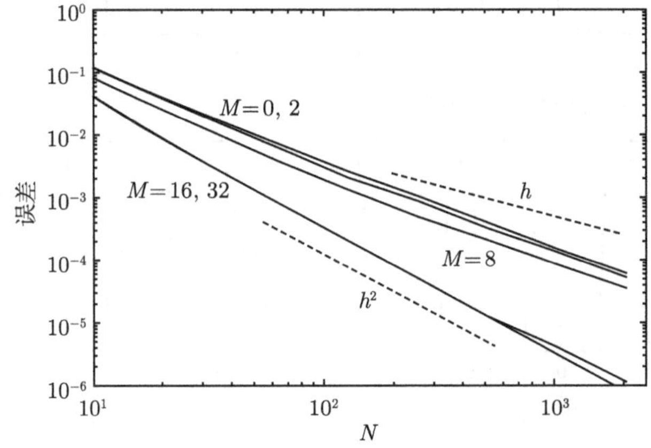

图 10.10　用 TVB 斜率限制格式求解线性波动方程的最大误差, 取不同的 M 值

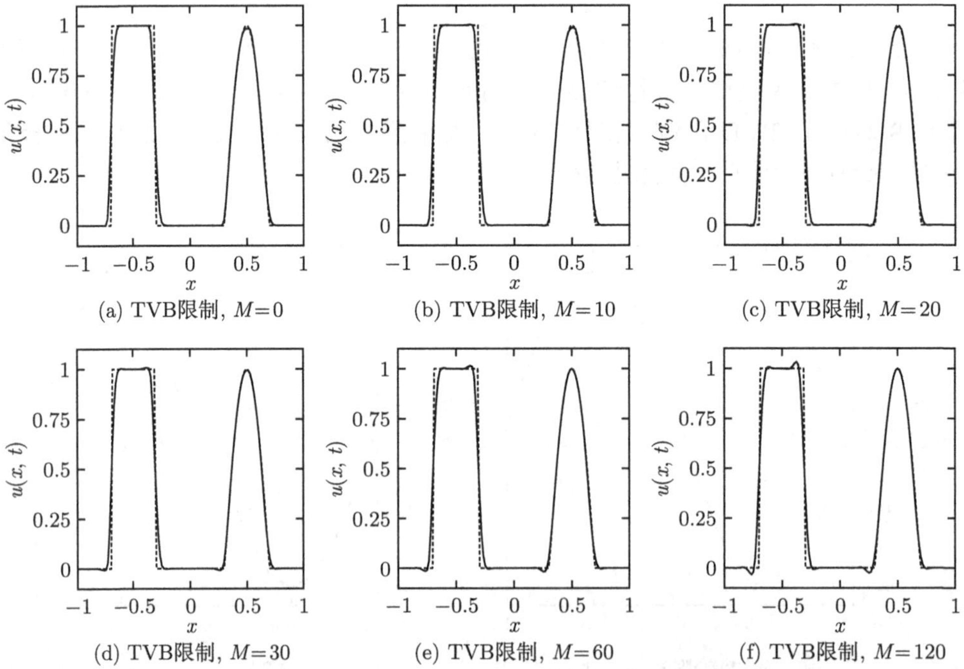

图 10.11　使用 TVB-稳定的斜率限制器求得的线性波动方程的解 (实线), 基于不同 M 值的 MUSCL 限制器。取计算时长 $T=4$, 并使用 $N=128$ 个单元格

中 M 值增大时的问题的部分。对于 $M=0$, 我们得到 TVD-稳定的解, 并注意到光滑极值处的精度有重大损失。

随着 M 的增加, 光滑极值处的精度明显提高。然而, M 值过高又会引起振荡, 就像无限制格式的情况一样。对于这个测试, 最大曲率为 $(\pi/0.4)^2 \simeq 60$。

伯格斯方程

让我们简单考虑一个伯格斯方程的斜率限制格式

$$\frac{\partial u}{\partial t}+\frac{\partial u^2}{\partial x}=0, \quad x\in[0,1]$$

这在 1.4.1 节已讨论过。驱动程序 BurgersSLDriver1D.m 和时间积分程序 BurgersSL1D.m 与 5.3.3 节中讨论的单调格式相同, 这里不再做说明。BurgersSLrhs1D.m 中展示了用于伯格斯方程的斜率限制格式右边的计算。

脚本 10.12: BurgersSLrhs1D.m: 用斜率限制格式计算伯格斯方程右边

```
function [du]=BurgersSLrhs1D(x,u,h,k,maxvel)
% function [du]=BurgersSLrhs1D(x,u,h,k,maxvel);
% Purpose: Evaluate right hand side for Burgers' equation using slope
% limited scheme
N=length(x);

% Chose slope limiter-0:LF; 1:minmod; 2:MUSCL; 3:Superbee;
% 4:van Albada; 5:van Leer, 6: TVB
type=2; c=0; M=10;

% Boundary conditions
[xe,ue]=extend(x,u,h,2,'P',0,'P',0); % Periodic boundary conditions
%[xe,ue]=extend(x,u,h,2,'D',2,'N',0); % Constant boundary conditions

% Compute element slope and limit
dup=ue(3:N+4)-ue(2:N+3); dum=ue(2:N+3)-ue(1:N+2);
duL=SlopeLimit(dup,dum,type,c,M,h);

% Compute cell interface values-for f'(u)=2u;
uloc=ue(2:N+3);
uh=uloc-2*uloc.*k/(2*h).*duL; uL=uh-duL/2; uR=uh+duL/2;

% Compute RHS
```

```
du=-(BurgersLF(uR(2:N+1),uL(3:N+2),0,maxvel) ...
        -BurgersLF(uR(1:N),uL(2:N+1),0,maxvel))/h;
return
```

与线性波动方程的格式相比, 差异较小, 效果与图 10.4 的结果无甚区别。

欧拉方程

最后, 让我们考虑使用斜率限制格式求解欧拉方程。在这种情况下, MUSCL 方法会出现问题, 因为它需要在限制 $u_j^{n+1/2}$ 之前传送特征变量。然而, 在目前所考虑的格式中, 实现二阶时间精度就靠这一步。

为方便对时间求积分, 我们使用第 9 章中提到过的三阶 SSPERK(3,3) 格式。这可以避免在中间阶段引入特征变量。EulerSL1D.m 对其实现过程进行了说明。驱动程序 EulerSLDriver1D.m 与单调格式的情况相似, 这里不再展示。

脚本 10.13: EulerSL1D.m: 推进斜率限制格式用于欧拉方程

```
function [q]=EulerSL1D(x,q,h,CFL,gamma,FinalTime)
% function [q]=EulerFL1D(x,q,CFL,gamma,FinalTime)
% Purpose: Integrate 1D Euler equation until FinalTime using a
% slope limited scheme and SSP-RK3.
time=0; tstep=0;

% integrate scheme
while(time<FinalTime)
  % Set timestep
  p=(gamma-1)*(q(:,3)-0.5*q(:,2).^2./q(:,1)); c=sqrt(gamma*p./q(:,1));
  maxvel=max(c+abs(q(:,2)./q(:,1))); k=CFL*h/maxvel;
  if (time+k>FinalTime) k=FinalTime-time; end
  % Update solution
  rhsq=EulerSLrhs1D(x,q,gamma,h,k,maxvel);  q1=q+k*rhsq;
  rhsq=EulerSLrhs1D(x,q1,gamma,h,k,maxvel); q2=(3*q+q1+k*rhsq)/4;
  rhsq=EulerSLrhs1D(x,q2,gamma,h,k,maxvel); q=(q+2*q2+2*k*rhsq)/3;
  time=time+k; tstep=tstep+1;
end
return
```

程序 EulerSLrhs1D.m 用斜率限制格式计算欧拉方程的右边。注意斜率限制是在守恒变量上进行的, 这不同于依赖特征变量的通量限制的情况。尽管可以对特征变量进行斜率限制, 但应谨慎权衡这种做法的益处及其巨大成本。

脚本 10.14: EulerSLrhs1D.m: 用斜率限制格式计算欧拉方程的右边

```
function [dq]=EulerSLrhs1D(x,q,gamma,h,k,maxvel)
% function [dq]=EulerSLrhs1D(x,q,gamma,h,k,maxvel);
% Purpose: Evaluate right hand side for the Euler equations using
% slope-limited method with limiting on characteristic variables
N=length(x); dq=zeros(N,3); qL=zeros(N+2,3); qR=zeros(N+2,3);
dup=zeros(N+2,3); dum=zeros(N+2,3); duL=zeros(N+2,3);

% Chose slope limiter-0:LF; 1:minmod; 2:MUSCL; 3:Superbee;
% 4:van Albada; 5:van Leer, 6: TVB
type=2; c=h^3; M=150;

% Extend data and assign boundary conditions
[xe,re]=extend(x,q(:,1),h,2,'D',1.0,'D',0.125);
[xe,me]=extend(x,q(:,2),h,2,'D',0,'N',0);
[xe,Ee]=extend(x,q(:,3),h,2,'D',2.5,'N',0);

% [xe,re]=extend(x,q(:,1),h,2,'D',3.857143,'N',0);
% [xe,me]=extend(x,q(:,2),h,2,'D',10.141852,'D',0);
% [xe,Ee]=extend(x,q(:,3),h,2,'D',39.166661,'N',0);

% Extract variables
qe=[re me Ee];

% Compute left and right differences, evaluate slopes and interface values
dup=qe(3:N+4,:)-qe(2:N+3,:); dum=qe(2:N+3,:)-qe(1:N+2,:);
duL(:,1)=SlopeLimit(dup(:,1), dum(:,1),type,c,M,h);
duL(:,2)=SlopeLimit(dup(:,2), dum(:,2),type,c,M,h);
duL(:,3)=SlopeLimit(dup(:,3), dum(:,3),type,c,M,h);
qL=qe(2:N+3,:)-duL/2; qR=qe(2:N+3,:)+duL/2;

% Evaluate right hand side using numerical flux
dq =-(EulerLF(qR(2:N+1,:),qL(3:N+2,:),gamma, k/h,maxvel)-...
          EulerLF(qR(1:N,:),qL(2:N+1,:),gamma, k/h,maxvel))/h;
return
```

我们考虑激-熵波的例子, 并在图 10.12 中比较了使用不同限制器和分辨率所得到的结果。再次观察到, 与单调格式所得到的结果相比, 有了显著改进; 见图 10.6。我们还发现, 斜率限制格式的结果似乎优于通量限制格式。此外, 当使用 Superbee 限制器时, 可以明显观察到过度压缩的迹象, 例如, 出现超调以及光滑极值变得平坦。

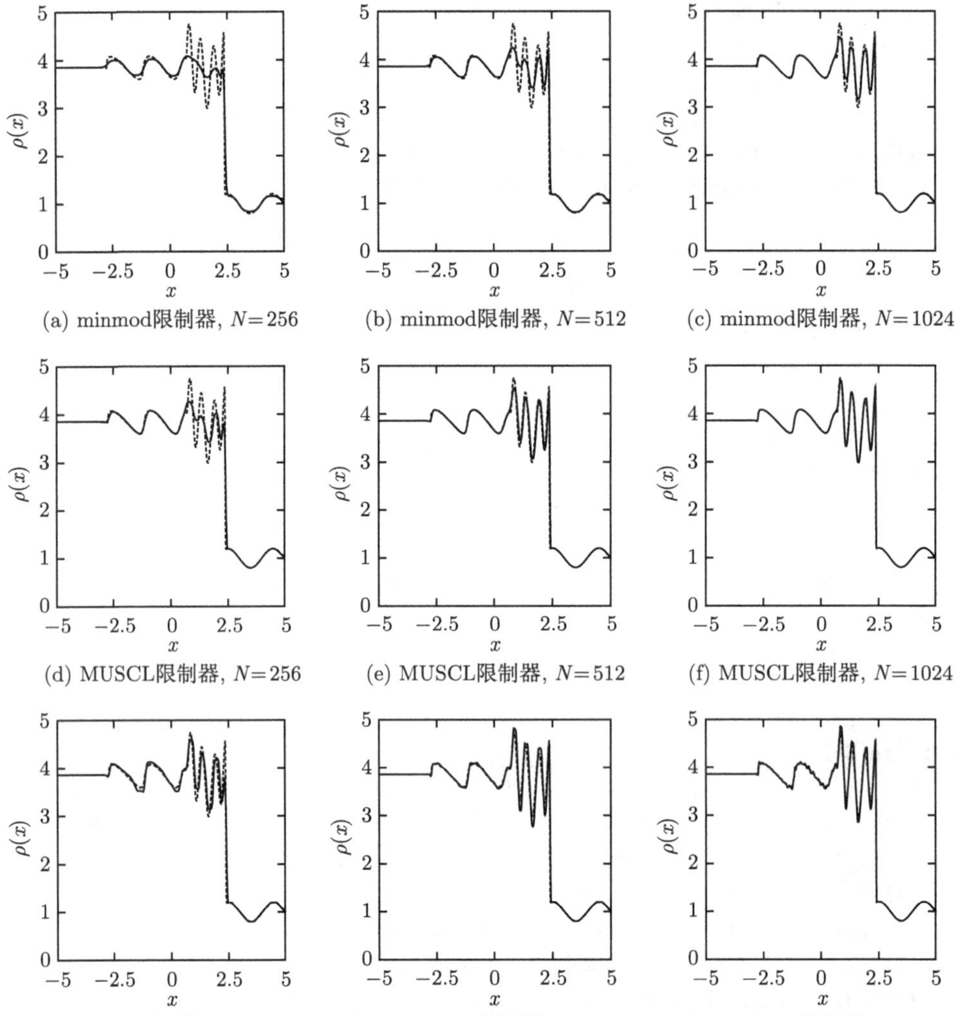

(a) minmod限制器, $N=256$　(b) minmod限制器, $N=512$　(c) minmod限制器, $N=1024$

(d) MUSCL限制器, $N=256$　(e) MUSCL限制器, $N=512$　(f) MUSCL限制器, $N=1024$

(g) Superbee限制器, $N=256$　(h) Superbee限制器, $N=512$　(i) Superbee限制器, $N=1024$

图 10.12　使用 TVD-稳定的斜率限制器求解欧拉方程的密度 (实线)。虚线表示参考解

最后, 图 10.13 展示了随着 M 值的增加, 使用 TVB-稳定的斜率限制格式的影响。增加 M 后, 光滑极值的分辨率提高, 不过由于限制不足, 人为因素开始出现。随着 M 值的进一步增加, 开始出现振荡, 并且观察到它们始于激波底部。

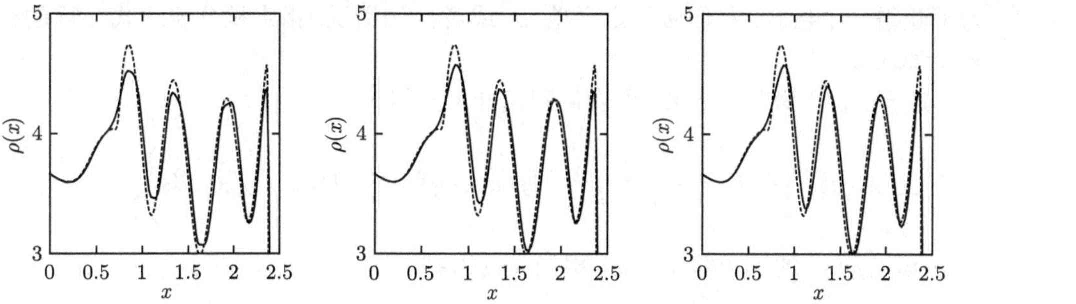

(a) MUSCL TVD限制器, $M=0$ (b) MUSCL TVB限制器, $M=50$ (c) MUSCL TVB限制器, $M=100$

图 10.13 使用基于 MUSCL 限制器的 TVB-稳定的斜率限制器, 欧拉方程的密度解 (实线)。虚线为使用 $N=512$ 个单元的参考解

10.3 中 心 格 式

让我们回到 6.3 节中简单介绍过的中心格式 (central scheme), 并讨论如何将这种格式扩展到更高阶精度。由于这些格式不需要黎曼求解器或近似黎曼求解器, 因此它们简单且具有潜在的高效性。

回顾积分形式的守恒律方程:

$$\bar{u}(x,t^{n+1})-\bar{u}(x,t^n)=-\frac{1}{h}\left(\int_{t^n}^{t^{n+1}}[f(u(x+h/2,s))-f(u(x-h/2,s))]ds\right)$$

其中

$$\bar{u}(x,t)=\frac{1}{h}\int_{x-h/2}^{x+h/2}u(s,t)ds$$

是一个滑动单元均值。

为了构造一个格式, 假设 $\bar{u}(x,t)$ 可以用分段多项式很好地近似

$$\bar{u}(x,t)=\bigoplus_{j=1}^{N}\bar{u}_j(x,t)\simeq\bigoplus_{j=1}^{N}p_j(x)=\bar{u}_h(x,t)$$

其中 p_j 是在单元 j 上局部定义的多项式。这就得到了 $\bar{u}_h(x,t)$ 的精确演化形式

$$\bar{u}_h(x,t^{n+1})-\bar{u}_h(x,t^n)=-\frac{1}{h}\left(\int_{t^n}^{t^{n+1}}[f(u_h(x+h/2,s))-f(u_h(x-h/2,s))]ds\right)\tag{10.18}$$

为了获得一个格式, 我们必须定义单元, 或者换句话说, 指定积分表达式在哪些点 x_j 上成立。

选择 x_j 作为单元中心, 可以得到戈杜诺夫格式

$$\bar{u}_j^{n+1} - \bar{u}_j^n = -\frac{1}{h}\left(\int_{t^n}^{t^{n+1}} [f(u_{j+1/2}(s)) - f(u_{j-1/2}(s))]ds\right)$$

其中 $u_{j\pm1/2}(s)$ 通过求解 (广义) 黎曼问题得到

$$u_{j+1/2}(x) = \begin{cases} p_j(x), & x \leqslant x_{j+1/2} \\ p_{j+1}(x), & x \geqslant x_{j+1/2} \end{cases}$$

正如我们已经经历的, 这个问题的求解对于一般的守恒律系统可能既复杂又昂贵, 即使在有近似黎曼求解器的情况下也是如此。

然而, 选择满足 (10.18) 的点的方式不是唯一的, 不同的选择会导致不同的格式。在 [50] 中, 通过选择单元边界 $x_{j+1/2}$ 作为标识符, 引入了一组通用的中心格式族, 因此有

$$\bar{u}_{j+1/2}^{n+1} - \bar{u}_{j+1/2}^n = -\frac{1}{h}\left(\int_{t^n}^{t^{n+1}} [f(u_{j+1}(s)) - f(u_j(s))]ds\right)$$

这导致了一个交错格式 (staggered scheme), 因为我们通过使用单元中心的解推进 $x_{j+1/2}$ 处的解。如果坚持假设解在单元内是分段多项式, 则会得到

$$\bar{u}_{j+1/2}^n = \frac{1}{h}\left(\int_{x_j}^{x_{j+1/2}} p_j(x)dx + \int_{x_{j+1/2}}^{x_{j+1}} p_{j+1}(x)dx\right)$$

该格式与经典的戈杜诺夫格式的关键区别在于, 我们需要在单元中心 x_j 处求解局部黎曼问题来推进解。然而, 在单元中心, 解被表示为光滑的多项式 $p_j(x)$, 其传播可以高效地进行, 而无需黎曼求解器。只要选择的 k 足够小, 即 CFL$\leqslant$1/2, 这个光滑的假设就成立。在这种情况下, $x_{j\pm1/2}$ 处的间断永远不会到达单元中心。这就是中心格式的核心思想。

在最简单的情况下, 当逐单元解只是一个常数时, 得到

$$\bar{u}_{j+1/2}^{n+1} = \bar{u}_{j+1/2}^n - \frac{k}{h}\left(f(\bar{u}_{j+1}^n) - f(\bar{u}_j^n)\right)$$

意识到

$$\bar{u}_{j+1/2}^n = \frac{1}{h}\left(\int_{x_j}^{x_{j+1/2}} p_j(x)dx + \int_{x_{j+1/2}}^{x_{j+1}} p_{j+1}(x)dx\right) = \frac{\bar{u}_{j+1}^n + \bar{u}_j^n}{2}$$

我们得到了一阶格式

$$\bar{u}_{j+1/2}^{n+1} = \frac{1}{2}(\bar{u}_{j+1}^n + \bar{u}_j^n) - \frac{k}{h}\left(f(\bar{u}_{j+1}^n) - f(\bar{u}_j^n)\right)$$

即在 5.2 节中大篇幅讨论过的拉克斯–弗里德里希斯格式。

高阶精度格式的构造遵循相同的方法。假设 u_j 的局部多项式近似为

$$p_j(x) = \bar{u}_j^n + \frac{1}{h}(x - x_j)\delta u_j^n$$

其中 δu_j^n 表示解的斜率的局部近似, 满足 $\delta u_j/h = du/dx(x_j) + \mathcal{O}(h)$。那么, p_j 是 u 在 $[x_{j-1/2}, x_{j+1/2}]$ 区间的二阶精度局部近似。

为了得到二阶精度格式, 首先考虑

$$\bar{u}_{j+1/2}^n = \frac{1}{h}\left(\int_{x_j}^{x_{j+1/2}} p_j(x)dx + \int_{x_{j+1/2}}^{x_{j+1}} p_{j+1}(x)dx\right) = \frac{1}{2}(\bar{u}_j^n + \bar{u}_{j+1}^n) + \frac{1}{8}(\delta u_j^n - \delta u_{j+1}^n)$$

为了得到 $\mathcal{O}(k^2)$ 的精度格式, 使用中点法则近似时间积分,

$$\int_{t^n}^{t^{n+1}} f(u_j(s))ds \simeq kf(u_j(t^{n+1/2})) + \mathcal{O}(k^2)$$

并借助 MUSCL 格式的思想得到

$$u_j(t^n + k/2) \simeq \bar{u}_j^n + \frac{k}{2}\frac{d\bar{u}_j}{dt} = \bar{u}_j^n - \frac{k}{2}f'(\bar{u}_j^n)\frac{d\bar{u}_j}{dx}$$

这里用到了守恒律方程。利用局部斜率, 便得到

$$u_j^{n+1/2} = \bar{u}_j^n - \frac{k}{2h}f'(\bar{u}_j^n)\delta u_j^n$$

将这一步结合

$$\bar{u}_{j+1/2}^{n+1} = \frac{1}{2}(\bar{u}_j^n + \bar{u}_{j+1}^n) + \frac{1}{8}(\delta u_j^n - \delta u_{j+1}^n) - \frac{k}{h}\left(f(\bar{u}_{j+1}^{n+1/2}) - f(\bar{u}_j^{n+1/2})\right) \quad (10.19)$$

就得到 [50] 中首次提出的二阶精度中心格式。它可以写成守恒形式

$$u_{j+1/2}^{n+1} = \bar{u}_j^n - \frac{k}{h}(F_{j+1}^n - F_j^n)$$

其中引入了数值通量

$$F_j^n = f(u_j^{n+1/2}) + \frac{h}{2k}\left(\frac{1}{4}\delta u_j^n - \bar{u}_j^n\right)$$

正如以前讨论过的, 我们必须限制斜率 δu_j^n, 以保证 TVD 稳定性, 并避免在间断处引入振荡。

TVD 稳定性可以通过以下结论[50] 建立。

定理 10.8　假设 $\overline{\delta u_j^n}$ 和 $f'(\bar{u}_j^n)\overline{\delta u_j^n}$ 满足定理 10.5 的条件, 且时间步长 k 满足 CFL 条件

$$\frac{k}{h}\max_u |f'(u)| \leqslant C \leqslant \frac{1}{2}$$

那么二阶中心格式是 TVD-稳定的。

证明　首先将 (10.19) 写成

$$\bar{u}_{j+1/2}^{n+1} = \frac{1}{2}(\bar{u}_{j+1}^n + \bar{u}_j^n) - \lambda[G_{j+1}^n - G_j^n]$$

其中引入了修正通量

$$G_j^n = f(u_j^{n+1/2}) + \frac{1}{8\lambda}\delta u_j^n$$

其中 $\lambda = k/h$。回顾

$$u_j^{n+1/2} = \bar{u}_j^n - \frac{k}{2h}f'(\bar{u}_j^n)\delta u_j^n$$

现在考虑

$$\bar{u}_{j+1/2}^{n+1} - \bar{u}_{j-1/2}^{n+1} = \left(\frac{1}{2} + \lambda\frac{\Delta^- G_j}{\Delta^- \bar{u}_j^n}\right)\Delta^- \bar{u}_j^n + \left(\frac{1}{2} - \lambda\frac{\Delta^+ G_j}{\Delta^+ \bar{u}_j^n}\right)\Delta^+ \bar{u}_j^n$$

回顾定理 8.4 及其证明, 我们立即观察到如果满足

$$\lambda\left|\frac{\Delta^+ G_j}{\Delta^+ \bar{u}_j^n}\right| \leqslant \frac{1}{2}$$

则可以保证 TVD 稳定性。

考虑

$$\lambda\left|\frac{\Delta^+ G_j}{\Delta^+ \bar{u}_j^n}\right| \leqslant \lambda\left|\frac{\Delta^+ f(\bar{u}_j^{n+1/2})}{\Delta^+ \bar{u}_j^n}\right| + \frac{1}{8}\left|\frac{\Delta^+ \delta u_j^n}{\Delta^+ \bar{u}_j^n}\right|$$

$$\leqslant \lambda \left| \frac{\Delta^+ f(\bar{u}_j^{n+1/2})}{\Delta^+ \bar{u}_j^{n+1/2}} \right| \left| \frac{\Delta^+ \bar{u}_j^{n+1/2}}{\Delta^+ \bar{u}_j^n} \right| + \frac{1}{8} \left| \frac{\Delta^+ \delta u_j^n}{\Delta^+ \bar{u}_j^n} \right| \tag{10.20}$$

第一项由 CFL 条件控制

$$\frac{k}{h} \max_u |f'(u)| \leqslant C$$

第二项有如下边界

$$\left| \frac{\Delta^+ \bar{u}_j^{n+1/2}}{\Delta^+ \bar{u}_j^n} \right| \leqslant 1 + \frac{\lambda}{2} \left| \frac{\Delta^+ f(\bar{u}_j^n)}{\Delta^+ \bar{u}_j^n} \right|$$

现在应用定理 10.5 中对于 TVD 稳定性的条件, 并要求

$$0 \leqslant \overline{\delta u_j^n} \leqslant \alpha^{-1} \text{minmod}(\Delta^- \bar{u}_j^n, \Delta^+ \bar{u}_j^n)$$

和

$$0 \leqslant |f'(\bar{u}_j^n)| \overline{\delta u_j^n} \leqslant \beta \text{minmod}(\Delta^- \bar{u}_j^n, \Delta^+ \bar{u}_j^n)$$

由此得到

$$\left| \frac{\Delta^+ \delta u_j^n}{\Delta^+ \bar{u}_j^n} \right| \leqslant \alpha^{-1}, \quad \left| \frac{\Delta^+ f(\bar{u}_j^n)}{\Delta^+ \bar{u}_j^n} \right| \leqslant \beta$$

定义 CFL 数 $C = \lambda\alpha\beta$, 从 (10.20) 得出条件

$$C\left(1 + \frac{\lambda}{2}\beta\right) + \frac{1}{8}\alpha^{-1} = C\left(1 + \frac{1}{2}\frac{C}{\alpha}\right) + \frac{1}{8}\alpha^{-1} \leqslant \frac{1}{2}$$

这就得到了 CFL 常数 C 需要满足的条件

$$C \leqslant -\alpha + \sqrt{\alpha^2 + \alpha - 1/4}$$

当 $\alpha > \frac{1}{4}$, $\beta > 0$ 时, CFL 常数 C 为正。注意在 $\alpha^{-1} = 0$ 的特殊情况下, 可以恢复为拉克斯–弗里德里希斯格式并且 $C \leqslant 1/2$, 这与预期一致。 □

因此, 当恰当地选取了受限斜率后, 二阶中心格式是 TVD-稳定的。然而, 正如我们之前讨论的, 这并不足以保证收敛到熵解。在 [50] 中, 在比 TVD 稳定性条件稍强的条件下, 为标量守恒律建立了单元熵条件

$$\eta(\bar{u}_{j+1/2}^{n+1}) \leqslant \frac{1}{2}(\eta(\bar{u}_{j+1}^n) + \eta(\bar{u}_j^n)) - \lambda(\Psi_{j+1}^n - \Psi_j^n)$$

这里 Ψ_j^n 表示一致的熵通量。这就得到了以下结论[50]。

定理 10.9　考虑某个中心格式对标量守恒律的近似, 满足 TVD 稳定性的条件和存在一个局部单元熵条件。只要满足 CFL 条件, 该中心格式就收敛于守恒律的唯一熵解。

在继续讨论之前, 让我们先简单回顾线性波动方程的一阶格式

$$\bar{u}_{j+1/2}^{n+1} = \frac{1}{2}(\bar{u}_{j+1}^n + \bar{u}_j^n) - \lambda(\bar{u}_{j+1}^n - \bar{u}_j^n)$$

其中 $\lambda = ak/h$, 并考虑修正方程的主导项

$$\frac{\partial u}{\partial t} + a\frac{\partial u}{\partial x} = \frac{1}{8}\frac{h}{\lambda}\frac{\partial^2 u}{\partial x^2}$$

耗散项来自平均项。我们注意到耗散的大小取决于 λ^{-1}, 也就是说, 为减少耗散, 应尽量取大 CFL 值。对于二阶格式, 前两项会产生一个类似 $-Ch^3\lambda^{-1}u^{(4)}$ 的项并表现出类似的行为。对于所需时间步长远低于 CFL 条件限制步长的问题来说, 这种耗散效应可能会变得相当显著, 例如由于刚性源项需要很小时间步长的问题。基于 (10.18) 中体积边界更灵活且与具体问题相关的定义, 有几种技术可以克服这一问题[51]。

虽然该格式收敛且易于实现, 但缺点是需要在两套网格 x_j 和 $x_{j+1/2}$ 上计算数值解。我们在 6.3 节已经讨论过一阶格式的这种情形。然而, 为了获得高阶精度同时不使用交错网格, 我们必须更加谨慎地处理, 以免降低格式的阶数。根据 [52], 定义

$$u_h^{n+1}(x) = \bigoplus_{j=1}^{N} p_{j+1/2}^{n+1}(x)$$

其中 $p_{j+1/2}^{n+1}(x_{j+1/2}) = u_{j+1/2}^{n+1}$。任意阶的均值定义如下

$$\bar{u}_j^{n+1} = \frac{1}{h}\left[\int_{x_{j-1/2}}^{x_j} p_{j-1/2}^{n+1}(x)dx + \int_{x_j}^{x_{j+1/2}} p_{j+1/2}^{n+1}(x)dx\right]$$

为了得到二阶精度的非交错格式, 考虑

$$p_{j+1/2}^{n+1}(x) = \bar{u}_{j+1/2}^{n+1} + \frac{x - x_{j+1/2}}{h}\delta u_{j+1/2}^{n+1}$$

并得到二阶精度中心格式的非交错版本

$$\begin{aligned}\bar{u}_j^{n+1} &= \frac{1}{h}\left(\int_{x_{j-1/2}}^{x_j} p_{j-1/2}^{n+1}(x)dx + \int_{x_j}^{x_{j+1/2}} p_{j+1/2}^{n+1}(x)dx\right)\\ &= \frac{1}{2}(\bar{u}_{j-1/2}^{n+1} + \bar{u}_{j+1/2}^{n+1}) - \frac{1}{8}(\delta u_{j+1/2}^{n+1} - \delta u_{j-1/2}^{n+1})\end{aligned}$$

这就产生了格式

$$\bar{u}_j^{n+1} = \frac{1}{4}(\bar{u}_{j+1}^n + 2\bar{u}_j^n + \bar{u}_{j-1}^n) - \frac{1}{16}(\delta u_{j+1}^n - \delta u_{j-1}^n)$$
$$- \frac{k}{2h}\left(f(\bar{u}_{j+1}^{n+1/2}) - f(\bar{u}_{j-1}^{n+1/2})\right) - \frac{1}{8}(\delta u_{j+1/2}^n - \delta u_{j-1/2}^n)$$

此方法得到了二阶中心格式, 若时间积分采用 RKSSP 格式, 则可进一步得到三阶精度的中心格式。相关细节详见文献 [53], 在 [54] 中将中心格式扩展到多维问题, 其在 10.4 节中也进行了讨论。

10.3.1 中心格式的运用

现在我们对中心格式进行更实际的评估, 并聚焦于二阶精度方法。与非交错格式相比, 需略微调整边界条件的施加方式, 以适配交错解。该问题源于边界处无精确解, 因此必须调整边界条件的施加方式, 具体实现可参考 extendstage.m。为了简化问题, 在计算右端项时采用大小为 $k/2$ 的两步, 并在这两步中实现非交错网格和交错网格之间的偏移。除了右端项的计算外, 交错网格是不可见的。

脚本 10.15: extendstag.m: 扩展交错数据以施加边界条件

```
function [xe,ue]=extendstag(x,u,h,m,BCl,ul,BCr,ur)
% Purpose: Extend dependent and independent vectors (x,u), by m cells
% subject to approproate boundary conditions. Grid is assumed staggered
% BC="D"-Dirichlet; BC="N"-Neumann; BC="P"-periodic
% ul/ur-BC value-only active for Dirichlet BC

xl=min(x); xr=max(x); N=length(u);
xe=zeros(N+2*m,1); ue=zeros(N+2*m,1); q=[1:m];

% Extend x
xe(m-q+1)=xl-q*h; xe(N+m+q)=xr+q*h; xe((m+1):(N+m))=x(1:N);

% Periodic extension of u
if (BCl=='P') | (BCr=='P')
  ue(m-q+1)=u(N-q+1); ue(N+m+q)=u(q); ue((m+1):(N+m))=u(1:N);
  return;
end;

% Left extension
if BCl=='D'
    ue(m-q+1)=-u(q)+2*ul;
```

```
else
    ue(m-q+1)=u(q);
end

% Right extension
if BCr=='D'
    ue(N+m+q)=-u(N-q+1)+2*ur;
else
    ue(N+m+q)=u(N-q+1);
end
ue((m+1):(N+m))=u(1:N);
return
```

此外, 为了遵循到目前为止使用的算法风格, 我们返回时间导数, 而不是推进解。这只是风格上的选择。

线性波动方程

考虑线性波问题

$$\frac{\partial u}{\partial t}+\frac{\partial u}{\partial x}=0, \quad x\in[-1,1]$$

满足周期边界条件, 如 1.4.1 节中讨论的。程序 LinwaveCDriver1D.m 和时间积分程序 LinwaveC1D.m 本质上与之前使用的程序相同, 如在 5.3.2 节中讨论的, 这里不再展示。使用中心格式的右端项计算见程序 LinwaveCrhs1D.m, 其还包括了斜率限制器的选择。

脚本 10.16: LinwaveCrhs1D.m: 在交错网格上采用二阶精度中心格式, 求解线性波动方程时右端项的计算

```
function [du]=LinwaveCrhs1D(x,u,h,k,maxvel)
% function [du]=LinwaveCrhs1D(x,u,h,k,maxvel);
% Purpose: Evaluate right hand side for linear wave equation using 2nd
% order central scheme-NOTE two steps of k/2 is taken
N=length(x); Ns=N-1; kl=k/2; us=zeros(Ns,1); uns=zeros(N,1);

% Chose slope limiter-0:LF; 1:minmod; 2:MUSCL; 3:Superbee;
% 4:van Albada; 5:van Leer, 6: TVB
type=2; c=0; M=10;

% First step from non-staggered to staggered grid
```

```
[xe,ue]=extend(x,u,h,2,'P',0,'P',0); % Periodic BC

% Compute element slope and limit
dup=ue(3:N+4)-ue(2:N+3); dum=ue(2:N+3)-ue(1:N+2);
duL=SlopeLimit(dup,dum,type,c,M,h);

% Compute limited intermediate solution
uh=ue(2:N+3)-kl/(2*h)*duL;

% Advance solition k/2
us=(u(1:N-1)+u(2:N))/2+(duL(2:N)-duL(3:N+1))/8-...
         kl/h*(uh(3:N+1)-uh(2:N));

% Second step from staggered to non-staggered grid
[xe,ue]=extendstag(x(1:Ns)+h/2,us,h,2,'P',0,'P',0); % Periodic BC

% Compute element slope and limit
dup=ue(3:Ns+4)-ue(2:Ns+3); dum=ue(2:Ns+3)-ue(1:Ns+2);
duL=SlopeLimit(dup,dum,type,c,M,h);

% Compute limited intermediate solution
uh=ue(2:Ns+3)-kl/(2*h)*duL;

% Advance solition k/2
uns=(ue(2:Ns+2)+ue(3:Ns+3))/2+(duL(1:Ns+1)-duL(2:Ns+2))/8-...
          kl/h*(uh(2:Ns+2)-uh(1:Ns+1));

% Restore residual
du=(uns-u)/k;
return
```

图 10.14 说明了该格式在不同分辨率和使用不同的斜率限制器时, 求解波动方程的表现。单调格式的结果在图 10.3 中。该结果与使用通量限制格式得到的结果相似, 并且明显优于单调格式的结果。特别是与更激进的 MUSCL 限制器相比, 优于大多数之前的结果。

伯格斯方程

让我们简单考虑伯格斯方程的中心格式

$$\frac{\partial u}{\partial t}+\frac{\partial u^2}{\partial x}=0, \quad x\in[0,1]$$

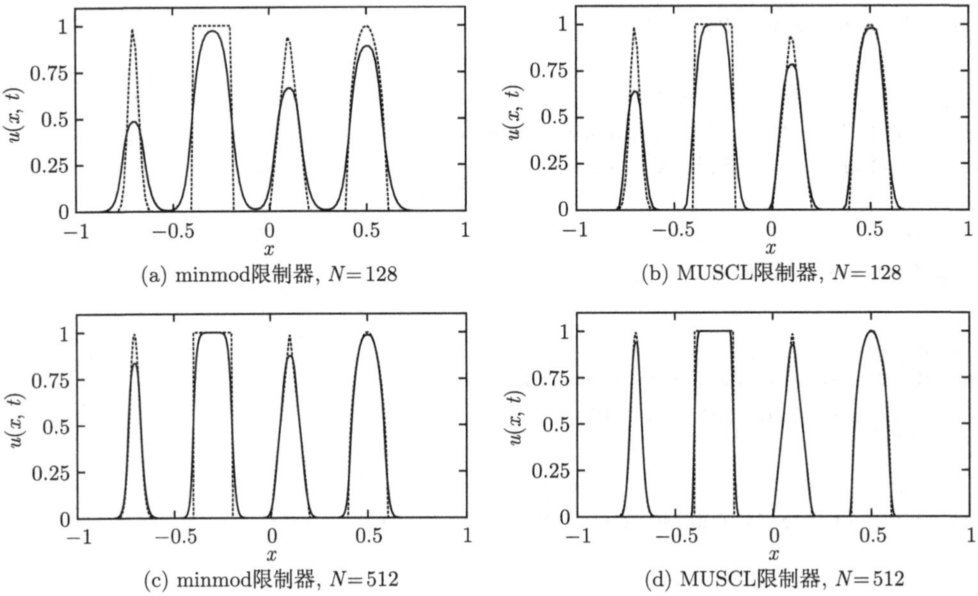

图 10.14 使用二阶精度中心格式求解线性波动方程的解 (实线)。所有的计算均取 $T=4.0$ 时刻结果, 同时 CFL 数取 0.9。虚线表示精确解。作为对比, 图 10.3 为采用单调格式的结果

该方程在 1.4.1 节中就已介绍。与线性波动方程相比, 求解伯格斯方程所需的改动是最小的, 只涉及非线性通量和 MUSCL 步骤所需的通量雅可比矩阵。它们的实现过程在 BurgersFlux.m 和 BurgersJac.m 中给出。如果需要求解不同的标量方程, 这两者是唯一需要改动的部分, 这突显了中心格式的简洁性和灵活性。

脚本 10.17: BurgersFlux.m: 伯格斯方程通量的计算

```
function [fu]=BurgersFlux(u);
% function [fu]=BurgersFlux(u);
% Purpose: Evaluate flux for Burgers
fu=u.^2;
return
```

脚本 10.18: BurgersJac.m: 伯格斯方程的通量雅可比矩阵的计算

```
function [fu]=BurgersJac(u);
% function [fu]=BurgersJac(u);
% Purpose: Evaluate Jacobian for Burgers flux
fu=2*u;
return
```

在 BurgersCrhs1D.m 中, 我们展示了右端项的计算过程, 其在两个大小为 $k/2$ 的时间步中实现了中心格式。

脚本 10.19: BurgersCrhs1D.m: 伯格斯方程右端项的计算, 在交错网格上使用二阶精度中心格式求解

```
function [du]=BurgersCrhs1D(x,u,h,k,maxvel)
% function [du]=BurgersCrhs1D(x,u,h,k,maxvel);
% Purpose: Evaluate right hand side for Burgers' equation using second order
% central scheme-NOTE two steps of k/2 is taken
N=length(x); Ns=N-1; kl=k/2; us=zeros(Ns,1); uns=zeros(N,1);

% Chose slope limiter-0:LF; 1:minmod; 2:MUSCL; 3:Superbee;
% 4:van Albada; 5:van Leer, 6: TVB
type=2; c=0; M=10;

% First step from non-staggered to staggered grid
[xe,ue]=extend(x,u,h,2,'P',0,'P',0); % Periodic BC
%[xe,ue]=extend(x,u,h,2,'D',2,'N',0); % Constant BC

% Compute element slope and limit
dup=ue(3:N+4)-ue(2:N+3); dum=ue(2:N+3)-ue(1:N+2);
duL=SlopeLimit(dup,dum,type,c,M,h);

% Compute limited intermediate solution-f'(u)=2*u
uh=ue(2:N+3)-BurgersJac(ue(2:N+3)).*kl/(2*h).*duL;

% Advance solition k/2
us=(u(1:N-1)+u(2:N))/2+(duL(2:N)-duL(3:N+1))/8 ...
       -kl/h*(BurgersFlux(uh(3:N+1))-BurgersFlux(uh(2:N)));

% Second step from staggered to non-staggered grid
[xe,ue]=extendstag(x(1:Ns)+h/2,us,h,2,'P',0,'P',0); % Periodic BC
%[xe,ue]=extendstag(x(1:Ns)+h/2,us,h,2,'D',2,'N',0); % Constant BC

% Compute element slope and limit
dup=ue(3:Ns+4)-ue(2:Ns+3); dum=ue(2:Ns+3)-ue(1:Ns+2);
duL=SlopeLimit(dup,dum,type,c,M,h);

% Compute limited intermediate solution-f'(u)=2*u
```

```
uh=ue(2:Ns+3)-BurgersJac(ue(2:Ns+3)).*kl/(2*h).*duL;

% Advance solition k/2
uns=(ue(2:Ns+2)+ue(3:Ns+3))/2+(duL(1:Ns+1)-duL(2:Ns+2))/8 ...
      -kl/h*(BurgersFlux(uh(2:Ns+2))-BurgersFlux(uh(1:Ns+1)));

% Restore residual
du=(uns-u)/k;
return
```

图 10.15 展现了不同分辨率下的结果, 证实了不引入任何振荡的情况下间断解的收敛性。图中还指出, 减小时间步长可能会导致耗散的增加。

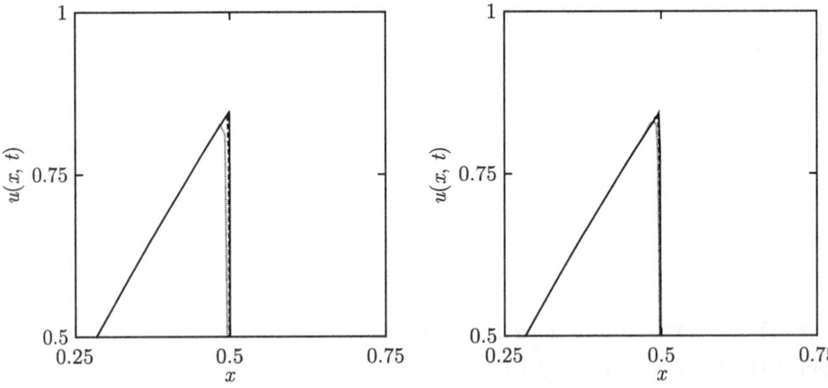

图 10.15　使用二阶精度中心格式的伯格斯方程的解。左图为 $N = 128$(点线)、$N = 512$(虚线)、$N = 2048$(实线) 在 $T = 0.2$ 时刻的部分解, 说明了收敛性。右图为 $N = 512$ 的解, 分别取 $CFL = 0.9$(实线)、$CFL = 0.09$(虚线) 和 $CFL = 0.009$(点线), 表明耗散随 CFL 数的减少而增加

欧拉方程

让我们也考虑使用二阶中心格式求解欧拉方程。EulerCrhs1D.m 给出了实现过程。程序 EulerCDriver1D.m 和时间积分程序 EulerC1D.m 与单调格式中使用的类似, 这里不再展示。

脚本 10.20: EulerCrhs1D.m: 在交错网格上使用二阶精度中心格式计算欧拉方程右端项

```
function [dq]=EulerCrhs1D(x,q,gamma,h,k,maxvel)
% function [dq]=EulerCrhs1D(x,q,gamma,h,k,maxvel);
```

```
% Purpose: Evaluate right hand side for Euler equations using second order
% central scheme-NOTE two steps of k/2 is taken
N=length(x); dq=zeros(N,3); qh=zeros(N+2,3);
Ns=N-1; kl=k/2; duL=zeros(N+2,3); duLs=zeros(Ns+2,3);

% Chose slope limiter-0:LF; 1:minmod; 2:MUSCL; 3:Superbee;
% 4:van Albada; 5:van Leer, 6: TVB
type=2; c=0; M=10;

% First step from non-staggered to staggered grid
% Extend data and assign boundary conditions
[xe,re]=extend(x,q(:,1),h,2,'D',1.0,'D',0.125);
[xe,me]=extend(x,q(:,2),h,2,'D',0,'N',0);
[xe,Ee]=extend(x,q(:,3),h,2,'D',2.5,'N',0);

% [xe,re]=extend(x,q(:,1),h,2,'D',3.857143,'N',0);
% [xe,me]=extend(x,q(:,2),h,2,'D',10.141852,'D',0);
% [xe,Ee]=extend(x,q(:,3),h,2,'D',39.166661,'N',0);

% Extract variables
qe=[re me Ee];

% Compute left and right differences, evaluate slopes
dup=qe(3:N+4,:)-qe(2:N+3,:); dum=qe(2:N+3,:)-qe(1:N+2,:);
duL(:,1)=SlopeLimit(dup(:,1), dum(:,1),type,c,M,h);
duL(:,2)=SlopeLimit(dup(:,2), dum(:,2),type,c,M,h);
duL(:,3)=SlopeLimit(dup(:,3), dum(:,3),type,c,M,h);

% Compute intermediate values. f'(u)=Au
for i=1:N+2
    A=EulerJac(qe(i+1,:),gamma);
    qh(i,:)=qe(i+1,:)-k/(2*h)*duL(i,:)*A';
end

% Advance solition k/2
qs=(q(1:N-1,:)+q(2:N,:))/2+(duL(2:N,:)-duL(3:N+1,:))/8 ...
       -kl/h*(EulerFlux(qh(3:N+1,:),gamma)-EulerFlux(qh(2:N,:),gamma));

% Second step from staggered to non-staggered grid
% Extend data and assign boundary conditions
```

```
xs=x(1:Ns)+h/2;
[xe,re]=extendstag(xs,qs(:,1),h,2,'D',1.0,'D',0.125);
[xe,me]=extendstag(xs,qs(:,2),h,2,'D',0,'N',0);
[xe,Ee]=extendstag(xs,qs(:,3),h,2,'D',2.5,'N',0);

% [xe,re]=extendstag(xs,qs(:,1),h,2,'D',3.857143,'N',0);
% [xe,me]=extendstag(xs,qs(:,2),h,2,'D',10.141852,'D',0);
% [xe,Ee]=extendstag(xs,qs(:,3),h,2,'D',39.166661,'N',0);

% Extract variables
qe=[re me Ee];

% Compute left and right differences, evaluate slopes
dup=qe(3:Ns+4,:)-qe(2:Ns+3,:); dum=qe(2:Ns+3,:)-qe(1:Ns+2,:);
duLs(:,1)=SlopeLimit(dup(:,1), dum(:,1),type,c,M,h);
duLs(:,2)=SlopeLimit(dup(:,2), dum(:,2),type,c,M,h);
duLs(:,3)=SlopeLimit(dup(:,3), dum(:,3),type,c,M,h);

% Compute intermediate values. f'(u)=Au
for i=1:Ns+2
    A=EulerJac(qe(i+1,:),gamma);
    qh(i,:)=qe(i+1,:)-kl/(2*h)*duLs(i,:)*A';
end

% Advance solition k/2
qns=(qe(2:Ns+2,:)+qe(3:Ns+3,:))/2+(duLs(1:Ns+1,:)-duLs(2:Ns+2,:))/8 ...
       -kl/h*(EulerFlux(qh(2:Ns+2,:),gamma)-EulerFlux(qh(1:Ns+1,:),gamma));

% Restore residual
dq=(qns-q)/k;
return
```

我们注意到, 斜率限制是在守恒变量上执行的, 而不是像我们之前探讨的那样, 在特征变量上执行。虽然可以对特征变量进行斜率限制, 但考虑到其相当高的计算成本, 对于这里考虑的例子来说, 这种做法是不必要的。

求解欧拉方程的细节在 EulerFlux.m 和 EulerJac.m 中给出, 分别对应非线性通量和通量雅可比矩阵 $\nabla_u f$。

脚本 10.21: EulerFlux.m: 欧拉方程通量的计算

```
function [fu]=EulerFlux(q,gamma);
```

```
% function [fu]=EulerFlux(q,gamma);
% Purpose: Compute flux for 1D Euler equations
N=length(q(:,1)); fu=zeros(N,3);

r=q(:,1); ru=q(:,2); E=q(:,3);
fu(:,1)=ru; p=(gamma-1)*(E-0.5*ru.^2./r);
fu(:,2)=ru.^2./r+p; fu(:,3)=(E+p).*ru./r;
return
```

脚本 10.22: EulerJac.m: 欧拉方程的通量雅可比矩阵的计算

```
function [A]=EulerJac(q,gamma);
% function [A]=EulerJac(q,gamma);
% Purpose: Compute flux Jacobian for 1D Euler equations
A=zeros(3,3); r=q(1); ru=q(2); E=q(3); u=ru/r;
A(2,1)=-(3-gamma)/2*u^2; A(2,2)=(3-gamma)*u; A(2,3)=gamma-1;
A(1,2)=1; A(3,1)=-gamma*E*u/r+(gamma-1)*u^3;
A(3,2)=gamma*E/r-3*(gamma-1)/2*u^2; A(3,3)=gamma*u;
return
```

注意到, 为求解不同的守恒律系统, 唯一需要更改的部分是这两个程序。

为了评价该格式的性能, 我们考虑激波–熵波的例子。图 10.16 展示了不同分辨率下的结果。可以发现, 相较于单调格式的结果 (参见图 10.6) 或大多数斜率限制格式的结果 (参见图 10.12), 此处的结果得到了显著改进。

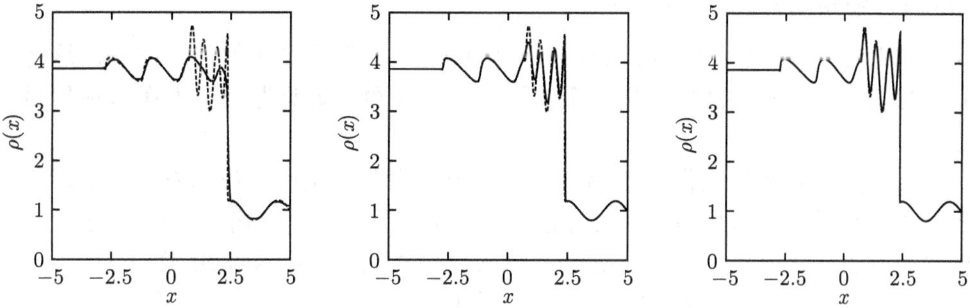

(a) $N=128$ (b) $N=512$ (c) $N=2048$

图 10.16 使用二阶精度中心格式与 MUSCL 限制器的欧拉方程的密度解 (实线)。虚线表示 $T = 1.8$ 时刻的参考解

10.4 拓展到多维问题

将通量限制格式和斜率限制格式推广到二维情况是相对直接的, 它遵循第 7 章中已经讨论的单调格式的逐维法。

然而, 由于网格结构更加复杂, 交错中心格式的拓展亦稍加复杂。关于多维交错格式的详细讨论参见 [54]。下面, 我们使用二阶中心格式

$$
\begin{aligned}
&\bar{u}^{n+1}_{i+1/2,j+1/2}\\
&=\left\langle \frac{1}{4}(\bar{u}^n_{i+1,\cdot}+\bar{u}^n_{i,\cdot})+\frac{1}{8}(\overline{\delta_x\bar{u}^n_{i,\cdot}}-\overline{\delta_x\bar{u}^n_{i+1,\cdot}})-\frac{k}{h_x}(f(\bar{u}^n_{i+1,\cdot})-f(\bar{u}^n_{i,\cdot}))\right\rangle_{j+1/2}\\
&\quad+\left\langle \frac{1}{4}(\bar{u}^n_{\cdot,j+1}+\bar{u}^n_{\cdot,j})+\frac{1}{8}(\overline{\delta_y\bar{u}^n_{\cdot,j}}-\overline{\delta_y\bar{u}^n_{\cdot,j+1}})-\frac{k}{h_y}(f(\bar{u}^n_{\cdot,j+1})-f(\bar{u}^n_{\cdot,j}))\right\rangle_{i+1/2}
\end{aligned}
$$

其中

$$
\langle v_{i,\cdot}\rangle_{j+1/2}=\frac{1}{2}(v_{i,j+1}+v_{i,j}),\quad \langle v_{\cdot,j}\rangle_{i+1/2}=\frac{1}{2}(v_{i+1,j}+v_{i,j})
$$

进一步, 定义斜率 $\overline{\delta_x v}$ 和 $\overline{\delta_y v}$ 分别为 x 和 y 方向上的有限斜率。最后, 计算中间解为

$$
u^{n+1/2}_{\cdot,\cdot}=\bar{u}^n_{\cdot,\cdot}-\frac{k}{2h_x}\nabla_u f_x\overline{\delta_x\bar{u}^n_{\cdot,\cdot}}-\frac{k}{2h_y}\nabla_u f_y\overline{\delta_y\bar{u}^n_{\cdot,\cdot}}
$$

其中, 总通量为 $f=[f_x,f_y]$。

10.4.1 伯格斯方程

首先考虑 7.1.1 节中定义的具有周期性边界条件的二维伯格斯方程。这是一个相对简单的问题, 它的解从一个光滑的初始条件, 演变为一个正在传播但最终会消散的激波。

有限格式的实现过程与单调格式的实现过程非常相似。我们将不再展示初始化求解器和时间步进的程序, 因为它们与 7.1.1 节中的单调格式类似。另一方面, 等式右边的计算值是不同的。这个通量限制格式在 BurgersFLrhs2D.m 中得以体现, 它基于一个组合了拉克斯–弗里德里希斯和拉克斯–温德罗夫的格式。

脚本 10.23: BurgersFLrhs2D.m: 使用通量限制格式计算二维伯格斯方程的等式右边

```
function [du]=BurgersFLrhs2D(x,y,u,hx,hy,k,maxvel)
% function [du]=BurgersFLrhs2D(x,y,u,hx,hy,k,maxvel);
% Purpose: Evaluate right hand side for 2D Burgers' equation
```

```
% using a flux limited scheme
Nxy=size(x); Nx=Nxy(2); Ny=Nxy(1); du=zeros(Ny,Nx);

% Chose flux limiter-0:LF; 1:CO; 2:Koren; 3:Sweby; 4:OSPRE; 5:van Leer
type=5; beta=1.5;

% Extend data and assign boundary conditions in x-direction
for i=1:Ny
  [xe,ue]=extend(x(i,:),u(i,:),hx,1,'P',0,'P',0);

   % Compute indicator function and define flux limiter
  r=(ue(2:Nx+1)-ue(1:Nx))./(ue(3:Nx+2)-ue(2:Nx+1));
  [xe,re]=extend(x(i,:),r,hx,1,'N',0,'N',0); rm=1./re;
  phiLp=FluxLimit(re(1:Nx),type,beta);
  phiRp=FluxLimit(re(2:Nx+1),type,beta);
  phiLm=FluxLimit(rm(2:Nx+1),type,beta);
  phiRm=FluxLimit(rm(3:Nx+2),type,beta);

  ufilt=(u(i,:)'>=0);
  phiL=ufilt.*phiLp+(1-ufilt).*phiLm;
  phiR=ufilt.*phiRp+(1-ufilt).*phiRm;

  % Compute left flux-Change numerical flux here
  Fluxlow=BurgersLF(ue(1:Nx),ue(2:Nx+1),0,maxvel);
  Fluxhigh=BurgersLW(ue(1:Nx),ue(2:Nx+1),k/hx,maxvel);
  FluxL=Fluxlow-phiL.*(Fluxlow-Fluxhigh);

  % Compute right flux-Change numerical flux here
  Fluxlow=BurgersLF(ue(2:Nx+1),ue(3:Nx+2),0,maxvel);
  Fluxhigh=BurgersLW(ue(2:Nx+1),ue(3:Nx+2),k/hx,maxvel);
  FluxR=Fluxlow-phiR.*(Fluxlow-Fluxhigh);

  % Update residual
  du(i,:)=-(FluxR'-FluxL')/hx;
end

% Extend data and assign boundary conditions in y-direction
for j=1:Nx
  [xe,ue]=extend(y(:,j),u(:,j),hy,1,'P',0,'P',0);
```

```
  % Compute indicator function and define flux limiter
  r=(ue(2:Ny+1)-ue(1:Ny))./(ue(3:Ny+2)-ue(2:Ny+1));
  [xe,re]=extend(y(:,j),r,hy,1,'N',0,'N',0); rm=1./re;
  phiLp=FluxLimit(re(1:Ny),type,beta);
  phiRp=FluxLimit(re(2:Ny+1),type,beta);
  phiLm=FluxLimit(rm(2:Ny+1),type,beta);
  phiRm=FluxLimit(rm(3:Ny+2),type,beta);

  ufilt=(u(:,j)>=0);
  phiL=ufilt.*phiLp+(1-ufilt).*phiLm;
  phiR=ufilt.*phiRp+(1-ufilt).*phiRm;

  % Compute left flux-Change numerical flux here
  Fluxlow=BurgersLF(ue(1:Ny),ue(2:Ny+1),0,maxvel);
  Fluxhigh=BurgersLW(ue(1:Ny),ue(2:Ny+1),k/hy,maxvel);
  FluxL=Fluxlow-phiL.*(Fluxlow-Fluxhigh);

  % Compute right flux-Change numerical flux here
  Fluxlow=BurgersLF(ue(2:Ny+1),ue(3:Ny+2),0,maxvel);
  Fluxhigh=BurgersLW(ue(2:Ny+1),ue(3:Ny+2),k/hy,maxvel);
  FluxR=Fluxlow-phiR.*(Fluxlow-Fluxhigh);

  % Update residual
  du(:,j)=du(:,j)-(FluxR-FluxL)/hy;
end
return
```

BurgersSLrhs2D.m 阐述了基于 MUSCL 方法的斜率限制格式的实现过程。

脚本 10.24: BurgersSLrhs2D.m: 使用斜率限制格式计算二维伯格斯方程的等式右边

```
function [du]=BurgersSLrhs2D(x,y,u,hx,hy,k,maxvel)
% function [du]=BurgersSLrhs2D(x,y,u,hx,hy,k,maxvel);
% Purpose: Evaluate right hand side for 2D Burgers' equation
% using slope limited method
Nxy=size(x); Nx=Nxy(2); Ny=Nxy(1); du=zeros(Ny,Nx);

% Chose slope limiter-0:LF; 1:minmod; 2:MUSCL; 3:Superbee;
% 4:van Albada; 5:van Leer, 6: TVB
type=5; c=0; M=10;
```

```
% Extend data and assign boundary conditions in x-direction
for i=1:Ny
  [xe,ue]=extend(x(i,:),u(i,:),hx,2,'P',0,'P',0);

  % Compute element slopes and slope limit
  dup=ue(3:Nx+4)-ue(2:Nx+3); dum=ue(2:Nx+3)-ue(1:Nx+2);
  duL=SlopeLimit(dup,dum,type,c,M,hx);

  % Compute cell interface values
  uloc=ue(2:Nx+3);
  uh=uloc-BurgersJac2Dx(uloc).*k/(2*hx).*duL;
  uL=uh-duL/2; uR=uh+duL/2;

  % Compute rhs
  du(i,:)=-(BurgersLF(uR(2:Nx+1),uL(3:Nx+2),0,maxvel) ...
              -BurgersLF(uR(1:Nx),uL(2:Nx+1),0,maxvel))/hx;
end

% Extend data and assign boundary conditions in y-direction
for j=1:Nx
  [xe,ue]=extend(y(:,j),u(:,j),hy,2,'P',0,'P',0);

  % Compute element slopes and slope limit
  dup=ue(3:Ny+4)-ue(2:Ny+3); dum=ue(2:Ny+3)-ue(1:Ny+2);
  duL=SlopeLimit(dup,dum,type,c,M,hy);

  % Compute cell interface values-for f'(u)=2*u;
  uloc=ue(2:Ny+3);
  uh=uloc-BurgersJac2Dy(uloc).*k/(2*hy).*duL;
  uL=uh-duL/2; uR=uh+duL/2;

  % Compute rhs
  du(:,j)=du(:,j)-(BurgersLF(uR(2:Ny+1),uL(3:Ny+2),0,maxvel) ...
             -BurgersLF(uR(1:Ny),uL(2:Ny+1),0,maxvel))/hy;
end
return
```

最后, 考虑使用二阶中心交错格式对等式右边进行计算, 过程展示在 BurgersCrhs2D.m 中。

脚本 10.25: BurgersCrhs2D.m: 使用二阶精确的中心格式计算二维伯格斯方程的等式右边

```
function [du]=BurgersCrhs2D(x,y,u,hx,hy,k,maxvel)
% function [du]=BurgersCrhs2D(x,y,u,hx,hy,k,maxvel);
% Purpose: Evaluate right hand side for 2D Burgers' equation
% using second order central scheme
Nxy=size(x); Nx=Nxy(2); Ny=Nxy(1); Nxs=Nx-1; Nys=Ny-1; kl=k/2;
du=zeros(Ny,Nx); duLx=zeros(Ny+2,Nx+2); duLy=zeros(Ny+2,Nx+2);
uG=zeros(Ny+4,Nx+4); uGs=zeros(Nys+4,Nxs+4);
duLxs=zeros(Nys+2,Nxs+2); duLys=zeros(Nys+2,Nxs+2);

% Chose slope limiter-0:LF; 1:minmod; 2:MUSCL; 3:Superbee;
% 4:van Albada; 5:van Leer, 6: TVB
type=2; c=0; M=10;

% First step from non-staggered to staggered grid
% Extend data and assign boundary conditions on global data
for i=1:Ny
   [xe,ue]=extend(x(1,:),u(i,:),hx,2,'P',0,'P',0);
   uG(i+2,:)=ue';
end
for j=1:Nx+4
   [xe,ue]=extend(y(:,1),uG(3:Ny+2,j),hy,2,'P',0,'P',0);
   uG(:,j)=ue;
end

% Compute slopes
for i=1:Ny+2;
   dup=uG(i+1,3:Nx+4)-uG(i+1,2:Nx+3);
   dum=uG(i+1,2:Nx+3)-uG(i+1,1:Nx+2);
   duLx(i,:)=SlopeLimit(dup',dum',type,c,M,hx)';
end
for j=1:Nx+2
   dup=uG(3:Ny+4,j+1)-uG(2:Ny+3,j+1);
   dum=uG(2:Ny+3,j+1)-uG(1:Ny+2,j+1);
   duLy(:,j)=SlopeLimit(dup,dum,type,c,M,hy);
end

% Compute intermediate solution
uloc=uG(2:Ny+3,2:Nx+3);
```

```
uhG=uloc-kl/2.*(BurgersJac2Dx(uloc).*duLx/hx ...
                    +BurgersJac2Dy(uloc).*duLy/hy);

% Compute flux in x-direction
for i=1:Ny-1
  % Left term
  ue=uG(i+2,:)'; duL=duLx(i+1,:)'; uh=uhG(i+1,:)';
  Flux1=(ue(3:Nx+1)+ue(4:Nx+2))/4+(duL(2:Nx)-duL(3:Nx+1))/8 ...
     -kl/hx*(BurgersFlux2Dx(uh(3:Nx+1))-BurgersFlux2Dx(uh(2:Nx)));
  % Right term
  ue=uG(i+3,:)'; duL=duLx(i+2,:)'; uh=uhG(i+2,:)';
  Flux2=(ue(3:Nx+1)+ue(4:Nx+2))/4+(duL(2:Nx)-duL(3:Nx+1))/8 ...
     -kl/hx*(BurgersFlux2Dx(uh(3:Nx+1))-BurgersFlux2Dx(uh(2:Nx)));
  % Compute rhs
  us(i,:)=(Flux1+Flux2)'/2;
end

% Compute flux in y-direction
for j=1:Nx-1
  % Down term
  ue=uG(:,j+2); duL=duLy(:,j+1); uh=uhG(:,j+1);
  Flux1=(ue(3:Ny+1)+ue(4:Ny+2))/4+(duL(2:Ny)-duL(3:Ny+1))/8 ...
     -kl/hy*(BurgersFlux2Dy(uh(3:Ny+1))-BurgersFlux2Dy(uh(2:Ny)));
  % Up term
  ue=uG(:,j+3); duL=duLy(:,j+2); uh=uhG(:,j+2);
  Flux2=(ue(3:Ny+1)+ue(4:Ny+2))/4+(duL(2:Ny)-duL(3:Ny+1))/8 ...
     -kl/hy*(BurgersFlux2Dy(uh(3:Ny+1))-BurgersFlux2Dy(uh(2:Ny)));
  % Compute rhs
  us(:,j)=us(:,j)+(Flux1+Flux2)/2;
end

% Second step from staggered to non-staggered grid
% Extend data and assign boundary conditions on global data
for i=1:Nys
   [xe,ue]=extendstag(x(1,1:Nxs),us(i,:),hx,2,'P',0,'P',0);
   uGs(i+2,:)=ue';
end
for j=1:Nxs+4
   [xe,ue]=extendstag(y(1:Nys,1),uGs(3:Nys+2,j),hy,2,'P',0,'P',0);
   uGs(:,j)=ue;
```

```
end

% Compute slopes
for i=1:Nys+2;
   dup=uGs(i+1,3:Nxs+4)-uGs(i+1,2:Nxs+3);
   dum=uGs(i+1,2:Nxs+3)-uGs(i+1,1:Nxs+2);
   duLxs(i,:)=SlopeLimit(dup',dum',type,c,M,hx)';
end
for j=1:Nxs+2
   dup=uGs(3:Nys+4,j+1)-uGs(2:Nys+3,j+1);
   dum=uGs(2:Nys+3,j+1)-uGs(1:Nys+2,j+1);
   duLys(:,j)=SlopeLimit(dup,dum,type,c,M,hy);
end

% Compute intermediate solution-
uloc=uGs(2:Nys+3,2:Nxs+3);
uhGs=uloc-kl/2.*(BurgersJac2Dx(uloc).*duLxs/hx ...
                      +BurgersJac2Dy(uloc).*duLys/hy);

% Compute flux in x-direction
for i=1:Nys+1
  % Left term
  ue=uGs(i+1,:)'; duL=duLxs(i,:)'; uh=uhGs(i,:)';
  Flux1=(ue(2:Nxs+2)+ue(3:Nxs+3))/4+(duL(1:Nxs+1)-duL(2:Nxs+2))/8 ...
     -kl/hx*(BurgersFlux2Dx(uh(2:Nxs+2))-BurgersFlux2Dx(uh(1:Nxs+1)));
  % Right term
  ue=uGs(i+2,:)'; duL=duLxs(i+1,:)'; uh=uhGs(i+1,:)';
  Flux2=(ue(2:Nxs+2)+ue(3:Nxs+3))/4+(duL(1:Nxs+1)-duL(2:Nxs+2))/8 ...
     -kl/hx*(BurgersFlux2Dx(uh(2:Nxs+2))-BurgersFlux2Dx(uh(1:Nxs+1)));
  % Compute rhs
  uns(i,:)=(Flux1+Flux2)'/2;
end

% Compute flux in y-direction
for j=1:Nxs+1
  % Down term
  ue=uGs(:,j+1); duL=duLys(:,j); uh=uhGs(:,j);
  Flux1=(ue(2:Nys+2)+ue(3:Nys+3))/4+(duL(1:Nys+1)-duL(2:Nys+2))/8 ...
     -kl/hy*(BurgersFlux2Dy(uh(2:Nys+2))-BurgersFlux2Dy(uh(1:Nys+1)));
  % Up term
```

```
  ue=uGs(:,j+2); duL=duLys(:,j+1); uh=uhGs(:,j+1);
  Flux2=(ue(2:Nys+2)+ue(3:Nys+3))/4+(duL(1:Nys+1)-duL(2:Nys+2))/8 ...
     -kl/hy*(BurgersFlux2Dy(uh(2:Nys+2))-BurgersFlux2Dy(uh(1:Nys+1)));
  % Compute rhs
  uns(:,j)=uns(:,j)+(Flux1+Flux2)/2;
end

% Restore residual
du=(uns-u)/k;
return
```

依靠程序 BurgersFlux2Dx.m 和程序 BurgersFlux2Dy.m 分别计算 x 和 y 方向上的通量。

脚本 10.26: BurgersFlux2Dx.m: 计算二维伯格斯方程的 x 通量

```
function [fu]=BurgersFlux2Dx(u)
% function [fu]=BurgersFlux2Dx(u)
% Purpose: Evaluate x-component of flux for 2D Burgers
fu=u.^2;
return
```

脚本 10.27: BurgersFlux2Dy.m: 计算二维伯格斯方程的 y 通量

```
function [fu]=BurgersFlux2Dy(u)
% function [fu]=BurgersFlux2Dy(u)
% Purpose: Evaluate y-component of flux for 2D Burgers
fu=u.^2;
return
```

最后, 依靠程序 BurgersJac2Dx.m 和 BurgersJac2Dy.m 分别计算 x 和 y 方向上的伯格斯通量雅可比矩阵。

脚本 10.28: BurgersJac2Dx.m: 计算二维伯格斯方程的 x 通量雅可比矩阵

```
function [fu]=BurgersJac2Dx(u)
% function [fu]=BurgersJac2Dx(u)
% Purpose: Evaluate x-component of flux for Jacobian 2D Burgers
fu=2*u;
return
```

脚本 10.29: BurgersJac2Dy.m: 计算二维伯格斯方程的 y 通量雅可比矩阵

```
function [fu] = BurgersJac2Dy(u)
% function [fu] = BurgersJac2Dy(u)
% Purpose: Evaluate y-component of flux for Jacobian 2D Burgers
fu = 2*u;
return
```

如果要求解其他不同的标量方程, 只需要修改这四个程序。

图 10.17 展现了不同方法的性能。最重要的是, 我们观察到与单调格式相比, 高阶格式提供了更高的精度。取 $N_x = N_y = 128$ 所得的结果也表明, 斜率限制格式的精度优于通量限制格式, 而与中心格式取得的结果相当。

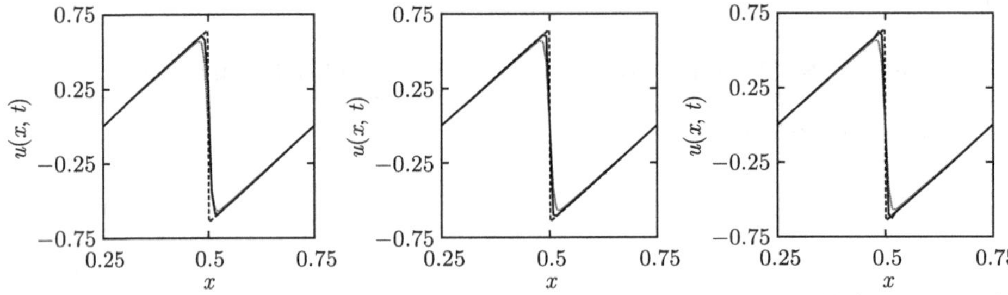

(a) van Leer通量限制器 (b) MUSCL斜率限制器 (c) 中心格式, MUSCL限制器

图 10.17 二维伯格斯方程解 (实线) 的截面, 使用 $N_x = N_y = 128$, $T = 0.1$, 以及不同的二阶精确格式进行计算。选择其他限制器与图示结果类似。虚线表示精确解, 而点线反映了用单调格式获得的结果

10.4.2 非凸标量方程

现在考虑 1.4.2 节中介绍的非凸问题。我们用三种方法来解决这个问题, 它们都已在求解伯格斯方程时被考虑过。鉴于伯格斯方程实现过程的相似性, 这里不再展示脚本。实际上, 主要的区别是计算通量的程序, 在 x 方向上为 KPPFlux2Dx.m, 在 y 方向上为 KPPFlux2Dy.m, 以及计算 KPP 通量的雅可比矩阵的程序, 在 x 方向上为 KPPJac2Dx.m, 在 y 方向上为 KPPJac2Dy.m。

脚本 10.30: KPPFlux2Dx.m: 计算二维 KPP 方程的 x 通量

```
function [fu]=KPPFlux2Dx(u)
% function [fu]=KPPFlux2Dx(u)
% Purpose: Evaluate x-component of flux for 2D KPP equation
fu=sin(u);
return
```

脚本 10.31: KPPFlux2Dy.m: 计算二维 KPP 方程的 y 通量

```
function [fu]=KPPFlux2Dy(u)
% function [fu]=KPPFlux2Dy(u)
% Purpose: Evaluate y-component of flux for 2D KPP equation
fu=cos(u);
return
```

脚本 10.32: KPPJac2Dx.m: 计算二维 KPP 方程的 x 通量雅可比矩阵

```
function [fu]=KPPJac2Dx(u)
% function [fu]=KPPJac2Dx(u)
% Purpose: Evaluate x-component of flux for Jacobian 2D KPP equation
fu=cos(u);
return
```

脚本 10.33: KPPJac2Dy.m: 计算二维 KPP 方程的 y 通量雅可比矩阵

```
function [fu]=KPPJac2Dy(u)
% function [fu]=KPPJac2Dy(u)
% Purpose: Evaluate y-component of flux for Jacobian 2D KPP equation
fu=-sin(u);
return
```

图 10.18 给出了取 $N_x = N_y = 128$ 求解 KPP 问题的结果以及三个格式。通量限制格式和斜率限制格式都取决于最大耗散 minmod 限制器, 而中心格式使用耗散较小的 MUSCL 限制器。与图 1.9 中的参考解相比, 显然这三个解都表现出

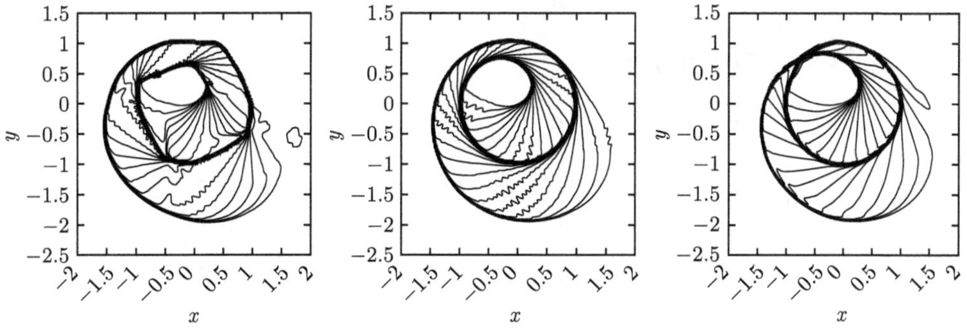

(a) minmod通量限制器　(b) minmod斜率限制器　(c) MUSCL中心格式限制器

图 10.18　当 $T = 1.0$ 时, 不同二阶格式得到的 KPP 问题计算解的等值线图, 取 $N_x = N_y = 128$。所有计算均取 CFL = 0.9。高分辨率参考解见图 1.9

不同的特点。缺乏收敛性是耗散不足与非凸通量相关的复杂波结构的共同作用的结果。过去的研究[55] 也观察到了这一点。

对于图 10.18 中通量限制和斜率限制的情况, 使用最大耗散的 minmod 限制器得到了结果。进一步增加限制器的耗散将消除达到二阶精度的可能性。另一个选择就是大幅减少时间步长以增加总体耗散, 但这要付出相当大的计算成本。

然而, 图 10.18 所示的中心格式的结果是使用耗散较小的 MUSCL 限制器所得。如果在中心格式中使用 minmod 限制器, 将得到图 10.19 中分辨率增加的结果。将之与图 1.9 中的高分辨率参考解相比较, 显示出了极好的一致性。

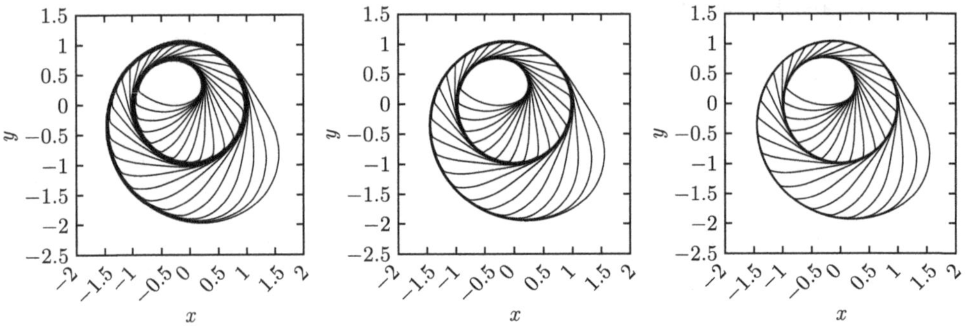

(a) $N_x=N_y=199$ (b) $N_x=N_y=399$ (c) $N_x=N_y=799$

图 10.19 当 $T=1.0$ 时, 带有 minmod 限制器、精确到二阶的中心格式取得的 KPP 问题计算机解的等值线图。所有计算均取 CFL=0.9。高分辨率参考解见图 1.9

10.4.3 欧拉方程

最后, 让我们考虑二维欧拉方程的解

$$\frac{\partial \boldsymbol{q}}{\partial t}+\nabla\cdot\boldsymbol{f}=0$$

其中, 守恒变量 $\boldsymbol{q}$ 和通量 $\boldsymbol{f}$ 为

$$\boldsymbol{q}=\begin{bmatrix}\rho\\ \rho u\\ \rho v\\ E\end{bmatrix},\quad \boldsymbol{f}_x=\begin{bmatrix}\rho u\\ \rho u^2+p\\ \rho uv\\ (E+p)u\end{bmatrix},\quad \boldsymbol{f}_y=\begin{bmatrix}\rho v\\ \rho uv\\ \rho v^2+p\\ (E+p)v\end{bmatrix}$$

式中, $\boldsymbol{f}=[\boldsymbol{f}_x,\boldsymbol{f}_y]$。更多细节参见 1.4.2 节的讨论。

考虑用一个斜率限制格式和一个中心二阶格式求解欧拉方程。斜率限制格式包括 EulerSLDriver2D.m, 本质上与单调格式的驱动程序相同, 这里不再展示。程

序 EulerSL2D.m 对时间求积分, 使用三阶强稳定性保持方法。斜率限制格式本身表达在 EulerSLrhs2D.m 中。

脚本 10.34: EulerSL2D.m: 用斜率限制格式求二维欧拉方程对时间的积分

```
function [q]=EulerSL2D(x,y,q,hx,hy,gamma,CFL,FinalTime)
% function [q]=EulerSL2D(x,y,q,hx,hy,gamma,CFL,FinalTime)
% Purpose: Integrate 2D Euler equation until FinalTime
% using a slope limited scheme.
time=0; tstep=0;

while (time<FinalTime)
  % Set timestep
  r=q(:,:,1); ru=q(:,:,2); rv=q(:,:,3); E=q(:,:,4);
  p=(gamma-1)*(E-0.5*(ru.^2+rv.^2)./r); c=sqrt(gamma*p./r);
  maxvelu=max(max(c+abs(ru./r))); maxvelv=max(max(c+abs(rv./r)));
  k=CFL*min(hx,hy)/sqrt(2)/sqrt(maxvelu^2+maxvelv^2);
  if (time+k>FinalTime) k=FinalTime-time; end
  % Update solution using 3rd SSP-RK
   [dq]=EulerSLrhs2D(x,y,q,gamma,hx,hy,k);  q1=q+k*dq;
   [dq]=EulerSLrhs2D(x,y,q1,gamma,hx,hy,k); q2=(3*q+q1+k*dq)/4;
   [dq]=EulerSLrhs2D(x,y,q2,gamma,hx,hy,k); q =(q+2*q2+2*k*dq)/3;
   time=time+k; tstep=tstep+1;
end
return
```

脚本 10.35: EulerSLrhs2D.m: 用斜率限制格式求解二维欧拉方程

```
function [dq]=EulerSLrhs2D(x,y,q,gamma,hx,hy,k);
% function [dq]=EulerSLrhs2D(x,y,gamma,hx,hy,k);
% Purpose: Evaluate right hand side for the two-dimensional Euler equations
%              using a slope limited scheme
Nxy=size(x); Nx=Nxy(2); Ny=Nxy(1);
qex=zeros(Nx+4,4); qey=zeros(Ny+4,4);
dqLx=zeros(Nx+2,4); dqLy=zeros(Ny+2,4);

% Chose slope limiter-0:LF; 1:minmod; 2:MUSCL; 3:Superbee;
% 4:van Albada; 5:van Leer, 6: TVB
type=2; c=0; M=10;

% Apply slope limited scheme in the x-direction
```

```
for i=1:Ny
  % Extend data and assign boundary conditions in x-direction
  [xe,qex(:,1)]=extend(x(i,:),q(i,:,1),hx,2,'N',0.0,'N',0.0);
  [xe,qex(:,2)]=extend(x(i,:),q(i,:,2),hx,2,'N',0.0,'N',0.0);
  [xe,qex(:,3)]=extend(x(i,:),q(i,:,3),hx,2,'N',0.0,'N',0.0);
  [xe,qex(:,4)]=extend(x(i,:),q(i,:,4),hx,2,'N',0.0,'N',0.0);

  % Compute element slopes and slope limit
  dup=qex(3:Nx+4,:)-qex(2:Nx+3,:);
  dum=qex(2:Nx+3,:)-qex(1:Nx+2,:);
  dqLx(:,1)=SlopeLimit(dup(:,1),dum(:,1),type,c,M,hx);
  dqLx(:,2)=SlopeLimit(dup(:,2),dum(:,2),type,c,M,hx);
  dqLx(:,3)=SlopeLimit(dup(:,3),dum(:,3),type,c,M,hx);
  dqLx(:,4)=SlopeLimit(dup(:,4),dum(:,4),type,c,M,hx);
  ql=qex(2:Nx+3,:)-dqLx/2; qr=qex(2:Nx+3,:)+dqLx/2;

  % Compute fluxes
  [dq1]=EulerLF2Dx(qr(2:Nx+1,:), ql(3:Nx+2,:),gamma);
  [dq2]=EulerLF2Dx(qr(1:Nx  ,:), ql(2:Nx+1,:),gamma);

  % Update residual
  dq(i,:,:)=-(dq1-dq2)/hx;
end

% Apply slope limited in the y-direction
for j=1:Nx
  % Extend data and assign boundary conditions in y-direction
  [ye,qey(:,1)]=extend(y(:,j),q(:,j,1),hy,2,'N',0.0,'N',0.0);
  [ye,qey(:,2)]=extend(y(:,j),q(:,j,2),hy,2,'N',0.0,'N',0.0);
  [ye,qey(:,3)]=extend(y(:,j),q(:,j,3),hy,2,'N',0.0,'N',0.0);
  [ye,qey(:,4)]=extend(y(:,j),q(:,j,4),hy,2,'N',0.0,'N',0.0);

  % Compute element slopes and slope limit
  dup=qey(3:Ny+4,:)-qey(2:Ny+3,:);
  dum=qey(2:Nx+3,:)-qey(1:Ny+2,:);
  dqLy(:,1)=SlopeLimit(dup(:,1),dum(:,1),type,c,M,hy);
  dqLy(:,2)=SlopeLimit(dup(:,2),dum(:,2),type,c,M,hy);
  dqLy(:,3)=SlopeLimit(dup(:,3),dum(:,3),type,c,M,hy);
  dqLy(:,4)=SlopeLimit(dup(:,4),dum(:,4),type,c,M,hy);
  ql=qey(2:Ny+3,:)-dqLy/2; qr=qey(2:Ny+3,:)+dqLy/2;
```

```
    % Compute fluxes
    [dq1]=EulerLF2Dy(qr(2:Ny+1,:), ql(3:Ny+2,:),gamma);
    [dq2]=EulerLF2Dy(qr(1:Ny  ,:), ql(2:Ny+1,:),gamma);

    % Update residual
    dq(:,j,:)=dq(:,j,:)-(reshape(dq1,Ny,1,4) ...
                   -reshape(dq2,Ny,1,4))/hy;
end
return
```

图 10.20 展示了求解二维黎曼问题时的结果, 它包含四个激波, 分别对应不同分辨率以及两种不同的限制器。与 1.4.2 节中的参考解相比, 可以观察到该解与参考解非常吻合, 并且在收敛, 且激波有更高的分辨率, 尤其在使用更激进的 MUSCL 限制器时。

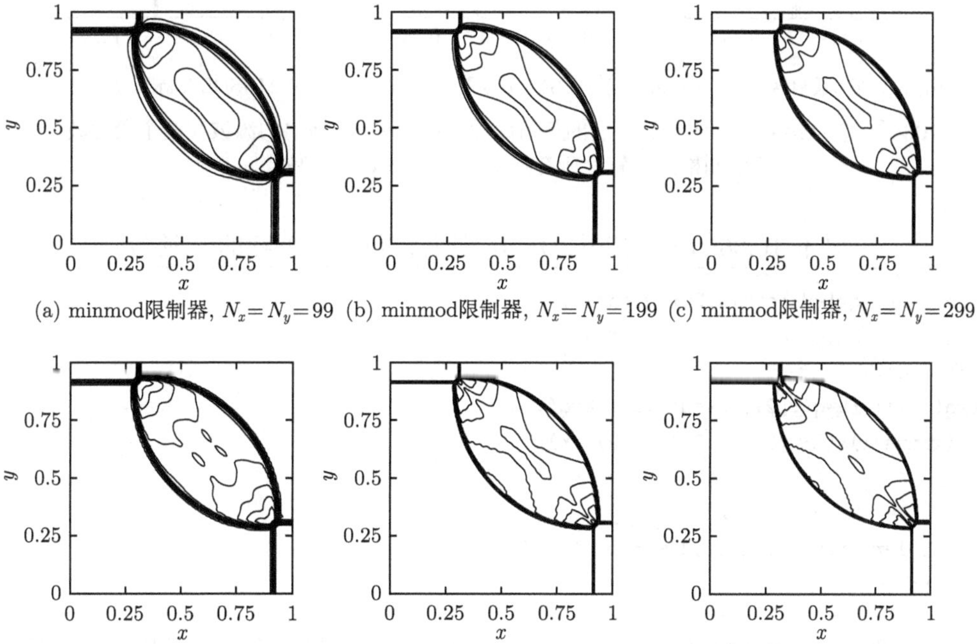

(a) minmod限制器, $N_x=N_y=99$ (b) minmod限制器, $N_x=N_y=199$ (c) minmod限制器, $N_x=N_y=299$

(d) MUSCL限制器, $N_x=N_y=99$ (e) MUSCL限制器, $N_x=N_y=199$ (f) MUSCL限制器, $N_x=N_y=299$

图 10.20 二维黎曼问题的计算密度等值线图, 包含四个传播中的激波, 由斜率限制格式求解。所有结果都取 $T=0.25$, CFL=0.5

类似的结果也可在图 10.21 所展示的更复杂的问题中观察到, 那里展示了两个激波和两个接触波。尤其注意到, 接触波具有极好的分辨率。

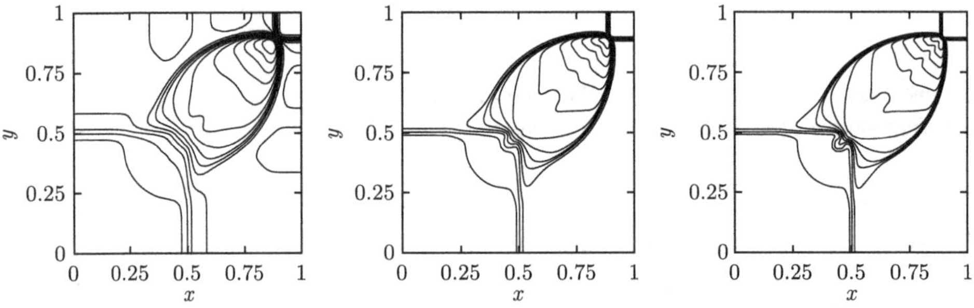

(a) minmod限制器, $N_x = N_y = 99$ (b) minmod限制器, $N_x = N_y = 199$ (c) minmod限制器, $N_x = N_y = 299$

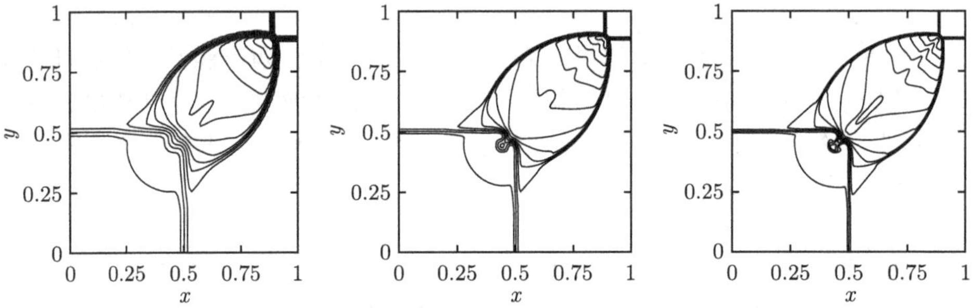

(d) MUSCL限制器, $N_x = N_y = 99$ (e) MUSCL限制器, $N_x = N_y = 199$ (f) MUSCL限制器, $N_x = N_y = 299$

图 10.21　二维黎曼问题的计算密度的等值线图, 包含两个传播中的激波和两个接触波, 由斜率限制格式求解。所有结果均取 $T = 0.25$, CFL $= 0.5$

脚本 10.36: EulerFlux2Dx.m: 计算二维欧拉方程的 x 通量

```
function [qx]=EulerFlux2Dx(q,gamma);
% function [qx]=EulerFlux2Dx(q,gamma);
% Purpose: Evaluate x-flux for 2D Euler equations
r=q(:,1); ru=q(:,2); rv=q(:,3); E=q(:,4);
p=(gamma-1)*(E-0.5*(ru.^2+rv.^2)./r);

qx(:,1)= ru; qx(:,2)=ru.^2./r+p;
qx(:,3)=ru.*rv./r; qx(:,4)=(E+p).*ru./r;
return
```

当要评估二阶中心格式时, 让我们回顾求解伯格斯方程的交错格式。计算通量和通量雅可比矩阵的程序是该格式的核心部分。对于二维欧拉方程的情况, EulerFlux2Dx.m 和 EulerFlux2Dy.m 分别给出了 x 通量和 y 通量的计算过程。

脚本 10.37: EulerFlux2Dy.m: 计算二维欧拉方程的 y 通量

```
function [qy]=EulerFlux2Dy(q,gamma);
```

```
% function [qy]=EulerFlux2Dy(q,gamma);
% Purpose: Evaluate y-flux for 2D Euler equations
r=q(:,1); ru=q(:,2); rv=q(:,3); E=q(:,4);
p=(gamma-1)*(E-0.5*(ru.^2+rv.^2)./r);

qy(:,1)= rv; qy(:,2)=ru.*rv./r;
qy(:,3)=rv.^2./r+p; qy(:,4)=(E+p).*rv./r;
return
```

通量雅可比矩阵为

$$\nabla_q \boldsymbol{f}_x = \begin{bmatrix} 0 & 1 & 0 & 0 \\ \frac{1}{2}\tilde{\gamma}(u^2+v^2)-u^2 & (3-\gamma)u & -\tilde{\gamma}v & \tilde{\gamma} \\ -uv & v & u & 0 \\ (\tilde{\gamma}(u^2+v^2)-\gamma E\rho^{-1})u & \gamma E\rho^{-1}-\frac{1}{2}\tilde{\gamma}(u^2+v^2)-\tilde{\gamma}u^2 & -\tilde{\gamma}uv & \gamma u \end{bmatrix}$$

$$\nabla_q \boldsymbol{f}_y = \begin{bmatrix} 0 & 0 & 1 & 0 \\ -uv & v & u & 0 \\ \frac{1}{2}\tilde{\gamma}(u^2+v^2)-v^2 & -\tilde{\gamma}u & (3-\gamma)v & \tilde{\gamma} \\ (\tilde{\gamma}(u^2+v^2)-\gamma E\rho^{-1})v & -\tilde{\gamma}uv & \gamma E\rho^{-1}-\frac{1}{2}\tilde{\gamma}(u^2+v^2)-\tilde{\gamma}v^2 & \gamma v \end{bmatrix}$$

分别表达在 EulerJac2Dx.m 和 EulerJac2Dy.m 中。为简化表达, 此处 $\tilde{\gamma}=\gamma-1$。

脚本 10.38: EulerJac2Dx.m: 计算二维欧拉方程的 x 通量雅可比矩阵

```
function [Ax]=EulerJac2Dx(q,gamma);
% function [Ax]=EulerJac2Dx(q,gamma);
% Purpose: Evaluate x-flux Jacobian for 2D Euler equations
Ax=zeros(4);
r=q(1); ru=q(2); rv=q(3); E=q(4); u=ru/r; v=rv/r;
p=(gamma-1)*(E-0.5*(ru.^2+rv.^2)./r); pE=0.5*(gamma-1)*(u^2+v^2);

Ax(1,2)=1; Ax(2,1)=pE-u^2; Ax(2,2)=(3-gamma)*u; Ax(3,1)=-u*v;
Ax(2,3)=-(gamma-1)*v; Ax(2,4)=gamma-1; Ax(3,2)=v; Ax(3,3)=u;
Ax(4,1)=(2*pE-gamma*E/r)*u; Ax(4,2)=gamma*E/r-pE-(gamma-1)*u^2;
Ax(4,3)=-(gamma-1)*u*v; Ax(4,4)=gamma*u;
return
```

脚本 10.39: EulerJac2Dy.m: 计算二维欧拉方程的 y 通量雅可比矩阵

```
function [Ay]=EulerJac2Dy(q,gamma);
% function [Ax]=EulerJac2Dy(q,gamma);
% Purpose: Evaluate y-flux Jacobian for 2D Euler equations
Ay=zeros(4);
r=q(1); ru=q(2); rv=q(3); E=q(4); u=ru/r; v=rv/r;
p=(gamma-1)*(E-0.5*(ru.^2+rv.^2)./r); pE=0.5*(gamma-1)*(u^2+v^2);

Ay(1,3)=1; Ay(2,1)=-u*v; Ay(2,2)=v; Ay(2,3)=u; Ay(3,1)=pE-v^2;
Ay(3,2)=-(1-gamma)*u; Ay(3,3)=(3-gamma)*v; Ay(3,4)=gamma-1;
Ay(4,1)=(2*pE-gamma*E/r)*v; Ay(4,2)=-(gamma-1)*u*v;
Ay(4,3)=gamma*E/r-pE-(gamma-1)*v^2; Ay(4,4)=gamma*v;
return
```

鉴于使用二阶中心格式求解欧拉方程等式右边时施行的复杂性, 此处不再列出脚本。其架构非常类似于 BurgersCrhs2D.m, 对于系统的情况, 不需要做任何特殊处理。

图 10.22 展现了先前考虑的为求解两个黎曼问题的二阶中心格式的性能。观

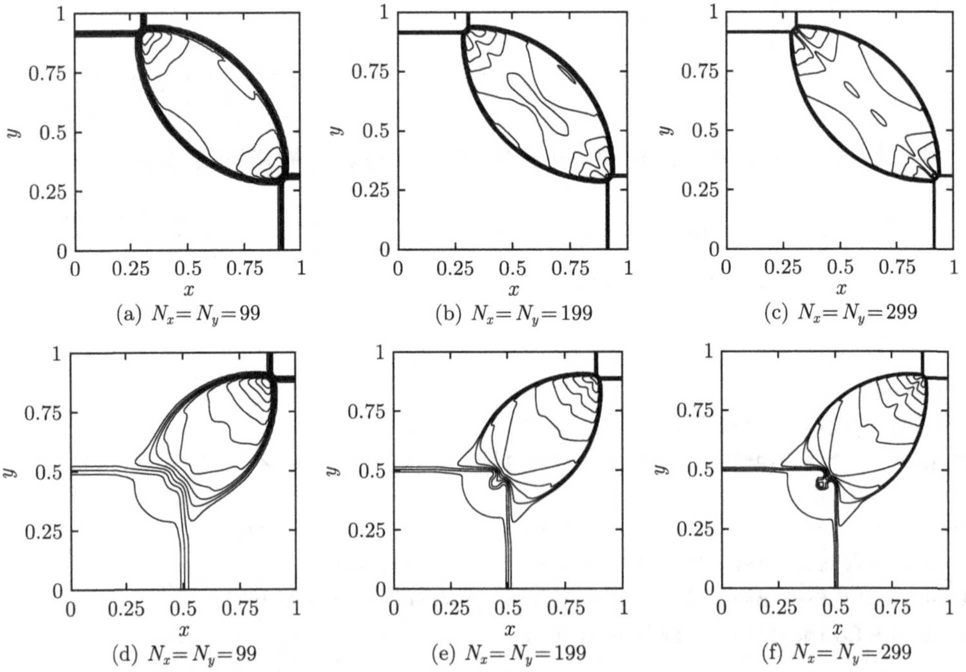

(a) $N_x = N_y = 99$　(b) $N_x = N_y = 199$　(c) $N_x = N_y = 299$

(d) $N_x = N_y = 99$　(e) $N_x = N_y = 199$　(f) $N_x = N_y = 299$

图 10.22　二维黎曼问题的解的等值线图, 使用二阶中心格式求解。两种情况都使用了一个 MUSCL 限制器。所有结果都取 $T = 0.25$, CFL $= 0.9$

察到其表现与斜率限制格式非常相似。

最后, 考虑测试一个光滑的各向同涡（定义在 1.4.2 节中给出）时, 两种格式的收敛速度。表 10.1 展示了细化后的密度 L^2-误差, 并证实在该光滑情况下, 两种格式都具有二阶精度。

表 10.1 当 $T = 0.1$ 时, 二维欧拉方程的各向同涡测试的密度 L^2-误差。该问题使用一个斜率限制格式和一个中心格式求解, 两者都用到了 MUSCL 限制器。密度误差使用 $\|\cdot\|_{h,2}$ 度量

$N_x = N_y$	16	32	64	128	256	512	精度阶
斜率限制	6.33e-2	1.66e-2	4.57e-3	1.41e-3	4.69e-4	1.38e-4	$\mathcal{O}(h^2)$
中心	2.05e-1	6.10e-2	1.41e-2	4.23e-3	1.38e-3	5.00e-4	$\mathcal{O}(h^2)$

参 考 文 献

[1] Chi-Wang Shu and Stanley Osher. Efficient implementation of essentially non-oscillatory shock-capturing schemes. *Journal of Computational Physics*, 77(2): 439–471, 1988.

[2] Chi-Wang Shu and Stanley Osher. Efficient implementation of essentially non-oscillatory shock-capturing schemes, II. *Journal of Computational Physics*, 83(1): 32–78, 1989.

[3] Jay P Boris and David L Book. Flux-corrected transport. I. SHASTA, a fluid transport algorithm that works. *Journal of Computational Physics*, 11(1): 38–69, 1973.

[4] Steven T Zalesak. Fully multidimensional flux-corrected transport algorithms for fluids. *Journal of Computational Physics*, 31(3): 335–362, 1979.

[5] David L Book, Jay P Boris, and K Hain. Flux-corrected transport II: Generalizations of the method. *Journal of Computational Physics*, 18(3): 248–283, 1975.

[6] Jay P Boris and David L Book. Flux-corrected transport. III. Minimal-error FCT algorithms. *Journal of Computational Physics*, 20(4): 397–431, 1976.

[7] Gábor Tóth and Dušan Odstrčil. Comparison of some flux corrected transport and total variation diminishing numerical schemes for hydrodynamic and magnetohydrodynamic problems. *Journal of Computational Physics*, 128(1): 82–100, 1996.

[8] Steven T. Zalesak. *The Design of Flux-Corrected Transport (FCT) Algorithms for Structured Grids*, pages 23–65. Springer Netherlands, Dordrecht, 2012.

[9] BE McDonald. Flux-corrected pseudospectral method for scalar hyperbolic conservation laws. *Journal of Computational Physics*, 82(2): 413–428, 1989.

[10] John Giannakouros and George Em Karniadakis. Spectral element-FCT method for scalar hyperbolic conservation laws. *International Journal for Numerical Methods in Fluids*, 14(6): 707–727, 1992.

[11] John Giannakouros and George Em Karniadakis. A spectral element-FCT method for the compressible Euler equations. *Journal of Computational Physics*, 115(1): 65–85, 1994.

[12] John G Giannakouros, David Sidilkover, and George Em Karniadakis. Spectral element-FCT method for the one-and two-dimensional compressible Euler equations. *Computer Methods in Applied Mechanics and Engineering*, 116(1-4): 113–121, 1994.

[13] Peter K Sweby. High resolution schemes using flux limiters for hyperbolic conservation laws. *SIAM Journal on Numerical Analysis*, 21(5): 995–1011, 1984.

[14] Richard M Beam and Robert F Warming. An implicit finite-difference algorithm for hyperbolic systems in conservation-law form. *Journal of Computational Physics*, 22(1): 87–110, 1976.

[15] RF Warming and Richard M Beam. Upwind second-order difference schemes and applications in aerodynamic flows. *AIAA Journal*, 14(9): 1241–1249, 1976.

[16] Stanley Osher and Sukumar Chakravarthy. Very high order accurate TVD schemes. In Constantine Dafermos, J. L. Ericksen, David Kinderlehrer, and Marshall Slemrod, editors, *Oscillation Theory, Computation, and Methods of Compensated Compactness*, pages 229–274, New York, NY, 1986. Springer New York.

[17] Barry Koren. *A robust upwind discretization method for advection, diffusion and source terms*. Centrum voor Wiskunde en Informatica Amsterdam, 1993.

[18] Philip L Roe. Characteristic-based schemes for the Euler equations. *Annual Review of Fluid Mechanics*, 18(1): 337–365, 1986.

[19] NP Waterson and Herman Deconinck. A unified approach to the design and application of bounded higher-order convection schemes. *Numerical Methods in Laminar and Turbulent Flow*, 9: 203–214, 1995.

[20] Bram Van Leer. Towards the ultimate conservative difference scheme. II. monotonicity and conservation combined in a second-order scheme. *Journal of Computational Physics*, 14(4): 361–370, 1974.

[21] Wikipedia contributors. Flux Limiter. accessed August 2016.

[22] Eleuterio F Toro. *Riemann solvers and numerical Methods for fluid dynamics: a practical introduction*. Springer Science & Business Media, 2009.

[23] Marsha Berger, Michael Aftosmis, and Scott Muman. Analysis of slope limiters on irregular grids. In *43rd AIAA Aerospace Sciences Meeting and Exhibit*, page 490, 2005.

[24] Stanley Osher. Riemann solvers, the entropy condition, and difference. *SIAM Journal on Numerical Analysis*, 21(2): 217–235, 1984.

[25] Stanley Osher and Sukumar Chakravarthy. High resolution schemes and the entropy condition. *SIAM Journal on Numerical Analysis*, 21(5): 955–984, 1984.

[26] Kurt O Friedrichs. Symmetric hyperbolic linear differential equations. *Communications on pure and applied Mathematics*, 7(2): 345–392, 1954.

[27] Xu-Dong Liu and Peter D Lax. Positive schemes for solving multi-dimensional hyperbolic systems of conservation laws. *CFD Journal*, 5(2): 133–156, 1996.

[28] Peter D Lax and Xu-Dong Liu. Solution of two-dimensional Riemann problems of gas dynamics by positive schemes. *SIAM Journal on Scientific Computing*, 19(2): 319–340, 1998.

[29] Xu-Dong Liu and Peter D Lax. Positive schemes for solving multi-dimensional hyperbolic systems of conservation laws II. *Journal of Computational Physics*, 187(2): 428–440, 2003.

[30] Bram Van Leer. Towards the ultimate conservative difference scheme I. the quest of monotonicity. In *Proceedings of the Third International Conference on Numerical Methods in Fluid Mechanics*, pages 163–168. Springer, 1973.

[31] Bram Van Leer. Towards the ultimate conservative difference scheme III. upstream-centered finite-difference schemes for ideal compressible flow. *Journal of Computational Physics*, 23(3): 263–275, 1977.

[32] Bram Van Leer. Towards the ultimate conservative difference scheme. IV. a new approach to numerical convection. *Journal of Computational Physics*, 23(3): 276–299, 1977.

[33] Bram Van Leer. Towards the ultimate conservative difference scheme. V. a second-order sequel to Godunov's method. *Journal of Computational Physics*, 32(1): 101–136, 1979.

[34] VP Kolgan. Application of the principle of minimum values of the derivative to the construction of finite-difference schemes for calculating discontinuous gasdynamics solutions. *TsAGI, Uchenye Zapiski*, 3(6): 68–77, 1972.

[35] Bram Van Leer. Upwind and high-resolution methods for compressible flow: From donor cell to residual-distribution schemes. *Communications in Computational Physics*, 1(2): 192–206, 2006.

[36] Bram Van Leer. On the relation between the upwind-differencing schemes of Godunov, Engquist–Osher and Roe. *SIAM Journal on Scientific and Statistical Computing*, 5(1): 1–20, 1984.

[37] Matania Ben-Artzi and Joseph Falcovitz. A second-order Godunov-type scheme for compressible fluid dynamics. *Journal of Computational Physics*, 55(1): 1–32, 1984.

[38] Matania Ben-Artzi and Amnon Birman. Application of the "generalized Riemann problem" method to 1-D compressible flows with material interfaces. *Journal of Computational Physics*, 65(1): 170–178, 1986.

[39] Jacob E Fromm. A method for reducing dispersion in convective difference schemes. *Journal of Computational Physics*, 3(2): 176–189, 1968.

[40] Gale Dick Van Albada, Bram Van Leer, and WW Roberts Jr. A comparative study of computational methods in cosmic gas dynamics. *Astronomy and Astrophysics*, 108: 76–84, 1982.

[41] Chi-Wang Shu. TVB uniformly high-order schemes for conservation laws. *Mathematics of Computation*, 49(179): 105–121, 1987.

[42] Bernardo Cockburn and Chi-Wang Shu. TVB Runge-Kutta local projection discontinuous galerkin finite element method for conservation laws. II. general framework. *Mathematics of Computation*, 52(186): 411–435, 1989.

[43] Bernardo Cockburn, San-Yih Lin, and Chi-Wang Shu. TVB Runge-Kutta local projection discontinuous Galerkin finite element method for conservation laws III: one-dimensional systems. *Journal of Computational Physics*, 84(1): 90–113, 1989.

[44] Phillip Colella and Paul R Woodward. The piecewise parabolic method (PPM) for gas-dynamical simulations. *Journal of Computational Physics*, 54(1): 174–201, 1984.

[45] Phillip Colella. A direct Eulerian MUSCL scheme for gas dynamics. *SIAM Journal on Scientific and Statistical Computing*, 6(1): 104–117, 1985.

[46] Andrew Staniforth and Jean Côté. Semi-Lagrangian integration schemes for atmospheric models—a review. *Monthly Weather Review*, 119(9): 2206–2223, 1991.

[47] Nicolas Crouseilles, Michel Mehrenberger, and Eric Sonnendrücker. Conservative semi-lagrangian schemes for Vlasov equations. *Journal of Computational Physics*, 229(6): 1927–1953, 2010.

[48] Jing-Mei Qiu and Chi-Wang Shu. Conservative high order semi-Lagrangian finite difference WENO methods for advection in incompressible flow. *Journal of Computational Physics*, 230(4): 863–889, 2011.

[49] Paul Woodward and Phillip Colella. The numerical simulation of two-dimensional fluid flow with strong shocks. *Journal of Computational Physics*, 54(1): 115–173, 1984.

[50] Haim Nessyahu and Eitan Tadmor. Non-oscillatory central differencing for hyperbolic conservation laws. *Journal of Computational Physics*, 87(2): 408–463, 1990.

[51] Alexander Kurganov and Eitan Tadmor. New high-resolution central schemes for nonlinear conservation laws and convection–diffusion equations. *Journal of Computational Physics*, 160(1): 241–282, 2000.

[52] Guang-Shan Jiang, Doron Levy, Chi-Tien Lin, Stanley Osher, and Etan Tadmor. High-resolution nonoscillatory central schemes with nonstaggered grids for hyperbolic conservation laws. *SIAM Journal on Numerical Analysis*, 35(6): 2147–2168, 1998.

[53] Xu-Dong Liu and Eitan Tadmor. Third order nonoscillatory central scheme for hyperbolic conservation laws. *Numerische Mathematik*, 79(3): 397–425, 1998.

[54] Guang-Shan Jiang and Eitan Tadmor. Nonoscillatory central schemes for multidimensional hyperbolic conservation laws. *SIAM Journal on Scientific Computing*, 19(6): 1892–1917, 1998.

[55] Alexander Kurganov, Guergana Petrova, and Bojan Popov. Adaptive semidiscrete central-upwind schemes for nonconvex hyperbolic conservation laws. *SIAM Journal on Scientific Computing*, 29(6): 2381–2401, 2007.

第 11 章　本质无振荡格式

上一章给出了开发与分析守恒律方程的高阶精确非线性格式的初步步骤。虽然与单调格式的结果相比, 精度有了大幅提升, 但这些格式中的大多数仅限于二阶精度。在第 8 章中, 我们研究得到, 使用更高阶精度格式的好处是相当大的。但是, 正如讨论中所明确指出的那样, 必须注意避免在陡峭梯度或激波附近产生振荡。

要构造一个 m 阶精度的格式, 必须寻求在每个单元格界面上对解或数值通量进行无振荡重构的近似并满足

$$\frac{F_{j+1/2}-F_{j-1/2}}{h}=\left.\frac{\partial f}{\partial x}\right|_{x_j}+\mathcal{O}\left(h^m\right)$$

具体取决于使用有限体积还是有限差分格式。

为了构造一般守恒律方程的任意阶精度格式, 形成了本质无振荡 (essentially nonoscillatory, ENO) 格式和后来的加权本质无振荡 (weighted essentially nonoscillatory, WENO) 格式, 这两种格式都被证明是非常强大和通用的计算方法。它们的发展始于引入 ENO 格式概念的开创性工作[1]。后来, [2, 3] 中进一步完善了这种方法, 提出了即将讨论的方法。WENO 格式的发展从 [4] 中开始, 并在 [5] 中得到了进一步改进。从此, 这些方法经历了快速发展, 并已在广泛的领域内应用于解决非常复杂的问题。可以参考 [6, 7] 对这些发展进行进一步的回顾。

11.1　插值与重构

现在后退一步, 考虑在网格点 x_j 处用单元格均值 $\bar{v}_j$ 表示一般函数 v。这个函数既可以表示解, 也可以表示通量, 这取决于应用有限体积格式还是有限差分格式。我们的目标是确定一种方法, 在单元格界面 $x_{j+1/2}$ 处以给定的精度重构 v。

自然, 产生的第一个问题是这样的: 这样的重构对于一般的分段光滑函数 v 是否有可能。答案由以下结果[1] 提供。

定理 11.1　对于具有有限个跳跃间断点 (jump discontinuities) 的连续分段光滑函数 v, 存在 $h_0>0$, 满足

$$\Pi\left(x;v\right)=v\left(x\right)+\mathcal{O}\left(h^{m+1}\right),\quad \forall h<h_0$$

其中, m 阶多项式 $\Pi(x;v)$ 在 $m+1$ 个节点处具有以下性质

$$\Pi\left(x_j;v\right)=v\left(x_j\right),\quad j=-m/2,\cdots,m/2$$

并且有

$$\|\Pi\left(x;v\right)\|_{TV}\leqslant\|v\|_{TV}+\mathcal{O}\left(h^{m+1}\right)$$

证明　取定值 x, 存在一个足够小的 $h<h_0$, 使得 v 在整个区间 $\left(x-\dfrac{mh}{2},\ x+\dfrac{mh}{2}\right)$ 是光滑的, 或者它最多有一个间断点。

如果首先假设 v 是光滑的, 那么标准多项式插值会产生

$$\Pi\left(x;v\right)=v\left(x\right)+\mathcal{O}\left(h^{m+1}\right)$$

现在假设有一个间断点位于 y_0, 表示为

$$v\left(x\right)=\delta H\left(x-y_0\right)+\omega\left(x\right)$$

式中, H 为赫维赛德函数 (Heaviside function), δ 为间断点的强度。为了简单起见, 假设 $y_0\in[x_0,x_0+h]$。在这种情况下, $\omega\left(x\right)$ 至少是连续的, 并且 $\Pi(x;\omega)$ 的导数有界。

如果现在考虑 $\Pi(x;H)$ 在 $m+1$ 个点上对 $H\left(x\right)$ 进行插值, 并且在 $[x_0,x_0+h]$ 之外的所有区间内, 插值一个常数函数。根据罗尔定理 (Rolle's theorem), 在这些单元格中 $\Pi(x;H)$ 具有 $m-1$ 个极值点。由于 $\Pi(x;H)$ 是一个 m 阶多项式, 因此在区间 $x\in[x_0,x_0+h]$ 内, 它必须是单调的。这意味着

$$\|\Pi\left(x;v\right)\|_{TV}\leqslant\|v\|_{TV}+\mathcal{O}\left(h^{m+1}\right)$$

至此证毕。□

因此, 可以构造一个函数, 除了与截断误差成比例的一小部分[8] 外, 它不会增加总变差。

例 11.2　考虑函数 $v(x)=x^3$, 求一个二阶插值多项式, 在 $x=[0,h,2h]$ 区间对 $v(x)$ 进行插值。利用简单代数就可以得到多项式

$$\Pi\left(x\right)=3hx^2-2h^2x$$

在 $x^*=h/3$ 处有一个极值。因此有

$$v\left(x^*\right)-\Pi\left(x^*\right)=-h^3/3=\mathcal{O}\left(h^3\right)$$

定理 11.1 可以确保这是最坏的情况。

如果 $\Pi(x;v)$ 满足性质

$$\|\Pi(x;v)\|_{TV} \leqslant \|v\|_{TV} + \mathcal{O}\left(h^{m+1}\right)$$

那么将其称为本质无振荡 (ENO) 的。

考虑一个单元格均值的模板 $\{\bar{v}_{j-p},\cdots,\bar{v}_{j+q}\}$，求 $m-1$ 阶多项式 π 使得

$$v\left(x_{j+1/2}\right) = \pi\left(x_{j+1/2}\right) + \mathcal{O}\left(h^m\right)$$

以保证精度。此外, 需要

$$\frac{1}{h}\int_{x_{i-1/2}}^{x_{i+1/2}} \pi(x)\,dx = \bar{v}_i, \quad \forall i = j-p-r,\cdots,j+q-r$$

以确保单元格均值守恒。引入 r 来实现模板的位移, 我们将很快看到, 这是该格式的一个关键要素。

让我们将这个设置一般化, 在 m 个可用模板中选择一个包含 m 个点的模板如图 11.1 所示。显然, 能期望的最好结果是 $m=p+q+1$, 因为在这种情况下, 所有的点都被使用到了。

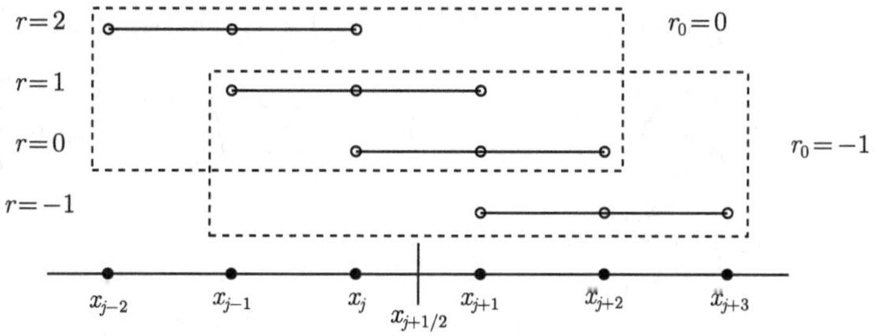

图 11.1 当 $m=3$ 时可能的模板的图示。这些模板根据不同的起始 r 值区分, 图中还说明了两个模板族, 每个都有 $2m-1$ 个节点, 并以 r_0 为特征

寻求重构的一般表达式

$$v_{j+1/2}^{(r)} = \sum_{i=0}^{m-1} c_{ir}^m \bar{v}_{j-r+i} \tag{11.1}$$

这里注意到对 r 的显式依赖性。为了一致性, 必须要求

$$\sum_{i=0}^{m-1} c_{ir}^m = 1$$

此外, 如果要求所有的模板包含 $\bar{v}_j$ 或 $\bar{v}_{j+1}$, 则有 $-1 \leqslant r \leqslant m-1$, 如图 11.1 所示。

为得到系数 c_{ir}^m, 我们推广了由斜率限制格式发展而来的方法, 并考虑原函数 (primitive)

$$\frac{dV(x)}{dx} = v(x) \Rightarrow V(x) = \int_x v(\xi)\, d\xi$$

为简单起见, 假设原函数定义在 R 上。首先, 注意到

$$V\left(x_{j+1/2}\right) = \sum_{i=-\infty}^{j} \int_{x_{i-1/2}}^{x_{i+1/2}} v(\xi)\, d\xi = h \sum_{i=-\infty}^{j} \bar{v}_i$$

因此, 如果已知 v 的单元格均值, 那么所有界面点的 V 也是已知的。

现在定义一个 m 阶多项式 Π 作为 V 在单元格界面的插值, 即

$$\Pi\left(x_{j-r+i-1/2}\right) = V\left(x_{j-r+i-1/2}\right), \quad i = 0, \cdots, m \tag{11.2}$$

令 $\pi = \Pi'$, 并将其单元格均值表示为

$$\begin{aligned}
\frac{1}{h}\int_{x_{j-1/2}}^{x_{j+1/2}} \pi(\xi)\, d\xi &= \frac{1}{h}\int_{x_{j-1/2}}^{x_{j+1/2}} \Pi'(\xi)\, d\xi \\
&= \frac{1}{h}\left[\Pi\left(x_{j+1/2}\right) - \Pi\left(x_{j-1/2}\right)\right] = \frac{1}{h}\left[V\left(x_{j+1/2}\right) - V\left(x_{j-1/2}\right)\right] \\
&= \frac{1}{h}\left[\sum_{i=-\infty}^{j} \int_{x_{i-1/2}}^{x_{i+1/2}} v(\xi)\, d\xi - \sum_{i=-\infty}^{j-1} \int_{x_{i-1/2}}^{x_{i+1/2}} v(\xi)\, d\xi\right] \\
&= \frac{1}{h}\int_{x_{j-1/2}}^{x_{j+1/2}} v(\xi)\, d\xi = \bar{v}_j
\end{aligned}$$

由于 Π 是 V 的 $\mathcal{O}(h^{m+1})$ 阶近似, 于是有

$$v(x) = \pi(x) + O(h^m)$$

因此, π 就是要找的多项式。

为了构造 π 和 (11.1) 中的系数 c_{ir}^m, 根据 (11.2) 有

$$\Pi(x) = \sum_{i=0}^{m} V\left(x_{j-r+i-1/2}\right) \ell_i^{(j-r-1/2)}(x), \quad x \in \left[x_{j-r-1/2}, x_{j-r+m-1/2}\right]$$

其中

$$\ell_i^{(a)}(x) = \frac{\omega(x)}{\omega'(x_{i+a})(x - x_{i+a})}, \quad \omega(x) = \prod_{i=0}^{m}(x - x_{i+a}) \tag{11.3}$$

是基于 $[x_a,\cdots,x_{m+a}]$ 的 m 阶拉格朗日多项式, 并且 $\ell_i^{(a)}(x_{k+a})=\delta_{ik}$。拉格朗日多项式构成了一个统一分区, 形式为

$$\sum_{i=0}^{m}\ell\left(x\right)_i^{(a)}\left(x\right)=1. \tag{11.4}$$

现在考虑

$$\Pi\left(x\right)-V\left(x_{j-r-1/2}\right)=\sum_{i=0}^{m}\left[V\left(x_{j-r+i-1/2}\right)-V\left(x_{j-r-1/2}\right)\right]\ell_i^{(j-r-1/2)}\left(x\right)$$

并回顾

$$V\left(x_{j-r+i-1/2}\right)-V\left(x_{j-r-1/2}\right)=\int_{x_{j-r-1/2}}^{x_{j-r+i-1/2}}v\left(\xi\right)d\xi=h\sum_{q=0}^{i-1}\bar{v}_{q+j-r}$$

由此得到

$$\pi\left(x\right)=\ \Pi'\left(x\right)=h\sum_{i=0}^{m}\sum_{q=0}^{i-1}\bar{v}_{q+j-r}\left(\ell_i^{(j-r-1/2)}\right)'\left(x\right) \tag{11.5}$$

为了得到系数 c_{ir}^m, 需要计算 $\pi(x_{j+1/2})$。等式

$$\sum_{i=0}^{m}\sum_{i=0}^{i-1}a_jb_i=\sum_{j=0}^{m-1}a_j\sum_{i=j+1}^{m}b_i$$

得以让 (11.5) 被重写为

$$\pi\left(x_{j+1/2}\right)=h\sum_{q=0}^{m-1}\bar{v}_{q+j-r}\sum_{i=q+1}^{m}\left(\ell_i^{(j-r-1/2)}\right)'\left(x_{j+1/2}\right)$$

仅关注尺寸恒为 h 的网格, 通过计算拉格朗日多项式在网格点处的导数, 可以得到

$$c_{ir}^m=\sum_{q=i+1}^{m}\frac{\sum_{s=0,s\neq q}^{m}\prod_{t=0,t\neq s,q}^{m}(r+1-t)}{\prod_{s=0,s\neq q}^{m}(s-q)}$$

这个表达式可以进一步简化为

$$c_{ir}^m=\sum_{q=i+1}^{m}\alpha_q,\quad \alpha_q=\begin{cases}\dfrac{f(r+1,m)}{f(q,m)}\dfrac{1}{r+1-q}, & q\neq r+1\\ -\left(H_{m-r-1}-H_{r+1}\right), & q=r+1\end{cases}$$

其中

$$\prod_{s=0,s\neq q}^{m}(s-q)=f(q,m)=(-1)^{q+m}q!(m-q)!$$

且 H_n 是调和函数 (harmonic function)。在任选 m 和 $-1\leqslant r\leqslant m-1$ 的条件下, 程序 ReconstructWeights.m 给出了这些系数的计算过程。

脚本 11.1: ReconstructWeights.m: 计算从单元格均值重构界面值的系数, 返回一个被移动 r 个单元格至 j 左侧的第 m 阶模板

```
function [c]=ReconstructWeights(m,r)
% Purpose: Compute weights c_ir for reconstruction
%             v_{j+1/2}=\sum_{j=0}^{m-1} c_{ir} v_{i-r+j}
%     with m=order and r=shift (-1<=r<=m-1).
c=zeros(1,m); fh=@(s) (-1)^(s+m)*prod(1:s)*prod(1:(m-s));
for i=0:m-1
    q=linspace(i+1,m,m-i);
    for q=(i+1):m
        if (q~=r+1)
          c(i+1)=c(i+1)+fh(r+1)/fh(q)/(r+1-q);
        else
          c(i+1)=c(i+1)-(harmonic(m-r-1)-harmonic(r+1));
        end
    end
end
return
```

为计算 $\pi(x_{j-1/2})$, 使用相同的模板, 只是将其向左平移

$$v\left(x_{j-1/2}\right)\backsimeq v_{j-1/2}^{(r)}\backsimeq\pi\left(x_{j-1/2}\right)=\sum_{i=0}^{m-1}c_{i,r-1}^{m}\bar{v}_{j-r+i}$$

得到系数 c_{ir}^{m} 后, 可以使用 m 个点近似 $v(x_{j+1/2})$ 至 $\mathcal{O}(h^m)$ 阶精度。然而如图 11.1 所示, 使用总共 $2m-1$ 个由 r_0 参数化的点, 有多种方法来实现这一点。于是自然会疑惑是否可以找到系数 $d_r^{r_0}$, 从而使用

$$v\left(x_{j+1/2}\right)\backsimeq v_{j+1/2}=\sum_{r=r_0}^{m-1+r_0}d_r^{r_0}v_{j+1/2}^{(r)} \tag{11.6}$$

来表示 $v(x_{j+1/2})$ 的 $\mathcal{O}(h^{2m-1})$ 阶近似。这里 r_0 表示 r 的起点。如果再次要求所

有模板包含 $\bar{v}_j$ 或 $\bar{v}_{j+1}$, 那么只有 $r_0 = -1, 0$ 是可能的取值。这里 $r_0 = 0$ 表示全迎风, 而 $r_0 = -1$ 则是一个更中心的格式。

(11.6) 中的系数可以通过匹配精度阶数得到, 从而得到

$$\forall i = 0, \cdots, m-1: \sum_{j=0}^{m-1-i} c_{i+j,j+r_0}^{m} d_{j+r_0}^{r_0} = c_{m-1+i,m-1+r_0}^{2m-1}$$

该 m 个方程有 m 个未知数 $d_{r_0}^{r_0}, \cdots, d_{m-1+r_0}^{r_0}$.

LinearWeights.m 程序给出了任选 m 且 $r_0 = -1, 0$ 时这些系数的计算过程。

脚本 11.2: LinearWeights.m: 基于 m 个点的 $m-1$ 个模板, 计算从单元格均值重构界面值的线性权值, 最大精度为 $\mathcal{O}(h^{2m-1})$

```
function [d]=LinearWeights(m,r0);
% Purpose: Compute linear weights for maximum accuracy 2m-1,
% using stencil shifted $r_0=-1,0$ points upwind.
A=zeros(m,m); b=zeros(m,1);

% Setup linear system for coefficients
for i=1:m
  col=ReconstructWeights(m,i-1+r0);
  A(1:(m+1-i),i)=col(i:m)';
end

% Setup righthand side for maximum accuracy and solve
crhs=ReconstructWeights(2*m-1,m-1+r0);
b=crhs(m:(2*m-1))'; d=A\b;
return
```

出于一致性 (11.4) 考虑, 我们希望得到

$$\sum_{r=r_0}^{m-1+r_0} d_r^{r_0} = 1$$

表 11.1 给出了在几个 m 值下计算得到的系数。注意到 $d_r^{r_0}$ 的所有值都是正的, 即 $v_{j+1/2}$ 是 $v_{j+1/2}^{(r)}$ 的凸组合。此外, 观察到

$$d_r^{-1} = d_{m-2-r}^{0}$$

是模板对称性的结果。

表 11.1　由大小为 m 的 m 个模板的凸组合实现最大线性精度 $\mathcal{O}(h^{2m-1})$ 的系数

m	r_0	$d_{-1}^{r_0}$	$d_0^{r_0}$	$d_1^{r_0}$	$d_2^{r_0}$	$d_3^{r_0}$
1	−1	1.0000				
	0		1.0000			
2	−1	0.3333	0.6667			
	0		0.6667	0.3333		
3	−1	0.1000	0.6000	0.3000		
	0		0.3000	0.6000	0.1000	
4	−1	0.0286	0.3429	0.5143	0.1143	
	0		0.1143	0.5143	0.3429	0.0286

最后, 通过对称性得到

$$v\left(x_{j-1/2}\right) \simeq v_{j-1/2} = \sum_{i=0}^{m-1} d_{i,m-1-r}^{r_0} v_{j-1/2}^{(r)}$$

表示 $v\left(x_{j-1/2}\right)$ 的 $\mathcal{O}(h^{2m-1})$ 阶近似。

11.2　ENO 方法

虽然上一节的进展为单元格边界重构提供了很大的灵活性, 但仍然不清楚如何更好地利用这一优势。这一问题的答案首先在开创性的工作[1-3] 中提出, 并由此产生 ENO 方法。

为了深入探究, 考虑图 11.2 所示的情况。显然, 应该寻求尽可能准确的重构。如前所述, 这表明应避免使用包含一个跳跃的单元格进行多项式重构。如图 11.2 所示, 这可以根据间断点的位置通过改变 r 的值来实现。例如, 在图 11.2 的顶部图中, 通过使用 $r=0$ 的模板确保了这一点, 而在中间图中, $r=2$ 是重构 $x_{j+1/2}$ 处值的合适选择。

如果采用这种策略, 那么如何从 m 种可能的模板中系统地选择一种模板就成了一个问题。理想情况下, 最好的模板是选用实现最小振荡近似的模板。换句话说, 需要在所有备选模板中找出最光滑的模板。

后退一步, 考虑构建一个基于 $m+1$ 个节点 x_j 和值 v_j 的插值多项式 π, 其中 $j=0,\cdots,m$。构造 m 阶牛顿多项式, 而不是使用拉格朗日多项式。因此, 第一步, 令 $\pi_0(x)=v_0$。接着, 按如下表达式构造 π,

$$\pi_1(x) = \pi_0(x) + a_1(x-x_0), \quad a_1 = \frac{v_1 - v_0}{x_1 - x_0}$$

其中第二项要求 π 是在 x_0, x_1 处的插值。很容易得到 m 阶牛顿多项式的一般表达式

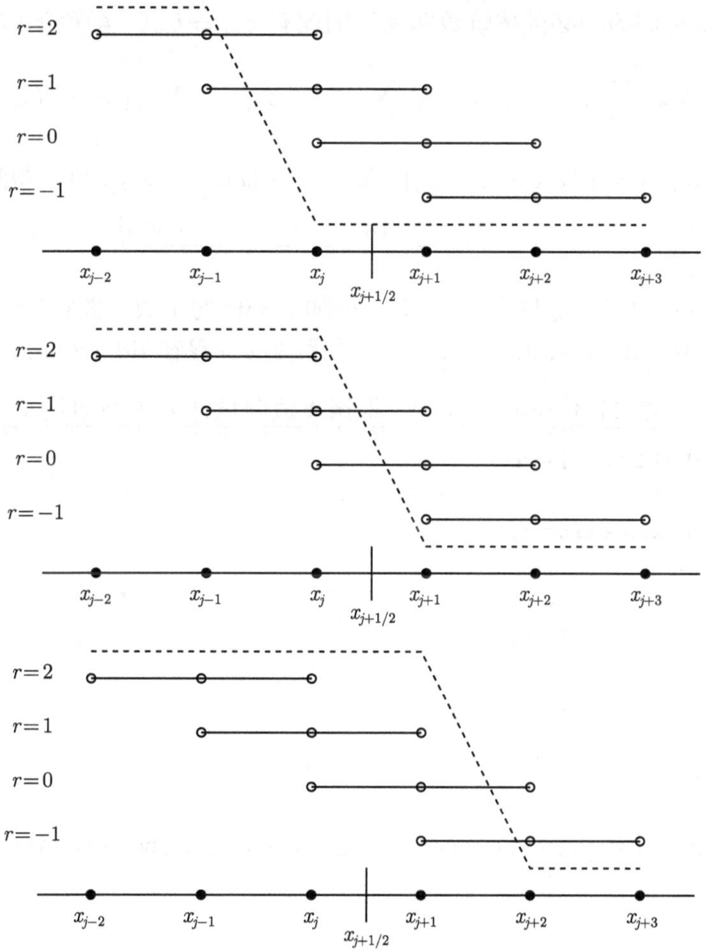

图 11.2　当解 (虚线) 穿过需要重构的单元格界面 $x_{j+1/2}$ 时, $m=3$、总共 $2m-1$ 个点条件下可能的模板选择

$$\pi_m(x)=\sum_{i=0}^{m} a_i \prod_{j=0}^{i-1}(x-x_j)$$

我们意识到, 每个系数 a_i 完全依赖于 (x_j, v_j), 其中 $j=0,\cdots,i$, 因此可表示为 $a_i = v[x_0,\cdots,x_i]$。为了计算这些系数, 考虑

$$\pi_m(x)=\sum_{i=0}^{m} a_i \prod_{j=0}^{i-1}(x-x_j)=\sum_{i=0}^{m} b_i \prod_{j=m-i}^{m}(x-x_j)$$

后一种表达式是通过反转节点 x_j 的顺序得到的。由于两个表达式都代表唯一的

插值多项式, 它们的项必须按阶数匹配。因此有 $a_m = b_m$。考虑相邻项, 有

$$a_{m-1} - a_m \sum_{j=0}^{m-1} x_j = b_{m-1} - b_m \sum_{j=1}^{m} x_j \Rightarrow a_{m-1} - b_{m-1} = a_m (x_m - x_0)$$

进一步代入 $a_{m-1} = v[x_0, \cdots, x_{m-1}]$, $b_{m-1} = v[x_1, \cdots, x_m]$, 可以得到递归式

$$a_m = \frac{v[x_0, \cdots, x_{m-1}] - v[x_1, \cdots, x_m]}{x_m - x_0}$$

这样就可以直接计算 a_m 以及所有随 m 增加而变化的系数。这个表达式被称为牛顿均差 (Newton divided differences), 这些系数的计算在 ddnewton.m 中给出。

脚本 11.3: ddnewton.m: 根据点值向量计算牛顿均差表

```
function [maxDDN,DDNmat]=ddnewton(x,v)
% Purpose: Create the table of Newtons divided differences based on (x,v)
m=length(x); DDNMat=zeros(m,m+1);

% Inserting x into the 1st column and f into 2nd colume of table
DDNmat(1:m,1)=x; DDNmat(1:m,2)=v;

% create divided difference coefficients by recurrence
for j=1:m-1
  for k=1:m-j
    DDNmat(k,j+2)=...
        (DDNmat(k+1,j+1)-DDNmat(k,j+1))/(DDNmat(k+j,1)-DDNmat(k,1));
  end
end

% extract max coefficient
maxDDN=abs(DDNmat(1,m+1));
return
```

为说明均差在本章的重要性, 考虑

$$a_1 = \frac{v_1 - v_0}{x_1 - x_0}$$

如果 v 是一个光滑函数, 对区间 $\xi \in [x_0, x_1]$, 有 $a_1 = v'(\xi)$。相反, 如果 v 不光滑, 则 $a_1 \simeq h^{-1}$, 即 a_1 的值随着网格的细化而增加。使用同样的方法, 可得

$$a_m = \begin{cases} \dfrac{v^m(\xi)}{m!}, & v \text{ 是光滑的} \\ h^{-m}, & v \text{ 是非光滑的} \end{cases}$$

这表明, 均差可以帮助理解 v 的光滑性。此外, 如果需要考虑不同的函数, 也可以通过均差判断哪个函数最为光滑。回顾图 11.2, 这些信息正是选择合适的模板所需要的。

这一观察结果是 ENO 方法的核心[1-3]。在接下来介绍的几种情况中, 模板的选择是一个自下而上的过程。给定一个初始模板 $S_l = \{x_j\}$, 通过在当前模板的左侧添加一个节点 x^- 和右侧添加一个节点 x^+, 以及相应的函数值, 构造两个新的备选模板 $S^a = \{x^-, S_l\}$ 和 $S^b = \{S_l, x^+\}$。在这两个备选模板中, 确定均差最小的一个, 并将其重命名为 S_{l+1}。重复这一过程, 直至识别出具有 m 个节点的最光滑模板。这一过程最终确定了当前活动单元格的 r 值, 并可以计算出适当的系数来实现 $\mathcal{O}(h^m)$ 阶精确的重构。

11.2.1 守恒律方程的 ENO 法

现在将这种无振荡重构应用于求解守恒律方程。考虑一般的半离散形式

$$\frac{dU_j}{dt} = -\frac{F_{j+1/2} - F_{j-1/2}}{h}$$

其中, $F_{j\pm1/2}$ 为数值通量。考虑有限体积法, 重构允许计算 $u^{\pm}_{j+1/2}$ 的值作为广义黎曼问题的左态和右态, 见图 11.3。因此, 可以直接通过 $F_{j+1/2} = F(u^-_{j+1/2}, u^+_{j+1/2})$ 恢复有限体积法, 其中 $F(u, v)$ 为单调通量。与单调格式的不同之处在于对黎曼问题左右态的显式重构。

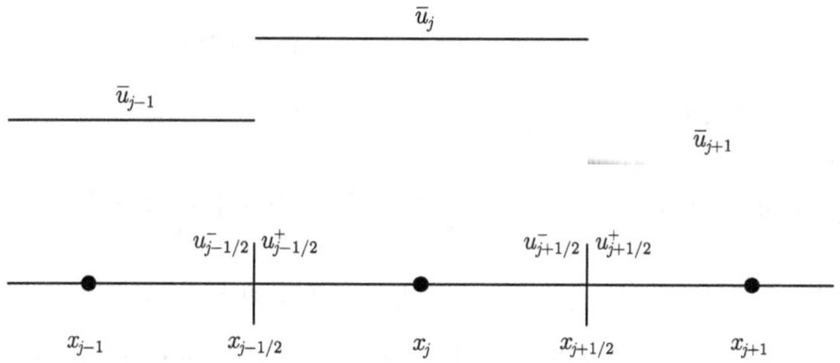

图 11.3 求解守恒律方程所需重构界面值的术语图示

正如在第 10 章引言中所讨论的, 有限差分格式和有限体积格式之间的差异可以简化为重构哪些量的问题, 即在有限体积方法中对方程的解 u 进行重构, 而在有限差分法中对通量进行重构。正如我们在多个场景中看到的, 保持解的稳定性需要一定程度的迎风性。虽然在有限体积方法中, 这一性质由黎曼问题的求解所保证, 但是在有限差分格式中, 它必须通过数值通量引入, 并将其作为重构过程的一部分。

实现这一点最简单的方法是将通量分裂为

$$f(u) = f^{+}(u) + f^{-}(u), \quad f_u^{+} \geqslant 0,\ f_u^{-} < 0$$

然后分别对 f^+ 或 f^- 进行迎风或顺风重构。这种通量分裂的一个简单方法是拉克斯–弗里德里希斯分裂

$$f^{\pm}(u) = \frac{1}{2}(f(u) \pm \alpha u), \quad \alpha \geqslant \max_u |f'(u)|$$

当然, 其他的分裂方法也是可以的[2]。

拓展至系统问题

考虑守恒律系统更一般的情况,

$$\frac{\partial u}{\partial t} + \frac{\partial f(u)}{\partial x} = \frac{\partial u}{\partial t} + \mathrm{A}\frac{\partial u}{\partial x} = 0$$

式中 $\mathrm{A} = \nabla_u f$ 为雅可比通量。通常, 假设 A 是一致对角化的, $\mathrm{A} = \mathrm{S}\Lambda\mathrm{S}^{-1}$, 具有纯实数特征值 Λ_{ii}。

如果首先考虑有限差分格式, 那么通量分裂

$$f(u) = f^{+}(u) + f^{-}(u)$$

可以通过设置 $\alpha = \max_u |\Lambda(u)|$ 实现, 此法与标量情况相同。

一种可能的替代方法是将类 Roe 通量分裂为

$$f^{\pm}(u) = \frac{1}{2}\left(f(u) \pm \tilde{\mathrm{A}}u\right), \quad \tilde{\mathrm{A}} = \mathrm{S}\tilde{\Lambda}\mathrm{S}^{-1}, \quad \tilde{\Lambda} = \mathrm{diag}\left(\max_u |\lambda_1|, \cdots, \max_u |\lambda_m|\right)$$

有限体积格式有两种不同的方法。第一种方法, 通常被称为逐分量方法, 是将 ENO 重构应用于系统的每个守恒变量, 并计算数值通量。虽然这种方法通常有很好的效果, 但可以观察到, 对于高阶重构, 例如 $m > 2$ 的情况, 或对于复杂的、高度非线性的问题, 可能会出现振荡, 在第 10 章中有过类似的讨论。

正如在 10.1.4 节中所解释的, 以及 [9] 中讨论本质无振荡格式时提到的, 这一问题的解决方案是对特征变量进行重构。假设已经通过均差确定了最光滑的模板, 就可以构造一个中间值 $\tilde{u}_{j+1/2}$, 并在界面 $x_{j+1/2}$ 处计算 S 和 Λ。有多种方法来近似这个中间值, 通常使用一个简单的均值 $\tilde{u}_{j+1/2} = \dfrac{1}{2}(\bar{u}_j + \bar{u}_{j+1/2})$ 已经足够。更高级的选择, 如 Roe 均值, 也是可以的。

一旦确定 $\tilde{u}_{j+1/2}$ 的值, 便可以在单元格界面附近恢复特征变量并随后在单元格界面重构这些变量。特征变量在单元格界面重构完成后, 可以通过 S 恢复守恒变量。本书将在 11.3.4 节中讨论这种方法的细节。

由于 S 和 Λ 取决于 $\tilde{u}_{j+1/2}$, 它们在计算域的每个网格点是不同的。与基于守恒变量的方法相比, 特征变量的局部特性大大增加了特征方法的计算成本。对于有限差分格式, 可以通过对每个特征通量进行标量通量分裂来实现类似的方法。

11.2.2 一些理论

虽然 20 世纪 80 年代中期就提出了 ENO 格式, 并且自那时以来已被广泛成功使用, 但人们对其仍缺乏鲁棒的理论认识。为了理解理论分析上存在的困难, 根据 [10] 将数值格式写成

$$\bar{u}_j^{n+1}=G\left(\bar{u}^n\right)_j=\bar{u}_j^n-\lambda\left[F_{j+1/2}^n-F_{j-1/2}^n\right]$$

上式是对如下标量守恒律方程的近似,

$$\frac{\partial u}{\partial t}+\frac{\partial f(u)}{\partial x}=0\Rightarrow u(t)=S(t)u_0$$

式中, u_0 为初始条件, $S(t)$ 为解算子。该数值格式旨在近似

$$\bar{u}_j\left(t\right)=\mathcal{A}_hS(t)\pi(x;u_0)$$

其中 $\pi(x;u)$ 为重构多项式, 而 $\mathcal{A}_h$ 表示单元格均值算子,

$$\mathcal{A}_hu(x)=\frac{1}{h}\int_{x_{j-1/2}}^{x_{j+1/2}}u(x)dx$$

如果考虑总变差, 由于均值运算和解算子都是单调的, 于是有

$$\left\|\mathcal{A}_hS(t)\pi(x;u_0)\right\|_{TV}\leqslant\left\|\pi(x;u_0)\right\|_{TV}$$

因此, 如果重构为 ENO, 则可得到

$$\left\|\mathcal{A}_hS(t)\pi(x;u_0)\right\|_{TV}\leqslant\left\|\pi(x;u_0)\right\|_{TV}\leqslant\left\|\bar{u}_0\right\|_{TV}+\mathcal{O}\left(h^m\right)$$

根据定理 11.1, 这表明了标量情形的 TVD 稳定性。然而, 这一结论依赖于一个假设, 即存在 $h_0>0$, 使得 u 是在此区间光滑的, 并且最多有一个间断点。这通常不是数值解 $\bar{u}^n$ 对应的情况。因此, 定理 11.1 并不适用。所以, 我们无法确立任何形式的稳定性概念, 从而也无法保证收敛性。

如果我们推测 ENO 的 TVD 稳定性的形式为

$$\left\|\bar{u}^{n+1}\right\|_{TV} \leqslant \left\|\bar{u}^{n}\right\|_{TV} + \mathcal{O}\left(h^{m+1}\right)$$

则可预见在最后时刻 T 有累积精度 $\mathcal{O}(h^m)$, 只要精确解足够光滑。自然地, 可以利用单元格均值以相同的精度重构解的逐点近似。

不过, 从下面的例子[11,12] 中可以看出该格式的精度是微妙的。

例 11.3　考虑线性波动方程

$$\frac{\partial u}{\partial t} + \frac{\partial u}{\partial x} = 0, \quad x \in [0, 2]$$

具有周期性边界条件。使用非周期性初始条件 $u_0(x) = \exp(-x)$, 在 $x = 0$ 处会产生一个初始激波。

现在使用 ENO 格式, 拉克斯–弗里德里希斯通量和三阶强稳定性保持的龙格-库塔 (SSPERK) 格式来求解这个问题, 并改变 ENO 的重构阶数 m。图 11.4 给出了 $T = 4$ 时刻数值解的误差。由于解是间断的, 只计算 $[0.5, 1.5]$ 区间内的误差。正如预期的那样, $m = 2$ 时精度为 $\mathcal{O}(h^2)$。但当 $m = 3$ 时, 精度下降到次优的二阶收敛。

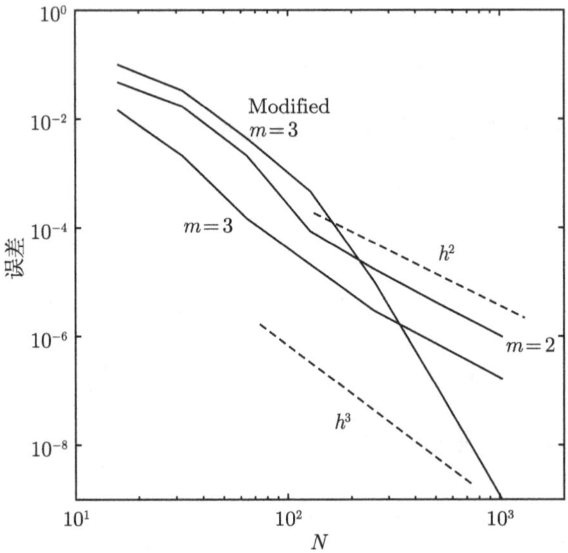

图 11.4　线性对流方程的误差, 使用 m 阶 ENO 重构, 初始条件为 $u_0(x) = e^{-x}$

为理解这一现象, 图 11.5 中绘制了 ENO 重构对初始条件的 r 值选择, 可以观察到, 除了非常靠近间断点时, 整个计算域内的值都是零。回顾 $r = 0$ 意味着最大顺风模板, 其会导致线性不稳定的格式[13]。然而, 如图 11.5 所示, 非线性 ENO 重构通过不断切换模板, 借助迎风性增加格式的稳定性, 克服了线性不稳定问题。

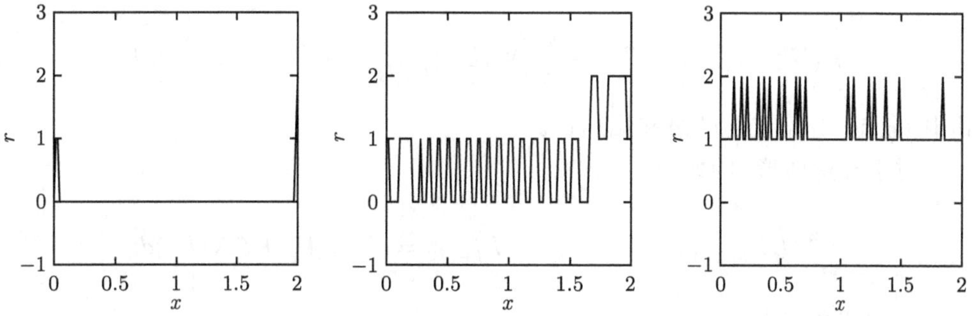

图 11.5 初始条件 (左)、$T=4$ 时刻使用标准 ENO 重构 (中)、使用略加修改的偏迎风的模板选择过程 (右) 下的模板选择 r 值

受这一见解的启发, 自然可以寻求一种稍加修改的模板选择程序, 该程序更倾向于选择中心模板。一个简单的策略是, 只有均差强烈表明该模板是首选时, 才允许顺风重构, 否则更倾向迎风重构。自然, 也可以用同样的方法控制极端迎风重构。

图 11.4 给出了 $m=3$ 和偏向迎风模板选择策略时的误差分析。正如预期的那样, 格式的精度得到了显著恢复, 模板选择参数 r 的行为如图 11.5 所示, 表明了模板向迎风方向的偏移, 这提高了格式的稳定性和精度。

对于 ENO 重构的性质, 目前唯一已知的重要结果是符号性质 (sign property)[14]。

定理 11.4 考虑基于单元格均值的 m 阶 ENO 重构。$\bar{u}_j^n$ 和 $\bar{u}_{j+1}^n$ 分别为单元格 x_j 和 x_{j+1} 的单元格均值, 令 $u_{j+1/2}^{\pm}$ 为界面处 u 的重构值 (图 11.3)。则以下结果成立

$$0 \leqslant \frac{u_{j+1/2}^{+}-u_{j+1/2}^{-}}{\bar{u}_{j+1}^{n}-\bar{u}_{j}^{n}} \leqslant C$$

其中, 常数 C 只与重构的阶数 m 和局部网格有关。

此外, 如果 $\bar{u}_{j+1}^n=\bar{u}_j^n$, 则 ENO 重构在界面处是连续的, 即 $u_{j+1/2}^{+}=u_{j+1/2}^{-}$.

这个结论的证明是冗长的, 并且依赖于对模板性质及其选择属性的深入了解。因此, 这并不是一个普适的结论, 而是与上面讨论的模板选择过程密切相关的。然而, 对这个结论的解释很简单, 因为它保证从 $\bar{u}_j$ 到 $\bar{u}_{j+1}$ 中的跳跃的符号在重构的界面值中得以保持。此外, 跳跃的相对大小是一致有界的。

符号性质已经在 [15,16] 进行了研究, 用来开发熵稳定的高阶 ENO 格式。由于这是 ENO 格式唯一已知的重要稳定性结论, 我们将简要讨论符号性质为什么是结论的关键部分。为简单起见, 仅考虑标量情形。

正如 8.2.2 节中讨论的, 寻求满足以下条件的方法, 以确保熵稳定性

$$\eta\left(U^{n+1}\right)_j-\eta\left(U^n\right)_j+\frac{k}{h}\left(\Psi\left(U^n\right)_{j+1/2}-\Psi\left(U^n\right)_{j-1/2}\right)\leqslant 0$$

其中 (η,Ψ) 分别代表凸熵和熵通量。

对于标量情形, 回顾

$$\Delta^+U_jF^*_{j+1/2}=\zeta_{j+1}-\zeta_j,\quad F^*_{j+1/2}=\int_0^1 f(U_j+\xi\Delta^+U_j)d\xi$$

从而得到熵守恒通量

$$\Psi_{j+1/2}=\frac{1}{2}\left(U_j+U_{j+1}\right)F^*_{j+1/2}-\frac{1}{2}\left(\zeta_j+\zeta_{j+1}\right)$$

该格式具有二阶精度。定理 8.16 讨论了它到任意高阶格式的推广。对于光滑解, 使用该通量已经足够。当出现激波时, 需要引入足够的耗散来保证熵耗散性, 如 8.2.2 节中所述。

为此, 定义一个新的熵通量

$$\tilde{\Psi}_{j+1/2}=\Psi_{j+1/2}+\frac{1}{2}\left(U_j+U_{j+1}\right)D_{j+1/2}\left(U_{j+1}-U_j\right)$$

根据定理 8.12 所确立的, 在 $D_{j+1/2}$ 是对称和正定的前提下, 可以确保格式的熵稳定性和二阶精度。

将其扩展至更高阶需要的熵通量形如

$$\tilde{\Psi}_{j+1/2}=\Psi_{j+1/2}+\frac{1}{2}\left(U_j+U_{j+1}\right)D_{j+1/2}\left(U^+_{j+1/2}-U^-_{j+1/2}\right)$$

其中, 我们引入了重构的界面值。显然, 如果可以确保存在一个半正的常数 $B_{j+1/2}$ 满足

$$\left(U_{j+1}-U_j\right)=B_{j+1/2}\left(U^+_{j+1/2}-U^-_{j+1/2}\right)$$

则二阶精度的熵稳定结果可以推广到高阶情况。然而, 这正是由定理 11.4 中提出的符号性质所保证的。

这一结论在 [15] 中对各种问题进行了广泛的验证, 并且可以推广到对称化的系统中, 如 3.3 节讨论的那样。在这种情况下, 将扩散算子 $D_{j+1/2}$ 定义为

$$D_{j+1/2}=\mathrm{S}_{j+1/2}\tilde{\Lambda}\mathrm{S}^{\mathrm{T}}_{j+1/2}$$

其中, $S_{j+1/2}$ 是系统通量雅可比矩阵 $\nabla_u f$ 的特征向量矩阵, 而 $\tilde{\Lambda}$ 是与通量雅可比矩阵特征值相关的正定对角矩阵, 例如,

$$\tilde{\Lambda} = \mathrm{diag}\,(|\lambda_1|\,, \cdots, |\lambda_m|) \quad 或 \quad \tilde{\Lambda} = \max(|\lambda_1|\,, \cdots, |\lambda_m|)I$$

后者可以被认为类似于拉克斯–弗里德里希斯通量, 而前者反映了 Roe 通量。

11.2.3 ENO 方法的运用

随着 ENO 方法的发展和人们对其关键特性的理解, 现在考虑如何实现这些技术, 以验证理论分析的关键结论。

正如本书已经讨论过的, ENO 重构通过一次比较两个候选模板并最终选择振荡最小的一个, 以自下而上的方式构建模板。为了满足精度的需要, 这个过程将持续到模板包含 m 个单元格为止。程序 ENO.m 给出了具体的实现过程。

脚本 11.4: ENO.m: 使用 ENO 方法构建模板并返回单元格界面值

```
function [um,up]=ENO(xloc,uloc,m,Crec);
% Purpose: Reconstruct the left (mu) and right (up) cell interface values
%          using an ENO reconstruction based on 2m-1 long vectors.

% Treat special case of m=1-no stencil to select
if (m==1)
    um=uloc(1); up=uloc(1);
else
% Apply ENO procedure to build stencil
   S=zeros(m,1); S(1)=m;
   for mm=1:m-1
      % Left stencil
      Sindxl=[S(1)-1; S(1:mm)];
      [Vl,DDNmat]=ddnewton(xloc(Sindxl),uloc(Sindxl));

      % Right stencil
      Sindxr=[S(1:mm); S(mm)+1];
      [Vr,DDNmat]=ddnewton(xloc(Sindxr),uloc(Sindxr));

      % Choose stencil by divided differences
      S(1:mm+1)=Sindxl;
      if (Vl>Vr) S(1:mm+1)=Sindxr; end;
   end

   % Compute stencil shift 'r' and cell interface values
```

```
  r=m-S(1);
  up=Crec(r+2,:)*uloc(S); um=Crec(r+1,:)*uloc(S);
end
return
```

以高阶精度为目标, 需要仔细定义初始条件及其单元格均值。显然, 如果初始条件是分段常数, 无需特别关注。但对于更一般的初始条件, 需要计算

$$\bar{u}_j(0) = \frac{1}{h}\int_{x_{j-1/2}}^{x_{j+1/2}} u_0(x)\,dx = \frac{1}{2}\int_{-1}^{1} u_0\left(x_j + \frac{h}{2}y\right)dy$$

其中 u_0 为初始条件。

使用勒让德–高斯求积 (Legendre-Gauss quadrature) 得到单元格均值的近似

$$\bar{u}_j(0) = \frac{1}{2}\sum_{i=0}^{N_{GQ}} u_0\left(x_j + x_i^{GQ}\frac{h}{2}\right)\omega_i^{GQ}$$

其中 (x^{GQ}, ω^{GQ}) 分别为 $N_{GQ}+1$ 个求积节点和权值。经典分析 [17] 表明, 该求积公式对于最高 $2N_{GQ}+1$ 阶多项式是精确的, 并且是光滑函数的最优求积。

基于 [18] 中的经典方法, LegendreGQ.m 实现了 $N_{GQ}+1$ 阶勒让德–高斯求积的求积节点和权值的计算。

脚本 11.5: LegendreGQ.m: m 阶勒让德–高斯求积的求积节点和权值的计算程序

```
function [x,w]=LegendreGQ(m);
% function [x,w]=LegendreGQ(m)
% Purpose: Compute the m'th order Legendre Gauss quadrature points, x,
%          and weights, w
if (m==0) x(1)=0; w(1)=2; return; end;

% Form symmetric matrix from recurrence.
J=zeros(m+1); h1=2*(0:m);
J=diag(2./(h1(1:m)+2).*...
    sqrt((1:m).*((1:m)).*((1:m)).*((1:m))./(h1(1:m)+1)./(h1(1:m)+3)),1);
J(1,1)=0; J=J + J';

%Compute quadrature by eigenvalue solve
[V,D]=eig(J); x=diag(D); w=2*(V(1,:)').^2;
return
```

伯格斯方程

首先考虑伯格斯方程

$$\frac{\partial u}{\partial t}+\frac{\partial u^2}{\partial x}=0$$

其初始条件为分段常数

$$u^0(x)=\begin{cases}2, & x<0.2\\ 1, & x\geqslant 0.2\end{cases}$$

根据兰金–于戈尼奥条件, 精确解为 $u(x,t)=u^0(x-0.2-3t)$.

BurgersENODriver1D.m 给出了求解器的驱动程序, 它设置了 ENO 求解器的阶数为 m 阶并定义了初始条件。

脚本 11.6: BurgersENODriver1D.m: 使用 ENO 格式求解伯格斯方程的驱动程序

```
% Driver script for solving the 1D Burgers' equations using an ENO scheme
clear all

% Order of method
m=2;

% Set problem parameters
L=1; FinalTime=0.2; N=128; CFL=0.9; h=L/N;

% Define domain and initial conditions
x=[0:h:L]';
fic=@(x,t) sin(2*pi*x); %periodic BC needed
%fic=@(x,t) (1-sign(x-0.2-3*t))/2+1; % Constant BC needed

% Compute cell averages using Legendre Gauss rule of order NGQ
u=zeros(N+1,1);
NGQ=10; [xGQ,wGQ]=LegendreGQ(NGQ);
for i=1:NGQ+1
  u=u+wGQ(i)*fic(x+xGQ(i)*h/2,0);
end;
u=u/2;

% Solve Problem
[u]=BurgersENO1D(x,u,h,m,CFL,FinalTime);
```

在 BurgersENO1D.m 中预先计算了系数 c_{rj}, 因为其只依赖于阶数 m。同时采用三阶 SSPERK 方法进行时间积分。

脚本 11.7: BurgersENO1D.m: 使用 ENO 格式求解伯格斯方程的时间积分程序

```
function [u]=BurgersENO1D(x,u,h,m,CFL,FinalTime)
% function [u]=BurgersENO1D(x,u,h,m,r0,CFL,FinalTime)
% Purpose:Integrate 1D Burgers' equation until FinalTime using an ENO
%           scheme and 3rd order SSP-RK method
time=0; tstep=0;

% Initialize reconstruction weights
Crec=zeros(m+1,m);
for r=-1:m-1;
   Crec(r+2,:)=ReconstructWeights(m,r);
end;

% integrate scheme
while(time<FinalTime)
  % Decide on timestep
  maxvel=max(2*abs(u)); k=CFL*h/maxvel;
  if(time+k>FinalTime) k=FinalTime-time; end

  % Update solution
  rhsu=BurgersENOrhs1D(x,u,h,k,m,Crec,maxvel);
  u1=u+k*rhsu;
  rhsu=BurgersENOrhs1D(x,u1,h,k,m,Crec,maxvel);
  u2=(3*u+u1+k*rhsu)/4;
  rhsu=BurgersENOrhs1D(x,u2,h,k,m,Crec,maxvel);
  u=(u+2*u2+2*k*rhsu)/3;
  time=time+k; tstep=tstep+1;
end
return
```

最后, 程序 BurgersENOrhs1D.m 实现了伯格斯方程的 ENO 求解过程。当前的解决方案首先在两端扩展 $m-1$ 个点, 以实现边界条件的处理。这与单调格式中的方法类似, 但扩展范围更宽, 以适应扩展模板的需求。对每个节点 x_j, 提取周围的 $2m-1$ 个点, ENO 重构在单元格界面 $x_{j\pm1/2}$ 处计算解的近似值。最后, 将这些近似值应用于计算守恒格式的数值通量。

脚本 11.8: BurgersENOrhs1D.m: 使用 ENO 格式求解伯格斯方程的右端项的计算程序

```
function [du]=BurgersENOrhs1D(x,u,h,k,m,Crec,maxvel)
% function [du]=BurgersENOrhs1D(x,u,h,k,m,Crec,maxvel)
% Purpose: Evaluate the RHS of Burgers' equations using
%            an ENO reconstruction
N=length(x); du=zeros(N,1);

% Extend data and assign boundary conditions
[xe,ue]=extend(x,u,h,m,'P',0,'P',0);

% define cell left and right interface values
um=zeros(N+2,1); up=zeros(N+2,1);

for i=1:N+2
  [um(i),up(i)]=ENO(xe(i:(i+2*(m-1))),ue(i:(i+2*(m-1))),m,Crec);
end;

% Compute residual
du=-(BurgersLF(up(2:N+1),um(3:N+2),0,maxvel) ...
        -BurgersLF(up(1:N),um(2:N+1),0,maxvel))/h;
return
```

作为第一个测试算例, 图 11.6 给出了不同 N 值和近似阶数 m 下的解。尽管解很简单, 但可以观察到当近似阶数从 $m=1$ 增加到 $m=3$ 时, 解有明显的改进。这种提升效果在降低激波弥散上特别明显。正如预期的那样, 即使在更高阶数下, 也未观察到振荡。

当考虑精度时, 观察到图 11.7 中 $\|u-u_h\|_{h,1}$ 的精度为 $\mathcal{O}(h)$, 而 $\|u-u_h\|_{h,2}$ 的精度为 $\mathcal{O}(h^{1/2})$。当计算全局误差时, 这与标量方程[19,20] 的期望结果一致。

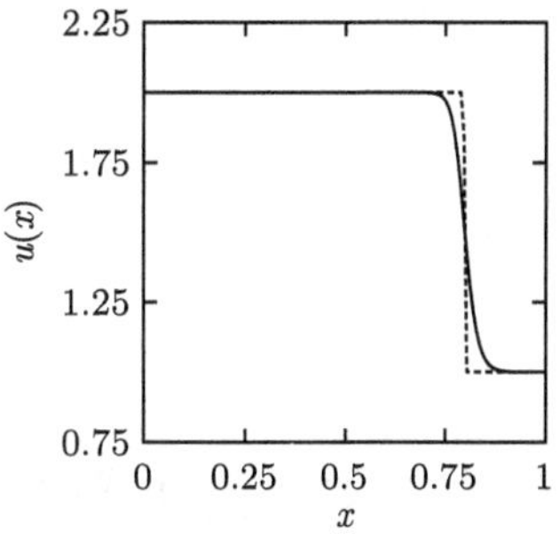

(a) $N=128$, $m=1$

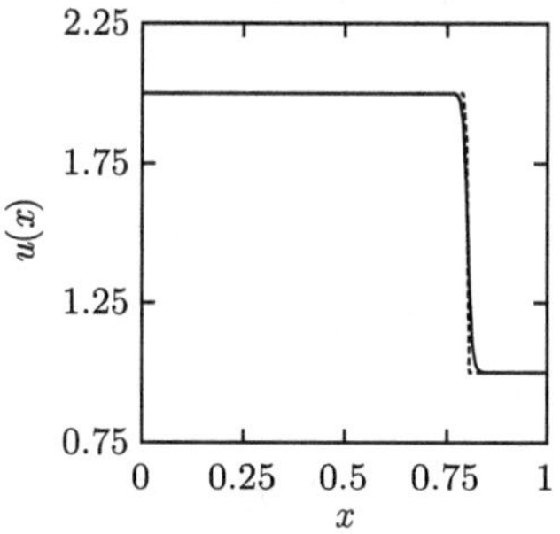

(b) $N=128$, $m=2$

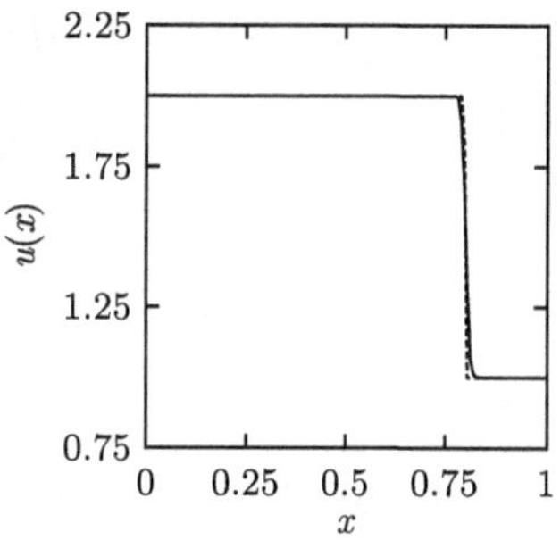

(c) $N=128$, $m=3$

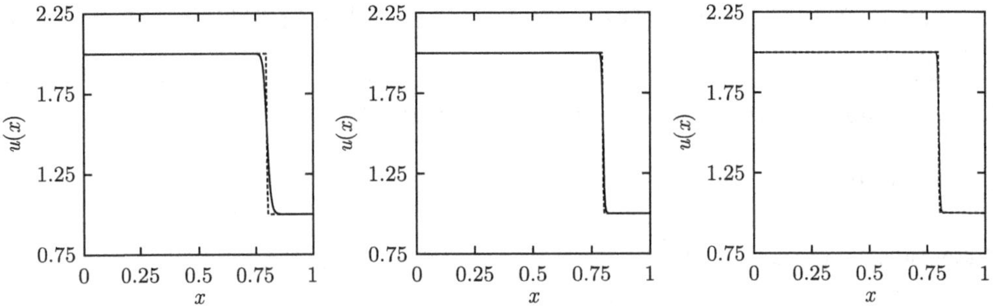

(d) N=256, m=1　　(e) N=256, m=2　　(f) N=256, m=3

图 11.6　$T = 0.2$ 时刻伯格斯方程的解, 使用 N 个微元和 m 阶 ENO 格式求解。实线表示数值解, 虚线表示精确解

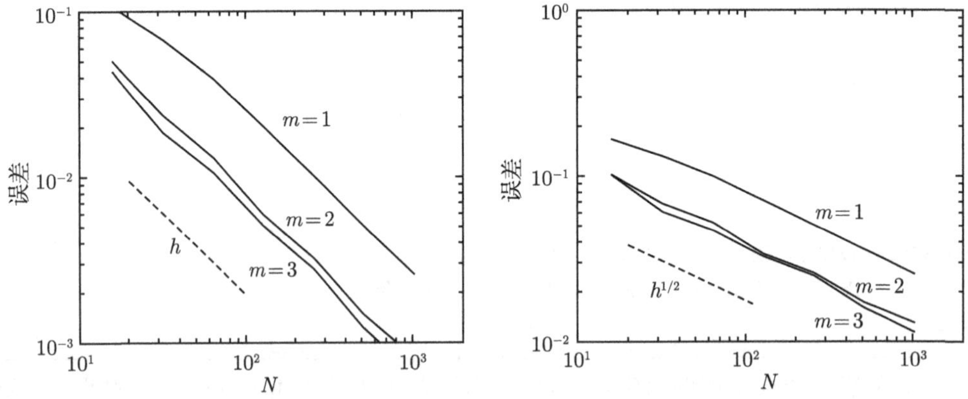

(a) L^1-误差　　(b) L^2-误差

图 11.7　使用 N 个微元和 m 阶 ENO 格式求解带有激波的伯格斯方程时的误差

麦克斯韦方程组

现在考虑麦克斯韦方程组

$$\varepsilon(x)\frac{\partial E}{\partial t} = \frac{\partial H}{\partial x}, \quad \frac{\partial H}{\partial t} = \frac{\partial E}{\partial x}, \quad x \in [-1, 1]$$

其中 $\varepsilon(x)$ 被假定为分段常数

$$\varepsilon(x) = \begin{cases} \varepsilon_1, & x \leqslant 0 \\ \varepsilon_2, & x > 0 \end{cases}$$

并且 ε_i 是正的。

MaxwellENODriver1D.m 给出了求解器的驱动程序, 用以设定 ENO 求解器的阶数和定义初始条件。

脚本 11.9: MaxwellENODriver1D.m: 使用 ENO 格式求解一维麦克斯韦方程组的驱动程序

```
% Driver script for solving the 1D Maxwell's equations using an ENO scheme
clear all

% Order of method
m=2;

% Set problem parameters
L=2; FinalTime=pi/2; N=256; CFL=0.90; h=L/N;
epl=1.0; mul=1.0; epr=2.25; mur=1.0;

% Define domain, materials and initial conditions
x=[-1:h:1]';
NGQ=16; [xGQ,wGQ]=LegendreGQ(NGQ);
Ef=zeros(N+1,1); Hf=zeros(N+1,1);
for i=1:NGQ+1
    [Efh, Hfh, ep, mu]=CavityExact(x+xGQ(i)*h/2, epl, epr, mul, mur, 0);
    Ef=Ef + wGQ(i)*Efh; Hf=Hf + wGQ(i)*Hfh;
end
Ef=Ef/2; Hf=Hf/2;

% Solve Problem
q=[Ef Hf];
[q]=MaxwellENO1D(x,q,ep,mu,h,m,CFL,FinalTime);
```

在 MaxwellENO1D.m 中预先计算了系数 c_{rj}, 并采用三阶 SSPERK 方法进行时间积分。

脚本 11.10: MaxwellENO1D.m: 使用 ENO 格式求解一维麦克斯韦方程组的时间积分程序

```
function [q]=MaxwellENO1D(x,q,ep,mu,h,m,CFL,FinalTime)
% function [q]=MaxwellENO1D(x,q,ep,mu,h,m,CFL,FinalTime)
% Purpose:Integrate 1D Maxwell's equation until FinalTime using an ENO
%            scheme and 3rd order SSP-RK method.
time=0; tstep=0;

% Initialize reconstruction weights
Crec=zeros(m+1,m);
for r=-1:m-1;
```

```
    Crec(r+2,:)=ReconstructWeights(m,r);
end;

% Set timestep
cvel=1./sqrt(ep.*mu); k=CFL*h/max(cvel); maxvel=max(cvel);

% integrate scheme
while(time<FinalTime)
  if(time+k>FinalTime) k=FinalTime-time; end

  % Update solution
  rhsq=MaxwellENOrhs1D(x,q,ep,mu,h,k,m,Crec,maxvel);
  q1=q+k*rhsq;
  rhsq=MaxwellENOrhs1D(x,q1,ep,mu,h,k,m,Crec,maxvel);
  q2=(3*q+q1+k*rhsq)/4;
  rhsq=MaxwellENOrhs1D(x,q2,ep,mu,h,k,m,Crec,maxvel);
  q=(q+2*q2+2*k*rhsq)/3;
  time=time+k; tstep=tstep+1;
end
return
```

最后, 在 MaxwellENOrhs1D.m 中使用 ENO 重构实现了求解过程, 并应用了合适的数值通量。

脚本 11.11: MaxwellENOrhs1D.m: 使用 ENO 格式求解一维麦克斯韦方程组的右端项计算程序

```
function [dq]=MaxwellENOrhs1D(x,q,ep,mu,h,k,m,Crec,maxvel);
% function [dE]=MaxwellENOrhs1D(x,q,ep,mu,h,k,m,Crec,maxvel);
% Purpose: Evaluate right hand side for Maxwells's equation using ENO method

N=length(x); dq=zeros(N,2);
ql=zeros(N,2); qr=zeros(N,2); qm=zeros(N,2); qp=zeros(N,2);

% Extend data and assign boundary conditions
[xe,Ee]=extend(x,q(:,1),h,m,'D',0,'D',0);
[xe,He]=extend(x,q(:,2),h,m,'N',0,'N',0);

% define cell left and right interface values
Em=zeros(N+2,1); Ep=zeros(N+2,1); Hm=zeros(N+2,1); Hp=zeros(N+2,1);
for i=1:N+2
```

```
  [Em(i),Ep(i)]=ENO(xe(i:(i+2*(m-1))),Ee(i:(i+2*(m-1))),m,Crec);
  [Hm(i),Hp(i)]=ENO(xe(i:(i+2*(m-1))),He(i:(i+2*(m-1))),m,Crec);
end;

% Extract interface values
qr=[Ep(2:N+1) Hp(2:N+1)]; ql=[Em(2:N+1) Hm(2:N+1)];
qm=[Ep(1:N) Hp(1:N)]; qp=[Em(3:N+2) Hm(3:N+2)];

% Lax-Friedrichs flux-or something simple
% dEH=-(MaxwellLF(qr,qp,ep,mu,k/h,maxvel)-...
%          MaxwellLF(qm,ql,ep,mu,k/h,maxvel))/h;

% Exact upwinding
[xe,epe]=extend(x,ep,h,1,'N',0,'N',0);
[xe,mue]=extend(x,mu,h,1,'N',0,'N',0);
ep0=epe(2:N+1); epm=epe(1:N); epp=epe(3:N+2);
mu0=mue(2:N+1); mum=mue(1:N); mup=mue(3:N+2);

dEH=-(MaxwellUpwind(qr,qp,ep0,epp,mu0,mup,ep0,mu0)-...
         MaxwellUpwind(qm,ql,epm,ep0,mum,mu0,ep0,mu0))/h;
return
```

作为第一个算例 (已在 1.4.1 节详细讨论), 考虑一个 $\varepsilon_1=\varepsilon_2=1$ 的封闭金属腔体。这将产生一个由简单波组成的光滑解。我们使用拉克斯–弗里德里希斯数值通量。

图 11.8 显示了在最终时刻 $\pi/2$, 电场 E 数值解随降低 h 和增加 ENO 格式阶数的误差变化。由于解是光滑的, 我们期望误差表现为 $\mathcal{O}(h^m)$。结果也清晰地证实了这一点。

现在考虑更有意思的情形, 一个由不同材料组成的腔, 会产生一个有限正则性的解。如图 1.6 所示, 当 $\varepsilon_1\neq\varepsilon_2$ 时, 磁场 H 保持光滑但电场 E 仅保持连续性。

虽然我们稍后会回到在这一情况下使用拉克斯–弗里德里希斯通量的讨论, 但让我们首先通过求解黎曼问题发展一个精确的迎风通量。

为简化讨论, 把麦克斯韦方程组写成

$$\mathrm{Q}\frac{\partial \boldsymbol{q}}{\partial t}+\mathrm{A}\frac{\partial \boldsymbol{q}}{\partial x}=0$$

其中

$$
\mathrm{Q}=\begin{bmatrix}\varepsilon(x) & 0\\ 0 & \mu(x)\end{bmatrix},\quad \mathrm{A}=\begin{bmatrix}0 & 1\\ 1 & 0\end{bmatrix},\quad \boldsymbol{q}=\begin{bmatrix}E\\ H\end{bmatrix}
$$

分别表示空间变化的材料系数、一维旋转算子和状态向量。

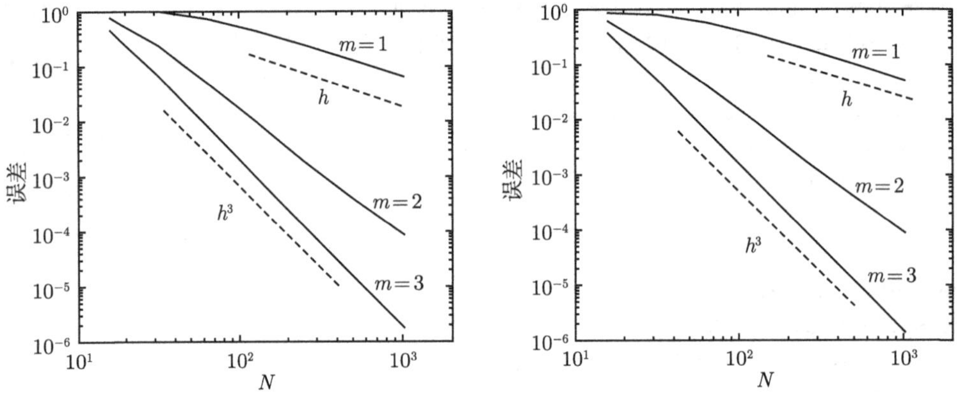

(a) E 的L^1-误差　　(b) E 的L^2-误差

图 11.8　使用 m 阶 ENO 格式与 N 个微元求解具有光滑解的麦克斯韦方程组时的误差

$\mathrm{A}\boldsymbol{q}$ 为通量, $\mathrm{Q}^{-1}\mathrm{A}$ 的特征值为 $\pm(\varepsilon\mu)^{-1/2}$, 代表两束光波, 反映了两束光波以局部光速 $c=(\varepsilon\mu)^{-1/2}$ 反向传播。

利用黎曼条件进一步得到

$$
\begin{aligned}
c^-\mathrm{Q}^-\left(\boldsymbol{q}^*-\boldsymbol{q}^-\right)+(\Pi\boldsymbol{q})^*-(\Pi\boldsymbol{q})^-&=0\\
-c^+\mathrm{Q}^+\left(\boldsymbol{q}^*-\boldsymbol{q}^+\right)+(\Pi\boldsymbol{q})^*-(\Pi\boldsymbol{q})^+&=0
\end{aligned}
$$

其中, $\boldsymbol{q}^*$ 表示中间状态, $(\Pi\boldsymbol{q})^*$ 为与之相关的数值通量, 且有

$$
(\Pi\boldsymbol{q})^{\pm}=\hat{\boldsymbol{n}}\cdot(\mathrm{A}\boldsymbol{q})^{\pm}=\hat{\boldsymbol{n}}\cdot\begin{bmatrix}H^{\pm}\\ E^{\pm}\end{bmatrix}
$$

经过简单的操作可以得到

$$
\left(c^+\mathrm{Q}^++c^-\mathrm{Q}^-\right)(\Pi\boldsymbol{q})^*=c^+\mathrm{Q}^+(\Pi\boldsymbol{q})^-+c^-\mathrm{Q}^-(\Pi\boldsymbol{q})^++c^-c^+\mathrm{Q}^-\mathrm{Q}^+\left(\boldsymbol{q}^--\boldsymbol{q}^+\right)
$$

或

$$
H^*=\frac{1}{\{\{Z\}\}}\left(\{\{ZH\}\}+\frac{1}{2}[\![E]\!]\right),\quad E^*=\frac{1}{\{\{Y\}\}}\left(\{\{YE\}\}+\frac{1}{2}[\![H]\!]\right)
$$

这里

$$Z^{\pm}=\sqrt{\frac{\mu^{\pm}}{\varepsilon^{\pm}}}=\left(Y^{\pm}\right)^{-1}$$

表示介质阻抗。引入标记

$$\{\{u\}\}=\frac{u^{-}+u^{+}}{2},\quad [\![u]\!]=\hat{n}^{-}u^{-}+\hat{n}^{+}u^{+}$$

其中 u^{-} 为左侧内部状态, 对应外法线向量 $\hat{n}^{-}$。同理, u^{+} 表示右侧外部状态, 对应外法线向量 $\hat{n}^{+}$。一维情况下, $\hat{n}^{-}=-\hat{n}^{+}$。

考虑连续介质的至简情况, 可以简化为

$$H^{*}=\{\{H\}\}+\frac{Y}{2}[\![E]\!],\qquad E^{*}=\{\{E\}\}+\frac{Z}{2}[\![H]\!]$$

我们发现其为拉克斯–弗里德里希斯通量, 因为

$$\frac{Y}{\varepsilon}=\frac{Z}{\mu}=\frac{1}{\sqrt{\varepsilon\mu}}=c$$

为光速。程序 MaxwellUpwind.m 实现了相应的数值通量的计算过程。

脚本 11.12: MaxwellUpwind.m: 具有不连续系数的麦克斯韦方程组的精确迎风数值通量计算

```
function [numflux]=MaxwellUpwind(u,v,epu,epv,muu,muv,ep,mu)
% function [numflux]=MaxwellUpwind(u,v,epu,epv,muu,muv,ep,mu)
% Purpose: Evaluate exact upwind numerical flux for Maxwell's equation with
% discontinuous coefficients

Zm=sqrt(muu./epu); Zp=sqrt(muv./epv); Zavg=(Zm+Zp)./2;
Ym=1./Zm; Yp=1./Zp; Yavg=(Ym+Yp)./2;

Hs=((Zm.*u(:,2)+Zp.*v(:,2))/2+(u(:,1)-v(:,1))/2)./Zavg;
Es=((Ym.*u(:,1)+Yp.*v(:,1))/2+(u(:,2)-v(:,2))/2)./Yavg;
numflux=[Hs./ep Es./mu];
end
```

我们使用该数值通量求解 $\varepsilon_1=1,\varepsilon_2=2.25$ 的情况。图 11.9 给出了降低 h 和在 ENO 格式不同阶数下, 最后时刻 $\pi/2$ 时电场 E 数值解的误差变化。由于解不再是光滑的, 预期收敛阶数会降低, 图中结果证实了这一点。根据标准多项式近似理论 (将在第 12 章详细讨论), 可以推测出一个如下的误差估计:

$$\left\|u-u_h\right\|_{h,2}\leqslant Ch^{\sigma}\left\|u^{(p)}\right\|_{h,2}$$

式中, 当 $u^{(p)} \in L^2$ 时, $\sigma = \min(m, p+1/2)$。在这个算例中, $u^{(1)} \in L^2$。

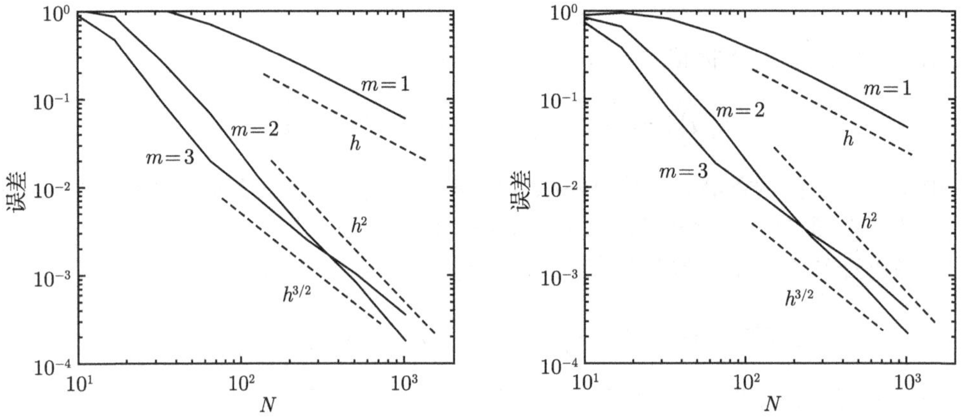

(a) E 的L^1-误差　　(b) E 的L^2-误差

图 11.9　使用 m 阶 ENO 格式与 N 个微元求解具有非光滑解的麦克斯韦方程组时的误差

然而, 在数值求解上恢复这一结果是一件困难的事。图 11.10 给出了两个稍有不同的实验结果。在第一种情况下, 间断点被置于单元格内部, 而不是如图 11.9 的最优结果所示位于单元格界面上。在这种情况下, 精度降低到一阶。

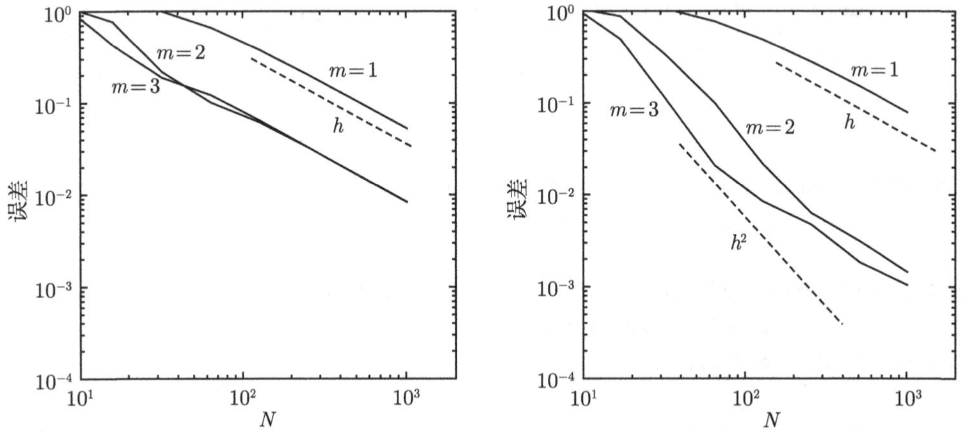

图 11.10　求解具有非光滑解的麦克斯韦方程组时, m 阶 ENO 格式的误差。左图给出了间断点位于单元格内部时的误差, 右图给出了使用简单的拉克斯–弗里德里希斯通量时的误差。两种情况下均给出了电场的 L^1-误差

同样地, 如果将通量改为拉克斯–弗里德里希斯通量, 如图 11.10 的右图所示, 全局精度也会降低到一阶。

欧拉方程

最后, 考虑一维欧拉方程的解。关于这个问题的详细讨论, 可以参考 1.4.1 节。

EulerENODriver1D.m 给出了设置 ENO 求解阶数并定义初始条件的驱动程序。

脚本 11.13: EulerENODriver1D.m: 使用 ENO 格式求解一维欧拉方程的驱动程序

```
% Driver script for solving the 1D Euler equations using an ENO scheme
clear all

% Order of method
m=2;

% Set problem parameters
L=1; FinalTime=0.2; N=256; CFL=0.90; gamma=1.4;  h=L/N;

% Define domain, materials and initial conditions
r=zeros(N+1,1); ru=zeros(N+1,1); E=zeros(N+1,1);

% Initialize for Sod's problem-piecewise constant so no integration
x=[0:h:1]';
for i=1:N+1;
    if x(i)<0.5
        r(i)=1.0; E(i)=1/(gamma-1);
    else
        r(i)=0.125; E(i)=0.1/(gamma-1);
    end
end

% Initialize for shock entropy problem
% x=[-5:h:5]';
% NGQ=10; [xGQ,wGQ]=LegendreGQ(NGQ);
% for i=1:N+1;
%    if x(i)<-4
%        rh=3.857143; u=2.629369; p=10.33333;
%    else
%        rh=0;
%        for j=1:NGQ+1
%            rh=rh+wGQ(j)*(1+0.2*sin(pi*(x(i)+h/2*xGQ(j))));
%        end
%        rh=rh/2; u=0; p=1;
```

```
%     end
%     r(i)=rh; ru(i)=rh*u; E(i)=p/(gamma-1)+0.5*rh*u^2;
% end

% Solve Problem
q=[r  ru  E];
[q]=EulerENO1D(x,q,h,m,CFL,gamma,FinalTime);
```

在 EulerENO1D.m 中预先计算了系数 c_{rj}，并采用三阶 SSPERK 方法对欧拉方程进行时间积分。

脚本 11.14: EulerENO1D.m: 使用 ENO 格式求解一维欧拉方程的时间积分程序

```
function [q]=EulerENO1D(x,q,h,m,CFL,gamma,FinalTime)
% function [q]=EulerMDriver1D(x,q,h,m,CFL,gamma,FinalTime)
% Purpose: Integrate 1D Euler equation until FinalTime using an ENO
%          scheme and a 3rd order SSP-RK
time=0; tstep=0;

% Initialize reconstruction weights
Crec=zeros(m+1,m);
for r=-1:m-1;
    Crec(r+2,:)=ReconstructWeights(m,r);
end;

% integrate scheme
while(time<FinalTime)

  % Set timestep
  p=(gamma-1)*(q(:,3)-0.5*q(:,2).^2./q(:,1)); c=sqrt(gamma*p./q(:,1));
  maxvel=max(c+abs(q(:,2)./q(:,1))); k=CFL*h/maxvel;
  if(time+k>FinalTime) k=FinalTime-time; end

  % Update solution
  rhsq=EulerENOrhs1D(x, q,h,k,m,Crec,gamma,maxvel);
  q1=q+k*rhsq;
  rhsq=EulerENOrhs1D(x,q1,h,k,m,Crec,gamma,maxvel);
  q2=(3*q+q1+k*rhsq)/4;
  rhsq=EulerENOrhs1D(x,q2,h,k,m,Crec,gamma,maxvel);
  q=(q+2*q2+2*k*rhsq)/3;
  time=time+k; tstep=tstep+1;
```

```
end
return
```

最后, EulerENOrhs1D.m 给出了使用 ENO 格式求解 Euler 方程的过程, 其中重构在守恒变量上完成。当前解在两端扩展了 $m-1$ 个点以实现边界条件, 这与单调格式中使用的方法相同。对于每个节点 x_j, 提取其周围的 $2m-1$ 个相邻点, ENO 重构用于计算在单元格界面 $x_{j\pm 1/2}$ 解的近似值。最后, 这些近似值被用来计算守恒格式中的数值通量。我们将主要使用全局拉克斯–弗里德里希斯通量, 但也考虑其他替代方案。

脚本 11.15: EulerENOrhs1D.m: 使用 ENO 格式求解一维欧拉方程的右端项计算程序

```
function [dq]=EulerENOrhs1D(x,q,h,k,m,Crec,gamma,maxvel)
% function [dq]=EulerENOrhs1D(x,q,h,k,m,Crec,gamma,maxvel)
% Purpose: Evaluate right hand side for Euler equations using an ENO method
N=length(x); dq=zeros(N,3);
ql=zeros(N,3); qr=zeros(N,3); qp=zeros(N,3); qm=zeros(N,3);

% Extend data and assign boundary conditions for Sod's problem
[xe,re]=extend(x,q(:,1),h,m,'D',1.0,'D',0.125);
[xe,me]=extend(x,q(:,2),h,m,'D',0,'N',0);
[xe,Ee]=extend(x,q(:,3),h,m,'D',2.5,'N',0);

% Extend data and assign boundary conditions for shock entropy
% [xe,re]=extend(x,q(:,1),h,m,'D',3.857143,'N',0);
% [xe,me]=extend(x,q(:,2),h,m,'D',10.141852,'D',0);
% [xe,Ee]=extend(x,q(:,3),h,m,'D',39.166661,'N',0);

% define cell left and right interface values
rm=zeros(N+2,1); mm=zeros(N+2,1); Em=zeros(N+2,1);
rp=zeros(N+2,1); mp=zeros(N+2,1); Ep=zeros(N+2,1);

for i=1:N+2
  [rm(i),rp(i)]=ENO(xe(i:(i+2*(m-1))),re(i:(i+2*(m-1))),m,Crec);
  [mm(i),mp(i)]=ENO(xe(i:(i+2*(m-1))),me(i:(i+2*(m-1))),m,Crec);
  [Em(i),Ep(i)]=ENO(xe(i:(i+2*(m-1))),Ee(i:(i+2*(m-1))),m,Crec);
end;

% Compute rhs-also change numerical flux here
ql=[rm(2:N+1) mm(2:N+1) Em(2:N+1)]; qr=[rp(2:N+1) mp(2:N+1) Ep(2:N+1)];
```

```
qp=[rm(3:N+2) mm(3:N+2) Em(3:N+2)]; qm=[rp(1:N) mp(1:N) Ep(1:N)];
dq=-(EulerLF(qr,qp,gamma,k/h,maxvel)-...
        EulerLF(qm,ql,gamma,k/h,maxvel))/h;
return
```

作为第一个测试算例, 回顾 Sod 激波管问题。不同精度阶数的解如图 11.11 所示。可以观察到, 随着阶数增加, 整体精度有显著提升, 尤其是在稀疏波的解析度上以及位于 $x = 0.7$ 附近的接触间断上最为显著。由于接触间断本质上是线性波, 这与 8.1 节中关于高阶方法在线性波问题中优势的讨论非常吻合。然而, 也观察到随精度增加, 激波弥散的减少。通过与图 5.5 的结果进行直观比较, 可以认为 $N = 8192$ 时一阶单调格式的结果劣于图 11.11 中 $N = 256, m = 3$ 时的结果。这强有力地说明了即使是对于含激波的问题, 使用高阶精确格式依然存在巨大潜力。

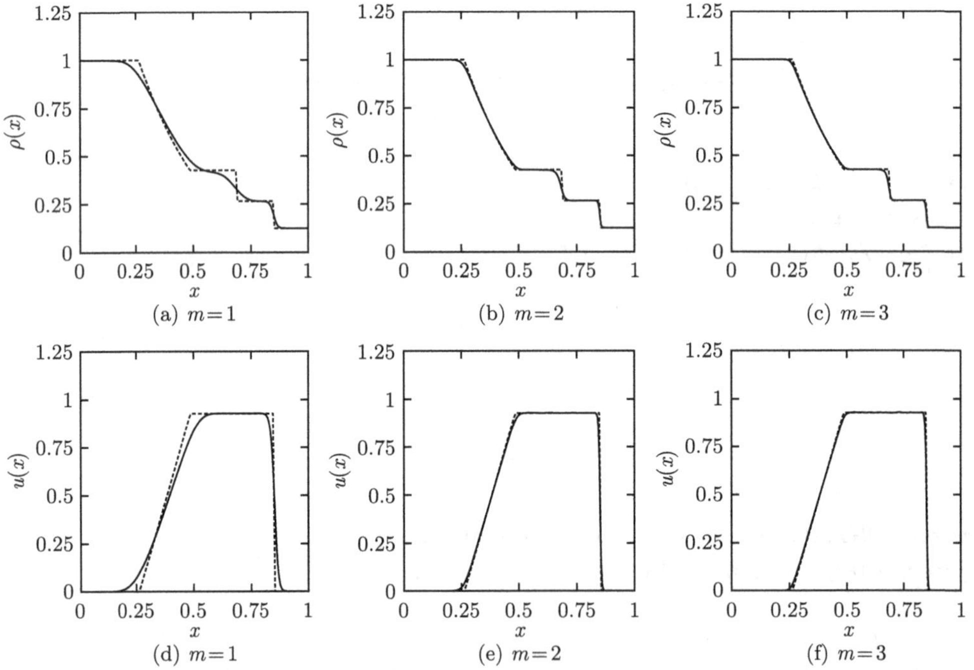

图 11.11 使用 $N = 256$ 个单元格和不同阶数 m 的 ENO 格式, $T = 0.2$ 时刻 Sod 激波管问题的数值解。第一行为密度 ρ, 第二行为速度 u。实线表示数值解, 虚线表示精确解

因为 Sod 问题的解主要是分段常数, 所以在许多方面, 非常适合使用一阶方法求解。因此, 我们也考虑 1.4.1 节中讨论的激波–熵问题。图 11.12 给出了不同

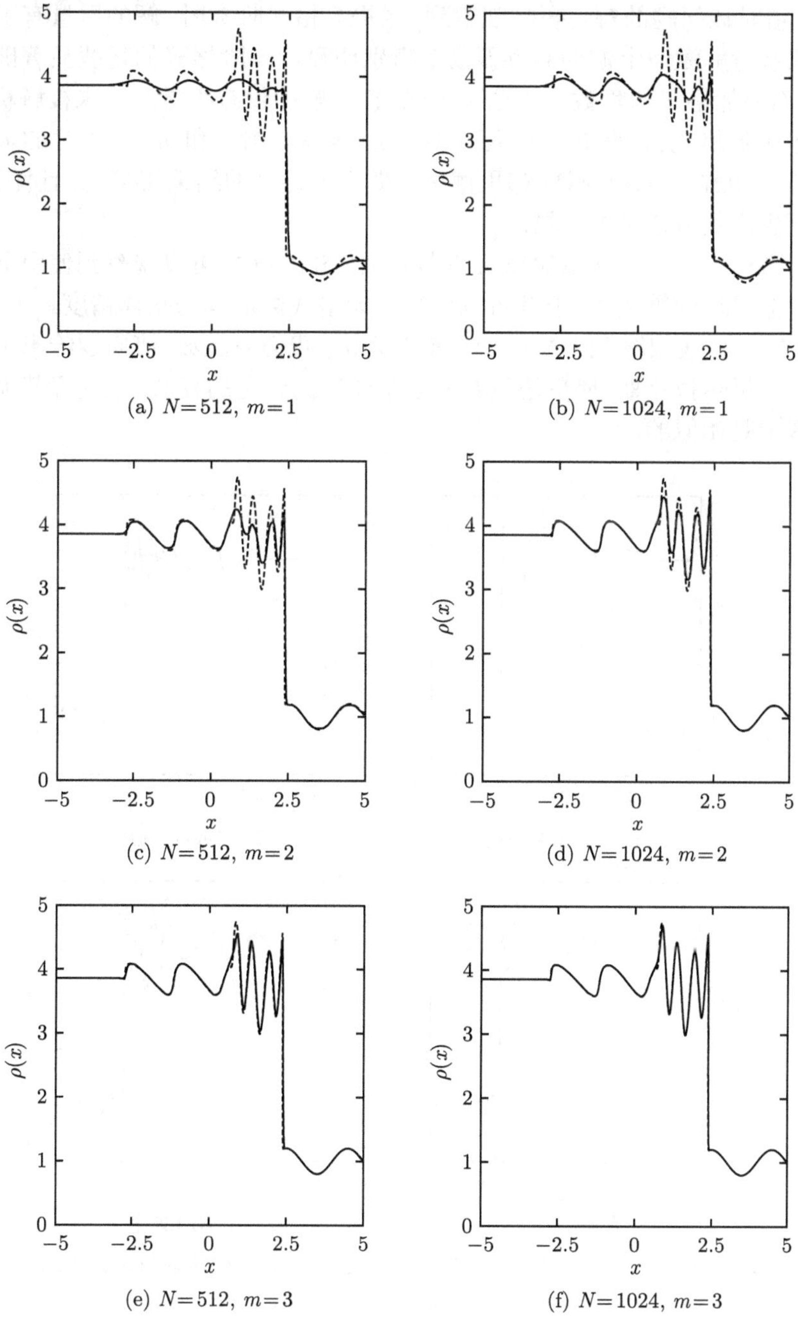

图 11.12 使用 m 阶 ENO 格式和 N 个单元格, $T = 1.8$ 时刻激波–熵问题的密度解。实线表示数值解, 虚线表示参考解

N 和 m 值时该问题的解。再次观察到, 当提高格式阶数时, 解的质量有了显著改善。这在参考解激波上游的高频振荡中特别明显。一阶格式的耗散显著破坏了这些振荡, 而增加格式的阶数可以迅速重现振荡, 解中仅有少量细节未被解析。对比图 5.7 中单调格式得到的结果, 可以观察到 $N = 1024$ 和 $m = 3$ 时的求解质量至少与 $N = 32768$ 的拉克斯–弗里德里希斯格式得到的结果相当, 并且优于图 6.5 中依赖更先进数值通量的结果。

最后考虑选择不同通量对结果的影响。在图 6.5 中, 可以观察到使用更先进的通量尽管会增加计算成本, 但其可以提高单调格式数值解的整体精度。在图 11.13 中, 使用二阶 ENO 格式和 $N = 512$ 个单元格, 我们对激波–熵问题给出了类似的比较结果。虽然拉克斯–弗里德里希斯通量体现出一定的耗散, 但选择其他通量的结果直观上是相似的。

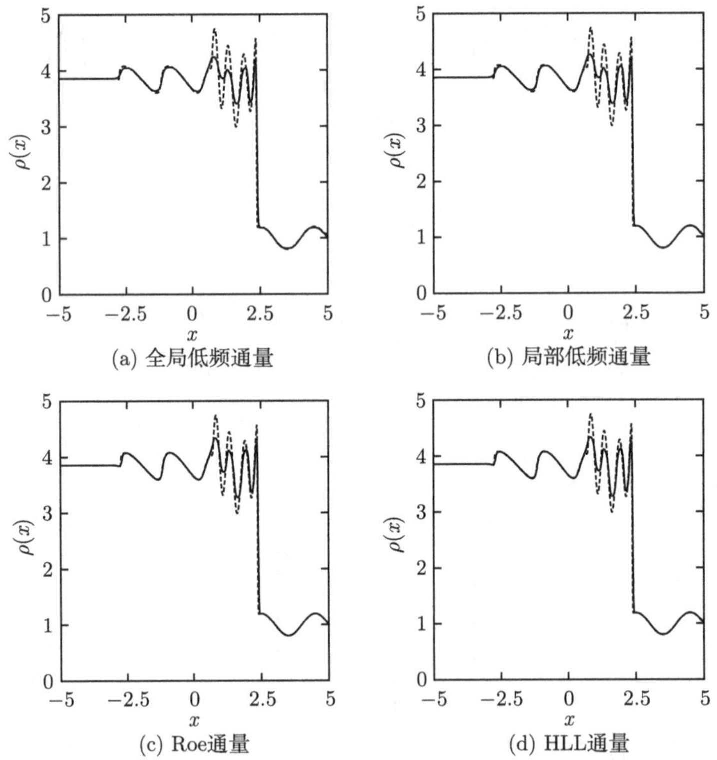

图 11.13　使用二阶 ENO 格式和 $N = 512$ 个单元格, 在不同数值通量选择下, $T = 1.8$ 时刻激波–熵问题的密度解。实线表示数值解, 虚线表示参考解

这表明, 对于高阶格式, 通量的选择并不是很关键。因此, 通常可以通过通量选择来降低计算成本。

11.3 WENO 方法

虽然 ENO 方法的成功是毫无争议的, 但它也存在一些明显的缺点:

- 虽然评估了 m 个不同的模板, 但最终只使用了一个。
- 在光滑区域, m 个模板一共包含 $2m-1$ 个点, 但仅能达到 $\mathcal{O}(h^m)$ 阶精度。
- 模板选择的非线性特性表明, 即使方程的解出现微小变化也可能导致模板选择的变化。因此, 即使是光滑问题, 误差的行为也可能是嘈杂和不均匀的。

让我们尝试深入了解如何克服这些缺点。如果首先假设解是光滑的, 那么可以像 11.1 节讨论的那样, 寻找系数 $d_r^{r_0}$, 使得 m 个模板的线性组合

$$v_{j+1/2} = \sum_{r=r_0}^{m-1+r_0} d_r^{r_0} v_{j+1/2}^{(r)}$$

具有 $\mathcal{O}(h^{2m-1})$ 阶精度。然而, 这种方法将格式退化为线性格式。因此在正则性有限的点上会损失精度。

因此, 考虑稍微更一般的形式

$$v_{j+1/2} = \sum_{r=r_0}^{m-1+r_0} \omega_r^{r_0} v_{j+1/2}^{(r)}$$

并尝试定义权值 $\omega_r^{r_0}$, 使得在线性格式能够在解的光滑区域中恢复, 同时在间断点附近保留 ENO 格式。

为了保持一致性和稳定性, 要求

$$\sum_{r=r_0}^{m-1+r_0} \omega_r^{r_0} = 1, \quad \omega_r^{r_0} \geqslant 0$$

此外, 为了在解的光滑部分保持最优线性精度, 必须要求

$$\omega_r^{r_0} = d_r^{r_0} + \mathcal{O}(h^{m-1}) \tag{11.7}$$

因为

$$\sum_{r=r_0}^{m-1+r_0} (\omega_r^{r_0} - d_r^{r_0}) v_{j+1/2}^{(r)} = \sum_{r=r_0}^{m-1+r_0} (\omega_r^{r_0} - d_r^{r_0}) \left[v_{j+1/2}^{(r)} - v\left(x_{j+1/2}\right)\right] = \mathcal{O}\left(h^{2m-1}\right)$$

这里使用了一致性关系

$$\sum_{r=r_0}^{m-1+r_0} \omega_r^{r_0} = \sum_{r=r_0}^{m-1+r_0} d_r^{r_0} = 1$$

显然, 成功的关键在于给出 $\omega_r^{r_0}$ 的一个谨慎定义。

根据 [5], 考虑如下选择

$$\omega_r^{r_0} = \frac{\alpha_r}{\sum_{s=r_0}^{m-1} \alpha_s}, \quad \alpha_r = \frac{d_r^{r_0}}{(\varepsilon + \beta_r)^{2p}} \tag{11.8}$$

其中, $\varepsilon \ll 1$； 通常取 $\varepsilon = 10^{-6}$。适当的 ε 值与 β_r 的大小密切相关, 并且对非常精确的解, 可能需要更小的值。关于这一问题的讨论可以参考 [21, 22]。可以通过改变 p 值来修正光滑度指标 (smoothness indicator) 的影响, 虽然经常令 $p = 1$。

首先考虑光滑解。在这种情况下, 如果

$$\beta_r = C(h)\left(1 + \mathcal{O}\left(h^{m-1}\right)\right)$$

则 (11.7) 成立。另一方面, 如果 $\beta_r = \mathcal{O}(1)$, 则有 $\omega_r^{r_0} = \mathcal{O}(h^{2p})$, 这将显著降低模板的影响。这正是期望的行为。

算法设计的最后一步是定义光滑度指标 β_r。直观地说, 需要寻求与解的总变差相关的便于计算且光滑的指标。为了避免计算 L^1-范数的复杂性, [5] 提出

$$\beta_r = \sum_{l=1}^{m-1} \int_{x_{j-1/2}}^{x_{j+1/2}} h^{2l-1} \left(\frac{d^l \pi_r}{dx^l}\right)^2 dx \tag{11.9}$$

其中 π_r 是特定模板的重构多项式, 而 h^{2l-1} 确保了网格尺度的独立性。由于假设了等距网格, 那就可以不需特地引进 r_0。

当 $m = 2$ 时, 光滑度指标可以显式表示为

$$\beta_0 = \left(\bar{v}_{j+1} - \bar{v}_j\right)^2, \qquad \beta_1 = \left(\bar{v}_j - \bar{v}_{j-1}\right)^2$$

当 $m = 3$ 时有

$$\begin{aligned}
\beta_0 &= \frac{13}{12}(\bar{v}_j - 2\bar{v}_{j+1} + \bar{v}_{j+2})^2 + \frac{1}{4}(3\bar{v}_j - 4\bar{v}_{j+1} + \bar{v}_{j+2})^2 \\
\beta_1 &= \frac{13}{12}\left(\bar{v}_{j-1} - 2\bar{v}_j + \bar{v}_{j+1}\right)^2 + \frac{1}{4}\left(\bar{v}_{j-1} - \bar{v}_{j+1}\right)^2 \\
\beta_2 &= \frac{13}{12}\left(\bar{v}_{j-2} - 2\bar{v}_{j-1} + \bar{v}_j\right)^2 + \frac{1}{4}\left(\bar{v}_{j-2} - 4\bar{v}_{j-1} + 3\bar{v}_j\right)^2
\end{aligned} \tag{11.10}$$

对于光滑函数, 很容易验证

$$\beta_r = Ch^2\left(1+\mathcal{O}\left(h^{m-1}\right)\right) \tag{11.11}$$

这保证了 (11.7) 成立。对于一般的 m 值, 光滑度指标的实际计算稍显复杂, 并在以下示例中概述。

例 11.5 对一般阶数, 光滑度指标 β_r 的计算复杂在需要对重构多项式 π_r 的平方进行积分。考虑光滑度指标

$$\beta_r = \sum_{l=1}^{m-1}\int_{x_{j-1/2}}^{x_{j+1/2}} h^{2l-1}\left(\frac{d^l\pi_r}{dx^l}\right)^2 dx$$

其中, 重构多项式 π_r 嵌入了对网格和局部解的依赖, 定义为

$$\pi_r(x) = h\sum_{q=0}^{m-1}\bar{v}_{q+j-r}\left(\sum_{i=q+1}^{m}\left(\ell_i^{(j-r-1/2)}\right)'(x)\right)$$

其中, $\ell_i^{(j-r-1/2)}(x)$ 是拉格朗日多项式, 定义见 (11.3)。作为第一步, 需要计算

$$\frac{d^l\pi}{dx^l} = h\sum_{q=0}^{m-1}\bar{v}_{q+j-r}\left(\sum_{i=q+1}^{m}\left(\ell_i^{(j-r-1/2)}\right)^{(l+1)}(x)\right) = h\sum_{q=0}^{m-1}\bar{v}_{q+j-r}Q'_{q,r}(x)$$

然后通过泰勒展开表达 $Q^l_{q,r}(x)$, 首先考虑

$$\ell_i(x) = \sum_{k=0}^{m}\frac{c_{k,i}}{k!}x^k$$

如 [23] 中讨论的, 对任意阶数 m 和网格点 x_j 的分布, 系数 $c_{k,i}$ 可以通过向前递推得到。该算法在 lagrangeweights.m 中说明。

脚本 11.16: lagrangeweights.m: 对拉格朗日多项式进行泰勒展开的权值计算

```
function [cw]=lagrangeweights(x)
% Purpose: Compute weights for Taylor expansion of Lagrange polynomial based
%          on x and evaluated at 0.
%          Method due to Fornberg (SIAM Review, 1998, 685-691)
np=length(x); cw=zeros(np,np);
cw(1,1)=1.0; c1=1.0; c4=x(1);
for i=2:np
    mn=min(i,np-1)+1;
```

```
    c2=1.0; c5=c4; c4=x(i);
    for j=1:i-1
      c3=x(i)-x(j); c2=c2*c3;
      if(j==i-1)
           for k=mn:-1:2
                cw(i,k)=c1*((k-1)*cw(i-1,k-1)-c5*cw(i-1,k))/c2;
           end
           cw(i,1)=-c1*c5*cw(i-1,1)/c2;
      end
      for k=mn:-1:2
           cw(j,k)=(c4*cw(j,k)-(k-1)*cw(j,k-1))/c3;
      end
      cw(j,1)=c4*cw(j,1)/c3;
    end
    c1=c2;
end
return
```

导数可以写为

$$\frac{d^l}{dx^l}\ell_i(x)=\sum_{k=0}^{m-l}\frac{c_{k+l,i}}{k!}x^k$$

从中得到

$$Q_{q,r}^l(x)=\sum_{i=q+1}^{m}\left(\sum_{k=0}^{m-l}\frac{c_{k+l,i}}{k!}x^k\right)=\sum_{k=0}^{m-l}\frac{d_{k.q}^l}{k!}x^k,\quad d_{k,q}^l=\sum_{i=q+1}^{m}c_{k+l,i}\tag{11.12}$$

计算重构多项式导数的平方

$$\int_{x_{j-1/2}}^{x_{j+1/2}}\left(\frac{d^l\pi}{dx^l}\right)^2dx=\int_{x_{j-1/2}}^{x_{j+1/2}}\left(\sum_{q=0}^{m-1}\bar{v}_{q+j-r}Q_{q,r}^l(x)\right)^2dx=\bar{v}^{\mathrm{T}}\tilde{Q}^l\bar{v}$$

其中 $m\times m$ 矩阵算子 $Q^l(x)$ 的元素为

$$\tilde{Q}_{ij}^l=\int_{x_{j-1/2}}^{x_{j+1/2}}Q_{i,r}^l(x)Q_{j,r}^l(x)dx$$

回顾 (11.12), 通过以下方法对其进行计算

$$Q_{i,r}^l(x)Q_{j,r}^l(x)=\tilde{x}^{\mathrm{T}}D\tilde{x}$$

其中

$$\tilde{x} = [1, x, x^2/2, \cdots, x^{m-l}/(m-l)!]^{\mathrm{T}}, \qquad D_{ij} = d^l_{k,i} d^l_{k,j}$$

从而得到

$$\tilde{Q}^l_{ij} = \int_{x_{j-1/2}}^{x_{j+1/2}} \tilde{x}^{\mathrm{T}} D \tilde{x} dx$$

由于这涉及 $2(m-l)$ 阶的多项式表达式, 因此可以通过高斯求积精确积分, 如 Qcalc.m 所示。

脚本 11.17: Qcalc.m: 计算矩阵算子 $\tilde{Q}^l$ 各元素, 用以计算光滑度指标

```
function [Qelem]=Qcalc(D,m,l);
% Purpose: Evaluate entries in the smoothness indicator for WENO
[x,w]=LegendreGQ(m); xq=x./2; Qelem=0;
for i=1:m+1
    xvec=zeros(m-l+1,1);
    for k=0:m-l  xvec(k+1)=xq(i)^k./prod(1:k); end;
    Qelem=Qelem+(xvec'*D*xvec)*w(i)/2;
end
return
```

一旦计算出所有 l 值对应的这些算子, 就可以直接计算光滑度指标。假设等距网格间距为 h, 可得

$$\beta_r = \bar{v}^{\mathrm{T}} \left(\sum_{l=1}^{m-1} \tilde{Q}^l \right) \bar{v}$$

完整的程序在 betarcalc.m 中给出。

脚本 11.18: betarcalc.m: 矩阵算子的计算, 用以计算光滑度指标

```
function [errmat]=betarcalc(x,m)
% Purpose: Compute matrix to allow evaluation of smoothness indicator in
%          WENO based on stencil [x] of length m+1 .
%          Returns sum of operators for l=1..m-1

% Evaluate Lagrange polynomials
[cw]=lagrangeweights(x);

% Compute error matrix for l=1..m-1
errmat=zeros(m,m);
for l=2:m
```

```
    % Evaluate coefficients for derivative of Lagrange polynomial
    dw=zeros(m,m-l+1);
    for k=0:(m-l)
      for q=0:m-1
        dw(q+1,k+1)=sum(cw((q+2):m+1,k+l+1));
      end
    end

    % Evaluate entries in matrix for order 'l'
    Qmat=zeros(m,m);
    for p=0:m-1
      for q=0:m-1
         D=dw(q+1,:)'*dw(p+1,:);
         Qmat(p+1,q+1)=Qcalc(D,m,l);
      end
    end
    errmat=errmat+Qmat;
end
return
```

为举例说明光滑度指标的计算, 首先考虑 $m=2$ 和 $r=0,1$ 的情况, 用网格 $\left[x_{-1/2-r}, x_{1/2-r}, x_{3/2-r}\right]$ 表征。算子的计算结果为

$$Q^0=\begin{bmatrix}1 & -1\\ -1 & 1\end{bmatrix},\quad Q^1=\begin{bmatrix}1 & -1\\ -1 & 1\end{bmatrix}$$

当 $m=2$ 时, 光滑度指标如下

$$\beta_0=(\bar{v}_{j+1}-\bar{v}_j)^2,\quad \beta_1=(\bar{v}_j-\bar{v}_{j-1})^2$$

对 $m=3, r=0,1,2$ 的情形, 可以得到

$$Q^0=\frac{1}{6}\begin{bmatrix}20 & -31 & 11\\ -31 & 50 & -19\\ 11 & -19 & 8\end{bmatrix},\quad Q^1=\frac{1}{6}\begin{bmatrix}8 & -13 & 5\\ -13 & 26 & -13\\ 5 & -13 & 8\end{bmatrix}$$

$$Q^2=\frac{1}{6}\begin{bmatrix}8 & -19 & 11\\ -19 & 50 & -31\\ 11 & -31 & 20\end{bmatrix}$$

注意到 Q^0 和 Q^2 之间存在密切联系。还需注意, 正如一致性所期望的那样, 各行各列和都为零, 因为这些算子与多项式的导数相关。

根据公式 (11.10), 可以将这些光滑度指标重写为

$$\beta_0 = \frac{13}{12}\left(\bar{v}_j - 2\bar{v}_{j+1} + \bar{v}_{j+2}\right)^2 + \frac{1}{4}\left(3\bar{v}_j - 4\bar{v}_{j+1} + \bar{v}_{j+2}\right)^2$$
$$\beta_1 = \frac{13}{12}\left(\bar{v}_{j-1} - 2\bar{v}_j + \bar{v}_{j+1}\right)^2 + \frac{1}{4}\left(\bar{v}_{j-1} - \bar{v}_{j+1}\right)^2$$
$$\beta_2 = \frac{13}{12}\left(\bar{v}_{j-2} - 2\bar{v}_{j-1} + \bar{v}_j\right)^2 + \frac{1}{4}\left(\bar{v}_{j-2} - 4\bar{v}_{j-1} + 3\bar{v}_j\right)^2$$

虽然 WENO 格式的精度在解的光滑区域被设计为 $\mathcal{O}(h^{2m-1})$, 在间断区域附近降至 $\mathcal{O}(h^m)$, 因此可以提出问题: 是否可能存在一个中间精度, 即通过调整非线性权值以提高间断区域附近的精度。

为深入了解这一点, 可以将非线性权值 (11.8) 表示为

$$\omega_r^{r_0} = d_r^{r_0}\left(\sum_{s=r_0}^{m-1+r_0} d_s^{r_0}\left(\frac{\beta_r+\varepsilon}{\beta_s+\varepsilon}\right)^{2p}\right)^{-1}$$

如果所有模板都是光滑的, 那么 (11.11) 立即给出线性权值, 并恢复到最优精度。

假设一个模板是不光滑的, 例如 $r=0$。在这种情况下, $\beta_0=\mathcal{O}(1)$, 并且观察到 $\omega_0^{r_0}=\mathcal{O}(h^{2p})$, 而对 $r\neq 0$ 有

$$\omega_r^{r_0} = \frac{d_r^{r_0}}{\sum_{s=1}^{m-1} d_s^{r_0}}$$

因此, 除不光滑模板外, 其余 $m-2$ 个模板以线性方式组合, 但权值与最优线性权值不同。因此, WENO 格式的精度将突然从解的光滑区域的 $\mathcal{O}(h^{2m-1})$ 降至 $\mathcal{O}(h^m)$, 这是由于至少一个模板包含了间断点。

11.3.1 WENO 的变种

以上发展导致了经典的 WENO 格式[5]。然而, 由于非线性权值和光滑度指标的选择不是唯一的, 因此出现了几种变种。大多数工作集中在提高 WENO 方法在临界点 (即解的导数为零) 的精度上。并且, 由于其使用广泛, 大多数工作集中在研究五阶 WENO 方法上, 即 $m=3$。然而, 这些发展的中心思想是通用的, 可以推广到更高阶的 WENO 方法。

为了解临界点处精度降低的潜在可能, 我们考虑局部极值点的情况。回想最优精度 $\mathcal{O}(h^{2m-1})$ 要求

$$\omega_r^{r_0} = d_r^{r_0} + \mathcal{O}\left(h^{m-1}\right)$$

上式成立的充分条件是

$$\beta_r = C(h)\left(1+\mathcal{O}\left(h^{m-1}\right)\right) \tag{11.13}$$

这一结果基于泰勒展开, 并假设所有导数均非零。

如果将注意力限制在 $m=3$ 的情形, 则光滑度指标 (11.10) 可以展开为

$$\beta_r = \left(v'(x_j)\,h\right)^2\left(1+\mathcal{O}\left(h^2\right)\right)$$

从而实现了所需精度。然而, 如果考虑临界点的邻域, 即 $v'(x_j) \ll 1$, 则有

$$\beta_0 = \beta_2 = \frac{13}{12}\left(v''(x_j)\,h^2\right)^2(1+\mathcal{O}(h)), \quad \beta_1 = \frac{13}{12}\left(v''(x_j)\,h^2\right)^2\left(1+\mathcal{O}\left(h^2\right)\right)$$

因此, 对 (β_0,β_2), 精度条件被破坏。这可能导致精度局部降低到 $\mathcal{O}\left(h^3\right)$, 因为非线性权值近似于线性权值, 因为

$$\omega_r^{r_0} = d_r^{r_0} + \mathcal{O}(h)$$

对此问题的一种自然解决方案是采用不同的非线性权值定义, 或者至少修正临界点附近的权值, 使其更接近理想线性权值。

[21] 中提出考虑如下映射

$$g_r(\omega) = \omega\frac{\omega^2 - 3\omega d_r^{r_0} + d_r^{r_0} + \left(d_r^{r_0}\right)^2}{\left(d_r^{r_0}\right)^2 + \omega\left(1-2d_r^{r_0}\right)}$$

其中 $\omega\in[0,1]$。从而得到新权值 ω_r^M,

$$\alpha_r^* = g_r\left(\omega_r^{r_0}\right), \quad \omega_r^M = \frac{\alpha_r^*}{\alpha_0^*+\alpha_1^*+\alpha_2^*}$$

构造 $g_r(\omega)$ 的目的是将临界点附近的权值映射为更接近最优线性权值。事实上, 泰勒展开式表明

$$\alpha_r^* = d_r^{r_0} + \mathcal{O}\left(h^3\right)$$

因此

$$\omega_r^M = d_r^{r_0} + \mathcal{O}\left(h^3\right)$$

这就保证了在任何位置都能得到最佳精度, 包括临界点。然而需注意, 如果二阶导数在临界点也为零, 那么这种映射方法的精度将降低到二阶, 与经典 WENO 方法相同。

要求得这些新的映射权值很容易。但是, 由于映射必须在每个单元格的所有权值中进行, 因此计算成本很大。这一观察结果推动发展了一种不同的方法, 以确保临界点处有最优的精度, 即 WENO-Z 方法, 其在 [22,24] 中所述。

定义一个新参数

$$\tau = |\beta_0 - \beta_2|$$

旨在为模板上解的光滑性提供一个全局评估。使用泰勒展开很容易得到对光滑解有

$$\tau = \frac{13}{3}\left|v''(x_j)\,v'''(x_j)\right| h^5 + \mathcal{O}\left(h^6\right)$$

这允许定义新的非线性权值为

$$\omega_r^z = \frac{\alpha_r^z}{\alpha_0^z + \alpha_1^z + \alpha_2^z}, \quad \alpha_r^z = d_r^{r_0}\left(1 + \left(\frac{\tau}{\beta_r + \varepsilon}\right)^q\right) \tag{11.14}$$

如果假设 $\beta_r = \mathcal{O}(h^2)$ 在解的光滑部分成立, 则有

$$\omega_r^z = d_r^{r_0} + \mathcal{O}\left(h^{3q}\right)$$

从而确保形式上的最优精度。[22] 中表明, 当 $q = 1$ 时, 在一阶导数为零情形下, (11.14) 保证了临界点处的四阶精度, 而 $q = 2$ 保证了在这些点处的最优精度。此外, 还在所有高阶临界点上至少有二阶精度。值得注意的是, 与经典 WENO 法相比, 这些改进后的非线性权值应用时, 额外的计算成本可以达到最小。也就是说, 相比较于更精确的 WENO-Z 方法, 没有明确的论据支持经典的 WENO 方法。

在 [24] 中, 通过如下非线性权值, 将该方法推广至 WENO-Z 格式的任意阶

$$\omega_r^z = \frac{\alpha_r^z}{\sum_{s=0}^{m-1}\alpha_s^z}, \quad \alpha_r^z = d_r^{r_0}\left(1 + \left(\frac{\tau_{2m-1}}{\beta_r + \varepsilon}\right)^q\right)$$

式中 $(m > 2)$

$$\tau_{2m-1} = \begin{cases} |\beta_0 - \beta_{m-1}|, & m\text{ 为奇数} \\ |\beta_0 - \beta_1 - \beta_{m-2} + \beta_{m-1}|, & m\text{ 为偶数} \end{cases}$$

通常取 $q = m - 1$, 尽管这不是必须的。通过仔细分析, 即使在高阶临界点和 WENO-Z 格式高达 11 阶 $(m = 5)$ 的情况下, 这一权值的定义被证明可以保证最佳精度。可以参阅 [24] 以获得详细信息。

在上一节的结尾, 我们观察到一个模板遇到间断点时, WENO 格式的精度会突然从 $\mathcal{O}(h^{2m-1})$ 降到 $\mathcal{O}(h^m)$。对一个大型模板, 当在边缘遇到间断点时, 可以问

是否可以结合现有的光滑模板来提高局部精度，即在模板的部分区域寻求改变一些重构权值，以提高整体精度。因为我们已经意识到经典的 WENO 权值不允许这样做，所以需要对权值进行修改。

这种格式被称为嵌入式 WENO 格式，并在最近被提出。其基本思想是重新定义非线性权值，使光滑模板以分层的方式组合，在可能的情况下，产生介于 $\mathcal{O}(h^m)$ 和 $\mathcal{O}(h^{2m-1})$ 之间的精度。但这种方法在思想上与 WENO 方法相似，尽管现在在重构中仅应用于模板的子集。

在 [25] 中，这是通过重新定义非线性权值来实现的

$$\tilde{\omega}_r^{r_0} = \omega_r^{r_0}\left(a_{rr} + \sum_{s=0, s\neq r}^{m-1} \frac{a_{rs}\beta_s}{\beta_r + \varepsilon}\right) \tag{11.15}$$

其中系数 a_{ij} 需要指定。根据一致性，得到

$$\sum_{s=0}^{m-1} a_{rs} = 1, \quad k = 0, \cdots, m-1$$

(11.15) 修改的动机源于通过 (11.13) 观察到

$$\frac{\beta_r}{\beta_s} = \begin{cases} 1 + \mathcal{O}\left(h^{m-1}\right), & \beta_r \sim \beta_s \sim C(h)\left(1 + \mathcal{O}\left(h^{m-1}\right)\right) \\ C(h), & \beta_r \sim C(h)\left(1 + \mathcal{O}\left(h^{m-1}\right)\right), \beta_s \sim \mathcal{O}(1) \\ (C(h))^{-1}, & \beta_r \sim \mathcal{O}(1), \beta_s \sim C(h)\left(1 + \mathcal{O}\left(h^{m-1}\right)\right) \end{cases}$$

回想一般情况下有 $C(h) \sim Ch^{m-1}$，因此对于光滑模板，可以保持最优精度阶数，而在 $\beta_r \sim \mathcal{O}(1)$ 的间断点附近，修正会很大。然后就可以根据模板中间断点的位置确定剩余常数，其目标是增加光滑模板的线性精度。通过这样的格式，尽管增加了非线性权值的计算成本，可以期望提高间断点附近光滑结构的精度。更多的细节和计算结果可以参考 [25]，这些结果证实了初步的猜测。

最后，让我们讨论一下中心 WENO 格式 (CWENO)，其在 [26] 中被首次引入，并在 [27–29] 中得到了进一步发展。在 x_j 的邻域内考虑一个大小为 $2m-1$ 的中心模板和类似于标准 WENO 技术的大小为 m 的 m 个子模板。插值 $2m-1$ 个单元格均值的 $2m-2$ 阶全局多项式为

$$\frac{1}{h}\int_{x_{i-1/2}}^{x_{i+1/2}} \pi_G(x)dx = \bar{u}_i, \quad \forall i = j-(m-1), \cdots, j+(m-1)$$

类似地，可将基于 m 个点的 m 个模板的多项式定义为

$$\frac{1}{h}\int_{x_{i-1/2}}^{x_{i+1/2}} \pi_r(x)dx = \bar{u}_i, \quad \forall i = j-(m-1)+(r-1), \cdots, j+(r-1)$$

式中, $r=1,\cdots,m$. 这两组多项式的构造遵循 11.1 节的讨论。现在定义另一个全局多项式：

$$\pi_0(x)=\frac{1}{d_0}\left(\pi_G(x)-\sum_{r=1}^{m}d_r\pi_r(x)\right)$$

其中, $d_r\in[0,1]$ 表示一组线性系数。出于一致性要求

$$\sum_{r=0}^{m}d_r=1$$

虽然 π_0 是 $2m-1$ 阶多项式, 但近似的精度只有 m。为理解这一点, 考虑

$$\begin{aligned}u(x)-\pi_0(x)&=\frac{1}{d_0}\left[d_0u(x)-\pi_G(x)+\sum_{r=1}^{m}d_r\pi_r(x)\right]\\&=\frac{1}{d_0}\left[\left(1-\sum_{r=1}^{m}d_r\right)u(x)-\pi_G(x)+\sum_{r=1}^{m}d_r\pi_r(x)\right]\\&=\frac{1}{d_0}\left[u(x)-\pi_G(x)\right]-\sum_{r=1}^{m}d_r\left[u(x)-\pi_r(x)\right]\\&=\mathcal{O}\left(h^{2m-1}\right)+\mathcal{O}\left(h^m\right)\end{aligned}$$

现在遵循 WENO 格式的发展并定义

$$\omega_r=\frac{\alpha_r}{\sum_{s=0}^{m}\alpha_s},\quad \alpha_r=\frac{d_r}{(\varepsilon+\beta_r)^{2p}},\quad r=0,\cdots,m$$

其中 β_r 为光滑度指标, 例如 (11.9)。随后可以给出重构多项式

$$\pi(x)=\sum_{r=0}^{m}\omega_r\pi_r(x)$$

CWENO 格式与传统 WENO 格式的主要区别就在于, 全局多项式 π_G 是前者的自然组成部分, 而后者必须谨慎选择线性权值以确保最优精度。因此, 在 CWENO 格式中, 可以自由选择 $d_r\in[0,1]$ 以优化格式, 并且这种选择不依赖于网格。

[29] 中, 建议选择 d_0, 并通过

$$\tilde{d}_r=\tilde{d}_{m+1-r}=r,\quad 1\leqslant r\leqslant\frac{m+1}{2}$$

来定义剩余系数, 然后把这些更新为

$$d_r=(1-d_0)\frac{\tilde{d}_r}{\sum_{i=1}^{m}\tilde{d}_i}$$

建议选择 $d_0 = \dfrac{1}{2}$ 或 $d_0 = \dfrac{2}{3}$。注意, $d_0 = 0$ 会使 π_0 无界, 而 $d_0 = 1$ 意味着 $\pi_0(x) = \pi_G(x)$, 从而限制了控制振荡的空间。

要认识到这种方法与标准 WENO 格式一样精确, 考虑

$$\begin{aligned} u(x) - \pi(x) &= u(x) - \pi_G(x) + \sum_{r=0}^{m} (d_r - \omega_r)(\pi_r(x) - u(x)) \\ &= \mathcal{O}\left(h^{2m-1}\right) + \mathcal{O}(h^m) \sum_{r=0}^{m} (d_r - \omega_r) \end{aligned}$$

因此, 对于 WENO 格式, 必须要求 $|d_r - \omega_r| \simeq \mathcal{O}(h^{m-1})$ 来保证光滑情形的最优收敛。其证明在 [29] 给出, 并在 [30] 中讨论了 CWENO 方法的 TVD/TVB 稳定性。

CWENO 格式的主要优点是可以灵活选择 d_r 和其对网格的独立性, 后者对需要可变或时间相关网格时特别有益。可以参考 [27, 28] 获得中心 WENO 格式的进一步讨论和数值测试。

11.3.2　良平衡格式

现在考虑如下形式的守恒律方程

$$\frac{\partial u}{\partial t} = \frac{\partial f(u)}{\partial x} = s(u, x) \tag{11.16}$$

其中 $s(u, x)$ 是一个源。目前讨论的所有内容都可以直接用于求解此问题, 但对接近平衡态的行为必须谨慎:

$$\frac{\partial f(u)}{\partial x} = s(u, x)$$

在这些情况下, 格式必须能够保持满足平衡定律的稳态解。具有这种性质的格式被称为良平衡格式 (well balanced scheme)。它在特定领域的应用中发挥重要作用, 如浅水方程或考虑重力的问题等。虽然它似乎只对稳态问题很重要, 但充分证据表明, 当研究小的动态扰动时, 这也是一个值得关注的问题[31]。

将 (11.16) 的有限体积格式写为

$$\frac{d\bar{u}_j}{dt} + \frac{1}{h}\left[F_{j+1/2} - F_{j-1/2}\right] = \frac{1}{h}\int_{x_{j-1/2}}^{x_{j+1/2}} s(u, x) dx$$

根据 [32] 做两个假设。给定精确的稳态解 u, 假设存在两个函数 $q(x)$ 和 $p(x)$ 使得

$$a(u, x) \equiv \frac{u(x) + p(x)}{q(x)} = c \tag{11.17}$$

其中 c 是常数。进一步地, 假定源项可以分解为

$$s(u,x)=\sum_{l=1}^{L}s_l\left(a\left(u,x\right)\right)t_l'\left(x\right) \tag{11.18}$$

其中 s_l 和 t_j 是与具体问题相关的函数。

首先注意到由于单元格均值算子是线性运算, 可以得到

$$\bar{u}_j+\bar{p}_j=c\bar{q}_j$$

这满足公式 (11.17)。

ENO/WENO 格式的第一步是从单元格均值重构界面值, 得到一般表达式

$$u_{j+1/2}^{\pm}=S^{\pm}\left(\bar{u}\right)_j$$

其中, $S^{\pm}\left(\bar{u}\right)_j$ 反映了非线性 ENO/WENO 重构及其对局部模板的依赖。现在对 $p_{j+1/2}^{\pm}$ 和 $q_{j+1/2}^{\pm}$ 使用相同的重构:

$$p_{j+1/2}^{\pm}=S^{\pm}\left(\bar{p}\right)_j,\quad q_{j+1/2}^{\pm}=S^{\pm}\left(\bar{q}\right)_j$$

其中 $\bar{p}_j$ 和 $\bar{q}_j$ 表示两个已知函数 $p(x)$ 和 $q(x)$ 的局部单元格均值。虽然定义 $S^{\pm}\left(\bar{u}\right)_j$ 的格式是非线性的, 但它随后在计算 $p_{j+1/2}^{\pm}$ 和 $q_{j+1/2}^{\pm}$ 中的应用与线性格式类似。因此, 可立即得到

$$u_{j+1/2}^{\pm}+p_{j+1/2}^{\pm}=cq_{j+1/2}^{\pm}$$

这也意味着

$$a\left(u,x\right)_{j+1/2}^{\pm}=c \tag{11.19}$$

根据 (11.18), 显然有

$$\begin{aligned}\frac{d}{dx}\left[f\left(u\right)-\sum_{l=1}^{L}s_l\left(a\left(u,x\right)\right)t_l\left(x\right)\right]&=f_x\left(u\right)-\sum_{l=1}^{L}s_l\left(a\left(u,x\right)\right)t_l'\left(x\right)\\&=f_x\left(u\right)-s\left(u,x\right)=0\end{aligned}$$

使得

$$f(u)-\sum_{l=1}^{L}s_l\left(a\left(u,x\right)\right)t_l\left(x\right)$$

对稳态解 u 是一个常数。因此, 需要定义 $t_l^{\pm}\left(x_{j+1/2}\right)$ 使得

$$f\left(u_{j+1/2}^{\pm}\right)-\sum_{l=1}^{L} s_l\left(a_{j+1/2}^{pm}\right) t_l^{\pm}\left(x_{j+1/2}\right) \tag{11.20}$$

在单元格界面上保持不变。

源函数的单元格均值可以表示为

$$\begin{aligned}
\int_{x_{j-1/2}}^{x_{j+1/2}} s(u,x)dx &= \sum_{l=1}^{L}\int_{x_{j-1/2}}^{x_{j+1/2}} s_l\left(a(u,x)\right) t_l'\left(x\right) dx \\
&= \sum_{l=1}^{L}\frac{s_l(a_{j-1/2}^{+})+s_l(a_{j+1/2}^{-})}{2}\int_{x_{j-1/2}}^{x_{j+1/2}} t_l'\left(x\right) dx \\
&\quad + \sum_{l=1}^{L}\int_{x_{j-1/2}}^{x_{j+1/2}}\left(s_l\left(a(u,x)\right)-\frac{s_l(a_{j-1/2}^{+})+s_l(a_{j+1/2}^{-})}{2}\right) t_l'\left(x\right) dx \\
&= \sum_{l=1}^{L}\frac{s_l(a_{j-1/2}^{+})+s_l(a_{j+1/2}^{-})}{2}\left(t_l\left(x_{j+1/2}\right)-t_l\left(x_{j-1/2}\right)\right) \\
&\quad + \sum_{l=1}^{L}\int_{x_{j-1/2}}^{x_{j+1/2}}\left(s_l\left(a(u,x)\right)-\frac{s_l(a_{j-1/2}^{+})+s_l(a_{j+1/2}^{-})}{2}\right) t_l'\left(x\right) dx
\end{aligned}$$

这就产生了格式

$$\frac{d\bar{u}_j}{dt}+\frac{1}{h}\left[F_{j+1/2}-F_{j-1/2}\right]=\frac{1}{h}S_j$$

其中

$$S_j=\sum_{l=1}^{L}\frac{s_l(a_{j-1/2}^{+})+s_l(a_{j+1/2}^{-})}{2}\left(t_l\left(x_{j+1/2}\right)-t_l\left(x_{j-1/2}\right)\right)+\hat{S}_j$$

并且

$$\hat{S}_j=\sum_{l=1}^{L}\int_{x_{j-1/2}}^{x_{j+1/2}}\left(s_l\left(a\left(u,x\right)\right)-\frac{s_l(a_{j-1/2}^{+})+s_l(a_{j+1/2}^{-})}{2}\right) t_l'\left(x\right) dx$$

对于一般问题, 这个积分必须使用足够的精度来计算。然而, 如果关注稳态问题, 则 (11.19) 意味着 s_j 项的消失, 同时平衡定律为

$$F_{j+1/2}-F_{j-1/2}=\sum_{l=1}^{L} s_l(c)\left(t_l\left(x_{j+1/2}\right)-t_l\left(x_{j-1/2}\right)\right) \tag{11.21}$$

如果现在取

$$F_{j+1/2}=\frac{f(u_{j+1/2}^{+})+f(u_{j+1/2}^{-})}{2},\quad t_l\left(x_{j+1/2}\right)=\frac{t_l^{+}\left(x_{j+1/2}\right)+t_l^{-}\left(x_{j+1/2}\right)}{2}$$

那么 (11.20) 意味着 (11.21) 满足, 从而得到一个良平衡格式。

拉克斯–弗里德里希斯通量为

$$F_{j+1/2}=\frac{f(u_{j+1/2}^{+})+f(u_{j+1/2}^{-})}{2}-\alpha\left(u_{j+1/2}^{+}-u_{j+1/2}^{-}\right)$$

然而, 由于稳定性需要耗散项, 这并未简化为稳态解的中心通量。为了解决这个问题, [32] 建议将数值通量重新定义为

$$F_{j+1/2}=\frac{f(u_{j+1/2}^{+})+f(u_{j+1/2}^{-})}{2}-\tilde{\alpha}\mathrm{sign}\left(q\left(x_{j+1/2}\right)\right)\left(a_{j+1/2}^{+}-a_{j+1/2}^{-}\right)$$

该项会在稳态时消失。为了确保足够的耗散, 取 $\tilde{\alpha}=\alpha/\min q(x)$, 从而得到一个良平衡稳态格式。

例 11.6 考虑浅水方程组

$$\frac{\partial h}{\partial t}+\frac{\partial\left(hu\right)}{\partial x}=0,\quad \frac{\partial hu}{\partial t}+\frac{\partial\left(hu^2+\frac{1}{2}gh^2\right)}{\partial dx}=-ghh_x$$

其中 (h,hu) 分别代表水深和动量, g 为重力常数, $b(x)$ 表示底部地形。

稳态解为

$$u=0,\quad h+b=c$$

按照上述推导, 自然定义

$$a_1-h+b,\quad a_2-0$$

以及

$$s_1=s_1\left(a_1\right)=-g\left(h+b\right),\quad s_2=s_2\left(a_2\right)=\frac{1}{2}g$$

从而得到

$$-ghb_x=-g\left(h+b\right)+\frac{1}{2}g\left(b^2\right)_x$$

通过定义

$$t_1\left(x\right)=b,\quad t_2\left(x\right)=b^2$$

得到 (11.18)。从而可以推导出浅水方程组的良平衡格式。

对于更一般的稳态问题, 如非零常数解, 开发良平衡格式更加复杂, 在 [33] 中进行了详细讨论。在 [34] 综述了使用有限差分格式或间断伽辽金方法的良平衡格式的推广和发展。

11.3.3　更多理论

对于 ENO 格式, WENO 格式的非线性性质使得严格的稳定性和收敛性推导变得困难, 因此这类问题普遍并未解决。与 ENO 格式的符号性质相反, 尽管 [35] 已经提出了具有这种特性的特殊格式, 标准 WENO 格式并没有这样的结论。

然而, 如果只关注具有光滑解的标量守恒律方程, 那么由非线性权值保证的 WENO 格式的光滑性允许我们推导出一些精度上的相关结论。

考虑半离散格式

$$\frac{dU_j}{dt} = G\left(U\right)_j = G\left(U_{j-r-1}, \cdots, U_{j+r+1}\right)$$

作为如下守恒律方程的半离散近似

$$\frac{\partial u}{\partial t} + \frac{\partial f}{\partial x} = \frac{\partial u}{\partial t} + f'\left(u\right)\frac{\partial u}{\partial x} = 0$$

这里假设解和通量是光滑的。首先可以得到经典结果[36]。

定理 11.7　假设 $G\left(U\right)_j$ 是 p 阶一致算子, 并且其一阶变分是 L^2-稳定的。如果 u, $f'\left(u\right)$ 和 $G\left(U\right)_j$ 对所有点 $\left(x_j, t_0\right)$ 都有 $p + q_0 + 3$ 阶连续导数, 则有

$$u(x_j, t_0) = U_j\left(t_0\right) + \mathcal{O}(h^p)$$

其中, q_0 是一个值很小的整数常数。

这一结果同样也适用于 d 维标量方程, 尽管在光滑性条件上有轻微的随维度增加。

因此, 一旦建立了 $G\left(U\right)_j$ 的一阶变分所需的光滑性和 L^2-稳定性, 就会得到精度相关的结论。由于 ENO 格式的非光滑特性, 很明显, 这种方法不能延续到该格式。

通过将注意力限制在具有光滑通量的格式上, 可以推导出 $u, f'\left(u\right)$ 和 $G\left(U\right)_j$ 的光滑性。此外, 通过定义非线性权值和光滑度指标, 可以保证 WENO 重构的光滑性。

在进行更全面的讨论之前, 首先考虑一个例子。

例 11.8　考虑简单的三点格式

$$\frac{dU_j}{dt} = -\frac{F_{j+1/2} - F_{j-1/2}}{h} = -\frac{F\left(U_j, U_{j+1}\right) - F\left(U_{j-1}, U_j\right)}{h}$$

使用拉克斯–弗里德里希斯通量

$$F(u, v) = \frac{1}{2}\left(f(u) + f(v) - \alpha(v - u)\right)$$

这里，$\alpha > 0$ 且足够大，以保证通量是单调的。

现在定义

$$G(U)_j = -\frac{F(U_j, U_{j+1}) - F(U_{j-1}, U_j)}{h}$$

并计算其一阶变分

$$\tilde{G}(U)_j = \sum_{i=j-1}^{j+1} \frac{\partial G}{\partial U_i}(U_j) U_i$$

可得

$$\begin{aligned}
\frac{\partial G}{\partial U_{j-1}}(U_j) &= \frac{1}{2h}(f'(U_j) + \alpha) U_{j-1} \\
\frac{\partial G}{\partial U_j}(U_j) &= -\frac{1}{2h} 2\alpha U_j \\
\frac{\partial G}{\partial U_{j+1}}(U_j) &= -\frac{1}{2h}(f'(U_j) - \alpha) U_{j+1}
\end{aligned}$$

结合前述结果，可以得到

$$\tilde{G}(U)_j = -f'(U_j) D_h^0 U_j + \alpha h D_h^+ D_h^- U_j$$

正如在例 5.6 中讨论过的，该格式是稳定的，因为它的特征值谱完全位于左半平面内。因此，采用三阶龙格-库塔格式可以保证离散稳定性，并根据定理 11.7 可以确保该格式的一致性。这与 5.1.1 节的分析一致。

参照这个例子，我们专注于建立一阶变分的稳定性，其由下式给定：

$$\tilde{G}(U)_j = \sum_{l=j-m}^{j+m} \frac{\partial G}{\partial U_l}(U_j) U_l$$

假设使用拉克斯–弗里德里希斯通量，回想在光滑解的情况下，需要 $\omega_r^{r_0} = d_r^{r_0} + \mathcal{O}(h^{m-1})$ 来确保最优线性精度。重构的线性性质使我们有

$$\begin{aligned}
\tilde{G}(U)_j = &-\frac{f'(U_j)}{2h}(U_{j+1/2}^+ + U_{j+1/2}^- - (U_{j-1/2}^+ + U_{j-1/2}^-)) \\
&+ \frac{\alpha}{2}(U_{j+1/2}^+ - U_{j+1/2}^- - (U_{j-1/2}^+ - U_{j-1/2}^-))
\end{aligned}$$

为了进一步简化，引入符号

$$\beta^+ = U_{j+1/2}^+ - U_{j-1/2}^+ = \sum_{r=0}^{m-1} d_{m-1-r}^0 \sum_{i=0}^{m-1} c_{i,r-1} \Delta^+ U_{j+i-r}$$

$$\beta^{-}=U_{j+1/2}^{-}-U_{j-1/2}^{-}=\sum_{r=0}^{m-1}d_{r}^{0}\sum_{i=0}^{m-1}c_{i,r}\Delta^{+}U_{j+i-r-1}$$

那么，一阶变分就可以写为

$$\tilde{G}(U)_{j}=-\frac{f'(U_{j})}{2h}\left(\beta^{-}+\beta^{+}\right)+\frac{\alpha}{2}\left(\beta^{+}-\beta^{-}\right)$$

经过直接但繁琐的代数运算后，可以将其重写为

$$\tilde{G}(U)_{j}=-f'(U_{j})\,D_{h}^{1,2m}U_{j}+(-1)^{m+1}\,h^{2m-1}\alpha C(m)\,D_{h}^{2m,2m}U_{j}$$

其中，算子 $D_h^{p,q}U_j$ 为对 p 阶导数的以 x_j 为中心、q 阶精度的有限差分近似，例如，$D_h^{1,2m}U_j$ 对一阶导数的 $2m$ 阶中心近似。此外，C 是一个依赖于 m 的正常数。

接着，按照前述例子，我们回想一阶算子的中心有限差分近似的谱是纯虚数，而第二项是具有负实谱的算子。因此，使用诸如三阶或四阶龙格-库塔方法的时间积分方法可保证格式的稳定性。由此，可以建立以下结论[5]。

定理 11.9　*考虑标量初值问题。如果在所有点 $(x_0,t_0)\in R^d\times R^+$ 上，解 u、通量雅可比矩阵 f' 和重构具有 $p+[(d+1)/2]+q_0+2$ 阶连续导数，则对适当的 CFL 条件，具有光滑通量的 WENO 格式和 n 阶龙格-库塔方法 $(n\geqslant\max(p,3))$ 满足*

$$u(x_0,t_0)=U(x_0,t_0)+\mathcal{O}(h^p)$$

这里 q_0 是一个值很小的整数常数。

因此，当使用 WENO 方法求解具有光滑解的标量守恒律方程时，可以期望解的稳定性与最优精度。

尽管这一结果令人鼓舞，但其适用范围也相对较窄。然而，目前尚无超越上述结果的有关稳定性和收敛性的一般性结果。通常，当考虑标量问题时，可以观察到解的光滑部分具有高阶精度。对于方程组系统，结论并不明确，这是因为反向传播的特性可能会混合数值误差，并导致格式无法达到最优的收敛阶数。尽管如此，虽然这些情况下可能无法达到形式精度，但通常可以观察到相比低阶格式显著的整体精度提升。

正如我们将在第 13 章中进一步讨论的那样，逐点精度的缺乏可以通过后处理技术克服。虽然这些技术主要是为谱方法开发的，但在 [37] 中已经证明这些思想应用于使用 WENO 格式所得的解是可行的。

11.3.4　WENO 方法的运用

实现 WENO 方法的第一步是如 WENO.m 所示实现基于 $2m-1$ 个值的 WENO 重构。在此之后，ENO 和 WENO 重构之间的实现差异就很小了。

脚本 11.19: WENO.m: 使用 WENO 方法重构单元格界面的函数值

```
function [um,up]=WENO(xloc,uloc,m,Crec,dw,beta);
% Purpose: Compute the left and right cell interface values using an WENO
%          approach based on 2m-1 long vectors uloc with cell
% Set WENO parameters
p=1; q=m-1; vareps=1e-6;

% Treat special case of m=1-no stencil to select
if (m==1)
    um=uloc(1); up=uloc(1);
else
    alpham=zeros(m,1); alphap=zeros(m,1);
    upl=zeros(m,1); uml=zeros(m,1); betar=zeros(m,1);

    % Compute um and up based on different stencils and
    % smoothness indicators and alpha
    for r=0:m-1;
        umh=uloc(m-r+[0:m-1]);
        upl(r+1)=Crec(r+2,:)*umh; uml(r+1)=Crec(r+1,:)*umh;
        betar(r+1)=umh'*beta(:,:,r+1)*umh;
    end;

    % Compute alpha weights-classic WENO
    alphap=dw./(vareps+betar).^(2*p);
    alpham=flipud(dw)./(vareps+betar).^(2*p);

%   % Compute alpha weights-WENO-Z
%     tau=abs(betar(1)-betar(m));
%     if mod(m,2)==0
%         tau=abs(betar(1)-betar(2)-betar(m-1) + betar(m));
%     end
%     alphap=dw.*(1+(tau./(vareps+betar)).^q);
%     alpham=flipud(dw).*(1+(tau./(vareps+betar)).^q);

    % Compute nonlinear weights and cell interface values
    um=alpham'*uml/sum(alpham); up=alphap'*upl/sum(alphap);
end
return
```

麦克斯韦方程组

作为第一个例子, 考虑麦克斯韦方程组的解。与 ENO 方法相比, 实现 WENO 格式求解只需要很少的修改, 主要包括线性权值和光滑度指标的预计算, 如 MaxwellWENO1D.m 所示。其他两个程序 MaxwellWENODriver1D.m 和 MaxwellWENOrhs1D.m 分别与 MaxwellENODriver1D.m 和 MaxwellENOrhs1D.m 基本相同, 因此不再给出。

脚本 11.20: MaxwellWENO1D.m: 求解麦克斯韦方程组的时间积分程序, 包含 WENO 格式所需的初始化过程

```
function [q]=MaxwellWENO1D(x,q,ep,mu,h,m,CFL,FinalTime)
% function [q]=MaxwellWENO1D(x,q,ep,mu,h,m,CFL,FinalTime)
% Purpose  : Integrate 1D Maxwell's equation until FinalTime using a WENO
%            scheme and a 3rd order SSP-RK method.
time=0; tstep=0;

% Initialize reconstruction weights
Crec=zeros(m+1,m);
for r=-1:m-1;
    Crec(r+2,:)=ReconstructWeights(m,r);
end;

% Initialize linear weights
dw=LinearWeights(m,0);

% Compute smoothness indicator matrices
beta=zeros(m,m,m);
for r=0:m-1
    xl=-1/2+[-r:1:m-r];
    beta(:,:,r+1)=betarcalc(xl,m);
end

% Set timestep
cvel=1./sqrt(ep.*mu); k=CFL*h/max(cvel); maxvel=max(cvel);

% integrate scheme
while (time<FinalTime)
  if (time+k>FinalTime) k=FinalTime-time; end
  % Update solution
  rhsq=MaxwellWENOrhs1D(x, q,ep,mu,h,k,m,Crec,dw,beta,maxvel);
```

```
  q1=q+k*rhsq;
  rhsq=MaxwellWENOrhs1D(x,q1,ep,mu,h,k,m,Crec,dw,beta,maxvel);
  q2=(3*q+q1+k*rhsq)/4;
  rhsq=MaxwellWENOrhs1D(x,q2,ep,mu,h,k,m,Crec,dw,beta,maxvel);
  q=(q+2*q2+2*k*rhsq)/3;
  time=time+k; tstep=tstep+1;
end
return
```

考虑光滑解的情况。图 11.14 给出了不同 m 值和增加分辨率 N 的解。如预期的那样观察到了最优收敛阶数 $\mathcal{O}(h^{2m-1})$。

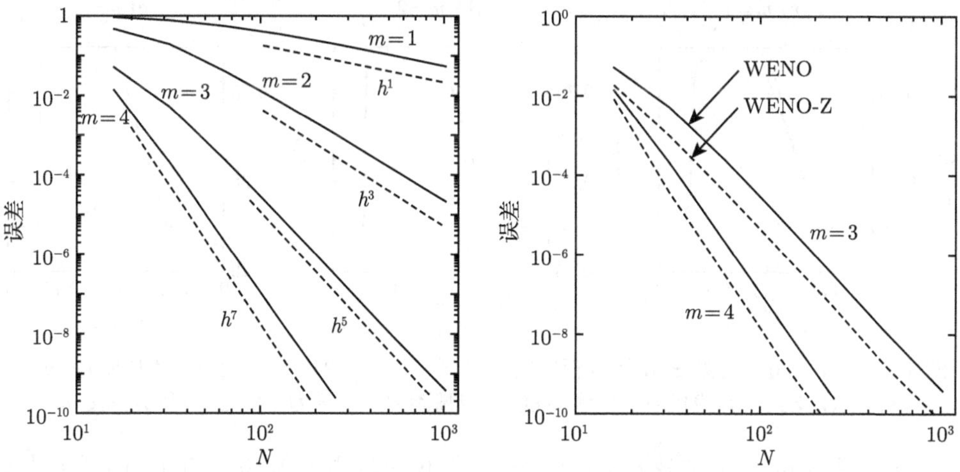

图 11.14　左图展示了 $T=\sqrt{2}$ 时刻, 使用 m 阶 WENO 格式求解具有光滑解的麦克斯韦方程组的 L^2-误差。时间步长的选择足够小以保证时间误差可以忽略不计。右图展示了使用经典 WENO 格式和 WENO-Z 格式, 分别当 $m=3$ 和 $m=4$ 时的 L^2-误差。两种情况均使用拉克斯–弗里德里希斯通量

图 11.14 还说明了使用 WENO-Z 权值而非经典权值的影响。尽管 WENO-Z 权值并不会改变实际的收敛阶数, 但仍然能够显著提升总体精度, 通常能以很小的额外计算成本, 提升一个数量级以上的精度。

使用迎风通量, 并谨慎确保网格对齐, 则使用 WENO 格式求解具有非光滑材料系数的问题时可得到类似于图 11.9 中的结果。

欧拉方程

现在研究 WENO 格式在求解更具挑战性的欧拉方程中的表现。对麦克斯韦方程组, ENO 格式的修改是最小的。

首先考虑 Sod 问题, 见 1.4.1 节。图 11.15 展示了不同阶数 m 下的结果。正如预期的那样, 增加近似阶数对解的质量有显著影响, 尤其是对稀疏波和线性接触波的解析。

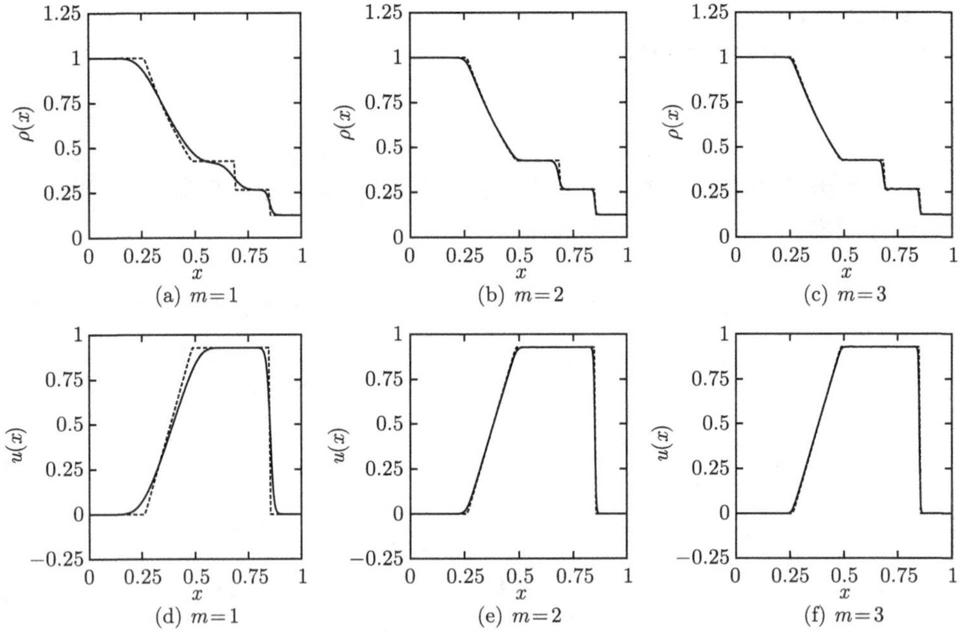

图 11.15　$T=0.2$ 时刻 Sod 激波管问题的解, 采用 $N=256$ 个单元格、不同阶数 m 的 WENO 格式。实线代表数值解, 虚线代表精确解。上排为密度 ρ, 下排为速度 u

仔细观察 $m=3$ 时激波附近的解, 会发现有轻微的振荡。图 11.16 突出显示

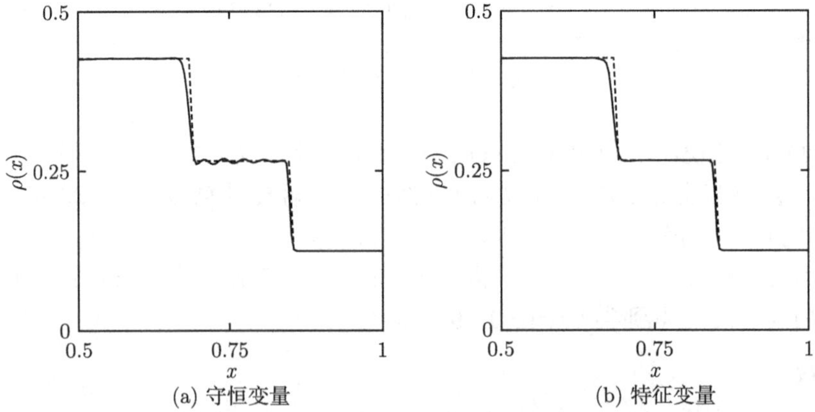

图 11.16　$m=4$, $N=256$ 时 WENO 格式数值解的放大图。重构基于守恒变量 (左图) 或特征变量 (右图)

了这种现象, 并展示了 $m = 4$ 时激波附近的解, 此时振荡很明显。

如前所述, 这种振荡的出现是因为重构是基于守恒变量的, 而不是基于更自然的同迎风通量[9] 相关的特征变量。我们需要第 10 章中介绍的 EulerChar.m 程序来实现此目的。一旦特征变量可通过计算得到, 就可以根据这些量来重构单元格界面值, 并得到守恒变量的界面值的重构近似。整个过程在 EulerWENOcharrhs1D.m 中进行了说明。

脚本 11.21: EulerWENOcharrhs1D.m: 基于特征变量的 WENO 重构以求解欧拉方程

```
function [dq]=EulerWENOcharrhs1D(x,q,h,k,m,Crec,dw,beta,gamma,maxvel)
% function [dq]=EulerWENOcharrhs1D(x,q,h,k,m,Crec,dw,beta,gamma,maxvel)
% Purpose: Evaluate right hand side for Euler equations using a WENO method
%          on the characteristic variables

N=length(x); dq=zeros(N ,3);
ql=zeros(N,3); qr=zeros(N,3); qp=zeros(N,3); qm=zeros(N,3);

% Extend data and assign boundary conditions for Sod's problem
[xe,re]=extend(x,q(:,1),h,m,'D',1.0,'D',0.125);
[xe,me]=extend(x,q(:,2),h,m,'D',0,'N',0);
[xe,Ee]=extend(x,q(:,3),h,m,'D',2.5,'N',0);

% Extend data and assign boundary conditions for shock entropy problem
% [xe,re]=extend(x,q(:,1),h,m,'D',3.857143,'N',0);
% [xe,me]=extend(x,q(:,2),h,m,'D',10.141852,'D',0);
% [xe,Ee]=extend(x,q(:,3),h,m,'D',39.166661,'N',0);

% define cell left and right interface values
qe=[re me Ee]; Rlh=zeros(1,3); Rrh= zeros(1,3);
rm=zeros(N+2,1); mm=zeros(N+2,1); Em=zeros(N+2,1);
rp=zeros(N+2,1); mp=zeros(N+2,1); Ep=zeros(N+2,1);
for i=1:N+2
  qloc=qe(i:(i+2*(m-1)),:); q0=qloc(m,:);
  [S, iS, Lam]=EulerChar(q0,gamma); Rloc=(iS*qloc')';
  [Rlh(1),Rrh(1)]=WENO(xe(i:(i+2*(m-1))),Rloc(:,1),m,Crec,dw,beta);
  [Rlh(2),Rrh(2)]=WENO(xe(i:(i+2*(m-1))),Rloc(:,2),m,Crec,dw,beta);
  [Rlh(3),Rrh(3)]=WENO(xe(i:(i+2*(m-1))),Rloc(:,3),m,Crec,dw,beta);
  qlh=(S*Rlh')'; qrh=(S*Rrh')';
  rm(i)=qlh(1); mm(i)=qlh(2); Em(i)=qlh(3);
```

```
  rp(i)=qrh(1); mp(i)=qrh(2); Ep(i)=qrh(3);
end;

% Compute rhs-also change numerical flux here
ql=[rm(2:N+1) mm(2:N+1) Em(2:N+1)]; qr=[rp(2:N+1) mp(2:N+1) Ep(2:N+1)];
qp=[rm(3:N+2) mm(3:N+2) Em(3:N+2)]; qm=[rp(1:N) mp(1:N) Ep(1:N)];
dq=-(EulerLF(qr,qp,gamma,k/h,maxvel)-...
          EulerLF(qm,ql,gamma,k/h,maxvel))/h;
return
```

图 11.16 显示了当 $m=4$ 时的数值解, 并证实基于特征变量的重构消除了非物理振荡。虽然基于特征变量的重构方法看起来总是更可取的, 但需要仔细考虑因此额外增加的计算成本。如示例所示, 只有当 m 很高时, 例如大于 2, 或当激波很强时, 使用特征变量才是有益的。

图 11.17 显示了更具有挑战性的激波–熵问题的结果。与图 11.12 中使用 ENO 方法得到的类似结果相比, 我们观察到, 在固定分辨率下, 解的质量有了明显的提高。正如人们预料的那样, 对于激波上游的高振荡区域, 效果尤为明显。

仔细观察图 11.17 中的结果, 还发现了当 $m=4$ 时的振荡或超调的迹象。图 11.17 还显示了 $m=4$ 时的特征重构解, 此时这种人工效应被消除。

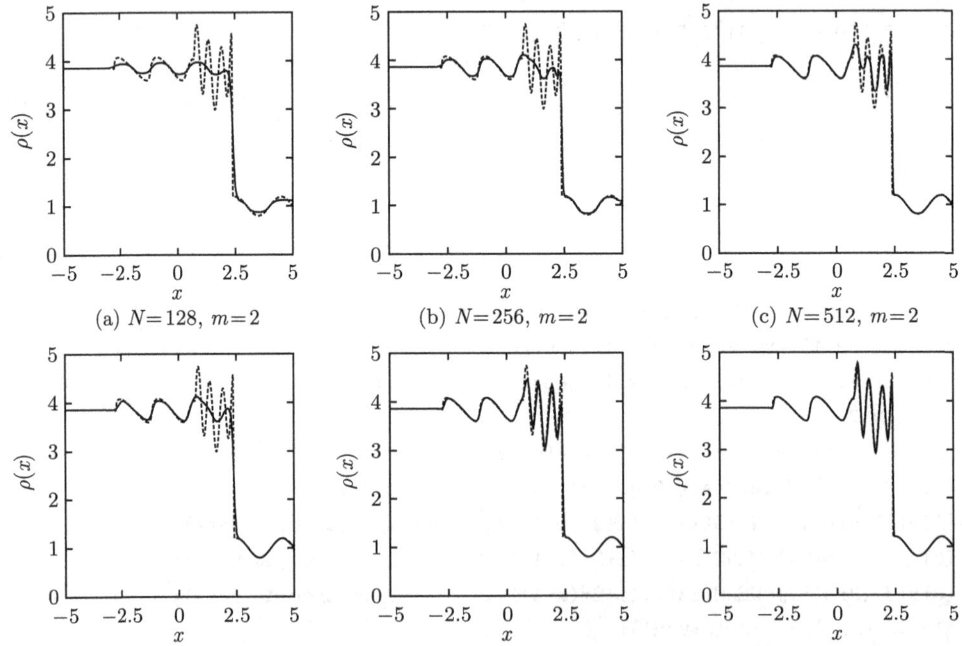

(a) $N=128$, $m=2$　(b) $N=256$, $m=2$　(c) $N=512$, $m=2$

(d) $N=128$, $m=3$　(e) $N=256$, $m=3$　(f) $N=512$, $m=3$

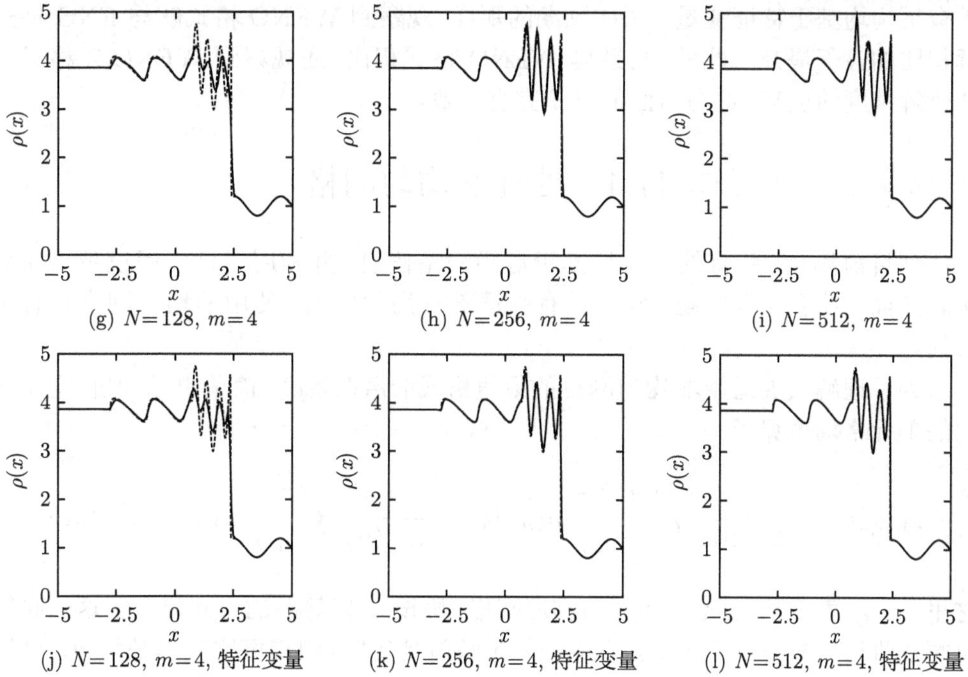

图 11.17 $T=1.8$ 时刻, 不同阶数 m 和网格点数 N 下激波–熵问题密度的数值解。对前三行的结果, 重构基于守恒变量。对最后一行的结果, 使用 $m=4$, 同时重构基于特征变量

为了进一步强调 WENO 格式及其不同变体的表现, 图 11.18 对激波–熵问题的解进行对比。在所有情况下, 都使用 $m=3$ 和 $N=256$。使用 Roe 通量并且

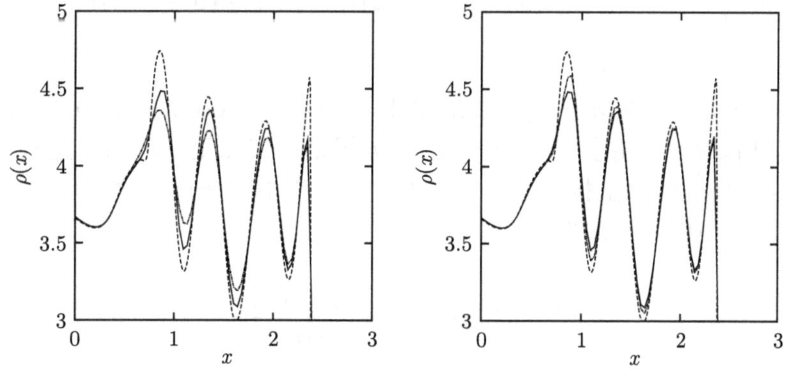

图 11.18 使用 WENO 格式的不同变体, 激波–熵问题的密度解的细节。对所有测试案例, 均取 $N=256, m=3$, 并使用 Roe 通量。图中实线代表经典 WENO 格式, 虚线为高分辨率参考解。左侧点划线代表三阶 ENO 格式, 右侧点划线为 WENO-Z 重构解。在所有情况下, 重构均基于特征变量

所有重构均基于特征变量。正如预期的那样, 观察到 WENO 格式解与 ENO 格式解相比的显著提升。此外, 与经典 WENO 格式相比, 还观察到 WENO-Z 格式对数值解精度的提高, 这与前面的讨论完全一致。

11.4 处理非均匀网格

到目前为止, 所有的讨论均基于等距网格假设, 并利用了这一假设带来的简化。然而, 对于许多问题, 例如具有强局部行为的问题, 使用非均匀网格是有优势的。

为了理解发展适用非均匀网格的数值格式的潜在挑战, 简单遵循 [10], 定义通用的单元格均值算子:

$$\mathcal{A}_h u(x) = \frac{1}{\Delta_\alpha x(\alpha)} \int_{x(\alpha-h/2)}^{x(\alpha+h/2)} u(y)dy = \frac{1}{\Delta_\alpha x(\alpha)} \int_{\alpha-h/2}^{\alpha+h/2} u(x(\beta))x'(\beta)d\beta$$

这里, $x(\alpha)$ 表示从 α 光滑映射的物理网格, 假设 α 以等距的方式离散。这一映射反映在雅可比矩阵 $x'(\alpha)$ 中。注意到如果映射是仿射, 则雅可比矩阵是常数。这里还引入了差分算子 $\Delta_\alpha g(\alpha) = g(\alpha + h/2) - g(\alpha - h/2)$.

现在考虑守恒律方程

$$\frac{\partial u}{\partial t} + \frac{\partial f}{\partial x} = 0$$

将有限体积格式表示为

$$\frac{d}{dt}\mathcal{A}_h u\left(x\left(\alpha\right)\right) + \frac{f\left(u\left(x\left(\alpha + h/2\right)\right)\right) - f\left(u\left(x\left(\alpha - h/2\right)\right)\right)}{\Delta_\alpha x(\alpha)} = 0$$

其中 $u(x(\alpha \pm h/2))$ 必须重构。这是戈杜诺夫格式 (Godunov's scheme), 没有任何迹象表明非均匀网格会引发任何问题, 前提是能够以足够的精度进行重构。换句话说, 在非均匀网格上构建高阶精度的有限体积格式是直接的。

将有限体积格式改写为

$$\frac{d}{dt}\mathcal{A}_h u\left(x\left(\alpha\right)\right) + \frac{\Delta_\alpha f\left(u\left(x\left(\alpha\right)\right)\right)}{\Delta_\alpha x(\alpha)} = 0$$

并恢复为如下形式的逐点有限差分格式

$$\frac{d}{dt}u(x(\alpha)) + \mathcal{A}_h^{-1} \frac{\Delta_\alpha f\left(u\left(x\left(\alpha\right)\right)\right)}{\Delta_\alpha x(\alpha)} = 0$$

现在通过 $\mathcal{A}_h F = f$ 定义 F, 或等价地有

$$\mathcal{A}_h F(x) = \frac{1}{\Delta_\alpha x(\alpha)} \int_{x(\alpha-h/2)}^{x(\alpha+h/2)} F(y)dy = f(u(x(\alpha)))$$

现在假设 $\mathcal{A}_h^{-1}$ 和 Δ_α 可交换并满足

$$\mathcal{A}_h^{-1}\Delta_\alpha f(u(x(\alpha))) = \Delta_\alpha \mathcal{A}_h^{-1} f(u(x(\alpha))) \tag{11.22}$$

则可得到有限差分格式

$$\frac{d}{dt}u(x(\alpha)) + \frac{\Delta_\alpha F(x(\alpha))}{\Delta_\alpha x(\alpha)} = 0$$

这就突出了有限体积和有限差分格式之间的联系, 就像在第 10 章开头所讨论的那样。

然而, 如 (11.22) 所示, 该结果依赖于 $\mathcal{A}_h^{-1}$ 和 Δ_α 可交换的假设。为了理解这一假设的含义, 引入 $\mathcal{A}_h g = f$ 并考虑交换误差

$$\mathcal{A}_h^{-1}\Delta_\alpha f - \Delta_\alpha \mathcal{A}_h^{-1} f = \mathcal{A}_h^{-1}[\Delta_\alpha \mathcal{A}_h - \mathcal{A}_h \Delta_\alpha] g$$

如果进一步假设 $g(x)$ 是任意光滑的, 则有

$$\begin{aligned}\Delta_\alpha \mathcal{A}_h g\left(x\left(\alpha\right)\right) = \int_{\alpha-h/2}^{\alpha+h/2} &\left[g\left(x\left(\beta+h/2\right)\right) x'\left(\beta+h/2\right)\right. \\ &\left.- g\left(x\left(\beta-h/2\right)\right) x'\left(\beta-h/2\right)\right] d\beta \\ \mathcal{A}_h \Delta_\alpha g\left(x\left(\alpha\right)\right) = \int_{\alpha-h/2}^{\alpha+h/2} &\left[g\left(x\left(\beta+h/2\right)\right) - g\left(x\left(\beta-h/2\right)\right)\right] x'\left(\beta\right) d\beta\end{aligned}$$

这样, 就可以把交换表示成

$$\begin{aligned}[\Delta_\alpha \mathcal{A} - \mathcal{A}\Delta_\alpha] g\left(x\left(\alpha\right)\right) = \int_{\alpha-h/2}^{\alpha+h/2} & g\left(x\left(\beta+h/2\right)\right)\left[x'\left(\beta+h/2\right) - x'\left(\beta\right)\right] \\ & - g(x(\beta-h/2))\left[x'(\beta-h/2) - x'(\beta)\right] d\beta\end{aligned}$$

为了使上述表达式对任意函数 g 均为零, 必须要求

$$x'(\beta+h/2) \pm x'(\beta) = 0$$

对所有 β 和 h 值成立。显然, 只有当 $x'(\alpha)$ 为常数时, 才有可能成立。因此, 假设 (11.22) 仅对等距网格成立。

这一结论导致的不良后果, 就是不能在非均匀网格上开发高阶精确有限差分格式, 因为这将导致守恒性或精度的损失。在 [10] 中, 讨论了能够克服这一限制的特殊光滑变化网格的示例。然而, 对于一般的非光滑网格, 具有局部通量的守恒有限差分格式无法超过二阶精度[7]。

现在回到非均匀网格的有限体积格式的细节上来。为此, 只需要修改三组系数的表达式: C_{ir}^m 以允许 ENO 和 WENO 格式的重构以及 $d_r^{r_0}$ 和 β_r 以支持 WENO 格式中的非线性权值计算。这些系数变为局部变化的函数, 并取决于所有相邻微元的尺寸。之前讨论的方法可以直接推广到这种情况, 其中一些细节可以在 [6] 中找到, 我们将不再详述。

11.5 从一维拓展

本节将讨论本质无振荡格式推广到二维空间的情况。为了简化问题, 我们将讨论限制在等距笛卡儿网格上。在这种情况下, 正如第 7 章详细讨论的那样, 拓展到一维情况以外的问题是特别简单的。

由于现在的目标是任意精度的方法, 我们需要回顾第 7 章的进展。一般地, 从守恒律方程的积分形式出发, 可以得到

$$\bar{u}_{ij}^{n+1} = \bar{u}_{ij}^n - \frac{1}{h_x h_y}\int_{t^n}^{t^{n+1}}\int_{x_{i-1/2}}^{x_{i+1/2}}\int_{y_{j-1/2}}^{y_{j+1/2}} \nabla\cdot f(u)dxdy$$

其中单元格均值定义为

$$\bar{u}_{ij}^n = \frac{1}{h_x h_y}\int_{x_{j-1/2}}^{x_{i+1/2}}\int_{y_{j-1/2}}^{y_{j+1/2}} u(x,y,t^n)dxdy$$

通量项可以重写为

$$\int_\Omega \nabla\cdot f(u)dxdy = \int_{\partial\Omega} \hat{\boldsymbol{n}}\cdot f(u)dxdy$$

其中 Ω 表示控制体积 $\left[x_{i-1/2}, x_{i+1/2}\right]\times\left[y_{j-1/2}, y_{j+1/2}\right]$。

在第 7 章使用中点法则近似四个表面积分

$$\int_{x_{i-1/2}}^{x_{i+1/2}} f(u(x,y))dx \simeq h_x f(x_i, y)$$

通常具有 $\mathcal{O}(h_x^2)$ 的精度。如果继续采用相同的维度方法, 会得到第 7 章中描述的简单格式, 那么无论一维重构的精度如何, 通常都不能期望比 $\mathcal{O}(h^2)$ 更高的精度。

这个问题的自然解决方案是应用高阶积分公式来近似曲面积分

$$\int_{x_{i-1/2}}^{x_{i+1/2}} f(u(x,y))dx \simeq \sum_{i=1}^{m} f(x_i,y)\omega_i$$

更具体地说,可以使用精度与重构精度相同的积分公式。虽然这看似简单,但由于每个单元格中所需重构的数量迅速增长,因此会带来相当大的计算成本。对具有 m 个模板和 m 个积分节点的 d 维格式,所需的重构数量简单估计为 $m^{d+1}/(d-1)!$。显然,对于 m 或 d 取较大值的情况,计算变得昂贵又复杂。

[38] 中,通过假设解的局部光滑性来解决这一问题。$(x_{j+1/2,j})$ 处的一维重构为

$$\bar{u}^{+}_{i+1/2,j} = \frac{1}{h_y}\int_{-h_y/2}^{h_y/2} u_h^n(x_{i+1/2}, y_j + s)ds$$

将其作为边线平均解的近似。通过假设解沿着 y 足够光滑,可以把它表示为

$$\begin{aligned}
\bar{u}^{+}_{i+1/2,j} &= \frac{1}{h_y}\int_{\frac{-h_y}{2}}^{\frac{h_y}{2}} \sum_{l=0}^{p} u_y^{(l)}\left(x_{i+1/2}, y_j\right)\frac{s^l}{l!}ds \\
&= \sum_{l=0}^{p/2} \frac{1}{(2l)!}\left(\frac{h_y}{2}\right)^{2l}\frac{1}{2l+1}u_y^{(l)}\left(x_{i+1/2}, y_j\right) \\
&= u(x_{i+1/2}, y_j) + \frac{h_y^2}{24}u_y^{(2)}(x_{i+1/2}, y_j) + \frac{h_y^4}{1920}u_y^{(4)}(x_{i+1/2}, y_j) + \cdots
\end{aligned}$$

其中,$u_y^{(l)}$ 表示沿 y 方向的第 l 阶导数。将注意力限制在 $\mathcal{O}(h^5)$ 阶格式上,可得到

$$u_h(x_{i+1/2}, y_j)^{+} = \bar{u}^{+}_{i+1/2,j} - \frac{h_y^2}{24}u_y^{(2)}\left(x_{i+1/2}, y_j\right) - \frac{h_y^4}{1920}u_y^{(4)}\left(x_{i+1/2}, y_j\right)$$

空间导数可以用沿 y 方向的有限差分格式来近似,例如

$$u_y^{(2)}(x_{i+1/2}, y_j) \simeq \frac{1}{h_y^2}(\bar{u}^{+}_{i+1/2,j-1} - 2\bar{u}^{+}_{i+1/2,j} + \bar{u}^{+}_{i+1/2,j+1})$$

根据 [38],这得到了一个 $\mathcal{O}(h^5)$ 阶格式,同时也讨论了向更高阶扩展的方法。通过直接修改数值通量,可以用类似的方式对有限差分格式进行修改。

接下来,我们牺牲形式精度来简化格式,并保留简单的维度结构,同时承认格式的形式阶数为 $\mathcal{O}(h^2)$。

11.5.1 非笛卡儿边界上的插叙

在继续研究二维守恒律方程的本质无振荡格式之前, 让我们讨论沿非一致边界施加边界条件的技术。由于我们仍然依赖于笛卡儿网格, 对迄今为止所用的简单解的拓展是不够的, 问题出现在如何生成本质无振荡重构所需的辅助值上。

为了进一步研究这个问题, 考虑标量守恒律方程

$$\frac{\partial u}{\partial t}+\frac{\partial f(u)}{\partial x}=0, \quad x\in[a,b]$$

服从适当的边界条件。不失一般性, 假设 $x=a$ 为入流边界, 其边界条件为 $u(a,t)=g(t)$, 而 $x=b$ 为无显式边界条件的出流边界。

进一步假设有这样一个网格

$$a=-\gamma^{-}h+x_0, x_0, \cdots, x_N, \quad \gamma^{+}h+x_N=b, \quad \gamma^{\pm}\geqslant 0$$

即没有直接位于边界点上的网格点。

如果首先考虑入流边界的情况, 假设在边界处的解和通量都是光滑的。可以使用泰勒展开式表示解 $u(x,t)$:

$$u(x_j,t)=\sum_{l=0}^{m-1}\frac{(j+\gamma^{-})^l h^l}{l!}\left.\frac{\partial^l u(x,t)}{\partial x^l}\right|_{x=a}+\mathcal{O}(h^m)$$

其中 $j=-1,-2,\cdots$。为了按要求的阶数对其进行求解, 需要恢复解在边界点的空间导数。当 $l=0$ 时, 有边界条件 $u(a,t)=g(t)$。为了求得下一项, 需探索问题在边界处的光滑性, 将守恒律方程写为

$$\frac{\partial u}{\partial t}+f'(u)\frac{\partial u}{\partial x}=0$$

从中可以直接得到

$$\left.\frac{\partial u}{\partial x}\right|_{x=a}=-\frac{g'(t)}{f'(g(t))}$$

重复此过程将得到[39]

$$\left.\frac{\partial^2 u(x,t)}{\partial x^2}\right|_{x=a}=\frac{f'(g(t))\,g''(t)-2f''(g(t))\,g'(t)^2}{f'(g(t))^3}$$

尽管计算相当复杂, 但此过程可以继续到任意阶次, 形成所谓的逆拉克斯–温德罗夫方法[39], 并认识到其与 5.2 节推导出的拉克斯–温德罗夫方法有密切联系。一个

系统的方法是使用柯西–柯瓦列夫斯卡娅 (Cauchy-Kovalevskaya) 过程, 通过使用方程和广义莱布尼茨规则, 来交换空间和时间导数。这种方法也被用于一类称为 ADER 方法的高阶时间步进中。详见 [40, 41]。

现在考虑出流, 可以将其表示为

$$u(x_{N+j},t)=\sum_{l=0}^{m-1}\frac{(j-\gamma^{+})^{l}h^{l}}{l!}\left.\frac{\partial^{l}u(x,t)}{\partial x^{l}}\right|_{x=b}+\mathcal{O}(h^{m})$$

这里 $j=1,2,\cdots$。如果解是光滑的, 可以使用其基于 $\left[x_{N-(m-1)},\cdots,x_N\right]$ 的插值多项式 π 来代替解, 并对其求导以得到外推值。

如果解不够光滑, 那么在外推时就需要更加谨慎。我们称多项式 $p_r(x)$ 为基于 $[x_{N-r},x_N]$ 的插值多项式, 即 $p_0=u_N$。利用 WENO 格式的单元格, 将外推多项式 $\pi(x)$ 表示为

$$\left.\frac{\partial^{l}\pi}{\partial x^{l}}\right|_{x=b}=\sum_{r=0}^{m-1}\omega_r\left.\frac{\partial^{l}p_r}{\partial x^{l}}\right|_{x=b}$$

其中, ω_r 为 (11.8) 中定义的非线性权值。光滑度指标定义为

$$\beta_r=\sum_{l=1}^{m-1}\int_{x_N}^{x_N+h}h^{2l-1}\left(\frac{d^{l}p_r}{dx^{l}}\right)^{2}dx$$

它们以既可被显式表示, 如 [39] 中对于 $m=3$ 的情况, 也可以按照例 11.5 中讨论的方法在一般阶数下求值。正如 [39] 中详细讨论的, 这个过程在边界处保持最大精度, 并在光滑解的情况下恢复中心外推值。[39, 42] 讨论了这个过程在线性情况下的稳定性。

将逆拉克斯–温德罗夫过程推广到方程组系统中, 需要使用特征变量来正确定义入流和出流方向。否则, 这个过程将直接扩展, 但有一个警告, 即从空间到时间导数的转换可能会在代数上变得非常复杂。[43] 中讨论了解决这一问题的修正方法, 柯西–柯瓦列夫斯卡娅过程也同样适用[40, 41]。

将逆拉克斯–温德罗夫过程扩展到处理具有非一致边界的多维问题, 原则上是直接的。必须沿边界的法线定义入流/出流方向, 并计算相应的特征速率和变量, 以在入口施加适当的边界条件, 并在出口进行外推。虽然概念上很简单, 但它的实现由于需要沿着法线执行 WENO 插值而变得复杂, 法线方向通常与网格不对齐。在 [39, 43] 中, 对这一过程及其成功的应用, 有一些详细的讨论。

11.5.2 标量方程

首先考虑二维非凸问题

$$\frac{\partial u}{\partial t}+\Delta\cdot f(u)=0$$

其中 $f(u)=(\cos(u),\sin(u))$。使用如 1.4.2 节中讨论的间断初始条件。

与 11.2.3 节中讨论的伯格斯方程相比, 将计算从一维扩展到多维需要的修改相当少。事实上, 唯一的主要变化出现在方程右端项的计算上, 如 KPPWENOrhs2D.m 所示。特别指出, WENO 重构的方向性应用是主要的新内容。

脚本 11.22: KPPWENOrhs2D.m: 二维 KPP 方程的 WENO 重构

```
function [du]=KPPWENOrhs2D(x,y,u,hx,hy,k,m,Crec,dw,beta,maxvel);
% function [du]=KPPWENOrhs2D(x,y,u,hx,hy,k,maxvel);
% Purpose: Evaluate right hand side for 2D KPP equation using
%          a WENO method
Nxy=size(x); Nx=Nxy(2); Ny=Nxy(1); du=zeros(Ny,Nx);

% Extend data and assign boundary conditions in x-direction
for i=1:Ny
  [xe,ue]=extend(x(i,:),u(i,:),hx,m,'D',pi/4,'D',pi/4);

  % define cell left and right interface values
  ul=zeros(Nx+2,1); ur=zeros(Nx+2,1);
  for j=1:Nx+2
    [ul(j),ur(j)]=WENO(xe(j:(j+2*(m-1))),ue(j:(j+2*(m-1))),m,Crec,dw,beta);
  end;

  % Update residual
  du(i,:)=-(KPPxLF(ur(2:Nx+1),ul(3:Nx+2),0,maxvel) ...
              - KPPxLF(ur(1:Nx),ul(2:Nx+1),0,maxvel))/hx;
end

% Extend data and assign boundary conditions in y-direction
for j=1:Nx
  [xe,ue]=extend(y(:,j),u(:,j),hy,m,'D',pi/4,'D',pi/4);

  % define cell left and right interface values
  ul=zeros(Ny+2,1); ur=zeros(Ny+2,1);
  for i=1:Ny+2
    [ul(i),ur(i)]=WENO(xe(i:(i+2*(m-1))),ue(i:(i+2*(m-1))),m,Crec,dw,beta);
  end;

  % Update residual
  du(:,j)=du(:,j)-(KPPyLF(ur(2:Ny+1),ul(3:Ny+2),0,maxvel) ...
           -KPPyLF(ur(1:Ny),ul(2:Ny+1),0,maxvel))/hy;
```

```
end
return
```

图 11.19 说明了二维 WENO 格式对 KPP 方程的应用效果, 突出了在增加阶数 m 时向参考解的收敛, 以及空间分辨率 N_x 和 N_y。

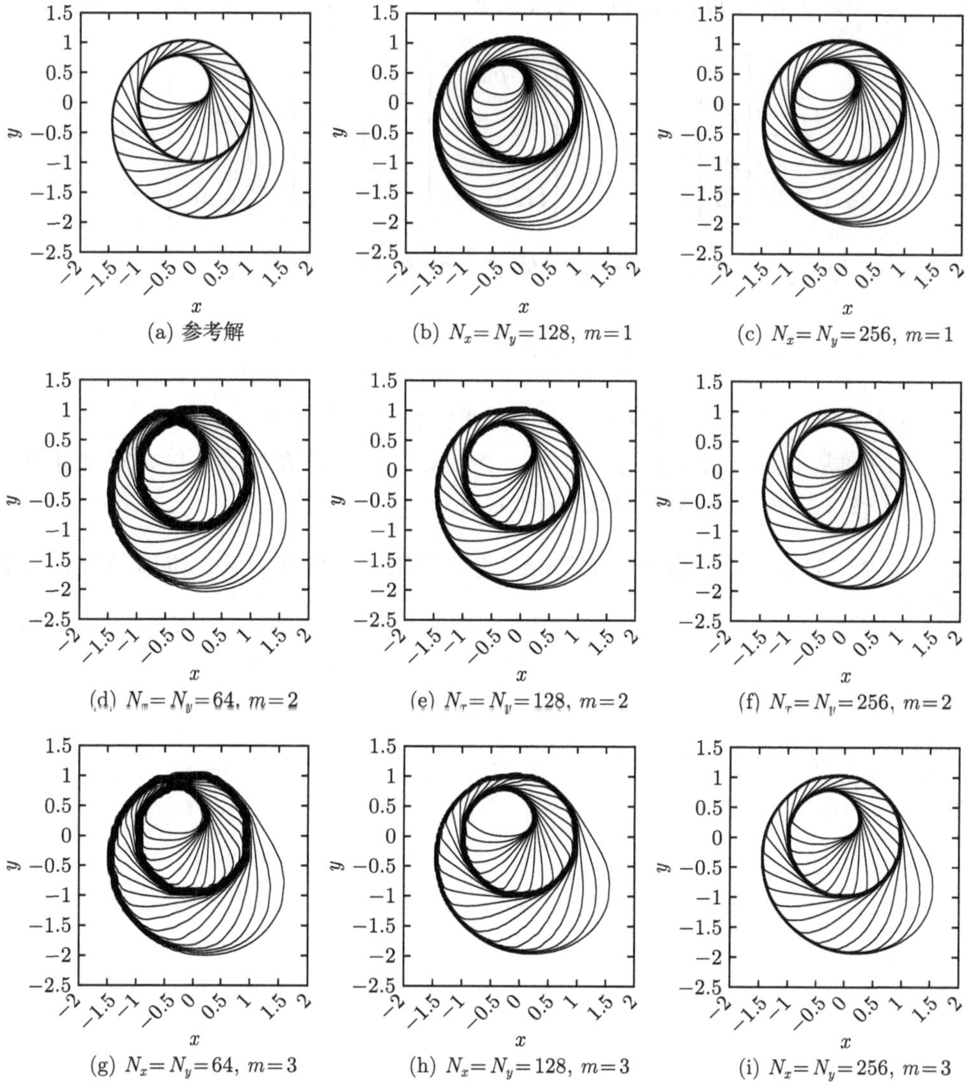
(a) 参考解 (b) $N_x=N_y=128,\ m=1$ (c) $N_x=N_y=256,\ m=1$
(d) $N_x=N_y=64,\ m=2$ (e) $N_x=N_y=128,\ m=2$ (f) $N_x=N_y=256,\ m=2$
(g) $N_x=N_y=64,\ m=3$ (h) $N_x=N_y=128,\ m=3$ (i) $N_x=N_y=256,\ m=3$

图 11.19 使用线性阶数为 $2m-1$ 的 WENO 格式和非凸通量求解标量守恒律方程。左上角是高分辨率的参考解

11.6 欧拉方程

考虑二维欧拉方程

$$\frac{\partial \boldsymbol{q}}{\partial t} + \nabla \cdot \boldsymbol{f} = 0$$

其中, 守恒变量 $\boldsymbol{q}$ 和通量 $\boldsymbol{f}$ 的表达式如下

$$\boldsymbol{q} = \begin{bmatrix} \rho \\ \rho u \\ \rho v \\ E \end{bmatrix}, \quad \boldsymbol{f}_1 = \begin{bmatrix} \rho u \\ \rho u^2 + p \\ \rho u v \\ (E+p)u \end{bmatrix}, \quad \boldsymbol{f}_2 = \begin{bmatrix} \rho v \\ \rho u v \\ \rho v^2 + p \\ (E+p)v \end{bmatrix}$$

并且 $\boldsymbol{f} = [\boldsymbol{f}_1, \boldsymbol{f}_2]$. 方程通过理想气体定律得到封闭:

$$p = (\gamma - 1)\left(E - \frac{1}{2}\rho\left(u^2 + v^2\right)\right), \qquad c = \sqrt{\frac{\gamma p}{\rho}}$$

其中 c 表示局部声速, γ 为依赖于流体性质的常数。这里取 $\gamma = 7/5$。

按照通常的方式开发程序, 使用一个驱动程序来设置初始条件、定义计算域和计算参数, 参见 EulerWENODriver2D.m。

脚本 11.23: EulerWENODriver2D.m: 使用 WENO 格式求解二维欧拉方程的驱动程序

```
% Driver script for solving the 2D Euler equations using a WENO scheme
clear all

% Order of method
m=2;

% Set problem parameters for isentropic vortex
% Lx=10; Ly=10; Nx=64; Ny=64; FinalTime=1.0; CFL=0.5; gamma=1.4;
% hx=Lx/Nx; hy=Ly/Ny;

% Set up Legendre quadrature grid for cell average
% NGQ=10; [xGQ,wGQ]=LegendreGQ(NGQ);
% xQ1=hx/2*xGQ; yQ1=hy/2*xGQ; [xQ,yQ]=meshgrid(xQ1,yQ1);

% Define domain and initial conditions
% xv=[-5:hx:5]; yv=[-5:hy:5]; [x,y]=meshgrid(xv,yv);
```

```
% r=zeros(Ny+1,Nx+1); ru=zeros(Ny+1,Nx+1);
% rv=zeros(Ny+1,Nx+1); E=% zeros(Ny+1,Nx+1);
% x0=0.0; y0=0.0; u0=1.0; v0=0; beta=5.0;
% for j=1:Nx+1
%     for i=1:Ny+1
%         xL=xQ+xv(j); yL=yQ+yv(i);
%         [rL,ruL,rvL,EL]=...
%              IsentropicVortex2D(xL,x0,u0,yL,y0,v0,gamma,beta,0.0);
%        r(i,j)=wGQ'*rL*wGQ/4; ru(i,j)=wGQ'*ruL*wGQ/4;
%        rv(i,j)=wGQ'*rvL*wGQ/4; E(i,j)=wGQ'*EL*wGQ/4;
%    end
% end

% Set problem parameters for 2D Riemann problems
Lx=1; Ly=1; Nx=99; Ny=99; CFL=0.5; gamma=1.4;
RiemannProbCase=4;
hx=Lx/Nx; hy=Ly/Ny;

% Define domain and initial conditions
xv=[0:hx:Lx]; yv=[0:hy:Ly]; [x,y]=meshgrid(xv,yv);
[r,ru,rv,E,FinalTime]=Riemann2D(x,y,gamma,RiemannProbCase);

% Solve Problem
q=zeros(Ny+1,Nx+1,4);
q(:,:,1)=r; q(:,:,2)=ru; q(:,:,3)=rv; q(:,:,4)=E;
[q]=EulerWENO2D(x,y,q,hx,hy,m,gamma,CFL,FinalTime);
```

驱动程序调用 EulerWENO2D.m 来进行时间积分, 在 EulerWENOrhs2D.m 中计算方程右端项。注意, 我们对每个守恒变量应用一维 WENO 重构。如 11.3.4 节中针对一维情况演示的那样, 这也可以在特征变量上进行。此外, 使用 ENO 重构或不同定义的非线性 WENO 权值也是可行的。

脚本 11.24: EulerWENO2D.m: 使用 WENO 格式求解二维欧拉方程的积分程序

```
function [q]=EulerWENO2D(x,y,q,hx,hy,m,gamma,CFL,FinalTime)
% function [q]=EulerWENO2D(x,y,q,hx,hy,m,gamma,CFL,FinalTime)
% Purpose: Integrate 2D Euler equation until FinalTime using a WENO scheme.

time=0; tstep=0;

% Initialize reconstruction weights
```

```
Crec=zeros(m+1,m);
for rr=-1:m-1;
    Crec(rr+2,:)=ReconstructWeights(m,rr);
end;

% Initialize linear weights
dw=LinearWeights(m,0);

% Compute smoothness indicator matrices
beta=zeros(m,m,m);
for rr=0:m-1
    xl=-1/2+[-rr:1:m-rr];
    beta(:,:,rr+1)=betarcalc(xl,m);
end

while (time<FinalTime)
  % Set timestep
  r=q(:,:,1); ru=q(:,:,2); rv=q(:,:,3); E=q(:,:,4);
  p=(gamma-1)*(E-0.5*(ru.^2+rv.^2)./r); c=sqrt(gamma*p./r);
  maxvelu=max(max(c+abs(ru./r))); maxvelv=max(max(c+abs(rv./r)));
  k=CFL*min(hx,hy)/sqrt(2)/sqrt(maxvelu^2+maxvelv^2);
  if (time+k>FinalTime) k=FinalTime-time; end

  % Update solution
  [rhsq]=EulerWENOrhs2D(x,y,q,hx,hy,k,m,Crec,dw,beta,gamma);
  q1=q+k*rhsq;
  [rhsq]=EulerWENOrhs2D(x,y,q1,hx,hy,k,m,Crec,dw,beta,gamma);
  q2=(3*q+q1+k*rhsq)/4;
  [rhsq]=EulerWENOrhs2D(x,y,q2,hx,hy,k,m,Crec,dw,beta,gamma);
  q=(q+2*q2+2*k*rhsq)/3;
  time=time+k; tstep=tstep+1;
end
return
```

脚本 11.25: EulerWENOrhs2D.m: 使用 WENO 重构计算二维欧拉方程的右端项

```
function [dq]=EulerWENOrhs2D(x,y,q,hx,hy,k,m,Crec,dw,beta,gamma);
% function [dq]=EulerWENOrhs2D(x,y,q,hx,hy,k,m,Crec,dw,beta,gamma);
% Purpose: Evaluate right hand side for the two-dimensional Euler equations
%          using a WENO method
Nxy=size(x); Nx=Nxy(2); Ny=Nxy(1); dq=zeros(Ny,Nx,4);
```

```
% Apply WENO in the x-direction
for i=1:Ny
  % Extend data and assign boundary conditions in x-direction
  [xe, re]=extend(x(i,:),q(i,:,1),hx,m,'N',0.0,'N',0.0);
  [xe,rue]=extend(x(i,:),q(i,:,2),hx,m,'N',0.0,'N',0.0);
  [xe,rve]=extend(x(i,:),q(i,:,3),hx,m,'N',0.0,'N',0.0);
  [xe, Ee]=extend(x(i,:),q(i,:,4),hx,m,'N',0.0,'N',0.0);

  % define cell left and right interface values
  ql=zeros(Nx+2,4); qr=zeros(Nx+2,4);
  for j=1:Nx+2
    [ql(j,1),qr(j,1)]=WENO(xe(j:(j+2*(m-1))), re(j:(j+2*(m-1))),m,...
    Crec,dw,beta);
    [ql(j,2),qr(j,2)]=WENO(xe(j:(j+2*(m-1))),rue(j:(j+2*(m-1))),m,...
    Crec,dw,beta);
    [ql(j,3),qr(j,3)]=WENO(xe(j:(j+2*(m-1))),rve(j:(j+2*(m-1))),m,...
    Crec,dw,beta);
    [ql(j,4),qr(j,4)]=WENO(xe(j:(j+2*(m-1))), Ee(j:(j+2*(m-1))),m,...
    Crec,dw,beta);
  end;

  % Compute flux
  [dq1]=EulerLF2Dx(qr(2:Nx+1,:), ql(3:Nx+2,:),gamma);
  [dq2]=EulerLF2Dx(qr(1:Nx  ,:), ql(2:Nx+1,:),gamma);

  % Update residual
  dq(i,:,:)=-(dq1-dq2)/hx;
end

% Apply WENO in the y-direction
for j=1:Nx
  % Extend data and assign boundary conditions in y-direction
  [ye, re]=extend(y(:,j),q(:,j,1),hy,m,'N',0.0,'N',0.0);
  [xe,rue]=extend(y(:,j),q(:,j,2),hy,m,'N',0.0,'N',0.0);
  [ye,rve]=extend(y(:,j),q(:,j,3),hy,m,'N',0.0,'N',0.0);
  [xe, Ee]=extend(y(:,j),q(:,j,4),hy,m,'N',0.0,'N',0.0);

  % define cell left and right interface values
  ql=zeros(Ny+2,4); qr=zeros(Ny+2,4);
```

```
  for i=1:Ny+2
    [ql(i,1),qr(i,1)]=WENO(ye(i:(i+2*(m-1))), re(i:(i+2*(m-1))),m,Crec,dw,beta);
    [ql(i,2),qr(i,2)]=WENO(ye(i:(i+2*(m-1))),rue(i:(i+2*(m-1))),m,Crec,dw,beta);
    [ql(i,3),qr(i,3)]=WENO(ye(i:(i+2*(m-1))),rve(i:(i+2*(m-1))),m,Crec,dw,beta);
    [ql(i,4),qr(i,4)]=WENO(ye(i:(i+2*(m-1))), Ee(i:(i+2*(m-1))),m,Crec,dw,beta);
  end;

  % Compute flux
  [dq1]=EulerLF2Dy(qr(2:Ny+1,:), ql(3:Ny+2,:),gamma);
  [dq2]=EulerLF2Dy(qr(1:Ny  ,:), ql(2:Ny+1,:),gamma);

  % Update residual
  dq(:,j,:)=dq(:,j,:)-(reshape(dq1,Ny,1,4) ...
                -reshape(dq2,Ny,1,4))/hy;
end
return
```

完成该格式的数值通量的细节与第 7 章讨论的单调格式相同。

第一个光滑测试案例是精确涡解。表 11.2 中列出了不同分辨率 $N_x = N_y$ 和阶数 $m = 1$ 或 $m = 2$ 下 $T = 0.01$ 时刻密度的 L^1-误差。正如预期的那样观察到 $\mathcal{O}(h^{2m-1})$-误差。这里使用了局部拉克斯–弗里德里希斯通量, 但正如之前看到的那样, 这种选择不会影响精度。

表 11.2 二维欧拉方程等熵涡测试算例的误差, 使用 $\mathcal{O}(h^{2m-1})$ 阶 WENO 格式求解。表中给出了 $T = 0.01$ 时刻, 使用 $\|\cdot\|_{h,1}$ 测量的密度误差。这里使用局部拉克斯–弗里德里希斯通量

$N_x = N_y$	32	64	128	256	512	1024	阶数
$m = 1$	1.92e-1	9.94e-2	5.01e-2	2.51e-2	1.25e-2	6.26e-2	$\mathcal{O}(h)$
$m = 2$	6.23e-3	2.22e-3	6.53e-4	1.67e-4	2.63e-5	2.33e-6	$\mathcal{O}(h^3)$

为了进一步评估 WENO 求解器对欧拉方程的性能, 再次考虑 1.4.2 节中讨论的二维黎曼问题。

首先考虑第四个测试算例, 它包含四个相互作用的激波。图 11.20 显示了最终时刻 $T = 0.25$ 时, 不同分辨率和递增阶数的密度解 ρ。结果表明, 即使存在激波, WENO 格式仍收敛, 同时高阶 WENO 格式具有显著优势。与图 7.3 中结果相比, $N_x = N_y = 399$ 的一阶单调格式与 $N_x = N_y = 199$ 的三阶 $(m = 2)$ WENO 格式得到的结果相当。同样地, 单调格式需要 $N_x = N_y = 799$ 以获得同仅取 $N_x = N_y = 199$ 的五阶 $(m = 3)$ WENO 格式相当的结果。WENO 格式可以显著节省总体计算时间。

作为一个更具挑战性的问题, 考虑测试案例 12, 它包括两个激波和两个接触波。图 11.21 中的结果显示, 正如预期的那样, 精度得到了显著提高, 特别是对于接触波。这与之前的结果一致, 并突出了对波主导的问题使用高阶精确方法的优势。与图 7.3 的结果相比, 可以清楚地看到单调格式的耗散掩盖了方程的解。与 $N_x = N_y = 799$ 的一阶单调格式相比, $N_x = N_y = 99$ 的五阶 WENO 格式显示了更好的细节。

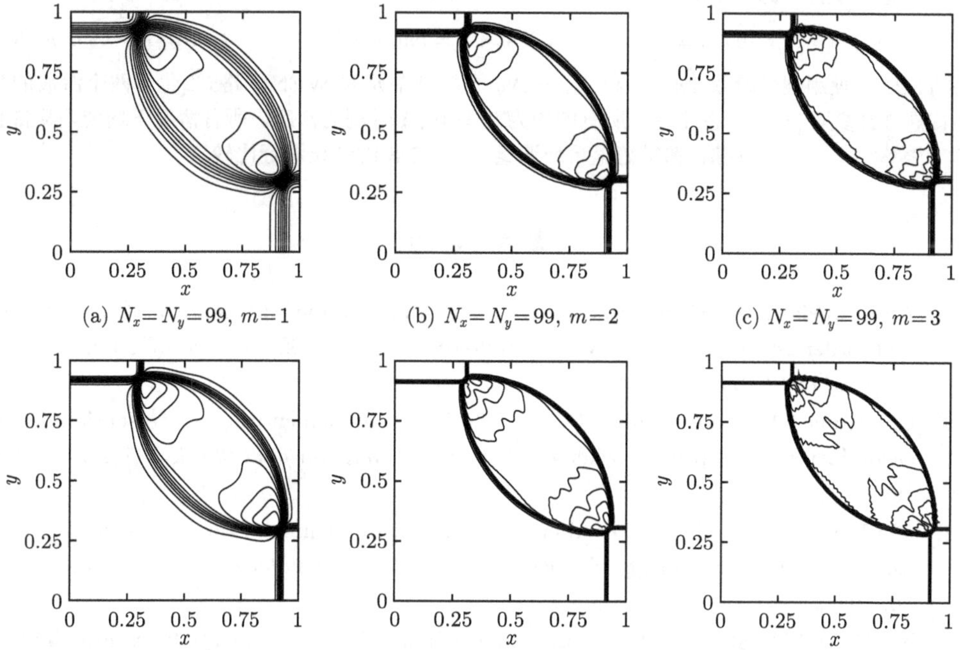

(a) $N_x = N_y = 99$, $m = 1$ (b) $N_x = N_y = 99$, $m = 2$ (c) $N_x = N_y = 99$, $m = 3$

(d) $N_x = N_y = 199$, $m = 1$ (e) $N_x = N_y = 199$, $m = 2$ (f) $N_x = N_y = 199$, $m = 3$

图 11.20 使用线性阶数 $2m-1$ 和 $N_x = N_y$ 个网格单元的 WENO 格式, 包含四个激波的黎曼问题 4 (参见 [44]) 的密度解。所有情况下均使用局部拉克斯–弗里德里希斯通量。与图 7.3 的结果进行比较

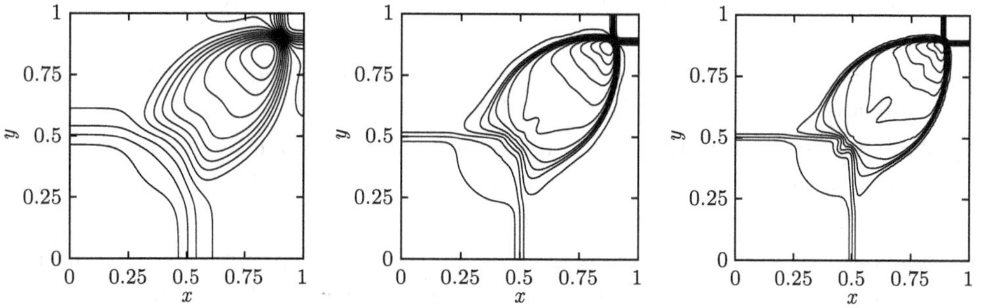

(a) $N_x = N_y = 99$, $m = 1$ (b) $N_x = N_y = 99$, $m = 2$ (c) $N_x = N_y = 99$, $m = 3$

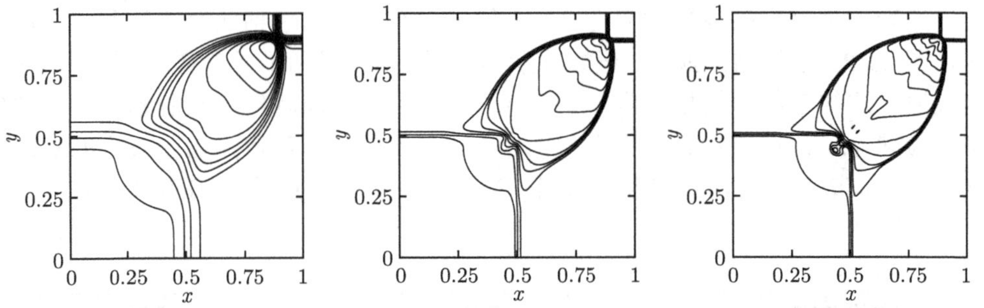

(d) $N_x = N_y = 199$, $m = 1$ (e) $N_x = N_y = 199$, $m = 2$ (f) $N_x = N_y = 199$, $m = 3$

图 11.21 使用线性阶数 $2m-1$ 和 $N_x = N_y$ 个网格单元的 WENO 格式, 包含四个激波的黎曼问题 12(参见 [44]) 的密度解。所有图均为 $T = 0.25$ 时刻的密度。所有情况下均使用局部拉克斯–弗里德里希斯通量, 与图 7.3 的结果进行比较

参考文献

[1] Ami Harten, Bjorn Engquist, Stanley Osher, and Sukumar R Chakravarthy. Uniformly high order accurate essentially non-oscillatory schemes, Ⅲ. *Journal of Computational Physics*, 71(2): 231-303, 1987.

[2] Chi-Wang Shu and Stanley Osher. Efficient implementation of essentially non-oscillatory shock-capturing schemes. *Journal of Computational Physics*, 77(2): 439-471, 1988.

[3] Chi-Wang Shu and Stanley Osher. Efficient implementation of essentially non-oscillatory shock-capturing schemes, Ⅱ. *Journal of Computational Physics*, 83(1): 32-78, 1989.

[4] Xu-Dong Liu, Stanley Osher, and Tony Chan. Weighted essentially non-oscillatory schemes. *Journal of Computational Physics*, 115(1): 200-212, 1994.

[5] Guang-Shan Jiang and Chi-Wang Shu. Efficient implementation of weighted ENO schemes. *Journal of Computational Physics*, 126(1): 202-228, 1996.

[6] Chi-Wang Shu. *Essentially non-oscillatory and weighted essentially non-oscillatory schemes for hyperbolic conservation laws*, pages 325-432. Springer, Berlin, Heidelberg, 1998.

[7] Chi-Wang Shu. High order weighted essentially nonoscillatory schemes for convection dominated problems. *SIAM Review*, 51(1): 82-126, 2009.

[8] Ami Harten, Stanley Osher, Björn Engquist, and Sukumar R Chakravarthy. Some results on uniformly high-order accurate essentially nonoscillatory schemes. *Applied Numerical Mathematics*, 2(3): 347-377, 1986.

[9] Jianxian Qiu and Chi-Wang Shu. On the construction, comparison, and local characteristic decomposition for high-order central WENO schemes. *Journal of Computational Physics*, 183(1): 187-209, 2002.

[10] Barry Merriman. Understanding the Shu-Osher conservative finite difference form. *Journal of Scientific Computing*, 19(1-3): 309-322, 2003.

[11] AM Rogerson and E Meiburg. A numerical study of the convergence properties of ENO schemes. *Journal of Scientific Computing*, 5(2): 151-167, 1990.

[12] Chi-Wang Shu. Numerical experiments on the accuracy of ENO and modified ENO schemes. *Journal of Scientific Computing*, 5(2): 127-149, 1990.

[13] Gilbert Strang. Accurate partial difference methods I: Linear Cauchy problems. *Archive for Rational Mechanics and Analysis*, 12(1): 392-402, 1963.

[14] Ulrik S Fjordholm, Siddhartha Mishra, and Eitan Tadmor. ENO reconstruction and ENO interpolation are stable. *Foundations of Computational Mathematics*, 13: 139-159, 2013.

[15] Ulrik S Fjordholm, Siddhartha Mishra, and Eitan Tadmor. Arbitrarily high-order accurate entropy stable essentially nonoscillatory schemes for systems of conservation laws. *SIAM Journal on Numerical Analysis*, 50(2): 544-573, 2012.

[16] Hamed Zakerzadeh and Ulrik S Fjordholm. High-order accurate, fully discrete entropy stable schemes for scalar conservation laws. *IMA Journal of Numerical Analysis*, 36: 633-654, 2015.

[17] Philip J Davis and Philip Rabinowitz. *Numerical Integration*. Blaisdell Publishing Company, 1967.

[18] Gene H Golub and John H Welsch. Calculation of Gauss quadrature rules. *Mathematics of Computation*, 23(106): 221-230, 1969.

[19] Bradley J Lucier. Error bounds for the methods of Glimm, Godunov and LeVeque. *SIAM Journal on Numerical Analysis*, 22(6): 1074-1081, 1985.

[20] Florin Sabac. The optimal convergence rate of monotone finite difference methods for hyperbolic conservation laws. *SIAM Journal on Numerical Analysis*, 34(6): 2306-2318, 1997.

[21] Andrew K Henrick, Tariq D Aslam, and Joseph M Powers. Mapped weighted essentially non-oscillatory schemes: achieving optimal order near critical points. *Journal of Computational Physics*, 207(2): 542-567, 2005.

[22] Rafael Borges, Monique Carmona, Bruno Costa, and Wai Sun Don. An improved weighted essentially non-oscillatory scheme for hyperbolic conservation laws. *Journal of Computational Physics*, 227(6): 3191-3211, 2008.

[23] Bengt Fornberg. Classroom note: Calculation of weights in finite difference formulas. *SIAM Review*, 40(3): 685-691, 1998.

[24] Marcos Castro, Bruno Costa, and Wai Sun Don. High order weighted essentially non-oscillatory WENO-Z schemes for hyperbolic conservation laws. *Journal of Computational Physics*, 230(5): 1766-1792, 2011.

[25] Bart S van Lith, Jan H. M ten Thije Boonkkamp, and Wiblert L IJzerman. Embedded WENO: a design method to improve existing WENO schemes. *Journal of Computational Physics*, 330: 529-549, 2017.

[26] Doron Levy, Gabriella Puppo, and Giovanni Russo. Central WENO schemes for hyperbolic systems of conservation laws. *M2AN Mathematics Modeling and Numerical Analysis*, 33(3): 547-571, 1999.

[27] Doron Levy, Gabriella Puppo, and Giovanni Russo. Compact central WENO schemes for multidimensional conservation laws. *SIAM Journal on Scientific Computing*, 22(2): 656-672, 2000.

[28] Guy Capdeville. A central WENO scheme for solving hyperbolic conservation laws on non-uniform meshes. *Journal of Computational Physics*, 227(5): 2977-3014, 2008.

[29] Isabella Cravero, Gabriella Puppo, Matteo Semplice, and Giuseppe Visconti. CWENO: uniformly accurate reconstructions for balance laws. *Mathematics of Computation*, 87(312): 1689-1719, 2018.

[30] Doron Levy, Gabriella Puppo, and Giovanni Russo. On the behavior of the total variation in CWENO methods for conservation laws. *Applied Numerical Mathematics*, 33: 407-414, 2000.

[31] Yulong Xing, Chi-Wang Shu, and Sebastian Noelle. On the advantage of well-balanced schemes for moving-water equilibria of the shallow water equations. *Journal of Scientific Computing*, 48(1-3): 339-349, 2011.

[32] Yulong Xing and Chi-Wang Shu. High order well-balanced finite volume WENO schemes and discontinuous Galerkin methods for a class of hyperbolic systems with source terms. *Journal of Computational Physics*, 214(2): 567-598, 2006.

[33] Yulong Xing and Chi-Wang Shu. A survey of high order schemes for the shallow water equations. *J. Math. Study*, 47(3): 221-249, 2014.

[34] Sebastian Noelle, Yulong Xing, and Chi-Wang Shu. *High-order well-balanced schemes.* Quaderni di Matematica, Dipartimento di Matematica, Seconda Universita di Napoli, 2009.

[35] Ulrik S Fjordholm and Deep Ray. A sign preserving WENO reconstruction method. *Journal of Scientific Computing*, 68(1): 42-63, 2016.

[36] Gilbert Strang. Accurate partial difference methods: Ⅱ. non-linear problems. *Numerische Mathematik*, 6(1): 37-46, 1964.

[37] Sigal Gottlieb, David Gottlieb, and Chi-Wang Shu. Recovering high-order accuracy in WENO computations of steady-state hyperbolic systems. *Journal of Scientific Computing*, 28(2-3): 307-318, 2006.

[38] Pawel Buchmüller and Christiane Helzel. Improved accuracy of high-order WENO finite volume methods on Cartesian grids. *Journal of Scientific Computing*, 61(2): 343-368, 2014.

[39] Sirui Tan and Chi-Wang Shu. Inverse Lax-Wendroff procedure for numerical boundary conditions of conservation laws. *Journal of Computational Physics*, 229(21): 8144-8166, 2010.

[40] Vladimir A Titarev and Eleuterio F Toro. ADER schemes for three-dimensional nonlinear hyperbolic systems. *Journal of Computational Physics*, 204(2): 715-736, 2005.

[41] Michael Dumbser. *Arbitrary high order schemes for the solution of hyperbolic conservation laws in complex domains.* Shaker, 2005.

[42] Tingting Li, Chi-Wang Shu, and Mengping Zhang. Stability analysis of the inverse Lax-Wendroff boundary treatment for high order upwind-biased finite difference schemes. *Journal of Computational and Applied Mathematics*, 299: 140-158, 2016.

[43] Sirui Tan, Cheng Wang, Chi-Wang Shu, and Jianguo Ning. Efficient implementation of high order inverse Lax-Wendroff boundary treatment for conservation laws. *Journal of Computational Physics*, 231(6): 2510-2527, 2012.

[44] Alexander Kurganov and Eitan Tadmor. Solution of two-dimensional Riemann problems for gas dynamics without Riemann problem solvers. *Numerical Methods for Partial Differential Equations*, 18(5): 584-608, 2002.

第 12 章　间断伽辽金方法

在认识到求解守恒律方程的高阶精度格式的好处和各种高阶方法的成功之后，我们不禁要问还需要什么。也就是说，这些方法是否有一些不足，是否有其他更好的方法？

虽然这个问题可以用不同方式来回答，但支持我们追求新方法的最有力论据是为了适应更灵活的网格结构。这样做的动机可能是需要解决高度不均匀甚至时变网格的问题，或者是需要在二维和三维空间中解析一般的几何特征。

回顾到目前为止高阶方法的发展历程，可以发现实现高阶的道路上还存在许多挑战。首先，我们观察到高阶精度通常是通过扩展计算模板来获得的。尽管这在简单的几何图形问题上并不困难，但在试图用更复杂的几何特征来给问题建模时，挑战就会出现。其次，像 11.5.1 节所讨论的那样，对边界附近的扩展模板进行稳定和精确的处理远非易事。最后，本质无振荡格式由于其固有的非线性性质而计算成本高昂，就如前一章所讨论的，这就需要分析每个网格点的局部解。这些挑战对于多维问题和在特征变量上进行重构的非常高阶的方法尤其严峻。

正如我们已经讨论过的，使用有限体积形式表示的本质无振荡格式确实允许使用非均匀网格，并且已经扩展到允许完全非结构化的网格[1–4]。然而，这相当复杂，同时计算成本很高。

当想要寻找这些成功格式的替代方案时，我们专注于几何灵活性的需求增加。同时也要努力保留我们之前确定的良好特性，例如即使存在间断解，也要保持精度和稳定性。

首先从满足合适的初始条件以及 $\partial\Omega$ 上边界条件的标量守恒律方程

$$\frac{\partial u}{\partial t} + \frac{\partial f(u)}{\partial x} = 0, \quad x \in \Omega \tag{12.1}$$

中寻找启发。

在构造数值格式时，需要考虑以下两个问题:

- 如何用近似解 $u_h(x,t)$ 以期望的精度表示解 $u(x,t)$？
- $u_h(x,t)$ 满足守恒律的方式是怎样的？即如果定义残差 (residual) 为

$$R_h(x,t) = \frac{\partial u_h}{\partial t} + \frac{\partial f(u_h)}{\partial x} \tag{12.2}$$

我们需要 R_h 在何种意义上为零?

这两个问题的答案区分了不同的方法并定义了它们的性质。回顾到目前为止讨论过的方法，它们通常使用分片多项式 u_h 来表示解 u，有的基于单元格中心点的值，如有限差分法，有的基于单元格均值，如有限体积法。有限差分法要求残差在单元格中心处为零，而有限体积方法要求单元格平均残差在每个单元格中为零。

这种观点的吸引人之处在于其简单性，即一般问题的空间离散化通常是直观的，而且在许多情况下，会产生高效、鲁棒的格式。此外，显式半离散格式确保了时间积分方法选择的灵活性。最后，我们有大量的理论支持，用这种方法能产生可信的结果。

正如我们已经详细讨论过的，有限差分法和有限体积法均通过扩展模板来实现更高阶精度。尽管这在概念上很简单，但这种对扩展一维多项式重构的依赖也是这些方法的致命弱点，因为它在高维问题中强制了一种逐维结构。这种方法的最主要的后果是给具有一般几何形状或需要非均匀网格的问题带来了复杂性。

显然，为了确保几何灵活性，必须放弃这种一维重构格式，而采用更一般的结构。最自然的方法是引入基于微元的离散，假设 Ω 由 N 个微元 D_j 的并集表示

$$\Omega \simeq \Omega_h = \bigcup_{j=1}^{N} \mathsf{D}_j$$

在一维情况下，D_j 是一条线段，但在高维情况下，它可以是单纯形 (simplex)、立方体或一般的多边形。唯一的条件是这些微元或它们的组合可以以不重叠的方式铺满计算域 Ω_h。

在高阶有限差分法和有限体积法的扩展模板中，局部性的缺失是我们寻求具有网格灵活性的高阶方法的原因。因此，我们采用一种不同的方法，增加了每个微元的局部自由度。虽然这让单元格均值不再作为主要变量，但这种方法提供了其他优势，我们很快就会认识到这一点。

为了实现这一想法，考虑一维情况，定义微元 D_j 为区间 $\mathsf{D}_j = [x_{j-1/2}, x_{j+1/2}] = [x_j - h_j/2, x_j + h_j/2]$，其中 x_j 为 D_j 的单元格中心，h_j 为局部单元格大小。假设全局近似可以表示为

$$u_h(x,t) = \sum_{j=1}^{N} u_j(t) Q_j(x)$$

其中，Q_j 被称为基函数或试验函数 (trial function)。最简单的选择是分段线性的形函数 (shape function)

$$
Q_j(x) = \begin{cases} 0, & x \leqslant x_{j-1} \\ 1 + \dfrac{1}{h_j}(x - x_j), & x_{j-1} \leqslant x \leqslant x_j \\ 1 - \dfrac{1}{h_j}(x - x_j), & x_j \leqslant x \leqslant x_{j+1} \\ 0, & x \geqslant x_{j+1} \end{cases} \tag{12.3}
$$

满足 $Q_j(x_j) = \delta_{ij}$。

以为 (12.1) 构造格式为目的, 定义一个测试函数空间 V_h, 它由测试函数 $\phi_h(x)$ 张成, 并要求残差与所有测试函数 L^2-正交:

$$
\int_\Omega \left(\frac{\partial u_h}{\partial t} + \frac{\partial f(u_h)}{\partial x} \right) \phi_h(x) dx = 0, \quad \forall \phi_h \in \mathsf{V}_h
$$

格式的细节取决于 V_h 的定义。经典选择是要求基函数和测试函数所张成的两个空间是相同的, 即伽辽金格式 (Galerkin scheme)。如果要求对所有的 $\phi_h \in \mathsf{V}_h = \text{span}\{Q_j(x)\}_{j=1}^N$, 残差消失, 则有

$$
\int_\Omega \left(\frac{\partial u_h}{\partial t} + \frac{\partial f(u_h)}{\partial x} \right) Q_j(x) dx = 0, \quad \forall j = 1, \cdots, N
$$

如果进一步将通量近似为

$$
f_h(x,t) = \sum_{j=1}^N f(x_j) Q_j(x)
$$

并定义全局质量矩阵 M 和刚度矩阵 S 分别为

$$
\mathrm{M}_{ij} = \int_\Omega Q_i(x) Q_j(x) dx, \quad \mathrm{S}_{ij} = \int_\Omega Q_i(x) \frac{dQ_j}{dx} dx
$$

则可以得到格式

$$
\mathrm{M} \frac{d\boldsymbol{u}_h}{dt} + \mathrm{S} \boldsymbol{f}_h = 0 \tag{12.4}
$$

这里引入了未知向量 $\boldsymbol{u}_h = [u_1, \cdots, u_N]^{\mathrm{T}}$ 以及通量 $\boldsymbol{f} = [f_1, \cdots, f_N]^{\mathrm{T}}$.

这种方法, 即经典的有限元法 (finite element method)[5–10], 通过适当地定义试验函数 (12.3), 允许不同大小的微元存在。可以通过对微元添加额外的自由度, 并保持微元界面节点共享, 来实现向更高阶微元的扩展[11]。在微元级别上, 这可

以使用高阶基函数来表示

$$x \in \mathsf{D}_j : u_j(x,t) = \sum_{i=0}^{m} u_{j,i}(t)\psi_{j,i}(x) \tag{12.5}$$

其中 $\psi_{j,i}(x)$ 是定义在 D_j 上的 $m+1$ 个基函数。

虽然经典的有限元法似乎提供了几何灵活性和实现高阶精度的潜力, 上述讨论也说明了一些缺点。首先, 结合伽辽金方法, 我们发现全局定义的测试函数/基函数 (12.3), 得到了半离散格式 (12.4), 该格式要求 M 可逆, 也就是说该格式即使在半离散形式中也是隐式的。对非定常问题, 与迄今讨论过的有限差分和有限体积方法相比, 这是一个明显的劣势。

另一个问题是试验函数/基函数在空间上是对称的, 并仅依赖于网格。因此, 在求解守恒律方程时, 没有直接的方法来开发迎风特性, 这可能会引起稳定性问题 (见 [5, 7, 12])。

我们得出结论, 为了确保几何灵活性并支持局部自适应分辨率, 我们需要一种基于微元的方法, 通过局部近似 (12.5) 来实现高阶精度, 就像在有限元法中一样。但是, 全局定义的基函数和试验函数, 结合残差的全局伽辽金陈述, 破坏了格式的局部特性, 消除了利用迎风性的机会。

这表明我们寻求一种有限元法和有限体积法的巧妙结合, 利用局部定义的基函数和测试函数空间来模拟有限元法, 但在更接近有限体积方法想法的意义上满足方程。这种结合正是产生间断伽辽金方法 (discontinuous Galerkin method) 的原因。

为了得到这种格式, 我们保持有限元格式中的微元概念

$$\Omega = \bigcup_{j=1}^{N} \mathsf{D}_j, \quad \mathsf{D}_j = [x_{j-1/2}, x_{j+1/2}]$$

但是引入位于所有单元格界面 $x_{j\pm1/2}$ 的变量来实现局部性。因此, 全局的未知向量变为

$$\boldsymbol{u}_h = [\overbrace{u_{1/2}, u_{3/2}}^{\mathsf{D}_1}, \overbrace{u_{3/2}, u_{5/2}}^{\mathsf{D}_2}, \cdots, u_{N-1/2}, \overbrace{u_{N-1/2}, u_{N+1/2}}^{\mathsf{D}_N}]^{\mathrm{T}}$$

也就是说, 有 $2N$ 个微元, 而在有限元法中是 $N+1$ 个微元。在每个微元中, 现在假设局部解和通量可以表示为

$$x \in \mathsf{D}_j : u_j(x,t) = \sum_{i=0}^{m} \hat{u}_{j,t}(t)\psi_{j,i}(x), \quad f_j(x,t) = \sum_{i=0}^{m} \hat{f}_{j,i}(t)\psi_{j,i}(x)$$

其中 $\psi_{j,i}$ 张成分段多项式解空间 $\mathsf{V}_h = \mathrm{span}\{\psi_{j,i}\}_{(j,i)=(1,0)}^{(N,m)}$。这种表示是局部的, 对微元之间基函数的光滑性没有任何限制。因此, 解只能是分段光滑的。

按照有限元格式的公式, 假定局部解可以用 $u_h \in \mathsf{V}_h$ 很好地表示, 并形成残差 (12.2)。我们要求它与分段多项式测试空间是 L^2-正交的, 从而为所有测试函数 $\psi_{j,i}$ 得到 N 个局部表述

$$\int_{\mathsf{D}_j} \mathrm{R}_h(x,t)\psi_{j,i}dx = 0, \quad \forall i = 0,\cdots,m, \quad \forall j = 1,\cdots,N \tag{12.6}$$

局部性质是 V_h 作为间断空间的直接结果。注意, 我们不需要使用测试函数与试验函数相同的空间, 因为那会产生彼得罗夫–伽辽金格式 (Petrov-Galerkin scheme)。我们将在 12.3 节回到这个问题的讨论上, 在那之前, 只讨论纯伽辽金格式。

乍一看, 局部性似乎有问题, 因为如何从 N 个局部解中得出一个全局解的方法并不明显。此外, 由于单元格界面由两个微元共享, 就会出现如何确保这些点上解的唯一性的问题。

观察到如果取局部基为 $\psi_{j,0} = 1/h_j$, 格式退化为有限体积法, 而这已经发展了黎曼问题和数值通量的理论来解决单元格界面的精确解的问题。按照这一思路, 分部积分得

$$\begin{aligned}\int_{\mathsf{D}_j} \left(\frac{\partial u_j}{\partial t}\psi_{j,i} - f_j\frac{d\psi_{j,i}}{dx}\right)dx &= -[f_j\psi_{j,i}]_{x_{j-1/2}}^{x_{j+1/2}} \\ &= -(f_j(x_{j+1/2})\psi_{j,i}(x_{j+1/2}) - f_j(x_{j-1/2})\psi_{j,i}(x_{j-1/2}))\end{aligned}$$

对所有 (j,i) 成立。对于各界面 $x_{j\pm1/2}$ 处的有限体积法, 剩下一个 (广义) 黎曼问题需要求解。引入数值通量 $F_{j\pm1/2} = f(u^*_{j\pm1/2})$,

$$\int_{\mathsf{D}_j} \left(\frac{\partial u_j}{\partial t}\psi_{j,i} - f_j\frac{d\psi_{j,i}}{dx}\right)dx = -(F_{j+1/2}\psi_{j,i}(x_{j+1/2}) - F_{j-1/2}\psi_{j,i}(x_{j-1/2}))$$

这就是用弱形式表述的间断伽辽金方法。经分部积分, 再次得到所有 (j,i) 的强形式

$$\begin{aligned}\int_{\mathsf{D}_j} \mathrm{R}_h(x,t)\psi_{j,i}dx = {}& (f(u(x_{j+1/2})) - F_{j+1/2})\psi_{j,i}(x_{j+1/2}) \\ & - (f(u(x_{j-1/2})) - F_{j-1/2})\psi_{j,i}(x_{j-1/2})\end{aligned} \tag{12.7}$$

显然, 对有限体积法, 数值通量 $F_{j\pm1/2}$ 的选择是关键。

为了模仿有限元格式的形式, 将每个单元格的格式表示为

$$\mathrm{M}_j \frac{d\boldsymbol{u}_j}{dt} - (\mathrm{S}_j)^{\mathrm{T}} \boldsymbol{f}_j = -F_{j+1/2}\psi_j(x_{j+1/2}) + F_{j-1/2}\psi_j(x_{j-1/2})$$

以及

$$\begin{aligned}\mathrm{M}_j \frac{d\boldsymbol{u}_j}{dt} - \mathrm{S}_j \boldsymbol{f}_j &= (f(u(x_{j+1/2})) - F_{j+1/2})\psi_j(x_{j+1/2}) \\ &\quad - (f(u(x_{j-1/2})) - F_{j-1/2})\psi_j(x_{j-1/2})\end{aligned}$$

这里表现出了质量和刚度矩阵对微元 D_j 的局部依赖关系。$\boldsymbol{u}_j$ 是局部未知向量, $\boldsymbol{f}_j$ 是对应的通量向量。进一步, 设 $\boldsymbol{\psi}_j(x) = [\psi_{j,0}(x), \cdots, \psi_{j,m}(x)]^{\mathrm{T}}$, 并定义局部矩阵为

$$(\mathrm{M}_j)_{kl} = \int_{\mathsf{D}_j} \psi_{j,k}(x)\psi_{j,l}(x)dx, \quad (\mathrm{S}_j)_{kl} = \int_{\mathsf{D}_j} \psi_{j,k}(x)\frac{d\psi_{j,l}}{dx}dx \tag{12.8}$$

虽然间断伽辽金方法的结构与有限元法非常相似, 但存在本质区别。特别是, 它的质量矩阵是局部的而不是全局的, 并且可以以较少的计算成本求逆, 从而得到一种显式的半离散格式。此外, 通过选择数值通量, 我们可以开发迎风格式。与有限体积法相比, 间断伽辽金方法通过加强局部基函数而保持了更高阶局部性。

然而, 所有这一切都是有代价的——最显著的是微元间的解耦导致总自由度的增加。对于线性微元 ($m = 1$) 来说, 它的总自由度相比连续有限元法增加了一倍。如果以 d 维单纯形为微元, 阶数近似为 m, 假设 $m > d$, 则存储惩罚变为

$$S_{m,d} = \frac{m+d}{m - \frac{1}{2}d(d-1)}$$

因此, 当固定 d 时增加近似阶数, 惩罚值迅速接近 1, 减少了额外开销的影响。另一方面, 当 $m \leqslant d$ 时, 所有自由度都与边界相关, 导致自由度加倍。

间断伽辽金方法在 [13] 中被首次提出, 用以解决下式稳态中子输运方程 (neutron transport equation),

$$\sigma u + \nabla \cdot (au) = f$$

其中, σ 为实常数, $a(x)$ 为分片常数, u 为未知函数。对该方法的第一次分析在 [14–16] 中被提出。在 [10,17,18] 中给出了双曲型系统及其离散化的一般推广。

在 [19] 中, 使用线性微元和时间上前向欧拉方法, 该方法被首次尝试推广至非线性标量守恒律方程, 除非使用非常严格的时间步长, 否则得到的是一种不稳定的方法。在 [20] 中, 通过添加斜率限制器来解决这个不足, 产生了一个收敛格

式, 尽管其在空间和时间上都是低阶的。在 [21] 中, 通过将第 9 章讨论的强稳定的龙格-库塔法与改进后的斜率限制器[22] 结合, 使该方法得到改进, 确保了光滑区域的高阶精度和尖锐激波分辨率。通过引入广义斜率限制器和高阶强稳定龙格-库塔法, 进一步推广该方法, 拓展到高阶精度[23]、一维系统[24] 和多维标量问题[25], 最后到系统[26]。可以参考教科书 [10,11,27–29] 中的大量应用和进一步的细节, 里面有对相关研究领域的各种介绍。

在开始对间断伽辽金方法进行更严格的讨论之前, 我们需要引入一些额外的概念。特别地, 需要在 Ω 上定义全局范数和在 Ω_h 上定义 broken 范数, 作为 N 个微元 D_j 的和。为了简单起见, 我们主要讨论一维情况。当然, 除非另有说明, 否则所有结果都可以扩展到多维问题。详细讨论可参考 [27]。

对于解 $u(x,t)$, 定义 Ω 上的全局 L^2-范数为

$$(u,v)_\Omega = \int_\Omega uv dx, \quad (u,u)_\Omega = \|u\|_\Omega^2$$

以及 broken 范数为

$$\|u\|_h^2 = \sum_{j=1}^{N} \|u_j\|_{\mathsf{D}_j}^2, \quad \|u_j\|_{\mathsf{D}_j}^2 = \int_{\mathsf{D}_j} u_j^2 dx$$

类似地, 定义相关的索伯列夫范数 (Sobolev norm)

$$\|u\|_q^2 = \sum_{l=0}^{q} \left\|u^{(l)}\right\|_\Omega^2, \quad \|u\|_{h,q}^2 = \sum_{j=1}^{N} \|u_j\|_{\mathsf{D}_{j,q}}^2, \quad \|u_j\|_{\mathsf{D}_{j,q}}^2 = \sum_{l=0}^{q} \|u_j^{(l)}\|_{\mathsf{D}_j}^2$$

通常, $u^{(l)}$ 指的是 u 的第 l 阶导数。

我们还将 H^q 定义为函数空间, 其中 $\|u\|_{\Omega,q}$ 或 $\|u\|_{\Omega,q,h}$ 是有界的。最后, 我们需要半范数

$$|u|_{h,q}^2 = \sum_{j=1}^{N} |u_j|_{\mathsf{D}_{j,q}}^2, \quad |u|_{\mathsf{D}_{j,q}}^2 = \|u_j^{(q)}\|_{\mathsf{D}_j}^2$$

12.1 基本概念

现在让我们更详细地考虑间断伽辽金方法。考虑满足适当初始条件和边界条件的标量守恒律方程

$$\frac{\partial u}{\partial t} + \frac{\partial f(u)}{\partial x} = 0$$

为了构造格式, 假设全局解 $u_h(x,t) \in \mathsf{V}_h$ 可被表示为

$$u(x,t) \simeq u_h(x,t) = \bigoplus_{j=1}^{N} u_j(x,t)$$

式中, u_j 表示位于 $x \in [x_{j-1/2}, x_{j+1/2}]$ 的微元 D_j 上的局部解。进一步假设

$$u_j(x,t) = \sum_{i=0}^{m} u_{j,i}(t)\psi_{j,i}(x)$$

其中 $\psi_{j,i}$ 是局部定义在 D_j 上的一组适当选择的基函数。定义测试函数空间 $\mathsf{V}_h = \text{span}\{\psi_{j,i}(x)\}_{(j,i)=(1,0)}^{N,m}$, 并要求残差 L^2-正交于所有测试函数 $v_h \in \mathsf{V}_h$, 即对 $j = 1, \cdots, N, i = 0, \cdots, m$, 有

$$\int_{\mathsf{D}_j} \left(\frac{\partial u_j}{\partial t}\psi_{j,i} - f_j \frac{d\psi_{j,i}}{dx} \right) dx = -(F_{j+1/2}\psi_{j,i}(x_{j+1/2}) - F_{j-1/2}\psi_{j,i}(x_{j-1/2}))$$

在分部积分后, 引入数值通量来得到全局格式。

虽然该格式的表示相对简单, 但它留下了一些问题, 涉及基函数 $\psi_{j,i}$ 的选择、数值通量 $F_{j\pm1/2}$ 的选择, 以及格式的精度和稳定性特性。为了对这些方面有一些直观的认识, 让我们考虑一个例子。

例 12.1 考虑线性波动方程

$$\frac{\partial u}{\partial t} - 2\pi \frac{\partial u}{\partial x} = 0, \quad x \in [0, 2\pi]$$

定义周期性边界条件和初始条件为

$$u(x,0) = \sin(lx), \quad l = \frac{2\pi}{\lambda}$$

这里, λ 是波长。

适用局部定义在微元上的 m 阶多项式, 作为基函数, 并为 $f(u) = au$ 选择如下数值通量

$$F(u,v) = a\frac{u+v}{2} - |a|\frac{1-\alpha}{2}(v-u)$$

这里, $0 \leqslant \alpha \leqslant 1$ 是一个自由参数。选择 $\alpha = 0$ 对应迎风通量, 而 $\alpha = 1$ 则产生中心通量。

图 12.1 为这两种不同通量得到的解, 突出了解的间断性质。迎风通量的耗散性质也很明显。

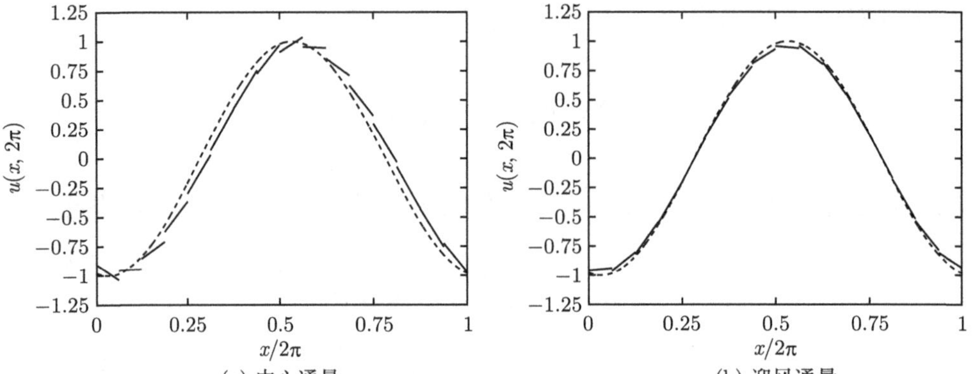

(a) 中心通量　　(b) 迎风通量

图 12.1　当 $m=1$, $N=12$ 时波动方程的数值解, 使用中心通量 (a) 和迎风通量 (b) 的间断伽辽金方法计算。在这两种情况下, 虚线表示精确解

为了进一步评估该格式的性能, 对不同 m 和 N 值下的精度进行测试, 并采用高阶龙格-库塔法对时间求积分。选择一个足够小的时间步长, 以确保时间误差可以忽略不计。

表 12.1 列出了 $T=\pi$ 时刻的全局 L^2-误差作为微元数目 N 和局部近似阶数 m 的函数。首先, 该格式是明显收敛的, 结果表明有两种收敛路径——一种可以增加局部近似阶数 m, 另一种可以增加微元数目 N。

表 12.1　使用 N 个微元及局部 m 阶近似的间断伽辽金方法求解波动方程的全局 L^2-误差。当 $m=8$ 时, 有限精度效应占主导地位, 破坏了期望的收敛速度

$m \setminus N$	2	4	8	16	32	64	收敛速度
1	—	4.0e-01	9.1e-02	2.3e-02	**5.7e-03**	1.4e-03	2.0
2	2.0e-01	4.3e-02	**6.3e-03**	8.0e-04	1.0e-04	1.3e-05	3.0
4	**3.3e-03**	3.1e-04	9.9e-06	3.2e-07	1.0e-08	3.3e-10	5.0
8	2.1e-07	2.5e-09	4.8e-12	2.2e-13	5.0e-13	6.6e-13	$\simeq 9.0$

然而, 当 m 和 N 改变时, 收敛速度也会变得不一样。如果定义 $h=2\pi/N$ 为单元格大小, 可以观察到

$$\|u-u_h\|_h \leqslant Ch^{m+1}$$

由此可见, 局部近似阶数决定了收敛速度之快。常数 C 与 h 无关, 但它可能依赖于解最后的时间 T。

接下来, 我们将深入研究这些观察结果, 并探讨它们的共性。

12.1.1 局部近似

假定局部解可表示为

$$x \in \mathsf{D}_j = [x_{j-1/2}, x_{j+1/2}] : u_j(x,t) = \sum_{i=0}^{m} u_{j,i}(t)\psi_{j,i}(x)$$

虽然原则上可以选择任意 L^2-完备基函数族 $\psi_{j,i}$, 但多项式族依旧是标准选择, 我们仍保持这个选择。例 12.1 的结果表明, 该方法的精度与局部多项式的阶数密切相关。

让我们先引入仿射映射 (affine mapping)

$$x \in \mathsf{D}_j : x(r) = x_{j-1/2} + \frac{1+r}{2}h_j, \quad h_j = x_{j+1/2} - x_{j-1/2} \tag{12.9}$$

其中, $r \in \mathsf{I} = [-1,1]$ 是参考变量, h_j 是局部单元格的大小。

模态表示

首先考虑局部多项式表示形式

$$x \in \mathsf{D}_j : u_j(x(r),t) = \sum_{i=0}^{m} \hat{u}_{j,i}(t)\psi_{j,i}(r)$$

称为模态表示。为了简化标记, 去掉对微元和时间的显式引用, 并考虑

$$u_h(r) = \sum_{i=0}^{m} \hat{u}_i(t)\psi_i(r)$$

作为首次选择, 可以考虑一个单项式基 $\psi_i(r) = r^i$。于是就剩下如何得出系数 $\hat{u}_i$ 的问题。一种自然的方法是 L^2-投影,

$$(u(r), \psi_j(r))_{\mathsf{I}} = \sum_{i=0}^{m} \hat{u}_i(\psi_i(r), \psi_j(r))_{\mathsf{I}}, \quad j = 0, \cdots, m \tag{12.10}$$

得到

$$\hat{\mathrm{M}}\hat{\boldsymbol{u}} = \boldsymbol{u} \tag{12.11}$$

其中

$$\hat{\mathrm{M}}_{ij} = (\psi_i, \psi_j)_{\mathsf{I}}, \quad \hat{\boldsymbol{u}} = [\hat{u}_0, \cdots, \hat{u}_m]^{\mathrm{T}}, \quad \boldsymbol{u} = [u_0, \cdots, u_m]^{\mathrm{T}}, \quad u_j = (u, \psi_j)_{\mathsf{I}}$$

因此, 我们为 $m+1$ 个未知展开系数 $\hat{u}_i$, 建立 $m+1$ 个方程。

然而, 对于单项式基, 有

$$\hat{\mathrm{M}}_{ij} = \frac{1}{i+j+1}[1+(-1)^{i+j}] \tag{12.12}$$

这类似于希尔伯特矩阵。随着 m 值的增加, 这个矩阵变得非常病态。因此, 即使对中等阶数, 例如 $m > 10$ 的情况, 也不能通过准确计算 $\hat{\boldsymbol{u}}$ 来获得多项式表达的 u_h。

这个问题的一个自然解决方法是寻找一组标准正交基。这可以通过对单项式基进行基于 L^2 的格拉姆-施密特正交化 (Gram-Schmidt orthogonalization) 来轻松实现, 从而得到标准正交基[30]

$$\psi_i(r) = P_i(r) = \frac{\tilde{P}_i(r)}{\sqrt{\gamma_i}}$$

式中, $\tilde{P}_i(r)$ 是经典的 i 阶勒让德多项式 (Legendre polynomial) , 并且

$$\gamma_i = \frac{2}{2i+1}$$

是一种归一化形式。这个新的基可以通过递推关系得到

$$rP_i(r) = \alpha_i P_{i-1}(r) + \alpha_{i+1} P_{i+1}(r), \ \ \alpha_i = \sqrt{\frac{i^2}{(2i+1)(2i-1)}}$$

其初始值为

$$P_0(r) = \frac{1}{\sqrt{2}}, \quad P_1(r) = \sqrt{\frac{3}{2}}r$$

该计算过程在 LegendreP.m 中说明。

脚本 12.1: LegendreP.m: 在 x 处求解 m 阶标准正交勒让德多项式

```
function [P]=LegendreP(x,m);
% function [P]=LegendreP(x,m)
% Purpose: Evaluate orhonormal m'th order Legendre Polynomial at point x
xp=x; dims=size(xp); if(dims(2)==1) xp=xp'; end;

% Initial values P_0(x) and P_1(x)
PL=zeros(m+1,length(xp));
PL(1,:)=sqrt(1.0/2.0);      if(m==0) P=PL'; return; end;
PL(2,:)=sqrt(3.0/2.0)*xp; if(m==1) P=PL(m+1,:)'; return; end;
```

```
% Forward recurrence using the symmetry of the recurrence.
aold=sqrt(1.0/3.0);
for i=1:m-1
  anew=2/(2*i+2)*sqrt((i+1)*(i+1)*(i+1)*(i+1)/(2*i+1)/(2*i+3));
  PL(i+2,:)=1/anew*(-aold*PL(i,:)+xp.*PL(i+1,:));
  aold=anew;
end;
P=PL(m+1,:)';
return
```

图 12.2 展示了前六阶标准正交勒让德多项式。

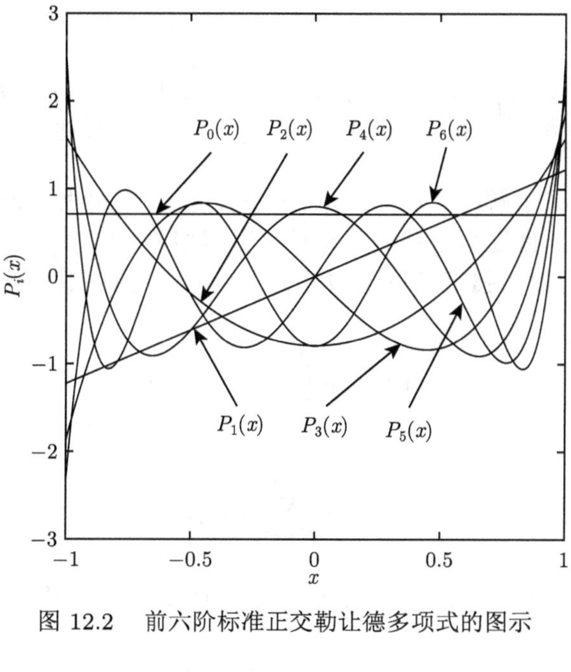

图 12.2 前六阶标准正交勒让德多项式的图示

基函数的 L^2-正交意味着质量矩阵 $\hat{\text{M}}$ 是一个单位阵, 从而消除了 (12.11) 中的矩阵条件数问题。至于如何计算 u_i, 即

$$u_i = (u, \psi_i)_\text{I} = (u, P_i)_\text{I} = \hat{u}_i$$

仍然有待讨论。最后一个等式依照 $\hat{\text{M}}$ 是一个单位阵。对于一般函数 u, 内积的计算是不容易的, 唯一可行的方法是数值计算。如 11.2.3 节所讨论的, 自然要使用如

下形式的高斯求积

$$\hat{u}_i \simeq \sum_{j=0}^{m} u(r_j) P_i(r_j) \omega_j$$

其中, $r_j \in [-1,1]$ 为求积点, ω_j 为求积权值。这种求积的一个重要性质是它对 $2m+1$ 阶多项式是精确的[31]。高斯求积的权值和节点可以用 LegendreGQ.m 计算, 这在 11.2.3 节已经讨论过了。

有了标准正交基, 可以表示刚度矩阵 $\hat{\mathrm{S}}$, 其元素由 (12.8) 定义。为此, 性质[32]

$$\frac{d}{dr} P_j(r) = \sum_{\substack{i=0, \\ i+j \text{ 为奇数}}}^{j-1} \sqrt{(2i+1)(2j+1)} P_i(r)$$

使我们得到

$$\hat{\mathrm{S}}_{ij} = \int_{-1}^{1} P_i(r) \frac{d}{dr} P_j(r) dr = \begin{cases} \sqrt{(2i+1)(2j+1)}, & (i,j) \geqslant 0; i+j \text{ 为奇数} \\ 0, & \text{其他} \end{cases}$$

在继续之前, 有必要了解与多项式近似相关的误差。正如我们在例 12.1 中所讨论过的, 希望这与间断伽辽金方法的全局精度密切相关。

首先估计在阶数增强下可以期望什么。为简单起见, 假设所有微元的长度都是 h, 并引入新变量

$$v(r) = u\left(\frac{h}{2} r\right) = u(x)$$

现在考虑

$$v_h(r) = \sum_{i=0}^{m} \hat{v}_i P_i(r)$$

在何种程度上近似 $v \in L^2(\mathsf{I})$。首先, 利用 P_i 的标准正交性得到 $\hat{v}_i$, 如下

$$\hat{v}_i = \int_{\mathsf{I}} v(r) P_i(r) dr \tag{12.13}$$

标准正交基产生的一个直接结果是

$$\|v - v_h\|_{\mathsf{I}}^2 = \sum_{i=m+1}^{\infty} |\hat{v}_i|^2 \tag{12.14}$$

由此得到一个基本近似结果[33]。

定理 12.2 设 $v \in H^p(\mathsf{I})$, 令 v_h 表示 v 的 m 阶多项式投影。那么, 对于每个满足 $0 \leqslant q \leqslant p$ 的整数 q, 有

$$\|v - v_h\|_{\mathsf{I},q} \leqslant m^{\rho-p}|v|_{\mathsf{I},p}$$

其中

$$\rho = \begin{cases} \dfrac{3}{2}q, & 0 \leqslant q \leqslant 1 \\ 2q - \dfrac{1}{2}, & q \geqslant 1 \end{cases}$$

证明 我们只能简略说明, 请参考 [33] 以了解全部细节。勒让德多项式满足奇异施图姆-刘维尔问题 (singular Sturm-Liouville problem)

$$\frac{d}{dr}(1-r^2)\frac{d}{dr}P_i(r) + i(i+1)P_i(r) = \mathcal{L}P_i(r) + \lambda_i P_i(r) = 0 \tag{12.15}$$

为了便于表示, 定义

$$\mathcal{L} = \frac{d}{dr}(1-r^2)\frac{d}{dr}, \quad \lambda_i = i(i+1)$$

回顾 $\hat{v}_i$ 的定义 (12.13), 使用 (12.15) 和 $2p$ 次分部积分, 得到

$$|\hat{v}_i| \leqslant \lambda_i^{-p}\int_{\mathsf{I}}(\mathcal{L}^p v(r))P_i(r)dr$$

将其与帕塞瓦尔恒等式结合, 就得到了 L^2-估计

$$\|v - v_h\|_{\mathsf{I},0} \leqslant m^{-p}|v|_{\mathsf{I},p}$$

这对 $v \in H_p(\mathsf{I})$, $p \geqslant 0$ 成立, 由此建立 $q = 0$ 的结果。

通过经典的逆不等式可以直观地理解高阶范数的界[30,33]

$$\left\|\frac{dP_i(r)}{dr}\right\|_{\mathsf{I},0} \leqslant i^2\|P_i(r)\|_{\mathsf{I},0}$$

因此, 正如定理所反映的那样, 当 $q \geqslant 1$ 时, 每一阶导数的收敛阶数都将减少两阶。而定理中对 $0 \leqslant q \leqslant 1$ 更精细的估计依赖于对多项式特性的仔细分析。 □

如果局部解是光滑的, 即对于大的 p 值, 有 $v \in H^P(\mathsf{I})$, 结果表明收敛非常快, 并且对于解析函数是呈指数级收敛的[34]。因此, 我们得出经典谱方法[35] 的特征, 即误差随着 m 的增加呈指数级快速衰减。我们将在第 13 章更详细地讨论这种情况。

我们需要一个稍微精确的估计来更深入地了解收敛行为。首先回想下面的引理[36]。

引理 12.3 设 $v \in H^P(\mathsf{I})$, $p \geqslant 0$, 假设

$$v(r) = \sum_{i=0}^{\infty} \hat{v}_i P_i(r)$$

则对 $0 \leqslant q \leqslant p$, 有

$$\int_{-1}^{1} |v^{(q)}|^2 (1-r^2)^q dr = \sum_{i \geqslant q} |\hat{v}_i|^2 \frac{(i+q)!}{(i-q)!} \leqslant |v|_{\mathsf{I},q}^2$$

其证明依赖于正交多项式的性质；详见 [36]。该引理的一项结论为如下引理。

引理 12.4 设 $v \in H^P(\mathsf{I})$, $p \geqslant 1$, 则

$$\|v - v_h\|_{\mathsf{I},0} \leqslant \left(\frac{(m+1-\sigma)!}{(m+1+\sigma)!} \right)^{1/2} |v|_{\mathsf{I},\sigma}$$

其中, $\sigma = \min(m+1, p)$.

证明 根据 (12.14), 我们有

$$\|v - v_h\|_{\mathsf{I},0}^2 = \sum_{i=m+1}^{\infty} |\hat{v}_i|^2 = \sum_{i=m+1}^{\infty} |\hat{v}_i|^2 \frac{(i-\sigma)!}{(i+\sigma)!} \frac{(i+\sigma)!}{(i-\sigma)!}.$$

假设 $\sigma \leqslant m+1$, 这意味着

$$\|v - v_h\|_{\mathsf{I},0}^2 \leqslant \frac{(m+1-\sigma)!}{(m+1+\sigma)!} \sum_{i=m+1}^{\infty} |\hat{v}_i|^2 \frac{(i+\sigma)!}{(i-\sigma)!}$$

结合引理 12.3 和 $\sigma = \min(m+1, p)$ 可以得出结论。 □

现在让我们回到长度为 h 的一般微元的行为, 以得到 $u(x)$ 而不是 $v(r)$。

定理 12.5 设 $u \in H^p(\mathsf{D}_j)$, 并令 u_h 表示 v 的 m 阶的分段多项式近似。则对每个满足 $0 \leqslant q \leqslant \sigma = \min(m+1, p)$ 的整数 q, 有

$$\|u - u_h\|_{h,q} \leqslant C h^{\sigma - q} |u|_{h,\sigma}$$

证明 我们有

$$|v|_{\mathsf{I},q}^2 = \int_{\mathsf{I}} \left(v^{(q)}\right)^2 dr = C \int_{\mathsf{D}_j} h^{2q-1} \left(u^{(q)}\right)^2 dx = C h^{2q-1} |u|_{\mathsf{D}_j,q}^2$$

类似地, 我们有

$$\|u\|_{\mathsf{D}_j,q}^2 = \sum_{p=0}^{q} |u|_{\mathsf{D}_j,p}^2 = C\sum_{p=0}^{q} h^{1-2p}|v|_{\mathsf{I},p}^2 \leqslant Ch^{1-2q}\|v\|_{\mathsf{I},q}^2$$

结合这些估计, 我们得到

$$\|u-u_h\|_{\mathsf{D}_j,q}^2 \leqslant Ch^{1-2q}\|v-v_h\|_{\mathsf{I},q}^2 \leqslant Ch^{1-2q}|v|_{\mathsf{I},\sigma}^2 = Ch^{2\sigma-2q}|u|_{\mathsf{D}_j,\sigma}^2$$

其中 $\sigma = \min(m+1, p)$, 对所有微元求和可得到最终结果。 □

对于具有可变微元长度的更一般的网格, 可使用 $h = \max_j h_j$ 进行估计。这个结果总结了基本的近似性质, 并强调了 u 在哪些条件下可以期望高阶收敛速度。

节点表示

考虑一个稍微不同的方法, 并定义展开系数 $\tilde{v}_n$ 使得近似是插值形式的:

$$v(r_j) = v_h(r_j) = \sum_{i=0}^{m} \tilde{v}_i P_i(r_j) \tag{12.16}$$

其中, r_j 表示一组 $m+1$ 个不同的网格点, $r_j \in [-1,1]$。我们可以把它表示成矩阵形式

$$\hat{\mathrm{V}}\tilde{\boldsymbol{v}} = \boldsymbol{v}$$

其中

$$\hat{\mathrm{V}}_{ij} = P_j(r_i), \quad \tilde{\boldsymbol{v}}_i = \tilde{v}_i, \quad \boldsymbol{v}_i = v(r_i)$$

矩阵 $\hat{\mathrm{V}}$ 被认为是一个广义的范德蒙德矩阵 (Vandermonde matrix), 它将在之后推导中发挥核心作用, 因为它建立了模态 $\tilde{\boldsymbol{v}}$ 和节点值 $\boldsymbol{v}$ 之间的联系。至于质量矩阵, 重要的是确保它具备良态。

由于归一化的勒让德多项式构成了最优基, 因此可以自由选择网格点 r_i 来定义范德蒙德矩阵。

首先认识到, 如果 (12.16) 是一个插值, 它可以表示为

$$v_h(r) = \sum_{i=0}^{m} v(r_i)\ell_i(r), \quad \ell_i(r) = \prod_{\substack{j=0\\ j\neq i}}^{m} \frac{r-r_j}{r_i-r_j}$$

其中, ℓ_i 为拉格朗日多项式。为了理解这些点的选择是如何与 $\hat{\mathrm{V}}$ 的条件数联系起来的, 通过插值的唯一性得到

$$\hat{\mathrm{V}}^{\mathrm{T}}\boldsymbol{\ell}(r) = \boldsymbol{P}(r)$$

其中, $\boldsymbol{\ell} = [\ell_0(r), \cdots, \ell_m(r)]^{\mathrm{T}}$, $\boldsymbol{P}(r) = [P_0(r), \cdots, P_m(r)]^{\mathrm{T}}$。回忆求解线性方程组的克拉默法则, 求 r_i 使 $\hat{\mathrm{V}}$ 的行列式最大化是合理的。对于一维情况, 参考 [35,37], 解为

$$f(r) = (1 - r^2)P'_m(r)$$

的 $m + 1$ 个零点。

它们与归一化勒让德多项式密切相关, 被称为勒让德–高斯–洛巴托 (Legendre-Gauss-Lobatto, LGL) 求积点, 可以使用程序 LegendreGL.m 计算, 该程序还可以计算相关的求积权值[38], 求积对 $2m - 1$ 阶的多项式精确, 同时具备积分域两个端点均为求积节点的性质[31]。

脚本 12.2: LegendreGL.m: 计算 m 阶勒让德–高斯–洛巴托求积节点和权值

```
function [x,w]=LegendreGL(m);
% function [x,w]=LegendreGL(m)
% Purpose: Compute the m'th order LGL quadrature points, x, and weights, w
x=zeros(m+1,1); w=zeros(m+1,1);
if(m==1) x(1)=-1.0; x(2)=1.0; w(1)=1.0; w(2)=1.0; return; end;
if(m==2)
   x(1)=-1.0; x(2)=0.0; x(3)=1.0; w(1)=1/3; w(2)=4/3; w(3)=1/3; return;
end;

% Form symmetric matrix from recurrence.
J=zeros(m-1); h1=2*(0:m-2)+2;
J=diag(2./(h1(1:m-2)+2).*sqrt((1:m-2).*((1:m-2)+2).*...
       ((1:m-2)+1).*((1:m-2)+1)./(h1(1:m-2)+1)./(h1(1:m-2)+3)),1);
J(1,1)=0.0; J=J + J';

%Compute quadrature by eigenvalue solve
[V,D]=eig(J); x=diag(D); x=[-1, x', 1]';
[P]=LegendreP(x,m); w=(2*m+1)/m/(m+1)./P.^2;
return;
```

虽然这些积分点将很好地帮助我们前进, 但它们并没有什么特别之处, 其他选择也是可能的。关于这方面的讨论, 我们参考 [27]。

通过选择标准正交勒让德基和 LGL 节点 r_i, 确保 $\hat{\mathrm{V}}$ 是良态的, 并且得到的插值结果表现良好。在 VandermondeDG.m 中给出了 $\hat{\mathrm{V}}$ 的初始化过程。

脚本 12.3: VandermondeDG.m: 将基于网格点 r 的 m 阶范德蒙德矩阵 $\hat{\mathrm{V}}$ 初始化的程序

```
function [V]=VandermondeDG(m,r)
% function [V]=VandermondeDG(m,r)
% Purpose:Initialize the 1D Vandermonde Matrix, V_{ij}=phi_j(r_i);

V=zeros(length(r),m+1);
for j=1:m+1
    V(:,j)=LegendreP(r(:), j-1);
end;
return
```

使用 $\hat{\mathrm{V}}$ 允许我们在使用 $\tilde{v}_n$ 作为未知数的模态表示和使用 $v(r_i)$ 作为未知数的节点表示之间相互转换。这两种表述在数学上是等价的, 但在计算上是不同的。根据具体应用的不同, 每种方法都有一定的优点和缺点。

在解可以进行合适的局部表示之后, 回到逐元的算子 M_j 和 S_j。对于前者, 其元素为

$$(\mathrm{M}_j)_{kl} = \int_{x_{j-1/2}}^{x_{j+1/2}} \ell_k(x)\ell_l(x)dx = \frac{h_j}{2}\int_{-1}^{1} \ell_k(r)\ell_l(r)dr = \frac{h_j}{2}(\ell_k, \ell_l)_{\mathsf{I}} = \frac{h_j}{2}\hat{\mathrm{M}}_{kl}$$

式中, 系数 $h_j/2$ 是 (12.9) 的雅可比矩阵并且 $\hat{\mathrm{M}}$ 是定义在参考微元 I 的质量矩阵。

如果回想一下

$$\ell_i(r) = \sum_{j=0}^{m} (\hat{\mathrm{V}}^{-\mathrm{T}})_{ij} P_j(r)$$

有

$$\begin{aligned}\hat{\mathrm{M}}_{ij} &= \int_{-1}^{1} \sum_{k=0}^{m} (\hat{\mathrm{V}}^{-\mathrm{T}})_{ik} P_k(r) \sum_{l=0}^{m} (\hat{\mathrm{V}}^{-\mathrm{T}})_{jl} P_l(r) dr \\ &= \sum_{k=0}^{m}\sum_{l=0}^{m} (\hat{\mathrm{V}}^{-\mathrm{T}})_{ik} (\hat{\mathrm{V}}^{-\mathrm{T}})_{jl} (P_k, P_l)_{\mathsf{I}} = \sum_{k=0}^{m} (\hat{\mathrm{V}}^{-\mathrm{T}})_{ik} (\hat{\mathrm{V}}^{-\mathrm{T}})_{jk}\end{aligned}$$

式中, 后者源自 P_i 的标准正交性。因此, 我们有

$$\mathrm{M}_j = \frac{h_j}{2}\hat{\mathrm{M}} = \frac{h_j}{2}(\hat{\mathrm{V}}\hat{\mathrm{V}}^{\mathrm{T}})^{-1}$$

对于刚度矩阵 S_j, 可以得到

$$(\mathrm{S}_j)_{kl} = \int_{x_{j-1/2}}^{x_{j+1/2}} \ell_k(x)\frac{d\ell_l(x)}{dx}dx = \int_{-1}^{1} \ell_k(r)\frac{d\ell_l(r)}{dr}dr = \hat{\mathrm{S}}_{kl}$$

与质量矩阵不同, 这个变换中没有引入度量常数。为了得到 $\hat{\mathrm{S}}$ 的一个简单表达式, 定义微分矩阵 $\hat{\mathrm{D}}$, 其元素为

$$\hat{\mathrm{D}}_{ij} = \left.\frac{d\ell_j}{dr}\right|_{r_i}$$

可得 $\hat{\mathrm{M}}\hat{\mathrm{D}}$ 的各元素为

$$\begin{aligned}(\hat{\mathrm{M}}\hat{\mathrm{D}})_{ij} &= \sum_{n=0}^{m}\hat{\mathrm{M}}_{in}\hat{\mathrm{D}}_{nj} = \sum_{n=0}^{m}\int_{-1}^{1}\ell_i(r)\ell_n(r)\left.\frac{d\ell_j}{dr}\right|_{r_n}dr \\ &= \int_{-1}^{1}\ell_i(r)\sum_{n=0}^{m}\left.\frac{d\ell_j}{dr}\right|_{r_n}\ell_n(r)dr = \int_{-1}^{1}\ell_i(r)\frac{d\ell_j(r)}{dr}dr = \hat{\mathrm{S}}_{ij}\end{aligned}$$

这就产生了等式

$$\hat{\mathrm{M}}\hat{\mathrm{D}} = \hat{\mathrm{S}} \tag{12.17}$$

可以直接通过下式得到 $\hat{\mathrm{D}}$ 的元素

$$\hat{\mathrm{V}}^{\mathrm{T}}\boldsymbol{\ell}(r) = \boldsymbol{P}(r) \Rightarrow \hat{\mathrm{V}}^{\mathrm{T}}\frac{d}{dr}\boldsymbol{\ell}(r) = \frac{d}{dr}\boldsymbol{P}(r)$$

在节点 r_i 处进行配置可得

$$\hat{\mathrm{V}}^{\mathrm{T}}\hat{\mathrm{D}}^{\mathrm{T}} = \left(\frac{d\hat{\mathrm{V}}}{dr}\right)^{\mathrm{T}}, \quad \left.\frac{d\hat{\mathrm{V}}}{dr}\right|_{ij} = \left.\frac{dP_j}{dr}\right|_{r_i}$$

式中, $\hat{\mathrm{V}}$ 的导数可以通过等式[30]

$$(1-r^2)\frac{dP_i(r)}{dr} = -irP_i(r) + i\sqrt{\frac{2i+1}{2i-1}}P_{i-1}(r)$$

与端点值

$$\frac{dP_i}{dr}(\pm 1) = (\pm 1)^{i+1}\frac{i(i+1)}{2}\sqrt{\frac{2i+1}{2}}$$

相结合直接计算。如 GradVandermondeDG.m 所示, GradLegendreP.m 实现了这些等式, 从而计算 $\hat{\mathrm{V}}$ 在网格点 $\boldsymbol{r}$ 处的梯度。

脚本 12.4: GradLegendreP.m: 求 m 阶勒让德多项式在 r 处的导数

```
function [dP]=GradLegendreP(r, m);
% function [dP]=GradLegendreP(r, m);
% Purpose: Evaluate the derivative of the m'th order Legendre polynomial
% at points r
dP=zeros(length(r), 1);
if (m>0)
  Ph=-m*r.*LegendreP(r,m) + m*sqrt((2*m+1)/(2*m-1)).*LegendreP(r,m-1);
  dPe=r.^(m+1)*m*(m+1)/2*sqrt((2*m+1)/2);
  endp=(abs(abs(r)-1)>10*eps); rh=r.*endp;
  dP=~endp.*dPe+endp.*Ph./(1-rh.^2);
end;
return
```

脚本 12.5: GradVandermondeDG.m: 基于网格点 $\boldsymbol{r}$ 求 m 阶一维范德蒙德矩阵 $\hat{\mathrm{V}}$ 的导数

```
function [Vr]=GradVandermondeDG(m,r)
% function [Vr]=GradVandermondeDG(m,r)
% Purpose:Initialize the gradient of the Vandermonde matrix
% of order m at (r)
Vr=zeros(length(r),(m+1));
for i=0:m
   [Vr(:,i+1)]=GradLegendreP(r(:),i);
end
return
```

最后, $\hat{\mathrm{D}}$ 中的元素可以直接表示成

$$\hat{\mathrm{D}} = \left(\frac{d\hat{\mathrm{V}}}{dr}\right)\hat{\mathrm{V}}^{-1}$$

这在 DmatrixDG.m 中给出。一旦微分矩阵就位, 可以直接通过 (12.17) 获得 $\hat{\mathrm{S}}$。

脚本 12.6: DmatrixDG.m: 基于网格点 $\boldsymbol{r}$ 初始化 m 阶一维微分矩阵

```
function [D]=DmatrixDG(m,r,V)
% function [D]=DmatrixDG(m,r,V)
% Purpose:Initialize the (r) differentiation matrices,
% evaluated at (r) at order m
```

```
Vr=GradVandermondeDG(m, r); D=Vr/V;
return
```

现在让我们回到节点表示的误差分析。虽然投影和插值之间的区别可能看起来很小，但仍有必要关注它。考虑表达式

$$\hat{v}_h(r) = \sum_{i=0}^{m} \hat{v}_i P_i(r), \quad v_h(r) = \sum_{i=0}^{m} \tilde{v}_i P_i(r)$$

式中，$\hat{v}_h$ 为基于投影的近似，v_h 为插值。

根据插值性质，我们有

$$v(r_j) = v_h(r_j) = (\hat{\mathrm{V}}\tilde{\boldsymbol{v}})_j = \sum_{i=0}^{\infty} \hat{v}_i P_i(r_j) = \sum_{i=0}^{m} \hat{v}_i P_i(r_j) + \sum_{i=m+1}^{\infty} \hat{v}_i P_i(r_j)$$

从中可得

$$\hat{\mathrm{V}}\tilde{\boldsymbol{v}} = \hat{\mathrm{V}}\hat{\boldsymbol{v}} + \sum_{i=m+1}^{\infty} \hat{v}_i P_i(\boldsymbol{r})$$

其中，$P_i(\boldsymbol{r}) = [P_i(r_0), \cdots, P_i(r_m)]^{\mathrm{T}}$。这意味着

$$v_h(r) = \hat{v}_h(r) + \boldsymbol{P}^{\mathrm{T}}(r)\hat{\mathrm{V}}^{-1} \sum_{i=m+1}^{\infty} \hat{v}_i P_i(\boldsymbol{r})$$

其中，$\boldsymbol{P}(r) = [P_0(r), \cdots, P_m(r)]^{\mathrm{T}}$。假设 $v \in H^p(\mathsf{I})$, $p > \dfrac{1}{2}$，使用上式右端项的最后一项表示模态展开和节点展开之间的区别，如下所示[36]

$$\boldsymbol{P}^{\mathrm{T}}(r)\hat{\mathrm{V}}^{-1} \sum_{i=m+1}^{\infty} \hat{v}_i P_i(\boldsymbol{r}) = \sum_{i=m+1}^{\infty} \hat{v}_i (\boldsymbol{P}^{\mathrm{T}}(r)\hat{\mathrm{V}}^{-1} P_i(\boldsymbol{r}))$$

因为

$$\boldsymbol{P}^{\mathrm{T}}(r)\hat{\mathrm{V}}^{-1} P_i(\boldsymbol{r}) = \sum_{l=0}^{m} p_l P_l(r), \quad \hat{\mathrm{V}}\boldsymbol{p} = P_i(\boldsymbol{r})$$

可以将这一项解释为那些高阶模态 ($i > m$) 的贡献，它们看起来像网格上的低阶模态。这种现象被称为混叠 (aliasing)，是插值和投影之间的根本区别。

这对整体精度的影响产生了以下定理，其证明是技巧性的并专门在 [39] 中给出。

定理 12.6 设 $v \in H^p(\mathsf{I})$, $p > \dfrac{1}{2}$, 并设 v_h 为 v 的 m 阶多项式插值。那么, 对于所有满足 $0 \leqslant q \leqslant p$ 的整数 q, 有

$$\|v - v_h\|_{\mathsf{I},q} \leqslant m^{2q-p+1/2}|v|_{\mathsf{I},p}$$

因此, 混叠会导致收敛速度降低一阶, 但不会更多。结合定理 12.5 的结论, 我们现在已经对局部近似误差及其与被近似函数的光滑性的关系有了深入的理解。

12.1.2 关键性质

现在回到标量守恒律方程

$$\begin{aligned} &\frac{\partial u}{\partial t} + \frac{\partial f(u)}{\partial x} = 0, \quad x \in \Omega \\ &u(x,0) = u_0(x) \end{aligned} \tag{12.18}$$

其中, 设 $f(u)$ 为凸通量。假设给出适当的边界条件。

在继续讨论之前, 让我们简单分析一下算子 $\hat{\mathrm{M}}$ 和 $\hat{\mathrm{S}}$。马上就会意识到

$$\boldsymbol{v}^{\mathrm{T}}\hat{\mathrm{M}}\boldsymbol{v} = \int_{\mathsf{I}} \sum_{i=0}^{m} v(r_i)\ell_i(r) \sum_{j=0}^{m} v(r_j)\ell_j(r)dr = \|v_h\|_{\mathsf{I}}^2$$

我们将此视作局部 L^2-范数。同样地,

$$\boldsymbol{v}^{\mathrm{T}}\hat{\mathrm{S}}\boldsymbol{v} = \int_{\mathsf{D}_j} \sum_{i=0}^{m} v(r_i)\ell_i(r) \sum_{j=0}^{m} v(r_j)\frac{d\ell_j}{dr}dr = \int_{\mathsf{I}} v_h(r)v_h'(r)dr = \frac{1}{2}[v_h(r)^2]_{-1}^{1}$$

模拟了分部积分。

如果假设计算域由 N 个微元表示, 并且为了简单起见, 假设它们大小相等, 那么就得到了弱形式的逐元格式

$$\frac{h}{2}\hat{\mathrm{M}}\frac{d\boldsymbol{u}_j}{dt} - (\hat{\mathrm{S}})^{\mathrm{T}}\boldsymbol{f}_j = -F_{j+1/2}\psi(x_{j+1/2}) + F_{j-1/2}\psi(x_{j-1/2}) \tag{12.19}$$

以及相应的强形式

$$\begin{aligned} \frac{h}{2}\hat{\mathrm{M}}\frac{d\boldsymbol{u}_j}{dt} - \hat{\mathrm{S}}\boldsymbol{f}_j = &\left(f(u(x_{j+1/2})) - F_{j+1/2}\right)\psi(x_{j+1/2}) \\ &- \left(f(u(x_{j-1/2})) - F_{j-1/2}\right)\psi(x_{j-1/2}) \end{aligned} \tag{12.20}$$

由于 $f(u)$ 是非线性的, 假定通过投影得到它的多项式表达式, 即

$$f_j(x,t)=\sum_{i=0}^{m}\hat{f}_{j,i}\psi_{j,i}(x),\quad \hat{f}_{j,i}=\int_{\mathsf{D}_j}f_j(x,t)\psi_{j,i}(x)dx$$

这里的积分假设是精确的。这样就消除了混叠误差。

定理 12.7　具有单值数值通量的间断伽辽金方法具有局部和全局守恒性。此外, 如果格式收敛, 则它收敛于守恒律方程的弱解。

证明　不失一般性, 考虑弱形式的半离散格式。对于常数测试函数 $\phi=1$, 我们得到

$$\boldsymbol{\phi}^{\mathrm{T}}\frac{h}{2}\hat{\mathrm{M}}\frac{d}{dt}\boldsymbol{u}_j-\boldsymbol{\phi}^{\mathrm{T}}\hat{\mathrm{S}}^{\mathrm{T}}\boldsymbol{f}_j=\frac{d}{dt}\int_{x_{j-1/2}}^{x_{j+1/2}}u_j(x)dx=-F_{j+1/2}+F_{j-1/2}\tag{12.21}$$

这保证了局部的守恒性。对所有微元求和, 可得

$$\sum_{j=1}^{N}\frac{d}{dt}\int_{x_{j-1/2}}^{x_{j+1/2}}u_j(x)dx=F_{-1/2}^{+}+\sum_{j=0}^{N-1}(F_{j+1/2}^{+}-F_{j+1/2}^{-})-F_{N+1/2}^{-}$$

如果数值通量是单值的, 即 $F_{j+1/2}^{-}=F_{j+1/2}^{+}$, 则全局守恒。

现在考虑一个一般的光滑的测试函数[40],

$$\phi(x,t)\simeq\phi_h(x,t)=\bigoplus_{j=1}^{N}\phi_j(x,t),\quad \phi_j(x,t)=\sum_{i=0}^{m}\tilde{\phi}_{j,i}(t)\psi_{j,i}(x)$$

其中, 对节点基有 $\tilde{\phi}_{j,i}=\phi(x_i,t)$, 对模态表示有 $\tilde{\phi}_{j,i}=(\phi_j(x),\psi_{j,i})_{\mathsf{I}}$。在这两种情况下, 用 m 阶分段多项式近似光滑测试函数。通常, 假设测试函数在 t 取较大值时消失, 并且在 Ω 上是紧支撑的。可得

$$\begin{aligned}\left(\phi_j,\frac{\partial u_j}{\partial t}\right)_{\mathsf{D}_j}-\left(\frac{\partial\phi_j}{\partial x},f_j\right)_{\mathsf{D}_j}&=-F_{j+1/2}\phi_j(x_{j+1/2})+F_{j-1/2}\phi_j(x_{j-1/2})\\&=-[\phi_jF]_{x_{j-1/2}}^{x_{j+1/2}}\end{aligned}$$

对时间进行分部积分, 得

$$\int_0^{\mathrm{T}}\left(\left(\frac{\partial\phi_j}{\partial x},u_j\right)_{\mathsf{D}_j}+\left(\frac{\partial\phi_j}{\partial x},f_j\right)_{\mathsf{D}_j}-[\phi_jF]_{x_{j-1/2}}^{x_{j+1/2}}\right)dt+(\phi_j(0),u_j(0))_{\mathsf{D}_j}=0$$

通过对所有微元求和, 得

$$\int_0^{\mathrm{T}}\left(\left(\frac{\partial\phi_h}{\partial t},u_h\right)_h+\left(\frac{\partial\phi_h}{\partial x},f_h\right)_h\right)dt+(\phi_h(0),u_h(0))_{\Omega,h}$$

$$=\int_0^{\mathrm{T}}\left[\phi(x_{-1/2})F_{-1/2}^{+}+\sum_{j=0}^{N-1}\phi(x_{j+1/2})(F_{j+1/2}^{+}-F_{j+1/2}^{-})-F_{N+1/2}^{-}\phi(x_{N+1/2})\right]dt$$

由于 ϕ_h 是光滑的紧支撑测试函数 ϕ 的多项式表示, 它随着 m 的增加和/或 h 的减少而收敛。这就保证了如果使用单值数值通量, 等式右端项会消失。因此, 如果 u_h 几乎处处收敛到解 u, 那么其就是守恒律方程的弱解。 □

一个常用的单值通量是

$$F(u,v)=\frac{f(u)+f(v)}{2}-\frac{\alpha}{2}\hat{\boldsymbol{n}}(v-u)$$

显然, 它与拉克斯–弗里德里希斯通量相似。这里, $\hat{\boldsymbol{n}}$ 是边界处的外法线向量。

此外, 我们还有以下重要结论[41]。

定理 12.8 考虑具有非线性通量的标量守恒律方程, 并且其通量具备精确的多项式表达式。那么具有单调通量的间断伽辽金方法是稳定的,

$$\frac{d}{dt}\|u_h\|_h\leqslant 0$$

并且满足单元格熵条件。

证明 不失一般性, 考虑强形式的半离散节点格式

$$\frac{h}{2}\hat{\mathrm{M}}\frac{d}{dt}\boldsymbol{u}_j+\hat{\mathrm{S}}\boldsymbol{f}_j=[\ell_j(x)(f_j-F)]_{x_{j-1/2}}^{x_{j+1/2}}$$

如果对其左乘 $\boldsymbol{u}_j^{\mathrm{T}}$, 将得到

$$\frac{1}{2}\frac{d}{dt}\|u_j\|_{\mathsf{D}_j}^2+\int_{\mathsf{D}_j}u_j\frac{\partial}{\partial x}f_jdx=[u_j(f_j-F)]_{x_{j-1/2}}^{x_{j+1/2}}$$

对于标量守恒律方程, 考虑凸熵函数和相关的熵通量

$$\eta(u)=\frac{u^2}{2},\quad \psi'(u)=\eta' f'$$

这意味着

$$\psi(u)=\int f'udu=f(u)u-\int fdu=f(u)u-g(u),\ g(u)=\int f(u)du \quad (12.22)$$

如果现在考虑

$$\int_{\mathsf{D}_j} u_j \frac{\partial}{\partial x} f_j dx = \int_{\mathsf{D}_j} \eta'(u_j) f'(u_j) \frac{\partial}{\partial x} u_j dx$$
$$= \int_{\mathsf{D}_j} \psi'(u_j) \frac{\partial}{\partial x} u_j dx = \int_{\mathsf{D}_j} \frac{\partial}{\partial x} \psi(u_j) dx \tag{12.23}$$

得到

$$\frac{1}{2}\frac{d}{dt}\|u_j\|^2_{\mathsf{D}_j} = [u_j(f_j - F) - \psi(u_j)]^{x_{j+1/2}}_{x_{j-1/2}}$$

为了保证各界面的非线性稳定性, 我们有这样的要求

$$\psi(u^+) - \psi(u^-) - u^+(f^+ - F) + u^-(f^- - F) \leqslant 0$$

通常, u^- 表示界面左边的解, u^+ 表示界面右边的解。使用 (12.22), 我们有

$$-g(u^+) + g(u^-) - F(u^- - u^+) \leqslant 0 \tag{12.24}$$

根据定义, $g(u)$ 至少是连续的, 运用中值定理, 则有

$$g(u^-) - g(u^+) = g'(\xi)(u^- - u^+) = f(\xi)(u^- - u^+)$$

对于某些 $\xi \in [u^-, u^+]$ 成立, 同时得到条件

$$(f(\xi) - F)(u^- - u^+) \leqslant 0$$

我们认为这就是 E-通量的定义[42], 并且回想如例 8.5 所讨论的, 这个条件对所有单调通量都成立。对所有微元求和可得到非线性稳定性

$$\frac{d}{dt}\|u_h\|_h \leqslant 0 \tag{12.25}$$

这个结论是在没有对解进行任何稳定化或限制的情况下得到的。然而, 它的有效性取决于 $f(u)$ 在多项式空间 (12.23) 上的精确投影——一般只有多项式类型的非线性通量才能满足这一要求。

现在定义相容的熵通量 Ψ,

$$\Psi(x) = F(x)u(x) - g(x)$$

并考虑弱形式的单元格的熵

$$\frac{1}{2}\frac{d}{dt}\|u_j\|^2_{\mathsf{D}_j} - \int_{\mathsf{D}_j} \frac{\partial u_j}{\partial x} f_j dx + [u_j F]^{x_{j+1/2}}_{x_{j-1/2}}$$

$$= \frac{d}{dt}\int_{\mathsf{D}_j} \eta(u_j)dx + \Psi(x_{j+1/2}) - \Psi(x_{j-1/2}) = 0$$

由于多项式解 u_j 是光滑的, 这是一个严格的等式。如果包含单元格界面, 则有

$$\begin{aligned}
&\frac{d}{dt}\int_{\mathsf{D}_j} \eta(u_j)dx + \Psi(x^-_{j+1/2}) - \Psi(x^+_{j-1/2}) \\
&= \frac{d}{dt}\int_{\mathsf{D}_j} \eta(u_j)dx + \Psi(x^-_{j+1/2}) - \Psi(x^-_{j-1/2}) + \Psi(x^-_{j-1/2}) - \Psi(x^+_{j-1/2}) \\
&= \frac{d}{dt}\int_{\mathsf{D}_j} \eta(u_j)dx + \Psi(x^-_{j+1/2}) - \Psi(x^-_{j-1/2}) + \Phi_{j-1/2} = 0
\end{aligned}$$

因此, 如果

$$\begin{aligned}
\Phi_{j-1/2} &= \Psi(x^-_{j-1/2}) - \Psi(x^+_{j-1/2}) \\
&= F_{j-1/2}(u^-_{j-1/2} - u^+_{j-1/2}) + g(u^+_{j-1/2}) - g(u^-_{j-1/2}) \geqslant 0
\end{aligned}$$

那我们就建立了一个单元格熵条件。然而, 如果 F 是 E-通量, 则这可直接由 (12.24) 推出。因此, 我们有

$$\frac{d}{dt}\int_{\mathsf{D}_j} \eta(u_j)dx + \Psi(x^-_{j+1/2}) - \Psi(x^+_{j-1/2}) \leqslant 0 \tag{12.26}$$

至此证毕。 □

这个基本结论可推广到多维标量问题, 如 [43] 中所示, 推广到具有平方熵的对称双曲型系统。正如在 2.3 节中所讨论的, 在少量的附加条件下, 这足以保证收敛到标量问题的唯一熵解。

然而, 扩展到更一般的熵函数则不是那么直接, 而且这样的发展只是最近才出现的, 始于 [44, 45], 并基于分部求和有限差分方法的发展[46]。为了概括这种方法, 让我们遵循[47] 并考虑标量守恒律方程

$$\frac{\partial u}{\partial t} + \frac{\partial f}{\partial x} = 0$$

满足初始条件和周期性边界条件以保持简单性。节点间断伽辽金格式为

$$\frac{h}{2}\hat{\mathrm{M}}\frac{d\boldsymbol{u}_j}{dt} + \hat{\mathrm{S}}\boldsymbol{f}_j = \mathrm{B}[\boldsymbol{f}_j - F]$$

其中, 引入矩阵 $\mathrm{B}=-\boldsymbol{e}_0\boldsymbol{e}_0^{\mathrm{T}}+\boldsymbol{e}_m\boldsymbol{e}_m^{\mathrm{T}}$。可以很容易地证明 $\hat{\mathrm{S}}+\hat{\mathrm{S}}^{\mathrm{T}}=\mathrm{B}$。此外, 因为这些算子微分多项式并且同时回想到 $\hat{\mathrm{S}}=\hat{\mathrm{M}}\hat{\mathrm{D}}$, 有

$$\sum_{l=0}^{m}\hat{\mathrm{S}}_{il}=\sum_{l=0}^{m}\hat{\mathrm{D}}_{il}=0$$

最后, 得到

$$\sum_{l=0}^{m}\hat{\mathrm{S}}_{lj}=\tau_j=\mathrm{B}_{jj}$$

回顾 8.2.2 节, 如果

$$(v^+-v^-)F_{j+1/2}=\zeta^+-\zeta^-$$

$v=\eta'(u)$ 为熵变量, 那么称 $F_{j+1/2}$ 为熵守恒通量。现在考虑局部熵格式

$$\frac{h}{2}\frac{d\boldsymbol{u}}{dt}+2\hat{\mathrm{D}}\boldsymbol{f}_E=\hat{\mathrm{M}}^{-1}\mathrm{B}[\boldsymbol{f}-F]$$

这里, 去掉对微元 j 的显式引用。$f_E(\boldsymbol{u}_i,\boldsymbol{u}_j)$ 表示对称熵守恒通量。很容易建立局部守恒, 因为

$$\begin{aligned}\frac{d}{dt}\int_{x_{j-1/2}}^{x_{j+1/2}}u(x)dx&=\sum_{l=0}^{m}\tau_l(\boldsymbol{f}_l-F_l)-2\sum_{l=0}^{m}\sum_{k=0}^{m}\hat{\mathrm{S}}_{kl}\boldsymbol{f}_E(\boldsymbol{u}_k,\boldsymbol{u}_l)\\&=\sum_{l=0}^{m}\tau_l(\boldsymbol{f}_l-F_l)-\sum_{l=0}^{m}\sum_{k=0}^{m}(\hat{\mathrm{S}}_{kl}+\hat{\mathrm{S}}_{lk})\boldsymbol{f}_E(\boldsymbol{u}_k,\boldsymbol{u}_l)\\&=\sum_{l=0}^{m}\tau_l(\boldsymbol{f}_l-F_l)-\sum_{l=0}^{m}\sum_{k=0}^{m}\mathrm{B}_{kl}\boldsymbol{f}_E(\boldsymbol{u}_k,\boldsymbol{u}_l)\\&=\sum_{l=0}^{m}\tau_l(\boldsymbol{f}_l-F_l)-\sum_{l=0}^{m}\tau_l\boldsymbol{f}(\boldsymbol{u}_l)=-(F_0-F_m)\end{aligned}$$

这里, 我们用了熵通量的一致性。由于数值通量是单值的, 可得到全局守恒性。

为了建立熵守恒, 采用类似的方法。使用 $v=\eta'(u)$, 得到

$$\frac{d}{dt}\int_{x_{j-1/2}}^{x_{j+1/2}}\eta(u)dx=\sum_{l=0}^{m}\tau_l v_l(\boldsymbol{f}_l-F_l)-2\sum_{l=0}^{m}\sum_{k=0}^{m}\hat{\mathrm{S}}_{kl}\boldsymbol{v}_l\boldsymbol{f}_E(\boldsymbol{u}_k,\boldsymbol{u}_l)\tag{12.27}$$

其中

$$2\sum_{l=0}^{m}\sum_{k=0}^{m}\hat{\mathrm{S}}_{kl}\boldsymbol{v}_l\boldsymbol{f}_E(\boldsymbol{u}_k,\boldsymbol{u}_l)=\sum_{l=0}^{m}\sum_{k=0}^{m}(\hat{\mathrm{S}}_{kl}+\mathrm{B}_{lk}-\hat{\mathrm{S}}_{lk})\boldsymbol{v}_l\boldsymbol{f}_E(\boldsymbol{u}_k,\boldsymbol{u}_l)$$

$$= \sum_{l=0}^{m} \tau_l \boldsymbol{v}_l \boldsymbol{f}_l + \sum_{l=0}^{m}\sum_{k=0}^{m} \hat{\mathrm{S}}_{kl}(\boldsymbol{v}_l - \boldsymbol{v}_k)\boldsymbol{f}_E(\boldsymbol{u}_l, \boldsymbol{u}_k)$$

$$= \sum_{l=0}^{m} \tau_l \boldsymbol{v}_l \boldsymbol{f}_l + \sum_{l=0}^{m}\sum_{k=0}^{m} \hat{\mathrm{S}}_{kl}(\boldsymbol{\zeta}_l - \boldsymbol{\zeta}_k)$$

与 (12.27) 结合时, 得到

$$\frac{d}{dt}\int_{x_{j-1/2}}^{x_{j+1/2}} \eta(u)dx = \sum_{l=0}^{m} \tau_l(\boldsymbol{\zeta}_l - \boldsymbol{v}_l \boldsymbol{f}_E)$$

从而得到了熵守恒。在 [47] 中, 这被推广到对称双曲型系统和对流扩散问题。然而, 值得强调的是, 熵守恒是一个局部结果, 全局结果的建立仍然是有待讨论的。同时, 所得结果仅限于半离散问题, 目前还没有关于完全离散问题的结论。

12.1.3 误差估计

虽然选择适当的数值通量可以保证格式的稳定性, 但仍然需要研究方法的精度。

考虑线性标量问题

$$\frac{\partial u}{\partial t} = \mathcal{L}u$$

满足适当的初始条件和边界条件来保证适定性。考虑一个使用 m 阶分段多项式的近似 u_h, 它满足半离散格式

$$\frac{du_h}{dt} + L_h u_h = 0$$

这里, L_h 是 $\mathcal{L}$ 的离散近似, 如果定义误差为

$$\varepsilon(x,t) = u(x,t) - u_h(x,t)$$

然后, 如 5.1.1 节所述, 通过一致性来保证收敛:

$$\begin{cases} \lim\limits_{\mathrm{dof}\to\infty} \|\boldsymbol{\varepsilon}(\cdot,0)\|_h = 0 \\ \lim\limits_{\mathrm{dof}\to\infty} \|\mathcal{T}(u(t))\|_h = 0 \end{cases}$$

其中, 自由度 (degrees of freedom, dof) 的增长反映了 h-加密, 即 N 值的增加; 阶数的增加, 即增加 m; 或者两者的组合。我们还用 $\mathcal{T}(u(t))$ 表示截断误差。必须同时确保稳定性:

$$\lim_{\mathrm{dof}\to\infty} \|\exp(-L_h t)\|_h \leqslant C_h \exp(\alpha_h, t), \quad t \geqslant 0 \tag{12.28}$$

因此, 误差由两部分组成。第一个问题与初始条件表示的精度有关。这显然是一个近似问题, 其精度在定理 12.5 和定理 12.6 中表示, 最佳误差为 $\mathcal{O}(h^{m+1})$, 与例 12.1 中的结果一致。

然而, 这种简单的分析并没有考虑到截断误差累积的影响。为了进一步简化问题, 考虑

$$\frac{\partial u}{\partial t}+a\frac{\partial u}{\partial x}=0 \tag{12.29}$$

定理 12.6 建立了空间算子的近似的一致性, 通过选择单调通量, 保证了稳定性。直接使用定理 12.5 和定理 12.6, 得到

$$\|u-u_h\|_h\leqslant\frac{h^m}{m^{p-5/2}}|u|_{h,p}$$

对光滑的 u 成立。与例 12.1 的结果相比, 这似乎是一个次优结果。为了改进这个估计, 需要更详细地考虑问题, 并直接建立收敛性, 而不是通过等价定理来建立。

根据 [48], 定义双线性形式 $\mathcal{B}(u,\phi)$ 为

$$\mathcal{B}(u,\phi)=(u_t,\phi)_\Omega+a(u_x,\phi)_\Omega$$

显然, 如果 u 是 (12.29) 的解, 那么 $\mathcal{B}(u,\phi)=0$ 必须对于所有光滑试函数 ϕ 都成立。为了简单起见, 假设问题是周期性的, 尽管这是不必要的。

产生的直接结果是

$$\mathcal{B}(u,u)=\frac{1}{2}\frac{d}{dt}\|u\|_\Omega^2=0$$

该式表示能量守恒。这意味着, 如果用两个不同的初始条件 $u_1(0)$ 和 $u_2(0)$ 求解 (12.29), 那么

$$\frac{1}{2}\frac{d}{dt}\|\varepsilon\|_\Omega^2=0\Rightarrow\|\varepsilon(T)\|_\Omega=\|u_1(0)-u_2(0)\|_\Omega$$

其中, $\varepsilon(t)=u_1(t)-u_2(t)$。

如果对离散解 $u_h\in\mathsf{V}_h$ 模拟这种方法, 则可得到

$$\mathcal{B}_h(u_h,\phi_h)=((u_h)_t,\phi_h)_h+a((u_h)_x,\phi_h)_h-(\hat{\boldsymbol{n}}\cdot(au_h-F),\phi_h)_{\partial\Omega,h}=0$$

对所有的测试函数 $\phi_h\in\mathsf{V}_h$ 都成立。

当选择数值通量时, 首先考虑中心通量

$$F(u,v)=a\frac{u+v}{2}$$

得到

$$\mathcal{B}_h(u_h,\phi_h)=((u_h)_t,\phi_h)_h+a((u_h)_x,\phi_h)_h-\frac{1}{2}([\![au_h]\!],\phi_h)_{\partial\Omega,h}=0 \tag{12.30}$$

这里采用标准表示法

$$\{\{u\}\}=\frac{u^++u^-}{2},\quad [\![u]\!]=\hat{\boldsymbol{n}}^-u^-+\hat{\boldsymbol{n}}^+u^+$$

它们分别代表局部均值和单元格界面处的跳跃 (jump)。

由于跳跃项在精确 (光滑) 解中消失, 可以得到

$$\mathcal{B}_h(u,\phi_h)=0$$

和误差方程

$$\mathcal{B}_h(\varepsilon,\phi_h)=0,\quad \varepsilon=u-u_h$$

注意, ε 不是 V_h 中的一个微元。因此把它写成

$$\mathcal{B}_h(\varepsilon,\phi_h)=\mathcal{B}_h(\varepsilon_h,\phi_h)+\mathcal{B}_h(\varepsilon-\varepsilon_h,\phi_h)=0 \tag{12.31}$$

式中, $\varepsilon_h=\mathcal{P}_h\varepsilon\in\mathsf{V}_h$, 并且 $\mathcal{P}_h$ 表示投影到 V_h 上的投影算子。取 $\phi_h=\varepsilon_h$ 来模拟连续的情况, 得到

$$\mathcal{B}_h(\varepsilon_h,\varepsilon_h)=((\varepsilon_h)_t,\varepsilon_h)_h+a((\varepsilon_h)_x,\varepsilon_h)_h-\frac{1}{2}([\![a\varepsilon_h]\!],\varepsilon_h)_{\partial\Omega,h}$$

在空间上分部积分并利用周期性后, 边界项消失, 得到

$$\mathcal{B}_h(\varepsilon_h,\varepsilon_h)=\frac{1}{2}\frac{d}{dt}\|\varepsilon_h\|_h^2$$

由于

$$\mathcal{P}_h\varepsilon-\varepsilon=\mathcal{P}_h(u-u_h)-(u-u_h)=\mathcal{P}_hu-u$$

回顾 (12.31) 得到

$$\frac{1}{2}\frac{d}{dt}\|\varepsilon_h\|_h^2=\mathcal{B}_h(\mathcal{P}_hu-u,\varepsilon_h)=(\hat{\boldsymbol{n}}\{\{a(u-\mathcal{P}_hu)\}\},\varepsilon_h)_{\partial\Omega,h}$$

这是根据 (12.30) 以及分部积分的结果。为了求其界, 我们需要以下结论[49]。

引理 12.9　令 $u \in H^{p+1}(\mathsf{D}_j \bigcup D_{j+1})$, 则有

$$\{\{a(u-\mathcal{P}_h u)\}\}|_{x_{j+1/2}} \leqslant C_j h^{\sigma-1/2}\frac{|a|}{2}|u|_{D_{j,\sigma}}$$

其中, 常数 C_j 仅取决于 j 并且 $\sigma=\min(m+1,p)$。

证明可通过应用 Bramble-Hilbert 引理、定理 12.6 和如下标准迹不等式 (trace inequality) 得到

$$\|u_h\|_{\partial\mathsf{D}} \leqslant \frac{C(m)}{\sqrt{h}}\|u_h\|_{\mathsf{D}}$$

现在有

$$\begin{aligned}|\mathcal{B}_h(u-\mathcal{P}_h u,\varepsilon_h)| &\leqslant \frac{1}{2}((\{\{a(u-\mathcal{P}_h u)\}\},\{\{a(u-\mathcal{P}_h u)\}\})_{\partial\Omega,h}+(\varepsilon_h,\varepsilon_h)_{\partial\Omega,h})\\ &\leqslant C|a|h^{2\sigma-1}\|u\|_{h,\sigma+1}^2\end{aligned}$$

其中, 应用引理 12.9 来对第一项求边界, 并应用定理 12.6 结合迹不等式来对第二项求边界。

最后的结果是

$$\frac{d}{dt}\|\varepsilon_h\|_h^2 \leqslant C|a|h^{2\sigma-1}\|u\|_{h,\sigma+1}^2$$

假设 u 足够光滑, 从中得到误差估计

$$\|\varepsilon_h(T)\| \leqslant (C_1+C_2T)h^{m+1/2}$$

这一结果最早在 [14] 得到证实。如果将通量改为更一般的通量, 结果仍然成立[48]。

最优 $\mathcal{O}(h^{m+1})$ 收敛结论依赖于超收敛性质的使用并且仅适用于具有严格迎风的一维线性问题。主要思想是使用顺风投影来代替正交投影。尽管在这种情况下, 伽辽金正交性不再成立, 但通量中的边界项消失了。因此, 主要误差来源于格式的内部。这可以通过定理 12.6 中的结论来估计, 从而得到最优估计

$$\|\varepsilon_h(T)\|_{\Omega,h} \leqslant C(m)h^{m+1}(1+C_1(m)T)$$

这一估计还表明, 一般不能期望在 R 上定义的线性对流问题的误差在时间上低于线性增长。线性情况下的最优收敛速度已在 [14] 中得到证明, 并在 [15,48] 中得到进一步的讨论。

在半离散的情况中, 向光滑非线性标量方程的拓展产生了类似的结论[50]。对使用 n 阶 SSPERK 方法进行时间推进的全离散分析, 得到误差估计为 $\mathcal{O}(h^{m+\sigma}+$

k^n)。σ 的值取决于通量的选择。中心通量有 $\sigma = 1/2$, 迎风通量有 $\sigma = 1$。详情参阅 [51, 52]。如果数值通量采用精确迎风, 将其推广到线性系统也可得到类似的结果。

对于多维情况 (将在 12.4 节中重新讨论), 一个反例[16] 表明, 对于一般网格上的光滑问题, 人们做不到比 $\mathcal{O}(h^{m+1/2})$ 更好的精度。

12.1.4 相位误差分析

尽管刚刚讨论的结果不是最优的, 但很明显, 只要使用单调通量一般可以观察到多维情况和一般网格的最优收敛性。这可以归因于间断伽辽金方法优异的色散特性。

再次考虑波动方程

$$\frac{\partial u}{\partial t} + a\frac{\partial u}{\partial x} = 0$$
$$u(x, 0) = \exp(ilx) \tag{12.32}$$

其中, $x \in \mathrm{R}$, l 为初始条件的波数。如果寻找这种形式的空间周期解

$$u(x, t) = \exp(i(lx - \omega t))$$

可得到 $\omega = al$, 其被认为是色散关系, a 是精确的相速度 (phase velocity)。从 8.1 节的相位误差分析中获得灵感, 我们试图量化间断伽辽金格式如何很好地再现这种行为。

假设计算域被分割为等长 h 的微元 D_j, 可以得到基本的半离散局部格式

$$\frac{h}{2}\hat{\mathrm{M}}\frac{d\boldsymbol{u}_j}{dt} + a\hat{\mathrm{S}}\boldsymbol{u}_j = \boldsymbol{e}_m[(au_j) - F]_{x_{j+1/2}} - \boldsymbol{e}_0[(au_j) - F]_{x_{j-1/2}} \tag{12.33}$$

式中, $x \in \mathsf{D}_j$, $\boldsymbol{e}_j$ 是长度为 $m+1$ 的第 i 个标准基向量。考虑通量

$$F(u^-, u^+) = \{\{au\}\} + |a|\frac{i-\alpha}{2}[\![u]\!]$$

不失一般性, 假设 $a \geqslant 0$, 得到

$$\frac{h}{2}\hat{\mathrm{M}}\frac{d\boldsymbol{u}_j}{dt} + a\hat{\mathrm{S}}\boldsymbol{u}_j = \frac{a\alpha}{2}\boldsymbol{e}_m(u^-_{j+1/2} - u^+_{j+1/2})$$
$$- \frac{a(2-\alpha)}{2}\boldsymbol{e}_0(u^+_{j-1/2} - u^-_{j-1/2})$$

现在寻找这种形式的局部解

$$\boldsymbol{u}_j(x, t) = \boldsymbol{U}_j \exp(i(lx - \omega t))$$

以及解的周期性

$$u^{\pm}_{j+1/2} = \exp(ilh)u^{\pm}_{j-1/2}$$

这导致

$$\left[\frac{i\omega h}{2}\hat{\mathrm{M}} + a\hat{\mathrm{S}} - \frac{a\alpha}{2}\boldsymbol{e}_m(\boldsymbol{e}_m^{\mathrm{T}} - \exp(ilh)\boldsymbol{e}_0^{\mathrm{T}}) + \frac{a(2-\alpha)}{2}\boldsymbol{e}_0(\boldsymbol{e}_0^{\mathrm{T}} - \exp(-ilh)\boldsymbol{e}_m^{\mathrm{T}})\right]\boldsymbol{U}_j = 0$$

稍微改写一下就得到一个广义的特征值问题

$$[2\hat{\mathrm{S}} - \alpha\boldsymbol{e}_m(\boldsymbol{e}_m^{\mathrm{T}} - \exp(iL(m+1))\boldsymbol{e}_0^{\mathrm{T}}) + (2-\alpha)\boldsymbol{e}_0(\boldsymbol{e}_0^{\mathrm{T}} - \exp(-iL(m+1))\boldsymbol{e}_m^{\mathrm{T}})]\boldsymbol{U}_j = i\Omega\hat{\mathrm{M}}\boldsymbol{U}_j$$

式中, 引入无量纲参数

$$L = \frac{lh}{m+1} = \frac{2\pi}{\lambda}\frac{h}{m+1} = 2\pi p^{-1}, \quad \Omega = \frac{\omega h}{a}$$

定义参数 p 为

$$p = \frac{\lambda}{h/(m+1)}$$

其为每个波长自由度的数量, 正如 8.1 节中所介绍的那样。

我们认识到 $L = \Omega/(m+1)$ 是数值色散关系。因此, 通过求解 $\Omega = \Omega_r + i\Omega_i$ 的特征值问题, 得到数值格式的色散关系。这里, Ω_r 是频率 ω 的近似值, 而 $\Omega_i \simeq 0$ 是与该格式相关的耗散。特别地, 注意到

$$\frac{\Omega_r}{(m+1)L}$$

提供了数值格式的相速度的度量方式, 这在 8.1 节中考虑。

图 12.3 显示了迎风格式在不同阶近似下的色散关系。正如预期的那样, 对于 $L \ll 1$ 的情况, 数值的相速率很好地近似了物理波速率, 并且随着近似阶数的增加, 这种一致性在越来越大的 L 范围内得到改善。这体现了用高阶格式进行求解波动传播问题的好处。此外, 我们看到有一个边际解析波数范围, 其中数值波速比物理波速快。最后, 图 12.3 给出了 Ω_i 的不同阶近似。与我们对迎风通量的理解一致, 高频分量发生了显著的耗散。

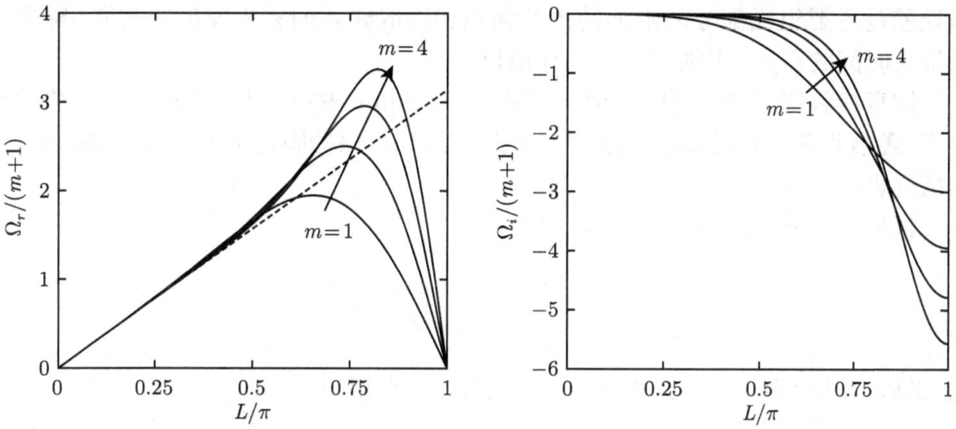

图 12.3 带有迎风通量的线性平流算子的间断伽辽金近似的数值色散关系。展示不同近似阶数 m 的相速率 (左) 和耗散 (右)。虚线表示精确的色散关系

可以用类似的研究, 来理解不同的通量格式选择的性质。对间断伽辽金方法的色散和耗散性质的计算研究始于 [53, 54], 包括扩展到二维空间。在 [55, 56] 中采取了更严格的分析, 包括扩展到二维问题和边界条件的影响。在早期工作中所做的一些猜想已经在 [57] 中严格建立起来, 我们在下面概述了关键结论。

在高分辨率区域 $lh \ll 1$ 中, 假设 $\alpha \neq 1$, 色散误差为[57]

$$|\mathcal{R}(\tilde{l}h) - \mathcal{R}(lh)| \simeq \frac{1}{2}\left[\frac{m!}{(2m+1)!}\right]^2 (lh)^{2m+3}$$

以及耗散误差为

$$|\mathcal{I}(\tilde{l}h)| \simeq \frac{1}{2}\left[\frac{m!}{(2m+1)!}\right]^2 (1-\alpha)^{(-1)^m} (lh)^{2m+2}$$

这里, l 是实际波数, 而 $\tilde{l}$ 是经数值计算得到的波数, $\tilde{l} = \Omega/h$。

对无耗散中心通量, 即当 $\alpha = 1$ 时, 情况稍微复杂一些, 因为

$$|\mathcal{R}(\tilde{l}h) - \mathcal{R}(lh)| \simeq \frac{1}{2}\left[\frac{m!}{(2m+1)!}\right]^2 \begin{cases} -\frac{1}{2}(lh)^{2m+3}, & m\text{ 为偶数} \\ 2(lh)^{2m+1}, & m\text{ 为奇数} \end{cases}$$

说明 m 为奇数时的降阶行为。在所有情况中, lh 前的系数都会随 m 的增加而迅速减小, 突出了使用较大 m 值的好处。

优异的色散特性, 有助于理解为什么在数值实验中经常观察到误差 $\mathcal{O}(h^{m+1})$, 即使从误差分析上并不支持这一结论。简单地说, 与初始条件的表示相关联的近

似误差是主要组成部分。附加的色散误差和耗散误差的累积速度非常慢, 除非考虑很长时间的积分, 否则不会占主导地位。

这直接解释了当 h 趋近于零, 同时保持 m 和 l 固定, 即在加密 h 型网格的情况下, 色散误差和耗散误差的表现。然而, 考虑 lh 保持固定但增加 m 即阶数增强的情况也很有趣。

根据 8.1 节中陈述, 定义相位误差

$$\rho_m = \left|\frac{\exp(ilh) - \exp(i\tilde{l}h)}{\exp(ilh)}\right|$$

ρ_m 的收敛性分为三个不同的区域, 其中表现各不相同[57],

$$\rho_m \simeq \begin{cases} 2m+1 < lh - C(lh)^{1/3}, & \text{不收敛} \\ lh - o(lh)^{1/3} < 2m+1 < lh + o(lh)^{1/3}, & \mathcal{O}(m^{-1/3})\ \text{收敛} \\ 2m+1 \gg lh, & \mathcal{O}(hl/(2m+1))^{2m+2}\ \text{收敛} \end{cases}$$

有意思的是, 收敛的阈值是

$$2 \simeq \frac{lh}{m+1} = 2\pi p^{-1}$$

这反映了需要 $p \geqslant \pi$ 实现快速收敛, 与谱方法[32] 的经典结果一致。

最后, 以下结论为确定一般波动问题[57] 的分辨率要求提供了有力指导。

定理 12.10　*固定条件 $x > 1$。如果 $m, lh \to \infty$ 且 $(2m+1)/lh \to x$, 则*

$$\rho_m \simeq C\exp(-\beta(m+1/2))$$

其中, $\beta > 0$, C 是常量取决于 x 而不是 N。

因此, 只要 $x > 1$ (即 $p > \pi$), 相位误差就存在指数衰减。

12.2　非光滑问题

现在, 让我们把注意力转到间断伽辽金方法是如何处理具有间断解的守恒律方程的。正如 8.3 节中详细讨论的那样, 使用线性高阶近似, 例如使用多项式表示, 将导致人工振荡。虽然这些振荡最终可能不会破坏解的精度, 但在许多情况下, 这种振荡是不能容忍的。

为了说明间断伽辽金方法对间断解的特性, 让我们考虑一个例子。

例 12.11　*考虑线性波动方程*

$$\frac{\partial u}{\partial t} + \frac{\pi}{6}\frac{\partial u}{\partial x} = 0, \quad x \in [0,1]$$

有初始条件

$$u(x,0) = 1 - H(x - 0.25)$$

式中 H 为赫维赛德阶跃函数。精确解为 $u(x,t) = 1 - H(x - 0.25 - \pi/6t)$。我们使用 m 阶间断伽辽金方法和不同的微元数目 N 进行求解，并采用迎风通量和三阶 SSPERK 格式进行时间推进。

结果呈现在图 12.4 中，这允许我们进行一些观察。首先，我们认识到解的间断性质和振荡的出现，即使分辨率增加，振荡仍会存在。在最高分辨率下，我们观察到，与 8.3 节中讨论的数值振荡的相似之处，被认为是吉布斯现象的一种表现。

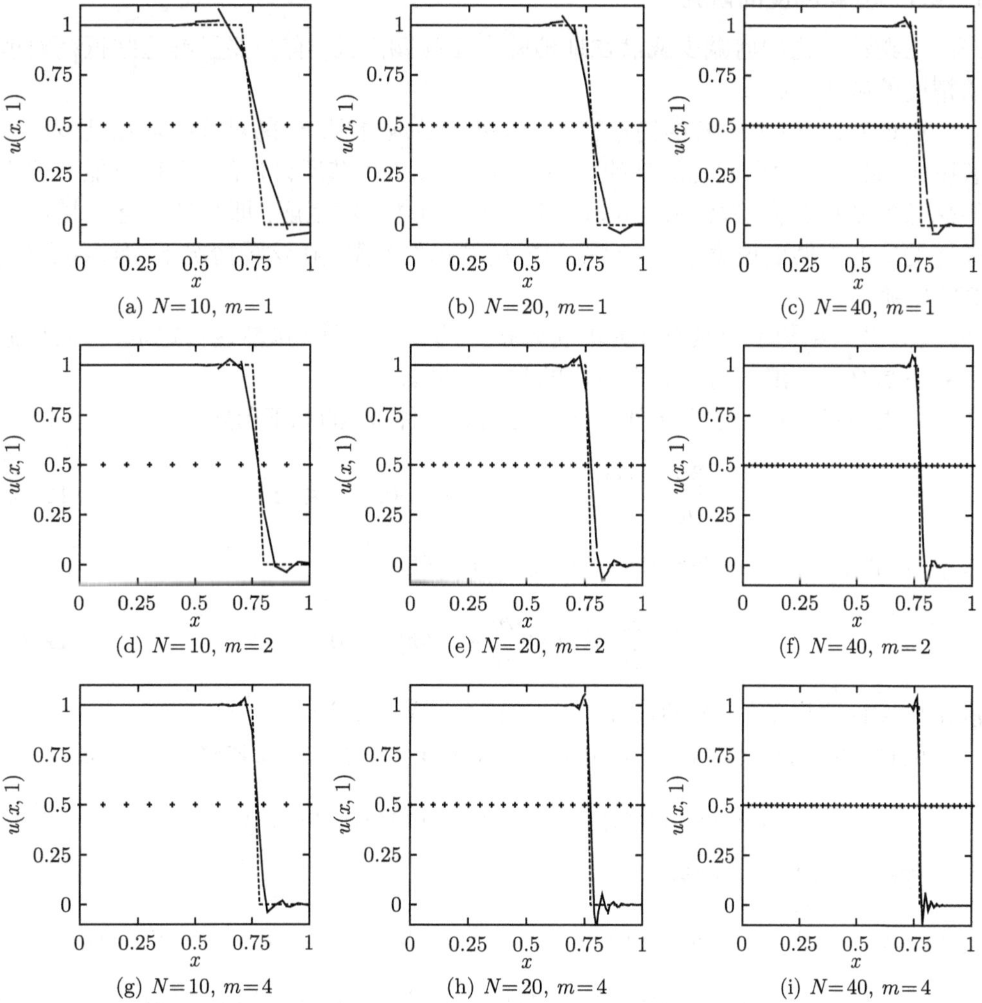

图 12.4 $T = 1.0$ 时刻具有不连续初始条件的线性波动问题的解。按不同的近似阶数 m 和不同微元数目 N 给出结果。虚线表示精确解，而“+”标记单元格边界的位置

一个更细微的现象是，振荡的传播似乎仅限于间断点附近的几个单元格。换句话说，振荡对整体误差精度只有局部影响。

在 $m=1$ 和采用二阶 SSPERK 格式的情况下，局部分析[58] 证实了这一观察结果。间断点的影响范围从间断点左边的 $\mathcal{O}(T^{1/3}h^{2/3}\log 1/h)$ 到右边的 $\mathcal{O}(T^{1/2}h^{1/2}\log 1/h)$。这与图 12.4 中的结果在定性上是一致的，如图，间断的影响随着 h 的增加而减小，并且在间断的下游比上游影响更强。在这个范围之外，可以期望全阶精度。对于较高的 m 值，没有严格的结论。然而，计算结果表明，这个结论可以延续到一般 m 值。

12.2.1　隐藏精度的研究

在继续讨论如何减少或潜在地消除人工振荡之前，有必要了解这些振荡对解的精度的破坏程度。

通过对图 12.4 中解的简单检查，可以清楚地看到，振荡对解的逐点精度有显著影响，即便这种影响是局部的。另一方面，如 8.3 节所讨论的，振荡可能不像人们想象的那样具有破坏性，同时仍然可以得到高阶精度解，即虽然在逐点精度被破坏的情况下精度被隐藏了[59,60]，但矩精度仍然完整。在这种情况下，有可能得到高阶精确解。

8.3 节的结论涉及具有非光滑初始条件的线性问题。虽然这肯定是相关的，但它并不是降低光滑度可能导致问题的唯一方式。

考虑满足周期性边界条件和适当的初始条件 u_0 的如下问题

$$\frac{\partial u}{\partial t}+\frac{\partial a(x)u}{\partial x}-\sigma(x)u=0,\quad x\in\Omega \tag{12.34}$$

这里 a 和 σ 可能是非光滑函数。定义辅助问题

$$\frac{\partial v}{\partial t}+a(x)\frac{\partial v}{\partial x}+\sigma(x)v=0 \tag{12.35}$$

满足周期性边界条件，初始条件为 v_0。我们有如下结论。

引理 12.12 (连续格林恒等式)　(12.34) 和 (12.35) 的周期解 u,v 满足

$$(u(x,t),v(x,t))_\Omega=(u_0(x),v_0(x))_\Omega,\quad \forall t\in(0,T] \tag{12.36}$$

证明　分部积分可得

$$\begin{aligned}\partial_t(u(x,t),v(x,t))_\Omega&=-(\partial_x(a(x)u(x,t)),v(x,t))_\Omega-(u(x,t),a(x)\partial_x v(x,t))_\Omega\\&=-(\partial_x(a(x)u(x,t)),v(x,t))_\Omega+(\partial_x(a(x)u(x,t)),v(x,t))_\Omega=0\end{aligned}$$

结论由此而来。　□

现在考虑 (12.34) 的半离散间断伽辽金格式。寻求 $u_h \in \mathsf{V}_h$ 满足

$$\sum_{j=1}^{N} \partial_t \int_{\mathsf{D}_j} u_j \psi_j dx - \int_{\mathsf{D}_j} a(x) u_j \partial_x \psi_j dx + F_{j+1/2} \psi_j(x_{j+1/2}) - F_{j-1/2} \psi_j(x_{j-1/2})$$
$$- \int_{\mathsf{D}_j} \sigma u_j \psi_j dx = 0 \tag{12.37}$$

对所有 $\psi_h \in \mathsf{V}_h$ 成立。将其表示为

$$\partial_t \mathcal{M}(u_h, \psi_h) + \mathcal{B}(u_h, \psi_h) = 0, \quad \forall \psi_h \in \mathsf{V}_h \tag{12.38}$$

其中

$$\mathcal{M}(u, v) = \sum_{j=1}^{N} \int_{\mathsf{D}_j} uv dx \tag{12.39}$$

$$\mathcal{B}(u, v) = \sum_{j=1}^{N} - \int_{\mathsf{D}_j} a(x) u \partial_x v dx + F_{j+1/2}(u) v(x_{j+1/2})$$
$$- F_{j-1/2}(u) v(x_{j-1/2}) - \int_{\mathsf{D}_j} \sigma u_j \psi_j dx \tag{12.40}$$

定义光滑双曲型问题的伴随一致性如下。

定义 12.13 (伴随一致性) 问题 (12.34) 的间断伽辽金近似格式 (12.38) 是伴随一致的, 如果 (12.35) 的精确解对所有 $t \in (0, T]$ 满足

$$\partial_t \mathcal{M}(\phi_h, v) + \mathcal{B}(\phi_h, v) = 0, \quad \forall \phi_h \in \mathsf{V}_h \tag{12.41}$$

这提供了辅助问题的变分形式, 即找到 $v_h \in \mathsf{V}_h$, 使得

$$\partial_t \mathcal{M}(\phi_h, v_h) - \mathcal{B}(\phi_h, v_h) = 0, \quad \forall \phi_h \in \mathsf{V}_h \tag{12.42}$$

很容易证明标准间断伽辽金方法是伴随一致的;参见 [61]。这引出了以下结论。

引理 12.14 (半离散格林恒等式) 考虑 (12.34) 和 (12.35) 的半离散近似的周期解分别为 u_h, v_h, 假设格式是稳定的、一致的和伴随一致的。则有

$$(u_h(x,t), v_h(x,t))_h = (u_h(x,0), v_h(x,0))_h, \quad \forall t \in (0, T] \tag{12.43}$$

证明 当分别选择 v_h 和 u_h 作为测试函数时, 结论直接由 (12.38) 和 (12.42) 两个变分表达式得到。 □

初始条件下矩的近似误差可以被如下估计。

引理 12.15 设 $u_0 \in L^2(\Omega)$ 和 $v_0 \in C^\infty(\Omega)$, 设 $u_h(x,0)$ 和 $v_h(x,0)$ 为它们的 m 阶分段多项式近似。则

$$|(u_h(x,0), v_h(x,0))_h - (u_0(x), v_0(x))_h| \leqslant C\frac{\|v_0^{(s)}\|_h}{m^s} \sim C\|v_0\|_h \frac{s!}{m^s} \tag{12.44}$$

对 $s \geqslant 0$ 时成立。常数 C 依赖于 u_0, 但与 m 无关。

证明 将误差表示为

$$\begin{aligned}&(u_h(x,0), v_h(x,0))_h - (u_0(x) - v_0(x))_h \\ =& (u_h(x,0) - u_0(x), v_h(x,0))_h + (u_0(x), v_h(x,0) - v_0(x))_h\end{aligned}$$

由于 $v_h(\cdot,0)$ 是一个 m 阶多项式, 因此由伽辽金正交性可消去第一项。根据柯西-施瓦茨不等式 (Cauchy-Schwarz inequality) 和定理 12.2, 得到

$$|(u_0(x), v_h(x,0) - v_0(x))_h| \leqslant C\|u_0\|_h \|v_h - v_0\|_h \leqslant C\|u_0\|_h \|v_0^{(s)}\|_h / m^s \tag{12.45}$$

至此证毕。 □

因此, 当 $m \to \infty$ 时, 初始矩的近似是指数精确的。这为经典结论[62] 铺平了道路。

定理 12.16 设 u, v 分别为 (12.34)、(12.35) 的精确解, 设 a, σ 为光滑函数。进一步, 设 u_h, v_h 为间断伽辽金方法得到的半离散解。同样, 令 $v_0 \in C^\infty(\Omega)$ 为任意函数。则当 $t \in (0,T]$ 且 $s \geqslant 0$ 时, 有

$$|(u_h(x,t) - u(x,t), v(x,t))_h| \sim C\|v_0\|_h \frac{s!}{m^s} \tag{12.46}$$

证明 由于 $v_0 \in C^\infty(\Omega)$, 那么, 当 $t \in (0,T]$ 时, 有 $v(x,t) \in C^\infty(\Omega)$。因此, 当 $m \to \infty$ 时, 可以将内积中的 v 替换为 v_h。于是, 得到

$$\begin{aligned}&|(u_h(x,t), v_h(x,t))_h - (u(x,t), v(x,t))_h| \\ =& |(u_h(x,0), v_h(x,0))_h - (u_0(x), v_0(x))_h| \sim C\|v_0\|_h s!/m^s\end{aligned}$$

至此证毕。 □

即使间断初始条件的多项式近似破坏了逐点精度, 但矩精度仍被保留, 即通过仔细的后处理, 仍然可以获得高阶精确解。对间断函数 f 情况的推广, 需要定义一个离散的杜阿梅尔原理 (Duhamel principle), 但除此之外结论是相同的[61]。

现在让我们考虑 a 和/或 σ 间断的一般情况。我们得到了以下结论。

定理 12.17 设 $u_0 \in C^\infty(\Omega)$, u_h 是 (12.34) 通过间断伽辽金方法得到的 m 阶多项式解。进一步, 令 $f \in C^\infty(\Omega)$ 为任意光滑函数。当 $m \to \infty$ 时, 存在一个函数序列 $\{g_h\} \in \mathsf{V}_h$, 满足

$$\lim_{m\to\infty} \|g_m - f\|_\Omega \to 0 \tag{12.47}$$

并且

$$|(u_h(x,t), g_h(x))_h - (u(x,t), f(x))_h| \leqslant C\frac{\|u_0^{(s)}\|_h}{m^s} \sim C\|u_0\|_h\frac{s!}{m^s} \tag{12.48}$$

对任何 $s > 0$ 成立。

该定理陈述了一个惊人的结果, 即矩的指数精确信息包含在数值数据中, 即使是一个非光滑系数问题, 亦是如此。此外, 函数 g_h 是唯一确定的, 即 $g_h = \Gamma_h(f)$, 满足映射 $\Gamma_h : C^\infty \to \mathsf{V}_h$。

证明 定义 v_0 在 (12.35) 中满足 $f(x) = v(x,t)$ 并要求 $f \in C^\infty(\Omega)$。因为我们把讨论限制在双曲型问题上, 所以这是可能的。但是由于 a 的正则性较低, 作为反问题的解得到的对应的初始条件 v_0, 也会表现出较低的正则性。

现在, 我们使用 v_0 作为 (12.35) 半离散解的初始条件, 使用间断伽辽金方法在时间上推进到 t 时刻。令 $g_h(x) = v_h(x,t)$。由于 a 和 σ 为间断函数, 则有

$$\|a - a_h\|_h \sim m^{-1}, \quad \|\sigma - \sigma_h\|_h \sim m^{-1}$$

这意味着 $\|g_h - f\|_h \sim m^{-1}$。

由伽辽金正交性, 我们有

$$(u_h(x,0), v_h(x,0) - v_0(x))_h = 0 \tag{12.49}$$

由于 $u_0 \in C^\infty(\Omega)$, 其 L^2-投影是高阶精确的。结合 (12.49) 得, 当 $m \to \infty$, $s > 0$ 时,

$$|(u_h(x,0), g_h(x,0))_h - (u_0(x), v_0(x))_h| \leqslant C\frac{\|u^{(s)}\|_h}{m^s} \tag{12.50}$$

其中, C 与 m 无关。因此即使伴随方程的初始条件 v_0 是一个间断的函数, 初始条件下矩的近似也是高阶精确的。这是将引理 12.12 和引理 12.14 应用于 (12.50) 得到的结论。 □

这一结论表明, 我们可以得到高阶精度信息。为了说明这一点, 让我们考虑一个例子[61]。

例 12.18 考虑采用迎风间断伽辽金方法求解线性方程

$$\frac{\partial u}{\partial t}+\frac{\partial au}{\partial x}=0$$

使用自然产生的格式 (12.42) 求解 g_h 所需的伴随问题。考虑空间-时间域 $[0,2\pi]\times(0,\pi/8]$, 它被 $N=6$ 个微元和不同近似阶数离散。使用足够阶数的求积法则对所有项进行精确积分。选用

$$u_0(x)=\sin(x)+\sin(2x+0.32)+\sin(9x+1.31)+0.1\sin(12x+2.11) \tag{12.51}$$

作为初始条件。

定义系数 a 为

$$a(x)=\begin{cases}1.0, & 1.0\leqslant x\leqslant 2\pi/3+1.0\\ 0.5, & \text{其他}\end{cases} \tag{12.52}$$

需注意间断不与微元界面重合。

当 $f(x)=\sin(x)$ 时振荡矩的误差如图 12.5 所示。当 $m\to\infty$ 时, 可以观察到快速收敛, 这与定理 12.17 一致。

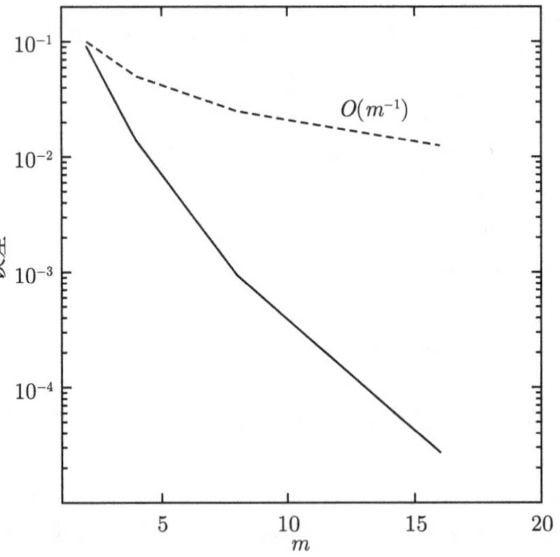

图 12.5 当 $f(x)=\sin(x)$ 时, 随着分辨率的增加, 一阶振荡矩 (u_h,g_h) 收敛至 (u,f) 的收敛性。未经重构所得到的误差 (虚线) 与重构结果的精度 (实线) 如图所示

现在让我们面向守恒律方程

$$\frac{\partial u}{\partial t}+\frac{\partial f(u)}{\partial x}=0$$

其满足光滑的初始条件和周期性边界条件。

正如定理 12.8 所建立的, 间断伽辽金方法的独特之处在于, 可以通过选择单调通量建立 L^2-稳定性和熵不等式。

我们关注伯格斯方程, 并假设 u 不改变符号。半离散格式为

$$\sum_{j=1}^{N}\partial t\int_{\mathsf{D}_j}u_j\psi_j dx-\int_{\mathsf{D}_j}f(u_j)\partial_x\psi_j dx+F_{j+1/2}\psi_j(x_{j+1/2})-F_{j-1/2}\psi_j(x_{j-1/2})=0 \tag{12.53}$$

为了方便起见, 考虑拉克斯–弗里德里希斯通量

$$F(u,v)=\frac{1}{2}(f(u)+f(v)-\alpha\hat{\boldsymbol{n}}(v-u)) \tag{12.54}$$

其中, α 是波速绝对值的上界。写为算子形式, 我们有

$$\partial_t\mathcal{M}(u_h,\psi_h)+\mathcal{F}(u_h,u_h,\psi_h)=0,\quad \forall\psi_h\in\mathsf{V}_h \tag{12.55}$$

在 (12.39) 中已定义了 $\mathcal{M}$, 同时

$$\begin{aligned}\mathcal{F}(u,v,\omega)=\sum_{j=1}^{N}&-\int_{\mathsf{D}_j}f(u,v)\partial_x\omega dx\\&+F_{j+1/2}(u,v)\omega(x_{j+1/2})-F_{j-1/2}(u,v)\omega(x_{j-1/2}).\end{aligned} \tag{12.56}$$

如下, 建立了伯格斯方程光滑解的伴随一致性。

引理 12.19 令 u 为伯格斯方程的光滑解。伯格斯方程的半离散、基于拉克斯–弗里德里希斯的间断伽辽金格式是伴随一致的, 因为

$$\partial_t\mathcal{M}(\phi_h,v)+\mathcal{F}(\phi_h,u,v)=0,\quad \forall\phi_h\in\mathsf{V}_h \tag{12.57}$$

对下式的精确 (光滑) 解 v 成立

$$\frac{\partial v(x,t)}{\partial t}-u(x,t)\frac{\partial v(x,t)}{\partial x}=0 \tag{12.58}$$

证明 取任意 $\phi_h\in\mathsf{V}_h$, 设 (12.39) 和 (12.56) 中 $a=\phi_h,b=u,c=v$。则 (12.53) 中的体积项消失了。为了表明数值通量积分也会消失, 考虑唯一单元格界面处的通量项, 得到

$$\alpha(\phi_h^- - \phi_h^+)(v^- - v^+) = \alpha[\![\phi_h]\!][\![v]\!] \tag{12.59}$$

根据兰金–于戈尼奥条件, v 沿着其特征曲线连续, 即 $\alpha(v^- - v^+) = 0$, 得证。 □

这为辅助问题产生了一种数值格式

$$\frac{\partial v(x,t)}{\partial t} - u(x,t)\frac{\partial v(x,t)}{\partial x} = 0 \tag{12.60}$$

以得到 $v_h \in \mathsf{V}_h$ 满足

$$\frac{\partial}{\partial t}\mathcal{M}(\phi_h, v_h) - \mathcal{M}(\phi_h, u_h, v_h) = 0, \quad \forall \phi_h \in \mathsf{V}_h \tag{12.61}$$

定理 12.20　设 $u_0 \in C^\infty(\Omega)$, 设 u_h 是使用 N 个微元计算的 m 阶间断伽辽金解, 设 u 是标量守恒律方程的熵解。如果在 $h \to 0$ 时, u_h 收敛, 则它收敛于熵解 u。此外, 每个 $f \in C^\infty(\Omega)$ 存在一个函数序列 $\{g_h \in \mathsf{V}_h\}$ 使得

$$\lim_{m\to\infty} \|g_h - f\|_\Omega \to 0 \tag{12.62}$$

并且

$$|(u_h(x,t), g_h(x))_\Omega - (u(x,t), f(x))_\Omega| \leqslant Ch^{m+1} + C' \tag{12.63}$$

函数 g_h 是唯一确定的, 即存在一个映射 $\varGamma_h : C^\infty(\Omega) \times C^\infty(\Omega) \to \mathsf{V}_h$, 使得 $g_h = \varGamma_h(f, u_0)$。常数 C' 由下式确定

$$C' = \sum_e \int_0^t \alpha[\![u_h]\!][\![v_h]\!]dt \tag{12.64}$$

证明　由于守恒律方程的双曲性质, 辅助方程 (12.60) 也是双曲型的。因此它可以在时间上精确向后推进求解。将基于拉克斯–弗里德里希斯的近似应用在辅助格式 (12.60) 上, 并在时间上向前推进求解。通过应用局部熵结果并继续像定理 12.17 的证明一样, 我们可以得到该定理。由于辅助方程依赖于熵解 u, $g_h = \varGamma_h(f, u_0)$ 现在是 f 和 u_0 的函数。

这一结论, 对间断伽辽金方法来说是独特的。它意味着, 尽管存在振荡, 即使是非线性守恒律方程, 高阶精度信息也能保持完整。换句话说, 消除振荡的解可能会比保留振荡然后重构得到的解更差。尽管结果强调了矩精度可以保持, 但它没有提供一个建设性的方法来得到高阶精度解。为了完成这项任务, 还需要其他技术, 接下来和第 13 章中将进行进一步的讨论。 □

最后, 让我们考虑一个例子。

例 12.21 考虑无黏伯格斯方程

$$\frac{\partial u}{\partial t}+\frac{\partial u^2}{\partial x}=0$$

在周期性的区域 $[0,2\pi]$ 上, 有初始条件

$$u_0(x)=2+0.5\sin 2x \tag{12.65}$$

应用微元数目 $N=12$ 和不同近似阶数的间断伽辽金格式。对于数值测试, 令

$$v_0(x)=\begin{cases}0, & |x-c|>\epsilon\\ \dfrac{1}{\epsilon}\exp\dfrac{-1}{1-((x-c)/\epsilon)^2}, & \text{其他}\end{cases} \tag{12.66}$$

其中, $c=\pi$, $\epsilon=0.25$。场变量 u 和 v 在时间上向前积分, 直到 u 形成激波。一旦解形成激波, 就不可能精确地解出辅助方程, 时间上向前或向后推进均不可能。相反, 应用引理 12.12 并计算初始精确矩。

注意, 初始条件 (12.66) 确保引理是适用的。在图 12.6 中, 当 $N=12$ 时的解 u_h 和 v_h 依次在 $t=0,\ \pi/8,\ \pi/4$ 时刻显示。图 12.7 显示了伯格斯方程的收敛图, 证实在这个非线性非光滑问题中可以获得高阶精度信息。

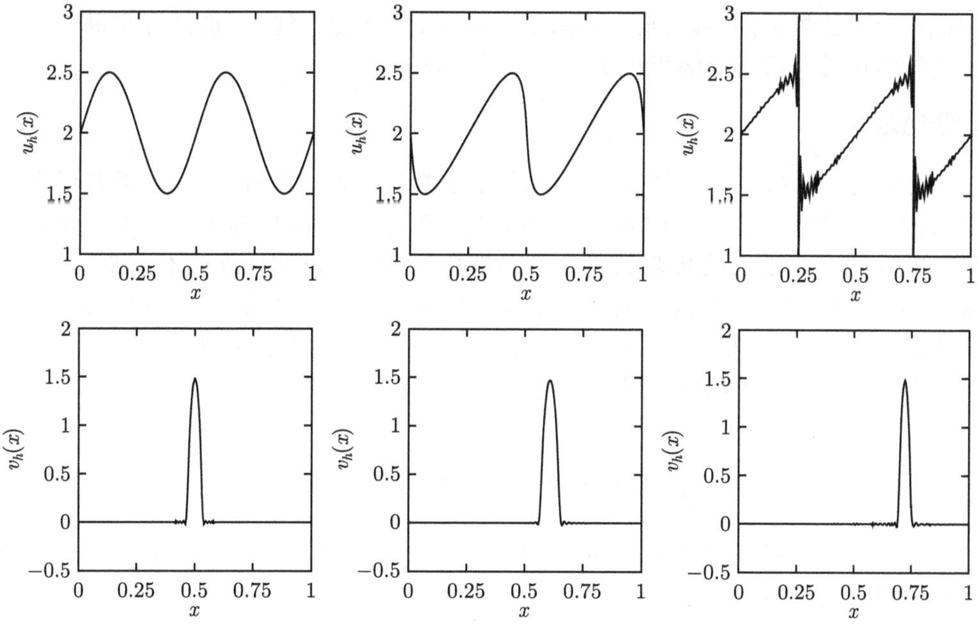

图 12.6 使用间断伽辽金方法求解伯格斯方程, 使用 $N=12$ 个微元, 阶数 $m=16$。最下面一行显示辅助解的对应解。解分别在 $t=0$(左列)、$t=\pi/8$(中列) 和 $t=\pi/4$(右列) 时刻给出

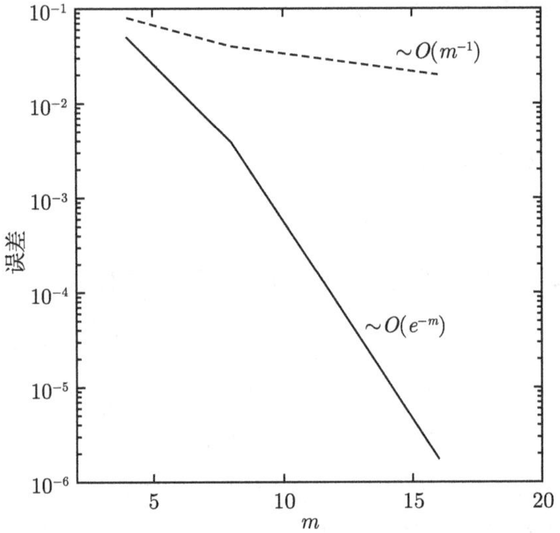

图 12.7　随着分辨率的增加，一阶振荡矩 $(u_h, v_h)_\Omega$ 收敛至 $(u, f)_\Omega$ 的收敛性。结果在 $t = \pi/4$ 时刻给出。实线代表所得的矩精度，虚线表示解的逐点精度

12.2.2　滤波

正如 8.3 节结尾讨论的，滤波对数值格式的稳定性有积极的影响。现在让我们把这个讨论扩展到间断伽辽金方法。我们很快就会看到，滤波同样有助于将使用高阶多项式表示间断解所产生的数值振荡局部化。

增强稳定性

尽管定理 12.8 中间断伽辽金方法的非线性稳定性非常强，但其有效性仅限于非线性多项式和标量守恒律方程。在诸多重要应用中，如欧拉方程就不在该分析讨论的范围内。此外，在多项式基上精确投影非线性通量的计算成本可能很高。克服后面这个问题的一个值得关注方法是配置 (collocation)，即通过计算节点上的非线性通量，引入混叠误差。尽管这听起来很合理，但这么做并非不会遇到挑战并可能最终产生一个不稳定的格式。为了解这一点，考虑[63]

$$\frac{\partial u}{\partial t} + \frac{\partial}{\partial x}(a(x)u) = 0, \quad x \in [-1, 1]$$

假设 $a(x) > 0$ 并且是光滑的。简单但不失一般性，我们关心一个具有周期性边界条件的微元，并考虑格式

$$\frac{\partial u_h}{\partial t} + \frac{\partial}{\partial x}\mathcal{I}_m(au_h) = 0$$

式中, $\mathcal{I}_m$ 为插值算子。将其改写成

$$
\begin{aligned}
&\frac{\partial u_h}{\partial t}+\frac{1}{2}\frac{\partial}{\partial x}\mathcal{I}_m(au_h)+\frac{1}{2}\mathcal{I}_m\left(a\frac{\partial u_h}{\partial x}\right)\\
&+\frac{1}{2}\mathcal{I}_m\frac{\partial}{\partial x}au_h-\frac{1}{2}\mathcal{I}_m\left(a\frac{\partial u_h}{\partial x}\right)\\
&+\frac{1}{2}\frac{\partial}{\partial x}\mathcal{I}_m(au_h)-\frac{1}{2}\mathcal{I}_m\frac{\partial}{\partial x}au_h=0
\end{aligned}
$$

并将其表示为

$$
\frac{\partial u_h}{\partial t}+\mathcal{N}_1+\mathcal{N}_2+\mathcal{N}_3=0 \tag{12.67}
$$

简单起见, 使用中心通量, 在这种情况下, 节点间断伽辽金格式变为

$$
\int_{-1}^{1}\left(\frac{\partial u_h}{\partial t}+\mathcal{N}_1+\mathcal{N}_2+\mathcal{N}_3\right)\ell_i(x)dx=[\![\mathcal{I}_m(au_h)]\!]\{\{\ell_i\}\} \tag{12.68}
$$

左乘 $u(x_i)$, 并对所有点求和, 可得

$$
\frac{1}{2}\frac{d}{dt}\|u_h\|_\Omega^2=-(\mathcal{N}_1,u_h)_\Omega-(\mathcal{N}_2,u_h)_\Omega-(\mathcal{N}_3,u_h)_\Omega+[\![\mathcal{I}_m(au_h)]\!]\{\{u_h\}\} \tag{12.69}
$$

分别考虑这三项, 首先

$$
\begin{aligned}
&-(\mathcal{N}_1,u_h)_\Omega+[\![\mathcal{I}_m(au_h)]\!]\{\{u_h\}\}\\
&-\frac{1}{2}\left(\frac{\partial}{\partial x}\mathcal{I}_m(au_h),u_h\right)_\Omega-\frac{1}{2}\left(\mathcal{I}_m\left(a\frac{\partial u_h}{\partial x}\right),u_h\right)_\Omega+[\![\mathcal{I}_m(au_h)]\!]\{\{u_h\}\}\\
&=\frac{1}{2}\left(\mathcal{I}_m(au_h),\frac{\partial}{\partial x}u_h\right)_\Omega-\frac{1}{2}\left(\mathcal{I}_m\left(a\frac{\partial u_h}{\partial x}\right),u_h\right)_\Omega=0
\end{aligned}
$$

分部积分后, 边界项消失, 因为 $a(x)$ 是光滑的, 体积项通过插值特性消去。

对于第二项, 有

$$
\begin{aligned}
-2(\mathcal{N}_2,u_h)_\Omega&=-\left(\mathcal{I}_m\left(\frac{\partial}{\partial x}au_h\right),u_h\right)_\Omega+\left(\mathcal{I}_m\left(a\frac{\partial}{\partial x}u_h\right),u_h\right)_\Omega\\
&=-\left(\mathcal{I}_m\left(a\frac{\partial}{\partial x}u_h\right),u_h\right)_\Omega-(\mathcal{I}_m(a_xu_h),u_h)_\Omega\\
&\quad+\left(\mathcal{I}_m\left(a\frac{\partial}{\partial x}u_h\right),u_h\right)_\Omega
\end{aligned}
$$

$$= -(\mathcal{I}_m(a_x u_h), u_h)_\Omega \leqslant \max_x |a_x| \|u_h\|_\Omega^2$$

这一项不会带来不稳定性, 因为它独立于 m 有界。最后, 让我们考虑第三项

$$\begin{aligned}-2(\mathcal{N}_3, u_h)_\Omega &= -\left(\frac{\partial}{\partial x}\mathcal{I}_m(au_h), u_h\right)_\Omega + \left(\mathcal{I}_m\frac{\partial}{\partial x}au_h, u_h\right)_\Omega \\ &= \left(\mathcal{I}_m\frac{\partial}{\partial x}au_h - \frac{\partial}{\partial x}\mathcal{I}_m(au_h), u_h\right)_\Omega \\ &\leqslant \left\|\mathcal{I}_m\frac{\partial}{\partial x}au_h - \frac{\partial}{\partial x}\mathcal{I}_m(au_h)\right\|_\Omega^2 + \|u_h\|_\Omega^2\end{aligned}$$

最后一项不会带来任何问题。第一项可以被求边界为

$$\left\|\mathcal{I}_m\frac{dv}{dx} - \frac{d}{dx}\mathcal{I}_m v\right\|_\Omega^2 \leqslant \left\|\frac{dv}{dx} - \mathcal{I}_m\frac{dv}{dx}\right\|_\Omega^2 + \left\|\frac{dv}{dx} - \frac{d}{dx}\mathcal{I}_m v\right\|_\Omega^2$$

使用 12.1.1 节[64] 中稍微严格的估计, 假设 $v \in H^p(\Omega)$, 当 $\sigma = \min(m+1, p)$ 时有

$$\left\|\frac{dv}{dx} - \mathcal{I}_m\frac{dv}{dx}\right\|_\Omega \leqslant C\frac{h^{\sigma-1}}{m^{p-1}}|v|_p$$

类似地有

$$\left\|\frac{dv}{dx} - \frac{d}{dx}\mathcal{I}_m v\right\|_\Omega \leqslant \|v - \mathcal{I}_m v\|_1 \leqslant C\frac{h^{\sigma-1}}{m^{p-1}}|v|_p$$

因此[63]

$$\frac{1}{2}\frac{d}{dt}\|u_h\|_\Omega \leqslant C_1\|u_h\|_\Omega + C_2(h, a)m^{1-p}|u|_p$$

这意味着, 如果 u 不够光滑, 例如 $p \leqslant 1$, 我们无法控制最后一项, 格式可能是不稳定的。这显然是守恒律方程和具有间断解的问题需要解决的。

因为插值和微分不能交换, 所以产生了使解不稳定的项。这是混叠的结果, 这种类型的不稳定性被称为混叠带来的不稳定性。如果 u 光滑但分辨率不足, 增加分辨率可以减小交换误差从而消除不稳定性。可以在 [35, 63] 中找到关于这些方面的进一步讨论。

随着理解这种混叠带来的不稳定性, 寻求一个更实际的解决方案, 而不是简单地增加分辨率。正如已经详细讨论过的, 克服相对较弱的不稳定性的经典方法是增加问题的耗散。要了解这种补救措施是否足够, 考虑修正问题

$$\frac{\partial u_j}{\partial t} + \frac{\partial}{\partial x}\mathcal{I}_m(au_j) = \varepsilon(-1)^{s+1}\left[\frac{\partial}{\partial x}(1-x^2)\frac{\partial}{\partial x}\right]^s u_j, \quad x \in [-1, 1] \qquad (12.70)$$

注意，等式右边是一个局部算子，限制在每个微元 D_j 中。这种特殊形式背后的动机很快就会清楚。现在考虑项

$$\varepsilon(-1)^{s+1}\left(u_j, \left[\frac{\partial}{\partial x}(1-x^2)\frac{\partial}{\partial x}\right]^s u_j\right)_{\mathsf{D}_j}$$

这一项通过 (12.70) 中的额外项变为能量表述 (12.69)。分部积分 s 次得

$$\varepsilon(-1)^{s+1}\left(u_j, \left[\frac{\partial}{\partial x}(1-x^2)\frac{\partial}{\partial x}\right]^s u_j\right)_{\mathsf{D}_j} = -\varepsilon\left\|u_j^{(s)}\right\|^2_{\mathsf{D}_j} = -\varepsilon|u_j|^2_{\mathsf{D}_{j,s}}$$

现在，使用这种特殊形式的算子的原因变得很清楚了，因为算子的奇异性能够保证不引入边界项。我们得到了修正后的能量表述

$$\frac{1}{2}\frac{d}{dt}\|u_j\|^2_{\mathsf{D}_j} \leqslant C_1\|u_j\|^2_{\mathsf{D}_j} + C_2 m^{2-2p}|u|^2_{\mathsf{D}_{j,s}} - C_3\varepsilon|u_j|^2_{\mathsf{D}_{j,s}}$$

为了确保耗散项占主导地位，从而实现稳定性，$\varepsilon \propto m^2$ 是充分的，但可能不是必要的。

剩下的问题是如何以最有效的方式实现 (12.70) 中的额外项。为了减少计算成本，我们以时间分裂的方式将其包括在内，即首先推进守恒律方程一个时间步

$$\frac{\partial u_j}{\partial t} + \frac{\partial}{\partial x}\mathcal{I}_m f(u_j) = 0$$

随后推进

$$\frac{\partial u_j}{\partial t} = \varepsilon(-1)^{s+1}\left[\frac{\partial}{\partial x}(1-x^2)\frac{\partial}{\partial x}\right]^s u_j \tag{12.71}$$

我们将注意力集中在后一个问题上，使用前向欧拉法将其推进一个时间步长 k:

$$u_j^* = u_j(x,t+k) = u_j(x,t) + \varepsilon k(-1)^{s+1}\left[\frac{\partial}{\partial x}(1-x^2)\frac{\partial}{\partial x}\right]^s u_j(x,t) \tag{12.72}$$

现在回想

$$u_j(x,t) = \sum_{i=0}^{m}\tilde{u}_{j,i}(t)P_i(x)$$

由于 P_i 满足 (12.15)，得到

$$u_j^*(x,t) \simeq u_j(x,t) - \varepsilon k\sum_{i=0}^{m}\tilde{u}_{j,i}(t)(i(i+1))^s P_i(x)$$

$$\simeq \sum_{i=0}^{m} \sigma\left(\frac{i}{m}\right) \tilde{u}_i(t) P_i(x), \quad \varepsilon \propto \frac{1}{km^{2s-2}}$$

这里, 已引入滤波器函数 $\sigma(\eta)$, 这在 8.3 节中已详细讨论。根据定义 8.20, 合适选择的滤波器函数, 包括

$$\sigma(\eta) = 1 - \alpha\eta^{2s}$$

以及一个指数滤波器

$$\sigma(\eta) = \exp(-\alpha\eta^{2s})$$

这两个滤波器都是 $2s$ 阶的。

α 的选择实际上是任意的。如果选择 $\alpha = 0$, 则不会引入耗散。另一方面, 取大 α 值会导致大量耗散。一个常用的选择是 $\alpha \simeq -\log(\varepsilon_M) \simeq 36$, 其中 ε_M 为机器双精度。这个选择意味着指数滤波器中 $\sigma(1) \simeq \varepsilon_M$。当然, 这也可以通过定义一个控制滤波器局部强度的指示器来以自适应的方式[65] 实现。

在求解 (12.71) 和应用滤波器之间有一个非常重要的区别。在后一种情况下, 不需要进行时间积分, 因此, 与直接求解 (12.71) 相比, 不需要额外的稳定性约束。因此, 使用滤波器是引入耗散的一种切实可行的方法。

在 12.1.1 节发展的一般公式中, 滤波等价于同滤波器矩阵 $\hat{\mathrm{F}}$ 相乘, 将滤波器矩阵定义为

$$\hat{\mathrm{F}} = \hat{\mathrm{V}}\Lambda\hat{\mathrm{V}}^{-1}$$

其中, 对角线矩阵 Λ 有元素

$$\Lambda_{ii} = \sigma\left(\frac{i}{m}\right), \quad i = 0, \cdots, m$$

假设一个滤波器有如下形式

$$\sigma(\eta) = \begin{cases} 1, & 0 \leqslant \eta \leqslant \eta_c = \dfrac{m_c}{m} \\ \exp(-\alpha((\eta-\eta_c)/(1-\eta_c))^p), & \eta_c \leqslant \eta \leqslant 1 \end{cases} \tag{12.73}$$

一个用于定义它的程序, 在 FilterDG.m 中给出。为了简化问题, $p = 2s$ 必须是偶数并且选择 $\alpha = -\log(\varepsilon_m)$。参数 m_c 表示一个截止点, 在此截止点以下模态保持不变。

脚本 12.7: FilterDG.m: 基于截止点为 m_c 的 p 阶指数滤波器定义的滤波器矩阵

```
function [F]=FilterDG(m,mc,p,V)
% function [F]=FilterDG(m,mc,p,V)
```

```
% Purpose:Initialize DG filter matrix of size m.
%           Order of exponential filter is (even) p with cutoff at mc;
filterdiag=ones(m+1,1); alpha=-log(eps);

% Initialize filter function
for i=mc:m
    filterdiag(i+1)=exp(-alpha*((i-mc)/(m-mc))^p);
end;
F=V*diag(filterdiag)*inv(V);
return;
```

为了进一步了解滤波器的影响, 让我们考虑一个示例。

例 12.22 考虑伯格斯方程

$$\frac{\partial u}{\partial t}+\frac{\partial u^2}{\partial x}=0,\quad x\in[-1,1]$$

有初始条件

$$u(x,0)=2-H(x+0.75)$$

即在 $x=-0.75$ 处有激波。它的精确解是

$$u(x,0)=2-H(x+0.75-3t)$$

使用 $N=20$ 个单元格、$m=4$ 阶的节点间断伽辽金方法来求解这个问题。采用拉克斯–弗里德里希斯通量和三阶 SSPERK 时间积分格式。

图 12.8 显示了不同滤波器阶数下的解。我们观察到, 通过增加滤波器的阶数, 激波的弥散显著减小。由于 $p=2$ 滤波器对应于二阶算子, 最大值原理确保了振荡的消除。在这种情况下, 尽管未经滤波的格式是稳定的, 但解的振荡是非常大的。更高阶的滤波有助于定位和限制这种振荡。

在这个例子中, 滤波器矩阵在每个龙格-库塔步之后应用于解向量。然而, 根据问题的不同, 可以对其进行修改, 例如, 滤波可以在每个阶段之后应用, 或按照需求在每隔一定数量的时间步后应用。

稳定所需的滤波量显然与问题本身有关。例如, 具有未解析特征、激波或高度非线性项的问题, 可能比简单类型的问题更容易受到不稳定性的影响。然而, 对于特定的问题, 选择合适的参数往往是相对容易的, 例如可以从少量滤波开始, 然后在几次小规模计算中逐渐增加, 直到格式稳定。对于具有合理解析度的数值计算, 一组较好的启动参数是 $\alpha=18-36$, $N_c=0$ 以及 $p=10-16$。

如果我们再看一下与滤波相关的算子

$$\left[\frac{d}{dx}(1-x^2)\frac{d}{dx}\right]^s=\left[(1-x^2)\frac{d^2}{dx^2}-2x\frac{d}{dx}\right]^s,\quad x\in[-1,1]$$

它们说明添加的耗散不是均匀分布的；例如，它在微元中心附近是最强的，而当接近微元边缘时，耗散就会变弱。这样为确保整个微元的稳定性，可能会导致在中心处过度耗散[66]。

因为现在求解的是一个修正问题 (12.70)，需要重新考虑 u_h 是否收敛于守恒律方程的弱解[40]。假设局部修正为

$$\left(\phi_j, (-1)^{s+1}\frac{1}{m^{2s-1}}\left[\frac{d}{dx}(1-x^2)\frac{d}{dx}\right]^s u_j\right)_{\mathsf{D}_j}$$

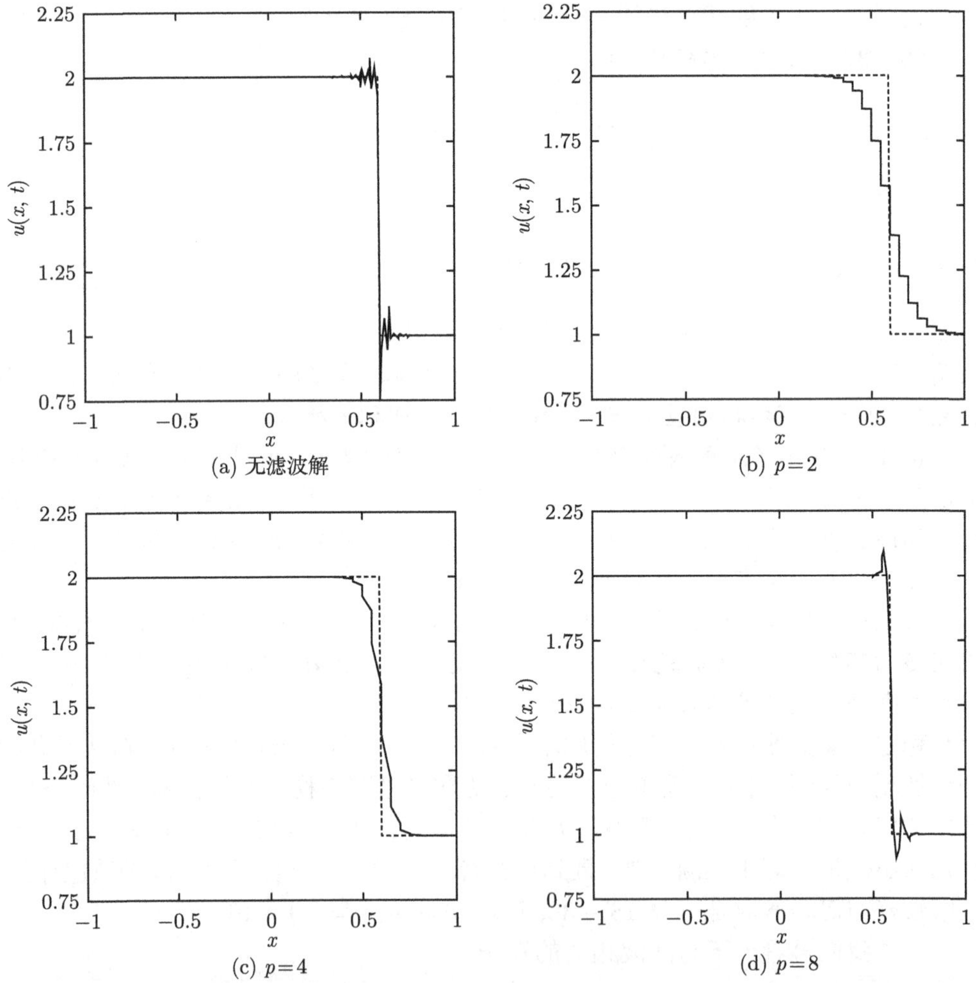

图 12.8　滤波对带有激波的伯格斯方程解的影响。左上角为 $m=4$, $N=20$ 时的无滤波解。其他几幅图显示了随着滤波器阶数 p 增加得到的解。虚线表示精确解

其中, ϕ_j 表示紧支撑的光滑测试函数。为了保持向弱解的收敛, 必须确保当 $m \to \infty$ 时, 这一项消失。首先回想 u_j 和 ϕ_j 的定义

$$\phi_j(x,t) = \sum_{i=0}^{m} \tilde{\phi}_{j,i}(t)P_i(x), \quad u_j(x,t) = \sum_{i=0}^{m} \tilde{u}_{j,i}(t)P_i(x)$$

则局部修正变为

$$-\frac{1}{m^{2s-1}} \sum_{i=0}^{m} \tilde{\phi}_{j,i}(t)\tilde{u}_{j,i}(t)(i+1)^s i^s$$

因为 P_i 满足 (12.15) 并且是正交的。

此外, 如果 u_j 有界, 即格式稳定, 则定理 12.2 保证

$$\left|\tilde{u}_{j,i}\tilde{\phi}_{j,i}\right| \leqslant Ci^{-3}$$

前提是 ϕ_j 至少是连续的。然后有

$$\frac{1}{m^{2s-1}} \sum_{i=0}^{m} \frac{(i+1)^s i^s}{i^3} \leqslant \frac{C}{m}$$

因此, 稳定项消失, 并且根据拉克斯–温德罗夫定理, 得到向弱解的收敛。该结论可直接扩展到 N 个微元的情形。

提高精度

滤波器对间断伽辽金方法有稳定效果, 图 12.8 中的结果表明, 滤波器可以提高近似的整体精度, 并有助于将间断点的影响限制在其邻域附近。为了进一步研究这一点, 考虑以下示例。

例 12.23 由于精度的提高是一个近似问题, 让我们考虑函数

$$u(x) = 1 - 2H(x), \quad x \in [-1,1]$$

其中 $H(x)$ 为赫维赛德函数。使用节点表示近似

$$u(x) \simeq u_h(x) = \sum_{i=0}^{m} \tilde{u}_i P_i(x)$$

为了理解滤波器的影响, 我们在图 12.9 中展示了随分辨率增加函数有无滤波的近似值与逐点误差变化。分别使用 2 阶、4 阶、8 阶的滤波器。尽管所有的例子都使用指数滤波器, 但其他种类滤波器的结果是定性相似的。

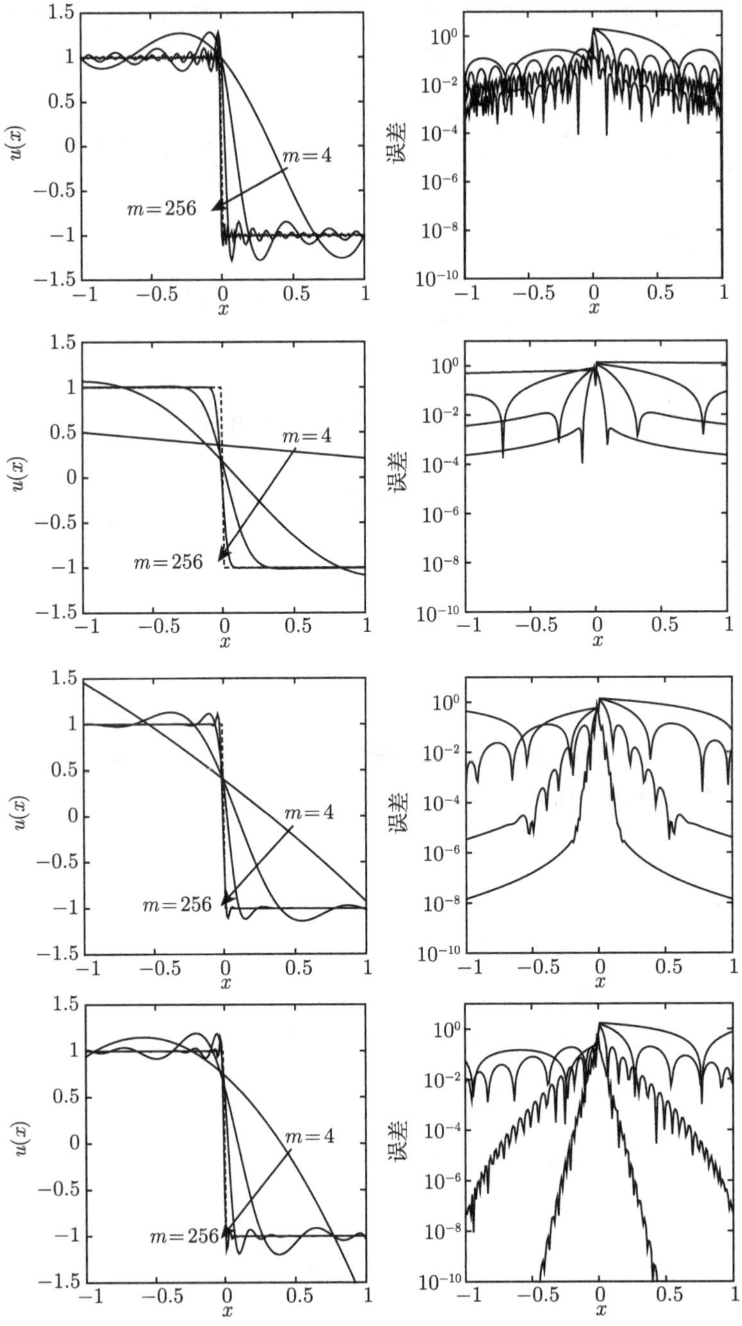

图 12.9　滤波对非光滑函数表示的影响。不同行的图分别是不使用滤波器和分别使用 2 阶、4 阶、8 阶滤波器得到的解。左列图展示了阶数 m 分别为 $4, 16, 64, 256$ 阶的多项式近似；右列图展示了相应的逐点误差。在右列图中，误差随着每幅图中近似阶数 m 的增加而减小

图 12.9 中的结果允许进行一些一般性的观察。首先,我们观察到,如果没有滤波器,局部近似的精度降低到一阶,并如预期的那样,在间断点处失去收敛性。

滤波器的应用对全局近似的精度有深远的影响。虽然在间断点处近似的逐点精度没有提高,但增加滤波器的阶数可以显著提高远离间断点处的近似精度。此外,在远离间断处,滤波器阶数与观察到的收敛阶数似乎存在紧密联系。然而,当 m 很小的时候,即使使用弱滤波器也会对整体精度产生不利影响。在这种情况下,使用滤波器的好处就不太明显。

在 8.3 节中,我们讨论了滤波对周期性高阶表示的影响,并得出了与例 12.23 非常相似的观察结果。在这种情况下,近似的周期性质允许人们发展一个相对完整的、支持数值实验的理论[67]。我们将在第 13 章对此进行更详细的讨论。

虽然例 12.23 的观察结果与 8.3 节中的观察结果定性相似,但滤波对多项式近似影响的理论理解还有待研究,全部已知的结论在 [66] 中给出。这些结果证实了滤波器在间断点上没有影响,并且在应用于光滑函数时不会破坏精度。远离间断点 $x=\xi$ 区域的逐点误差行为被推测为

$$|u(x)-\mathcal{F}u_h(x)| \leqslant C(x,\xi)m^{1-r}|||u|||_r$$

式中,$C(x,\xi)$ 取决于到间断点的距离。这里当 $r>1$ 时 $|||\cdot|||_r$ 是一个分段索伯列夫范数,并且 $r=\min(p,q)$,其中 p 为滤波器阶数且 $u\in H^q$。因此,如果滤波器阶数足够高,光滑函数的近似就不会受到影响。

12.2.3 非线性耗散

尽管使用滤波会有许多吸引人的特点,如方法简单,可增强解的稳定性和精度,但该方法的线性性质反而会影响求解复杂问题的效率。例如,在一个包含激波和高度振荡但光滑的问题中,由于需要减少激波附近的振荡,滤波通常会导致解的过度耗散。在许多方面,这与我们观察到的单调格式或其他低阶格式类似。

解决这一问题的一种可能的方法是通过更局部的非线性耗散。为了描述基本概念,考虑

$$\frac{\partial u}{\partial t}+\frac{\partial f}{\partial x}=0$$

满足适当的初始条件和边界条件。引入局部耗散

$$\frac{\partial u}{\partial t}+\frac{\partial f}{\partial x}=\frac{\partial}{\partial x}\nu(u)\frac{\partial u}{\partial x} \tag{12.74}$$

式中,$\nu(u)\geqslant 0$ 为一个局部确定的函数,被选定用来控制非光滑区域的振荡,在光滑区域为零。虽然二阶算子确保了极大值原理,但必须谨慎地定义它以避免过度的耗散。

这种方法的一个潜在挑战是, 等式的类型改变了。因此, 必须修改边界条件的数量, 以确保适定性。例如在 $f(u)=au$ 中, 原始问题只需要一个边界条件, 而稳定化的 (12.74) 需要两个边界条件。由于这是所选择的数值格式导致的, 因此如何在不影响解的情况下定义这些条件可能并不完全清楚。一种解决办法是在需要新条件的地方施加齐次诺伊曼条件, 即在没有物理边界条件地方添加流出边界条件。

添加人工耗散的想法虽然看起来很简单, 但它提出了两个基本问题。一方面, 需要理解二阶算子如何在间断伽辽金方法中实现, 因为迄今为止, 该方法只用于一阶问题。另一方面, 需要确定合适的方法, 以简单而有效的方式定义 $\nu(u)$。

关于耗散算子的插叙

为了使讨论简单, 考虑热方程

$$\frac{\partial u}{\partial t}=\frac{\partial}{\partial x}a(x)\frac{\partial u}{\partial x}$$

在外边界处令 $u=0$。系数 a 通常被称为扩散系数或黏度系数。很容易证明, $a(x)\geqslant 0$ 足以保证适定性[68]。

通过将二阶问题改写为一阶问题的方程组:

$$\frac{\partial u}{\partial t}=\frac{\partial}{\partial x}\sqrt{a}q,\quad q=\sqrt{a}\frac{\partial u}{\partial x}$$

可以采用求解守恒律方程的方法, 假定 (u,q) 可以近似为

$$\begin{bmatrix}u(x,t)\\q(x,t)\end{bmatrix}\simeq\begin{bmatrix}u_h(x,t)\\q_h(x,t)\end{bmatrix}=\bigoplus_{j=1}^{N}\begin{bmatrix}u_j(x,t)\\q_j(x,t)\end{bmatrix}$$

其中在 N 个微元上使用 m 阶分段多项式表示 (u,q)。可以得到强形式

$$\frac{h_j}{2}\hat{\mathrm{M}}\frac{d\boldsymbol{u}_j}{dt}=\tilde{S}_j^{\sqrt{a}}\boldsymbol{q}_j-[(\sqrt{a}q_j-Q)\psi_j]_{x_{j-1/2}}^{x_{j+1/2}}\tag{12.75}$$

$$\frac{h_j}{2}\hat{\mathrm{M}}\boldsymbol{q}_j=S_j^{\sqrt{a}}\boldsymbol{u}_j-[(\sqrt{a}u_j-F)\psi_j]_{x_{j-1/2}}^{x_{j+1/2}}$$

式中, $F(u,q)$ 为 u 的数值通量, $Q(u,q)$ 为 q 的数值通量, 对应的弱形式为

$$\frac{h_j}{2}\hat{\mathrm{M}}\frac{d\boldsymbol{u}_j}{dt}=-\left(S_j^{\sqrt{a}}\right)^{\mathrm{T}}\boldsymbol{q}_j+[Q\psi_j]_{x_{j-1/2}}^{x_{j+1/2}}\tag{12.76}$$

$$\frac{h_j}{2}\hat{\mathrm{M}}\boldsymbol{q}_j=-\left(\tilde{S}_j^{\sqrt{a}}\right)^{\mathrm{T}}\boldsymbol{u}_j+[F\psi_j]_{x_{j-1/2}}^{x_{j+1/2}}$$

定义两个算子 $\tilde{S}_j^{\sqrt{a}}$ 和 $S_j^{\sqrt{a}}$ 分别为

$$\left(\tilde{S}_j^{\sqrt{a}}\right)_{ik}=\int_{\mathsf{D}_j}\psi_{j,i}(x)\frac{d\sqrt{a(x)}\psi_{j,k}(x)}{dx}dx,\quad \left(S_j^{\sqrt{a}}\right)_{ik}=\int_{\mathsf{D}_j}\sqrt{a(x)}\psi_{j,i}(x)\frac{d\psi_{j,k}(x)}{dx}dx$$

它们之间有着紧密联系, 因为

$$\left(\tilde{S}_j^{\sqrt{a}}\right)_{ik}+\left(S_j^{\sqrt{a}}\right)_{ki}=[\sqrt{a(x)}\psi_{j,i}(x)\psi_{j,k}(x)]_{x_{j-1/2}}^{x_{j+1/2}}$$

为了定义数值通量, 我们回想一下, 一般来说它可以有如下的依赖关系

$$Q(u,q)=Q((\sqrt{a}q_j)^-,(\sqrt{a}q_j)^+,(\sqrt{a}u_j)^-,(\sqrt{a}u_j)^+)$$

$$F(u,q)=F((\sqrt{a}q_j)^-,(\sqrt{a}q_j)^+,(\sqrt{a}u_j)^-,(\sqrt{a}u_j)^+)$$

这种一般形式意味着 (12.75) 或 (12.76) 中的两个一阶方程通过数值通量耦合, 因此必须作为一个全局系统来求解。在这种情况下, 间断伽辽金方法的局部性质被破坏。

然而, 如果限制数值通量的形式为

$$Q(u,q)=Q((\sqrt{a}q_j)^-,(\sqrt{a}q_j)^+,(\sqrt{a}u_j)^-,(\sqrt{a}u_j)^+)$$

$$F(u)=F((\sqrt{a}u_j)^-,(\sqrt{a}u_j)^+)$$

则可以在一个基于微元的局部运算中得到 q_j。换句话说, 用来表示导数和以逐元形式施加边界条件的辅助函数 q 是一个真正的局部变量。

由于热方程没有首选的传播方向, 自然考虑中心通量

$$Q(u,q)=\{\{\sqrt{a}q\}\},\quad F(u)=\{\{\sqrt{a}u\}\}$$

该格式的半离散稳定性表述如下。

定理 12.24 热方程使用中心通量的间断伽辽金格式是稳定的。

证明 首先考虑微元 $\mathsf{D}_j=[x_{j-1/2},x_{j+1/2}]$ 的情况。引入了两个函数 $(\phi_j,\pi_j)\in\mathsf{V}_h$, 并定义局部逐元算子为

$$\begin{aligned}\mathcal{B}_h(u_j,q_j;\phi_j,\pi_j)=&\boldsymbol{\phi}_j^{\mathrm{T}}\frac{h_j}{2}\hat{\mathrm{M}}\frac{d}{dt}\boldsymbol{u}_j-\boldsymbol{\phi}_j^{\mathrm{T}}\tilde{S}_j^{\sqrt{a}}\boldsymbol{q}_j+[\phi_j(x)(\sqrt{a}q_j-Q)]_{x_{j-1/2}}^{x_{j+1/2}}\\&+\pi_j^{\mathrm{T}}\frac{h_j}{2}\hat{\mathrm{M}}\boldsymbol{q}_j-\pi_j^{\mathrm{T}}S_j^{\sqrt{a}}\boldsymbol{u}_j+[\pi_j(x)(\sqrt{a}u_j-F)]_{x_{j-1/2}}^{x_{j+1/2}}\end{aligned}$$

我们注意到, 如果 (u_j,q_j) 满足数值格式, 则

$$\mathcal{B}_h(u_j,q_j;\phi_j,\pi_j)=0,\quad\forall(\phi_j,\pi_j)\in\mathsf{V}_h$$

如果现在选择测试函数为 $\phi_j = u_j$, $\pi_j = q_j$, 运用

$$\boldsymbol{u}_j^{\mathrm{T}} \tilde{S}_j^{\sqrt{a}} \boldsymbol{q}_j + \boldsymbol{q}_j^{\mathrm{T}} S_j^{\sqrt{a}} \boldsymbol{u}_j = \boldsymbol{u}_j^{\mathrm{T}} \tilde{S}_j^{\sqrt{a}} \boldsymbol{q}_j + \boldsymbol{u}_j^{\mathrm{T}} \left(S_j^{\sqrt{a}}\right)^{\mathrm{T}} \boldsymbol{q}_j = [\sqrt{a} u_j q_j]_{x_{j-1/2}}^{x_{j+1/2}}$$

得到

$$\frac{1}{2}\frac{d}{dt}\|u_j\|_{\mathsf{D}_j}^2 + \|q_j\|_{\mathsf{D}_j}^2 + \Theta_{j+1/2} - \Theta_{j-1/2} = 0$$

其中

$$\Theta = \sqrt{a} u_j q_j - Q(u_j, q_j) u_j - F(u_j) q_j$$

首先假设 a 是连续的, 那么中心通量可以写成

$$Q(u_j, q_j) = \sqrt{a}\{\{q_j\}\}, \quad F(u_j) = \sqrt{a}\{\{u_j\}\}$$

如果考虑界面 $x_{j+1/2}$, 得到项

$$\Theta_{j+1/2} = -\frac{\sqrt{a}}{2}(u_j^- q_j^+ + u_j^+ q_j^-)$$

对所有微元求和, 得到

$$\frac{1}{2}\frac{d}{dt}\|u_h\|_h^2 + \|q_h\|_h^2 = 0$$

因此, 获得稳定性。

对于 a 仅具备分段光滑的一般情况, 考虑数值通量

$$Q(u_j, q_j) = \{\{\sqrt{a} q_j\}\} + \frac{1}{2}[\![\sqrt{a}]\!] q_j^+, \quad F(u_j) = \{\{\sqrt{a} u_j\}\} + \frac{1}{2}[\![\sqrt{a}]\!] u_j^+$$

在连续情况下, 其退化为中心通量

$$\Theta_{j+1/2} = -\frac{1}{2}\{\{\sqrt{a}\}\}(u_j^- q_j^+ + u_j^+ q_j^-)$$

因此, 在对所有微元求和之后, 得到稳定性。 □

我们通过一个例子来强调这个格式的行为。

例 12.25 考虑热方程

$$\frac{\partial u}{\partial t} = \frac{\partial^2 u}{\partial x^2}, \quad x \in [0, 2\pi]$$

满足齐次狄利克雷边界条件和初始条件 $u(x,0) = \sin(x)$。很容易找到精确解为 $u(x,t) = e^{-t}\sin(x)$。

使用在 m 阶 N 个微元的间断伽辽金方法求解, 为了避免时间误差, 使用三阶 SSPERK 格式和小时间步长。图 12.10 显示了全局误差作为 m 和 N 的函数的变化。

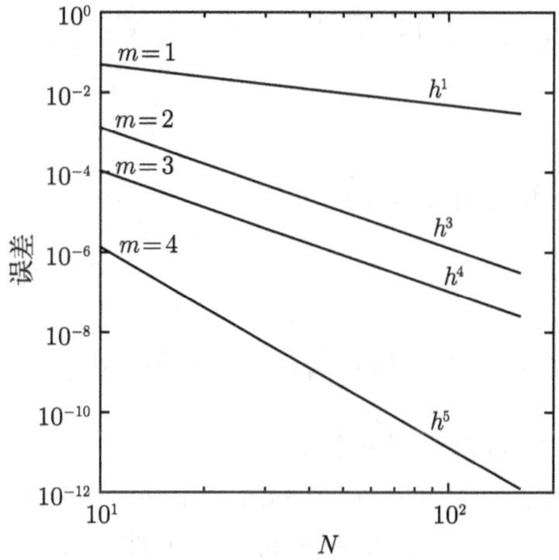

(a) 中心通量

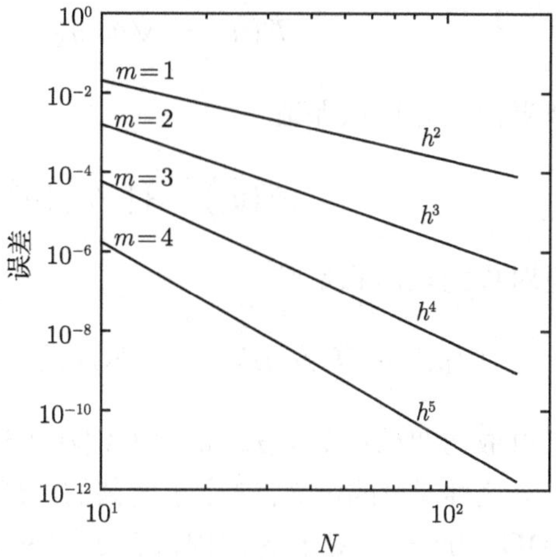

(b) 交变通量

图 12.10 选择不同数值通量求解热方程时, 间断伽辽金方法的收敛性

虽然格式是收敛的, 但收敛速度会以意想不到的方式变化。事实上, 对于奇数 m, 收敛速度限制在 $\mathcal{O}(h^m)$, 而当 m 是偶数时, 恢复到最优速率 $\mathcal{O}(h^{m+1})$。

这种奇偶模式由以下定理[69] 证明。

定理 12.26 设 $\varepsilon_u = u - u_h$ 和 $\varepsilon_q = q - q_h$ 表示具有周期性边界和恒定扩散系数 a 的热方程的逐点误差, 用 (12.76) 和中心通量计算, 满足

$$\|\varepsilon_u(T)\|_h^2 + \int_0^T \|\varepsilon_q(s)\|_h^2 \, ds \leqslant Ch^{2m}$$

其中, C 取决于 T 和 u 的正则性。m 为偶数时, C 表现为 $\mathcal{O}(h^2)$。

严格证明可以在 [69] 中找到。例 12.25 的结果证实了该定理的正确性。我们还注意到 u 和 q 的近似误差是同阶的。

失去了最优收敛性, 就意味着要寻求另一种公式。在研究这个问题时, 我们应该记住, 在选择数值通量方面有相当大的自由。特别地, 可以使用稳定性来指导这一选择。此外, 我们知道使用迎风通量通常会得到一个最优收敛的格式。

在定理 12.24 的证明中, 在每个边界处我们得到这样一项

$$\Theta = \sqrt{a} u_j q_j - Q(u_j, q_j) u_j - F(u_j) q_j$$

并寻求确保

$$\Theta^{+}_{j+1/2} - \Theta^{-}_{j+1/2} \geqslant 0$$

以保证稳定性。很容易看出这是由下方选择的通量决定的

$$F(u_j) = \sqrt{a^-}u_j^-, \quad Q(u_j, q_j) = \{\{\sqrt{a}\}\}q_j^+$$

或者由下方通量保证

$$F(u_j) = \{\{\sqrt{a}\}\}u_j^+, \quad Q(u_j, q_j) = \sqrt{a^-}q_j^-$$

更对称的表达式是[69]

$$F(u_j) = \{\{\sqrt{a}u_j\}\} + \hat{\beta}\cdot[\![\sqrt{a}u_j]\!], \quad Q(u_j, q_j) = \{\{\sqrt{a}q_j\}\} - \hat{\beta}\cdot[\![\sqrt{a}q_j]\!]$$

可以取 $\hat{\beta}$ 为 $\hat{\boldsymbol{n}}$ 或 $-\hat{\boldsymbol{n}}$。本质差别在于这两个通量符号不同。

这种通量的定义, 产生了所谓的局部间断伽辽金 (local discontinuous Galerkin, LDG) 方法, 它对于热方程依赖于迎风性, 这一点是令人惊讶的。迎风性需要小心处理, 总是对 u_h 使用迎风格式, 对 q_h 则使用顺风格式, 反之亦然。这是确保稳定的基本要素。

尽管这种结构看起来很优雅, 但其目的是提高 m 为奇数时的收敛速度。可由以下定理证实, 可以在 [69] 中找到证明过程。

定理 12.27　设 $\varepsilon_u = u - u_h$, $\varepsilon_q = q - q_h$ 表示具有周期性边界条件和恒定扩散系数 a 的热方程的逐点误差, 使用 (12.76) 和交变通量计算, 有

$$\|\varepsilon_u(T)\|_h^2 + \int_0^T \|\varepsilon_q(s)\|_h^2\, ds \leqslant Ch^{2m+2}$$

其中, C 取决于 T、m 以及 u 的正则性。

图 12.10 还显示了使用交变通量得到的热方程解, 并确认对所有 m 值都达到精度的最佳阶数。

在 HeatDGrhs1D.m 中, 我们说明了使用间断伽辽金方法求解具有一般扩散系数/黏性系数的热方程的过程, 定义数值通量, 并施加边界条件。

脚本 12.8: HeatDGrhs1D.m: 使用间断伽辽金方法计算传热算子 (heat operator)

```
function [rhsu]=HeatDGrhs1D(x,u,h,m,N,Ma,S,VtoE,nu)
% function [rhsu]=HeatDGrhs1D(u,x,u,h,m,N,Ma,S,VtoE,nu)
% Purpose:Evaluate RHS flux in 1D heat equation using a DG method
Imat=eye(m+1); ue=zeros(2,N+2); qe=zeros(2,N+2);
```

```
% Extend data and assign boundary conditions
[ue]=extendDG(u(VtoE),'D',0,'D',0);

% Compute numerical fluxes at interfaces
fluxr=HeatFlux(ue(2,2:N+1),ue(1,3:N+2),'C');
fluxl=HeatFlux(ue(2,1:N),ue(1,2:N+1),'C');

% Compute aux variable q
qh=S'*u-(Imat(:,m+1)*fluxr(1,:)-Imat(:,1)*fluxl(1,:));
q=nu.*((h/2*Ma)\qh);

% Extend data and assign boundary conditions
[qe]=extendDG(q(VtoE),'N',0,'N',0);

% Compute numerical fluxes at interfaces
fluxr=HeatFlux(qe(2,2:N+1),qe(1,3:N+2),'C');
fluxl=HeatFlux(qe(2,1:N),qe(1,2:N+1),'C');

% Compute aux variable q
rh=S'*q-(Imat(:,m+1)*fluxr(1,:)-Imat(:,1)*fluxl(1,:));
rhsu=(h/2*Ma)\rh;
return
```

数值通量的计算方式在 HeatFlux.m 中指定, 可使用中心通量或交变通量。

脚本 12.9: HeatFlux.m: 定义热方程数值通量以使用间断伽辽金方法求解

```
function [flux]=HeatFlux(u,v,type);
% function [flux]=HeatFlux(u,v,type);
% Purpose: Compute flux for heat equation.
%   Type: 'L'=Upwind, 'C'=Central, 'R'=Downwind

if type=='L' flux=u; end
if type=='C' flux=(u+v)/2; end
if type=='R' flux=v; end
return
```

非线性黏性项

在可使用稳定且鲁棒的方法计算二阶算子后, 现在寻求通过非线性扩散率 $\nu(u)$ 来控制耗散量。

基本原理应该是, 当解是光滑的时候, $\nu(u)$ 很小；当解缺少正则性时, $\nu(u)$ 很大。这就需要一个光滑度指标。解的局部表示形式为

$$u_h(x) = \sum_{i=0}^{m} \tilde{u}_i P_i(x), \quad \tilde{u}_i = \int_{-1}^{1} u_h(x) P_i(x) dx, \quad x \in [-1, 1]$$

回想勒让德多项式满足 (12.15), 假设 $u^{(p-1)} \in L^2(\Omega)$, 很容易证明

$$|\tilde{u}_i| \simeq \frac{C}{i^p} \tag{12.77}$$

因此, 展开系数的衰减传递了解的正则性信息。该观察结果首次被 [70] 在其他背景下应用, 并在 [71] 中作为光滑度指标被引入至目前背景中。

如果将逐元的光滑度指标定义为 $S_j = |\tilde{u}_{j,m}|^2/\|u_j\|_2^2$, 并试图识别具有非光滑解的微元, 那么 $S_j \simeq m^{-4}$ 表明 u_j 至少是连续的。显然, 如果 $S_j \ll m^{-4}$, 人们可以合理地假设解是光滑的, $\nu(u)$ 在这样的微元中可以被取为零。基于此, [71] 提出可以使用

$$\nu = \nu_0 \begin{cases} 0, & s_j < s_0 - \chi \\ \dfrac{1}{2}\left(1 + \sin \dfrac{\pi(s_j - s_0)}{2\chi}\right), & s_0 - \chi < s_j < s_0 + \chi \\ 1, & s_j > s_0 + \chi \end{cases}$$

其中, $\nu_0 \propto h/m$, $s_j = \log S_j$, $s_0 = \log(m^{-4})$, χ 为自由参数。

由于这种黏度的逐单元格定义导致了一个分段常数函数, 因此可以通过分段线性的方式跨单元格界面匹配单元格的值来构造一个连续函数。非线性黏度的实现在 Nonvisc1.m 中给出。

脚本 12.10: Nonvisc1.m: 依据 Persson 和 Peraire[71] 计算非线性黏性

```
function [nu]=Nonvisc1(x,u,iV,m,N,h,nu0,kappa);
% function [nu]=Nonvisc1(x,u,iV,m,N,h,nu0,kappa);
% Purpose:Compute nonlinear viscosity following Persson and Peraire (2006)
nu=zeros(m+1,N); S=zeros(1,N); nuh=zeros(1,N); onev=ones(m+1,1);

% Extract coefficients and compute smoothness measure
uh=iV*u; S=uh(m+1,:).^2./sum(uh.*uh); se=log(S);

% Compute elementwise viscosity
s0=log(1/m^4);
```

```
nu1=((s0-kappa)<=se).*(se<=(s0+kappa)); nu2=(se>(s0+kappa));
nuh=nu0*h/m*(nu1/2.*(1+sin(pi*(se-s0)/(2*kappa)))+nu2);

% Compute continuous viscosity
nue=zeros(1,N+2); nue=[nuh(1) nuh nuh(N)];
maxL=max(nue(1:N),nue(2:N+1)); maxR=max(nue(2:N+1),nue(3:N+2));
nu=onev*maxL+(x-onev*x(1,:))/h.*(onev*(maxR-maxL));
return
```

这种方法直观且易于实现, 但在许多情况下, 基于最后一个系数的 S_j 的计算过于简单。它可能会低估光滑度, 从而需要 v_0 很大来抑制振荡。这会导致过度耗散的解。

为了解决这些缺点, [72] 中提出了一种更复杂的计算光滑度的方法。回顾初始观察结果 (12.77), 现在将其表示为

$$\log|\tilde{u}_i| \simeq \log C - p\log(i)$$

第一步是考虑最小二乘问题,

$$\min_{p,C}\sum_{i=1}^{m}(\log|\tilde{u}_i| - (\log C - p\log(i)))^2$$

以得到 C 和 p。为了保持守恒性, 第零模态已经被移除。

上述方法隐式地依赖于 $|\tilde{u}_i|$ 单调衰减的假设。不幸的是, 很多函数并不满足这个条件。因此, 对 p 的估计经常过高。为了解决这一点, [72] 建议将 $\tilde{u}_i$ 修正为

$$\left|\tilde{\tilde{u}}_i\right| := \max_{l=\min(i,m-1),\cdots,m}|\tilde{u}_l|$$

换句话说, 对所有更高阶的模态, $\tilde{\tilde{u}}_i$ 被设为最大值, 从而强制实现单调性。为了避免奇偶效应, 最后一个模态强制大于第二大模态。面对各种不同问题时, 使用 $\tilde{\tilde{u}}_i$ 来估计 C 和 p 是一个鲁棒的策略。

由于在上述讨论中忽略了单元格均值, 均值周围非常小的变化可能会出现高度振荡。这使得对 p 的估计接近于零。为了重新引入这种尺度的影响, 定义基于期望的系数衰减

$$|a_i| = \frac{i^{-m}}{\sqrt{\sum_{i=1}^{m} i^{-2m}}}$$

修正系数为

$$|\bar{u}_i| := \sqrt{|\tilde{\tilde{u}}_i|^2 + \|u_j\|_h^2|a_i|^2}$$

以确保小尺度噪声可以被消除。一旦得到 $|\bar{u}_i|$, 就可以得到 C 和 p。一旦确定 p, 就可以定义黏度为

$$\nu(p)=\nu_0\begin{cases}1, & p<1\\ 1-(p-1)/2, & 1\leqslant p\leqslant 3\\ 0, & p>3\end{cases}$$

最后, 令 $\nu_0=\lambda_{\max}h/m$, 其中, $\lambda_{\max}$ 与最大局部特征速度成正比。非线性黏度的实现过程在 Nonvisc2.m 中给出。

脚本 12.11: Nonvisc2.m: 根据 [72] 计算非线性黏度

```
function [nu]=Nonvisc2(x,u,iV,m,N,h,nu0);
% function [nu]=Nonvisc2(x,u,iV,m,N,h,nu0);
% Purpose: Compute nonlinear viscosity following Kloeckner et al (2013)
nu=zeros(m+1,N); S=zeros(1,N); nuh=zeros(1,N); onev=ones(m+1,1);
eps0=1e-10;

% Special case of m=1,2
if(m<3)
    nuh=nu0*h/m*ones(1,N);
else
   % Extract coefficients and compute smoothness measure
   uh=iV*u; uh1=uh(2:m+1,:);

   % Adjust for scaling
   bh=[1:m]'.^(-m)./sqrt(sum([1:m].^(-2*m)));
   ut=sqrt(uh1.*uh1 + (bh.*bh)*sum(uh1.*uh1));

   % Adjust for non-monotone decay
   ub=ut;
   for i=1:m-1
       ub(i,:)=max(abs(ut(i:m,:)),[],1);
   end

   % Compute decay estimate by least squares fit
   b1=log([1:m]); h1=-sum(b1); h2=-b1*log(ub+eps0);
   A=[m h1;h1 h1^2]; b=[-h1*ones(1,N);h2]; coef=A\b;

   % Compute elementwise viscosity
   nu1=(coef(2,:)<=1); nu2=(coef(2,:)>1).*(coef(2,:)<3);
```

```
    nuh=nu0*h/m*(nu1 + nu2.*(1-(coef(2,:)-1)/2));
end

% Compute continuous viscosity
nue=zeros(1,N+2); nue=[nuh(1) nuh nuh(N)];
maxL=max(nue(1:N),nue(2:N+1)); maxR=max(nue(2:N+1),nue(3:N+2));
nu=onev*maxL+(x-onev*x(1,:))/h.*(onev*(maxR-maxL));
return
```

最后, 讨论一种评估光滑度的不同方法。该方法由 [73] 引入, 并借鉴了熵耗散的特性。正如第 2 章和 8.2.2 节中详细讨论的那样, 通常可以定义熵对 $(\eta(u),\psi(u))$ 满足

$$\frac{\partial \eta}{\partial t}+\frac{\partial \psi}{\partial x}=0$$

其中, u 是一个弱解。当守恒律的解光滑时, 等式成立。这表明可以通过考虑如下逐元的残差来构造一个光滑度估量

$$R_j(x)=\frac{\partial \eta(u_j)}{\partial t}+\frac{\partial \psi(u_j)}{\partial x}=\frac{\partial \eta(u_j)}{\partial t}+f'(u_j)\frac{\partial \eta(u_j)}{\partial x}$$

这里使用 $\psi'=f'\eta'$。显然, 如果 u_j 是光滑的, 这个残差应该很小。

在 [73] 中建议使用此方法来定义局部黏度

$$\nu_j=\min(c_1 h\max|f'(u_j)|,c_2h^2D_j(u_j)),\quad D_j=\max(|R_j(u_j)|,|J_j|/N_j)$$

其中

$$J_j=\frac{1}{h}\{\{f(u_j)\}\}[\![\eta_j]\!]$$

用来评估跨单元格界面跳跃的熵贡献, 并且

$$N_j=\max|\eta(u_j)-\bar{\eta}(u_j)|$$

是归一化因子。这里 $\bar{\eta}$ 是熵的单元格均值。

在 [73] 中, 两个常数取 $c_1=1/(2k)$ 和 $c_2=1$, 它们的值可以进行修改。这项工作报告了大量的实验, 来验证该方法在近似光滑问题时, 不会破坏解的精度。由于间断伽辽金格式是非线性稳定的, 且非线性黏性是半正的, 因此可以预测格式是稳定的。这在 [74] 的严格稳定性分析中得到了证实。

基于熵的非线性黏度的实现过程在 Entvisc.m 中给出。

脚本 12.12: Entvisc.m: 基于熵的非线性黏度的计算, 其中将熵作为光滑度指标[73]

```
function [nu]=Entvisc(x,entold,entnew,fpold,fpnew,D,iV,N,m,h,k,VtoE,c1,c2);
% function [nu]=Entvisc(x,entold,entnew,fpold,fpnew,D,iV,N,m,h,k,VtoE,c1,c2);
% Purpose: Compute nonlinear viscosity following entropy approach
nu=zeros(m+1,N); nuh=zeros(1,N); onev=ones(m+1,1);
ente=zeros(N+2,2); fpe=zeros(N+2,2);

% Compute cell wise residual by Crank-Nicholson approximation
Resi=(entnew-entold)/k+(fpnew.*(D*entnew)+fpold.*(D*entold))/h;

% Compute interface jump
[ente]=extendDG(entnew(VtoE),'N',0,'N',0);
[fpe]=extendDG(fpnew(VtoE),'N',0,'N',0);
cL=(fpe(1:N,2)+fpe(2:N+1,1)).*(ente(1:N,2)-ente(2:N+1,1))/2;
cR=(fpe(2:N+1,2)+fpe(3:N+2,1)).*(ente(2:N+1,2)-ente(3:N+2,1))/2;
Ji=max(cL',cR')/h;

% Compute normalization
Eh=iV*entnew; NormE=max(abs(entnew-onev*Eh(1,:)));

% Define numerical viscosity
Di=max(max(abs(Resi)), abs(Ji)./NormE);
nuh=min(c1*h*max(abs(fpnew)), c2*h^2*Di);

% Compute continuous viscosity
nue=zeros(1,N+2); nue=[nuh(1) nuh nuh(N)];
maxL=max(nue(1:N),nue(2:N+1)); maxR=max(nue(2:N+1),nue(3:N+2));
nu=onev*maxL+(x-onev*x(1,:))/h.*(onev*(maxR-maxL));
return
```

在进一步详细评估这些不同方法的特性之前, 需要解决一个核心问题。因为守恒律方程被转化为一个 (局部) 耗散问题, 二阶算子会影响时间步长。对于守恒律方程, 期望时间步长的尺度为

$$k \leqslant C_1 \frac{h}{\max|f'|}$$

其中, C_1 是一个常数, 它取决于格式的阶数。对间断伽辽金方法, 其尺度一般为 $C_1 \propto m^{-2}$, 即时间步长必须随阶数的增加而减小。可以参考 [27] 来获得对此更全面的讨论。

二阶算子也出现了类似的情况。这里, 期望时间步长的尺度为

$$k \leqslant C_2 \frac{h^2}{\max|\nu_j|}$$

其中, ν 为黏度系数, $C_2 \propto m^{-4}$。除非 ν 非常小, 否则这个限制将主导时间步长的选择, 并且可能需要非常小的时间步长来保持格式的稳定性。这一结果可能是谨慎应用非线性黏度的最重要原因, 因为总体成本可能很高。

为了深入了解这三种方法的差异, 并评估它们的效率, 让我们考虑一个例子。

例 12.28 考虑伯格斯方程

$$\frac{\partial u}{\partial t} + \frac{\partial u^2}{\partial x} = 0, \quad x \in [0,1]$$

满足周期性边界条件。使用初始条件

$$u(x,0) = \sin(2\pi x)$$

解会变陡, 根据对称性, 在 $x = 0.5$ 处会形成激波。随后, 这个激波会耗散掉。这个问题没有封闭形式的精确解[75], 所以如图 12.11 所示, 使用一个高分辨率的 ENO 解作为参考解。

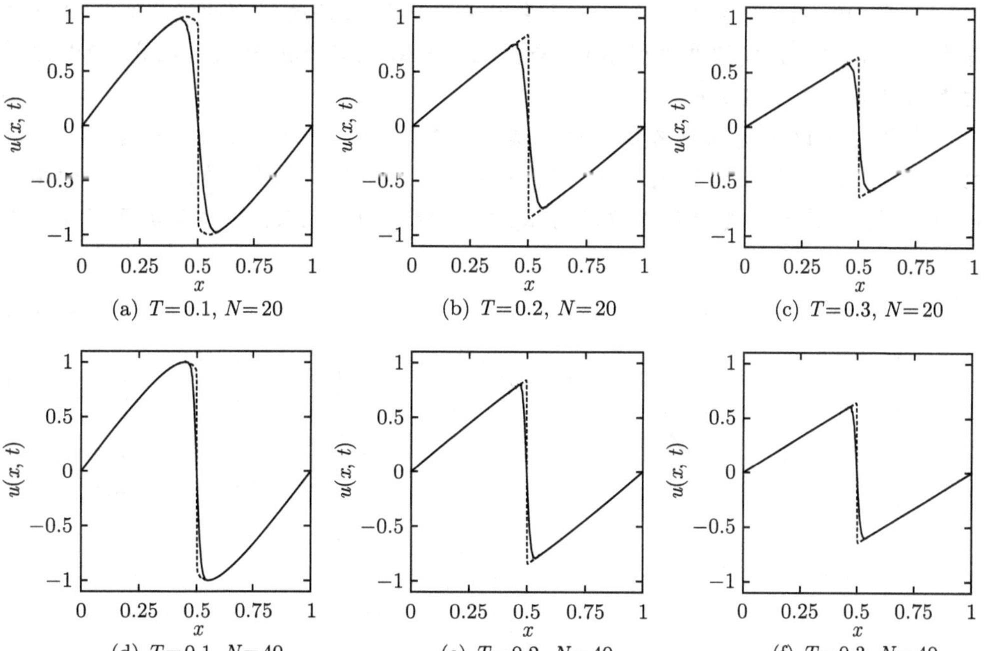

(a) $T=0.1$, $N=20$ (b) $T=0.2$, $N=20$ (c) $T=0.3$, $N=20$

(d) $T=0.1$, $N=40$ (e) $T=0.2$, $N=40$ (f) $T=0.3$, $N=40$

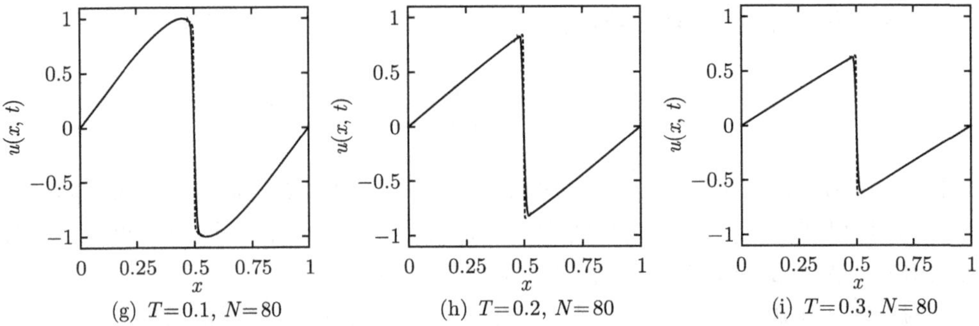

图 12.11 应用非线性黏度的 $m=4$ 阶间断伽辽金方法求解伯格斯方程的解。给出不同微元数目 N 下 T 时刻的解。虚线为高分辨率 ENO 参考解。非线性黏度的定义见 [71]

考虑 $m=4$, 单元格个数 $N=20,40,80$ 的数值实验。为了体现时间演化, 考虑 $T=0.1,0.2,0.3$ 处的解。

图 12.11 展现了使用 [71] 中提出非线性黏度, 参数为 $\nu_0=25$, $\chi=-6$ 的数值解。在此强调, 没有对这些参数进行系统优化, 但图中的变化表明, 对这个问题来说, 这些参数选取得十分合理。结果证实了预期的局部光滑特性, 并且随着分辨率的增加, 收敛到一个清晰解析的激波。

图 12.12 展示了使用 [72] 中提出的非线性黏度, 参数为 $\nu_0=2$ 时的同一组结果。其与图 12.11 结果的差异很小, 仅仅激波的弥散略有减少。

最后, 图 12.13 显示了使用熵产生定义的非线性黏度得到的结果。这个方法基本上没有常量。我们再次观察到, 虽然后一种结果显示出最强的耗散, 但与之前结果的差异是微乎其微的。

为了定量说明这三种方法之间的差异, 图 12.14 显示了在 $m=4$, $N=40$ 的情况下, 在 $[0,0.2]$ 的时间间隔内三种格式的非线性黏度值。这三种方法的定性行为相同, 即随着解变陡和激波的形成, 黏度会增加。然而, 仔细观察可以发现差

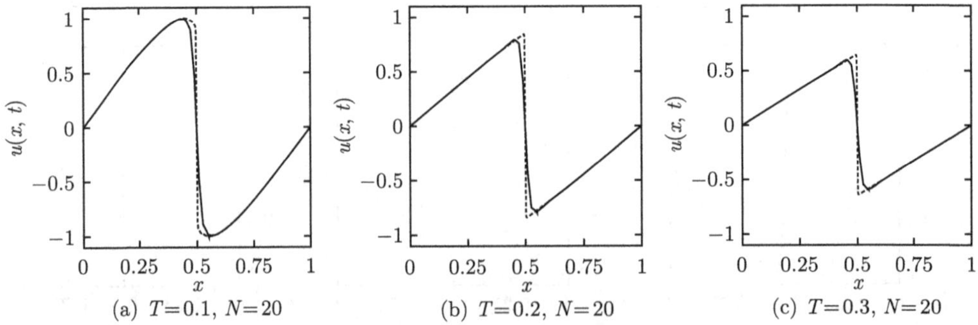

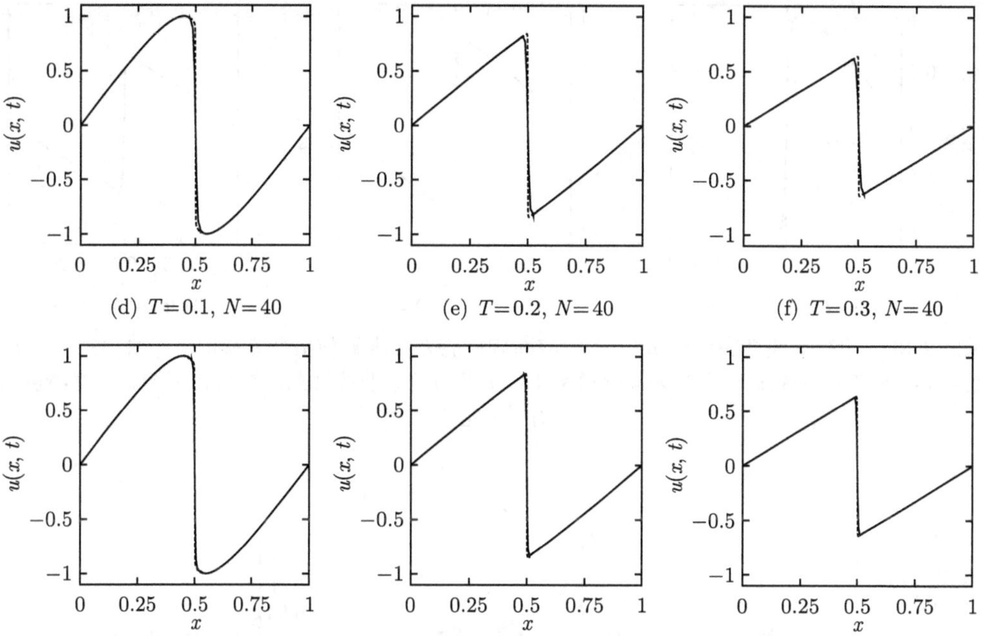

(d) $T=0.1$, $N=40$ (e) $T=0.2$, $N=40$ (f) $T=0.3$, $N=40$

(g) $T=0.1$, $N=80$ (h) $T=0.2$, $N=80$ (i) $T=0.3$, $N=80$

图 12.12 应用非线性黏度的 $m=4$ 阶间断伽辽金方法求解伯格斯方程的解。给出不同微元数目 N 下 T 时刻的解。虚线为高分辨率 ENO 参考解。非线性黏度的定义见 [72]

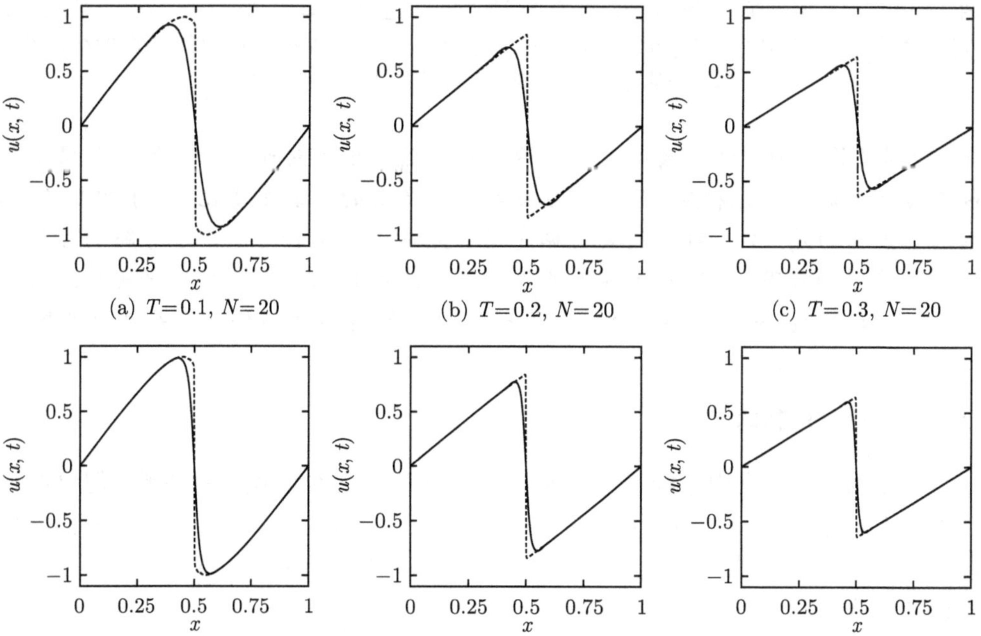

(a) $T=0.1$, $N=20$ (b) $T=0.2$, $N=20$ (c) $T=0.3$, $N=20$

(d) $T=0.1$, $N=40$ (e) $T=0.2$, $N=40$ (f) $T=0.3$, $N=40$

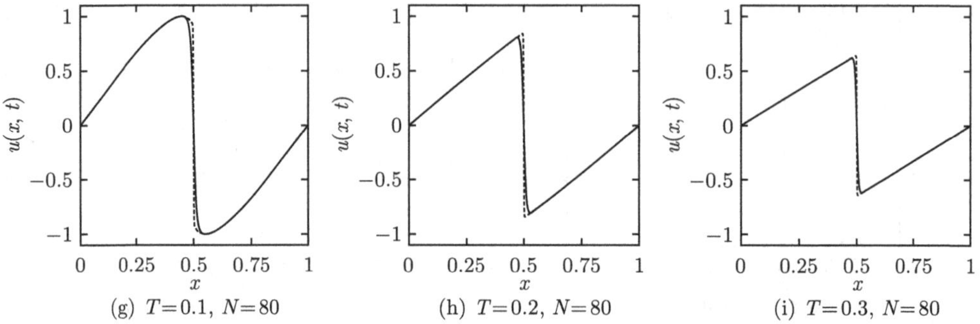

图 12.13　应用非线性黏度的 $m=4$ 阶间断伽辽金方法求解伯格斯方程的解。给出不同微元数目 N 下 T 时刻的解。虚线为高分辨率 ENO 参考解。非线性黏度通过使用熵评估光滑度进行[73]定义

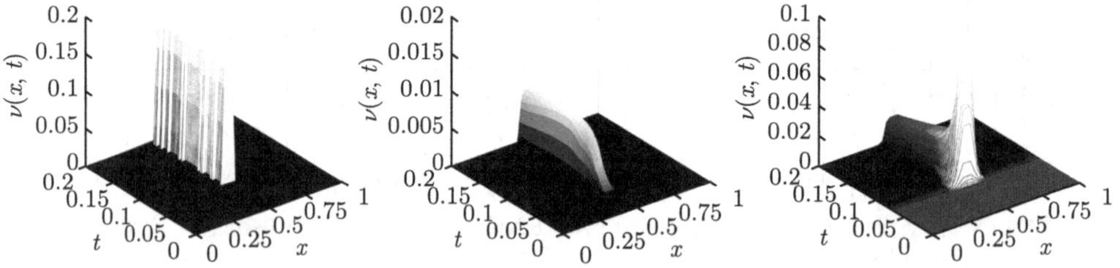

图 12.14　评估伯格斯方程随激波发展的非线性黏度。选取 $m=4$, $N=40$, 使用间断伽辽金方法得到解。左图为根据 [71] 得到的扩散率, 中间的结果采用 [72] 中的方法, 右图的结果采用基于熵的方法[73]。需注意黏度的垂直刻度不同

异, 特别是第一种方法导致扩散率快速变换。这是因为对于光滑度的估算仅基于最末展开系数。与此相反, 后两种方法具有更光滑的扩散率变化, 似乎更受欢迎。然而更重要的是, 第一种方法数值黏度值明显高于后两种方法。尽管解的直观比较说明其影响有限, 但这种差异迫使第一种方法的时间步长选择几乎比后两种方法低一个数量级。最后应注意到, 对于线性滤波器, 这些方法的参数是可以调整的, 结果会因问题的不同具有很大差异。

12.2.4　斜率限制器

到目前为止, 我们已经考虑了两种技术来解决吉布斯振荡的影响, 但这两种技术都有局限性。滤波应用简单, 并使振荡产生的影响局部化, 但它不能消除振荡。另一方面, 非线性耗散可以实现子单元格级别的分辨率, 尽管可能会带来相当大的计算成本。

为了寻找替代方案, 考虑最简单的逐单元格解的形式

$$u_j(x) = \bar{u}_j^n + (x - x_j)(u_j)_x = \bar{u}_j^n + \frac{x - x_j}{h}\delta u_j^n$$

其中, $\delta u_j^n/h = (u_j)_x$ 为局部斜率。回到 10.2 节, 这表明我们寻求将斜率限制器应用于间断伽辽金方法。

考虑标量守恒律方程

$$\frac{\partial u}{\partial t} + \frac{\partial f(u)}{\partial x} = 0$$

满足周期性边界条件和适当的初始条件。逐单元格的弱形式的半离散间断伽辽金格式为

$$\int_{\mathsf{D}_j} \frac{\partial u_j}{\partial t}\psi_{j,i} - f_j\frac{d\psi_{j,i}}{dx}dx = -F_{j+1/2}\psi_{j,i}(x_{j+1/2}) + F_{j-1/2}\psi_{j,i}(x_{j-1/2})$$

数值通量 $F(u_{j+1/2}^-, u_{j+1/2}^+)$ 取决于 $u_{j+1/2}^{\mp}$, 在 $m = 1$ 的情况下, 形式为

$$u_{j\pm 1/2}^{\mp} = \bar{u}_j^n \pm \frac{h}{2}(u_j)_x = \bar{u}_j^n \pm \frac{1}{2}\delta u_j^n$$

根据 10.2 节讨论, 寻求修改斜率 δu_j 的方法以消除振荡, 并在某些条件下确保总变分稳定性。

单元格均值的半离散格式为

$$\frac{d\bar{u}_j}{dt} = -\frac{1}{h}(F_{j+1/2} - F_{j-1/2}) \tag{12.78}$$

全离散形式为

$$\bar{u}_j^{n+1} = \bar{u}_j^n - \frac{k}{h}(F_{j+1/2}^n - F_{j-1/2}^n), \quad F_{j+1/2}^n = F(u_{j+1/2}^-, u_{j+1/2}^+) \tag{12.79}$$

其中

$$u_{j+1/2}^- = \bar{u}_j^n + \tilde{u}_j^-, \quad u_{j+1/2}^+ = \bar{u}_{j+1}^n - \tilde{u}_{j+1}^+$$

总变分稳定性由以下结论保证[21]。

定理 12.29 假设

$$-\theta \leqslant \frac{\Delta^+\tilde{u}_j^+}{\Delta^+\bar{u}_j^n} \leqslant 1, \quad -\theta \leqslant -\frac{\Delta^-\tilde{u}_j^-}{\Delta^-\bar{u}_j^n} \leqslant 1$$

并且数值通量是单调的。当 $\theta \geqslant 0$ 时, 半离散格式 (12.78) 是 TVD 的, 而全离散格式 (12.79) 的 TVD 需满足

$$\frac{k}{h}\max_u |f'(u)| \leqslant \frac{C}{1+\theta}$$

这里 C 是一个正值常数。

证明 把数值通量表示为

$$F(u_{j+1/2}^-, u_{j+1/2}^+) = F(\bar{u}_j^n + \tilde{u}_j^-, \bar{u}_{j+1}^n - \tilde{u}_{j+1}^+)$$

假设 L_i 是 $F(\cdot,\cdot)$ 关于第 i 个参数的利普希茨常数, 则有

$$-(F_{j+1/2}^n - F_{j-1/2}^n) = -C_{j-1/2}\Delta^- \bar{u}_j^n + D_{j+1/2}\Delta^+ \bar{u}_j^n$$

其中

$$C_{j-1/2} = L_1\left(1 + \frac{\Delta^- \tilde{u}_j^-}{\Delta^- \bar{u}_j^n}\right), \quad D_{j+1/2} = -L_2\left(1 - \frac{\Delta^+ \tilde{u}_j^+}{\Delta^+ \bar{u}_j^n}\right)$$

根据定理 8.4, 可以通过考虑这两个系数的符号来建立 TVD 稳定性。事实上, 因为 F 是单调的, 我们知道利普希茨常数

$$L_1 = \frac{F(\bar{u}_j^n + \tilde{u}_j^-, \cdot) - F(\bar{u}_{j-1}^n + \tilde{u}_{j-1}^-, \cdot)}{(\bar{u}_j^n + \tilde{u}_j^-) - (\bar{u}_{j-1}^n + \tilde{u}_{j-1}^-)}$$

是正的。结合假设

$$-\theta \leqslant -\frac{\Delta^- \tilde{u}_j^-}{\Delta^- \bar{u}_j^n} \leqslant 1$$

这保证了 $C_{j-1/2} \geqslant 0$。用类似的方式也可以证明 $D_{j+1/2} \geqslant 0$, 从而为半离散格式建立 TVD 性质。

为了证明全离散格式的 TVD 稳定性, 我们还必须确保

$$\frac{k}{h}(C_{j+1/2} + D_{j+1/2}) \leqslant 1$$

这需要

$$\frac{k}{h}(L_1 - L_2) \leqslant \frac{1}{1+\theta}$$

由于 $(L_1 - L_2) \leqslant C \max\limits_u |f'(u)|$, 从而可以得到结论。 □

为了确保上述结论中对 $\tilde{u}_j^-$ 和 $\tilde{u}_j^+$ 的限制, 可以应用定理 10.5, 得到

$$\overline{\delta u_j^n} = \text{minmod}(\delta u_j^n, \theta\Delta^+ \bar{u}_j^n, \theta\Delta^- \bar{u}_j^n)$$

其中, 选择 $\theta = 1$ 会得到 minmod 限制器, 使用 $\theta = 2$ 会得到 MUSCL 限制器。当然, 也可以应用 10.2 节中讨论的其他 TVD-稳定的限制器。根据 10.2 节所述, 通过应用 TVB 限制器可克服在局部极值处降至 $\mathcal{O}(h)$ 的问题。

TVD/TVB 稳定性足以证明间断伽辽金方法收敛于弱解[21]。[21] 中讨论了从这一结论的推广以满足熵条件, 并且其依赖于针对不同问题的斜率限制器的修改。然而大量的计算结果表明, 这实际上是不需要的。

TVD/TVB-稳定的间断伽辽金方法的发展始于 [21,23], 并在一系列论文中继续讨论其通过使用特征变量扩展到方程组系统[24]、多维标量问题[25], 并最终扩展到多维系统[26]。

所提出的方法的主要限制是 $m = 1$ 的假设, 因此即使在光滑解的情况下, 它也只限于二阶精确格式。由于间断伽辽金方法允许在解的光滑区域内实现任意精度的格式, 因此寻求精度的推广是值得的。

[23, 24] 提出了一种简单的策略, 将数值格式的局部近似降为一阶, 并使用 minmod 函数来识别需要限制的问题单元格。让我们考虑

$$\tilde{u}_j^+ = \bar{u}_j^n - u_{j-1/2}^+, \quad \tilde{u}_j^- = u_{j+1/2}^- - \bar{u}_j^n$$

并对基于 minmod 的指标进行评估

$$\overline{\tilde{u}_j^+} = \bar{u}_j^n - \text{minmod}(\bar{u}_j^n - u_{j-1/2}^+, \Delta^+\bar{u}_j^n, \Delta^-\bar{u}_j^n) \tag{12.80}$$

$$\overline{\tilde{u}_j^-} = \bar{u}_j^n + \text{minmod}(u_{j+1/2}^- - \bar{u}_j^n, \Delta^+\bar{u}_j^n, \Delta^-\bar{u}_j^n)$$

如果 $\overline{\tilde{u}_j^\pm}$ 不同于 $\tilde{u}_j^\pm$, 局部解被简化为一个线性解并应用斜率限制。另一方面, 如果不需要任何限制, 则使用完整多项式解。该方法在非光滑区域保持 TVD/TVB 稳定性, 同时在解的光滑部分实现全阶精度。

SlopeLimitCSDG.m 给出了一般分段多项式函数的高阶 TVD 斜率限制器的实现方法。

脚本 12.13: SlopeLimitCSDG.m: TVD 斜率限制在分段多项式解中的应用

```
function [ulimit]=SlopeLimitCSDG(x,u,m,h,N,V,iV);
% function [ulimit]=SlopeLimitCSDG(x,u,m,h,N,V,iV);
% Purpose: Apply slopelimiter by Cockburn-Shu (1989)
% to u-an m'th order polynomial
eps0=1.0e-8;

% Strength of slope limiter - Minmod: theta=1, MUSCL: theta=2
theta=2.0;

% Compute cell averages and cell centers
uh=iV*u; uh(2:(m+1),:)=0; uavg=V*uh; ucell=uavg(1,:); ulimit=u;
```

```
% Extend cell averages
[ve]=extendDG(ucell,'P',0,'P',0);

% extract end values and cell averages for each element
uel=u(1,:); uer=u(end,:);
vj=ucell; vjm=ve(1:N); vjp=ve(3:N+2);

% Find elements that require limiting
vel=vj-minmod([(vj-uel)' (vj-vjm)' (vjp-vj)'])';
ver=vj+minmod([(uer-vj)' (vj-vjm)' (vjp-vj)'])';
ids=find(abs(vel-uel)>eps0 | abs(ver-uer)>eps0);

% Apply limiting when needed
if(~isempty(ids))
% create piecewise linear solution for limiting on specified elements
  uhl=iV*u(:,ids); uhl(3:(m+1),:)=0; ulin=V*uhl;
  ux=2/h*(vj(ids)-ulin(1,:));

  % Limit function
  x0h=ones(m+1,1)*(x(end,:)+x(1,:))/2;
  ulimit(:,ids)=ones(m+1,1)*vj(ids)+(x(:,ids)-x0h(:,ids)).*(ones(m+1,1)*...
      minmod([ux(1,:)' (theta*(vjp(ids)-vj(ids))./h)' ...
          (theta*(vj(ids)-vjm(ids))./h)'])');
end
return
```

[76] 中提出了一个略微更激进的限制器。它首先将斜率限制为

$$\overline{\delta u_j^n} = \mathrm{minmod}(\delta u_j^n, \theta\Delta^+\bar{u}_j^n, \theta\Delta^-\bar{u}_j^n)$$

由于这与上面讨论的 TVD 方法类似, 它在局部极值处将精度降低到一阶。为了解决这个问题, 考虑

$$\overline{\overline{\delta u_j^n}} = \mathrm{minmod}(\delta u_j^n, \delta u_{j-1}^n, \delta u_{j+1}^n)$$

并将斜率的定义修改为

$$\overline{\delta u_j^n} = \mathrm{maxmod}(\overline{\delta u_j^n}, \overline{\overline{\delta u_j^n}})$$

这里 maxmod 函数旨在不引入人工振荡的情况下, 消除局部分辨率损失。虽然没有已知的理论论证, 但 [76] 中提出的定性论证和大量的计算结果支持其稳定性。

对于一般的分段多项式函数, 在 SlopeLimitBSBDG.m 中给出了这个更激进的斜率限制的实现方式。

脚本 12.14: SlopeLimitBSBDG.m: 根据 [76], 对分段多项式解应用使用 TVD 斜率限制

```
function [ulimit]=SlopeLimitBSBDG(x,u,m,h,N,V,iV);
% function [ulimit]=SlopeLimitBSBDG(x,u,m,h,N,V,iV);
% Purpose: Apply slopelimiter by Burbeau-Sagaut-Bruneau (2001)
% to u-an m'th order polynomial
eps0=1.0e-8;

% Strength of slope limiter-Minmod:theta=1, MUSCL:theta=2
theta=2.0;

% Compute cell averages and cell centers
uh=iV*u; uhx=uh; uh(2:(m+1),:)=0; uavg=V*uh; ucell=uavg(1,:);
uhx(3:(m+1),:)=0; ulin=V*uhx; ux=2/h*(ucell-ulin(1,:)); ulimit=u;

% Extend cell averages
[ve]=extendDG(ucell,'P',0,'P',0); [vxe]=extendDG(ux,'P',0,'P',0);

% extract end values and cell averages for each element
uel=u(1,:); uer=u(end,:); vj=ucell; vjm=ve(1:N); vjp=ve(3:N+2);
vxj=ux; vxjm=vxe(1:N); vxjp=vxe(3:N+2);

% Find elements that require limiting
vel=vj-minmod([(vj-uel)' (vj-vjm)' (vjp-vj)'])';
ver=vj+minmod([(uer-vj)' (vj-vjm)' (vjp-vj)'])';
ids=find(abs(vel-uel)>eps0 | abs(ver-uer)>eps0);

% Apply limiting when needed
if(~isempty(ids))
  % create piecewise linear solution for limiting on specified elements
  uhl=iV*u(:,ids); uhl(3:(m+1),:)=0; ulin=V*uhl;
  x0h=ones(m+1,1)*(x(end,:)+x(1,:))/2;

  % Limit function
  ux1=minmod([vxj(ids)' theta*(vjp(ids)-vj(ids))'./h ...
    theta*(vj(ids)-vjm(ids))'./h])';
  ux2=minmod([vxj(ids)' vxjm(ids)' vxjp(ids)'])';
```

```
  ulimit(:,ids)=ones(m+1,1)*vj(ids)+(x(:,ids)-x0h(:,ids)).*...
      (ones(m+1,1)*maxmod([ux1' ux2'])');
end
return
```

[77] 中首次提出了一种高阶限制的替代方法, 随后在 [76] 中进一步发展和完善。让我们先将局部解表示为

$$u_j(x) = \sum_{i=0}^{m} \tilde{u}_{j,i} P_i(x)$$

其中, P_i 是勒让德多项式。为了简单起见, 我们将讨论情况限制在 $x \in [-1,1]$ 范围内。显然, $\bar{u}_j = \tilde{u}_{j,0}$。为保证 TVD/TVB 稳定性, 斜率的限制

$$(u_j)_x(x) = \sum_{i=1}^{m} \tilde{u}_{j,i} P_i(x)$$

意味着对于 $i > 0$, 有 $\tilde{u}_{j,i} = 0$。另外, 一个稍微不同的方法涉及解的独立矩 $\tilde{u}_{j,i}$, 为了保证这些矩的单调性, 它们被限制为

$$\begin{aligned}&\sqrt{(2i+1)(2i+3)}\tilde{u}_{j,i+1}\\ &= \operatorname{minmod}\left(\sqrt{(2i+1)(2i+3)}\tilde{u}_{j,i+1}, \theta(\tilde{u}_{j+1,i} - \tilde{u}_{j,i}), \theta(\tilde{u}_{j,i} - \tilde{u}_{j-1,i})\right)\end{aligned}$$

其中, $\theta \geqslant 0$ 为自由参数。这种方法以后向的形式应用于阶数递减的矩, 即 $i = m-1, \cdots, 0$。此外, 它是自适应的, 因为一旦某个矩不受限制, 更低阶数的矩便不会改变。

在 MomentLimitDG.m 中说明了一般分段多项式分级矩限制的实现。

脚本 12.15: MomentLimitDG.m: 将矩限制应用于分段多项式解的程序

```
function [ulimit]=MomentLimitDG(x,u,m,h,N,V,iV);
% function [ulimit]=MomentLimitDG(x,u,m,h,N,V,iV);
% Purpose: Apply moment limiter to u-an m'th order polynomial
eps0=1.0e-8; eps1=1.0e-8;

% Strength of slope limiter-Minmod: theta=1, MUSCL: theta=2
theta=2.0;

% Compute cell averages and cell centers
uh=iV*u; uh(2:(m+1),:)=0; uavg=V*uh; ucell=uavg(1,:); ulimit=u;
```

```
% Extend cell averages
[ve]=extendDG(ucell,'N',0,'N',0);

% extract end values and cell averages for each element
uel=u(1,:); uer=u(end,:); vj=ucell; vjm=ve(1:N); vjp=ve(3:N+2);

% Find elements that require limiting
vel=vj-minmod([(vj-uel)' (vj-vjm)' (vjp-vj)'])';
ver=vj+minmod([(uer-vj)' (vj-vjm)' (vjp-vj)'])';
ids=(abs(vel-uel)<eps1 & abs(ver-uer)<eps1);
mark=zeros(1,N); mark=(ids | mark);

% Compute expansion coefficients
uh=iV*u;

% Apply limiting when needed
for i=m+1:-1:2
  uh1=uh(i,:); uh2=uh(i-1,:);
  [uh2e]=extendDG(uh2,'P',0,'P',0); uh2m=uh2e(1:N); uh2p=uh2e(3:N+2);
  con=sqrt((2*i+1)*(2*i-1));
  uh1=1/con*minmod([con*uh1' theta*(uh2p-uh2)'  ...
          theta*(uh2-uh2m)'])'.*(1-mark)+mark.*uh1;
  idsh=abs(uh1-uh(i,:))<eps0; mark=(idsh | mark);
  uh(i,:)=uh1;
end
ulimit=V*uh;
return
```

该方案很简单且能结合所有可用的高阶信息，但目前还没有稳定性的理论分析。

同样的方法可以应用到更激进的限制器，并通过引入限制函数扩展到更高阶

$$
\begin{aligned}
&\sqrt{(2i+1)(2i+3)}\tilde{u}_{j,i+1}\\
&=\text{minmod}\left(\sqrt{(2i+1)(2i+3)}\tilde{u}_{j,i+1},\theta(\omega_{j+1/2}^{+}-\tilde{u}_{j,i}),\theta(\tilde{u}_{j,i}-\omega_{j-1/2}^{-})\right)
\end{aligned}
$$

其中

$$\omega_{j\pm1/2}^{\pm}=\tilde{u}_{j\pm1,i}\mp\sqrt{(2i+1)(2i+3)}\tilde{u}_{j\pm1,i+1}$$

如 11.3.4 节所讨论的，对于方程组系统，这些技术一般应用于特征变量来避免振

荡。然而, 对于某些问题, 限制守恒变量就足够了[76,77]。通常, 将这些技术推广到多维情况是通过逐维方式实现的。非结构网格的斜率限制器一直是一个活跃的研究领域, 可以参考最近的一些研究[25,26,78–83] 来了解更多细节。

对于一个光滑的问题, 考虑下面的例子来比较不同的方法。

例 12.30　考虑线性波动方程

$$\frac{\partial u}{\partial t}+\frac{\partial u}{\partial x}=0,\quad x\in[-1,1]$$

满足周期性边界条件和初始条件 $u(x,0)=\sin(\pi x)$。

采用 m 阶间断伽辽金方法、迎风通量和三阶 SSPERK 格式求解至 $T=\pi$ 时刻。

我们的目标是了解限制器对光滑解精度的影响。图 12.15 展现了随着近似阶数的增加, 不同限制器的 L^2-误差。

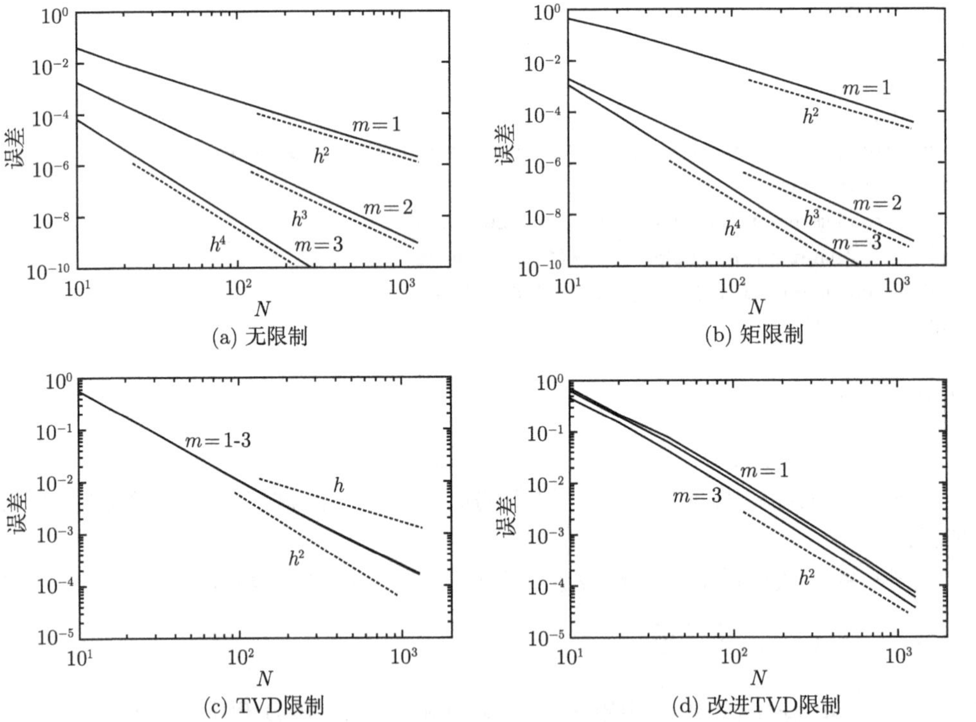

图 12.15　限制器对光滑解的影响。在上面一行中, 展示对不同阶数 m 下使用无限制格式和矩限制格式[77] 的 L^2-误差。在下面一行中, 展示应用 TVD 限制器[23,24] 和改进后的限制器[76] 时得到的 L^2-误差

无限制格式表现出收敛阶为 $\mathcal{O}(h^{m+1})$ 的特性, 矩限制器[77] 保留了这一性质。

另一方面，无论近似阶数如何，TVD 限制器[23,24] 将精度降低到 $\mathcal{O}(h^2)$。正如我们之前看到的，这个现象可以通过使用 TVB 限制器来改善。对于改进后的限制器[76]，虽然没有改变近似阶数，但与简单的 TVD 限制器相比，总体精度有所提高。使用 L^1 测量误差也得到类似的结果。

如图 12.16 所示，当考虑 L^∞-误差时，三个限制器之间的差异更明显。正如预期的那样，矩限制器保持了完全精度而 TVD 限制器的预期精度为 $\mathcal{O}(h)$。改进后的限制器[76] 克服了这个问题并达到 $\mathcal{O}(h^2)$ 精度。与 TVB 限制器相比，改进后的限制器的优点是不需要针对某一问题来选择参数的。

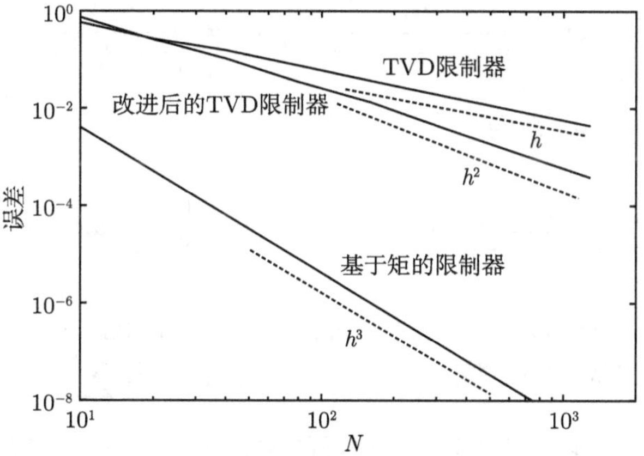

图 12.16　不同限制器在 $T=\pi$ 时刻的 L^∞-误差。比较使用 TVD 限制器[23,24]、改进后的 TVD 限制器[76] 和基于矩的限制器[77] 的误差。所有情况下 $m=2$

我们将在 12.5 节中详细讨论限制器在间断解中的表现。

12.2.5 基于 WENO 的限制器

虽然斜率限制很有效，并且在某些情况下能提供完整的 TVD 稳定性理论，但仍可能存在同样有效或在许多情况下更好的替代格式。如果回顾 11.3 节中 WENO 方法的发展及其应用于强激波问题的成功案例，自然会想到类似的方法。

当我们尝试这种方法时，需要解决两个问题。首先要确定需要重构的单元格。这是通过 (12.80) 引入的基于 minmod 的问题单元格指示器实现的。这个指示器显然不是唯一的，可以在 [84] 中找到其与替代方案的全面比较。但正如我们即将讨论的，为了获得限制的最优性能，这个指示函数的设计是必不可少的。

其次，一旦问题单元格被识别出来，必须通过基于 WENO 的方法来重构此处的解。参考 [85]，对每个 D_j，定义三个多项式

$$p_{-1}(x)=u_{j-1}^n(x)-\bar{u}_{-1}^n+\bar{u}_j^n,\quad p_0(x)=u_j^n(x),\quad p_1(x)=u_{j+1}^n(x)-\bar{u}_1^n+\bar{u}_j^n$$

其中

$$\bar{u}^n_{\pm 1} = \frac{1}{h}\int_{x_{j-1/2}}^{x_{j+1/2}} u^n_{j\pm 1}(x)dx$$

是将多项式 $u^n_{j\pm 1}$ 外推至单元格 j 的单元格均值。很容易看出三个多项式 p_j 的单元格均值相同。将单元格 D_j 中的重构解定义为

$$\overline{u^n_j(x)} = \omega_{-1}p_{-1}(x) + \omega_0 p_0(x) + \omega_1 p_1(x)$$

其中, 权重 ω_i 使用 WENO 策略定义, 即考虑

$$\omega_i = \frac{\alpha_i}{\alpha_{-1}+\alpha_0+\alpha_1}, \quad \alpha_i = \frac{\gamma_i}{(\varepsilon+\beta_i)^{2p}}$$

式中, 定义光滑度指标 β_i 为

$$\beta_i = \sum_{l=1}^{m}\int_{x_{j-1/2}}^{x_{j+1/2}} h^{2l-1}\left(\frac{d^l p_i(x)}{dx^l}\right)^2 dx$$

参数 γ_i 的选择不同于 WENO 法中的做法, 因为 WENO 方法中单元格内的解是一个完整的多项式从而保证精度。尽管守恒律方程要求 $\sum\limits_i \gamma_i = 1$, 可以根据不同的目标选择 γ_i, 例如迎风 (对于向右传播的波有 $\gamma_{-1} \gg \gamma_1$), 或者偏向中心微元时 $\gamma_0 \gg \gamma_{\pm 1}$。一个典型的选择是

$$\gamma_{\pm 1} = 0.001, \quad \gamma_0 = 0.998$$

这种方法在 WENOlimitDG.m 中呈现。

脚本 12.16: WENOlimitDG.m: 间断伽辽金方法应用基于 WENO 的限制器[85]

```
function [ulimit]=WENOlimitDG(x,u,m,h,N,V,iV,Q,Xm,Xp);
% function [ulimit]=WENOlimitDG(x,u,m,h,N,V,iV,Q,Xm,Xp);
% Purpose: Apply WENO limiter by Zhong-Shu (2013)
% to u-an m'th order polynomial
eps0=1.0e-6;

% Set constants for limiting
eps1=1e-10; p=1;
gammam1=0.001; gamma0=0.998; gammap1=0.001;

% Compute cell averages and cell centers
```

```
uh=iV*u; uh(2:(m+1),:)=0; uavg=V*uh; ucell=uavg(1,:); ulimit=u;

% Compute extended polynomials with zero cell averages
[ue]=extendDG(u,'P',0,'P',0);
Pm=Xp'*ue; Pp=Xm'*ue;
Ph=iV*Pm; Ph(1,:)=0; Pm=V*Ph;
Ph=iV*Pp; Ph(1,:)=0; Pp=V*Ph;

% Extend cell averages
[ve]=extendDG(ucell,'P',0,'P',0);

% extract end values and cell averages for each element
uel=u(1,:); uer=u(end,:);
vj=ucell; vjm=ve(1:N); vjp=ve(3:N+2);

% Find elements that require limiting
vel=vj-minmod([(vj-uel)' (vj-vjm)' (vjp-vj)'])';
ver=vj+minmod([(uer-vj)' (vj-vjm)' (vjp-vj)'])';
ids=find(abs(vel-uel)>eps0 | abs(ver-uer)>eps0);

% Apply limiting when needed
if(~isempty(ids))
    % Extract local polynomials
    pm1=Pm(:,ids)+ones(m+1,1)*vj(ids);
    p0=u(:,ids);
    pp1=Pp(:,ids+2)+ones(m+1,1)*vj(ids);

    % Compute smoothness indicators and WENO weights
    betam1=diag(pm1'*Q*pm1); alpham1=gammam1./(eps1+betam1).^(2*p);
    beta0=diag(p0'*Q*p0); alpha0 = gamma0./(eps1+beta0).^(2*p);
    betap1=diag(pp1'*Q*pp1); alphap1=gammap1./(eps1+betap1).^(2*p);

    alphas=alpham1+alpha0+alphap1;
    omm1=alpham1./alphas; om0 =alpha0./alphas; omp1=alphap1./alphas;

    % Compute limited function
    ulimit(:,ids)=pm1*diag(omm1)+p0*diag(om0)+pp1*diag(omp1);
end
return
```

非线性权值的计算是比较复杂的, 具体细节主要体现在下面的例子里。

例 12.31 考虑光滑度指标

$$\beta_i = \sum_{l=1}^{m} \int_{x_{j-1/2}}^{x_{j+1/2}} h^{2l-1} \left(\frac{d^l p_i(x)}{dx^l} \right)^2 dx$$

并回想,

$$p_i(x) = \sum_{n=0}^{m} \tilde{p}_{i,n} P_n(r(x)), \quad x(r) = x_{j-1/2} + h\frac{1+r}{2}, \quad r \in [-1, 1]$$

组合这些表达式可以得到

$$\beta_i = \sum_{l=1}^{m} \int_{-1}^{1} 2^{2l-1} \left(\sum_{n=0}^{m} \tilde{p}_{i,n} P_n^{(l)}(r) \right)^2 dr$$

将其表示为

$$\beta_i = \sum_{l=1}^{m} \tilde{\boldsymbol{p}}^{\mathrm{T}} Q^l \tilde{\boldsymbol{p}}$$

其中, $\tilde{\boldsymbol{p}} = (\tilde{p}_{i,0}, \cdots, \tilde{p}_{i,m})^{\mathrm{T}}$ 并且

$$Q_{ij}^l = \int_{-1}^{1} P_i^{(l)}(r) P_j^{(l)}(r) dr$$

通过反复应用递推关系来求 $P_i^{(l)}$[30]:

$$P_i(r) = -\alpha_i P'_{i-1}(r) + \alpha_{i+1} P'_{i+1}(r), \quad \alpha_i = \frac{1}{\sqrt{(2i+1)(2i-1)}}$$

这使得可以通过 m 阶求积来精确计算 Q_{ij}^l 的元素。光滑度指标由下式计算

$$\beta_i = \tilde{\boldsymbol{p}}^{\mathrm{T}} Q \tilde{\boldsymbol{p}}$$

其中

$$Q = \sum_{l=1}^{m} 2^{2l-1} Q^l$$

程序 WENODGWeights.m 给出上述过程的实现过程。

脚本 12.17: WENODGWeights.m: 基于 WENO 的限制器的光滑度指示器

```
function [Q,Xm,Xp]=WENODGWeights(m,iV);
% function [Q,Xm,Xp]=WENODGWeights(m,iV);
% Purpose: Compute operators to enable evaluation of WENO smoothness
% indicator and WENO polynomial of order m.
Q=zeros(m+1,m+1); Pmat=zeros(m+1,m+1); Xm=Pmat; Xp=Pmat;

% Compute quadrature points
[x,w]=LegendreGQ(m); Lambda=diag(w);

% Initial matrices of Legendre polynomails
for i=1:m+1;
    Pmat(i,:)=LegendreP(x,i-1)';
    Xm  (i,:)=LegendreP(x-2,i-1)';
    Xp  (i,:)=LegendreP(x+2,i-1)';
end

% Compute matrices corresponding to increasing order of derivative
for l=1:m
    % Set up operator to recover derivaties
    A=zeros(m+2-l,m+2-l); A(1,1)=1/sqrt((2*l+1)*(2*l-1));
    A(m+2-l,m+2-l)=1/(sqrt(2*(m+2)+1)*sqrt(2*(m+2)-1));
    for i=2:m-l+1
        Ah=1/(sqrt(2*(l-1+i)+1)*sqrt(2*(l-1+i)-1));
        A(i,i)=Ah; A(i+1,i-1)=-Ah;
    end

    % Recover derivatives at quadrature points
    Ph1=A\Pmat(l:m+1,:);
    Pmat(1:l,:)=0; Pmat(l+1:m+1,:)=Ph1(1:m-l+1,:);

    % Compute smoothness operator for order l and update
    Qh=Pmat*Lambda*Pmat';
    Q=Q+2^(2*l-1)*Qh;
end

% Initialize operator for smoothness indicator in nodal space
Q=iV'*Q*iV;

% Initialize interpolation matrices
```

```
Xp=iV'*Xp; Xm=iV'*Xm;
return
```

基于 WENO 的限制器发展始于 [86], 并在 [87] 中扩展到一般的非结构化网格。[88, 89] 中提出使用局部多项式及其导数的限制器, 被称为 Hermite-WENO 限制器。这些对于高阶限制具有局部好处, 例如, 在重构中使用到更多的相邻单元格。

让我们考虑一个例子来理解 WENO 限制对光滑问题格式精度的影响。

例 12.32　求解线性波动方程

$$\frac{\partial u}{\partial t}+\frac{\partial u}{\partial x}=0,\quad x\in[-1\ ,1]$$

满足于周期性边界条件, 初始条件为 $u(x,0)=\sin(\pi x)$。使用 m 阶间断伽辽金方法、迎风通量和三阶 SSPERK 法求解 $T=\pi$ 时刻的解。

图 12.17 显示了随近似阶数的增加, 使用 WENO 限制器得到的 L^1-误差和 L^∞-误差。

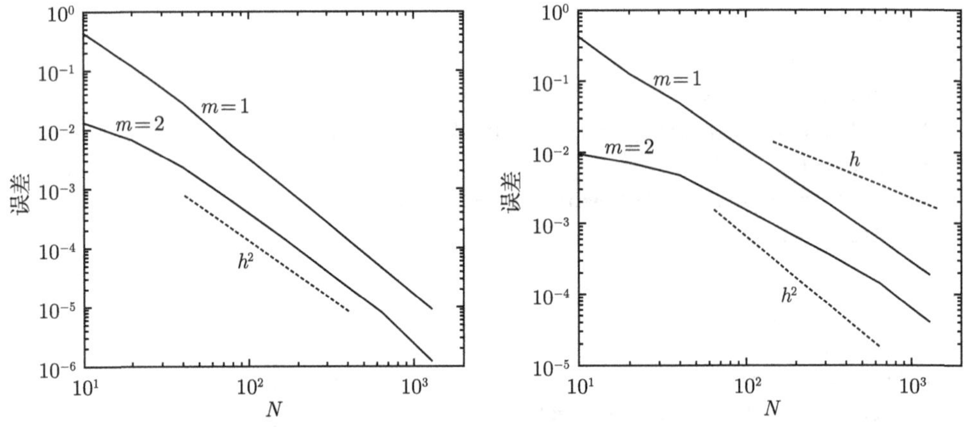

图 12.17　WENO 限制对光滑解的影响。展示使用基于 TVD 的问题单元格指示函数的 WENO 限制器[85] 的 L^1-误差 (左) 和 L^∞-误差 (右)

在 L^1-误差中, 观察到 $m=1$ 和 $m=2$ 时的 $\mathcal{O}(h^2)$ 行为, 即 $m>1$ 时会损失精度。这是预料之中的, 因为通过在相邻单元格使用外推多项式解, WENO 限制器在局部极值处会引入 $\mathcal{O}(h)$ 误差。L^∞-误差也反映了这一点, 表现出的收敛速度在 1 和 2 之间。

对于光滑问题, 有几种方式可以克服精度降低的问题, 其中最自然的方法是使用 TVB 限制器 (10.15) 来识别问题单元格。只要选择的 M 足够大, 就可以消除精度的局部降低。我们将在 12.5.1 节对此作进一步讨论, 并强调谨慎选择问题单元格指示器的重要性。

12.2.6 极值保持限制器

在很多情况下出于物理意义的考虑, 会规定计算变量不能超过某些特定的值, 例如, 密度必须是半正的, 温度不应该取小于绝对零摄氏度的值。当出现人工振荡时, 这些物理限制可能会被违反。尽管到目前为止讨论的一些限制器可以缓解这个问题, 但它们的构造不能在不降低形式精度的情况下保证这一点。因此, 我们应该寻求保证正性/最大值保持的格式, 而不影响其形式精度。

为了推进这样的发展, [90] 在间断伽辽金方法和 WENO 技术的背景下开始了这项工作, 让我们专注于标量守恒律方程

$$\frac{\partial u}{\partial t}+\frac{\partial f(u)}{\partial x}=0$$

其满足适当的边界条件和初始条件。回顾定理 4.5 中的单调格式

$$\bar{u}_j^{n+1}=G\left(\bar{u}^n\right)_j=\bar{u}_j^n-\frac{k}{h}(F_{j+1/2}^n-F_{j-1/2}^n)$$

满足极大值原则

$$\min_{i\in S_j}\bar{u}_i^n\leqslant G\left(\bar{u}^n\right)_j\leqslant\max_{i\in S_j}\bar{u}_i^n$$

其中, S_j 是模板中单元格的集合。因此, 在一阶精度的代价下, 单调格式保留了解的极值。我们的目标是将这一性质扩展到高阶格式。

让我们回忆一下, 在每个微元 D_j 上, 有 $m+1$ 个积分点。对于标准微元 $r\in[-1,1]$, 我们称之为 r_i, $i=0,\cdots,m$, 还有相关的正积分权值 ω_i。求积的精度保证了

$$\bar{u}_j^n=\frac{1}{h}\int_{x_{j-1/2}}^{x_{j+1/2}}u_j(x)dx=\frac{1}{2}\int_{-1}^{1}u_j(x(r))dr=\frac{1}{2}\sum_{i=0}^{m}u_j(r_i)\omega_i$$

其中, $u_j\left(r_i\right)=u_j\left(x\left(r_i\right)\right)$ 以简化标记。

在守恒形式的一般高阶格式下, 数值通量为

$$F_{j\pm1/2}^n=F(u_{j\pm1/2}^-,u_{j\pm1/2}^+)$$

为了简化标记, 引入函数

$$v_i=\begin{cases}u_{j-1/2}^-, & i=-1\\ u_j^n(r_i), & i=0,\cdots,m\\ u_{j+1/2}^+, & i=m+1\end{cases}$$

并将通量差分表示为一个裂项求和

$$F_{j+1/2}^n - F_{j-1/2}^n = F(v_m, v_{m+1}) - F(v_{-1}, v_0) = \sum_{i=0}^{m} F(v_i, v_{i+1}) - F(v_{i-1}, v_i)$$

接下来介绍两个关键结论中的第一个[90]。

定理 12.33 考虑一个具有单调通量的间断伽辽金方法, 并设单元格解 u_j 为一个 m 阶多项式。如果存在常数 e 和 E 使得

$$e \leqslant (u_j^n(r_0), \cdots, u_j^n(r_m), \bar{u}_j^n) \leqslant E$$

并且

$$\frac{k}{h}\max_u |f'(u)| \leqslant \frac{1}{2}\min_i \omega_i$$

则有

$$e \leqslant \bar{u}_j^{n+1} \leqslant E$$

证明 把这个格式写成

$$\begin{aligned}
\bar{u}_j^{n+1} = G(u^n)_j &= \bar{u}_j^n - \frac{k}{h}\left[F_{j+1/2}^n - F_{j-1/2}^n\right] \\
&= \frac{1}{2}\sum_{i=0}^{m} v_i\omega_i - \frac{k}{h}\sum_{i=0}^{m} F(v_i, v_{i+1}) - F(v_{i-1}, v_i) \\
&= \frac{1}{2}\sum_{i=0}^{m}\left(v_i - \frac{2k}{\omega_i h}\left(F(v_i, v_{i+1}) - F(v_{i-1}, v_i)\right)\right)\omega_i = \frac{1}{2}\sum_{i=0}^{m} G(v^n)_i\,\omega_i
\end{aligned}$$

其中

$$\begin{aligned}
G(v^n)_i &= v_i - \frac{2k}{\omega_i h}\left[F(v_i, v_{i+1}) - F(v_{i-1}, v_i)\right] \\
&= v_i - \lambda_i\left[F(v_i, v_{i+1}) - F(v_{i-1}, v_i)\right], \quad \lambda_i = \frac{2k}{h\omega_i}
\end{aligned}$$

由于数值通量是单调的, 假设

$$\frac{k}{h}\max_u |f'(u)| \leqslant \frac{1}{2}\min_i \omega_i$$

保证格式是单调的。这确保了 $e \leqslant G(v^n)_i \leqslant E$。因为 ω_i 是正的, 并且为了保证一致性有 $\sum_i \omega_i = 1$, 至此证毕。 □

在 LGL 节点的情况下, CFL 条件导致

$$\frac{k}{h}\max_{u}\left|f'(u)\right| \leqslant \frac{1}{2}\frac{2}{m(m+1)}$$

虽然这看起来是一个强条件, 但其尺度类似于无限制格式的 CFL 条件[27]。

该结果提供的主要结论是, 为了保证解不越界, 必须在所有的求积点 r_i 处修正 u_j。这一点可以通过限制器实现

$$\tilde{u}_j^n = \theta\left(u_j^n(x) - \bar{u}_j^n\right) + \bar{u}_j^n, \quad \theta = \min\left(\left|\frac{E - \bar{u}_j^n}{E_j - \bar{u}_j^n}\right|, \left|\frac{e - \bar{u}_j^n}{e_j - \bar{u}_j^n}\right|, 1\right) \tag{12.81}$$

这里, 第一次将 e_j 和 E_j 分别定义为

$$e_j = \min_{x\in \mathsf{D}_j} u_j^n(x), \quad E_j = \max_{x\in \mathsf{D}_j} u_j^n(x)$$

然而由于只有求积点上的值是相关的, 因此只需考虑

$$e_j = \min_i u_j^n(r_i), \quad E_j = \max_i u_j^n(r_i)$$

我们得出了带修正通量的限制格式

$$F_{j\pm 1/2}^n = F(\tilde{u}_{j\pm 1/2}^-, \tilde{u}_{j\pm 1/2}^+)$$

保证解在区间 $[e, E]$ 内是有界的, 前提是时间步长足够小。

虽然这一结果令人鼓舞, 但该步骤对精度的影响仍不清楚。为了解决这个问题, 我们回顾以下结论[90]。

定理 12.34 如果 $e \leqslant \bar{u}_j^n \leqslant E$, 那么 (12.81) 中定义的限制器是 $m+1$ 阶的。

证明 如果能证明 $u_j^n(x) - \tilde{u}_j^n(x) = \mathcal{O}(h^{m+1})$, 那么结论就很明显了。让我们关注上界, 由于 $\bar{u}_j^n \leqslant E_j \leqslant E$, 有

$$\tilde{u}_j^n(x) - u_j^n(x) = (\theta - 1)\left(u_j^n(x) - \bar{u}_j^n\right) = (E - E_j)\frac{u_j^n(x) - \bar{u}_j^n}{E_j - \bar{u}_j^n}$$

E_j 用来测量多项式近似常数 E 的超调量, 则 $E - E_j = \mathcal{O}(h^{m+1})$。现在假设 $m > 0$, 回顾 E_j 的定义, 得到

$$\left|\frac{u_j^n(x) - \bar{u}_j^n}{E_j - \bar{u}_j^n}\right| \leqslant \max_x \left|\frac{u_j^n(x) - \bar{u}_j^n}{E_j - \bar{u}_j^n}\right| = \left|\frac{\min_x u_j^n(x) - \bar{u}_j^n}{\max_x u_j^n(x) - \bar{u}_j^n}\right| = \frac{\left|\min_x u_j^n(x) - \bar{u}_j^n\right|}{\left|\max_x u_j^n(x) - \bar{u}_j^n\right|}$$

由于分子和分母都表示范数, u_j^n 是 m 阶多项式, 两个范数是等价的。因此

$$\left|\frac{u_j^n(x)-\bar{u}_j^n}{E_j-\bar{u}_j^n}\right| \leqslant \frac{\left|\min_x u_j^n(x)-\bar{u}_j^n\right|}{\left|\max_x u_j^n(x)-\bar{u}_j^n\right|}=C_m$$

对于 $m=0$ 的特殊情况, 我们可以得到经典的极值保持的单调有限体积法。下界的证明是类似的。 □

因此, (12.81) 中的限制器实现了极值保持, 而不影响格式精度。虽然我们的重点是间断伽辽金方法, 但对 WENO 方法的扩展可以遵循相同的方法。详情见 [90,91], 同样地对多维和系统情况的扩展在 [90–92] 中进行了详细的讨论。

最后, 让我们讨论极值保持限制器的实现, 其在程序 extprelimitDG.m 中给出。如前所述, 依靠一个简单的问题单元格指示器来使限制器的影响最小化。由于限制器不影响整体精度, 相对于斜率限制器来说, 它是一个不那么重要的部分。

脚本 12.18: extprelimitDG.m: 间断伽辽金格式的极值保持限制器

```
function ulimit=extprelimitDG(x,u,m,h,N,V,iV,umin,umax);
% function [ulimit]=extprelimitDG(x,u,m,h,N,V,iV,umin,umax);
% Purpose: Apply extrema preserving limiter to piecewise
% polynomial solution u-an m'th order polynomial
eps0=1.0e-8;

% Compute cell averages and cell centers
uh=iV*u; uh(2:(m+1),:)=0; uavg=V*uh; ucell=uavg(1,:); ulimit=u;

% Extend cell averages
[ve]=extendDG(ucell,'P',0,'P',0);

% extract end values and cell averages for each element
uel=u(1,:); uer=u(end,:);
vj=ucell; vjm=ve(1:N); vjp=ve(3:N+2);

% Find elements that require limiting
vel=vj-minmod([(vj-uel);(vj-vjm);(vjp-vj)]);
ver=vj+minmod([(uer-vj);(vj-vjm);(vjp-vj)]);
ids=find(abs(vel-uel)>eps0 | abs(ver-uer)>eps0);

% Apply limiting when needed
if(~isempty(ids))
  minu=min(u(:,ids),[],1); maxu=max(u(:,ids),[],1);
```

```
  ulimmax=abs((umax-ucell(ids))./(maxu-ucell(ids)));
  ulimmin=abs((umin-ucell(ids))./(minu-ucell(ids)));
  theta=min([ulimmax; ulimmin; ones(1,length(ids))],[],1);
  ulimit(:,ids)=(ones(m+1,1)*theta).*(u(:,ids)-uavg(:,ids)) + uavg(:,ids);
end
return
```

我们通过一个例子研究光滑问题的限制器的表现。

例 12.35 *考虑线性波动方程*

$$\frac{\partial u}{\partial t}+\frac{\partial u}{\partial x}=0, \qquad x\in[-1,1]$$

满足周期性边界条件和初始条件 $u(x,0)=\sin(\pi x)$。*使用* m *阶间断伽辽金方法、迎风通量和三阶 SSPERK 方法求解。考虑* $T=\pi$ *时刻的解。*

图 12.18 显示了使用极值保持限制器得到的 L^1-*误差和* L^∞-*误差。根据定理 12.34, 我们观察到收敛速度没有变差。*

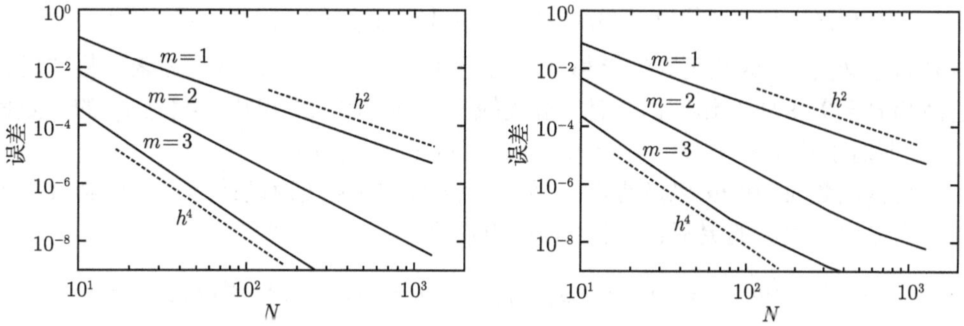

图 12.18 极值保持限制器对光滑解的影响。给出使用 TVD 问题单元格指示器的限制器[90]下的 L^1-误差 (左) 和 L^∞-误差 (右)。当 N 值较大时, L^∞ 的收敛阶会轻微地下降, 这是时间积分的误差造成的

12.3 相关公式

在深入评估间断伽辽金方法之前, 有必要先后退一步, 将它们与文献中讨论的相关方法进行比较。为了建立这样的联系, 使用标量守恒律方程

$$\frac{\partial u}{\partial t}+\frac{\partial f(u)}{\partial x}=0, \quad x\in\Omega_x$$

满足适当的边界条件和初始条件。虽然在特定问题下讨论不同格式, 但它们之间的联系在一般情况下均是有效的。对于间断伽辽金方法, 首先假设 $u(x,t)\simeq u_h(x,t)$,

其中全局近似 $u_h(x,h)$ 为 m 阶分段多项式

$$u_h(x,t) = \bigoplus_{j=1}^{N} u_j(x,t), \quad u_j(x,t) = \sum_{i=0}^{m} u_{j,i}(t)\psi_{j,i}(x)$$

其中 $\psi_{j,i}$ 为定义在微元 D_j 上的多项式基。为简化比较, 在本节中假设 $\psi_{j,i} = \tilde{P}_i(r(x))$。这里 $\tilde{P}_i(r) = \sqrt{\gamma_i}P_i(s)$ 是非标准化的勒让德多项式, 这在 12.1.1 节中已介绍。

对于 N 个微元中的每一个, 要求方程满足

$$\int_{x_{j-1/2}}^{x_{j+1/2}} \left(\frac{\partial u_h}{\partial t} + \frac{\partial f(u_h)}{\partial x}\right) \Psi(x)\, dx = \left[\Phi(x)\left(G_j(x,u) - G_j^*(x,u)\right)\right]_{x_{j-1/2}}^{x_{j+1/2}} \tag{12.82}$$

将其视作强形式的彼得罗夫–伽辽金格式, 其中, Ψ 和 Φ 扮演测试函数的角色。函数

$$G_j(x,u) = G_j\left(x,t,u_j,(u_j)_x,\cdots\right)$$

$$G_j^*(x,u) = G_j^*\left(x,t,u_{j-1},u_j,u_{j+1},(u_{j-1})_x,(u_j)_x,(u_{j+1}),\cdots\right)$$

沿界面定义, 并用这些函数连接微元。对于间断伽辽金方法, 这些因素对格式的稳定性起着至关重要的作用。显然, 格式的一致性 (12.82) 可由 $G_j^*(x,u)$ 的一致性得到, 即对于精确解 u, 有 $G_j(x_{j\pm1/2},u) = G_j^*(x_{j\pm1/2},u)$。

测试函数 Ψ 和 Φ 以及界面函数 G_j 和 G_j^* 的定义为设计具有不同特性的不同格式提供了很大的灵活性。例如, 如果选择

$$\begin{aligned}\Psi(x) = \Phi(x) = \psi_j(x), G_j(x_{j+1/2},u) = f(u_{j+1/2}^-), G_j^*(x_{j+1/2},u)\\ = F(u_{j+1/2}^-, u_{j+1/2}^+)\end{aligned}$$

则可得到强形式的间断伽辽金方法 (12.7)。然而正如我们即将看到的, 也可以考虑其他几个选择。

在进行详细讨论前, 先通过引入下式来简化符号

$$\mathrm{M}_{ij} = \int_{\mathsf{D}} \psi_j(x)\Psi_i(x)\, dx, \quad \mathrm{S}_{ij} = \int_{\mathsf{D}} (\psi_j(x))_x \Psi_i(x)\, dx$$

这里去掉了对微元的直接参考。使用这些标记, 格式变为

$$\mathrm{M}\frac{d\boldsymbol{u}}{dt} + \mathrm{S}\boldsymbol{f} = \left[\Phi(x)\left(G_j(x,\boldsymbol{u}) - G_j^*(x,\boldsymbol{u})\right)\right]_{x_{j-1/2}}^{x_{j+1/2}} \tag{12.83}$$

其中, $\boldsymbol{u}$ 和 $\boldsymbol{f}$ 为 $m+1$ 维向量, 分别包含解和通量。

12.3.1 谱惩罚方法

谱惩罚方法 (spectral penalty methods) 最早是在 [93, 94] 中提出的, 后来在一系列的文献 [95–99] 中得以发展。其出发点是在每个微元内选取 $m+1$ 个求积点 $\tilde{x}_i$。如果使用局部节点多项式基, 那么这些新点可以但不必要与基于局部表达的点相同。此外, 假定 $\tilde{x}_i$ 包含域的两个端点, 例如高斯–洛巴托积分, 取 $\tilde{x}_0 = x_{j-1/2}$ 和 $\tilde{x}_m = x_{j+1/2}$。

谱惩罚方法采用局部测试函数 $\Phi_i(x) = Q_i(x)\delta(x - \tilde{x}_i)$, 其中定义 Q_i 是一个多项式族。通常, 它们中的很多项都为零, 只有 Q_o 和 Q_m 取非平凡值。可以使用不同的方式定义测试函数 Ψ_i。最后, 假设 $G_j(x, u) = f(u_j)$ 和 $G_j^*(x_{j+1/2}, u) = F_{j+1/2}$ 是某个数值通量。这将产生如下形式的配置惩罚方法 (collocation penalty method)

$$\mathrm{M}\frac{d\boldsymbol{u}}{dt} + \mathrm{S}\boldsymbol{f} = Q_m(\tilde{\boldsymbol{x}})\left[f(u_{j+1/2}^-) - F_{j+1/2}\right] - Q_0(\tilde{\boldsymbol{x}})\left[f(u_{j-1/2}^+) - F_{j-1/2}\right] \quad (12.84)$$

显然, 它与间断伽辽金方法有相似之处, 尽管由于测试函数 Ψ 和函数 Q_i 的选择, 两种方法存在微小差异。

让我们通过一个例子, 来探讨谱惩罚方法的一些性质。

例 12.36 考虑线性波动方程

$$\frac{\partial u}{\partial t} + \frac{\partial a u}{\partial x} = 0$$

满足周期性边界条件和适当的初始条件。

首先考虑 $\Psi_i(x) = \delta(x - \tilde{x}_i)$ 的情况, 并通过假设插值和配置点是相同的简化 (12.84) 中的一般格式。使用基于 LGL 积分点的拉格朗日基来表示解。此外, 如果假设 $a > 0$, 并选择迎风通量 $F_{j+1/2} = a u_{j+1/2}^-$, 得到逐元格式

$$\frac{d\boldsymbol{u}}{dt} + \mathrm{D}a\boldsymbol{u} = -Q_0(\tilde{\boldsymbol{x}})\left[a u_{j-1/2}^+ - a u_{j-1/2}^-\right] \quad (12.85)$$

其中 D 代表微分矩阵。格式中缺失 Q_0 的定义。作为第一选择, 首先考虑

$$Q_0(x) = \tau \frac{(1 - r(x))\, \tilde{P}_m'(r(x))}{2\tilde{P}_m'(-1)}$$

式中 $r(x) : \left[x_{j-1/2}, x_{j+1/2}\right] \to [-1, 1]$。我们注意到根据高斯–洛巴托点定义有 $Q_0(\tilde{\boldsymbol{x}}) = \tau \boldsymbol{e}_o$

为了理解单个微元的稳定性, 首先假设 $u^-_{j-1/2}=0$。由于可以考虑一般边界条件下的误差方程, 因此对齐次边界条件下的格式进行分析已经足够。定义 $\mathrm{W}_{ii}=\omega_i$ 作为包含 LGL 积分的积分权值, 左乘 $\boldsymbol{u}^{\mathrm{T}}\mathrm{W}$ (12.85) 得到

$$\boldsymbol{u}^{\mathrm{T}}\mathrm{W}\left(\frac{d\boldsymbol{u}}{dt}+\mathrm{D}a\boldsymbol{u}\right)=-w_0\tau a(u^+_{j-1/2})^2$$

通过积分的精度, 得到

$$\frac{1}{2}\frac{d}{dt}\|u_j\|_h^2+\frac{1}{h}\left[au^2\right]_{x_{j-1/2}}^{x_{j+1/2}}=-w_0\tau a(u^+_{j-1/2})^2$$

这里, 将离散 L^2-范数定义为

$$\|u\|_h^2=\boldsymbol{u}^{\mathrm{T}}\mathrm{W}\boldsymbol{u}$$

因此, 如果选择

$$\tau\geqslant\frac{1}{h\omega_0}=\frac{m(m+1)}{2h}\tag{12.86}$$

就可以保证单个微元的渐近稳定性。这是 [93] 中提出的经典惩罚方法, 它等价于带有弱边界条件的谱配置方法。尽管它是一种强大的方法, 但依靠积分公式建立的稳定性将分析限制在常系数问题上。

虽然条件 (12.86) 在多个微元情况下是必要的, 但它可能不是充分的。为了理解这一点, 考虑两个相邻微元在 $x_{j+1/2}$ 处的贡献, 并要求

$$-\frac{1}{h}(u^-_{j+1/2})^2+\left(\frac{1}{h}-\tau\omega_0\right)(u^+_{j+1/2})^2+\tau\omega_0u^-_{j+1/2}u^+_{j+1/2}\leqslant 0$$

以保证稳定。将它表示为对称二次型, 并要求其特征值非正, 我们得到

$$\tau=\frac{2}{\omega_0 h}$$

为稳定性的充分条件。然而大量的计算结果[95] 证实了弱逐元条件 (12.86) 事实上经常是充分的。

作为另一种选择, 考虑使用 $\Psi=\psi_j$ 的情况, 产生格式

$$\mathrm{M}\frac{d\boldsymbol{u}}{dt}+\mathrm{S}a\boldsymbol{u}=-\tau\mathbf{e}_0\left[au^+_{j-1/2}-au^-_{j-1/2}\right]\tag{12.87}$$

在这种情况下我们不需要积分法则, 但还是可以像之前一样建立稳定性。这让我们在分析中有更多的灵活性。稳定性的界与配置格式相同。

如果显式表示 (12.87)

$$\frac{d\boldsymbol{u}}{dt} + \mathrm{D}a\boldsymbol{u} = -\tau \mathrm{M}^{-1}\boldsymbol{e}_0\left[au_{j-1/2}^{+} - au_{j-1/2}^{-}\right]$$

很容易有[99]

$$\left(\mathrm{M}^{-1}\boldsymbol{e}_0\right)_i = \frac{\tilde{P}_{m+1}'\left(\tilde{x}_i\right) + \tilde{P}_m'\left(\tilde{x}_i\right)}{2}$$

该格式是一种谱伽辽金惩罚方法 (spectral Galerkin penalty method), 并在 [100, 101] 中进一步拓展到一般网格。

将这些思想拓展到线性方程组需要使用特征变量, 除此之外推广过程都很容易实现。

谱惩罚方法的实质性发展采取了一条与上面概述稍微不同的路径, 即探索 G_j 和 G_j^* 定义的自由度。弱边界条件的一个优点是它们允许施加非常复杂的边界条件。这一研究方向始于 [95–97], 基于适定边界算子的发展, 并随后指导 G_j 和 G_j^* 的定义。虽然这与纯粹的双曲型系统不太相关, 但能为对流扩散方程和可压缩纳维-斯托克斯方程发展稳定的多微元的格式, 即使在扩散消失的情况下。上述分析虽然是基于线性化和冻结系统的, 但计算证据表明, 该格式在非线性问题中也能保持稳定性。

12.3.2 谱有限体积格式

谱有限体积法是在一系列论文[102–107] 中发展起来的。它依靠节点基表示解, 并且以一种在每个微元中模拟子单元格有限体积法的形式来满足方程。

为了建立该格式, 选择 $G_j(x_{j+1/2}, u) = f(u_{j+1/2}^{-})$ 和 $G_j^*(x_{j+1/2}, u) = F_{j+1/2}$ 作为适当的数值通量。这样就只剩下对测试函数 Ψ 和 Φ 进行定义。设 $\{x_{j,l}\}$ 为微元 D_j 的 $m+1$ 个点, 即 $x_{j,0} = x_{j-1/2}$, $x_{j,m} = x_{j+1/2}$, 并以 $m+1$ 个单元格界面标识 m 个子单元格, 对于 $x_i^c \in [x_{j,i}, x_{j,i+1}]$, $i = 0, \cdots, m$, 这定义了测试函数的空间为

$$\Psi_i\left(x\right) = \Phi_i\left(x\right) = C, \quad x \in \left[x_i^c, x_{i+1}^c\right], \quad i = 0, \cdots, m-1$$

其中 $x_0^c = x_{j-1/2}$, $x_m^c = x_{j+1/2}$。因此, 测试函数由定义在微元内部的分段常数函数组成。在 (12.83) 中使用这些测试函数, 得到 m 个单元格的子单元格式

$$\frac{d\bar{u}_{j,i}}{dt} = -\frac{F\left(x_{i+1}^c\right) - F\left(x_i^c\right)}{x_{i+1}^c - x_i^c}$$

这里

$$\bar{u}_{j,i} = \frac{1}{x_{i+1}^c - x_i^c}\int_{x_i^c}^{x_{i+1}^c} u_j\left(x\right)dx$$

为子单元格的单元格。通过定义 $F(x_o^c) = F_{j-1/2}$ 和 $F(x_{m+1}^c) = F_{j+1/2}$ 得到全局格式, 同时可以在内部界面采用单调的数值通量。

该格式的高阶精度是通过在单元格界面处使用逐单元格多项式进行 $\mathcal{O}(h^m)$ 阶精确重构实现的。此外, 对于非光滑解, 子单元格结构允许使用局部单元格限制器。

首先该格式看起来非常高效, 因为子单元格的结构中没有体积项。然而, 计算所有内部界面的数值通量的成本和标准的间断伽辽金方法差不多。

谱体积法的关键挑战是如何识别子单元格, 因为这会影响精度, 尤其影响格式的稳定性。对一维问题而言, 对适当的近似阶数该方法是可实现的。但对多维问题来说这仍然是一个重大挑战。此外, 除了对低阶格式和特殊子单元格布局的研究之外, 没有一般的稳定性理论支撑[102]。间断伽辽金方法和谱体积法[108] 之间的详细比较表明, 谱体积法通常允许较大的时间步长, 但在同等分辨率上通常会产生更大的误差。

12.3.3 谱差分格式

谱体积法依赖于解的重构, 根据有限体积法的思想, 谱差分法在 [109,110] 中首次提出, 该方法基于通量的重构。

为了开发这类方法, 我们回顾基于一些网格点 $\{x_{j,i}\}$, u_j 在一个微元上局部地表示一个多项式。这些点就是一般的点, 不需要包括微元的端点。

假设 $f(u_j)$ 表示 $m+1$ 阶多项式, 即

$$f_h(u_j) = \sum_{i=0}^{m+1} f_h(u_h(\tilde{x}_{j,i}))\tilde{l}_i\,(x)$$

这里为了简单起见, 基于微元 D_j 中 $m+2$ 个网格点 $\tilde{x}_{j,i}$, 选用局部基作为节点基, 并且 $\tilde{l}_i(x)$ 是与之相关的拉格朗日多项式。端点必须包括在 $\tilde{x}_{j,i}$ 内。注意, 为了精确, $f_h(u)$ 必须是 $f(u)$ 在 $m+1$ 阶多项式空间上的投影或者 $f(u)$ 必须是线性的。

根据有限差分法的做法, 用解 u_j 来计算所有内部点的通量, 并使用数值通量来得到端点的通量值。将修正通量 $\tilde{f}_h$ 写为

$$\tilde{f}_h(u) = (F_{j-1/2} - f_h(u_{j-1/2}^+))\tilde{l}_0\,(x) + (F_{j+1/2} - f_h(u_{j+1/2}^-))\tilde{l}_{m+1}(x) + f_h(u_j) \tag{12.88}$$

如果要在每个点 $x_{j,i}$ 上满足守恒律方程, 观察

$$\frac{d\boldsymbol{u}}{dt} + \tilde{\mathrm{D}}\tilde{\boldsymbol{f}} = 0$$

其中 $\tilde{\mathrm{D}}$ 是一个用来说明 $\tilde{x}_{j,i}$ 和 $x_{j,i}$ 之间转换的矩形微分矩阵。在表达式中插入 (12.88) 将得到

$$\frac{d\boldsymbol{u}}{dt}+\tilde{\mathrm{D}}\boldsymbol{f}=\tilde{l}'_{m+1}(\boldsymbol{x}_j)(f_h(u^-_{j+1/2})-F_{j+1/2})+\tilde{l}'_0(\boldsymbol{x}_j)(f_h(u^+_{j-1/2})-F_{j-1/2})$$

其中 $\boldsymbol{x}_j$ 是满足方程的点组成的向量。这就是 [109, 110] 中提出的谱差分格式。

为将上述讨论联系到 (12.84) 中的一般公式, 定义 $\Psi_i(x)=\delta(x-x_{j,i})$, $\Phi_o(x)=-\tilde{\ell}'_0(x)\delta(x-x_{j,0})$ 和 $\Phi_m(x)=-\tilde{\ell}'_{m+1}(x)\delta(x-x_{j,m})$, 仔细观察, 现在得到了谱差分格式。

[111–113] 已经提出使用不同点集求解的方法和相应的通量表达式。对于一维和多维张量微元, 交错网格谱方法与谱差分法效果相同。

局部解的多项式表达形式保证了格式的精度。此外在早期工作中已经建立了该方法的守恒特性。在一维情况下, 谱体积法和谱差分法直接等价[114], 这在很大程度上体现了一维有限差分法和有限体积法之间的联系。

由于现在有两组点, 需要理解这对稳定性的影响。为了深入了解这一点, 让我们考察一个例子。

例 12.37 再次考虑线性波动方程

$$\frac{\partial u}{\partial t}+\frac{\partial au}{\partial x}=0,\quad a>0$$

满足周期性边界条件和适当的初始条件。

在迎风通量的情况下, 谱差分格式变为

$$\frac{d\boldsymbol{u}}{dt}+a\tilde{\mathrm{D}}\boldsymbol{u}=\tilde{l}'_0(\boldsymbol{x}_j)(au^+_{j-1/2}-au^-_{j-1/2})$$

为了理解稳定性, 也为简单起见, 假设 $\left[x_{j-1/2},x_{j+1/2}\right]=[-1,1]$, 取表示解的点 $x_{j,i}$ 为勒让德–高斯积分点, 同时, 通量点 $\tilde{x}_{j,i}$ 作为 $m+2$ 个点的集合, 至少包含 $x=-1$。

如果定义 $W_{ii}=\omega_i$ 作为勒让德–高斯权值的矩阵, 并左乘 $\boldsymbol{u}^{\mathrm{T}}\mathrm{W}$, 可得

$$\frac{1}{2}\frac{d}{dt}\|u_h\|_h^2=-\frac{a}{2}\left(u_h^2(1)-u_h^2(-1)\right)+\boldsymbol{u}^{\mathrm{T}}\mathrm{W}\tilde{l}'_0\left(\boldsymbol{x}_j\right)f_C \tag{12.89}$$

其中 $f_C=au^+_{j-1/2}-au^-_{j-1/2}=au_h\left(-1\right)^+-au_h\left(-1\right)^-$ 是单元格界面处通量的修正。

我们认识到

$$\boldsymbol{u}^{\mathrm{T}}\mathrm{W}\tilde{l}'_0\left(\boldsymbol{x}_j\right)=\int_{-1}^{1}u_h\left(x\right)\tilde{l}'_0\left(x\right)dx=-u_h\left(-1\right)-\int_{-1}^{1}u'_h\left(x\right)\tilde{l}_0\left(x\right)dx$$

并有结果

$$\frac{1}{2}\frac{d}{dt}\|u_h\|_h^2 = -\frac{a}{2}\left(u_h^2(1) - u_h^2(-1)\right) - f_C u_h(-1) - f_C \int_{-1}^{1} u_h'(x)\tilde{l}_0(x)\,dx$$

这里第一项是非正的，因此在稳定性方面不构成问题。同样，接下来的两项在界面上产生 $-a/2f_C^2$。这一项与间断伽辽金方法等价，因此它是稳定的。为了确保稳定性，需要控制剩余的项：

$$-f_C \int_{-1}^{1} u_h'(x)\tilde{l}_0(x)\,dx = -f_C \boldsymbol{u}^{\mathrm{T}} \int_{-1}^{1} \boldsymbol{l}'(x)\tilde{l}_0(x)\,dx$$

其中，$\boldsymbol{l}(x) = (l_0(x), \cdots, l_m(x))^{\mathrm{T}}$。

现在对点的选择 $\{\tilde{x}_{j,i}\}$ 加以利用。如果考虑勒让德–高斯–拉道点，根据高斯–拉道点的定义[35]，则有

$$\tilde{l}_0(x) = \frac{(-1)^{m+1}}{2}(\tilde{P}_{m+1}(x) - \tilde{P}_m(x))$$

这意味着

$$\int_{-1}^{1} \boldsymbol{l}'(x)\tilde{l}_0'(x)\,dx = \frac{(-1)^{m+1}}{2}\int_{-1}^{1} \boldsymbol{l}'(x)(\tilde{P}_{m+1}(x) - \tilde{P}_m(x))dx = 0$$

由于 $l_i'(x)$ 是 $m-1$ 阶多项式，并且 P_m 正交于所有小于 m 阶的多项式。因此，如果选择 $m+2$ 个勒让德–高斯–拉道点 $\tilde{x}_{j,i}$，则根据间断伽辽金方法的稳定性可以得到此时的稳定性。

如果考虑 $m+2$ 个通量点的不同选择，则需要采用不同的方法来建立稳定性理论，这些方法始于 [115]。其基本思想是使用不同的范数来考虑稳定性，特征为

$$\|u_h\|_M^2 = \boldsymbol{u}^{\mathrm{T}}\mathrm{M}\boldsymbol{u}, \quad \mathrm{M} = \mathrm{W} + \mathrm{C}$$

其中 W 为积分权值的对角矩阵，C 为正定修正。为避免来自微分矩阵的额外项，可以构造 C，使得 $\mathrm{CD} = 0$。

在 u_h 是一个不高于 m 阶的多项式的情况下，观察到 $\mathrm{D}^{m+1}u_h = 0$，取 $\mathrm{C} = c(\mathrm{D}^m)^{\mathrm{T}}\mathrm{D}^m$，其中 c 是一个合适的常数。这将产生 (12.89) 中的一项

$$f_C\left[\int_{-1}^{1} u_h'(x)\tilde{l}_0(x)\,dx - c\int_{-1}^{1} u_h^{(m)}(x)\tilde{l}_0^{(m+1)}(x)\,dx\right]$$

或

$$f_C\boldsymbol{u}^{\mathrm{T}}\left[\int_{-1}^{1}l'(x)\tilde{l}_0(x)\,dx-c\int_{-1}^{1}l^{(m)}(x)\tilde{l}_0^{(m+1)}(x)\,dx\right]$$

如果采用自由度去选择通量点，从而定义 $\tilde{\ell}_0(x)$，可以证明常数 c 是正的，并且随着 m 的增加迅速衰减。因此如果 u 是解析的，那么 $\boldsymbol{u}^{\mathrm{T}}\mathrm{M}\boldsymbol{u}$ 逼近 $\|u_h\|^2$ 并且其事实上是一个范数。可以选择内部的勒让德–高斯点，即多项式 $\tilde{P}_{m+1}$ 的根，作为内部通量点。

在上述讨论中，解的点集 $\{x_{j,i}\}$ 被取为勒让德–高斯点来保证积分精度。可以通过考虑一种接近间断伽辽金方法的方法来放宽这一选择，其中精确积分是通过精确质量矩阵来完成的，这在 [115] 中提出。然而，它并不会产生定性的差异。

最后，通过谱体积法与谱差分法之间的直接联系[114]，上述结果还建立了一维谱体积法的稳定性。

上述讨论的主要结论是，谱差分法的稳定性需要选择特殊的通量点，而该方法在解点的选择上具有较大的自由度。这可以在 [116] 中观察到，其中给出了点的启发式选择。然而在多维问题和非结构化网格的情况下，稳定性仍然是一个巨大挑战，没有已知的分析结果来指导如何选择适当的通量点。尽管如此，在一般非结构网格上推广中等阶数的谱差分法已经取得了很大的成功，参见 [109, 110, 117, 118]。

12.3.4 通量重构格式

最后，考虑基于通量重构的格式，我们将看到这与谱差分法密切相关。假设解 u_h 是一个基于每个单元格中的 $m+1$ 个格点 $\{x_{j,i}\}$ 的 m 阶分段多项式。通常取 LGL 点，但也能有其他选择方式。类似地，假设 $f(u)$ 表示基于 $m+2$ 格点 $\{\tilde{x}_{j,i}\}$ 的 $m+1$ 阶分段多项式。

遵循谱差分法的思想，将重构通量表示为

$$\tilde{f}_h(u)=f_h(u)+(F_{j+1/2}-f_h(u^-_{j+1/2}))g_R(x)+(F_{j-1/2}-f_h(u^+_{j-1/2}))g_L(x)$$

其中，$F_{j\pm1/2}$ 为数值通量，$g_{L,R}(x)$ 为即将定义的函数。为了一致性，必须有

$$g_L(x_{j-1/2})=1,\quad g_L(x_{j+1/2})=0,\quad g_R(x_{j-1/2})=0,\quad g_R(x_{j+1/2})=1 \qquad (12.90)$$

然后进一步要求 g_L 和 g_R 是 $m+1$ 阶多项式。这就产生了格式

$$\frac{d\boldsymbol{u}_j}{dt}+\tilde{D}\boldsymbol{f}=(F_{j+1/2}-f_h(u^-_{j+1/2}))\frac{dg_R(\boldsymbol{x}_j)}{dx}+(F_{j-1/2}-f_h(u^+_{j-1/2}))\frac{dg_L(\boldsymbol{x}_j)}{dx}$$

如果选择

$$G_j(x_{j+1/2},u)=f(u_j(x^-_{j+1/2})),\quad G^*_j(x_{j+1/2},u)=F(u^-_{j+1/2},u^+_{j+1/2})$$

而且

$$\Psi_i(x)=\delta(x-x_{j,i}),\quad \Phi_i(x)=Q_i(x)\delta(x-x_{j,i})$$

在 (12.83) 中, 得到

$$\frac{d\boldsymbol{u}_j}{dt}+\tilde{\mathrm{D}}\boldsymbol{f}=Q_m(\boldsymbol{x}_j)(F_{j+1/2}-f_h(u^-_{j+1/2}))+Q_0(\boldsymbol{x}_j)(F_{j-1/2}-f_h(u^+_{j-1/2}))$$

定义

$$Q_0(x)=-\frac{dg_L(x)}{dx},\quad Q_m(x)=\frac{dg_R(x)}{dx}$$

我们认为这个格式是一种惩罚方法, 这在 12.3.1 节中讨论过。类似地, 定义

$$Q_0(x)=-\tilde{l}_0'(x),\quad Q_m(x)=\tilde{l}_{m+1}'(x)$$

产生谱差分格式, 这在 12.3.3 节中讨论过。

不过, 这种通量重构格式的解释最早在 [119] 中讨论过, 尽管只是专注它们与间断伽辽金方法和谱差分格式之间的联系。

如 12.3.1 节中关于惩罚方法的讨论, 两个函数 $g_{L,R}$ 的选择对稳定性起核心作用。就像之前一样, 让我们通过一个例子来探讨这一点。

例 12.38 关注线性波动方程

$$\frac{\partial u}{\partial t}+\frac{\partial au}{\partial x}=0,\quad a>0$$

满足周期性边界条件和适当的初始条件。

在这种情况下, 通量重构格式为

$$\frac{d\boldsymbol{u}_j}{dt}+a\tilde{\mathrm{D}}\boldsymbol{u}_j=(F_{j+1/2}-au^-_{j+1/2})\frac{dg_R\left(\boldsymbol{x}_j\right)}{dx}+(F_{j-1/2}-au^+_{j-1/2})\frac{dg_L\left(\boldsymbol{x}_j\right)}{dx}$$

将其写作

$$\frac{d\boldsymbol{u}_j}{dt}+a\tilde{\mathrm{D}}\boldsymbol{u}_j=f_R\frac{dg_R(\boldsymbol{x}_j)}{dx}+f_L\frac{dg_L(\boldsymbol{x}_j)}{dx}\tag{12.91}$$

$f_{L,R}$ 为两个界面之间通量差的直接定义。

为了确定 $g_{L,R}$ 上的条件以构建稳定的格式, 我们遵循 [120] 的研究并对 (12.91) 进行左乘 $\boldsymbol{u}^{\mathrm{T}}\mathrm{M}$, 其中 M 为精确质量矩阵。从而得到能量表述

$$\frac{1}{2}\frac{d}{dt}\|u_h\|_h^2+\frac{a}{2}\left(u_h^2\left(1\right)-u_h^2\left(-1\right)\right)=f_R\int_{-1}^1 u_h\frac{dg_R}{dx}dx+f_L\int_{-1}^1 u_h\frac{dg_L}{dx}dx$$

为了简单起见, 假设 $[x_{j-1/2}, x_{j+1/2}] = [-1, 1]$。回顾 (12.90), 分部积分得到

$$\frac{1}{2}\frac{d}{dt}\|u_h\|_h^2 + \frac{a}{2}\left(u_h^2(1) - u_h^2(-1)\right) = f_R\left[u_h(1) - \int_{-1}^{1}\frac{\partial u_h}{\partial x}g_R dx\right] + f_L\left[-u_h(-1) - \int_{-1}^{1} g_L\frac{\partial u_h}{\partial x}dx\right]$$

使用与例 12.37 相同的参数, 选择

$$g_L(x) = \frac{(-1)^{m+1}}{2}(\tilde{P}_{m+1}(x) - \tilde{P}_m(x)), \quad g_R(x) = \frac{1}{2}(\tilde{P}_{m+1}(x) + \tilde{P}_m(x))$$

可以保证通过正交性消去两项积分, 得到一个具有节点基的间断伽辽金方法。

为了获得其他可用格式, 回想由于 u_h 是 m 阶多项式, 其满足 $\mathrm{D}^{m+1}\boldsymbol{u} = 0$。因此, 使用 D^m 左乘 (12.91) 可得

$$\frac{d}{dt}\boldsymbol{u}^{(m)} = f_R\frac{d^{m+1}g_R}{dx^{m+1}}(\boldsymbol{x}) + f_L\frac{d^{m+1}g_L}{dx^{m+1}}(\boldsymbol{x})$$

如果再乘以 $\left(\boldsymbol{u}^{(m)}\right)^{\mathrm{T}}\mathrm{M}$, 就能得到

$$\begin{aligned}\frac{1}{2}\frac{d}{dt}\|u_h^{(m)}\|_h^2 &= f_R\int_{-1}^{1}u_h^{(m)}g_R^{(m+1)}dx + f_L\int_{-1}^{1}u_h^{(m)}g_L^{(m+1)}dx \\ &= 2f_R u_h^{(m)}g_R^{(m+1)} + 2f_L u_h^{(m)}g_L^{(m+1)}\end{aligned}$$

最后一步的化简的依据为 u_h 是 m 阶多项式而 $g_{L,R}$ 是 $m+1$ 阶多项式, 即 $u_h^{(m)}$ 和 $g_{L,R}^{(m+1)}$ 是常数。现在让我们来考虑

$$\begin{aligned}\frac{1}{2}\frac{d}{dt}\left(\|u_h\|_h^2 + \frac{c}{2}\left\|u_h^{(m)}\right\|_h^2\right) =& -\frac{a}{2}(u_h(1)^2 - u_h(-1)^2) \\ &+ f_R\left[u_h(1) - \int_{-1}^{1}\frac{\partial u_h}{\partial x}g_R dx + cu_h^{(m)}g_R^{(m+1)}\right] \\ &- f_L\left[u_h(-1) + \int_{-1}^{1}\frac{\partial u_h}{\partial x}g_L dx - cu_h^{(m)}g_L^{(m+1)}\right]\end{aligned}$$

假设 $c \geqslant 0$, u 是解析的, $\|u_h\|_h^2 + \frac{c}{2}\|u_h^{(m)}\|_h^2$ 是在 m 上一致的范数, 通过满足下式来保持稳定性

$$\int_{-1}^{1}\boldsymbol{l}'(x)g_{L,R}(x)\,dx - c\boldsymbol{l}^{(m)}g_{L,R}^{(m+1)} = 0$$

要理解必须对 c 施加界限以确保修正后的范数是一个范数, 考虑

$$\|u_h\|_h^2 + \frac{c}{2}\|u_h^{(m)}\|_h^2 = \sum_{i=0}^{m} \tilde{u}_i^2 + \frac{c}{2}(a_m m!)^2 \tilde{u}_m^2 = \sum_{i=0}^{m-1} \tilde{u}_i^2 + \left(1 + \frac{c}{2}(a_m m!)^2\right)\tilde{u}_m^2$$

其中

$$a_m = \frac{(2m)!}{2^m (m!)^2}$$

是勒让德多项式的主导项[121]。因此, 我们得出结论

$$\frac{-2}{(2m+1)(a_m m!)^2} \leqslant c < \infty$$

对于谱惩罚方法, 需得到参数下界以保证稳定性。

为了概述如何得到合适的函数 $g_{L,R}$, 假设它们是对称的, $g_L(x) = g_R(-x)$。在这种情况下, 可以考虑条件

$$\int_{-1}^{1} \boldsymbol{l}'(x) g(x)\, dx - c\boldsymbol{l}^{(m)} g^{(m+1)} = 0$$

通过仔细评估拉格朗日多项式的性质来找到 g 的条件, [120] 提出了一般多项式

$$g_L(x) = \frac{(-1)^m}{2}\left(\tilde{P}_m(x) - \frac{\eta_m \tilde{P}_{m-1}(x) + \tilde{P}_{m+1}(x)}{1+\eta_m}\right)$$

$$g_R(x) = \frac{1}{2}\left(\tilde{P}_m(x) + \frac{\eta_m \tilde{P}_{m-1}(x) + \tilde{P}_{m+1}(x)}{1+\eta_m}\right)$$

常数 η_m 给定为

$$\eta_m = c\frac{(a_m m!)^2}{\gamma_m}, \quad \gamma_m = \frac{2}{2m+1}$$

通过指定常数 c, 可以确定不同的格式, 例如, 取 $c = 0$, 得到基于高斯–拉道点的间断伽辽金方法。类似地, 选择特定的 c

$$c = \frac{\gamma_m m}{(m+1)(a_m m!)^2} \Rightarrow \eta_m = \frac{m}{m+1}$$

得到

$$g_L(x) = \frac{(-1)^m}{2}(1-x)\tilde{P}_m(x), \quad g_R(x) = \frac{1}{2}(1+x)\tilde{P}_m(x)$$

这就是前一章讨论的谱差分格式, [115] 中有分析。

取

$$c = \frac{\gamma_m (m+1)}{m (a_m m!)^2} \Rightarrow \eta_m = \frac{m+1}{m}$$

得到

$$g_L(x) = \frac{(-1)^m}{2} \left(\tilde{P}_m (x) - \frac{(m+1) \tilde{P}_{m-1} (x) + m \tilde{P}_{m+1} (x)}{2m+1} \right)$$

$$g_R(x) = \frac{1}{2} \left(\tilde{P}_m (x) + \frac{(m+1) \tilde{P}_{m-1} (x) + m \tilde{P}_{m+1} (x)}{2m+1} \right)$$

这就产生了 [119] 中提出的格式。其他选择也是可行的。

让我们最后考虑探索 c 的极限时得到的格式。当 c 趋向于下限时, $\eta_m \to -1$。在这种情况下, $g_{L,R}$ 变得无界。这相当于在界面处施加强烈的通量修正, 不太可能产生一个实用的格式。

当 c 趋向于 ∞ 时,

$$g_L(x) = \frac{(-1)^m}{2} \left(\tilde{P}_{m-1} (x) - \tilde{P}_m (x) \right), \quad g_R(x) = \frac{1}{2} \left(\tilde{P}_{m-1} (x) + \tilde{P}_m (x) \right)$$

这就是上面讨论过的高斯–拉道函数, 虽然低了一阶。

[120] 的一项比较研究表明, $c=0$ 对通量重构法具有更高精度, 但对此的深入理解还有待进一步研究。特别是, 实现非线性稳定性还处在空想阶段, 因为非线性通量函数的逐点估计存在混叠误差, 且上述分析非常依赖光滑解。在 [122, 123] 中可以找到一些额外的分析。

通量重构法已被推广至多维非结构化网格[124] 和扩散高阶算子[125, 126], 并且目前已经有了高效的计算软件[127]。

12.4 扩展到多维问题

到目前为止, 我们基本上都在关注一维问题的间断伽辽金格式的格式和分析。很快我们就会认识到, 从理论的角度来说这是可以直接推广到多维问题的。

考虑多维守恒律方程

$$\frac{\partial u (\boldsymbol{x}, t)}{\partial t} + \nabla \cdot \boldsymbol{f} (u (\boldsymbol{x}, t), \boldsymbol{x}, t) = 0, \quad \boldsymbol{x} \in \Omega \in R^d$$

$$u(\boldsymbol{x}, t) = g(\boldsymbol{x}, t), \quad \boldsymbol{x} \in \partial\Omega_i$$

$$u\left(\boldsymbol{x},0\right)=f\left(\boldsymbol{x}\right) \tag{12.92}$$

为了简单并不失一般性, 仅关注标量方程, 因为与向量方程相关的问题在多维情况下也不会有什么特殊性, 这已经在前面详细讨论过了。假设在边界 $\partial\Omega_i$ 上, 所有流入点, 即通量–雅可比矩阵 $\hat{\boldsymbol{n}}\cdot\nabla_u\boldsymbol{f}$ 的特征值沿外法线 $\hat{\boldsymbol{n}}$ 为负的点都有正确数量的边界条件。

为了保证几何灵活性并为间断伽辽金方法铺路, 假设 Ω 可以平铺为 N 个非重叠微元

$$\Omega\simeq\Omega_h=\bigcup_{j=1}^{N}\mathsf{D}_j$$

其中, D_j 可以是任何填充空间的形状, 例如, 二维的三角形/四边形或者三维空间中的四面体或六面体, 这些都是最常用的微元。类似地, 更一般的多边形/多面体的组合也是可能的。为了简单起见, 假设微元是直边的, 同样这个要求也可以放宽, 如 [27,128]。此外, 不需要各微元相一致, 这进一步扩展了格式的通用性。

现在沿用一维方法的路线, 并假设解可通过下式近似

$$u(\boldsymbol{x},t)\simeq u_h\left(\boldsymbol{x},t\right)=\bigoplus_{j=1}^{N}u_j(\boldsymbol{x},t)\in V_h=\bigoplus_{j=1}^{N}\operatorname{span}\left\{\psi_i\left(\mathsf{D}_j\right)\right\}_{i=1}^{N_p}$$

其中, $\psi_n(\mathsf{D}_j)$ 是定义在微元 D_j 上的 d 维多项式基。局部多项式 $u_j(\boldsymbol{x},t)$ 可以表示为

$$\boldsymbol{x}\in\mathsf{D}_j:u_j(\boldsymbol{x},t)=\sum_{i=1}^{N_p}u_j(\boldsymbol{x}_{j,i},t)\ell_{j,i}(\boldsymbol{x})$$

其中, $\ell_{j,i}(\boldsymbol{x})$ 是由某些适当的网格点 $\boldsymbol{x}_{j,i}\in\mathsf{D}_j$ 定义的多维拉格朗日多项式。在 d 维空间, m 阶基的基数是

$$N_p=\begin{pmatrix}m+d\\m\end{pmatrix}$$

要求残差正交于所有的测试函数, $\ell_{j,i}\in\mathsf{V}_h$, 这就产生了局部表达式

$$\forall i,j:\int_{\mathsf{D}_j}\left[\frac{\partial u_j}{\partial t}l_{j,i}(\boldsymbol{x})-\boldsymbol{f}_j\cdot\nabla l_{j,i}(\boldsymbol{x})\right]d\boldsymbol{x}=-\oint_{\partial\mathsf{D}_j}\hat{\boldsymbol{n}}\cdot\boldsymbol{F}l_{j,i}(\boldsymbol{x})d\boldsymbol{x}$$

再次应用高斯散度定理, 得到

$$\int_{\mathsf{D}_j}\left[\frac{\partial u_j}{\partial t}+\nabla\cdot\boldsymbol{f}_j\right]\ell_{j,i}(\boldsymbol{x})d\boldsymbol{x}=\oint_{\partial\mathsf{D}_j}\hat{\boldsymbol{n}}\cdot\left[\boldsymbol{f}_j-\boldsymbol{F}\right]\ell_{j,i}(\boldsymbol{x})d\boldsymbol{x}$$

这些分别被称为多维情况下节点间断伽辽金方法的弱形式和强形式。

最后一步, 需要指定数值通量 $\boldsymbol{F}$。这本质上是对一维情况的一般化, 通常选择单调的局部拉克斯–弗里德里希斯通量

$$\boldsymbol{F}(a,b)=\frac{f(a)+f(b)}{2}+\frac{C}{2}\hat{\boldsymbol{n}}(a-b)$$

其中, C 是方向通量雅可比矩阵特征值的局部绝对最大值

$$C=\max_{u\in[a,b]}\left|\lambda\left(\hat{\boldsymbol{n}}\cdot\nabla_u\boldsymbol{f}\right)\right|$$

对一维问题而言, 格式的实际应用多少有些复杂, 而且需要注意各种细节。有关这方面的综合讨论, 参考 [11,27], 该讨论以各种问题为例进行。

一维情况和多维情况的一个关键区别, 就在于格式可达到的精度。回想在一维情况下, 假设数值通量是基于精确迎风通量的, 可以得到线性系统最优收敛速度 $\mathcal{O}(h^{m+1})$。

为了理解多维情况, 考虑线性中子输运方程

$$\boldsymbol{\alpha}\cdot\nabla u+\beta u=f,\quad x\in\Omega\subset R^2 \tag{12.93}$$

在 [14] 中, 如果 u 是光滑的, Ω 由矩形微元平铺组成, 使用 m 阶张量基和迎风通量的每个格式均显示出最优收敛:

$$\|u-u_h\|_h\leqslant Ch^{m+1}\|u\|_{h,m+2}$$

这与 12.1.3 节中讨论的一维结果一致。然而, 在一般三角网格中, 分析表明精度会降至 $\mathcal{O}(h^m)$。这一估计可以改进为[15]

$$\|u-u_h\|_h\leqslant Ch^{m+1/2}\|u\|_{h,m+1} \tag{12.94}$$

前提是三角剖分是准均匀的, 即所有三角形的角度有常数下界, 不受微元尺寸 h 的影响。在 [129] 中, 这个结果进一步改进为

$$\|u-u_h\|_h\leqslant Ch^{m+1}\|u\|_{h,m+2}$$

对于所有边线都远离特征方向的准均匀网格, 即所有的微元边线的向外法向量满足 $|\boldsymbol{\alpha}\cdot\hat{\boldsymbol{n}}|>0$。换句话说, 这种分析不适用于边线与特征方向对齐的情况。

为了理解这种特殊情况, 考虑一个例子, 摘自 [16]。

例 12.39　考虑 $\boldsymbol{\alpha}=(0,1)$ 与 $\beta=0$ 的中子方程 (12.93)

$$\frac{\partial u}{\partial y}=0,\quad \boldsymbol{x}\in[0,1]^2$$

和边界条件

$$u(x,0)=x$$

很容易得到精确解 $u(x,y)=x$。

假设用一个简单的网格对 $\Omega=[0,1]^2$ 进行三角划分，满足 $h_x=h=1/I$ 且 $h_y=h/2$，其中 I 是 x 轴上的单元格数。换句话说，水平边长度是垂直边长度的两倍，除此之外网格是完全规则的。

采用最简单格式与 $m=0$ 基。因此，有限体积格式为

$$\oint_{\partial \mathsf{D}_j}\hat{n}_y u^* d\boldsymbol{x}=0$$

如果定义网格函数

$$u_{i,j}=u_h\left(ih_x,jh_y\right) 对 \begin{cases} i=1/2,3/2,5/2,\cdots,I-1/2, & j=0,2,4,\cdots,J \\ i=0,1,2,\cdots,I, & j=1,3,5,\cdots,J-1 \end{cases}$$

利用迎风通量和网格的几何形状，局部格式变为

$$u_{i,j+1}=\frac{1}{2}\left[u_{i-1/2,j}+u_{i+1/2,j}\right]$$

如果进一步假设对称性 $u_{i,j}=u_{-i,j}$ 成立，则这也可以扩展至边界

$$u_{0,j+1}=u_{1/2,j}$$

通过归纳，可以得到精确数值解

$$u_{i,j}=\frac{1}{2^j}\sum_{q=0}^{j}\binom{j}{q}u_{j/2-q+i,0}=\frac{1}{2^j}\sum_{q=0}^{j}\binom{j}{q}\left|h\left(j/2-q+i\right)\right|,\quad i<I-\frac{j}{2}$$

因为 $u(x,0)=x$，对序号 i 的限制是为了避免有限域引起的复杂性。

沿 $x=0$ 和 $x=1$，网格与特征方向对齐。因此，考虑 $(0,1-h_y)$ 处的解为 (其中，$J'=J-1$)

$$u_{0,J'}=\frac{1}{2^{J'}}\sum_{q=0}^{J'}\binom{J'}{q}\left|h\left(j/2-q\right)\right|=\sum_{j=1,3,5,\cdots}^{J'}\frac{h}{2j}\binom{j-1}{(j-1)/2}$$

参考 [16] 中的归纳法来进行最后的证明。对偶数, 使用斯特林公式 (Stirling's formula), 可得

$$\binom{a}{a/2} = \frac{a!}{(a/2)!\,(a/2)!} \geqslant c2^{a+1}a^{-1/2}$$

其中, c 是一个独立于 a 的正常数。因为 $J' \propto h^{-1}$, 得到

$$u_{0,J'} \geqslant ch \sum_{j=1,\cdots,5}^{J'} \frac{1}{\sqrt{j-1}} \geqslant ch \int_{1}^{J'/2} \frac{1}{\sqrt{2s}} ds \geqslant ch\sqrt{J'} \geqslant ch^{1/2}$$

由于精确解是 $u(0,y)=0$, 这个结果反映了逐点误差, 并指出某些特定网格会失去最优收敛性。

如示例中突出强调的, 如果 $\hat{\boldsymbol{n}} \cdot \boldsymbol{\alpha} = 0$, 可能会失去最佳收敛速度。在 [16] 中, 这被用于构建案例以证明在 L^2 空间中对高阶情况会失去最优性, 并证实 (12.94) 是明确的。值得强调的是, 这种次优解只会在非常特定的网格中观察到。一般来说, 在求解一般非结构网格上具有光滑解的问题时, 可以实现最优收敛速度。对于线性问题, 可以通过适当地构建网格, 避免这种特殊情况发生。

只要使用单调通量, 这些结论就可以适用于具有光滑解的非线性问题。在多维情况下, 使用迎风通量的情况已在 [51, 52] 中得到证明。

对于非光滑解的一般非线性情况, 主要的复杂性在于解的高阶精度与 TVD 不能同时相容。因此, 人们所能期望的最好情形是解是 TVB 的。这些结论的发展历程, 包括多维标量和方程组情形, 可参考 [25, 26]。

12.5 间断伽辽金方法的运用

现在开始讨论一维问题的间断伽辽金方法的实现。这些方法利用了本章讨论过的算子和局部节点。对于边界条件, 需要扩展计算域。然而, 由于现在是在复制界面点, 因此尽管原理相同, 但过程与 5.3.1 节中介绍的方法略有不同。这在 extendDG.m 中给出。

脚本 12.19: extendDG.m: 通过展开方式在间断伽辽金方法中施加边界条件

```
function [ue]=extendDG(u,BCl,ul,BCr,ur)
% Purpose: Extend dependent and independent vectors u with m+1 entries
% subject to approproate boundary conditions for DG formulation
% BC="D"-Dirichlet; BC="N"-Neumann; BC="P"-periodic
% u-BC value-only active for Dirichlet BC
```

```
dim=size(u); m=dim(1)-1; N=dim(2);
ue=zeros(m+1,N+2); ue(:,2:N+1)=u;

% Periodic extension of u
if(BCl=='P')|(BCr=='P')
  ue(:,1)=u(:,N); ue(:,N+2)=u(:,1);
  return;
end;

% Left extension
if BCl=='D'
  ue(:,1)=-flipud(u(:,1))+2*ul;
else
  ue(:,1)=flipud(u(:,1));
end

% Right extension
if BCr=='D'
    ue(:,N+2)=-flipud(u(:,N))+2*ur;
else
    ue(:,N+2)=flipud(u(:,N));
end
return
```

另一个需要考虑的问题是如何选择时间步长 k, 以保证离散稳定性。到目前为止, 我们都依赖于 CFL 条件

$$k \leqslant Ch$$

C 主要取决于系统中最快的特征速率, 其次取决于格式的阶数。对于间断伽辽金方法, 每个微元上更为复杂的多项式结构改变了这一点。局部近似阶与 CFL 条件常数之间的确切关系尚不清楚, 然而经验和一些启发 (见 [27,130]) 表明鲁棒的选择是

$$k \leqslant Ch_{\min}, \quad h_{\min} = h \min_i \Delta^+ r_i$$

其中, r_i 是每个微元中使用的高斯–洛巴托点。换句话说, CFL 数不是由单元格大小定义的, 而是由单元格中任意两个节点之间最小距离决定的。

12.5.1 线性波动方程

如前所述, 让我们从求解线性波动方程开始

$$\frac{\partial u}{\partial t}+\frac{\partial u}{\partial x}=0$$

满足适当的初始条件和边界条件。LinwaveDGDriver1D.m 中设置了网格和初始条件, 并大致描述了计算模型。

脚本 12.20: LinwaveDGDriver1D.m: 使用间断伽辽金方法求解一维线性波动方程的问题设置和网格生成

```
% Driver script for solving the 1D wave equations using an DG scheme
clear all

% Order of method (m), number of elements (N)
m=1; N=128;

% Set problem parameters
FinalTime=4.0; CFL=0.20;
xmin=-1; xmax=1;

% Generate mesh
VX=(xmax-xmin)*(0:N)/N+xmin; r=LegendreGL(m);
x=ones(m+1,1)*VX(1:N)+0.5*(r+1)*(VX(2:N+1)-VX(1:N));
h=(xmax-xmin)/N;

% Define initial conditions
uh=wavetest(x(:),0.5,-0.7,0.005,10,log(2)/(36*0.005^2));
u=reshape(uh,m+1,N),

% Solve Problem
[u]=LinwaveDG1D(x,u,h,m,N,CFL,FinalTime);
```

在 LinwaveDG1D.m 中, 基于使用间断伽辽金方法离散化的线性波动问题的右端项计算, 使用三阶 SSPERK 格式进行时间积分。如果需要, 这也是应用限制器的地方。

脚本 12.21: LinwaveDG1D.m: 使用间断伽辽金方法求解一维线性波动方程的时间积分

```
function [u]=LinwaveDG1D(x,u,h,m,N,CFL,FinalTime)
% function [u]=LinwaveDG1D(x,u,h,m,N,CFL,FinalTime)
% Purpose:Integrate 1D linear wave equation until FinalTime using a DG
%             scheme and 3rd order SSP-RK method
```

```
% Initialize operators at Legendre Gauss-Lobatto grid
r=LegendreGL(m); V=VandermondeDG(m, r); D=DmatrixDG(m, r, V);
Ma=inv(V*V'); S=Ma*D; iV=inv(V);

% Compute operator for WENO smoothness evaluator
[Q,Xm,Xp]=WENODGWeights(m,iV);

% Initialize extraction vector
VtoE=zeros(2,N);
for j=1:N
  VtoE(1,j)=(j-1)*(m+1)+1; VtoE(2,j)=j*(m+1);
end

% Compute smallest spatial scale timestep
rLGLmin=abs(r(1)-r(2));
time=0; tstep=0;

% Set timestep
k=CFL*rLGLmin*h;

% integrate scheme
while(time<FinalTime)
  if(time+k>FinalTime) k=FinalTime-time; end
  % Update solution
  rhsu=LinwaveDGrhs1D(x,u,h,k,m,N,Ma,S,VtoE,1.0);
  u1=u+k*rhsu;
  u1=WENOlimitDG(x,u1,m,h,N,V,iV,Q,Xm,Xp);

  rhsu=LinwaveDGrhs1D(x,u1,h,k,m,N,Ma,S,VtoE,1.0);
  u2=(3*u+u1+k*rhsu)/4;
  u2=WENOlimitDG(x,u2,m,h,N,V,iV,Q,Xm,Xp);

  rhsu =LinwaveDGrhs1D(x,u2,h,k,m,N,Ma,S,VtoE,1.0);
  u=(u+2*u2+2*k*rhsu)/3;
  u=WENOlimitDG(x,u,m,h,N,V,iV,Q,Xm,Xp);
  time=time+k; tstep=tstep+1;
end
return
```

在 LinwaveDGrhs1D.m 中给出了使用间断伽辽金方法的右端项空间近似, 并用弱形式表示。这里使用的是全局拉克斯–弗里德里希斯通量。

脚本 12.22: LinwaveDGrhs1D.m: 使用间断伽辽金方法求解一维线性波动方程的右端项计算

```
function [rhsu]=LinwaveDGrhs1D(x,u,h,k,m,N,Ma,S,VtoE,maxvel)
% function [rhsu]=LinwaveDGrhs1D(x,u,h,k,m,N,Ma,S,VtoE,maxvel)
% Purpose:Evaluate the RHS of the linear wave equations using a DG method
Imat=eye(m+1); ue=zeros(2,N+2);

% Extend data and assign boundary conditions
[ue]=extendDG(u(VtoE),'P',0,'P',0);

% Compute numerical fluxes at interfaces
fluxr=LinwaveLF(ue(2,2:N+1),ue(1,3:N+2),0,maxvel);
fluxl=LinwaveLF(ue(2,1:N),ue(1,2:N+1),0,maxvel);

% Compute right hand side of Maxwell's equation
ru=S'*u-(Imat(:,m+1)*fluxr(1,:)-Imat(:,1)*fluxl(1,:));
rhsu=(h/2*Ma)\ru;
return
```

首先考虑 1.4.1 节中讨论的测试算例。图 12.19 显示了不同阶数近似的数值解。虽然高阶近似对整体波传播显然是有好处的, 但由光滑度不足导致的振荡也是很明显的。

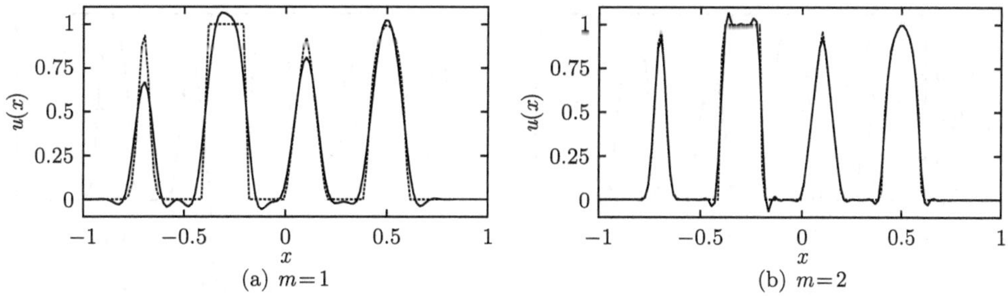

(a) $m=1$ (b) $m=2$

图 12.19 使用拉克斯–弗里德里希斯通量与间断伽辽金方法求解线性波动算例。展示数值解 (实线) 和精确解 (虚线)。所有情况均使用 $N = 128$, 并显示 $T = 4.0$ 时刻的结果

我们探索使用在 12.2.4 节—12.2.5 节中讨论的限制器来消除人工振荡。图 12.20 展现了四个不同限制器的直接比较结果。如图 12.20, 在所有情况中, 都采用 $N = 128$, $m = 1, 2$ 阶近似。使用 minmod 函数作为问题单元格指示器, 使用 MUSCL 限制器作为斜率限制器。

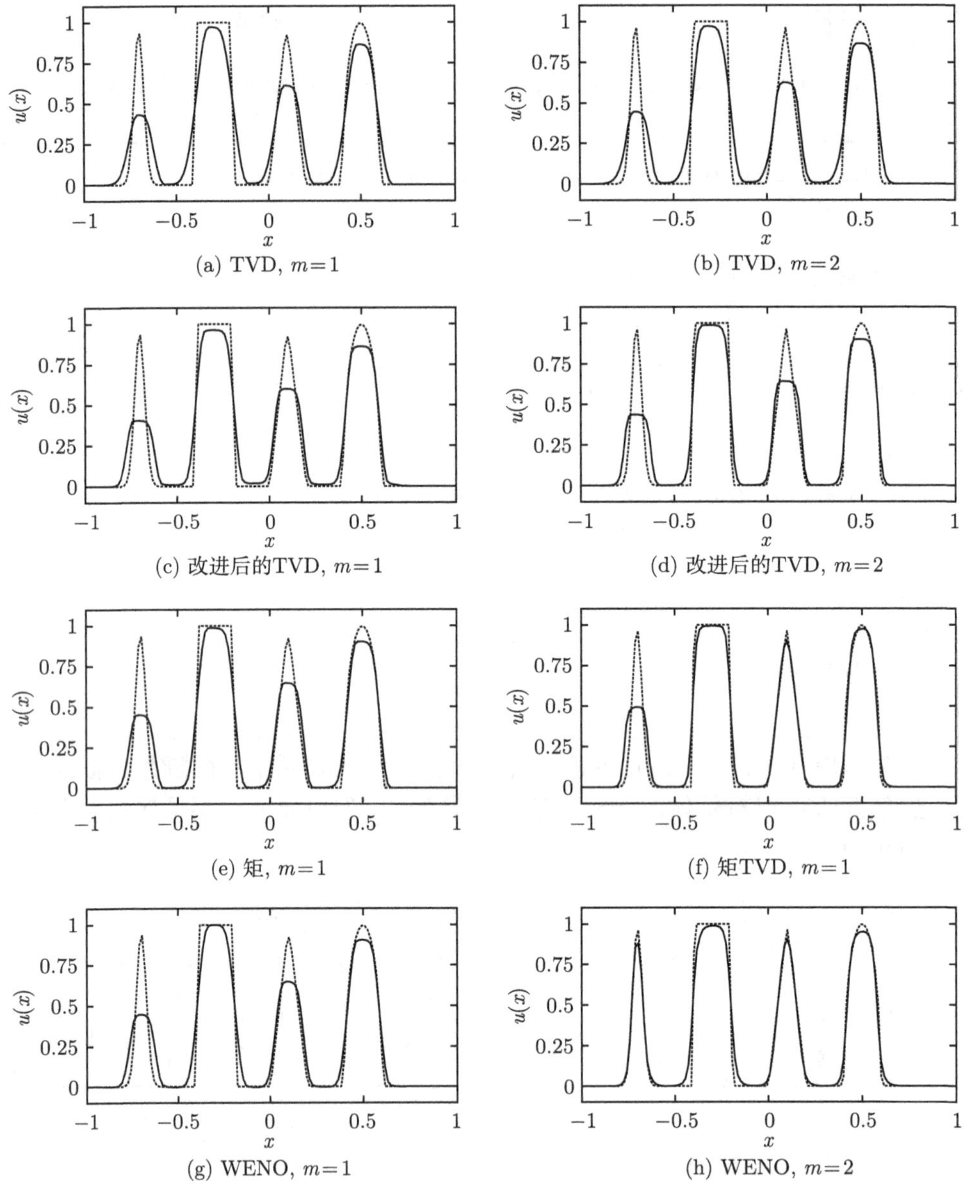

图 12.20　使用 m 阶限制间断伽辽金方法求解线性波动方程时, 限制器对其解的影响。考虑 TVD 限制器[23,24]、改进后的 TVD 限制器[76]、基于矩的限制器[77] 和基于 WENO 的限制器[85]。所有情况取 $N = 128$ 并使用 minmod 函数作为指示函数。除了在 WENO 限制器使用光滑度指示器进行重构外, 均使用 MUSCL 限制器进行重构

虽然随着近似阶数的增加, 人工振荡的消除和解的精度均有提升, 但我们也观察到不同限制器的性能之间存在显著差异。标准 TVD 限制器耗散最大, 改进

后的限制器[76] 在极值处表现更好; 基于矩的限制器[77] 在这种情况下表现非常好, 而基于 WENO 的限制器似乎只比基于更简单的 MUSCL 限制器好一点点。改进最明显的地方是在光滑极值处。

为了提高 WENO 限制器的性能, 让我们考虑使用不同的问题单元格指示器。作为一个示例, 使用 10.2 节中讨论的基于 TVB 的指示器。图 12.21 显示了阶数 $m = 2, 3$ 和 TVB 指示器中选择不同参数 M 的结果。图 12.20 和图 12.21 的比较突出了仔细选择问题单元格指示器所取得的显著改进。与图 12.20 中其他限制器相比, 一致性行为非常明显。当然, 人们也可以考虑将改进后的问题单元格指示器与其他限制器一起使用, 以观察进一步的改进效果。文献 [84] 直接比较了在 WENO 限制的间断伽辽金方法中问题单元格指示器不同选择的影响。

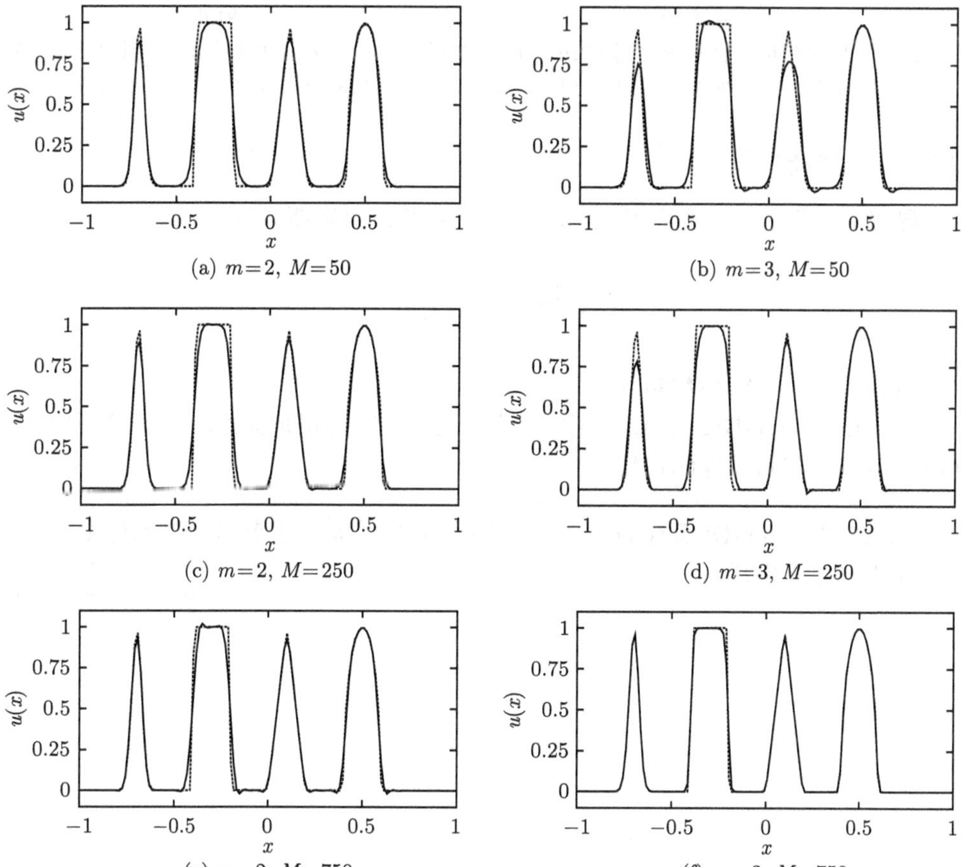

(a) $m=2$, $M=50$ (b) $m=3$, $M=50$

(c) $m=2$, $M=250$ (d) $m=3$, $M=250$

(e) $m=2$, $M=750$ (f) $m=3$, $M=750$

图 12.21 线性波动方程求解中, 改变问题单元格指示器对解 (实线) 的影响, 图中也给出了精确解 (虚线)。在所有情况中, 均取 $N = 128$, 使用基于 TVB 的指示器和 WENO 限制器。结果反映了在 TVB minmod 限制器中改变近似阶数 m 和 M 所产生的变化

最后，让我们考虑极值保持限制器对更复杂但线性的测试算例的影响。图 12.22 显示了增加近似阶数的结果。与理论分析一致，我们观察到它的优异表现。当与图 12.19 的结果比较时，我们可以清楚地观察到人工振荡得以消除，同时不会对格式的精度造成任何直观影响。

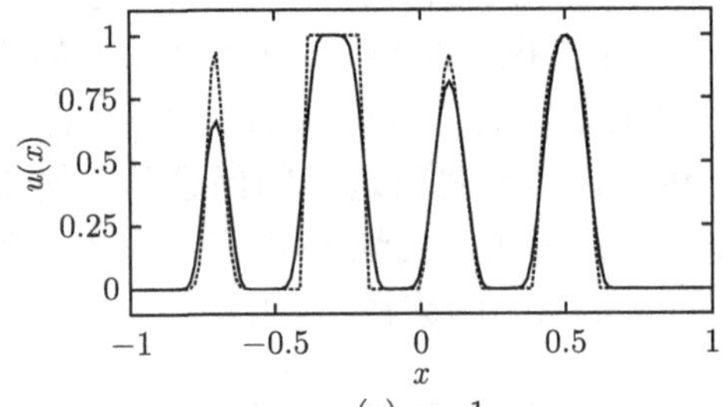

(a) $m=1$

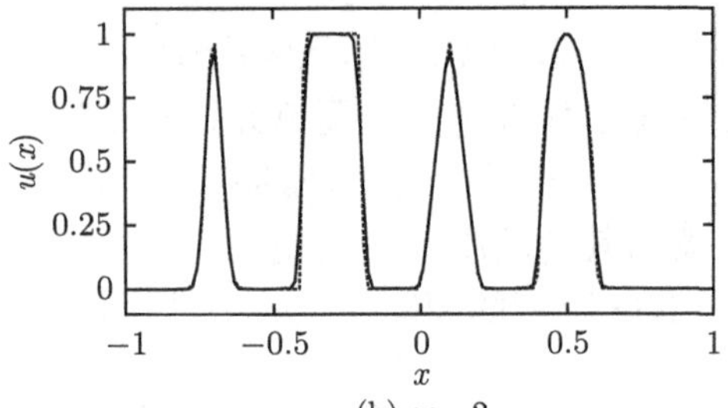

(b) $m=2$

图 12.22　使用带极值保持限制器的 m 阶间断伽辽金方法求解线性波动算例，图中显示了数值解 (实线) 和精确解 (虚线)。在所有情况下，$N = 128$，图中为 $T = 4.0$ 时刻的解

12.5.2　伯格斯方程

观察到线性波动方程的优异结果后，我们考虑伯格斯方程

$$\frac{\partial u}{\partial t} + \frac{\partial u^2}{\partial x} = 0$$

满足适当的边界条件和初始条件。

在 BurgersDGDriver1D.m 中，我们给出了使用间断伽辽金方法求解伯格斯方程的网格与初始条件的设置。

脚本 12.23: BurgersDGDriver1D.m: 使用间断伽辽金方法求解一维伯格斯方程的问题设置和网格生成

```
% Driver script for solving the 1D Burgers' equations using an DG scheme
clear all

% Order of method (m), number of elements (N)
m=1; N=40;

% Set problem parameters
xmin=0.0; xmax=1.0;
FinalTime=0.5; CFL=0.1;

% Generate mesh
```

```
VX=(xmax-xmin)*(0:N)/N+xmin; r=LegendreGL(m);
x=ones(m+1,1)*VX(1:N)+0.5*(r+1)*(VX(2:N+1)-VX(1:N));
h=(xmax-xmin)/N;

% Define initial conditions
u=sin(2*pi*x)+0.8; %periodic BC needed
% u=(1-sign(x-0.2))/2+1; % Constant BC needed

% Solve Problem
[u]=BurgersDG1D(x,u,h,m,N,CFL,FinalTime);
```

如 BurgersDG1D.m 所示, 使用三阶 SSPERK 格式对方程进行时间积分, 同时应用了滤波或限制器。

脚本 12.24: BurgersDG1D.m: 使用间断伽辽金方法求解伯格斯方程的时间积分

```
function [u]=BurgersDG1D(x,u,h,m,N,CFL,FinalTime)
% function [u]=BurgersDG1D(x,u,h,m,N,CFL,FinalTime)
% Purpose:Integrate 1D Burgers' equation until FinalTime using a DG
%         scheme and 3rd order SSP-RK method
% Initialize operators at Legendre-Gauss-Lobatto grid
r=LegendreGL(m); V =VandermondeDG(m, r); D=DmatrixDG(m, r, V);
Ma=inv(V*V'); S=Ma*D; iV=inv(V);

% Compute operator for WENO smoothness evaluator
[Q,Xm,Xp]=WENODGWeights(m,iV);

% Initialize extraction vector
VtoE=zeros(2,N);
for j=1:N
  VtoE(1,j)=(j-1)*(m+1)+1; VtoE(2,j)=j*(m+1);
end

% Initialize filter matrix
% F=FilterDG(m,0,10,V);

% Compute smallest spatial scale timestep
rLGLmin=min(abs(r(1)-r(2)));
time=0; tstep=0;

% Initialize parameters for nonlinear viscosity
```

```
nu=zeros(m+1,N); nu0=2; kappa=-6; c2=1;

% integrate scheme
while (time<FinalTime)
  % Decide on timestep
  maxvel=2*max(max(abs(u))); k=CFL*rLGLmin*h/maxvel;
  if (time+k>FinalTime) k=FinalTime-time; end
  % Update solution-stage 1
  rhsu=BurgersDGrhs1D(x,u,h,k,m,N,Ma,S,VtoE,maxvel);
  u1=u+k*rhsu;
  u1=WENOlimitDG(x,u1,m,h,N,V,iV,Q,Xm,Xp);
  % Update solution-tage 2
  rhsu=BurgersDGrhs1D(x,u1,h,k,m,N,Ma,S,VtoE,maxvel);
  u2=(3*u+u1+k*rhsu)/4;
  u2=WENOlimitDG(x,u2,m,h,N,V,iV,Q,Xm,Xp);
  % Update solution-stage 3
  rhsu =BurgersDGrhs1D(x,u2,h,k,m,N,Ma,S,VtoE,maxvel);
  u=(u+2*u2+2*k*rhsu)/3;
  u=WENOlimitDG(x,u,m,h,N,V,iV,Q,Xm,Xp);
  time=time+k; tstep=tstep+1;
end
return
```

最后, 我们在 BurgersDGrhs1D.m 中给出了使用拉克斯–弗里德里希斯数值通量和间断伽辽金方法求解伯格斯方程的右端项计算过程。

脚本 12.25: BurgersDGrhs1D.m: 使用间断伽辽金方法求解一维伯格斯方程的右端项计算

```
function [rhsu]=BurgersDGrhs1D(x,u,h,k,m,N,Ma,S,VtoE,maxvel)
% function [rhsu]=BurgersDGrhs1D(x,u,h,k,m,N,Ma,S,VtoE,maxvel)
% Purpose:Evaluate the RHS of Burgers' equations using a DG method
Imat=eye(m+1); ue=zeros(N+2,2);

% Extend data and assign boundary conditions
[ue]=extendDG(u(VtoE),'P',0,'P',0);

% Compute numerical fluxes at interfaces
fluxr=BurgersLF(ue(2,2:N+1),ue(1,3:N+2),0,maxvel);
fluxl=BurgersLF(ue(2,1:N),ue(1,2:N+1),0,maxvel);
```

```
% Compute right hand side of Maxwell's equation
ru=S'*(u.^2)-(Imat(:,m+1)*fluxr(1,:)-Imat(:,1)*fluxl(1,:));
rhsu=(h/2*Ma)\ru;
return
```

在这种光滑初始条件的情况下，证明间断伽辽金方法的解会变陡，产生一个移动的激波。初始条件为

$$u(x,0)=\sin(2\pi x)+0.8$$

图 12.23 显示 $T=0.22$ 时刻，使用 $N=128$ 个微元和阶数 $m=2$，结合各种限制器得到的解。在没有限制的情况下，我们观察到所期望的振荡。同时，我们还发现，对于这个简单的测试算例，使用不同的限制器，效果大致相同。极值保持限制器不能消除振荡，只能保证解不会超过极值。因此，正如本例中强调的那样，

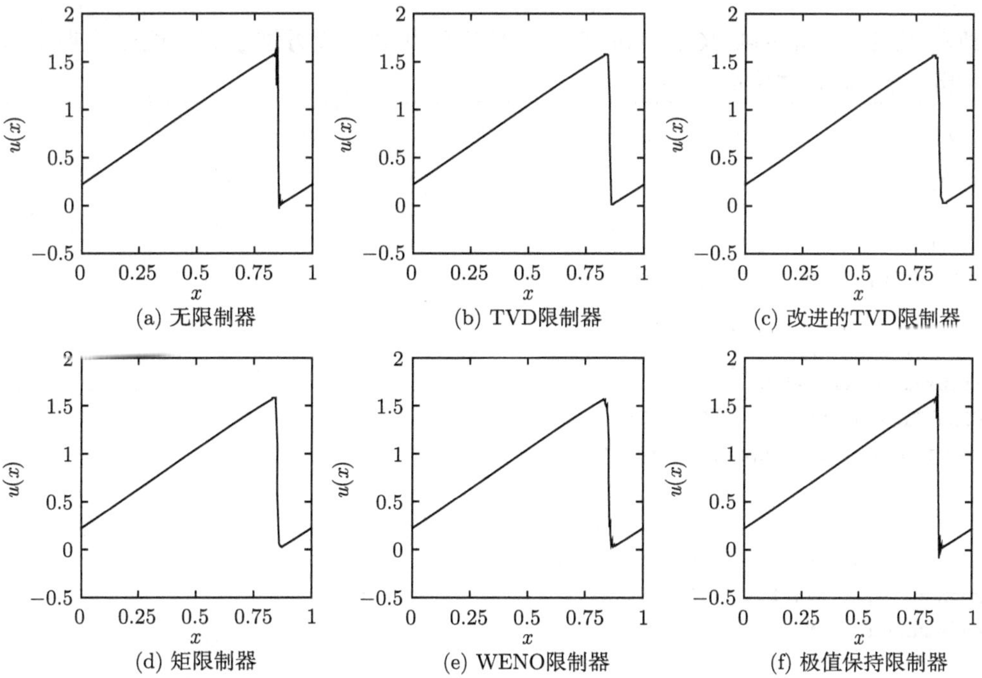

图 12.23 使用不同限制器的间断伽辽金方法求解伯格斯方程。图中给出了每个单元格的完整多项式解。第一行分别展示了无限制器 (左)、TVD 限制器 [23, 24] (中) 以及改进的 TVD 限制器 [76] 的解 (右)。第二行展示了矩限制器 (左) [77]、WENO 限制器 (中) [85] 和极值保持限制器 (右) [90] 的解。所有情况均取 $m=2$, $N=128$, 并使用基于 TVD 的问题单元格指示器。图示为 $T=0.22$ 时刻的结果

如果出现激波, 则振荡将继续存在。在这种情况下, 为了控制振荡需要额外的斜率限制。

12.5.3　麦克斯韦方程

在继续讨论欧拉方程之前, 让我们简单考虑一下一维麦克斯韦方程[131]

$$\varepsilon(x)\frac{\partial E}{\partial t}=\frac{\partial H}{\partial x},\quad \frac{\partial H}{\partial t}=\frac{\partial E}{\partial x},\quad x\in[-1,1]$$

其中, 如 1.4.1 节详细讨论的, 假定系数 ε 为分段常数。假设边界条件为 $E(-1,t)=E(1,t)=0$, 对应封闭金属腔, 部分填充特性为 ε 的材料, 精确解在 1.4.1 节中给出。虽然解本身是连续的, 材料参数的不连续性意味着电场 E 失去光滑性, 并且其导数在材料界面处不连续。正如我们在 5.3.4 节中发现的那样, 这可能会导致收敛阶数降低。

间断伽辽金方法求解一维麦克斯韦方程组的程序见 MaxwellDGDriver1D.m。该程序初始化了网格、初始条件和问题的其他各种参数。

脚本 12.26: MaxwellDGDriver1D .m: 使用间断伽辽金方法求解一维麦克斯韦方程组, 设置问题并生成网格

```
% Driver script for solving the 1D Maxwell's equations using DG scheme
clear all

% Order of method (m), number of elements (N)
m=4; N=10;

% Set problem parameters
xmin=-1.0; xmax=1.0;
FinalTime=sqrt(2.0); CFL=0.25;
epl=1.0; mul=1.0; epr=2.0; mur=1.0;

% Generate mesh
VX=(xmax-xmin)*(0:N)/N+xmin; r=LegendreGL(m);
x=ones(m+1,1)*VX(1:N)+0.5*(r+1)*(VX(2:N+1)-VX(1:N));
h=(xmax-xmin)/N;

% Define domain, materials and initial conditions
Ef=zeros(m+1,N); Hf=zeros(m+1,N);
for k=1:N
   [Ef(:,k), Hf(:,k), ep(:,k), mu(:,k)]=...
      CavityExact(x(:,k), epl, epr, mul, mur, 0);
```

```
end

% Set up material parameters
eps1=[epl*ones(1,N/2), epr*ones(1,N/2)];
mu1=[mul*ones(1,N/2), mur*ones(1,N/2)];
ep=ones(m+1,1)*eps1; mu=ones(m+1,1)*mu1;

% Solve Problem
q=[Ef Hf];
[q]=MaxwellDG1D(x,q,ep,mu,h,m,N,CFL,FinalTime);
```

在 MaxwellDG1D.m 中, 采用三阶 SSPERK 格式进行时间积分。这一过程依赖于使用间断伽辽金方法离散化下的右端项的计算, 详见 MaxwellDGrhs1D.m。

脚本 12.27: MaxwellDG1D.m: 使用间断伽辽金方法求解麦克斯韦方程组的时间积分

```
function [q]=MaxwellDG1D(x,q,ep,mu,h,m,N,CFL,FinalTime)
% function [q]=MaxwellDG1D(x,q,ep,mu,h,m,N,CFL,FinalTime)
% Purpose:Integrate 1D Maxwell's equation until FinalTime using a DG
%         scheme and a 3rd order SSP-RK method.
% Initialize operators at Legendre-Gauss-Lobatto grid
r=LegendreGL(m); V=VandermondeDG(m, r); D=DmatrixDG(m, r, V);
Ma=inv(V*V'); S=Ma*D;

% Initialize extraction vector
VtoE=zeros(2,N);
for j=1:N
  VtoE(1,j)=(j-1)*(m+1)+1; VtoE(2,j)=j*(m+1);
end

% Compute smallest spatial scale timestep
rLGLmin=min(abs(r(1)-r(2)));
time=0; tstep=0;

% Set timestep
cvel=1./sqrt(ep.*mu); maxvel=max(max(cvel));
k=CFL*rLGLmin*h/2/maxvel;

% integrate scheme
while (time<FinalTime)
```

```
  if (time+k>FinalTime) k=FinalTime-time; end

  % Update solution
  [rhsq]=MaxwellDGrhs1D(x,q,ep,mu,h,k,m,N,Ma,S,VtoE,maxvel);
  q1=q+k*rhsq;
  [rhsq]=MaxwellDGrhs1D(x,q1,ep,mu,h,k,m,N,Ma,S,VtoE,maxvel);
  q2=(3*q+q1+k*rhsq)/4;
  [rhsq]=MaxwellDGrhs1D(x,q2,ep,mu,h,k,m,N,Ma,S,VtoE,maxvel);
  q=(q+2*q2+2*k*rhsq)/3;
  time=time+k; tstep=tstep+1;
end
return
```

脚本 12.28: MaxwellDGrhs1D.m: 使用间断伽辽金方法求解一维麦克斯韦方程组的右端项计算

```
function [rhsq]=MaxwellDGrhs1D(x,q,ep,mu,h,k,m,N,Ma,S,VtoE,maxvel);
% function [dq]=MaxwellDGrhs1D(x,q,ep,mu,h,k,m,Ma,Sr,VtoE,maxvel);
% Purpose: Evaluate right hand side for Maxwell's equation using DG method
Imat=eye(m+1);Ee=zeros(2,N+2); He=zeros(2,N+2);
EMl=zeros(N,2); EMr=zeros(N,2); EMm=zeros(N,2); EMp=zeros(N,2);

% Impose boundary conditions
[Ee]=extendDG(q(VtoE,1),'D',0,'D',0);
[He]=extendDG(q(VtoE,2),'N',0,'N',0);

% Compute numerical fluxes at interfaces
EMr=[Ee(2,2:N+1)' He(2,2:N+1)']; EMl=[Ee(1,2:N+1)' He(1,2:N+1)'];
EMm=[Ee(2,1:N)' He(2,1:N)']; EMp=[Ee(1,3:N+2)' He(1,3:N+2)'];
fluxr=MaxwellLF(EMr,EMp,ep(1,:)',mu(1,:)',k/h,maxvel)';
fluxl=MaxwellLF(EMm,EMl,ep(1,:)',mu(1,:)',k/h,maxvel)';

% Compute right hand side of Maxwell's equation
rE=S'*H./ep-(Imat(:,m+1)*fluxr(1,:)-Imat(:,1)*fluxl(1,:));
rH=S'*E./mu-(Imat(:,m+1)*fluxr(2,:)-Imat(:,1)*fluxl(2,:));
rhsq=(h/2*Ma)\[rE rH];
return
```

很明显, 如果设计网格使材料界面限制在一个微元内, 解的有限正则性将影响可达到的精度。根据 12.1.1 节的理论发展, 我们期望这种情况下精度为 $\mathcal{O}\left(h^{3/2}\right)$,

其与 5.3.4 节的计算结果一致。

然而, 间断伽辽金方法的不连续性质表明, 只要保证材料界面与单元格界面重合, 就可以消除有限正则性的影响。在这种情况下, 界面两侧的解都是光滑的, 我们期望得到最优收敛阶数。图 12.24 的结果证实了这一点, 收敛阶数为 $\mathcal{O}(h^{m+1})$。在 [27] 中可以找到网格几何一致性对确保精度的完整阶数的重要性的额外讨论。

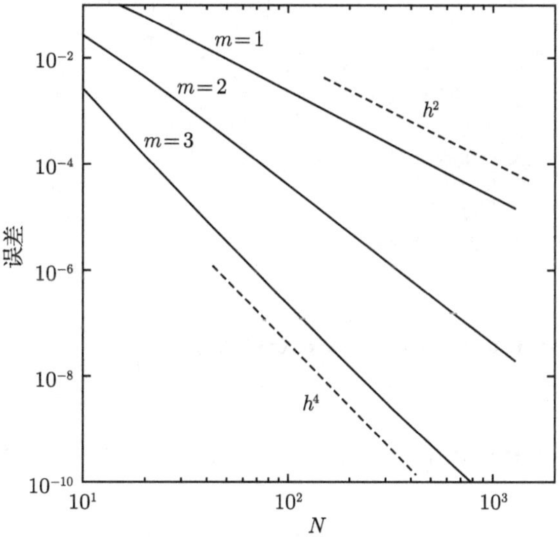

图 12.24 $T=\sqrt{2}$ 时刻, 具有不连续材料界面的空腔中电场的 L^2-误差。使用 N 个微元和 m 阶间断伽辽金方法求解

12.5.4 欧拉方程

作为最后一个例子, 考虑间断伽辽金方法对更有挑战性的欧拉方程的表现, 欧拉方程在 1.4.1 节中已详细讨论, 并给出如下守恒形式

$$\frac{\partial \boldsymbol{q}}{\partial t}+\nabla \cdot \boldsymbol{f}=0$$

其中, 定义守恒变量 $\boldsymbol{q}$ 和通量 $\boldsymbol{f}$ 分别为

$$\boldsymbol{q}=\begin{bmatrix}\rho \\ \rho u \\ E\end{bmatrix}, \quad \boldsymbol{f}=\begin{bmatrix}\rho u \\ \rho u^2+p \\ (E+p)\, u\end{bmatrix}$$

方程组通过理想气体定律封闭

$$p=(\gamma-1)\left(E-\frac{1}{2} \rho u^2\right), \quad c=\sqrt{\frac{\gamma p}{\rho}}$$

其中, c 代表局部声速, 而 γ 是一个依赖于流体性质的常数, 取 $\gamma = 7/5$, 该值为大气气体典型取值。在 EulerDGDriver1D.m 程序中初始化了网格和初始条件。

脚本 12.29: EulerDGDriver1D.m: 使用间断伽辽金方法求解一维欧拉方程, 设置问题并生成网格

```
% Driver script for solving the 1D wave equations using an DG scheme
clear all

% Order of method (m), number of elements (N)
m=1; N=256;

% Set problem parameters
FinalTime=1.8; CFL=0.1; gamma=1.4;

% Define domain, materials and initial conditions
r=zeros(m+1,N); ru=zeros(m+1,N); E=zeros(m+1,N);

% Define spatial grid
xmin=-5; xmax=5; L=xmax-xmin;

% Generate mesh
VX=(xmax-xmin)*(0:N)/N+xmin; rv=LegendreGL(m);
x=ones(m+1,1)*VX(1:N)+0.5*(rv+1)*(VX(2:N+1)-VX(1:N));
h=(xmax-xmin)/N;

% Initialize for Sod's problem
% r=(x<0.5)+(x>=0.5)*0.125;
% E=((x<0.5)+(x>=0.5)*0.1)/(gamma-1);

% Initialize for shock entropy problem
r=(x<-4)*3.857143+(x>=-4).*(1+0.2*sin(pi*x));
ru=(x<-4)*3.857143*2.629369;
p=(x<-4)*10.33333+(x>=-4);
E=p/(gamma-1)+0.5*ru.^2./r;

q=zeros(m+1,N,3); q(:,:,1)=r; q(:,:,2)=ru; q(:,:,3)=E;
% Solve Problem
[q]=EulerDG1D(x,q,h,m,N,CFL,gamma,FinalTime);
```

在 EulerDG1D.m 中给出了采用三阶 SSPERK 格式对系统进行时间积分的

程序, 同时应用限制器或非线性黏度以控制振荡。在使用限制器时, 我们将其应用于特征变量。

脚本 12.30: EulerDG1D.m: 使用间断伽辽金方法求解欧拉方程的时间积分。限制器在 SSPERK 格式的结束阶段进行应用

```
function [q]=EulerDG1D(x,q,h,m,N,CFL,gamma,FinalTime)
% function [q]=EulerDG1D(x,q,h,m,N,CFL,gamma,FinalTime)
% Purpose: Integrate 1D Euler equation until FinalTime using a DG
%          scheme and 3rd order SSP-RK method
% Initialize operators at Legendre-Gauss-Lobatto grid
r=LegendreGL(m); V =VandermondeDG(m, r); D=DmatrixDG(m, r, V);
Ma=inv(V*V'); S=Ma*D; iV=inv(V);

% Compute operator for WENO smoothness evaluator
[qW,Xm,Xp]=WENODGWeights(m,iV);

% Initialize extraction vector
VtoE=zeros(2,N);
for j=1:N
  VtoE(1,j)=(j-1)*(m+1)+1; VtoE(2,j)=j*(m+1);
end

% Compute smallest spatial scale timestep
rLGLmin=abs(r(1)-r(2));
time=0; tstep=0;

% integrate scheme
while (time<FinalTime)
  % Set timestep
  p=(gamma-1)*(q(:,:,3)-0.5*q(:,:,2).^2./q(:,:,1));
  c=sqrt(gamma*p./q(:,:,1));
  maxvel=max(max(c+abs(q(:,:,2)./q(:,:,1)))); k=CFL*h*rLGLmin/maxvel;
  if(time+k>FinalTime) k=FinalTime-time; end

  % Stage 1 of SSPRK
  rhsq=EulerDGrhs1D(x,q,h,k,m,N,gamma,S,Ma,VtoE,maxvel);
  q1=q+k*rhsq;

  % Limit solution through characteristics
  [qc,R]=EulerQtoRDG(q1,gamma,V,iV);
```

```
  R(:,:,1)=SlopeLimitCSDG(x,R(:,:,1),m,h,N,V,iV);
  R(:,:,2)=SlopeLimitCSDG(x,R(:,:,2),m,h,N,V,iV);
  R(:,:,3)=SlopeLimitCSDG(x,R(:,:,3),m,h,N,V,iV);
  q1=EulerRtoQDG(R,qc,gamma,V,iV);

  % Stage 2 of SSPRK
  rhsq=EulerDGrhs1D(x,q1,h,k,m,N,gamma,S,Ma,VtoE,maxvel);
  q2=(3*q+q1+k*rhsq)/4;

  % Limit solution through characteristics
  [qc,R]=EulerQtoRDG(q2,gamma,V,iV);
  R(:,:,1)=SlopeLimitCSDG(x,R(:,:,1),m,h,N,V,iV);
  R(:,:,2)=SlopeLimitCSDG(x,R(:,:,2),m,h,N,V,iV);
  R(:,:,3)=SlopeLimitCSDG(x,R(:,:,3),m,h,N,V,iV);
  q2=EulerRtoQDG(R,qc,gamma,V,iV);

  % Stage 3 of SSPRK
  rhsq=EulerDGrhs1D(x,q2,h,k,m,N,gamma,S,Ma,VtoE,maxvel);
  q=(q+2*q2+2*k*rhsq)/3;

  % Limit solution through characteristics
  [qc,R]=EulerQtoRDG(q,gamma,V,iV);
  R(:,:,1)=SlopeLimitCSDG(x,R(:,:,1),m,h,N,V,iV);
  R(:,:,2)=SlopeLimitCSDG(x,R(:,:,2),m,h,N,V,iV);
  R(:,:,3)=SlopeLimitCSDG(x,R(:,:,3),m,h,N,V,iV);
  q=EulerRtoQDG(R,qc,gamma,V,iV);

  time=time+k; tstep=tstep+1;
end
return
```

在程序 EulerDGrhs1D.m 中，使用拉克斯–弗里德里希斯数值通量与间断伽辽金方法进行右端项计算。

脚本 12.31：EulerDGrhs1D.m：使用间断伽辽金方法求解一维欧拉方程的右端项计算

```
function [rhsq]=EulerDGrhs1D(x,q,h,k,m,N,gamma,S,Ma,VtoE,maxvel)
% function [rhsq]=EulerDGrhs1D(x,q,h,k,m,N,gamma,S,Ma,VtoE,maxvel)
% Purpose: Evaluate the RHS of the Euler equations using a DG method
Imat=eye(m+1); re=zeros(2,N+2); rue=zeros(2,N+2); Ee=zeros(2,N+2);
```

```
% Extract solution
r=q(:,:,1); ru=q(:,:,2); E=q(:,:,3);

% Extend data and assign boundary conditions
% [re]=extendDG( r(VtoE),'D',1.0,'D',0.125);
% [rue]=extendDG(ru(VtoE),'D',0,'N',0);
% [Ee]=extendDG( E(VtoE),'D',2.5,'N',0);

[re]=extendDG( r(VtoE),'D',3.857143,'N',0);
[rue]=extendDG(ru(VtoE),'D',10.141852,'D',0);
[Ee]=extendDG( E(VtoE),'D',39.166661,'N',0);

% Compute volume fluxes
p=(gamma-1)*(E-0.5*ru.^2./r);
fr=ru; fru=ru.^2./r+p; fE=(E+p).*ru./r;

% Compute surface fluxes
fluxr=EulerLF([re(2,2:N+1)' rue(2,2:N+1)' Ee(2,2:N+1)'],...
                [re(1,3:N+2)' rue(1,3:N+2)' Ee(1,3:N+2)'],...
                gamma, 0, maxvel)';
frr=fluxr(1,:); frur=fluxr(2,:);  fEr=fluxr(3,:);
fluxl=EulerLF([re(2,1:N)' rue(2,1:N)' Ee(2,1:N)'],...
                [re(1,2:N+1)' rue(1,2:N+1)' Ee(1,2:N+1)'],...
                gamma, 0, maxvel)';
frl=fluxl(1,:); frul=fluxl(2,:);  fEl=fluxl(3,:);

% Compute residual
qh=S'*fr-(Imat(:,m+1)*frr(1,:)-Imat(:,1)*frl(1,:));
rhsq(:,:,1)=(h/2*Ma)\qh;
qh=S'*fru-(Imat(:,m+1)*frur(1,:)-Imat(:,1)*frul(1,:));
rhsq(:,:,2)=(h/2*Ma)\qh;
qh=S'*fE-(Imat(:,m+1)*fEr(1,:)-Imat(:,1)*fEl(1,:));
rhsq(:,:,3)=(h/2*Ma)\qh;
return
```

作为一个测试算例, 考虑激波–熵算例[132], 如图 1.8 所示。光滑、快速变化的波和激波的组合使它成为一个复杂的测试算例, 因此特别适合作为高阶方法的基准算例。

首先考虑使用带非线性耗散的间断伽辽金方法来控制解的振荡。在这种特殊情况下, 使用 [72] 中提出的方法, 其中, $\nu_0 = 0.75$, 这在 12.2.3 节中详细讨论。图 12.25 显示了不同 N 和 m 的计算结果。虽然粗分辨率的结果很一般, 但随着 N 和/或 m 的增加, 精度会迅速提高。当 $N = 512$, $m = 3$ 时, 结果与参考解相比, 有很好的一致性。与图 11.17 中的高阶精度 WENO 格式的直接比较说明两者在相当的分辨率水平上有出色的一致性。

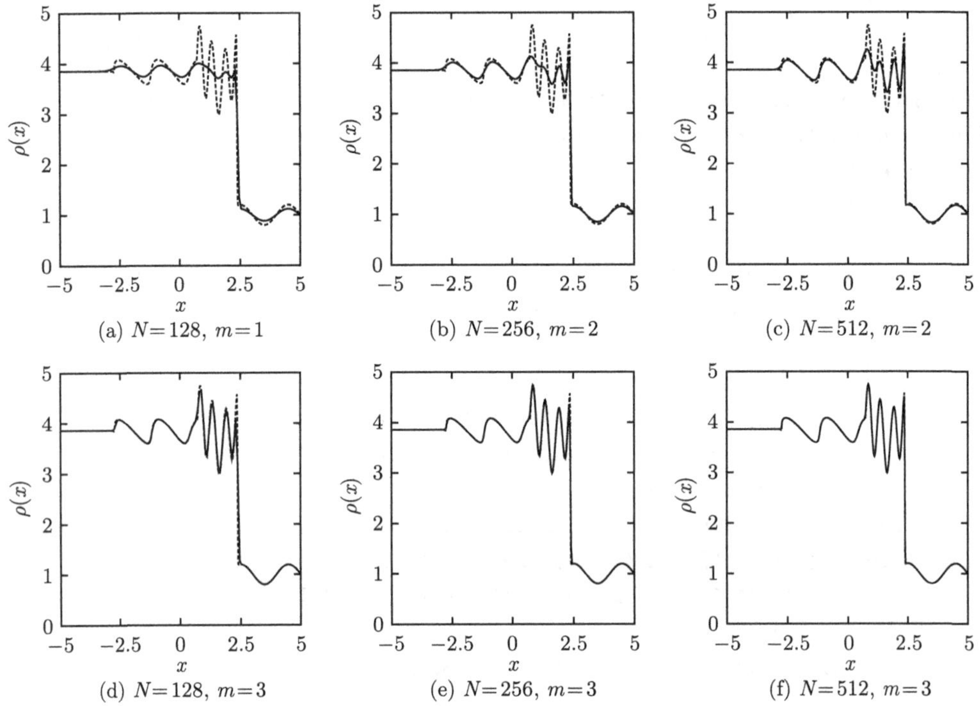

图 12.25　使用 N 个微元、m 阶间断伽辽金方法和非线性黏度, 求解欧拉方程的激波–熵问题的密度解。对所有算例, 使用 $\nu_0 = 0.75$, CFL= 0.1。虚线表示参考解

即使对于这个相对复杂的测试案例, 非线性耗散也能很好地发挥功效, 让我们也考虑限制器的表现。对于标量问题, 限制器直接应用于标量场。另一方面, 对于整个系统来说, 限制器应用于特征变量以免引入额外的振荡。如 11.3.4 节详细讨论和图 11.16 所示。这对于高阶精度格式特别重要。

脚本 12.32: EulerQtoRDG.m: 根据欧拉方程的守恒变量计算特征变量

```
function [qc,R]=EulerQtoRDG(q,gamma,V,iV);
% function [qc,R]=EulerQtoRDG(q,gamma,V,iV);
% Purpose: Compute characteristic values from conserved values with
% transformation based on cell average in DG formulation.
```

```
dim=size(q); m=dim(1)-1; N=dim(2); R=zeros(m+1,N,3); qc=zeros(3,N);

% Extract conserved values and compute cell averages
r=q(:,:,1); mu=q(:,:,2); E=q(:,:,3);
rh=iV*r;  rh(2:(m+1),:)=0; ra=V*rh; qc(1,:)=ra(1,:);
muh=iV*mu; muh(2:(m+1),:)=0; mua=V*muh; qc(2,:)=mua(1,:);
Eh=iV*E;  Eh(2:(m+1),:)=0; Ea=V*Eh; qc(3,:)=Ea(1,:);

% Compute characteristic values
for i=1:N
    [S, iS, Lam]=EulerChar([qc(1,i) qc(2,i) qc(3,i)],gamma);
    qh=[r(:,i) mu(:,i) E(:,i)]; Ch=(iS*qh')';
    R(:,i,1)=Ch(:,1); R(:,i,2)=Ch(:,2); R(:,i,3)=Ch(:,3);
end
return
```

在 EulerRtoQDG.m 中，我们给出了通过基于单元格均值的相似变换 (如 3.3 节)，从守恒变量得到特征变量的过程。逆过程通过 EulerRtoQDG.m 实现。如 EulerDG1D.m 所示，这两个程序分别在应用限制器前后使用。

脚本 12.33: EulerRtoQDG.m: 根据欧拉方程的特征变量计算守恒变量

```
function [q]=EulerRtoQDG(R,qc,gamma,V,iV);
% function [q]=EulerRtoQ(R,qc,gamma,V,iV);
% Purpose: Compute conserved values from characteristic values with
% transformation based on cell average in DG formulation.
dim=size(R); m=dim(1)-1; N=dim(2); q=zeros(m+1,N,3);

% Compute conserved values
for i=1:N
   [S, iS, Lam]=EulerChar([qc(1,i) qc(2,i) qc(3,i)],gamma);
   qh=[R(:,i,1) R(:,i,2) R(:,i,3)]; Ch=(S*qh')';
   q(:,i,1)=Ch(:,1); q(:,i,2)=Ch(:,2); q(:,i,3)=Ch(:,3);
end
return
```

首先考虑使用 TVD 限制器[23,24] 和一个简单的、基于 minmod 的问题单元格指示器。选择不同的 N 和 m，结果如图 12.26 所示。虽然没有观察到任何人工振荡，但随着分辨率的增加，确实观察到明显的收敛迹象，该结果不如使用非线性耗散 (图 12.25) 或使用 WENO 方法 (图 11.16) 得到的结果。

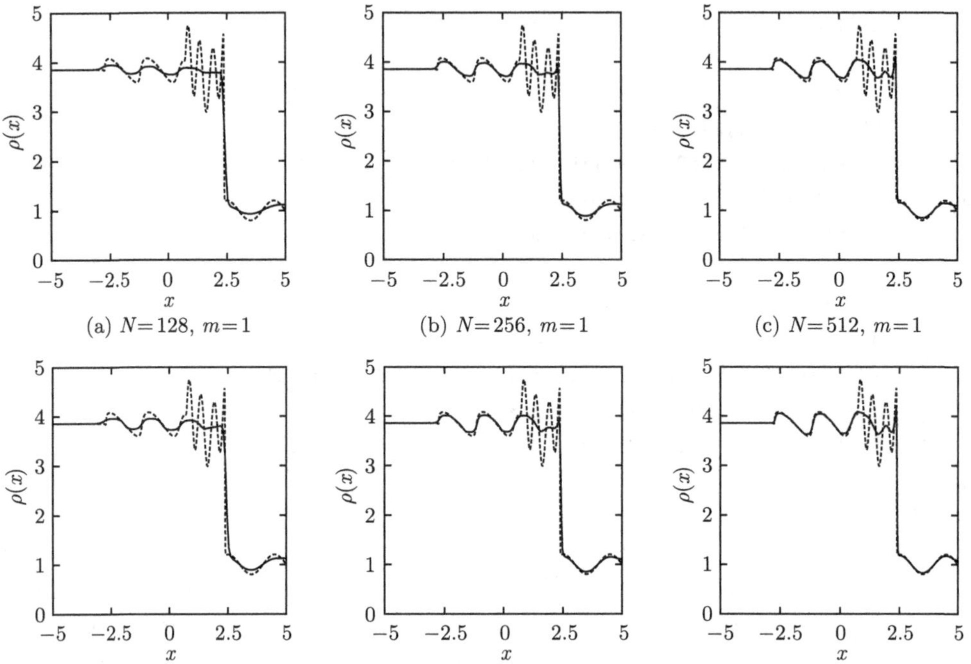

(a) $N=128,\ m=1$　(b) $N=256,\ m=1$　(c) $N=512,\ m=1$

(d) $N=128,\ m=2$　(e) $N=256,\ m=2$　(f) $N=512,\ m=2$

图 12.26　使用 N 个微元、m 阶间断伽辽金方法和基于 TVD 的问题单元格指示器, 计算欧拉方程激波–熵问题的密度解。在所有测试中, 使用 TVD 限制器[85] 和 CFL = 0.1。虚线表示参考解

图 12.27 展现了使用基于 WENO 的限制器进行相同实验的结果。与图 12.26 的结果相比, 当 N 和/或 m 增加时, 我们观察到收敛性的增强和整体精度的显著的提高。然而与图 12.25 或图 11.16 的结果相比, 结果的整体质量较差。

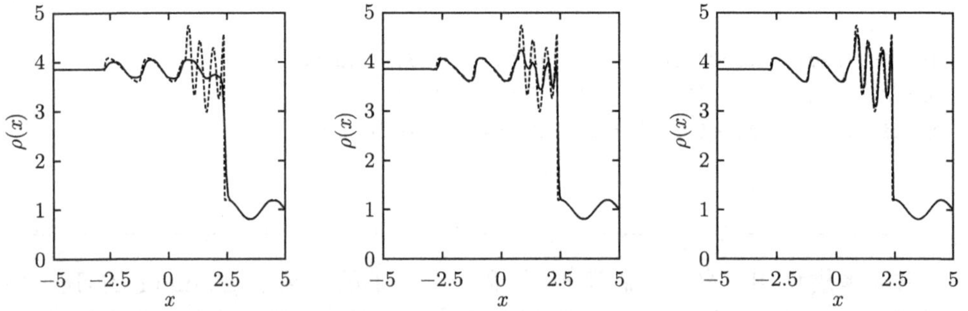

(a) $N=128,\ m=1$　(b) $N=256,\ m=1$　(c) $N=512,\ m=1$

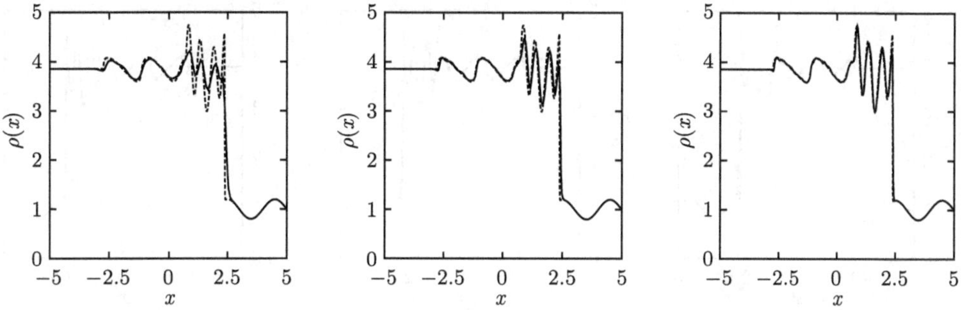

(d) $N=128$, $m=2$ (e) $N=256$, $m=2$ (f) $N=512$, $m=2$

图 12.27 使用 N 个微元、m 阶间断伽辽金方法和基于 TVD 的问题单元格指示器, 计算欧拉方程激波–熵问题的密度解。在所有测试中, 使用基于 WENO 的限制器[85] 和 CFL = 0.1。虚线表示参考解

为了改善这种情况, 回顾图 12.21 中的结果, 其中使用 TVB-minmod 函数作为问题单元格指示器, 并观察到显著改善。这里很自然地采用类似的方法, 即使这需要用实验确定 TVB-minmod 函数 (10.15) 中 M 的值。

首先使用 TVB-minmod 函数作为问题单元格指示器, 重复基于 TVB 的限制器的计算。图 12.28 为随分辨率增加的结果, 与图 12.26 中的结果相比, 我们观察到该格式在精度和收敛性方面有很大的改进。图 12.28 给出了问题单元格指示器所用的 M 值, 并通过实验进行了优化。正如预料中的那样, 我们观察到 M 微弱依赖于 N 和 m。

图 12.29 展示了基于 WENO 的限制器结合基于 TVB-minmod 函数的问题单元格指示器时同样的计算结果。我们再次观察到, 与图 12.27 相比, 结果有了显著改进, 并且当 N 或 m 增加时, 收敛性增强。结合图 12.25 或图 11.16 中的结果, 可比较不同方法结果的精度。

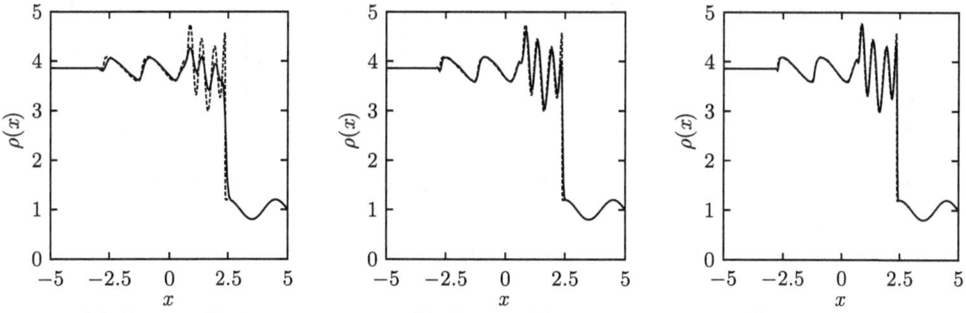

(a) $N=128$, $M=25$ (b) $N=256$, $M=100$ (c) $N=512$, $M=200$

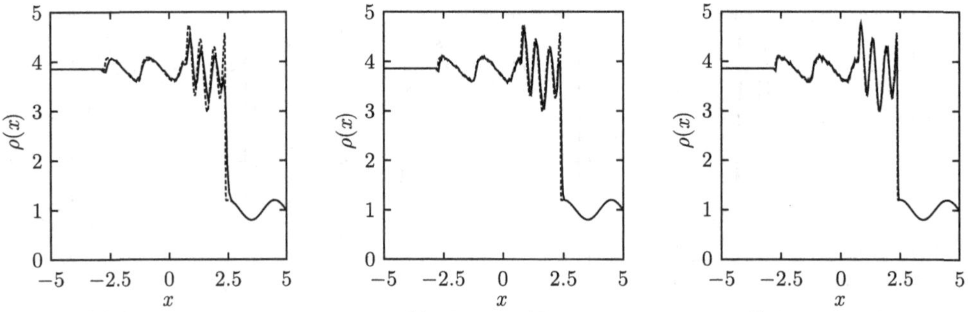

(d) $N=128$, $M=50$　　(e) $N=256$, $M=200$　　(f) $N=512$, $M=400$

图 12.28　使用 N 个微元、m 阶间断伽辽金方法和基于 TVD 的问题单元格指示器, 计算欧拉方程激波–熵问题的密度解。在所有测试中, 使用 TVD 限制器 [85] 和 CFL = 0.1。虚线表示参考解

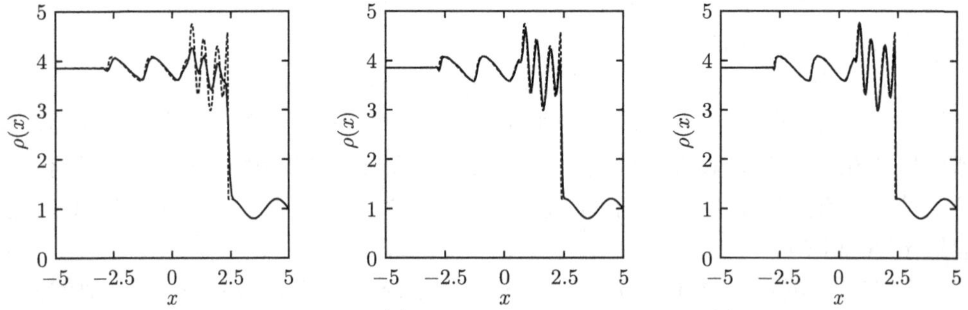

(a) $N=128$, $m=1$, $m=25$　　(b) $N=256$, $m=1$, $m=100$　　(c) $N=512$, $m=1$, $m=200$

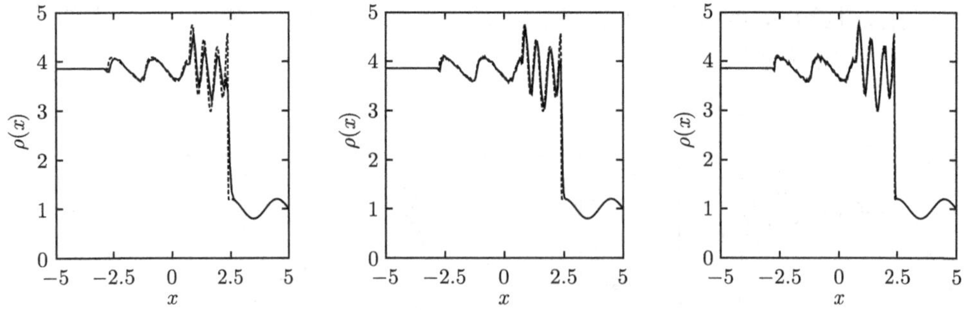

(d) $N=128$, $m=2$, $m=50$　　(e) $N=256$, $m=2$, $m=200$　　(f) $N=512$, $m=2$, $m=400$

图 12.29　使用 N 个微元、m 阶间断伽辽金方法和基于 TVD 的问题单元格指示器, 计算欧拉方程激波–熵问题的密度解。在所有测试中, 使用 WENO 限制器 [85] 和 CFL = 0.1。虚线表示参考解

参考文献

[1] Rémi Abgrall. On essentially non-oscillatory schemes on unstructured meshes: analysis and implementation. *Journal of Computational Physics*, 114(1): 45-58, 1994.

[2] Changqing Hu and Chi-Wang Shu. Weighted essentially non-oscillatory schemes on triangular meshes. *Journal of Computational Physics*, 150(1): 97-127, 1999.

[3] Jing Shi, Changqing Hu, and Chi-Wang Shu. A technique of treating negative weights in WENO schemes. *Journal of Computational Physics*, 175(1): 108-127, 2002.

[4] Michael Dumbser and Martin Käser. Arbitrary high order non-oscillatory finite volume schemes on unstructured meshes for linear hyperbolic systems. *Journal of Computational Physics*, 221(2): 693-723, 2007.

[5] Thomas JR Hughes. *The finite element method: linear static and dynamic finite element analysis.* Courier Corporation, 2012.

[6] Gilbert Strang and George J Fix. *An analysis of the finite element method*, volume 212 of *Automatic Computation.* Prentice-Hall, 1973.

[7] Olgierd Cecil Zienkiewicz, Robert Leroy Taylor, Olgierd Cecil Zienkiewicz, and Robert Lee Taylor. *The Finite Element Method*, volume 3. McGraw-Hill, 1977.

[8] Olgierd Cecil Zienkiewicz and Robert Leroy Taylor. *The finite element method: solid mechanics*, volume 2. Butterworth-heinemann, 2000.

[9] Susanne C Brenner, L Ridgway Scott, and L Ridgway Scott. *The mathematical theory of finite element methods*, volume 15 of *Texts in Applied Mathematics.* Springer, 2008.

[10] Alexandre Ern and Jean-Luc Guermond. *Theory and practice of finite elements*, volume 159. Springer Science & Business Media, 2013.

[11] George Karniadakis and Spencer Sherwin. *Spectral/hp Element Methods for Computational Fluid Dynamics.* Oxford University Press, 2013.

[12] Tayfun E Tezduyar. *Stabilized finite element formulations for incompressible flow computations.* Academic Press, 1992.

[13] William H Reed and Thomas R Hill. Triangular mesh methods for the neutron transport equation. Technical report, Los Alamos Scientific Lab., N. Mex.(USA), 1973.

[14] Pierre Lesaint and Pierre-Arnaud Raviart. On a finite element method for solving the neutron transport equation. *Mathematical Aspects of Finite Elements in Partial Differential Equations*, 33: 89-123, 1974.

[15] Claes Johnson and Juhani Pitkäranta. An analysis of the discontinuous Galerkin method for a scalar hyperbolic equation. *Mathematics of Computation*, 46(173): 1-26, 1986.

[16] Todd E Peterson. A note on the convergence of the discontinuous Galerkin method for a scalar hyperbolic equation. *SIAM Journal on Numerical Analysis*, 28(1): 133-140, 1991.

[17] Franco Brezzi, L Donatella Marini, and Endre Süli. Discontinuous Galerkin methods for first-order hyperbolic problems. *Mathematical Models and Methods in Applied sciences*, 14(12): 1893-1903, 2004.

[18] Alexandre Ern and Jean-Luc Guermond. Discontinuous Galerkin methods for Friedrichs' systems. I. general theory. *SIAM Journal on Numerical Analysis*, 44(2): 753-778, 2006.

[19] Guy Chavent and Gabriella Salzano. A finite-element method for the 1-D water flooding problem with gravity. *Journal of Computational Physics*, 45(3): 307-344, 1982.

[20] Guy Chavent and Bernardo Cockburn. The local projection p^0-p^1 discontinuous Galerkin finite element method for scalar conservation laws. *ESAIM: Mathematical Modelling and Numerical Analysis*, 23(4): 565-592, 1989.

[21] Bernardo Cockburn and Chi-Wang Shu. The Runge-Kutta local projection p^1 discontinuous Galerkin finite element method for scalar conservation laws. *ESAIM: Mathematical Modelling and Numerical Analysis*, 25(3): 337-361, 1991.

[22] Chi-Wang Shu. TVB uniformly high-order schemes for conservation laws. *Mathematics of Computation*, 49(179): 105-121, 1987.

[23] Bernardo Cockburn and Chi-Wang Shu. TVB Runge-Kutta local projection discontinuous Galerkin finite element method for conservation laws. Ⅱ. general framework. *Mathematics of Computation*, 52(186): 411-435, 1989.

[24] Bernardo Cockburn, San-Yih Lin, and Chi-Wang Shu. TVB Runge-Kutta local projection discontinuous Galerkin finite element method for conservation laws Ⅲ: one-dimensional systems. *Journal of Computational Physics*, 84(1): 90-113, 1989.

[25] Bernardo Cockburn, Suchung Hou, and Chi-Wang Shu. The Runge-Kutta local projection discontinuous Galerkin finite element method for conservation laws. Ⅳ. the multidimensional case. *Mathematics of Computation*, 54(190): 545-581, 1990.

[26] Bernardo Cockburn and Chi-Wang Shu. The Runge-Kutta discontinuous Galerkin method for conservation laws V: multidimensional systems. *Journal of Computational Physics*, 141(2): 199-224, 1998.

[27] Jan S Hesthaven and Tim Warburton. *Nodal discontinuous Galerkin methods: algorithms, analysis, and applications*. Springer Science & Business Media, 2007.

[28] Béatrice Rivière. *Discontinuous Galerkin methods for solving elliptic and parabolic equations: theory and implementation*, volume 35 of *Frontiers in Applied Mathematics*. SIAM, 2008.

[29] Ben Q Li. *Discontinuous finite elements in fluid dynamics and heat transfer*, volume 578. Springer Science & Business Media, 2006.

[30] Gabor Szeg. *Orthogonal polynomials*, volume 23. American Mathematical Society, 1939.

[31] Philip J Davis and Philip Rabinowitz. *Numerical Integration*. Blaisdell Publishing Company, 1967.

[32] David Gottlieb and Steven A Orszag. *Numerical analysis of spectral methods: theory and applications*, volume 26 of *CBMS-NSF Regional Conference Series in Applied Mathematics*. SIAM, 1977.

[33] Claudio Canuto and Alfio Quarteroni. Approximation results for orthogonal polynomials in sobolev spaces. *Mathematics of Computation*, 38(157): 67-86, 1982.

[34] Eitan Tadmor. The exponential accuracy of Fourier and Chebyshev differencing methods. *SIAM Journal on Numerical Analysis*, 23(1): 1-10, 1986.

[35] Jan S Hesthaven, Sigal Gottlieb, and David Gottlieb. *Spectral methods for time-dependent problems*, volume 21 of *Cambridge Monographs on Applied and Computational Mathematics*. Cambridge University Press, 2007.

[36] Christoph Schwab and Ch Schwab. *p-and hp-finite element methods: Theory and applications in solid and fluid mechanics*. Oxford University Press, 1998.

[37] Jan S Hesthaven. From electrostatics to almost optimal nodal sets for polynomial interpolation in a simplex. *SIAM Journal on Numerical Analysis*, 35(2): 655-676, 1998.

[38] Gene H Golub and John H Welsch. Calculation of Gauss quadrature rules. *Mathematics of Computation*, 23(106): 221-230, 1969.

[39] Christine Bernardi and Yvon Maday. Polynomial interpolation results in Sobolev spaces. *Journal of Computational and Applied Mathematics*, 43(1): 53-80, 1992.

[40] Mark H Carpenter, David Gottlieb, and Chi-Wang Shu. On the conservation and convergence to weak solutions of global schemes. *Journal of Scientific Computing*, 18(1): 111-132, 2003.

[41] Guang Shan Jiang and Chi-Wang Shu. On a cell entropy inequality for discontinuous Galerkin methods. *Mathematics of Computation*, 62(206): 531-538, 1994.

[42] Stanley Osher. Riemann solvers, the entropy condition, and difference. *SIAM Journal on Numerical Analysis*, 21(2): 217-235, 1984.

[43] Songming Hou and Xu-Dong Liu. Solutions of multi-dimensional hyperbolic systems of conservation laws by square entropy condition satisfying discontinuous Galerkin method. *Journal of Scientific Computing*, 31: 127-151, 2007.

[44] Gregor J Gassner. A skew-symmetric discontinuous Galerkin spectral element discretization and its relation to SBP-SAT finite difference methods. *SIAM Journal on Scientific Computing*, 35(3): A1233-A1253, 2013.

[45] Mark H Carpenter, Travis C Fisher, Eric J Nielsen, and Steven H Frankel. Entropy stable spectral collocation schemes for the Navier-Stokes equations: Discontinuous interfaces. *SIAM Journal on Scientific Computing*, 36(5): B835-B867, 2014.

[46] Travis C Fisher and Mark H Carpenter. High-order entropy stable finite difference schemes for nonlinear conservation laws: Finite domains. *Journal of Computational Physics*, 252: 518-557, 2013.

[47] Tianheng Chen and Chi-Wang Shu. Entropy stable high order discontinuous Galerkin methods with suitable quadrature rules for hyperbolic conservation laws. *Journal of Computational Physics*, 345: 427-461, 2017.

[48] Bernardo Cockburn. *Discontinuous Galerkin Methods for Convection-Dominated Problems*, pages 69-224. Springer Berlin Heidelberg, Berlin, Heidelberg, 1999.

[49] Philippe G Ciarlet. *The finite element method for elliptic problems*, volume 40 of *Classics in Applied Mathematics*. SIAM, 2002.

[50] Bernardo Cockburn and Chi-Wang Shu. Runge-Kutta discontinuous Galerkin methods for convection-dominated problems. *Journal of Scientific Computing*, 16(3): 173-261, 2001.

[51] Qiang Zhang and Chi-Wang Shu. Error estimates to smooth solutions of Runge-Kutta discontinuous Galerkin methods for scalar conservation laws. *SIAM Journal on Numerical Analysis*, 42(2): 641-666, 2004.

[52] Qiang Zhang and Chi-Wang Shu. Error estimates to smooth solutions of Runge-Kutta discontinuous Galerkin method for symmetrizable systems of conservation laws. *SIAM Journal on Numerical Analysis*, 44(4): 1703-1720, 2006.

[53] Fang Q Hu, M Yousuff Hussaini, and Patrick Rasetarinera. An analysis of the discontinuous Galerkin method for wave propagation problems. *Journal of Computational Physics*, 151(2): 921-946, 1999.

[54] Spencer Sherwin. Dispersion analysis of the continuous and discontinuous Galerkin formulations. In *Discontinuous Galerkin Methods: Theory, Computation and Applications*, pages 425-431. Springer, 2000.

[55] Fang Q Hu and Harold L Atkins. Eigensolution analysis of the discontinuous Galerkin method with nonuniform grids: I. one space dimension. *Journal of Computational Physics*, 182(2): 516-545, 2002.

[56] Fang Q Hu and Harold L Atkins. Two-dimensional wave analysis of the discontinuous Galerkin method with non-uniform grids and boundary conditions. In *8th AIAA/CEAS Aeroacoustics Conference and Exhibit*, page 2514, 2002.

[57] Mark Ainsworth. Dispersive and dissipative behaviour of high order discontinuous Galerkin finite element methods. *Journal of Computational Physics*, 198(1): 106-130, 2004.

[58] Bernardo Cockburn and Johnny Guzmán. Error estimates for the Runge-Kutta discontinuous Galerkin method for the transport equation with discontinuous initial data. *SIAM Journal on Numerical Analysis*, 46(3): 1364-1398, 2008.

[59] Michael S Mock and Peter D Lax. Computation of discontinuous solutions of linear hyperbolic equations. *Commun. Pure Appl. Math.;(United States)*, 31(4): 423-430, 1978.

[60] Peter D Lax. *Accuracy and resolution in the computation of solutions of linear and nonlinear equations.* Springer Collected Works in Mathematics, Selected Papers Volume I. 2005.

[61] Jens Zudrop and Jan S Hesthaven. Accuracy of high order and spectral methods for hyperbolic conservation laws with discontinuous solutions. *SIAM Journal on Numerical Analysis*, 53(4): 1857-1875, 2015.

[62] Saul Abarbanel, David Gottlieb, and Eitan Tadmor. Spectral methods for discontinuous problems. Technical report, Langley Research Center, NASA, 1985.

[63] David Gottlieb and Jan S Hesthaven. Spectral methods for hyperbolic problems. *Journal of Computational and Applied Mathematics*, 128(1): 83-131, 2001.

[64] Claudio Canute, M Yousuff Hussaini, Alfio Quarteroni, and Thomas A Zang. Spectral methods in fluid dynamics. *Springer-Verlag*, 1988.

[65] Jinzhi Fan and Hua Li. A shock capturing technique using an adaptive filter for CPR schemes. *Technical Report*, 2015.

[66] Jan Hesthaven and Robert Kirby. Filtering in legendre spectral methods. *Mathematics of Computation*, 77(263): 1425-1452, 2008.

[67] Hervé Vandeven. Family of spectral filters for discontinuous problems. *Journal of Scientific Computing*, 6: 159-192, 1991.

[68] Bertil Gustafsson, Heinz-Otto Kreiss, and Joseph Oliger. *Time dependent problems and difference methods*, volume 24 of *Pure and Applied Mathematics*. John Wiley & Sons, 1995.

[69] Bernardo Cockburn and Chi-Wang Shu. The local discontinuous Galerkin method for time-dependent convection-diffusion systems. *SIAM Journal on Numerical Analysis*, 35(6): 2440-2463, 1998.

[70] Catherine Mavriplis. Adaptive mesh strategies for the spectral element method. *Computer Methods in Applied Mechanics and Engineering*, 116(1): 77-86, 1994.

[71] Per-Olof Persson and Jaime Peraire. Sub-cell shock capturing for discontinuous Galerkin methods. In *44th AIAA Aerospace Sciences Meeting and Exhibit*, page 112, 2006.

[72] Andreas Klöckner, Tim Warburton, and Jan S Hesthaven. Viscous shock capturing in a time-explicit discontinuous Galerkin method. *Mathematical Modelling of Natural Phenomena*, 6(3): 57-83, 2011.

[73] Jean-Luc Guermond, Richard Pasquetti, and Bojan Popov. Entropy viscosity method for nonlinear conservation laws. *Journal of Computational Physics*, 230(11): 4248-4267, 2011.

[74] Andrea Bonito, Jean-Luc Guermond, and Bojan Popov. Stability analysis of explicit entropy viscosity methods for non-linear scalar conservation equations. *Mathematics of Computation*, 83: 1039-1062, 2014.

[75] Cea Basdevant, M Deville, P Haldenwang, JM Lacroix, J Ouazzani, R Peyret, Paolo Orlandi, and AT0612 Patera. Spectral and finite difference solutions of the Burgers equation. *Computers & Fluids*, 14(1): 23-41, 1986.

[76] Anne Burbeau, Pierre Sagaut, and Ch-H Bruneau. A problem-independent limiter for high-order Runge-Kutta discontinuous Galerkin methods. *Journal of Computational Physics*, 169(1): 111-150, 2001.

[77] Rupak Biswas, Karen D Devine, and Joseph E Flaherty. Parallel, adaptive finite element methods for conservation laws. *Applied Numerical Mathematics*, 14(1): 255-283, 1994.

[78] Hussein Hoteit, Ph Ackerer, Robert Mosé, Jocelyne Erhel, and Bernard Philippe. New two-dimensional slope limiters for discontinuous Galerkin methods on arbitrary meshes. *International Journal for Numerical Methods in Engineering*, 61(14): 2566-2593, 2004.

[79] Lilia Krivodonova, Jianguo Xin, J-F Remacle, Nicolas Chevaugeon, and Joseph E Flaherty. Shock detection and limiting with discontinuous Galerkin methods for hyperbolic conservation laws. *Applied Numerical Mathematics*, 48(3): 323-338, 2004.

[80] Shuangzhang Tu, Shahrouz Aliabadi, et al. A slope limiting procedure in discontinuous Galerkin finite element method for gasdynamics applications. *International Journal of Numerical Analysis and Modeling*, 2(2): 163-178, 2005.

[81] Michael Yang and Zhi-Jian Wang. A parameter-free generalized moment limiter for high-order methods on unstructured grids. *Advanced in Mathematical Modeling and Mechanics*, 1(4): 451-480, 2009.

[82] Dmitri Kuzmin. A vertex-based hierarchical slope limiter for p-adaptive discontinuous Galerkin methods. *Journal of Computational and Applied Mathematics*, 233(12): 3077-3085, 2010.

[83] Wanai Li, Yu-Xin Ren, Guodong Lei, and Hong Luo. The multi-dimensional limiters for solving hyperbolic conservation laws on unstructured grids. *Journal of Computational Physics*, 230(21): 7775-7795, 2011.

[84] Jianxian Qiu and Chi-Wang Shu. A comparison of troubled-cell indicators for Runge-Kutta discontinuous Galerkin methods using weighted essentially nonoscillatory limiters. *SIAM Journal on Scientific Computing*, 27(3): 995-1013, 2005.

[85] Xinghui Zhong and Chi-Wang Shu. A simple weighted essentially nonoscillatory limiter for Runge-Kutta discontinuous Galerkin methods. *Journal of Computational Physics*, 232(1): 397-415, 2013.

[86] Jianxian Qiu and Chi-Wang Shu. Runge-Kutta discontinuous Galerkin method using WENO limiters. *SIAM Journal on Scientific Computing*, 26(3): 907-929, 2005.

[87] Jun Zhu, Xinghui Zhong, Chi-Wang Shu, and Jianxian Qiu. Runge-Kutta discontinuous Galerkin method using a new type of weno limiters on unstructured meshes. *Journal of Computational Physics*, 248: 200-220, 2013.

[88] Jianxian Qiu and Chi-Wang Shu. Hermite WENO schemes and their application as limiters for Runge-Kutta discontinuous Galerkin method: one-dimensional case. *Journal of Computational Physics*, 193(1): 115-135, 2004.

[89] Jianxian Qiu and Chi-Wang Shu. Hermite WENO schemes and their application as limiters for Runge-Kutta discontinuous Galerkin method Ⅱ: Two dimensional case. *Computers & Fluids*, 34(6): 642-663, 2005.

[90] Xiangxiong Zhang and Chi-Wang Shu. On maximum-principle-satisfying high order schemes for scalar conservation laws. *Journal of Computational Physics*, 229(9): 3091-3120, 2010.

[91] Xiangxiong Zhang and Chi-Wang Shu. Maximum-principle-satisfying and positivity-preserving high-order schemes for conservation laws: survey and new developments. *Proceedings of the Royal Society A: Mathematical, Physical and Engineering Sciences*, 467(2134): 2752-2776, 2011.

[92] Xiangxiong Zhang and Chi-Wang Shu. On positivity-preserving high order discontinuous Galerkin schemes for compressible Euler equations on rectangular meshes. *Journal of Computational Physics*, 229(23): 8918-8934, 2010.

[93] Daniele Funaro and David Gottlieb. A new method of imposing boundary conditions in pseudospectral approximations of hyperbolic equations. *Mathematics of Computation*, 51(184): 599-613, 1988.

[94] Daniele Funaro and David Gottlieb. Convergence results for pseudospectral approximations of hyperbolic systems by a penalty-type boundary treatment. *Mathematics of Computation*, 57(196): 585-596, 1991.

[95] Jan S Hesthaven and David Gottlieb. A stable penalty method for the compressible Navier-Stokes equations: I. open boundary conditions. *SIAM Journal on Scientific Computing*, 17(3): 579-612, 1996.

[96] Jan S Hesthaven. A stable penalty method for the compressible Navier-Stokes equations: Ⅱ. one-dimensional domain decomposition schemes. *SIAM Journal on Scientific Computing*, 18(3): 658-685, 1997.

[97] Jan S Hesthaven. A stable penalty method for the compressible Navier-Stokes equations: Ⅲ. multidimensional domain decomposition schemes. *SIAM Journal on Scientific Computing*, 20(1): 62-93, 1998.

[98] Jan S Hesthaven. Spectral penalty methods. *Applied Numerical Mathematics*, 33(1): 23-41, 2000.

[99] Mark H Carpenter and David Gottlieb. Spectral methods on arbitrary grids. *Journal of Computational Physics*, 129(1): 74-86, 1996.

[100] Jan S Hesthaven and David Gottlieb. Stable spectral methods for conservation laws on triangles with unstructured grids. *Computer Methods in Applied Mechanics and Engineering*, 175(3): 361-381, 1999.

[101] Jan S Hesthaven and Chun-Hao Teng. Stable spectral methods on tetrahedral elements. *SIAM Journal on Scientific Computing*, 21(6): 2352-2380, 2000.

[102] Zhi Jian Wang. Spectral (finite) volume method for conservation laws on unstructured grids. basic formulation: Basic formulation. *Journal of Computational Physics*, 178(1): 210-251, 2002.

[103] Zhi Jian Wang and Yen Liu. Spectral (finite) volume method for conservation laws on unstructured grids: Ⅱ. extension to two-dimensional scalar equation. *Journal of Computational Physics*, 179(2): 665-697, 2002.

[104] Zhi Jian Wang and Yen Liu. Spectral (finite) volume method for conservation laws on unstructured grids Ⅲ: One dimensional systems and partition optimization. *Journal of Scientific Computing*, 20(1): 137-157, 2004.

[105] Zhi Jian Wang, Laiping Zhang, and Yen Liu. Spectral (finite) volume method for conservation laws on unstructured grids Ⅳ: extension to two-dimensional systems. *Journal of Computational Physics*, 194(2): 716-741, 2004.

[106] Yen Liu, Marcel Vinokur, and Zhi Jian Wang. Spectral (finite) volume method for conservation laws on unstructured grids V: Extension to three-dimensional systems. *Journal of Computational Physics*, 212(2): 454-472, 2006.

[107] Yuzhi Sun, Zhi Jian Wang, and Yen Liu. Spectral (finite) volume method for conservation laws on unstructured grids Ⅵ: Extension to viscous flow. *Journal of Computational Physics*, 215(1): 41-58, 2006.

[108] Mengping Zhang and Chi-Wang Shu. An analysis of and a comparison between the discontinuous Galerkin and the spectral finite volume methods. *Computers & Fluids*, 34(4): 581-592, 2005.

[109] Yen Liu, Marcel Vinokur, and Zhi Jian Wang. Spectral difference method for unstructured grids I: Basic formulation. *Journal of Computational Physics*, 216(2): 780-801, 2006.

[110] Zhi Jian Wang, Yen Liu, Georg May, and Antony Jameson. Spectral difference method for unstructured grids Ⅱ: extension to the Euler equations. *Journal of Scientific Computing*, 32(1): 45-71, 2007.

[111] David A Kopriva and John H Kolias. A conservative staggered-grid Chebyshev multidomain method for compressible flows. *Journal of Computational Physics*, 125(1): 244-261, 1996.

[112] David A Kopriva. A conservative staggered-grid Chebyshev multidomain method for compressible flows. Ⅱ. a semi-structured method. *Journal of Computational Physics*, 128(2): 475-488, 1996.

[113] David A Kopriva. A staggered-grid multidomain spectral method for the compressible Navier-Stokes equations. *Journal of Computational Physics*, 143(1): 125-158, 1998.

[114] Kris Van den Abeele, Chris Lacor, and Zhi Jian Wang. On the connection between the spectral volume and the spectral difference method. *Journal of Computational Physics*, 227(2): 877-885, 2007.

[115] Antony Jameson. A proof of the stability of the spectral difference method for all orders of accuracy. *Journal of Scientific Computing*, 45(1-3): 348-358, 2010.

[116] Kris Van den Abeele, Chris Lacor, and Zhi Jian Wang. On the stability and accuracy of the spectral difference method. *Journal of Scientific Computing*, 37(2): 162-188, 2008.

[117] Georg May and Antony Jameson. A spectral difference method for the euler and Navier-Stokes equations on unstructured meshes. In *44th AIAA Aerospace Sciences Meeting and Exhibit*, page 304, 2006.

[118] Yuzhi Sun, Zhi Jian Wang, and Yen Liu. High-order multidomain spectral difference method for the Navier-Stokes equations on unstructured hexahedral grids. *Communications in Computational Physics*, 2(2): 310-333, 2007.

[119] Hung T Huynh. A flux reconstruction approach to high-order schemes including discontinuous galerkin methods. In *18th AIAA Computational Fluid Dynamics Conference*, page 4079, 2007.

[120] Peter E Vincent, Patrice Castonguay, and Antony Jameson. A new class of high-order energy stable flux reconstruction schemes. *Journal of Scientific Computing*, 47(1): 50-72, 2011.

[121] Milton Abramowitz and Irene A Stegun. Handbook of mathematical functions with formulas, graphs, and mathematical tables. *National Bureau of Standards, Applied Mathematics Series*, 55, 1964.

[122] Peter E Vincent, Patrice Castonguay, and Antony Jameson. Insights from von neumann analysis of high-order flux reconstruction schemes. *Journal of Computational Physics*, 230(22): 8134-8154, 2011.

[123] Antony Jameson, Peter E Vincent, and Patrice Castonguay. On the non-linear stability of flux reconstruction schemes. *Journal of Scientific Computing*, 50(2): 434-445, 2012.

[124] Patrice Castonguay, Peter E Vincent, and Antony Jameson. A new class of high-order energy stable flux reconstruction schemes for triangular elements. *Journal of Scientific Computing*, 51(1): 224-256, 2012.

[125] Patrice Castonguay, David M Williams, Peter E Vincent, and Antony Jameson. Energy stable flux reconstruction schemes for advection-diffusion problems. *Computer Methods in Applied Mechanics and Engineering*, 267: 400-417, 2013.

[126] David M Williams, Patrice Castonguay, Peter E Vincent, and Antony Jameson. Energy stable flux reconstruction schemes for advection-diffusion problems on triangles. *Journal of Computational Physics*, 250: 53-76, 2013.

[127] Freddie D Witherden, Antony M Farrington, and Peter E Vincent. PyFR: An open source framework for solving advection-diffusion type problems on streaming architectures using the flux reconstruction approach. *Computer Physics Communications*, 185(11): 3028-3040, 2014.

[128] Timothy Warburton. A low-storage curvilinear discontinuous Galerkin method for wave problems. *SIAM Journal on Scientific Computing*, 35(4): A1987-A2012, 2013.

[129] Gerard R Richter. An optimal-order error estimate for the discontinuous Galerkin method. *Mathematics of Computation*, 50(181): 75-88, 1988.

[130] David Gottlieb and Eitan Tadmor. The CFL condition for spectral approximations to hyperbolic initial-boundary value problems. *Mathematics of Computation*, 56(194): 565-588, 1991.

[131] Wikipedia contributors. Maxwell's equations. accessed August 2016.

[132] Chi-Wang Shu and Stanley Osher. Efficient implementation of essentially non-oscillatory shock-capturing schemes, Ⅱ. *Journal of Computational Physics*, 83(1): 32-78, 1989.

第 13 章　谱　方　法

本书终章致力于阐述将高阶概念发挥到极致的方法，其利用所有可用信息来表示解。这类方法被称为谱方法，是一种全局方法。其在本质上接近于有限差分法，但又有明显的区别，因为数值通量的概念被舍弃了。

虽然谱方法在处理光滑问题的领域已经相当成熟，参见文献 [1–6]，但它们在解决守恒律方程方面还没有发展完善，仍然是一个活跃的研究领域。正如贯穿本书的主题，我们面临的主要挑战是自发形成的间断解，以及平衡高阶精度和数值振荡的矛盾。

为了集中话题，我们将仅限于讨论傅里叶谱方法 (Fourier spectral methods)。虽然这限制了我们只能讨论具有周期性解的问题，但它允许我们为先前引用的一些结果建立一个坚实的理论基础，例如，滤波对精度的影响，以及发展能够减少和消除吉布斯现象的后处理技术。

需要强调的是，通过使用正交多项式而不是傅里叶级数，使得这里讨论的许多结果可以推广到具有非周期性解的问题。更多的细节可以参考致力于该主题的一些文献 [2–6]，包括重点为方法应用的文献 [7–9]。

考虑守恒律方程

$$\frac{\partial u}{\partial t}+\frac{\partial f(u)}{\partial x}=0,\quad x\in[0,L]$$

并假设周期性边界条件和适当的初始条件。在傅里叶谱方法中，假定存在以下形式的全局解

$$u\left(x,t\right)\simeq u_h(x,t)=\sum_{n=-N}^{N}\tilde{u}_n(t)\exp\left(i\frac{2\pi nx}{L}\right)$$

其中 $i=\sqrt{-1}$。构造残差

$$R_h(x,t)=\frac{\partial u_h}{\partial t}+\frac{\partial f(u_h)}{\partial x}$$

并定义它是如何被消去的。正如将看到的，具有细微差异的不同方法从这里的最后一步产生。

13.1 傅里叶模式和节点

沿袭第 12 章的方法, 首先寻求理解近似的精度和解的正则性之间的关系。由于我们将关注点限制在解具有一定周期性的问题上, 因此使用三角多项式, 即傅里叶级数来表示未知解是自然的。出于简单但不失一般性的考虑, 考虑定义在区间 $[0,2\pi]$ 上的函数。

回忆对于周期函数 $u\in L^2([0,2\pi])$, 存在连续的傅里叶展开

$$u\left(x\right)=\sum_{n=-\infty}^{\infty}\hat{u}_n\exp(inx),\quad \hat{u}_n=\frac{1}{2\pi}\int_0^{2\pi}u(x)\exp(-inx)dx$$

这里 $\hat{u}_n$ 是展开系数, 该展开几乎处处收敛[10]。

对于任意 $u\in H^p([0,2\pi])$, 都有

$$u^{(m)}\left(x\right)=\sum_{n=-\infty}^{\infty}\left(in\right)^m\hat{u}_n\exp(-inx)$$

其中 $0\leqslant m\leqslant p$。

索伯列夫空间 $\|\cdot\|_p$ 由未加权的索伯列夫范数 (Sobolev norm) 表征:

$$\|u\|_p^2=\sum_{m=0}^{p}\int_0^{2\pi}\left\|u^{(m)}\left(x\right)\right\|^2dx$$

引入一个和 $\|\cdot\|_p$ 等价的新范数将起到用处, 它被定义为 $\|\cdot\|_{W,p}$[11,12]:

$$\|u\|_{W,p}=\left(\sum_{n=-\infty}^{\infty}\left(1+|n|\right)^{2p}|\hat{u}_n|^2\right)^{1/2}$$

与之相关的索伯列夫空间使用 $W^p([0,2\pi])$ 表示。注意到这个定义可以扩展到包含 p 的实数值。

13.1.1 连续傅里叶展开

对于函数 $u\in L^2([0,2\pi])$, 经典的连续三角多项式级数, 即傅里叶级数 $F[u]$, 定义为

$$F\left[u\right]=\hat{a}_0+\sum_{n=1}^{\infty}\hat{a}_n\cos\left(nx\right)+\sum_{n=1}^{\infty}\hat{b}_n\sin\left(nx\right)\tag{13.1}$$

其中展开系数为

$$\hat{a}_n = \frac{1}{c_n \pi} \int_0^{2\pi} u(x) \cos(nx) dx, \quad c_n = \begin{cases} 2, & n = 0 \\ 1, & n > 0 \end{cases}$$

以及

$$\hat{b}_n = \frac{1}{\pi} \int_0^{2\pi} u(x) \sin(nx) dx, \quad n > 0$$

我们有自然的内积和相关范数

$$(u, v) = \int_0^{2\pi} u(x) \bar{v}(x) dx, \quad \|u\|_2 = \left(\int_0^{2\pi} |u(x)|^2 dx \right)^{1/2}$$

其中, $\bar{v}$ 是 v 的复共轭。一种等价方法是使用傅里叶基函数来表示傅里叶级数

$$\phi_n(x) = \exp(inx)$$

其在区间 $[0, 2\pi]$ 上正交。通过引入复系数

$$\hat{u}_n = \begin{cases} \hat{a}_0, & n = 0 \\ (\hat{a}_n - i\hat{b}_n)/2, & n > 0 \\ (\hat{a}_n + i\hat{b}_n)/2, & n < 0 \end{cases} \tag{13.2}$$

可将三角级数 (13.1) 表示为

$$F[u] = \sum_{n=-\infty}^{\infty} \hat{u}_n \phi_n(x) \tag{13.3}$$

且可以利用正交性得到展开系数 $\hat{u}_n$

$$\hat{u}_n = \frac{1}{2\pi} \int_0^{2\pi} u(x) \exp(-inx) dx \tag{13.4}$$

当 $u(x)$ 为实函数时, $\hat{a}_n$ 和 $\hat{b}_n$ 是实数。因此, $\hat{u}_{-n} = \overline{\hat{u}_n}$. 我们将 (13.3)—(13.4) 称为连续傅里叶级数。

现在考虑截断傅里叶级数的收敛行为

$$u_h(x) = \mathcal{P}_N u(x) = \sum_{n=-N}^{N} \hat{u}_n \exp(inx) \tag{13.5}$$

其中引入投影算子 $\mathcal{P}_N$. (13.5) 的收敛性已经得到了深入的数学研究；参见 [2] 的例子。

由于 $\mathcal{P}_N u$ 具有周期性, 那么其一致收敛的充分条件是 u 具有周期性并且具有最低限度的光滑性[10]。

定理 13.1 每个周期函数 $u \in C^1([0,2\pi])$ 均具有一致收敛的傅里叶级数 $\mathcal{P}_N u$, 即

$$\|u-\mathcal{P}_N u\|_\infty \to 0, \quad \text{当} N \to \infty \text{时}$$

对光滑性的要求是为了确保

$$\sum_{n=-\infty}^{\infty} |\hat{u}_n| < \infty$$

一个关于均值收敛的较弱结果如下。

定理 13.2 每一个分段连续函数 u 都允许有一个傅里叶级数 $\mathcal{P}_N u$ 满足

$$\text{当} N \to \infty \text{时}, \quad \text{有} \|u-\mathcal{P}_N u\|_2 \to 0$$

这意味着

$$\begin{aligned}\|u-\mathcal{P}_N u\|_2^2 &= \|u\|_2^2 - (u, \mathcal{P}_N u) - (\mathcal{P}_N u, u) + \|\mathcal{P}_N u\|_2^2 \\ &= \|u\|_2^2 - 2\pi \sum_{n=-N}^{N} |\hat{u}_n|^2\end{aligned}$$

当 N 趋近于无穷时, 可以得到帕塞瓦尔恒等式

$$\|u\|_2^2 = 2\pi \sum_{n=-\infty}^{\infty} |\hat{u}_n|^2$$

这就提供了初步的误差估计。

定理 13.3 对于 $u \in H^p([0,2\pi])$, 存在一个与 N 无关的正常数 C, 满足在 $0 \leqslant q \leqslant p$ 的前提下, 有

$$\|u-\mathcal{P}_N u\|_2 \leqslant C N^{-q} \left\|u^{(q)}\right\|_2$$

证明 使用帕塞瓦尔恒等式, 可以得到

$$\|u-\mathcal{P}_N u\|_2^2 = 2\pi \sum_{|n|>N} |\hat{u}_n|^2$$

进一步有

$$\sum_{|n|>N}|\hat{u}_n|^2=\sum_{|n|>N}\frac{1}{n^{2q}}n^{2q}|\hat{u}_n|^2\leqslant N^{-2q}\sum_{|n|>N}n^{2q}|\hat{u}_n|^2\leqslant N^{-2q}\left\|u^{(q)}\right\|_2^2$$

至此证毕。 □

如果假设 u 是解析的, 那就有[13]

$$\left\|u^{(q)}\right\|_2\leqslant Cq!\,\|u\|_2$$

假设 $q\propto N$ 并使用斯特林公式, 于是之前的结果就可以完善为

$$\|u-\mathcal{P}_Nu\|_2\leqslant CN^{-q}\left\|u^{(q)}\right\|_2\sim C\frac{q!}{N^q}\|u\|_2\sim C\frac{q^qe^{-q}}{N^q}\|u\|_2\sim Ce^{-cN}\|u\|_2$$

这就突出了以指数级快速收敛的潜力, 也解释了为何谱方法常常又被称为指数精确格式。

截断误差仅取决于 u 的展开系数衰减的快慢, 而衰减快慢又取决于 u 的正则性和周期性。事实上, 如果 $u\in C^1([0,2\pi])$, 给定 $n\neq 0$, 那么通过分部积分可得

$$\begin{aligned}2\pi\hat{u}_n&=\int_0^{2\pi}u(x)\exp(-inx)dx\\&=\frac{-1}{in}(u(2\pi)-u(0))+\frac{1}{in}\int_0^{2\pi}u'(x)\exp(-inx)dx\end{aligned}$$

如果 $u'\in L^2([0,2\pi])$, 那么积分就会存在, 且可以得到

$$|\hat{u}_n|\propto\frac{1}{n}$$

另外, 如果 u 是周期性的, 则边界项消失, 并且有

$$|\hat{u}_n|\propto\frac{1}{n^2}$$

重复这一论证可以得出下述定理。

定理 13.4 如果 $u\in L^2([0,2\pi])$ 在 $[0,2\pi]$ 上至少是 m 阶连续可微的, 即 $u\in C^m([0,2\pi])$, 并且

$$\forall j\in[0,m-2]:u^{(j)}(0)=u^{(j)}(2\pi)$$

那么傅里叶展开系数 $\hat{u}_n(n\neq 0)$ 的衰减速率为

$$|\hat{u}_n|\propto\frac{1}{n^m}$$

例 13.5　函数

$$u(x) = 2\sin\left(\frac{x}{2}\right) \tag{13.6}$$

是无限可微的，但它的一阶导数不具周期性。展开系数为

$$\hat{u}_n = \frac{4}{\pi}\frac{1}{1-4n^2}$$

根据定理 13.4，可以观察到 n 的二次衰减。

图 13.1 展示了 N 值增加时的截断傅里叶近似及其逐点误差。可以观察到，除了在端点附近是线性的，其余区间呈现二阶非均匀收敛。这与 8.3 节讨论的吉布斯现象有关。

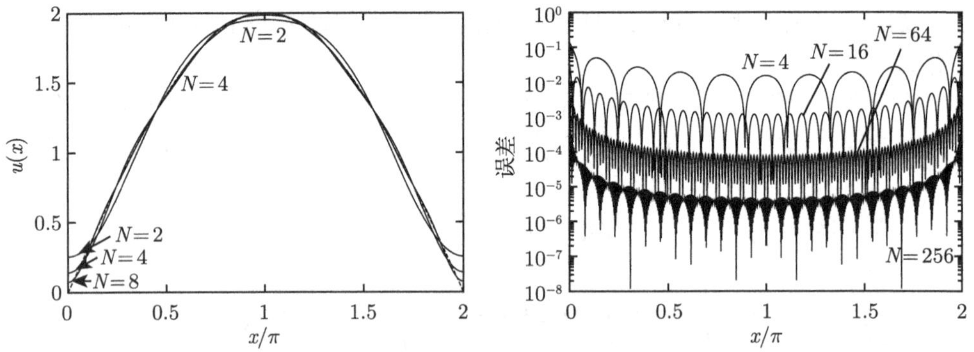

图 13.1　左图展示了 $N = 2, 4, 8$ 时 (13.6) 的截断傅里叶近似。虚线表示被近似函数。右图展示了 $N = 4, 16, 64, 256$ 时函数近似的逐点误差随分辨率增加的变化

给定 u 的傅里叶展开，需要得到展开系数 $\hat{u}_n^{(q)}$，满足

$$\frac{d^q}{dx^q}u(x) = \sum_{n=-\infty}^{\infty} \hat{u}_n^{(q)} \exp(inx)$$

假设 $u^{(q)} \in C^1([0, 2\pi])$，根据傅里叶基函数的正交性可得

$$\hat{u}_n^{(q)} = (in)^q \hat{u}_n \tag{13.7}$$

q 阶微分计算在 Fourierdx.m 中给出。

脚本 13.1: Fourierdx.m: 使用傅里叶变换求 q 阶傅里叶导数

```
function [dudx]=Fourierdx(u,q);
% function [dudx]=Fourierdx(u,q);
```

```
% Purpose: Compute q'th derivative of u using a Fourier spectral approach
ii=sqrt(-1); N=length(u);
uhat=fft(u); nvec=(ii*[0:(N-1)/2 -(N-1)/2:-1]').^q;
dudx=real(ifft(nvec.*uhat));
return
```

如果 $u \in C^m([0,2\pi])$ 是周期性的, 则有

$$\hat{u}_n \propto \frac{1}{n^{m+1}} \Rightarrow \hat{u}_n^{(q)} \propto \frac{1}{n^{m+1-q}}$$

即对于 $q > m$, 展开式不再如定理 13.3 一样收敛。

现在我们有了更一般性的结果[2]。

定理 13.6 令 $u \in W^p([0,2\pi])$, 则对于满足 $0 \leqslant q \leqslant p$ 的任意实数 q 来说, 存在一个与 N 无关的正常数 C, 使得

$$\|u - \mathcal{P}_N u\|_{W,q} \leqslant CN^{-(p-q)} \|u\|_{W,p}$$

证明 利用帕塞瓦尔恒等式和基函数的正交性, 可以得到

$$\|u - \mathcal{P}_N u\|_{W,q}^2 = \sum_{|n|>N} (1+|n|)^{2q} |\hat{u}_n|^2$$

由于 $|n|+1 \geqslant N$, 可以得到

$$(1+|n|)^{2q} = \frac{(1+|n|)^{2p}}{(1+|n|)^{2(p-q)}} \leqslant \frac{(1+|n|)^{2p}}{N^{2(p-q)}}$$

对任意 $q \leqslant p$ 成立。于是有

$$\|u - \mathcal{P}_N u\|_{W,q}^2 \leqslant C \sum_{|n|>N} \frac{(1+|n|)^{2p}}{N^{2(p-q)}} |\hat{u}_n|^2 \leqslant C \frac{\|u\|_{W,p}^2}{N^{2(p-q)}}$$

至此证毕。 □

对逐点误差的理解, 可以通过以下结果得到。

定理 13.7 对于任意 $q > 0$, 若 $u \in C^q([0,2\pi])$ 且周期性成立到 q 阶, 那么存在一个与 N 无关的正常数 C, 使得

$$|u - \mathcal{P}_N u| \leqslant CN^{-(q-1/2)} \left\|u^{(q)}\right\|_2$$

证明　根据三角不等式和 $|\exp(inx)| \leqslant 1$, 有

$$|u - \mathcal{P}_N u| = \left|\sum_{|n|>N} \hat{u}_n \exp(inx)\right| \leqslant \sum_{|n|>N} |\hat{u}_n|$$

结合柯西–施瓦茨不等式可以得到

$$\sum_{|n|>N} |\hat{u}_n| = \sum_{|n|>N} \frac{1}{n^q} n^q |\hat{u}_n|$$
$$\leqslant \left(\sum_{|n|>N} \frac{1}{n^{2q}}\right)^{1/2} \left(\sum_{|n|>N} n^{2q} |\hat{u}_n|^2\right)^{1/2} \leqslant N^{-(q-1/2)} \left\|u^{(q)}\right\|_2$$

最后, 观察到

$$\mathcal{P}_N \frac{du}{dx} = \frac{d}{dx} \mathcal{P}_N u$$

即对于连续傅里叶级数, 截断和求导可以交换。　□

13.1.2　离散傅里叶展开

连续傅里叶级数需要通过内积 (13.4) 计算展开系数。在大多数情况下, 这种方法既不实用, 也不可行。如在 12.1 节中关于间断伽辽金方法中的勒让德展开已经详细讨论的那样, 这个问题最好通过求积公式近似积分来解决。

引入网格

$$x_j = \frac{2\pi}{2N+1} j, \quad j \in [0, \cdots, 2N] \tag{13.8}$$

并定义离散傅里叶展开 (discrete Fourier expansion) 为

$$\mathcal{I}_N u(x) = \sum_{n=-N}^{N} \tilde{u}_n \exp(inx), \quad \tilde{u}_n = \frac{1}{2N+1} \sum_{j=0}^{2N} u(x_j) \exp(-inx_j) \tag{13.9}$$

其中, 离散傅里叶展开系数 $\tilde{u}_n$ 的取得是通过梯形法则求取 (13.4) 的近似。考虑

$$\mathcal{I}_N u(x) = \sum_{n=-N}^{N} \left(\frac{1}{2N+1} \sum_{j=0}^{2N} u(x_j) \exp(-inx_j)\right) \exp(inx)$$

如果换一下有限求和的顺序, 就可以得到

$$\mathcal{I}_N u(x) = \sum_{j=0}^{2N} u(x_j) h_j(x) \tag{13.10}$$

其中

$$h_j(x) = \sum_{n=-N}^{N} \frac{1}{2N+1} \exp\left[in(x-x_j)\right] = \frac{1}{2N+1} \frac{\sin\left(\dfrac{2N+1}{2}(x-x_j)\right)}{\sin\left(\dfrac{x-x_j}{2}\right)} \tag{13.11}$$

很容易证明 $h_j(x)$ 是一个拉格朗日多项式, 即三角多项式 $\mathcal{I}_N u$ 在梯形公式求积节点上的插值函数 $u(x)$。

传统上, 出于计算效率的原因, 以及如快速傅里叶变换那样的早期快速求和格式对特定网格的可用性, 人们更倾向于使用具有偶数个网格点的方法。然而, 只要网格点的总数可以对小值素数进行质因数分解, 现在这种方法可以普遍适用于偶数和奇数网格点。文献 [5] 给出了对这两种表示方法之间细微差别的讨论。

因此, 这两种等价方式各自都可以定义离散傅里叶近似。一种是使用离散展开系数, 另一种是使用插值拉格朗日多项式。

例 13.8 再次考虑函数

$$u(x) = 2\sin\left(\frac{x}{2}\right)$$

回顾这个函数是无限可微的, 但是一阶导数是非周期性的。图 13.2 给出了不同 N 值的截断离散傅里叶近似和逐点误差的变化。与图 13.1 的相比, 可以清楚看出, 虽然误差有微小差异, 两者的定性行为是相同的, 即离散傅里叶级数的插值性质确保误差在网格点处消失。

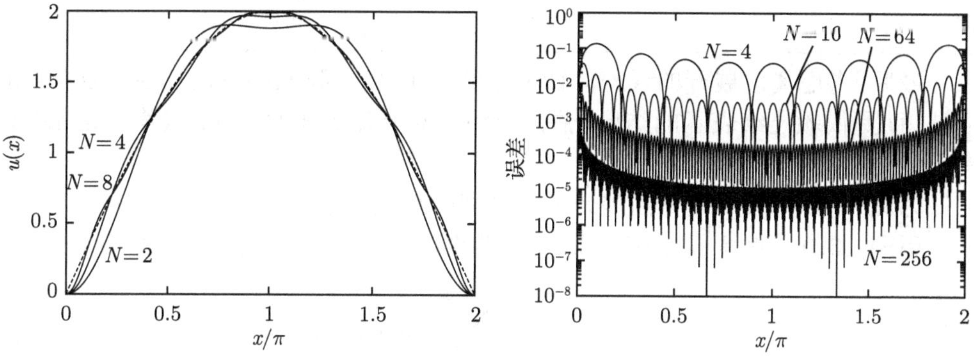

图 13.2 $N=2,4,8$ 时 (13.6) 的截断离散傅里叶近似 (左图)。$N=4,16,64,256$ 时函数近似的逐点误差随分辨率增加的变化 (右图)

当使用级数的方法表示近似时, 导数的计算与基于连续展开 (13.7) 的计算方法相同。

如果转而考虑表达式 (13.10), 则可以通过对插值表达式直接求导, 得到配置点 x_l 处导数的近似值

$$\left.\frac{d}{dx}\mathcal{I}_N u(x)\right|_{x_l} = \sum_{j=0}^{2N} u(x_j)\left.\frac{d}{dx}h_j(x)\right|_{x_l} = \sum_{j=0}^{2N} D_{lj} u(x_j)$$

如果取 x_l 作为插值点, D 的各项为

$$\mathrm{D}_{ij} = \begin{cases} \dfrac{(-1)^{i+j}}{2}\left[\sin\left(\dfrac{\pi}{2N+1}(i-j)\right)\right]^{-1}, & i \neq j \\ 0, & i = j \end{cases}$$

该算子有许多性质, 它是一个斜对称且循环的特普利茨矩阵 (Toeplitz matrix)[5]。进一步, 对所有 q 值, 易证得

$$\mathrm{D}^{(q)} = \mathcal{I}_N \frac{d^q}{dx^q}\mathcal{I}_N = (\mathrm{D})^q$$

这个算子的定义在 FourierD.m 中有给出。

脚本 13.2: FourierD.m: q 阶傅里叶导数的微分矩阵

```
function [D]=FourierD(N,q);
% function [D]=FourierD(N);
% Purpose: Initialize q'th order Fourier differentiation matrix
column=[0  (-1).^(1:2*N)./(2*sin(pi/(2*N+1)*(1:2*N)))]';
D=toeplitz(column, column([1  (2*N+1):-1:2]))^q;
return
```

最后, 考虑离散展开的误差估计 (13.8)—(13.9)。我们不直接推导近似误差的估计, 而是依赖连续表示的结果, 估计两种不同展开之间的差异, 该差异是混叠误差 (aliasing error)。

为此, 首先需要确定两组展开系数之间的直接关系[1,11,13]。

引理 13.9　考虑 $u \in W^p([0,2\pi])$, 其中 $p > 1/2$。当 $|n| < N$ 时, 有

$$\tilde{u}_n = \hat{u}_n + \sum_{m=-\infty, m\neq 0}^{m=\infty} \hat{u}_{n+2Nm}$$

证明　通过把连续傅里叶展开代入离散傅里叶展开式, 可得

$$\tilde{u}_n = \frac{1}{2N+1}\sum_{j=0}^{2N}\sum_{l=-\infty}^{\infty} \hat{u}_l \exp\left(i(l-n)x_j\right)$$

若要交换求和顺序, 需要确保

$$\sum_{l=-\infty}^{\infty} \lceil \hat{u}_l \rceil < \infty \tag{13.12}$$

根据柯西–施瓦茨不等式, 有

$$\begin{aligned}\sum_{l=-\infty}^{\infty} |\hat{u}_l| &= \sum_{l=-\infty}^{\infty} (1+|l|)^p \frac{|\hat{u}_l|}{(1+|l|)^p} \\ &\leqslant \left(\sum_{l=-\infty}^{\infty} (1+|l|)^{2p} |\hat{u}_l|^2\right)^{1/2} \left(\sum_{l=-\infty}^{\infty} (1+|l|)^{-2p}\right)^{1/2}\end{aligned}$$

由于 $u \in W^p([0,2\pi])$, 第一部分是有界的。此外, 第二项收敛在 $p > 1/2$ 条件下收敛。交换求和顺序, 并利用指数函数的正交性即可得到结果。 □

现在考虑在 $L^2([0,2\pi])$-空间[12] 中近似的行为。

定理 13.10 对任意 $u \in W^p([0,2\pi])$ 且 $p > 1/2$, 存在一个与 N 无关的正值常数 C, 对于给定的 $0 \leqslant q \leqslant p$, 满足

$$\|u - \mathcal{I}_N u\|_2 \leqslant C N^{-q} \left\|u^{(q)}\right\|_2$$

证明 将 u 在连续傅里叶级数中展开, 使用帕塞瓦尔恒等式可得

$$\|u - \mathcal{I}_N u\|_2^2 = \sum_{|n| \leqslant N} |\hat{u}_n - \tilde{u}_n|^2 + \sum_{|n|>N} |\hat{u}_n|^2$$

根据定理 13.3 第二项有界, 而第一项衡量了混叠误差。

根据定理 13.9, 有

$$\sum_{|n| \leqslant N} |\hat{u}_n - \tilde{u}_n|^2 = \sum_{|n| \leqslant N} \left| \sum_{m=-\infty, m\neq 0}^{m=\infty} \hat{u}_{n+2Nm} \right|^2$$

为对其进行评估, 注意到

$$\left| \sum_{m=-\infty, m\neq 0}^{m=\infty} \hat{u}_{n+2Nm} \right|^2 = \left| \sum_{m=-\infty, m\neq 0}^{m=\infty} |n+2Nm|^q \, \hat{u}_{n+2Nm} \frac{1}{|n+2Nm|^q} \right|^2$$

根据柯西–施瓦茨不等式, 可得

$$\left|\sum_{m=-\infty,m\neq 0}^{m=\infty}\hat{u}_{n+2Nm}\right|^2$$
$$\leqslant\left(\sum_{m=-\infty,m\neq 0}^{m=\infty}|n+2Nm|^{2q}\left|\hat{u}_{n+2Nm}\right|^2\right)\left(\sum_{m=-\infty,m\neq 0}^{m=\infty}\frac{1}{|n+2Nm|^{2q}}\right)$$

由于 $|n|<N$, 第二项被限制为

$$\sum_{m=-\infty,m\neq 0}^{m=\infty}\frac{1}{|n+2Nm|^{2q}}\leqslant\frac{2}{N^{2q}}\sum_{m=1}^{\infty}\frac{1}{(2m-1)^{2q}}=C_1N^{-2q}$$

同时有

$$\sum_{|n|\leqslant N}\left|\sum_{m=-\infty,m\neq 0}^{m=\infty}\hat{u}_{n+2Nm}\right|^2$$
$$\leqslant\sum_{|n|\leqslant N}C_1N^{-2q}\sum_{m=-\infty,m\neq 0}^{m=\infty}|n+2mN|^{2q}\left|\hat{u}_{n+2Nm}\right|^2\leqslant C_2N^{-2q}\left\|u^{(q)}\right\|_2^2$$

总误差被界定在

$$\|u-\mathcal{I}_Nu\|_2^2\leqslant CN^{-2q}\left\|u^{(q)}\right\|_2^2+C_2N^{-2q}\left\|u^{(q)}\right\|_2^2$$

至此证毕。 □

观察到若 u 只有半阶导数, 例如 $u\in C^0([0,2\pi])$, 则连续展开和离散展开的近似误差与混叠误差的阶数相同。

在索伯列夫空间中也可以得到类似结果[5, 12]。

定理 13.11 令 $u\in W^p([0,2\pi])$ 且 $p>1/2$, 那么对于满足 $0\leqslant q\leqslant p$ 的任意实数 q, 存在一个与 N 无关的正值常数 C, 满足

$$\|u-\mathcal{I}_Nu\|_{W,q}\leqslant CN^{-(p-q)}\|u\|_{W,p}$$

投影算子有一个特殊的性质, 就是它可与线性导数可交换。但由于混叠效应, 这一特性不能应用到离散展开。可以估计误差为

$$\left\|\mathcal{I}_N\frac{du}{dx}-\frac{d}{dx}\mathcal{I}_N\right\|\leqslant\left\|\frac{du}{dx}-\frac{d}{dx}\mathcal{I}_N\right\|+\left\|\frac{du}{dx}-I_N\frac{du}{dx}\right\|$$

对于 $u \in W^p([0, 2\pi])$, 定理 13.11 给出

$$\left\| \mathcal{I}_N \frac{du}{dx} - \frac{d}{dx}\mathcal{I}_N \right\| \leqslant N^{-(p-1)} \|u\|_{W,p}$$

13.2 傅里叶谱方法

现在考虑守恒律方程

$$\frac{\partial u}{\partial t} + \frac{\partial f(u)}{\partial x} = 0, \quad x \in [0, L]$$

具有周期性边界条件和恰当的初始条件。假设方程的解可表示为

$$u(x,t) \simeq u_h(x,t) = \sum_{n=-N}^{N} \tilde{u}_n(t) \exp\left(in2\pi \frac{x}{L}\right)$$

其中, $\tilde{u}_n$ 代表连续或离散的傅里叶展开系数, 并定义残差为

$$R_h(x,t) = \frac{\partial u_h}{\partial t} + \frac{\partial f(u_h)}{\partial x}$$

根据残差消去方式的区别, 会产生不同类别的方法, 这些方法之间存在细微的差别。

13.2.1 傅里叶–伽辽金方法

在伽辽金方法中, 要求残差正交于由基函数张成的空间 $(\text{span}\left\{e^{inx}\right\}_{n=-N}^{N})$。为了简单起见, 假设 $L - 2\pi$, 于是得到了格式

$$\frac{d\tilde{u}_n}{dt} = -\frac{1}{2\pi}\int_0^{2\pi} \frac{\partial f(u_h)}{\partial x} \exp(-inx)dx, \quad \forall n = -N, \cdots, N$$

也可以将其表示为

$$\frac{\partial u_h}{\partial t} + \mathcal{P}_N\left(\frac{\partial f(u_h)}{\partial x}\right) = 0$$

并服从初始条件

$$u_h(x,0) = \mathcal{P}_N u(x,0)$$

例 13.12 考虑服从初始条件 $u(x,0)$ 的线性波动方程

$$\frac{\partial u}{\partial t} + \frac{\partial u}{\partial x} = 0$$

伽辽金格式变成

$$\frac{\partial u_h}{\partial t}+\sum_{n=-N}^{N}(in)\tilde{u}_n(t)\exp(inx)=0$$

其演化可以通过推进 $2N+1$ 个解耦方程得到

$$\frac{d\tilde{u}_n(t)}{dt}+in\tilde{u}_n(t)=0,\quad \forall n=-N,\cdots,N$$

在这种特殊情况下，这些方程可以被解析求解，精确解如下

$$u_h(x,t)=\sum_{n=-N}^{N}\tilde{u}_n(0)\exp(in(x-t))=u_h(x-t,0)$$

其中 $u_h(x,t)=\mathcal{P}_N u(x,0)$. 因此，如果初始条件可以在傅里叶基函数上精确表示，那么傅里叶–伽辽金方法就可以精确地求解线性波动问题。

回顾如下性质

$$\mathcal{P}_N\left(\frac{\partial f(u_h)}{\partial x}\right)=\frac{\partial \mathcal{P}_N f(u_h)}{\partial x}$$

这会使得线性波动方程的精确解成为可能。它适用于所有线性、常系数问题。不过，若考虑非线性问题，情况会变得更为复杂些。

例 13.13　考虑服从初始条件 $u(x,0)$ 的伯格斯方程

$$\frac{\partial u}{\partial t}+\frac{\partial u^2}{\partial x}=0$$

伽辽金格式变成

$$\frac{\partial u_h}{\partial t}+\frac{\partial \mathcal{P}_N(u_h)^2}{\partial x}=0$$

为了得到这 $2N+1$ 个未知数的格式，需要计算

$$\mathcal{P}_N(u_h)^2=\sum_{n=-N}^{N}\tilde{a}_n(t)\exp(inx),\quad \tilde{a}_n(t)=\frac{1}{2\pi}\int_0^{2\pi}(u_h)^2\exp(-inx)dx$$

由于非线性项是多项式型的，可以应用足够高阶的求积法则来精确计算积分。但在这个例子中，我们可以直接计算这一项，这是因为

$$(u_h)^2=\sum_{n=-N}^{N}\sum_{m=-N}^{N}\tilde{u}_n\tilde{u}_m\exp(i(n+m)x)=\sum_{n=-N}^{N}\tilde{a}_n\exp(inx)$$

其中

$$\tilde{a}_n = \sum_{m=-N+n}^{N+n} \tilde{u}_n \tilde{u}_{m-n}$$

是一个卷积的结果。注意该项的计算代价为 $(2N)^2$, 也就是说, 计算成本迅速变得不可接受。

虽然为伯格斯方程和其他具有多项式非线性的方程开发伽辽金格式仍然是可能的, 但很容易识别出那些不可能的问题, 比如, 当非线性通量是有理函数或即使像 $f(u) = \exp(u)$ 这样的简单函数。

傅里叶–伽辽金方法的稳定性与连续问题的适定性密切相关。考虑 [12,14],

$$\frac{\partial u}{\partial t} = \mathcal{L}u \tag{13.13}$$

其中 u 被假定为具有周期性, 且给出了合适的初始条件。

定义 13.14 如果存在常数 $\alpha \geqslant 0$ 使得

$$(u, (\mathcal{L} + \mathcal{L}^*)\, u) \leqslant \alpha \, \|u\|_2^2$$

对于适当希尔伯特空间中所有 u 都成立, 则算子 $\mathcal{L}$ 是半有界的 (semibounded)。这里 $\mathcal{L}^*$ 是 $\mathcal{L}$ 关于内积的伴随算子

$$(\mathcal{L}u, v) = (u, \mathcal{L}^* v)$$

通过考虑

$$\frac{d}{dt} \|u\|_2^2 = (\mathcal{L}u, u) + (u, \mathcal{L}u) = (u, \mathcal{L}^* u) + (u, \mathcal{L}u) \leqslant \alpha \, \|u\|_2^2$$

可以认识到, 当算子是半有界的时候, 问题是适定的。

例 13.15 考虑算子

$$\mathcal{L} = a\,(x)\, \frac{\partial}{\partial x}$$

其中, a 是连续且具有周期性的实数。伴随算子可以通过下式得到

$$(\mathcal{L}u, v) = \int_0^{2\pi} a\,(x)\, \frac{\partial u}{\partial x} v dx = -\int_0^{2\pi} u \frac{\partial}{\partial x} \left(a\,(x)\, v\right) dx = \left(u, \left[-a\,(x)\, \frac{\partial}{\partial x} - a'\,(x)\right] v\right)$$

且需满足

$$\mathcal{L}^* = -a\,(x)\, \frac{\partial}{\partial x} - a'\,(x)$$

现在考虑

$$\mathcal{L}+\mathcal{L}^*=-a'(x)\leqslant\alpha$$

抑或是

$$|a'(x)|\leqslant A$$

这保证了半有界性, 从而保证了问题的适定性。

现在可以给出一般性结果。

定理 13.16 如果 (13.13) 是半有界的, 那么傅里叶–伽辽金方法是稳定的。

证明 首先, 观察到

$$(u,\mathcal{P}_N v)=(\mathcal{P}_N u,\mathcal{P}_N v)+((I-\mathcal{P}_N)u,\mathcal{P}_N v)=(\mathcal{P}_N u,\mathcal{P}_N v)$$

最后的等式源于伽辽金正交性。类似地, 可以得到

$$(\mathcal{P}_N u,v)=(\mathcal{P}_N u,\mathcal{P}_N v)$$

即 $\mathcal{P}_N=\mathcal{P}_N^*$。现在考虑傅里叶–伽辽金方法

$$\frac{\partial u_h}{\partial t}=\mathcal{P}_N\mathcal{L}u_h=\mathcal{P}_N\mathcal{L}\mathcal{P}_N u_h=\mathcal{L}_N u_h$$

因为 $\mathcal{P}_N u_h=u_h$, 于是有

$$\mathcal{L}_N+\mathcal{L}_N^*=\mathcal{P}_N\mathcal{L}\mathcal{P}_N+\mathcal{P}_N\mathcal{L}^*\mathcal{P}_N=\mathcal{P}_N(\mathcal{L}+\mathcal{L}^*)\mathcal{P}_N\leqslant 2\alpha\mathcal{P}_N$$

只要 α 存在, 就可以由此取得稳定性。算子的半有界性确保了这一点。 □

因此, 要理解傅里叶–伽辽金方法的稳定性, 仅需要理解连续问题的适定性。然而, 如前所述, 构建傅里叶–伽辽金方法相对复杂, 并且对于许多非线性问题, 不引入额外的误差来源是不可能的。在这种情况下, 上述结论就无法适用。

13.2.2 傅里叶配置法

为了克服傅里叶–伽辽金方法计算内积的复杂性, 可以修正关于残差如何消失的表述。引入 $2N+1$ 个不同的配置点 (collocation points) y_j, 并要求消除配置点上的残差:

$$R_h(y_j,t)=\left.\left(\frac{\partial u_h}{\partial t}+\frac{\partial f(u_h)}{\partial x}\right)\right|_{y_j}=0$$

这就得到了 $2N+1$ 个方程, 对应 $2N+1$ 个未知数。虽然对于配置点 y_j 的选择没有直接限制, 但是该方法的稳定性在一定程度上受其影响[5]。考虑最自然的选择

$$x_j=y_j=\frac{2\pi}{2N+1}j,\quad j=0,\cdots,2N$$

即配置点与离散展开的插值点重合, 而插值点是离散傅里叶展开的基础。如果假设解被表示为

$$u\,(x,t) \simeq u_h(x,t) = \sum_{n=-N}^{N} \tilde{u}_n(t)\exp\left(in2\pi\frac{x}{L}\right) = \sum_{j=0}^{2N} u_h\,(x_j,t)h_j(x)$$

其中, $h_j\,(x)$ 是由 x_j 所定义的拉格朗日多项式, 其定义在 (13.11) 中, 则可以恢复配置格式

$$\left.\frac{\partial u_h}{\partial t}\right|_{x_j} + \mathcal{I}_N\frac{\partial \mathcal{I}_N f(u_h)}{\partial x} = 0$$

例 13.17 考虑线性波动方程

$$\frac{\partial u}{\partial t} + \frac{\partial u}{\partial x} = 0$$

服从初始条件 $u_0(x)$。则配置法为

$$\left.\frac{\partial u_h}{\partial t}\right|_{x_j} + \mathcal{I}_N\frac{\partial u_h}{\partial x} = 0$$

同样地, 也可以表示为

$$\frac{d}{dt}\boldsymbol{u}\,(t) + \mathrm{D}\boldsymbol{u}\,(t) = 0$$

其中定义 $\boldsymbol{u}\,(t) = [u_h(x_0,t),\cdots,u_h(x_{2N},t)]^{\mathrm{T}}$, 初始条件为 $\boldsymbol{u}_h(0) = u_0(\boldsymbol{x})$。与例 13.12 中傅里叶–伽辽金方法相比, 由于存在 13.1.2 节中讨论的混叠误差, 它不允许波动问题有精确解。

虽然傅里叶–伽辽金方法允许精确求解线性问题, 但非线性问题的公式更复杂, 如例 13.13 所示。然而, 对于配置法, 线性和非线性问题并没有本质区别。

例 13.18 考虑伯格斯方程

$$\frac{\partial u}{\partial t} + \frac{\partial u^2}{\partial x} = 0$$

服从初始条件 $u_0(x)$。配置法可表示为

$$\left.\frac{\partial u_h}{\partial t}\right|_{x_j} + \mathcal{I}_N\frac{\partial \mathcal{I}_N (u_h)^2}{\partial x} = 0$$

也可以表示为

$$\frac{d}{dt}\boldsymbol{u}(t) + \mathrm{D}\boldsymbol{u}^2(t) = 0$$

这里 $\boldsymbol{u}^2$ 为非线性项的逐点插值。虽然对线性问题和非线性问题的配置法没有本质区别, 但非线性项的插值可能会引入混叠误差, 正如我们在 12.2.2 节中讨论的那样, 混叠误差会导致微弱的不稳定性。

虽然傅里叶–伽辽金方法的稳定性问题与连续问题的适定性密切相关, 但这一结论不能直接应用于傅里叶配置法。特别是, 不能再依靠半有界性来保证稳定性。

有两种本质上不同的方法, 都围绕使用能量方法来建立配置法的稳定性。考虑离散内积和相关的能量范数:

$$[f_h,g_h]_h = \frac{2\pi}{2N+1}\sum_{j=0}^{2N} f_h(x_j)\, g_h(x_j), \quad \|f_h\|_{h,2}^2 = [f_h,f_h]_h$$

根据求积公式的精度有

$$(f_h, g_h) = [f_h, g_h]_h, \quad \|f_h\|_2 = \|f_h\|_{h,2}$$

为了建立稳定性, 我们既可以探索求积法则的精度, 也可以研究微分矩阵的性质, 特别是它的斜对称性。

这里通过一个例子[5, 12, 15, 16] 来解释这些方法。

例 13.19　考虑问题

$$\frac{\partial u}{\partial t} + a(x)\frac{\partial u}{\partial t} = 0 \tag{13.14}$$

$$u(x,0) = g(x),$$

假设方程的解是周期性的, a 是周期性的实数, $|a'(x)|$ 是有界的以确保适定性。使用两种不同的方法研究稳定性问题。

首先假设方法基于节点

$$x_j = \frac{2\pi}{2N+1}j, \quad j \in [0,\cdots,2N]$$

相关网格向量为

$$\boldsymbol{u}_h = (u_h(x_0,t),\cdots,u_h(x_{2N},t))^{\mathrm{T}}$$

并定义对角矩阵 A 为

$$\mathrm{A}_{jj} = a(x_j)$$

变系数双曲型问题的傅里叶配置法为

$$\frac{d\boldsymbol{u}_h(t)}{dt} + \mathrm{AD}\boldsymbol{u}_h(t) = 0 \tag{13.15}$$

其直接解为

$$\boldsymbol{u}_h(t) = \exp\left[-\mathrm{AD}t\right]\boldsymbol{u}_h(0)$$

而稳定性由下式保证

$$\|\exp\left[-\mathrm{AD}t\right]\|_2^2 = \exp[-\mathrm{AD}t]\exp\left[(-\mathrm{AD})^{\mathrm{T}}t\right] \leqslant K(t)$$

如果首先考虑常系数的情况 $a(x_j) = a$, 则有

$$\exp\left[-a\mathrm{D}t\right]\exp\left[(-a\mathrm{D})^{\mathrm{T}}t\right] = \exp\left[-a\left(\mathrm{D}+\mathrm{D}^{\mathrm{T}}\right)t\right] = 1$$

因为 D 是斜对称的同时与自身可交换。

如果现在考虑 $a(x) > 0$ 的情况, 那么 AD 就不再与 $-\mathrm{DA}$ 可交换, 而上述方法将不再适用。然而, 由于 $a(x) > 0$, 可以将 A 分解为

$$\mathrm{A} = \mathrm{A}^{1/2}\mathrm{A}^{1/2}$$

并将矩阵指数表示为

$$\mathrm{A}^{-1/2}\exp\left[-\mathrm{AD}t\right]\mathrm{A}^{1/2} = \exp\left[-\mathrm{A}^{1/2}\mathrm{D}\mathrm{A}^{1/2}t\right]$$

现在观察到

$$\left(\mathrm{A}^{1/2}\mathrm{D}\mathrm{A}^{1/2}\right)^{\mathrm{T}} = \mathrm{A}^{1/2}\mathrm{D}^{\mathrm{T}}\mathrm{A}^{1/2} = -\mathrm{A}^{1/2}\mathrm{D}\mathrm{A}^{1/2}$$

即 $\mathrm{A}^{1/2}\mathrm{D}\mathrm{A}^{1/2}$ 是斜对称的 (skew-symmetric)。这意味着

$$\begin{aligned}\|\exp\left[-\mathrm{AD}t\right]\|_2 &= \left\|\mathrm{A}^{1/2}\exp\left[-\mathrm{A}^{1/2}\mathrm{D}\mathrm{A}^{1/2}t\right]\mathrm{A}^{-1/2}\right\|_2 \\ &\leqslant \left\|\mathrm{A}^{1/2}\right\|_2\left\|\exp\left[-\mathrm{A}^{1/2}\mathrm{D}\mathrm{A}^{1/2}t\right]\right\|_2\left\|\mathrm{A}^{-1/2}\right\|_2 \\ &\leqslant \left\|\mathrm{A}^{1/2}\right\|_2\left\|\mathrm{A}^{-1/2}\right\|_2 \leqslant \frac{\max_x\sqrt{a\left(x\right)}}{\min_x\sqrt{a\left(x\right)}}\end{aligned}$$

在 a 为正且有界的情况下, 上式证明了稳定性。当 $a(x) < 0$ 时, 类似的方法是可行的, 前提是 A 被分解为

$$\mathrm{A} = -\left|\mathrm{A}\right|^{1/2}\left|\mathrm{A}\right|^{1/2}$$

或者, 我们认识到如果 a 在远离零的地方一致有界, 那么 A 是非奇异的。因此, 如果左乘 $\boldsymbol{u}^{\mathrm{T}}\mathrm{A}^{-1}$, 就得到

$$\boldsymbol{u}^{\mathrm{T}}\mathrm{A}^{-1}\frac{d\boldsymbol{u}}{dt} = \frac{1}{2}\frac{d}{dt}\boldsymbol{u}^{\mathrm{T}}\mathrm{A}^{-1}\boldsymbol{u} = \boldsymbol{u}^{\mathrm{T}}\mathrm{D}\boldsymbol{u} = 0$$

鉴于 D 是斜对称矩阵且 A 是对角矩阵。这就在加权范数 $\boldsymbol{u}^{\mathrm{T}}\mathrm{A}^{-1}\boldsymbol{u}$ 下建立了稳定性。由于该范数与能量范数等价, 因此稳定性也被保证。

利用求积法则也可以得到类似的结果, 因为

$$\begin{aligned}\boldsymbol{u}_h^{\mathrm{T}}\mathrm{D}\boldsymbol{u}_h &= \sum_{j=0}^{2N} u_h(x_j)\frac{du_h}{dx}(x_j) = \frac{2N+1}{2\pi}\int_0^{2\pi} u_h\frac{du_h}{dx}dx \\ &= \frac{2N+1}{4\pi}\int_0^{2\pi}\frac{du_h^2}{dx}dx = 0\end{aligned}$$

这里我们用到了周期性。这建立了加权范数下的稳定性。

当计算域内 a 的符号发生变化时, 稳定性问题变得更加复杂。通过考虑以下斜对称形式, 可以得到一个稳定格式

$$\frac{\partial u}{\partial t}+\frac{1}{2}a(x)\frac{\partial u}{\partial x}+\frac{1}{2}\frac{\partial a(x)u}{\partial x}-\frac{1}{2}a_x(x)u=0$$

相应的数值格式为

$$\left.\frac{\partial u_h}{\partial t}\right|_{x_j}+\frac{1}{2}a(x_j)\left.\frac{\partial u_h}{\partial x}\right|_{x_j}+\frac{1}{2}\left.\frac{\partial \mathcal{I}_h\left[a(x)u_h\right]}{\partial x}\right|_{x_j}-\frac{1}{2}a'(x_j)u_h=0$$

如果将上式乘以 $u_h\left(x_j\right)$ 然后对所有点 x_j 求和, 就可以得到

$$\begin{aligned}\frac{1}{2}\frac{d}{dt}\sum_{j=0}^{2N}u_h^2(x_j,t) =& -\frac{1}{2}\sum_{j=0}^{2N}a(x_j)u_h(x_j,t)\left.\frac{\partial u_h(x,t)}{\partial x}\right|_{x_j} \\ & -\frac{1}{2}\sum_{j=0}^{2N}u_h(x_j,t)\left.\frac{\partial \mathcal{I}_N[a(x)u_h(x,t)]}{\partial x}\right|_{x_j}+\frac{1}{2}\sum_{j=0}^{2N}a'(x_j)u_h^2(x_j,t)\end{aligned}$$

由于 $a\left(x\right)$ 和 $u_h\left(x,t\right)$ 是周期性的, 因而求积法则可以精确得到第二项

$$\begin{aligned}\frac{1}{2}\sum_{j=0}^{2N}u_h(x_j)\left.\frac{\partial \mathcal{I}_N\left[a(x)u_h(x)\right]}{\partial x}\right|_{x_j} &= \frac{2N+1}{4\pi}\int_0^{2\pi}u_h\left(x\right)\frac{\partial \mathcal{I}_N\left[a(x)u_h(x)\right]}{\partial x}dx \\ &= -\frac{2N+1}{4\pi}\int_0^{2\pi}\mathcal{I}_N\left[a(x)u_h(x)\right]\frac{\partial u_N(x)}{\partial x}dx \\ &= -\frac{1}{2}\sum_{j=0}^{2N}a(x_j)u_h(x_j)\left.\frac{\partial u_h(x)}{\partial x}\right|_{x_j}\end{aligned}$$

于是我们得到

$$\frac{1}{2}\frac{d}{dt}\|u_h\|_{h,2}^2=\frac{1}{2}\sum_{j=0}^{2N}a_x(x_j)\,u_h^2(x_j,t)\leqslant\frac{1}{2}\max_x|a_x(x)|\sum_{j=0}^{2N}u_h^2(x_j,t)$$

这就建立了稳定性, 前提是问题是适定的。

虽然斜对称方法可以用于建立稳定格式, 但这个方法可能吸引力较小, 因为该方法的计算成本是基于原问题 (13.14) 的方法的两倍。对于后者问题, 直接傅里叶配置点法的稳定性是棘手的, 并且其受混叠效应影响弱不稳定[16]。

13.3 非线性问题

虽然线性守恒律的谱方法性质已被很好理解, 但对于非线性情况, 无论是精度还是稳定性方面均更为复杂。事实上, 正如在 8.3 节中讨论的, 间断解的出现导致了吉布斯现象。这不仅破坏了逐点精度, 还可能因为混叠误差影响稳定性和收敛性。

在接下来的内容中, 我们将讨论这些问题以及解决它们的技术。我们从保证稳定性和收敛性的方法开始讨论。在下一节中, 将回到数值振荡产生时的精度问题。

13.3.1 斜对称形式

在例 13.19 中我们讨论了守恒律

$$\frac{\partial u}{\partial t}+a(x)\frac{\partial u}{\partial x}=0$$

并观察到当 $a(x)$ 改变符号时, 傅里叶配置法的稳定性是脆弱的。不过, 在将空间算子改写为斜对称形式 (skew-symmetric form) 之后, 可以发现即使对一般情况也能保证稳定性, 只是付出了计算成本加倍的代价。

鉴于稳定性是一个主要问题, 上述方法值得深入研究, 以确定是否可以提供一种通用方法来实现稳定格式。因此, 考虑守恒律系统

$$\frac{\partial \boldsymbol{u}}{\partial t}+\frac{\partial \boldsymbol{f}}{\partial x}=0$$

其中 $\boldsymbol{u}$ 是 m 维守恒向量。假设问题具有凸熵 $\eta(\boldsymbol{u})$, 并且从定理 3.11 中回想起 $\boldsymbol{v}^{\mathrm{T}}=\nabla_u\eta(\boldsymbol{u})$ 使系统对称, 即可以用这些新变量将方程写作

$$\mathrm{A}_0\frac{\partial \boldsymbol{v}}{\partial t}+\mathrm{A}_1\frac{\partial \boldsymbol{v}}{\partial x}=0$$

而

$$\mathrm{A}_0 = \frac{\partial \boldsymbol{u}}{\partial \boldsymbol{v}} > 0, \quad \mathrm{A}_1 = \frac{\partial \boldsymbol{f}}{\partial \boldsymbol{v}} \tag{13.16}$$

其中 A_0 和 A_1 都是对称的, 并且由于熵的凸性 A_0 取正值。

现在, 进一步假设, 熵和通量分别是阶数为 α_0 和 α_1 的齐次函数 (homogeneous function), 即假设 $\eta(t\boldsymbol{u}) = t^{\alpha_0}\eta(\boldsymbol{u})$, $\boldsymbol{f}$ 也是如此。由于 η 为 α_0 阶齐次函数, 那么 $\boldsymbol{v}^{\mathrm{T}} = \nabla_u \eta$ 为 $\alpha_0 - 1$ 阶齐次函数, 因此, $\boldsymbol{u}(\boldsymbol{v})$ 为 $1/(\alpha_0 - 1)$ 阶齐次函数。

现在回顾齐次函数的欧拉定理

$$\alpha f(\boldsymbol{x}) = \boldsymbol{x} \cdot \nabla_x f(\boldsymbol{x}) \tag{13.17}$$

对于 α 阶齐次函数 $f(\boldsymbol{x})$ 成立。利用 (13.16) 写出

$$\frac{1}{\alpha_0 - 1}\boldsymbol{u} = \mathrm{A}_0 \boldsymbol{v}, \quad \frac{\alpha_1}{\alpha_0 - 1}\boldsymbol{f} = \mathrm{A}_1 \boldsymbol{v} \tag{13.18}$$

回到守恒律方程, 有

$$\frac{\partial \boldsymbol{u}}{\partial t} = \frac{\alpha_0 - 1}{\alpha_0}\frac{\partial \boldsymbol{u}}{\partial t} + \frac{1}{\alpha_0}\frac{\partial \boldsymbol{u}}{\partial t} = \frac{\alpha_0 - 1}{\alpha_0}\left(\mathrm{A}_0 \frac{\partial \boldsymbol{v}}{\partial t} + \frac{\partial \mathrm{A}_0 \boldsymbol{v}}{\partial t}\right)$$

类似地有

$$\frac{\partial \boldsymbol{f}}{\partial x} = \frac{\alpha_0 - 1}{\alpha_0 + \alpha_1 - 1}\frac{\partial \boldsymbol{f}}{\partial x} + \frac{\alpha_1}{\alpha_0 + \alpha_1 - 1}\frac{\partial \boldsymbol{f}}{\partial x} = \frac{\alpha_0 - 1}{\alpha_0 + \alpha_1 - 1}\left(\mathrm{A}_1 \frac{\partial \boldsymbol{v}}{\partial x} + \frac{\partial \mathrm{A}_1 \boldsymbol{v}}{\partial x}\right)$$

由此, 得到了以下基本结论[17]。

定理 13.20 具有 α_1 阶齐次通量和 α_0 阶齐次凸熵的守恒律方程

$$\frac{\partial \boldsymbol{u}}{\partial t} + \frac{\partial \boldsymbol{f}}{\partial x} = 0$$

可以使用熵变量 $\boldsymbol{v}$ 将其写成斜对称形式

$$\mathrm{A}_0 \frac{\partial \boldsymbol{v}}{\partial t} + \frac{\partial \mathrm{A}_0 \boldsymbol{v}}{\partial t} + \frac{\alpha_0}{\alpha_0 + \alpha_1 - 1}\left(\mathrm{A}_1 \frac{\partial \boldsymbol{v}}{\partial x} + \frac{\partial \mathrm{A}_1 \boldsymbol{v}}{\partial x}\right) = 0$$

这是一个非常有用的结果, 证实了任何具有熵的守恒律方程都可以写成斜对称形式。由于所有可对称系统都具有凸熵, 因此该结果可推广到这些情境。虽然本书只讨论了一维系统的结论, 但该结论可以推广到多维系统。此外, 齐次通量的假设不再是必须的[17]。

考虑斜对称形式的守恒律方程

$$\mathrm{A}_0\frac{\partial \boldsymbol{v}}{\partial t}+\frac{\partial \mathrm{A}_0\boldsymbol{v}}{\partial t}+\frac{\alpha_0}{\alpha_0+\alpha_1-1}\left(\mathrm{A}_1\frac{\partial \boldsymbol{v}}{\partial x}+\frac{\partial \mathrm{A}_1\boldsymbol{v}}{\partial x}\right)=0$$

左乘 $\boldsymbol{v}^{\mathrm{T}}$, 可得

$$\frac{\partial}{\partial t}\boldsymbol{v}^{\mathrm{T}}\mathrm{A}_0\boldsymbol{v}+\frac{\alpha_0}{\alpha_0+\alpha_1-1}\frac{\partial}{\partial x}\boldsymbol{v}^{\mathrm{T}}\mathrm{A}_1\boldsymbol{v}=0$$

回顾 (13.18), 有

$$\boldsymbol{v}^{\mathrm{T}}\mathrm{A}_0\boldsymbol{v}=\frac{1}{(\alpha_0-1)^2}\boldsymbol{u}^{\mathrm{T}}\mathrm{A}_0^{-1}\mathrm{A}_0\mathrm{A}_0^{-1}\boldsymbol{u}=\frac{1}{(\alpha_0-1)^2}\boldsymbol{u}^{\mathrm{T}}\nabla_{uu}\eta\left(\boldsymbol{u}\right)\boldsymbol{u}$$

这是因为

$$\mathrm{A}_0^{-1}=\frac{\partial \boldsymbol{v}}{\partial \boldsymbol{u}}=\nabla_{uu}\eta\left(\boldsymbol{u}\right)$$

将 (13.17) 代入两次, 可得

$$\boldsymbol{u}^{\mathrm{T}}\nabla_{uu}\eta\left(\boldsymbol{u}\right)\boldsymbol{u}=\alpha_0(\alpha_0-1)\eta(\boldsymbol{u})$$

由于熵是凸的, 需满足 $\alpha_0>1$ 或 $0<\alpha_0<1$ 以保证熵是单一符号的。现在通过如下关系定义熵通量 $\psi(\boldsymbol{u})$,

$$\nabla_u\eta\left(\boldsymbol{u}\right)\nabla_u\boldsymbol{f}=\left(\nabla_u\psi\right)^{\mathrm{T}}$$

根据定义, 它一定是 $\alpha_0+\alpha_1-1$ 阶齐次的。因此, 运用 (13.18) 可以得到

$$\boldsymbol{v}^{\mathrm{T}}\mathrm{A}_1\boldsymbol{v}=\frac{1}{\alpha_0-1}\boldsymbol{v}^{\mathrm{T}}\frac{\partial \boldsymbol{f}}{\partial \boldsymbol{v}}\frac{\partial \boldsymbol{v}}{\partial \boldsymbol{u}}\boldsymbol{u}=\frac{1}{\alpha_0-1}\left(\nabla_u\psi\right)^{\mathrm{T}}\boldsymbol{u}=\frac{\alpha_0+\alpha_1-1}{\alpha_0-1}\psi\left(\boldsymbol{u}\right)$$

因此

$$\frac{\alpha_0}{\alpha_0+\alpha_1-1}\boldsymbol{v}^{\mathrm{T}}\mathrm{A}_1\boldsymbol{v}=\frac{\alpha_0}{\alpha_0-1}\psi\left(\boldsymbol{u}\right)$$

结合之前的结果, 得到

$$\frac{\partial \eta\left(\boldsymbol{u}\right)}{\partial t}+\frac{\partial \psi(\boldsymbol{u})}{\partial x}=0$$

其中, (η,ψ) 是熵对。换句话说, 斜对称形式使熵守恒。

正如在 3.3 节和 8.2.2 节中讨论的, 对于光滑解, 熵守恒可能是一个理想性质。然而, 一旦形成激波, 就需要熵耗散以保证恢复熵解。在重新回到这个问题之前, 我们首先要认识到, 这些结果也适用于半离散情形。

例 13.21　考虑伯格斯方程

$$\frac{\partial u}{\partial t}+\frac{\partial u^2}{\partial x}=0$$

服从周期边界条件和适当的初始条件。

显然, 伯格斯方程具备二阶齐次通量, 即 $\alpha_1=2$。考虑凸熵 $\eta(u)=u^2$, 其中 $\alpha_0=2$。现在可以将伯格斯方程写为斜对称形式

$$\frac{\partial u}{\partial t}+\frac{2}{3}\left(\frac{\partial u^2}{\partial x}+u\frac{\partial u}{\partial x}\right)=0$$

假设采用傅里叶配置法, 即

$$\frac{d\boldsymbol{u}}{dt}+\frac{2}{3}\left(\mathrm{D}\boldsymbol{u}^2+\boldsymbol{u}\mathrm{D}\boldsymbol{u}\right)=0$$

其中, $\boldsymbol{u}$ 是 $2N+1$ 维未知数向量, D 是微分矩阵。上式可以改写为

$$\frac{d\boldsymbol{u}}{dt}+\frac{2}{3}\left(\mathrm{DU}+\mathrm{UD}\right)\boldsymbol{u}=\frac{d\boldsymbol{u}}{dt}+\frac{2}{3}\mathrm{D}_u\boldsymbol{u}=0$$

其中

$$\mathrm{D}_u=\mathrm{DU}+\mathrm{UD},\quad \mathrm{U}=\mathrm{diag}\left(\boldsymbol{u}\right)$$

由 $\mathrm{D}=-\mathrm{D}^{\mathrm{T}}$, 得 $\mathrm{D}_u=-\mathrm{D}_u^{\mathrm{T}}$,

$$\boldsymbol{u}^{\mathrm{T}}\frac{d\boldsymbol{u}}{dt}+\left(\frac{d\boldsymbol{u}}{dt}\right)^{\mathrm{T}}\boldsymbol{u}=\boldsymbol{u}^{\mathrm{T}}\mathrm{D}_u\boldsymbol{u}+\boldsymbol{u}^{\mathrm{T}}\mathrm{D}_u^{\mathrm{T}}\boldsymbol{u}=0$$

和能量守恒格式

$$\frac{d\boldsymbol{u}}{dt}+\frac{2}{3}\mathrm{D}_u\boldsymbol{u}=0$$

在这个例子中, 能量和熵值是相同的。值得注意的是, 即使存在混叠误差, 该格式依然是稳定的。

13.3.2　黏性消去法

从上一节可以看出, 必须小心谨慎才能保证计算出正确的熵解。考虑周期性伯格斯方程的傅里叶–伽辽金近似:

$$\frac{\partial u_h}{\partial t}+\mathcal{P}_N\frac{\partial u_h^2}{\partial x}=0$$

可以把它改写成

$$\frac{\partial u_h}{\partial t}+\frac{\partial u_h^2}{\partial x}=(I-\mathcal{P}_N)\,\frac{\partial u_h^2}{\partial x} \tag{13.19}$$

乘以 u_h, 再对 x 积分, 得到

$$\frac{1}{2}\frac{d}{dt}\left\|u_h\right\|_2^2=-\int_0^{2\pi}u_h\frac{\partial u_h^2}{\partial x}=\frac{1}{3}\left.u_h^3\right|_0^{2\pi}=0$$

这里利用了周期性条件并观察到 (13.19) 式右端项可通过伽辽金正交消去。这意味着

$$\left\|u_h(t)\right\|_2=\left\|u_h(0)\right\|_2\leqslant\left\|u(0)\right\|_2$$

因此, 该格式中能量和熵守恒, 这两者都和激波形成后熵耗散的需要相悖。因此该格式不能恢复弱熵解。

为了克服这个问题, 考虑标量守恒律方程

$$\frac{\partial u}{\partial t}+\frac{\partial f\,(u)}{\partial x}=0$$

服从周期性边界条件。正如定理 2.6 讨论的, 该方程唯一的熵解为极限 $\lim\limits_{\varepsilon\to 0}u_\varepsilon=u$ 情况下的黏性消去解

$$\frac{\partial u_\varepsilon}{\partial t}+\frac{\partial f\,(u_\varepsilon)}{\partial x}=\varepsilon\frac{\partial^2 u_\varepsilon}{\partial x^2}$$

为模拟这一点, 考虑改进的傅里叶–伽辽金方法

$$\frac{\partial u_h}{\partial t}+\mathcal{P}_N\frac{\partial u_h^2}{\partial x}=\varepsilon_h\frac{\partial}{\partial x}\left(\mathcal{Q}*\frac{\partial u_h}{\partial x}\right) \tag{13.20}$$

其中 $*$ 表示卷积, 并定义算子 $\mathcal{Q}\,(x)$ 为

$$\mathcal{Q}\,(x)=\sum_{n=-N}^{N}\hat{\mathcal{Q}}_n\exp\,(inx),\quad \hat{\mathcal{Q}}_n=\begin{cases}0, & |n|\leqslant m\,(N)\\ \hat{q}_n, & m(N)\leqslant|n|\leqslant N\end{cases} \tag{13.21}$$

其中, $\hat{q}_n$ 是即将指定的函数。因此, 可以把耗散算子写成

$$\varepsilon_h\frac{\partial}{\partial x}\left(\mathcal{Q}*\frac{\partial u_h}{\partial x}\right)=-\varepsilon_h\sum_{m(N)\leqslant|n|\leqslant N}n^2\hat{q}_n\tilde{u}_n\exp\,(inx)$$

从而与黏性消去解建立联系

$$\frac{\partial u_h}{\partial t}+\frac{\partial f\,(u_h)}{\partial x}=\varepsilon_h\frac{\partial^2 u_h}{\partial x^2}+\frac{\partial}{\partial x}\,(I-\mathcal{P}_N)\,f\,(u_h)-\varepsilon_h\frac{\partial}{\partial x}\left(\mathcal{R}*\frac{\partial u_h}{\partial x}\right)$$

其中, $\mathcal{R} = \mathcal{I} - \mathcal{Q}$。在傅里叶空间中表示为

$$\mathcal{R}(x) = \sum_{n=-N}^{N} \hat{R}_n \exp(inx), \qquad \hat{R}_n = \begin{cases} 1, & |n| \leqslant m(N) \\ 1 - \hat{q}_n, & m(N) \leqslant |n| \leqslant N \end{cases}$$

显然, $\mathcal{R}$ 扮演了一个滤波器, 如 13.4.1 节所述。

(13.20) 中的格式取决于 $\hat{q}_n$ 及两个参数 ε_h 和 $m(N)$ 的具体实现。参考 [18],

$$\hat{q}_n = 1, \quad m(N) \leqslant |n| \leqslant N$$

可得出以下结论。

定理 13.22 考虑格式 (13.20) 拥有参数 ε_h 和 $m(N)$, 对于某个 $0 < \beta \leqslant \dfrac{1}{4}$, 满足

$$\varepsilon_h \propto N^{-2\beta}, \quad m(N) \propto N^{\beta}$$

如果 u_h 均匀有界, 那么它几乎处处有界收敛, 并且收敛到守恒律方程的唯一熵解。

证明 该证明依赖于对解的若干次估计, 同时需要结合补偿紧性的相关结果以确保收敛性。可参考 [18] 以获得证明细节。 □

正如 [18] 中讨论的, ε_h 和 $m(N)$ 的取值范围足以保证收敛性, 但从计算结果来看, 这样做可能不是必要的。在 [19,20] 中, 给出了另一种替代选择

$$\varepsilon_h \propto N^{-1}, \quad m(N) \propto N^{\beta}, \quad 0 < \beta < \frac{1}{2}$$

同样也会产生良好的计算结果。

虽然定理 13.22 建立了收敛至唯一熵解的收敛性, 但格式的数值精度仍不明确。为了解黏性消去项的影响, 考虑[18]

$$\left\| \varepsilon_h \frac{\partial}{\partial x}\left(\mathcal{Q} * \frac{\partial u_h}{\partial x}\right)\right\|_2 \leqslant Cm^{-s} \|u\|_{s+2} \leqslant CN^{-\beta s} \|u\|_{s+2}$$

对于 $u \in H^{s+2}([0, 2\pi])$。由此可知, 黏性消去不影响整体的收敛速度, 并且对于足够光滑的解, 格式仍然保持谱收敛。

这些结论在 [20] 中推广至傅里叶配置法, 并在 [19] 中给出了一些额外的结果。

尽管黏性消去法能保证算法的稳定性和收敛性, 但一种改进的超黏性消去法 (vanishing superviscosity method) 已经被提出。为进一步提高精度, 在这种情况下, 考虑

$$\frac{\partial u_h}{\partial t} + \mathcal{P}_N \frac{\partial f(u_h)}{\partial x} = \varepsilon_h (-1)^{s+1} \frac{\partial^s}{\partial x^s}\left(\mathcal{Q} * \frac{\partial^s u_h}{\partial x^s}\right) \tag{13.22}$$

在 [21] 中, 建立了以下结论。

定理 13.23 若格式 (13.22) 中参数 ε_h 和 $m(N)$ 满足

$$\varepsilon_h \propto \frac{C}{N^{2s-1}}, \quad m(N) \propto N^{\theta}, \quad 0 < \theta \leqslant \frac{2s-1}{2s}$$

其中 (13.21) 中的 Q 通过下式定义

$$1 - \left(\frac{m(N)}{|n|}\right)^{\frac{2s-1}{\theta}} \leqslant \hat{q}_n \leqslant 1, \quad m(N) \leqslant |n| \leqslant N$$

则如果 u_h 是均匀有界的, 那么它几乎处处收敛到守恒律方程的唯一熵解。

超黏性方法的主要优点是减少了所需耗散量。但这是以重新引入人工振荡为代价的, 即解可能不再是单调的。

在讨论黏性消去法的效果之前, 有必要简单讨论一下它的高效实现方式。如果直接实现

$$\varepsilon_h (-1)^{s+1} \frac{\partial^s}{\partial x^s}\left(\mathcal{Q} * \frac{\partial^s u_h}{\partial x^s}\right) = -\varepsilon_h \sum_{m(N)\leqslant|n|\leqslant N} n^{2s}\hat{q}_n \tilde{u}_n \exp(inx)$$

则在采用显式方法的情况下, 它会影响可允许时间步长的最大值。作为另一种选择, 考虑

$$\frac{\partial u_h}{\partial t} = \varepsilon_h (-1)^{s+1} \frac{\partial^s}{\partial x^s}\left(\mathcal{Q} * \frac{\partial^s u_h}{\partial x^s}\right)$$

并将解在傅里叶空间中表示为

$$u_h(x,t) = \sum_{n=-N}^{N} \tilde{u}_n(x,t)\exp(inx) = \sum_{n=-N}^{N} \exp\left(-\varepsilon_h n^{2s}\hat{q}_n t\right)\tilde{u}_n(x,0)\exp(inx)$$

一个时间步长后, 有

$$u_h(x,k) = \sum_{n=-N}^{N} \exp\left(-\varepsilon_h n^{2s}\hat{q}_n k\right)\tilde{u}_n(x,0)\exp(inx)$$

可以将其概括为

$$u_h(x,t+k) = \sum_{n=-N}^{N} \sigma\left(\frac{|n|}{N}\right)\tilde{u}_n(t)\exp(inx)$$

其中将滤波器函数定义为

$$\sigma(\xi)=\begin{cases}1, & \xi\leqslant m/N\\ \exp(-\varepsilon_h kN^{2s}\xi^{2s}\hat{q}_\xi), & m/N\leqslant\xi\leqslant 1\end{cases}$$

以及

$$\hat{q}_\xi=1-\left(\frac{m}{N\xi}\right)^{\frac{2s-1}{\theta}}$$

因此, 我们可以将黏性消去法用作滤波器, 从而在 s 增大时避免时间步长减小的计算成本。对于 $s>1$ 的超黏性情形, 这是使方法可行的必要条件。

黏性消去法用作滤波器的实现在 Fourier-VanishHypVisc.m 中进行说明。

脚本 13.3: Fourier-VanishHypVisc.m: 在傅里叶谱方法中应用超黏性消去法的程序实现

```
function [Fu]=FourierVanishHypVisc(u,s,k,N,L);
% function [Fu]=FourierVanishHypVisc(u,s,k,N,L);
% Purpose: Apply vanishing viscosity as a filter

% Set parameters in vanishing viscosity model
theta=0.9*(2*s-1)/(2*s); mN=floor((L/(2*pi)*N)^theta);
C=0.5*(2*pi/L)^(2*s);

% Define vanishing viscosity by a filter function
qhat=zeros(N+1,1); qhat((mN+1):(N+1))=1-(mN./[mN:N]').^((2*s-1)/theta);
sigma=exp(-C*N*k*(([0:N]')/N).^(2*s).*qhat);
nvec=[sigma; flipud(sigma(2:end))];
Fu=real(ifft(nvec.*fft(u)));
return
```

现在说明黏性消去法在求解非线性守恒律方程中的表现。

例 13.24 考虑伯格斯方程

$$\frac{\partial u}{\partial t}+\frac{\partial u^2}{\partial x}=0,\quad x\in[0,1]$$

服从周期性边界条件和初始条件

$$u(x,0)=\sin(2\pi x)+0.5$$

该初始条件会导致解的陡峭性并形成一个向右传播并缓慢消散的激波。采用超黏性消去法的傅里叶配置法求解，以保证稳定性和精度。图 13.3 给出了不同 N 值和不同超黏性阶数的结果。这些结果证明当 $s=1$ 时，该格式在视觉上收敛到熵解并能消除吉布斯振荡。对于更高的 s 值，我们注意到解的整体精度有了实质性的提高，但吉布斯振荡也会出现在间断点附近。

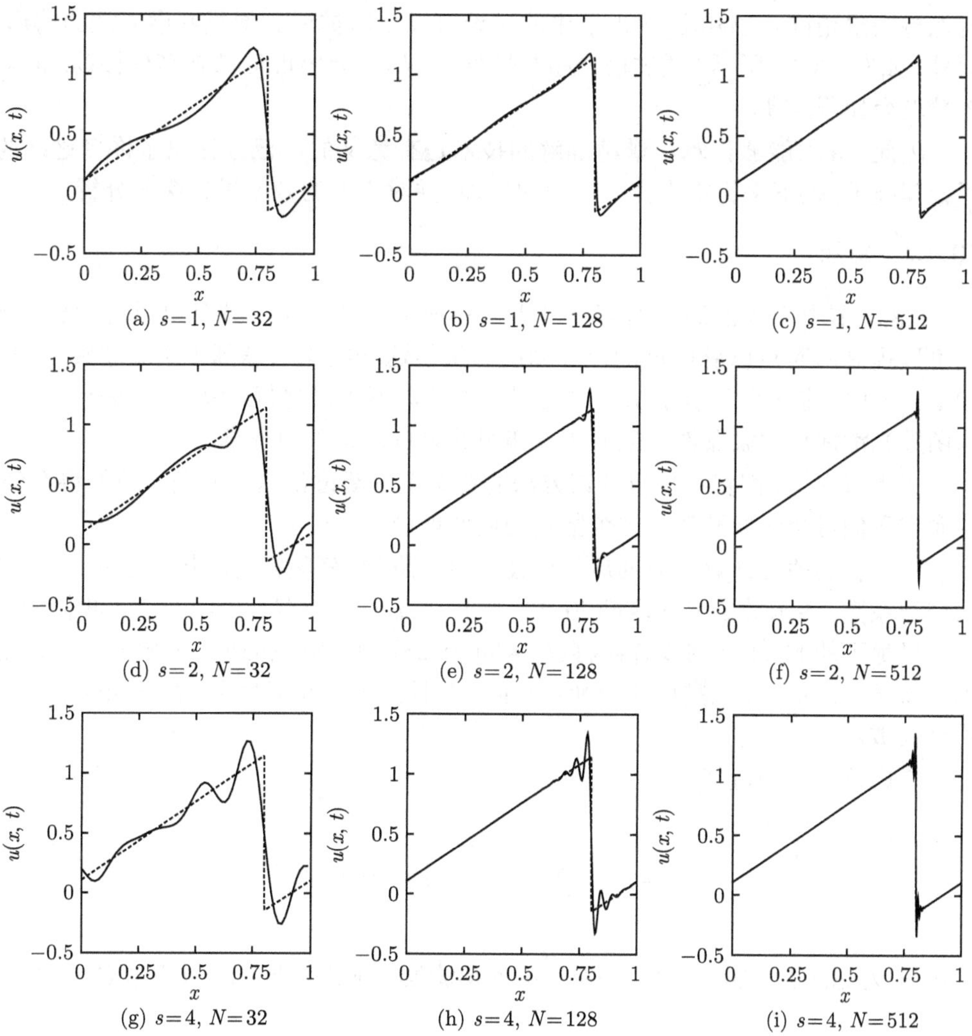

图 13.3 使用傅里叶配置法求解伯格斯方程，通过 $2s$ 阶的超黏性消去项进行稳定。图中为 $T=0.3$ 时刻的解，虚线为使用高分辨率本质无振荡格式得到的参考解

[18] 中讨论了将黏性消去法扩展到方程组系统的情况，并且可以以逐分量形

式实现, 但目前这种方法尚缺乏理论支持。[22] 中讨论了黏性消去法扩展到多维标量守恒律方程的应用, 在 [23–25] 中提出了用于非周期性问题的黏性消去法。

13.4　后处理技术

在 8.3 节和 12.2.1 节中, 我们发现即使受到吉布斯振荡的影响, 方程的解仍可能保持高阶精度。事实上, 8.3 节中的讨论可以立即扩展到傅里叶谱方法的情形。此外, 如例 13.24 所示, 通过增加超黏性阶数, 尽管会出现局部吉布斯振荡, 但总体精度会显著提高。

因此, 寻求能够计算出谱精确解的技术是有意义的。已经提出了许多这样的后处理技术, 接下来将重点介绍其中的三种, 并对它们的效率进行深入分析。

13.4.1　滤波

8.3.3 节中引入的滤波器可以减少吉布斯振荡的影响。并且可以观察到, 滤波可以提高间断点以外区域的计算精度。虽然这一结论只是基于实验观察, 但在 12.2.2 节中, 进一步分析了函数的光滑性与滤波器性质之间的关系。进行了更多与函数光滑性和滤波器性质之间相互作用的更直接相关的观察。

在本节中, 我们将在傅里叶谱方法的背景下重新讨论这个问题。我们将看到, 这允许我们对滤波展开建立一个坚实的近似理论。

由于我们关心计算结果的后处理技术, 假设已知分段解析函数 u 的前 $2N+1$ 项展开系数, 该函数定义在区间 $[0,2\pi]$ 并且在 $x=\xi$ 处有一个间断点。我们的目标是以尽可能的高阶近似求得函数在区间 $[0,2\pi]$ 中任意点的值。在没有任何后处理的情况下, 通常逐点精度不会超过一阶, 并且由于吉布斯现象, 解在间断点附近不会收敛。

考虑修正后的近似

$$u_h^{\sigma}(x)=\sum_{n=-N}^{N}\sigma\left(\frac{|n|}{N}\right)\tilde{u}_n\exp(inx)$$

其中 σ 为滤波器函数。目标是构造 σ 使得滤波后的近似比原始展开收敛更快:

$$u_h(x)=\sum_{n=-N}^{N}\tilde{u}_n\exp(inx)$$

正如 8.3.3 节中讨论的, 要求滤波器函数具有以下性质[26]。

定义 13.25 对任意 $p(p>1)$, 滤波器由满足以下条件的函数 $\sigma \in C^p: R^+ \to [0,1]$ 定义

$$\begin{cases} \sigma^{(k)}(0)=\delta_{k0}, & k=0,\cdots,p-1 \\ \sigma(\eta)=0, & \eta \geqslant 1 \\ \sigma^{(k)}(\pi)=0, & k=1,\cdots,p-1 \end{cases}$$

根据这个定义, 将修正后的近似表示为

$$u_h^\sigma(x)=\sum_{n=-\infty}^{\infty}\sigma(\eta)\tilde{u}_n\exp(inx)=\frac{1}{2\pi}\int_0^{2\pi}S(x-y)\,u(y)\,dy \tag{13.23}$$

其中 $\eta=|n|/N$, 并且可以通过插入连续展开系数和重新排列项得到滤波器函数

$$S(z)=\sum_{n=-\infty}^{\infty}\sigma(\eta)\exp(inz) \tag{13.24}$$

注意在 (13.23) 中, 使用实际函数 u 替换截断级数, 从而消除截断误差的影响。这样, 在不影响结果正确性的前提下, 简化了下面的讨论。

按照 [26], 我们引入一个滤波器函数族。

定义 13.26 周期性滤波器函数族 $S_l(z)$ 由 (13.24) 中的 S 定义为

$$S_0(z)=S(z),\quad S_l'(z)=S_{l-1}(z)$$

$$\int_0^{2\pi}S_l(z)\,dz=0,\qquad l\geqslant 1$$

这个定义引出了对应滤波器函数族 $S_l(z)$ 的几个等价表示, 如以下引理所述。

引理 13.27 令 $\sigma(\eta)$ 表示一个阶数为 p 的滤波器, 相应的滤波器函数为

$$S(z)=S_0(z)=\sum_{n=-\infty}^{\infty}\sigma(\eta)\exp(inz)$$

于是, 滤波器函数族 $S_l(z)(1\leqslant l\leqslant p)$ 有以下等价表示形式:

(a)

$$S_l(z)=\frac{1}{N^l}\sum_{n=-\infty}^{\infty}G_l(\eta)\,i^l\exp(inz),\quad G_l(\eta)=\frac{\sigma(\eta)-1}{\eta^l}$$

(b)

$$S_l(z) = \frac{1}{N^{l-1}} \sum_{m=-\infty}^{\infty} \int_{-\infty}^{\infty} i^l \exp(iN(z+2\pi m)\eta) G_l(\eta)\, dz$$

(c)

$$S_1(z) = z - \pi + \sum_{n=-\infty, n\neq 0}^{n=\infty} \sigma(\eta)(in)^{-1} \exp(inx)$$

$$S_l(z) = B_l(z) + \sum_{n=-\infty, n\neq 0}^{n=\infty} \sigma(\eta)(in)^{-l} \exp(inx), \quad l \leqslant 2$$

其中 B_l 为一阶伯努利多项式。

滤波器函数族及其积分的重要性体现在如下结果[26] 中。

定理 13.28 设 u 是分段 $C^p([0,2\pi])$ 函数，具有单个间断点 ξ, 那么

$$u_h^\sigma(x) - u(x) = \frac{1}{2\pi} \sum_{l=0}^{p-1} S_{l+1}(c)\left(u^{(l)}(\xi^+) - u^{(l)}(\xi^-)\right) + \frac{1}{2\pi} \int_0^{2\pi} S_p(x-y)\, u^{(p)}(y)\, dy$$

式中，当 $x > \xi$ 时，$c = x - \xi$；当 $x < \xi$ 时，$c = 2\pi + x - \xi$。

证明 首先，根据滤波器函数族的定义，当 $l \geqslant 1$ 时，有

$$S_l(2\pi) - S_l(0) = 2\pi\delta_{l1} \tag{13.25}$$

当 $l = 1$ 时，该式来源于引理 13.27 中 $S_l(z)$ 的 (c) 情况；当 $l > 1$ 时，该式是 $S_l(z)$ 积分条件的结果。

现在考虑 $x > \xi$ 的情况。如果对 (13.23) 进行 p 次分部积分，排除间断点，可得

$$\begin{aligned}
2\pi u_h^\sigma(x) &= \int_0^{\xi^-} S(x-y)\, u(y)\, dy + \int_{\xi^+}^{2\pi} S(x-y)\, u(y)\, dy \\
&= \sum_{l=0}^{p-1} \left(S_{l+1}(2\pi) - S_{l+1}(0)\right) u^{(l)}(x) \\
&\quad + \sum_{l=0}^{p-1} S_{l+1}(x-\xi)\left(u^{(l)}(\xi^+) - u^{(l)}(\xi^-)\right) + \int_0^{2\pi} S_p(x-y)\, u^{(p)}(y)\, dy \\
&= 2\pi u(x) + \sum_{l=0}^{p-1} S_{l+1}(x-\xi)\left(u^{(l)}(\xi^+) - u^{(l)}(\xi^-)\right)
\end{aligned}$$

$$+\int_0^{2\pi} S_p(x-y)\,u^{(p)}(y)\,dy$$

其中最后一次消去是依据 (13.25)。同样, 对 $x<\xi$, 有

$$\begin{aligned}2\pi u_h^\sigma(x) &= \int_0^{\xi^-} S(x-y)\,u(y)\,dy + \int_{\xi^+}^{2\pi} S(x-y)\,u(y)\,dy\\ &= \sum_{l=0}^{p-1}\left(S_{l+1}(2\pi)-S_{l+1}(0)\right)u^{(l)}(x)\\ &\quad + \sum_{l=0}^{p-1} S_{l+1}(2\pi+x-\xi)\left(u^{(l)}\left(\xi^+\right)-u^{(l)}\left(\xi^-\right)\right)\\ &\quad + \int_0^{2\pi} S_p(x-y)\,u^{(p)}(y)\,dy\\ &= 2\pi u(x) + \sum_{l=0}^{p-1} S_{l+1}(2\pi+x-\xi)\left(u^{(l)}\left(\xi^+\right)-u^{(l)}\left(\xi^-\right)\right)\\ &\quad + \int_0^{2\pi} S_p(x-y)\,u^{(p)}(y)\,dy\end{aligned}$$

至此证毕。 □

这提供了 u 和它的截断滤波表示 u_h^σ 之间逐点误差的精确估计。为了完成分析, 需要估计定理 13.28 中的两个表达式。

首先考虑定理 13.28 中的最后一项。该估计基于经典结果。事实上, 当 $u\in C^{p-1}([0,2\pi])$ 时, 定理 13.28 中的第一项消失, 最后一项是与光滑函数相关的误差项, 如下结果所述。

引理 13.29 设 S_l 的定义同 (13.24), 那么

$$\frac{1}{2\pi}\left|\int_0^{2\pi} S_p(x-y)\,u^{(p)}(y)\,dy\right| \leqslant C\frac{\sqrt{N}}{N^p}\left(\int_0^{2\pi}\left|u^{(p)}\right|^2 dx\right)^{1/2}$$

其中, 常数 C 与 u 和 N 无关。

证明 由于 S_p 是周期性的, 根据柯西–施瓦茨不等式, 得到

$$\frac{1}{2\pi}\left|\int_0^{2\pi} S_p(x-y)\,u^{(p)}(y)\,dy\right| \leqslant \frac{1}{2\pi}\left(\int_0^{2\pi} S_p^2(x)\,dx\right)^{1/2}\left(\int_0^{2\pi}\left|u^{(p)}(x)\right|^2 dx\right)^{1/2}$$

使用引理 13.27 的 (a) 表示 S_p, 则可以估计第一项, 得到

$$\begin{aligned}\frac{1}{2\pi}\int_0^{2\pi} S_p^2(x)\,dx &= \frac{1}{2\pi}\int_0^{2\pi}\sum_{n=-\infty}^{n=\infty}\left(\frac{1}{N^p}\frac{\sigma(\eta)-1}{\eta^p}i^p\exp(inx)\right)^2\\ &= \sum_{n=-\infty}^{n=\infty}\frac{1}{N^{2p}}\left(\frac{\sigma(\eta)-1}{\eta^p}\right)^2\\ &= \frac{1}{N^{2p-1}}\sum_{n=-N}^{N}\frac{2}{2N}\left(\frac{\sigma(\eta)-1}{\eta^p}\right)^2+\sum_{|n|>N}\frac{1}{n^{2p}}\\ &\leqslant \frac{1}{N^{2p-1}}\int_{-1}^{1}\left(\frac{\sigma(\eta)-1}{\eta^p}\right)^2 d\eta+\frac{1}{N^{2p-1}}\leqslant C\frac{N}{N^{2p}}\end{aligned}$$

这里利用了指数函数的正交性, 并使用积分来界定黎曼和。 □

其次, 为了估计定理 13.28 中的第一项, 使用引理 13.27, 因为它们足以保证有界性。

引理 13.30 设 S_l 的定义同 (13.24), 则有

$$|S_l(x)|\leqslant C\frac{1}{N^{p-1}}\left(\frac{1}{|x|^{p-l}}+\frac{1}{|2\pi-x|^{p-l}}\right)\int_{-\infty}^{\infty}\left|G_l^{(p-l)}(\eta)\right|d\eta$$

其中 G_l 在引理 13.27 中定义。

证明 回想引理 13.27 (b) 中 S_l 的表示形式。由于 G_l 是 $p-1$ 阶可微, σ 被定义为满足 $\sigma^{(l)}(0)=\sigma^{(l)}(1)=0$, 分部积分 $p-l$ 次 $(l\leqslant 1)$ 后有

$$|S_l(x)|=\frac{1}{N^{l-1}}\left|\sum_{m=-\infty}^{\infty}\int_{-\infty}^{\infty}\frac{\exp[iN(x+2\pi m)\eta]}{N^{p-l}(x+2\pi m)^{p-l}}G_l^{(p-l)}(\eta)\,d\eta\right|$$

由于 $x\in[0,2\pi]$, 主导项是对应于 $m=0$ 和 $m=-1$ 的项。根据三角不等式, 将这两个贡献项从积分中提取出来, 便可以得到最终结果。 □

最后, 我们已经准备好陈述主要定理[26]。

定理 13.31 设 u 是分段 $C^p([0,2\pi])$ 函数, 只在 ξ 处有间断, 设 σ 是定义 13.25 中定义的滤波器。点 $x\in[0,2\pi]$ 与间断点 ξ 之间的距离表示为 $d(x)=|x-\xi|$。

除 ξ 外, u 和其截断滤波表示 u_h^σ 在所有 x 点上的误差可以被估计为

$$|u(x) - u_h^\sigma(x)| \leqslant C_1 \frac{1}{N^{p-1}} \frac{1}{d(x)^{p-1}} K(u) + C_2 \frac{\sqrt{N}}{N^p} \left(\int_0^{2\pi} \left| u^{(p)} \right|^2 dx \right)^{1/2}$$

其中

$$K(u) = \sum_{l=0}^{p-1} d(x)^l |u^{(l)}(\xi^+) - u^{(l)}(\xi^-)| \int_{-\infty}^{\infty} \left| G_l^{(p-l)}(\eta) \right| d\eta$$

证明 误差估计的第二部分直接来源于引理 13.29。同样地, 引理 13.30 表明定理 13.28 中的第一部分是有界的。

因为在定理 13.28 中, 当 $x > \xi$ 时, $c = x - \xi$; 当 $x < \xi$ 时, $c = 2\pi + x - \xi$, 所以有

$$\frac{1}{|c|^{p-l}} + \frac{1}{|2\pi - c|^{p-l}} \leqslant \frac{2}{d(x)^{p-l}}$$

结合引理 13.30 中的估计, 可以完成证明。 □

该定理证明了远离间断点时, 滤波是一种有效的后处理工具, 然而无法期望在间断点的收敛速度有所改善。这与例 12.22 中的结果完全一致, 尽管那些结果是在多项式基下得到的。然而, 定性行为保持不变。还可以观察到, 如果滤波器的阶数 p 较低, 就会限制最大收敛速度, 这再次与定理 13.31 完全一致。在 [27] 中讨论了将傅里叶级数的结果推广到非周期性多项式的情况, 然而仍然缺少完整的分析。

滤波器的实际实现很简单, 如 FourierF.m 所示。

脚本 13.4: FourierF.m: 对傅里叶展开法应用滤波器的程序

```
function [Fu]=FourierF(u,p,alpha,N0);
% function [Fu]=FourierF(u,alpha,N0);
% Purpose: Apply modal exponential filter in a Fourier spectral approach;
N=length(u); N2=(N-1)/2;

% Define filter function
sigma=ones(N2+1,1);
sigma((N0+1):(N2+1))=exp(-alpha*(([N0:N2]'-N0)/(N2-N0)).^(2*p));
nvec=[sigma; flipud(sigma(2:end))];
Fu=real(ifft(nvec.*fft(u)));
return
```

在这种情况下, 考虑广泛使用的指数滤波器函数, 其定义为

$$\sigma\left(\frac{|n|}{N}\right)=\begin{cases}1, & |n|\leqslant N_0\\ \exp\left(-\alpha\left(\frac{|n|-N_0}{N-N_0}\right)^{2p}\right), & N_0<|n|\leqslant N\\ 0, & |n|>N\end{cases}$$

通过阶数 $2p$、强度 α 和滤波器截距 N_0 来调节滤波器的强度。

为了给不同的后处理格式提供一个比较的基础, 这里通过一个实例进行说明。

例 13.32 周期函数

$$u(x)=\begin{cases}2x, & 0\leqslant x\leqslant \dfrac{1}{2}\\ 2(x-1), & \dfrac{1}{2}<x\leqslant 1\end{cases} \tag{13.26}$$

在 $x=\dfrac{1}{2}$ 处有一个间断点, 其傅里叶系数可以精确地计算为

$$\tilde{u}_n=\frac{i(-1)^n}{\pi n}$$

该函数, 其截断傅里叶表示以及指数滤波器函数对截断近似整体精度的影响如图 13.4 所示。与定理 13.31 的结果一致, 观察到在远离间断点区域, 滤波后近似的精度有了实质性的提升, 但在 $x=\dfrac{1}{2}$ 的邻域没有明显的提升。另一方面, 通过增加滤波器的阶数, 在间断点附近的解的质量会显著提高。

13.4.2 傅里叶–帕德重构

一种替代使用滤波器的方法需要将傅里叶级数表示为[28]

$$u_h(x)=\sum_{n=-N}^{N}\tilde{u}_n\exp(inx)=\sum_{n=0}^{N}{}'\tilde{u}_n z^n+\sum_{n=0}^{N}{}'\tilde{u}_{-n}z^{-n}=u_h^+(z)+u_h^-(z)$$

其中 $z=\exp(ix)$, $\sum'$ 表示对索引 $n=0$ 增加了 $1/2$。我们将其视为洛朗级数 (Laurent series), 并且 $u_h^+(z)$ 和 $u_h^-(z)$ 可以视为以 $z=0$ 和 $z=\infty$ 为中心的泰勒级数。当 $u_h(x)$ 是实数时, $\tilde{u}_n=\overline{\tilde{u}_{-n}}$。

虽然泰勒级数对于非解析函数存在已知的收敛问题, 但应用于有理函数 (即帕德形式) 的收敛情形更优[29]。事实上, 如 [30] 所示, 对不连续函数的帕德近似, 吉布斯现象仅为跳跃大小的 0.4%, 相比之下, 经典的傅里叶级数近似为 9%。

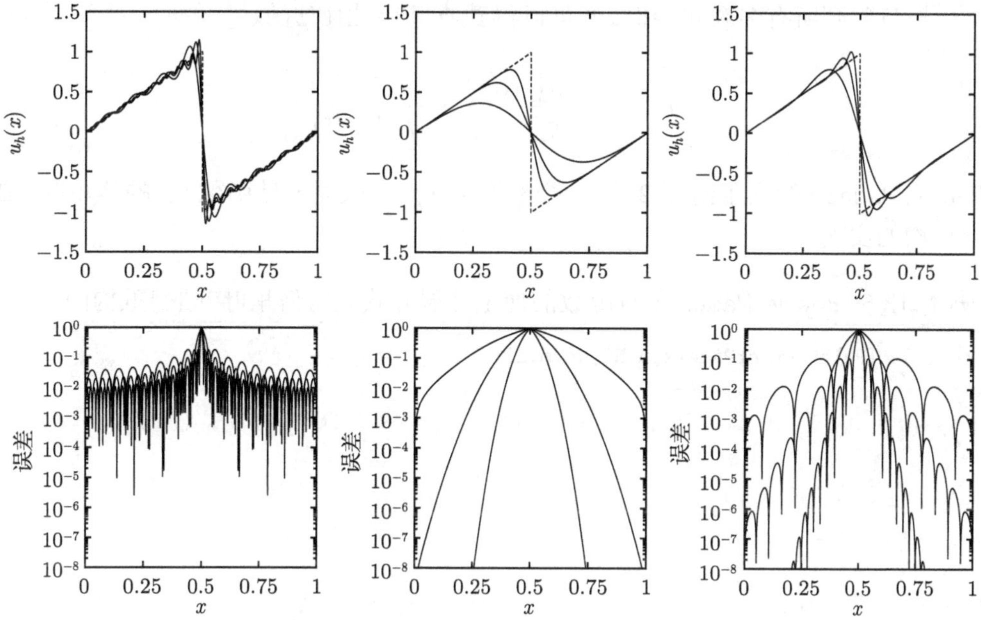

图 13.4 滤波对一个不连续函数的傅里叶近似的影响。第一行为 $N=8,16,32$ 时的解, 第二行为相应的逐点误差。阶数更高, 即 N 的值越高时, 所有图中精度均越高。第一列没有使用滤波, 中间列和最后一列分别使用二阶 $(p=1)$ 和四阶 $(p=2)$ 滤波器

因此, 很自然地考虑如下形式的近似

$$u_h^+(z)=\frac{p_M^+(z)}{q_L^+(z)}+\mathcal{O}\left(z^{N+1}\right),\quad u_h^-(z)=\frac{p_M^-(z)}{q_L^-(z)}+\mathcal{O}\left(z^{N+1}\right)$$

其中, $p_M^{\pm}(z)$ 和 $q_L^{\pm}(z)$ 分别为 M 阶和 L 阶多项式。这里的帕德近似, 也被称为傅里叶–帕德近似 (Fourier-Padé approximation), 因为其基于傅里叶级数, 其计算可以通过多种途径实现。我们关注线性傅里叶–帕德近似, 考虑

$$p_M^+(z)+q_L^+(z)\,u_h^+(z)=\mathcal{O}\left(z^{N+1}\right),\quad p_M^-(z)+q_L^-(z)\,u_h^-(z)=\mathcal{O}\left(z^{N+1}\right) \tag{13.27}$$

首先观察到有 $N+1$ 个已知系数, $M+L+2$ 个未知系数用来指定 p_M 和 q_L。但是, 我们可以任意缩放两个多项式, 留下一个系数待定。因此, 需要 $M+L=N$ 来确保帕德近似在缩放意义上的唯一性。

为了得到 q_L, 观察到从 $M+1$ 阶到 N 阶所有多项式 $q_L u_h=0$。由于 u_h 是给定的, 这形成了一个 $L\times(L+1)$ 阶的线性特普利茨系统, 其确保了一个非空的零空间。通过固定一个系数, 通常取 $q_0=1$, 系统变为方阵。一旦确定 q_L, 就可直接由 (13.27) 得到 p_M。由于假设 u_h 是实数, 则有 $p_M^+(z)=\overline{p_M^-(z^{-1})}$, 对 $q_L^{\pm}$ 同理。因此, 只需要计算两个多项式中的一个。

一旦得到所有多项式, 那么便可以得到傅里叶–帕德近似

$$u_h^+(x) = \frac{p_M^+(e^{ix})}{q_L^+(e^{ix})} + \frac{p_M^-(e^{-ix})}{q_L^-(e^{-ix})}$$

FourierPade.m 给出了给定 $2N+1$ 个网格点 x_j、一般周期性函数 u_h 的傅里叶–帕德重构的实现。

脚本 13.5: FourierPade.m: 对函数的傅里叶展开式获得傅里叶–帕德重构的程序

```
function [Pu]=FourierPade(x,u,N0,Nc,M,L);
% function [Pu]=FourierPade(x,u,N,M,L);
% Purpose: Apply Fourier-Pade postprocessing to periodic function with
%    p_M(x)/q_L(x)=u_Nc(x)+x^(Nc+1). u_N is assumed real
% Approach follows Driscoll and Fornberg (2001).
% NOTE: M+L=Nc is assumed

% Extract Nc Fourier coefficients and compute denominator
uh=fft(u)/(2*N0+1); uhat=uh(1:Nc+1); N=Nc;

Cq=uhat(M+2:N+1); Rq=[uhat(M+2:-1:max(1,M-L+2)); zeros(L-M-1,1)];
Z=null(toeplitz(Cq,Rq));
qp=Z(:,end); qp = qp/qp(min(find(qp))); qm=conj(qp);

% Compute numerator
Cq=uhat(1:M+1); Cq(1)=Cq(1)/2;
Rq=zeros(1,M+1); Rq(1)=Cq(1);
A=toeplitz(Cq,Rq);
pp=A*qp(1:M+1); pm=conj(pp);

% Evaluate Fourier-Pade approximation
Nx=length(x); xl=2*pi/Nx*[0:Nx-1]';
ii=sqrt(-1.0); xp=exp(ii*xl); xm=exp(-ii*xl);

Pu=polyval(flipud(pp),xp)./polyval(flipud(qp),xp) ...
    +polyval(flipud(pm),xm)./polyval(flipud(qm),xm);
return
```

为了说明傅里叶–帕德重构的性能, 现在重新讨论例 13.32 中的问题。

例 13.33　寻求在例 13.32 中讨论的周期性不连续函数的傅里叶–帕德重构。为了简单起见, 在帕德近似中使用 $M = L = N/2$, 尽管这并不是必需的。

图 13.5 展示了该函数与其截断傅里叶表达式及傅里叶–帕德重构函数，同时给出了逐点误差。与图 13.4 的结果相比，傅里叶–帕德近似重构的结果在逐点精度和降低间断点附近超调量上有着显著优势，这与 [30] 的分析一致。然而，吉布斯现象仍然存在，并且傅里叶–帕德重构没有改善间断点处的收敛性。

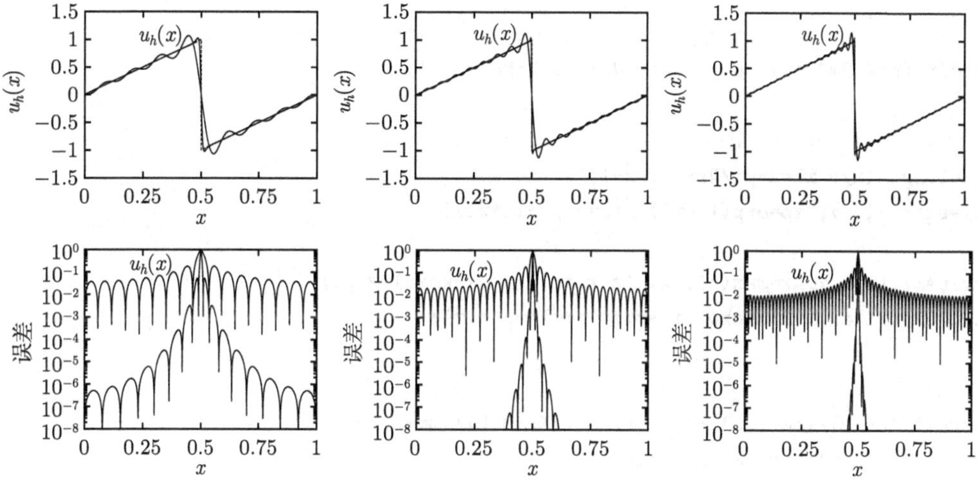

图 13.5 傅里叶–帕德重构对不连续函数的傅里叶近似的影响。第一行给出精确解、截断傅里叶近似 u_h 和傅里叶–帕德近似处理后的解。第二行给出相应的逐点误差。第一列 $N=8$，中间列 $N=16$，最后一列 $N=32$。精确解用虚线标出

在 [28] 中，通过考虑非周期性函数 $f(x)=x$，可以观察到傅里叶–帕德近似在间断点邻域上的收敛性由一个对数项决定。由此引入奇异傅里叶–帕德近似，定义为

$$u_h(z)^{\pm}=\frac{p_M^{\pm}(z)}{q_L^{\pm}(z)}+\log\left(1-\frac{z}{\xi^{\pm}}\right)\frac{r_R^{\pm}(z)}{q_L^{\pm}(z)} \tag{13.28}$$

其中 $\xi^{\pm}=e^{\pm ix_0}$ 表示间断点的位置 x_0，$r_R^{\pm}$ 是 R 阶多项式。如果存在一个以上的间断点，可以增添额外的项，并通过 $r_R(z)=(z+1)^s\log(z+1)$ 项来处理第 s 阶导数中的间断点。

如果保持在 (13.28) 中帕德近似的分母 q_L 不变，多项式、p_M、q_L 和 r_R 可以通过上述线性帕德问题得到。SingularFourierPade.m 给出了使用奇异傅里叶–帕德形式的重构方法，其允许使用任意数量的间断点进行重构。

脚本 13.6: SingularFourierPade.m: 对函数的傅里叶展开进行奇异傅里叶–帕德重构

```
function [Pu]=SingularFourierPade(x,u,z,N0,Nc);
```

```
% function [Pu]=SingularFourierPade(x,u,N);
% Purpose: Apply Singular Fourier-Pade postprocessing to periodic function
%     p_M(x)/q_L(x)+r_R(x)/Q_L(x)=u_Nc(x) + x^(Nc+1). u_N is assumed real
% Approach follows Driscoll and Fornberg (2001) and
% padelog.m (Driscoll, MathWorks File Exchange, 2006)

% Extract Nc Fourier coefficients and compute denominator
uh=fft(u)/(2*N0+1); uhat=uh(1:Nc+1); N=Nc;

% Determine parameters and location of discontinuities in [0,2pi]
Nx=length(x); xl=2*pi/Nx*[0:Nx-1]';
ii=sqrt(-1.0); xp=exp(ii*xl); xm=exp(-ii*xl);

xmin=min(x); xmax=max(x); xi=(z-xmin)/(xmax-xmin)*2*pi;
xip=exp(ii*xi); xim=exp(-ii*xi); mm=length(z);

% Setting orders of polynomials -- these can be adjusted
L=ceil((N-mm)/(mm+1.5))-1; s=floor((N-mm-L)/(mm+1))+1;
R=s*ones(1,mm); M=N-mm-L-sum(R);

% Taylor coeffs of log terms
k=(1:N)';
for s=1:mm
  lp{s}=[0;-1./(k.*xip(s).^k)];
end

% The polynomials Q and R{:} are found from the highest-order coeffs
row=[uhat(M+2:-1:max(1,M-L+2)); zeros(L-M-1,1)];
Cq=toeplitz(uhat(M+2:N+1),row);
Lp=cell(1,mm);
for s=1:mm
  row=[lp{s}(M+2:-1:max(1,M-R(s)+2));zeros(R(s)-M-1,1)];
  Lp{s}=toeplitz(lp{s}(M+2:N+1),row);
end

% Find a vector v satisfying [Cq -Lp{1} ... -Lp{m}]*v = 0
Z=null(cat(2,-Cq,Lp{:}));
qr=Z(:,end); qr=qr/qr(min(find(qr)));

% Pull out polynomials
```

```
qp=qr(1:L+1);
idx=L+1; rp=cell(1,mm); rm=cell(1,mm);
for s=1:mm
  rp{s}=qr(idx+(1:R(s)+1)); rm{s}=conj(rp{s});
  idx=idx + R(s)+1;
end

% Remaining polynomial is found using low-order terms
Cq=uhat(1:M+1); Cq(1)=Cq(1)/2; Rq=zeros(1,M+1); Rq(1)=Cq(1);
A=Toeplitz(Cq,Rq);
pp=A*qp(1:M+1);
for s=1:mm
  Lp=toeplitz(lp{s}(1:M+1),[lp{s}(1) zeros(1,R(s))]);
  pp=pp-Lp*rp{s};
end
pm=conj(pp); qm=conj(qp);

% Evaluate singular Pade-Fourier form
qpp=polyval(flipud(qp),xp); qmp=polyval(flipud(qm),xm);
Pu=polyval(flipud(pp),xp)./qpp+polyval(flipud(pm),xm)./qmp;

for s=1:mm
    rpp=polyval(flipud(rp{s}),xp); rpm=polyval(flipud(rm{s}),xm);
    Pu=Pu + rpp.*log(1-xp/xip(s))./qpp + rpm.*log(1-xm/xim(s))./qmp;
end
return
```

为了说明对数项在重构中的影响, 让我们回到前面讨论的例子。

例 13.34 考虑例 13.32 中讨论的周期性不连续函数, 并使用奇异傅里叶–帕德重构。不对 M, L 和 R 进行优化, 它们都近似 $N/3$。

图 13.6 呈现了该函数及其傅里叶–帕德重构的近似以及使用奇异傅里叶–帕德方法得到的重构结果, 还给出了逐点误差。与图 13.5 的结果相比, 奇异傅里叶–帕德重构提升了逐点精度, 并且降低了间断点邻域的超调量。但是, 奇异傅里叶–帕德重构并没有改善间断点的收敛性。

在 [31] 中给出了傅里叶–帕德重构更先进的应用。

虽然吉布斯现象仍然存在于傅里叶–帕德重构中, 但与 13.4.1 节中讨论的滤波近似的直接比较说明傅里叶–帕德重构是更优的。这表明傅里叶–帕德重构可以应用于计算阶段, 而不是作为后处理技术。然而, 帕德近似的非线性特性使这种方法变得困难, 因为构建帕德形式时缺少鲁棒性。特别是, 无法保证特定的 (M, L)

选择能够确保帕德近似的存在。此外, 还需要确保帕德形式在感兴趣的区域满足 $q_L \neq 0$。这也部分解释了为什么对傅里叶–帕德重构精度的严格分析是有限的。

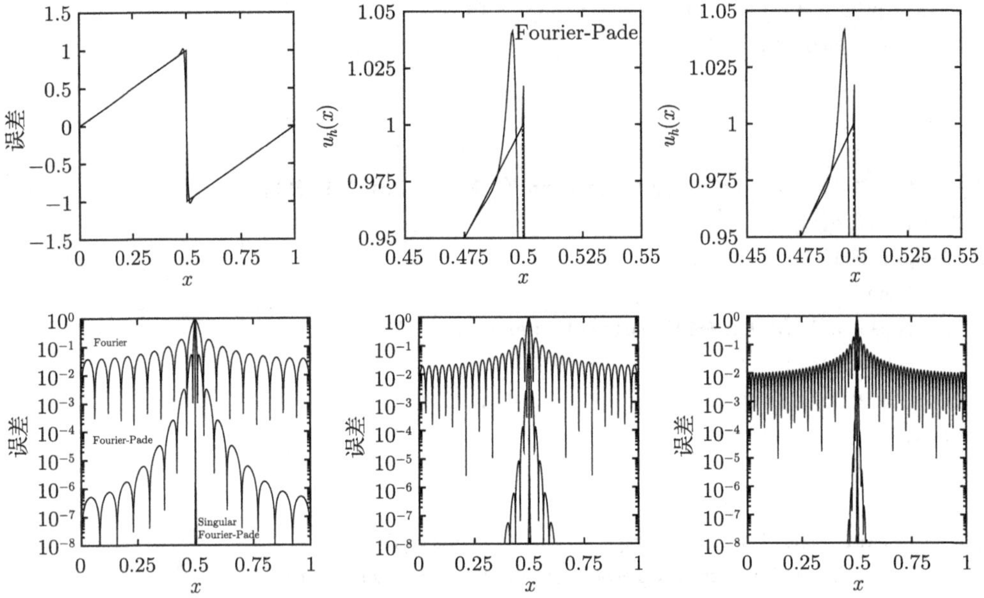

图 13.6　奇异傅里叶–帕德重构对不连续函数的截断傅里叶近似的影响。第一行给出精确解、傅里叶–帕德 (Fourier-Padé) 近似和奇异傅里叶–帕德 (singular Fourier-Padé) 近似处理的解。第二行给出相应的逐点误差, 包括截断傅里叶级数的误差。左列 $N = 8$, 中间列 $N = 16$, 右列 $N = 32$。精确解用虚线表示

这些挑战在引入奇异傅里叶–帕德近似形式后进一步加剧, 因为还需要准确获取间断点的位置信息。虽然解决这个问题的技术确实存在[32,33], 但帕德近似重构的鲁棒性仍然是一个挑战, 其与帕德近似的性质相关。当它作为后处理技术使用时, 可以通过调整多项式的阶数以产生最佳结果, 尽管关于这些选择的指导较少[29]。

帕德重构技术对多项式情况的拓展在 [34–36] 中提出, 关于多项式展开中吉布斯现象重构的详细分析可以参见 [37]。

13.4.3　克服吉布斯现象

即使会受到吉布斯现象的影响, 前文讨论的两种后处理技术在提高全局近似精度方面仍有很大的潜力。然而, 即使是奇异傅里叶–帕德重构也无法提升间断点处的收敛阶数。需要更复杂的方法以克服吉布斯现象。

考虑函数 $u \in L^2([0,L])$ 的傅里叶展开

$$u(x) \simeq u_h(x) = \sum_{n=-N}^{N} \hat{u}_n \exp\left(in2\pi\frac{x}{L}\right)$$

$$\hat{u}_n = \frac{1}{L}\int_0^L u(x)\exp\left(-in2\pi\frac{x}{L}\right)dx = \frac{1}{L}(u,\phi_n)$$

其中 $\phi_n(x) = \exp\left(in2\pi\frac{x}{L}\right)$ 表示傅里叶基函数。这里使用连续傅里叶系数, 离散傅里叶系数同样也可以考虑。

同样假设 u 是分段解析的, 因此存在一个区间 $x \in [a,b] \subset [0,L]$, 使得 u 是解析的。根据 [38], 假设该区间内可以将 u_h 重新展开为

$$u_h^\lambda(x) = \sum_{m=0}^{M}\left(u_h, \psi_m^{(\lambda)}\right)_\lambda \psi_m^{(\lambda)}(r(x))$$

其中 $\psi_m^{(\lambda)}$ 是一个基函数族, 在内积 $(\cdot,\cdot)_\lambda$ 下正交, 该内积具体定义稍后给出。定义局部变量

$$x(r) = \frac{1}{2}((b-a)r + (b+a)) = \varepsilon r + \delta, \quad r \in [-1,1]$$

其中 $\varepsilon = \frac{b-a}{2}$, $\delta = \frac{b+a}{2}$。假定 $\psi_m^{(\lambda)}(r(x))$ 吉布斯互补于基函数 $\phi_n(x)$, 目标是建立 $u_h^\lambda(x)$ 在 $x \in [a,\ b]$ 上以指数率快速收敛到 $u(x)$ 的结论。条件如下定义[38]。

定义 13.35 如果以下条件满足, 则称 $\psi_m^{(\lambda)}(r(x))$ 吉布斯互补于基函数 $\phi_n(x)$

(1) 基函数 $\psi_m^{(\lambda)}(r(x))$ 关于内积 $(\cdot,\cdot)_\lambda$ 正交, 即

$$\left(\psi_i^{(\lambda)}, \psi_j^{(\lambda)}\right)_\lambda = \delta_{ij}$$

(2) 在 $r \in [-1,1]$ 中解析的函数 $u(x(r))$ 使用基函数 $\psi_m^{(\lambda)}(r(x))$ 展开时以 λ 指数律收敛, 即存在 $C, c \geqslant 0$, 满足

$$\max_{r\in[-1,1]}\left|u(x(r)) - \sum_{m=0}^{\lambda}\left(u, \psi_m^{(\lambda)}\right)_\lambda \psi_m^{(\lambda)}(r)\right| \leqslant C\exp(-c\lambda)$$

(3) 存在 $\beta < 1$, 当 $\lambda = \beta N$ 时, 满足

$$\left|\left(\phi_n, \psi_m^{(\lambda)}\right)_\lambda\right| \max_{r\in[-1,1]}\left|\psi_m^{(\lambda)}(\xi)\right| \leqslant \left(\frac{\alpha N}{n}\right)^\lambda$$

式中 $n > N$, $m < \lambda$, $\alpha < 1$。这个条件称为吉布斯条件 (Gibbs condition)。

我们观察到前两个条件保证了互补基能够精确地近似解析函数。另一方面，吉布斯条件通过要求 $\phi_n(x)$ 中的高模态能够被互补基 $\psi_m^{(\lambda)}(\xi)$ 的低模态精确表示，以保证重投影函数的精度。

以下的讨论给出了足够恢复区间 $[a,b]$ 内 u 的指数精确表示的吉布斯互补基的识别方法。

定理 13.36 设 $u \in L^2([0,L])$ 在 $x \in [a,b] \subset [0,L]$ 上是解析的，假设有一组基函数 $\phi_n(x)$ 在内积 $(\cdot,\cdot)$ 中正交，同样假设有一组吉布斯互补基 $\psi_m^{(\lambda)}$ 在内积 $(\cdot,\cdot)_\lambda$ 中正交。假设

$$\left(u(x)-u_h(x),\psi_m^{(\lambda)}(r)\right)_\lambda=\sum_{n=m+1}^{\infty}(u,\phi_n)\left(\psi_m^{(\lambda)},\phi_n\right)_\lambda$$

则有

$$\max_{a\leqslant x\leqslant b}\left|u(x)-\sum_{m=0}^{\lambda}\left(u_h,\psi_m^{(\lambda)}\right)_\lambda\psi_m^{(\lambda)}(r(x))\right|\leqslant\exp(-cN),\quad c>0$$

证明 由于 u 在 $[a,b]$ 上是解析的，定义 13.35 的条件 (2) 保证存在 $c>0$，使得

$$\max_{a\leqslant x\leqslant b}\left|u(x)-\sum_{m=0}^{\lambda}\left(u,\psi_m^{(\lambda)}\right)_\lambda\psi_m^{(\lambda)}(r(x))\right|\leqslant\exp(-cN)$$

式中 $\lambda=\beta N$。然而，由于仅已知 u_h 而不是 u，需要估计

$$\begin{aligned}&\max_{a\leqslant x\leqslant b}\left|\sum_{m=0}^{\lambda}\left(u-u_h,\psi_m^{(\lambda)}\right)_\lambda\psi_m^{(\lambda)}(r(x))\right|\\&\leqslant\max_{a\leqslant x\leqslant b}\sum_{m=0}^{\lambda}\sum_{n=N+1}^{\infty}\left|(u,\phi_n)\left(\psi_m^{(\lambda)},\phi_n\right)_\lambda\psi_m^{(\lambda)}(r(x))\right|\\&\leqslant C\sum_{m=0}^{\lambda}\sum_{n=N+1}^{\infty}\left(\frac{\alpha N}{n}\right)^\lambda\leqslant\exp(-cN)\end{aligned}$$

最后一步是根据吉布斯条件进行的。通过三角不等式，有

$$\begin{aligned}&\left|u(x)-\sum_{m=0}^{\lambda}\left(u_h,\psi_m^{(\lambda)}\right)_\lambda\psi_m^{(\lambda)}(r(x))\right|\\&\leqslant\left|u(x)-\sum_{m=0}^{\lambda}\left(u,\psi_m^{(\lambda)}\right)_\lambda\psi_m^{(\lambda)}(r(x))\right|+\left|\sum_{m=0}^{\lambda}\left(u-u_h,\psi_m^{(\lambda)}\right)_\lambda\psi_m^{(\lambda)}(r(x))\right|\end{aligned}$$

从而得到结论。 □

该定理证明, 当存在吉布斯互补基时, 对于 u 解析的所有区间, 在 $\phi_n(x)$ 中缓慢收敛的级数可以表示为 $\psi_m^{(\lambda)}$ 中快速收敛的级数。换句话说, 即使原始近似 u_h 对 u 是一个不准确的近似, 它依然包含所有必要信息以恢复分段精确近似。

吉布斯互补基的识别依赖于原始基 $\phi_n(x)$ 的选择。关注傅里叶基 $\phi_n(x) = \exp(inx)$, 并依赖以下结论[39, 40]。

定理 13.37 设 $\phi_n(x)$ 是傅里叶基函数, 则可以给出吉布斯互补基

$$\psi_m(r) = \frac{1}{\sqrt{\gamma_m^{(\lambda)}}}\tilde{C}_m^{(\lambda)}(r), \quad r \in [-1, 1]$$

其中 $\tilde{C}_m^{(\lambda)}$ 为 m 阶盖根鲍尔多项式 (Gegenbauer polynomial), 类型为 λ, 并且

$$\gamma_m^{(\lambda)} = \left(\tilde{C}_m^{(\lambda)}, \tilde{C}_m^{(\lambda)}\right)_\lambda = \frac{\pi 2^{1-2\lambda}\Gamma(m+2\lambda)}{m!(m+\lambda)\Gamma^2(\lambda)}$$

这里 $\Gamma(x)$ 是伽马函数。

在继续之前, 先简要讨论盖根鲍尔多项式 $\tilde{C}_m^{(\lambda)}$。它们被定义为奇异施图姆–刘维尔问题的多项式解

$$\frac{d}{dr}(1-r^2)^{\lambda+\frac{1}{2}}\frac{d\tilde{C}_m^{(\lambda)}(r)}{dr} + m(m+2\lambda)\left(1-r^2\right)^{\lambda-\frac{1}{2}}\tilde{C}_m^{(\lambda)}(r) = 0$$

这就保证了在 $[-1, 1]$ 上定义的解析函数展开式是指数收敛的[5]。考虑正交盖根鲍尔多项式

$$C_m^{(\lambda)}(r) = \frac{1}{\sqrt{\gamma_m^{(\lambda)}}}\tilde{C}_m^{(\lambda)}(r)$$

可以用三项递推公式计算

$$rC_m^{(\lambda)}(r) = \alpha_m C_{m-1}^{(\lambda)}(r) + \alpha_{m+1}C_{m+1}^{(\lambda)}(r)$$

其中系数

$$\alpha_m = \frac{1}{2}\sqrt{\frac{m(m+2\lambda-1)}{(m+\lambda)(m+\lambda-1)}}$$

初始值

$$C_0^{(\lambda)}(r) = \sqrt{\frac{\Gamma(\lambda+1)}{\sqrt{\pi}\Gamma\left(\lambda+\frac{1}{2}\right)}}, \qquad C_1^{(\lambda)}(r) = \sqrt{\frac{2\Gamma(\lambda+2)}{\sqrt{\pi}\Gamma\left(\lambda+\frac{1}{2}\right)}}r$$

值得注意的是, $\lambda=\dfrac{1}{2}$ 时恢复为勒让德多项式, 其在 12.1.1 节中详细讨论。GegenbauerP.m 给出了归一化盖根鲍尔多项式的计算程序。

脚本 13.7: GegenbauerP.m: 在点 $r\in[-1,1]$ 处计算 N 阶盖根鲍尔多项式的程序

```
function [C]=GegenbauerP(r,lambda,N);
% function [C]=GegenbauerP(r,lambda,N)
% Purpose: Evaluate Gegenbauer polynomial of type lambda > -1/2
%          points r for order N and returns P[1:length(r)]
% Note: They are normalized to be orthonormal.

% Turn points into row if needed.
xp=r; dims=size(xp);
if(dims(2)==1) xp=xp'; end;

CL=zeros(N+1,length(xp));
% Initial values C_0(x) and C_1(x)
gamma0=sqrt(pi)*gamma(lambda+0.5)/gamma(lambda+1);
CL(1,:)=1.0/sqrt(gamma0);
if (N==0) C=CL'; return; end;
gamma1=(lambda+1/2)^2/(2*lambda+2)*gamma0;
CL(2,:)=(2*lambda+1)*xp/(2*sqrt(gamma1));
if(N==1) C=CL(N+1,:)'; return; end;

% Repeat value in recurrence.
aold=2/(2*lambda+1)*sqrt((lambda+1/2)^2/(2*lambda+2));

% Forward recurrence using the symmetry of the recurrence.
for i=1:N-1
  h1=2*i+2*lambda-1;
  anew=2/(h1+2)*sqrt( (i+1)*(i+2*lambda)*(i+lambda+1/2)^2/(h1+1)/(h1+3));
  CL(i+2,:)=1/anew*(-aold*CL(i,:)+xp.*CL(i+1,:));
  aold=anew;
end;
C=CL(N+1,:)';
return
```

在上述基础上, 需要证明盖根鲍尔多项式构成傅里叶基的吉布斯互补基, 即需要证明定义 13.35 中的三个条件。

盖根鲍尔多项式基的正交性源于其为施图姆–刘维尔问题特征解的定义以及

归一化, 因此证明了第一个条件。第二个条件要求分析以下量

$$\max_{r\in[-1,1]}\left|u\left(x\left(r\right)\right)-\sum_{m=0}^{M}\hat{u}_m^{\lambda}C_m^{(\lambda)}\left(r\right)\right|$$

其中

$$\hat{u}_m^{\lambda}=\int_{-1}^{1}u(r)C_m^{(\lambda)}\left(r\right)\left(1-r^2\right)^{\lambda-1/2}dr$$

为盖根鲍尔多项式展开系数。虽然这可能看起来像一个标准近似问题, 我们观察到定义 13.35 要求按 λ 谱收敛而不是固定 λ 按 M 谱收敛, 就像传统意义上认为的那样。

当 u 解析时, 存在 $\rho\geqslant 1$ 使得

$$\max_{r\in[-1,1]}\left|\frac{d^l u}{dr^l}\right|\leqslant C\left(\rho\right)\frac{l!}{\rho!}$$

回顾盖根鲍尔多项式的性质, 可以证明[5,39]

$$\max_{r\in[-1,1]}\left|u\left(x\left(r\right)\right)-\sum_{m=0}^{M}\hat{u}_m^{\lambda}C_m^{(\lambda)}\left(r\right)\right|\leqslant K\frac{C\left(\rho\right)\Gamma\left(\lambda+\dfrac{1}{2}\right)\Gamma\left(M+1+2\lambda\right)}{M\sqrt{\lambda}\left(2\rho\right)^M\Gamma\left(2\lambda\right)\Gamma\left(M+\lambda\right)}$$

使用斯特林公式, 可以估算出

$$\max_{r\in[-1,1]}\left|u\left(x\left(r\right)\right)-\sum_{m=0}^{M}\hat{u}_m^{\lambda}C_m^{(\lambda)}\left(r\right)\right|\leqslant Aq^M$$

由于 $\rho\geqslant 1$, 因此

$$q=\frac{\left(1-2\gamma\right)^{1+2\gamma}}{\rho 2^{1+2\gamma}\gamma^{\gamma}\left(1+\gamma\right)^{1+\gamma}}\leqslant 1$$

这里假设 $\lambda=\gamma M$, 即盖根鲍尔多项式的类型必须随着 M 的增加而增加, 以保证满足定义 13.35 的第二个条件。值得注意的是, 到目前为止, 讨论独立于使用傅里叶基的事实。换句话说, 已经对任意基函数 $\phi_n(x)$ 证明了前两个条件的有效性。

最后, 为了建立吉布斯条件, 必须证明

$$\left|\int_{-1}^{1}\exp(inx(r))C_m^{(\lambda)}\left(r\right)\left(1-r^2\right)^{\lambda-1/2}dr\right|\leqslant\left(\frac{\alpha N}{n}\right)^{\alpha}$$

式中, $n > N$, $m \leqslant \lambda = \beta N$, $x \in [0, L]$。这是通过以下公式实现的:

$$\int_{-1}^{1} \exp(in\pi r) C_m^{(\lambda)}(r) \left(1 - r^2\right)^{\lambda - 1/2} dr = \sqrt{\gamma_m^\lambda}\,\Gamma(\lambda) \left(\frac{2}{n\pi}\right)^\lambda i^m (m + \lambda) J_{m+\lambda}(n\pi)$$

式中, J_v 为第一类贝塞尔函数 (Bessel function)。利用斯特林公式, 可以得到 $\beta \geqslant 2\pi/27$ 足以满足吉布斯条件。因此, 假设仅已知间断点的位置, 由分段解析解的截断傅里叶展开得到分段谱精确解是可能的。换句话说, 完全克服吉布斯现象是可能实现的。

为了计算重构解, 需要计算

$$u_h^\lambda(x(r)) = \sum_{m=0}^{M} \hat{u}_m^\lambda C_m^{(\lambda)}(r), \quad x \in [a, b]$$

其中

$$\hat{u}_m^\lambda = \hat{u}_0 \delta_{0m} + \Gamma(\lambda) i^m (m + \lambda) \sqrt{\gamma_m^\lambda} \sum_{n=-N, n\neq 0}^{N} e^{in\delta} \left(\frac{2}{n\varepsilon}\right)^\lambda J_{m+\alpha}(n\varepsilon)$$

式中

$$\varepsilon = \frac{b-a}{2}, \quad \delta = \frac{a+b}{2}$$

GegenbauerRecon.m 中给出了盖根鲍尔重构的实现过程。

脚本 13.8: GegenbauerRecon.m: 使用盖根鲍尔重构由截断傅里叶展开形式表示的分段解析函数

```
function [uRecon]=GegenbauerRecon(x,u,xp,xeval,N,Nc);
% function [uRecon]=GegenbauerRecon(x,u,xp,xeval,N,Nc);
% Purpose: Gegenbauer reconstruction of u with points of discontinuity in
% vector xp. Recobstructed at xeval xp(1)/xp(end)=left/right point of domain
% Only Nc first terms are used.
Nseg=length(xp)-1; ii=sqrt(-1); Llen=xp(end)-xp(1);
xleval=length(xeval); uRecon=zeros(xleval,1);
uhat=fft(u)/(2*N+1);
if(Nc<N)
    uhat(Nc+2:2*N+1-Nc)=0;
end

% Set parameters for the Gegenbauer construction
```

```
lambda=floor(sqrt(Nc)); M=floor(sqrt(Nc));

% Postprocess each segment
for ns=1:Nseg
    a=xp(ns); b=xp(ns+1);
    epsh=(b-a)/(2*pi); deltah=(a+b)/(2*pi);
    id=find((xeval>=a)&(xeval<=b));
    xl=xeval(id); xlen=length(id); r=-1+2*(xl-a)/(b-a);

    Cmat=zeros(xlen,M+1); b=zeros(M+1,1);
    for m=0:M
        Cmat(:,m+1)=GegenbauerP(r,lambda,m);
        gammaG=pi*2^(1-2*lambda)*gamma(m+2*lambda)/...
                (gamma(m+1)*(m+lambda)*gamma(lambda)^2);
        for n=1:N
          b(m+1)=b(m+1)+uhat(n+1)*(2/(n*epsh*pi))^lambda*...
              besselj(m+lambda,n*epsh*pi)*exp(ii*pi*n*deltah);
          b(m+1)=b(m+1)+uhat(2*N+2-n)*(2/(-n*epsh*pi))^lambda*...
              besselj(m+lambda,-n*epsh*pi)*exp(-ii*pi*n*deltah);
        end
        b(m+1)=sqrt(gammaG)*gamma(lambda)*ii^m*(m+lambda)*b(m+1);
    end
    gammaG0=pi*2^(1-2*lambda)*gamma(2*lambda)/(lambda*gamma(lambda)^2);
    b(1)=b(1)+uhat(1)*sqrt(gammaG0);
    uRecon(id)=Cmat*b;
end
return
```

例 13.38 考虑例 13.32 中讨论的不连续周期函数, 并将盖根鲍尔重构应用于截断傅里叶展开。

由于间断点的确切位置是已知的, 考虑将重构分为两部分进行, 在 $x = 0.5$ 处分开。结果如图 13.7 所示, 证实重构解 (包括间断点) 按指数收敛。这里使用 $M = \lambda = \sqrt{N}$, 但也可以使用其他选择。

基于盖根鲍尔多项式的重构技术能够克服全局展开中的吉布斯现象, 其发展始于 [39], 随后在一系列论文中推广到正交多项式和离散展开[41–43]。在 [40] 中进行了综述回顾, 在 [38] 中介绍了上述讨论的一般设置。在 [44–47] 中, 详细讨论了如何选择适当的 M 和 λ 的问题, 并在 [48] 中介绍了一个可替代公式。在 [49] 中对这些精确求解技术和其他相关技术进行了全面的综述, 并在 [50–53] 中介绍了盖根鲍尔重构技术的应用, 在 [54] 中讨论了盖根鲍尔重构在 WENO 方法中的应用。

回到图 13.7 的结果, 我们观察到, 尽管重构的解的精度具有明显提高, 误差主要是由函数解析区间的末端贡献。虽然人们可能会怀疑这是由 $x = 0.5$ 附近的吉布斯现象引起的, 但这不能解释 $x = 0$ 附近的类似行为, 因为那里没有吉布斯现象。

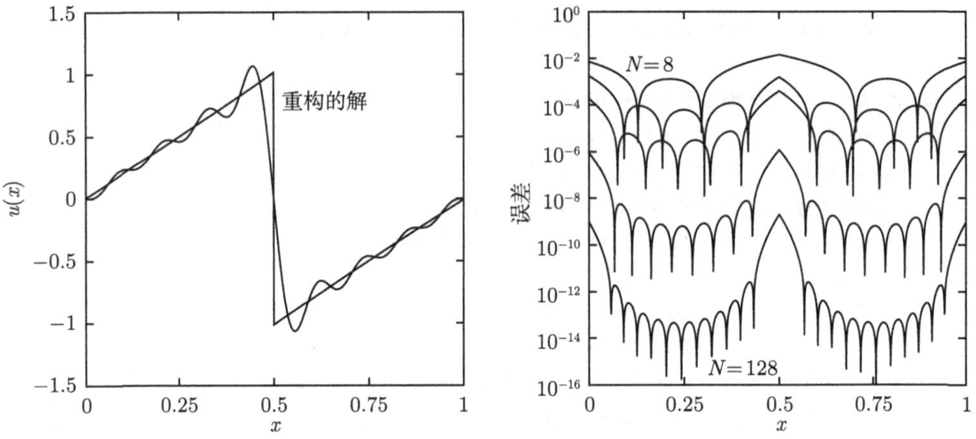

图 13.7　截断傅里叶展开的盖根鲍尔重构, 以消除吉布斯现象。左图为 $N = 8$ 时的测试函数的截断傅里叶表示, 以及重构后的函数。右图为 $M = \lambda = \sqrt{N}$, $N = 8, 16, 32, 64, 128$ 时的逐点精度

正如 [55] 中所述, 这种行为是当 λ 和 M 均增加时由类龙格现象引起的, 当 N 增加时, λ 和 M 均需增加以确保谱收敛。这一观察表明, 可以通过帕德近似[56]提升精度。

为此, 寻求局部重构解 $u_h^\lambda(x(r))$ 的帕德展开

$$u_h^\lambda(x(r)) = \frac{p_M(r)}{q_L(r)} + \mathcal{O}(r^{N+1})$$

为了简单起见, 假设 $N = M + L$, 虽然这并不是必需的。如果假设

$$p_M(r) = \sum_{m=0}^{M} \hat{p}_m C_m^\lambda(r), \quad q_L(r) = \sum_{l=0}^{L} \hat{q}_m C_m^\lambda(r)$$

并要求

$$\left(p_M(r) - q_L(r) u_h^\lambda(x(r)), C_k^{(\lambda)}\right)_\lambda = 0, \quad \forall k = 0, \cdots, N$$

可以得到条件

$$k = M+1, \cdots, N : \sum_{l=0}^{L} \hat{q}_l H_{lk} = 0$$

$$k = 0, \cdots, M : \sum_{l=0}^{L} \hat{q}_l H_{lk} = \hat{p}_k$$

H 的元素定义为

$$H_{lk} = \int_{-1}^{1} u_h^\lambda(x(r)) C_l^\lambda(r) C_k^\lambda(r) (1-r^2)^{\lambda-1/2} dr$$

并可以通过高斯求积得到足够的精度如 GegenbauerGQ.m 所示, 该程序使用 [57] 中的标准算法。

脚本 13.9: GegenbauerGQ.m: 计算 λ 类盖根鲍尔多项式的高斯积分

```
function [x,w]=GegenbauerGQ(lambda,N);
% function [x,w]=GegenbauerGQ(lambda,N);
% Purpose: Compute the N'th order Gauss quadrature points, x,
%          and weights, w, associated with the Gegenbauer
%          polynomial, of type lambda>-1/2
if (N==0) x(1)=0; w(1)=2; return; end;

% Form symmetric matrix from recurrence.
J=zeros(N+1);
h1=2*(0:N)+2*lambda-1;
J=diag(2./(h1(1:N)+2).*sqrt((1:N).*((1:N)+2*lambda-1).*...
      ((1:N)+lambda-0.5).*((1:N)+lambda-0.5)./(h1(1:N)+1)./(h1(1:N)+3)),1);

if (2*lambda-1<10*eps) J(1,1)=0.0;end;
if (abs(lambda)<10*eps) J(1,2)=lambda+0.5;end;
J=J + J';

%Compute quadrature by eigenvalue solve
[V,D]=eig(J); x=diag(D);
w=(V(1,:)').^2*2^(2*lambda)*gamma(lambda+1/2)^2/gamma(2*lambda+1);
return;
```

现在可以得到帕德展开并如 GegenbauerPade.m 所示进行计算。

脚本 13.10: GegenbauerPade.m: 对盖根鲍尔展开进行后处理以提高精度

```
function [uPade]=GegenbauerPade(b,r,lambda,N,M,L);
% function [uPade]=GegenbauerPade(b,x,N,M,L);
% Purpose: Express Gegenbauer expansion as Pade form to suppress
% Runge phenomenon in diagonal limit
NQ=2*N; [xG,wG]=GegenbauerGQ(lambda,NQ);

% Evaluate Gegenbauer polynomials at nodes to order 2*N
 Cmat=zeros(NQ+1,N+1);
 for m=0:N
    Cmat(:,m+1)=GegenbauerP(xG,lambda,m);
 end

 % Evaluate function at quadrature points
 u=Cmat*b;

 % Set up coefficient matrix
 H=Cmat'*diag(u.*wG)*Cmat;

 % Compute coefficient for q
 Hq=H(M+2:N+1,1:L+1);
 Z=null(Hq); q=Z(:,end); q=q/min(q);

 % Compute coefficients for p
 p=H(1:M+1,1:L+1)*q;

 % Evaluate Pade form at r
 rlen=length(r); Cmat=zeros(rlen,N+1);
 for m=0:N
    Cmat(:,m+1)=GegenbauerP(r,lambda,m);
 end

 pG=Cmat(:,1:M+1)*p; qG=Cmat(:,1:L+1)*q;
 uPade=pG./qG;
 return
```

图 13.8 中, 将图 13.7 的结果与通过后处理的盖根鲍尔展开结果进行比较, 说明在解析区间的末段提高精度的潜力。正如人们所期望的那样, 当 M 和 λ 的值更大时, 精度的提高更为显著。

这里使用 $M = N/2 - 1$ 和 $L = N/2 + 1$, 但没有对这些值进行优化。正

如 [56] 中详细讨论的那样, 这些值的选择是灵活的, 导致的结果精度可能有很大不同。

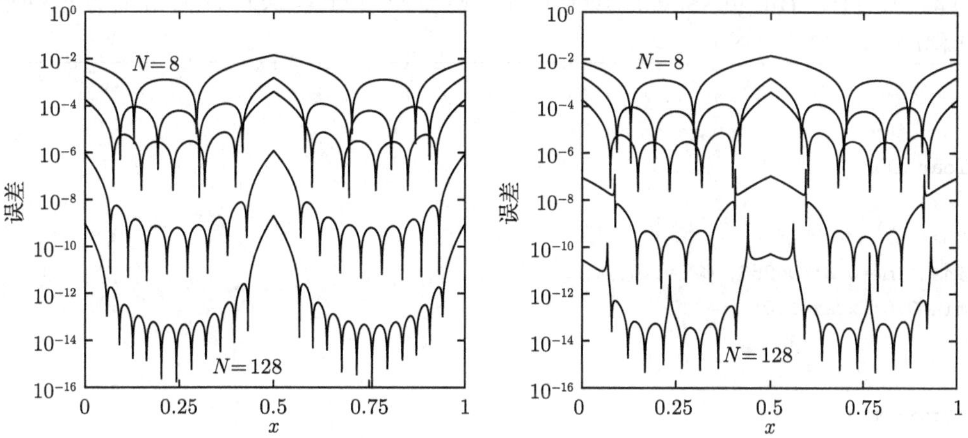

图 13.8 截断傅里叶展开的盖根鲍尔重构以消除吉布斯现象。左图为盖根鲍尔重构函数的逐点误差, 右图为盖根鲍尔展开的帕德重构的结果。图中 $N=8,16,32,64,128, M=\lambda=\sqrt{N}$

13.5 谱方法的运用

接下来, 通过一些例子探讨傅里叶谱方法求解守恒律方程的性能。在此之前, 基于类似 CFL 条件的考虑, 简单考虑一下时间步长的选择。对于有限差分法, 回想

$$|a|\frac{k}{h}\leqslant 1$$

是局部方法的天然条件。这里 a 是最大相速度。对于傅里叶方法, 意识到

$$|a|\lambda_{\max}k\leqslant 1\Rightarrow |a|\frac{k}{h}\leqslant \pi^{-1}$$

其中 $\lambda_{\max}$ 为傅里叶微分矩阵的最大特征值。因此, 与局部有限差分法相比, 在时间步长上有惩罚 π^{-1}。然而, 为了达到相当的精度, 傅里叶谱方法通常允许比有限差分法更大的 h 值, 而 π^{-1} 因子的影响是有限的。

13.5.1 伯格斯方程

首先考虑伯格斯方程

$$\frac{\partial u}{\partial t}+\frac{\partial u^2}{\partial x}=0,\quad x\in[0,1]$$

服从周期性边界条件和初始条件 $u(x,0) = \sin(2\pi x)$。

BurgersSpecDriver1D.m 给出了定义初始条件并为问题设置参数的驱动程序。

脚本 13.11: BurgersSpecDriver1D.m: 谱傅里叶配置法求解伯格斯方程的驱动程序

```
% Driver script for solving the 1D Burgers' equations using a Fourier
% spectral collocation method
clear all

% Set problem parameters
FinalTime=0.3; N=256; CFL=1.0;
xmin=0.0; xmax=1.0;

% Define domain and initial conditions
L=xmax-xmin;
x=xmin+L/(2*N+1)*[0:2*N]';
fic=@(x,t) sin(2*pi*x);

% Compute initial conditions
u=fic(x,0);

% Solve Problem
[u]=BurgersSpec1D(x,u,N,L,CFL,FinalTime);
```

这个程序调用 BurgersSpec1D.m, BurgersSpec1D.m 程序使用三阶 SSPERK 格式进行时间积分, 并在需要时通过滤波器引入黏性消去。

脚本 13.12: BurgersSpec1D.m: 谱傅里叶配置法的时间积分以求解伯格斯方程, 使用三阶 SSPERK 格式。同时包含超黏性消去法

```
function [u]=BurgersSpec1D(x,u,N,L,CFL,FinalTime);
% function [u]=BurgersSpec1D(x,u,N,L,CFL,FinalTime);
% Purpose: Integrate 1D Burgers' equation until FinalTime using a Fourier
% spectral collocation method and 3rd order SSP-RK method
time=0; tstep=0; h=L/(2*N+1);

% Parameter for hyper viscosity
p=16;

% integrate scheme
while (time<FinalTime)
```

```
  % Decide on timestep
  maxvel=max(2*abs(u)); k=CFL*h/maxvel;
  if (time+k>FinalTime) k=FinalTime-time; end

  % Update solution
  rhsu=BurgersSpecrhs1D(x,u,L); u1=u+k*rhsu;
  [u1]=FourierVanishHypVisc(u1,p,k,N,L);
  rhsu=BurgersSpecrhs1D(x,u1,L); u2=(3*u+u1+k*rhsu)/4;
  [u2]=FourierVanishHypVisc(u2,p,k,N,L);
  rhsu=BurgersSpecrhs1D(x,u2,L); u=(u+2*u2+2*k*rhsu)/3;
  [u]=FourierVanishHypVisc(u,p,k,N,L);
  time=time+k; tstep=tstep+1;
end
return
```

在 BurgersSpecrhs1D.m 中进行了伯格斯方程的空间近似, 同时考虑了直接近似和斜对称形式。

脚本 13.13: BurgersSpecrhs1D.m: 使用谱傅里叶配置法对伯格斯方程进行空间近似。直接近似的和斜对称形式均可使用

```
function [du]=BurgersSpecrhs1D(x,u,L)
% function [du]=BurgersSpecrhs1D(x,u,L)
% Purpose  : Evaluate the RHS of Burgers' equations using spectral Fourier
% collocation method

% Compute redidual-direct form
du=-2*pi/L*Fourierdx(u.^2,1);

% Compute residual-skew symmetric form
% du=-2*pi/L*2/3*(u.*Fourierdx(u,1)+Fourierdx(u.^2,1));
return
```

首先在 $N = 256$ 时将稳定的直接近似解同稳定的斜对称格式解进行比较。结果如图 13.9 所示。对于稳定格式, 可以清楚观察到 $x = 0.5$ 处激波附近的吉布斯振荡, 同时也注意到激波非常尖锐。此时, 需要额外的耗散来保证稳定性, 而斜对称形式即使没有耗散也能保持稳定。然而, 解的质量很差, 说明能量/熵守恒的方法不适用于有激波的问题。

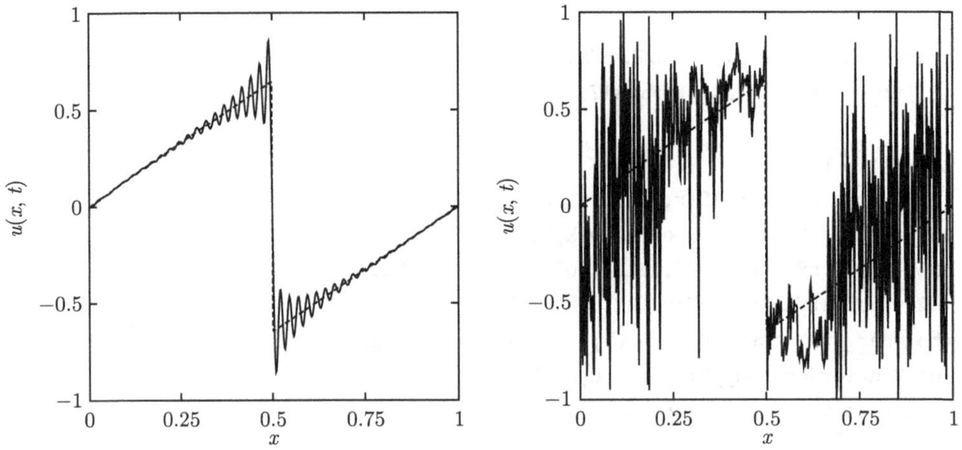

图 13.9　使用 $N = 256$ 的傅里叶配置法求解伯格斯方程。$T = 0.3$ 时刻的解 (实线) 如图所示, 并与 ENO 格式的高分辨率解 (虚线) 对比。左图为直接近似解, 并采用超黏性消去 ($s = 16$) 进行稳定。右图为使用斜对称格式的解, 其中没有添加任何额外耗散

应用 13.4 节中讨论的不同后处理技术后的解如图 13.10 所示。通常, 重要的是不要使用所有的展开系数, 因为高模态可能被污染。通常只使用 $|n| \leqslant N_c < N$ 模态, 其中 N_c 的选择取决于后处理技术。

正如预期的那样, 观察到盖根鲍尔后处理技术产生了一个很好的解, 并完全消除了吉布斯振荡。和原来的解相比, 两种基于帕德近似的后处理技术都具有出色的解。对于基于帕德近似的后处理技术, 参数的选择很重要。对不同的问题, 可能需要不同的选择以求得精确的后处理解。

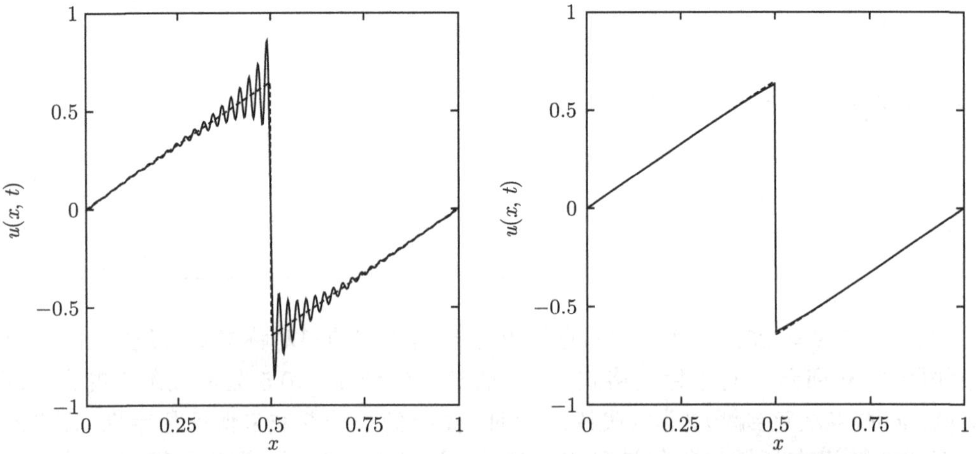

(a) 超黏性, $s=16$　　　　(b) 盖根鲍尔重构, $N_c=40$

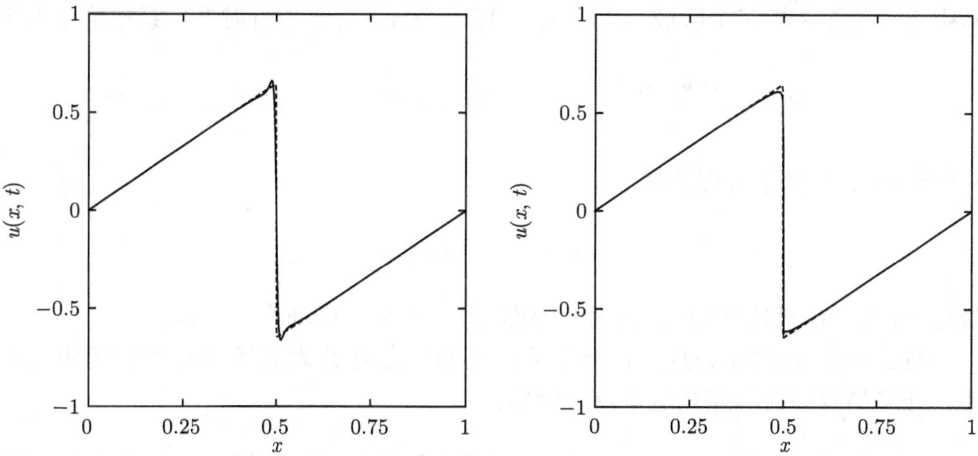

(c) 傅里叶-帕德, $N_c=12$, $M=L=6$　　(d) 奇异傅里叶-帕德, $N_c=14$

图 13.10　采用 $N=256$ 傅里叶配置法求解伯格斯方程, $T=0.3$ 时刻不同后处理技术的结果对比, 并与 ENO 格式的高分辨率解 (虚线) 对比

虽然图 13.10 显示解的精度有了明显的提高, 但关于解的形式精度知之甚少。对于伯格斯方程, [58] 给出了详细的研究, 表明盖根鲍尔后处理可以达到谱精度。和 ENO 格式[59] 的定性比较表明, 后处理谱方法对于复杂情况的求解也有很好的精度。然而, [60] 表明, 一旦出现激波, 只能达到一阶精度。然而, 后者研究的重点是逐点精度, 而矩精度仍然未知。

13.5.2 麦克斯韦方程

现在使用谱傅里叶配置法讨论麦克斯韦方程组的解。回顾麦克斯韦方程组

$$\varepsilon(x)\frac{\partial E}{\partial t}=\frac{\partial H}{\partial x},\quad \frac{\partial H}{\partial t}=\frac{\partial E}{\partial x},\quad x\in[-2,2]$$

假设解是周期性的, 定义材料系数为

$$\varepsilon(x)=\begin{cases}\varepsilon, & |x|\leqslant 1\\ 1, & 1<|x|\leqslant 2\end{cases}$$

这是对 1.4.1 节中讨论的非周期性测试用例的周期性扩展, 精确解为

$$E(x,t)=\left[A_k\,e^{in_k\omega z}-B_k\,e^{-in_k\omega z}\right]e^{-i\omega t} \tag{13.29}$$

$$H(x,t)=n_k\left[A_k e^{in_k\omega z}+B_k e^{-in_k\omega z}\right]e^{-i\omega t}$$

其中 $k=1,2,3$ 指三个区域, $n_1=n_3=1, n_2=n=\sqrt{\varepsilon}$ 为折射率。系数给定如下

$$A_1=B_3=\frac{n\cos(n\omega)}{\cos\omega},\quad A_2=B_2=e^{i2\omega},\quad A_3=B_1=A_1e^{-i4\omega}$$

其中频率 ω 是如下方程的解

$$n\tan\omega=-\tan(n\omega)$$

最后, 注意到解是连续的, 但在材料界面 $|x|=1$ 处有间断点的导数。

MaxwellSpecDriver1D.m 给出了定义初始条件并为问题设置参数的驱动程序。计算精确解的程序在这里没有给出。

脚本 13.14: MaxwellSpecDriver1D.m: 谱傅里叶配置法驱动程序, 以求解周期性边界条件的麦克斯韦方程组

```
% Driver script for solving the 1D Maxwell's equations using a spectral
% Fourier collocation scheme
clear all

% Set problem parameters
FinalTime=pi/2; N=64; CFL=0.1;
xmin=-2.0; xmax=2.0;

% Define domain and initial conditions
L=xmax-xmin; x=xmin+L/(2*N+1)*[0:2*N]';
epl=1.0; mul=1.0; epr=2.25; mur=1.0;

[Ef, Hf, ep, mu]=CavityExactLong(x, epl, epr, mul, mur, 0);

% Solve Problem
q=[Ef Hf];
[q]=MaxwellSpec1D(x,q,ep,mu,N,L,CFL,FinalTime);
```

这个程序调用 MaxwellSpec1D.m, MaxwellSpec1D.m 使用三阶 SSPERK 格式进行时间积分。

脚本 13.15: MaxwellSpec1D.m: 使用三阶 SSPERK 格式的谱傅里叶配置法的时间积分, 以求解麦克斯韦方程组

```
function [q]=MaxwellSpec1D(x,q,ep,mu,N,L,CFL,FinalTime)
% function [q]=MaxwellSpec1D(x,q,ep,mu,N,L,CFL,FinalTime)
```

```
% Purpose: Integrate 1D Maxwell's equation until FinalTime using an
% spectral Fourier collocation scheme and 3rd order SSP-RK method.
time=0; tstep=0; h=L/(2*N+1);

% Set timestep
cvel=1./sqrt(ep.*mu); k=CFL*h/max(cvel);

% integrate scheme
while (time<FinalTime)
  if (time+k>FinalTime) k=FinalTime-time; end

  % Update solution
  rhsq=MaxwellSpecrhs1D(x, q,ep,mu,L);
  q1=q+k*rhsq;
  rhsq=MaxwellSpecrhs1D(x,q1,ep,mu,L);
  q2=(3*q+q1+k*rhsq)/4;
  rhsq=MaxwellSpecrhs1D(x,q2,ep,mu,L);
  q=(q+2*q2+2*k*rhsq)/3;
  time=time+k;
end
return
```

在 MaxwellSpecDriver1D.m: 中进行了麦克斯韦方程组的空间近似。

脚本 13.16: MaxwellSpecDriver1D.m: 使用谱傅里叶配置法对麦克斯韦方程组进行空间近似计算

```
% Driver script for solving the 1D Maxwell's equations using a spectral
% Fourier collocation scheme
clear all

% Set problem parameters
FinalTime=pi/2; N=64; CFL=0.1;
xmin=-2.0; xmax=2.0;

% Define domain and initial conditions
L=xmax-xmin; x=xmin+L/(2*N+1)*[0:2*N]';
epl=1.0; mul=1.0; epr=2.25; mur=1.0;

[Ef, Hf, ep, mu]=CavityExactLong(x, epl, epr, mul, mur, 0);
```

```
% Solve Problem
q=[Ef Hf];
[q]=MaxwellSpec1D(x,q,ep,mu,N,L,CFL,FinalTime);
```

使用谱傅里叶配置法, 求解中心材料为 $\varepsilon = 2.25$ 的麦克斯韦方程组。图 13.11 给出了 $T = \pi/2$ 时刻的求解结果以及精确解。注意到, 由于解缺乏光滑性, 只实现了一阶逐点精度。与 [60] 中的讨论一致, 解有限正则性随时间传播, 并最终主导全局误差。由于这是传播的结果, 后处理技术的应用不会定量改善这个问题。然而, 在 12.2.1 节中讨论的更先进的恢复精确矩的技术仍有可能被成功应用, 尽管其还有待探索。

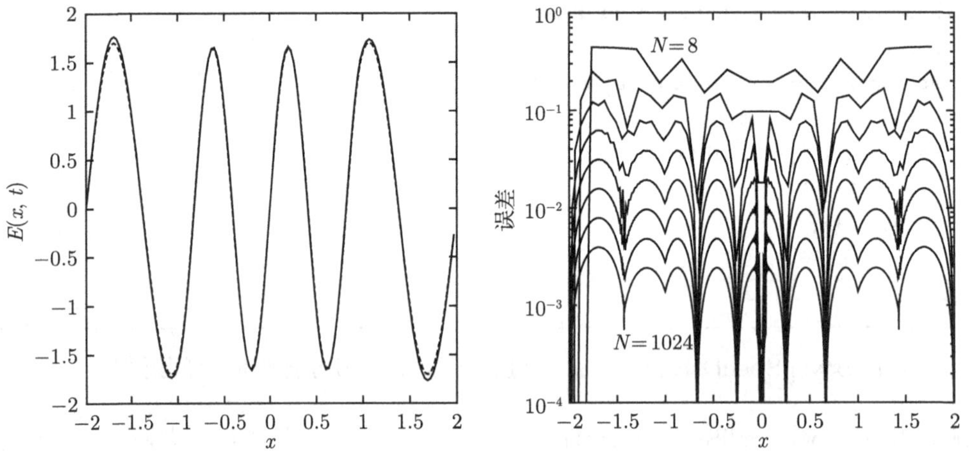

图 13.11 $T = \pi/2$ 时刻, 使用 $N = 64$ 的傅里叶配置法求解麦克斯韦方程组的数值解 (实线) 同精确解 (虚线) 比较 (左图)。右图为 $N = 2^p, p = 3 - 10$ 时的逐点误差, 表明了一阶精度

13.5.3 欧拉方程

最后一个例子考虑使用谱傅里叶配置法求解欧拉方程。一维欧拉方程为

$$\frac{\partial \boldsymbol{q}}{\partial t} + \nabla \cdot \boldsymbol{f} = 0$$

守恒变量 $\boldsymbol{q}$ 和通量 $\boldsymbol{f}$ 定义为

$$\boldsymbol{q} = \begin{bmatrix} \rho \\ \rho u \\ E \end{bmatrix}, \quad \boldsymbol{f} = \begin{bmatrix} \rho u \\ \rho u^2 + p \\ (E + p)\, u \end{bmatrix}$$

方程通过理想气体定律封闭

$$p=(\gamma-1)\left(E-\frac{1}{2}\rho u^{2}\right),\quad c=\sqrt{\frac{\gamma p}{\rho}}$$

其中 c 表示当地声速, γ 是一个依赖于流体性质的常数, 取其为 $\gamma=7/5$。

假设所有变量都是周期性变化的, 并修改 1.4.1 节中定义的 Sod 问题, 得到初始条件

$$\rho(x,0)=\begin{cases}1.000, & |x|>0.5,\\ 0.125, & |x|\leqslant 0.5,\end{cases}\quad \rho u(x,0)=0,\ E(x,0)=\frac{1}{\gamma-1}\begin{cases}1.0, & |x|>0.5\\ 0.1, & |x|\leqslant 0.5\end{cases}$$

以及计算域 $x\in[-1,1]$。

EulerSpecDriver1D.m 给出了定义问题初始条件和参数的驱动程序。

脚本 13.17: EulerSpecDriver1D.m: 谱傅里叶配置法驱动程序, 以求解周期性边界条件的欧拉方程

```
% Driver script for solving the 1D Euler equations using a spectral Fourier
% collocation method
clear all

% Set problem parameters
FinalTime=0.2; N=512; CFL=1.0; gamma=1.4;
xmin=-1.0; xmax=1.0;

% Define domain and initial conditions
L=xmax-xmin; x=xmin+L/(2*N+1)*[0:2*N]';

% Define domain, materials and initial conditions
r=zeros(2*N+1,1); ru=zeros(2*N+1,1); E=zeros(2*N+1,1);

% Initialize for Sod's problem
r=(abs(x)>0.5)+(abs(x)<=0.5)*0.125;
E=((abs(x)>0.5)+(abs(x)<=0.5)*0.1)/(gamma-1);

% Solve Problem
q=zeros(2*N+1,3); q(:,1)=r; q(:,2)=ru; q(:,3)=E;
[q]=EulerSpec1D(x,q,N,L,CFL,gamma,FinalTime);
```

这个程序调用 EulerSpec1D.m, EulerSpec1D.m 使用三阶 SSPERK 格式进行时间积分, 并应用超黏性消去法实现解的稳定性。

脚本 13.18: EulerSpec1D.m: 使用三阶 SSPERK 格式的谱傅里叶配置法时间积分, 以求解欧拉方程

```
function [q]=EulerSpec1D(x,q,N,L,CFL,gamma,FinalTime);
% function [q]=EulerSpec1D(x,q,N,L,CFL,gamma,FinalTime);
% Purpose: Integrate 1D Euler equations until FinalTime using a Fourier
% spectral collocation method and 3rd order SSP-RK method
time=0; tstep=0; h=L/(2*N+1);

% Parameter for hyper viscosity
p=8;

% integrate scheme
while (time<FinalTime)
  % Decide on timestep
  pres=(gamma-1)*(q(:,3) - 0.5*q(:,2).^2./q(:,1));
  c=sqrt(gamma*pres./q(:,1)); maxvel=max(max(c+abs(q(:,2)./q(:,1))));
  k=CFL*h/maxvel;
  if (time+k>FinalTime) k=FinalTime-time; end

  % Update solution
  rhsq=EulerSpecrhs1D(x,q,L,gamma);
  q1=q+k*rhsq;
  [q1(:,1)]=FourierVanishHypVisc(q1(:,1),p,k,N,L);
  [q1(:,2)]=FourierVanishHypVisc(q1(:,2),p,k,N,L);
  [q1(:,3)]=FourierVanishHypVisc(q1(:,3),p,k,N,L);
  rhsq=EulerSpecrhs1D(x,q1,L,gamma);
  q2=(3*q+q1+k*rhsq)/4;
  [q2(:,1)]=FourierVanishHypVisc(q2(:,1),p,k,N,L);
  [q2(:,2)]=FourierVanishHypVisc(q2(:,2),p,k,N,L);
  [q2(:,3)]=FourierVanishHypVisc(q2(:,3),p,k,N,L);
  rhsu=EulerSpecrhs1D(x,q2,L,gamma);
  q=(q+2*q2+2*k*rhsq)/3;
  [q(:,1)]=FourierVanishHypVisc(q(:,1),p,k,N,L);
  [q(:,2)]=FourierVanishHypVisc(q(:,2),p,k,N,L);
  [q(:,3)]=FourierVanishHypVisc(q(:,3),p,k,N,L);
  time=time+k; tstep=tstep+1;
end
```

```
return
```

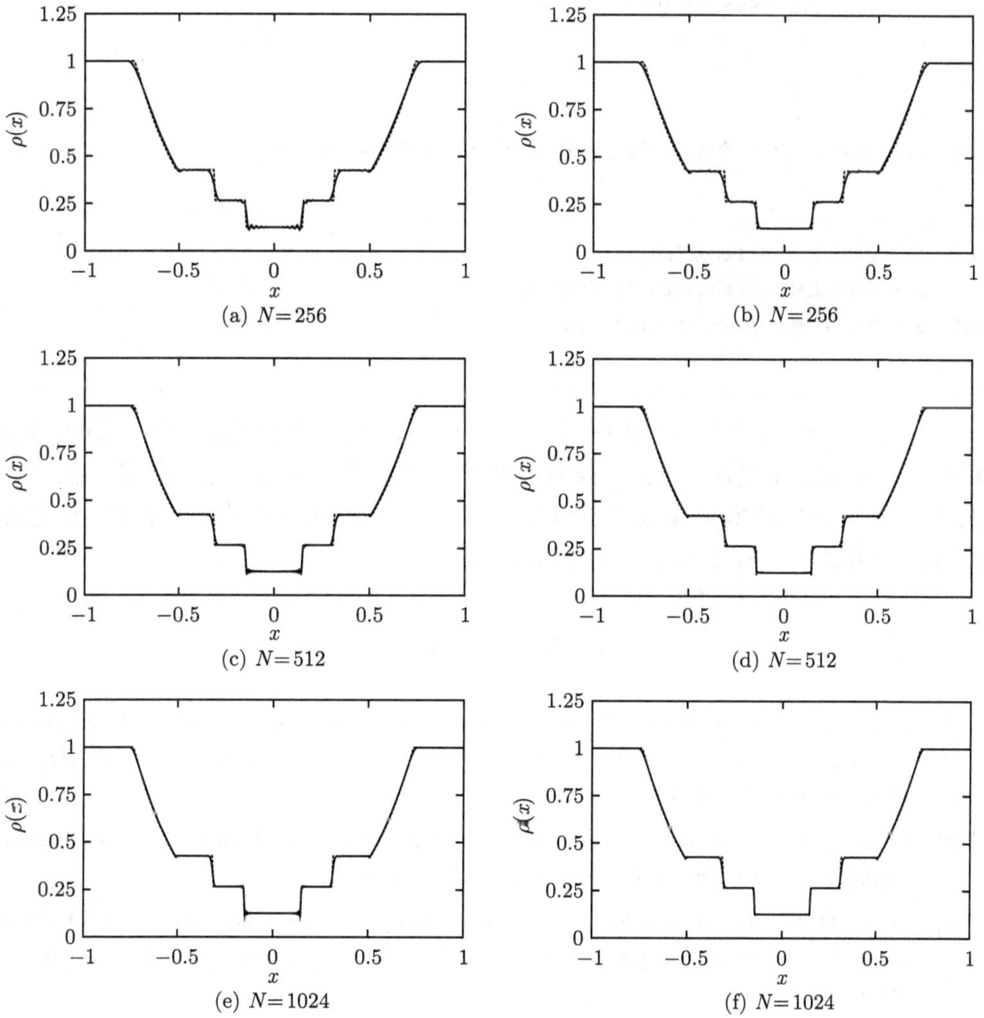

图 13.12 使用超黏性消去 ($p = 8$) 与 N 个模态, 谱傅里叶配置法求解欧拉方程, $T = 0.2$ 时刻的密度解 (实线) 同精确解 (虚线) 进行比较。左列图为傅里叶配置法的解, 右列图为使用傅里叶–帕德近似进行后处理的解, 使用 $N_c = N/4,\ M = L = N/8$

在 EulerSpecrhs1D.m 中进行了欧拉方程的空间近似。

脚本 13.19: EulerSpecrhs1D.m: 使用谱傅里叶配置法对欧拉方程进行空间近似计算

```
function [dq]=EulerSpecrhs1D(x,q,L,gamma)
% function [dq]=EulerSpecrhs1D(x,q,L,gamma)
% Purpose: Evaluate the RHS of the Euler equations using spectral Fourier
% collocation method
r=q(:,1); ru=q(:,2); E=q(:,3); p=(gamma-1)*(E-0.5*ru.^2./r);

% Compute right hand side
dq(:,1)=-2*pi/L*Fourierdx(ru,1);
dq(:,2)=-2*pi/L*Fourierdx(ru.^2./r+p,1);
dq(:,3)=-2*pi/L*Fourierdx((E+p).*ru./r,1);
return
```

图 13.12 给出了 $T = 0.2$ 时刻, 不同分辨率下的计算结果。可以观察到激波和稀疏波被很好地解析。此外, 增加分辨率也明显降低了接触波的弥散。虽然傅里叶-帕德后处理技术明显提高了精度, 并消除了激波附近的吉布斯振荡, 但它并没有减少由误差积累导致的接触波的弥散。

参 考 文 献

[1] David Gottlieb and Steven A Orszag. *Numerical analysis of spectral methods: theory and applications*, volume 26 of *CBMS-NSF Regional Conference Series in Applied Mathematics*. SIAM, 1977.

[2] Claudio Canuto, M Yousuff Hussaini, Alfio Quarteroni, and Thomas A Zang. *Spectral Methods in Fluid Dynamics*. Springer-Verlag, 1988.

[3] Bengt Fornberg. *A practical guide to pseudospectral methods*, volume 1 of *Cambridge Monographs on Applied and Computational Mathematics*. Cambridge University Press, 1998.

[4] John P Boyd. *Chebyshev and Fourier spectral methods*. Courier Corporation, 2001.

[5] Jan S Hesthaven, Sigal Gottlieb, and David Gottlieb. *Spectral Methods for Time-Dependent Problems*, volume 21. Cambridge University Press, 2007.

[6] Jie Shen, Tao Tang, and Li-Lian Wang. *Spectral methods: algorithms, analysis and applications*, volume 41. Springer Science & Business Media, 2011.

[7] Michel O Deville, Paul F Fischer, and Ernest H Mund. *High-order methods for incompressible fluid flow, volume 9 of Cambridge Monographs on Applied and Computational Mathematics.* Cambridge University Press, 2002.

[8] Claudio G Canuto, M Yousuff Hussaini, Alfio M Quarteroni, and Thomas A Zang. *Spectral methods: evolution to complex geometries and applications to fluid dynamics*. Springer-Verlag, 2007.

[9] George Karniadakis and Spencer Sherwin. *Spectral/hp element methods for computational fluid dynamics*. Oxford University Press, 2013.

[10] Lennart Carleson. On convergence and growth of partial sums of Fourier series. *Acta Mathematica*, 116(1): 135–157, 1966.

[11] Andrew Majda, James McDonough, and Stanley Osher. The Fourier method for nonsmooth initial data. *Mathematics of Computation*, 32(144): 1041–1081, 1978.

[12] Heinz-Otto Kreiss and Joseph Oliger. Stability of the Fourier method. *SIAM Journal on Numerical Analysis*, 16(3): 421–433, 1979.

[13] Eitan Tadmor. The exponential accuracy of Fourier and Chebyshev differencing methods. *SIAM Journal on Numerical Analysis*, 23(1): 1–10, 1986.

[14] Bertil Gustafsson, Heinz-Otto Kreiss, and Joseph Oliger. *Time dependent problems and difference methods*, volume 24 of *Pure and Applied Mathematics*. John Wiley & Sons, 1995.

[15] Bengt Fornberg. On a Fourier method for the integration of hyperbolic equations. *SIAM Journal on Numerical Analysis*, 12(4): 509–528, 1975.

[16] Eitan Tadmor. Stability analysis of finite difference, pseudospectral and Fourier–Galerkin approximations for time-dependent problems. *SIAM Review*, 29(4): 525–555, 1987.

[17] Eitan Tadmor. Skew-selfadjoint form for systems of conservation laws. *Journal of Mathematical Analysis and Applications*, 103(2): 428–442, 1984.

[18] Eitan Tadmor. Convergence of spectral methods for nonlinear conservation laws. *SIAM Journal on Numerical Analysis*, 26(1): 30–44, 1989.

[19] Eitan Tadmor. Shock capturing by the spectral viscosity method. *Computer Methods in Applied Mechanics and Engineering*, 80(1-3): 197–208, 1990.

[20] Yvon Maday and Eitan Tadmor. Analysis of the spectral vanishing viscosity method for periodic conservation laws. *SIAM Journal on Numerical Analysis*, 26(4): 854–870, 1989.

[21] Eitan Tadmor. Super viscosity and spectral approximations of nonlinear conservation laws. *Numerical Methods for Fluid Dynamics*, 4: 69–81, 1993.

[22] Gui Qiang Chen, Qiang Du, and Eitan Tadmor. Spectral viscosity approximations to multidimensional scalar conservation laws. *Mathematics of Computation*, 61(204): 629–643, 1993.

[23] Yvon Maday, Sidi M Ould Kaber, and Eitan Tadmor. Legendre pseudospectral viscosity method for nonlinear conservation laws. *SIAM Journal on Numerical Analysis*, 30(2): 321–342, 1993.

[24] SM Ould Kaber. A Legendre pseudospectral viscosity method. *Journal of Computational Physics*, 128(1): 165–180, 1996.

[25] Ben-yu Guo, He-ping Ma, and Eitan Tadmor. Spectral vanishing viscosity method for nonlinear conservation laws. *SIAM Journal on Numerical Analysis*, 39(4): 1254–1268, 2001.

[26] Hervé Vandeven. Family of spectral filters for discontinuous problems. *Journal of Scientific Computing*, 6(2): 159–192, 1991.

[27] Jan Hesthaven and Robert Kirby. Filtering in Legendre spectral methods. *Mathematics of Computation*, 77(263): 1425–1452, 2008.

[28] Tobin A Driscoll and Bengt Fornberg. A Padé-based algorithm for overcoming the Gibbs phenomenon. *Numerical Algorithms*, 26(1): 77–92, 2001.

[29] Claude Brezinski. *Padé-type approximation and general orthogonal polynomials.* Springer, 1980.

[30] Géza Németh and Gyula Páris. The Gibbs phenomenon in generalized Padé approximation. *Journal of Mathematical Physics*, 26(6): 1175–1178, 1985.

[31] M Min, SM Kaber, and W Don. Fourier–Padé approximations and filtering for spectral simulations of an incompressible Boussinesq convection problem. *Mathematics of Computation*, 76(259): 1275–1290, 2007.

[32] Anne Gelb and Eitan Tadmor. Detection of edges in spectral data. *Applied and Computational Harmonic Analysis*, 7(1): 101–135, 1999.

[33] Anne Gelb and Eitan Tadmor. Detection of edges in spectral data Ⅱ. nonlinear enhancement. *SIAM Journal on Numerical Analysis*, 38(4): 1389–1408, 2000.

[34] L Emmel, Sidi Mahmoud Kaber, and Yvon Maday. Padé-Jacobi filtering for spectral approximations of discontinuous solutions. *Numerical Algorithms*, 33(1–4): 251–264, 2003.

[35] Sidi Mahmoud Kaber and Yvon Maday. Analysis of some Padé-Chebyshev approximants. *SIAM Journal on Numerical Analysis*, 43(1): 437–454, 2005.

[36] Jan S Hesthaven, Sidi Mahmoud Kaber, and Laura Lurati. Padé-Legendre interpolants for Gibbs reconstruction. *Journal of Scientific Computing*, 28(2–3): 337–359, 2006.

[37] Jan Hesthaven and Sidi Mahmoud Kaber. Padé-Jacobi approximants. Technical report, Technical report, HAL-01418450, 2016.

[38] David Gottlieb and Chi-Wang Shu. A general theory for the resolution of the Gibbs phenomenon. *Atti dei Convegni Lincei-Accademia Nazionale dei Lincei*, 147: 39–48, 1998.

[39] David Gottlieb, Chi-Wang Shu, Alex Solomonoff, and Hervé Vandeven. On the Gibbs phenomenon I: Recovering exponential accuracy from the Fourier partial sum of a nonperiodic analytic function. *Journal of Computational and Applied Mathematics*, 43(1-2): 81–98, 1992.

[40] David Gottlieb and Chi-Wang Shu. On the Gibbs phenomenon and its resolution. *SIAM Review*, 39(4): 644–668, 1997.

[41] David Gottlieb and Chi-Wang Shu. On the Gibbs phenomenon III: recovering exponential accuracy in a sub-interval from a spectral partial sum of a piecewise analytic function. *SIAM Journal on Numerical Analysis*, 33(1): 280–290, 1996.

[42] David Gottlieb and Chi-Wang Shu. On the Gibbs phenomenon. IV. recovering exponential accuracy in a subinterval from a Gegenbauer partial sum of a piecewise analytic function. *Mathematics of Computation*, 64(211): 1081–1095, 1995.

[43] David Gottlieb and Chi-Wang Shu. On the Gibbs phenomenon V: Recovering exponential accuracy from collocation point values of a piecewise analytic function. *Numerische Mathematik*, 71(4): 511–526, 1995.

[44] Zdzislaw Jackiewicz. Determination of optimal parameters for the Chebyshev–Gegenbauer reconstruction method. *SIAM Journal on Scientific Computing*, 25(4): 1187–1198, 2004.

[45] Anne Gelb and Jared Tanner. Robust reprojection methods for the resolution of the Gibbs phenomenon. *Applied and Computational Harmonic Analysis*, 20(1): 3–25, 2006.

[46] Anne Gelb and Zdzislaw Jackiewicz. Determining analyticity for parameter optimization of the Gegenbauer reconstruction method. *SIAM Journal on Scientific Computing*, 27(3): 1014–1031, 2005.

[47] Zdzislaw Jackiewicz and R Park. A strategy for choosing Gegenbauer reconstruction parameters for numerical stability. *Applied Mathematics and Computation*, 212(2): 418–434, 2009.

[48] Bernie D Shizgal and Jae-Hun Jung. Towards the resolution of the Gibbs phenomena. *Journal of Computational and Applied Mathematics*, 161(1): 41–65, 2003.

[49] Eitan Tadmor. Filters, mollifiers and the computation of the Gibbs phenomenon. *Acta Numerica*, 16: 305–378, 2007.

[50] Anne Gelb and David Gottlieb. The resolution of the gibbs phenomenon for "spliced" functions in one and two dimensions. *Computers & Mathematics with Applications*, 33(11): 35–58, 1997.

[51] Rick Archibald, Kewei Chen, Anne Gelb, and Rosemary Renaut. Improving tissue segmentation of human brain MRI through preprocessing by the Gegenbauer reconstruction method. *NeuroImage*, 20(1): 489–502, 2003.

[52] Mi-Sun Min, Tae-Woo Lee, Paul F Fischer, and Stephen K Gray. Fourier spectral simulations and Gegenbauer reconstructions for electromagnetic waves in the presence of a metal nanoparticle. *Journal of Computational Physics*, 213(2): 730–747, 2006.

[53] David Gottlieb and Sigal Gottlieb. Spectral methods for compressible reactive flows. *Comptes Rendus Mécanique*, 333(1): 3–16, 2005.

[54] Sigal Gottlieb, David Gottlieb, and Chi-Wang Shu. Recovering high-order accuracy in WENO computations of steady-state hyperbolic systems. *Journal of Scientific Computing*, 28(2–3): 307–318, 2006.

[55] John P Boyd. Trouble with gegenbauer reconstruction for defeating Gibbs' phenomenon: Runge phenomenon in the diagonal limit of Gegenbauer polynomial approximations. *Journal of Computational Physics*, 204(1): 253–264, 2005.

[56] Laura B Lurati. Padé-Gegenbauer suppression of runge phenomenon in the diagonal limit of Gegenbauer approximations. *Journal of Computational Physics*, 222(1): 1–8, 2007.

[57] Gene H Golub and John H Welsch. Calculation of Gauss quadrature rules. *Mathematics of Computation*, 23(106): 221–230, 1969.

[58] Chi-Wang Shu and Peter S Wong. A note on the accuracy of spectral method applied to nonlinear conservation laws. *Journal of Scientific Computing*, 10(3): 357–369, 1995.

[59] Wai Sun Don and Carl B Quillen. Numerical simulation of shock-cylinder interactions: I. resolution. *Journal of Computational Physics*, 122(2): 244–265, 1995.

[60] Bjorn Engquist and Björn Sjögreen. The convergence rate of finite difference schemes in the presence of shocks. *SIAM Journal on Numerical Analysis*, 35(6): 2464–2485, 1998.

索　引

B

伴随问题, 210
半有界算子, 547
彼得罗夫-伽辽金格式, 400, 484
比姆-沃明格式, 244
标量守恒律, 26
波
  N-波, 37
  方程, 3, 14
  接触, 55
  特征, 52
  稀疏, 31
伯格斯方程, 6, 15, 30, 42, 65, 70
  二维, 147
  特征线, 8

C

CFL 数, 87
CFL 条件, 84, 121, 585
CWENO, 362
残差, 396
测试函数, 398
测试问题
  伯格斯方程, 15
  二维欧拉方程, 19
  非凸问题, 19
  麦克斯韦方程组, 15
  线性波动方程, 14
  一维欧拉方程, 17

D

单调保持格式, 77
单调格式, 73, 76
  二维, 147
单调性, 70
单位波长网格点数, 170, 218
单元格, 120
  边界, 120
  均值, 120, 135, 145
  熵条件, 123
  中心, 120
单元格熵条件, 123
  间断伽辽金方法, 419
单值通量, 419
狄拉克 δ 函数, 30
冻结问题, 48
对称化算子, 61, 553

E

E-通量, 176, 247
  单元格熵条件, 177
ENO 格式, 319
  符号性质, 333
  精度, 332, 339
  熵通量, 334
  熵稳定性, 334

F

Fromm 格式, 268
范德蒙德矩阵, 411
范数
  L^2, 47, 402
  L^1, 33
  L^p, 85
  broken, 402
  半范数, 402
  矩阵, 49, 89
  离散, 85
  连续, 85
  索伯列夫, 402
仿射映射, 405
放大矩阵, 90
非守恒形式, 66
非凸问题, 19, 150
非线性格式, 164
非线性扩散率, 455

基于熵, 459
基于期望的系数衰减, 457
分段抛物线法 (PPM), 273
分段线性法 (PLM), 273
冯 • 诺伊曼稳定性, 91
傅里叶–伽辽金
稳定性, 547
傅里叶方法
CFL 条件, 585
伽辽金稳定性, 550
配置稳定性, 550
傅里叶基, 535
傅里叶级数, 534
导数, 538
混叠误差, 542
精度, 534
离散, 93, 540
连续, 534
帕塞瓦尔恒等式, 536
微分矩阵, 542
傅里叶谱方法, 533

G

盖根鲍尔
多项式, 577
帕德重构, 585
求积, 583
刚度矩阵
局部, 401, 405, 413, 417, 451
全局, 398
高斯求积, 408
高斯-洛巴托求积, 412
戈杜诺夫法, 120, 122
格式符号, 93
光滑度估量, 459
光滑度指标, 456
广义黎曼问题, 267

H

核, 203
狄利克雷, 203
赫维赛德函数, 320
混叠, 416, 442, 542

J

基函数, 398
标准正交, 406
单项, 405
高阶, 399
节点, 411
模态, 405
基数函数, 202
惠特克, 202
香农, 202
激波, 33, 55
激波管问题, 17
二维, 19, 160
一维, 14
激波熵问题, 18
迹不等式, 426
吉布斯
互补基, 576
条件, 575
现象, 202, 431
极大值原理, 73
极值保持限制器, 479
伽辽金格式, 210, 398
间断伽辽金方法, 399
Hermite-WENO 限制器, 478
边界条件, 499
存储惩罚, 401
单元格熵条件, 419
多维问题, 495
二阶算子, 449
非线性耗散, 449
非线性黏性, 455
高阶 TVD 斜率限制器, 467
节点表示, 411
局部守恒, 418
矩精度, 432
均值-[[·]], 425
拉克斯–弗里德里希斯通量, 419
拉克斯-温德罗夫定理, 447

模态表示, 405
强形式, 400, 417, 497
全局守恒, 418
弱形式, 400, 417, 497
熵耗散, 459
时间步长, 460, 500
收敛速度, 404
跳跃-{{·}}, 425
相位误差分析, 427
斜率限制器, 464
隐藏精度, 432
迎风通量, 403
中心通量, 403
交错格式, 284
接触间断点, 58
截断误差, 88, 423
节点表示, 411

K

KPP 问题
单调格式, 150
克赖斯矩阵定理, 90
克罗内克 δ 函数, 12
扩散系数, 450

L

拉格朗日插值, 202
拉格朗日多项式, 165, 166, 205, 323, 412
余式, 168
拉格朗日法, 272
拉克斯–弗里德里希斯, 70
通量, 419, 437
通量分裂, 330
拉克斯–弗里德里希斯, 78, 107
方法, 178
拉克斯–弗里德里希斯格式, 78
中心, 135
拉克斯–温德罗夫, 75, 107
方法, 178, 202, 268
拉克斯–温德罗夫定理, 68
间断伽辽金方法, 418
拉克斯等价性定理, 89
兰金–于戈尼奥条件, 28, 54, 58
勒让德多项式, 406
导数, 408
递推, 406
勒让德求积
高斯, 336
高斯–拉道, 490
离散守恒, 67
黎曼不变量, 56
黎曼问题, 52, 53
近似, 125
良平衡格式, 364
龙格–库塔法, 224, 225
对角隐式, 226
阶条件, 232
可约, 226
显式, 226
隐式, 226
滤波器, 211, 562
函数, 212, 444
阶数, 212
精度, 218
矩阵, 444
系数, 212
指数, 214
最优, 214

M

maxmod 函数, 468
Minmod 函数, 242
TVB, 271
MUSCL, 266
麦克斯韦方程组, 10, 15, 54
拉克斯–弗里德里希斯通量, 345
一维, 124
迎风通量, 343
模板, 67, 165
模态表示, 405

N

纳维–柯西方程, 12
拟线性形式, 50

逆拉克斯–温德罗夫, 382
黏度系数, 450
黏性消去解, 29, 37
牛顿均差, 328
牛顿多项式, 326

O

欧拉方程, 13
　　Sod 问题, 17
　　二维, 19
　　激波熵问题, 18
　　熵变量, 62
　　熵对, 62
　　涡解, 20, 159
　　一维, 17, 51

P

帕德近似, 569
　　傅里叶, 569
　　吉布斯现象, 568
　　奇异, 571
配置点, 548
皮卡, 222
　　定理, 224
　　公式, 222
谱差分格式, 489, 495
谱方法, 533
　　差分格式, 488
　　伽辽金惩罚, 487
　　交错网格, 489
　　配置惩罚, 485
　　有限体积, 488
谱配置惩罚方法, 485
谱有限体积格式, 488

Q

奇异傅里叶–帕德形式, 571
齐次函数, 554
前向欧拉法, 222

R

Roe, 72
　　矩阵, 126
　　均值, 134
　　条件, 126
　　通量, 72, 126, 128
　　通量分裂, 330
　　线性化, 126
热方程, 450
软件库, 14
弱解, 29

S

Sinc-函数, 202
Sod 问题, 17
SSPERK(s,2) (隐式 SSP 龙格–库塔), 231
SSP 格式, 222, 227
　　Shu-Osher 形式, 226
　　SSPEMS(s, p) (显式 SSP 多步法), 238
　　SSPERK(10,4) (显式 SSP 龙格–库塔), 229
　　SSPERK(2,2), 229
　　SSPERK(3,3), 229
　　SSPERK(s, p), 229
　　SSPIRK(s,3), 231
　　SSPIRK(s, p), 236
　　SSP 系数, 228
　　多步法, 237
　　负系数, 236
　　级序, 233
　　阶次障碍, 232
　　显式 SSPERK, 227
　　修正的 Shu-Osher 形式, 233
　　隐式 SSPIRK, 230
　　有效 SSP 系数, 229
色散分析
　　分辨率, 430
　　迎风通量, 428
色散关系, 428
熵
　　Kružkov 熵对, 43
　　Oleinik 条件, 33
　　产生, 185
　　单元格熵条件, 77, 123, 185
　　对, 38, 60, 61

函数, 38, 58
拉克斯条件, 33
守恒, 188, 195
条件, 32, 33, 39
通量, 38, 76
稳定, 185
修正, 128
声速点, 97, 128
固定, 123
施图姆-刘维尔问题, 409
试验函数, 397
高阶, 399
收敛性, 85
守恒, 1
守恒变量, 2
守恒律
标量, 26, 65
二维, 496
积分形式, 1, 2, 30, 120
微分形式, 2
系统, 47
线性系统, 47
守恒形式, 67
数值通量
E-通量, 176
Engquist-Osher, 131, 191
HLL, 132, 138
HLLC, 134, 139
Roe, 122, 126, 136
Rusanov, 70, 98
多维, 146
戈杜诺夫, 123, 191
交替局部间断伽辽金, 454
局部拉克斯–弗里德里希斯, 497
局部拉克斯–弗里德里希斯, 190
拉克斯–弗里德里希斯, 70, 124, 127
拉克斯–温德罗夫, 71, 191
利普希茨连续, 67
热方程, 451
一致, 67
中心, 451
数值相速度, 428
数值相速率, 170
双曲型系统
对称, 49
拟线性形式, 50
强, 49
弱, 49
适定, 48
线性, 49
严格, 49
真非线性, 55
索伯列夫范数, 534

T

TVB 稳定性, 271
TVD 区域, 243
特征波, 52
特征分解, 330
特征线, 4
特征重构, 330
梯形法, 222
通量, 2, 120
数值, 67
凸, 43
雅可比矩阵, 50
通量分裂, 330
Roe, 330
拉克斯–弗里德里希斯, 330
通量限制格式, 241
二维, 298
通量限制器, 241
Chakravarthy-Osher, 246
Koren, 246
minmod, 246
OSPRE, 247
Superbee, 246
Sweby, 246
van Leer, 247
对称, 247
通量校正传输 (FCT), 241

通量重构格式, 491, 492
凸通量, 33

W

WENO 方法, 319
    CWENO, 362
    WENO-Z, 361, 373
    光滑度指标, 354
    精度, 370
    临界点, 359
    逆拉克斯-温德罗夫, 382
    嵌入式, 362
    稳定性, 370
    映射权值, 360
网格, 65, 85
    模板, 166, 206
    算子, 84
网格尺寸
    空间 k, 65
    时间 h, 65
微分矩阵, 414
稳定性, 423
    冯 • 诺伊曼, 91
问题单元格指示器, 467, 473

X

稀疏波, 31
显式 SSP 多步法 (SSPEMS), 238
显式 SSP 龙格–库塔 (SSPERK), 227
线性格式, 77
线性系统, 47
    对称双曲, 49
    黎曼问题, 52
    强双曲, 49
    弱双曲, 49
    严格双曲, 49
相位误差, 430
相位误差分析, 169, 427
斜对称形式, 552, 553
斜率限制格式
    二维, 298
斜率限制器, 270
    minmod, 270, 467
    MUSCL, 270, 466
    Superbee, 270
    van Albada, 271
    WENO, 473
    参数自由, 468
    间断伽辽金方法, 465
    矩限制, 470
形函数
    线性, 397
修正方程, 167
    顺风格式, 168
    迎风格式, 168
    中心格式, 168

Y

压缩, 244
依赖域, 50, 95
移位算子 E_l, 67
隐式 SSP 龙格–库塔 (SSPIRK), 231
迎风通量, 403
    麦克斯韦方程组, 344
影响域, 50
有限差分
    Rusanov, 98
    边界条件, 100
    局部拉克斯–弗里德里希斯, 98, 114
    拉克斯–弗里德里希斯, 85, 110
    拉克斯–温德罗夫, 87, 110
    收敛性, 88
    稳定性, 88
    一致性, 88
有限差分法, 99, 165, 240
有限差分格式, 165
    模板, 165
    中心, 165
有限体积法, 120, 240
    二维, 146
原函数, 322

Z

正格式, 252

正规矩阵, 91
直线法, 222
指数精度, 169
质量矩阵
　　局部, 401, 406, 413, 417
　　全局, 398
中心格式, 134, 283
　　TVD 稳定性, 286
　　波动方程, 275
　　伯格斯方程, 291
　　单元熵条件, 287
　　二阶, 285
　　欧拉方程, 294
　　一阶, 285
中心通量, 403
总变差, 33
　　不增 (TVD), 33, 73, 174, 180
　　离散, 174
　　连续, 174
　　稳定, 174
　　有界 (TVB), 175, 181

其他

δu_j, 266
$\langle \cdot, \cdot \rangle$, 251
$\overline{\delta u_j}$, 269
$\{\cdot\}$, 125
h_x, 145
h_y, 145
L^2-范数, 402
$[[\cdot]]$, 344, 425
Δ^+, 84
Δ^-, 84
λ, 73, 87
$\{\{\cdot\}\}$, 344, 425
$\mathrm{A}^{\pm}$, 123
$a \vee b$, 74
$a \wedge b$, 74
c_{ir}^m, 323
D^+, 84
D^-, 84
d_r^{ro}, 324
E_l, 84
h, 84
k, 84
L^1-收缩, 35, 73
L^p, 85
r_j, 179, 243
$u^{\pm}$, 266
$[\cdot]$, 28, 125

《现代数学译丛》已出版书目

(按出版时间排序)

1　椭圆曲线及其在密码学中的应用——导引　2007. 12〔德〕Andreas Enge　著　吴　铤　董军武　王明强　译

2　金融数学引论——从风险管理到期权定价　2008. 1〔美〕Steven Roman　著　邓欣雨　译

3　现代非参数统计　2008. 5〔美〕Larry Wasserman　著　吴喜之　译

4　最优化问题的扰动分析　2008. 6〔法〕J. Frédéric Bonnans　〔美〕Alexander Shapiro　著　张立卫　译

5　统计学完全教程　2008. 6〔美〕Larry Wasserman　著　张　波　等　译

6　应用偏微分方程　2008. 7〔英〕John Ockendon, Sam Howison, Andrew Lacey　& Alexander Movchan　著　谭永基　程　晋　蔡志杰　译

7　有向图的理论、算法及其应用　2009. 1〔丹〕J. 邦詹森〔英〕G . 古廷　著　姚　兵　张忠辅　译

8　微分方程的对称与积分方法　2009.1〔加〕乔治 W. 布卢曼　斯蒂芬 C. 安科　著　闫振亚　译

9　动力系统入门教程及最新发展概述　2009.8〔美〕Boris Hasselblatt & Anatole Katok　著　朱玉峻　郑宏文　张金莲　阎欣华　译　胡虎翼　校

10　调和分析基础教程　2009.10〔德〕Anton Deitmar　著　丁　勇　译

11　应用分支理论基础　2009. 12〔俄〕尤里・阿・库兹涅佐夫　著　金成桴　译

12　多尺度计算方法——均匀化及平均化　2010. 6　Grigorios A. Pavliotis, Andrew M. Stuart　著　郑健龙　李友云　钱国平　译

13　最优可靠性设计：基础与应用　2011. 3〔美〕Way Kuo, V. Rajendra Prasad, Frank A.Tillman, Ching-Lai Hwang　著　郭进利　闫春宁　译　史定华　校

14　非线性最优化基础　2011.4〔日〕Masao Fukushima　著　林贵华　译

15　图像处理与分析：变分，PDE，小波及随机方法　2011.6　Tony F. Chan, Jianhong (Jackie) Shen　著　陈文斌，程　晋　译

16　马氏过程　2011.6〔日〕福岛正俊　竹田雅好　著　何　萍　译　应坚刚　校

17 合作博弈理论模型 2011.7 〔罗〕Rodica Branzei 〔德〕Dinko Dimitrov 〔荷〕Stef Tijs 著 刘小冬 刘九强 译

18 变分分析与广义微分 I：基础理论 2011. 9 〔美〕 Boris S. Mordukhovich 著 赵亚莉 王炳武 钱伟懿 译

19 随机微分方程导论应用(第 6 版) 2012. 4 〔挪〕Bernt Øksendal 著 刘金山 吴付科 译

20 金融衍生产品的数学模型 2012.4 郭宇权(Yue-Kuen Kwok) 著 张寄洲 边保军 徐承龙 等 译

21 欧拉图与相关专题 2012.4 〔英〕Herbert Fleischner 著 孙志人 李 皓 刘桂真 刘振宏 束金龙 译 张 昭 黄晓晖 审校

22 重分形：理论及应用 2012.5 〔美〕戴维•哈特 著 华南理工分形课题组 译

23 组合最优化：理论与算法 2014. 1 〔德〕 Bernhard Korte Jens Vygen 著 姚恩瑜 林治勋 越民义 张国川 译

24 变分分析与广义微分 II：应用 2014. 1 〔美〕 Boris S. Mordukhovich 著 李 春 王炳武 赵亚莉 王 东 译

25 算子理论的 Banach 代数方法(原书第二版) 2014.3 〔美〕 Ronald G. Douglas 著 颜 军 徐胜芝 舒永录 蒋卫生 郑德超 孙顺华 译

26 Bäcklund 变换和 Darboux 变换——几何与孤立子理论中的应用 2015.5 [澳]C. Rogers W. K. Schief 著 周子翔 译

27 凸分析与应用捷径 2015.9 〔美〕 Boris S. Mordukhovich, Nguyen Mau Nam 著 赵亚莉 王炳武 译

28 利己主义的数学解析 2017.8 〔奥〕 K. Sigmund 著 徐金亚 杨 静 汪 芳 译

29 整数分拆 2017.9 〔美〕 George E. Andrews 〔瑞典〕Kimmo Eriksson 著 傅士硕 杨子辰 译

30 群的表示和特征标 2017.9 〔英〕 Gordon James, Martin Liebeck 著 杨义川 刘瑞珊 任燕梅 庄 晓 译

31 动力系统仿真、分析与动画—— XPPAUT 使用指南 2018.2 〔美〕 Bard Ermentrout 著 孝鹏程 段利霞 苏建忠 译

32 微积分及其应用 2018.3 〔美〕 Peter Lax Maria Terrell 著 林开亮 刘 帅 邵红亮 等 译

33 统计与计算反问题 2018.8 〔芬〕 Jari Kaipio Erkki Somersalo 著 刘逸侃 徐定华 程 晋 译

34 图论(原书第五版) 2020.4 〔德〕 Reinhard Diestel 著 〔加〕于青林 译

35 多元微积分及其应用 2019.10 〔美〕 Peter Lax Mara Terrell 著 林开亮 刘 帅 邵红亮 等 译

36 变分分析与应用 2023.3 〔美〕 Boris S. Mordukhovich 著 欧阳薇 译

37 流行病学中的数学模型 2023.4 〔美〕 弗雷德· 布劳尔 (Fred Brauer) 〔美〕 卡洛斯·卡斯蒂略-查弗斯 (Carlos Castillo-Chavez) 〔美〕 冯芷兰 (Zhilan Feng) 著 〔荷〕金成桴 〔荷〕何燕琍 译

38 非光滑分析与控制理论 2024.6 〔法〕 F. H. 克拉克 (F. H. Clarke) 〔俄〕 Yu. S. 拉德耶夫 (Yu. S. Ledyaev) 〔加〕 R. J. 斯特恩 (R. J. Stern) 〔美〕 P. R. 沃伦斯基 (P. R. Wolenski) 李明华 薛小维 李小兵 王其林 卢成武 译

39 信息几何及其应用 2024.7 〔日〕甘利俊一 (Shun-ichi Amari) 著 何元智 译

40 分数阶积分和导数：理论与应用 2025.1 〔俄〕史蒂芬· G. 萨姆科 (Stefan G. Samko) 〔白〕阿纳托利 ·A. 克尔巴斯 (Anatoly A. Kilbas) 〔美〕奥列格 ·I. 马里切夫 (Oleg I. Marichev) 著 李常品 李东霞 译

41 金融计量学精要 2025.6 〔美〕范剑青 〔英〕姚琦伟 著 李 元 李建波 张兴发 译

42 守恒律方程的数值方法：从分析到算法 2025.7 〔丹〕简 · S. 赫斯特哈文 (Jan S. Hesthaven) 著 徐 辉 译